더 쉽게 더 빠르게 기능사되기

2025
한번에
합격하기

여승훈·박수경 위험물 ❶

한번에
합격하는
위험물기능사

필기

여승훈, 박수경 지음

단기
합격

QR
무료강의

무료 동영상
기초화학부터 위험물안전관리법까지
필수 핵심강의 QR코드 제공

CBT 모의고사
필기시험 실전대비 및 실력 점검용
온라인 모의고사 제공

별책부록＋학습플래너
주제별 필수이론 핵심 써머리
＋단기합격 플래너 수록

저자직강
동영상
강의교재

성안당 이러닝
bm.cyber.co.kr

BM (주)도서출판 성안당

큐알(QR)코드로 스마트한 공부!

- QR코드를 통해 위험물시설의 실제 사진을 볼 수 있고, 혼자서 어려울 수 있는 계산문제의 무료 강의를 제공합니다.

지금 바로 스캔 해보세요!

교재 p.1-5	교재 p.2-59	2022년 1회 9번 풀이
원자가를 결정하는 방법	대기밸브부착 통기관의 모습	PLAY ▶ 풀이

짜임새 있는 이론(필기/실기 공통) 구성!

- 전달력 있는 문장으로 이해하기 쉽게 설명하고, 중요부분을 눈에 잘 띄게 굵은 글씨로 처리하였으며, 예제를 통해 공부한 내용을 즉시 적용할 수 있도록 하였습니다.

- Tip과 암기법으로 학습효과를 향상시켰습니다.

- 필기시험 공부를 하며 동시에 실기 대비도 할 수 있도록 실기 시험에 자주 나오는 이론에는 별도 표시를 하였습니다.

Tip
여기, 3가지의 원자단만 암기하도록 한다.

※ 구리(Cu)분과 니켈(Ni)분은
톡톡튀는 **암기법** Cu는 위험물이

① 분말소화약제의 분류 실기에도 잘 나와요!

분말의 구분	주성분	화학식
제1종 분말	탄산수소나트륨	$NaHCO_3$

(1) 할로겐화합물 소화기 실기에도 잘 나와요!

할로겐분자(F_2, Cl_2, Br_2, I_2), 탄소와 수소로 구성되
잘되고 공기보다 무거운 가스를 발생시켜 질식효

CBT 온라인 모의고사(3회분) 무료 제공!

- CBT(Computer Based Test) 형식으로 치러지는 위험물기능사 필기시험 방식을 충분히 연습하고 익숙해질 수 있도록 CBT 온라인 모의고사를 무료로 제공합니다.

BM 성안당 문제은행서비스 쿠폰등록 나의 시험지 목록 나의 시험점수 기출문제다운로드 재접 서비스 성안당+

실력점검 및 실전감각 향상을 위한 합격에더가까이!
온라인 모의고사
Computer Based Test

위험물기능사 필기 CBT 모의고사 1회 [문제크기 100% | 125% | 150%] 닫기

1. 위험물제조소등에 자동화재탐지설비를 설치하는 경우 해당 건축물, 그 밖의 공작물의 주요한 출입구에서 그 내부 전체를 볼 수 있는 경우에 하나의 경계구역의 면적은 최대 몇 m²까지 할 수 있는가?
① 300m²

6. 위험물안전관리에 관한 세부기준에 따르면 불활성가스 소화설비 저장용기는 온도가 몇 ℃ 이하인 장소에 설치하여야 하는가?
① 35℃
② 40℃

00:59:54

1 ① ② ③ ④
2 ① ② ③ ④

최근 필기 기출문제 완벽 해설!

- 최근 출제된 반복되는 유형의 문제에서 정답을 쉽게 찾을 수 있도록 친절한 해설과 함께 풀이비법을 제시하였고, 문제관련 이론을 요약 정리함으로써 반복학습의 효율을 높일 수 있도록 구성하였습니다.

Craftsman Hazardous material   연도별 기출문제

2024 제4회 위험물기능사
CBT 기출복원문제
2024년 9월 8일 시행

01 다음 중 제5류 위험물이 아닌 것은?
① 나이트로글리세린
② 나이트로톨루엔
③ 나이트로글리콜

04 위험물안전관리법령상 운송책임자의 감독, 지원을 받아 운송하여야 하는 위험물에 해당하는 것은?
① 알킬알루미늄, 산화프로필렌, 알킬리튬

최신 개정 법령 정확히 반영!

- 법이 개정되는 시점에는 꼭 개정 내용에 대해 출제되는 경향이 있습니다. 수험생 여러분이 믿고 공부할 수 있도록 **최근 개정된 세세한 내용까지도 정확하게 반영**하였습니다.

이 도서의「위험물안전관리법」은
2024년 7월 31일에 변경 고시된 내용까지 반영되어 있습니다. '위험물기능사' 시험과 관련하여 이후 개정되는 법의 내용은 저자 카페를 통해 즉시 공지합니다.

한번에
합격하기

〈위험물기능사〉 필수 핵심강의!

한 번도 안본 수험생은 있어도, 한 번만 본 수험생은 없다는
여승훈 쌤의 감동적인 동영상 강의 대방출~
여러분을 쉽고 빠른 자격증 취득의 길로 안내할 기초화학부터 위험물안전관리법령까지
친절하고 꼼꼼한 무료강의 꼭 확인해 보시기 바랍니다.

1 기초화학

원소주기율표와 기초화학

원소주기율표 암기법 및 반응식 만드는 방법 등 위험물 공부를 위해 꼭~ 필요한 기초화학
내용입니다. 화학이 이렇게 쉬웠던가 싶을 겁니다.^^

★무료강의GO★

2 위험물의 종류

제6류 위험물과 제1류 위험물의 성질

제6류 위험물에 있는 수소를 빼고 그 자리에 금속을 넣으니 이럴 수가! 갑자기 제1류
위험물이 되네요. 꼭 확인해보세요.

★무료강의GO★

제2류 위험물의 성질

철분과 금속분은 얼마만큼 크기의 체를 통과하는 것이 위험물에 포함되는지, 이들이 물과
반응하면 어떤 반응이 일어나는지 알려드립니다.

★무료강의GO★

제3류 위험물의 성질

제3류 위험물이 물과 반응하면 왜 위험해지는지 그 이유를 반응식을 통해 속 시원~하게
풀어드립니다.

★무료강의GO★

제4류 위험물의 성질

너무나 많은 종류의 제4류 위험물의 화학식과 구조식을 어떻게 외워야 할까요? 이 강의
하나면 고민할 필요 없습니다.

★무료강의GO★

제5류 위험물의 성질

복잡한 TNT의 화학식과 구조식 말인가요?? 이 강의를 본 뒤 그려보시겠어요? 이유는
모르겠지만 내가 TNT의 구조식과 화학식을 아주 쉽~게 그리고 있을 겁니다.

★무료강의GO★

3 위험물안전관리법령

↪ 현장에 있는 실물 사진으로 강의 구성!

옥내저장소의 위치 · 구조 및 설비의 기준

법령에 있는 옥내저장소 필수내용을 완전 압축시켰습니다. 처마높이는 얼마이며, 용기를
겹쳐 쌓는 높이는 또 얼마인지 모두 알려드립니다.

★무료강의GO★

옥외탱크저장소의 위치 · 구조 및 설비의 기준

태어나서 한 번도 본 적이 없는 방유제를 볼 수 있대요. 또 밸브 없는 통기관과 플렉시블
조인트도요. 강의 확인해보세요.

★무료강의GO★

지하탱크저장소의 위치 · 구조 및 설비의 기준

지하저장탱크 전용실에 설치한 탱크는 전용실의 벽과 간격을 얼마만큼 두어야 할까요?
전용실 안에 채우는 자갈분의 지름은 또 얼마 이하일까요? 이 강의에서 알려드립니다.

★무료강의GO★

옥외저장소의 위치 · 구조 및 설비의 기준

옥외저장소에 저장할 수 없는 위험물 종류도 있다고 하네요. 선반은 또 어떻게 생겼을까요?
이 강의에서 모~두 알려드립니다.

★무료강의GO★

주유취급소의 위치 · 구조 및 설비의 기준

주유취급소에서 주유하면서 많이 보던 설비들!! 아~~~ 얘네들이 이런 이유 때문에 거기
에 설치되어 있었구나 하실 겁니다.

★무료강의GO★

성안당은
여러분의 합격을
응원합니다!

* 더 쉽게 더 빠르게 기능사 되기
한번에
합격하기

한번에 합격하기 합격플래너

위험물기능사 필기+실기 [필기]

저자추천! 3회독 완벽플랜

Plan1 50일 완벽코스

대분류	중분류	소분류	1회독	2회독	3회독
핵심이론 (필기+실기 공통)		기초화학	DAY 1	DAY 29	DAY 43
	화재예방과 소화방법	연소이론	DAY 2	DAY 30	
		소화이론	DAY 3		
		소방시설의 종류 및 설치기준	DAY 4		
	위험물의 성상 및 취급	위험물의 총칙 / 제1류 위험물	DAY 5	DAY 31	DAY 44
		제2류 위험물 / 제3류 위험물	DAY 6		
		제4류 위험물	DAY 7	DAY 32	
		제5류 위험물 / 제6류 위험물	DAY 8		
위험물 안전관리법 (필기+실기 공통)	위험물안전관리법의 총칙		DAY 9	DAY 33	DAY 45
	제조소, 저장소의 위치·구조 및 설비의 기준		DAY 10		
	취급소의 위치·구조 및 설비의 기준		DAY 11		
	소화난이도등급 및 소화설비의 적응성		DAY 12		
	위험물의 저장·취급 및 운반에 관한 기준 / 유별에 따른 위험성 시험방법 및 인화성 액체의 인화점 시험방법		DAY 13	DAY 34	
필기 기출문제	2020년 제1회 / 제2회 위험물기능사 필기		DAY 14	DAY 35	DAY 46
	2020년 제3회 / 제4회 위험물기능사 필기		DAY 15		
	2021년 제1회 / 제2회 위험물기능사 필기		DAY 16	DAY 36	
	2021년 제3회 / 제4회 위험물기능사 필기		DAY 17		
	2022년 제1회 / 제2회 위험물기능사 필기		DAY 18	DAY 37	DAY 47
	2022년 제3회 / 제4회 위험물기능사 필기		DAY 19		
	2023년 제1회 / 제2회 위험물기능사 필기		DAY 20	DAY 38	
	2023년 제3회 / 제4회 위험물기능사 필기		DAY 21		
	2024년 제1회 위험물기능사 필기		DAY 22	DAY 39	DAY 48
	2024년 제2회 위험물기능사 필기		DAY 23		
	2024년 제3회 위험물기능사 필기		DAY 24	DAY 40	
	2024년 제4회 위험물기능사 필기		DAY 25		
중요 빈출문제	최근까지의 중요(빈출) 기출문제 200선		DAY 26	DAY 41	DAY 49
			DAY 27		
신경향 예상문제	저자가 엄선한 출제 가능성 높은 예상문제 60선		DAY 28	DAY 42	
별책부록 | 핵심 써머리 필기시험 대비 주제별 필수이론 (시험 전 최종 마무리 및 시험장에서 활용 가능)			—	—	DAY 50

절취선

위험물기능사 필기+실기 · 필기

단기완성! 1회독 맞춤플랜

			Plan2 **29일** 꼼꼼코스	Plan3 **15일** 집중코스	Plan4 **8일** 속성코스
핵심이론 (필기+실기 공통)	기초화학		☐ DAY 1	☐ DAY 1	☐ DAY 1
	화재예방과 소화방법	연소이론	☐ DAY 2	☐ DAY 2	
		소화이론	☐ DAY 3		
		소방시설의 종류 및 설치기준	☐ DAY 4		
	위험물의 성상 및 취급	위험물의 총칙 / 제1류 위험물	☐ DAY 5	☐ DAY 3	☐ DAY 2
		제2류 위험물 / 제3류 위험물	☐ DAY 6		
		제4류 위험물	☐ DAY 7	☐ DAY 4	
		제5류 위험물 / 제6류 위험물	☐ DAY 8		
위험물 안전관리법 (필기+실기 공통)	위험물안전관리법의 총칙		☐ DAY 9	☐ DAY 5	☐ DAY 3
	제조소, 저장소의 위치 · 구조 및 설비의 기준		☐ DAY 10		
	취급소의 위치 · 구조 및 설비의 기준		☐ DAY 11		
	소화난이도등급 및 소화설비의 적응성		☐ DAY 12	☐ DAY 6	
	위험물의 저장 · 취급 및 운반에 관한 기준 / 유별에 따른 위험성 시험방법 및 인화성 액체의 인화점 시험방법		☐ DAY 13		
필기 기출문제	2020년 제1회 / 제2회 위험물기능사 필기		☐ DAY 14	☐ DAY 7	☐ DAY 4
	2020년 제3회 / 제4회 위험물기능사 필기		☐ DAY 15		
	2021년 제1회 / 제2회 위험물기능사 필기		☐ DAY 16	☐ DAY 8	
	2021년 제3회 / 제4회 위험물기능사 필기		☐ DAY 17		
	2022년 제1회 / 제2회 위험물기능사 필기		☐ DAY 18	☐ DAY 9	☐ DAY 5
	2022년 제3회 / 제4회 위험물기능사 필기		☐ DAY 19		
	2023년 제1회 / 제2회 위험물기능사 필기		☐ DAY 20	☐ DAY 10	
	2023년 제3회 / 제4회 위험물기능사 필기		☐ DAY 21		
	2024년 제1회 위험물기능사 필기		☐ DAY 22	☐ DAY 11	☐ DAY 6
	2024년 제2회 위험물기능사 필기		☐ DAY 23		
	2024년 제3회 위험물기능사 필기		☐ DAY 24	☐ DAY 12	
	2024년 제4회 위험물기능사 필기		☐ DAY 25		
중요 빈출문제	최근까지의 중요(빈출) 기출문제 200선		☐ DAY 26	☐ DAY 13	☐ DAY 7
			☐ DAY 27		
신경향 예상문제	저자가 엄선한 출제 가능성 높은 예상문제 60선		☐ DAY 28	☐ DAY 14	
**별책부록	핵심 써머리 필기시험 대비 주제별 필수이론** (시험 전 최종 마무리 및 시험장에서 활용 가능)		☐ DAY 29	☐ DAY 15	☐ DAY 8

			1 회독	2 회독	3 회독	MEMO
핵심이론 (필기+실기 공통)	기초화학		월 일	☐	☐	☐	
	화재예방과 소화방법	연소이론	월 일	☐	☐	☐	
		소화이론	월 일	☐	☐	☐	
		소방시설의 종류 및 설치기준	월 일	☐	☐	☐	
	위험물의 성상 및 취급	위험물의 총칙 / 제1류 위험물	월 일	☐	☐	☐	
		제2류 위험물 / 제3류 위험물	월 일	☐	☐	☐	
		제4류 위험물	월 일	☐	☐	☐	
		제5류 위험물 / 제6류 위험물	월 일	☐	☐	☐	
위험물 안전관리법 (필기+실기 공통)	위험물안전관리법의 총칙		월 일	☐	☐	☐	
	제조소, 저장소의 위치·구조 및 설비의 기준		월 일	☐	☐	☐	
	취급소의 위치·구조 및 설비의 기준		월 일	☐	☐	☐	
	소화난이도등급 및 소화설비의 적응성		월 일	☐	☐	☐	
	위험물의 저장·취급 및 운반에 관한 기준 / 유별에 따른 위험성 시험방법 및 인화성 액체의 인화점 시험방법		월 일	☐	☐	☐	
필기 기출문제	2020년 제1회 / 제2회 위험물기능사 필기		월 일	☐	☐	☐	
	2020년 제3회 / 제4회 위험물기능사 필기		월 일	☐	☐	☐	
	2021년 제1회 / 제2회 위험물기능사 필기		월 일	☐	☐	☐	
	2021년 제3회 / 제4회 위험물기능사 필기		월 일	☐	☐	☐	
	2022년 제1회 / 제2회 위험물기능사 필기		월 일	☐	☐	☐	
	2022년 제3회 / 제4회 위험물기능사 필기		월 일	☐	☐	☐	
	2023년 제1회 / 제2회 위험물기능사 필기		월 일	☐	☐	☐	
	2023년 제3회 / 제4회 위험물기능사 필기		월 일	☐	☐	☐	
	2024년 제1회 위험물기능사 필기		월 일	☐	☐	☐	
	2024년 제2회 위험물기능사 필기		월 일	☐	☐	☐	
	2024년 제3회 위험물기능사 필기		월 일	☐	☐	☐	
	2024년 제4회 위험물기능사 필기		월 일	☐	☐	☐	
중요 빈출문제	최근까지의 중요(빈출) 기출문제 200선		월 일	☐	☐	☐	
			월 일	☐	☐	☐	
신경향예상문제	저자가 엄선한 출제 가능성 높은 예상문제 60선		월 일	☐	☐	☐	
별책부록 | 핵심 써머리 필기시험 대비 주제별 필수이론 (시험 전 최종 마무리 및 시험장에서 활용 가능)			월 일	☐	☐	☐	

저자쌤의 필기 합격 플래너 활용 Tip.

01. Choice

시험대비를 위해 여유 있는 시간을 확보해 제대로 공부하여 시험합격은 물론 고득점을 노리는 수험생들은 **Plan 1. 50일 완벽코스**를, 폭넓고 깊은 학습은 불가능해도 꼼꼼하게 공부해 한번에 시험합격을 원하시는 수험생들은 **Plan 2. 29일 꼼꼼코스**를, 시험준비를 늦게 시작하였으나 짧은 기간에 온전히 학습할 수 있는 많은 시간확보가 가능한 수험생들은 **Plan 3. 15일 집중코스**를, 부족한 시간이지만 열심히 공부하여 60점만 넘어 합격의 영광을 누리고 싶은 수험생들은 **Plan 4. 8일 속성코스**가 적합합니다!

단, 저자쌤은 위의 학습플랜 중 충분한 학습기간을 가지고 제대로 시험대비를 할 수 있는 **Plan 1**을 추천합니다!!!

02. Plus

Plan 1~4까지 중 나에게 맞는 학습플랜이 없을 시, **Plan 5에 나에게 꼭~ 맞는 나만의 학습계획**을 스스로 세워보거나, 또는 **Plan 2 + Plan 3, Plan 2 + Plan 4, Plan 3 + Plan 4** 등 제시된 코스를 활용하여 나의 시험준비기간에 잘~ 맞는 학습계획을 세워보세요!

03. Unique

유일무이! 나만의 합격 플랜에는 계획에 따라 3회독까지 학습체크를 할 수 있는 공란과, 처음 1회독 시 학습한 날짜를 기입할 수 있는 공간을 따로 두었습니다!

04. Pass

별책부록으로 수록되어 있는 **핵심 써머리**는 플래너의 학습일과 상관없이 기출문제를 풀 때 옆에 두고 수시로 참고하거나, 모든 학습이 끝난 후 한번 더 반복하여 봐주시고, 시험당일 시험장에서 최종마무리용으로 활용하시길 바랍니다!

저자추천!
3회독 완벽플랜

Plan1 30일 완벽코스

			1회독	2회독	3회독
핵심이론 (필기+실기 공통)	기초화학		☐ DAY 1	☐ DAY 16	☐ DAY 25
	화재예방과 소화방법	연소이론			
		소화이론			
		소방시설의 종류 및 설치기준			
	위험물의 성상 및 취급	위험물의 총칙 / 제1류 위험물	☐ DAY 2		
		제2류 위험물 / 제3류 위험물			
		제4류 위험물			
		제5류 위험물 / 제6류 위험물			
위험물 안전관리법 (필기+실기 공통)	위험물안전관리법의 총칙		☐ DAY 3	☐ DAY 17	
	제조소, 저장소의 위치 · 구조 및 설비의 기준				
	취급소의 위치 · 구조 및 설비의 기준				
	소화난이도등급 및 소화설비의 적응성				
	위험물의 저장 · 취급 및 운반에 관한 기준 / 유별에 따른 위험성 시험방법 및 인화성 액체의 인화점 시험방법				
실기 예제문제	기초화학		☐ DAY 4	☐ DAY 18	☐ DAY 26
	화재예방과 소화방법				
	위험물의 성상 및 취급		☐ DAY 5	☐ DAY 19	
	위험물안전관리법				
실기 기출문제	2020년 제1회 / 제2회 위험물기능사 실기		☐ DAY 6	☐ DAY 20	☐ DAY 27
	2020년 제3회 / 제4회 위험물기능사 실기		☐ DAY 7		
	2021년 제1회 / 제2회 위험물기능사 실기		☐ DAY 8	☐ DAY 21	
	2021년 제3회 / 제4회 위험물기능사 실기		☐ DAY 9		
	2022년 제1회 / 제2회 위험물기능사 실기		☐ DAY 10	☐ DAY 22	☐ DAY 28
	2022년 제3회 / 제4회 위험물기능사 실기		☐ DAY 11		
	2023년 제1회 / 제2회 위험물기능사 실기		☐ DAY 12	☐ DAY 23	
	2023년 제3회 / 제4회 위험물기능사 실기		☐ DAY 13		
	2024년 제1회 / 제2회 위험물기능사 실기		☐ DAY 14	☐ DAY 24	☐ DAY 29
	2024년 제3회 / 제4회 위험물기능사 실기		☐ DAY 15		
별책부록 l 핵심 써머리 실기시험 대비 주제별 필수이론 (시험 전 최종 마무리 및 시험장에서 활용 가능)			—	—	☐ DAY 30

절취선

위험물기능사 필기+실기 실기

합격플래너

단기완성!
1회독 맞춤플랜

			Plan2 15일 꼼꼼코스	Plan3 10일 집중코스	Plan4 7일 속성코스
핵심이론 (필기+실기 공통)	기초화학		☐DAY 1	☐DAY 1	☐DAY 1
	화재예방과 소화방법	연소이론			
		소화이론			
		소방시설의 종류 및 설치기준			
	위험물의 성상 및 취급	위험물의 총칙 / 제1류 위험물			
		제2류 위험물 / 제3류 위험물			
		제4류 위험물			
		제5류 위험물 / 제6류 위험물			
위험물 안전관리법 (필기+실기 공통)	위험물안전관리법의 총칙		☐DAY 2	☐DAY 2	☐DAY 2
	제조소, 저장소의 위치·구조 및 설비의 기준				
	취급소의 위치·구조 및 설비의 기준				
	소화난이도등급 및 소화설비의 적응성				
	위험물의 저장·취급 및 운반에 관한 기준 / 유별에 따른 위험성 시험방법 및 인화성 액체의 인화점 시험방법				
실기 예제문제	기초화학		☐DAY 3	☐DAY 3	☐DAY 3
	화재예방과 소화방법				
	위험물의 성상 및 취급		☐DAY 4	☐DAY 4	
	위험물안전관리법				
실기 기출문제	2020년 제1회 / 제2회 위험물기능사 실기		☐DAY 5	☐DAY 5	☐DAY 4
	2020년 제3회 / 제4회 위험물기능사 실기		☐DAY 6		
	2021년 제1회 / 제2회 위험물기능사 실기		☐DAY 7	☐DAY 6	
	2021년 제3회 / 제4회 위험물기능사 실기		☐DAY 8		
	2022년 제1회 / 제2회 위험물기능사 실기		☐DAY 9	☐DAY 7	☐DAY 5
	2022년 제3회 / 제4회 위험물기능사 실기		☐DAY 10		
	2023년 제1회 / 제2회 위험물기능사 실기		☐DAY 11	☐DAY 8	
	2023년 제3회 / 제4회 위험물기능사 실기		☐DAY 12		
	2024년 제1회 / 제2회 위험물기능사 실기		☐DAY 13	☐DAY 9	☐DAY 6
	2024년 제3회 / 제4회 위험물기능사 실기		☐DAY 14		
별책부록	핵심 써머리 실기시험 대비 주제별 필수이론 (시험 전 최종 마무리 및 시험장에서 활용 가능)			☐DAY 15	☐DAY 10	☐DAY 7

절취선

유일무이! 나만의 합격플랜

Plan5 나의 합격코스

			1 회독	2 회독	3 회독	MEMO
핵심이론 (필기+실기 공통)	기초화학		월 일	☐	☐	☐	
	화재예방과 소화방법	연소이론	월 일	☐	☐	☐	
		소화이론	월 일	☐	☐	☐	
		소방시설의 종류 및 설치기준	월 일	☐	☐	☐	
	위험물의 성상 및 취급	위험물의 총칙 / 제1류 위험물	월 일	☐	☐	☐	
		제2류 위험물 / 제3류 위험물	월 일	☐	☐	☐	
		제4류 위험물	월 일	☐	☐	☐	
		제5류 위험물 / 제6류 위험물	월 일	☐	☐	☐	
위험물 안전관리법 (필기+실기 공통)	위험물안전관리법의 총칙		월 일	☐	☐	☐	
	제조소, 저장소의 위치 · 구조 및 설비의 기준		월 일	☐	☐	☐	
	취급소의 위치 · 구조 및 설비의 기준		월 일	☐	☐	☐	
	소화난이도등급 및 소화설비의 적응성		월 일	☐	☐	☐	
	위험물의 저장 · 취급 및 운반에 관한 기준 / 유별에 따른 위험성 시험방법 및 인화성 액체의 인화점 시험방법		월 일	☐	☐	☐	
실기 예제문제	기초화학		월 일	☐	☐	☐	
	화재예방과 소화방법		월 일	☐	☐	☐	
	위험물의 성상 및 취급		월 일	☐	☐	☐	
	위험물안전관리법		월 일	☐	☐	☐	
실기 기출문제	2020년 제1회 / 제2회 위험물기능사 실기		월 일	☐	☐	☐	
	2020년 제3회 / 제4회 위험물기능사 실기		월 일	☐	☐	☐	
	2021년 제1회 / 제2회 위험물기능사 실기		월 일	☐	☐	☐	
	2021년 제3회 / 제4회 위험물기능사 실기		월 일	☐	☐	☐	
	2022년 제1회 / 제2회 위험물기능사 실기		월 일	☐	☐	☐	
	2022년 제3회 / 제4회 위험물기능사 실기		월 일	☐	☐	☐	
	2023년 제1회 / 제2회 위험물기능사 실기		월 일	☐	☐	☐	
	2023년 제3회 / 제4회 위험물기능사 실기		월 일	☐	☐	☐	
	2024년 제1회 / 제2회 위험물기능사 실기		월 일	☐	☐	☐	
	2024년 제3회 / 제4회 위험물기능사 실기		월 일	☐	☐	☐	
**별책부록	핵심 써머리 실기시험 대비 주제별 필수이론** (시험 전 최종 마무리 및 시험장에서 활용 가능)		월 일	☐	☐	☐	

저자쌤의 실기 합격 플래너 활용 Tip.

01. Choice

시험대비를 위해 여유 있는 시간을 확보해 제대로 공부하여 시험합격은 물론 고득점을 노리는 수험생들은 **Plan 1. 30일 완벽코스**를, 폭넓고 깊은 학습은 불가능해도 꼼꼼하게 공부해 한번에 시험합격을 원하시는 수험생들은 **Plan 2. 15일 꼼꼼코스**를, 시험준비를 늦게 시작하였으나 짧은 기간에 온전히 학습할 수 있는 많은 시간확보가 가능한 수험생들은 **Plan 3. 10일 집중코스**를, 부족한 시간이지만 열심히 공부하여 60점만 넘어 합격의 영광을 누리고 싶은 수험생들은 **Plan 4. 7일 속성코스**가 적합합니다!

단, 저자쌤은 위의 학습플랜 중 충분한 학습기간을 가지고 제대로 시험대비를 할 수 있는 **Plan 1**을 추천합니다!!!

02. Plus

Plan 1~4까지 중 나에게 맞는 학습플랜이 없을 시, **Plan 5에 나에게 꼭~ 맞는 나만의 학습계획**을 스스로 세워보거나, 또는 **Plan 2 + Plan 3, Plan 2 + Plan 4, Plan 3 + Plan 4** 등 제시된 코스를 활용하여 나의 시험준비기간에 잘~ 맞는 학습계획을 세워보세요!

03. Unique

유일무이! 나만의 합격 플랜에는 계획에 따라 3회독까지 학습체크를 할 수 있는 공란과, 처음 1회독 시 학습한 날짜를 기입할 수 있는 공간을 따로 두었습니다!

04. Pass

별책부록으로 수록되어 있는 **핵심 써머리**는 플래너의 학습일과 상관없이 기출문제를 풀 때 옆에 두고 수시로 참고하거나, 모든 학습이 끝난 후 한번 더 반복하여 봐주시고, 시험당일 시험장에서 최종마무리용으로 활용하시길 바랍니다!

표준 주기율표
(Periodic Table of The Elements)

표기법:

원자 번호
기호
원소명(국문)
원소명(영문)
일반 원자량
표준 원자량

1																	18
1 **H** 수소 hydrogen 1.008 [1.0078, 1.0082]	2											13	14	15	16	17	2 **He** 헬륨 helium 4.0026
3 **Li** 리튬 lithium 6.94 [6.938, 6.997]	4 **Be** 베릴륨 beryllium 9.0122											5 **B** 붕소 boron 10.81 [10.806, 10.821]	6 **C** 탄소 carbon 12.011 [12.009, 12.012]	7 **N** 질소 nitrogen 14.007 [14.006, 14.008]	8 **O** 산소 oxygen 15.999 [15.999, 16.000]	9 **F** 플루오린 fluorine 18.998	10 **Ne** 네온 neon 20.180
11 **Na** 소듐 sodium 22.990	12 **Mg** 마그네슘 magnesium 24.305 [24.304, 24.307]	3	4	5	6	7	8	9	10	11	12	13 **Al** 알루미늄 aluminium 26.982	14 **Si** 규소 silicon 28.085 [28.084, 28.086]	15 **P** 인 phosphorus 30.974	16 **S** 황 sulfur 32.06 [32.059, 32.076]	17 **Cl** 염소 chlorine 35.45 [35.446, 35.457]	18 **Ar** 아르곤 argon 39.95 [39.792, 39.963]
19 **K** 포타슘 potassium 39.098	20 **Ca** 칼슘 calcium 40.078(4)	21 **Sc** 스칸듐 scandium 44.956	22 **Ti** 타이타늄 titanium 47.867	23 **V** 바나듐 vanadium 50.942	24 **Cr** 크로뮴 chromium 51.996	25 **Mn** 망가니즈 manganese 54.938	26 **Fe** 철 iron 55.845(2)	27 **Co** 코발트 cobalt 58.933	28 **Ni** 니켈 nickel 58.693	29 **Cu** 구리 copper 63.546(3)	30 **Zn** 아연 zinc 65.38(2)	31 **Ga** 갈륨 gallium 69.723	32 **Ge** 저마늄 germanium 72.630(8)	33 **As** 비소 arsenic 74.922	34 **Se** 셀레늄 selenium 78.971(8)	35 **Br** 브로민 bromine 79.904 [79.901, 79.907]	36 **Kr** 크립톤 krypton 83.798(2)
37 **Rb** 루비듐 rubidium 85.468	38 **Sr** 스트론튬 strontium 87.62	39 **Y** 이트륨 yttrium 88.906	40 **Zr** 지르코늄 zirconium 91.224(2)	41 **Nb** 나이오븀 niobium 92.906	42 **Mo** 몰리브데넘 molybdenum 95.95	43 **Tc** 테크네튬 technetium	44 **Ru** 루테늄 ruthenium 101.07(2)	45 **Rh** 로듐 rhodium 102.91	46 **Pd** 팔라듐 palladium 106.42	47 **Ag** 은 silver 107.87	48 **Cd** 카드뮴 cadmium 112.41	49 **In** 인듐 indium 114.82	50 **Sn** 주석 tin 118.71	51 **Sb** 안티모니 antimony 121.76	52 **Te** 텔루륨 tellurium 127.60(3)	53 **I** 아이오딘 iodine 126.90	54 **Xe** 제논 xenon 131.29
55 **Cs** 세슘 caesium 132.91	56 **Ba** 바륨 barium 137.33	57-71 란타넘족 lanthanoids	72 **Hf** 하프늄 hafnium 178.49(2)	73 **Ta** 탄탈럼 tantalum 180.95	74 **W** 텅스텐 tungsten 183.84	75 **Re** 레늄 rhenium 186.21	76 **Os** 오스뮴 osmium 190.23(3)	77 **Ir** 이리듐 iridium 192.22	78 **Pt** 백금 platinum 195.08	79 **Au** 금 gold 196.97	80 **Hg** 수은 mercury 200.59	81 **Tl** 탈륨 thallium 204.38 [204.38, 204.39]	82 **Pb** 납 lead 207.2	83 **Bi** 비스무트 bismuth 208.98	84 **Po** 폴로늄 polonium	85 **At** 아스타틴 astatine	86 **Rn** 라돈 radon
87 **Fr** 프랑슘 francium	88 **Ra** 라듐 radium	89-103 악티늄족 actinoids	104 **Rf** 러더포듐 rutherfordium	105 **Db** 두브늄 dubnium	106 **Sg** 시보귬 seaborgium	107 **Bh** 보륨 bohrium	108 **Hs** 하슘 hassium	109 **Mt** 마이트너륨 meitnerium	110 **Ds** 다름슈타튬 darmstadtium	111 **Rg** 뢴트게늄 roentgenium	112 **Cn** 코페르니슘 copernicium	113 **Nh** 니호늄 nihonium	114 **Fl** 플레로븀 flerovium	115 **Mc** 모스코븀 moscovium	116 **Lv** 리버모륨 livermorium	117 **Ts** 테네신 tennessine	118 **Og** 오가네손 oganesson

57 **La** 란타넘 lanthanum 138.91	58 **Ce** 세륨 cerium 140.12	59 **Pr** 프라세오디뮴 praseodymium 140.91	60 **Nd** 네오디뮴 neodymium 144.24	61 **Pm** 프로메튬 promethium	62 **Sm** 사마륨 samarium 150.36(2)	63 **Eu** 유로퓸 europium 151.96	64 **Gd** 가돌리늄 gadolinium 157.25(3)	65 **Tb** 터븀 terbium 158.93	66 **Dy** 디스프로슘 dysprosium 162.50	67 **Ho** 홀뮴 holmium 164.93	68 **Er** 어븀 erbium 167.26	69 **Tm** 툴륨 thulium 168.93	70 **Yb** 이터븀 ytterbium 173.05	71 **Lu** 루테튬 lutetium 174.97
89 **Ac** 악티늄 actinium	90 **Th** 토륨 thorium 232.04	91 **Pa** 프로트악티늄 protactinium 231.04	92 **U** 우라늄 uranium 238.03	93 **Np** 넵투늄 neptunium	94 **Pu** 플루토늄 plutonium	95 **Am** 아메리슘 americium	96 **Cm** 퀴륨 curium	97 **Bk** 버클륨 berkelium	98 **Cf** 캘리포늄 californium	99 **Es** 아인슈타이늄 einsteinium	100 **Fm** 페르뮴 fermium	101 **Md** 멘델레븀 mendelevium	102 **No** 노벨륨 nobelium	103 **Lr** 로렌슘 lawrencium

출처 ⓒ 대한화학회

※ 표준 원자량은 2011년 IUPAC에서 결정한 새로운 형식을 따른 것으로 [ ] 안에 표기된 숫자는 2종류 이상의 안정한 동위원소가 존재하는 경우에
각각 시료에서 발견되는 자연 존재비의 분포를 고려한 표준 원자량의 범위를 나타낸 것임.

화학용어 변경사항 정리

표준화 지침에 따라 화학용어가 일부 변경되었습니다.
본 도서는 바뀐 화학용어로 표기되어 있으나, 시험에 변경 전 용어로 출제될 수도 있어 수험생들의
완벽한 시험 대비를 위해 변경 전/후의 화학용어를 정리해 두었습니다.
학습하시는 데 참고하시기 바랍니다.

변경 후	변경 전	변경 후	변경 전
염화 이온	염소 이온	메테인	메탄
염화바이닐	염화비닐	에테인	에탄
이산화황	아황산가스	프로페인	프로판
사이안	시안	뷰테인	부탄
알데하이드	알데히드	헥세인	헥산
황산철(Ⅱ)	황산제일철	셀레늄	셀렌
산화크로뮴(Ⅲ)	삼산화제이크롬	테트라플루오로에틸렌	사불화에틸렌
크로뮴	크롬	실리카젤	실리카겔
다이크로뮴산	중크롬산	할로젠	할로겐
브로민	브롬	녹말	전분
플루오린	불소, 플루오르	아이소뷰틸렌	이소부틸렌
다이클로로메테인	디클로로메탄	아이소사이아누르산	이소시아눌산
1,1-다이클로로에테인	1,1-디클로로에탄	싸이오	티오
1,2-다이클로로에테인	1,2-디클로로에탄	다이	디
클로로폼	클로로포름	트라이	트리
스타이렌	스틸렌	설폰 / 설폭	술폰 / 술폭
1,3-뷰타다이엔	1,3-부타디엔	나이트로 / 나이트릴	니트로 / 니트릴
아크릴로나이트릴	아크릴로니트릴	하이드로	히드로
트라이클로로에틸렌	트리클로로에틸렌	하이드라	히드라
N,N-다이메틸폼아마이드	N,N-디메틸포름아미드	퓨란	푸란
다이에틸헥실프탈레이트	디에틸헥실프탈레이트	아이오딘	요오드
바이닐아세테이트	비닐아세테이트	란타넘	란탄
하이드라진	히드라진	에스터	에스테르
망가니즈	망간	에터	에테르
알케인	알칸	60분+방화문, 60분 방화문	갑종방화문
알카인	알킨	30분 방화문	을종방화문

한번에
합격하기

한번에
합격하는
위험물기능사

필기 여승훈, 박수경 지음

BM (주)도서출판 **성안당**

■ 도서 A/S 안내

저자 문의 e-mail : antidanger@kakao.com(박수경)

본서 기획자 e-mail : coh@cyber.co.kr(최옥현)

홈페이지 : http://www.cyber.co.kr   전화 : 031) 950-6300

안녕하십니까?

석유화학단지가 밀집되어 있는 울산이나 여수 지역은 다른 지역에 비해 위험물자격에 대한 수요가 많은 것이 사실입니다. 이는 위험물을 취급할 수 있는 자에 대한 자격을 법으로 정하고 있어 회사가 위험물자격증을 취득한 사람을 채용해야 하는 의무를 가지고 있기 때문입니다. 하지만 사회전반에 걸쳐 안전에 대한 요구가 증가하고 있어, 안전과 관련된 자격증의 수요가 지역적으로 점차 확산되고 있는 추세입니다. 특히 화학공장에서 발생하는 사고의 규모는 매우 크기 때문에 이에 대한 규제를 더 강화하고 있는 실정이며, 위험물자격 취득의 수요는 앞으로 계속 늘어날 수밖에 없을 것입니다.

대한민국에서 시행되고 있는 기능사를 모두 불러 모아 "가장 어려운 기능사 손들어보세요."하면, 가장 먼저 손드는 것이 위험물기능사일겁니다. 물론, 어려운 만큼 그 값어치를 하는 자격증임에 틀림없습니다.

국가기술자격 공부를 위해 **책을 선택하는 기준**은 크게 두 가지로 볼 수 있습니다.

첫 번째, 문제에 대한 해설이 이해하기 쉽게 되어 있는 책을 선택해야 합니다. 기출문제는 같아도 그 문제에 대한 풀이는 책마다 다를 수밖에 없으며, 해설의 길이가 길고 짧음을 떠나 얼마나 이해하기 쉽고 전달력 있게 풀이하고 있는지가 더 중요합니다.

두 번째, 최근 개정된 법령이 반영되어 있는 책인지를 확인해야 합니다. 위험물안전관리법은 자주 개정되는 편은 아니지만, 개정 시점에는 꼭 개정된 부분에 대해 출제되는 경향이 있습니다. 그렇다고 해서 수험생 여러분들이 개정된 법까지 찾아가며 공부하는 것은 힘든 일이기 때문에 믿고 공부할 수 있는 수험서를 선택해야 합니다.

해마다 도서의 내용을 수정, 보완하고 기출문제를 추가해 나가고 있습니다. 정성을 다하여 하고 있으나 수험생분들이 시험대비를 하는 데 부족한 부분이 있을까 염려됩니다. 혹시라도 내용의 오류나 학습하시는 데 불편한 부분이 있다면 언제든지 말씀해 주시면 개정판 작업 시 반영하여 좀더 나은 수험서로 거듭날 수 있도록 노력하겠습니다.

마지막으로 이 책을 출간하기까지 여러 가지로 도움을 주신 모든 분들께 감사의 말씀을 드립니다.

저자

위험물기능사는 석유화학단지 필수 자격증으로서 위험물을 취급하는 모든 사업장은 위험물기능사 이상의 자격증을 취득한 자를 위험물안전관리자로 선임해야 하는 법적 의무가 있기 때문에 기업에서 필수로 요구하는 자격증이다.

(위험물안전관리법 제15조) 제조소등의 관계인은 위험물의 안전관리에 관한 직무를 수행하게 하기 위하여 제조소등마다 대통령령이 정하는 위험물의 취급에 관한 자격이 있는 자(이하 "위험물취급자격자"라 한다)를 위험물안전관리자(이하 "안전관리자"라 한다)로 선임하여야 한다.

시험안내

① 연도별 응시인원 및 합격률

연 도	필 기			실 기		
	응시자	합격자	합격률	응시자	합격자	합격률
2023	16,542명	6,668명	40.3%	8,735명	3,249명	37.2%
2022	14,100명	5,932명	42.1%	8,238명	3,415명	41.5%
2021	16,322명	7,150명	43.8%	9,188명	4,070명	44.3%
2020	13,464명	6,156명	45.7%	9,140명	3,482명	38.1%
2019	19,498명	8,433명	43.3%	12,342명	4,656명	37.7%
2018	17,658명	7,432명	42.1%	11,065명	4,226명	38.2%
2017	17,426명	7,133명	40.9%	9,266명	3,723명	40.2%
2016	17,615명	5,472명	31.1%	7,380명	3,109명	42.1%
2015	17,107명	4,951명	28.9%	7,380명	3,578명	48.5%

② 응시 자격

위험물기능사는 남녀노소 누구나 원하면 응시할 수 있는 자격제한이 없는 국가기술자격증이다.(단, 실기시험은 필기시험에 합격한 자로서 필기시험에 합격한 날로부터 2년이 지나지 않아야 한다.)

③ 시험 일정 [자세한 시험 일정은 Q-net(www.q-net.or.kr) 참조 바람]

〈필기〉
제1회 매년 1월 / 제2회 매년 4월 / 제3회 매년 6월 / 제4회 매년 9월

〈실기〉
제1회 매년 3월 / 제2회 매년 5월 / 제3회 매년 8월 / 제4회 매년 11월

④ 원서접수 방법

시행기관인 한국산업인력공단에서 운영하는 홈페이지 큐넷(http://www.q-net.or.kr)에 회원가입 후, 원하는

내방접수는 불가능하니, 꼭 온라인사이트를 이용하세요!

지역을 선택하여 원서접수를 할 수 있다.

⑤ ⋯ 원서접수 시간

원서접수 기간의 첫날 10:00부터
마지막 날 18:00까지이다.

가끔 마지막 날 밤 12:00까지로
알고 접수를 놓치는 경우도 있으니,
꼭 해지기 전에 신청하세요!

⑥ ⋯ 시험 수수료

〈**필기**〉 14,500원

〈**실기**〉 17,200원

2024년 12월 기준이므로
추후 변동될 수 있습니다!

⑦ ⋯ 시험 시 준비물

신분증, 수험표(또는 수험번호), 흑색싸인펜 또는 볼펜(필기시험은 필요 없음), 수정테이
프, 계산기

⑧ ⋯ 시험 시간

〈**필기**〉

필기시험은 약 1주의 기간 동안 진행되는
데 그 중 원하는 날짜와 원하는 시간을 선
택할 수 있으며 한 회당 한 번만 응시할
수 있다.

– 1부(09:30까지 입실)
　～10부(16:30까지 입실)

〈**실기**〉

실기시험은 1시간 30분이다.

문제를 빨리 풀면 즉시 완료하고 언제든지
시험장에서 나올 수 있습니다. (단, 실기시험은
전국적으로 동시에 실시하며 아무리 빨리 풀어도
1시간이 지나야 시험장에서 나올 수 있다는 점
참고하세요!)

⑨ ⋯ 시험문제 형식

〈**필기 : CBT 형식**〉

문제은행에서 무작위로 선별된 문제들로 구성
되며, 응시자 모두가 다른 형태로 구성된 문제를
풀게 된다.

문제 구성은 공평한 난이도로 이루어지기
때문에 어려운 문제들만 집중되지
않을까 걱정하지 마세요.

⑩ ⋯ 실기 시험문제와 가답안 공개여부

2020년 1회 시험부터 작업형 시험 없이 필답형 시험만 시행되면서 기존에는 공개되었던
필답형 시험문제도 공개되지 않는다.

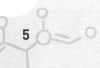

⑪ ···· 합격 여부

〈필기〉

CBT는 시험을 완료하면 화면을 통해 합격/불합격 여부를 즉시 확인할 수 있다. 100점을 만점으로 하여 60점 이상이면 합격이다.

〈실기〉

한 문제당 배점이 5점이며, 60점 이상이면 합격이다.
(필답형) 배점 100점(20문제 전후)

⑫ ···· 합격자 발표

필기시험 합격예정자 및 **최종합격자 발표시간**은 해당 발표일의 오전 09 : 00부터 큐넷 사이트를 통해 공개한다.

합격을 확인한 후에는 반드시 큐넷 사이트에서 자격증 발급 신청을 해야 하는데 발급 수수료를 결제하고 한국산업인력공단 지사에 방문하여 수령하실 수도 있고 배송료를 추가로 결제하시고 원하는 장소까지 택배로 신청하실 수도 있답니다!

⑬ ···· 진로 및 전망

• 위험물 제조, 저장, 취급 전문업체, 도료 제조, 고무 제조, 금속 제련, 유기합성물 제조, 염료 제조, 화장품 제조, 인쇄잉크 제조 등 지정수량 이상의 위험물 취급업체 및 위험물 안전관리 대행기관에 종사할 수 있다.

• 상위직으로 승진하기 위해서는 관련분야의 상위자격을 취득하거나 기능을 인정받을 수 있는 경험이 있어야 한다.

• 유사직종의 자격을 취득하여 독극물 취급, 소방설비, 열관리, 보일러 환경분야로 전직할 수 있다.

※ CBT(컴퓨터 기반 시험)에 대한 자세한 내용은 뒤에 상세하게 설명되어 있습니다.

✓ ···· 위험물기능사 실기를 준비할 때 격공하게 되는 점

1. 분명 필기 공부할 때 봤던 내용인데 보기가 없는 주관식이라 어렵게 느껴진다.
2. 화학반응식과 계산문제를 버려야 할까 끝까지 잡고 있을까 고민된다.
3. 위험물안전관리법에서 암기해야 할 수치가 너무 많다.

✓ ···· 실기 준비는 필기시험 공부와는 조금 다르게

1. 필기시험은 전체적인 개념을 이해해야 풀 수 있는 문제들로 출제되지만, 실기는 화학식과 구조식은 물론 화학반응원리까지 알아야 한다.
2. 실기는 문제와 답만 외워서는 절대 안된다. 위험물기능사 필기에서 공부했던 본문 내용을 충분히 활용해야 한다. 시간이 좀 걸리더라도 결국 필기에서 봤던 내용들이라 반복을 통해 공부스타일이 잡힐 것이다.
3. 필기에 비해 출제되는 범위가 좁고 문제가 자주 반복되는 경향이 매우 크다. 위험물안전관리법의 암기사항 및 화학반응식, 그리고 계산문제 또한 반복적인 공부를 통해 원리를 이해할 수 있게 된다.
4. 몰라서 틀리는 문제는 몇 개 없다. 긴장으로 인한 실수가 많은 시험이니 실수를 줄이는 게 중요하다.
5. 시험문제를 다 풀고 난 후 꼭 문제 수와 배점을 확인해야 한다. 그렇지 않으면 시험문제를 다 안 풀고 나올 수도 있다.

✓ ···· 실기 시험장에서의 수험자 유의사항

시험장에 가면 감독위원께서 시험볼 때의 주의사항을 친절히 다 알려주시겠지만, 그래도 이것만은 미리 알고 가도록 하자.
1. 수험번호 및 성명 기재
2. 흑색 필기구만 사용
3. 시험지에 문제와 연관성 없는 낙서를 하거나 문제에 습관적으로 밑줄을 긋거나 정답을 강조하기 위해 정답에 ○(동그라미), ,(콤마), ㅁ(네모), ★(별표) 등을 하면 그 문제는 0점 처리됨
4. 답안 정정 시 두 줄(=)로 그어 표시하거나 수정테이프 사용 가능(단, 수정액은 사용 불가)
5. 계산연습이 필요한 경우 시험지의 아래쪽에 있는 연습란 사용
6. 계산결과 값은 소수 셋째자리에서 반올림하여 둘째자리까지 구하여야 함
7. 답에 단위가 없으면 오답으로 처리 (단, 요구사항에 단위가 있으면 생략)
8. 요구한 답란에 정답과 오답이 함께 기재되어 있을 경우 오답으로 처리
9. 소문제로 파생되거나, 가짓수를 요구하는 문제는 대부분 부분배점 적용
10. 시험종료 후 번호표는 반납해야 함

[시험 접수에서 자격증 수령까지 안내]

☑ 원서접수 안내 및 유의사항입니다.

- 원서접수 확인 및 수험표 출력기간은 접수당일부터 시험시행일까지 출력 가능(이외 기간은 조회불가)합니다. 또한 출력장애 등을 대비하여 사전에 출력 보관하시기 바랍니다.
- 원서접수는 온라인(인터넷, 모바일앱)에서만 가능합니다.
- 스마트폰, 태블릿 PC 사용자는 모바일앱 프로그램을 설치한 후 접수 및 취소/환불 서비스를 이용하시기 바랍니다.

STEP 01
필기시험 원서접수

STEP 02
필기시험 응시

STEP 03
필기시험 합격자 확인

STEP 04
실기시험 원서접수

- 필기시험은 온라인 접수만 가능
- Q-net(www.q-net.or.kr) 사이트 회원 가입
- 응시자격 자가진단 확인 후 원서 접수 진행
- 반명함 사진 등록 필요 (6개월 이내 촬영/ 3.5cm×4.5cm)

- 입실시간 미준수 시 시험 응시 불가 (시험시작 20분 전에 입실 완료)
- 수험표, 신분증, 계산기 지참

- CBT 형식으로 치러지므로 시험 완료 즉시 본인점수 확인 가능
- 인터넷 게시 공고, ARS를 통한 확인 (단, CBT 시험은 인터넷 게시 공고)

- Q-net(www.q-net.or.kr) 사이트에서 원서 접수
- 응시자격서류 제출 후 심사에 합격 처리된 사람에 한하여 원서 접수 가능 (응시자격서류 미제출 시 필기시험 합격예정 무효)

★ 실기 시험정보
1. **문항 수 및 문제당 배점**
   20문제(한 문제당 5점)로 출제되며, 출제방식에 따라 문항 수와 배점이 달라질 수 있습니다.
2. **시험시간**
   1시간 30분이며, 1시간이 지나면 퇴실할 수 있습니다.
3. **가답안 공개여부**
   시험문제 및 가답안은 공개되지 않습니다.

"성안당은 여러분의 합격을 기원합니다"

STEP 05	STEP 06	STEP 07	STEP 08
실기시험 응시	실기시험 합격자 확인	자격증 교부 신청	자격증 수령

• 수험표, 신분증, 필기구, 공학용 계산기, 종목별 수험자 준비물 지참 (공학용 계산기(일반 계산기도 가능)는 허용된 종류에 한하여 사용 가능하며 반드시 포맷 사용)

• 문자 메시지, SNS 메신저를 통해 합격 통보 (합격자만 통보)
• Q-net(www.q-net.or.kr) 사이트 및 ARS (1666-0100)를 통해서 확인 가능

• 상장형 자격증, 수첩형 자격증 형식 신청 가능
• Q-net(www.q-net.or.kr) 사이트를 통해 신청

• 상장형 자격증은 합격자 발표 당일부터 인터넷으로 발급 가능 (직접 출력하여 사용)
• 수첩형 자격증은 인터넷 신청 후 우편수령만 가능 (수수료 : 3,100원 / 배송비 : 3,010원)

★ 필기/실기 시험 시 허용되는 공학용 계산기 기종
1. 카시오(CASIO) FX-901~999
2. 카시오(CASIO) FX-501~599
3. 카시오(CASIO) FX-301~399
4. 카시오(CASIO) FX-80~120
5. 샤프(SHARP) EL-501-599
6. 샤프(SHARP) EL-5100, EL-5230, EL-5250, EL-5500
7. 캐논(CANON) F-715SG, F-788SG, F-792SGA
8. 유니원(UNIONE) UC-400M, UC-600E, UC-800X
9. 모닝글로리(MORNING GLORY) ECS-101

※ 1. 직접 초기화가 불가능한 계산기는 사용 불가
2. 사칙연산만 가능한 일반계산기는 기종에 상관없이 사용 가능
3. 허용군 내 기종 번호 말미의 영어 표기(ES, MS, EX 등)는 무관

＊ 자세한 사항은 Q-net 홈페이지(www.q-net.or.kr)를 참고하시기 바랍니다.

CBT란 Computer Based Test의 약자로, 컴퓨터 기반 시험을 의미한다. 정보기기운용기능사, 정보처리기능사, 굴삭기운전기능사, 지게차운전 기능사, 제과기능사, 제빵기능사, 한식조리기능사, 양식조리기능사, 일식 조리기능사, 중식조리기능사, 미용사(일반), 미용사(피부) 등 12종목은 이미 오래 전부터 CBT 시험을 시행하고 있으며, **위험물기능사는 2016년 5회 시험부터 CBT 시험이 시행**되었다.

【CBT 시험 과정】

한국산업인력공단에서 운영하는 홈페이지 **큐넷(Q-net)**에서는 누구나 쉽게 **CBT 시험**을 볼 수 있도록 실제 자격시험 환경과 동일하게 구성한 **가상 웹 체험 서비스를 제공**하고 있으며, 그 과정을 요약한 내용은 아래와 같다.

① ···· 시험시작 전 신분 확인절차

수험자가 자신에게 배정된 좌석에 앉아 있으면 신분 확인절차가 진행된다.
이것은 시험장 감독위원이 컴퓨터에 나온 수험자 정보와 신분증이 일치하는지를 확인하는 단계이다.

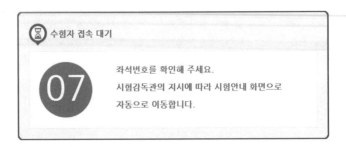

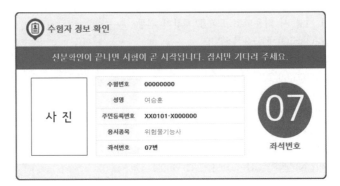

② ····· CBT 시험안내 진행

신분 확인이 끝난 후 시험시작 전 CBT 시험안내가 진행된다.

> 안내사항 > 유의사항 > 메뉴 설명 > 문제풀이 연습 > 시험준비 완료

(1) 시험 [안내사항]을 확인한다.

- 시험은 총 5문제로 구성되어 있으며, 5분간 진행된다.
  ※ 자격종목별로 시험문제 수와 시험시간은 다를 수 있다.(위험물기능사 필기 – 60문제/1시간)
- 시험도중 수험자 PC 장애 발생 시 손을 들어 시험감독관에게 알리면 긴급장애조치 또는 자리이동을 할 수 있다.
- 시험이 끝나면 합격여부를 바로 확인할 수 있다.

(2) 시험 [유의사항]을 확인한다.

시험 중 금지되는 행위 및 저작권 보호에 관한 유의사항이 제시된다.

(3) 문제풀이 [메뉴 설명]을 확인한다.

문제풀이 기능 설명을 유의해서 읽고 기능을 숙지해야 한다.

(4) 자격검정 CBT [문제풀이 연습]을 진행한다.

실제 시험과 동일한 방식의 문제풀이 연습을 통해 CBT 시험을 준비한다.

- CBT 시험 문제화면의 기본 글자크기는 150%이다. 글자가 크거나 작을 경우 크기를 변경할 수 있다.
- 화면배치는 1단 배치가 기본 설정이다. 더 많은 문제를 볼 수 있는 2단 배치와 한 문제씩 보기 설정이 가능하다.

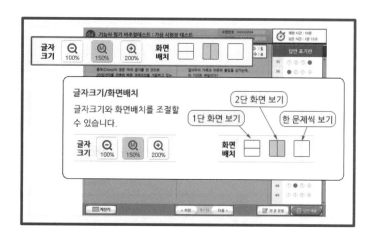

- 답안은 문제의 보기번호를 클릭하거나 답안표기 칸의 번호를 클릭하여 입력할 수 있다.
- 입력된 답안은 문제화면 또는 답안표기 칸의 보기번호를 클릭하여 변경할 수 있다.

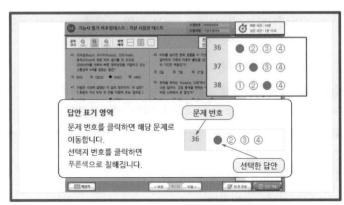

- 페이지 이동은 아래의 페이지 이동 버튼 또는 답안표기 칸의 문제번호를 클릭하여 이동할 수 있다.

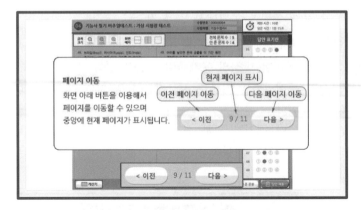

- 응시종목에 계산문제가 있을 경우 좌측 하단의 계산기 기능을 이용할 수 있다.

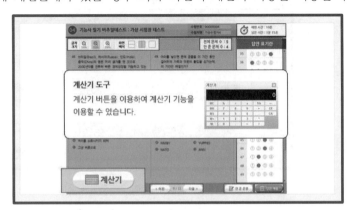

- 안 푼 문제 확인은 답안 표기란 좌측에 안 푼 문제 수를 확인하거나 답안 표기란 하단 [안 푼 문제] 버튼을 클릭하여 확인할 수 있다. 안 푼 문제번호 보기 팝업창에 안 푼 문제번호가 표시된다. 번호를 클릭하면 해당 문제로 이동한다.

- 시험문제를 다 푼 후 답안 제출을 하거나 시험시간이 모두 경과되었을 경우 시험이 종료되며 시험결과를 바로 확인할 수 있다.
- [답안 제출] 버튼을 클릭하면 답안 제출 승인 알림창이 나온다. 시험을 마치려면 [예] 버튼을 클릭하고 시험을 계속 진행하려면 [아니오] 버튼을 클릭하면 된다. 답안 제출은 실수 방지를 위해 두 번의 확인 과정을 거친다. 이상이 없으면 [예] 버튼을 한 번 더 클릭하면 된다.

(5) [시험준비 완료]를 한다.

시험 안내사항 및 문제풀이 연습까지 모두 마친 수험자는 [시험준비 완료] 버튼을 클릭한 후 잠시 대기한다.

③ ⋯ CBT 시험 시행

④ ⋯ 답안 제출 및 합격 여부 확인

NCS란 National Competency Standards의 약자로, '국가직무능력표준' 을 말하며 산업현장에서 직무를 행하기 위해 요구되는 지식·기술·태도 등의 내용을 국가가 산업 부문별, 수준별로 체계화한 것이다.

국가직무능력표준(NCS)이 현장의 '직무 요구서'라고 한다면, NCS 학습모듈은 NCS의 능력단위를 교육훈련에서 학습할 수 있도록 구성한 '교수·학습 자료'이다. NCS 학습모듈은 구체적 직무를 학습할 수 있도록 이론 및 실습과 관련된 내용을 상세하게 제시하고 있다.

① ···· NCS의 개념도 및 학습모듈

(1) 국가직무능력표준(NCS) 개념도

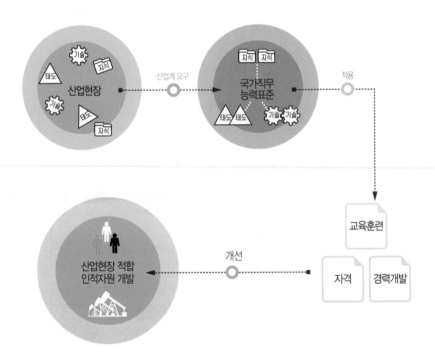

〈**직무능력** : 일을 할 수 있는 On-spec인 능력〉
① 직업인으로서 기본적으로 갖추어야 할 공통 능력 → **직업기초능력**
② 해당 직무를 수행하는 데 필요한 역량(지식, 기술, 태도) → **직무수행능력**

〈**보다 효율적이고 현실적인 대안 마련**〉
① 실무중심의 교육·훈련 과정 개편
② 국가자격의 종목 신설 및 재설계
③ 산업현장 직무에 맞게 자격시험 전면 개편
④ NCS 채용을 통한 기업의 능력중심 인사관리 및 근로자의 평생경력 개발 관리 지원

(2) 국가직무능력표준(NCS) 학습모듈

국가직무능력표준(NCS)이 현장의 **'직무 요구서'**라고 한다면, **NCS 학습모듈은 NCS 능력단위를 교육훈련에서 학습할 수 있도록 구성한 '교수·학습 자료'**이다. NCS 학습모듈은 구체적 직무를 학습할 수 있도록 이론 및 실습과 관련된 내용을 상세하게 제시하고 있다.

② ‥‥ 국가직무능력표준(NCS)이 왜 필요한가?

능력 있는 인재를 개발해 핵심 인프라를 구축하고, 나아가 국가경쟁력을 향상시키기 위해 국가직무능력표준이 필요하다.

(1) 국가직무능력표준(NCS) 적용 전/후

🔍 **지금은,**
- 직업 교육·훈련 및 자격제도가 산업현장과 불일치
- 인적자원의 비효율적 관리 운용

국가직무 능력표준 →

🔍 **바뀝니다.**
- 각각 따로 운영되었던 교육·훈련, 국가직무능력표준 중심 시스템으로 전환(일–교육·훈련–자격 연계)
- 산업현장 직무중심의 인적자원 개발
- 능력중심사회 구현을 위한 핵심 인프라 구축
- 고용과 평생 직업능력개발 연계를 통한 국가경쟁력 향상

(2) 국가직무능력표준(NCS) 활용범위

기업체 Corporation	교육훈련기관 Education and training	자격시험기관 Qualification
• 현장 수요 기반의 인력 채용 및 인사관리 기준 • 근로자 경력개발 • 직무기술서	• 직업교육 훈련과정 개발 • 교수계획 및 매체, 교재 개발 • 훈련기준 개발	• 자격종목의 신설·통합·폐지 • 출제기준 개발 및 개정 • 시험문항 및 평가방법

★ 좀더 자세한 내용에 대해서는 **Q-Net** 홈페이지(www.q-net.or.kr) 및 **NCS** 국가직무능력표준 National Competency Standards 홈페이지 (www.ncs.go.kr)를 참고해 주시기 바랍니다. ★

- 자격종목 : 위험물기능사
- 직무/중직무 분야 : 화학/위험물
- 직무내용 : 위험물제조소 등에서 위험물을 저장·취급하고, 각 설비에 대한 점검과 재해 발생 시 응급조치 등의 안전관리 업무를 수행
- 검정방법/시험시간 : 〈필기〉 객관식(4지택일형)/1시간(60문제)
  〈실기〉 필답형/1시간 30분

출제기준

① ⋯⋯ 필기 출제기준

- 적용기간 : 2025.1.1. ~ 2029.12.31.
- 필기 과목명 : 위험물의 성질 및 안전관리

주요항목	세부항목	세세항목
1 화재 및 소화	(1) 물질의 화학적 성질	① 물질의 상태 및 성질 ② 화학의 기초법칙 ③ 유·무기화합물의 특성
	(2) 화재 및 소화이론의 이해	① 연소이론의 이해 ② 화재 분류 및 특성 ③ 폭발 종류 및 특성 ④ 소화이론의 이해
	(3) 소화약제 및 소방시설의 기초	① 화재예방의 기초 ② 화재발생 시 조치방법 ③ 소화약제의 종류 ④ 소화약제별 소화원리 ⑤ 소화기 원리 및 사용법 ⑥ 소화, 경보, 피난설비의 종류 ⑦ 소화설비의 적응 및 사용
2 제1류 위험물 취급	(1) 성상 및 특성	① 제1류 위험물의 종류 ② 제1류 위험물의 성상 ③ 제1류 위험물의 위험성·유해성
	(2) 저장 및 취급방법의 이해	① 제1류 위험물의 저장방법 ② 제1류 위험물의 취급방법
	(3) 소화방법	① 제1류 위험물의 소화원리 ② 제1류 위험물의 화재예방 및 진압대책
3 제2류 위험물 취급	(1) 성상 및 특성	① 제2류 위험물의 종류 ② 제2류 위험물의 성상 ③ 제2류 위험물의 위험성·유해성
	(2) 저장 및 취급방법의 이해	① 제2류 위험물의 저장방법 ② 제2류 위험물의 취급방법
	(3) 소화방법	① 제2류 위험물의 소화원리 ② 제2류 위험물의 화재예방 및 진압대책

주요항목	세부항목	세세항목
4 제3류 위험물 취급	(1) 성상 및 특성	① 제3류 위험물의 종류 ② 제3류 위험물의 성상 ③ 제3류 위험물의 위험성 · 유해성
	(2) 저장 및 취급방법의 이해	① 제3류 위험물의 저장방법 ② 제3류 위험물의 취급방법
	(3) 소화방법	① 제3류 위험물의 소화원리 ② 제3류 위험물의 화재예방 및 진압대책
5 제4류 위험물 취급	(1) 성상 및 특성	① 제4류 위험물의 종류 ② 제4류 위험물의 성상 ③ 제4류 위험물의 위험성 · 유해성
	(2) 저장 및 취급방법의 이해	① 제4류 위험물의 저장방법 ② 제4류 위험물의 취급방법
	(3) 소화방법	① 제4류 위험물의 소화원리 ② 제4류 위험물의 화재예방 및 진압대책
6 제5류 위험물 취급	(1) 성상 및 특성	① 제5류 위험물의 종류 ② 제5류 위험물의 성상 ③ 제5류 위험물의 위험성 · 유해성
	(2) 저장 및 취급방법의 이해	① 제5류 위험물의 저장방법 ② 제5류 위험물의 취급방법
	(3) 소화방법	① 제5류 위험물의 소화원리 ② 제5류 위험물의 화재예방 및 진압대책
7 제6류 위험물 취급	(1) 성상 및 특성	① 제6류 위험물의 종류 ② 제6류 위험물의 성상 ③ 제6류 위험물의 위험성 · 유해성
	(2) 저장 및 취급방법의 이해	① 제6류 위험물의 저장방법 ② 제6류 위험물의 취급방법
	(3) 소화방법	① 제6류 위험물의 소화원리 ② 제6류 위험물의 화재예방 및 진압대책
8 위험물 운송 · 운반	(1) 위험물 운송기준	① 위험물운송자의 자격 및 업무 ② 위험물 운송방법 ③ 위험물 운송 안전조치 및 준수사항 ④ 위험물 운송차량 위험성 경고 표지
	(2) 위험물 운반기준	① 위험물운반자의 자격 및 업무 ② 위험물 용기기준, 적재방법 ③ 위험물 운반방법 ④ 위험물 운반 안전조치 및 준수사항 ⑤ 위험물 운반차량 위험성 경고 표지
9 위험물제조소 등의 유지관리	(1) 위험물제조소	① 제조소의 위치기준 ② 제조소의 구조기준 ③ 제조소의 설비기준 ④ 제조소의 특례기준

주요항목	세부항목	세세항목
	(2) 위험물저장소	① 옥내저장소의 위치, 구조, 설비 기준 ② 옥외탱크저장소의 위치, 구조, 설비 기준 ③ 옥내탱크저장소의 위치, 구조, 설비 기준 ④ 지하탱크저장소의 위치, 구조, 설비 기준 ⑤ 간이탱크저장소의 위치, 구조, 설비 기준 ⑥ 이동탱크저장소의 위치, 구조, 설비 기준 ⑦ 옥외저장소의 위치, 구조, 설비 기준 ⑧ 암반탱크저장소의 위치, 구조, 설비 기준
	(3) 위험물취급소	① 주유취급소의 위치, 구조, 설비 기준 ② 판매취급소의 위치, 구조, 설비 기준 ③ 이송취급소의 위치, 구조, 설비 기준 ④ 일반취급소의 위치, 구조, 설비 기준
	(4) 제조소등의 소방시설 점검	① 소화난이도 등급 ② 소화설비 적응성 ③ 소요단위 및 능력단위 산정 ④ 옥내소화전설비 점검 ⑤ 옥외소화전설비 점검 ⑥ 스프링클러설비 점검 ⑦ 물분무소화설비 점검 ⑧ 포소화설비 점검 ⑨ 불활성가스 소화설비 점검 ⑩ 할로젠화물소화설비 점검 ⑪ 분말소화설비 점검 ⑫ 수동식 소화기설비 점검 ⑬ 경보설비 점검 ⑭ 피난설비 점검
⑩ 위험물 저장 · 취급	(1) 위험물 저장기준	① 위험물 저장의 공통기준 ② 위험물 유별 저장의 공통기준 ③ 제조소등에서의 저장기준
	(2) 위험물 취급기준	① 위험물 취급의 공통기준 ② 위험물 유별 취급의 공통기준 ③ 제조소등에서의 취급기준
⑪ 위험물 안전관리 감독 및 행정처리	(1) 위험물시설 유지관리 감독	① 위험물시설 유지관리 감독 ② 예방규정 작성 및 운영 ③ 정기검사 및 정기점검 ④ 자체소방대 운영 및 관리
	(2) 위험물안전관리법상 행정사항	① 제조소등의 허가 및 완공검사 ② 탱크안전 성능검사 ③ 제조소등의 지위승계 및 용도폐지 ④ 제조소등의 사용정지, 허가취소 ⑤ 과징금, 벌금, 과태료, 행정명령

② ⋯⋯ 실기 출제기준

- 적용기간 : 2025.1.1. ~ 2029.12.31.
- 실기 과목명 : 위험물 취급 실무

주요항목	세부항목	
1 제4류 위험물 취급	(1) 성상 및 특성	(2) 저장방법 확인하기
	(3) 취급방법 파악하기	(4) 소화방법 수립하기
2 제1류, 제6류 위험물 취급	(1) 성상 및 특성	(2) 저장방법 확인하기
	(3) 취급방법 파악하기	(4) 소화방법 수립하기
3 제2류, 제5류 위험물 취급	(1) 성상 및 특성	(2) 저장방법 확인하기
	(3) 취급방법 파악하기	(4) 소화방법 수립하기
4 제3류 위험물 취급	(1) 성상 및 특성	(2) 저장방법 확인하기
	(3) 취급방법 파악하기	(4) 소화방법 수립하기
5 위험물 운송 · 운반 시설 기준 파악	(1) 운송기준 파악하기	
	(2) 운송시설 파악하기	
	(3) 운반기준 파악하기	
6 위험물 저장	(1) 저장기준 조사하기	
	(2) 탱크저장소에 저장하기	
	(3) 옥내저장소에 저장하기	
	(4) 옥외저장소에 저장하기	
7 위험물 취급	(1) 취급기준 조사하기	
	(2) 제조소에서 취급하기	
	(3) 저장소에서 취급하기	
	(4) 취급소에서 취급하기	
8 위험물제조소 유지관리	(1) 제조소의 시설 기술기준 조사하기	
	(2) 제조소의 위치 점검하기	
	(3) 제조소의 구조 점검하기	
	(4) 제조소의 설비 점검하기	
	(5) 제조소의 소방시설 점검하기	
9 위험물저장소 유지관리	(1) 저장소의 시설 기술기준 조사하기	
	(2) 저장소의 위치 점검하기	
	(3) 저장소의 구조 점검하기	
	(4) 저장소의 설비 점검하기	
	(5) 저장소의 소방시설 점검하기	
10 위험물취급소 유지관리	(1) 취급소의 시설 기술기준 조사하기	
	(2) 취급소의 위치 점검하기	
	(3) 취급소의 구조 점검하기	
	(4) 취급소의 설비 점검하기	
	(5) 취급소의 소방시설 점검하기	

Contents

제2편 위험물안전관리법 (필기/실기 공통)

제3편 필기 기출문제

※ 위험물기능사 필기시험은 2016년 제5회부터 CBT(Computer Based Test)로 시행되고 있으므로 본책에 수록된 기출문제는 기출복원문제임을 알려드립니다.

제4편 중요 빈출문제

≫ 자주 출제되는 중요 기출문제 200선 4-3

※ 위험물기능사 필기시험은 2016년 5회부터 CBT(Computer Based Test) 방식으로 시행되고 있으며 문제은행식으로 시험문제가 출제되어 같은 회차라도 개인별 문제가 상이합니다. 이 장에서는 CBT 시행 이후 자주 출제되는 중요·빈출 문제를 선별하여 정확하고 자세한 해설과 함께 수록하였습니다.

제5편 신경향 예상문제

≫ 저자가 엄선한 신경향 족집게 문제 5-3
(앞으로 출제될 가능성이 높은 예상문제 60선)

제6편 실기 예제문제

제1장 기초화학 6-3

제2장 화재예방과 소화방법 6-6

제1절 연소이론 6-6

제2절 소화이론 6-7

제3절 소방시설의 종류 및 설치기준 6-9

별책부록 핵심 써머리

Craftsman Hazardous material

| 위험물기능사 필기+실기 |

www.cyber.co.kr

제1편

위험물기능사 핵심이론

(필기/실기 공통)

제1장 기초화학
제2장 화재예방과 소화방법
제3장 위험물의 성상 및 취급

미리 알아 두면 좋은 위험물의 성질에 관한 용어

- 활성화(점화)에너지 – 물질을 활성화(점화)시키기 위해 필요한 에너지의 양
- 산화력 – 가연물을 태우는 힘
- 흡열반응 – 열을 흡수하는 반응
- 중합반응 – 물질의 배수로 반응
- 가수분해 – 물을 가하여 분해시키는 반응
- 무상 – 안개 형태
- 주수 – 물을 뿌리는 행위
- 용융 – 녹인 상태
- 소분 – 적은 양으로 분산하는 것
- 촉매 – 반응속도를 증가시키는 물질
- 침상결정 – 바늘 모양의 고체
- 주상결정 – 기둥 모양의 고체
- 냉암소 – 차갑고 어두운 장소
- 동소체 – 단체로서 모양과 성질은 다르나 최종 연소생성물이 동일한 물질
- 이성질체 – 동일한 분자식을 가지고 있지만 구조나 성질이 다른 물질
- 부동태 – 막이 형성되어 반응을 하지 않는 상태
- 소포성 – 포를 소멸시키는 성질
- 불연성 – 타지 않는 성질
- 조연성 – 연소를 돕는 성질
- 조해성 – 수분을 흡수하여 자신이 녹는 성질
- 흡습성 – 습기를 흡수하는 성질

제1장

기초화학

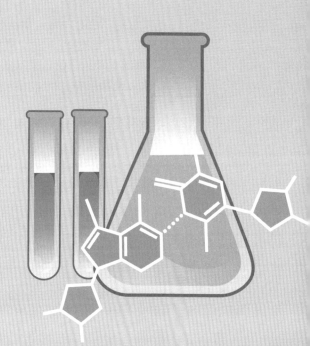

1-1 원소주기율표

01 주기율표의 구성

원소주기율표는 가로와 세로로 구성되어 있는데, 가로를 '주기'라고 하고 세로를 '족'이라 한다.

족\주기	1	2	13	14	15	16	17	18
1	1 H							2 He
2	3 Li	4 Be	5 B	6 C	7 N	8 O	9 F	10 Ne
3	11 Na	12 Mg	13 Al	14 Si	15 P	16 S	17 Cl	18 Ar
4	19 K	20 Ca					35 Br	
							53 I	

알칼리 금속 ← K, Ca → 알칼리 토금속
할로젠 원소 ← Br, I
불활성 기체 ← Ar

(1) 주기

① 1주기 : H(수소), He(헬륨)

② 2주기 : Li(리튬), Be(베릴륨), B(붕소), C(탄소), N(질소), O(산소), F(플루오린), Ne(네온)

③ 3주기 : Na(나트륨), Mg(마그네슘), Al(알루미늄), Si(규소), P(인), S(황), Cl(염소), Ar(아르곤)

④ 4주기 : K(칼륨), Ca(칼슘), Br(브로민)

※ I(아이오딘)은 5주기에 속하는 원소이다.

💡 Tip
그 외의 원소들은 위험물 기능사를 취득하는 데 있어서는 외울 필요가 없는 원소들입니다.

(2) 족(원자가) – 비슷한 화학적 성질을 가진 원소들끼리의 묶음

① 1족 : H(수소), Li(리튬), Na(나트륨), K(칼륨)이 해당된다. 이 원소들을 '+1가 원소'라 하며 이 중에서 기체원소인 수소를 제외한 Li(리튬), Na(나트륨), K(칼륨)을 **알칼리금속**족이라 부른다.

② 2족 : Be(베릴륨), Mg(마그네슘), Ca(칼슘)이 해당된다. 이 원소들을 '+2가 원소'라 하며 **알칼리토금속**족이라 부른다.

③ 17족 : F(플루오린), Cl(염소), Br(브로민), I(아이오딘)이 해당된다. 이 원소들을 '+7가 원소' 또는 '−1가 원소'라 하며 **할로젠원소**족이라 부른다.

④ 18족 : He(헬륨), Ne(네온), Ar(아르곤)이 해당된다. 이 원소들을 '0족 원소'라 하며 **불활성기체**족이라 부른다.

원자가	+1	+2	+3	+4	+5	+6	+7	0
	−7	−6	−5	−4	−3	−2	−1	0

주기 \ 족	1							18
1	1 H	2	13	14	15	16	17	2 He
2	3 Li	4 Be	5 B	6 C	7 N	8 O	9 F	10 Ne
3	11 Na	12 Mg	13 Al	14 Si	15 P	16 S	17 Cl	18 Ar
4	19 K	20 Ca					35 Br	
							53 I	

(3) 원자가의 결정

원자가를 결정하는 방법

위의 [그림]에서 보듯이 원자가는 이론적으로 +원자가와 −원자가가 있는데 정확한 기준점은 없지만 주기율표의 왼쪽 부분에 있는 원소들은 +원자가를 사용하며 오른쪽 부분에 있는 원소들은 −원자가를 사용한다.

① + 원자가 : Na(나트륨)은 +1가 원소이면서 동시에 −7가 원소이지만 주기율표의 왼쪽 부분에 있기 때문에 +1가 원소가 된다.

② − 원자가 : F(플루오린)은 +7가 원소이면서 동시에 −1가 원소이지만 주기율표의 오른쪽 부분에 있기 때문에 −1가 원소로 사용된다.

③ 예외의 경우 : P(인)은 주기율표의 오른쪽 부분에 있으므로 −3가 원소이며 O(산소)도 주기율표의 오른쪽 부분에 있으므로 −2가 원소로 사용되지만 만일 이 두 원소가 화합을 하는 경우라면 둘 중 하나는 +원자가로 작용해야 하고 다른 하나는 −원자가로 작용해야 하는데, 이때 O(산소)가 더 오른쪽에 있기 때문에 P(인)을 +5가 원소, O(산소)를 −2가 원소로 사용하게 된다.

02 원소의 반응원리

원소의 반응원리는 자신의 원자가를 상대원소의 분자수(원소의 오른쪽 아래 자리)로 주고 상대원소의 원자가를 자신의 분자수로 받아들이는 것이다.

원자가를 교환하는 원리

① 칼륨과 산소의 반응원리 : $K^{+1}\diagdown O^{-2} \rightarrow K_2O$

② 나트륨과 플루오린의 반응원리 : $Na^{+1}\diagdown F^{-1} \rightarrow NaF$

③ 과산화물 : 산화물에 산소가 과하게 존재하는 상태로서 K_2O(산화칼륨)에 산소를 추가하면 K_2O_2가 되며 이를 과산화칼륨이라 부른다.

> **⊙ Tip**
> 화학에서는 숫자 1을 표시하지 않으므로 K_2O_1 또는 Na_1F_1이라고 표현하지 않습니다.

📖 화학식 읽는 방법

여러 개의 원소가 조합된 화학식을 읽을 때는 먼저 뒤쪽 원소 명칭의 끝 글자 대신 "~화"를 붙이고, 여기에 앞쪽 원소의 명칭을 붙여서 읽는다.

1) K_2O : 뒤쪽 원소 명칭(산소)의 끝 글자(소) 대신 "~화"를 붙이고(산화), 여기에 앞쪽 원소의 명칭(칼륨)을 붙여서 "산화칼륨"이라고 읽는다.
2) NaF : 뒤쪽 원소 명칭(플루오린)의 끝 글자에 "~화"를 붙이고(플루오린화), 여기에 앞쪽 원소의 명칭(나트륨)을 붙여서 "플루오린화나트륨"이라고 읽는다.

예제 1 **나트륨과 산소의 반응으로 만들어지는 화합물은 무엇인가?**

✅ 풀이 Na(나트륨)은 +1가 원소, O(산소)는 −2가 원소이므로 Na(나트륨)은 1을 O(산소)의 분자수 자리에 주고 O(산소)의 원자가 2를 자신의 분자수 자리로 받는다. 이때, +와 −인 부호는 서로 없어지면서 $Na^{+1}\diagdown O^{-2} \rightarrow Na_2O$(산화나트륨)이 된다.

족 주기	1	2	13	14	15	16	17	18
1	1 H							2 He
2	3 Li	4 Be	5 B	6 C	7 N	8 O	9 F	10 Ne
3	11 Na	12 Mg	13 Al	14 Si	15 P	16 S	17 Cl	18 Ar
4	19 K	20 Ca					35 Br	
							53 I	

$$Na^{+1} + O^{-2} \rightarrow Na_2O$$

위 [그림]처럼 반응 후에 Na(나트륨)은 O(산소)로부터 2를 받아 Na_2가 되고 O(산소)는 Na(나트륨)으로부터 1을 받았기 때문에 O로 표시되어 Na_2O가 되었다. Na_2O의 명칭은 뒤에 있는 산소의 "소"를 떼고 "화"를 붙여 "산화"가 되고 앞에 있는 나트륨을 그대로 읽어 주어 "산화나트륨"이 된다.

정답 Na_2O(산화나트륨)

예제 2 **나트륨과 염소의 반응으로 만들어지는 화합물은 무엇인가?**

✅ 풀이 Na(나트륨)은 +1가 원소, Cl(염소)는 −1가 원소로, 둘 다 1 원자가를 가지고 있기 때문에 숫자를 주고 받을 필요가 없어 $NaCl$이 된다. $NaCl$의 명칭은 뒤에 있는 염소에서 "소"를 떼고 "화"를 붙여 "염화"가 되고 앞에 있는 나트륨을 읽어 주어 "염화나트륨"이 된다.

정답 $NaCl$(염화나트륨)

예제 3 알루미늄과 산소의 반응으로 만들어지는 화합물은 무엇인가?

　　풀이 Al(알루미늄)은 +3가 원소, O(산소)는 −2가 원소이므로 Al(알루미늄)은 3을 O(산소)의 분자수 자리에 주고 O(산소)의 원자가 2를 자신의 분자수 자리로 받으면 Al_2O_3(산화알루미늄)이 된다.

　　정답 Al_2O_3(산화알루미늄)

예제 4 마그네슘과 황의 반응으로 만들어지는 화합물은 무엇인가?

　　풀이 Mg(마그네슘)은 +2가 원소, S(황)은 −2가 원소이므로 Mg(알루미늄)은 2를 S(황)의 분자수 자리에 주고 S(황)의 원자가 2를 자신의 분자수 자리로 받으면 Mg_2S_2가 된다. 하지만 똑같은 숫자 2가 양쪽 원소에 모두 존재할 때는 약분하여 MgS(황화마그네슘)으로 만들어야 한다.

　　정답 MgS(황화마그네슘)

예제 5 인과 산소의 반응으로 만들어지는 화합물은 무엇인가?

　　풀이 P(인)은 −3가 원소이지만 반응하는 상대원소인 O(산소)가 −2가 원소로 주기율표상에서 더 오른쪽에 위치하고 있기 때문에 P(인)은 +원자가가 되어야 한다. P(인)은 +5가 원소, O(산소)는 −2가 원소이므로 P(인)은 5를 O(산소)의 분자수 자리에 주고 O(산소)의 원자가 2를 자신의 분자수 자리로 받으면 P_2O_5(오산화인)이 된다.

　　정답 P_2O_5(오산화인)

03 원소의 구성

(1) 원자번호

원소들은 고유의 원자번호를 가지고 있는데 원소주기율표에서 알 수 있듯이 원소가 나열된 순서대로 번호를 가진다.

원자번호	원소기호	원자번호	원소기호
1	H(수소)	11	Na(나트륨)
2	He(헬륨)	12	Mg(마그네슘)
3	Li(리튬)	13	Al(알루미늄)
4	Be(베릴륨)	14	Si(규소)
5	B(붕소)	15	P(인)
6	C(탄소)	16	S(황)
7	N(질소)	17	Cl(염소)
8	O(산소)	18	Ar(아르곤)
9	F(플루오린)	19	K(칼륨)
10	Ne(네온)	20	Ca(칼슘)

톡톡 튀는 암기법 헤헤니배 비키니옷벗네 나만알지 푹쉬그라크크

(2) 몰수

원자(원소 1개) 또는 분자(원소 2개 이상)의 개수를 의미한다.

예 H(수소원자) 2몰의 표시는 2H로 하고, O_2(산소분자) 2몰의 표시는 $2O_2$로 한다. 또한 N_2(질소분자) 1몰의 표시는 N_2로 한다.

예제 1 **탄소 3몰을 화학식으로 표현하라.**

풀이 탄소원자 3몰은 C(탄소) 기호 앞에 숫자 3을 넣어 주면 된다.

정답 3C

예제 2 **산소기체 4몰을 화학식으로 표현하라.**

풀이 산소기체는 원자가 아니라 분자로 존재하므로 O_2로 표시하며 기호 앞에 숫자 4를 넣어 주면 된다.

정답 $4O_2$

(3) 원자량(질량수)

원소 한 개의 질량을 의미한다.

① 원자번호가 짝수일 때 : **원자량 = 원자번호×2**

② 원자번호가 홀수일 때 : **원자량 = 원자번호×2+1**

③ 예외의 경우

   ㉠ H(수소) : 원자번호가 홀수인 1번이기 때문에 원자량은 $1 \times 2 + 1 = 3$이 되어야 하지만 원자량은 1이다.

   ㉡ N(질소) : 원자번호가 홀수인 7번이기 때문에 원자량은 $7 \times 2 + 1 = 15$가 되어야 하지만 원자량은 14이다.

예제 1 **C(탄소)의 원자번호와 원자량을 구하라.**

풀이 C의 원자번호는 6번으로 짝수이므로 원자량은 $6 \times 2 = 12$이다.

정답 원자번호 : 6,
원자량 : 12

예제 2 **F(플루오린)의 원자번호와 원자량을 구하라.**

풀이 F의 원자번호는 9번으로 홀수이므로 원자량은 $9 \times 2 + 1 = 19$이다.

정답 원자번호 : 9,
원자량 : 19

(4) 분자량

2개 이상의 원소로 이루어진 물질을 분자라고 하며, 분자량이란 그 분자 1몰의 질량을 의미한다.

> **Tip**
>
> 원자량이나 분자량의 단위는 가상의 단위로서 g 또는 kg으로 표시되지만 단순하게 원자량이나 분자량을 표시할 경우에는 생략하는 것이 일반적입니다.

예제 1 CO_2(이산화탄소)의 분자량을 구하라.

> **풀이** C의 원자번호는 6번으로 짝수이므로 원자량은 $6 \times 2 = 12$이다.
> O의 원자번호는 8번으로 짝수이므로 원자량은 $8 \times 2 = 16$이다.
> O_2의 분자량은 $16 \times 2 = 32$이다.
> 따라서, CO_2의 분자량은 $12 + 32 = 44$이다.
>
> **정답** 44

예제 2 $NaHCO_3$(탄산수소나트륨)의 분자량을 구하라.

> **풀이** Na의 원자번호는 11번으로 홀수이기 때문에 원자량은 $11 \times 2 + 1 = 23$이다.
> H의 원자번호는 1번이지만 예외적으로 원자량 역시 1이다.
> C의 원자번호는 6번으로 짝수이므로 원자량은 $6 \times 2 = 12$이다.
> O_3의 분자량은 $16 \times 3 = 48$이다.
> 따라서, $NaHCO_3$의 분자량은 $23 + 1 + 12 + 48 = 84$이다.
>
> **정답** 84

---

04 원자단

2개의 원소들이 서로 결합된 상태로 존재하여 하나의 원소처럼 반응하는 것을 의미한다.

 ◀ 원소와 원자단의 반응원리

(1) 종류

① OH(수산기) : -1가 원자단이며 OH^-로 표시한다.

② SO_4(황산기) : -2가 원자단이며 $SO_4{}^{2-}$로 표시한다.

③ NH_4(암모늄기) : $+1$가 원자단이며 $NH_4{}^+$로 표시한다.

> **Tip**
>
> 여기, 3가지의 원자단만 암기하도록 하세요.

(2) 반응원리

원자단이 원자가 2 이상을 가진 원소와 화합하는 경우에는 원자단에 괄호를 묶어서 표시해야 한다.

> **예** $+2$가 원소인 Mg(마그네슘)이 OH(수산기)와 화합하면 'Mg + OH → $Mg(OH)_2$'와 같은 반응식이 만들어지는데, 여기서 OH(수산기)에 괄호를 하지 않으면 Mg(마그네슘)으로부터 숫자 2를 받을 때 OH_2가 되어 O(산소)는 1개가 되고 H(수소)만 2개가 된다. 원자단은 하나의 원소처럼 반응하는 성질이 있으므로 괄호로 묶어서 $(OH)_2$로 표현해야 O(산소)와 H(수소) 모두 2개가 된다.

<u>예제 1</u> H와 SO_4의 반응을 완성하라.

> **풀이** H(수소)는 +1가 원소이고 SO_4(황산기)는 −2가 원자단이므로 H(수소)가 SO_4(황산기)
> 로부터 숫자 2를 받고 SO_4(황산기)는 H(수소)로부터 숫자 1을 받지만 숫자 1은 표시
> 하지 않는다. 따라서, H_2SO_4(황산)이라는 물질을 생성하게 된다.
>
> **정답** $H + SO_4 \rightarrow H_2SO_4$

<u>예제 2</u> Al과 OH의 반응을 완성하라.

> **풀이** Al(알루미늄)은 +3가 원소이고 OH(수산기)는 −1가 원자단이므로 Al(알루미늄)은 OH
> (수산기)로부터 숫자 1을 받지만 표시하지 않으며 OH(수산기)는 Al(알루미늄)으로부터
> 숫자 3을 받아 $Al(OH)_3$(수산화알루미늄)을 생성하게 된다.
>
> **정답** $Al + OH \rightarrow Al(OH)_3$

1-2 질량과 부피

01 질량(분자량)

어떤 물질이 가지는 양의 크기로서, 일반적으로 분자량(1몰의 질량)과 동일한 개념으로
사용된다.

02 부피

공간을 차지하고 있는 크기로서, 기체의 종류에 관계없이 **모든 기체 1몰의 부피는
표준상태(0℃, 1기압)에서 22.4L이다.**

03 질량과 부피의 관계

(1) 2가지 물질의 질량(분자량) 관계

CO_2(이산화탄소) 1mol의 분자량은 44g이고 O_2(산소) 1mol의 분자량은 32g으로서 두
물질 모두 동일한 1몰 상태이지만 분자량은 서로 다르다.

(2) 2가지 물질의 표준상태(0℃, 1기압)에서 부피의 관계

CO_2(이산화탄소) 1몰의 부피는 22.4L이고 O_2(산소) 1몰의 부피도 22.4L로서 두 물질
모두 동일한 1몰 상태에서 부피는 서로 같다.

📖 **아보가드로의 법칙**

표준상태(0℃, 1기압)에서 모든 기체 1몰의 부피는 22.4L이다.

분자량(g/mol)　　　부피

CO_2　$12 + 16 \times 2 = 44$

O_2　　$16 \times 2 = 32$

} ⇨ 22.4L

예제 1 C_6H_6(벤젠)에서 발생한 증기 2몰의 질량과 부피는 표준상태에서 각각 얼마인가?

✅ **풀이**　C_6H_6(벤젠) 1몰의 분자량은 $12(C)g \times 6 + 1(H)g \times 6 = 78g$이고, 부피는 22.4L이다.
　　　　C_6H_6(벤젠) 2몰의 표시방법은 $2C_6H_6$이며,
　　　　질량은 $2 \times 78g = 156g$, 부피는 $2 \times 22.4L = 44.8L$이다.

정답 질량 : 156g,
부피 : 44.8L

예제 2 표준상태(0℃, 1기압)에서 22.4L의 기체를 채울 수 있는 풍선에 N_2(질소)를 가득 채웠다면 이 풍선 안에 들어 있는 질소기체의 몰수와 분자량은 얼마인가?

✅ **풀이**　기체의 종류에 관계없이 모든 기체 1몰의 부피는 표준상태(0℃, 1기압)에서 22.4L이다.
　　　　풍선 안에 가득 채워진 질소는 부피가 22.4L이므로 1몰이 존재하는 상태이고 N_2(질소)
　　　　1몰은 분자량이 $14(N)g \times 2 = 28g$이 된다.

정답 몰수 : 1몰,
분자량 : 28g/mol

1-3　이상기체상태방정식

01 이상기체

동일한 분자들로 구성되어 부피는 0이고 분자끼리의 상호작용이 없는 기체를 이상기체라고 한다. 하지만 실제기체라 하더라도 낮은 압력과 높은 온도에서는 이상기체의 성질을 가지므로 이상기체상태방정식에 적용할 수 있다.

02 이상기체상태방정식

(1) 몰수로 표현

$$PV = nRT$$

여기서, P : 압력(기압 또는 atm)
V : 부피(L)
n : 몰수(mol)
R : 이상기체상수
　　($=0.082$ atm $\cdot$ L/K $\cdot$ mol)
T : 절대온도($273+$실제온도)(K)

> **⚙ Tip**
>
> 이상기체상태방정식에서는 압력의 단위가 기압으로 사용되기 때문에 문제에서 단위가 mmHg인 압력이 주어지면 1기압=760mmHg이 므로 그 압력을 760으로 나누어 단위를 기압 (또는 atm)으로 환산해야 합니다.
>
> 예 압력 750mmHg를 기압으로 환산하면
>
> $$\frac{750\text{mmHg}}{760\text{mmHg}/\text{기압}} = 0.99\text{기압이 됩니다.}$$

(2) 분자량과 질량으로 표현

$$PV = \frac{w}{M}RT$$

여기서, P : 압력(기압 또는 atm), V : 부피(L)
w : 질량(g), M : 분자량(g/mol)
R : 이상기체상수($=0.082$ atm $\cdot$ L/K $\cdot$ mol)
T : 절대온도($273+$실제온도)(K)

예제 1 0℃, 1기압에서 이산화탄소 1몰이 기화되었다. 기화된 이산화탄소의 부피는 몇 L인가?

> **풀이** 이상기체상태방정식에 대입하면 다음과 같다.
> $PV = nRT$
> $1 \times V = 1 \times 0.082 \times (273 + 0)$
> $\therefore V = 22.39\text{L} \fallingdotseq 22.4\text{L}$
> ※ 앞에서 0℃, 1기압(표준상태)에서 모든 기체 1몰의 부피가 22.4L라는 것은 이상기체 상태방정식에 0℃, 1기압과 1몰의 값을 대입해서 얻은 결과라는 것을 알 수 있다.
>
> **정답** 22.4L

예제 2 20℃, 1기압에서 이산화탄소 1몰이 기화되었을 경우 기화된 이산화탄소의 부피는 몇 L인가?

> **풀이** 이상기체상태방정식에 대입하면 다음과 같다.
> $PV = nRT$
> $1 \times V = 1 \times 0.082 \times (273 + 20)$
> $\therefore V = 24.026\text{L} \fallingdotseq 24.03\text{L}$
>
> **정답** 24.03L

1-4 밀도와 비중

01 고체 또는 액체의 밀도와 비중

(1) 밀도 (단위 : g/mL)

고체 또는 액체의 밀도는 질량을 부피로 나눈 값으로서, 입자들이 정해진 공간에 얼마나 밀집되어 있는지를 나타낸다.

$$\text{밀도} = \frac{\text{질량}}{\text{부피}} \text{(g/mL 또는 kg/L)}$$

(2) 비중 (단위 없음)

물질의 무게 또는 질량이 물보다 얼마나 더 무거운지 또는 가벼운지를 나타내는 기준이다. 여기서, 물은 표준물질로서 비중은 1이며 밀도 역시 1g/mL이다.

$$\text{비중} = \frac{\text{해당 물질의 밀도}}{\text{표준물질의 밀도}} = \frac{\text{밀도(g/mL)}}{1\text{g/mL}}$$

다시 말해 비중은 단위가 존재하지 않고 밀도는 단위가 존재한다는 것 외에 비중과 밀도는 동일한 의미라고 할 수 있다.

$$\text{비중} = \frac{\text{질량}}{\text{부피}}$$

예제 비중이 0.8인 휘발유 4,000mL의 질량은 몇 g인가?

풀이

비중$=\dfrac{\text{질량}}{\text{부피}}$ 이므로,

질량=비중×부피가 된다.

∴ 질량=0.8×4,000=3,200g

※ 부피의 단위가 mL이므로 질량의 단위는 g이 된다.

정답 3,200g

---

02 증기밀도와 증기비중

(1) 증기밀도 (단위 : g/L)

밀도는 질량을 부피로 나눈 값으로, 증기의 밀도는 이상기체상태방정식을 이용하여 공식을 만들 수 있다.

$$증기밀도 = \frac{PM}{RT} \text{ (g/L)}$$

※ 0℃, 1기압에서 증기밀도를 구하면 다음과 같다.

$$증기밀도 = \frac{1 \times M}{0.082 \times (273 + 0)} = \frac{분자량}{22.4} \text{ (g/L)}$$

> **Tip**
> 증기밀도의 단위는 g/L,
> 고체·액체 밀도의 단위는
> g/mL로 해야 합니다.

📖 증기밀도 공식의 유도과정

이상기체상태방정식은 다음과 같다.

$$PV = \frac{w}{M} RT$$

이 식은 V와 M의 자리를 바꿈으로써 다음과 같이 나타낼 수 있다.

$$PM = \frac{w}{V} RT$$

여기서, 다음과 같은 공식을 얻을 수 있다.

$$증기밀도 \left(\frac{질량(w)}{부피(V)} \right) = \frac{PM}{RT}$$

(2) 증기비중

물질에서 발생하는 증기가 공기보다 얼마나 더 무거운지 또는 가벼운지를 나타내는 기준으로, 물질의 분자량을 공기의 분자량(29)으로 나눈 값이다.

> **Tip**
> 증기비중은 단위가 없습
> 니다.

$$증기비중 = \frac{분자량}{29}$$

예제 1 다음 물질의 증기비중을 구하라.
(1) 이황화탄소(CS_2)
(2) 아세트산(CH_3COOH)
(3) 다이에틸에터
(4) 아세트알데하이드

풀이 (1) 이황화탄소(CS_2)의 분자량＝12(C)＋32(S)×2＝76

이황화탄소(CS_2)의 증기비중＝$\dfrac{76}{29}$＝2.62

(2) 아세트산(CH_3COOH)의 분자량＝12(C)×2＋1(H)×4＋16(O)×2＝60

아세트산(CH_3COOH)의 증기비중＝$\dfrac{60}{29}$＝2.07

(3) 다이에틸에터($C_2H_5OC_2H_5$)의 분자량＝12(C)×4＋1(H)×10＋16(O)＝74

다이에틸에터($C_2H_5OC_2H_5$)의 증기비중＝$\dfrac{74}{29}$＝2.55

(4) 아세트알데하이드(CH_3CHO)의 분자량＝12(C)×2＋1(H)×4＋16(O)＝44

아세트알데하이드(CH_3CHO)의 증기비중＝$\dfrac{44}{29}$＝1.52

※ 계산문제에서 답에 소수점이 발생하는 경우에는 소수점 셋째 자리를 반올림하여 소수점 두 자리로 표시해야 한다.

정답 (1) 2.62 (2) 2.07 (3) 2.55 (4) 1.52

예제 2 30℃, 1기압에서 벤젠(C_6H_6)의 증기밀도는 몇 g/L인가?

풀이 벤젠(C_6H_6) 1mol의 분자량은 12(C)g×6＋1(H)g×6＝78g이다.

∴ 증기밀도＝$\dfrac{PM}{RT}$＝$\dfrac{1×78}{0.082×(273+30)}$＝3.14g/L

정답 3.14g/L

예제 3 20℃, 1기압에서 이황화탄소(CS_2)의 증기밀도는 몇 g/L인가?

풀이 이황화탄소(CS_2) 1mol의 분자량은 12(C)g＋32(S)g×2＝76g이다.

∴ 증기밀도＝$\dfrac{PM}{RT}$＝$\dfrac{1×76}{0.082×(273+20)}$＝3.16g/L

정답 3.16g/L

1-5 물질의 반응식

01 반응식의 의미와 종류

(1) 반응식의 의미

반응식이란 물질이 반응을 일으키는 현상에 대해 그 반응과정을 알 수 있도록 표현하는 식을 말하며 여러 가지 종류의 반응식들이 존재한다. 반응식의 중간에는 화살표가 표시되어 있는데, 화살표를 기준으로 왼쪽에 있는 물질들을 '반응 전 물질', 오른쪽에 있는 물질들을 '반응 후 물질'로 구분한다. 따라서 반응식에서는 반응 전의 물질은 화살표 왼쪽에 표시하고 그 물질이 어떤 반응을 거쳐 또 다른 물질을 생성할 때 이 생성된 물질을 화살표 오른쪽에 표시하게 된다.

(2) 반응식의 종류

① 분해반응식 : 물질이 열이나 빛에 의해 분해하여 또 다른 물질을 만드는 반응식

　예 과산화나트륨의 분해반응식 : $2Na_2O_2 \rightarrow 2Na_2O + O_2$

② 연소반응식 : 물질이 산소와 반응하여 또 다른 물질을 만드는 반응식

　예 아세톤의 연소반응식 : $CH_3COCH_3 + 4O_2 \rightarrow 3CO_2 + 3H_2O$

③ 물과의 반응식 : 물질이 물과 반응하여 또 다른 물질을 만드는 반응식

　예 나트륨과 물의 반응식 : $2Na + 2H_2O \rightarrow 2NaOH + H_2$

02 반응식의 작성

(1) 분해반응식의 작성

반응식에서는 화살표 왼쪽에 있는 반응 전 원소의 개수와 오른쪽에 있는 반응 후 원소의 개수가 같아야 하며, 이를 위해 반응 전과 반응 후 물질의 몰수를 조정하여 개수를 맞추어야 한다.

반응식을 만드는 방법

① 과산화나트륨 1mol의 분해반응식 작성방법

　㉠ 1단계(생성물질의 확인) : 과산화나트륨은 나트륨과 결합된 산소가 과한 상태의 것이므로 분해시키면 산화나트륨(Na_2O)과 산소(O_2)가 발생한다.

　　$Na_2O_2 \rightarrow Na_2O + O_2$

　㉡ 2단계(O원소의 개수 확인) : 화살표 왼쪽 O의 개수는 2개인데 화살표 오른쪽 O의 개수의 합은 3개이므로 O_2 앞에 0.5를 곱해주어 양쪽 O원소의 개수를 같게 한다.

　　$Na_2O_2 \rightarrow Na_2O + 0.5O_2$

② 반응식의 이해

과산화나트륨 1mol의 분해반응식($Na_2O_2 \rightarrow Na_2O + 0.5O_2$)에서 표시된 물질들의 몰수와 질량, 그리고 부피의 관계에 대해 다음과 같이 이해할 수 있다.

ⓒ **반응몰수** : 1몰의 과산화나트륨(Na_2O_2)을 분해시키면 1몰의 산화나트륨(Na_2O)과 0.5몰의 산소(O_2)가 발생한다.

ⓛ **반응질량** : 과산화나트륨(Na_2O_2) 78g을 분해시키면 산화나트륨(Na_2O) 62g과 산소(O_2) $0.5 \times 32g = 16g$이 발생한다.

> ※ 분자량(g/mol) 계산방법
> 1) 과산화나트륨(Na_2O_2) : $23(Na)g \times 2 + 16(O)g \times 2 = 78g/mol$
> 2) 산화나트륨(Na_2O) : $23(Na)g \times 2 + 16(O)g \times 1 = 62g/mol$
> 3) 산소(O_2) : $16(O)g \times 2 = 32g/mol$

ⓒ **표준상태에서의 반응부피** : 표준상태(0℃, 1기압)에서 모든 기체 1몰의 부피는 22.4L이므로 1몰의 과산화나트륨(Na_2O_2)을 분해시키면 산소(O_2) $0.5 \times 22.4L = 11.2L$가 발생한다.

(2) 연소반응식의 작성

① 아세톤 1mol의 연소반응식 작성방법

ⓒ **1단계(생성물질의 확인)** : 아세톤이 산소와 반응하면 CO_2와 H_2O가 발생한다.

$$CH_3COCH_3 + O_2 \rightarrow CO_2 + H_2O$$

ⓛ **2단계(C원소의 개수 확인)** : 화살표 왼쪽 CH_3COCH_3에 포함된 C원소의 개수는 3개이므로 화살표 오른쪽 CO_2 앞에 3을 곱해 양쪽의 C원소의 개수를 같게 한다.

$$CH_3COCH_3 + O_2 \rightarrow 3CO_2 + H_2O$$

ⓒ **3단계(H원소의 개수 확인)** : 화살표 왼쪽 CH_3COCH_3에 포함된 H원소의 개수는 6개이므로 화살표 오른쪽 H_2O 앞에 3을 곱해 양쪽의 H원소의 개수를 같게 한다.

$$CH_3COCH_3 + O_2 \rightarrow 3CO_2 + 3H_2O$$

ⓔ **4단계(O원소의 개수 확인)** : 화살표 오른쪽의 $3CO_2$에 포함된 O원소의 개수는 6개이고 $3H_2O$에 포함된 O원소는 3개이므로 이들을 합하면 O원소 9개가 된다. 화살표 왼쪽에도 O원소를 9개로 맞춰야 하는데 그러기 위해서는 화살표 왼쪽의 CH_3COCH_3에 포함된 O원소의 개수 1개에 추가로 O원소 8개가 더 필요하다. 이를 해결하기 위해 화살표 왼쪽의 O_2 앞에 4를 곱해 O원소를 8개로 만들어 반응식을 완성할 수 있다.

$$CH_3COCH_3 + 4O_2 \rightarrow 3CO_2 + 3H_2O$$

② 반응식의 이해

아세톤 1mol의 연소반응식($CH_3COCH_3 + 4O_2 \rightarrow 3CO_2 + 3H_2O$)에서 표시된 물질들의 몰수와 질량, 그리고 부피의 관계에 대해 다음과 같이 이해할 수 있다.

ⓒ **반응몰수** : 1몰의 아세톤(CH_3COCH_3)을 연소시키기 위해 필요한 산소(O_2)는 4몰이며, 이 반응으로 3몰의 이산화탄소(CO_2)와 3몰의 수증기(H_2O)가 발생한다.

ⓛ 반응질량 : 아세톤(CH_3COCH_3) 58g을 연소시키기 위하여 필요한 산소(O_2)는 $4 \times 32g = 128g$이며, 이 반응으로 인해 이산화탄소(CO_2) $3 \times 44g = 132g$과 수증기 (H_2O) $3 \times 18g = 54g$이 발생한다.

  ※ 분자량(g/mol) 계산방법
   1) 아세톤(CH_3COCH_3) : 12(C)g$\times$3 + 1(H)g$\times$6 + 16(O)g$\times$1 = 58g/mol
   2) 산소(O_2) : 16(O)g$\times$2 = 32g/mol
   3) 수증기(H_2O) : 1(H)g$\times$2 + 16(O)g$\times$1 = 18g/mol

ⓒ 표준상태에서의 반응부피 : 표준상태(0℃, 1기압)에서 모든 기체 1몰의 부피는 22.4L이므로 22.4L의 아세톤(CH_3COCH_3) 증기를 연소시키기 위해 필요한 산소 (O_2)는 $4 \times 22.4L = 89.6L$이며, 이 반응으로 이산화탄소(CO_2) $3 \times 22.4L = 67.2L$ 와 수증기(H_2O) $3 \times 22.4L = 67.2L$가 발생한다.

(3) 물과의 반응식의 작성

① 1mol의 나트륨과 물과의 반응식 작성방법

  ㉠ 1단계(생성물질의 확인) : 나트륨(대부분의 순수한 금속 포함)은 물과 반응시키면 물이 포함하고 있는 수산기(OH)를 차지하고 수소(H_2)가스를 발생시킨다.

  $$Na + H_2O \longrightarrow NaOH + H_2$$

  ㉡ 2단계(H원소 개수 확인) : 화살표 왼쪽과 화살표 오른쪽의 나트륨(Na)과 산소(O) 의 개수는 각각 1개씩으로 동일한데 수소(H)의 개수는 화살표 왼쪽에는 2개, 화살표 오른쪽에는 총 3개이므로 화살표 오른쪽의 H_2 앞에 0.5를 곱해주어 양쪽 H원소의 개수를 같게 한다.

  $$Na + H_2O \longrightarrow NaOH + 0.5H_2$$

② 반응식의 이해

  1mol의 나트륨과 물과의 반응식($Na + H_2O \longrightarrow NaOH + 0.5H_2$)에서 표시된 물질들의 몰수와 질량, 그리고 부피의 관계에 대해 다음과 같이 이해할 수 있다.

  ㉠ 반응몰수 : 1몰의 나트륨(Na)을 1몰의 물(H_2O)과 반응시키면 1몰의 수산화나트륨 (NaOH)과 0.5몰의 수소(H_2)가 발생한다.

  ㉡ 반응질량 : 나트륨(Na) 23g을 물(H_2O) 18g과 반응시키면 수산화나트륨(NaOH) 40g과 수소(H_2) $0.5 \times 2g = 1g$이 발생한다.

   ※ 분자량(g/mol) 계산방법
    1) 나트륨(Na) : 23g/mol
    2) 물(H_2O) : 1(H)g$\times$2 + 16(O)g$\times$1 = 18g/mol
    3) 수산화나트륨(NaOH) : 23(Na)g$\times$1 + 16(O)g$\times$1 + 1(H)g$\times$1 = 40g/mol
    4) 수소(H_2) : 1(H)g$\times$2 = 2g/mol

  ㉢ 표준상태에서의 반응부피 : 표준상태(0℃, 1기압)에서 모든 기체 1몰의 부피는 22.4L이므로 1몰의 나트륨(Na)을 물과 반응시키면 수소(H_2) $0.5 \times 22.4L = 11.2L$ 가 발생한다.

예제 1 1몰의 KClO$_4$(과염소산칼륨)을 가열하여 분해시키는 반응식을 완성하시오.

풀이
1) 1단계(생성물질의 확인) : KClO$_4$(과염소산칼륨)은 제1류 위험물로 가열하면 O$_2$(산소)가 분리되면서 KCl(염화칼륨)을 생성한다.
KClO$_4$ → KCl + O$_2$
2) 2단계(원소의 개수 확인) : 화살표 왼쪽과 오른쪽에 있는 KCl의 개수는 동일하지만 화살표 왼쪽의 O의 개수는 4개인데 화살표 오른쪽에 있는 O의 개수는 2개이므로 화살표 오른쪽의 O$_2$에 2를 곱해주면 반응식을 완성시킬 수 있다.
KClO$_4$ → KCl + 2O$_2$

정답 KClO$_4$ → KCl + 2O$_2$

예제 2 P$_4$(황린)과 O$_2$(산소)의 반응으로 P$_2$O$_5$(오산화인)이 발생하는 반응식을 완성하시오.

풀이
1) 1단계(생성물질의 확인) : 황린이 산소와 반응하면 오산화인(P$_2$O$_5$)이 발생한다.
P$_4$ + O$_2$ → P$_2$O$_5$
2) 2단계(P원소의 개수 확인) : 화살표 왼쪽의 P$_4$에 포함된 P원소의 개수는 4개이므로 화살표 오른쪽의 P$_2$O$_5$ 앞에 2를 곱해 양쪽의 P원소의 개수를 같게 한다.
P$_4$ + O$_2$ → 2P$_2$O$_5$
3) 3단계(O원소의 개수 확인) : 화살표 오른쪽의 2P$_2$O$_5$에 포함된 O원소의 개수는 10개이므로 화살표 왼쪽의 O$_2$ 앞에 5를 곱해 양쪽의 O원소의 개수를 같게 하면 반응식을 완성할 수 있다.
P$_4$ + 5O$_2$ → 2P$_2$O$_5$

정답 P$_4$ + 5O$_2$ → 2P$_2$O$_5$

예제 3 KH(수소화칼륨)과 H$_2$O(물)의 반응으로 KOH(수산화칼륨)과 H$_2$(수소)가 발생하는 반응식을 완성하시오.

풀이
1) 1단계(생성물질의 확인) : 수소화칼륨이 물과 반응하면 수산화칼륨(KOH)과 수소(H$_2$)가 발생한다.
KH + H$_2$O → KOH + H$_2$
2) 2단계(K원소의 개수 확인) : 화살표 왼쪽의 KH에 포함된 K원소의 개수는 1개이고 화살표 오른쪽의 KOH에 포함된 K원소의 개수도 1개이다.
KH + H$_2$O → KOH + H$_2$
3) 3단계(H원소의 개수 확인) : 화살표 왼쪽의 KH와 H$_2$O에 포함된 H원소 개수의 합은 3개이고 화살표 오른쪽의 KOH와 H$_2$에 포함된 H원소 개수의 합도 3개이다.
KH + H$_2$O → KOH + H$_2$
4) 4단계(O원소의 개수 확인) : 화살표 왼쪽의 H$_2$O에 포함된 O원소의 개수는 1개이고 화살표 오른쪽의 KOH에 포함된 O원소의 개수도 1개이므로 다음과 같이 반응식을 완성할 수 있다.
KH + H$_2$O → KOH + H$_2$

정답 KH + H$_2$O → KOH + H$_2$

예제 4 표준상태(0℃, 1기압)에서 탄소 1kg이 연소할 때 필요한 산소의 부피는 몇 L인가?

풀이
$$C + O_2 → CO_2$$
12g ╳ 22.4L
1,000g ╳ x(L)
$12 × x = 1,000 × 22.4$, ∴ $x = 1,866.67L$

정답 1,866.67L

예제 5 표준상태(0℃, 1기압)에서 아세트산 1몰을 연소시킬 때 다음의 물음에 답하시오.
(1) 연소반응식
(2) 필요한 산소의 부피
(3) 발생하는 이산화탄소의 몰수

풀이 이 반응식에서 아세트산(CH_3COOH)을 연소시키기 위해 필요한 것은 산소이며 이때 생성되는 것은 이산화탄소와 물이다.
(1) 아세트산 1몰의 연소반응식
  1) 아세트산을 연소시키면 이산화탄소(CO_2)와 물(H_2O)이 생성된다.
    $$CH_3COOH + O_2 \rightarrow CO_2 + H_2O$$
  2) 화살표 왼쪽의 C원소의 개수는 2개이므로 화살표 오른쪽의 CO_2 앞에 2를 곱해 양쪽 C원소의 개수를 같게 한다.
    $$CH_3COOH + O_2 \rightarrow 2CO_2 + H_2O$$
  3) 화살표 왼쪽의 H원소 개수의 합은 4개이므로 화살표 오른쪽의 H_2O 앞에 2를 곱해 양쪽 H원소의 개수를 같게 한다.
    $$CH_3COOH + O_2 \rightarrow 2CO_2 + 2H_2O$$
  4) 화살표 오른쪽의 $2CO_2$에 포함된 O의 개수는 4개이고 $2H_2O$에 포함된 O의 개수는 2개이므로 이들을 합하면 O원소 6개가 된다. 화살표 왼쪽에도 O원소를 6개로 맞춰야 하는데 CH_3COOH에 포함된 O원소 2개에 추가로 O원소 4개가 더 필요하다. 이때 O_2 앞에 2를 곱해 O원소를 4개로 만들면 화살표 왼쪽의 O원소의 개수도 6개가 되어 반응식을 완성할 수 있다.
    $$CH_3COOH + 2O_2 \rightarrow 2CO_2 + 2H_2O$$
(2) 아세트산 1몰을 연소시킬 때 필요한 산소는 2몰이다. 표준상태에서 모든 기체 1몰은 22.4L이므로 2몰×22.4L=44.8L가 된다.
(3) 아세트산 1몰을 연소시키면 2몰의 이산화탄소가 생성된다.

정답 (1) $CH_3COOH + 2O_2 \rightarrow 2CO_2 + 2H_2O$ (2) 44.8L (3) 2몰

예제 6 표준상태(0℃, 1기압)에서 29g의 아세톤을 연소시킬 때 발생하는 이산화탄소의 부피는 몇 L인가?

풀이 1) 아세톤(CH_3COCH_3)의 분자량(1몰의 질량)= 12(C)g×3 + 1(H)g×6 + 16(O)g×1
    = 58g/mol
  이산화탄소 1몰의 부피= 22.4L
2) 아세톤의 연소반응식에 문제의 조건을 대입한다.
    $$CH_3COCH_3 + 4O_2 \rightarrow 3CO_2 + 3H_2O$$
    58g ⟍⟋ 3×22.4L 〈반응식의 기준〉
    29g ⟋⟍ x(L) 〈문제의 조건〉
3) 발생하는 이산화탄소의 부피는 다음과 같이 두 가지 방법으로 구할 수 있다.
  〈개념 1〉 아세톤 58g을 연소시키면 이산화탄소 3×22.4L=67.2L가 발생하는데 만약 아세톤을 반으로 줄여 29g만 연소시킨다면 이산화탄소도 67.2L의 반인 33.6L만 발생할 것이다.
  〈개념 2〉 $CH_3COCH_3 + 4O_2 \rightarrow 3CO_2 + 3H_2O$
    58g ⟍ 3×22.4L
    29g ⟋ x(L)
    $58 \times x = 29 \times 3 \times 22.4, \therefore x = 33.6L$

정답 33.6L

03 원소의 반응과 생성물

대부분의 반응식은 다음 [표]에 제시된 7가지 원소들의 반응원리를 이용해 만들 수 있다.

번호	생성물	반응원리
1	$H + O \rightarrow H_2O$	하나의 물질에는 H가 포함되어 있고 다른 하나의 물질에는 O가 포함되어 있을 때 H는 +1가 원소이고 O는 −2가 원소이므로 서로의 원자가를 주고받으면 H_2O가 된다. 예 $CH_4 + 2O_2 \rightarrow CO_2 + 2H_2O$ 　메테인　산소　이산화탄소　물
2	$C + O \rightarrow CO_2$	하나의 물질에는 C가 포함되어 있고 다른 하나의 물질에는 O가 포함되어 있을 때 C는 +4가 원소이고 O는 −2가 원소이므로 서로의 원자가를 주고받으면 C_2O_4가 되지만, 숫자를 약분하면 CO_2가 된다. 예 $2C_6H_6 + 15O_2 \rightarrow 12CO_2 + 6H_2O$ 　벤젠　산소　이산화탄소　물
3	$C + S \rightarrow CS_2$	하나의 물질에는 C가 포함되어 있고 다른 하나의 물질에는 S가 포함되어 있을 때 C는 +4가 원소이고 S는 −2가 원소이므로 서로의 원자가를 주고받으면 C_2S_4가 되지만, 숫자를 약분하면 CS_2가 된다. 예 $C + 2S \rightarrow CS_2$ 　탄소　황　이황화탄소
4	$S + O \rightarrow SO_2$	하나의 물질에는 S가 포함되어 있고 다른 하나의 물질에는 O가 포함되어 있을 때 S와 O는 모두 −2가 원소로 동일한 원자를 가지기 때문에 SO_2가 발생하는 것으로 암기한다. 예 $2P_2S_5 + 15O_2 \rightarrow 2P_2O_5 + 10SO_2$ 　오황화인　산소　오산화인　이산화황
5	$H + S \rightarrow H_2S$	하나의 물질에는 H가 포함되어 있고 다른 하나의 물질에는 S가 포함되어 있을 때 H는 +1가 원소이고 S는 −2가 원소이므로 서로의 원자가를 주고받으면 H_2S가 된다. 예 $P_2S_5 + 8H_2O \rightarrow 5H_2S + 2H_3PO_4$ 　오황화인　물　황화수소　인산
6	$P + H \rightarrow PH_3$	하나의 물질에는 P가 포함되어 있고 다른 하나의 물질에는 H가 포함되어 있을 때 P는 −3가 원소이고 H는 +1가 원소이므로 서로의 원자가를 주고 받으면 PH_3가 된다. 예 $Ca_3P_2 + 6H_2O \rightarrow 3Ca(OH)_2 + 2PH_3$ 　인화칼슘　물　수산화칼슘　포스핀
7	$P + O \rightarrow P_2O_5$	하나의 물질에는 P가 포함되어 있고 다른 하나의 물질에는 O가 포함되어 있을 때 P는 +5가 원소이고 O는 −2가 원소이므로 서로의 원자가를 주고 받으면 P_2O_5가 된다. 예 $P_4 + 5O_2 \rightarrow 2P_2O_5$ 　황린　산소　오산화인

1-6 지방족과 방향족

01 지방족(사슬족)

(1) 정의

구조식으로 표현했을 때 사슬형으로 연결되어 있는 물질을 의미한다.

(2) 종류

아세톤(CH_3COCH_3), 다이에틸에터($C_2H_5OC_2H_5$), 아세트알데하이드(CH_3CHO) 등

┃아세톤의 구조식┃

02 방향족(벤젠족)

(1) 정의

구조식으로 표현했을 때 고리형으로 연결되어 있는 물질을 의미한다.

(2) 종류

벤젠(C_6H_6), 톨루엔($C_6H_5CH_3$), 크실렌[$C_6H_4(CH_3)_2$] 등

┃벤젠의 구조식┃

> 📖 **유기물과 무기물의 정의**
>
> 1) 유기물 : 탄소가 수소 또는 산소, 황, 인 등과 결합한 상태의 물질을 말한다.
>   **예** $C_2H_5OC_2H_5$(다이에틸에터), CH_3CHO(아세트알데하이드), C_6H_6(벤젠)
> 2) 무기물 : 탄소를 갖고 있지 않은 상태의 물질을 말한다.
>   **예** K_2O(산화칼륨), Na_2O(산화나트륨), Na_2O_2(과산화나트륨)

1-7 알케인과 알킬

01 알케인

(1) 정의

포화탄화수소로서 일반식 C_nH_{2n+2}에 n의 개수를 달리하여 여러 가지 형태로 만들 수 있는데, 알케인은 그 자체가 하나의 물질로 존재할 수 있다.

> 🕹 **Tip**
>
> 알케인에 속하는 물질들의 명칭은 "~테인" 또는 "~페인", "~세인", "~네인"과 같이 모음 "세"에 "인"이 붙는 형태로 끝납니다.

(2) 일반식 C_nH_{2n+2}에 적용하는 방법

① $n=1$ → C의 n에 1을 대입하면 C는 1개인데 1은 표현하지 않고, H의 $2n+2$의 n에 1을 대입하면 $2 \times 1+2=4$로 H는 4개가 되어 CH_4가 만들어지며 이는 메테인이라 불린다.

② $n=2$ → C의 n에 2를 대입하면 C는 2개이므로 C_2가 되고 H의 $2n+2$의 n에 2를 대입하면 $2 \times 2+2=6$, H는 6개가 되므로 C_2H_6가 만들어지며 이는 에테인이라 불린다.

이와 같은 방법으로 n에 숫자를 대입하면 다음과 같은 물질들을 만들 수 있다.

C_nH_{2n+2} (알케인)

$n=1$ CH_4 (메테인)	$n=2$ C_2H_6 (에테인)	$n=3$ C_3H_8 (프로페인)	$n=4$ C_4H_{10} (뷰테인)	$n=5$ C_5H_{12} (펜테인)
$n=6$ C_6H_{14} (헥세인)	$n=7$ C_7H_{16} (헵테인)	$n=8$ C_8H_{18} (옥테인)	$n=9$ C_9H_{20} (노네인)	$n=10$ $C_{10}H_{22}$ (데케인)

02 알킬

(1) 정의

일반식 C_nH_{2n+1}에 n의 개수를 달리하여 여러 가지 형태로 만들 수 있는데, 알킬은 그 자체가 하나의 물질로 존재할 수 없고 다른 물질의 고리에 붙어 작용하는 원자단의 성질을 가진다.

> **Tip**
> 알킬에 속하는 물질들의 명칭은 "~틸" 또는 "~밀"과 같이 모음 "ㅣ"에 "ㄹ" 받침이 붙는 형태로 끝납니다.

(2) 일반식 C_nH_{2n+1}에 적용하는 방법

① $n=1$ → C의 n에 1을 대입하면 C는 1개인데 1은 표현하지 않고 H의 $2n+1$의 n에 1을 대입하면 $2 \times 1+1=3$으로 H는 3개가 되어 CH_3가 만들어지며 이는 메틸이라 불린다.

② $n=2$ → C의 n에 2를 대입하면 C는 2개이므로 C_2가 만들어지고 H의 $2n+1$의 n에 2를 대입하면 $2 \times 2+1=5$로 H는 5개가 되어 C_2H_5가 되며 이는 에틸이라 불린다.

이와 같은 방법으로 n에 숫자를 대입하면 다음과 같은 물질들을 만들 수 있다.

C_nH_{2n+1} (알킬)

$n=1$ CH_3 (메틸)	$n=2$ C_2H_5 (에틸)	$n=3$ C_3H_7 (프로필)	$n=4$ C_4H_9 (뷰틸)	$n=5$ C_5H_{11} (펜틸)

※ 알케인은 하나의 물질을 구성하는 성질이지만, 알킬은 독립적 역할이 불가능하다.

예제 1 탄소의 수가 10개인 알케인(C_nH_{2n+2})의 화학식은 무엇인가?

> **풀이** 알케인의 일반식 C_nH_{2n+2}의 n에 10을 대입하면 C는 10개, H는 $2 \times 10 + 2 = 22$개이므로 화학식은 $C_{10}H_{22}$, 명칭은 데케인이다.
>
> **정답** $C_{10}H_{22}$

예제 2 탄소의 수가 4개인 알킬(C_nH_{2n+1})의 화학식은 무엇인가?

> **풀이** 알킬의 일반식 C_nH_{2n+1}의 n에 4를 대입하면 C는 4개, H는 $2 \times 4 + 1 = 9$개이므로 화학식은 C_4H_9, 명칭은 뷰틸이다.
>
> **정답** C_4H_9

제2장

화재예방과 소화방법

Section 01 / 연소이론

1-1 연소

01 연소의 정의

연소란 빛과 열을 수반하는 급격한 산화작용으로서 열을 발생하는 반응만을 의미한다.

(1) 산화

① 산소를 얻는다.
② 수소를 잃는다.

(2) 환원

산화와 반대되는 현상을 말한다.

02 연소의 4요소

연소의 4요소는 점화원, 가연물, 산소공급원, 연쇄반응이다.

(1) 점화원

연소반응을 발생시킬 수 있는 최소의 에너지양으로서 전기불꽃, 산화열, 마찰, 충격, 과열, 정전기, 고온체 등으로 구분한다.

> 📖 **전기불꽃에 의한 에너지식**
>
> $$E = \frac{1}{2}QV = \frac{1}{2}CV^2$$
>
> 여기서, E : 전기불꽃에너지(J)
> Q : 전기량(C)
> V : 방전전압(V)
> C : 전기용량(F)

📖 **고온체의 온도와 색상의 관계**

> 암적색(700℃) < 적색(850℃) < 휘적색(950℃) < 황적색(1,100℃) < 백적색(1,300℃)
> 고온체의 온도가 높아질수록 색상이 밝아지며, 낮아질수록 색상은 어두워진다.

(2) 가연물(환원제)

불에 잘 타는 성질, 즉 탈 수 있는 성질의 물질을 의미한다.
가연물의 구비조건은 다음과 같다.

① 산소와의 친화력(산소를 잘 받아들이는 힘)이 커야 한다.

② 발열량이 커야 한다.

③ 표면적(공기와 접촉하는 면적의 합)이 커야 한다.

④ 열전도율이 작아야 한다.

　　※ 다른 물질에 열을 전달하는 정도가 작아야 자신이 열을 가지고 있을 수 있기 때문에 가연물이 될 수 있다.

⑤ 활성화에너지가 작아야 한다.

　　※ 활성화에너지(점화에너지) : 물질을 활성화(점화)시키기 위해 필요한 에너지의 양

📖 **가연물이 될 수 없는 조건**

> 1) 흡열반응하는 물질
>   ※ 산화하더라도 흡열반응하는 물질은 가연물에서 제외한다.
> 2) 주기율표상 0족의 불활성 기체(He, Ne, Ar, Xe 등)
> 3) 연소 후 남는 최종 생성물(CO_2, P_2O_5, H_2O 등)

(3) 산소공급원

물질이 연소할 때 연소를 도와주는 역할을 하는 물질을 의미하며, 그 종류는 다음과 같다.

① 공기 중 산소

　　※ 공기 중 산소는 부피기준으로는 약 21%, 중량기준으로는 약 23.2%가 포함되어 있다.

② 제1류 위험물

③ 제6류 위험물

④ 제5류 위험물

⑤ 원소주기율표상 7족 원소인 할로젠원소로 이루어진 분자(F_2, Cl_2, Br_2, I_2)

(4) 연쇄반응

외부로부터 별도의 에너지를 공급하지 않아도 계속해서 반복적으로 진행하는 반응을 의미한다.

예제 1 전기불꽃에 의한 에너지식을 올바르게 나타낸 것은 무엇인가? (단, E는 전기불꽃에너지, C는 전기용량, Q는 전기량, V는 방전전압이다.)

① $E = \frac{1}{2}QV$　　　　　　② $E = \frac{1}{2}QV^2$

③ $E = \frac{1}{2}CV$　　　　　　④ $E = \frac{1}{2}VQ^2$

풀이 전기불꽃에너지는 $E = \frac{1}{2}QV$ 또는 $E = \frac{1}{2}CV^2$의 2가지 공식을 가진다.

정답 ①

예제 2 다음 고온체의 색상을 낮은 온도부터 올바르게 나열한 것은?

① 암적색 < 황적색 < 백적색 < 휘적색
② 휘적색 < 백적색 < 황적색 < 암적색
③ 휘적색 < 암적색 < 황적색 < 백적색
④ 암적색 < 휘적색 < 황적색 < 백적색

풀이 고온체의 색상은 온도가 낮을수록 어두운 색이며 온도가 높을수록 밝은 색을 띠게 된다. 따라서, 암적색 < 휘적색 < 황적색 < 백적색의 순이 된다.

정답 ④

예제 3 가연물이 되기 쉬운 조건이 아닌 것은?

① 산화반응의 활성이 크다.　　② 표면적이 넓다.
③ 활성화에너지가 크다.　　④ 열전도율이 낮다.

풀이 가연물의 구비조건에는 다음의 것들이 있다.
1) 산소와의 친화력이 커야 한다.
2) 반응열이 커야 한다.
3) 표면적이 커야 한다.
4) 열전도도가 작아야 한다.
5) 활성화에너지가 작아야 한다.

정답 ③

예제 4 다음 중 연소의 4요소를 모두 갖춘 것은?

① 휘발유+공기+산소+연쇄반응　　② 적린+수소+성냥불+부촉매반응
③ 성냥불+황+산소+연쇄반응　　④ 알코올+수소+산소+부촉매반응

풀이 연소의 4요소는 가연물, 산소공급원, 점화원, 연쇄반응이다.
① 휘발유+공기+산소+연쇄반응 : 가연물+산소공급원+산소공급원+연쇄반응
② 적린+수소+성냥불+부촉매반응 : 가연물+가연물+점화원+부촉매반응
③ 성냥불+황+산소+연쇄반응 : 점화원+가연물+산소공급원+연쇄반응
④ 알코올+수소+산소+부촉매반응 : 가연물+가연물+산소공급원+부촉매반응

정답 ③

03 연소의 형태와 분류

(1) 기체의 연소

① 확산연소 : 공기 중에 가연성 가스를 확산시키면 연소가 가능하도록 산소와 혼합된 가스만을 연소시키는 현상이며 기체의 일반적인 연소형태이다.

> 예 아세틸렌(C_2H_2)가스와 산소(공기), LP가스와 산소(공기), 수소가스와 산소(공기) 등

② 예혼합연소 : 연소 전에 미리 공기와 혼합된 연소 가능한 가스를 만들어 연소시키는 형태이다.

(2) 액체의 연소

① 증발연소 : 액체의 가장 일반적인 연소형태로 액체의 직접적인 연소라기보다는 액체에서 발생하는 가연성 가스가 공기와 혼합된 상태에서 연소하는 형태를 의미한다.

> 예 제4류 위험물 중 특수인화물, 제1석유류, 알코올류, 제2석유류 등

② 분해연소 : 비휘발성이고 점성이 큰 액체상태의 물질이 연소하는 형태로 열분해로 인해 생성된 가연성 가스와 공기가 혼합상태에서 연소하는 것을 의미한다.

> 예 제4류 위험물 중 제3석유류, 제4석유류, 동식물유류 등

③ 액적연소 : 휘발성이 적고 점성이 큰 액체 입자를 무상(안개형태)으로 분무하여 액체의 표면적을 크게 함으로써 연소하는 방법이다.

(3) 고체의 연소 〈실기에도 잘 나와요!

① 표면연소 : 가스의 발생 없이 연소물의 표면에서 산소와 접촉하여 연소하는 반응이다.

> 예 코크스(탄소), 목탄(숯), 금속분 등

② 분해연소 : 고체 가연물에서 열분해반응이 일어날 때 발생된 가연성 증기가 공기와 혼합되면서 발생된 혼합기체가 연소하는 형태를 의미한다.

> 예 목재, 종이, 석탄, 플라스틱, 합성수지 등

③ 자기연소(내부연소) : 자체적으로 산소공급원을 가지고 있는 고체 가연물이 외부로부터 공기 또는 산소공급원의 유입 없이도 연소할 수 있는 형태로서 연소속도가 폭발적인 연소형태이다.

> 예 제5류 위험물 등

④ 증발연소 : 고체 가연물이 액체형태로 상태변화를 일으키면서 가연성 증기를 증발시켜 이 가연성 증기가 공기와 혼합하여 연소하는 형태이다.

> 예 황(S), 나프탈렌($C_{10}H_8$), 양초(파라핀) 등

예제 1 액체연료의 연소형태가 아닌 것은?

① 확산연소 ② 증발연소
③ 액적연소 ④ 분해연소

풀이 기체연료의 대표적 연소형태로는 확산연소와 예혼합연소가 있다.

정답 ①

예제 2 주된 연소형태가 표면연소인 것은 무엇인가?

① 숯 ② 목재
③ 플라스틱 ④ 나프탈렌

풀이 ① 숯 : 표면연소 ② 목재 : 분해연소
③ 플라스틱 : 분해연소 ④ 나프탈렌 : 증발연소

정답 ①

예제 3 양초의 연소형태는 무엇인가?

① 분해연소 ② 증발연소
③ 표면연소 ④ 자기연소

풀이 ① 분해연소 : 석탄, 플라스틱, 나무 등
② 증발연소 : (고체의 경우) 황, 나프탈렌, 양초
③ 표면연소 : 목탄, 코크스, 금속분
④ 자기연소 : 제5류 위험물

정답 ②

04 연소 용어의 정리

(1) 인화점

① 외부점화원에 의해서 연소할 수 있는 최저온도를 의미한다.
② 가연성 가스가 연소범위의 하한에 도달했을 때의 온도를 의미한다.

(2) 착화점(발화점)

외부의 점화원에 관계없이 직접적인 점화원에 의한 발화가 아닌 스스로 열의 축적에 의하여 발화 또는 연소되는 최저온도를 의미한다.

📖 **착화점이 낮아지는 조건**

1) 압력이 클수록
2) 발열량이 클수록
3) 화학적 활성이 클수록
4) 산소와 친화력이 좋을수록

※ 착화점이 낮아진다는 것은 낮은 온도에서도 착화가 잘된다는 것으로, 위험성이 커진다는 의미이다.

예제 1 다음 중 인화점의 정의로 맞는 것은?

① 외부 점화원에 의해 연소할 수 있는 최고온도이다.

② 외부 점화원의 공급 없이 스스로 열의 축적에 의해 연소할 수 있는 최고 온도이다.

③ 외부 점화원의 공급 없이 스스로 열의 축적에 의해 연소할 수 있는 최저 온도이다.

④ 외부 점화원에 의해 연소할 수 있는 최저온도이다.

풀이 1) 인화점 : 외부 점화원에 의해 연소할 수 있는 최저온도
2) 착화점(발화점) : 외부의 점화원에 관계없이 직접적인 점화원에 의한 발화가 아닌 스스로 열의 축적에 의하여 발화되는 최저온도

정답 ④

예제 2 물질의 착화온도가 낮아지는 경우는?

① 발열량이 작을 때

② 산소의 농도가 작을 때

③ 화학적 활성도가 클 때

④ 산소와 친화력이 작을 때

풀이 착화온도가 낮아진다는 것은 착화가 잘된다는 의미이며, 착화온도가 낮아지는 조건은 다음과 같다.
1) 발열량이 클수록
2) 산소의 농도가 클수록
3) 화학적 활성이 클수록
4) 산소와 친화력이 좋을수록

정답 ③

05 자연발화

공기 중에 존재하는 물질이 상온에서 저절로 열을 발생시켜 발화 및 연소되는 현상을 말한다.

(1) 자연발화의 형태

① **분**해열에 의한 발열

② **산**화열에 의한 발열

③ **중**합열에 의한 발열

④ **미**생물에 의한 발열

⑤ **흡**착열에 의한 발열

톡톡 튀는 암기법 분산된 중국과 미국을 흡수하자.

(2) 자연발화의 인자

① **열**의 축적

② **열**전도율

③ **공**기의 이동

④ **수**분

⑤ **발**열량

⑥ **퇴**적방법

톡톡 튀는 암기법 열심히 또 열심히 공부 수발 들었더니만 결과는 퇴!!

(3) 자연발화의 방지법

① 습도를 낮춰야 한다.

② 저장온도를 낮춰야 한다.

③ 퇴적 및 수납 시 열이 쌓이지 않도록 해야 한다.

④ 통풍이 잘되도록 해야 한다.

(4) 자연발화가 되기 쉬운 조건

① 표면적이 넓어야 한다.

② 발열량이 커야 한다.

③ 열전도율이 작아야 한다.

　　※ 열전도율이 크면 갖고 있는 열을 상대에게 주는 것이므로 자연발화는 발생하기 어렵다.

④ 주위 온도가 높아야 한다.

예제 1 자연발화가 잘 일어나는 경우로 가장 거리가 먼 것은?

① 주변의 온도가 높을 것　　② 습도가 높을 것

③ 표면적이 넓을 것　　④ 열전도율이 클 것

풀이 ④ 열전도율이 작아야 한다.

정답 ④

예제 2 자연발화의 방지법이 아닌 것은?

① 습도를 높게 유지할 것

② 저장실의 온도를 낮출 것

③ 퇴적 및 수납 시 열축적이 없을 것

④ 통풍을 잘 시킬 것

풀이 ① 습도를 낮춰야 한다.

정답 ①

1-2 물질의 위험성

01 물질의 성질에 따른 위험성

물질의 성질에 따른 위험성은 다음과 같은 경우 증가한다.
① 융점 및 비점이 낮을수록
② 인화점 및 착화점이 낮은 물질일수록
③ 연소범위가 넓을수록
④ 연소하한농도가 낮을수록

02 연소범위(폭발범위)

공기 또는 산소 중에 포함된 가연성 증기의 농도범위로서 다음 [그림]의 $C_1 \sim C_2$ 구간에 해당한다. 이때 낮은 농도(C_1)를 연소하한, 높은 농도(C_2)를 연소상한이라고 한다.

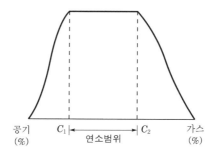

(1) 연소범위의 증가

온도 및 압력이 높아질수록 연소범위는 넓어지며 이때 연소하한은 변하지 않으나 연소상한이 커지면서 연소범위가 증가하는 것이다.

(2) 위험도 🔊실기에도 잘 나와요!

연소범위가 넓어지는 경우에도 위험성이 커지지만 연소하한이 낮아지는 경우에도 위험성은 커진다. 다시 말해 공기 중에 포함된 가연성 가스의 농도가 낮아도 불이 쉽게 붙을 수 있다는 의미이다. 따라서 연소범위가 넓은 경우와 연소하한이 낮은 경우 중 어느 쪽이 더 위험한지를 판단할 수 있어야 한다. 이때 필요한 공식이 바로 위험도이다.

$$\text{위험도(Hazard)} = \frac{\text{연소상한(Upper)} - \text{연소하한(Lower)}}{\text{연소하한(Lower)}}$$

(3) 열량 실기에도 잘 나와요!

열량이란 물질이 가지거나 내놓을 수 있는 열의 물리적인 양을 의미하며 현열과 잠열로 구분할 수 있다.

예를 들어, 물은 0℃보다 낮은 온도에서는 얼음(고체상태)으로, 0℃부터 100℃까지는 물(액체상태)로 존재하며 100℃ 이상의 온도에서는 수증기(기체상태)가 된다. 이때 온도변화가 있는 액체상태의 열을 현열이라 하며, 온도변화 없이 성질만 변하는 고체 및 기체 상태의 열을 잠열이라 한다.

1) 현열

$$Q_{현열} = c \times m \times \Delta t$$

여기서, Q : 현열의 열량(kcal)

c : 비열(물질 1kg의 온도를 1℃ 올리는 데 필요한 열량)(kcal/kg·℃)

m : 질량(kg)

Δt : 온도차(℃)

톡톡튀는 암기법 $c \times m \times \Delta t$ ⇨ '시×멘×트'로 암기한다.

2) 잠열

$$Q_{잠열} = m \times \gamma$$

여기서, Q : 잠열의 열량(kcal)

m : 질량(kg)

γ : 잠열상수값

※ 융해잠열(얼음) : 80kcal/kg

증발잠열(수증기) : 539kcal/kg

예제 1 **휘발유의 연소범위는 1.4~7.6%이다. 휘발유의 위험도를 구하라.**

풀이 위험도$(H) = \dfrac{연소상한(U) - 연소하한(L)}{연소하한(L)}$

$= \dfrac{7.6 - 1.4}{1.4}$

$= 4.43$

정답 4.43

> **예제 2** 아세트알데하이드(CH_3CHO)의 연소범위는 4.1~57%이며, 이황화탄소(CS_2)의 연소범위는 1~44%이다. 이 중 위험도가 더 높은 것은 어느 것인가?
>
> **풀이** 아세트알데하이드(CH_3CHO)의 연소범위가 이황화탄소(CS_2)의 연소범위보다 더 넓지만, 이황화탄소(CS_2)의 연소하한이 아세트알데하이드(CH_3CHO)보다 더 낮기 때문에 위험도 공식에 대입해 보도록 한다.
>
> 1) 아세트알데하이드(CH_3CHO) $= \dfrac{57 - 4.1}{4.1} = 12.90$
>
> 2) 이황화탄소(CS_2) $= \dfrac{44 - 1}{1} = 43$
>
> 따라서, 이황화탄소(CS_2)의 위험도가 더 크다는 것을 알 수 있다.
>
> **정답** 이황화탄소(CS_2)

1-3 폭발

가연성 물질의 열의 발생속도가 열의 일산속도를 초과하는 현상을 의미한다.

※ 일산속도 : 방출 또는 잃어버리는 속도

01 폭발과 폭굉

(1) 전파속도

① 폭발의 전파속도 : 0.1~10m/sec

② 폭굉의 전파속도 : 1,000~3,500m/sec

(2) 폭굉유도거리(DID)가 짧아지는 조건

폭굉유도거리는 다음 조건의 경우 짧아진다.

① 정상연소속도가 큰 혼합가스일수록

② 압력이 높을수록

③ 관속에 방해물이 있거나 관지름이 좁을수록

④ 점화원의 에너지가 강할수록

02 분진폭발

탄소, 금속분말, 밀가루, 황분말 등의 가연성 고체를 미립자상태로 공기 중에 분산시킬 때 나타나는 폭발현상이다.

(1) 분진폭발이 가능한 물질

금속분말, 합성수지, 농산물 등이 있다.

① 금속분말 : 알루미늄, 마그네슘 등

② 합성수지 : 플라스틱, 폴리스타이렌폼 등

③ 농산물 : 쌀, 밀가루, 커피가루, 담뱃가루 등

(2) 분진폭발이 불가능한 물질

시멘트분말, 대리석분말, 가성소다(NaOH)분말 등이 있다.

예제 1 폭굉유도거리(DID)가 짧아지는 경우는?

① 정상연소속도가 작은 혼합가스일수록 짧아진다.

② 압력이 높을수록 짧아진다.

③ 관속에 방해물이 있거나 관지름이 넓을수록 짧아진다.

④ 점화원의 에너지가 약할수록 짧아진다.

풀이 폭굉유도거리(DID)가 짧아지는 조건은 다음과 같다.
1) 정상연소속도가 큰 혼합가스일수록 짧아진다.
2) 압력이 높을수록 짧아진다.
3) 관속에 방해물이 있거나 관지름이 좁을수록 짧아진다.
4) 점화원의 에너지가 강할수록 짧아진다.

정답 ②

예제 2 폭발 시 연소파의 전파속도범위에 가장 가까운 것은?

① 0.1~10m/sec

② 100~1,000m/sec

③ 2,000~3,500m/sec

④ 5,000~10,000m/sec

풀이 1) 폭발의 전파속도 : 0.1~10m/sec
2) 폭굉의 전파속도 : 1,000~3,500m/sec

정답 ①

예제 3 다음 중 분진폭발의 원인물질로 작용할 위험성이 가장 낮은 것은?

① 마그네슘분말 ② 밀가루

③ 담배분말 ④ 시멘트분말

풀이 시멘트분말과 대리석분말은 분진폭발을 일으키지 않는다.

정답 ④

Section 02 소화이론

2-1 화재의 종류 및 소화기의 표시색상

화재의 종류는 A급 · B급 · C급 · D급으로 구분한다. **실기에도 잘 나와요!**

적응화재	화재의 종류	소화기의 표시색상
A급(일반화재)	목재, 종이 등의 화재	백색
B급(유류화재)	기름, 유류 등의 화재	황색
C급(전기화재)	전기 등의 화재	청색
D급(금속화재)	금속분말 등의 화재	무색

2-2 소화방법의 구분

소화방법은 크게 물리적 소화방법과 화학적 소화방법 2가지로 구분한다.

01 물리적 소화방법

물리적 소화방법에는 제거소화, 질식소화, 냉각소화, 희석소화, 유화소화가 있다.

(1) 제거소화 – 가연물 제거

가연물을 제거하여 연소를 중단시키는 소화방법을 의미하며, 그 방법으로는 다음과 같은 종류가 있다.

① 입으로 불어서 촛불을 끄는 경우 : 양초가 연소할 때 액체상태의 촛농이 증발하면서 가연성 가스가 지속적으로 타게 된다. 이 촛불을 바람을 불어 소화하면 촛농으로부터 공급되는 가연성 가스를 제거하는 원리이므로 이 방법은 제거소화에 해당된다. 한편, 손가락으로 양초 심지를 꼭 쥐어서 소화했다면 이는 질식소화 원리에 해당한다.

② 산불화재 시 벌목으로 불을 끄는 경우 : 산불이 진행될 때 가연물은 산에 심어진 나무들이므로 나무를 잘라 벌목하게 되면 가연물을 제거하는 제거소화 원리에 해당한다.

③ 가스화재 시 밸브를 잠궈 소화하는 경우 : 밸브를 잠금으로써 가스공급을 차단하게 되므로 제거소화에 해당한다.

④ 유전화재 시 폭발로 인해 가연성 가스를 날리는 경우 : 폭약의 폭발을 이용하여 순간적으로 화염을 날려버리는 원리이므로 제거소화에 해당한다.

(2) 질식소화 – 산소공급원 제거

공기 중의 산소 또는 산소공급원의 공급을 막아 연소를 중단시키는 소화방법이다. 공기 중에 가장 많이 함유된 물질은 질소로 78%를 차지하고 있으며, 그 다음으로 많은 양은 산소로서 약 21%를 차지하는데 이 산소를 15% 이하로 낮추면 연소의 지속이 어려워 질식소화를 할 수 있게 된다.

📖 질식소화기의 종류

1) 포소화기 : A급·B급 화재에 적응성이 있다.
2) 분말소화기 : B급·C급 또는 A급·B급·C급 화재에 적응성이 있다.
3) 이산화탄소(탄산가스) 소화기 : B급·C급 화재에 적응성이 있다.
4) 할로젠화합물 소화기 : B급·C급 화재에 적응성이 있다.
5) 마른모래, 팽창질석, 팽창진주암 : 모든 위험물의 화재에 적응성이 있다.

(3) 냉각소화

타고 있는 연소물로부터 열을 빼앗아 **발화점 이하로 온도**를 낮추어 소화하는 방법으로서 주로 주수소화가 이에 해당된다. 물은 증발 시 증발(기화)잠열이 발생하고 이 잠열이 연소면의 열을 흡수함으로써 연소면의 온도를 낮춰 소화한다.

(4) 희석소화

가연물의 농도를 낮추어 소화하는 방법이다. 질식소화가 산소공급원을 차단하여 연소를 중단시키는 반면, 희석소화는 산소공급원은 그대로 두고 가연물의 농도를 연소범위의 연소하한 이하로 낮추어 소화하는 것이 질식소화와의 차이점이다.

(5) 유화소화

포소화약제를 사용하는 경우나 물보다 무거운 비수용성의 화재 시 물을 안개형태로 흩어뿌림으로써 유류 표면을 덮어 증기발생을 억제시키는 소화효과로 일부 질식소화 효과도 가진다.

02 화학적 소화방법

화학적 소화방법에는 억제소화(부촉매소화)가 있다.

– 억제소화(부촉매소화)

연쇄반응의 속도를 빠르게 하는 정촉매의 역할을 억제시키는 것으로 화학적 소화방법에 해당한다. 억제소화약제의 종류로는 할로젠화합물(증발성 액체) 소화약제와 제3종 분말소화약제 등이 있다.

예제 1 전기화재의 급수와 색상을 올바르게 나타낸 것은?

① C급 – 백색   ② D급 – 백색

③ C급 – 청색   ④ D급 – 청색

풀이 화재별 소화기의 표시색상은 다음과 같다.
1) A급(일반화재) – 백색
2) B급(유류화재) – 황색
3) C급(전기화재) – 청색
4) D급(금속화재) – 무색

정답 ③

예제 2 연소 중인 가연물의 온도를 떨어뜨려 연소반응을 정지시키는 소화의 방법은?

① 냉각소화   ② 질식소화

③ 제거소화   ④ 억제소화

풀이 냉각소화는 타고 있는 연소물로부터 열을 빼앗아 발화점 이하로 온도를 낮추어 소화하는 방법이다.

정답 ①

예제 3 촛불의 화염을 입으로 불어서 끄는 소화방법은?

① 냉각소화   ② 촉매소화

③ 제거소화   ④ 억제소화

풀이 양초가 탈 때 촛농에서 발생하는 가연성 증기가 증발하면서 연소를 유지하기 때문에 입으로 불었을 때 증발하고 있는 가연성 가스가 제거되는 것이다. 따라서 이 방식은 가연물을 제거하여 불을 끄는 제거소화방법이다.

정답 ③

예제 4 포소화약제에 의한 소화방법으로 다음 중 가장 주된 소화효과는?

① 희석소화   ② 질식소화

③ 제거소화   ④ 자기소화

풀이 포소화약제는 질식소화효과를 가진다.

정답 ②

2-3 소화기의 구분

01 냉각소화기의 종류

(1) 물소화기

① 적응화재 : A급 화재

② 방출방식 : 축압식, 가스가압식, 수동펌프식

③ 얼음의 융해잠열 : 80kcal/kg

④ 수증기의 증발잠열 : 539kcal/kg

(2) 산·알칼리 소화기 （실기에도 잘 나와요!）

① 적응화재 : A급·C급 화재

② 방출방식 : **탄산수소나트륨**과 **황산**을 반응시키는 원리이며 이때 약제를 방사하는 압력원은 이산화탄소이다.

③ 화학반응식 : $2NaHCO_3 + H_2SO_4 \rightarrow Na_2SO_4 + 2CO_2 + 2H_2O$
　　　　　　　탄산수소나트륨　　　황산　　　황산나트륨　이산화탄소　　물

(3) 강화액 소화기 （실기에도 잘 나와요!）

① 적응화재 : A급 화재, 무상의 경우 A급·B급·C급 화재

② 방출방식 : 축압식의 경우 압력원으로 축압된 공기를 사용하며 가스가압식과 반응식은 탄산가스의 압력에 의해 약제를 방출한다.

③ 특징

　㉠ 물의 소화능력을 강화시키기 위해 물에 **탄산칼륨**(K_2CO_3) 등을 첨가시킨 수용액이다.

　㉡ 수용액의 비중은 1보다 크다.

　㉢ 약제는 **강알칼리성**(pH 12)이다.

　㉣ 잘 얼지 않으므로 겨울이나 온도가 낮은 지역에서 사용할 수 있다.

02 질식소화기의 종류

(1) 포소화기(포말소화기 또는 폼소화기)

연소물에 수분과 포 원액의 혼합물을 이용하여 공기와의 반응 또는 화학변화를 일으켜 거품을 방사하는 소화방법이다.

1) 포소화약제의 조건

① 유동성 : 이동성이라고 볼 수 있으며 연소면에 잘 퍼지는 성질을 의미한다.

② 부착성 : 연소면과 포소화약제 간에 잡아당기는 성질이 강해 부착이 잘되어야 한다.

③ 응집성 : 포소화약제끼리의 잡아당기는 성질이 강해야 한다.

2) 포소화기의 종류

포소화기는 크게 기계포 소화기와 화학포 소화기 2가지로 구분할 수 있다.

① 기계포(공기포) 소화기 : 소화액과 공기를 혼합하여 발포시키는 방법으로, 종류로는 수성막포, 단백질포, 내알코올포, 합성계면활성제포가 있다.

　　㉠ 수성막포 : 포소화약제 중 가장 효과가 좋으며 유류화재 소화 시 분말소화약제를 사용할 경우 소화 후 재발화현상이 가끔씩 발생할 수 있는데 이러한 현상을 예방하기 위하여 병용하여 사용하면 가장 효과적인 포소화약제이기도 하다.

　　㉡ 단백질포 : 포소화약제를 대표하는 유류화재용으로 사용하는 약제이다.

　　㉢ 내알코올포 : 수용성 가연물이 가지고 있는 소포성에 견딜 수 있는 성질이 있으므로 **수용성 화재에 사용**되는 포소화약제이다.

　　　※ 소포성 : 포를 소멸시키는 성질

　　㉣ 합성계면활성제포 : 가장 많이 사용되는 포소화약제이다.

② 화학포 소화기 : **탄산수소나트륨($NaHCO_3$)과 황산알루미늄[$Al_2(SO_4)_3$]**이 반응하는 소화기이다. 실기에도 잘 나와요!

　　㉠ 화학반응식

$$6NaHCO_3 + Al_2(SO_4)_3 \cdot 18H_2O \rightarrow 3Na_2SO_4 + 2Al(OH)_3 + 6CO_2 + 18H_2O$$
　　　탄산수소나트륨　　황산알루미늄　　물　　　황산나트륨　수산화알루미늄　이산화탄소　　물

　　㉡ 기포안정제 : 단백질분해물, 사포닌, 계면활성제(소화기의 외통에 포함)

(2) 이산화탄소 소화기

용기에 이산화탄소(탄산가스)가 액화되어 충전되어 있으며 공기보다 1.52배 무거운 가스가 발생하게 된다.

① 줄-톰슨 효과 : 이산화탄소 약제를 방출할 때 액체 이산화탄소가 가는 관을 통과하게 되는데 이때 압력과 온도의 급감으로 인해 **드라이아이스**가 관내에 생성됨으로써 노즐이 막히는 현상이다.

② 이산화탄소 소화기의 장점과 단점

　　㉠ 장점 : 자체적으로 이산화탄소를 포함하고 있으므로 별도의 추진가스가 필요 없다.

　　㉡ 단점 : 피부에 접촉 시 동상에 걸릴 수 있고 작동 시 소음이 심하다.

(3) 분말소화기

1) 분말소화기의 기준

① 분말소화약제의 분류 🔊실기에도 잘 나와요!

분말의 구분	주성분	화학식	적응화재	착 색
제1종 분말	탄산수소나트륨	$NaHCO_3$	B·C급	백색
제2종 분말	탄산수소칼륨	$KHCO_3$	B·C급	보라색
제3종 분말	인산암모늄	$NH_4H_2PO_4$	A·B·C급	담홍색
제4종 분말	탄산수소칼륨과 요소의 반응생성물	$KHCO_3 + (NH_2)_2CO$	B·C급	회색

② 분말소화기의 방출방식 : 주로 축압식을 이용하고 압력원은 질소(N_2) 또는 이산화탄소 가스이며 압력지시계의 정상압력의 범위는 $7.0 \sim 9.8 kg/cm^2$이다.

③ 발수제(방수제) : 실리콘오일이 사용된다.

④ 방습제 : 스테아린산아연 또는 스테아린산마그네슘 등이 사용된다.

2) 종별 분말소화약제의 반응식 및 소화원리 🔊실기에도 잘 나와요!

① 제1종 분말소화약제의 열분해반응식 − 질식, 냉각

ㄱ 1차 열분해반응식(270℃) : $2NaHCO_3 \rightarrow Na_2CO_3 + H_2O + CO_2$
탄산수소나트륨　　탄산나트륨　　물　이산화탄소

ㄴ 2차 열분해반응식(850℃) : $2NaHCO_3 \rightarrow Na_2O + H_2O + 2CO_2$
탄산수소나트륨　　산화나트륨　　물　이산화탄소

ㄷ 제1종 분말소화약제의 소화원리 : 식용유화재에 지방을 가수분해하는 비누화현상 으로 거품을 생성하여 질식소화하는 원리이다.

※ 비누의 일반식 : $C_nH_{2n+1}COONa$

② 제2종 분말소화약제의 열분해반응식 − 질식, 냉각

ㄱ 1차 열분해반응식(190℃) : $2KHCO_3 \rightarrow K_2CO_3 + H_2O + CO_2$
탄산수소칼륨　　탄산칼륨　　물　이산화탄소

ㄴ 2차 열분해반응식(890℃) : $2KHCO_3 \rightarrow K_2O + H_2O + 2CO_2$
탄산수소칼륨　　산화칼륨　　물　이산화탄소

③ 제3종 분말소화약제의 열분해반응식 − 질식, 냉각, 억제

ㄱ 1차 열분해반응식(190℃) : $NH_4H_2PO_4 \rightarrow H_3PO_4 + NH_3$
인산암모늄　　오르토인산　암모니아

ㄴ 2차 열분해반응식(215℃) : $2H_3PO_4 \rightarrow H_4P_2O_7 + H_2O$
오르토인산　　피로인산　물

ㄷ 3차 열분해반응식(300℃) : $H_4P_2O_7 \rightarrow 2HPO_3 + H_2O$
피로인산　　메타인산　물

ㄹ 완전분해반응식 : $NH_4H_2PO_4 \rightarrow NH_3 + H_2O + HPO_3$
인산암모늄　　암모니아　물　메타인산

> 실기에만 필요!!
>
> 💡 Tip
>
> 열분해반응식 문제에서 몇차 열분해반응식이라 는 조건이 없다면 다음 과 같이 답하세요.
>
> ① 제1종 분말소화약제 : 1차 열분해 반응식
> ② 제2종 분말소화약제 : 1차 열분해반응식
> ③ 제3종 분말소화약제 : 완전열분해반응식

④ 제4종 분말소화약제의 열분해반응식 – 질식, 냉각

$$- \ 2KHCO_3 + (NH_2)_2CO \longrightarrow K_2CO_3 + 2CO_2 + 2NH_3$$
　　　탄산수소칼륨　　　　요소　　　　탄산칼륨　이산화탄소　암모니아

(4) 기타 소화설비

① 건조사(마른모래)

ⓐ 모래는 반드시 건조상태여야 한다.

ⓑ 모래에는 가연물이 함유되지 않아야 한다.

② 팽창질석, 팽창진주암

마른모래와 성질이 비슷한 불연성 고체 물질이다.

03 억제소화기의 종류

(1) 할로젠화합물 소화기

할로젠분자(F_2, Cl_2, Br_2, I_2), 탄소와 수소로 구성된 증발성 액체 소화약제로서 기화가 잘되고 공기보다 무거운 가스를 발생시켜 질식효과, 냉각효과, 억제효과를 가진다.

① **할론명명법** : 할로젠화합물 소화약제는 할론명명법에 의해 번호를 부여한다. 그 방법으로는 C – F – Cl – Br의 순서대로 개수를 표시하는데, 원소의 위치가 바뀌어 있더라도 C – F – Cl – Br의 순서대로만 표시하면 된다.

　예 CF_3Br → Halon 1301

　　　CCl_4 → Halon 1040 또는 Halon 104

　　　CH_3Br → Halon 1001

> **Tip**
> 할론번호에서 마지막의
> '0'은 생략이 가능합니다.

　※ 이 경우는 수소가 3개 포함되어 있지만 수소는 할론번호에는 영향을 미치지 않기 때문에 무시해도 좋다. 하지만 할론번호를 보고 화학식을 조합할 때는 수소가 매우 중요한 역할을 하게 된다.

② 화학식 조합방법

　ⓐ Halon 1301 → CF_3Br

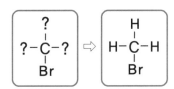

탄소는 원소주기율표에서 4가 원소이므로 다른 원소를 붙일 수 있는 가지 4개를 갖게 되는데, 여기서는 F 3개, Br 1개가 탄소의 가지 4개를 완전히 채울 수 있으므로 수소 없이 화학식은 CF_3Br이 된다.

　ⓑ Halon 1001 → CH_3Br

여기에는 탄소 1개와 Br 1개만 존재하기 때문에 탄소의 가지 4개 중 Br 1개만을 채울 수밖에 없으므로 나머지 3개의 탄소가지에는 수소를 채워야 한다. 따라서 화학식은 CH_3Br이 된다.

(2) 할로젠화합물 소화약제의 종류

명 칭	분자식	할론번호
사염화탄소	CCl_4	1040
일브로민화일염화이플루오린화메테인	CF_2ClBr	1211
일브로민화삼플루오린화메테인	CF_3Br	1301
이브로민화사플루오린화에테인	$C_2F_4Br_2$	2402

- 사염화탄소(CCl_4)

  ※ 카본테트라클로라이드(CTC)라고도 한다.

  ① 무색투명한 불연성 액체이다.

  ② 알코올, 에터에는 녹고 물에 녹지 않으며 전기화재에 사용된다.

  ③ 연소 및 물과의 반응을 통해 독성인 포스겐($COCl_2$)가스를 발생하므로 현재 사용을 금지하고 있다.

  ④ 화학반응식

  ㉠ 연소반응식 : $2CCl_4 + O_2 \rightarrow 2COCl_2 + 2Cl_2$
  사염화탄소　　산소　　포스겐　　염소

  ㉡ 물과의 반응식 : $CCl_4 + H_2O \rightarrow COCl_2 + 2HCl$
  사염화탄소　　물　　포스겐　　염화수소

예제 1 영하 20℃ 이하의 겨울철이나 한랭지에서 사용하기에 적합한 소화기는?

① 분무주수 소화기　　　　② 봉상주수 소화기
③ 물주수 소화기　　　　　④ 강화액 소화기

풀이 겨울철이나 한랭지에서 사용하기에 적합한 소화기는 강화액 소화기이다.

정답 ④

예제 2 식용유화재에 지방을 가수분해하는 비누화현상을 이용한 분말소화약제는 무엇인가?

① 제1종 분말　　　　② 제2종 분말
③ 제3종 분말　　　　④ 제4종 분말

풀이 제1종 분말소화약제의 소화원리 : 식용유화재에 지방을 가수분해하는 비누화현상으로 거품을 생성하여 질식소화하는 원리이며 비누의 일반식은 $C_nH_{2n+1}COONa$이다. 또한 제1종 분말소화약제($NaHCO_3$) 역시 비누가 포함하는 Na을 포함하고 있다.

정답 ①

예제 3 탄산수소나트륨과 황산알루미늄의 소화약제가 반응하여 생성되는 이산화탄소를 이용하여 화재를 진압하는 소화약제는?

① 단백포　　　　② 수성막포
③ 화학포　　　　④ 내알코올포

풀이 화학포 소화기의 반응식은 다음과 같다.
$6NaHCO_3 + Al_2(SO_4)_3 \cdot 18H_2O \rightarrow 3Na_2SO_4 + 2Al(OH)_3 + 6CO_2 + 18H_2O$
탄산수소나트륨　황산알루미늄　　물　　황산나트륨　수산화알루미늄　이산화탄소　　물

정답 ③

예제 4 이산화탄소 소화기 사용 시 줄-톰슨 효과에 의해서 생성되는 물질은?

① 포스겐
② 일산화탄소
③ 드라이아이스
④ 수성가스

풀이 줄-톰슨 효과 : 이산화탄소 약제를 방출할 때 액체 이산화탄소가 가는 관을 통과하게 되는데 이때 압력과 온도의 급감으로 인해 드라이아이스가 관내에 생성됨으로써 노즐이 막히는 현상이다.

정답 ③

예제 5 제3종 분말소화약제의 색상은 무엇인가?

① 백색
② 담홍색
③ 무색
④ 보라색

풀이 종별 분말소화약제의 색상은 다음과 같다.
1) 제1종 분말 – 백색
2) 제2종 분말 – 보라색
3) 제3종 분말 – 담홍색
4) 제4종 분말 – 회색

정답 ②

예제 6 할론 1301의 화학식은 무엇인가?

① CCl_4
② CH_3Br
③ CF_3Br
④ CF_2Br_2

풀이 할로젠화합물 소화약제는 할론명명법에 의해 번호를 부여한다.
그 방법으로는 C – F – Cl – Br의 순서대로 개수를 표시하는데, 원소의 위치가 바뀌어 있더라도 C – F – Cl – Br의 순서대로만 표시하면 된다.
그러므로, Halon 1301은 CF_3Br이 된다.

정답 ③

예제 7 Halon 1211 소화약제에 대한 설명으로 틀린 것은?

① 저장용기에 액체상으로 충전한다.
② 화학식은 CF_2ClBr이다.
③ 비점이 낮아서 기화가 용이하다.
④ 공기보다 가볍다.

풀이 할로젠화합물 소화약제의 성질은 다음과 같다.
1) 할로젠화합물 소화약제이다.
2) 증발성 액체 소화약제로 저장용기에 액체상으로 충전한다.
3) 비점이 낮아서 기화가 잘된다.
4) 공기보다 무거운 불연성 기체상으로 방사된다.

정답 ④

Section 03 소방시설의 종류 및 설치기준

3-1 소화설비

다양한 소화약제를 사용하여 소화를 행하는 기계 및 기구 설비를 소화설비라 하며 그 종류로는 소화기구, 옥내소화전설비, 옥외소화전설비, 스프링클러설비, 물분무등소화설비 등이 있다. 여기서 물분무등소화설비의 종류로는 물분무소화설비, 포소화설비, 불활성가스 소화설비, 할로젠화합물 소화설비, 분말소화설비가 있다.

01 소화기구

소화기구는 소형수동식 소화기, 대형수동식 소화기로 구분 한다.

◀ 대형수동식 소화기

(1) 수동식 소화기 설치기준

수동식 소화기는 층마다 설치하되 소방대상물의 각 부분으로부터 소형 소화기는 보행거리 20m 이하마다 1개 이상, 대형 소화기는 30m 이하마다 1개 이상 설치하며 바닥으로부터 1.5m 이하의 위치에 설치한다.

(2) 전기설비의 소화설비

전기설비가 설치된 제조소등에는 면적 100m^{2}마다 소형수동식 소화기를 1개 이상 설치한다.

(3) 소화기의 일반적인 사용방법

① 적응화재에만 사용해야 한다.
② 성능에 따라 불 가까이에 접근하여 사용해야 한다.
③ 소화작업은 바람을 등지고 바람이 부는 위쪽에서 아래쪽(풍상에서 풍하 방향)을 향해 소화작업을 해야 한다.
④ 소화는 양옆으로 비로 쓸듯이 골고루 이루어져야 한다.

예제 1 위험물안전관리법령상 대형수동식 소화기의 설치기준에서 방호대상물의 각 부분으로 부터 하나의 대형수동식 소화기까지의 보행거리는 몇 m 이하로 설치하여야 하는가?

① 10m ② 15m

③ 20m ④ 30m

풀이 방호대상물의 각 부분으로부터 수동식 소화기까지의 보행거리는 다음과 같다.
1) 대형수동식 소화기까지의 보행거리 : 30m
2) 소형수동식 소화기까지의 보행거리 : 20m

정답 ④

예제 2 다음에서 소화기의 사용방법을 올바르게 설명한 것을 모두 나열한 것은?

ㄱ 적응화재에만 사용할 것
ㄴ 불과 최대한 멀리 떨어져서 사용할 것
ㄷ 바람을 마주보고 풍하에서 풍상 방향으로 사용할 것
ㄹ 양옆으로 비로 쓸 듯이 골고루 사용할 것

① ㄱ, ㄴ ② ㄱ, ㄷ

③ ㄱ, ㄹ ④ ㄱ, ㄷ, ㄹ

풀이 ㄴ 불과 최대한 가까이 접근해서 사용할 것
ㄷ 바람을 등지고 풍상에서 풍하 방향으로 사용할 것

정답 ③

예제 3 전기설비가 설치되어 있는 제조소의 면적이 200m²일 때 그 장소에는 소형수동식 소화기를 몇 개 이상 설치해야 하는가?

① 1개 ② 2개

③ 3개 ④ 4개

풀이 전기설비가 설치된 제조소등에는 면적 100m²마다 소형수동식 소화기를 1개 이상 설치해야 하므로 면적 200m²일 때에는 2개 이상 설치해야 한다.

정답 ②

(4) 소요단위 및 능력단위 〔실기에도 잘 나와요!〕

1) 소요단위

소화설비의 설치대상이 되는 건축물 또는 그 밖에 공작물의 규모나 위험물량의 기준을 1소요단위라고 정하며, 다음의 [표]와 같이 구분한다.

구 분	외벽이 내화구조	외벽이 비내화구조
위험물 제조소 및 취급소	연면적 100m²	연면적 50m²
위험물저장소	연면적 150m²	연면적 75m²
위험물	지정수량의 10배	

※ 제조소 또는 일반취급소의 옥외에 설치된 공작물은 외벽이 내화구조인 것으로 간주하고 공작물의 최대수평투영면적을 연면적으로 간주한다.

2) 능력단위

① 소화기의 능력단위 : 소화기의 소화능력을 표시하는 것을 능력단위라고 한다.

> 예 능력단위 A-2, B-4, C의 소화기 : A급 화재에 대하여 2단위의 능력단위를 가지며, B급 화재에 대해서는 4단위, C급 화재에도 사용이 가능한 소화기이다.

② 기타 소화설비의 능력단위

소화설비	용량	능력단위
소화전용 물통	8L	0.3
수조(소화전용 물통 3개 포함)	80L	1.5
수조(소화전용 물통 6개 포함)	190L	2.5
마른모래(삽 1개 포함)	50L	0.5
팽창질석 또는 팽창진주암(삽 1개 포함)	160L	1.0

예제 1 지정수량이 10kg인 위험물을 200kg으로 저장하는 경우 소요단위는 얼마인가?

① 0.5단위
② 1단위
③ 1.5단위
④ 2단위

풀이 위험물의 1소요단위는 지정수량의 10배이다. 문제의 조건이 지정수량 10kg인 위험물이므로 여기에 10배를 하면 100kg이 된다.
여기서, 소요단위라는 것은 100kg마다 소화설비 1단위를 설치하라는 의미이므로 200kg을 저장하고 있는 경우 소요단위는 2단위로서 소화설비 2단위를 필요로 한다는 것이다.

정답 ④

예제 2 위험물제조소의 외벽이 내화구조일 경우 1소요단위에 해당하는 것은 연면적 몇 m^2인가?

① $50m^2$
② $75m^2$
③ $100m^2$
④ $150m^2$

풀이 위험물제조소 또는 일반취급소의 1소요단위는 다음과 같다.
1) 외벽이 내화구조인 건축물 : 연면적 $100m^2$
2) 외벽이 비내화구조인 건축물 : 연면적 $50m^2$

정답 ③

예제 3 소화전용 물통 3개를 포함한 수조 80L의 능력단위는?

① 0.3
② 0.5
③ 1.0
④ 1.5

풀이 수조(소화전용 물통 3개 포함) 80L의 능력단위는 1.5단위이다.

정답 ④

02 옥내소화전설비

(1) 옥내소화전의 설치기준 실기에도 잘 나와요!

① 필요한 물(수원)의 양 계산 : 수원의 양은 옥내소화전이 가장 많이 설치되어 있는 층의 소화전의 수에 $7.8m^3$를 곱한 양 이상으로 하면 되는데 소화전의 수가 5개 이상이면 **최대 5개**의 옥내소화전 수만 곱해주면 된다.

② 방수량 : 260L/min **이상**으로 해야 한다.

③ 방수압력 : 350kPa **이상**으로 해야 한다.

④ 호스 접속구까지의 수평거리 : 제조소등 건축물의 층마다 그 층의 각 부분에서 하나의 호스 접속구까지의 수평거리가 **25m 이하**가 되도록 설치해야 한다.

⑤ 개폐밸브 및 호스 접속구의 설치높이 : 바닥으로부터 1.5m 이하로 한다.

⑥ 비상전원 : **45분 이상** 작동해야 한다.

⑦ 옥내소화전함에는 "소화전"이라는 표시를 부착해야 한다.

⑧ 표시등은 적색으로 소화전함 상부에 부착하며 부착면으로부터 15° 범위 안에서 10m 떨어진 장소에서도 식별이 가능해야 한다.

(2) 옥내소화전설비의 가압송수장치

옥내소화전설비의 가압송수장치는 다음에 정한 것에 의하여 설치한다.

① 고가수조를 이용한 가압송수장치 : 낙차(수조의 하단으로부터 호스 접속구까지의 수직거리)는 다음 식에 의하여 구한 수치 이상으로 한다.

$$H = h_1 + h_2 + 35\,\text{m}$$

여기서, H : 필요낙차(m)
h_1 : 소방용 호스의 마찰손실수두(m)
h_2 : 배관의 마찰손실수두(m)

② 압력수조를 이용한 가압송수장치 : 압력수조의 압력은 다음 식에 의하여 구한 수치 이상으로 한다.

$$P = p_1 + p_2 + p_3 + 0.35\,\text{MPa}$$

여기서, P : 필요한 압력(MPa)
p_1 : 소방용 호스의 마찰손실수두압(MPa)
p_2 : 배관의 마찰손실수두압(MPa)
p_3 : 낙차의 환산수두압(MPa)

③ 펌프를 이용한 가압송수장치 : 펌프의 전양정은 다음 식에 의하여 구한 수치 이상으로 한다.

$$H = h_1 + h_2 + h_3 + 35\,\text{m}$$

여기서, H : 펌프의 전양정(m)

h_1 : 소방용 호스의 마찰손실수두(m)

h_2 : 배관의 마찰손실수두(m)

h_3 : 낙차(m)

03 옥외소화전설비

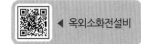 ◀ 옥외소화전설비

– 옥외소화전의 설치기준 🗨️실기에도 잘 나와요!

① 필요한 물(수원)의 양 계산 : 수원의 양은 옥외소화전의 수에 **13.5m³**를 곱한 양 이상으로 하면 되는데 소화전의 수가 4개 이상이면 **최대 4개**의 옥외소화전 수만 곱해주면 된다.

② 방수량 : **450L/min 이상**으로 해야 한다.

③ 방수압력 : **350kPa 이상**으로 해야 한다.

④ 호스 접속구까지의 수평거리 : 방호대상물(제조소등의 건축물)의 각 부분에서 하나의 호스 접속구까지의 수평거리가 **40m 이하**가 되도록 설치해야 한다.

⑤ 개폐밸브 및 호스 접속구의 설치높이 : 바닥으로부터 **1.5m 이하**로 한다.

⑥ 해당 건축물의 1층 및 2층 부분만을 방사능력범위로 하며 그 외의 층은 다른 소화설비를 설치해야 한다.

⑦ 비상전원 : **45분 이상** 작동해야 한다.

⑧ 옥외소화전함과의 상호거리 : 옥외소화전은 옥외소화전함으로부터 떨어져 있는데 그 상호거리는 **5m 이내**이어야 한다.

예제 1 건축물의 1층 또는 2층 부분만을 방사능력범위로 하고 그 외의 층은 다른 소화설비를 설치해야 하는 소화설비는?

① 옥내소화전설비   ② 옥외소화전설비

③ 스프링클러설비   ④ 물분무소화설비

🖉**풀이** 건축물의 1층 또는 2층 부분만을 방사능력범위로 하는 소화설비는 옥외소화전설비이다.

정답 ②

예제 2 옥내소화전설비의 비상전원은 몇 분 이상 작동하여야 하는가?

① 45분   ② 30분

③ 20분   ④ 10분

🖉**풀이** 옥내 및 옥외 소화전설비 모두 비상전원은 45분 이상 작동할 수 있어야 한다.

정답 ①

예제3 위험물제조소등에 옥내소화전설비를 설치한다. 옥내소화전이 가장 많이 설치된 층의 소화전 개수가 4개일 경우 확보하여야 할 수원의 양은?

① 10.4m^3 ② 20.8m^3

③ 31.2m^3 ④ 41.6m^3

풀이 옥내소화전의 수원의 양은 옥내소화전이 가장 많이 설치되어 있는 층의 옥내소화전 수에 7.8m^{3}를 곱한 양 이상으로 구하므로, 4×7.8m^3=31.2m^3 이다.

정답 ③

예제4 옥내소화전설비의 개폐밸브 및 호스 접속구의 설치높이는 바닥으로부터 몇 m 이하로 해야 하는가?

① 0.5m   ② 1m

③ 1.5m   ④ 2m

풀이 개폐밸브 및 호스 접속구의 위치는 바닥으로부터 1.5m 이하의 높이가 가장 이상적이다.

정답 ③

예제5 위험물제조소등에 옥외소화전을 6개 설치할 경우 수원의 수량은 몇 m^3 이상이어야 하는가?

① 48m^3 이상   ② 54m^3 이상

③ 60m^3 이상   ④ 81m^3 이상

풀이 옥외소화전의 수원의 양은 옥외소화전의 수에 13.5m^{3}를 곱한 양 이상으로 하면 되는데 소화전의 수가 4개 이상이면 최대 4개의 옥외소화전 수만 곱해주면 된다.
∴ 13.5m^3×4=54m^3

정답 ②

예제6 위험물안전관리법령상 압력수조를 이용한 옥내소화전설비의 가압송수장치에서 압력수조의 최소압력(MPa)은? (단, 소방용 호스의 마찰손실수두압은 3MPa, 배관의 마찰손실수두압은 1MPa, 낙차의 환산수두압은 1.35MPa이다.)

① 5.35MPa   ② 5.70MPa

③ 6.00MPa   ④ 6.35MPa

풀이 옥내소화전설비의 압력수조를 이용한 가압송수장치 압력수조의 압력은 다음 식에 의하여 구한 수치 이상으로 한다.
$P = p_1 + p_2 + p_3 + 0.35MPa$
여기서, P : 필요한 압력(MPa)
p_1 : 소방용 호스의 마찰손실수두압(MPa)
p_2 : 배관의 마찰손실수두압(MPa)
p_3 : 낙차의 환산수두압(MPa)
∴ $P = 3 + 1 + 1.35 + 0.35 = 5.70$

정답 ②

04 스프링클러설비

(1) 스프링클러헤드의 종류

1) 개방형 스프링클러헤드

 - 스프링클러헤드의 반사판으로부터 보유공간 : 하방으로 0.45m, 수평방향으로 0.3m의 공간을 보유해야 한다.

2) 폐쇄형 스프링클러헤드

① 스프링클러헤드의 반사판과 헤드의 부착면과의 거리 : 0.3m 이하이어야 한다.

② 해당 덕트 등의 아래면에도 스프링클러헤드를 설치해야 하는 경우 : 급배기용 덕트 등의 긴 변의 길이가 1.2m를 초과하는 것이 있는 경우이다.

③ 스프링클러헤드 부착장소의 평상시 최고주위온도에 따른 표시온도 : 스프링클러헤드는 그 부착장소의 평상시 최고주위온도에 따라 다음 [표]에서 정한 표시온도를 갖는 것을 설치해야 한다.

부착장소의 최고주위온도(℃)	표시온도(℃)
28 미만	58 미만
28 이상 39 미만	58 이상 79 미만
39 이상 64 미만	79 이상 121 미만
64 이상 106 미만	121 이상 162 미만
106 이상	162 이상

▼톡톡 튀는 암기법 부착장소의 최고주위온도 × 2의 값에 1 또는 2를 더한 값이 오른쪽의 표시온도라고 암기하세요.

(2) 스프링클러설비의 설치기준

① 방호대상물과 스프링클러헤드까지의 수평거리 : 1.7m 이하가 되도록 설치해야 한다.

② 방사구역 : 150m² 이상으로 해야 한다.
단, 방호대상물의 바닥면적이 150m² 미만인 경우에는 그 바닥면적으로 한다.

③ 수원의 수량

㉠ 개방형 스프링클러헤드 : 스프링클러헤드가 가장 많이 설치된 방사구역의 스프링클러헤드 설치개수에 2.4m³를 곱한 양 이상이 되도록 설치해야 한다.

㉡ 폐쇄형 스프링클러헤드 : 30개(헤드의 설치개수가 30 미만인 방호대상물인 경우에는 그 설치개수)에 2.4m³를 곱한 양 이상이 되도록 설치해야 한다.

④ 방사압력 : 100kPa 이상이어야 한다.

⑤ 방수량 : 80L/min 이상이어야 한다.

⑥ 제어밸브의 설치높이 : 바닥으로부터 0.8m 이상
1.5m 이하로 해야 한다.

> **Tip**
>
> 소화설비의 방사압력은 스프링클러만 100kPa 이상이며, 나머지 소화설비는 모두 350kPa 이상입니다.

05 물분무소화설비

① 방사구역 : 150m² 이상으로 해야 한다.
단, 방호대상물의 바닥면적이 150m² 미만인 경우에는 그 바닥면적으로 한다.

② 수원의 수량 : 표면적×20L/m²·min×30min의 양 이상이어야 한다.

③ 방사압력 : 350kPa 이상이어야 한다.

④ 제어밸브의 설치높이 : 바닥으로부터 0.8m 이상 1.5m 이하로 해야 한다.

예제 1 폐쇄형 스프링클러헤드 설치 시 급배기용 덕트의 긴 변의 길이가 얼마를 초과하는 것이 있는 경우에는 해당 덕트의 아랫부분에도 헤드를 설치하는가?

① 0.8m   ② 1.2m

③ 1.5m   ④ 1.7m

풀이 폐쇄형 스프링클러헤드 설치 시 급배기용 덕트 등의 긴 변의 길이가 1.2m를 초과하는 것이 있는 경우에는 해당 덕트 등의 아랫면에도 스프링클러헤드를 설치해야 한다.

정답 ②

예제 2 위험물제조소등에 설치해야 하는 각 소화설비의 설치기준에 있어서 각 노즐 또는 헤드 선단의 방사압력기준이 나머지 셋과 다른 설비는?

① 옥내소화전설비

② 옥외소화전설비

③ 스프링클러설비

④ 물분무소화설비

풀이 각 〈보기〉의 노즐 또는 헤드 선단의 방사압력기준은 다음과 같다.
① 옥내소화전설비 : 350kPa
② 옥외소화전설비 : 350kPa
③ 스프링클러설비 : 100kPa
④ 물분무소화설비 : 350kPa

정답 ③

06 포소화설비

(1) 포소화약제 혼합장치

① **펌프 프로포셔너방식** : 펌프에서 토출된 물의 일부를 펌프의 토출관과 흡입관 사이의 배관에 설치해 놓은 흡입기에 보내고 포소화약제 탱크와 연결된 자동농도조절 밸브를 통해 얻어진 포소화약제를 펌프의 흡입 측으로 다시 보내어 약제를 흡입 및 혼합하는 방식을 말한다.

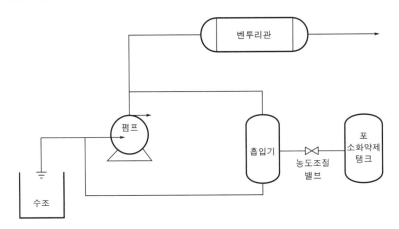

② **프레셔 프로포셔너방식** : 펌프와 발포기의 중간에 설치된 벤투리관의 벤투리작용과 펌프 가압수가 포소화약제 저장탱크에 제공하는 압력에 의하여 포소화약제를 흡입 및 혼합하는 방식을 말한다.

※ 벤투리관 : 직경이 달라지는 관의 일종

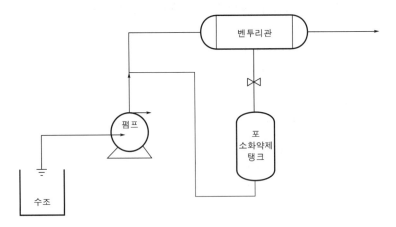

③ 라인 프로포셔너방식 : 펌프와 발포기의 중간에 설치된 벤투리관의 벤투리작용에 의하여 포소화약제를 흡입 및 혼합하는 방식을 말한다.

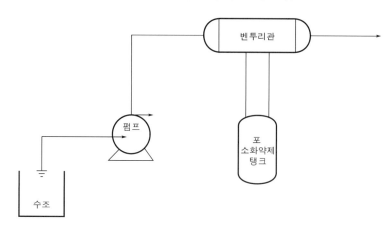

④ 프레셔사이드 프로포셔너방식 : 펌프의 토출관에 압입기를 설치하여 포소화약제 압입용 펌프로 포소화약제를 압입시켜 혼합하는 방식을 말한다.

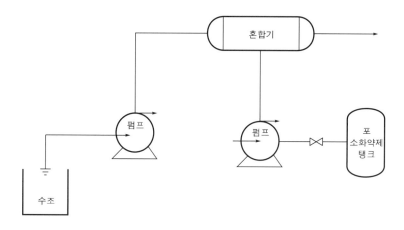

(2) 탱크에 설치하는 고정식 포소화설비의 포방출구

탱크 지붕의 구분	포방출구의 형태	포주입법
고정지붕구조의 탱크	Ⅰ형 방출구	상부포주입법
	Ⅱ형 방출구	
	Ⅲ형 방출구	저부포주입법
	Ⅳ형 방출구	
부상지붕구조의 탱크	특형 방출구	상부포주입법

📖 **상부포주입법과 저부포주입법**

> 1) **상부포주입법** : 고정포방출구를 탱크 옆판의 상부에 설치하여 액표면상에 포를 방출하는 방법
> 2) **저부포주입법** : 탱크의 액면하에 설치된 포방출구로부터 포를 탱크 내에 주입하는 방법

(3) 보조포소화전의 기준

3개 이상 설치되어 있는 경우는 3개의 노즐을 동시에 사용할 경우를 기준으로 한다.

① 각각의 보조포소화전 상호간의 보행거리 : 75m 이하이어야 한다.

② 각각의 노즐선단의 방사압력 : 0.35MPa 이상이어야 한다.

③ 각각의 노즐선단의 방사량 : 400L/min 이상의 성능이어야 한다.

(4) 포헤드방식의 포헤드 기준

① 설치해야 할 헤드 수 : 방호대상물의 표면적 9m^{2}당 1개 이상이어야 한다.

② 방호대상물의 표면적 1m^{2}당 방사량 : 6.5L/min 이상이어야 한다.

③ 방사구역 : 100m^2 이상이어야 한다.

단, 방호대상물의 표면적이 100m^2 미만인 경우에는 그 표면적으로 한다.

(5) 포모니터 노즐

위치가 고정된 노즐의 방사각도를 수동 또는 자동으로
조준하여 포를 방사하는 설비를 말한다.

◀ 포모니터 노즐

① 노즐선단의 방사량 : 1,900L/min 이상이어야 한다.

② 수평 방사거리 : 30m 이상이어야 한다.

(6) 포소화설비의 가압송수장치

포소화설비의 가압송수장치는 다음에 정한 것에 의하여 설치한다.

① 고가수조를 이용한 가압송수장치 : 가압송수장치의 낙차(수조의 하단으로부터 포방출구까지의 수직거리)는 다음 식에 의하여 구한 수치 이상으로 한다.

$$H = h_1 + h_2 + h_3$$

여기서, H : 필요한 낙차(m)
h_1 : 고정식 포방출구의 설계압력 환산수두 또는 이동식 포소화설비 노즐방사
압력의 환산수두(m)
h_2 : 배관의 마찰손실수두(m)
h_3 : 이동식 포소화설비의 소방용 호스의 마찰손실수두(m)

② 압력수조를 이용한 가압송수장치 : 가압송수장치의 압력수조의 압력은 다음 식에 의하여 구한 수치 이상으로 한다.

$$P = p_1 + p_2 + p_3 + p_4$$

여기서, P : 필요한 압력(MPa)
　　　　p_1 : 고정식 포방출구의 설계압력 또는 이동식 포소화설비 노즐방사압력(MPa)
　　　　p_2 : 배관의 마찰손실수두압(MPa)
　　　　p_3 : 낙차의 환산수두압(MPa)
　　　　p_4 : 이동식 포소화설비의 소방용 호스의 마찰손실수두압(MPa)

③ 펌프를 이용한 가압송수장치 : 펌프의 전양정은 다음 식에 의하여 구한 수치 이상으로 한다.

$$H = h_1 + h_2 + h_3 + h_4$$

여기서, H : 펌프의 전양정(m)
　　　　h_1 : 고정식 포방출구의 설계압력 환산수두 또는 이동식 포소화설비 노즐선단의 방사압력 환산수두(m)
　　　　h_2 : 배관의 마찰손실수두(m)
　　　　h_3 : 낙차(m)
　　　　h_4 : 이동식 포소화설비의 소방용 호스의 마찰손실수두(m)

예제 1 포소화약제 혼합장치 중 펌프에서 토출된 물의 일부를 펌프의 토출관과 흡입관 사이의 배관에 설치한 흡입기에 보내고 포소화약제와 연결된 자동농도조절밸브를 통해 얻어진 포소화약제를 펌프의 흡입 측으로 다시 보내어 약제를 흡입 및 혼합하는 방식은 무엇인가?

① 펌프 프로포셔너방식　　　　　② 프레셔 프로포셔너방식
③ 라인 프로포셔너방식　　　　　④ 프레셔사이드 프로포셔너방식

풀이 토출된 물의 일부를 포소화약제로 만들어 펌프의 흡입 측으로 다시 보내는 방식은 펌프 프로포셔너방식이다.

정답 ①

예제 2 고정지붕구조의 탱크에 설치하는 포방출구의 형태가 아닌 것은?

① Ⅰ형 방출구　　　　　　　　② Ⅱ형 방출구
③ 특형 방출구　　　　　　　　④ Ⅲ형 방출구

풀이 포방출구의 형태 중 Ⅰ형, Ⅱ형, Ⅲ형, Ⅳ형 방출구는 고정지붕구조의 탱크에 설치하고, 특형 방출구는 부상지붕구조의 탱크에 설치한다.

정답 ③

07 분말소화설비

(1) 전역방출방식 분말소화설비

① 분사방식 : 방사된 소화약제가 방호구역의 전역에 균일하고 신속하게 확산할 수 있도록 설치한 것이다.

② 분사헤드의 방사압력 : 0.1MPa 이상이어야 한다.

③ 소화약제의 방사시간 : 30초 이내에 방사해야 한다.

④ 방호구역체적 $1m^3$당 소화약제의 양

소화약제의 종별	소화약제의 양(kg)
제1종 분말	0.6
제2종·제3종 분말	0.36
제4종 분말	0.24

톡톡 튀는 암기법　제1종 분말소화약제의 양은 0.6kg이다.

제2종 및 제3종 분말소화약제의 양은 숫자 2와 3의 곱인 6을 제1종 분말소화약제의 양인 0.6kg에 곱한 0.36kg이 된다.

제4종 분말소화약제의 양 또한 숫자 4를 제1종 분말소화약제의 양인 0.6kg에 곱한 0.24kg이 된다.

(2) 국소방출방식 분말소화설비

① 분사방식 : 방호대상물의 모든 표면이 분사헤드의 유효사정 내에 있도록 설치한 것이다.

② 분사헤드의 방사압력 : 0.1MPa 이상이어야 한다.

③ 소화약제의 방사시간 : 30초 이내에 방사해야 한다.

(3) 분말소화약제 저장용기의 충전비 – 전역방출방식·국소방출방식 공통

소화약제의 종별	충전비의 범위
제1종 분말	0.85 이상 1.45 이하
제2종·제3종 분말	1.05 이상 1.75 이하
제4종 분말	1.50 이상 2.50 이하

(4) 이동식 분말소화설비의 하나의 노즐마다 매분당 소화약제 방사량

소화약제의 종류	소화약제의 양(kg)
제1종 분말	45 〈50〉
제2종·제3종 분말	27 〈30〉
제4종 분말	18 〈20〉

※ 오른쪽 칸에 기재된 〈 〉 속의 수치는 전체 소화약제의 양이다.

예제 1 **전역방출방식 분말소화설비의 분사헤드는 소화약제를 몇 초 이내에 방사해야 하는가?**

① 10초   ② 20초

③ 30초   ④ 40초

풀이   전역방출방식 및 국소방출방식 모두 분말소화설비 분사헤드의 소화약제 방사시간은 30초 이내이다.

정답 ③

예제 2 **국소방출방식 분말소화설비 분사헤드의 방사압력은 얼마 이상이어야 하는가?**

① 0.1MPa 이상   ② 0.2MPa 이상

③ 0.3MPa 이상   ④ 0.4MPa 이상

풀이   전역방출방식 및 국소방출방식 모두 분말소화설비 분사헤드의 방사압력은 0.1MPa 이상 이다.

정답 ①

08 불활성가스 소화설비

(1) 전역방출방식 불활성가스 소화설비

① 분사방식 : 방사된 소화약제가 방호구역의 전역에 균일하고 신속하게 확산될 수 있도록 설치한 것이다.

② 소화약제의 방사시간

    ㉠ 이산화탄소 : 60초 이내에 방사해야 한다.

    ㉡ 불활성가스(IG-100, IG-55, IG-541) : 소화약제 95% 이상을 60초 이내에 방사해야 한다.

> **불활성가스의 종류별 구성 성분**
>
> 1) IG-100 : 질소 100%
> 2) IG-55   : 질소 50%와 아르곤 50%
> 3) IG-541 : 질소 52%와 아르곤 40%와 이산화탄소 8%

(2) 국소방출방식 불활성가스 소화설비

① 분사방식(불활성가스 중 이산화탄소 소화약제에 한함) : 방호대상물의 모든 표면이 분사헤드의 유효사정 내에 있도록 설치한 것이다.

② 소화약제의 방사시간(불활성가스 중 이산화탄소 소화약제에 한함) : 30초 이내에 방사해야 한다.

> **Tip**
>
> 소화약제의 방사시간은 전역방출방식 이산화탄소 및 불활성가스 소화설비만 60초 이내이며 나머지 소화설비는 대부분 30초 이내입니다.

(3) 전역방출방식과 국소방출방식의 공통기준

① 분사헤드의 방사압력

㉠ 이산화탄소 분사헤드

ⓐ 고압식(상온(20℃)으로 저장되어 있는 것) : 2.1MPa 이상

ⓑ 저압식(-18℃ 이하로 저장되어 있는 것) : 1.05MPa 이상

㉡ 불활성가스(IG-100, IG-55, IG-541) 분사헤드 : 1.9MPa 이상

② 저장용기의 충전비 및 충전압력

㉠ 이산화탄소 저장용기의 충전비

ⓐ 고압식 : 1.5 이상 1.9 이하

ⓑ 저압식 : 1.1 이상 1.4 이하

㉡ IG-100, IG-55, IG-541 저장용기의 충전압력 : 21℃의 온도에서 32MPa 이하

③ 불활성가스 소화약제 용기의 설치장소

㉠ 방호구역 외부에 설치한다.

㉡ 온도가 40℃ 이하이고 온도변화가 적은 장소에 설치한다.

㉢ 직사광선 및 빗물이 침투할 우려가 없는 장소에 설치한다.

㉣ 저장용기에는 안전장치를 설치한다.

㉤ 용기 외면에 소화약제의 종류와 양, 제조년도 및 제조자를 표시한다.

④ 저장용기의 설치기준

㉠ 고압식 : 용기밸브를 설치해야 한다.

㉡ 저압식

ⓐ 액면계 및 압력계를 설치해야 한다.

ⓑ 2.3MPa 이상의 압력 및 1.9MPa 이하의 압력에서 작동하는 압력경보장치를 설치해야 한다.

ⓒ 용기 내부의 온도를 영하 20℃ 이상, 영하 18℃ 이하로 유지할 수 있는 자동 냉동기를 설치해야 한다.

ⓓ 파괴판을 설치해야 한다.

ⓔ 방출밸브를 설치해야 한다.

예제 1 불활성가스 소화설비에 사용되는 불활성가스의 종류로 옳지 않은 것은?

① IG-100 ② IG-55

③ IG-541 ④ IG-10

풀이 불활성가스 소화설비에 사용되는 불활성가스의 종류는 다음과 같다.

1) IG-100 : 질소

2) IG-55 : 질소 50%, 아르곤 50%

3) IG-541 : 질소 52%, 아르곤 40%, 이산화탄소 8%

정답 ④

예제 2 국소방출방식 이산화탄소 소화설비의 분사헤드에서 방출되는 소화약제의 방사기준은?

① 10초 이내에 균일하게 방사할 수 있을 것
② 15초 이내에 균일하게 방사할 수 있을 것
③ 30초 이내에 균일하게 방사할 수 있을 것
④ 60초 이내에 균일하게 방사할 수 있을 것

풀이 이산화탄소 소화설비의 방사시간은 다음과 같이 구분한다.
　　1) 전역방출방식 : 60초 이내
　　2) 국소방출방식 : 30초 이내

정답 ③

예제 3 불활성가스 소화약제 저장용기를 설치하는 기준에 대한 설명으로 틀린 것은?

① 방호구역 외부에 설치한다.
② 온도가 50℃ 이하이고 온도변화가 적은 장소에 설치한다.
③ 직사광선 및 빗물이 침투할 우려가 없는 장소에 설치한다.
④ 용기 외면에 소화약제의 종류와 양, 제조년도 및 제조자를 표시한다.

풀이 불활성가스 소화약제의 저장용기는 온도가 40℃ 이하이고 온도변화가 적은 장소에 설치한다.

정답 ②

09 할로젠화합물 소화설비

(1) 전역방출방식 할로젠화합물 소화설비

① 분사방식 : 방사된 소화약제가 방호구역 전역에 균일하고 신속하게 확산할 수 있도록 설치한 것이다.

② 방호구역체적 $1m^3$당 소화약제의 양

소화약제의 종별	소화약제의 양(kg)
할론 2402	0.4
할론 1211	0.36
할론 1301	0.32

③ 소화약제의 방사시간

　㉠ 할론 2402, 할론 1211, 할론 1301 : 30초 이내에 방사해야 한다.
　㉡ HFC-23, HFC-125, HFC-227ea : 10초 이내에 방사해야 한다.

(2) 국소방출방식 할로젠화합물 소화설비

① 분사방식 : 방호대상물의 모든 표면이 분사헤드의 유효사정 내에 있도록 설치한 것이다.

② 소화약제의 방사시간

    – 할론 2402, 할론 1211, 할론 1301 : 30초 이내에 방사해야 한다.

(3) 전역방출방식과 국소방출방식의 공통기준

① 분사헤드의 방사압력

    ㉠ 할론 2402 : 0.1MPa 이상

    ㉡ 할론 1211 : 0.2MPa 이상

    ㉢ 할론 1301 : 0.9MPa 이상

    ㉣ HFC-227ea : 0.3MPa 이상

② 저장용기의 충전비

    ㉠ 할론 2402 가압식 저장용기 : 0.51 이상 0.67 이하

    ㉡ 할론 2402 축압식 저장용기 : 0.67 이상 2.75 이하

    ㉢ 할론 1211 저장용기 : 0.7 이상 1.4 이하

    ㉣ 할론 1301 및 HFC-227ea 저장용기 : 0.9 이상 1.6 이하

    ㉤ HFC-23 및 HFC-125 저장용기 : 1.2 이상 1.5 이하

예제 1 전역방출방식 할로젠화합물 소화설비 중 할론 1301 소화약제는 몇 초 이내에 방사해야 하는가?

  ① 10초   ② 30초

  ③ 60초   ④ 90초

풀이 전역방출방식 및 국소방출방식 할로젠화합물 소화설비 중 할론 2402, 할론 1211, 할론 1301 소화약제의 방사시간은 모두 30초 이내이다.

정답 ②

예제 2 다음 중 할론 2402의 분사헤드의 방사압력은 얼마 이상인가?

  ① 0.1MPa   ② 0.2MPa

  ③ 0.5MPa   ④ 0.9MPa

풀이 할로젠화합물 소화약제 분사헤드의 방사압력은 다음과 같이 구분한다.
1) 할론 2402 : 0.1MPa
2) 할론 1211 : 0.2MPa
3) 할론 1301 : 0.9MPa

정답 ①

3-2 경보설비

01 위험물제조소등에 설치하는 경보설비의 종류

① 자동화재탐지설비
② 자동화재속보설비
③ 비상경보설비
④ 확성장치
⑤ 비상방송설비

02 제조소등의 경보설비 설치기준 실기에도 잘 나와요!

(1) 경보설비 중 자동화재탐지설비만을 설치해야 하는 제조소등

제조소등의 구분	제조소등의 규모, 저장 또는 취급하는 위험물의 종류 및 최대수량 등
제조소 및 일반취급소	• 연면적 500m² 이상인 것 • 옥내에서 지정수량의 100배 이상을 취급하는 것 　(고인화점 위험물만을 100℃ 미만의 온도에서 취급하는 것은 제외한다)
옥내저장소	• 지정수량의 100배 이상을 저장 또는 취급하는 것 　(고인화점 위험물만을 저장 또는 취급하는 것은 제외한다) • 저장창고의 연면적이 150m²를 초과하는 것 • 처마높이가 6m 이상인 단층 건물의 것
옥내탱크저장소	단층 건물 외의 건축물에 설치된 옥내탱크저장소로서 소화난이도등급 Ⅰ에 해당하는 것
주유취급소	옥내주유취급소

※ 고인화점 위험물 : 인화점이 100℃ 이상인 제4류 위험물

(2) 경보설비 중 자동화재탐지설비 및 자동화재속보설비를 설치해야 하는 제조소등

제조소등의 구분	제조소등의 규모, 저장 또는 취급하는 위험물의 종류 및 최대수량 등
옥외탱크저장소	특수인화물, 제1석유류 및 알코올류를 저장 또는 취급하는 탱크의 용량이 1,000만L 이상인 것

(3) 경보설비(자동화재속보설비 제외) 중 1가지 이상을 설치해야 하는 제조소등

제조소등의 구분	제조소등의 규모, 저장 또는 취급하는 위험물의 종류 및 최대수량 등
자동화재탐지설비 설치대상 외의 제조소등	지정수량의 10배 이상을 저장 또는 취급하는 것 (이동탱크저장소는 제외한다)

03 자동화재탐지설비의 설치기준 실기에도 잘 나와요!

① 자동화재탐지설비의 경계구역은 건축물, 그 밖의 공작물의 2 이상의 층에 걸치지 아니하도록 해야 한다.

단, 하나의 경계구역의 면적이 500m² 이하이면서 경계구역이 두 개의 층에 걸치거나 계단 등에 연기감지기를 설치하는 경우는 2 이상의 층에 걸치도록 할 수 있다.

② 하나의 **경계구역의 면적은 600m² 이하**로 하고 그 **한 변의 길이는 50m(광전식 분리형 감지기는 100m) 이하**로 해야 한다.

단, 해당 건축물 등의 주요한 출입구에서 그 내부 전체를 볼 수 있는 경우에는 그 면적을 1,000m² 이하로 할 수 있다.

③ 자동화재탐지설비의 감지기는 지붕 또는 벽의 옥내에 면한 부분에 유효하게 화재의 발생을 감지할 수 있도록 설치해야 한다.

④ 자동화재탐지설비에는 비상전원을 설치해야 한다.

3-3 피난설비

위험물안전관리법상 피난설비로는 유도등이 있다.

01 유도등의 설치기준

① 주유취급소 중 2층 이상의 부분을 점포, 휴게음식점 또는 전시장의 용도에 있어서는 건축물의 2층 이상으로부터 주유취급소의 부지 밖으로 통하는 출입구와 그 출입구로 통하는 통로, 계단 및 출입구에 유도등을 설치하여야 한다.

② 옥내주유취급소에 있어서는 해당 사무소 등의 출입구 및 피난구와 그 피난구로 통하는 통로, 계단 및 출입구에 유도등을 설치하여야 한다.

③ 유도등에는 비상전원을 설치하여야 한다.

> **예제 1** 위험물제조소의 연면적이 몇 m² 이상이 되면 경보설비 중 자동화재탐지설비를 설치하여야 하는가?
>
> ① 400m²　　　　　　　　② 500m²
> ③ 600m²　　　　　　　　④ 800m²
>
> **풀이** 자동화재탐지설비만을 설치해야 하는 제조소 및 일반취급소는 다음과 같다.
> 1) 연면적 500m² 이상인 것
> 2) 지정수량의 100배 이상을 취급하는 것
>
> **정답** ②

예제 2 지정수량의 100배 이상을 저장 또는 취급하는 옥내저장소에 설치하여야 하는 경보 설비는? (단, 고인화점 위험물만을 저장 또는 취급하는 것은 제외한다.)

① 비상경보설비   ② 자동화재탐지설비
③ 비상방송설비   ④ 비상조명등설비

풀이 자동화재탐지설비만을 설치해야 하는 옥내저장소는 다음과 같다.
    1) 지정수량의 100배 이상을 저장하는 것
    2) 연면적이 150m^{2}를 초과하는 것
    3) 처마높이가 6m 이상인 단층 건물의 것

정답 ②

예제 3 위험물안전관리법령상 자동화재탐지설비를 설치하지 않고 비상경보설비로 대신할 수 있는 것은?

① 일반취급소로서 연면적 600m^{2}인 것
② 지정수량 20배를 저장하는 옥내저장소로서 처마높이가 8m인 단층 건물
③ 단층 건물 외의 건축물에 설치된 지정수량 15배의 옥내탱크저장소로서 소화 난이도등급 Ⅱ에 속하는 것
④ 지정수량 20배를 저장·취급하는 옥내주유취급소

풀이 자동화재탐지설비만을 설치해야 하는 경우는 다음과 같다.
    1) 제조소 및 일반취급소로서 연면적 500m^2 이상인 것
    2) 옥내저장소로서 처마높이가 6m 이상인 단층 건물의 것
    3) 옥내탱크저장소로서 단층 건물 외의 건축물에 있는 옥내탱크저장소로서 소화난이도 등급 Ⅰ에 해당하는 것
    4) 주유취급소로서 옥내주유취급소에 해당하는 것

정답 ③

예제 4 제조소 및 일반취급소에 설치하는 자동화재탐지설비의 설치기준으로 틀린 것은?

① 하나의 경계구역은 600m^2 이하로 하고, 한 변의 길이는 50m 이하로 한다.
② 주요한 출입구에서 내부 전체를 볼 수 있는 경우 경계구역은 1,000m^2 이하로 할 수 있다.
③ 하나의 경계구역이 300m^2 이하면 2개 층을 하나의 경계구역으로 할 수 있다.
④ 비상전원을 설치하여야 한다.

풀이 ③ 하나의 경계구역의 면적이 500m^2 이하이면 2개 층을 하나의 경계구역으로 할 수 있다.

정답 ③

예제 5 위험물안전관리법에서 주유취급소에 설치하는 피난설비의 종류는 무엇인가?

① 유도등   ② 연결송수관설비
③ 공기안전매트   ④ 자동화재탐지설비

풀이 주유취급소 중 2층 이상의 부분을 점포, 휴게음식점 또는 전시장의 용도로 사용하는 건축물과 옥내주유취급소에 있어서는 출입구 및 피난구와 그 출입구, 피난구로 통하는 통로, 계단 및 출입구 등에 유도등을 설치해야 한다.

정답 ①

길을 가다가 돌이 나타나면
약자는 그것을 걸림돌이라고 말하고,
강자는 그것을 디딤돌이라고 말한다.

-토마스 칼라일(Thomas Carlyle)-

☆

같은 돌이지만 바라보는 시각에 따라 그리고 마음가짐에 따라
걸림돌이 되기도 하고 디딤돌이 되기도 합니다.
자기에게 주어진 상황을 활용할 줄 아는 자만이
성공의 문에 도달할 수 있습니다. ^^

제3장

위험물의 성상 및 취급

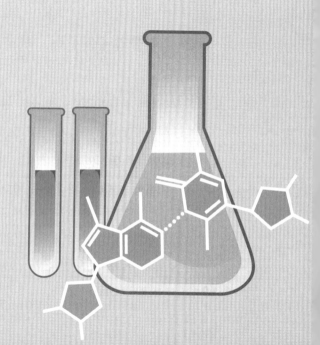

Section 01 / 위험물의 총칙

1-1 위험물의 개요

01 용어의 정의

(1) 위험물
인화성 또는 발화성 등의 성질을 가지는 것으로서 대통령령이 정하는 물품을 말한다.

(2) 지정수량
위험물의 종류별로 위험성을 고려하여 대통령령이 정하는 수량으로서 제조소등의 설치허가 등에 있어서 최저의 기준이 되는 수량을 말한다.

(3) 지정수량 배수의 합 실기에도 잘 나와요!
2개 이상 위험물의 지정수량 배수의 합이 1 이상이 되는 경우 지정수량 이상의 위험물로 본다.

$$지정수량\ 배수의\ 합 = \frac{A\ 위험물의\ 저장수량}{A\ 위험물의\ 지정수량} + \frac{B\ 위험물의\ 저장수량}{B\ 위험물의\ 지정수량} + \cdots$$

02 위험물의 구분

(1) 유별
화학적·물리적 성질이 비슷한 위험물을 제1류 위험물에서 제6류 위험물의 범위로 구분해 놓은 것을 말한다.

(2) 품명 및 물질명
① 품명 : 제4류 위험물을 예로 들면, "제○석유류"로 표기된 형태로 화학적 성질이 비슷한 위험물들의 소규모 그룹 이름으로 볼 수 있다.
② 물질명 : 개별적 위험물들의 명칭을 의미한다.

03 지정수량과 위험등급

위험물은 화학적·물리적 성질에 따라 제1류에서 제6류로 구분하며 운반에 관한 기준으로서 위험등급Ⅰ, 위험등급Ⅱ, 위험등급Ⅲ으로 구분한다. 여기서 지정수량이 적을수록 위험한 물질이므로 지정수량이 가장 적은 품명들이 위험등급Ⅰ로 지정되어 있으며 지정수량이 많을수록 위험등급은 Ⅱ·Ⅲ등급으로 바뀌게 된다.

> **Tip**
> 위험등급은 운반에 관한 기준으로 정하기 때문에 액체상태의 제6류 위험물은 모두 위험등급Ⅰ로 정하고 있습니다.

04 위험물의 유별 저장·취급 공통기준

① 제1류 위험물은 가연물과의 접촉·혼합이나 분해를 촉진하는 물품과의 접근 또는 과열, 충격, 마찰 등을 피하는 한편, 알칼리금속의 과산화물 및 이를 함유한 것에 있어서는 물과의 접촉을 피해야 한다.

② 제2류 위험물은 산화제와의 접촉·혼합이나 불티, 불꽃, 고온체와의 접근 또는 과열을 피하는 한편, 철분, 금속분, 마그네슘 및 이를 함유한 것에 있어서는 물이나 산과의 접촉을 피하고 인화성 고체에 있어서는 함부로 증기를 발생시키지 않아야 한다.

③ 제3류 위험물 중 자연발화성 물질에 있어서는 불티, 불꽃, 고온체와의 접근, 과열 또는 공기와의 접촉을 피하고, 금수성 물질에 있어서는 물과의 접촉을 피해야 한다.

④ 제4류 위험물은 불티, 불꽃, 고온체와의 접근 또는 과열을 피하고, 함부로 증기를 발생시키지 않아야 한다.

⑤ 제5류 위험물은 불티, 불꽃, 고온체와의 접근이나 과열, 충격 또는 마찰을 피해야 한다.

⑥ 제6류 위험물은 가연물과의 접촉·혼합이나 분해를 촉진하는 물품과의 접근 또는 과열을 피해야 한다.

예제 1 **다음은 무엇에 대한 정의인가?**

> 인화성 또는 발화성 등의 성질을 가지는 것으로서 대통령령이 정하는 물품을 말한다.

① 위험물   ② 가연물
③ 특수인화물   ④ 제4류 위험물

풀이 위험물은 인화성 또는 발화성 등의 성질을 가지는 것으로서 대통령령이 정하는 물품을 말한다.

정답 ①

예제 2 위험물의 지정수량에 대한 설명 중 옳은 것은?

① 행정안전부령이 정하는 수량으로서 제조소등의 설치허가 등을 받는 데 있어서 최저의 기준이 되는 수량을 말한다.

② 대통령령이 정하는 수량으로서 제조소등의 설치허가 등을 받는 데 있어서 최고의 기준이 되는 수량을 말한다.

③ 행정안전부령이 정하는 수량으로서 제조소등의 설치허가 등을 받는 데 있어서 최고의 기준이 되는 수량을 말한다.

④ 대통령령이 정하는 수량으로서 제조소등의 설치허가 등을 받는 데 있어서 최저의 기준이 되는 수량을 말한다.

풀이 지정수량은 대통령령이 정하는 수량으로서 제조소등의 설치허가 등을 받는 데 있어서 최저의 기준이 되는 수량을 말한다.

정답 ④

예제 3 다음은 몇 류 위험물의 저장 또는 취급의 공통기준에 대한 설명인가?

> 불티, 불꽃, 고온체와의 접근이나 과열, 충격 또는 마찰을 피해야 한다.

① 제1류 위험물   ② 제3류 위험물
③ 제5류 위험물   ④ 제6류 위험물

풀이 자체적으로 가연물과 산소공급원을 동시에 포함하고 있는 제5류 위험물(자기반응성 물질)은 불티, 불꽃, 고온체, 과열, 충격, 마찰 등의 점화원을 피하는 것이 가장 중요하다.

정답 ③

1-2 위험물의 유별 정의

(1) 제1류 위험물

– 산화성 고체 : 고체(액체 또는 기체 외의 것)로서 산화력의 잠재적인 위험성 또는 충격에 대한 민감성을 판단하기 위하여 소방청장이 정하여 고시하는 시험에서 고시로 정하는 성질과 상태를 나타내는 것을 말한다.

📖 **액체와 기체**

1) **액체** : 1기압 및 섭씨 20도에서 액상인 것 또는 섭씨 20도 초과 섭씨 40도 이하에서 액상인 것
   ※ 액상 : 수직으로 된 시험관(안지름 30밀리미터, 높이 120밀리미터의 원통형 유리관을 말한다)에 시료를 55밀리미터까지 채운 다음, 이 시험관을 수평으로 하였을 때 시료 액면의 선단이 30밀리미터를 이동하는 데 걸리는 시간이 90초 이내에 있는 것
2) **기체** : 1기압 및 섭씨 20도에서 기상인 것

(2) 제2류 위험물 🔖실기에도 잘 나와요!

① **가연성 고체** : 고체로서 화염에 의한 발화의 위험성 또는 인화의 위험성을 판단하기 위하여 고시로 정하는 시험에서 고시로 정하는 성질과 상태를 나타내는 것을 말한다.

② **황** : 순도가 **60중량% 이상**인 것을 말한다.

    ※ 이 경우, 순도 측정에 있어서 불순물은 활석 등 불연성 물질과 수분에 한한다.

③ **철분** : 철의 분말로서 **53마이크로미터의 표준체를 통과하는 것이 50중량% 미만인 것은 제외**한다.

④ **금속분** : 알칼리금속·알칼리토금속·철 및 마그네슘 외의 금속분말을 의미하고, **구리분·니켈분 및 150마이크로미터의 체를 통과하는 것이 50중량% 미만인 것은 제외**한다.

    ※ 구리(Cu)분과 니켈(Ni)분은 입자크기에 관계없이 무조건 위험물에 포함되지 않는다.

    톡톡튀는 **암기법** Cu는 위험물이 아니라, 편의점이다.

⑤ **마그네슘** : 다음 중 하나에 해당하는 것은 **제외**한다.

    ㉠ **2밀리미터의 체를 통과하지 않는 덩어리상태의 것**

    ㉡ **직경 2밀리미터 이상의 막대모양의 것**

⑥ **인화성 고체** : 고형 알코올, 그 밖에 1기압에서 인화점이 섭씨 40도 미만인 고체를 말한다.

(3) 제3류 위험물

① **자연발화성 물질 및 금수성 물질** : 고체 또는 액체로서 공기 중에서 발화의 위험성이 있거나 물과 접촉하여 발화하는 것 또는 가연성 가스를 발생하는 위험성이 있는 것을 말한다.

② **칼륨·나트륨·알킬알루미늄·알킬리튬** : '자연발화성 물질 및 금수성 물질'의 규정에 의한 성상이 있는 것으로 본다.

③ **황린** : '자연발화성 물질'의 규정에 의한 성상이 있는 것으로 본다.

(4) 제4류 위험물 🔖실기에도 잘 나와요!

① **인화성 액체** : 액체(제3석유류, 제4석유류 및 동식물유류에 있어서는 1기압과 섭씨 20도에서 액상인 것에 한한다)로서 인화의 위험성이 있는 것을 말한다.

> 💡 **Tip**
> 제3석유류, 제4석유류 및 동식물유류는 점성이 있기 때문에 상온(1기압과 섭씨 20도)에서 고체로 될 수 있는 경향이 있어 액상인 경우만 제4류 위험물로 분류한다는 의미입니다.

② **특수인화물** : **이황화탄소, 다이에틸에터**, 그 밖에 1기압에서 **발화점이 섭씨 100도 이하인 것** 또는 **인화점이 섭씨 영하 20도 이하이고 비점이 섭씨 40도 이하인 것**을 말한다.

③ 제1석유류 : **아세톤, 휘발유**, 그 밖에 1기압에서 **인화점이 섭씨 21도 미만인 것**을 말한다.

④ 알코올류 : 1분자를 구성하는 **탄소원자의 수가 1개부터 3개까지**인 포화1가알코올 (변성알코올을 포함)을 말한다.

단, 다음 중 하나에 해당하는 것은 **제외**한다.

㉠ 1분자를 구성하는 탄소원자의 수가 1개 내지 3개의 **포화1가알코올의 함유량이 60중량% 미만**인 수용액

㉡ **가연성 액체량이 60중량% 미만**이고 **인화점 및 연소점이 에틸알코올 60중량% 수용액의 인화점 및 연소점을 초과**하는 것

⑤ 제2석유류 : **등유, 경유**, 그 밖에 1기압에서 **인화점이 섭씨 21도 이상 70도 미만인** 것을 말한다.

단, 도료류, 그 밖의 물품에 있어서 **가연성 액체량이 40중량% 이하**이면서 **인화점이 섭씨 40도 이상**인 동시에 **연소점이 섭씨 60도 이상**인 것은 제외한다.

⑥ 제3석유류 : **중유, 크레오소트유**, 그 밖에 1기압에서 **인화점이 섭씨 70도 이상 섭씨 200도 미만**인 것을 말한다.

단, 도료류, 그 밖의 물품은 **가연성 액체량이 40중량% 이하**인 것은 제외한다.

⑦ 제4석유류 : **기어유, 실린더유**, 그 밖에 1기압에서 **인화점이 섭씨 200도 이상 섭씨 250도 미만**의 것을 말한다.

단, 도료류, 그 밖의 물품은 **가연성 액체량이 40중량% 이하**인 것은 제외한다.

⑧ 동식물유류 : 동물의 지육 등 또는 식물의 종자나 과육으로부터 추출한 것으로서 1기압에서 **인화점이 섭씨 250도 미만**인 것을 말한다.

단, 행정안전부령으로 정하는 용기기준에 따라 수납되어 저장·보관되고 용기의 외부에 물품의 통칭명, 수량 및 화기엄금의 표시(화기엄금과 동일한 의미를 갖는 표시를 포함)가 있는 경우를 제외한다.

(5) 제5류 위험물

① 자기반응성 물질 : 고체 또는 액체로서 폭발의 위험성 또는 가열분해의 격렬함을 판단하기 위하여 고시로 정하는 시험에서 고시로 정하는 성질과 상태를 나타내는 것을 말하며, 위험성 유무와 등급에 따라 제1종 또는 제2종으로 분류한다.

② 제5류 위험물 중 유기과산화물이 아닌 것

㉠ 과산화벤조일의 함유량이 35.5중량% 미만인 것으로서 전분가루, 황산칼슘2수화물 또는 인산수소칼슘2수화물과의 혼합물

㉡ 비스(4-클로로벤조일)퍼옥사이드의 함유량이 30중량% 미만인 것으로서 불활성 고체와의 혼합물

㉢ 과산화다이쿠밀의 함유량이 40중량% 미만인 것으로서 불활성 고체와의 혼합물

㉣ 1·4비스(2-터셔리뷰틸퍼옥시아이소프로필)벤젠의 함유량이 40중량% 미만인 것으로서 불활성 고체와의 혼합물

ⓔ 사이클로헥산온퍼옥사이드의 함유량이 30중량% 미만인 것으로서 불활성 고체와의 혼합물

톡톡튀는 **암기법** ⓛ ⓜ 처럼 물질명에 "~퍼옥사이드"가 있으면 → 함유량이 30중량% 미만

ⓖ 의 "과산화벤조일"만 → 함유량이 35.5중량% 미만

ⓒ ⓔ 처럼 그 외의 것은 → 함유량이 40중량% 미만

(6) 제6류 위험물 📖 실기에도 잘 나와요!

① 산화성 액체 : 액체로서 산화력의 잠재적인 위험성을 판단하기 위하여 고시로 정하는 시험에서 고시로 정하는 성질과 상태를 나타내는 것을 말한다.

② 과산화수소 : **농도가 36중량% 이상**인 것에 한하며, '산화성 액체'의 성상이 있는 것으로 본다.

③ 질산 : **비중이 1.49 이상**인 것에 한하며, '산화성 액체'의 성상이 있는 것으로 본다.

1-3 복수성상물품

(1) 정의

위험물의 성질로 규정된 성상을 2가지 이상 포함하는 물품을 말한다.

(2) 유별 지정기준

① 복수성상물품이 산화성 고체와 가연성 고체의 성상을 갖는 경우 : 제2류 위험물

② 복수성상물품이 산화성 고체와 자기반응성 물질의 성상을 갖는 경우 : 제5류 위험물

③ 복수성상물품이 가연성 고체와 자연발화성 물질 및 금수성 물질의 성상을 갖는 경우 : 제3류 위험물

④ 복수성상물품이 자연발화성 물질 및 금수성 물질과 인화성 액체의 성상을 갖는 경우 : 제3류 위험물

⑤ 복수성상물품이 인화성 액체와 자기반응성 물질의 성상을 갖는 경우 : 제5류 위험물

📖 **복수성상물품의 공식**

복수성상물품은 1 < 2 < 4 < 3 < 5의 공식으로 정리할 수 있다.
1) 산화성 고체(제1류 위험물) < 가연성 고체(제2류 위험물)=제2류 위험물
2) 산화성 고체(제1류 위험물) < 자기반응성 물질(제5류 위험물)=제5류 위험물
3) 가연성 고체(제2류 위험물) < 자연발화성 물질 및 금수성 물질(제3류 위험물)=제3류 위험물
4) 자연발화성 물질 및 금수성 물질(제3류 위험물) > 인화성 액체(제4류 위험물)=제3류 위험물
5) 인화성 액체(제4류 위험물) < 자기반응성 물질(제5류 위험물)=제5류 위험물

예제 1 다음 중 제1류 위험물의 성질은 무엇인가?

① 산화성 액체

② 가연성 고체

③ 인화성 액체

④ 산화성 고체

풀이 위험물의 유별에 따른 성질은 다음과 같이 구분한다.
1) 제1류 위험물 : 산화성 고체
2) 제2류 위험물 : 가연성 고체
3) 제3류 위험물 : 자연발화성 물질 및 금수성 물질
4) 제4류 위험물 : 인화성 액체
5) 제5류 위험물 : 자기반응성 물질
6) 제6류 위험물 : 산화성 액체

정답 ④

예제 2 제2류 위험물 중 철분의 정의에 대해 알맞은 것은 무엇인가?

① 철의 분말로서 53마이크로미터의 표준체를 통과하는 것이 50중량% 미만인 것은 제외

② 철의 분말로서 150마이크로미터의 표준체를 통과하는 것이 50중량% 미만인 것은 제외

③ 철의 분말로서 53마이크로미터의 표준체를 통과하는 것이 100중량% 미만인 것은 제외

④ 철의 분말로서 150마이크로미터의 표준체를 통과하는 것이 100중량% 미만인 것은 제외

풀이 제2류 위험물 중 철분은 철의 분말로서 53마이크로미터의 표준체를 통과하는 것이 50중량% 미만인 것은 제외한다.

정답 ①

예제 3 제2류 위험물 중 금속분의 정의에 대해 알맞은 것은 무엇인가?

① 금속분이라 함은 구리분·니켈분 및 250마이크로미터의 체를 통과하는 것이 50중량% 미만인 것은 제외한다.

② 금속분이라 함은 구리분·니켈분 및 150마이크로미터의 체를 통과하는 것이 50중량% 미만인 것은 제외한다.

③ 금속분이라 함은 구리분·니켈분 및 300마이크로미터의 체를 통과하는 것이 150중량% 미만인 것은 제외한다.

④ 금속분이라 함은 구리분·니켈분 및 250마이크로미터의 체를 통과하는 것이 150중량% 미만인 것은 제외한다.

풀이 금속분이라 함은 구리분·니켈분 및 150마이크로미터의 체를 통과하는 것이 50중량% 미만인 것은 제외한다.

정답 ②

예제 4 제2류 위험물 중 황은 위험물의 조건으로 순도가 얼마 이상인 것인가?

① 40중량%   ② 50중량%

③ 60중량%   ④ 70중량%

풀이 황은 순도가 60중량% 이상인 것을 말한다.

정답 ③

예제 5 제2류 위험물 중 마그네슘의 정의에 대해 알맞은 것은 무엇인가?

① 3mm의 체를 통과하지 아니하는 덩어리상태의 것과 직경 3mm 이상의 막대 모양의 것은 제외한다.

② 4mm의 체를 통과하지 아니하는 덩어리상태의 것과 직경 4mm 이상의 막대 모양의 것은 제외한다.

③ 2mm의 체를 통과하지 아니하는 덩어리상태의 것과 직경 3mm 이상의 막대 모양의 것은 제외한다.

④ 2mm의 체를 통과하지 아니하는 덩어리상태의 것과 직경 2mm 이상의 막대 모양의 것은 제외한다.

풀이 마그네슘은 2mm의 체를 통과하지 아니하는 덩어리상태의 것과 직경 2mm 이상의 막대 모양의 것은 제외한다.

정답 ④

예제 6 제3류 위험물의 성질에 해당하는 것은?

① 자연발화성 물질 및 금수성 물질

② 인화성 액체

③ 산화성 고체

④ 자기반응성 물질

풀이 제3류 위험물은 자연발화성 물질 및 금수성 물질의 성질을 가진다.

정답 ①

예제 7 다음 (   ) 안에 알맞은 내용은 무엇인가?

> 특수인화물이라 함은 이황화탄소, 다이에틸에터, 그 밖에 1기압에서 발화점이 섭씨 (   )도 이하인 것 또는 인화점이 섭씨 영하 (   )도 이하이고 비점이 섭씨 (   )도 이하인 것을 말한다.

① 100, 20, 40   ② 150, 20, 40

③ 100, 20, 50   ④ 200, 40, 60

풀이 특수인화물이라 함은 이황화탄소, 다이에틸에터, 그 밖에 1기압에서 발화점이 섭씨 100도 이하인 것 또는 인화점이 섭씨 영하 20도 이하이고 비점이 섭씨 40도 이하인 것을 말한다.

정답 ①

예제 8 다음 중 옳은 문장은 무엇인가?

① 제1석유류라 함은 아세톤, 휘발유, 그 밖에 1기압에서 인화점이 섭씨 120도 미만인 것을 말한다.

② 제2석유류라 함은 등유, 경유, 그 밖에 1기압에서 인화점이 섭씨 21도 이상 70도 미만인 것을 말한다.

③ 제3석유류라 함은 등유, 경유, 그 밖에 1기압에서 인화점이 섭씨 200도 이상 섭씨 250도 미만인 것을 말한다.

④ 제4석유류라 함은 아세톤, 휘발유, 그 밖에 1기압에서 인화점이 섭씨 250도 미만의 것을 말한다.

풀이 ① 제1석유류라 함은 아세톤, 휘발유, 그 밖에 1기압에서 인화점이 섭씨 21도 미만인 것을 말한다.
② 제2석유류라 함은 등유, 경유, 그 밖에 1기압에서 인화점이 섭씨 21도 이상 70도 미만인 것을 말한다.
③ 제3석유류라 함은 중유, 크레오소트유, 그 밖에 1기압에서 인화점이 섭씨 70도 이상 섭씨 200도 미만인 것을 말한다.
④ 제4석유류라 함은 기어유, 실린더유, 그 밖에 1기압에서 인화점이 섭씨 200도 이상 250도 미만의 것을 말한다.

정답 ②

예제 9 고체 또는 액체로서 폭발의 위험성을 가지는 자기반응성 물질은 몇 류 위험물인가?

① 제1류 위험물
② 제2류 위험물
③ 제4류 위험물
④ 제5류 위험물

풀이 제5류 위험물의 성질은 자기반응성 물질이다.

정답 ④

예제 10 과산화수소는 그 농도가 얼마 이상인 것이 위험물에 속하는가?

① 34중량%
② 35중량%
③ 36중량%
④ 37중량%

풀이 과산화수소의 위험물 조건은 그 농도가 36중량% 이상인 것에 한한다.

정답 ③

예제 11 질산은 비중이 얼마 이상인 것이 위험물에 속하는가?

① 1.16
② 1.27
③ 1.38
④ 1.49

풀이 질산의 위험물 조건은 그 비중이 1.49 이상인 것에 한한다.

정답 ④

예제 12 고체로만 구성되거나 액체로만 구성되어 있는 유별이 아닌 것은 무엇인가?

① 제1류 위험물　　　　　　　　② 제2류 위험물

③ 제3류 위험물　　　　　　　　④ 제4류 위험물

풀이　1) 제1류 위험물 : 산화성 고체
　　　2) 제2류 위험물 : 가연성 고체
　　　3) 제3류 위험물 : 자연발화성 물질 및 금수성 물질(고체와 액체가 모두 포함)
　　　4) 제4류 위험물 : 인화성 액체
　　　5) 제5류 위험물 : 자기반응성 물질(고체와 액체가 모두 포함)
　　　6) 제6류 위험물 : 산화성 액체
　　　제3류 위험물과 제5류 위험물은 고체와 액체가 모두 포함되어 있다.

정답 ③

예제 13 복수의 성상을 가지는 위험물에 대한 유별 지정기준상 연결이 틀린 것은?

① 산화성 고체 및 가연성 고체의 성상을 가지는 경우 : 가연성 고체

② 산화성 고체 및 자기반응성 물질의 성상을 가지는 경우 : 자기반응성 물질

③ 가연성 고체, 자연발화성 물질 및 금수성 물질의 성상을 가지는 경우 :
　자연발화성 물질 및 금수성 물질

④ 인화성 액체 및 자기반응성 물질의 성상을 가지는 경우 : 인화성 액체

풀이　① 산화성 고체(제1류) < 가연성 고체(제2류) : 가연성 고체
　　　② 산화성 고체(제1류) < 자기반응성 물질(제5류) : 자기반응성 물질
　　　③ 가연성 고체(제2류) < 자연발화성 물질 및 금수성 물질(제3류) : 자연발화성 물질
　　　　 및 금수성 물질
　　　④ 인화성 액체(제4류) < 자기반응성 물질(제5류) : 자기반응성 물질

정답 ④

Section 02 위험물의 종류 및 성질

2-1 제1류 위험물 – 산화성 고체

유 별	성 질	위험등급	품 명	지정수량
제1류	산화성 고체	I	1. 아염소산염류	50kg
			2. 염소산염류	50kg
			3. 과염소산염류	50kg
			4. 무기과산화물	50kg
		II	5. 브로민산염류	300kg
			6. 질산염류	300kg
			7. 아이오딘산염류	300kg
		III	8. 과망가니즈산염류	1,000kg
			9. 다이크로뮴산염류	1,000kg
		I, II, III	10. 그 밖에 행정안전부령으로 정하는 것	
			① 과아이오딘산염류	300kg
			② 과아이오딘산	300kg
			③ 크로뮴, 납 또는 아이오딘의 산화물	300kg
			④ 아질산염류	300kg
			⑤ 차아염소산염류	50kg
			⑥ 염소화아이소사이아누르산	300kg
			⑦ 퍼옥소이황산염류	300kg
			⑧ 퍼옥소붕산염류	300kg
			11. 제1호 내지 제10호의 어느 하나 이상을 함유한 것	50kg, 300kg 또는 1,000kg

01 제1류 위험물의 일반적 성질

(1) 일반적인 성질

① 제1류 위험물의 품명은 아염소산염류, 염소산염류, 과염소산염류, 질산염류, 다이크로뮴산염류처럼 "~산염류"라는 단어를 포함하고 있다. 여기서 염류란 칼륨, 나트륨, 암모늄 등의 금속성 물질을 의미한다.

② 제1류 위험물을 화학식으로 표현했을 때 금속과 산소가 동시에 포함되어 있는 것을 알 수 있다.

  예 $KClO_3$(염소산칼륨), $NaNO_3$(질산나트륨) 등

③ 대부분 무색 결정 또는 백색 분말이다.

  단, **과망가니즈산염류는 흑자색**(검은 보라색)이며, **다이크로뮴산염류는 등적색**(오렌지색)이다.

④ 비중은 모두 1보다 크다(물보다 무겁다).

⑤ 불연성이지만 조연성이다.

⑥ 산화제이며 산화력(가연물을 태우는 힘)이 있다.

⑦ 산소를 포함하고 있기 때문에 부식성이 강하다.

⑧ 모든 **제1류 위험물은 고온의 가열, 충격, 마찰 등에 의해 분해하여 가지고 있던 산소를 발생**하여 가연물을 태우게 된다.

⑨ 제1류 위험물 중 알칼리금속의 과산화물은 다른 제1류 위험물들처럼 가열, 충격, 마찰에 의해 산소를 발생할 뿐만 아니라 물 또는 이산화탄소와 반응할 경우에도 산소를 발생한다.

⑩ 제1류 위험물 중 무기과산화물(**알칼리금속의 과산화물** 포함)은 산(**염산, 황산, 초산** 등)과 **반응 시 과산화수소를 발생**한다.

⑪ 아염소산염류, 염소산염류, 과염소산염류 중 칼륨을 포함하고 있는 경우 찬물에 녹지 않으며 나머지는 찬물에 녹는 성질이 있으며 찬물에 녹으면 다른 용제에도 잘 녹는다.

⑫ 모든 질산염류(질산칼륨, 질산나트륨, 질산암모늄 등)는 물에 잘 녹는다.

(2) 저장방법

제1류 위험물은 용기를 밀전하여 냉암소에 보관해야 한다. 그 이유는 조해성이 있기 때문에 용기를 밀전하지 않으면 공기 중의 수분을 흡수하여 녹게 되고 분해도 더 쉬워지기 때문이다.

※ 조해성 : 수분을 흡수하여 자신이 녹는 성질

📖 조해성이 있는 물질

1) **염화칼슘** : 눈이 많이 내렸을 때 뿌려주는 제설제로, 눈에 포함된 수분을 자신이 흡수하여 녹는다.
2) **제습제** : 장롱 속에 흰색 고체 알갱이상태로 넣어 두면 시간이 지난 후 습기를 흡수하여 자신도 녹아 물이 되는 성질의 물질이다.

(3) 소화방법

① 제1류 위험물과 같은 산화제(산화성 물질)는 자체적으로 산소를 포함하기 때문에 산소를 제거하여 소화하는 방법인 질식소화는 효과가 없다. 따라서 산화제는 냉각소화를 해야 한다.

② 예외적으로 알칼리금속(K, Na, Li 등)의 과산화물은 물과 반응하여 발열과 함께 산소를 발생할 수 있기 때문에 주수소화를 금지하고 마른모래나 탄산수소염류 분말 소화약제로 질식소화를 해야 한다.

※ 알칼리금속의 과산화물의 종류 : 과산화칼륨(K_2O_2), 과산화나트륨(Na_2O_2), 과산화리튬(Li_2O_2)

예제 1 제1류 위험물의 품명과 지정수량의 연결이 옳은 것은?

① 염소산염류 – 100kg

② 무기과산화물 – 10kg

③ 과망가니즈산염류 – 500kg

④ 브로민산염류 – 300kg

풀이 제1류 위험물의 지정수량은 다음과 같이 구분한다.
1) 아염소산염류, 염소산염류, 과염소산염류, 무기과산화물 : 50kg
2) 브로민산염류, 질산염류, 아이오딘산염류 : 300kg
3) 과망가니즈산염류, 다이크로뮴산염류 : 1,000kg

정답 ④

예제 2 물로 냉각소화하면 위험한 제1류 위험물은 어느 것인가?

① 염소산염류   ② 알칼리금속의 과산화물

③ 질산염류   ④ 다이크로뮴산염류

풀이 제1류 위험물 중 알칼리금속의 과산화물(과산화칼륨, 과산화나트륨, 과산화리튬)은 물과 반응하여 발열과 함께 산소를 발생하므로 위험하다.

정답 ②

예제 3 제1류 위험물의 성질에 대해 맞는 것은?

① 물보다 가벼운 제1류 위험물도 있다.

② 무기과산화물은 초산과 반응 시 수소를 발생한다.

③ 제1류 위험물은 가연성 물질로서 산소와의 접촉을 피해야 한다.

④ 모든 제1류 위험물은 열분해 시 산소를 발생한다.

풀이 ① 제1류 위험물은 모두 물보다 무겁다.
② 무기과산화물은 초산과 반응 시 과산화수소를 발생하며 제1류 위험물의 반응에서는 수소는 발생하지 않는다.
③ 제1류 위험물은 산화성 물질이며 가연물과 접촉을 피해야 한다.

정답 ④

02 제1류 위험물의 종류별 성질

(1) 아염소산염류 〈지정수량 : 50kg〉

1) 아염소산나트륨($NaClO_2$)

① 분해온도 180~200℃이다.

② 무색 결정이다.

③ 열분해 시 산소가 발생한다.

④ 산과 반응 시 폭발성이며 독성 가스인 이산화염소(ClO_2)가 발생한다.

⑤ 소화방법 : 물로 냉각소화한다.

(2) 염소산염류 〈지정수량 : 50kg〉

1) 염소산칼륨($KClO_3$)

① 분해온도 400℃, 비중 2.32이다.

② 무색 결정 또는 백색 분말이다.

③ 열분해 시 산소가 발생한다.

- 열분해반응식 : $2KClO_3 \rightarrow 2KCl + 3O_2$ 실기에도 잘 나와요!
  염소산칼륨 염화칼륨 산소

④ 황산과의 반응식 : $6KClO_3 + 3H_2SO_4 \rightarrow 2HClO_4 + 3K_2SO_4 + 4ClO_2 + 2H_2O$
  염소산칼륨 황산 과염소산 황산칼륨 이산화염소 물

※ 제6류 위험물인 과염소산의 제조방법이다.

⑤ 찬물과 알코올에는 안 녹고 온수 및 글리세린에 잘 녹는다.

⑥ 소화방법 : 물로 냉각소화한다.

2) 염소산나트륨($NaClO_3$)

① 분해온도 300℃, 비중 2.5이다.

② 무색 결정이다.

③ 열분해 시 산소가 발생한다.

- 열분해반응식 : $2NaClO_3 \rightarrow 2NaCl + 3O_2$ 실기에도 잘 나와요!
  염소산나트륨 염화나트륨 산소

④ 물, 알코올, 에터에 잘 녹는다.

⑤ **산을 가하면 독성인 이산화염소(ClO_2)가스가 발생**한다. 실기에도 잘 나와요!

⑥ 조해성과 흡습성이 있다.

⑦ 철제용기를 부식시키므로 철제용기 사용을 금지해야 한다.

⑧ 소화방법 : 물로 냉각소화한다.

3) 염소산암모늄(NH_4ClO_3)

① 분해온도 100℃, 비중 1.87이다.

② 폭발성이 큰 편이다.

③ 무색 결정 또는 백색 분말이다.

④ 열분해 시 산소가 발생한다

⑤ 부식성이 있다.

⑥ 조해성을 가지고 있다.

⑦ 소화방법 : 물로 냉각소화한다.

(3) 과염소산염류 〈지정수량 : 50kg〉

1) 과염소산칼륨($KClO_4$)

① 분해온도 400~610℃, 비중 2.5이다.

② 무색 결정이다.

③ 물에 잘 녹지 않고 알코올, 에터에도 잘 녹지 않는다.

④ 열분해 시 산소가 발생한다.

- **열분해반응식 :** $KClO_4 \rightarrow KCl + 2O_2$ ◀ 실기에도 잘 나와요!
  과염소산칼륨　염화칼륨　산소

⑤ 염소산칼륨의 성질과 비슷하다.

⑥ 소화방법 : 물로 냉각소화한다.

2) 과염소산나트륨($NaClO_4$)

① 분해온도 482℃, 비중 2.5이다.

② 무색 결정이다.

③ 물, 알코올, 아세톤에 잘 녹고 에터에 녹지 않는다.

④ 열분해 시 산소가 발생한다.

- **열분해반응식 :** $NaClO_4 \rightarrow NaCl + 2O_2$ ◀ 실기에도 잘 나와요!
  과염소산나트륨　염화나트륨　산소

⑤ 조해성과 흡습성이 있다.

⑥ 소화방법 : 물로 냉각소화한다.

3) 과염소산암모늄(NH_4ClO_4)

① 분해온도 130℃, 비중 1.87이다.

② 무색 결정이다.

③ 열분해 시 산소가 발생한다.

- **열분해반응식 :** $2NH_4ClO_4 \rightarrow N_2 + Cl_2 + 2O_2 + 4H_2O$
  과염소산암모늄　　질소　염소　산소　　물

④ 물, 알코올, 아세톤에 잘 녹고 에터에 녹지 않는다.

⑤ 강산에 의해 분해 및 폭발의 우려가 있다.

- **황산과의 반응식 :** $NH_4ClO_4 + H_2SO_4 \rightarrow NH_4HSO_4 + HClO_4$
  과염소산암모늄　　황산　　황산수소암모늄　과염소산

⑥ 소화방법 : 물로 냉각소화한다.

(4) 무기과산화물 〈지정수량 : 50kg〉

1) 과산화칼륨(K_2O_2)

① 분해온도 490℃, 비중 2.9이다.

② 무색 또는 주황색의 결정이다.

③ 알코올에 잘 녹는다.

④ 열분해 시 산소가 발생한다.

－ 열분해반응식 : $2K_2O_2 \rightarrow 2K_2O + O_2$
　　　　　　　과산화칼륨　　산화칼륨　산소

⑤ 물과의 반응으로 다량의 산소 및 많은 열을 발생하므로 물기엄금해야 한다.

－ 물과의 반응식 : $2K_2O_2 + 2H_2O \rightarrow 4KOH + O_2$
　　　　　　　과산화칼륨　　물　　수산화칼륨　산소

⑥ 이산화탄소(탄산가스)와 반응하여 산소가 발생한다.

－ 이산화탄소와의 반응식 : $2K_2O_2 + 2CO_2 \rightarrow 2K_2CO_3 + O_2$
　　　　　　　　　　과산화칼륨　이산화탄소　　탄산칼륨　산소

⑦ 초산 등의 산의 종류와 반응 시 제6류 위험물인 과산화수소가 발생한다.

－ 초산과의 반응식 : $K_2O_2 + 2CH_3COOH \rightarrow 2CH_3COOK + H_2O_2$
　　　　　　　　과산화칼륨　　초산　　　　초산칼륨　　과산화수소

⑧ **소화방법** : 물로 냉각소화하면 산소와 열의 발생으로 위험하므로 마른모래, 팽창질석, 팽창진주암, 탄산수소염류 분말소화약제로 질식소화를 해야 한다.

2) 과산화나트륨(Na_2O_2)

① 분해온도 460℃, 비중 2.8이다.

② 백색 또는 황백색 분말이다.

③ 알코올에 잘 녹지 않는다.

④ 열분해 시 산소가 발생한다.

－ 열분해반응식 : $2Na_2O_2 \rightarrow 2Na_2O + O_2$
　　　　　　　과산화나트륨　　산화나트륨　산소

⑤ 물과의 반응으로 다량의 산소 및 많은 열이 발생하므로 물기엄금해야 한다.

－ 물과의 반응식 : $2Na_2O_2 + 2H_2O \rightarrow 4NaOH + O_2$
　　　　　　　과산화나트륨　　물　　수산화나트륨　산소

⑥ 이산화탄소(탄산가스)와 반응하여 산소가 발생한다.

－ 이산화탄소와의 반응식 : $2Na_2O_2 + 2CO_2 \rightarrow 2Na_2CO_3 + O_2$
　　　　　　　　　　과산화나트륨　이산화탄소　　탄산나트륨　산소

⑦ 초산 등 산의 종류와 반응 시 제6류 위험물인 과산화수소가 발생한다.

－ 초산과의 반응식 : $Na_2O_2 + 2CH_3COOH \rightarrow 2CH_3COONa + H_2O_2$
　　　　　　　　과산화나트륨　　초산　　　　초산나트륨　　과산화수소

⑧ **소화방법** : 물로 냉각소화하면 산소와 열이 발생하여 위험하므로 마른모래, 팽창질석, 팽창진주암, 탄산수소염류 분말소화약제로 질식소화를 해야 한다.

3) 과산화리튬(Li_2O_2)

① 분해온도 195℃이다.

② 백색 분말이다.

③ 물과의 반응으로 다량의 산소 및 많은 열이 발생하므로 물기엄금해야 한다.

　－ 물과의 반응식 : $2Li_2O_2 + 2H_2O \rightarrow 4LiOH + O_2$
　　　　　　　　　과산화리튬　　물　　수산화리튬　산소

④ 소화방법 : 물로 냉각소화하면 산소와 열이 발생하여 위험하므로 마른모래, 팽창질석, 팽창진주암, 탄산수소염류 분말소화약제로 질식소화를 해야 한다.

4) 과산화마그네슘(MgO_2)

① 물보다 무겁고 물에 녹지 않는다.

② 백색 분말이다.

③ 열분해 시 산소가 발생한다.

④ 초산이나 황산 등 산의 종류와 반응 시 제6류 위험물인 과산화수소가 발생한다.

⑤ 소화방법 : 물로 냉각소화하면 약간의 산소와 열의 발생이 있으나 알칼리금속의 과산화물보다 약하므로 냉각소화가 가능하다.

5) 과산화칼슘(CaO_2)

① 분해온도 200℃, 비중 3.34이다.

② 백색 분말이다.

③ 물에 약간 녹는다.

④ 열분해 시 산소가 발생한다.

⑤ 초산이나 황산 등 산의 종류와 반응 시 제6류 위험물인 과산화수소가 발생한다.

⑥ 소화방법 : 물로 냉각소화하면 약간의 산소와 열의 발생이 있으나 알칼리금속의 과산화물보다 약하므로 냉각소화가 가능하다.

6) 과산화바륨(BaO_2)

① 분해온도 840℃, 비중 4.96이다.

② 백색 분말이다.

③ 물에 녹지 않는다.

④ 열분해 시 산소가 발생한다.

⑤ 초산이나 황산 등 산의 종류와 반응 시 제6류 위험물인 과산화수소가 발생한다.

⑥ 소화방법 : 물로 냉각소화하면 약간의 산소와 열의 발생이 있으나 알칼리금속의 과산화물보다 약하므로 냉각소화가 가능하다.

(5) 브로민산염류 〈지정수량 : 300kg〉

1) 브로민산칼륨($KBrO_3$)

① 분해온도 370℃, 비중 3.27이다.

② 백색 분말이다.

③ 물에 잘 녹는다.

④ 열분해 시 산소가 발생한다.

⑤ 소화방법 : 물로 냉각소화한다.

2) 브로민산나트륨(NaBrO₃)

① 분해온도 380℃, 비중 3.3이다.

② 무색 결정이다.

③ 물에 잘 녹고 알코올에는 안 녹는다.

④ 열분해 시 산소가 발생한다.

⑤ 소화방법 : 물로 냉각소화한다.

(6) 질산염류 〈지정수량 : 300kg〉

1) 질산칼륨(KNO₃)

① 초석이라고도 불린다.

② **분해온도 400℃, 비중 2.1이다.**

③ 무색 결정 또는 백색 분말이다.

④ 물, 글리세린에 잘 녹고 알코올에는 안 녹는다.

⑤ 흡습성 및 조해성이 없다.

⑥ **'숯 + 황 + 질산칼륨'의 혼합물은 흑색화약**이 되며 《실기에도 잘 나와요!》
불꽃놀이 등에 사용된다.

⑦ 열분해 시 산소가 발생한다.

- 열분해반응식 : $2KNO_3 \longrightarrow 2KNO_2 + O_2$
  질산칼륨   아질산칼륨 산소

⑧ 소화방법 : 물로 냉각소화한다.

2) 질산나트륨(NaNO₃)

① 칠레초석이라고도 불린다.

② 분해온도 380℃, 비중 2.25이다.

③ 무색 결정 또는 백색 분말이다.

④ **물, 글리세린에 잘 녹고 무수알코올에는 안 녹는다.**

⑤ 흡습성 및 조해성이 있다.

⑥ 열분해 시 산소가 발생한다.

- 열분해반응식 : $2NaNO_3 \longrightarrow 2NaNO_2 + O_2$ 《실기에도 잘 나와요!》
  질산나트륨   아질산나트륨 산소

⑦ 소화방법 : 물로 냉각소화한다.

3) 질산암모늄(NH₄NO₃)

① 분해온도 220℃, 비중 1.73이다.

② 무색 결정 또는 백색 분말이다.

③ 물, 알코올에 잘 녹으며 물에 녹을 때 열을 흡수한다.

④ 흡습성 및 조해성이 있다.

⑤ 단독으로도 급격한 충격 및 가열로 인해 분해·폭발할 수 있다.

⑥ 열분해 시 산소가 발생한다.

- 열분해반응식 : $2NH_4NO_3 \rightarrow 2N_2 + O_2 + 4H_2O$ 💬실기에도 잘 나와요!
  질산암모늄   질소   산소   수증기

⑦ ANFO(Ammonium Nitrate Fuel Oil) 폭약은 질산암모늄(94%)과 경유(6%)의 혼합으로 만든다.

⑧ 소화방법 : 물로 냉각소화한다.

(7) 아이오딘산염류 〈지정수량 : 300kg〉

1) 아이오딘산칼륨(KIO_3)

① 분해온도 560℃, 비중 3.98이다.

② 무색 결정 또는 분말이다.

③ 물에 녹으나 알코올에 안 녹는다.

④ 열분해 시 산소가 발생한다.

⑤ 소화방법 : 물로 냉각소화한다.

(8) 과망가니즈산염류 〈지정수량 : 1,000kg〉

1) 과망가니즈산칼륨($KMnO_4$)

① 카멜레온이라고도 불린다.

② 분해온도 240℃, 비중 2.7이다.

③ 흑자색 결정이다.

④ 물에 녹아서 진한 보라색이 되며 아세톤, 메탄올, 초산에도 잘 녹는다.

⑤ 열분해 시 산소가 발생한다.

- 열분해반응식(240℃) : $2KMnO_4 \rightarrow K_2MnO_4 + MnO_2 + O_2$ 💬실기에도 잘 나와요!
  과망가니즈산칼륨 망가니즈산칼륨 이산화망가니즈 산소

⑥ 묽은 황산과의 반응식 : $4KMnO_4 + 6H_2SO_4 \rightarrow 2K_2SO_4 + 4MnSO_4 + 6H_2O + 5O_2$
  과망가니즈산칼륨   황산   황산칼륨   황산망가니즈   물   산소

⑦ 진한 황산과의 반응식 : $2KMnO_4 + H_2SO_4 \rightarrow K_2SO_4 + 2HMnO_4$
  과망가니즈산칼륨   황산   황산칼륨   과망가니즈산

⑧ 소화방법 : 물로 냉각소화한다.

(9) 다이크로뮴산염류 〈지정수량 : 1,000kg〉

1) 다이크로뮴산칼륨($K_2Cr_2O_7$)

① 분해온도 500℃, 비중 2.7이다.

② 등적색이다.

③ 물에 녹으며 알코올에는 녹지 않는다.

④ 열분해 시 산소가 발생한다.

　– 열분해반응식 : $4K_2Cr_2O_7 \rightarrow 4K_2CrO_4 + 2Cr_2O_3 + 3O_2$

　　　　　　　다이크로뮴산칼륨　　크로뮴산칼륨　산화크로뮴(Ⅲ)　산소

⑤ 소화방법 : 물로 냉각소화한다.

2) 다이크로뮴산암모늄[$(NH_4)_2Cr_2O_7$]

① 분해온도 185℃, 비중 2.2이다.

② 등적색이다.

③ 열분해 시 질소가 발생한다.

　– 열분해반응식 : $(NH_4)_2Cr_2O_7 \rightarrow N_2 + Cr_2O_3 + 4H_2O$

　　　　　　　다이크로뮴산암모늄　　질소　산화크로뮴(Ⅲ)　물

④ 소화방법 : 물로 냉각소화한다.

(10) 크로뮴의 산화물 〈지정수량 : 300kg〉

1) 삼산화크로뮴(CrO_3)

① 행정안전부령이 정하는 위험물로 무수크로뮴산이라고도 한다.

② 분해온도 250℃, 비중 2.7이다.

③ 암적자색 결정이다.

④ 물, 알코올에 잘 녹는다.

⑤ 열분해 시 산소가 발생한다.

　– 열분해반응식 : $4CrO_3 \rightarrow 2Cr_2O_3 + 3O_2$ 　실기에도 잘 나와요!

　　　　　　　삼산화크로뮴　　산화크로뮴(Ⅲ)　산소

⑥ 소화방법 : 물로 냉각소화한다.

예제 1 아염소산나트륨이 염산과 반응 시 발생하는 독성 가스는 무엇인가?

　① 이산화염소(ClO_2)

　② 수소(H_2)

　③ 산소(O_2)

　④ 과산화수소(H_2O_2)

　풀이 아염소산나트륨이 염산 또는 질산 등의 산의 물질들과 반응 시 독성인 이산화염소
　　　　(ClO_2)가 발생한다.

　　　　　　　　　　　　　　　　　　　　　　　　　　　　　　　　정답 ①

예제 2 염소산나트륨을 가열하여 분해시킬 때 발생하는 기체는 무엇인가?

① 산소 ② 질소

③ 나트륨 ④ 수소

풀이 염소산나트륨은 제1류 위험물이므로 분해 시 산소가 발생한다.

정답 ①

예제 3 과염소산칼륨과 혼합했을 때 발화폭발의 위험이 가장 높은 것은 무엇인가?

① 석면 ② 금

③ 유리 ④ 목탄

풀이 과염소산칼륨은 제1류 위험물의 산소공급원이기 때문에 〈보기〉 중 목탄(숯)이라는 가연물이 가장 위험한 물질이다.

정답 ④

예제 4 과산화나트륨에 의해 화재가 발생했다. 진화작업 과정으로 잘못된 것은 무엇인가?

① 공기호흡기를 착용한다.

② 가능한 주수소화를 한다.

③ 건조사나 암분으로 피복소화한다.

④ 가능한 가연물과의 접촉을 피한다.

풀이 과산화나트륨은 제1류 위험물 중 알칼리금속의 과산화물로 물과 반응하여 산소를 발생하므로 물을 사용할 수 없다.

정답 ②

예제 5 염소산칼륨과 염소산나트륨의 공통성질에 대한 설명으로 적합한 것은 무엇인가?

① 가연성을 가진 물질들이다.

② 가연물과 혼합 시 가열·충격에 의해 연소위험이 있다.

③ 독성은 없으나 연소생성물은 유독하다.

④ 상온에서 발화하기 쉽다.

풀이 제1류 위험물은 산소공급원이므로 가연물과 혼합 시 가열·충격에 의해 연소위험이 있다.

정답 ②

예제 6 알칼리금속의 과산화물에 관한 일반적인 설명으로 옳은 것은 무엇인가?

① 안정한 물질이다. ② 물을 가하면 발열한다.

③ 주로 환원제로 사용된다. ④ 더 이상 분해되지 않는다.

풀이 알칼리금속의 과산화물은 제1류 위험물로서 물과 반응하면 발열과 함께 산소가 발생하는 물질이다.

정답 ②

예제 7 과산화칼륨이 초산과 반응 시 발생하는 제6류 위험물은 무엇인가?

① 과염소산($HClO_4$)

② 과산화수소(H_2O_2)

③ 질산(HNO_3)

④ 황산(H_2SO_4)

풀이 과산화칼륨과 같은 무기과산화물은 초산 및 염산 등과 반응 시 과산화수소가 발생한다.

정답 ②

예제 8 질산칼륨에 대한 설명으로 옳은 것은 무엇인가?

① 흑색의 고체상태이다.

② 칠레초석이라고도 한다.

③ 물에 녹지 않는다.

④ 흑색화약의 원료이다.

풀이 ① 무색 또는 백색 고체이다.
② 초석이라고도 한다.
③ 물에 잘 녹는다.
④ 숯, 황, 질산칼륨을 혼합하면 흑색화약의 원료로 사용된다.

정답 ④

예제 9 제1류 위험물은 자신은 불연성 물질이다. 이 중 단독으로도 급격한 충격 및 가열로 분해·폭발할 수 있는 물질은 무엇인가?

① 염소산칼륨

② 과산화나트륨

③ 질산암모늄

④ 다이크로뮴산칼륨

풀이 질산암모늄(NH_4NO_3)은 단독으로도 급격한 충격 및 가열로 분해·폭발할 수 있다.

정답 ③

예제 10 과망가니즈산칼륨의 색상은 무엇인가?

① 백색　　　　　　　　　② 무색

③ 적갈색　　　　　　　　④ 흑자색

풀이 제1류 위험물은 대부분 백색 또는 무색이지만 과망가니즈산칼륨은 흑자색이다.

정답 ④

2-2 제2류 위험물 – 가연성 고체

유 별	성 질	위험등급	품 명	지정수량
제2류	가연성 고체	Ⅱ	1. 황화인	100kg
			2. 적린	100kg
			3. 황	100kg
		Ⅲ	4. 금속분	500kg
			5. 철분	500kg
			6. 마그네슘	500kg
		Ⅱ, Ⅲ	7. 그 밖에 행정안전부령으로 정하는 것	100kg 또는 500kg
			8. 제1호 내지 제7호의 어느 하나 이상을 함유한 것	
		Ⅲ	9. 인화성 고체	1,000kg

01 제2류 위험물의 일반적 성질

(1) 일반적인 성질

① 저온에서 착화하기 쉬운 물질이다.

② 연소하는 속도가 빠르다.

③ **철분, 마그네슘, 금속분은 물이나 산과 접촉하면 수소가스를 발생**하여 폭발한다.

④ 모두 물보다 무겁다.

(2) 저장방법

① 가연물이므로 점화원 및 가열을 피해야 한다.

② 산화제(산소공급원)의 접촉을 피해야 한다.

③ 할로젠원소(산소공급원 역할)의 접촉을 피해야 한다.

④ 철분, 마그네슘, 금속분은 물이나 산과의 접촉을 피해야 한다.

(3) 소화방법

① 금속분 이외의 것은 주수에 의한 냉각소화가 일반적이다.

② 철분, 마그네슘, 금속분은 주수에 의한 폭발 우려가 있으므로 마른모래 등으로 질식소화를 해야 한다.

02 제2류 위험물의 종류별 성질

(1) 황화인 〈지정수량 : 100kg〉

1) 삼황화인(P_4S_3)

① 착화점 100℃, 비중 2.03, 융점 172.5℃이다.

② 황색 고체로서 조해성이 없다.

③ 물, 염산, 황산에 녹지 않고 질산, 알칼리, 끓는물, 이황화탄소에 녹는다.

④ 연소반응식 : $P_4S_3 + 8O_2 \rightarrow 3SO_2 + 2P_2O_5$
　　　　　　　　삼황화인　산소　이산화황　오산화인

⑤ 소화방법 : 냉각소화가 일반적이다.

2) 오황화인(P_2S_5)

① 착화점 142℃, 비중 2.09, 융점 290℃이다.

② 황색 고체로서 조해성이 있다.

③ 연소반응식 : $2P_2S_5 + 15O_2 \rightarrow 10SO_2 + 2P_2O_5$
　　　　　　　　오황화인　산소　　이산화황　오산화인

④ 물과의 반응식 : $P_2S_5 + 8H_2O \rightarrow 5H_2S + 2H_3PO_4$ 　실기에도 잘 나와요!
　　　　　　　　오황화인　물　　황화수소　인산

⑤ 소화방법 : 냉각소화 시 H_2S가 발생하므로 마른모래, 팽창질석·팽창진주암, 탄산수소염류 분말소화약제 등으로 질식소화를 해야 한다.

3) 칠황화인(P_4S_7)

① 비중 2.19, 융점 310℃이다.

② 황색 고체로서 조해성이 있다.

③ 연소반응식 : $P_4S_7 + 12O_2 \rightarrow 7SO_2 + 2P_2O_5$
　　　　　　　　칠황화인　산소　이산화황　오산화인

④ 소화방법 : 냉각소화 시 H_2S가 발생하므로 마른모래, 팽창질석·팽창진주암, 탄산수소염류 분말소화약제 등으로 질식소화를 해야 한다.

(2) 적린(P) 〈지정수량 : 100kg〉

① **발화점 260℃**, 비중 2.2, 융점 600℃이다.

② 암적색 분말이다.

③ 승화(고체에 열을 가하면 액체를 거치지 않고 바로 기체가 되는 현상)온도 400℃이다.

④ 공기 중에서 안정하며 독성이 없다.

⑤ 물, 이황화탄소 등에 녹지 않고 PBr_3(브로민화인)에 녹는다.

⑥ 황린(P_4)의 동소체이다.

　※ 동소체 : 단체로서 모양과 성질은 다르나 최종 연소생성물이 동일한 물질

⑦ 연소반응식 : $4P + 5O_2 \rightarrow 2P_2O_5$ 　실기에도 잘 나와요!
　　　　　　　　적린　산소　오산화인

⑧ 소화방법 : 냉각소화가 일반적이다.

(3) 황(S) 〈지정수량 : 100kg〉

① 발화점 232℃이다.

② 유황이라고도 한다.

③ 황색 결정이며 물에 녹지 않는다.

④ **사방황, 단사황, 고무상황의 3가지 동소체가 존재한다.**

　㉠ 사방황

　　ⓐ **비중 2.07, 융점 113℃이다.**

　　ⓑ 자연상태의 황을 의미한다.

　㉡ 단사황

　　ⓐ **비중 1.96, 융점 119℃이다.**

　　ⓑ 사방황을 95.5℃로 가열하면 만들어진다.

　㉢ 고무상황

　　ⓐ 용융된 황을 급랭시켜 얻는다.

　　ⓑ **이황화탄소에 녹지 않는다.**

⑤ **고무상황을 제외한 나머지 황은 이황화탄소(CS_2)에 녹는다.**

⑥ 황은 순도가 60중량% 이상인 것을 말한다. ◀️실기에도 잘 나와요!

　※ 이 경우, 순도 측정에 있어서 불순물은 활석 등 불연성 물질과 수분에 한한다.

⑦ 비금속성 물질이므로 전기불량도체이며 정전기가 발생할 수 있는 위험이 있다.

⑧ 미분상태로 공기 중에 떠 있을 때 분진폭발의 위험이 있다.

⑨ 연소 시 청색 불꽃을 낸다.

　– 연소반응식 : $S + O_2 \rightarrow SO_2$ ◀️실기에도 잘 나와요!
　　　　　　　　　황　산소　이산화황

⑩ **소화방법 : 냉각소화가 일반적이다.**

(4) **철분(Fe)** 〈지정수량 : 500kg〉

'철분'이라 함은 철의 분말을 말하며 **53μm(마이크로미터)의 표준체를 통과하는 것이 50중량% 미만인 것은 제외**한다. ◀️실기에도 잘 나와요!

① 비중 7.86, 융점 1,538℃이다.

② 은색 또는 회색 분말이다.

③ **온수와 반응 시 폭발성인 수소가스를 발생시킨다.**

　– 물과의 반응식 : $Fe + 2H_2O \rightarrow Fe(OH)_2 + H_2$
　　　　　　　　　　철　　　물　　수산화철(Ⅱ)　수소

④ **염산과 반응 시 폭발성인 수소가스를 발생시킨다.**

　– 염산과의 반응식 : $Fe + 2HCl \rightarrow FeCl_2 + H_2$
　　　　　　　　　　　철　　염산　염화철(Ⅱ)　수소

⑤ **소화방법 : 냉각소화 시 수소가스가 발생하므로 마른모래, 탄산수소염류 등으로 질식** 소화를 해야 한다.

(5) 마그네슘 〈지정수량 : 500kg〉

※ 마그네슘은 다음 중 하나에 해당하는 것은 제외한다. 실기에도 잘 나와요!
  • 2mm의 체를 통과하지 아니하는 덩어리상태의 것
  • 직경 2mm 이상의 막대모양의 것

① 비중 1.74, 융점 650℃이다.

② 은백색 광택을 가지고 있다.

③ 열전도율이나 전기전도도가 큰 편이나 알루미늄보다는 낮은 편이다.

④ 온수와 반응 시 폭발성인 수소가스를 발생시킨다.

– 물과의 반응식 : $Mg + 2H_2O \rightarrow Mg(OH)_2 + H_2$ 실기에도 잘 나와요!
  마그네슘　　물　　수산화마그네슘　수소

⑤ 염산과 반응 시 폭발성인 수소가스를 발생시킨다.

– 염산과의 반응식 : $Mg + 2HCl \rightarrow MgCl_2 + H_2$ 실기에도 잘 나와요!
  마그네슘　염산　　염화마그네슘　수소

⑥ 연소반응식 : $2Mg + O_2 \rightarrow 2MgO$ 실기에도 잘 나와요!
  마그네슘　산소　산화마그네슘

⑦ 이산화탄소와의 반응식 : $2Mg + CO_2 \rightarrow 2MgO + C$ 실기에도 잘 나와요!
  마그네슘　이산화탄소　산화마그네슘　탄소

$Mg + CO_2 \rightarrow MgO + CO$
마그네슘　이산화탄소　산화마그네슘　일산화탄소

⑧ 소화방법 : 냉각소화 시 수소가스가 발생하므로 마른모래, 탄산수소염류 등으로 질식소화를 해야 한다.

(6) 금속분 〈지정수량 : 500kg〉

'금속분'이라 함은 알칼리금속·알칼리토금속·철 및 마그네슘 외의 금속의 분말을 말하며, 구리분·니켈분 및 150㎛(마이크로미터)의 체를 통과하는 것이 50중량% 미만인 것은 제외한다. 실기에도 잘 나와요!

1) 알루미늄분(Al)

① 비중 2.7, 융점 660℃이다.

② 은백색 광택을 가지고 있다.

③ 열전도율이나 전기전도도가 큰 편이다.

④ 연소반응식 : $4Al + 3O_2 \rightarrow 2Al_2O_3$
  알루미늄　산소　산화알루미늄

⑤ 온수와 반응 시 폭발성인 수소가스를 발생시킨다.

– 물과의 반응식 : $2Al + 6H_2O \rightarrow 2Al(OH)_3 + 3H_2$ 실기에도 잘 나와요!
  알루미늄　물　　수산화알루미늄　수소

⑥ 염산과 반응 시 폭발성인 수소가스를 발생시킨다.

– 염산과의 반응식 : $2Al + 6HCl \rightarrow 2AlCl_3 + 3H_2$
  알루미늄　염산　　염화알루미늄　수소

⑦ 산과 알칼리 수용액에서도 수소를 발생하므로 양쪽성 원소라 불린다.

⑧ 묽은 질산에는 녹지만 진한 질산과는 부동태하므로 표면에 산화피막을 형성하여 내부를 보호하는 성질이 있다.

  ※ 부동태 : 막이 형성되어 반응을 하지 않는 상태

⑨ **소화방법** : 냉각소화 시 수소가스가 발생하므로 마른모래, 탄산수소염류 등으로 질식소화를 해야 한다.

2) 아연분(Zn)

① 비중 7.14, 융점 419℃이다.

② 은백색 광택을 가지고 있다.

③ 물과 반응 시 폭발성인 수소가스를 발생시킨다.

  – 물과의 반응식 : $Zn + 2H_2O \rightarrow Zn(OH)_2 + H_2$ 🔖실기에도 잘 나와요!
  　　　　　　　아연　　물　　　수산화아연　　수소

④ 염산과 반응 시 폭발성인 수소가스를 발생시킨다.

  – 염산과의 반응식 : $Zn + 2HCl \rightarrow ZnCl_2 + H_2$ 🔖실기에도 잘 나와요!
  　　　　　　　　아연　염산　　염화아연　　수소

⑤ 산과 알칼리수용액에서도 수소를 발생하므로 양쪽성 원소라 불린다.

⑥ 표면에 산화피막을 형성하여 내부를 보호하는 성질이 있지만 부동태하지 않는다.

⑦ **소화방법** : 냉각소화 시 수소가스가 발생하므로 마른모래, 탄산수소염류 등으로 질식소화를 해야 한다.

(7) 인화성 고체 〈지정수량 : 1,000kg〉

인화성 고체라 함은 고형 알코올, 그 밖에 1기압에서 인화점이 섭씨 40도 미만인 고체를 말한다. 🔖실기에도 잘 나와요!

예제 1 제2류 위험물의 품명과 지정수량의 연결이 틀린 것은?

① 황화인 – 100kg

② 적린 – 100kg

③ 철분 – 100kg

④ 인화성 고체 – 1,000kg

📖**풀이** 제2류 위험물의 지정수량은 다음과 같이 구분한다.
　1) 황화인, 적린, 황 : 100kg
　2) 철분, 금속분, 마그네슘 : 500kg
　3) 인화성 고체 : 1,000kg

정답 ③

예제 2 제2류 위험물의 성질에 대해 틀린 것은?

① 모두 물보다 무겁다.

② 제2류 위험물은 열분해 시 산소를 발생한다.

③ 제2류 위험물은 가연성의 고체 물질로만 존재한다.

④ 철분, 금속분, 마그네슘을 제외하고는 냉각소화한다.

풀이 열분해 시 산소를 발생하는 것은 제1류 위험물이고 제2류 위험물은 자체적으로 산소를 갖고 있지 않기 때문에 열을 가해도 산소를 발생할 수 없다.

정답 ②

예제 3 다음 중 제2류 위험물이 아닌 것은 무엇인가?

① 황화인   ② 황

③ 마그네슘   ④ 칼륨

풀이 칼륨은 제3류 위험물이다.

정답 ④

예제 4 위험물의 유별 구분이 나머지 셋과 다른 하나는?

① 황린   ② 금속분

③ 황화인   ④ 마그네슘

풀이 ① 황린 : 제3류 위험물   ② 금속분 : 제2류 위험물
③ 황화인 : 제2류 위험물   ④ 마그네슘 : 제2류 위험물

정답 ①

예제 5 가연성 고체에 해당하는 물품으로서 위험등급 Ⅱ에 해당하는 것은?

① P_4S_3, P   ② Mg, CH_3CHO

③ P_4, AlP   ④ NaH, Zn

풀이 ① P_4S_3, P : 삼황화인(제2류 위험물의 Ⅱ등급), 적린(제2류 위험물의 Ⅱ등급)
② Mg, CH_3CHO : 마그네슘(제2류 위험물의 Ⅲ등급), 아세트알데하이드(제4류 위험물의 Ⅰ등급)
③ P_4, AlP : 황린(제3류 위험물의 Ⅰ등급), 인화알루미늄(제3류 위험물의 Ⅲ등급)
④ NaH, Zn : 수소화나트륨(제3류 위험물의 Ⅲ등급), 아연(제2류 위험물의 Ⅲ등급)

정답 ①

예제 6 오황화인이 물과 반응 시 발생하는 기체와 연소 시 발생하는 기체를 모두 맞게 나열한 것은 무엇인가?

① O_2, P_2O_5 ② H_2S, SO_2

③ H_2, PH_3 ④ O_2, H_2

풀이 1) 오황화인의 물과의 반응식 : $P_2S_5 + 8H_2O \rightarrow 5H_2S + 2H_3PO_4$
2) 오황화인의 연소반응식 : $2P_2S_5 + 15O_2 \rightarrow 10SO_2 + 2P_2O_5$

정답 ②

예제 7 일반적으로 알려진 황화인의 3가지 종류에 속하지 않는 것은 무엇인가?

① P_4S_3
② P_2S_5
③ P_4S_7
④ P_2S_9

풀이 제2류 위험물의 황화인은 삼황화인(P_4S_3), 오황화인(P_2S_5), 칠황화인(P_4S_7)의 3가지가 있다.

정답 ④

예제 8 적린은 다음 중 어떤 물질과 혼합 시 마찰, 충격, 가열에 의해 폭발할 위험이 가장 높은가?

① 염소산칼륨
② 이산화탄소
③ 질소
④ 물

풀이 제2류 위험물인 적린은 가연성 고체이므로 마찰, 충격, 가열에 의해 위험이 높아지는 것은 산화제(산소공급원)가 혼합되는 경우이다.
〈보기〉 중 산화제는 제1류 위험물인 염소산칼륨이다.

정답 ①

예제 9 적린이 연소하면 발생하는 백색 기체는 무엇인가?

① P_2O_5
② SO_2
③ PH_3
④ H_2

풀이 적린 및 황린이 연소하면 공통적으로 오산화인(P_2O_5)이 발생한다.

정답 ①

예제 10 황의 동소체 중 이황화탄소에 녹지 않는 것은 어느 것인가?

① 사방황
② 고무상황
③ 단사황
④ 적황

풀이 사방황, 단사황은 이황화탄소에 녹지만 고무상황은 녹지 않는다.

정답 ②

예제 11 황의 성상에 관한 설명으로 틀린 것은 무엇인가?

① 연소할 때 발생하는 가스는 냄새를 갖고 있으나 인체에 무해하다.
② 미분이 공기 중에 떠 있을 때 분진폭발의 우려가 있다.
③ 용융된 황을 물에서 급랭하면 고무상황을 얻을 수 있다.
④ 연소할 때 아황산가스를 발생한다.

풀이 연소 시 발생하는 아황산가스는 자극성 냄새와 독성을 가지고 있다.
연소반응식 : $S + O_2 \rightarrow SO_2$

정답 ①

예제 12 황의 화재예방 및 소화방법에 대한 설명 중 틀린 것은?

① 산화제와 혼합하여 저장한다.
② 정전기가 축적되는 것을 방지한다.
③ 화재 시 분무주수하여 소화할 수 있다.
④ 화재 시 유독가스가 발생하므로 보호장구를 착용하고 소화한다.

풀이 제2류 위험물인 황은 가연물이므로 산화제(산소공급원)와 혼합하면 위험하다.

정답 ①

예제 13 알루미늄분의 성질에 대한 설명 중 틀린 것은?

① 염산과 반응하여 수소를 발생한다.
② 끓는물과 반응하면 수소화알루미늄이 생성된다.
③ 산화제와 혼합시키면 착화의 위험이 있다.
④ 은백색의 광택이 있고 물보다 무거운 금속이다.

풀이 제2류 위험물인 알루미늄은 은백색 광택을 가지며 비중은 2.7로 물보다 무겁고 물과의 반응으로 수소화알루미늄(AlH_3)이 아닌 수산화알루미늄[$Al(OH)_3$]이 생성된다.
물과의 반응식 : $2Al + 6H_2O \rightarrow 2Al(OH)_3 + 3H_2$

정답 ②

예제 14 알루미늄분의 위험성에 대한 설명 중 틀린 것은 무엇인가?

① 산화제와 혼합 시 가열, 충격, 마찰에 의하여 발화할 수 있다.
② 할로젠원소와 접촉하면 발화하는 경우도 있다.
③ 분진폭발의 위험성이 있으므로 분진에 기름을 묻혀 보관한다.
④ 습기를 흡수하여 자연발화의 위험이 있다.

풀이 제2류 위험물인 알루미늄은 산화제뿐만 아니라 할로젠원소(F, Cl, Br, I)라는 산소공급원과 접촉해도 발화할 수 있으며 물 또는 습기와 반응 시에도 수소라는 폭발성 가스가 발생한다. 또한 분진에 기름을 묻히면 더욱 위험해 질 수 있다.

정답 ③

예제 15 위험물 화재 시 주수소화가 오히려 위험한 것은 무엇인가?

① 과염소산칼륨
② 적린
③ 황
④ 마그네슘

풀이 철분, 금속분, 마그네슘은 주수소화하면 폭발성의 수소가 발생한다.

정답 ④

예제 16 **고형 알코올의 지정수량은 얼마인가?**

① 50kg

② 100kg

③ 500kg

④ 1,000kg

🖊️ 풀이 인화성 고체란 고형 알코올, 그 밖에 1기압에서 인화점이 섭씨 40도 미만인 고체를 말한다. 따라서, 고형 알코올은 인화성 고체에 해당하고 인화성 고체의 지정수량은 1,000kg이다.

정답 ④

2-3 제3류 위험물 – 자연발화성 물질 및 금수성 물질

유 별	성 질	위험등급	품 명	지정수량
제3류	자연발화성 물질 및 금수성 물질	Ⅰ	1. 칼륨	10kg
			2. 나트륨	10kg
			3. 알킬알루미늄	10kg
			4. 알킬리튬	10kg
			5. 황린	20kg
		Ⅱ	6. 알칼리금속(칼륨 및 나트륨 제외) 및 알칼리토금속	50kg
			7. 유기금속화합물(알킬알루미늄 및 알킬리튬 제외)	50kg
		Ⅲ	8. 금속의 수소화물	300kg
			9. 금속의 인화물	300kg
			10. 칼슘 또는 알루미늄의 탄화물	300kg
		Ⅰ, Ⅱ, Ⅲ	11. 그 밖에 행정안전부령으로 정하는 것	
			① 염소화규소화합물	300kg
			12. 제1호 내지 제11호의 어느 하나 이상을 함유한 것	10kg, 20kg, 50kg 또는 300kg

01 제3류 위험물의 일반적 성질

(1) 일반적인 성질

① 자연발화성 물질은 공기 중에서 발화의 위험성을 갖는 물질이다.

② 금수성 물질은 물과 반응하여 발열하고, 동시에 가연성 가스를 발생하는 물질이다.

③ 금속칼륨(K)과 금속나트륨(Na), 알킬알루미늄, 알킬리튬은 물과 반응하여 가연성 가스를 발생할 뿐 아니라 공기 중에서 발화할 수 있는 자연발화성도 가지고 있다.

④ **황린**은 대표적인 **자연발화성 물질**로 **착화온도(34℃)가 낮아** pH 9인 **약알칼리성**의 **물속에 보관**해야 한다.

⑤ **칼륨, 나트륨** 등의 물질은 공기 중에 노출되면 화재의 위험성이 있으므로 **보호액인 석유(경유, 등유 등)에 완전히 담가 저장**하여야 한다.

⑥ 다량 저장 시 화재가 발생하면 소화가 어려우므로 희석제를 혼합하거나 소분하여 냉암소에 저장한다.

(2) 소화방법

① 자연발화성 물질인 황린은 다량의 물로 냉각소화를 한다.

② 금수성 물질은 물뿐만 아니라 이산화탄소(CO_2)나 할로젠화합물 소화약제를 사용하면 가연성 물질인 탄소(C)가 발생하여 폭발할 수 있으므로 절대 사용할 수 없고 마른모래, 탄산수소염류 분말소화약제를 사용해야 한다.

③ 금수성 물질과 이산화탄소 및 할로젠화합물 소화약제의 반응은 다음과 같다.

   ㉠ **칼륨과 이산화탄소의 반응식** : $4K + 3CO_2 \rightarrow 2K_2CO_3 + C$ **실기에도 잘 나와요!**
                칼륨   이산화탄소   탄산칼륨 탄소

   ㉡ **칼륨과 사염화탄소의 반응식** : $4K + CCl_4 \rightarrow 4KCl + C$
                칼륨   사염화탄소 염화칼륨 탄소

   ㉢ **나트륨과 이산화탄소의 반응식** : $4Na + 3CO_2 \rightarrow 2Na_2CO_3 + C$
                나트륨   이산화탄소 탄산나트륨 탄소

   ※ **마그네슘(제2류 위험물)과 이산화탄소의 반응식** : $2Mg + CO_2 \rightarrow 2MgO + C$
                마그네슘 이산화탄소 산화마그네슘 탄소

02 제3류 위험물의 종류별 성질

(1) 칼륨(K) = 포타슘 〈지정수량 : 10kg〉

① 비중 0.86, 융점 63.5℃, 비점 762℃이다.

② 은백색 광택의 무른 경금속이다.

③ **연소반응식** : $4K + O_2 \rightarrow 2K_2O$
              칼륨   산소   산화칼륨

④ 물 또는 에틸알코올과 반응하여 폭발성 가스인 수소를 발생시킨다.

   ㉠ **물과의 반응식** : $2K + 2H_2O \rightarrow 2KOH + H_2$ **실기에도 잘 나와요!**
                칼륨   물   수산화칼륨 수소

   ㉡ **에틸알코올과의 반응식** : $2K + 2C_2H_5OH \rightarrow 2C_2H_5OK + H_2$ **실기에도 잘 나와요!**
                칼륨   에틸알코올 칼륨에틸레이트 수소

   ㉢ **발생가스인 수소의 연소범위** : 4~75% **실기에도 잘 나와요!**

⑤ 이온화경향(화학적 활성도)이 큰 금속으로 반응성이 좋은 물질이다.

⑥ 비중이 1보다 작으므로 **석유(등유, 경유, 유동파라핀) 속에 보관**하여 공기와 접촉을 방지한다.

⑦ 연소 시 **보라색 불꽃반응**을 내며 탄다.

⑧ 피부와 접촉 시 화상을 입을 수 있다.

(2) 나트륨(Na) 〈지정수량 : 10kg〉

① 비중 0.97, 융점 97.8℃, 비점 880℃이다.

② 은백색 광택의 무른 경금속이다.

③ 연소 시 **황색 불꽃반응**을 내며 탄다.

④ 칼륨과 거의 동일한 성질을 가진다.

(3) 알킬알루미늄 〈지정수량 : 10kg〉

📖 **알킬**(※ 일반적으로 R이라고 표현한다)

일반식 : C_nH_{2n+1}
- $n=1$일 때 → CH_3 (메틸)
- $n=2$일 때 → C_2H_5 (에틸)
- $n=3$일 때 → C_3H_7 (프로필)
- $n=4$일 때 → C_4H_9 (뷰틸)

① 트라이메틸알루미늄[$(CH_3)_3Al$]과 트라이에틸알루미늄[$(C_2H_5)_3Al$] 등의 종류가 있다.

② 알킬알루미늄은 알킬과 알루미늄의 화합물이다.

③ 주로 무색투명한 액체로 존재하는 물질이다.

④ 탄소수가 1~4개까지의 물질은 자연발화가 가능하다.

⑤ 물 또는 알코올과 반응 시 메테인(CH_4) 또는 에테인(C_2H_6) 등의 가연성 가스가 발생한다.

　㉠ 트라이메틸알루미늄과 물의 반응식

　　$(CH_3)_3Al + 3H_2O \rightarrow Al(OH)_3 + 3CH_4$ ◀ 실기에도 잘 나와요!
　　트라이메틸알루미늄　　물　　수산화알루미늄　　메테인

　㉡ 트라이메틸알루미늄과 에틸알코올의 반응식

　　$(CH_3)_3Al + 3C_2H_5OH \rightarrow (C_2H_5O)_3Al + 3CH_4$
　　트라이메틸알루미늄　에틸알코올　　알루미늄에틸레이트　　메테인

　㉢ 트라이에틸알루미늄과 물의 반응식

　　$(C_2H_5)_3Al + 3H_2O \rightarrow Al(OH)_3 + 3C_2H_6$ ◀ 실기에도 잘 나와요!
　　트라이에틸알루미늄　　물　　수산화알루미늄　　에테인

　㉣ 트라이에틸알루미늄과 에틸알코올의 반응식

　　$(C_2H_5)_3Al + 3C_2H_5OH \rightarrow (C_2H_5O)_3Al + 3C_2H_6$
　　트라이에틸알루미늄　에틸알코올　　알루미늄에틸레이트　　에테인

⑥ 트라이에틸알루미늄의 연소반응식

　$2(C_2H_5)_3Al + 21O_2 \rightarrow Al_2O_3 + 12CO_2 + 15H_2O$
　트라이에틸알루미늄　산소　　산화알루미늄　이산화탄소　　물

⑦ 희석제로는 벤젠(C_6H_6) 또는 헥세인(C_6H_{14})이 사용된다.

⑧ 저장 시에는 용기 상부에 질소(N_2) 또는 아르곤(Ar) 등의 불연성 가스를 봉입한다.

(4) 알킬리튬 〈지정수량 : 10kg〉

① 메틸리튬(CH_3Li)과 에틸리튬(C_2H_5Li) 등의 종류가 있다.

② 알킬알루미늄의 성질과 동일하다.

(5) 황린(P_4) 〈지정수량 : 20kg〉

① 발화점 34℃, 비중 1.82, 융점 44.1℃, 비점 280℃이다.

② 백색 또는 황색의 고체로, 자극성 냄새가 나고 독성이 강하다.

③ 물에 녹지 않고 이황화탄소에 잘 녹는다.

④ 착화온도가 매우 낮아서 공기 중에서 자연발화할 수 있기 때문에 물속에 보관한다. 하지만, 강알칼리성의 물에서는 독성인 포스핀가스를 발생하기 때문에 소량의 수산화칼슘[$Ca(OH)_2$]을 넣어 만든 pH가 9인 약알칼리성의 물속에 보관한다.

⑤ 공기를 차단하고 260℃로 가열하면 적린이 된다.

⑥ 공기 중에서 **연소 시 오산화인(P_2O_5)이라는 흰 연기가 발생**한다.

- 연소반응식 : $P_4 + 5O_2 \rightarrow 2P_2O_5$ 🔴실기에도 잘 나와요!
       황린   산소   오산화인

(6) 알칼리금속(칼륨, 나트륨 제외) 및 알칼리토금속 〈지정수량 : 50kg〉

1) 리튬(Li)

① 비중 0.534, 융점 180℃, 비점 1,336℃이다.

② 알칼리금속에 속하는 은백색의 무른 경금속이다.

③ 연소 시 **적색 불꽃반응**을 내며 탄다.

④ 물과 반응하여 폭발성 가스인 수소를 발생시킨다.

- 물과의 반응식 : $2Li + 2H_2O \rightarrow 2LiOH + H_2$
       리튬   물   수산화리튬   수소

2) 칼슘(Ca)

① 비중 1.57, 융점 845℃, 비점 1,484℃이다.

② 알칼리토금속에 속하는 은백색의 무른 경금속이다.

③ 물과 반응하여 폭발성 가스인 수소를 발생시킨다.

- 물과의 반응식 : $Ca + 2H_2O \rightarrow Ca(OH)_2 + H_2$
       칼슘   물   수산화칼슘   수소

(7) 유기금속화합물(알킬알루미늄 및 알킬리튬 제외) 〈지정수량 : 50kg〉

① 유기물과 금속(알루미늄 및 리튬 제외)의 화합물을 말한다.

※ 유기물 : 주로 탄소를 가지고 있는 상태의 물질이 수소 또는 산소 등과 결합한 물질

② 다이메틸마그네슘[$(CH_3)_2Mg$], 에틸나트륨(C_2H_5Na) 등의 종류가 있다.

③ 기타 성질은 알킬알루미늄 및 알킬리튬에 준한다.

(8) 금속의 수소화물 〈지정수량 : 300kg〉

1) 수소화칼륨(KH)

① 암모니아와 고온에서 반응하여 칼륨아마이드와 수소를 발생한다.

– 암모니아와의 반응식 : $KH + NH_3 \rightarrow KNH_2 + H_2$
수소화칼륨 암모니아 칼륨아마이드 수소

② 물과 반응 시 수소가스를 발생한다.

– 물과의 반응식 : $KH + H_2O \rightarrow KOH + H_2$
수소화칼륨 물 수산화칼륨 수소

2) 수소화나트륨(NaH)

① 비중 1.396, 융점 800℃, 비점 425℃이다.

② 물과 반응 시 수소가스가 발생한다.

– 물과의 반응식 : $NaH + H_2O \rightarrow NaOH + H_2$
수소화나트륨 물 수산화나트륨 수소

3) 수소화리튬(LiH)

① 비중 0.78, 융점 680℃, 비점 400℃이다.

② 물과 반응 시 수소가스가 발생한다.

– 물과의 반응식 : $LiH + H_2O \rightarrow LiOH + H_2$
수소화리튬 물 수산화리튬 수소

4) 수소화알루미늄리튬(LiAlH₄)

① 비중 0.92, 융점 130℃이다.

② 물과 반응 시 2가지의 염기성 물질(수산화리튬과 수산화알루미늄)과 수소가스가 발생한다.

– 물과의 반응식 : $LiAlH_4 + 4H_2O \rightarrow LiOH + Al(OH)_3 + 4H_2$
수소화알루미늄리튬 물 수산화리튬 수산화알루미늄 수소

(9) 금속의 인화물 〈지정수량 : 300kg〉

1) 인화칼슘(Ca₃P₂)

① 비중 2.51, 융점 1,600℃, 비점 300℃이다.

② 적갈색 분말로 존재한다.

③ 물 또는 산에서 가연성이며 맹독성인 포스핀(인화수소, PH_3)가스를 발생한다.

㉠ 물과의 반응식 : $Ca_3P_2 + 6H_2O \rightarrow 3Ca(OH)_2 + 2PH_3$ 실기에도 잘 나와요!
인화칼슘 물 수산화칼슘 포스핀

㉡ 염산과의 반응식 : $Ca_3P_2 + 6HCl \rightarrow 3CaCl_2 + 2PH_3$ 실기에도 잘 나와요!
인화칼슘 염산 염화칼슘 포스핀

2) 인화알루미늄(AlP)

① 비중 2.5, 융점 1,000℃이다.

② 어두운 회색 또는 황색 결정으로 존재한다.

③ 물 또는 산에서 가연성이며 맹독성인 포스핀가스를 발생한다.

    ㉠ 물과의 반응식 : $AlP + 3H_2O \rightarrow Al(OH)_3 + PH_3$
                  인화알루미늄   물   수산화알루미늄 포스핀

    ㉡ 염산과의 반응식 : $AlP + 3HCl \rightarrow AlCl_3 + PH_3$
                  인화알루미늄   염산   염화알루미늄 포스핀

(10) 칼슘 또는 알루미늄의 탄화물 〈지정수량 : 300kg〉

1) 탄화칼슘(CaC_2)

① 비중 2.22, 융점 2,300℃, 비점 350℃이다.

② 순수한 것은 백색 결정이지만 시판품은 흑회색의 불규칙한 괴상으로 나타난다.

③ 물과 반응하여 연소범위가 2.5~81%인 아세틸렌(C_2H_2)가스를 발생한다.

    – 물과의 반응식 : $CaC_2 + 2H_2O \rightarrow Ca(OH)_2 + C_2H_2$ 〔실기에도 잘 나와요!〕
               탄화칼슘   물   수산화칼슘 아세틸렌

④ 아세틸렌은 수은, 은, 구리, 마그네슘과 반응하여 폭발성인 금속아세틸라이드를 만들기 때문에 매우 위험하다.

톡톡 튀는 〔암기법〕 **수**은, **은**, **구**리, 마그네**슘** ⇨ **수 은 구 루 마**

2) 탄화알루미늄(Al_4C_3)

① 비중 2.36, 융점 1,400℃이다.

② 황색 결정으로 나타난다.

③ 물과 반응하여 연소범위가 5~15%인 메테인(CH_4)가스를 발생한다.

    – 물과의 반응식 : $Al_4C_3 + 12H_2O \rightarrow 4Al(OH)_3 + 3CH_4$ 〔실기에도 잘 나와요!〕
               탄화알루미늄   물   수산화알루미늄 메테인

3) 기타 카바이드

> 💡 **Tip**
> 기타 카바이드는 위험물에 해당되지 않습니다.

① 망가니즈카바이드(Mn_3C)

    물과 반응 시 메테인가스와 수소가스가 발생한다.

    – 물과의 반응식 : $Mn_3C + 6H_2O \rightarrow 3Mn(OH)_2 + CH_4 + H_2$
               망가니즈카바이드 물   수산화망가니즈 메테인 수소

② 마그네슘카바이드(MgC_2)

    물과 반응 시 아세틸렌가스가 발생된다.

    – 물과의 반응식 : $MgC_2 + 2H_2O \rightarrow Mg(OH)_2 + C_2H_2$
               마그네슘카바이드 물   수산화마그네슘 아세틸렌

예제 1 제3류 위험물 중 알킬알루미늄 및 알킬리튬의 지정수량은 얼마인가?

① 10kg   ② 20kg

③ 50kg   ④ 100kg

풀이 1) 지정수량 10kg : 칼륨, 나트륨, 알킬알루미늄, 알킬리튬
       2) 지정수량 20kg : 황린
       3) 지정수량 50kg : 알칼리금속(칼륨, 나트륨 제외), 유기금속화합물(알킬알루미늄, 알킬리튬 제외)
       4) 지정수량 300kg : 금속의 수소화물, 금속의 인화물, 칼슘 또는 알루미늄의 탄화물

정답 ①

예제 2 제3류 위험물의 소화방법 중 물로 냉각소화할 수 있는 것은?

① 칼륨   ② 나트륨

③ 황린   ④ 인화칼슘

풀이 제3류 위험물 중 황린을 제외한 나머지는 모두 금수성 물질이므로 물로 소화할 수 없다. 따라서, 물로 냉각소화할 수 있는 제3류 위험물은 황린이다.

정답 ③

예제 3 칼륨, 나트륨, 리튬의 불꽃반응색을 순서대로 나열한 것은 어느 것인가?

① 칼륨 : 흑색, 나트륨 : 황색, 리튬 : 백색

② 칼륨 : 황색, 나트륨 : 백색, 리튬 : 보라색

③ 칼륨 : 보라색, 나트륨 : 황색, 리튬 : 적색

④ 칼륨 : 분홍색, 나트륨 : 청색, 리튬 : 적색

풀이 제3류 위험물 중 칼륨은 보라색, 나트륨은 황색, 리튬은 적색의 불꽃반응색을 나타낸다.

정답 ③

예제 4 다음 제3류 위험물 중 비중이 1보다 작아 등유 속에 저장하는 위험물은 어느 것인가?

① 탄화칼슘   ② 인화칼슘

③ 트라이에틸알루미늄   ④ 칼륨

풀이 칼륨, 나트륨 등의 물보다 가벼운(비중이 1보다 작은) 물질은 공기와 접촉을 방지하기 위해 석유(등유, 경유, 유동파라핀)에 저장하여 보관한다.

정답 ④

예제 5 칼륨이 물 또는 에틸알코올과 반응 시 공통으로 생성되는 가스는 무엇인가?

① 수소   ② 산소

③ 아세틸렌   ④ 에틸렌

풀이 1) 칼륨과 물과의 반응식 : $2K + 2H_2O \rightarrow 2KOH + H_2$
       2) 칼륨과 에틸알코올과의 반응식 : $2K + 2C_2H_5OH \rightarrow 2C_2H_5OK + H_2$
       두 경우 모두 수소가 발생한다.

정답 ①

예제 6 트라이에틸알루미늄이 물과 반응 시 발생하는 기체는 무엇인가?

① 수소 ② 에테인
③ 산소 ④ 질소

풀이 트라이에틸알루미늄은 물과의 반응으로 에테인(C_2H_6)을 발생한다.
$$(C_2H_5)_3Al + 3H_2O \rightarrow Al(OH)_3 + 3C_2H_6$$

정답 ②

예제 7 트라이에틸알루미늄을 저장하는 용기의 상부에 봉입해야 하는 기체의 종류로 맞는 것은?

① 산소 ② 수소
③ 질소 ④ 에테인

풀이 트라이에틸알루미늄을 저장한 용기의 상부에 공기가 존재하면 공기 중 수분과 트라이에틸알루미늄의 반응으로 에테인(C_2H_6)이 발생하므로 용기 상부에 불연성 가스인 질소 또는 아르곤을 채워 보관하게 된다.

정답 ③

예제 8 다음 제3류 위험물 중 자연발화성 물질인 황린의 보호액은 무엇인가?

① 등유 ② 경유
③ 에틸알코올 ④ 물

풀이 제3류 위험물 중 자연발화성 물질인 황린은 공기와의 접촉으로 자연발화하기 때문에 물속에 보관하지만 약산성인 황린은 중성인 물과는 독성이면서 가연성인 포스핀가스를 발생하므로 황린을 저장하는 물은 pH가 9인 약알칼리성으로 해야 한다.

정답 ④

예제 9 다음 제3류 위험물 중 자연발화성 물질인 황린을 연소시키면 발생하는 가스의 종류와 색상으로 맞는 것은 무엇인가?

① 오황화인, 적색 ② 오산화인, 백색
③ 산소, 백색 ④ 수소, 무색

풀이 공기 중에서 연소 시 오산화인(P_2O_5)이라는 흰 연기가 발생한다.
– 연소반응식 : $P_4 + 5O_2 \rightarrow 2P_2O_5$

정답 ②

예제 10 수소화나트륨(NaH)이 물과 반응 시 발생하는 가스는 무엇인가?

① 수소 ② 산소
③ 질소 ④ 오산화인

풀이 물과 반응 시 수소가스가 발생한다.
– 물과의 반응식 : $NaH + H_2O \rightarrow NaOH + H_2$

정답 ①

예제 11 인화칼슘(Ca_3P_2)이 물과 반응 시 발생하는 가스는 무엇인가?

① 수소　　　　　　　　　　　② 산소

③ 포스핀　　　　　　　　　　④ 아세틸렌

풀이 물 또는 산에서 가연성이며 맹독성 가스인 포스핀(인화수소, PH_3)가스를 발생한다.
　　－ 물과의 반응식 : $Ca_3P_2 + 6H_2O \rightarrow 3Ca(OH)_2 + 2PH_3$

정답 ③

예제 12 탄화칼슘(CaC_2)이 물과 반응 시 발생하는 가스는 무엇인가?

① 수소　　　　　　　　　　　② 산소

③ 포스핀　　　　　　　　　　④ 아세틸렌

풀이 물과 반응하여 연소범위가 2.5~81%인 아세틸렌(C_2H_2)가스를 발생한다.
　　－ 물과의 반응식 : $CaC_2 + 2H_2O \rightarrow Ca(OH)_2 + C_2H_2$

정답 ④

예제 13 탄화알루미늄(Al_4C_3)이 물과 반응 시 발생하는 가스는 무엇인가?

① 산소　　　　　　　　　　　② 뷰테인

③ 에테인　　　　　　　　　　④ 메테인

풀이 물과 반응하여 연소범위가 5~15%인 메테인(CH_4)가스를 발생한다.
　　－ 물과의 반응식 : $Al_4C_3 + 12H_2O \rightarrow 4Al(OH)_3 + 3CH_4$

정답 ④

2-4 제4류 위험물 – 인화성 액체

유 별	성 질	위험등급	품 명		지정수량
제4류	인화성 액체	I	1. 특수인화물		50L
		II	2. 제1석유류	비수용성 액체	200L
				수용성 액체	400L
			3. 알코올류		400L
		III	4. 제2석유류	비수용성 액체	1,000L
				수용성 액체	2,000L
			5. 제3석유류	비수용성 액체	2,000L
				수용성 액체	4,000L
			6. 제4석유류		6,000L
			7. 동식물유류		10,000L

01 제4류 위험물의 일반적 성질

(1) 품명과 인화점 범위

1) 대표적인 물질

① 특수인화물 : 이황화탄소(비수용성), 다이에틸에터(비수용성)

② 제1석유류 : 아세톤(수용성), 휘발유(비수용성)

③ 제2석유류 : 등유(비수용성), 경유(비수용성)

④ 제3석유류 : 중유(비수용성), 크레오소트유(비수용성)

⑤ 제4석유류 : 기어유(비수용성), 실린더유(비수용성)

2) 인화점 범위 《실기에도 잘 나와요!》

① 특수인화물 : 이황화탄소, 다이에틸에터, 그 밖에 1기압에서 발화점이 섭씨 100도 이하인 것 또는 인화점이 섭씨 영하 20도 이하이고 비점이 섭씨 40도 이하인 것

② 제1석유류 : 아세톤, 휘발유, 그 밖에 1기압에서 인화점이 섭씨 21도 미만인 것

③ 알코올류 : 인화점 범위로 품명을 정하지 않으며, 제1석유류의 성질에 준한다.

④ 제2석유류 : 등유, 경유, 그 밖에 1기압에서 인화점이 섭씨 21도 이상 70도 미만인 것 단, 도료류, 그 밖의 물품에 있어서 가연성 액체량이 40중량% 이하이면서 인화점이 섭씨 40도 이상인 동시에 연소점이 섭씨 60도 이상인 것은 제외한다.

⑤ 제3석유류 : 중유, 크레오소트유, 그 밖에 1기압에서 인화점이 섭씨 70도 이상 섭씨 200도 미만인 것 단, 도료류, 그 밖의 물품은 가연성 액체량이 40중량% 이하인 것은 제외한다.

⑥ 제4석유류 : 기어유, 실린더유, 그 밖에 1기압에서 인화점이 섭씨 200도 이상 섭씨 250도 미만의 것 단, 도료류, 그 밖의 물품은 가연성 액체량이 40중량% 이하인 것은 제외한다.

⑦ 동식물유류 : 동물의 지육 등 또는 식물의 종자나 과육으로부터 추출한 것으로서 1기 압에서 인화점이 섭씨 250도 미만인 것 단, 행정안전부령으로 정하는 용기기준에 따라 수납되어 저장·보관되고 용기의 외부에 물품의 통칭명, 수량 및 화기엄금(화기엄금과 동일한 의미를 갖는 표시를 포함)의 표시가 있는 경우를 제외한다.

(2) 일반적인 성질

① 상온에서 액체이고 인화하기 쉽다. 순수한 것은 모두 무색투명한 액체로 존재하며 공업용은 착색을 한다.

② 비중은 대부분 물보다 작으며 물에 녹기 어렵다. 단, 물질명에 알코올이라는 명칭이 붙게 되면 수용성인 경우가 많다.

③ **대부분 제4류 위험물에서 발생된 증기는 공기보다 무겁다.**

단, 제4류 위험물 중 제1석유류의 수용성 물질인 사이안화수소(HCN)는 분자량이 27로 공기의 분자량인 29보다 작으므로 증기는 공기보다 가볍다.

📖 **증기비중과 증기밀도** 《실기에도 잘 나와요!

1) 증기비중 $= \dfrac{\text{분자량}}{29}$ (여기서, 29는 공기의 분자량을 의미한다.)

2) 증기밀도 $= \dfrac{\text{분자량(g)}}{22.4L}$ (0℃, 1기압인 경우에 한함)

④ 특이한 냄새를 가지고 있으며 액체가 직접 연소하기보다는 발생증기가 공기와 혼합되어 연소하게 된다.

⑤ 전기불량도체이므로 정전기를 축적하기 쉽다.

⑥ 휘발성이 있으므로 용기를 밀전·밀봉하여 보관한다.

⑦ 발생된 증기는 높은 곳으로 배출하여야 한다.

(3) 소화방법 《실기에도 잘 나와요!

① 제4류 위험물은 **물보다 가볍고 물에 녹지 않기 때문에 화재 시 물을 이용하게 되면 연소면을 확대할 위험**이 있으므로 사용할 수 없으며 이산화탄소(CO_2)·할로젠화합물·분말·포 소화약제를 이용한 질식소화가 효과적이다.

② 수용성 물질의 화재 시에는 일반 포소화약제는 소포성 때문에 **효과가 없으므로** 이에 견딜 수 있는 알코올포(내알코올포) 소화약제를 사용해야 한다.

예제 1 제4류 위험물의 품명은 인화점의 범위로 구분한다. 인화점의 범위로 구분되는 품명이 아닌 것은 무엇인가?

① 특수인화물   ② 제1석유류

③ 알코올류   ④ 제2석유류

풀이 ① 특수인화물 : 발화점이 섭씨 100도 이하인 것 또는 인화점이 섭씨 영하 20도 이하이고 비점이 섭씨 40도 이하인 것

② 제1석유류 : 인화점이 섭씨 21도 이하인 것

③ 알코올류 : 위험물안전관리법으로 알코올류의 인화점 범위는 정해져 있지 않지만 인화점의 범위 및 성질 등은 제1석유류에 준한다.

④ 제2석유류 : 인화점이 섭씨 21도 이상 70도 미만인 것

정답 ③

예제 2 제4류 위험물의 지정수량의 단위는 무엇으로 정하는가?

① 부피   ② 질량

③ 비중   ④ 밀도

풀이 제4류 위험물의 지정수량은 부피단위인 L(리터)로 정하고 나머지 유별은 모두 질량단위인 kg(킬로그램)으로 정한다.

정답 ①

예제3 증기비중을 구하는 공식으로 맞는 것은?

① $\dfrac{분자량}{29}$ ② $\dfrac{부피}{29}$

③ $\dfrac{분자량}{22.4L}$ ④ $\dfrac{부피}{22.4L}$

풀이

1) 증기비중 = $\dfrac{분자량}{29}$

2) 증기밀도 = $\dfrac{분자량(g)}{22.4L}$ (0℃, 1기압인 경우에 한함)

정답 ①

예제4 제2석유류 중 비수용성의 지정수량은 얼마인가?

① 50L ② 200L

③ 400L ④ 1,000L

풀이 제4류 위험물의 지정수량은 다음과 같이 구분한다.
1) 특수인화물 : 50L
2) 제1석유류(비수용성) : 200L
3) 제1석유류(수용성) 및 알코올류 : 400L
4) 제2석유류(비수용성) : 1,000L
5) 제2석유류(수용성) 및 제3석유류(비수용성) : 2,000L
6) 제3석유류(수용성) : 4,000L
7) 제4석유류 : 6,000L
8) 동식물유류 : 10,000L

정답 ④

예제5 물보다 가볍고 비수용성인 제4류 위험물의 화재 시 물로 소화하면 위험한 이유는 무엇인가?

① 연소면이 확대되기 때문에
② 수용성이 증가하기 때문에
③ 증발잠열이 증가하기 때문에
④ 물의 표면장력이 증가하기 때문에

풀이 물보다 가볍고 비수용성인 제4류 위험물의 화재 시 물로 소화하면 연소면이 확대되기 때문에 위험하다.

정답 ①

예제6 대부분의 제4류 위험물에서 발생하는 증기는 공기보다 무겁다. 제4류 위험물 중 공기보다 가벼운 가스를 발생하는 것은 무엇인가?

① 휘발유 ② 등유
③ 경유 ④ 사이안화수소

풀이 제4류 위험물 제1석유류 수용성인 사이안화수소(HCN)의 분자량은 27로 공기의 분자량인 29보다 작으므로 사이안화수소의 증기는 공기보다 가볍다.

정답 ④

예제 7 **수용성의 제4류 위험물의 화재 시에 사용할 수 있는 포소화약제는 어떤 것인가?**

① 단백질포 소화약제

② 알코올포 소화약제

③ 수성막포 소화약제

④ 공기포 소화약제

풀이 수용성 물질의 화재 시에는 일반 포소화약제는 소포성 때문에 효과가 없으므로 이에 견딜 수 있는 알코올포(내알코올포) 소화약제를 사용해야 한다.

정답 ②

02 제4류 위험물의 종류별 성질

(1) 특수인화물 〈지정수량 : 50L〉

이황화탄소, 다이에틸에터, 그 밖에 1기압에서 **발화점이 섭씨 100도 이하인 것** 또는 **인화점이 섭씨 영하 20도 이하이고 비점이 섭씨 40도 이하인 것**을 말한다. 실기에도 잘 나와요!

1) 다이에틸에터(C₂H₅OC₂H₅) = 에터

① **인화점 −45℃, 발화점 180℃, 비점 34.6℃, 연소 범위 1.9~48%**이다. 실기에도 잘 나와요!

② 비중 0.7인 물보다 가벼운 무색투명한 액체로 증기는 마취성이 있다.

③ 물에 안 녹고 알코올에는 잘 녹는다.

④ 연소 시 이산화탄소와 물(수증기)을 발생시킨다.

－ 연소반응식 : $C_2H_5OC_2H_5 + 6O_2 \longrightarrow 4CO_2 + 5H_2O$
　　　　　　　 다이에틸에터　　 산소　　 이산화탄소　 물

⑤ 햇빛에 분해되거나 공기 중 산소로 인해 과산화물을 생성할 수 있으므로 반드시 **갈색병에 밀전·밀봉하여 보관**해야 한다. 만일, 이 유기물이 **과산화되면 제5류 위험물의 유기과산화물로 되고 성질도 자기반응성으로 변하게 되어** 매우 위험해진다.

⑥ 저장 시 과산화물의 생성 여부를 확인하는 **과산화물 검출시약은 KI(아이오딘화칼륨) 10% 용액**이며, 이 용액을 반응시켰을 때 황색으로 변하면 과산화물이 생성되었다고 판단한다. 실기에도 잘 나와요!

⑦ 과산화물이 생성되었다면 제거를 해야 하는데 **과산화물 제거시약으로는 황산철(Ⅱ) 또는 환원철을 이용**한다.

⑧ 저장 시 정전기를 방지하기 위해 소량의 염화칼슘(CaCl₂)을 넣어준다.

다이에틸에터의 구조식

⑨ 에틸알코올 2몰을 가열할 때 황산을 촉매로 사용하여 탈수반응을 일으키면 물이 빠져나오면서 다이에틸에터가 생성된다.

- 140℃ 가열 : $2C_2H_5OH$ $\xrightarrow[\text{촉매로서 탈수를 일으킨다}]{c-H_2SO_4}$ $C_2H_5OC_2H_5$ + H_2O 실기에도 잘 나와요!

에틸알코올   다이에틸에터   물

⑩ 소화방법 : 이산화탄소(CO_2)·할로젠화합물·분말·포 소화약제로 질식소화한다.

2) 이황화탄소(CS_2)

① 인화점 −30℃, 발화점 100℃, 비점 46.3℃, 연소범위 1~50%이다. 실기에도 잘 나와요!

② 비중 1.26으로 물보다 무겁고 물에 녹지 않는다.

③ 독성을 가지고 있으며 연소 시 이산화황(아황산가스)을 발생시킨다.

- 연소반응식 : CS_2 + $3O_2$ → CO_2 + $2SO_2$ 실기에도 잘 나와요!

이황화탄소   산소   이산화탄소   이산화황

④ 공기 중 산소와의 반응으로 **가연성 가스가 발생할 수 있기 때문에 이 가연성 가스의 발생방지를 위해 물속에 넣어 보관**한다. 실기에도 잘 나와요!

⑤ 물에 저장한 상태에서 150℃ 이상의 열로 가열하면 황화수소(H_2S)가스가 발생하므로 냉수에 보관해야 한다.

- 물과의 반응식 : CS_2 + $2H_2O$ → $2H_2S$ + CO_2

이황화탄소   물   황화수소   이산화탄소

⑥ 소화방법 : 이산화탄소(CO_2)·할로젠화합물·분말·포 소화약제로 질식소화한다. 또한 물보다 무겁고 물에 녹지 않기 때문에 물로 질식소화도 가능하다.

3) 아세트알데하이드(CH_3CHO)

① 인화점 −38℃, 발화점 185℃, 비점 21℃, 연소범위 4.1~57%이다. 실기에도 잘 나와요!

② 물보다 가벼운 무색 액체로 물에 잘 녹으며 자극적인 냄새가 난다.

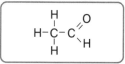

▌아세트알데하이드의 구조식▐

③ 연소 시 이산화탄소와 물(수증기)을 발생시킨다.

- 연소반응식 : $2CH_3CHO$ + $5O_2$ → $4CO_2$ + $4H_2O$

아세트알데하이드   산소   이산화탄소   물

④ **산화되면 아세트산**이 되며 **환원되면 에틸알코올**이 된다.

📖 **산화 및 환원** 실기에도 잘 나와요!

1) **산화** : 산소를 얻는다. 수소를 잃는다.
2) **환원** : 수소를 얻는다. 산소를 잃는다.

C_2H_5OH $\xleftarrow{+H_2(\text{환원})}$ CH_3CHO $\xrightarrow{+O(\text{산화})}$ CH_3COOH
에틸알코올   아세트알데하이드   아세트산

⑤ 환원력이 강하여 은거울반응과 펠링용액반응을 한다.

⑥ **수은, 은, 구리, 마그네슘**은 아세트알데하이드와 중합반응을 하면서 폭발성의 금속아세틸라이드를 생성하여 위험해지기 때문에 저장용기 재질로서는 사용하면 안 된다.

톡톡 튀는 암기법 수은, 은, 구리, 마그네슘 ⇨ **수 은 구 루 마**

⑦ 저장 시 용기 상부에 질소(N_2)와 같은 불연성 가스 또는 아르곤(Ar)과 같은 불활성 기체를 봉입한다.

⑧ **소화방법** : 이산화탄소(CO_2), 할로젠화합물, 분말을 사용하고 포를 이용해 소화할 경우 일반 포는 소포성 때문에 효과가 없으므로 알코올포 소화약제를 사용해야 한다.

4) 산화프로필렌(CH_3CHOCH_2)＝프로필렌옥사이드

① **인화점 −37℃, 발화점 465℃, 비점 34℃, 연소범위 2.5∼38.5%**이다. **실기에도 잘 나와요!**

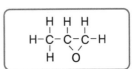

┃산화프로필렌의 구조식┃

② 물보다 가벼운 무색 액체로 물에 잘 녹으며 피부접촉 시 동상을 입을 수 있다.

③ 연소 시 이산화탄소와 물(수증기)을 발생시킨다.

– 연소반응식 : $CH_3CHOCH_2 + 4O_2 \longrightarrow 3CO_2 + 3H_2O$
　　　　　　　산화프로필렌　　산소　　이산화탄소　　물

④ 증기의 흡입으로 폐부종(폐에 물이 차는 병)이 발생할 수 있다.

⑤ 증기압이 높아 위험하다.

⑥ **수은, 은, 구리, 마그네슘**은 산화프로필렌과 중합반응을 하면서 폭발성의 금속아세틸라이드를 생성하여 위험해지기 때문에 저장용기 재질로서는 사용하면 안 된다.

⑦ 저장 시 용기 상부에 질소(N_2)와 같은 불연성 가스 또는 아르곤(Ar)과 같은 불활성 기체를 봉입한다.

⑧ **소화방법** : 이산화탄소(CO_2), 할로젠화합물, 분말을 사용하고 포를 이용해 소화할 경우 일반 포는 소포성 때문에 효과가 없으므로 알코올포 소화약제를 사용해야 한다.

5) 기타 특수인화물

① 펜테인[$CH_3(CH_2)_3CH_3$] : 인화점 −57℃, 수용성

② 아이소펜테인[$CH_3CH_2CH(CH_3)_2$] : 인화점 −51℃, 비수용성

③ 아이소프로필아민[$(CH_3)_2CHNH_2$] : 인화점 −28℃, 수용성

> 📖 **특수인화물의 비수용성과 수용성 구분**
>
> 1) 다이에틸에터($C_2H_5OC_2H_5$) : 비수용성
> 2) 이황화탄소(CS_2) : 비수용성
> 3) 아세트알데하이드(CH_3CHO) : 수용성
> 4) 산화프로필렌(CH_3CHOCH_2) : 수용성

예제 1 다이에틸에터에 아이오딘화칼륨(KI)을 넣어 황색 반응을 보였다. 이때 아이오딘화칼륨의 용도는 무엇인가?

① 과산화물 제거
② 과산화물 검출
③ 촉매
④ 정전기 방지

풀이 다이이에틸에터 저장 시에 과산화물이 생성되었는지를 확인하는 과산화물 검출시약은 KI(아이오딘화칼륨) 10% 용액이며, 이 용액을 반응시켰을 때 황색으로 변하면 과산화물이 생성되었다고 판단한다.

정답 ②

예제 2 에틸알코올에 황산을 촉매로 사용하여 발생하는 특수인화물은 무엇인가?

① 다이에틸에터 ② 아세톤
③ 이황화탄소 ④ 산화프로필렌

풀이 에틸알코올 2몰을 가열할 때 황산을 촉매로 사용하여 탈수반응을 일으키면 물이 빠져 나오면서 다이에틸에터가 생성된다.

$$- 140℃ 가열 : 2C_2H_5OH \xrightarrow[\text{촉매로서 탈수를 일으킨다}]{c - H_2SO_4} C_2H_5OC_2H_5 + H_2O$$

정답 ①

예제 3 제4류 위험물 중 연소 시 이산화황(아황산가스)을 발생시키는 물질로 이를 방지하기 위해 물속에 넣어 보관하는 물질은 어느 것인가?

① 다이에틸에터
② 아세트알데하이드
③ 이황화탄소
④ 산화프로필렌

풀이 이황화탄소는 연소 시 이산화황(아황산가스)을 발생시킨다.
연소반응식 : $CS_2 + 3O_2 \rightarrow CO_2 + 2SO_2$
이렇게 공기 중에서 가연성 가스가 발생하기 때문에 이 가연성 가스의 발생을 방지하기 위해 물속에 넣어 보관한다.

정답 ③

예제 4 다음 중 인화점이 가장 낮은 위험물은 어느 것인가?

① 다이에틸에터 ② 아세트알데하이드
③ 이황화탄소 ④ 산화프로필렌

풀이 ① 다이에틸에터 : −45℃
② 아세트알데하이드 : −38℃
③ 이황화탄소 : −30℃
④ 산화프로필렌 : −37℃

정답 ①

예제 5 제4류 위험물 중 발화점이 가장 낮은 위험물은 어느 것인가?

① 다이에틸에터 ② 아세트알데하이드

③ 이황화탄소 ④ 산화프로필렌

풀이 ① 다이에틸에터 : 180℃
② 아세트알데하이드 : 185℃
③ 이황화탄소 : 100℃
④ 산화프로필렌 : 465℃

정답 ③

예제 6 특수인화물 중 수용성이 아닌 물질은 어느 것인가?

① 다이에틸에터 ② 아세트알데하이드

③ 아이소프로필아민 ④ 산화프로필렌

풀이 특수인화물 중에서 다이에틸에터와 이황화탄소는 비수용성이며 아세트알데하이드, 아이소프로필아민, 산화프로필렌은 수용성 물질이다.

정답 ①

예제 7 아세트알데하이드를 저장하는 용기의 재질로서 사용할 수 없는 것은 어느 것인가?

① 철 ② 니켈

③ 구리 ④ 코발트

풀이 아세트알데하이드와 산화프로필렌의 저장용기 재질로 수은, 은, 구리, 마그네슘을 사용하게 되면 중합반응하여 금속아세틸라이드라는 폭발성 물질을 생성하여 위험해진다.

정답 ③

(2) 제1석유류 〈지정수량 : 200L(비수용성)/400L(수용성)〉

아세톤, 휘발유, 그 밖에 1기압에서 **인화점이 섭씨 21도 미만인 것을** 말한다.

1) 아세톤(CH_3COCH_3) = 다이메틸케톤 〈지정수량 : 400L(수용성)〉

① 인화점 −18℃, 발화점 538℃, 비점 56.5℃, 연소범위 2.6~12.8%이다. **◀실기에도 잘 나와요!**

$$\begin{array}{c} H \quad O \quad H \\ | \quad\; \| \quad | \\ H-C-C-C-H \\ | \qquad\quad | \\ H \qquad\quad H \end{array}$$

┃ 아세톤의 구조식 ┃

톡톡 튀는 암기법 아세톤은 옷에 묻은 페인트 등을 지우는 용도로 사용된다.

옷에 페인트가 묻으면 화가 나면서 욕이 나올 수 있는데,

이때 인화점이 욕(-열여덟, -18℃)으로 지정된 아세톤을 떠올리면 된다.

② 비중 0.79인 물보다 가벼운 무색 액체로 물에 잘 녹으며 자극적인 냄새가 난다.

③ 연소 시 이산화탄소와 물(수증기)을 발생시킨다. **◀실기에도 잘 나와요!**

– 연소반응식 : $CH_3COCH_3 + 4O_2 \longrightarrow 3CO_2 + 3H_2O$
아세톤   산소   이산화탄소   물

④ 피부에 닿으면 탈지작용이 있다.

⑤ 2차 알코올이 산화하면 케톤(R−CO−R′)이 만들어진다.

$$(CH_3)_2CHOH \xrightarrow{-H_2(산화)} CH_3COCH_3$$
　　아이소프로필알코올　　　　　　　　　아세톤
　　　(2차 알코올)

⑥ 아이오도폼반응(반응을 통해 아이오도폼(CHI_3)이 생성되는 반응)을 한다.

⑦ 소화방법 : 이산화탄소(CO_2), 할로젠화합물, 분말을 사용하며 포를 이용해 소화할 경우에는 일반 포는 불가능하며 알코올포 소화약제만 사용할 수 있다.

⑧ 아세틸렌을 저장하는 용도로도 사용된다.

2) 휘발유(C_8H_{18})＝가솔린＝옥테인 〈지정수량 : 200L(비수용성)〉

① 인화점 −43~−38℃, 발화점 300℃, 연소범위 1.4~7.6%이다.

② 비중 0.7~0.8인 물보다 가벼운 무색 액체로 C_5~C_9의 탄화수소이다.

③ 탄소수 8개의 포화탄화수소를 옥테인이라 하며 화학식은 C_8H_{18}이다.

톡 톡 튀는 암기법 옥테인은 욕이다. C_8H_{18}을 또박또박 읽어보세요.
"C(씨)8(팔)H(에이취)18(십팔)"

📖 **옥테인값과 알케인**

1) 옥테인값 🗨실기에도 잘 나와요!
옥테인값이란 아이소옥테인을 100, 노르말헵테인을 0으로 하여 가솔린의 품질을 정하는 기준이다.

$$옥테인값 = \frac{아이소옥테인}{아이소옥테인 + 노르말헵테인} \times 100$$

2) 알케인
일반식 : C_nH_{2n+2}

- $n=1$일 때 → CH_4 (메테인)
- $n=2$일 때 → C_2H_6 (에테인)
- $n=3$일 때 → C_3H_8 (프로페인)
- $n=4$일 때 → C_4H_{10} (뷰테인)
- $n=5$일 때 → C_5H_{12} (펜테인)
- $n=6$일 때 → C_6H_{14} (헥세인)
- $n=7$일 때 → C_7H_{16} (헵테인)
- $n=8$일 때 → C_8H_{18} (옥테인)
- $n=9$일 때 → C_9H_{20} (노네인)
- $n=10$일 때 → $C_{10}H_{22}$ (데케인)

④ 연소 시 이산화탄소와 물(수증기)을 발생시킨다.

− 연소반응식 : $2C_8H_{18} + 25O_2 \longrightarrow 16CO_2 + 18H_2O$
　　　　　　휘발유(옥테인)　　산소　　　이산화탄소　　　물

⑤ 가솔린 제조방법에는 직류증류법(분류법), 열분해법(크래킹), 접촉개질법(리포밍)이 있다.

⑥ 소화방법 : 포소화약제가 가장 일반적이며 이산화탄소(CO_2) 소화약제를 사용할 수 있다.

3) 콜로디온 〈지정수량 : 200L(비수용성)〉

① 인화점 −18℃이다.

② 약질화면에 에틸알코올과 다이에틸에터를 3 : 1의 비율로 혼합한 것이다.

4) 벤젠(C₆H₆) 〈지정수량 : 200L(비수용성)〉

※ 벤젠을 포함하고 있는 물질들을 방향족이라 하고 아세톤과 같은 사슬형태의 물질들을 지방족이라 한다.

▐ 벤젠의 구조식 ▐

① 인화점 −11℃, 발화점 498℃, 연소범위 1.4~7.1%, 융점 5.5℃, 비점 80℃이다. 실기에도 잘 나와요!

톡톡 튀는 암기법 'ㅂ ㅔ ㄴ', 'ㅈ ㅔ ㄴ'에서 'ㅔ'를 떼어쓰면
벤젠의 인화점인 −11처럼 보인다.

② 비중 0.95인 물보다 가벼운 무색투명한 액체로 증기는 독성이 강하다.

③ 연소 시 이산화탄소와 물(수증기)을 발생시킨다. 실기에도 잘 나와요!

　– 연소반응식 : $2C_6H_6 + 15O_2 \rightarrow 12CO_2 + 6H_2O$
　　　　　　　　벤젠　　　산소　　　이산화탄소　　물

④ 고체상태에서도 가연성 증기가 발생할 수 있으므로 주의해야 한다.

⑤ 탄소함량이 많아 연소 시 그을음이 생긴다.

⑥ 아세틸렌(C₂H₂)을 중합반응하면 $C_2H_2 \times 3$이 되어 벤젠(C₆H₆)이 만들어진다.

※ 중합반응 : 물질의 배수로 반응

⑦ 벤젠을 포함하는 물질은 대부분 비수용성이다.

⑧ 주로 치환반응이 일어나지만 첨가반응을 하기도 한다.

　㉠ 치환반응

　　ⓐ 클로로벤젠 생성과정(염소와 반응시킨다)

　　　$C_6H_6 + Cl_2 \rightarrow C_6H_5Cl + HCl$
　　　벤젠　　염소　　클로로벤젠　염화수소

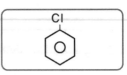
▐ 클로로벤젠의 구조식 ▐

　　ⓑ 벤젠술폰산 생성과정(황산과 반응시킨다)

　　　$C_6H_6 + H_2SO_4 \rightarrow C_6H_5SO_3H + H_2O$
　　　벤젠　　황산　　　벤젠술폰산　　물

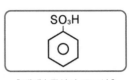
▐ 벤젠술폰산의 구조식 ▐

　　ⓒ 나이트로벤젠 생성과정(질산과 황산을 반응시킨다)

　　　$C_6H_6 + HNO_3 \xrightarrow[\text{촉매로서 탈수를 일으킨다}]{c-H_2SO_4} C_6H_5NO_2 + H_2O$
　　　벤젠　　질산　　　　　　　　　　나이트로벤젠　물

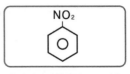
▐ 나이트로벤젠의 구조식 ▐

　　ⓓ 톨루엔 생성과정(프리델–크래프츠 반응)

　　　$C_6H_6 + CH_3Cl \xrightarrow{c-AlCl_3(\text{염화알루미늄})} C_6H_5CH_3 + HCl$
　　　벤젠　염화메틸　　　　　　　　　　톨루엔　　염화수소

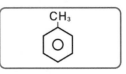
▐ 톨루엔의 구조식 ▐

ⓛ 첨가반응

– 사이클로헥세인(C_6H_{12}) : Ni 촉매하에서 H_2를 첨가한다.

⑨ 소화방법 : 제4류 위험물의 비수용성 물질과 동일하다.

5) 톨루엔($C_6H_5CH_3$) = 메틸벤젠 〈지정수량 : 200L(비수용성)〉

① **인화점** 4℃, 발화점 552℃, **연소범위** 1.4~6.7%, 〔실기에도 잘 나와요!〕
융점 −95℃, 비점 111℃이다.

② 비중 0.86인 물보다 가벼운 무색투명한 액체로, 증기의 독성은 벤젠보다 약하며
TNT의 원료이다.

📖 TNT(트라이나이트로톨루엔 – 제5류 위험물) 제조방법

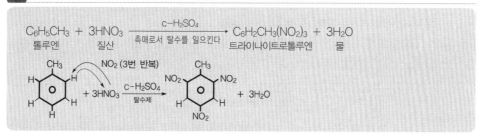

③ 연소 시 이산화탄소와 물(수증기)을 발생시킨다.

– 연소반응식 : $C_6H_5CH_3 + 9O_2 \longrightarrow 7CO_2 + 4H_2O$
　　　　　　　톨루엔　　산소　　　이산화탄소　물

④ 벤젠에 염화메틸을 반응시켜 톨루엔을 만든다.

※ 이 반응을 프리델–크래프츠 반응이라 한다.

⑤ **소화방법** : 제4류 위험물의 비수용성 물질과 동일하다.

6) 초산메틸 〈지정수량 : 200L(비수용성)〉

① 인화점 −10℃, 발화점 454℃, 연소범위 3~16%, 비점 57℃, 비중 0.93이다.

② 초산(CH_3COOH)의 H 대신 메틸(CH_3)로 치환된 물질이다.

$CH_3COO\underline{H} + \underline{CH_3}OH \xrightarrow[\text{촉매로서 탈수를 일으킨다}]{c-H_2SO_4} CH_3COOCH_3 + H_2O$
　　초산　　메틸알코올　　　　　　　　　　　초산메틸　　물

③ 초산과 메틸알코올의 축합(탈수)물로서 다시 초산메틸을 가수분해하면 초산과 메틸
알코올이 생긴다.

$CH_3COOCH_3 + H_2O \rightarrow CH_3COOH + CH_3OH$　　※ 가수분해 : 물을 가하여 분해
　초산메틸　　　물　　　초산　　메틸알코올　　　　　　　　시키는 반응

④ **소화방법** : 이산화탄소(CO_2), 할로젠화합물, 분말을 사용하며 포를 이용해 소화할
경우에는 약간의 수용성 때문에 알코올포 소화약제를 사용한다.

7) 초산에틸 〈지정수량 : 200L(비수용성)〉

① 인화점 −4℃, 발화점 427℃, 연소범위 2.5~9.0%, 비점 77℃, 비중 0.9이다.

② 초산(CH_3COOH)의 H 대신 에틸(C_2H_5)로 치환된 물질이다.

$$CH_3COO\underline{H} + \underline{C_2H_5}OH \xrightarrow[\text{촉매로서 탈수를 일으킨다}]{c-H_2SO_4} CH_3COOC_2H_5 + H_2O$$
　　초산　　　에틸알코올　　　　　　　　　　　　　　초산에틸　　　물

③ 초산과 에틸알코올의 축합(탈수)물로서 다시 초산에틸을 가수분해하면 초산과 에틸알코올이 생긴다.

$$CH_3COOC_2H_5 + H_2O \rightarrow CH_3COOH + C_2H_5OH$$
　　초산에틸　　　　물　　　　초산　　　에틸알코올

④ 과일향을 내는 데 사용되는 물질이다.

⑤ **소화방법** : 이산화탄소(CO_2), 할로젠화합물, 분말을 사용하며 포를 이용해 소화할 경우에는 약간의 수용성 때문에 알코올포 소화약제를 사용한다.

8) 의산메틸 〈지정수량 : 400L(수용성)〉

① 인화점 −19℃, 발화점 449℃, 연소범위 5.0~20%, 비점 32℃, 비중 0.97이다.

② 의산($HCOOH$)의 H 대신 메틸(CH_3)로 치환된 물질이다.

$$HCOO\underline{H} + \underline{CH_3}OH \xrightarrow[\text{촉매로서 탈수를 일으킨다}]{c-H_2SO_4} HCOOCH_3 + H_2O$$
　　의산　　메틸알코올　　　　　　　　　　　　　의산메틸　　　물

③ 의산과 메틸알코올의 축합(탈수)물로서 다시 의산메틸을 가수분해하면 의산과 메틸알코올이 생긴다.

$$HCOOCH_3 + H_2O \rightarrow HCOOH + CH_3OH$$
　　의산메틸　　　물　　　의산　　　메틸알코올

④ **소화방법** : 이산화탄소(CO_2), 할로젠화합물, 분말을 사용하며 포를 이용해 소화할 경우에는 수용성 때문에 알코올포 소화약제를 사용한다.

9) 의산에틸 〈지정수량 : 200L(비수용성)〉

① 인화점 −20℃, 발화점 578℃, 연소범위 2.7~13.5%, 비점 54℃, 비중 0.92이다.

② 의산($HCOOH$)의 H 대신 에틸(C_2H_5)로 치환된 물질이다.

$$HCOO\underline{H} + \underline{C_2H_5}OH \xrightarrow[\text{촉매로서 탈수를 일으킨다}]{c-H_2SO_4} HCOOC_2H_5 + H_2O$$
　　의산　　에틸알코올　　　　　　　　　　　　　의산에틸　　　물

③ 의산과 에틸알코올의 축합(탈수)물로서 다시 의산에틸을 가수분해하면 의산과 에틸알코올이 생긴다.

$$HCOOC_2H_5 + H_2O \rightarrow HCOOH + C_2H_5OH$$
　　의산에틸　　　물　　　의산　　　에틸알코올

④ **소화방법** : 이산화탄소(CO_2), 할로젠화합물, 분말을 사용하며 포를 이용해 소화할 경우에는 약간의 수용성 때문에 알코올포 소화약제를 사용한다.

10) 피리딘(C_5H_5N) 〈지정수량 : 400L(수용성)〉

① 인화점 20℃, 발화점 482℃, 연소범위 1.8~12.4%, 비점 115℃이다.

❚ 피리딘의 구조식 ❚

② 비중 0.99인 물보다 가볍고 물에 잘 녹는 수용성의 물질로 순수한 것은 무색이나 공업용은 담황색 액체이다.

③ 다른 벤젠 치환체와는 달리 벤젠의 수소와 치환된 것이 아니고 벤젠을 구성하는 탄소와 직접 치환되었으므로 탄소의 수가 줄어들게 된다.

※ 벤젠을 포함하는 거의 모든 물질은 비수용성이지만 피리딘은 벤젠 육각형의 모서리 하나가 깨진 형태를 보이므로 성질은 수용성이다.

④ 탄소와 수소, 질소로만 구성되어 금속성분이 없는 물질임에도 불구하고 자체적으로 약알칼리성을 가진다.

⑤ 유해한 악취와 독성을 가지고 있다.

⑥ 소화방법 : 제4류 위험물의 수용성 물질과 동일하다.

11) 메틸에틸케톤($CH_3COC_2H_5$) = MEK 〈지정수량 : 200L(비수용성)〉

① 인화점 −1℃, 발화점 516℃, 연소범위 1.8~11%, 비점 80℃이다.

② 비중이 0.8로 물보다 가볍고 탈지작용이 있으며 직사광선에 의해 분해된다.

③ 소화방법 : 제4류 위험물의 비수용성 물질과 동일하다.

12) 염화아세틸(CH_3COCl) 〈지정수량 : 200L(비수용성)〉

① 인화점 5℃, 발화점 734℃, 비점 52℃이다.

② 비중 1.1로 물보다 무거운 물질이다.

③ 소화방법 : 제4류 위험물의 비수용성 물질과 동일하다.

13) 사이안화수소(HCN) 〈지정수량 : 400L(수용성)〉

① 인화점 −17℃, 발화점 538℃, 연소범위 5.6~40%, 비점 26℃이다.

② 비중 0.69로 물보다 가벼운 물질이다.

③ 소화방법 : 제4류 위험물의 수용성 물질과 동일하다.

14) 사이클로헥세인(C_6H_{12}) 〈지정수량 : 200L(비수용성)〉

① 인화점 −18℃, 비점 80℃, 비중 0.77이다.

② 벤젠을 Ni촉매하에 수소로 첨가반응하여 만든다.

③ 소화방법 : 제4류 위험물의 비수용성 물질과 동일하다.

▮ 사이클로헥세인의 구조식 ▮

예제 1 아세톤의 화학식은 어느 것인가?

① HCOOH ② CH_3COOCH_3

③ CH_3COCH_3 ④ C_8H_{18}

풀이 ① HCOOH : 의산
② CH_3COOCH_3 : 초산메틸
③ CH_3COCH_3 : 아세톤
④ C_8H_{18} : 휘발유(옥테인)

정답 ③

예제 2 아이소옥테인을 100, 노르말헵테인을 0으로 하여 가솔린의 품질을 정하는 기준으로 사용하는 것은 무엇인가?

① 옥테인값   ② 헵테인값

③ 세테인값   ④ 데케인값

풀이 옥테인값이란 아이소옥테인을 100, 노르말헵테인을 0으로 하여 가솔린의 품질을 정하는 기준이다.

정답 ①

예제 3 다음 중 수용성이 아닌 물질은 무엇인가?

① 아세톤   ② 피리딘

③ 벤젠   ④ 아세트알데하이드

풀이 벤젠 및 벤젠을 포함하고 있는 물질은 거의 비수용성이다.

정답 ③

예제 4 인화점이 낮은 것부터 높은 순서로 나열된 것은?

① 톨루엔 – 아세톤 – 벤젠   ② 아세톤 – 톨루엔 – 벤젠

③ 톨루엔 – 벤젠 – 아세톤   ④ 아세톤 – 벤젠 – 톨루엔

풀이 아세톤(-18℃) < 벤젠(-11℃) < 톨루엔(4℃)

정답 ④

예제 5 위험물의 성질에 관한 설명 중 옳은 것은?

① 벤젠과 톨루엔 중 인화온도가 낮은 것은 톨루엔이다.

② 다이에틸에터는 휘발성이 높으며 마취성이 있다.

③ 에틸알코올은 물이 조금이라도 섞이면 불연성 액체가 된다.

④ 휘발유는 전기양도체이므로 정전기 발생의 위험이 있다.

풀이 ① 벤젠의 인화점은 -11℃, 톨루엔의 인화점은 4℃이다.
② 다이에틸에터는 제4류 위험물의 특수인화물로서 휘발성이 높으며 마취성이 있다.
③ 에틸알코올 60중량%에 물이 40중량%까지 섞여 있어도 제4류 위험물인 인화성 액체가 되므로 물이 조금 섞여 있으면 매우 강한 인화성 액체가 된다.
④ 휘발유는 전기불량도체이므로 정전기 발생의 위험이 있다.

정답 ②

예제 6 $C_6H_5CH_3$의 일반적인 성질이 아닌 것은?

① 벤젠보다 독성이 매우 강하다.

② 질산과 황산으로 나이트로화하면 TNT가 된다.

③ 비중은 약 0.86이다.

④ 물에 녹지 않는다.

풀이 제4류 위험물인 톨루엔($C_6H_5CH_3$)의 독성은 벤젠보다 약하다. 질산과 황산으로 나이트로화 시키면 트라이나이트로톨루엔(TNT)을 만들 수 있으며 물보다 가벼운 비수용성 물질이다.

정답 ①

예제7 초산(CH₃COOH)의 H 대신 에틸(C₂H₅)로 치환된 제4류 위험물의 제1석유류는 무엇인가?

① 의산메틸   ② 의산에틸
③ 초산메틸   ④ 초산에틸

풀이 초산(CH₃COOH)의 H 대신 에틸(C₂H₅)로 치환된 물질은 초산에틸(CH₃COOC₂H₅)이다.

$$CH_3COO\underline{H} + \underline{C_2H_5}OH \xrightarrow[\text{촉매로서 탈수를 일으킨다}]{c-H_2SO_4} CH_3COOC_2H_5 + H_2O$$
초산   에틸알코올   초산에틸   물

정답 ④

예제8 피리딘에 대한 설명 중 틀린 것은?

① 화학식은 C₅H₅N이다.
② 벤젠핵을 포함하므로 비수용성이다.
③ 약알칼리성이다.
④ 인화점은 20℃이다.

풀이 일반적으로 육각형의 고리구조인 벤젠을 가지고 있으면 비수용성 물질이지만 피리딘의 구조는 벤젠 육각형의 모서리 하나가 깨진 형태를 가지고 있으므로 수용성 물질이다.

정답 ②

예제9 메틸에틸케톤(CH₃COC₂H₅)의 지정수량은 얼마인가?

① 400L   ② 200L
③ 100L   ④ 50L

풀이 메틸에틸케톤(CH₃COC₂H₅)은 제1석유류의 비수용성으로 지정수량은 200L이다.

정답 ②

(3) 알코올류 〈지정수량 : 400L〉

알코올류는 인화점으로 품명을 정하지 않는다.

단, 인화점의 범위는 제1석유류에 해당한다.

1) 알코올의 정의 🔵실기에도 잘 나와요!

알킬(C_nH_{2n+1})에 수산기(OH)를 결합한 형태로 OH의 수에 따라 1가, 2가 알코올이라 하고 알킬의 수에 따라 1차, 2차 알코올이라고 한다. 위험물안전관리법상 알코올류는 **탄소의 수가 1~3개까지의 포화(단일결합만 존재)1가알코올**(변성알코올 포함)을 의미한다.

단, 다음의 경우는 **제외**한다.

① 알코올의 **농도(함량)가 60중량% 미만인 수용액**
② **가연성 액체량이 60중량% 미만**이고 **인화점 및 연소점이 에틸알코올 60중량% 수용액의 인화점 및 연소점을 초과**하는 것

📖 **알코올류의 예**

> 1) **1가 알코올** : 메틸알코올(CH_3OH) → OH의 개수 1개
> 2) **2가 알코올** : 에틸렌글리콜[$C_2H_4(OH)_2$] → OH의 개수 2개
> 3) **1가 알코올** : 프로필알코올(C_3H_7OH) → OH의 개수 1개
> 4) **1가 알코올** : 아이소프로필알코올[$(CH_3)_2CHOH$] → OH의 개수 1개
>
> ※ 1), 3), 4)는 탄소수가 1개에서 3개까지의 OH의 개수가 1개인 1가 알코올이므로 제4류 위험물의 알코올류에 포함되지만, 2)는 OH의 개수가 2개인 2가 알코올이므로 제4류 위험물의 알코올류에 포함되지 않는다.

2) **알코올류의 종류**

① 메틸알코올(CH_3OH) = 메탄올 〈지정수량 : 400L(수용성)〉

   ㉠ 인화점 11℃, 발화점 464℃, 연소범위 7.3~36%, 【🔊실기에도 잘 나와요!】
      비점 65℃로 물보다 가볍다.

   ㉡ 시신경장애의 독성이 있으며 심하면 실명까지 가능하다.

   ㉢ 알코올류 중 탄소수가 가장 작으므로 수용성이 가장 크다.

   ㉣ 산화되면 폼알데하이드를 거쳐 폼산이 된다.

   ㉤ 소화방법 : 제4류 위험물의 수용성 물질과 동일하다.

② 에틸알코올(C_2H_5OH) = 에탄올 〈지정수량 : 400L(수용성)〉

   ㉠ 인화점 13℃, 발화점 363℃, 연소범위 4~19%, 【🔊실기에도 잘 나와요!】
      비점 80℃로 물보다 가볍다.

   ㉡ 무색투명하고 향기가 있는 수용성 액체이며 독성은 없다.

   ㉢ **아이오도폼(CHI_3)이라는 황색 침전물을 만드는** 【🔊실기에도 잘 나와요!】
      아이오도폼반응을 한다.

$$C_2H_5OH + 6NaOH + 4I_2 \longrightarrow CHI_3 + 5NaI + HCOONa + 5H_2O$$
  에틸알코올   수산화나트륨   아이오딘   아이오도폼 아이오딘화나트륨 의산나트륨   물

   ㉣ 술의 원료로 이용된다.

   ㉤ 에탄올에 진한 황산을 넣고 가열하면 온도에 따라 다른 물질이 생성된다.

      ⓐ 140℃ 가열 : $2C_2H_5OH \xrightarrow[\text{촉매로서 탈수를 일으킨다}]{c-H_2SO_4} C_2H_5OC_2H_5 + H_2O$
          에틸알코올   다이에틸에터   물

      ⓑ 160℃ 가열 : $C_2H_5OH \xrightarrow[\text{촉매로서 탈수를 일으킨다}]{c-H_2SO_4} C_2H_4 + H_2O$
          에틸알코올   에틸렌   물

   ㉥ 산화되면 아세트알데하이드를 거쳐 아세트산(초산)이 된다.

   ㉦ 소화방법 : 제4류 위험물의 수용성 물질과 동일하다.

③ 프로필알코올(C_3H_7OH) = 프로판올 〈지정수량 : 400L(수용성)〉

   ㉠ 인화점 15℃, 발화점 371℃, 비점 97℃, 비중 0.8이다.

ⓛ 아이소프로필알코올의 화학식 : $(CH_3)_2CHOH$

ⓒ 소화방법 : 제4류 위험물의 수용성 물질과 동일하다.

3) 알코올의 성질

① 탄소수가 작아서 연소 시 그을음이 많이 발생하지 않는다.

② 대표적인 수용성이므로 화재 시 알코올포 소화약제를 사용한다. 물론 이산화탄소 및 분말 소화약제 등도 사용할 수 있다.

③ 탄소의 수가 증가할수록 나타나는 성질은 다음과 같다.

ㄱ 물에 녹기 어려워진다.

ㄴ 인화점이 높아진다.

ㄷ 발화점이 낮아진다.

ㄹ 비등점과 융점이 높아진다.

ㅁ 이성질체수가 많아진다.

4) 알코올의 산화 실기에도 잘 나와요!

① 메틸알코올의 산화 : $CH_3OH \overset{-H_2(산화)}{\underset{+H_2(환원)}{\rightleftharpoons}} HCHO \overset{+O(산화)}{\underset{-O(환원)}{\rightleftharpoons}} HCOOH$

　메틸알코올　폼알데하이드　폼산

② 에틸알코올의 산화 : $C_2H_5OH \overset{-H_2(산화)}{\underset{+H_2(환원)}{\rightleftharpoons}} CH_3CHO \overset{+O(산화)}{\underset{-O(환원)}{\rightleftharpoons}} CH_3COOH$

　에틸알코올　아세트알데하이드　아세트산

5) 알코올의 연소 실기에도 잘 나와요!

① 메틸알코올의 연소반응식 : $2CH_3OH + 3O_2 \rightarrow 2CO_2 + 4H_2O$

　메틸알코올　산소　이산화탄소　물

② 에틸알코올의 연소반응식 : $C_2H_5OH + 3O_2 \rightarrow 2CO_2 + 3H_2O$

　에틸알코올　산소　이산화탄소　물

예제 1 제4류 위험물의 알코올류 품명에 해당하는 알코올의 탄소수는 몇 개인가?

① 1~3개 　　　　　② 1~4개

③ 2~4개 　　　　　④ 2~5개

풀이 위험물안전관리법상 알코올류는 탄소의 수가 1~3개까지의 포화(단일결합만 존재) 1가 알코올(변성 알코올 포함)을 의미하는데 다음의 경우는 제외한다.
1) 알코올의 농도(함량)가 60중량% 미만인 수용액
2) 가연성 액체량이 60중량% 미만이고 인화점 및 연소점이 에틸알코올 60중량% 수용액의 인화점 및 연소점을 초과하는 것

정답 ①

예제 2 **다음 중 1가 알코올이 아닌 것은 어느 것인가?**

① CH_3OH ② $C_3H_5(OH)_3$

③ C_3H_7OH ④ $(CH_3)_2CHOH$

풀이   알킬(C_nH_{2n+1})에 수산기(OH)기를 결합한 형태로 OH의 수에 따라 1가, 2가 알코올이라 한다.
① 메틸알코올(CH_3OH) → OH 1개 : 1가 알코올
② 글리세린[$C_3H_5(OH)_3$] → OH 3개 : 3가 알코올
③ 프로필알코올[C_3H_7OH] → OH 1개 : 1가 알코올
④ 아이소프로필알코올[$(CH_3)_2CHOH$] → OH 1개 : 1가 알코올

정답 ②

예제 3 **에틸알코올을 1차 산화하면 어떤 물질이 만들어지는가?**

① CH_3OH ② CH_3CHO

③ C_3H_7OH ④ $(CH_3)_2CHOH$

풀이   에틸알코올이 1차 산화하면 수소를 잃어 아세트알데하이드가 만들어진다.

$$C_2H_5OH \underset{}{\overset{-H_2\,(산화)}{\rightleftharpoons}} CH_3CHO$$

정답 ②

예제 4 **메틸알코올이 가지는 독성은 무엇인가?**

① 무독성   ② 폐부종
③ 위장장애   ④ 시신경장애

풀이   시신경장애의 독성이 있으며 심하면 실명까지 가능하다.

정답 ④

예제 5 **에틸알코올의 아이오도폼반응 시 생성되는 아이오도폼의 화학식과 색상으로 맞는 것은?**

① C_3H_7OH, 백색   ② CHI_3, 황색
③ $C_2H_5OC_2H_5$, 적색   ④ C_2H_4, 흑색

풀이   에틸알코올은 아이오도폼(CHI_3)이라는 황색 침전물이 생성되는 아이오도폼반응을 하는 물질이다.
$$C_2H_5OH + 6NaOH + 4I_2 \rightarrow CHI_3 + 5NaI + HCOONa + 5H_2O$$

정답 ②

(4) 제2석유류 〈지정수량 : 1,000L(비수용성) / 2,000L(수용성)〉

등유, 경유, 그 밖에 1기압에서 **인화점이 섭씨 21도 이상 70도 미만인 것**을 말한다. 단, 도료류, 그 밖의 물품에 있어서 가연성 액체량이 40중량% 이하이면서 인화점이 40℃ 이상인 동시에 연소점이 60℃ 이상인 것은 제외한다.

1) 등유(케로신) 〈지정수량 : 1,000L(비수용성)〉

① 탄소수 $C_{10} \sim C_{17}$의 탄화수소로 물보다 가볍다.

② 인화점 25~50℃, 발화점 220℃, 연소범위 1.1~6%이다.

③ 순수한 것은 무색이나 착색됨으로써 담황색 또는 갈색 액체로 생산된다.

④ 증기비중 4~5 정도이다.

⑤ **소화방법** : 제4류 위험물의 비수용성 물질과 동일하다.

2) 경유(디젤) 〈지정수량 : 1,000L(비수용성)〉

① 탄소수 $C_{18}{\sim}C_{35}$의 탄화수소로 물보다 가볍다.

② 인화점 50~70℃, 발화점 200℃, 연소범위 1~6%이다.

③ 증기비중 4~5 정도이다.

④ **소화방법** : 제4류 위험물의 비수용성 물질과 동일하다.

3) 의산(HCOOH)＝폼산＝개미산 〈지정수량 : 2,000L(수용성)〉

① 인화점 69℃, 발화점 600℃, 비점 101℃, 비중 1.22이다.

② 무색투명한 액체로 물에 잘 녹으며 물보다 무겁고 초산
보다 강산이므로 내산성 용기에 보관한다.

③ 피부와 접촉 시 물집이 발생하며 심하면 화상을 입는다.

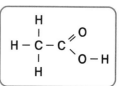

‖ 의산의 구조식 ‖

④ 황산 촉매로 가열하면 **탈수되어 일산화탄소를 발생**시킨다.

$$HCOOH \xrightarrow[\text{촉매로서 탈수를 일으킨다}]{c-H_2SO_4} CO + H_2O$$
의산   일산화탄소   물

⑤ 연소 시 이산화탄소와 물(수증기)을 발생시킨다.

　– 연소반응식 : $2HCOOH + O_2 \rightarrow 2CO_2 + 2H_2O$
　　　　　　　　의산   산소   이산화탄소   물

⑥ **소화방법** : 제4류 위험물의 수용성 물질과 동일하다.

4) 초산(CH₃COOH)＝빙초산＝아세트산 〈지정수량 : 2,000L(수용성)〉

① 인화점 40℃, 발화점 427℃, 비점 118℃, 융점 16.6℃,
비중 1.05이다.

② 무색투명한 액체로 물에 잘 녹으며 물보다 무겁고 강산
이므로 내산성 용기에 보관해야 한다.

③ 연소 시 이산화탄소와 물(수증기)을 발생시킨다.

　– 연소반응식 : $CH_3COOH + 2O_2 \rightarrow 2CO_2 + 2H_2O$
　　　　　　　　아세트산   산소   이산화탄소   물

④ 피부와 접촉 시 물집이 발생하며 심하면 화상을 입는다.

⑤ 3~5% 수용액을 식초라 한다.

⑥ **소화방법** : 제4류 위험물의 수용성 물질과 동일하다.

5) 테레핀유($C_{10}H_{16}$)＝타펜유＝송정유 〈지정수량 : 1,000L(비수용성)〉

  ① 인화점 35℃, 발화점 240℃, 비점 153~175℃, 비중 0.86이다.

  ② 소화방법 : 제4류 위험물의 비수용성 물질과 동일하다.

6) 크실렌[$C_6H_4(CH_3)_2$]＝자일렌＝다이메틸벤젠 〈지정수량 : 1,000L(비수용성)〉

  ① 크실렌의 3가지 이성질체 : 크실렌은 3가지의 이성질체를 가지고 있으며 모두 물보다 가볍다. 실기에도 잘 나와요!

  ※ 이성질체 : 동일한 분자식을 가지고 있지만 구조나 성질이 다른 물질

명 칭	오르토크실렌 (o-크실렌)	메타크실렌 (m-크실렌)	파라크실렌 (p-크실렌)
구조식	CH₃ CH₃	CH₃ CH₃	CH₃ CH₃
인화점	32℃	25℃	25℃

  ※ BTX : 벤젠(C_6H_6), 톨루엔($C_6H_5CH_3$), 크실렌[$C_6H_4(CH_3)_2$]을 의미한다. 실기에도 잘 나와요!

  ② 소화방법 : 제4류 위험물의 비수용성 물질과 동일하다.

7) 클로로벤젠(C_6H_5Cl) 〈지정수량 : 1,000L(비수용성)〉

  ① 인화점 32℃, 발화점 593℃, 비점 132℃, 비중 1.11이다.

  ② 물보다 무겁고 비수용성이다.

  ③ 소화방법 : 제4류 위험물의 비수용성 물질과 동일하다.

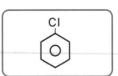

┃클로로벤젠의 구조식┃

8) 스타이렌($C_6H_5CH_2CH$) 〈지정수량 : 1,000L(비수용성)〉

  ① 인화점 32℃, 발화점 490℃, 비점 146℃, 비중 0.8이다.

  ② 소화방법 : 제4류 위험물의 비수용성 물질과 동일하다.

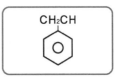

┃스타이렌의 구조식┃

9) 하이드라진(N_2H_4) 〈지정수량 : 2,000L(수용성)〉

  ① 인화점 38℃, 발화점 270℃, 비점 113℃, 비중 1이다.

  ② 과산화수소와의 반응식 : $N_2H_4 + 2H_2O_2 \rightarrow N_2 + 4H_2O$ 실기에도 잘 나와요!
                  하이드라진 과산화수소   질소   물

  ③ 소화방법 : 제4류 위험물의 수용성 물질과 동일하다.

10) 뷰틸알코올(C_4H_9OH) 〈지정수량 : 1,000L(비수용성)〉

  ① 인화점 35℃, 비점 117℃, 비중 0.81이다.

  ② 소화방법 : 제4류 위험물의 비수용성 물질과 동일하다.

11) 아크릴산($CH_2CHCOOH$) 〈지정수량 : 2,000L(수용성)〉

  ① 인화점 46℃, 발화점 438℃, 비점 139℃, 비중 1.1이다.

  ② 소화방법 : 제4류 위험물의 수용성 물질과 동일하다.

예제 1 다음 중 발화점이 가장 낮은 물질은 무엇인가?

① 휘발유   ② 등유

③ 벤젠   ④ 아세톤

풀이 ① 휘발유 : 300℃
② 등유 : 220℃
③ 벤젠 : 498℃
④ 아세톤 : 538℃

정답 ②

예제 2 경유에 대한 설명으로 틀린 것은?

① 품명은 제3석유류이다.
② 디젤기관의 연료로 이용할 수 있다.
③ 원유의 증류 시 등유와 중유 사이에서 유출된다.
④ K, Na의 보호액으로 사용할 수 있다.

풀이 경유는 제2석유류로서 탄소수 $C_{18} \sim C_{35}$의 탄화수소이다.

정답 ①

예제 3 다음 중 초산의 성질로서 틀린 것은 무엇인가?

① 무색투명한 액체로 물에 잘 녹으며 물보다 무겁고 강산이므로 내산성 용기에 보관해야 한다.
② 피부와 접촉 시 물집이 발생하며 심하면 화상을 입는다.
③ 30~50% 수용액을 식초라 한다.
④ 소화방법은 제4류 위험물의 수용성 물질과 동일하다.

풀이 초산의 3~5% 수용액을 식초라 한다.

정답 ③

예제 4 크실렌은 몇 개의 이성질체를 가지고 있는가?

① 1개   ② 2개

③ 3개   ④ 4개

풀이 크실렌은 오르토, 메타, 파라의 3가지 이성질체를 가지고 있다.

정답 ③

예제 5 BTX에 해당하는 위험물의 종류가 아닌 것은?

① 벤젠   ② 헥세인

③ 톨루엔   ④ 크실렌

풀이 BTX : 벤젠(B), 톨루엔(T), 크실렌(X)을 의미한다.

정답 ②

예제 6 제2석유류에 해당하는 위험물로만 짝지어진 것이 아닌 것은?

① 하이드라진, 메틸에틸케톤　　　② 의산, 초산

③ 클로로벤젠, 스타이렌　　　　　④ 등유, 경유

풀이 ① 하이드라진(N_2H_4)은 제2석유류에 해당하지만 메틸에틸케톤($CH_3COC_2H_5$)은 제1석유류에 해당하는 물질이다.

정답 ①

(5) 제3석유류 〈지정수량 : 2,000L(비수용성) / 4,000L(수용성)〉

중유, 크레오소트유, 그 밖에 1기압에서 인화점이 섭씨 70도 이상 200도 미만인 것을 말한다.

단, 도료류, 그 밖의 물품에 있어서 가연성 액체량이 40중량% 이하인 것은 제외한다.

1) 중유 〈지정수량 : 2,000L(비수용성)〉

① 인화점 70~150℃, 비점 300~350℃, 비중 0.9로 물보다 가벼운 비수용성 물질이다.

② 직류중유와 분해중유로 구분하며, 분해중유는 동점도에 따라 A중유, B중유, C중유로 구분한다.

③ 소화방법 : 제4류 위험물의 비수용성 물질과 동일하다.

2) 크레오소트유(타르유) 〈지정수량 : 2,000L(비수용성)〉

① 인화점 74℃, 발화점 336℃, 비점 190~400℃, 비중 1.05로 물보다 무거운 비수용성 물질이다.

② 석탄 건류 시 생성되는 기름으로 독성이 강하고 부식성이 커 내산성 용기에 저장한다.

③ 소화방법 : 제4류 위험물의 비수용성 물질과 동일하다.

3) 글리세린[$C_3H_5(OH)_3$] 〈지정수량 : 4,000L(수용성)〉 실기에도 잘 나와요!

① 인화점 160℃, 발화점 393℃, 비점 290℃, 비중 1.26으로 물보다 무거운 물질이다.

② 무색투명하고 단맛이 있는 액체로서 **물에 잘 녹는 3가 (OH의 수가 3개) 알코올**이다.

③ **독성이 없으므로** 화장품이나 의료기기의 원료로 사용된다.

④ 소화방법 : 제4류 위험물의 수용성 물질과 동일하다.

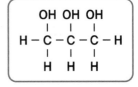

┃글리세린의 구조식┃

4) 에틸렌글리콜[$C_2H_4(OH)_2$] 〈지정수량 : 4,000L(수용성)〉 실기에도 잘 나와요!

① **인화점 111℃**, 발화점 410℃, 비점 197℃, 비중 1.1로 물보다 무거운 물질이다.

② 무색투명하고 단맛이 있는 액체로서 **물에 잘 녹는 2가 (OH의 수가 2개) 알코올**이다.

③ **독성이 있고 부동액의 원료로** 사용된다.

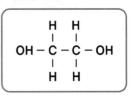

┃에틸렌글리콜의 구조식┃

④ 글리세린으로부터 성분원소를 한 개씩 줄인 상태이므로 글리세린과 비슷한 성질을 가진다.

$C_3H_5(OH)_3$ (글리세린)

↓ ↓   ↓ ⇒ C, H, OH 각각의 원소들을 한 개씩 줄여 준 상태이다.

$C_2H_4(OH)_2$ (에틸렌글리콜)

⑤ 소화방법 : 제4류 위험물의 수용성 물질과 동일하다.

5) 아닐린($C_6H_5NH_2$) 〈지정수량 : 2,000L(비수용성)〉

① **인화점 75℃**, 발화점 538℃, 비점 184℃, 비중 1.01로 물보다 무거운 물질이다.

② **나이트로벤젠을 환원**하여 만들 수 있다.

③ 알칼리금속과 반응하여 수소를 발생한다.

④ 소화방법 : 제4류 위험물의 비수성 물질과 동일하다.

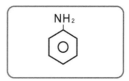

▮아닐린의 구조식▮

6) 나이트로벤젠($C_6H_5NO_2$) 〈지정수량 : 2,000L(비수용성)〉

① **인화점 88℃**, 발화점 480℃, 비점 210℃, 비중 1.2로 물보다 무거운 물질이다.

② **벤젠에 질산과 황산을 가해 나이트로화(NO_2)시켜서 만든다.**

③ **아닐린을 산화**시켜 만들 수 있다.

④ 소화방법 : 제4류 위험물의 비수성 물질과 동일하다.

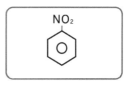

▮나이트로벤젠의 구조식▮

📖 **나이트로벤젠과 아닐린의 산화 · 환원 과정**

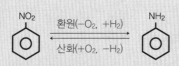

• 나이트로벤젠을 환원시키면 아닐린이 된다.

• 아닐린을 산화시키면 나이트로벤젠이 된다.

7) 나이트로톨루엔($C_6H_4CH_3NO_2$) 〈지정수량 : 2,000L(비수용성)〉

① 인화점 106℃, 발화점 305℃, 비점 222℃, 비중 1.16으로 물보다 무거운 물질이다.

② 기타 성질 및 소화방법 : 나이트로벤젠과 비슷하다.

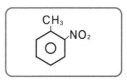

▮나이트로톨루엔의 구조식▮

8) 염화벤조일(C_6H_5COCl) 〈지정수량 : 2,000L(비수용성)〉

인화점 72℃, 발화점 197℃, 비점 74℃, 비중 1.21로 물보다 무거운 물질이다.

9) 하이드라진 하이드레이트($N_2H_4 \cdot H_2O$) 〈지정수량 : 4,000L(수용성)〉

① 인화점 73℃, 비점 120℃, 융점 −51℃, 비중 1.013으로 물보다 무거운 수용성 물질이다.

② 소화방법 : 제4류 위험물의 수용성 물질과 동일하다.

10) 메타크레졸(C₆H₄CH₃OH) 〈지정수량 : 2,000L(비수용성)〉

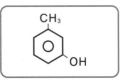

메타크레졸의 구조식

① 인화점 86℃, 발화점 558℃, 비점 203℃, 융점 8℃, 비중 1.03으로 물보다 무거운 비수용성 물질이다.

② 소화방법 : 제4류 위험물의 비수용성 물질과 동일하다.

📖 *o*-크레졸과 *p*-크레졸

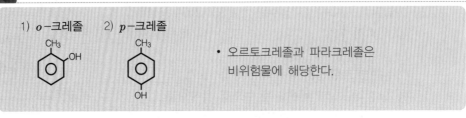

1) *o*-크레졸   2) *p*-크레졸

- 오르토크레졸과 파라크레졸은 비위험물에 해당한다.

예제 1 다음 중 제3석유류의 설명으로 잘못된 것은 어느 것인가?

① 중유는 비수용성 물질로서 동점도에 따라 A중유, B중유, C중유로 구분한다.

② 제3석유류의 비수용성은 지정수량이 2,000L이고 수용성은 4,000L이다.

③ 제3석유류의 인화점은 섭씨 70도 이상 200도 미만이다.

④ 크레오소트유는 부식성은 크지만 독성은 없다.

🖊 **풀이** 크레오소트유는 석탄 건류 시 생성되는 기름으로 독성과 부식성이 강하다.

정답 ④

예제 2 제3석유류에 해당하는 위험물로만 짝지어진 것은?

① 등유, 메타크레졸, 아닐린

② 벤젠, 아세톤, 나이트로벤젠

③ 나이트로톨루엔, 에틸렌글리콜, 염화벤조일

④ 아세트알데하이드, 초산, 경유

🖊 **풀이** ① 등유(제2석유류), 메타크레졸(제3석유류), 아닐린(제3석유류)
② 벤젠(제1석유류), 아세톤(제1석유류), 나이트로벤젠(제3석유류)
③ 나이트로톨루엔(제3석유류), 에틸렌글리콜(제3석유류), 염화벤조일(제3석유류)
④ 아세트알데하이드(특수인화물), 초산(제2석유류), 경유(제2석유류)

정답 ③

예제 3 글리세린의 성질로 맞는 것은?

① 무색투명하고 쓴 맛이 있는 액체로서 물에 잘 녹는 2가(OH의 수가 2개) 알코올이다.
② 독성이 있으므로 화장품이나 의료기기의 원료로 사용할 수 없다.
③ 소화방법은 제4류 위험물의 비수용성 물질과 동일하다.
④ 화학식은 $C_3H_5(OH)_3$이다.

풀이 ① 무색투명하고 단맛이 있는 액체로서 물에 잘 녹는 3가(OH의 수가 3개) 알코올이다.
② 독성이 없으므로 화장품이나 의료기기의 원료로 사용된다.
③ 소화방법은 제4류 위험물의 수용성 물질과 동일하다.
④ 화학식은 $C_3H_5(OH)_3$이다.

정답 ④

예제 4 무색투명하고 단맛이 있는 액체로서 물에 잘 녹는 2가 알코올이며 독성이 있고 부동액의 원료로 사용되는 위험물은 무엇인가?

① 나이트로벤젠   ② 아닐린
③ 에틸렌글리콜   ④ 초산

풀이 에틸렌글리콜의 성질은 다음과 같다.
1) 무색투명하고 단맛이 있는 액체로서 물에 잘 녹는 2가(OH의 수가 2개) 알코올이다.
2) 독성이 있고 부동액의 원료로 사용된다.

정답 ③

예제 5 아닐린의 지정수량은 얼마인가?

① 200L   ② 400L
③ 2,000L   ④ 4,000L

풀이 아닐린은 제4류 위험물의 제3석유류이고 벤젠 구조를 가지고 있으므로 비수용성이다. 따라서, 지정수량은 2,000L이다.

정답 ③

예제 6 벤젠에 질산과 황산을 반응시켜 만드는 위험물은 무엇인가?

① 나이트로벤젠   ② 아닐린
③ 에틸렌글리콜   ④ 초산

풀이 벤젠에 질산과 황산을 가해 나이트로화(NO_2)시켜 나이트로벤젠을 만든다.

정답 ①

예제 7 다음 중 아닐린의 화학식은 무엇인가?

① $C_6H_5NH_2$ ② $C_6H_5NO_2$
③ C_6H_5Cl ④ $C_6H_5CH_2CH$

풀이 ① $C_6H_5NH_2$: 아닐린(제3석유류)   ② $C_6H_5NO_2$: 나이트로벤젠(제3석유류)
③ C_6H_5Cl : 클로로벤젠(제2석유류)   ④ $C_6H_5CH_2CH$: 스타이렌(제2석유류)

정답 ①

(6) 제4석유류 〈지정수량 : 6,000L〉

기어유, 실린더유, 그 밖에 1기압에서 **인화점이 섭씨 200도 이상 250도 미만인 것**을 말한다.

단, 도료류, 그 밖의 물품은 가연성 액체량이 40중량% 이하인 것을 제외한다.

① **윤활유** : 기계의 마찰을 적게 하기 위해 사용하는 물질을 말한다.

　　예 기어유, 실린더유, 엔진오일, 스핀들유, 터빈유, 모빌유 등

② **가소제** : 딱딱한 성질의 물질을 부드럽게 해주는 역할을 하는 물질을 말한다.

　　예 DOP(다이옥틸프탈레이트), TCP(트라이크레실포스페이트) 등

(7) 동식물유류 〈지정수량 : 10,000L〉

동물의 지육 등 또는 식물의 과육으로부터 추출한 것으로서 1기압에서 **인화점이 섭씨 250도 미만인 것**을 말한다.

> 📖 **동식물유류에서 제외되는 경우**
>
> 행정안전부령으로 정하는 용기기준에 따라 수납되어 저장·보관되고 용기의 외부에 물품의 통칭명, 수량 및 화기엄금의 표시(화기엄금과 동일한 의미를 갖는 표시를 포함)가 있는 경우

1) 건성유 　🔊실기에도 잘 나와요!

아이오딘값이 130 이상인 동식물유류이며, 불포화도가 커 축적된 산화열로 인한 자연발화의 우려가 있다.

① **동물유** : 정어리유(154~196), 기타 생선유

② **식물유** : 동유(155~170), 해바라기유(125~135), 아마인유(175~195), 들기름(200)

　　🔊톡톡 튀는 **암기법** 동유, 해바라기유, 아마인유, 들기름 ➡ **동해아들**

2) 반건성유

아이오딘값이 100~130인 동식물유류이다.

① **동물유** : 청어유(125~145)

② **식물유** : 쌀겨기름(100~115), 면실유(100~110), 채종유(95~105), 옥수수기름(110~135), 참기름(105~115)

3) 불건성유

아이오딘값이 100 이하인 동식물유류이다.

① **동물유** : 소기름, 돼지기름, 고래기름

② **식물유** : 올리브유(80~95), 동백유(80~90), 피마자유(80~90), 야자유(50~60)

※ 위 동식물유류의 괄호 안의 수치는 아이오딘값을 의미한다.

📖 아이오딘값 🗨️실기에도 잘 나와요!

유지 100g에 흡수되는 아이오딘의 g수를 의미하며, 불포화도에 비례하고 이중결합수에도 비례한다.

예제 1 동식물유류는 1기압에서 인화점이 얼마인 것을 말하는가?

① 200℃ 미만 ② 200℃ 이상 250℃ 미만
③ 250℃ 미만 ④ 300℃ 미만

✅**풀이** 동식물유류란 동물의 지육 등 또는 식물의 종자나 과육으로부터 추출한 것으로서 1기압에서 인화점이 섭씨 250도 미만인 것을 말한다.

정답 ③

예제 2 다음 (   ) 안에 들어갈 표시의 종류에 해당하는 것은?

> 동식물유류에서 제외되는 경우는 행정안전부령이 정하는 기준에 따라 수납되어 저장·보관되고 용기의 외부에 물품의 통칭명, 수량, (   )의 표시가 있는 경우이다.

① 안전관리자의 성명 또는 직명
② 화기엄금(화기엄금과 동일한 의미를 갖는 표시를 포함)
③ 지정수량의 배수
④ 화기주의(화기주의와 동일한 의미를 갖는 표시를 포함)

✅**풀이** 동식물유류에서 제외되는 경우는 행정안전부령이 정하는 기준에 따라 수납되어 저장·보관되고 용기의 외부에 물품의 통칭명, 수량, 화기엄금(화기엄금과 동일한 의미를 갖는 표시를 포함)의 표시가 있는 경우이다.

정답 ②

예제 3 동식물유류 중 건성유에 해당하는 물질은 무엇인가?

① 참기름 ② 팜유
③ 쌀겨기름 ④ 아마인유

✅**풀이** 동식물유류 중 건성유에 해당하는 식물유로는 동유(오동나무기름), 해바라기유, 아마인유(아마씨기름), 들기름이 있다.

정답 ④

예제 4 불건성유의 아이오딘값 범위는 얼마인가?

① 130 이상 ② 100 이상 130 이하
③ 100 이하 ④ 50 이하

✅**풀이** 동식물유류의 아이오딘값 범위는 다음과 같이 구분한다.
1) 건성유 : 아이오딘값이 130 이상
2) 반건성유 : 아이오딘값이 100~130
3) 불건성유 : 아이오딘값이 100 이하

정답 ③

예제 5 **동식물유류의 아이오딘값의 정의는 무엇인가?**

① 유지 1,000g에 흡수되는 아이오딘의 g수

② 유지 100g에 흡수되는 KOH의 g수

③ 유지 100g에 흡수되는 아이오딘의 L수

④ 유지 100g에 흡수되는 아이오딘의 g수

풀이 아이오딘값이란 유지 100g에 흡수되는 아이오딘의 g수로서 불포화도에 비례하고 이중 결합수에도 비례한다.

정답 ④

2-5 제5류 위험물 – 자기반응성 물질

유 별	성 질	위험등급	품 명	지정수량
제5류	자기 반응성 물질	I, II	1. 유기과산화물	제1종 : 10kg, 제2종 : 100kg
			2. 질산에스터류	
			3. 나이트로화합물	
			4. 나이트로소화합물	
			5. 아조화합물	
			6. 다이아조화합물	
			7. 하이드라진유도체	
			8. 하이드록실아민	
			9. 하이드록실아민염류	
			10. 그 밖에 행정안전부령으로 정하는 것	
			① 금속의 아지화합물	
			② 질산구아니딘	
			11. 제1호 내지 제10호의 어느 하나 이상을 함유한 것	

01 제5류 위험물의 일반적 성질

(1) 제5류 위험물의 구분

① 유기과산화물 : 유기물이 빛이나 산소에 의해 과산화되어 만들어지는 물질

② 질산에스터류 : 질산의 H 대신에 알킬기 C_nH_{2n+1}로 치환된 물질($R-O-NO_2$)

③ 나이트로화합물 : 나이트로기(NO_2)가 결합된 유기화합물

④ 나이트로소화합물 : 나이트로소기(NO)가 결합된 유기화합물

⑤ **아조화합물** : 아조기(-N=N-)와 유기물이 결합된 화합물

⑥ **다이아조화합물** : 다이아조기(=N₂)와 유기물이 결합된 화합물

⑦ **하이드라진유도체** : 하이드라진(N_2H_4)은 제4류 위험물의 제2석유류 중 수용성 물질이지만 하이드라진에 다른 물질을 결합시키면 제5류 위험물의 하이드라진유도체가 생성된다.

⑧ **하이드록실아민** : 하이드록실과 아민(NH_2)의 화합물

※ 여기서, 하이드록실은 OH 또는 수산기와 동일한 명칭이다.

⑨ **하이드록실아민염류** : 하이드록실아민이 금속염류와 결합된 화합물

(2) 일반적인 성질

① 가연성 물질이며 그 자체가 산소공급원을 함유한 물질로 자기연소(내부연소)가 가능한 물질이다.

② 연소속도가 대단히 빠르고 폭발성이 있다.

③ 자연발화가 가능한 성질을 가진 것도 있다.

④ 비중은 모두 1보다 크며 액체 또는 고체로 존재한다.

⑤ 제5류 위험물 중 고체상의 물질은 수분을 함유하면 폭발성이 줄어든다.

⑥ 모두 물에 안 녹는다.

⑦ 점화원 및 분해를 촉진시키는 물질로부터 멀리해야 한다.

(3) 소화방법

자체적으로 산소공급원을 함유하고 있어서 질식소화는 효과가 없기 때문에 다량의 물로 냉각소화를 해야 한다.

02 제5류 위험물의 종류별 성질

(1) 유기과산화물

퍼옥사이드는 과산화라는 의미로서 벤젠 등의 유기물이 과산화된 상태의 물질을 말한다.

1) **과산화벤조일[$(C_6H_5CO)_2O_2$] = 벤조일퍼옥사이드**

① 분해온도 75~80℃, 발화점 125℃, 융점 54℃, 비중 1.2이다.

② 가열 시에 약 100℃에서 백색의 산소를 발생한다.

③ 무색무취의 고체상태이다.

④ 상온에서는 안정하며 강산성 물질이고, 가열 및 충격에 의해 폭발한다.

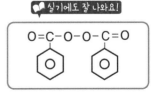

┃ 과산화벤조일의 구조식 ┃

⑤ 건조한 상태에서는 마찰 등으로 폭발의 위험이 있고 수분 포함 시 폭발성이 현저히 줄어든다.

⑥ 물에 안 녹고 유기용제에는 잘 녹는다.

2) 과산화메틸에틸케톤[$(CH_3COC_2H_5)_2O_2$] = 메틸에틸케톤퍼옥사이드

① 분해온도 40℃, 발화점 205℃, 인화점 59℃, 융점 20℃, 비점 75℃, 비중 1.06이다.

② 무색이며 특유의 냄새가 나는 **기름형태의 액체**로 존재한다.

③ 물에 안 녹으며 유기용제에는 잘 녹는다.

‖ 과산화메틸에틸케톤의 구조식 ‖

3) 아세틸퍼옥사이드[$(CH_3CO)_2O_2$]

① 발화점 121℃, 인화점 45℃, 융점 30℃, 비점 63℃이다.

② 무색의 고체이며 강한 자극성의 냄새를 가진다.

③ 물에 잘 녹지 않으며 유기용제에는 잘 녹는다.

‖ 아세틸퍼옥사이드의 구조식 ‖

(2) 질산에스터류

질산의 H 대신에 알킬기 C_nH_{2n+1}로 치환된 물질($C_nH_{2n+1}-O-NO_2$)을 말한다.

1) 질산메틸(CH_3ONO_2)

① 비점 66℃, 비중 1.2, **분자량 77**이다.

② 무색투명한 액체이며 향긋한 냄새와 단맛을 가지고 있다.

③ 물에는 안 녹으나 알코올, 에터에는 잘 녹는다.

④ 인화하기 쉽고 제4류 위험물과 성질이 비슷하다.

2) 질산에틸($C_2H_5ONO_2$)

① 비점 88℃, 비중 1.1, **분자량 91**이다.

② 무색투명한 액체이며 향긋한 냄새와 단맛을 가지고 있다.

③ 물에는 안 녹으나 알코올, 에터에는 잘 녹는다.

④ 인화하기 쉽고 제4류 위험물과 성질이 비슷하다.

3) 나이트로글리콜[$C_2H_4(ONO_2)_2$]

① 비점 200℃, 비중 1.5인 물질이다.

② 무색무취의 투명한 액체이나 공업용은 담황색이다.

③ 나이트로글리세린보다 충격감도는 적으나 충격·가열에 의해 폭발을 일으킨다.

④ 다이너마이트 등 폭약의 제조에 사용된다.

‖ 나이트로글리콜의 구조식 ‖

4) 나이트로글리세린[$C_3H_5(ONO_2)_3$]

① 융점 2.8℃, 비점 218℃, 비중 1.6이다.

② 순수한 것은 무색무취의 투명한 액체이나 공업용은 담황색이다.

③ 동결된 것은 충격에 둔감하나 액체상태는 충격에 매우 민감하여 운반이 금지되어 있다.

④ 규조토에 흡수시킨 것이 다이너마이트이다.

‖ 나이트로글리세린의 구조식 ‖

⑤ 분해반응식 : $4C_3H_5(ONO_2)_3 \rightarrow 12CO_2 + 10H_2O + 6N_2 + O_2$

             나이트로글리세린   이산화탄소   수증기   질소   산소

4몰의 나이트로글리세린을 분해시키면 총 29몰의 기체가 발생한다.

5) 나이트로셀룰로오스($[C_6H_7O_2(ONO_2)_3]_n$) = 질화면

① 분해온도 130℃, 발화온도 180℃, 비점 83℃, 비중 1.23이다.

② 물에는 안 녹고 알코올, 에터에 녹는 고체상태의 물질이다.

③ 셀룰로오스에 질산과 황산을 반응시켜 제조한다.

④ 질화도가 클수록 폭발의 위험성이 크다.

※ 질화도는 질산기의 수에 따라 결정된다.

⑤ 분해반응식 : $2C_{24}H_{29}O_9(ONO_2)_{11} \rightarrow 24CO + 24CO_2 + 17H_2 + 12H_2O + 11N_2$

             나이트로셀룰로오스   일산화탄소 이산화탄소 수소   수증기   질소

⑥ 건조하면 발화 위험이 있으므로 **함수알코올(수분 또는 알코올)을 습면**시켜 저장한다.

⑦ 물에 녹지 않고 직사일광에서 자연발화할 수 있다.

6) 셀룰로이드

① 발화점 165℃인 고체상태의 물질이다.

② 물에 녹지 않고 자연발화성이 있는 물질이다.

(3) 나이트로화합물

나이트로기(NO_2)가 결합된 유기화합물을 포함한다.

1) 트라이나이트로페놀[$C_6H_2OH(NO_2)_3$] = 피크린산

① 발화점 300℃, 융점 121℃, 비점 240℃, 비중 1.8, 분자량 229이다.

② 황색의 침상결정(바늘 모양의 고체)인 고체상태로 존재한다.

③ 찬물에는 안 녹고 온수, 알코올, 벤젠, 에터에는 잘 녹는다.

④ 쓴맛이 있고 독성이 있다.

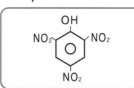

‖ 트라이나이트로페놀의 구조식 ‖

⑤ 단독으로는 충격·마찰 등에 둔감하지만 구리, 아연 등 금속염류와의 혼합물은 피크린산염을 생성하여 마찰·충격 등에 위험해진다.

⑥ 분해반응식 : $2C_6H_2OH(NO_2)_3 \longrightarrow 4CO_2 + 6CO + 3N_2 + 2C + 3H_2$
　　　　　　　　　　 피크린산　　　　　　이산화탄소　일산화탄소　질소　탄소　수소

⑦ 고체 물질로 건조하면 위험하고 약한 습기에 저장하면 안정하다.

⑧ 주수하여 냉각소화를 해야 한다.

2) 트라이나이트로톨루엔[$C_6H_2CH_3(NO_2)_3$] = TNT 🗨️실기에도 잘 나와요!

① 발화점 300℃, 융점 81℃, 비점 240℃, 비중 1.66, 분자량 227이다.

② 담황색의 주상결정(기둥 모양의 고체)인 고체상태로 존재한다.

③ 햇빛에 갈색으로 변하나 위험성은 없다.

④ 물에는 안 녹으나 알코올, 아세톤, 벤젠 등 유기용제에 잘 녹는다.

🗨️실기에도 잘 나와요!

▐ 트라이나이트로톨루엔의 구조식 ▐

⑤ 독성이 없고 기준폭약으로 사용되며 피크린산보다 폭발성은 떨어진다.

⑥ 분해반응식 : $2C_6H_2CH_3(NO_2)_3 \longrightarrow 12CO + 2C + 3N_2 + 5H_2$
　　　　　　　　　　 트라이나이트로톨루엔　　일산화탄소　탄소　질소　수소

⑦ 고체 물질로, 건조하면 위험하고 약한 습기에 저장하면 안정하다.

⑧ 주수하여 냉각소화를 해야 한다.

📖 **TNT의 생성과정**

톨루엔에 질산과 함께 황산을 촉매로 반응시키면 촉매에 의한 탈수와 함께 나이트로화반응을 3번 일으키면서 트라이나이트로톨루엔이 생성된다.

$$C_6H_5CH_3 + 3HNO_3 \xrightarrow[\text{촉매로서 탈수를 일으킨다}]{c-H_2SO_4} C_6H_2CH_3(NO_2)_3 + 3H_2O$$
　톨루엔　　　　질산　　　　　　　　　　　　　　트라이나이트로톨루엔　수증기

3) 테트릴[$C_6H_2NCH_3NO_2(NO_2)_3$]

① 융점 130℃, 비중 1.57이다.

② 담황색 고체로 존재한다.

(4) 나이트로소화합물

나이트로소기(NO)가 결합된 유기화합물을 포함한다.

① 파라다이나이트로소벤젠[$C_6H_4(NO)_2$]

② 다이나이트로소레조르신[$C_6H_2(OH)_2(NO)_2$]

(5) 아조화합물

아조기(-N=N-)와 유기물이 결합된 화합물이다.

① 아조다이카본아마이드($NH_2CON=NCONH_2$)

② 아조비스아이소뷰티로나이트릴[$(CH_3)_2CNCN=NCNC(CH_3)_2$]

(6) 다이아조화합물

다이아조기(=N_2)와 유기물이 결합된 화합물이다.

① 다이아조아세트나이트릴($N_2=CHCN$)

② 다이아조다이나이트로페놀[$C_6H_2ON_2(NO_2)_2$]

(7) 하이드라진유도체

하이드라진(N_2H_4)은 제4류 위험물의 제2석유류 중 수용성 물질이지만 하이드라진에 다른 물질을 결합시키면 제5류 위험물의 하이드라진유도체가 생성된다.

① 염산하이드라진(N_2H_4HCl)

② 황산하이드라진($N_2H_4H_2SO_4$)

(8) 하이드록실아민(NH_2OH)

하이드록실과 아민(NH_2)의 화합물이다.

※ 여기서, 하이드록실은 OH 또는 수산기와 동일한 명칭이다.

(9) 하이드록실아민염류

하이드록실아민이 금속염류와 결합된 화합물이다.

① 황산하이드록실아민[$(NH_2OH)_2H_2SO_4$]

② 나트륨하이드록실아민(NH_2OHNa)

(10) 금속의 아지화합물

행정안전부령이 정하는 제5류 위험물로서 금속과 아지(N_3)의 화합물을 의미한다.

① 아지화나트륨(NaN_3)

② 아지화납[$Pb(N_3)_2$]

(11) 질산구아니딘($CH_5N_3HNO_3$)

행정안전부령이 정하는 제5류 위험물이다.

예제 1 트라이나이트로톨루엔을 만들 수 있는 재료는 무엇인가?

① 벤젠   ② 페놀

③ 톨루엔   ④ 휘발유

풀이 트라이나이트로톨루엔(TNT)은 톨루엔에 질산과 황산을 반응시켜 만든다.

정답 ③

예제 2 다음 중 품명이 다른 것은?

① 나이트로글리콜
② 나이트로글리세린
③ 질산메틸
④ 트라이나이트로톨루엔

풀이 ① 나이트로글리콜 : 질산에스터류
② 나이트로글리세린 : 질산에스터류
③ 질산메틸 : 질산에스터류
④ 트라이나이트로톨루엔 : 나이트로화합물

정답 ④

예제 3 다음의 제5류 위험물 중 상온에서 고체상태인 위험물로만 짝지어진 것은?

① 과산화벤조일과 나이트로셀룰로오스
② 메틸에틸케톤퍼옥사이드와 피크린산
③ 나이트로글리세린과 TNT
④ 질산메틸과 셀룰로이드

풀이 ① 과산화벤조일 : 고체, 나이트로셀룰로오스 : 고체
② 메틸에틸케톤퍼옥사이드 : 액체, 피크린산 : 고체
③ 나이트로글리세린 : 액체, TNT : 고체
④ 질산메틸 : 액체, 셀룰로이드 : 고체

정답 ①

예제 4 과산화벤조일[$(C_6H_5CO)_2O_2$]에 대한 설명 중 잘못된 것은 무엇인가?

① 분해온도는 75~80℃이고 발화점은 125℃이다.
② 가열 시 약 100℃에서 백색의 산소를 발생한다.
③ 무색무취의 고체상태이다.
④ 건조한 상태에서는 안정하지만 수분을 포함 시 매우 위험해진다.

풀이 ④ 과산화벤조일은 건조한 상태에서는 마찰 등으로 폭발의 위험이 있고 수분을 포함
시 폭발성이 현저히 줄어든다.

정답 ④

예제 5 행정안전부령이 정하는 제5류 위험물의 종류로 맞는 것은?

① 염소화규소화합물
② 질산구아니딘
③ 할로젠간화합물
④ 염소화아이소사이아누르산

풀이 ① 염소화규소화합물 : 제3류 위험물
② 질산구아니딘 : 제5류 위험물
③ 할로젠간화합물 : 제6류 위험물
④ 염소화아이소사이아누르산 : 제1류 위험물

정답 ②

예제 6 질산에틸($C_2H_5ONO_2$)에 대한 설명 중 잘못된 것은 무엇인가?

① 비점 88℃, 분자량 91이다.

② 무색투명한 액체이며 향긋한 냄새와 단맛을 가지고 있다.

③ 물에도 잘 녹고 알코올, 에터에도 잘 녹는다.

④ 인화하기 쉽고 제4류 위험물의 제1석유류와 성질이 비슷하다.

풀이 ③ 질산에틸은 물에 잘 안 녹고 알코올, 에터에는 잘 녹는다.

정답 ③

예제 7 나이트로글리세린[$C_3H_5(ONO_2)_3$]의 성질로 맞는 것은 무엇인가?

① 나이트로화합물에 포함되는 물질이다.

② 순수한 것은 황색 고체이나 공업용은 무색이다.

③ 동결된 것은 충격에 민감하나 액체는 충격에 둔감하다.

④ 규조토에 흡수시킨 것이 다이너마이트이다.

풀이 ① 질산에스터류에 포함되는 물질이다.
② 순수한 것은 무색 무취의 투명한 액체이나 공업용은 담황색이다.
③ 동결된 것은 충격에 둔감하나 액체상태에서는 충격에 매우 민감하여 운반이 금지되어 있다.

정답 ④

예제 8 건조하면 발화 위험이 있으므로 함수알코올(수분 또는 알코올)을 습면시켜 저장하는 물질은 무엇인가?

① 나이트로글리세린

② 나이트로셀룰로오스

③ 피크린산

④ TNT

풀이 나이트로셀룰로오스는 고체상태로서 건조하면 발화의 위험이 있으므로 함수알코올(수분 또는 알코올)에 습면시켜 저장한다.

정답 ②

예제 9 피크린산의 성질에 대해 틀린 것은 무엇인가?

① 황색의 침상결정인 고체상태로 존재한다.

② 찬물에는 안 녹고 온수, 알코올, 벤젠, 에터에는 잘 녹는다.

③ 쓴맛이 있고 독성이 있다.

④ 폭발성의 물질이므로 구리, 아연 등의 금속재질로 만들어진 용기에 저장해야 한다.

풀이 ④ 트라이나이트로페놀(피크린산)은 단독으로는 충격, 마찰 등에 둔감하나 구리, 아연 등의 금속재질과는 반응을 통해 피크린산염을 생성하여 마찰, 충격 등에 위험해진다.

정답 ④

예제 10 질산메틸의 분자량은 얼마인가?

① 77

② 88

③ 91

④ 97

풀이 질산메틸의 화학식은 CH_3ONO_2이다.
포함된 원소의 수는 C 1개, H 3개, O 3개, N 1개이므로
분자량은 $12(C) + 1(H) \times 3 + 16(O) \times 3 + 14(N) = 77$ 이다.

정답 ①

2-6 제6류 위험물 – 산화성 액체

유 별	성 질	위험등급	품 명	지정수량
제6류	산화성 액체	I	1. 과염소산	300kg
			2. 과산화수소	300kg
			3. 질산	300kg
			4. 그 밖에 행정안전부령으로 정하는 것	
			① 할로젠간화합물	300kg
			5. 제1호 내지 제4호의 어느 하나 이상을 함유한 것	300kg

01 제6류 위험물의 일반적 성질

(1) 일반적인 성질

① 비중은 1보다 크며 물에 잘 녹는 액체상태의 물질이다.

② 자신은 불연성이고 산소를 함유하고 있어 가연물의 연소를 도와준다.

③ 증기는 부식성과 독성이 강하다.

④ **물과 발열반응**을 한다.

⑤ 분해하면 산소를 발생한다.

⑥ 강산화제로서 저장용기는 산에 견딜 수 있는 내산성 용기를 사용해야 한다.

(2) 소화방법

① 다량의 물로 냉각소화한다.

② 소화작업 시 유해한 가스가 발생하므로 방독면을 착용해야 하며 피부에 묻었을 때는 다량의 물로 씻어낸다.

02 제6류 위험물의 종류별 성질

(1) 과염소산(HClO₄) 〈지정수량 : 300kg〉

① 융점 −112℃, 비점 39℃, 비중 1.7이다.

② 무색투명한 액체상태이다.

③ 산화력이 강하며 염소산 중에서 가장 강한 산이다.

④ 분해 시 발생하는 물질들은 기체상태이므로, HCl은 염산이 아닌 염화수소이며 이는 기관지를 손상시킬만큼 유해하다.

   – 분해반응식 : $HClO_4 \rightarrow HCl + 2O_2$ 📖실기에도 잘 나와요!
          과염소산   염화수소 산소

(2) 과산화수소(H₂O₂) 〈지정수량 : 300kg〉

※ 위험물안전관리법상 과산화수소는 농도가 36중량% 이상인 것을 말한다.

① 융점 −0.43℃, 비점 150.2℃, 비중 1.46이다.

② 순수한 것은 점성의 무색 액체이나 많은 양은 청색으로 보인다.

③ 산화제이지만 환원제로 작용할 때도 있다.

④ 시판품의 농도는 30~40중량%이며, 농도가 60중량% 이상인 것은 충격에 의하여 폭발적으로 분해한다.

⑤ 물, 에터, 알코올에 녹지만 석유 및 벤젠에 녹지 않는다. 📖실기에도 잘 나와요!

⑥ **촉매로는 아이오딘화칼륨(KI)과 이산화망가니즈(MnO₂)가 사용된다.** 📖실기에도 잘 나와요!

⑦ 열, 햇빛에 의하여 분해하므로 착색된 내산성 용기에 담아 냉암소에 보관한다.

⑧ 상온에서 불안정한 물질이라 분해하여 산소를 발생시키며 이때 발생한 산소의 압력으로 용기를 파손시킬 수 있어 이를 방지하기 위해 용기는 구멍이 뚫린 마개로 막는다.

   – 분해반응식 : $2H_2O_2 \rightarrow 2H_2O + O_2$ 📖실기에도 잘 나와요!
          과산화수소   물   산소

⑨ 수용액에는 분해방지안정제를 첨가한다.

   ※ 분해방지안정제 : 인산(H_3PO_4), 요산($C_5H_4N_4O_3$), 아세트아닐리드(C_8H_9NO)

⑩ 용도로는 표백제, 산화제, 소독제, 화장품 등에 사용되며 특히 소독제로는 농도가 3%인 옥시돌(옥시풀)을 사용한다.

(3) 질산(HNO₃) 〈지정수량 : 300kg〉

※ 위험물안전관리법상 질산은 비중 1.49 이상인 것으로 진한 질산만을 의미한다.

① 융점 −42℃, 비점 86℃, 비중 1.49이다.

② 햇빛에 의해 분해하면 **적갈색 기체인 이산화질소(NO₂)가 발생**하기 때문에 이를 방지하기 위하여 착색병을 사용한다.

   – 분해반응식 : $4HNO_3 \rightarrow 2H_2O + 4NO_2 + O_2$ 📖실기에도 잘 나와요!
          질산   물   이산화질소 산소

③ 금(Au), 백금(Pt), 이리듐(Ir), 로듐(Rh)을 제외한 모든 금속을 녹일 수 있다.

④ **염산(HCl)과 질산(HNO₃)을 3 : 1의 부피비로 혼합한 용액을 왕수**라 하며 왕수는 금과 백금도 녹일 수 있다. ◀️💬실기에도 잘 나와요!

※ 단, 이리듐, 로듐은 왕수로도 녹일 수 없다.

⑤ 제6류 위험물에 해당하는 진한 질산은 대부분의 반응에서 수소(H_2)가스를 발생시키지 않지만 묽은 질산의 경우 금속을 용해시킬 때 수소(H_2)가스를 발생시킨다.

$$Ca + 2HNO_3 \rightarrow Ca(NO_3)_2 + H_2$$
칼슘 묽은 질산 질산칼슘 수소

⑥ **철(Fe), 코발트(Co), 니켈(Ni), 크로뮴(Cr), 알루미늄(Al) 등의 금속들은 진한 질산에서 부동태**한다. ◀️💬실기에도 잘 나와요!

※ 부동태 : 물질 표면에 얇은 금속산화물의 막을 형성시켜 산화반응의 진행을 막아주는 현상

⑦ **단백질(프로틴 또는 프로테인)과의 접촉으로 노란색으로 변하는 크산토프로테인 반응을 일으킨다.** ◀️💬실기에도 잘 나와요!

(4) 할로젠간화합물 〈지정수량 : 300kg〉

※ 행정안전부령이 정하는 제6류 위험물로서 할로젠원소끼리의 화합물을 의미하며 무색 액체로서 부식성이 있다.

① 삼플루오린화브로민(BrF₃) : 융점 8.77℃, 비점 125℃이다.

② 오플루오린화아이오딘(IF₅) : 융점 9.43℃, 비점 100.5℃이다.

③ 오플루오린화브로민(BrF₅) : 융점 -60.5℃, 비점 40.76℃이다.

예제 1 제6류 위험물의 지정수량은 얼마인가?

① 100kg   ② 300kg
③ 500kg   ④ 1,000kg

💿**풀이** 모든 제6류 위험물의 지정수량은 300kg이다.

정답 ②

예제 2 제6류 위험물의 일반적인 성질 중 잘못된 것은 무엇인가?

① 비중은 1보다 크며 물에 잘 녹는 액체상태의 물질이다.
② 산소를 함유하고 있어 가연물의 연소를 도와준다.
③ 부식성이 강하고 증기는 독성이 강하다.
④ 물과 흡열반응을 한다.

💿**풀이** ④ 제6류 위험물은 물과 발열반응을 한다.

정답 ④

예제 3 과염소산이 열분해하여 발생하는 독성 가스는 무엇인가?

① 염화수소   ② 산소

③ 수소   ④ 염소

풀이 공기 중에서 분해하면 염화수소(HCl)가스가 발생하여 기관지를 손상시킨다.

정답 ①

예제 4 과산화수소가 위험물이 되기 위한 농도의 조건은 무엇인가?

① 36중량% 이상   ② 60중량% 이상

③ 76중량% 이상   ④ 86중량% 이상

풀이 위험물안전관리법상 과산화수소는 농도가 36중량% 이상인 것을 말한다.

정답 ①

예제 5 과산화수소를 녹일 수 없는 물질은 무엇인가?

① 물   ② 에터

③ 알코올   ④ 석유

풀이 과산화수소는 물, 에터, 알코올에 녹지만 석유 및 벤젠에는 녹지 않는다.

정답 ④

예제 6 과산화수소의 분해방지안정제의 종류가 아닌 것은?

① 이산화망가니즈   ② 인산

③ 요산   ④ 아세트아닐리드

풀이 과산화수소의 분해방지안정제의 종류로는 인산, 요산, 아세트아닐리드가 있다.
이산화망가니즈는 촉매로 사용되어 오히려 분해를 촉진시키는 역할을 한다.

정답 ①

예제 7 질산이 위험물이 되기 위한 비중의 조건은 무엇인가?

① 1.16 이상   ② 1.28 이상

③ 1.38 이상   ④ 1.49 이상

풀이 위험물안전관리법상 질산은 비중이 1.49 이상인 것을 말한다.

정답 ④

예제 8 질산이 분해할 때 발생하는 적갈색 기체는 무엇인가?

① 산소   ② 이산화질소

③ 질소   ④ 수증기

풀이 질산의 분해반응식 : $4HNO_3 \rightarrow 2H_2O + 4NO_2 + O_2$
이때 발생하는 이산화질소(NO_2)가스의 색상은 적갈색이다.

정답 ②

예제 9 질산이 부동태하는 물질이 아닌 것은 무엇인가?

① 철 ② 코발트

③ 니켈 ④ 구리

풀이 철(Fe), 코발트(Co), 니켈(Ni), 크로뮴(Cr), 알루미늄(Al)은 진한 질산과 부동태한다. 부동태란 물질 표면에 얇은 금속산화물의 막을 형성시켜 산화반응의 진행을 막아주는 현상을 의미한다.

정답 ④

예제 10 질산은 단백질과 노란색으로 변하는 반응을 일으키는데 이를 무엇이라 하는가?

① 뷰렛반응 ② 크산토프로테인반응

③ 아이오도폼반응 ④ 은거울반응

풀이 질산은 단백질과의 접촉으로 노란색으로 변하는 크산토프로테인반응을 일으킨다.

정답 ②

예제 11 금과 백금을 녹이기 위해 왕수를 만들 수 있는데, 다음 중 왕수를 만드는 방법은 무엇인가?

① 염산과 질산을 1 : 3의 부피비로 혼합한다.

② 초산과 질산을 3 : 1의 부피비로 혼합한다.

③ 염산과 질산을 3 : 1의 부피비로 혼합한다.

④ 초산과 질산을 1 : 3의 부피비로 혼합한다.

풀이 염산(HCl)과 질산(HNO_3)을 3 : 1의 부피비로 혼합한 용액을 왕수라 하며 왕수는 금과 백금도 녹일 수 있다.

정답 ③

제2편

Craftsman Hazardous material

Section 01 위험물안전관리법의 총칙

1-1 위험물과 위험물안전관리법

01 위험물과 지정수량의 정의

① 위험물 : 인화성 또는 발화성 등의 성질을 가지는 것으로서 대통령령이 정하는 물품
② 지정수량 : 대통령령이 정하는 수량으로서 제조소등의 설치허가등에 있어서 최저의 기준이 되는 수량

02 위험물안전관리법의 적용범위

(1) 위험물안전관리법의 적용 제외

일반적으로 육상에 존재하는 위험물의 저장·취급 및 운반은 위험물안전관리법의 적용을 받지만 항공기, 선박, 철도 및 궤도에 의한 위험물의 저장·취급 및 운반의 경우는 위험물안전관리법의 적용을 받지 않는다.

(2) 대통령령으로 정하는 위험물과 시·도조례로 정하는 위험물의 기준

① 지정수량 이상 위험물의 저장·취급·운반 기준 : 위험물안전관리법
② 지정수량 미만 위험물의 저장·취급 기준 : 시·도조례
③ 지정수량 미만 위험물의 운반기준 : 위험물안전관리법

1-2 위험물제조소등

01 제조소등의 정의

제조소, 저장소 및 취급소를 의미하며, 각 정의는 다음과 같다.
① 제조소 : 위험물을 제조할 목적으로 지정수량 이상의 위험물을 취급하기 위하여 허가를 받은 장소
② 저장소 : 지정수량 이상의 위험물을 저장하기 위한 대통령령이 정하는 장소
③ 취급소 : 지정수량 이상의 위험물을 제조 외의 목적으로 취급하기 위한 대통령령이 정하는 장소

02 위험물저장소 및 위험물취급소의 구분

(1) 위험물저장소의 구분 💬실기에도 잘 나와요!

저장소의 구분	지정수량 이상의 위험물을 저장하기 위한 장소
옥내저장소	옥내(건축물 내부)에 위험물을 저장하는 장소
옥외탱크저장소	옥외(건축물 외부)에 있는 탱크에 위험물을 저장하는 장소
옥내탱크저장소	옥내에 있는 탱크에 위험물을 저장하는 장소
지하탱크저장소	지하에 매설한 탱크에 위험물을 저장하는 장소
간이탱크저장소	간이탱크에 위험물을 저장하는 장소
이동탱크저장소	차량에 고정된 탱크에 위험물을 저장하는 장소
옥외저장소	옥외에 위험물을 저장하는 장소
암반탱크저장소	암반 내의 공간을 이용한 탱크에 액체 위험물을 저장하는 장소

📖 **옥외저장소에 저장할 수 있는 위험물의 종류** 💬실기에도 잘 나와요!

1) 제2류 위험물
   ㉠ 황
   ㉡ 인화성 고체(인화점이 섭씨 0도 이상)
2) 제4류 위험물
   ㉠ 제1석유류(인화점이 섭씨 0도 이상)
   ㉡ 알코올류
   ㉢ 제2석유류
   ㉣ 제3석유류
   ㉤ 제4석유류
   ㉥ 동식물유류
3) 제6류 위험물
4) 시·도조례로 정하는 제2류 또는 제4류 위험물
5) 국제해상위험물규칙(IMDG Code)에 적합한 용기에 수납된 위험물

(2) 위험물취급소의 구분

취급소의 구분	위험물을 제조 외의 목적으로 취급하기 위한 장소
이송취급소	배관 및 이에 부속된 설비에 의하여 위험물을 이송하는 장소
주유취급소	고정주유설비에 의하여 자동차, 항공기 또는 선박 등에 직접 연료를 주유하기 위하여 위험물을 취급하는 장소
일반취급소	주유취급소, 판매취급소, 이송취급소 외의 위험물을 취급하는 장소
판매취급소	점포에서 위험물을 용기에 담아 판매하기 위하여 지정수량의 40배 이하의 위험물을 취급하는 장소(페인트점 또는 화공약품점)

🔊 톡톡 튀는 **암기법** 이주일판매(**이**번 **주** 일요일에 **판매**합니다.)

예제 1 위험물안전관리법에서 사용하는 용어의 정의 중 틀린 것은?

① '지정수량'은 위험물의 종류별로 위험성을 고려하여 대통령령이 정하는 수량이다.

② '제조소'라 함은 위험물을 제조할 목적으로 지정수량 이상의 위험물을 취급하기 위하여 규정에 따라 허가를 받은 장소이다.

③ '저장소'라 함은 지정수량 이상의 위험물을 저장하기 위한 대통령령이 정하는 장소로서 규정에 따라 허가를 받은 장소를 말한다.

④ '제조소등'이라 함은 제조소, 저장소 및 이동탱크를 말한다.

풀이　① '지정수량'은 위험물의 종류별로 위험성을 고려하여 대통령령이 정하는 수량으로 허가를 위한 최소의 기준이다.
② '제조소'라 함은 위험물을 제조할 목적으로 지정수량 이상의 위험물을 취급하기 위하여 규정에 따라 허가를 받은 장소이다.
③ '저장소'라 함은 지정수량 이상의 위험물을 저장하기 위한 대통령령이 정하는 장소로서 규정에 따라 허가를 받은 장소를 말한다.
④ '제조소등'이라 함은 제조소, 저장소 및 취급소를 말한다.

정답 ④

예제 2 위험물안전관리법의 규제에 대한 설명으로 틀린 것은?

① 지정수량 미만 위험물의 저장·취급 및 운반은 시·도조례에 의해 규제한다.

② 항공기에 의한 위험물의 저장·취급 및 운반은 위험물안전관리법의 규제대상이 아니다.

③ 궤도에 의한 위험물의 저장·취급 및 운반은 위험물안전관리법의 규제대상이 아니다.

④ 선박법의 선박에 의한 위험물의 저장·취급 및 운반은 위험물안전관리법의 규제대상이 아니다.

풀이　① 지정수량 미만 위험물의 저장·취급은 시·도조례에 의해 규제하지만 운반은 지정수량 미만이라 하더라도 위험물안전관리법의 규제를 받는다.

정답 ①

예제 3 다음 중 위험물저장소의 종류에 해당하지 않는 것은?

① 옥내저장소　　　　　　　　　② 옥외탱크저장소

③ 이동탱크저장소　　　　　　　④ 이송저장소

풀이　저장소의 종류는 다음과 같다.
1) 옥내저장소
2) 옥외탱크저장소
3) 옥내탱크저장소
4) 지하탱크저장소
5) 간이탱크저장소
6) 이동탱크저장소
7) 옥외저장소
8) 암반탱크저장소

정답 ④

예제 4 옥외저장소에 저장할 수 없는 위험물은?

① 제2류 위험물 중 황
② 제4류 위험물 중 가솔린
③ 제6류 위험물
④ 국제해상위험물규칙(IMDG Code)에 적합한 용기에 수납된 위험물

풀이 옥외저장소에 저장할 수 있는 제4류 위험물 중 제1석유류는 인화점 0℃ 이상의 조건을 만족해야 하는데 제1석유류에 해당하는 가솔린의 인화점은 −43~−38℃이므로 옥외저장소에 저장할 수 없다.

정답 ②

예제 5 다음 중 위험물취급소의 종류에 해당하지 않는 것은?

① 이송취급소　　　　　　　　② 옥외취급소
③ 판매취급소　　　　　　　　④ 일반취급소

풀이 취급소의 종류는 다음과 같다.
1) 이송취급소
2) 주유취급소
3) 일반취급소
4) 판매취급소

정답 ②

1-3 위험물제조소등 시설 및 설비의 신고

(1) 시·도지사에게 신고해야 하는 경우

① 제조소등의 위치·구조 또는 설비의 변경 없이 위험물의 품명·수량 또는 지정수량의 배수를 변경하고자 하는 자 : 변경하고자 하는 날의 1일 전까지 신고

② 제조소등의 설치자의 지위를 승계한 자 : 승계한 날부터 30일 이내에 신고

③ 제조소등의 용도를 폐지한 때 : 제조소등의 용도를 폐지한 날부터 14일 이내에 신고

(2) 허가나 신고 없이 제조소등을 설치하거나 위치·구조 또는 설비를 변경할 수 있고 위험물의 품명·수량 또는 지정수량의 배수를 변경할 수 있는 경우

① 주택의 난방시설(공동주택의 중앙난방시설을 제외한다)을 위한 **저장소** 또는 **취급소**

② 농예용·축산용 또는 수산용으로 필요한 난방시설 또는 건조시설을 위한 **지정수량 20배 이하의 저장소**

1-4 위험물안전관리자

01 자격의 기준

(1) 위험물을 취급할 수 있는 자

위험물취급자격자의 구분	취급할 수 있는 위험물
위험물기능장, 위험물산업기사, 위험물기능사	모든 위험물
안전관리자 교육이수자	제4류 위험물
3년 이상의 소방공무원 경력자	제4류 위험물

(2) 제조소등의 종류 및 규모에 따라 선임하는 안전관리자의 자격

안전관리자의 선임을 위한 위험물기능사의 실무경력은 위험물기능사를 취득한 날로부터 2년 이상으로 한다.

1) 제조소

제조소의 규모	선임하는 안전관리자의 자격
1. 제4류 위험물만을 취급하는 것으로서 지정수량 5배 이하의 것	위험물기능장, 위험물산업기사, 위험물기능사, 안전관리자 교육이수자 또는 3년 이상의 소방공무원 경력자
2. 제1호에 해당하지 아니하는 것	위험물기능장, 위험물산업기사 또는 2년 이상 경력의 위험물기능사

2) 취급소

취급소의 규모		선임하는 안전관리자의 자격
주유취급소		위험물기능장, 위험물산업기사, 위험물기능사, 안전관리자 교육이수자 또는 3년 이상의 소방공무원 경력자
판매취급소	제4류 위험물만으로서 지정수량 5배 이하	
	제1석유류·알코올류·제2석유류·제3석유류·제4석유류·동식물유류만을 취급하는 것	
제4류 위험물만을 취급하는 일반취급소로서 지정수량 10배 이하의 것		
제2석유류·제3석유류·제4석유류·동식물유류만을 취급하는 일반취급소로서 지정수량 20배 이하의 것		
농어촌 전기공급사업촉진법에 따라 설치된 자가발전시설에 사용되는 위험물을 취급하는 일반취급소		
그 밖의 경우에 해당하는 취급소		위험물기능장, 위험물산업기사 또는 2년 이상의 실무경력이 있는 위험물기능사

3) 저장소

저장소의 규모		선임하는 안전관리자의 자격
옥내 저장소	제4류 위험물만으로서 지정수량 5배 이하	위험물기능장, 위험물산업기사, 위험물 기능사, 안전관리자 교육이수자 또는 3년 이상의 소방공무원 경력자
	알코올류·제2석유류·제3석유류·제4석유류· 동식물유류만으로서 지정수량 40배 이하	
옥외 탱크 저장소	제4류 위험물만으로서 지정수량 5배 이하	
	제2석유류·제3석유류·제4석유류·동식물유 류만으로서 지정수량 40배 이하	
옥내 탱크 저장소	제4류 위험물만을 저장하는 것으로서 지정수 량 5배 이하의 것	
	제2석유류·제3석유류·제4석유류·동식물유 류만을 저장하는 것	
지하 탱크 저장소	제4류 위험물만을 저장하는 것으로서 지정수 량 40배 이하의 것	
	제1석유류·알코올류·제2석유류·제3석유류· 제4석유류·동식물유류만을 저장하는 것으로 서 지정수량 250배 이하의 것	
간이탱크저장소로서 제4류 위험물만을 저장하는 것		
옥외저장소 중 제4류 위험물만을 저장하는 것으로서 지정수량의 40배 이하의 것		
그 밖의 경우에 해당하는 저장소		위험물기능장, 위험물산업기사 또는 2년 이상 경력의 위험물기능사

02 선임 및 해임의 기준

(1) 안전관리자의 선임 및 해임의 신고기간

① 안전관리자가 해임되거나 퇴직한 때에는 해임되거나 퇴직한 날부터 **30일 이내에 다시 안전관리자를 선임**하여야 한다.

② 안전관리자를 선임한 때에는 **14일 이내**에 소방본부장 또는 소방서장에게 **신고**하여야 한다.

③ 안전관리자가 해임되거나 퇴직한 경우에는 소방본부장이나 소방서장에게 그 사실을 알려 해임 및 퇴직 사실을 확인받을 수 있다.

④ 안전관리자가 일시적으로 직무를 수행할 수 없거나 안전관리자의 해임 또는 퇴직과 동시에 다른 안전관리자를 선임하지 못하는 경우에는 **대리자를 지정하여 30일 이내로만 대행**하게 하여야 한다.

📖 **안전관리자 대리자의 자격**

> 1) 안전교육을 받은 자
> 2) 제조소등의 위험물안전관리 업무에 있어서 안전관리자를 지휘·감독하는 직위에 있는 자

(2) 안전관리자의 중복 선임

다수의 제조소등을 동일인이 설치한 경우에는 다음의 경우에 대해 1인의 안전관리자를 중복하여 선임할 수 있다.

① 보일러, 버너 또는 이와 비슷한 것으로서 위험물을 소비하는 장치로 이루어진 7개 이하의 일반취급소와 그 일반취급소에 공급하기 위한 위험물을 저장하는 저장소(일반취급소 및 저장소가 모두 동일구내(같은 건물 안 또는 같은 울타리 안)에 있는 경우에 한한다)를 동일인이 설치한 경우

② 위험물을 차량에 고정된 탱크 또는 운반용기에 옮겨 담기 위한 5개 이하의 일반취급소(일반취급소 간의 거리(보행거리)가 300m 이내인 경우에 한한다)와 그 일반취급소에 공급하기 위한 위험물을 저장하는 저장소를 동일인이 설치한 경우

③ 동일구내에 있거나 상호 100m 이내의 거리에 있는 저장소를 동일인이 설치한 장소로서 다음의 종류에 해당하는 경우

    ㉠ 10개 이하의 옥내저장소

    ㉡ 30개 이하의 옥외탱크저장소

    ㉢ 옥내탱크저장소

    ㉣ 지하탱크저장소

    ㉤ 간이탱크저장소

    ㉥ 10개 이하의 옥외저장소

    ㉦ 10개 이하의 암반탱크저장소

④ 다음 기준에 모두 적합한 5개 이하의 제조소등을 동일인이 설치한 경우

    ㉠ 각 제조소등이 동일구내에 위치하거나 상호 100m 이내의 거리에 있을 것

    ㉡ 각 제조소등에서 저장 또는 취급하는 위험물의 최대수량이 지정수량의 3천배 미만일 것(단, 저장소의 경우에는 그러하지 아니하다)

예제 1 위험물 관련 신고 및 선임에 관한 사항으로 옳지 않은 것은?

① 제조소의 위치·구조 변경 없이 위험물의 품명 변경 시는 변경하고자 하는 날의 7일 이전까지 신고하여야 한다.

② 제조소 설치자의 지위를 승계한 자는 승계한 날로부터 30일 이내에 신고하여야 한다.

③ 제조소등의 용도를 폐지한 때에는 제조소등의 용도를 폐지한 날부터 14일 이내에 신고하여야 한다.

④ 위험물안전관리자가 퇴직한 경우는 퇴직일로부터 30일 이내에 선임하여야 한다.

풀이 위험물시설의 신고 및 선임은 다음의 기준으로 한다.
1) 제조소등의 위치·구조 또는 설비의 변경 없이 위험물의 품명·수량 또는 지정수량의 배수를 변경하고자 하는 자는 변경하고자 하는 날의 1일 전까지 시·도지사에게 신고하여야 한다.
2) 제조소등의 설치자의 지위를 승계한 자는 승계한 날부터 30일 이내에 시·도지사에게 신고하여야 한다.
3) 제조소등의 용도를 폐지한 때에는 제조소등의 용도를 폐지한 날부터 14일 이내에 시·도지사에게 신고하여야 한다.
4) 위험물안전관리자가 선임한 경우는 선임일로부터 14일 이내에 소방본부장 또는 소방서장에게 신고하여야 한다.
5) 위험물안전관리자가 퇴직한 경우는 퇴직일로부터 30일 이내에 선임하여야 한다.

정답 ①

예제 2 허가 없이 제조소등을 설치·변경할 수 있고 신고 없이 위험물의 품명·수량 또는 지정수량의 배수를 변경할 수 있는 대상이 아닌 것은?

① 주택의 난방시설(공동주택의 중앙난방시설을 제외)을 위한 저장소

② 농예용·축산용으로 필요한 난방 또는 건조시설을 위한 지정수량 20배 이하의 저장소

③ 주택의 난방시설(공동주택의 중앙난방시설을 제외)을 위한 취급소

④ 수산용으로 필요한 난방시설 또는 건조시설을 위한 지정수량 20배 이하의 취급소

풀이 ④ 수산용으로 필요한 난방시설 또는 건조시설을 위한 지정수량 20배 이하의 저장소가 대상이며 취급소는 대상이 아니다.
다음에 해당하는 제조소등의 경우에는 허가를 받지 않고 제조소등을 설치하거나 위치·구조 또는 설비를 변경할 수 있고 신고를 하지 아니하고 위험물의 품명·수량 또는 지정수량의 배수를 변경할 수 있다.
1) 주택의 난방시설(공동주택의 중앙난방시설을 제외한다)을 위한 저장소 또는 취급소
2) 농예용·축산용 또는 수산용으로 필요한 난방시설 또는 건조시설을 위한 지정수량 20배 이하의 저장소

정답 ④

예제 3 다음 중 잘못된 설명은 무엇인가?

① 위험물기능사를 취득했지만 경력이 없는 사람도 주유취급소의 위험물안전 관리자로 선임을 할 수 있다.

② 위험물기능사 취득 후 경력 1년인 사람은 제4류 위험물을 지정수량의 10배로 취급하는 제조소의 위험물안전관리자로 선임을 할 수 있다.

③ 위험물기능장을 취득했지만 경력이 없는 사람도 제4류 위험물을 지정수량의 10배로 취급하는 제조소의 위험물안전관리자로 선임을 할 수 있다.

④ 소방공무원 경력 5년인 사람은 제4류 위험물을 지정수량의 5배로 취급하는 제조소의 위험물안전관리자로 선임을 할 수 있다.

풀이 ① 주유취급소의 위험물안전관리자 선임은 위험물기능사만 취득하면 가능하다.
② 지정수량의 5배를 초과하는 제조소의 위험물안전관리자로 선임을 할 수 있는 경우는 위험물기능사 취득 후 경력 2년 이상을 충족하여야 한다.
③ 위험물산업기사 또는 위험물기능장은 어떠한 조건에서도 위험물안전관리자로 선임할 수 있다.
④ 소방공무원 경력 3년 이상인 자는 제4류 위험물을 지정수량의 5배 이하로 취급하는 제조소의 위험물안전관리자로 선임할 수 있다.

정답 ②

예제 4 다음 중 위험물취급자격자에 해당하지 않는 사람은 누구인가?

① 안전관리자교육이수자   ② 위험물기능사

③ 소방공무원 경력 2년인 자   ④ 위험물산업기사

풀이 위험물취급자격자는 다음과 같다.
1) 위험물기능장, 위험물산업기사, 위험물기능사의 자격자
2) 안전관리자교육이수자
3) 소방공무원으로 근무한 경력이 3년 이상인 자

정답 ③

예제 5 위험물안전관리자가 해임되거나 퇴직한 경우 위험물제조소등의 관계인이 조치해야 할 사항은?

① 해임 또는 퇴직일로부터 7일 이내에 소방본부장이나 소방서장에게 반드시 신고해야 한다.

② 해임 또는 퇴직일로부터 14일 이내에 소방본부장이나 소방서장에게 반드시 신고해야 한다.

③ 해임 또는 퇴직일로부터 30일 이내에 소방본부장이나 소방서장에게 반드시 신고해야 한다.

④ 해임 또는 퇴직한 경우에는 소방본부장이나 소방서장에게 그 사실을 알려 해임 및 퇴직 사실을 확인받을 수 있다.

풀이 위험물안전관리자가 해임 또는 퇴직한 경우에는 소방본부장이나 소방서장에게 그 사실을 알려 해임 및 퇴직 사실을 확인받을 수 있게 되었다.

정답 ④

예제 6 위험물안전관리자를 선임한 때에는 며칠 이내에 신고를 하여야 하는가?

① 14일　　　　　　　　　② 15일

③ 20일　　　　　　　　　④ 30일

풀이 위험물안전관리자를 선임한 때에는 14일 이내에 소방본부장이나 소방서장에게 신고하여야 한다.

정답 ①

예제 7 동일구내에 있는 다수의 저장소들을 동일인이 설치한 경우 1인의 위험물안전관리자를 중복하여 선임할 수 있는 경우에 해당하지 않는 것은?

① 10개의 옥내저장소　　　　② 35개의 옥외탱크저장소

③ 10개의 지하탱크저장소　　　④ 10개의 옥외저장소

풀이 동일구내에 있는 다수의 저장소들을 동일인이 설치한 경우 1인의 위험물안전관리자를 중복하여 선임할 수 있는 경우는 다음과 같다.
1) 10개 이하의 옥내저장소
2) 30개 이하의 옥외탱크저장소
3) 옥내탱크저장소
4) 지하탱크저장소
5) 간이탱크저장소
6) 10개 이하의 옥외저장소
7) 10개 이하의 암반탱크저장소

정답 ②

1-5 자체소방대

(1) 자체소방대의 설치기준 《실기에도 잘 나와요!》

제4류 위험물을 지정수량의 **3천배 이상** 취급하는 제조소 및 **일반취급소**와 50만배 이상 저장하는 옥외탱크저장소에 설치한다.

(2) 자체소방대에 두는 화학소방자동차와 자체소방대원의 수의 기준 《실기에도 잘 나와요!》

사업소의 구분	화학소방자동차의 수	자체소방대원의 수
지정수량의 3천배 이상 12만배 미만으로 취급하는 제조소 또는 일반취급소	1대	5인
지정수량의 12만배 이상 24만배 미만으로 취급하는 제조소 또는 일반취급소	2대	10인
지정수량의 24만배 이상 48만배 미만으로 취급하는 제조소 또는 일반취급소	3대	15인
지정수량의 48만배 이상으로 취급하는 제조소 또는 일반취급소	4대	20인
지정수량의 50만배 이상으로 저장하는 옥외탱크저장소	2대	10인

(3) 화학소방자동차(소방차)에 갖추어야 하는 소화능력 및 설비의 기준

소방차의 구분	소화능력 및 설비의 기준
포수용액방사차	포수용액의 방사능력이 매분 2,000L 이상일 것
	소화약액탱크 및 소화약액혼합장치를 비치할 것
	10만L 이상의 포수용액을 방사할 수 있는 양의 소화약제를 비치할 것
분말방사차	분말의 방사능력이 매초 35kg 이상일 것
	분말탱크 및 가압용 가스설비를 비치할 것
	1,400kg 이상의 분말을 비치할 것
할로젠화합물방사차	할로젠화합물의 방사능력이 매초 40kg 이상일 것
	할로젠화합물탱크 및 가압용 가스설비를 비치할 것
	1,000kg 이상의 할로젠화합물을 비치할 것
이산화탄소방사차	이산화탄소의 방사능력이 매초 40kg 이상일 것
	이산화탄소 저장용기를 비치할 것
	3,000kg 이상의 이산화탄소를 비치할 것
제독차	가성소다 및 규조토를 각각 50kg 이상 비치할 것

※ 포수용액을 방사하는 화학소방자동차의 대수는 화학소방자동차 대수의 3분의 2 이상으로 하여야 한다.

예제 1 취급하는 제4류 위험물의 수량이 지정수량의 30만배인 일반취급소가 있는 사업장에 자체소방대를 설치함에 있어서 전체 화학소방차 중 포수용액을 방사하는 화학소방차 는 몇 대 이상 두어야 하는가?

① 필수적인 것은 아니다. ② 1대
③ 2대 ④ 3대

풀이 포수용액을 방사하는 화학소방자동차의 대수는 화학소방자동차의 대수의 3분의 2 이상 으로 하여야 한다. 문제의 조건이 지정수량의 30만배이므로 필요한 화학소방자동차의 대수는 3대인데, 그 중 포수용액을 방사하는 화학소방차는 전체 대수의 3분의 2 이상 으로 해야 하므로 3대 중 3분의 2 이상은 2대 이상이 되는 것이다.

정답 ③

예제 2 위험물제조소등에 자체소방대를 두어야 할 대상의 위험물안전관리법령상 기준으로 옳은 것은? (단, 원칙적인 경우에 한한다.)

① 지정수량 3,000배 이상의 위험물을 저장하는 저장소 또는 제조소
② 지정수량 3,000배 이상의 위험물을 취급하는 제조소 또는 일반취급소
③ 지정수량 3,000배 이상의 제4류 위험물을 저장하는 저장소 또는 제조소
④ 지정수량 3,000배 이상의 제4류 위험물을 취급하는 제조소 또는 일반취급소

풀이 자체소방대를 설치해야 하는 기준 : 제4류 위험물을 지정수량의 3천배 이상 취급하는 제조소 또는 일반취급소

정답 ④

1-6 위험물의 운반과 운송 및 벌칙기준 등

01 위험물의 운반

(1) 위험물운반자

① 운반용기에 수납된 위험물을 지정수량 이상으로 차량에 적재하여 **운반하는 차량의 운전자**

② 위험물 분야의 자격 취득 또는 위험물 운반과 관련된 교육을 수료할 것

(2) 위험물 운반기준

용기 · 적재방법 및 운반방법에 관한 중요기준과 세부기준에 따라 행하여야 한다.

① 중요기준 : 위반 시 직접적으로 화재를 일으킬 가능성이 큰 경우로 행정안전부령이 정하는 기준

② 세부기준 : 위반 시 중요기준보다 상대적으로 적은 영향을 미치거나 간접적으로 화재를 일으킬 수 있는 경우 및 위험물의 안전관리에 필요한 표시와 서류 · 기구 등의 비치에 관한 행정안전부령이 정하는 기준

(3) 위험물 운반용기 검사

① 운반용기를 제작하거나 수입한 자 등의 신청에 따라 시 · 도지사가 검사한다.

② 기계에 의해 하역하는 구조로 된 대형 운반용기로서 행정안전부령이 정하는 것을 제작하거나 수입한 자 등은 용기를 사용하거나 유통시키기 전에 시 · 도지사가 실시하는 검사를 받아야 한다.

02 위험물의 운송

(1) 위험물운송자

① 이동탱크저장소에 의하여 위험물을 운송하는 자로 **운송책임자** 및 **이동탱크저장소 운전자**

② 위험물 분야의 자격 취득 또는 위험물 운송과 관련된 교육을 수료할 것

(2) 위험물 운송기준

① 운전자를 2명 이상으로 하는 경우

　㉠ **고속국도에서 340km 이상에 걸치는 운송을 하는 경우**

　㉡ 일반도로에서 200km 이상에 걸치는 운송을 하는 경우

② 운전자를 1명으로 할 수 있는 경우

　㉠ 운송책임자를 동승시킨 경우

ⓛ 제2류 위험물, 제3류 위험물(칼슘 또는 알루미늄의 탄화물에 한한다) 또는 제4류
    위험물(특수인화물 제외)을 운송하는 경우

   ⓒ 운송 도중에 2시간 이내마다 20분 이상씩 휴식하는 경우

 ③ 위험물안전카드를 휴대해야 하는 위험물 🗨실기에도 잘 나와요!

   ⊙ 제4류 위험물 중 특수인화물 및 제1석유류

   ⓛ 제1류·제2류·제3류·제5류·제6류 위험물 전부

(3) 운송책임자

 ① 운송책임자의 자격요건

   ⊙ 위험물 국가기술자격을 취득하고 관련 업무에 1년 이상 종사한 경력이 있는 자

   ⓛ 위험물의 운송에 관한 안전교육을 수료하고 관련 업무에 2년 이상 종사한 경력이
    있는 자

 ② 운송 시 운송책임자의 감독·지원을 받아야 하는 위험물 🗨실기에도 잘 나와요!

   ⊙ 알킬알루미늄

   ⓛ 알킬리튬

03 벌칙기준

(1) 제조소등에서 위험물의 유출·방출 또는 확산 시 벌칙

 ① 사람의 생명·신체 또는 재산에 대하여 위험을 발생시킨 자 : 1년 이상 10년 이하의 징역

 ② 사람을 상해에 이르게 한 때 : 무기 또는 3년 이상의 징역

 ③ 사람을 사망에 이르게 한 때 : 무기 또는 5년 이상의 징역

(2) 업무상 과실로 인해 제조소등에서 위험물의 유출·방출 또는 확산 시 벌칙

 ① 사람의 생명·신체 또는 재산에 대하여 위험을 발생시킨 자 : 7년 이하의 금고 또는
  7천만원 이하의 벌금

 ② 사람을 사상에 이르게 한 자 : 10년 이하의 징역 또는 금고나 1억원 이하의 벌금

(3) 설치허가를 받지 아니하거나 허가받지 아니한 장소에서 위험물 취급 시 벌칙

 ① 제조소등의 설치허가를 받지 아니하고 제조소등을 설치한 자 : 5년 이하의 징역 또는
  1억원 이하의 벌금

 ② 저장소 또는 제조소등이 아닌 장소에서 지정수량 이상의 위험물을 저장 또는 취급한 자
  : 3년 이하의 징역 또는 3천만원 이하의 벌금

(4) 1년 이하의 징역 또는 1천만원 이하의 벌금에 해당하는 벌칙 🗨실기에도 잘 나와요!

 ① 탱크시험자로 등록하지 아니하고 탱크시험자의 업무를 한 자

② 정기점검을 하지 아니하거나 정기검사를 받지 아니한 자

③ 자체소방대를 두지 아니한 자

④ 운반용기의 검사를 받지 아니하고 사용 또는 유통시킨 자

⑤ 출입·검사 등의 명령을 위반한 위험물을 저장 또는 취급하는 장소의 관계인

⑥ 제조소등에 긴급 사용정지·제한명령을 위반한 자

04 제조소등 설치허가의 취소와 사용정지 등

시·도지사는 다음에 해당하는 때에는 허가를 취소하거나 6월 이내의 기간을 정하여 제조소등의 전부 또는 일부의 사용정지를 명할 수 있다.

① **수**리·개조 또는 이전의 명령을 위반한 때

② 저장·취급 기준 **준**수명령을 위반한 때

③ **완**공검사를 받지 아니하고 제조소등을 사용한 때

④ 위험물안**전**관리자를 선임하지 아니한 때

⑤ **변경**허가를 받지 아니하고 제조소등의 위치, 구조 또는 설비를 변경한 때

⑥ **대**리자를 지정하지 아니한 때

⑦ **정**기점검을 실시하지 아니한 때

⑧ 정기**검**사를 받지 아니한 때

톡톡 튀는 암기법 수준 완전 변경 대정검(수준 완전 변변하네 대장금)

05 제조소등에 대한 행정처분기준

위반사항	행정처분기준		
	1차	2차	3차
수리·개조 또는 이전의 명령에 위반한 때	사용정지 30일	사용정지 90일	허가취소
저장·취급 기준 준수명령을 위반한 때	사용정지 30일	사용정지 60일	허가취소
완공검사를 받지 아니하고 제조소등을 사용한 때	사용정지 15일	사용정지 60일	허가취소
위험물안전관리자를 선임하지 아니한 때			
변경허가를 받지 아니하고 제조소등의 위치, 구조 또는 설비를 변경한 때	경고 또는 사용정지 15일	사용정지 60일	허가취소
대리자를 지정하지 아니한 때	사용정지 10일	사용정지 30일	허가취소
정기점검을 하지 아니한 때			
정기검사를 받지 아니한 때			

예제 1 이동탱크저장소에 의한 위험물의 운송 시 준수하여야 하는 기준에서 다음 중 어떤 위험물을 운송할 때 위험물운송자는 위험물안전카드를 휴대하여야 하는가?

① 특수인화물 및 제1석유류 ② 알코올류 및 제2석유류

③ 제3석유류 및 동식물유류 ④ 제4석유류

풀이 위험물 운송 시 위험물안전카드를 휴대해야 하는 위험물은 전체 유별이 적용되지만 제4류 위험물의 경우 특수인화물과 제1석유류만 해당된다.

정답 ①

예제 2 운송 시 운송책임자의 감독·지원을 받아야 하는 위험물은 어느 것인가?

① 특수인화물 및 제1석유류 ② 알킬알루미늄 및 알킬리튬

③ 황린과 적린 ④ 과산화수소와 질산

풀이 운송 시 운송책임자의 감독·지원을 받아야 하는 위험물은 알킬알루미늄 및 알킬리튬이다.

정답 ②

예제 3 제조소등에서 위험물을 유출·방출 또는 확산시켜 사람을 상해에 이르게 한 경우의 벌칙에 관한 기준에 해당하는 것은 무엇인가?

① 3년 이상 10년 이하의 징역 ② 무기 또는 10년 이하의 징역

③ 무기 또는 3년 이상의 징역 ④ 무기 또는 5년 이상의 징역

풀이 제조소등에서 위험물을 유출·방출 또는 확산시켜 사람을 상해에 이르게 한 때에는 무기 또는 3년 이상의 징역에 처하며, 사망에 이르게 한 때에는 무기 또는 5년 이상의 징역에 처한다.

정답 ③

예제 4 제조소등의 관계인에게 제조소등의 허가취소 또는 사용정지처분을 할 수 있는 사유가 아닌 것은?

① 변경허가를 받지 아니하고 제조소등의 위치, 구조 또는 설비를 변경한 때

② 수리, 개조 또는 이전의 명령을 위반한 때

③ 정기점검을 하지 아니한 때

④ 출입검사를 정당한 사유 없이 거부한 때

풀이 시·도지사가 제조소등의 설치허가를 취소하거나 6개월 이내로 제조소등의 전부 또는 일부의 사용정지를 명할 수 있는 경우는 다음과 같다.

1) 변경허가를 받지 아니하고 제조소등의 위치·구조 또는 설비를 변경한 때
2) 완공검사를 받지 아니하고 제조소등을 사용한 때
3) 수리·개조 또는 이전의 명령을 위반한 때
4) 위험물안전관리자를 선임하지 아니한 때
5) 대리자를 지정하지 아니한 때
6) 정기점검을 실시하지 않거나 정기검사를 받지 아니한 때
7) 저장·취급 기준 준수명령을 위반한 때

정답 ④

1-7 탱크의 내용적 및 공간용적

01 탱크의 내용적

탱크의 내용적은 탱크 전체의 용적(부피)을 말한다.

(1) 타원형 탱크의 내용적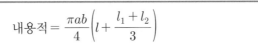

① 양쪽이 볼록한 것

$$내용적 = \frac{\pi ab}{4}\left(l + \frac{l_1 + l_2}{3}\right)$$

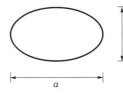
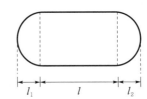

② 한쪽은 볼록하고 다른 한쪽은 오목한 것

$$내용적 = \frac{\pi ab}{4}\left(l + \frac{l_1 - l_2}{3}\right)$$

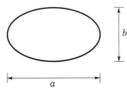
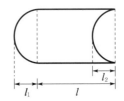

(2) 원통형 탱크의 내용적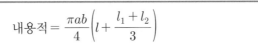

① 가로로 설치한 것

$$내용적 = \pi r^2\left(l + \frac{l_1 + l_2}{3}\right)$$

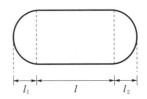

② 세로로 설치한 것

$$내용적 = \pi r^2 l$$

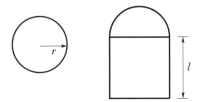

02 탱크의 공간용적

(1) 일반탱크의 공간용적 〔실기에도 잘 나와요!〕
탱크 내용적의 100분의 5 이상 100분의 10 이하로 한다.

(2) 소화설비를 설치하는 탱크의 공간용적
※ 여기서 소화설비는 소화약제 방출구를 탱크 안의 윗부분에 설치하는 것에 한한다.

해당 소화설비의 소화약제 방출구 아래의 **0.3m 이상 1m 미만** 사이의 면으로부터 윗부분의 용적을 공간용적으로 한다.

(3) 암반탱크의 공간용적
해당 탱크 내에 용출하는 **7일간의 지하수의 양**에 상당하는 용적과 그 **탱크 내용적의 100분의 1의 용적** 중에서 **보다 큰 용적**을 공간용적으로 한다.

03 탱크의 최대용량 〔실기에도 잘 나와요!〕

탱크의 최대용량은 다음과 같이 구한다.

$$탱크의\ 최대용량 = 탱크의\ 내용적 - 탱크의\ 공간용적$$

예제 1 탱크 내용적이란 무엇을 말하는가?

① 탱크 전체의 용적을 말한다.
② 탱크의 최대용적에 110%를 곱한 양을 말한다.
③ 탱크의 최대용적에서 공간용적을 뺀 양을 말한다.
④ 탱크의 공간용적에 110%를 곱한 양을 말한다.

풀이 탱크 내용적이란 탱크 전체의 용적(부피)을 말한다.

정답 ①

예제 2 세로로 세워진 탱크에서 공간용적이 10%일 경우 탱크의 용량은? (단, $r = 2m$, $l = 10m$이다.)

① $113.04m^3$　　　　　　　　② $124.34m^3$

③ $129.06m^3$　　　　　　　　④ $138.16m^3$

풀이 탱크 내용적에서 공간용적이 10%이므로 탱크 용량은 탱크 내용적의 90%이다.

∴ 탱크 용량 $= \pi \times 2^2 \times 10 \times 0.9 = 113.04m^3$

정답 ①

예제 3 다음은 위험물을 저장하는 탱크의 공간용적 산정기준이다. ( ) 안에 들어갈 수치로 옳은 것은?

> 위험물을 저장·취급하는 탱크의 공간용적은 탱크 내용적의 (A) 이상 (B)
> 이하의 용적으로 한다. 단, 소화설비(소화약제 방출구를 탱크 안의 윗부분에 설치
> 하는 것에 한한다)를 설치하는 탱크의 공간용적은 그 소화설비의 소화약제
> 방출구 아래의 (C)m 이상 (D)m 미만 사이 면으로부터 윗부분의 용적으로 한다.

① A : 3/100, B : 10/100, C : 0.5, D : 1.5

② A : 5/100, B : 5/100, C : 0.5, D : 3

③ A : 5/100, B : 10/100, C : 0.3, D : 1.5

④ A : 5/100, B : 10/100, C : 0.3, D : 1

풀이 탱크의 공간용적은 다음의 기준으로 한다.
1) 일반탱크의 공간용적 : 탱크의 내용적의 100분의 5 이상 100분의 10 이하
2) 소화설비(소화약제 방출구를 탱크 안의 윗부분에 설치하는 것에 한한다)를 설치하는 탱크의 공간용적 : 그 소화설비의 소화약제 방출구 아래의 0.3m 이상 1m 미만 사이의 면으로부터 윗부분의 용적으로 한다.

정답 ④

예제 4 내용적이 20,000L인 옥내저장탱크에 대하여 저장 또는 취급의 허가를 받을 수 있는 최대용량은?

① 18,000L　　　　　　　　② 19,000L

③ 19,400L　　　　　　　　④ 20,000L

풀이 탱크의 공간용적 : 탱크 내용적의 100분의 5 이상 100분의 10 이하
탱크의 용량 : 탱크 내용적의 90% 이상 95% 이하
탱크의 최대용량은 공간용적이 최소가 되는 경우이므로 탱크 내용적의 95%를 적용해야 탱크의 최대용량이 된다.
∴ 20,000L × 0.95 = 19,000L

정답 ②

1-8　예방규정과 정기점검 및 정기검사

01　예방규정

(1) 예방규정의 정의

제조소등의 화재예방과 화재 등의 재해발생 시 비상조치를 위하여 필요한 사항을 작성해 놓은 규정을 말한다.

(2) 예방규정을 정해야 하는 제조소등

① 지정수량의 10배 이상의 위험물을 취급하는 제조소

② 지정수량의 100배 이상의 위험물을 저장하는 옥외저장소

③ 지정수량의 150배 이상의 위험물을 저장하는 옥내저장소

④ 지정수량의 200배 이상의 위험물을 저장하는 옥외탱크저장소

⑤ 암반탱크저장소

⑥ 이송취급소

⑦ 지정수량의 10배 이상의 위험물을 취급하는 일반취급소

02　정기점검

(1) 정기점검의 정의

제조소등이 자체적으로 기술수준에 적합한지의 여부를 정기적으로 점검하고 결과를 기록·보존하는 것을 말한다.

(2) 정기점검의 대상이 되는 제조소등

① 예방규정대상에 해당하는 것

② 지하탱크저장소

③ 이동탱크저장소

④ 위험물을 취급하는 탱크로서 지하에 매설된 탱크가 있는 제조소, 주유취급소 또는 일반취급소

(3) 정기점검의 횟수

연 1회 이상으로 한다.

03 정기검사

(1) 정기검사의 정의

소방본부장 또는 소방서장으로부터 제조소등이 기술수준에 적합한지 여부를 정기적으로 검사받는 것을 말한다.

(2) 정기검사의 대상이 되는 제조소등

특정·준특정 옥외탱크저장소(위험물을 저장 또는 취급하는 50만L 이상의 옥외탱크저장소)

예제 1 예방규정을 정해야 하는 제조소등의 사항으로 틀린 것은?

① 지정수량의 10배 이상의 위험물을 취급하는 제조소
② 지정수량의 200배 이상의 위험물을 저장하는 옥내저장소
③ 암반탱크저장소
④ 이송취급소

풀이 ② 예방규정의 대상이 되는 옥내저장소는 지정수량의 150배 이상의 위험물을 저장하는 경우이다.

정답 ②

예제 2 다음 중 정기점검대상이 아닌 것은 무엇인가?

① 암반탱크저장소
② 이송취급소
③ 옥내탱크저장소
④ 이동탱크저장소

풀이 ③ 옥내탱크저장소는 정기점검대상에 해당하지 않는다.

정답 ③

1-9 업무의 위탁

(1) 한국소방산업기술원이 시·도지사로부터 위탁받아 수행하는 업무

① 탱크 안전성능검사
② 완공검사
③ 소방본부장 또는 소방서장의 정기검사

④ 시·도지사의 운반용기검사

⑤ 소방청장의 권한 중 탱크시험자의 기술인력으로 종사하는 자에 대한 안전교육

📖 **탱크 안전성능검사 및 완공검사의 위탁업무에 해당하는 기준**

> 1) 탱크 안전성능검사의 위탁업무에 해당하는 탱크
>   ㉠ 100만L 이상인 액체 위험물 저장탱크
>   ㉡ 암반탱크
>   ㉢ 지하저장탱크 중 이중벽의 위험물탱크
> 2) 완공검사의 위탁업무에 해당하는 제조소등
>   ㉠ 지정수량 1천배 이상의 위험물을 취급하는 제조소 또는 일반취급소
>   ㉡ 50만L 이상의 옥외탱크저장소
>   ㉢ 암반탱크저장소

(2) 한국소방안전원이 소방청장으로부터 위탁받아 수행하는 업무

한국소방안전원이 소방청장으로부터 위탁받아 수행하는 업무는 안전교육이며, 그 세부 내용은 다음과 같다.

1) 안전교육대상자

① 안전관리자로 선임된 자
② 탱크시험자의 기술인력으로 종사하는 자
③ 위험물운반자로 종사하는 자
④ 위험물운송자로 종사하는 자

2) 안전교육 과정 및 시간

교육과정	교육대상자	교육시간	교육시기	교육기관
강습교육	안전관리자가 되려는 사람	24시간	최초 선임되기 전	
	위험물운반자가 되려는 사람	8시간	최초 종사하기 전	
	위험물운송자가 되려는 사람	16시간	최초 종사하기 전	
실무교육	안전관리자	8시간 이내	1. 제조소등의 안전관리자로 선임된 날부터 6개월 이내 2. 신규교육을 받은 후 2년마다 1회	한국소방안전원
	위험물운반자	4시간	1. 위험물운반자로 종사한 날부터 6개월 이내 2. 신규교육을 받은 후 3년마다 1회	
	위험물운송자	8시간 이내	1. 위험물운송자로 종사한 날부터 6개월 이내 2. 신규교육을 받은 후 3년마다 1회	
	탱크시험자의 기술인력	8시간 이내	1. 탱크시험자의 기술인력으로 등록한 날부터 6개월 이내 2. 신규교육을 받은 후 2년마다 1회	한국소방산업기술원

예제 1 한국소방산업기술원이 위탁받아 수행하는 탱크 안전성능검사에 해당하지 않는 탱크는?

① 100만L 이상인 액체 위험물 저장탱크
② 암반탱크
③ 지하저장탱크 중 이중벽의 위험물탱크
④ 옥내저장탱크 중 이중벽의 위험물탱크

🖊 **풀이** 한국소방산업기술원이 위탁받아 수행하는 탱크 안전성능검사에 해당하는 탱크
1) 100만L 이상인 액체 위험물 저장탱크
2) 암반탱크
3) 지하저장탱크 중 이중벽의 위험물탱크

정답 ④

예제 2 다음 중 한국소방안전원에서 실시하는 위험물안전관리자의 실무교육은 신규 교육을 받은 후 몇 년마다 1회의 교육을 받아야 하는가?

① 1년   ② 2년   ③ 3년   ④ 4년

🖊 **풀이** 한국소방안전원에서 실시하는 위험물안전관리자의 교육시기는 다음과 같이 구분한다.
1) 제조소등의 안전관리자로 선임된 날부터 6개월 이내
2) 신규교육을 받은 후 2년마다 1회

정답 ②

예제 3 다음 중 한국소방산업기술원이 위탁받아 수행하는 업무에 해당하는 것은?

① 안전관리자로 선임된 자에 대한 안전교육
② 위험물운송자로 종사하는 자에 대한 안전교육
③ 탱크시험자의 기술인력으로 종사하는 자에 대한 안전교육
④ 위험물운송책임자로 종사하는 자에 대한 안전교육

🖊 **풀이** 1. 한국소방안전원이 위탁받아 수행하는 업무
1) 안전관리자로 선임된 자에 대한 안전교육
2) 위험물운송자로 종사하는 자에 대한 안전교육
2. 한국소방산업기술원이 위탁받아 수행하는 업무
– 탱크시험자의 기술인력으로 종사하는 자에 대한 안전교육

정답 ③

1-10 탱크의 검사와 시험

01 탱크 안전성능검사의 종류

① 기초·지반 검사   ② 충수·수압 검사
③ 용접부 검사   ④ 암반탱크 검사

02 탱크시험자의 기술능력과 시설 및 장비

(1) 기술능력

탱크시험자의 필수인력은 다음과 같다.

① 위험물기능장, 위험물산업기사 또는 위험물기능사 중 1명 이상
② 비파괴검사기술사 1명 이상 또는 방사선비파괴검사, 초음파비파괴검사, 자기비파괴검사 및 침투비파괴검사별로 기사 또는 산업기사 각 1명 이상

(2) 시설

탱크시험자의 필수시설은 다음과 같다.

– 전용사무실

(3) 장비

탱크시험자의 필수장비는 다음과 같다.

① 자기탐상시험기
② 초음파두께측정기
③ '방사선투과시험기 및 초음파시험기' 또는 '영상초음파시험기' 중 어느 하나

예제 1 다음 중 탱크 안전성능검사의 종류에 해당하지 않는 것은?

① 기초·지반 검사   ② 충수·수압 검사
③ 이동탱크 검사   ④ 용접부 검사

풀이 탱크 안전성능검사의 종류
1) 기초·지반 검사
2) 충수·수압 검사
3) 용접부 검사
4) 암반탱크 검사

정답 ③

예제 2 탱크시험자의 기술인력 중 필수인력에 포함되지 않는 자는?

① 위험물기능장   ② 위험물기능사
③ 비파괴검사기술사 ④ 토양오염기사

풀이 탱크시험자의 기술인력 중 필수인력에 해당하는 자는 위험물기능장, 위험물산업기사, 위험물기능사, 비파괴검사기술사, 그리고 방사선비파괴검사, 초음파비파괴검사, 자기비파괴검사 및 침투비파괴검사별로 기사 또는 산업기사이다.

정답 ④

Section 02 / 제조소, 저장소의 위치·구조 및 설비의 기준

2-1 제조소

01 안전거리

(1) 제조소의 안전거리기준 실기에도 잘 나와요!

제조소로부터 다음 건축물 또는 공작물의 외벽(외측) 사이에는 다음과 같이 안전거리를 두어야 한다.

① 주거용 건축물(제조소의 동일부지 외에 있는 것) : 10m 이상

② 학교, 병원, 극장(300명 이상), 다수인 수용시설 : 30m 이상

③ 유형문화재, 지정문화재 : 50m 이상

④ 고압가스, 액화석유가스 등의 저장·취급 시설 : 20m 이상

⑤ 사용전압이 7,000V 초과 35,000V 이하의 특고압가공전선 : 3m 이상

⑥ 사용전압이 35,000V를 초과하는 특고압가공전선 : 5m 이상

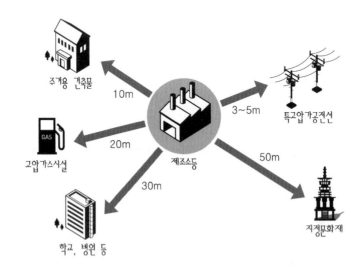

(2) 제조소등의 안전거리를 제외할 수 있는 조건

① 제6류 위험물을 취급하는 제조소, 취급소 또는 저장소

② 주유취급소

③ 판매취급소

④ 지하탱크저장소

⑤ 옥내탱크저장소

⑥ 이동탱크저장소

⑦ 간이탱크저장소

⑧ 암반탱크저장소

(3) 하이드록실아민등(하이드록실아민과 하이드록실아민염류) 제조소의 안전거리기준

하이드록실아민등을 취급하는 제조소의 안전거리는 특고압가공전선을 제외하고 다음의
공식에 의해서 결정된다.

$$D = 51.1 \times \sqrt[3]{N}$$

여기서, D : 안전거리(m)

        N : 취급하는 하이드록실아민등의 지정수량의 배수

(4) 제조소등의 안전거리를 단축할 수 있는 기준

제조소등과 주거용 건축물, 학교 및 유치원 등, 문화재의 사이에 **방화상 유효한 담**
을 설치하면 **안전거리**를 다음과 같이 **단축**할 수 있다.

① 방화상 유효한 담을 설치한 경우의 안전거리

구 분	취급하는 위험물의 최대수량 (지정수량의 배수)	안전거리(m, 이상)		
		주거용 건축물	학교, 유치원 등	문화재
제조소 · 일반취급소	10배 미만	6.5	20	35
	10배 이상	7.0	22	38
옥내저장소	5배 미만	4.0	12.0	23.0
	5배 이상 10배 미만	4.5	12.0	23.0
	10배 이상 20배 미만	5.0	14.0	26.0
	20배 이상 50배 미만	6.0	18.0	32.0
	50배 이상 200배 미만	7.0	22.0	38.0
옥외탱크저장소	500배 미만	6.0	18.0	32.0
	500배 이상 1,000배 미만	7.0	22.0	38.0
옥외저장소	10배 미만	6.0	18.0	32.0
	10배 이상 20배 미만	8.5	25.0	44.0

② 방화상 유효한 담의 높이

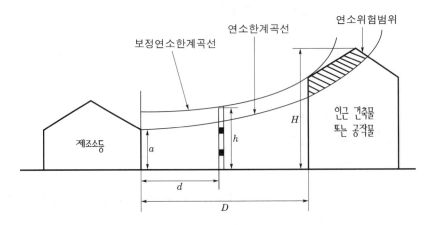

$$\bullet \ H \leq pD^2 + a \text{인 경우} : h = 2$$
$$\bullet \ H > pD^2 + a \text{인 경우} : h = H - p(D^2 - d^2)$$

여기서, D : 제조소등과 인근 건축물 또는 공작물과의 거리(m)
　　　H : 인근 건축물 또는 공작물의 높이(m)
　　　a : 제조소등의 외벽의 높이(m)
　　　d : 제조소등과 방화상 유효한 담과의 거리(m)
　　　h : 방화상 유효한 담의 높이(m)
　　　p : 상수(0.15 또는 0.04)

방화상 유효한 담의 높이는 위의 수치 이상으로 하며, 2 미만일 때에는 담의 높이를 2m로 하고 담의 높이가 4 이상일 때에는 담의 높이를 4m로 하되 적절한 소화설비를 보강하여야 한다.

예제 1 **제조소로부터 지정문화재까지의 안전거리는 최소 얼마 이상이 되어야 하는가?**

① 10m 이상　　　　　　　② 30m 이상
③ 50m 이상　　　　　　　④ 70m 이상

풀이 제조소로부터 다음 건축물 또는 공작물의 외벽(외측) 사이에는 다음과 같이 안전거리를 두어야 한다.
　　1) 주거용 건축물 : 10m 이상
　　2) 학교, 병원, 극장(300명 이상), 다수인 수용시설 : 30m 이상
　　3) 유형문화재, 지정문화재 : 50m 이상
　　4) 고압가스, 액화석유가스 등의 저장·취급 시설 : 20m 이상
　　5) 사용전압이 7,000V 초과 35,000V 이하의 특고압가공전선 : 3m 이상
　　6) 사용전압이 35,000V를 초과하는 특고압가공전선 : 5m 이상

정답 ③

예제 2 질산을 제조하는 제조소로부터 학교까지의 안전거리는 최소 얼마 이상이어야 하는가?

① 50m ② 30m
③ 20m ④ 필요 없음

풀이 제조소로부터 학교까지의 안전거리는 30m 이상이지만, 질산은 제6류 위험물이기 때문에 안전거리가 필요 없다.

정답 ④

예제 3 안전거리를 제외할 수 있는 제조소등의 종류가 아닌 것은?

① 옥외저장소 ② 주유취급소
③ 제6류 위험물을 취급하는 제조소 ④ 옥내탱크저장소

풀이 안전거리를 제외할 수 있는 제조소등은 다음과 같다.
1) 제6류 위험물을 취급하는 제조소, 취급소, 저장소
2) 주유취급소 3) 판매취급소
4) 지하탱크저장소 5) 옥내탱크저장소
6) 이동탱크저장소 7) 간이탱크저장소
8) 암반탱크저장소

정답 ①

예제 4 하이드록실아민 800kg을 제조하는 제조소로부터 학교까지의 안전거리는 얼마 이상인가? (단, 문제의 하이드록실아민은 제2종에 해당된다.)

① 25.55m ② 51.1m
③ 102.2m ④ 153.3m

풀이 제5류 위험물의 지정수량은 제1종 : 10kg, 제2종 : 100kg이다. 문제의 하이드록실아민은 제2종이므로 지정수량은 100kg이고, 800kg은 지정수량의 8배이다.
따라서, $N=8$이 되므로, 안전거리를 구하는 식은 다음과 같다.
$$D = 51.1 \times \sqrt[3]{N} = 51.1 \times \sqrt[3]{8} = 51.1 \times 2 = 102.2m$$

정답 ③

예제 5 제조소로부터 문화재 사이의 안전거리는 50m 이상이다. 이 안전거리를 지정수량의 배수에 따른 거리만큼 단축하기 위해 필요한 설비는 무엇인가?

① 보유공지 ② 옥외소화전설비
③ 소화기 ④ 방화상 유효한 담

풀이 방화상 유효한 담을 설치하면 안전거리를 단축시킬 수 있다.

정답 ④

예제 6 방화상 유효한 담을 설치하더라도 제조소의 안전거리를 단축시킬 수 없는 대상은 어느 것인가?

① 주거용 건축물 ② 학교, 유치원 등
③ 지정문화재 ④ 특고압가공전선

풀이 방화상 유효한 담을 설치한 경우의 단축시킬 수 있는 안전거리의 대상은 주거용 건축물, 학교, 유치원 등, 지정문화재만이며 고압가스 및 액화석유가스 저장·취급 시설 및 특고압가공전선은 제외한다.

정답 ④

예제 7 제조소의 안전거리를 단축기준과 관련하여 $H \leq pD^2 + a$인 경우 방화상 유효한 담의 높이(h)는 2m 이상으로 한다. 이때 a가 의미하는 것은 무엇인가?

① 제조소등과 방화상 유효한 담 사이의 거리
② 인근 건축물의 높이
③ 제조소등의 외벽의 높이
④ 제조소등과 인근 건축물 또는 공작물과의 거리

풀이 $H \leq pD^2 + a$

여기서, D : 제조소등과 인근 건축물 또는 공작물과의 거리
       H : 인근 건축물 또는 공작물의 높이
       a : 제조소등의 외벽의 높이
       p : 상수

정답 ③

02 보유공지

위험물을 취급하는 건축물(위험물 이송배관은 제외)의 주위에는 그 취급하는 위험물의 최대수량에 따라 공지(비워두어야 하는 공간 또는 부지)를 보유하여야 한다.

(1) 제조소 보유공지의 기준 〔실기에도 잘 나와요!〕

지정수량의 배수	공지의 너비
지정수량의 10배 이하	3m 이상
지정수량의 10배 초과	5m 이상

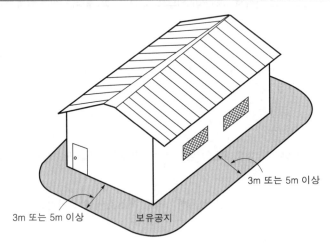

3m 또는 5m 이상
3m 또는 5m 이상
보유공지

(2) 제조소에 보유공지를 두지 않을 수 있는 경우 〔실기에도 잘 나와요!〕

제조소는 최소 3m 이상의 보유공지를 확보해야 하는데 만일 제조소와 그 인접한 장소에 다른 작업장이 있고 그 작업장과 제조소 사이에 공지를 두게 되면 작업에 지장을 초래하는 경우가 발생할 수 있다. 이때 아래의 조건을 만족하는 **방화상 유효한 격벽**

(방화벽)을 설치한 경우에는 제조소에 공지를 두지 않을 수 있다.

① 방화벽은 내화구조로 할 것(단, 제6류 위험물의 제조소라면 불연재료도 가능)

② 방화벽에 설치하는 출입구 및 창에는 **자동폐쇄식의 60분＋방화문 또는 60분 방화문**을 설치할 것

③ 방화벽의 **양단 및 상단이 외벽 또는 지붕으로부터 50cm 이상 돌출**할 것

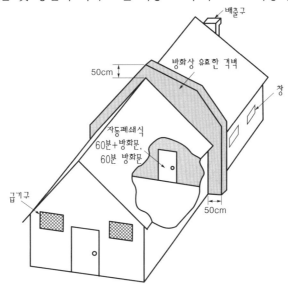

📖 방화문

1) **60분＋방화문** : 연기 및 불꽃을 차단할 수 있는 시간이 60분 이상이고, 열을 차단할 수 있는 시간이 30분 이상인 방화문
2) **60분 방화문** : 연기 및 불꽃을 차단할 수 있는 시간이 60분 이상인 방화문
3) **30분 방화문** : 연기 및 불꽃을 차단할 수 있는 시간이 30분 이상 60분 미만인 방화문

📖 내화구조와 불연재료

1) **내화구조** : 불에 견디는 구조(철근콘크리트)
2) **불연재료** : 불에 타지 않는 재료(철강 및 벽돌 등, 유리는 제외)

※ **내구성의 크기** : 내화구조 ＞ 불연재료

예제 1 어느 제조소는 일일 최대량으로 휘발유 4,000L를 제조한다. 이 제조소의 보유공지는 최소 얼마 이상을 확보해야 하는가?

① 5m 　　　　　　　　　　② 3m

③ 1m 　　　　　　　　　　④ 필요 없음

풀이 휘발유는 제4류 위험물의 제1석유류 비수용성 물질이므로 지정수량이 200L이다.
　　　따라서, 지정수량의 배수는 4,000L/200L＝20배이다.
　　　이 경우, 지정수량의 20배를 제조하기 때문에 지정수량의 10배 초과에 해당하는 보유 공지인 5m 이상을 확보해야 한다.

정답 ①

예제 2 제4류 위험물을 취급하는 제조소와 다른 작업장 사이에 보유공지를 두지 않기 위해 설치하는 방화벽은 어떤 구조로 해야 하는가?

① 내화구조　　　　　　　　　② 불연재료

③ 방화구조　　　　　　　　　④ 난연재료

풀이 제조소와 다른 작업장 사이에 다음과 같은 조건의 방화벽을 설치하면 제조소에 보유공지를 두지 않을 수 있다.
1) 방화벽은 내화구조로 할 것(단, 제6류 위험물 제조소는 불연재료도 가능)
2) 방화벽에 설치하는 출입구 및 창에는 자동폐쇄식 60분+방화문 또는 60분 방화문을 설치할 것
3) 방화벽의 양단 및 상단이 외벽 또는 지붕으로부터 50cm 이상 돌출할 것

정답 ①

03 표지 및 게시판

(1) 제조소 표지의 기준

① 위치 : 제조소 주변의 보기 쉬운 곳에 설치하는 것 외에 특별한 규정은 없다.

② 크기 : 한 변 0.3m 이상, 다른 한 변 0.6m 이상인 직사각형

③ 내용 : 위험물제조소

④ 색상 : 백색 바탕, 흑색 문자

0.6m 이상

위험물제조소

0.3m 이상

(2) 방화에 관하여 필요한 사항을 게시한 게시판의 기준 실기에도 잘 나와요!

① 위치 : 제조소 주변의 보기 쉬운 곳에 설치하는 것 외에 특별한 규정은 없다.

② 크기 : 한 변 0.3m 이상, 다른 한 변 0.6m 이상인 직사각형

③ 내용 : 위험물의 유별·품명, 저장최대수량(또는 취급최대수량), 지정수량의 배수, 안전관리자의 성명(또는 직명)

④ 색상 : 백색 바탕, 흑색 문자

0.6m 이상

유별·품명	제4류 제4석유류
저장(취급)최대수량	40,000리터
지정수량의 배수	200배
안전관리자	여승훈

0.3m 이상

(3) 주의사항 게시판의 기준

① 위치 : 제조소 주변의 보기 쉬운 곳에 설치하는 것 외에 특별한 규정은 없다.

② 크기 : 한 변 0.3m 이상, 다른 한 변 0.6m 이상인 직사각형

③ 위험물에 따른 주의사항 내용 및 색상 실기에도 잘 나와요!

위험물의 종류	주의사항 내용	색 상	게시판 형태
• 제2류 위험물 중 인화성 고체 • 제3류 위험물 중 자연발화성 물질 • 제4류 위험물 • 제5류 위험물	화기엄금	적색 바탕, 백색 문자	0.6m 이상 **화기엄금** 0.3m 이상
• 제2류 위험물 (인화성 고체 제외)	화기주의	적색 바탕, 백색 문자	0.6m 이상 **화기주의** 0.3m 이상
• 제1류 위험물 중 알칼리금속의 과산화물 • 제3류 위험물 중 금수성 물질	물기엄금	청색 바탕, 백색 문자	0.6m 이상 **물기엄금** 0.3m 이상
• 제1류 위험물(알칼리 금속의 과산화물 제외) • 제6류 위험물	게시판을 설치할 필요 없음		

예제 1 위험물제조소의 표지에 대한 설명으로 틀린 것은?

① 제조소 표지의 위치는 보기 쉬운 곳에 설치하는 것 외에는 특별한 규정이 없다.

② 제조소 표지에는 위험물제조소와 취급하는 유별을 표시해야 한다.

③ 바탕은 백색으로 하고 문자는 흑색으로 한다.

④ 표지는 한 변 0.3m 이상, 다른 한 변 0.6m 이상으로 한다.

풀이 제조소 표지에는 "위험물제조소"만 표시한다.

정답 ②

예제 2 방화에 필요한 사항을 게시한 게시판의 내용으로 틀린 것은?

① 유별 및 품명
② 지정수량의 배수
③ 위험등급 및 화학명
④ 안전관리자의 성명 또는 직명

풀이 방화에 필요한 사항을 게시한 게시판의 내용은 다음과 같다.
1) 유별
2) 품명
3) 저장최대수량 또는 취급최대수량
4) 지정수량의 배수
5) 안전관리자의 성명 또는 직명

정답 ③

예제 3 제조소의 주의사항 게시판 중 물기엄금이 표시되어 있는 경우 바탕색과 문자색은 각각 무엇인가?

① 바탕색 : 백색, 문자색 : 흑색
② 바탕색 : 적색, 문자색 : 흑색
③ 바탕색 : 청색, 문자색 : 백색
④ 바탕색 : 백색, 문자색 : 청색

풀이 제조소의 주의사항 게시판 내용과 색상은 다음의 기준에 따른다.
1) 화기엄금 : 적색 바탕, 백색 문자
2) 화기주의 : 적색 바탕, 백색 문자
3) 물기엄금 : 청색 바탕, 백색 문자

정답 ③

예제 4 제1류 위험물의 알칼리금속의 과산화물을 취급하는 제조소에 설치해야 하는 주의사항 게시판의 내용은 무엇인가?

① 물기엄금
② 화기엄금
③ 화기주의
④ 필요 없음

풀이 제1류 위험물의 제조소의 주의사항 게시판은 다음의 기준에 따른다.
1) 알칼리금속의 과산화물 : 물기엄금
2) 그 밖의 제1류 위험물 : 필요 없음

정답 ①

예제 5 다음의 빈 칸에 맞는 단어를 적절하게 나열한 것은 무엇인가?

> 제조소에서 제5류 위험물을 취급한다면 한 변의 길이 (   )m 이상, 다른 한 변의 길이 (   )m 이상인 직사각형의 주의사항 게시판을 설치해야 한다. 이 게시판의 내용은 (   )이며 바탕은 (   )색, 문자는 (   )색으로 해야 한다.

① 0.3, 0.6, 화기엄금, 적, 백
② 0.9, 0.3, 화기주의, 적, 백
③ 0.3, 0.6, 화기주의, 황, 적
④ 0.9, 0.3, 화기엄금, 백, 적

풀이 제5류 위험물을 취급하는 장소에는 한 변의 길이 0.3m 이상, 다른 한 변의 길이 0.6m 이상인 직사각형의 주의사항 게시판을 설치해야 한다. 이 게시판의 내용은 화기엄금이며 바탕은 적색, 문자는 백색으로 해야 한다.

정답 ①

04 건축물의 기준

(1) 제조소 건축물의 구조별 기준

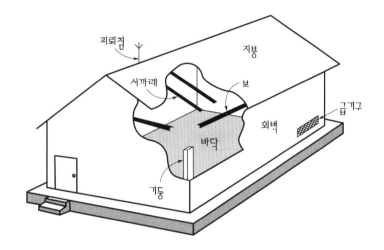

① 바닥은 지면보다 높게 하고 지하층이 없도록 한다.

② 벽, 기둥, 바닥, 보, 서까래 및 계단 : 불연재료

톡톡튀는 **암기법** 벽, 기둥, 바닥, 보 ⇨ 벽기바보

③ **연소의 우려가 있는 외벽 : 내화구조**

※ 연소의 우려가 있는 외벽 : 다음 ㉠ ~ ㉢의 지점으로부터 3m(제조소등의 건축물이 1층인 경우) 또는 5m(제조소 등의 건축물이 2층 이상인 경우) 이내에 있는 제조소등 의 외벽부분
  ㉠ 제조소등의 부지경계선
  ㉡ 제조소등에 면하는 도로중심선
  ㉢ 동일부지 내에 있는 다른 건축물과의 상호 외벽 간의 중심선

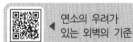 ◀ 연소의 우려가 있는 외벽의 기준

④ **지붕 : 폭발력이 위로 방출될 정도의 가벼운 불연재료**

📖 지붕을 내화구조로 할 수 있는 경우

1) 제2류 위험물(분상의 것과 인화성 고체를 제외)을 취급하는 경우
2) 제4류 위험물 중 제4석유류, 동식물유류를 취급하는 경우
3) 제6류 위험물을 취급하는 경우
4) 내부의 과압 또는 부압에 견딜 수 있는 철근콘크리트조의 밀폐형 구조의 건축물인 경우
5) 외부 화재에 90분 이상 견딜 수 있는 밀폐형 구조의 건축물인 경우

⑤ 출입구의 방화문 📖실기에도 잘 나와요!

　　㉠ 출입구 : 60분+방화문·60분 방화문 또는 30분 방화문

　　㉡ 연소의 우려가 있는 외벽에 설치하는 출입구 : 수시로 열 수 있는 **자동폐쇄식 60분
　　　+방화문 또는 60분 방화문**

⑥ 바닥

　　㉠ 액체 위험물이 스며들지 못하는 재료를 사용한다.

　　㉡ 적당한 경사를 둔다.

　　㉢ 최저부에 집유설비(기름을 모으는 설비)를 한다.

(2) 제조소의 환기설비 및 배출설비 📖실기에도 잘 나와요!

　1) 환기설비

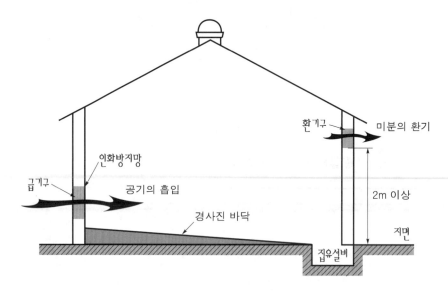

① 환기방식 : 자연배기방식

② 급기구의 기준

　　※ 급기구 : 외부의 공기를 건물 내부로 유입시키는 통로를 말한다.

　　㉠ 급기구의 설치위치 : 낮은 곳에 설치

　　㉡ 급기구의 개수 및 면적

　　　ⓐ 바닥면적 150m² 이상인 경우 : 800cm² 이상(바닥면적 150m²마다 1개 이상
　　　　설치한다)

ⓑ 바닥면적 150m² 미만인 경우

바닥면적	급기구의 면적
60m² 미만	150cm² 이상
60m² 이상 90m² 미만	300cm² 이상
90m² 이상 120m² 미만	450cm² 이상
120m² 이상 150m² 미만	600cm² 이상

ⓒ 급기구의 설치장치 : 가는 눈의 구리망 등으로 **인화방지망** 설치

③ 환기구의 기준

- 환기구의 설치위치 : 지붕 위 또는 **지상 2m 이상**의 높이에 설치

2) 배출설비

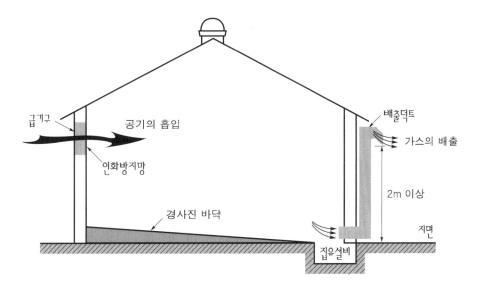

① 설치장소 : 가연성의 증기(미분)가 체류할 우려가 있는 건축물

② 배출방식 : **강제배기방식**(배풍기, 배출덕트, 후드 등을 이용하여 강제적으로 배출하는 방식)

③ 급기구의 기준

ㄱ 급기구의 설치위치 : **높은 곳**에 설치

ㄴ 급기구의 개수 및 면적 : 환기설비와 동일

ㄷ 급기구의 설치장치 : 환기설비와 동일

◀ 급기구 및 배출구

④ 배출구의 기준

- 배출구의 설치위치 : **지상 2m 이상**의 높이에 설치

⑤ 배출설비의 능력

기본적으로 국소방식으로 하지만 위험물취급설비가 배관이음 등으로만 된 경우에는 전역방식으로 할 수 있다.

㉠ 국소방식의 배출능력 : 1시간당 배출장소용적의 **20배 이상**

㉡ 전역방식의 배출능력 : 1시간당 **바닥면적 $1m^2$마다 $18m^3$ 이상**

(3) 제조소 옥외설비의 바닥의 기준

① 바닥의 둘레에 높이 0.15m 이상의 턱을 설치한다.

② 바닥은 위험물이 스며들지 아니하는 재료로 하고 턱이 있는 쪽이 낮게 경사지도록 한다.

③ 바닥의 최저부에 집유설비를 한다.

④ 유분리장치(기름과 물을 분리하는 장치)를 설치한다.

예제 1 제조소에서 반드시 내화구조로 해야 하는 것은 무엇인가? (단, 제4류 위험물을 취급하는 제조소라 가정한다.)

① 벽   ② 기둥

③ 연소의 우려가 있는 외벽   ④ 바닥

풀이 제조소에서는 벽, 기둥, 바닥, 보, 서까래, 계단은 불연재료로 하고 연소의 우려가 있는 외벽은 내화구조로 해야 한다.

정답 ③

예제 2 제조소의 건축물 구조기준 중 연소의 우려가 있는 외벽은 출입구 외에 개구부가 없는 내화구조의 벽으로 하여야 한다. 이때 연소의 우려가 있는 외벽은 제조소가 설치된 부지의 경계선에서 몇 m 이내에 있는 외벽을 말하는가? (단, 단층 건물일 경우이다.)

① 3m   ② 4m

③ 5m   ④ 6m

풀이 연소의 우려가 있는 외벽은 다음의 지점으로부터 3m(제조소의 건축물이 단층인 경우) 또는 5m(제조소의 건축물이 2층 이상인 경우) 이내에 있는 제조소의 외벽 부분을 말한다.
1) 제조소의 부지경계선
2) 제조소에 접하는 도로중심선
3) 동일부지 내에 있는 다른 건축물과의 상호 외벽 간의 중심선

정답 ①

예제 3 제조소 배출설비의 방식은 무엇인가?

① 강제배기방식   ② 자연배기방식

③ 순환배기방식   ④ 반복배기방식

풀이 가연성 증기 또는 미분이 체류할 우려가 있는 제조소의 건축물에는 강제배기방식을 이용하는 배출설비를 설치한다.

정답 ①

예제 4 제조소 건축물에 대한 설명으로 틀린 것은?

① 제조소의 지붕은 폭발력이 위로 방출될 정도의 가벼운 불연재료로 한다.

② 연소의 우려가 있는 외벽에 있는 출입구에는 60분+방화문 또는 60분 방화문을 설치한다.

③ 바닥은 적당한 경사를 두어 최저부에 집유설비를 한다.

④ 제6류 위험물을 취급하는 제조소의 지붕은 내화구조로 할 수 있다.

풀이 제조소의 출입구는 60분+방화문·60분 방화문 또는 30분 방화문을 설치하지만 연소의 우려가 있는 외벽에 있는 출입구에는 자동폐쇄식 60분+방화문 또는 60분 방화문을 설치해야 한다.

정답 ②

예제 5 제조소의 환기설비에 대한 설명 중 틀린 것은?

① 환기설비는 자연배기방식으로 한다.

② 급기구는 높은 곳에 설치한다.

③ 환기구는 지붕 위 또는 지상 2m 이상의 높이에 설치한다.

④ 제조소의 바닥면적이 150m²마다 급기구를 1개 이상 설치한다.

풀이 제조소에서 공기를 흡입하는 장치인 급기구는 배출설비의 경우에는 높은 곳에 설치하지만, 환기설비인 경우에는 낮은 곳에 설치하여야 한다.

정답 ②

예제 6 제조소의 바닥면적이 300m²일 경우 필요한 급기구의 개수와 하나의 급기구 면적은 각각 얼마 이상으로 해야 하는가?

① 1개, 600cm²

② 2개, 600cm²

③ 1개, 800cm²

④ 2개, 800cm²

풀이 급기구는 제조소의 바닥면적 150m²마다 1개 이상으로 하고, 크기는 800cm² 이상으로 해야 한다. 문제에서는 바닥면적이 300m²이므로 급기구는 2개 이상 필요하고, 급기구 하나의 면적은 800cm² 이상으로 해야 한다.

정답 ④

예제 7 국소방식의 배출설비를 설치해 놓은 제조소의 배출장소용적은 200m³이다. 이 배출설비가 한 시간 안에 배출해야 하는 가연성 가스의 양은 몇 m³ 이상인가?

① 2,000m³

② 4,000m³

③ 6,000m³

④ 8,000m³

풀이 국소방식의 경우 배출능력은 1시간당 배출장소용적의 20배 이상으로 해야 하므로, 200m³×20 = 4,000m³ 이상으로 배출시킬 수 있어야 한다.

정답 ②

05 기타 설비

(1) 압력계 및 안전장치

① 압력계
② 자동 압력상승정지장치
③ 감압 측에 안전밸브를 부착한 감압밸브
④ 안전밸브를 병용하는 경보장치
⑤ 파괴판(안전밸브의 작동이 곤란한 가압설비에 설치)

(2) 정전기 제거방법 실기에도 잘 나와요!

① 접지에 의한 방법
② 공기 중의 상대습도를 70% 이상으로 하는 방법
③ 공기를 이온화하는 방법

(3) 피뢰설비 실기에도 잘 나와요!

– 피뢰설비의 대상 : 지정수량 10배 이상의 위험물을 취급하는 제조소(제6류 위험물제조소는 제외)

피뢰침의 실제 모습

예제 1 제조소에서 안전밸브의 작동이 곤란한 가압설비에 설치해야 하는 안전장치는?

① 자동 압력상승정지장치
② 안전밸브를 부착한 감압밸브
③ 안전밸브를 병용하는 경보장치
④ 파괴판

풀이 제조소의 안전장치 중 파괴판은 안전밸브의 작동이 곤란한 가압설비에 설치해야 한다.

정답 ④

예제 2 정전기 제거방식이 아닌 것은 무엇인가?

① 접지할 것
② 공기를 이온화시킬 것
③ 공기 중의 상대습도를 70% 미만으로 할 것
④ 전기도체를 사용할 것

풀이 정전기 제거방법에는 다음의 것들이 있다.
　1) 접지에 의한 방법
　2) 공기를 이온화하는 방법
　3) 공기 중의 상대습도를 70% 이상으로 하는 방법
　4) 전기도체를 이용해 전기를 통과시키는 방법

정답 ③

예제 3 지정수량 10배 이상의 위험물을 취급하는 제조소에는 피뢰침을 설치하여야 하지만 몇 류 위험물을 취급하는 경우는 이를 제외할 수 있는가?

① 제2류 위험물　　　　　　　② 제4류 위험물
③ 제5류 위험물　　　　　　　④ 제6류 위험물

✅ **풀이** 지정수량 10배 이상의 위험물을 취급하는 제조소에는 피뢰설비(피뢰침)를 설치해야 한다. 단, 제6류 위험물을 취급하는 제조소는 제외할 수 있다.

정답 ④

06 위험물취급탱크

(1) 위험물취급탱크의 정의

위험물제조소의 옥외 또는 옥내에 설치하는 탱크로서 위험물의 저장용도가 아닌 위험물을 취급하기 위한 탱크를 말한다.

(2) 위험물제조소의 옥외에 설치하는 위험물취급탱크의 방유제 용량 💬실기에도 잘 나와요!

① 하나의 취급탱크의 방유제 용량 : 탱크 용량의 50% 이상
② 2개 이상의 취급탱크의 방유제 용량 : 탱크 중 용량이 최대인 것의 50%에 나머지 탱크 용량 합계의 10%를 가산한 양 이상

📖 **위험물 옥외저장탱크 방유제의 용량**

인화성 액체를 저장하는 경우에 한하여 다음의 기준에 따른다.
1) 하나의 옥외저장탱크의 방유제 용량 : 탱크 용량의 110% 이상
2) 2개 이상의 옥외저장탱크의 방유제 용량 : 탱크 중 용량이 최대인 것의 110% 이상

※ 이황화탄소 저장탱크는 방유제를 설치하지 않는다. 그 이유는 이황화탄소의 저장탱크는 수조(물탱크)에 저장하기 때문이다.

(3) 위험물제조소의 옥내에 설치하는 위험물취급탱크의 방유턱 용량

① 하나의 취급탱크의 방유턱 용량 : 탱크에 수납하는 위험물의 양의 전부
② 2개 이상의 취급탱크의 방유턱 용량 : 탱크 중 실제로 수납하는 위험물의 양이 최대인 탱크의 양의 전부

예제 1 제조소의 옥내에 위험물취급탱크 2기를 설치했다. 방유턱 안에 설치하는 취급탱크의 용량이 7,000L와 4,000L일 때 방유턱의 용량은 얼마인가? (단, 취급탱크 2개 모두 실제로 수납하는 위험물의 양이다.)

① 7,000L　　　　　　　② 4,400L
③ 3,900L　　　　　　　④ 7,700L

✅ **풀이** 제조소 옥내에 설치하는 2개 이상의 취급탱크의 방유턱 용량은 탱크 중 실제로 수납하는 위험물의 양이 최대인 탱크의 양의 전부이므로 7,000L가 방유턱의 용량이 된다.

정답 ①

예제 2 제조소의 옥외에 모두 3기의 휘발유취급탱크를 설치하고자 한다. 방유제 안에 설치하는 각 취급탱크의 용량이 60,000L, 20,000L, 10,000L일 때 필요한 방유제의 용량은 몇 L 이상인가?

① 66,000L

② 60,000L

③ 33,000L

④ 30,000L

풀이 하나의 방유제 안에 위험물취급탱크가 2개 이상 포함되어 있으면 가장 용량이 큰 취급탱크 용량의 50%에 나머지 탱크들을 합한 용량의 10%를 가산한 양 이상으로 정한다.

60,000L×1/2 = 30,000L

(20,000L + 10,000L)×0.1 = 3,000L

∴ 30,000L + 3,000L = 33,000L

정답 ③

07 각종 위험물제조소의 특례

(1) 고인화점 위험물제조소의 특례

① 고인화점 위험물 : 인화점이 100℃ 이상인 제4류 위험물

② 고인화점 위험물제조소의 특례 : 고인화점 위험물만을 100℃ 미만으로 취급하는 제조소(고인화점 위험물제조소)는 제조소의 위치, 구조 및 설비의 기준 등에 대한 일부 규정을 제외할 수 있다.

(2) 위험물의 성질에 따른 각종 제조소의 특례

1) 알킬알루미늄등(알킬알루미늄, 알킬리튬)을 취급하는 제조소의 설비

① 불활성기체 봉입장치를 갖추어야 한다.

② 누설범위를 국한하기 위한 설비를 갖추어야 한다.

③ 누설된 알킬알루미늄등을 안전한 장소에 설치된 저장실에 유입시킬 수 있는 설비를 갖추어야 한다.

2) 아세트알데하이드등(아세트알데하이드, 산화프로필렌)을 취급하는 제조소의 설비

① 은, 수은, 구리(동), 마그네슘을 성분으로 하는 합금으로 만들지 아니한다.

② 연소성 혼합기체의 폭발을 방지하기 위한 불활성기체 또는 수증기 봉입장치를 갖추어야 한다.

③ 아세트알데하이드등을 저장하는 탱크에는 냉각장치 또는 보냉장치(냉방을 유지하는 장치) 및 불활성기체 봉입장치를 갖추어야 한다.

3) 하이드록실아민등(하이드록실아민, 하이드록실아민염류)를 취급하는 제조소의 설비
① 하이드록실아민등의 온도 및 농도의 상승에 따른 위험한 반응을 방지하기 위한 조치를 강구한다.
② 철이온 등의 혼입에 따른 위험한 반응을 방지하기 위한 조치를 강구한다.

예제 1 고인화점 위험물의 정의로 옳은 것은?

① 인화점이 21℃ 이상인 제4류 위험물
② 인화점이 70℃ 이상인 제4류 위험물
③ 인화점이 100℃ 이상인 제4류 위험물
④ 인화점이 200℃ 이상인 제4류 위험물

풀이 고인화점 위험물이란 인화점이 100℃ 이상인 제4류 위험물을 말한다.

정답 ③

예제 2 알킬알루미늄등을 취급하는 제조소의 설비에 해당하지 않는 것은?

① 불활성기체 봉입장치
② 누설범위를 국한하기 위한 설비
③ 연소성 혼합기체의 폭발을 방지하기 위한 수증기 봉입장치
④ 누설된 알킬알루미늄등을 저장실에 유입시킬 수 있는 설비

풀이 제3류 위험물인 알킬알루미늄은 금수성 물질이므로 수증기 봉입장치를 설치하면 오히려 위험해진다.

정답 ③

예제 3 아세트알데하이드등의 제조소의 특례기준으로 옳지 않은 것은?

① 아세트알데하이드등을 취급하는 설비에는 수증기를 봉입하는 장치를 설치한다.
② 아세트알데하이드등을 취급하는 설비에는 불활성 기체를 봉입하는 장치를 설치한다.
③ 아세트알데하이드등을 취급하는 설비는 폭발을 방지하기 위해 구리합금으로 만든 장치로 한다.
④ 아세트알데하이드등을 저장하는 탱크에는 냉각장치 또는 보냉장치 및 불활성 기체 봉입장치를 갖춘다.

풀이 아세트알데하이드등을 취급하는 제조소의 설비를 수은, 은, 구리(동), 마그네슘을 성분으로 하는 합금으로 만들면 오히려 폭발성 물질을 생성한다.

정답 ③

2-2 옥내저장소

01 안전거리

(1) 옥내저장소의 안전거리기준

위험물제조소와 동일하다.

(2) 옥내저장소의 안전거리를 제외할 수 있는 조건 🔊실기에도 잘 나와요!

① 지정수량 20배 미만의 제4석유류 또는 동식물유류를 저장하는 경우
② 제6류 위험물을 저장하는 경우
③ 지정수량의 20배 이하로서 다음의 기준을 동시에 만족하는 경우
    ㉠ 저장창고의 벽, 기둥, 바닥, 보 및 지붕을 내화구조로 할 것

    톡톡 튀는 **암기법** 벽, 기둥, 바닥, 보 및 지붕 ⇨ 벽기 바보지

    ㉡ 저장창고의 출입구에 수시로 열 수 있는 **자동폐쇄식의 60분+방화문 또는 60분 방화문**을 설치할 것
    ㉢ 저장창고에 **창을 설치하지 아니할 것**

02 보유공지

(1) 옥내저장소 보유공지의 기준 🔊실기에도 잘 나와요!

저장 또는 취급하는 위험물의 최대수량	공지의 너비	
	벽·기둥 및 바닥이 내화구조로 된 건축물	그 밖의 건축물
지정수량의 5배 이하	–	0.5m 이상
지정수량의 5배 초과 10배 이하	1m 이상	1.5m 이상
지정수량의 10배 초과 20배 이하	2m 이상	3m 이상
지정수량의 20배 초과 50배 이하	3m 이상	5m 이상
지정수량의 50배 초과 200배 이하	5m 이상	10m 이상
지정수량의 200배 초과	10m 이상	15m 이상

(2) 2개의 옥내저장소 사이의 거리

지정수량의 20배를 초과하는 옥내저장소가 동일한 부지 내에 2개 있을 때 이들 옥내저장소 사이의 거리는 위의 [표]에서 정하는 **공지 너비의 1/3 이상**으로 할 수 있으며 이 수치가 3m 미만인 경우에는 최소 3m의 거리를 두어야 한다.

예제 1 옥내저장소의 안전거리를 제외할 수 있는 조건으로 거리가 먼 것은?

① 지정수량의 20배 미만의 제4석유류를 저장하는 경우

② 제6류 위험물을 저장하는 옥내저장소

③ 지정수량의 20배 미만의 동식물유류를 저장하는 경우

④ 지정수량의 30배 이하의 제1류 위험물을 저장하는 경우

풀이 다음의 경우 옥내저장소의 안전거리를 제외할 수 있다.
1) 지정수량의 20배 미만의 제4석유류 또는 동식물유류를 저장하는 경우
2) 제6류 위험물을 저장하는 옥내저장소
3) 지정수량의 20배 이하로서 다음의 기준을 동시에 만족하는 경우
    ㉠ 저장창고의 벽, 기둥, 바닥, 보 및 지붕을 내화구조로 할 것
    ㉡ 저장창고의 출입구에 자동폐쇄식 60분+방화문 또는 60분 방화문을 설치할 것
    ㉢ 저장창고에 창을 설치하지 아니할 것

정답 ④

예제 2 벽, 기둥, 바닥이 내화구조로 된 옥내저장소에 일일 최대량으로 휘발유 4,000L를 저장한다. 이 옥내저장소의 보유공지는 최소 얼마 이상을 확보해야 하는가?

① 2m

② 3m

③ 4m

④ 10m

풀이 휘발유는 제4류 위험물의 제1석유류 비수용성 물질이므로 지정수량은 200L이다.
따라서, 지정수량의 배수는 4,000L/ 200L = 20배이다.
지정수량의 20배는 10배 초과 20배 이하에 해당하는 양이므로 벽, 기둥, 바닥이 내화구조인 옥내저장소의 보유공지는 2m 이상이다.

정답 ①

예제 3 지정수량의 20배를 초과하는 옥내저장소가 동일한 부지 내에 2개가 있을 경우 이들 옥내저장소 사이의 거리는 보유공지 너비의 얼마 이상으로 할 수 있는가?

① 1/3

② 1/4

③ 1/5

④ 1/6

풀이 지정수량의 20배를 초과하는 옥내저장소가 동일한 부지 내에 2개 있을 경우 이 옥내저장소 사이의 거리는 보유공지 너비의 1/3 이상으로 하며, 이 수치가 3m 미만인 경우에는 3m 이상으로 할 수 있다.

정답 ①

03 표지 및 게시판

옥내저장소의 표지 및 게시판 기준은 위험물제조소와 동일하다.

※ 단, 표지의 내용은 "위험물옥내저장소"이다.

▲ 제조소 · 옥내저장소
게시판의 공통기준

04 건축물의 기준

(1) 옥내저장소 건축물의 구조별 기준

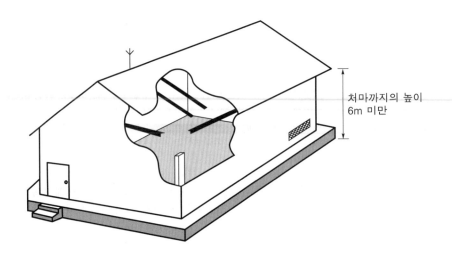

처마까지의 높이
6m 미만

① 지면에서 처마까지의 높이 : 6m 미만인 단층 건물

📖 지면에서 처마까지의 높이를 20m 이하로 할 수 있는 조건

제2류 또는 제4류의 위험물만을 저장하는 창고로서 아래의 기준에 적합한 창고인 경우
㉠ 벽, 기둥, 바닥 및 보를 내화구조로 할 것
㉡ 출입구에 60분+방화문 또는 60분 방화문을 설치할 것
㉢ 피뢰침을 설치할 것

톡톡 튀는 **암기법**
벽, 기둥, 바닥 및 보 ⇨ 벽기 바보

② 바닥 : 빗물 등의 유입을 방지하기 위해 지면보다 높게 한다.

③ 벽, 기둥, 바닥 : 내화구조 〔실기에도 잘 나와요!〕

📖 **내화구조로 해야 하는 것**

> 1) 제조소 : 연소의 우려가 있는 외벽
> 2) 옥내저장소 : 외벽을 포함한 벽, 기둥, 바닥

④ 보, 서까래, 계단 : 불연재료 〔실기에도 잘 나와요!〕

⑤ 지붕 : 폭발력이 위로 방출될 정도의 가벼운 불연재료 〔실기에도 잘 나와요!〕

> ※ 제2류 위험물(분상의 것과 인화성 고체 제외)과 제6류 위험물만의 저장창고에 있어서는 지붕을 내화구조로 할 수 있다.

⑥ 천장 : 기본적으로는 설치하지 않는다.

> ※ 제5류 위험물만의 저장창고는 창고 내의 온도를 저온으로 유지하기 위하여 난연재료 또는 불연재료로 된 천장을 설치할 수 있다.

⑦ 출입구의 방화문 〔실기에도 잘 나와요!〕

> ㉠ 출입구 : 60분＋방화문·60분 방화문 또는 30분 방화문
> ㉡ 연소의 우려가 있는 외벽에 설치하는 출입구 : 자동폐쇄식 60분＋방화문 또는 60분 방화문

⑧ 바닥 〔실기에도 잘 나와요!〕

> ㉠ 물이 스며나오거나 스며들지 아니하는 바닥구조로 해야 하는 위험물
>> ⓐ 제1류 위험물 중 **알칼리금속의 과산화물**
>> ⓑ 제2류 위험물 중 **철분, 금속분, 마그네슘**
>> ⓒ 제3류 위험물 중 **금수성 물질**
>> ⓓ **제4류 위험물**
> ㉡ 액상 위험물의 저장창고 바닥 : 위험물이 스며들지 아니하는 구조로 하고, 적당히 **경사지게 하여 그 최저부에 집유설비**를 해야 한다.

⑨ 피뢰침 : 지정수량 10배 이상의 저장창고(제6류 위험물의 저장창고는 제외)에 설치한다. 〔실기에도 잘 나와요!〕

(2) 옥내저장소의 환기설비 및 배출설비 〔실기에도 잘 나와요!〕

위험물제조소의 환기설비 및 배출설비와 동일한 조건이며, 위험물저장소에는 환기설비를 해야 하지만 **인화점이 70℃ 미만인 위험물**의 저장창고에 있어서는 **배출설비**를 갖추어야 한다.

(3) 옥내저장소의 바닥면적과 저장기준 🔖실기에도 잘 나와요!

① 바닥면적 1,000m² 이하에 저장할 수 있는 물질

   ⊙ 제1류 위험물 중 아염소산염류, 염소산염류, 과염소산염류, 무기과산화물, 그 밖에 지정수량이 50kg인 위험물(**위험등급 I**)

   ⓛ 제3류 위험물 중 칼륨, 나트륨, 알킬알루미늄, 알킬리튬, 그 밖에 지정수량이 10kg인 위험물 및 황린(**위험등급 I**)

   ⓒ 제4류 위험물 중 특수인화물, 제1석유류 및 알코올류(**위험등급 I 및 위험등급 II**)

   ⓔ 제5류 위험물 중 유기과산화물, 질산에스터류, 그 밖에 지정수량이 10kg인 위험물(**위험등급 I**)

   ⓜ 제6류 위험물 중 과염소산, 과산화수소, 질산(위험등급 I)

② 바닥면적 2,000m² 이하에 저장할 수 있는 물질 : 바닥면적 1,000m² 이하에 저장할 수 있는 물질 이외의 것

③ 바닥면적 1,000m² 이하에 저장할 수 있는 위험물과 바닥면적 2,000m² 이하에 저장할 수 있는 위험물을 내화구조의 격벽으로 완전히 구획된 실에 각각 저장하는 창고의 전체 면적은 1,500m² 이하로 할 수 있다(단, 바닥면적 1,000m² 이하에 저장할 수 있는 위험물을 저장하는 실의 면적은 500m²를 초과할 수 없다).

05 다층 건물 옥내저장소의 기준 🔖실기에도 잘 나와요!

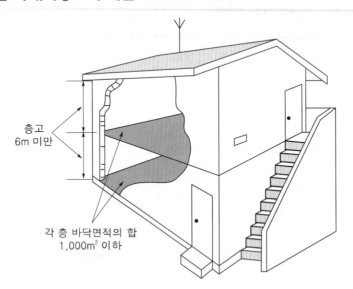

① 저장 가능한 위험물 : 제2류(인화성 고체 제외) 또는 제4류(인화점 70℃ 미만 제외)

② 층고(바닥으로부터 상층 바닥까지의 높이) : 6m 미만

③ 하나의 저장창고의 모든 층의 바닥면적 합계 : 1,000m² 이하

06 복합용도건축물 옥내저장소의 기준

하나의 건축물 안에 위험물을 저장하는 부분과 그 외의 용도로 사용하는 부분이 함께 있는 건축물을 복합용도건축물이라 한다.

① 저장 가능한 위험물의 양 : 지정수량의 20배 이하

② 건축물의 기준 : 벽, 기둥, 바닥, 보가 내화구조인 건축물의 1층 또는 2층에 설치할 것

③ 층고 : 6m 미만

④ 위험물을 저장하는 옥내저장소의 용도에 사용되는 부분의 바닥면적 : 75m² 이하

예제 1 일반적으로 옥내저장소는 단층 건물로 하고 지면으로부터 처마까지의 높이를 몇 m 미만으로 해야 하는가?

① 3m   ② 4m

③ 5m   ④ 6m

풀이 옥내저장소는 지면으로부터 처마까지의 높이를 6m 미만으로 한다.

정답 ④

예제 2 옥내저장소에서 천장을 설치할 수 있는 경우는 다음 중 몇 류 위험물을 저장하는 경우인가?

① 제1류 위험물   ② 제3류 위험물

③ 제5류 위험물   ④ 제6류 위험물

풀이 제5류 위험물만의 저장창고는 창고 내의 온도를 저온으로 유지하기 위해 난연재료 또는 불연재료로 된 천장을 설치할 수 있다.

정답 ③

예제 3 물이 스며나오거나 스며들지 아니하는 바닥구조로 해야 하는 위험물의 종류가 아닌 것은?

① 알칼리금속의 과산화물

② 제5류 위험물

③ 제4류 위험물

④ 마그네슘

풀이 물이 스며나오거나 스며들지 아니하는 바닥구조로 해야 하는 위험물은 다음과 같다.
     1) 제1류 위험물 중 알칼리금속의 과산화물
     2) 제2류 위험물 중 철분, 금속분, 마그네슘
     3) 제3류 위험물 중 금수성 물질
     4) 제4류 위험물

정답 ②

예제 4 옥내저장소에서 인화점이 몇 ℃ 미만인 제4류 위험물을 저장하는 경우 배출설비를 설치해야 하는가?

① 21℃　　　　　　　　　　　② 70℃

③ 200℃　　　　　　　　　　④ 250℃

풀이 위험물저장소에는 환기설비를 해야 하지만 인화점 70℃ 미만인 위험물을 저장하는 경우에 있어서는 배출설비를 갖추어야 한다.

정답 ②

예제 5 옥내저장소에 제1류 위험물의 염소산염류를 저장하려면 바닥면적은 얼마 이하로 해야 하는가?

① 3,000m^2

② 2,000m^2

③ 1,000m^2

④ 500m^2

풀이 제1류 위험물 중 아염소산염류, 염소산염류, 과염소산염류, 무기과산화물의 옥내저장소의 바닥면적은 1,000m^2 이하로 해야 한다.

정답 ③

예제 6 다층 건물 옥내저장소에 대한 설명 중 틀린 것은?

① 저장 가능한 위험물의 종류는 인화성 고체를 제외한 제2류 위험물과 인화점이 70℃ 미만을 제외한 제4류 위험물이다.

② 층고의 높이는 5m 미만으로 한다.

③ 모든 층의 바닥면적의 합은 1,000m^2 이하로 해야 한다.

④ 건축물의 내부가 2층 이상의 층으로 이루어져 있는 옥내저장소를 말한다.

풀이 다층 건물 옥내저장소의 층고의 높이는 6m 미만으로 한다.

정답 ②

예제 7 복합용도건축물의 옥내저장소에서 위험물을 저장하는 용도와 그 외의 용도로 사용하는 부분이 함께 있는 경우 위험물의 저장용도로 사용하는 부분의 바닥면적은 얼마 이하로 해야 하는가?

① 50m^2　　　　　　　　　　② 75m^2

③ 100m^2　　　　　　　　　④ 150m^2

풀이 지정수량의 20배 이하로 저장할 수 있는 복합용도건축물의 옥내저장소는 위험물의 저장용도로 사용하는 부분의 바닥면적을 75m^2 이하로 해야 한다.

정답 ②

07 지정과산화물 옥내저장소의 기준

(1) 지정과산화물의 정의 ⟨실기에도 잘 나와요!⟩

제5류 위험물 중 유기과산화물 또는 이를 함유한 것으로서 지정수량이 10kg인 것을 말한다.

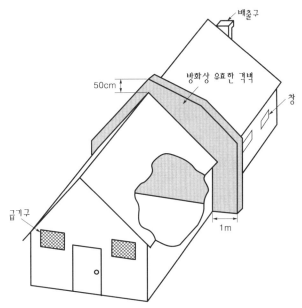

(2) 지정과산화물 옥내저장소의 보유공지

저장 또는 취급하는 위험물의 최대수량	공지의 너비	
	저장창고의 주위에 담 또는 토제를 설치하는 경우	그 외의 경우
지정수량의 5배 이하	3.0m 이상	10m 이상
지정수량의 5배 초과 10배 이하	5.0m 이상	15m 이상
지정수량의 10배 초과 20배 이하	6.5m 이상	20m 이상
지정수량의 20배 초과 40배 이하	8.0m 이상	25m 이상
지정수량의 40배 초과 60배 이하	10.0m 이상	30m 이상
지정수량의 60배 초과 90배 이하	11.5m 이상	35m 이상
지정수량의 90배 초과 150배 이하	13.0m 이상	40m 이상
지정수량의 150배 초과 300배 이하	15.0m 이상	45m 이상
지정수량의 300배 초과	16.5m 이상	50m 이상

※ 2개 이상의 지정과산화물 옥내저장소를 동일한 부지 내에 인접해 설치하는 경우에는 상호간 공지의 너비를 3분의 2로 줄일 수 있다.

(3) 격벽의 기준 🔖실기에도 잘 나와요!

바닥면적 150m² 이내마다 격벽으로 구획한다.

① 격벽의 두께
- ㉠ 철근콘크리트조 또는 철골철근콘크리트조 : 30cm 이상
- ㉡ 보강콘크리트블록조 : 40cm 이상

② 격벽의 돌출길이
- ㉠ 창고 양측의 외벽으로부터 : 1m 이상
- ㉡ 창고 상부의 지붕으로부터 : 50cm 이상

(4) 저장창고 외벽 두께의 기준 🔖실기에도 잘 나와요!

① 철근콘크리트조 또는 철골철근콘크리트조 : 20cm 이상

② 보강콘크리트블록조 : 30cm 이상

(5) 저장창고 지붕의 기준

① 중도리 또는 서까래의 간격은 30cm 이하로 할 것

② 지붕의 아래쪽 면에는 한 변의 길이가 45cm 이하의 막대기 등으로 된 강철제의 격자를 설치할 것

③ 두께 5cm 이상, 너비 30cm 이상의 목재로 만든 받침대를 설치할 것

(6) 저장창고의 문 및 창의 기준 🔖실기에도 잘 나와요!

① 출입구의 방화문 : 60분＋방화문 또는 60분 방화문

② 창의 높이 : 바닥으로부터 2m 이상

③ 창 한 개의 면적 : 0.4m² 이내

④ 벽면에 부착된 모든 창의 면적 : 창이 부착되어 있는 벽면 면적의 80분의 1 이내

(7) 담 또는 토제(흙담)의 기준 🔖실기에도 잘 나와요!

지정과산화물 옥내저장소의 안전거리 또는 보유공지를 단축시키고자 할 때 설치한다.

① 담 또는 토제와 저장창고 외벽까지의 거리 : 2m 이상으로 하며 지정과산화물 옥내저장소의 보유공지 너비의 5분의 1을 초과할 수 없다.

② 담 또는 토제의 높이 : 저장창고의 처마높이 이상

③ 담의 두께 : 15cm 이상의 철근콘크리트조나 철골철근콘크리트조 또는 두께 20cm 이상의 보강콘크리트블록조

④ 토제의 경사도 : 60° 미만

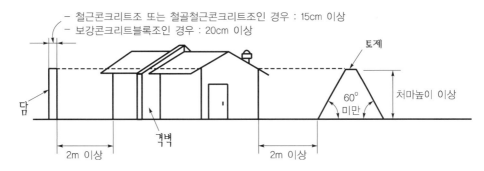

━지정과산화물 옥내저장소의 담 또는 토제━

예제 1 지정과산화물의 정의로 맞는 것은?

① 제5류 위험물 중 무기과산화물 또는 이를 함유하는 것으로서 지정수량이 10kg인 것

② 제4류 위험물 중 유기과산화물 또는 이를 함유하는 것으로서 지정수량이 50L인 것

③ 제5류 위험물 중 유기과산화물 또는 이를 함유하는 것으로서 지정수량이 10kg인 것

④ 제1류 위험물 중 무기과산화물 또는 이를 함유하는 것으로서 지정수량이 50kg인 것

풀이 제5류 위험물 중 유기과산화물 또는 이를 함유하는 것으로서 지정수량이 10kg인 것이다.

정답 ③

예제 2 지정과산화물 옥내저장소는 바닥으로부터 창의 높이와 창 하나의 면적을 각각 얼마로 해야 하는가?

① 2m 이상, 0.4m^2 이내

② 3m 이상, 0.8m^2 이내

③ 4m 이상, 0.4m^2 이내

④ 2m 이상, 0.8m^2 이내

풀이 지정과산화물 옥내저장소의 창은 바닥으로부터 2m 이상 높이에 있어야 하고 창 한 개의 면적은 0.4m^2 이내로 해야 한다.

정답 ①

예제 3 지정과산화물 옥내저장소에 대한 설명 중 틀린 것은?

① 바닥면적 $150m^2$ 이내마다 격벽으로 구획한다.

② 철근콘크리트조의 격벽의 두께는 30cm 이상으로 한다.

③ 담 또는 토제와 저장창고 외벽까지의 거리는 2m 이상으로 한다.

④ 격벽은 창고의 외벽으로부터 50cm 이상, 지붕으로부터 1m 이상 돌출되어야 한다.

🖊️**풀이** 1) 지정과산화물 옥내저장소의 격벽의 돌출길이
　　　ⓐ 외벽으로부터 1m 이상
　　　ⓑ 지붕으로부터 50cm 이상
　　 2) 제조소의 방화상 유효한 격벽의 돌출길이
　　　ⓐ 외벽으로부터 50cm 이상
　　　ⓑ 지붕으로부터 50cm 이상

정답 ④

2-3　옥외탱크저장소

01 안전거리

위험물제조소의 안전거리기준과 동일하다.

02 보유공지

(1) 옥외탱크저장소 보유공지의 기준 실기에도 잘 나와요!

① 제6류 위험물 외의 위험물을 저장하는 옥외저장탱크의 보유공지

저장 또는 취급하는 위험물의 최대수량	공지의 너비
지정수량의 500배 이하	3m 이상
지정수량의 500배 초과 1,000배 이하	5m 이상
지정수량의 1,000배 초과 2,000배 이하	9m 이상
지정수량의 2,000배 초과 3,000배 이하	12m 이상
지정수량의 3,000배 초과 4,000배 이하	15m 이상
지정수량의 4,000배 초과	1. 탱크의 지름과 높이 중 큰 것 이상으로 한다. 2. 최소 15m 이상, 최대 30m 이하로 한다.

② 제6류 위험물을 저장하는 옥외저장탱크의 보유공지 : 위 [표]의 옥외저장탱크 **보유공지 너비의 1/3 이상**(최소 1.5m 이상)

(2) 동일한 방유제 안에 있는 2개 이상의 옥외저장탱크의 상호간 거리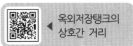

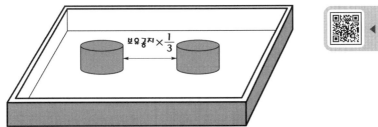

① 제6류 위험물 외의 위험물을 저장하는 옥외저장탱크 : 옥외저장탱크 보유공지 너비의 1/3 이상(최소 3m 이상)

② 제6류 위험물을 저장하는 옥외저장탱크 : 제6류 위험물 옥외저장탱크의 보유공지 너비의 1/3 이상(최소 1.5m 이상)

예제 1 옥외저장탱크에 휘발유 400,000L를 저장할 때 필요한 보유공지는 최소 얼마 이상을 확보해야 하는가?

① 3m   ② 5m

③ 9m   ④ 12m

풀이 휘발유는 제4류 위험물의 제1석유류 비수용성 물질이므로 지정수량은 200L이다.
따라서, 지정수량의 배수는 400,000L/ 200L＝2,000배이다.
지정수량의 2,000배는 지정수량의 1,000배 초과 2,000배 이하에 해당하는 양이므로 보유공지는 9m 이상이다.

정답 ③

예제 2 제6류 위험물의 옥외저장탱크의 보유공지는 제6류 위험물이 아닌 옥외저장탱크 보유공지의 얼마 이상으로 해야 하는가?

① 1/5   ② 1/4

③ 1/3   ④ 1/2

풀이 제6류 위험물의 옥외저장탱크의 보유공지는 제6류 위험물이 아닌 옥외저장탱크 보유공지의 1/3 이상(최소 1.5m 이상)으로 한다.

정답 ③

예제 3 휘발유를 저장하는 옥외저장탱크 2개를 서로 인접해 설치하였을 때 인접하는 방향의 너비는 옥외저장탱크 보유공지의 얼마 이상으로 하는가?

① 1/5   ② 1/4

③ 1/3   ④ 1/2

풀이 옥외저장탱크의 인접하는 방향의 너비
1) 제6류 위험물이 아닌 위험물 : 위험물의 옥외저장탱크 보유공지의 1/3(최소 3m 이상)
2) 제6류 위험물 : 제6류 위험물의 옥외저장탱크 보유공지의 1/3(최소 1.5m 이상)

정답 ③

03 표지 및 게시판

옥외탱크저장소의 표지 및 게시판 기준은 위험물제조소와 동일하다.

※ 단, 표지의 내용은 "위험물옥외탱크저장소"이다.

제조소·옥외탱크저장소
게시판의 공통기준

0.6m 이상

위험물옥외탱크저장소

0.3m
이상

04 옥외저장탱크의 물분무설비

(1) 물분무설비의 정의

탱크 상부로부터 탱크의 벽면으로 물을 분무하는 설비를 말한다.

(2) 물분무설비의 설치효과

옥외저장탱크 **보유공지를 1/2 이상의 너비(최소 3m 이상)**로 할 수 있다.

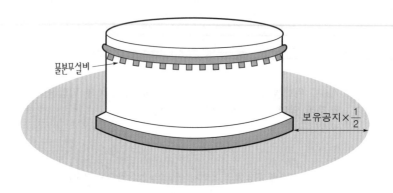

물분무설비

보유공지×$\frac{1}{2}$

(3) 물분무설비의 설치기준

필요한 물의 양은 탱크 원주(π×지름)의 길이 1m에 대해 분당 37L 이상으로 하고 20분 이상 방사할 수 있어야 한다.

$$필요한 \ 물의 \ 양 = \pi \times 탱크의 \ 지름 \times 분당 \ 37L \times 20분$$

05 특정 옥외저장탱크 및 준특정 옥외저장탱크

(1) 특정 옥외저장탱크

저장 또는 취급하는 액체 위험물의 **최대수량이 100만L 이상**의 것을 의미한다.

(2) 준특정 옥외저장탱크

저장 또는 취급하는 액체 위험물의 **최대수량이 50만L 이상 100만L 미만**의 것을 의미한다.

예제 1 옥외저장탱크에 물분무설비를 설치하면 보유공지를 얼마 이상으로 단축할 수 있는가?

① 1/5   ② 1/4

③ 1/3   ④ 1/2

풀이 옥외저장탱크에 물분무설비를 설치하면 보유공지를 1/2 이상의 너비(최소 3m 이상)로 할 수 있다.

정답 ④

예제 2 다음의 (　) 안에 알맞은 수치는?

> 옥외저장탱크에 설치하는 물분무설비에 필요한 물의 양은 원주길이 1m마다 분당 (　)L 이상이며, (　)분 이상 방사할 수 있어야 한다.

① 37, 20   ② 47, 30

③ 47, 40   ④ 53, 20

풀이 옥외저장탱크에 설치하는 물분무설비에 필요한 물의 양은 원주길이 1m마다 분당 37L 이상이며, 20분 이상 방사할 수 있어야 한다.

정답 ①

예제 3 특정 옥외저장탱크는 액체 위험물을 얼마 이상 저장할 수 있는 것을 말하는가?

① 100만L 이상

② 50만L 이상

③ 30만L 이상

④ 20만L 이상

풀이 1) 특정 옥외저장탱크 : 저장 또는 취급하는 액체 위험물의 최대수량이 100만L 이상인 것
2) 준특정 옥외저장탱크 : 저장 또는 취급하는 액체 위험물의 최대수량이 50만L 이상 100만L 미만인 것

정답 ①

06 옥외저장탱크의 외부 구조 및 설비

(1) 탱크의 두께

① 특정 옥외저장탱크 : 소방청장이 정하여 고시하는 규격에 적합한 강철판

② 준특정 옥외저장탱크 및 그 외 일반적인 옥외탱크 : **3.2mm 이상**  의 강철판

(2) 탱크의 시험압력

다음의 시험에서 새거나 변형되지 않아야 한다.

① 압력탱크 : **최대상용압력의 1.5배 압력으로 10분간 실시하는 수압시험**

② 압력탱크 외의 탱크 : **충수시험**(물을 담아두고 시험하는 방법)

(3) 통기관

압력탱크 외의 탱크(제4류 위험물 저장)에는 **밸브 없는 통기관**(밸브가 설치되어 있지 않은 통기관) 또는 **대기밸브부착 통기관**(밸브가 부착되어 있는 통기관)을 설치한다.

1) 밸브 없는 통기관

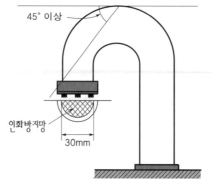

① 직경 : **30mm 이상**

② 선단 : 수평면보다 **45도 이상 구부릴 것**(빗물 등의 침투 방지)

③ 설치장치

　㉠ 인화점이 38℃ 미만인 위험물만을 저장, 취급하는 탱크의 통기관 : 화염방지장치 설치

　㉡ 인화점이 38℃ 이상 70℃ 미만인 위험물을 저장, 취급하는 탱크의 통기관 : 40mesh 이상인 구리망으로 된 인화방지장치 설치

　※ **인화점 70℃ 이상의 위험물만**을 해당 위험물의 인화점 미만의 온도로 저장 또는 취급하는 탱크에 설치하는 통기관에는 인화방지장치를 설치하지 않아도 된다.

④ 가연성 증기를 회수할 목적이 있을 때에는 밸브를 통기관에 설치할 수 있다. 이때 밸브는 개방되어 있어야 하며 닫혔을 경우 10kPa 이하의 압력에서 개방되는 구조로 한다(개방부분의 단면적은 777.15mm² 이상).

2) 대기밸브부착 통기관

밸브 없는 통기관의 기준에 준하며 **5kPa 이하의**
압력 차이로 작동할 수 있어야 한다.

대기밸브부착
통기관의 모습

(4) 옥외저장탱크의 주입구 실기에도 잘 나와요!

1) 게시판의 설치기준

인화점이 21℃ 미만인 위험물을 주입하는 주입구 주변에는 게시판을 설치해야 한다.

2) 주입구 게시판의 기준

① 게시판의 크기 : 한 변 0.3m 이상, 다른 한 변 0.6m 이상인 직사각형

② 게시판의 내용 : "**옥외저장탱크 주입구**", 유별, 품명, 주의사항

③ 게시판의 색상

㉠ 게시판의 내용(주의사항 제외) : **백색 바탕, 흑색 문자**

㉡ 주의사항 : **백색 바탕, 적색 문자**

07 옥외저장탱크의 펌프설비 기준

(1) 펌프설비의 보유공지

① 너비 : 3m 이상(단, 방화상 유효한 격벽을 설치하는 경우 및 제6류 위험물 또는
지정수량의 10배 이하 위험물의 옥외저장탱크의 펌프설비에 있어서는 제외)

② 펌프설비로부터 옥외저장탱크까지의 사이 : 옥외저장탱크의 보유공지 너비의 3분의 1
이상

(2) 펌프설비를 설치하는 펌프실의 구조

① 펌프실의 벽·기둥·바닥 및 보 : 불연재료

② 펌프실의 지붕 : 폭발력이 위로 방출될 정도의 가벼운 불연재료

③ 펌프실의 바닥의 주위 턱 높이 : **0.2m 이상**

④ 펌프실의 바닥 : 적당히 경사지게 하여 그 최저부에는 집유설비를 설치해야 한다.

(3) 펌프설비를 설치하는 펌프실 외 장소의 구조

① 펌프실 외 장소의 턱 높이 : **0.15m 이상**

② 펌프실 외 장소의 바닥 : 지반면은 적당히 경사지게
하여 그 최저부에는 집유설비를 설치하고 배수구
및 유분리장치도 설치해야 한다.

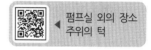
펌프실 외의 장소
주위의 턱

※ 알코올류와 같은 수용성 물질을 취급하는 경우 알코올과 물을 분리할 수 없으므로 유분리
장치는 설치할 필요가 없다.

예제 1 위험물 옥외저장탱크의 통기관에 관한 사항으로 옳지 않은 것은?

① 밸브 없는 통기관의 직경은 30mm 이상으로 한다.

② 대기밸브부착 통기관은 항시 열려 있어야 한다.

③ 밸브 없는 통기관의 선단은 수평면보다 45도 이상 구부려 빗물 등의 침투를 막는 구조로 한다.

④ 대기밸브부착 통기관은 5kPa 이하의 압력 차이로 작동할 수 있어야 한다.

풀이 밸브 없는 통기관의 직경은 30mm 이상으로 하고 밸브 없는 통기관의 선단은 수평면보다 45도 이상 구부려 빗물 등의 침투를 막는 구조로 한다. 반면, 대기밸브부착 통기관은 항시 열려 있어야 하는 것이 아니라 5kPa 이하의 압력 차이로 작동할 수 있어야 한다.

정답 ②

예제 2 탱크에 부착된 밸브 없는 통기관에 인화방지망을 설치하지 않아도 되는 탱크는 다음 중 어느 것인가?

① 인화점 21℃ 이상의 위험물만을 해당 위험물의 비점 미만으로 저장하는 탱크

② 인화점 21℃ 이상의 위험물만을 해당 위험물의 인화점 미만으로 저장하는 탱크

③ 인화점 70℃ 이상의 위험물만을 해당 위험물의 비점 미만으로 저장하는 탱크

④ 인화점 70℃ 이상의 위험물만을 해당 위험물의 인화점 미만으로 저장하는 탱크

풀이 인화점 70℃ 이상의 위험물만을 해당 위험물의 인화점 미만으로 저장하는 탱크에 부착되어 있는 밸브 없는 통기관에는 인화방지망을 설치하지 않아도 된다.

정답 ④

예제 3 옥외저장탱크 펌프설비의 보유공지 너비는 얼마 이상으로 하여야 하는가?

① 1m

② 2m

③ 3m

④ 4m

풀이 옥외저장탱크 펌프설비의 기준은 다음과 같다.
1) 보유공지의 너비 : 3m 이상
2) 펌프설비로부터 옥외저장탱크까지의 거리 : 옥외저장탱크 보유공지의 1/3 이상

정답 ③

08 옥외저장탱크의 방유제

(1) 방유제의 정의

탱크의 파손으로 탱크로부터 흘러나온 위험물이 외부로 유출·확산되는 것을 방지하기 위해 철근콘크리트로 만든 둑을 말한다.

(2) 옥외저장탱크(이황화탄소 제외)의 방유제 기준

※ 이황화탄소 옥외저장탱크는 방유제가 필요 없으며 벽 및 바닥의
두께가 0.2m 이상인 철근콘크리트의 수조에 넣어 보관한다.

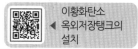
이황화탄소
◀ 옥외저장탱크의
설치

① 방유제의 용량 🔖실기에도 잘 나와요!

　ⓐ 인화성이 있는 위험물 옥외저장탱크의 방유제

　　ⓐ 옥외저장탱크를 1개만 포함하는 경우 : **탱크 용량의 110% 이상**

　　ⓑ 옥외저장탱크를 2개 이상 포함하는 경우 : **탱크 중
용량이 최대인 것의 110% 이상**

옥외탱크저장소
◀ 주위에 설치하는
방유제

　ⓛ 인화성이 없는 위험물 옥외저장탱크의 방유제

　　ⓐ 옥외저장탱크를 1개만 포함하는 경우 : **탱크 용량의 100% 이상**

　　ⓑ 옥외저장탱크를 2개 이상 포함하는 경우 : **탱크 중 용량이 최대인 것의 100%
이상**

📖 위험물취급탱크의 방유제 용량

> 1) **하나의 취급탱크** : 탱크 용량의 50% 이상
> 2) **2개 이상의 취급탱크** : 탱크 중 용량이 최대인 것의 50%에 나머지 탱크 용량 합계의
> 10%를 가산한 양 이상

② 방유제의 높이 : **0.5m 이상 3m 이하** 🔖실기에도 잘 나와요!

③ 방유제의 두께 : **0.2m 이상** 🔖실기에도 잘 나와요!

④ 방유제의 지하매설깊이 : **1m 이상** 🔖실기에도 잘 나와요!

⑤ 하나의 방유제의 면적 : **8만m^2 이하** 🔖실기에도 잘 나와요!

⑥ 방유제의 재질 : **철근콘크리트**

⑦ 하나의 방유제 안에 설치할 수 있는 옥외저장탱크의 수

　ⓐ 10개 이하 : **인화점 70℃ 미만**의 위험물을 저장하는 옥외저장탱크

　ⓛ 20개 이하 : 모든 옥외저장탱크의 **용량의 합이 20만L 이하**이고 인화점이 70℃
이상 200℃ 미만(제3석유류)인 경우

　ⓒ 개수 무제한 : 인화점이 **200℃ 이상**인 위험물을 저장하는 경우

⑧ 소방차 및 자동차의 통행을 위한 도로 설치기준 : 방유제 외면의 2분의 1 이상은 3m
이상의 폭을 확보한 도로를 설치한다.
　※ 외면의 2분의 1이란, 외면이 4개일 경우 2개의 면을 의미한다.

⑨ 방유제로부터 옥외저장탱크의 옆판까지의 거리 🔖실기에도 잘 나와요!

　ⓐ 탱크 지름이 15m 미만 : **탱크 높이의 3분의 1 이상**

　ⓛ 탱크 지름이 15m 이상 : **탱크 높이의 2분의 1 이상**

탱크와 방유제
◀ 까지의 거리

⑩ 간막이둑을 설치하는 기준 : 방유제 내에 설치된 용량이 1,000만L 이상인 옥외저장탱크에는 각각의 탱크마다 간막이둑을 설치한다.

　　㉠ 간막이둑의 높이 : 0.3m 이상(방유제 높이보다 0.2m 이상 낮게)

　　㉡ 간막이둑의 용량 : 탱크 용량의 10% 이상

　　㉢ 간막이둑의 재질 : 흙 또는 철근콘크리트

⑪ 계단 또는 경사로의 기준 : 높이가 1m를 넘는 방유제의 안팎에는 약 50m마다 계단 또는 경사로를 설치한다.

◀ 방유제의 계단

예제 1 이황화탄소의 옥외저장탱크를 보관하는 수조의 벽 및 바닥의 두께로 옳은 것은?

① 0.1m 이상
② 0.2m 이상
③ 0.3m 이상
④ 0.4m 이상

풀이 이황화탄소의 옥외저장탱크는 벽 및 바닥의 두께가 0.2m 이상이고 누수가 되지 아니하는 철근콘크리트의 수조에 넣어 보관하여야 한다.

정답 ②

예제 2 하나의 방유제 안에 하나의 탱크가 설치되어 있을 때 인화성 액체(이황화탄소 제외)를 저장하는 위험물 옥외저장탱크의 방유제 용량은 탱크 용량의 몇 % 이상으로 하는가?

① 50%　　　　② 100%
③ 110%　　　　④ 150%

풀이 인화성이 있는 위험물의 옥외저장탱크의 방유제 용량은 다음의 기준에 따른다.
　1) 하나의 옥외저장탱크의 방유제 용량 : 탱크 용량의 110% 이상
　2) 2개 이상의 옥외저장탱크의 방유제 용량 : 탱크 중 용량이 최대인 것의 110% 이상

정답 ③

예제 3 질산을 저장하는 옥외저장탱크 3개가 설치되어 있는 방유제의 용량은 얼마인가?

① 탱크 중 용량이 최대인 것의 100% 이상
② 모든 탱크 용량의 합의 100% 이상
③ 탱크 중 용량이 최대인 것의 110% 이상
④ 모든 탱크 용량의 합의 110% 이상

풀이 질산과 같이 인화성이 없는 제6류 위험물의 옥외저장탱크의 방유제 용량은 다음의 기준에 따른다.
　1) 하나의 옥외저장탱크의 방유제 용량 : 탱크용량의 100% 이상
　2) 2개 이상의 옥외저장탱크의 방유제 용량 : 탱크 중 용량이 최대인 것의 100% 이상

정답 ①

예제 4 옥외저장탱크의 방유제의 최소 높이는 얼마인가?

① 0.5m

② 1m

③ 1.5m

④ 2m

풀이 방유제의 높이는 0.5m 이상 3m 이하로 한다.

정답 ①

예제 5 옥외저장탱크의 방유제의 두께는 얼마 이상으로 하는가?

① 0.1m

② 0.2m

③ 0.3m

④ 0.5m

풀이 옥외저장탱크의 방유제의 두께는 0.2m 이상으로 한다.

정답 ②

예제 6 옥외저장탱크의 방유제의 지하매설깊이는 얼마 이상으로 하는가?

① 0.5m

② 1m

③ 1.5m

④ 2m

풀이 옥외저장탱크의 방유제의 지하매설깊이는 1m 이상으로 한다.

정답 ②

예제 7 옥외저장탱크의 방유제 면적은 최대 얼마로 해야 하는가?

① 5만m² 이하

② 6만m² 이하

③ 7만m² 이하

④ 8만m² 이하

풀이 방유제의 면적은 8만m² 이하로 한다.

정답 ④

예제 8 다음 중 하나의 방유제 내에 설치하는 옥외저장탱크의 수에 관한 설명으로 맞는 것을 고르면?

① 인화점 21℃ 미만의 위험물을 저장하는 탱크는 5개 이하로 설치한다.

② 인화점 70℃ 미만의 위험물을 저장하는 탱크는 7개 이하로 설치한다.

③ 모든 옥외저장탱크의 용량의 합이 20만L 이하이고 인화점 70℃ 이상 200℃ 미만의 위험물을 저장하는 탱크는 20개 이하로 설치한다.

④ 인화점 250℃ 이상의 위험물을 저장하는 탱크는 개수 제한이 없다.

풀이 1) 10개 이하 : 인화점 70℃ 미만의 위험물을 저장하는 옥외저장탱크
2) 20개 이하 : 모든 옥외저장탱크의 용량의 합이 20만L 이하이고 인화점 70℃ 이상 200℃ 미만의 위험물을 저장하는 옥외저장탱크
3) 개수 무제한 : 인화점 200℃ 이상의 위험물을 저장하는 옥외저장탱크

정답 ③

예제 9 방유제의 외면의 얼마 이상을 소방차 및 자동차의 통행을 위한 도로에 접하도록 해야 하는가?

① 방유제 외면의 2분의 1 이상
② 방유제 외면의 3분의 1 이상
③ 방유제 외면의 5분의 1 이상
④ 방유제 외면의 모든 부분

풀이 방유제 외면의 2분의 1 이상은 자동차 등이 통행할 수 있는 3m 이상의 구내도로에 직접 접하도록 해야 한다.

정답 ①

예제 10 지름이 15m인 옥외저장탱크의 옆판으로부터 방유제까지의 거리는 최소 얼마 이상이 되어야 하는가?

① 탱크 높이의 5분의 1 이상
② 탱크 높이의 4분의 1 이상
③ 탱크 높이의 3분의 1 이상
④ 탱크 높이의 2분의 1 이상

풀이 방유제로부터 옥외저장탱크 옆판까지의 거리는 다음과 같다.
1) 탱크지름이 15m 미만 : 탱크 높이의 3분의 1 이상
2) 탱크지름이 15m 이상 : 탱크 높이의 2분의 1 이상
탱크지름이 15m이면 15m 이상에 포함되므로 탱크높이의 2분의 1 이상으로 한다.

정답 ④

예제 11 방유제 내에 설치한 옥외저장탱크의 용량이 얼마 이상일 경우 각 탱크마다 간막이둑을 설치해야 하는가?

① 100만L   ② 500만L
③ 1,000만L   ④ 1,500만L

풀이 방유제 내에 설치한 옥외저장탱크 용량이 1,000만L 이상일 경우 각 탱크마다 간막이둑을 설치해야 한다.

정답 ③

예제 12 높이가 1m 이상인 방유제의 안팎에는 얼마의 간격으로 계단 또는 경사로를 설치해야 하는가?

① 10m   ② 30m
③ 50m   ④ 70m

풀이 높이가 1m 이상인 방유제의 안팎에는 방유제 내에 출입하기 위한 계단 또는 경사로를 약 50m마다 설치한다.

정답 ③

2-4 옥내탱크저장소

01 안전거리

필요 없음

02 보유공지

필요 없음

03 표지 및 게시판

옥내탱크저장소의 표지 및 게시판 기준은 위험물제조소와 동일하다.

※ 단, 표지의 내용은 "위험물옥내탱크저장소"이다.

▶ 제조소 · 옥내탱크저장소
게시판의 공통기준

04 옥내저장탱크

(1) 옥내저장탱크의 정의

단층 건축물에 설치된 탱크전용실에 설치하는 위험물의 저장 또는 취급 탱크를 말한다.

(2) 옥내저장탱크의 구조

① 옥내저장탱크의 두께 : 3.2mm 이상의 강철판

② 옥내저장탱크의 간격 실기에도 잘 나와요!

　　㉠ 옥내저장탱크와 탱크전용실 벽과의 사이 간격 : 0.5m 이상

　　㉡ 옥내저장탱크 상호간의 간격 : 0.5m 이상

(3) 옥내저장탱크에 저장할 수 있는 위험물의 종류

1) 탱크전용실을 단층 건축물에 설치한 옥내저장탱크에 저장할 수 있는 위험물

　- 모든 유별의 위험물

2) 탱크전용실을 단층 건물 외의 건축물에 설치한 옥내저장탱크에 저장할 수 있는 위험물

① 건축물의 1층 또는 지하층

㉠ 제2류 위험물 중 황화인, 적린 및 덩어리상태의 황

㉡ 제3류 위험물 중 황린

㉢ 제6류 위험물 중 질산

② 건축물의 모든 층

– 제4류 위험물 중 인화점이 38℃ 이상인 위험물

(4) 옥내저장탱크의 용량

동일한 탱크전용실에 옥내저장탱크를 2개 이상 설치하는 경우에는 각 탱크 용량의 합계를 말한다.

1) 단층 건물에 탱크전용실을 설치하는 경우

지정수량의 40배 이하(단, 제4석유류 및 동식물유류 외의 제4류 위험물은 20,000L 초과 시 20,000L 이하)

> **Tip**
> 단층건물 또는 1층 이하의 층에 탱크전용실을 설치하는 경우의 탱크용량은 2층 이상의 층에 탱크전용실을 설치하는 경우의 4배입니다.

2) 단층 건물 외의 건축물에 탱크전용실을 설치하는 경우

① 1층 이하의 층에 탱크전용실을 설치하는 경우

지정수량의 40배 이하(단, 제4석유류 및 동식물유류 외의 제4류 위험물은 20,000L 초과 시 20,000L 이하)

② 2층 이상의 층에 탱크전용실을 설치하는 경우

지정수량의 10배 이하(단, 제4석유류 및 동식물유류 외의 제4류 위험물은 5,000L 초과 시 5,000L 이하)

(5) 옥내저장탱크의 통기관

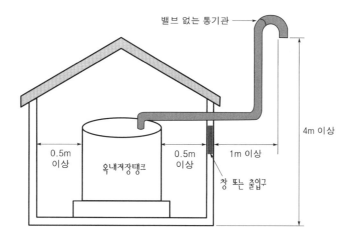

1) 밸브 없는 통기관 ⟨⟨ 실기에도 잘 나와요! ⟩⟩

① 통기관의 선단(끝단)과 건축물의 창, 출입구와의 거리 : 옥외의 장소로 1m 이상

② 지면으로부터 통기관의 선단까지의 높이 : 4m 이상

③ 인화점 40℃ 미만인 위험물을 저장하는 탱크의 통기관과 부지경계선까지의 거리 :
   1.5m 이상

④ 통기관의 선단은 옥외에 설치해야 한다.

⑤ 기타 통기관의 기준은 옥외저장탱크 통기관의 기준과 동일하다.

2) 대기밸브부착 통기관

밸브 없는 통기관의 기준에 준하며 5kPa 이하의 압력차이로 작동할 수 있어야 한다.

예제 1 옥내저장탱크의 강철판 두께는 얼마 이상인가?

① 1.6mm 이상   ② 2.3mm 이상
③ 3.2mm 이상   ④ 6mm 이상

풀이 옥내저장탱크는 3.2mm 이상의 강철판으로 제작한다.

정답 ③

예제 2 옥내저장탱크의 전용실 안쪽 면과 탱크 사이의 거리 및 2개의 탱크 사이의 거리는 몇 m 이상으로 하는가?

① 0.1m   ② 0.3m
③ 0.5m   ④ 1m

풀이 1) 옥내저장탱크와 탱크전용실의 벽과의 사이 간격 : 0.5m 이상
     2) 옥내저장탱크의 상호간의 간격 : 0.5m 이상

정답 ③

예제 3 **단층 건물에 설치한 탱크전용실에 제1석유류를 저장한 옥내저장탱크를 설치하는 경우 옥내저장탱크의 용량은 얼마 이하인가?**

① 10,000L 이하 ② 20,000L 이하
③ 30,000L 이하 ④ 40,000L 이하

풀이 단층 건물에 탱크전용실을 설치하는 옥내저장탱크의 용량은 지정수량의 40배 이하로 한다. 단, 제4석유류 및 동식물유류 외의 제4류 위험물을 저장하는 경우 20,000L 이하로 한다.

정답 ②

예제 4 **옥내저장탱크의 밸브 없는 통기관의 선단은 지면으로부터 몇 m 이상의 높이에 있어야 하는가?**

① 1m ② 2m
③ 3m ④ 4m

풀이 옥내저장탱크의 밸브 없는 통기관의 지면으로부터 선단까지의 높이 : 4m 이상

정답 ④

2-5 지하탱크저장소

01 안전거리

필요 없음

02 보유공지

필요 없음

03 표지 및 게시판

지하탱크저장소의 표지 및 게시판 기준은 위험물제조소와 동일하다.

※ 단, 표지의 내용은 "위험물지하탱크저장소"이다.

◀ 제조소 · 지하탱크저장소 게시판의 공통기준

04 지하저장탱크

(1) 지하저장탱크의 정의
지면 아래에 있는 탱크전용실에 설치하는 위험물의 저장 또는 취급을 위한 탱크를 의미한다.

(2) 지하저장탱크의 시험압력
다음의 시험에서 새거나 변형되지 않아야 한다.

① 압력탱크 : 최대상용압력의 1.5배 압력으로 10분간 실시하는 수압시험

② 압력탱크 외의 탱크 : 70kPa의 압력으로 10분간 실시하는 수압시험

(3) 지하저장탱크의 용량
제한 없음

(4) 지하저장탱크의 통기관

1) 밸브 없는 통기관

  ① 직경 : 30mm 이상

  ② 선단 : 수평면보다 45도 이상 구부릴 것(빗물 등의 침투 방지)

  ③ 설치장치

   ㉠ 인화점이 38℃ 미만인 위험물만을 저장, 취급하는 탱크의 통기관 : 화염방지장치 설치

   ㉡ 인화점이 38℃ 이상 70℃ 미만인 위험물을 저장, 취급하는 탱크의 통기관 : 40mesh 이상인 구리망으로 된 인화방지장치 설치

  ④ 지면으로부터 통기관의 선단까지의 높이 : 4m 이상

  ※ 옥내저장탱크의 밸브 없는 통기관의 설치기준에 준한다.

2) 대기밸브부착 통기관

  밸브 없는 통기관의 기준에 준하며 5kPa 이하의 압력차이로 작동할 수 있어야 한다.

  ※ 제4류 위험물의 제1석유류를 저장하는 탱크는 다음의 압력 차이로 작동해야 한다.
   ㉠ 정압(대기압보다 높은 압력) : 0.6kPa 이상 1.5kPa 이하
   ㉡ 부압(대기압보다 낮은 압력) : 1.5kPa 이상 3kPa 이하

05 지하탱크저장소의 설치기준 〔실기에도 잘 나와요!〕

위험물을 저장 또는 취급하는 지하저장탱크는 지면 하에 설치된 탱크전용실에 설치하여야 한다.

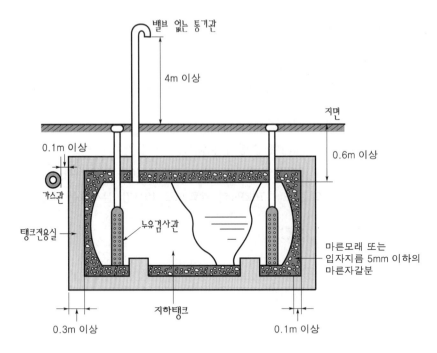

① 전용실의 내부 : **입자지름 5mm 이하의 마른자갈분** 또는 **마른모래**를 채운다.

② 지면으로부터 지하탱크의 윗부분까지의 거리 : 0.6m 이상

③ 지하탱크를 2개 이상 인접해 설치할 때 상호거리 : 1m 이상

　　※ 탱크 용량의 합계가 지정수량의 100배 이하일 경우 : 0.5m 이상

④ 탱크전용실로부터 안쪽과 바깥쪽으로의 거리

　　㉠ 지하의 벽, 가스관, 대지경계선으로부터 탱크전용실 바깥쪽과의 사이 : 0.1m 이상

　　㉡ 지하저장탱크와 탱크전용실 안쪽과의 사이 : 0.1m 이상

⑤ 탱크전용실의 기준 : 벽, 바닥 및 뚜껑의 두께는 0.3m 이상의 철근콘크리트로 한다.

⑥ 지면으로부터 통기관의 선단까지의 높이 : 4m 이상

📖 제4류 위험물을 저장하는 지하저장탱크를 탱크전용실에 설치하지 않을 수 있는 경우

1) 탱크를 지하철, 지하가 또는 지하터널로부터 수평거리 10m 이상에 설치할 때
2) 탱크의 세로 및 가로보다 각각 0.6m 이상 크고 두께가 0.3m 이상인 철근콘크리트조의 뚜껑으로 덮을 때
3) 뚜껑에 걸리는 중량이 직접 탱크에 걸리지 않는 구조로 할 때
4) 탱크를 견고한 기초 위에 고정시킬 때
5) 탱크를 지하의 벽, 가스관, 대지경계선으로부터 0.6m 이상 떨어진 곳에 설치할 때

06 기타 설비 ◀ 실기에도 잘 나와요!

(1) 누설(누유)검사관

① 누설(누유)검사관은 하나의 탱크에 대해 **4군데 이상** 설치한다.

② 누설(누유)검사관의 설치기준

　ㄱ 이중관으로 할 것. 다만 소공이 없는 상부는 단관으로 할 것

　ㄴ 재료는 금속관 또는 경질합성수지관으로 할 것

　ㄷ 관의 밑부분으로부터 탱크의 중심높이까지에는 소공이 뚫려 있을 것. 다만, 지하수위가 높은 장소에 있어서는 지하수위 높이까지의 부분에 소공이 뚫려 있을 것

　ㄹ 상부는 물이 침투하지 아니하는 구조로 하고 뚜껑은 검사 시에 쉽게 열 수 있도록 할 것

(2) 과충전 방지장치

① 탱크 용량을 초과하는 위험물이 주입될 때 자동으로 주입구를 폐쇄하거나 위험물의 공급을 차단하는 방법을 사용한다.

② 탱크 용량의 **90%가 찰 때 경보음**을 울리는 방법을 사용한다.

예제 1 지하저장탱크 중 압력탱크 외의 탱크의 수압시험압력은 얼마로 해야 하는가?

① 50kPa

② 60kPa

③ 70kPa

④ 80kPa

풀이 압력탱크 외의 탱크는 70kPa의 압력으로 10분간 수압시험을 한다.

정답 ③

예제 2 지하저장탱크 전용실의 내부에 채우는 마른 자갈분의 입자지름은 얼마 이하인가?

① 1mm

② 3mm

③ 5mm

④ 7mm

풀이 지하탱크전용실 내부에는 입자지름 5mm 이하의 마른 자갈분 또는 마른모래를 채운다.

정답 ③

예제 3 탱크전용실에 설치한 지하저장탱크에 대한 설명으로 틀린 것은?

① 지하저장탱크와 탱크전용실 안쪽과의 거리는 0.1m 이상으로 한다.

② 지면으로부터 지하저장탱크 윗부분까지의 거리는 0.6m 이상으로 한다.

③ 지정수량 배수의 합이 200배인 지하저장탱크 2개를 인접하여 설치한 탱크 사이의 거리는 0.5m 이상으로 한다.

④ 탱크전용실의 벽, 바닥 및 뚜껑의 두께는 0.3m 이상으로 한다.

풀이 지정수량 배수의 합이 200배인 지하저장탱크 2개를 인접해 설치한 탱크 사이의 거리는 1m 이상(지정수량 배수의 합이 100배 이하인 경우 0.5m 이상)으로 한다.

정답 ③

예제 4 지하저장탱크에 설치하는 누유검사관은 하나의 탱크에 대해 몇 군데 이상 설치해야 하는가?

① 1군데

② 2군데

③ 3군데

④ 4군데

풀이 지하저장탱크에 설치하는 누유검사관은 하나의 탱크에 대해 4군데 이상 설치해야 한다.

정답 ④

예제 5 제4류 위험물을 저장하는 지하저장탱크를 탱크전용실에 설치하지 아니할 수 있는 경우에 해당하는 것은?

① 탱크를 지하철, 지하가 또는 지하터널로부터 수평거리 5m 이상에 설치할 경우

② 탱크의 세로 및 가로보다 각각 0.3m 이상 크고 두께가 0.6m 이상인 철근 콘크리트조의 뚜껑으로 덮을 경우

③ 탱크를 지하의 벽, 가스관, 대지경계선으로부터 0.6m 이상 떨어진 곳에 설치할 경우

④ 뚜껑에 걸리는 중량이 직접 탱크에 걸리는 구조일 경우

풀이 ① 탱크를 지하철, 지하가 또는 지하터널로부터 수평거리 10m 이상에 설치할 경우
② 탱크의 세로 및 가로보다 각각 0.6m 이상 크고 두께가 0.3m 이상인 철근콘크리트조의 뚜껑으로 덮을 경우
④ 뚜껑에 걸리는 중량이 직접 탱크에 걸리지 아니하는 구조일 경우

정답 ③

2-6 간이탱크저장소

01 안전거리

필요 없음

02 보유공지

① 옥외에 설치하는 경우 : 1m 이상으로 한다.

② 전용실 안에 설치하는 경우 : 탱크와 전용실 벽 사이를 0.5m 이상으로 한다.

03 표지 및 게시판

간이탱크저장소의 표지 및 게시판 기준은 위험물제조소와 동일하다.

※ 단, 표지의 내용은 "위험물간이탱크저장소"이다.

제조소 · 간이탱크저장소
게시판의 공통기준

04 탱크의 기준

(1) 간이탱크저장소의 구조 및 설치기준 실기에도 잘 나와요!

① 하나의 간이탱크저장소에 설치할 수 있는 간이저장탱크의 수 : 3개 이하

※ 동일한 품질의 위험물의 간이저장탱크를 2개 이상 설치하지 않는다.

② 간이저장탱크의 용량 : 600L 이하

③ 간이저장탱크의 두께 : 3.2mm 이상의 강철판

④ 수압시험 : 70kPa의 압력으로 10분간 실시

(2) 통기관 기준

1) 밸브 없는 통기관

① 통기관의 지름 : 25mm 이상

② 통기관의 설치위치 : 옥외

③ 선단

㉠ 선단의 높이 : **지상 1.5m 이상**

㉡ **수평면보다 45도 이상** 구부릴 것(빗물 등의 침투 방지)

④ 설치장치 : **인화방지장치**(가는 눈의 구리망 등으로 설치)

2) 대기밸브부착 통기관

밸브 없는 통기관의 기준에 준하며 5kPa 이하의 압력차이로 작동할 수 있어야 한다.

예제 1 옥외에 설치하는 간이탱크저장소의 보유공지는 얼마 이상으로 해야 하는가?

① 1m 이상

② 2m 이상

③ 3m 이상

④ 4m 이상

풀이 간이저장탱크의 보유공지는 다음의 기준으로 한다.
1) 옥외에 설치하는 경우 : 1m 이상
2) 전용실 안에 설치하는 경우 : 탱크와 전용실 벽 사이를 0.5m 이상으로 한다.

정답 ①

예제 2 하나의 간이탱크저장소에 설치할 수 있는 간이탱크의 수는 몇 개 이하인가?

① 1개　　　　　　　　　② 2개

③ 3개　　　　　　　　　④ 4개

풀이 하나의 간이탱크저장소에 설치할 수 있는 간이탱크의 수는 3개 이하이다.

정답 ③

예제 3 하나의 간이저장탱크의 용량은 몇 L 이하로 해야 하는가?

① 400L　　　　　　　　② 500L

③ 600L　　　　　　　　④ 700L

풀이 하나의 간이저장탱크의 용량은 600L 이하로 한다.

정답 ③

예제 4 간이저장탱크의 밸브 없는 통기관의 안지름은 얼마 이상으로 해야 하는가?

① 20mm　　　　　　　② 25mm

③ 30mm　　　　　　　④ 35mm

풀이 간이저장탱크의 밸브 없는 통기관의 안지름은 25mm 이상으로 하고, 지상 1.5m 이상의 옥외에 설치해야 한다.

정답 ②

2-7 이동탱크저장소

01 안전거리

필요 없음

02 보유공지

필요 없음

03 표지 및 게시판

이동탱크에는 저장하는 위험물의 분류에 따라 표지 및 UN번호, 그리고 그림문자를 표시하여야 한다.

(1) 표지 █실기에도 잘 나와요!█

① 부착위치 : 이동탱크저장소의 전면 상단 및 후면 상단
② 규격 및 형상 : 가로형 사각형(60cm 이상×30cm 이상)
③ 색상 및 문자 : 흑색 바탕에 황색의 반사도료로 "위험물"
   이라고 표기할 것

┃이동탱크저장소의 표지┃

(2) 이동탱크에 저장하는 위험물의 분류

분류기호 및 물질	구 분	내 용
〈분류기호 1〉 폭발성 물질 및 제품	1.1	순간적인 전량폭발이 주위험성인 폭발성 물질 및 제품
	1.2	발사나 추진 현상이 주위험성인 폭발성 물질 및 제품
	1.3	심한 복사열 또는 화재가 주위험성인 폭발성 물질 및 제품
	1.4	중대한 위험성이 없는 폭발성 물질 및 제품
	1.5	순간적인 전량폭발이 주위험성이지만, 폭발 가능성은 거의 없는 물질
	1.6	순간적인 전량폭발 위험성을 제외한 그 이외의 위험성이 주위험성이지만, 폭발 가능성은 거의 없는 제품
〈분류기호 2〉 가스	2.1	인화성 가스
	2.2	비인화성 가스, 비독성 가스
	2.3	독성 가스
〈분류기호 3〉 인화성 액체	―	―

분류기호 및 물질	구 분	내 용
〈분류기호 4〉 인화성 고체, 자연발화성 물질 및 물과 접촉 시 인화성 가스를 생성하는 물질	4.1	인화성 고체, 자기반응성 물질 및 둔감화된 고체 화약
	4.2	자연발화성 물질
	4.3	물과 접촉 시 인화성 가스를 생성하는 물질
〈분류기호 5〉 산화성 물질과 유기과산화물	5.1	산화성 물질
	5.2	유기과산화물
〈분류기호 6〉 독성 및 전염성 물질	6.1	독성 물질
	6.2	전염성 물질
〈분류기호 7〉 방사성 물질	–	–
〈분류기호 8〉 부식성 물질	–	–
〈분류기호 9〉 기타 위험물	–	–

(3) UN번호

① 그림문자의 외부에 표기하는 경우

    ㉠ 부착위치 : 이동탱크저장소의 후면 및 양 측면(그림문자와 인접한 위치)

    ㉡ 규격 및 형상 : 가로형 사각형(30cm 이상×12cm 이상)

    ㉢ 색상 및 문자 : 흑색 테두리선(굵기 1cm)과 오렌지색으로 이루어진 바탕에 UN번호(글자 높이 6.5cm 이상)를 흑색으로 표기할 것

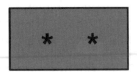

▎UN번호를 그림문자 외부에 표기하는 경우▎

② 그림문자의 내부에 표기하는 경우

    ㉠ 부착위치 : 이동탱크저장소의 후면 및 양 측면

    ㉡ 규격 및 형상 : 심벌 및 분류·구분의 번호를 가리지 않는 크기의 가로형 사각형

    ㉢ 색상 및 문자 : 흰색 바탕에 UN번호(글자 높이 6.5cm 이상)를 흑색으로 표기할 것

▎UN번호를 그림문자 내부에 표기하는 경우▎

(4) 그림문자

① 부착위치 : 이동탱크저장소의 후면 및 양 측면

② 규격 및 형상 : 마름모꼴(25cm 이상×25cm 이상)

③ 색상 및 문자 : 위험물의 품목별로 해당하는 심벌을 표기하고 그림문자의 하단에 분류·구분의 번호(글자 높이 2.5cm 이상)를 표기할 것

④ 위험물의 분류·구분별 그림문자의 세부기준 : 다음의 분류·구분에 따라 주위험성 및 부위험성에 해당되는 그림문자를 모두 표시한다.

▌그림문자▐

분류기호 및 물질		심벌 색상	분류번호 색상	배경 색상	그림문자
〈분류기호 1〉 폭발성 물질		검정	검정	오렌지	
〈분류기호 2〉 가스		(해당 없음)			
〈분류기호 3〉 인화성 액체		검정 혹은 흰색	검정 혹은 흰색	빨강	
〈분류 기호 4〉	인화성 고체	검정	검정	흰색 바탕에 7개의 빨간 수직막대	
	자연발화성 물질	검정	검정	상부 절반 흰색, 하부 절반 빨강	
	금수성 물질	검정 혹은 흰색	검정 혹은 흰색	파랑	
〈분류 기호 5〉	산화(제)성 물질	검정	검정	노랑	
	유기 과산화물	검정 혹은 흰색	검정	상부 절반 빨강, 하부 절반 노랑	
〈분류 기호 6〉	독성 물질	검정	검정	흰색	
	전염성 물질	검정	검검	흰색	

분류기호 및 물질	심벌 색상	분류번호 색상	배경 색상	그림문자
〈분류기호 7〉 방사성 물질	(해당 없음)			
〈분류기호 8〉 부식성 물질	검정	흰색	상부 절반 흰색, 하부 절반 검정	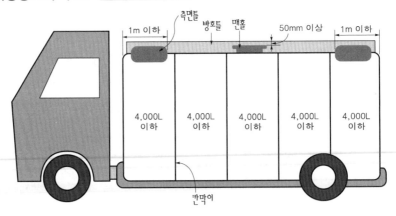
〈분류기호 9〉 기타 위험물	(해당 없음)			

04 이동탱크저장소의 기준

(1) 이동저장탱크의 구조 실기에도 잘 나와요!

① 탱크(맨홀 및 주입관의 뚜껑 포함)의 두께 : **3.2mm 이상의 강철판** 또는 이와 동등 이 상의 강도 · 내식성 및 내열성이 있는 재료

② 칸막이
  ㉠ 하나로 구획된 칸막이의 용량 : **4,000L 이하**
  ㉡ 칸막이의 두께 : **3.2mm 이상의 강철판** 또는 이와 동등 이상의 강도 · 내식성 및 내열성이 있는 재료

③ 안전장치의 작동압력 : 안전장치는 다음의 압력에서 작동해야 한다.
  ㉠ 상용압력이 20kPa 이하인 탱크 : **20kPa 이상 24kPa 이하의 압력**
  ㉡ 상용압력이 20kPa 초과하는 탱크 : **상용압력의 1.1배 이하의 압력**

④ 방파판
  칸막이로 구획된 부분의 용량이 2,000L 미만인 부분에는 설치하지 않을 수 있다.
  ㉠ 두께 및 재질 : **1.6mm 이상의 강철판** 또는 이와 동등 이상의 강도 · 내열성 및 내식성이 있는 금속성의 것

ⓛ 개수 : 하나의 구획부분에 **2개 이상**

ⓒ 면적의 합 : 구획부분의 최대 수직단면의 50% 이상

※ 칸막이와 방파판은 출렁임을 방지하는 기능을 한다.

(2) 측면틀 및 방호틀 🔊실기에도 잘 나와요!

측면틀과 방호틀은 부속장치의 손상을 방지하는 기능을 한다.

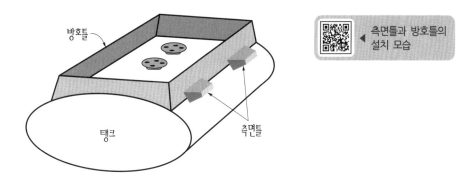

◀ 측면틀과 방호틀의 설치 모습

① 측면틀

ⓐ 측면틀의 최외측과 탱크 최외측의 연결선과 수평면이 이루는 내각 : **75도 이상**

ⓑ 탱크 중량의 중심점(G)과 측면틀 최외측을 연결하는 선과 중심점을 지나는 직선 중 최외측선과 직각을 이루는 선과의 내각 : **35도 이상**

ⓒ 탱크 상부의 네 모퉁이로부터 탱크의 전단 또는 후단까지의 거리 : 각각 **1m 이내**

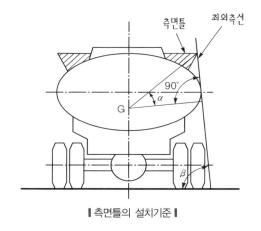

∥측면틀의 설치기준∥

② 방호틀

ⓐ 두께 : **2.3mm 이상의 강철판** 또는 이와 동등 이상의 기계적 성질이 있는 재료

ⓑ 높이 : 방호틀의 정상부분을 부속장치보다 **50mm 이상** 높게 유지

(3) 이동저장탱크의 시험압력 🔊실기에도 잘 나와요!

다음의 시험에서 새거나 변형되지 않아야 한다.

① 압력탱크 : 최대상용압력의 1.5배의 압력으로 10분간 실시하는 수압시험

② 압력탱크 외의 탱크 : 70kPa의 압력으로 10분간 실시하는 수압시험

(4) 이동저장탱크의 접지도선 🔊실기에도 잘 나와요!

제4류 위험물 중 특수인화물, 제1석유류 또는 제2석유류를 저장하는 이동저장탱크에 설치해야 한다.

(5) 이동저장탱크의 외부도장 색상

① 제1류 위험물 : 회색

② 제2류 위험물 : 적색

③ 제3류 위험물 : 청색

④ 제4류 위험물 : 적색(색상에 대한 제한은 없으나 적색을 권장)

⑤ 제5류 위험물 : 황색

⑥ 제6류 위험물 : 청색

※ 탱크의 앞면과 뒷면을 제외한 면적의 40% 이내의 면적은 다른 유별에 정해진 색상 외의 색상으로 도장하는 것이 가능하다.

(6) 상치장소(주차장으로 허가받은 장소)

① 옥외에 있는 상치장소 : 화기를 취급하는 장소 또는 인근의 건축물로부터 5m 이상의 거리 확보(인근의 건축물이 1층인 경우에는 3m 이상)

② 옥내에 있는 상치장소 : 벽·바닥·보·서까래 및 지붕이 내화구조 또는 불연재료로 된 건축물의 1층에 설치

예제 1 이동탱크의 강철판 두께와 하나의 칸막이 용량은 얼마로 해야 하는가?

① 두께 : 6mm 이상, 용량 : 2,000L 이하

② 두께 : 3.2mm 이상, 용량 : 4,000L 이하

③ 두께 : 6mm 이상, 용량 : 4,000L 이하

④ 두께 : 3.2mm 이상, 용량 : 2,000L 이하

💿 **풀이** 이동저장탱크는 3.2mm 이상의 강철판으로 하며, 하나로 구획된 칸막이의 용량은 4,000L 이하로 한다.

정답 ②

예제 2 위험물안전관리법령에서 정한 제5류 위험물 이동저장탱크의 외부도장 색상은?

① 황색   ② 회색
③ 적색   ④ 청색

풀이 ① 황색 : 제5류 위험물
② 회색 : 제1류 위험물
③ 적색 : 제2류·제4류 위험물(제4류는 권장)
④ 청색 : 제3류·제6류 위험물

정답 ①

예제 3 이동탱크에는 압력의 상승으로 인한 탱크의 파손을 막기 위해 안전장치를 설치한다. 탱크의 상용압력이 21kPa라면 이때 안전장치가 작동되어야 할 압력은 얼마 이하인가?

① 20kPa   ② 23.1kPa
③ 25kPa   ④ 31kPa

풀이 이동탱크의 안전장치는 다음의 압력에서 작동해야 한다.
1) 상용압력이 20kPa 이하인 탱크 : 20kPa 이상 24kPa 이하의 압력
2) 상용압력이 20kPa를 초과하는 탱크 : 상용압력의 1.1배 이하의 압력
문제에서는 21kPa, 즉 20kPa을 초과하는 압력이므로 21kPa×1.1＝23.1kPa 이하의 압력에서 안전장치가 작동되어야 한다.

정답 ②

예제 4 다음의 (   ) 안에 알맞은 수치는?

> 이동저장탱크 중 압력탱크의 경우에는 최대상용압력의 (   )배의 압력으로, 압력탱크 외의 탱크는 (   )kPa의 압력으로, 각각 10분간 수압시험을 실시하여 새거나 변형되지 않아야 한다.

① 1.3, 80   ② 1.5, 70
③ 1.3, 50   ④ 1.5, 90

풀이 이동탱크 중 압력탱크의 경우에는 최대상용압력의 1.5배의 압력으로, 압력탱크 외의 탱크는 70kPa의 압력으로, 각각 10분간 수압시험을 실시하여 새거나 변형되지 않아야 한다.

정답 ②

예제 5 다음의 품명 중 이동저장탱크에 접지도선을 설치해야 하는 경우가 아닌 것은?

① 특수인화물
② 제1석유류
③ 알코올류
④ 제2석유류

풀이 이동저장탱크에 접지도선을 설치해야 하는 위험물의 품명은 특수인화물, 제1석유류, 제2석유류이다.

정답 ③

예제 6 이동탱크의 방파판 두께와 방호틀 두께는 각각 얼마 이상으로 해야 하는가?

① 1.6mm 이상, 2.3mm 이상

② 3.2mm 이상, 4.6mm 이상

③ 2.3mm 이상, 1.6mm 이상

④ 4.6mm 이상, 2.3mm 이상

풀이 1) 방파판은 두께 1.6mm 이상의 강철판으로 하나의 구획부분에 2개 이상 설치한다.
2) 방호틀은 두께 2.3mm 이상의 강철판으로 정상부분은 부속장치보다 50mm 이상 높게 한다.

정답 ①

05 컨테이너식 이동탱크 및 알킬알루미늄등을 저장하는 이동탱크의 기준

(1) 컨테이너식 이동탱크

컨테이너식 이동탱크는 상자모양의 틀 안에 이동저장탱크를 수납한 형태의 것을 말한다.

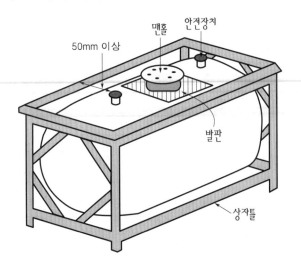

① 탱크의 본체·맨홀 및 주입구 뚜껑의 두께는 다음과 같이 **강철판 또는 이와 동등 이상의 기계적 성질이 있는 재료로 한다.** **실기에도 잘 나와요!**

㉠ 직경이나 장경이 1.8m를 초과하는 경우 : **6mm 이상**

㉡ 직경이나 장경이 1.8m 이하인 경우 : **5mm 이상**

※ 직경 : 지름
장경 : 타원의 경우 긴 변의 길이

② 칸막이 두께 : **3.2mm 이상**의 강철판 또는 이와 동등 이상의 기계적 성질이 있는 재료로 한다.

③ 부속장치의 간격 : 상자틀의 최외측과 50mm 이상의 간격 유지

④ 개폐밸브의 설치 : 탱크 배관의 선단부에는 **개폐밸브**를 설치해야 한다.

(2) 알킬알루미늄등을 저장하는 이동탱크

① 탱크ㆍ맨홀 및 주입구 뚜껑의 두께 : **10mm 이상의 강철판** 또는 이와 동등 이상의 기계적 성질이 있는 재료로 한다. 실기에도 잘 나와요!

② 시험방법 : 1MPa 이상의 압력으로 10분간 수압시험 실시

③ 탱크의 용량 : **1,900L 미만** 실기에도 잘 나와요!

④ 안전장치의 작동압력 : 이동저장탱크의 수압시험의 3분의 2를 초과하고 5분의 4를 넘지 않는 범위의 압력

⑤ 탱크의 배관 및 밸브의 위치 : 탱크의 윗부분

⑥ 탱크 외면의 색상 : 적색 바탕

⑦ 주의사항 색상 : 백색 문자

📖 탱크 및 부속장치의 강철판 두께 실기에도 잘 나와요!

> 1) 이동저장탱크
> ㉠ 본체ㆍ맨홀 및 주입관의 뚜껑, 칸막이 : 3.2mm 이상
> ㉡ 방파판 : 1.6mm 이상
> ㉢ 방호틀 : 2.3mm 이상
> 2) 컨테이너식 이동저장탱크
> ㉠ 본체ㆍ맨홀 및 주입구의 뚜껑
>   ⓐ 직경이나 장경이 1.8m를 초과하는 경우 : 6mm 이상
>   ⓑ 직경이나 장경이 1.8m 이하인 경우 : 5mm 이상
> ㉡ 칸막이 : 3.2mm 이상
> 3) 알킬알루미늄을 저장하는 이동저장탱크
> – 본체ㆍ맨홀 및 주입구의 뚜껑 : 10mm 이상

예제 1 컨테이너식 이동저장탱크의 경우 직경이 1.8m를 초과할 때 탱크의 두께는 얼마 이상으로 해야 하는가?

① 1.6mm 이상　　　　　　② 3.2mm 이상

③ 5mm 이상　　　　　　④ 6mm 이상

풀이 컨테이너식 이동저장탱크의 두께는 다음의 기준으로 한다.
　　1) 직경 또는 장경이 1.8m를 초과하는 경우 : 6mm 이상
　　2) 직경 또는 장경이 1.8m 이하인 경우 : 5mm 이상

정답 ④

예제 2 알킬알루미늄등을 저장하는 이동탱크의 두께는 얼마 이상의 강철판으로 해야 하는가?

① 3.2mm

② 6.4mm

③ 8.6mm

④ 10mm

풀이 알킬알루미늄등을 저장하는 이동탱크의 두께는 10mm 이상의 강철판으로 한다.

정답 ④

예제 3 알킬알루미늄등을 저장하는 이동탱크의 용량은 얼마 미만으로 하는가?

① 1,000L 미만

② 1,400L 미만

③ 1,900L 미만

④ 2,300L 미만

풀이 알킬알루미늄등을 저장하는 이동탱크의 용량은 1,900L 미만으로 한다.

정답 ③

2-8 옥외저장소

01 안전거리

위험물제조소와 동일하다.

02 보유공지 실기에도 잘 나와요!

옥외저장소 보유공지의 기준은 다음과 같다.

저장 또는 취급하는 위험물의 최대수량	공지의 너비
지정수량의 10배 이하	3m 이상
지정수량의 10배 초과 20배 이하	5m 이상
지정수량의 20배 초과 50배 이하	9m 이상
지정수량의 50배 초과 200배 이하	12m 이상
지정수량의 200배 초과	15m 이상

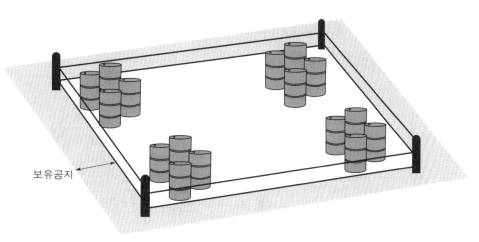

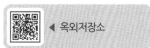

◀ 옥외저장소

📖 **보유공지를 공지 너비의 1/3로 단축할 수 있는 위험물의 종류** 📖실기에도 잘 나와요!

1) 제4류 위험물 중 제4석유류
2) 제6류 위험물

03 표지 및 게시판

옥외저장소의 표지 및 게시판 기준은 위험물제조소와 동일하다.

※ 단, 표지의 내용은 "위험물옥외저장소"이다.

📱 제조소·옥외저장소
게시판의 공통기준

04 옥외저장소의 저장기준

(1) 불연성 또는 난연성의 천막 등을 설치해야 하는 위험물

① 과산화수소
② 과염소산

(2) 덩어리상태 황만을 경계표시의 안쪽에 저장하는 기준 　실기에도 잘 나와요!

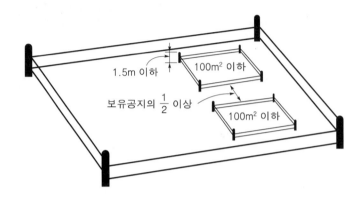

1.5m 이하
100m² 이하
보유공지의 $\frac{1}{2}$ 이상
100m² 이하

① 하나의 경계표시의 내부면적 : 100m² 이하

② 2 이상의 경계표시 내부면적 전체의 합 : 1,000m² 이하

③ 인접하는 경계표시와 경계표시와의 간격 : 보유공지의 너비의 1/2 이상

※ 저장하는 위험물의 최대수량이 **지정수량 200배 이상의 경계표시끼리의 간격 : 10m 이상**

④ 경계표시의 높이 : 1.5m 이하

⑤ 경계표시의 재료 : **불연재료**

⑥ 천막고정장치의 설치간격 : **경계표시의 길이 2m마다 1개 이상**

(3) 옥외저장소에 저장 가능한 위험물 　실기에도 잘 나와요!

① 제2류 위험물 : 황 또는 인화성 고체(인화점이 섭씨 0도 이상인 것에 한한다)

② 제4류 위험물

ㄱ 제1석유류(인화점이 섭씨 0도 이상인 것에 한한다)

ㄴ 알코올류

ㄷ 제2석유류

ㄹ 제3석유류

ㅁ 제4석유류

ㅂ 동식물유류

③ 제6류 위험물

④ 시·도조례로 정하는 제2류 또는 제4류 위험물

⑤ 국제해상위험물규칙(IMDG Code)에 적합한 용기에 수납된 위험물

(4) 배수구 및 분리장치

황을 저장 또는 취급하는 장소의 주위에는 배수구와 분리장치를 설치해야 한다.

(5) 인화성 고체(인화점 21℃ 미만인 것), 제1석유류, 알코올류의 옥외저장소의 특례

① 인화성 고체(인화점 21℃ 미만인 것), 제1석유류, 알코올류를 저장 또는 취급하는 장소에는 위험물을 적당한 온도로 유지하기 위한 살수설비 등을 설치해야 한다.

② 제1석유류 또는 알코올류를 저장 또는 취급하는 장소의 주위에는 배수구 및 집유설비를 설치하여야 한다. 이 경우 20℃의 물 100g에 용해되는 양이 1g 미만인 제1석유류를 저장 또는 취급하는 장소에 있어서는 집유설비에 유분리장치도 함께 설치하여야 한다.

예제 1 등유 80,000L를 저장하는 옥외저장소의 보유공지는 최소 몇 m 이상으로 해야 하는가?

① 3m
② 5m
③ 9m
④ 12m

풀이 등유는 제4류 위험물 제2석유류의 비수용성이므로 지정수량이 1,000L이다. 지정수량의 배수는 80,000L/1,000L=80배이므로, 지정수량의 50배 초과 200배 이하의 범위에 해당한다. 즉, 12m의 보유공지가 필요하다.

정답 ④

예제 2 윤활유 900,000L를 저장하는 옥외저장소의 보유공지는 최소 몇 m 이상으로 해야 하는가?

① 3m
② 4m
③ 5m
④ 6m

풀이 윤활유는 제4류 위험물의 제4석유류이므로 지정수량이 6,000L이다.
지정수량의 배수는 900,000L/6,000L=150배이므로 지정수량의 50배 초과 200배 이하의 범위에 해당한다. 즉, 12m의 보유공지가 필요하지만 제4석유류 또는 제6류 위험물의 저장 시에는 보유공지를 1/3로 단축할 수 있기 때문에 최소공지의 너비는 4m이다.

정답 ②

예제 3 옥외저장소 중 덩어리상태의 황만을 경계표시 안쪽에 저장할 때 하나의 경계표시의 내부 면적은 몇 m^2 이하로 해야 하는가?

① 100m^2
② 150m^2
③ 200m^2
④ 250m^2

풀이 옥외저장소 중 덩어리상태의 황만을 경계표시 안쪽에 저장할 때 하나의 경계표시의 내부 면적은 100m^2 이하로 해야 한다.

정답 ①

예제 4 옥외저장소에서 예외조건 없이 모든 종류를 저장할 수 있는 위험물의 유별은?

① 제2류 위험물

② 제4류 위험물

③ 제6류 위험물

④ 시·도조례로 정하는 위험물

풀이 옥외저장소에 저장 가능한 위험물은 다음과 같다.
1) 제2류 위험물 : 황 또는 인화성 고체(인화점 0℃ 이상인 것)
2) 제4류 위험물 : 특수인화물 및 제1석유류(인화점 0℃ 미만인 것) 제외
3) 제6류 위험물 : 모든 종류
4) 시·도조례로 정하는 제2류 또는 제4류 위험물
5) 국제해상위험물규칙(IMDG Code)에 적합한 용기에 수납한 위험물

정답 ③

2-9 암반탱크저장소

01 안전거리

필요 없음

02 보유공지

필요 없음

03 표지 및 게시판

암반탱크저장소의 표지 및 게시판은 위험물제조소와 동일하다.

※ 단, 표지의 내용은 "위험물암반탱크저장소"이다.

▶ 제조소·암반탱크저장소
게시판의 공통기준

0.6m 이상

위험물암반탱크저장소

0.3m
이상

04 암반탱크의 설치기준

암반투수계수가 1초당 10만분의 1m 이하인 천연암반 내에 설치한다.

05 암반탱크의 공간용적

① 일반적인 탱크의 공간용적 : 탱크 **내용적의 100분의 5 이상 100분의 10 이하**

② 암반탱크의 공간용적 : 탱크 내에 용출하는 **7일간 지하수의 양**에 상당하는 용적과 탱크 **내용적의 100분의 1의 용적 중 더 큰 용적**

예제 다음의 위험물을 저장하는 암반탱크의 공간용적 기준이다. ( ) 안에 들어갈 수치를 나열한 것으로 옳은 것은?

> 암반탱크에 있어서는 해당 탱크 내에 용출하는 (A)일간의 지하수의 양에 상당하는 용적과 해당 탱크 내용적의 (B)의 용적 중에서 보다 큰 용적을 공간 용적으로 한다.

① A : 10, B : 10/100　　　　② A : 5, B : 1/150

③ A : 7, B : 1/100　　　　④ A : 20, B : 10/150

풀이 암반탱크의 공간용적은 해당 탱크 내에 용출하는 7일간의 지하수의 양에 상당하는 용적과 해당 탱크 내용적의 100분의 1의 용적 중에서 보다 큰 용적을 공간용적으로 한다.

정답 ③

Section 03 / 취급소의 위치·구조 및 설비의 기준

3-1 주유취급소

01 안전거리

필요 없음

02 주유공지

주유취급소의 고정주유설비 주위에 주유를 받으려는 자동차 등이 출입할 수 있도록 비워둔 부지를 말한다.

(1) 주유공지의 크기 🔊실기에도 잘 나와요!

너비 15m 이상, 길이 6m 이상으로 한다.

(2) 주유공지 바닥의 기준 🔊실기에도 잘 나와요!

① 주유공지의 바닥은 주위 지면보다 높게 한다.
② 표면을 적당하게 경사지게 한다.
③ 배수구, 집유설비, 유분리장치를 설치한다.

03 표지 및 게시판

(1) 주유취급소의 표지 및 게시판

주유취급소의 표지 및 게시판 기준은 위험물제조소와 동일하다.

※ 단, 표지의 내용은 "위험물주유취급소"이다.

◀ 제조소·주유취급소 게시판의 공통기준

(2) 주유중엔진정지 게시판의 기준

① 크기 : 한 변 0.6m 이상, 다른 한 변 0.3m 이상인 직사각형
② 내용 : 주유중엔진정지
③ 색상 : 황색 바탕, 흑색 문자

예제 1 주유취급소의 주유공지를 나타낸 것으로 맞는 것은?

① 너비 10m 이상, 길이 6m 이상
② 너비 15m 이상, 길이 6m 이상
③ 너비 18m 이상, 길이 5m 이상
④ 너비 20m 이상, 길이 5m 이상

풀이 주유취급소에는 주유를 받으려는 자동차 등이 출입할 수 있도록 너비 15m 이상, 길이 6m 이상의 주유공지가 필요하다.

정답 ②

예제 2 주유취급소의 주유중엔진정지 게시판의 색상은 무엇인가?

① 황색 바탕, 흑색 문자   ② 흑색 바탕, 황색 문자
③ 백색 바탕, 흑색 문자   ④ 적색 바탕, 백색 문자

풀이 주유취급소의 주유중엔진정지 게시판의 색상은 황색 바탕에 흑색 문자로 해야 한다.

정답 ①

---

04 주유취급소의 탱크 용량 및 개수

① 고정주유설비 및 고정급유설비에 직접 접속하는 전용 탱크 : 각각 50,000L 이하
   ※ 고정주유설비 : 자동차에 위험물을 주입하는 설비
      고정급유설비 : 이동탱크 또는 용기에 위험물을 주입하는 설비
② 보일러 등에 직접 접속하는 전용 탱크 : 10,000L 이하
③ 폐유, 윤활유 등의 위험물을 저장하는 탱크 : 2,000L 이하
④ 고정주유설비 또는 고정급유설비에 직접 접속하는 전용 간이탱크 : 600L 이하의 탱크 3기 이하
⑤ 고속국도(고속도로)의 주유취급소 탱크 : 60,000L 이하

📖 **주유취급소에 설치하는 탱크의 종류**

1) 지하저장탱크
2) 옥내저장탱크
3) 간이저장탱크(3개 이하)
4) 이동저장탱크(상치장소(주차장)를 확보한 경우)

예제 1 주유취급소의 고정주유설비용 탱크의 용량은 얼마 이하로 해야 하는가?

① 50,000L   ② 40,000L
③ 30,000L   ④ 20,000L

💿**풀이** 주유취급소의 고정주유설비용 탱크의 용량은 50,000L 이하로 한다.

정답 ①

예제 2 주유취급소에서 고정주유설비에 직접 접속하는 전용 간이저장탱크는 몇 개 이하로 해야 하는가?

① 2개 이하   ② 3개 이하
③ 4개 이하   ④ 5개 이하

💿**풀이** 주유취급소에서 고정주유설비 또는 고정급유설비에 직접 접속하는 전용 간이저장탱크는 600L 이하의 탱크 3개 이하로 설치한다.

정답 ②

---

05 고정주유설비 및 고정급유설비

(1) 고정주유설비 및 고정급유설비의 기준

① 주유관 선단에서의 최대토출량 🔖실기에도 잘 나와요!

      ㉠ 제1석유류 : 분당 50L 이하

      ㉡ 경유 : 분당 180L 이하

      ㉢ 등유 : 분당 80L 이하

② 주유관의 길이

      ㉠ 고정주유설비 또는 고정급유설비 주유관 : 5m 이내

      ㉡ 현수식 주유관 : 지면 위 0.5m의 수평면에 수직으로 내려 만나는 점을 중심으로 반경 3m 이내

        ※ 현수식 : 천장에 매달려 있는 형태

③ 고정주유설비의 설치기준 🔖실기에도 잘 나와요!

      ㉠ 고정주유설비의 중심선을 기점으로 하여 도로경계선까지의 거리 : 4m 이상

      ㉡ 고정주유설비의 중심선을 기점으로 하여 부지경계선, 담 및 벽까지의 거리 : 2m 이상

      ㉢ 고정주유설비의 중심선을 기점으로 하여 개구부가 없는 벽까지의 거리 : 1m 이상

④ 고정급유설비의 설치기준

ㄱ 고정급유설비의 중심선을 기점으로 하여 도로경계선까지의 거리 : 4m 이상

ㄴ 고정급유설비의 중심선을 기점으로 하여 부지경계선 및 담까지의 거리 : 1m 이상

ㄷ 고정급유설비의 중심선을 기점으로 하여 건축물의 벽까지의 거리 : 2m 이상

ㄹ 고정급유설비의 중심선을 기점으로 하여 개구부가 없는 벽까지의 거리 : 1m 이상

⑤ 고정주유설비와 고정급유설비 사이의 거리 : 4m 이상

(2) 셀프용 고정주유설비 및 고정급유설비의 기준

① 셀프용 고정주유설비 **실기에도 잘 나와요!**

ㄱ 1회 연속주유량의 상한 : 휘발유는 100L 이하, 경유는 200L 이하

ㄴ 1회 연속주유시간의 상한 : 4분 이하

② 셀프용 고정급유설비

ㄱ 1회 연속급유량의 상한 : 100L 이하

ㄴ 1회 연속급유시간의 상한 : 6분 이하

06 건축물등의 기준

(1) 주유취급소에 설치할 수 있는 건축물의 용도

① 주유 또는 등유, 경유를 옮겨 담기 위한 작업장

② 주유취급소의 업무를 행하기 위한 사무소

③ 자동차 등의 점검 및 간이정비를 위한 작업장

④ 자동차 등의 세정을 위한 작업장

⑤ 주유취급소에 출입하는 사람을 대상으로 한 점포, 휴게음식점 또는 전시장

⑥ 주유취급소의 관계자가 거주하는 주거시설

⑦ 전기자동차용 충전설비

(2) 건축물 중 용도에 따른 면적의 합

주유취급소의 직원 외의 자가 출입하는 다음의 용도에 제공하는 부분의 면적의 합은 1,000m²를 초과할 수 없다.

① 주유취급소의 업무를 행하기 위한 사무소

② 자동차 등의 점검 및 간이정비를 위한 작업장

③ 주유취급소에 출입하는 사람을 대상으로 한 점포, 휴게음식점 또는 전시장

(3) 건축물등의 구조

① 벽·기둥·바닥·보 및 지붕 : 불연재료 또는 내화구조

② 사무실, 그 밖에 화기를 사용하는 장소의 출입구 또는 사이 통로의 문턱 높이 : 15cm 이상

07 담 또는 벽

(1) 담 또는 벽의 설치기준

① 설치장소 : 주유취급소의 자동차 등이 출입하는 쪽 외의 부분

② 설치높이 : 2m 이상

③ 담 또는 벽의 구조 : 내화구조 또는 불연재료

(2) 담 또는 벽에 유리를 부착하는 기준

① 유리의 부착위치 : 주입구, 고정주유설비 및 고정급유설비로부터 4m 이상 이격할 것

② 유리의 부착방법

  ㉠ 주유취급소 내의 지반면으로부터 70cm를 초과하는 부분에 한하여 유리를 부착할 것

  ㉡ 하나의 유리판의 **가로의 길이는 2m 이내**일 것

  ㉢ 유리판의 테두리를 금속제의 구조물에 견고하게 고정하고 해당 구조물을 담 또는 벽에 견고하게 부착할 것

  ㉣ 유리의 구조는 접합유리로 하되, 비차열 30분 이상의 방화성능이 인정될 것

    ※ 비차열 : 열은 차단하지 못하고 화염만 차단할 수 있는 것

③ 유리의 부착범위 : 전체의 담 또는 벽의 길이의 10분의 2를 초과하지 아니할 것

08 캐노피(주유소의 지붕)의 기준

① 배관이 캐노피 내부를 통과할 경우 : 1개 이상의 점검구를 설치한다.

② 캐노피 외부의 점검이 곤란한 장소에 배관을 설치하는 경우 : 용접이음으로 한다.

③ 캐노피 외부의 배관이 일광열의 영향을 받을 우려가 있는 경우 : 단열재로 피복한다.

예제 1 고정주유설비의 주유관 선단에서 제1석유류의 최대토출량은 분당 얼마인가?

① 50L 이하   ② 80L 이하

③ 100L 이하   ④ 180L 이하

풀이 고정주유설비의 주유관 선단에서 제1석유류의 최대토출량은 분당 50L 이하로 한다.

정답 ①

예제 2 주유취급소에서 고정주유설비의 주유관의 길이는 얼마인가?

① 3m 이내   ② 5m 이내

③ 7m 이내   ④ 9m 이내

풀이 주유취급소에서 고정주유설비 및 고정급유설비의 주유관 길이는 5m 이내로 한다.

정답 ②

예제 3 주유취급소의 고정주유설비의 중심선을 기점으로 하여 도로경계선까지의 거리는 얼마 이상으로 해야 하는가?

① 2m

② 3m

③ 4m

④ 5m

풀이 1) 고정주유설비의 중심선을 기점으로 하여 도로경계선까지의 거리 : 4m 이상
2) 고정주유설비의 중심선을 기점으로 하여 부지경계선, 담 및 벽까지의 거리 : 2m 이상
3) 고정주유설비의 중심선을 기점으로 하여 개구부가 없는 벽까지의 거리 : 1m 이상

정답 ③

예제 4 셀프용 고정주유설비에서 휘발유를 주유할 때 1회 연속주유량의 상한은 얼마 이하인가?

① 50L

② 100L

③ 150L

④ 200L

풀이 셀프용 고정주유설비에서 1회 연속주유량의 상한 : 휘발유는 100L 이하, 경유는 200L 이하

정답 ②

예제 5 주유취급소의 직원 외의 자가 출입하는 용도에 제공하는 부분의 면적의 합은 얼마를 초과할 수 없는가?

① 500m^2

② 1,000m^2

③ 1,500m^2

④ 2,000m^2

풀이 주유취급소의 직원 외의 자가 출입하는 다음의 용도에 제공하는 부분의 면적의 합은 1,000m^{2}를 초과할 수 없다.
1) 주유취급소의 업무를 행하기 위한 사무소
2) 자동차 등의 점검 및 간이정비를 위한 작업장
3) 주유취급소에 출입하는 사람을 대상으로 한 점포, 휴게음식점 또는 전시장

정답 ②

예제 6 주유취급소의 벽에 유리를 부착할 수 있는 기준으로 옳은 것은?

① 유리의 부착위치는 주입구, 고정주유설비로부터 2m 이상 이격되어야 한다.

② 지반면으로부터 50cm를 초과하는 부분에 한하여 유리를 설치하여야 한다.

③ 하나의 유리판의 가로의 길이는 2m 이내로 한다.

④ 유리의 구조는 강화유리로 해야 한다.

풀이 ① 유리의 부착위치는 주입구, 고정주유설비 및 고정급유설비로부터 4m 이상 이격할 것
② 주유취급소 내의 지반면으로부터 70cm를 초과하는 부분에 한하여 유리를 부착할 것
④ 유리의 구조는 접합유리로 하되, 비차열 30분 이상의 방화성능이 인정될 것

정답 ③

3-2 판매취급소

01 안전거리

필요 없음

02 보유공지

필요 없음

03 표지 및 게시판

판매취급소의 표지 및 게시판 기준은 위험물제조소와 동일하다.

※ 단, 표지의 내용은 "위험물판매취급소"이다.

◀ 제조소·판매취급소 게시판의 공통기준

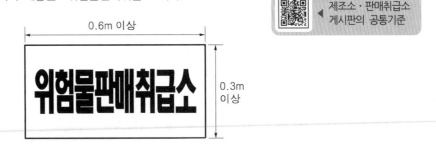

0.6m 이상

위험물판매취급소

0.3m 이상

04 판매취급소의 구분

판매취급소는 페인트점 또는 화공약품대리점을 의미한다.

(1) 제1종 판매취급소

① 저장 또는 취급하는 위험물의 수량 : **지정수량의 20배 이하** ◀실기에도 잘 나와요!

② 판매취급소의 설치기준 : 건축물의 1층에 설치한다.

③ 판매취급소의 건축물 기준

ㄱ 내화구조 또는 불연재료로 할 것

ㄴ 보와 천장은 불연재료로 하고, 지붕은 내화구조 또는 불연재료로 할 것

ㄷ 창 및 출입구에는 60분+방화문·60분 방화문 또는 30분 방화문을 설치할 것

ㄹ 판매취급소로 사용되는 부분과 다른 부분과의 격벽은 내화구조로 할 것

④ 위험물 배합실의 기준 **실기에도 잘 나와요!**

㉠ 바닥 : 6m² 이상 15m² 이하의 **면적**으로 적당한 경사를 두고 집유설비를 할 것

㉡ 벽 : 내화구조 또는 불연재료로 된 벽으로 구획

㉢ 출입구의 방화문 : **자동폐쇄식 60분+방화문** 또는 **60분 방화문**

㉣ 출입구 문턱의 높이 : **바닥면으로부터 0.1m 이상**

㉤ 가연성의 증기 또는 미분을 지붕 위로 방출하는 설비를 할 것

(2) 제2종 판매취급소

① 저장 또는 취급하는 위험물의 수량 : **지정수량의 40배 이하** **실기에도 잘 나와요!**

② 판매취급소의 건축물 기준 : 보와 지붕은 내화구조로 하고 그 외의 것은 제1종 판매취급소의 건축물 기준을 준용한다.

[예제] 위험물 판매취급소에 대한 설명 중 틀린 것은?

① 제1종 판매취급소라 함은 저장 또는 취급하는 위험물의 수량이 지정수량의 20배 이하인 판매취급소를 말한다.

② 위험물을 배합하는 실의 바닥면적은 6m² 이상 15m² 이하이어야 한다.

③ 제2종 판매취급소라 함은 저장 또는 취급하는 위험물의 수량이 지정수량의 40배 이하인 판매취급소를 말한다.

④ 제1종 판매취급소는 건축물의 2층까지만 설치가 가능하다.

풀이 제1종 판매취급소는 건축물의 1층에만 설치가 가능하다.

[정답] ④

3-3 이송취급소

01 안전거리

배관 설치의 종류에 따라 다르다.

02 보유공지

배관 설치의 종류에 따라 다르다.

03 표지 및 게시판

이송취급소의 표지 및 게시판 기준은 위험물제조소와 동일하다.

※ 단, 표지의 내용은 "위험물이송취급소"이다.

제조소·이송취급소
게시판의 공통기준

04 설치 제외 장소

이송취급소는 **다음의 장소에는 설치할 수 없다.**

① 철도 및 도로의 터널 안

② 고속국도 및 자동차전용도로의 차도, 길어깨 및 중앙분리대

③ 호수, 저수지 등으로서 수리의 수원이 되는 곳

④ 급경사지역으로서 붕괴의 위험이 있는 지역

📖 설치 제외 장소 중 이송취급소를 설치할 수 있는 조건

위 ①~④에 해당하는 장소라도, 다음의 경우에 한하여 이송취급소를 설치할 수 있다.
1) 지형상황 등 부득이한 사유가 있고 안전에 필요한 조치를 하는 경우
2) 고속국도 및 자동차전용도로의 차도, 길어깨 및 중앙분리대 또는 호수, 저수지 등으로서 수리의 수원이 되는 장소를 횡단하여 설치하는 경우

05 설비 및 장치의 설치기준

(1) 배관의 설치기준

배관을 설치하는 기준으로는 다음과 같은 것이 있다.

① 지하 매설   ② 도로 밑 매설

③ 철도부지 밑 매설   ④ 하천 홍수관리구역 내 매설

⑤ 지상 설치   ⑥ 해저 설치

⑦ 해상 설치   ⑧ 도로 횡단 설치

⑨ 철도 밑 횡단 매설   ⑩ 하천 등 횡단 설치

📖 **비파괴시험**

배관 등의 용접부는 비파괴시험을 실시하여 합격하여야 한다. 이 경우 이송기지 내의 지상에 설치된 배관 등은 **전체 용접부의 20% 이상을 발췌**하여 시험할 수 있다.
※ 비파괴시험의 방법. 판정기준 등은 소방청장이 정하여 고시하는 바에 의한다.

(2) 압력안전장치의 설치기준

배관계에는 배관 내의 압력이 최대상용압력을 초과하거나 유격작용 등에 의하여 생긴 압력이 최대상용압력의 1.1배를 초과하지 아니하도록 제어하는 장치(압력안전장치)를 설치한다.

① 압력안전장치의 재료 및 구조는 배관 등의 기준에 의한다.
② 압력안전장치는 배관계의 압력변동을 충분히 흡수할 수 있는 용량을 가져야 한다.

(3) 경보설비의 설치기준

이송취급소에는 다음의 기준에 의하여 경보설비를 설치하여야 한다.

① 이송기지에는 **비상벨장치** 및 **확성장치**를 설치한다.
② 가연성 증기를 발생하는 위험물을 취급하는 펌프실 등에는 가연성 증기 경보설비를 설치한다.

(4) 피그장치의 설치기준

피그장치를 설치하는 경우에는 다음의 기준에 의하여야 한다.

① 피그장치를 설치한 장소의 바닥은 위험물이 침투하지 아니하는 구조로 하고 누설한 위험물이 외부로 유출되지 아니하도록 배수구 및 집유설비를 설치한다.
② 피그장치의 주변에는 너비 3m 이상의 공지를 보유하여야 한다. 다만, 펌프실 내에 설치하는 경우에는 그러하지 아니하다.

(5) 밸브의 설치기준

교체밸브, 제어밸브 등은 다음의 기준에 의하여 설치하여야 한다.

① 밸브는 원칙적으로 이송기지 또는 전용부지 내에 설치한다.
② 밸브는 그 개폐상태가 해당 밸브의 설치장소에서 쉽게 확인할 수 있도록 한다.
③ 밸브를 지하에 설치하는 경우에는 점검상자 안에 설치한다.
④ 밸브는 해당 밸브의 관리에 관계하는 자가 아니면 수동으로 개폐할 수 없도록 한다.

예제 1 이송취급소의 배관설치의 기준에 해당하지 않는 종류는 무엇인가?

① 지하 매설
② 도로 위 매설
③ 해저 설치
④ 철도 밑 횡단 매설

풀이 이송취급소의 배관설치의 기준은 다음과 같다.
1) 지하 매설
2) 도로 밑 매설
3) 철도부지 밑 매설
4) 하천 홍수관리구역 내 매설
5) 지상 설치
6) 해저 설치
7) 해상 설치
8) 도로 횡단 설치
9) 철도 밑 횡단 매설
10) 하천 등 횡단 설치

정답 ②

예제 2 이송기지 내의 지상에 설치된 배관등은 전체 용접부의 몇 % 이상을 발췌하여 시험할 수 있는가?

① 5%
② 10%
③ 15%
④ 20%

풀이 이송기지 내의 지상에 설치된 배관 등은 전체 용접부의 20% 이상을 발췌하여 시험할 수 있다.

정답 ④

예제 3 이송취급소의 이송기지에 설치해야 하는 경보설비의 종류는 무엇인가?

① 비상벨장치, 확성장치
② 자동화재탐지설비, 비상방송설비
③ 비상벨장치, 비상경보설비
④ 비상유도등, 비상방송설비

풀이 이송취급소의 이송기지에 설치하는 경보설비의 종류로는 비상벨장치 및 확성장치가 있다.

정답 ①

예제 4 이송취급소의 피그장치 주변에 확보해야 하는 공지의 너비는 몇 m 이상으로 해야 하는가?

① 1m
② 2m
③ 3m
④ 4m

풀이 이송취급소의 피그장치 주변에 확보해야 하는 공지의 너비는 3m 이상으로 해야 한다.

정답 ③

3-4 일반취급소

01 안전거리

'**충전하는 일반취급소**'는 제조소의 안전거리와 동일하며, 나머지 일반취급소는 안전거리가 필요 없다. ◀실기에도 잘 나와요!

02 보유공지

'**충전하는 일반취급소**'는 제조소의 보유공지와 동일하며, 나머지 일반취급소는 보유공지가 필요 없다. ◀실기에도 잘 나와요!

03 표지 및 게시판

일반취급소의 표지 및 게시판 기준은 위험물제조소와 동일하다.

※ 단, 표지의 내용은 "위험물일반취급소"이다.

▮ 제조소·일반취급소 게시판의 공통기준

04 일반취급소의 특례

일반취급소의 기준은 위험물제조소의 위치·구조 및 설비의 기준과 동일하지만 다음의 일반취급소에 대해서는 특례를 적용한다.

① 분무도장작업 등의 일반취급소 : 도장, 인쇄 또는 도포를 위하여 **제2류 위험물** 또는 **제4류 위험물(특수인화물을 제외)**을 지정수량의 30배 미만으로 ◀실기에도 잘 나와요! 취급하는 장소

② 세정작업의 일반취급소 : 세정을 위하여 인화점이 40℃ 이상인 제4류 위험물을 지정수량의 30배 미만으로 취급하는 장소

③ 열처리작업 등의 일반취급소 : 열처리작업 또는 방전가공을 위하여 인화점이 70℃ 이상인 제4류 위험물을 지정수량의 30배 미만으로 취급하는 장소

④ 보일러 등으로 위험물을 소비하는 일반취급소 : 보일러, 버너 등으로 인화점이 38℃ 이상

인 제4류 위험물을 지정수량의 30배 미만으로 소비하는 장소

⑤ 충전하는 일반취급소 : 이동저장탱크에 액체 위험물(알킬알루미늄등, 아세트알데하이드 등 및 하이드록실아민등을 제외)을 주입하는 장소

⑥ 옮겨 담는 일반취급소 : 고정급유설비에 의하여 인화점이 38℃ 이상인 제4류 위험물을 지정수량의 40배 미만으로 용기에 옮겨 담거나 4,000L 이하의 이동저장탱크에 주입하는 장소

⑦ 유압장치 등을 설치하는 일반취급소 : 위험물을 이용한 유압장치 또는 윤활유 순환장치를 설치하는 장소(지정수량의 50배 미만의 고인화점 위험물만을 100℃ 미만의 온도로 취급하는 것에 한함)

⑧ 절삭장치 등을 설치하는 일반취급소 : 절삭유의 위험물을 이용한 절삭장치, 연삭장치 등을 설치하는 장소(지정수량의 30배 미만의 고인화점 위험물만을 100℃ 미만의 온도로 취급하는 것에 한함)

⑨ 열매체유 순환장치를 설치하는 일반취급소 : 위험물 외의 물건을 가열하기 위하여 지정수량의 30배 미만의 고인화점 위험물을 이용한 열매체유 순환장치를 설치하는 장소

⑩ 화학실험의 일반취급소 : 화학실험을 위하여 지정수량의 30배 미만으로 위험물을 취급하는 장소

예제 1 분무도장작업 등의 일반취급소에서 취급하는 위험물의 종류가 아닌 것은 무엇인가?

① 황화인 ② 적린
③ 다이에틸에터 ④ 휘발유

풀이 도장, 인쇄 또는 도포를 위하여 제2류 위험물 또는 제4류 위험물(특수인화물을 제외한다)을 취급하는 일반취급소로서 지정수량의 30배 미만의 것이다.
여기서, 다이에틸에터는 제4류 위험물의 특수인화물에 해당하므로 분무도장작업 등의 일반취급소에서 취급하는 물질에서 제외된다.

정답 ③

예제 2 세정작업의 일반취급소에서 세정을 위하여 취급하는 위험물에 해당하는 범위는 무엇인가?

① 인화점이 -20℃ 이상인 제4류 위험물에 한한다.
② 인화점이 0℃ 이상인 제4류 위험물에 한한다.
③ 인화점이 20℃ 이상인 제4류 위험물에 한한다.
④ 인화점이 40℃ 이상인 제4류 위험물에 한한다.

풀이 세정을 위하여 위험물(인화점이 40℃ 이상인 제4류 위험물에 한한다)을 취급하는 일반취급소로서 지정수량의 30배 미만의 것

정답 ④

Section 04 소화난이도등급 및 소화설비의 적응성

4-1 소화난이도등급

01 소화난이도등급 Ⅰ

(1) 소화난이도등급 Ⅰ에 해당하는 제조소등 실기에도 잘 나와요!

제조소등의 구분	제조소등의 규모, 저장 또는 취급하는 위험물의 품명 및 최대수량 등
제조소 및 일반취급소	연면적 1,000m² 이상인 것
	지정수량의 100배 이상인 것(고인화점 위험물만을 100℃ 미만의 온도에서 취급하는 것은 제외)
	지반면으로부터 6m 이상의 높이에 위험물취급설비가 있는 것(고인화점 위험물만을 100℃ 미만의 온도에서 취급하는 것은 제외)
	일반취급소로 사용되는 부분 외의 부분을 갖는 건축물에 설치된 것(내화구조로 개구부 없이 구획된 것 및 고인화점 위험물만을 100℃ 미만의 온도에서 취급하는 것 및 화학실험의 일반취급소 제외)
주유취급소	주유취급소의 직원 외의 자가 출입하는 부분의 면적의 합이 500m²를 초과하는 것
옥내저장소	지정수량의 150배 이상인 것(고인화점 위험물만을 저장하는 것은 제외)
	연면적 150m²를 초과하는 것(150m² 이내마다 불연재료로 개구부 없이 구획된 것 및 인화성 고체 외의 제2류 위험물 또는 인화점 70℃ 이상의 제4류 위험물만을 저장하는 것은 제외)
	처마높이가 6m 이상인 단층 건물의 것
	옥내저장소로 사용되는 부분 외의 부분이 있는 건축물에 설치된 것(내화구조로 개구부 없이 구획된 것 및 인화성 고체 외의 제2류 위험물 또는 인화점 70℃ 이상의 제4류 위험물만을 저장하는 것은 제외)
옥외탱크저장소	액표면적이 40m² 이상인 것(제6류 위험물을 저장하는 것 및 고인화점 위험물만을 100℃ 미만의 온도에서 저장하는 것은 제외)
	지반면으로부터 탱크 옆판의 상단까지 높이가 6m 이상인 것(제6류 위험물을 저장하는 것 및 고인화점 위험물만을 100℃ 미만의 온도에서 저장하는 것은 제외)
	지중탱크 또는 해상탱크로서 지정수량의 100배 이상인 것(제6류 위험물을 저장하는 것 및 고인화점 위험물만을 100℃ 미만의 온도에서 저장하는 것은 제외)
	고체 위험물을 저장하는 것으로서 지정수량의 100배 이상인 것

제조소등의 구분	제조소등의 규모, 저장 또는 취급하는 위험물의 품명 및 최대수량 등
옥내탱크 저장소	**액표면적이 40m² 이상인 것**(제6류 위험물을 저장하는 것 및 고인화점 위험물만을 100℃ 미만의 온도에서 저장하는 것은 제외)
	바닥면으로부터 탱크 옆판의 상단까지 높이가 6m 이상인 것(제6류 위험물을 저장하는 것 및 고인화점 위험물만을 100℃ 미만의 온도에서 저장하는 것은 제외)
	탱크전용실이 단층 건물 외의 건축물에 있는 것으로서 인화점 38℃ 이상 70℃ 미만의 위험물을 지정수량의 5배 이상 저장하는 것(내화구조로 개구부 없이 구획된 것은 제외한다)
옥외저장소	덩어리상태의 황을 저장하는 것으로서 경계표시 내부의 면적(2 이상의 경계표시가 있는 경우에는 각 경계표시의 내부의 면적을 합한 면적)이 100m² 이상인 것
	인화성 고체(인화점 21℃ 미만), 제1석유류 또는 알코올류를 저장하는 것으로서 지정수량의 100배 이상인 것
암반탱크 저장소	**액표면적이 40m² 이상**인 것(제6류 위험물을 저장하는 것 및 고인화점 위험물만을 100℃ 미만의 온도에서 저장하는 것은 제외)
	고체 위험물만을 저장하는 것으로서 지정수량의 100배 이상인 것
이송취급소	모든 대상

※ 제조소등의 구분별로 오른쪽 칸에 정한 제조소등의 규모, 저장 또는 취급하는 위험물의 품명 및 최대수량 등의 어느 하나에 해당하는 제조소등은 소화난이도등급 I에 해당하는 것으로 한다.

(2) 소화난이도등급 I의 제조소등에 설치해야 하는 소화설비 ◆실기에도 잘 나와요!

제조소등의 구분		소화설비
제조소 및 일반취급소		옥내소화전설비, 옥외소화전설비, 스프링클러설비 또는 물분무등 소화설비(**화재발생 시 연기가 충만할 우려가 있는 장소**에는 **스프링클러설비** 또는 이동식 외의 **물분무등 소화설비**에 한한다)
주유취급소		스프링클러설비(건축물에 한정한다), 소형수동식 소화기 등(능력단위의 수치가 건축물 그 밖의 공작물 및 위험물의 소요단위의 수치에 이르도록 설치한다)
옥내 저장소	처마높이가 6m 이상인 단층 건물 또는 다른 용도의 부분이 있는 건축물에 설치한 옥내저장소	스프링클러설비 또는 이동식 외의 물분무등 소화설비
	그 밖의 것	옥외소화전설비, 스프링클러설비, 이동식 외의 물분무등 소화설비 또는 이동식 포소화설비(포소화전을 옥외에 설치하는 것에 한한다)

제조소등의 구분			소화설비
옥외탱크저장소	지중탱크 또는 해상탱크 외의 것	황만을 저장·취급하는 것	물분무소화설비
		인화점 70℃ 이상의 제4류 위험물만을 저장·취급하는 것	**물분무소화설비** 또는 **고정식 포소화설비**
		그 밖의 것	고정식 포소화설비(포소화설비가 적응성이 없는 경우에는 분말소화설비)
	지중탱크		고정식 포소화설비, 이동식 이외의 불활성가스 소화설비 또는 이동식 이외의 할로젠화합물 소화설비
	해상탱크		고정식 포소화설비, 물분무소화설비, 이동식 이외의 불활성가스 소화설비 또는 이동식 이외의 할로젠화합물 소화설비
옥내탱크저장소	황만을 저장·취급하는 것		물분무소화설비
	인화점 70℃ 이상의 제4류 위험물만을 저장·취급하는 것		물분무소화설비, 고정식 포소화설비, 이동식 이외의 불활성가스 소화설비, 이동식 이외의 할로젠화합물 소화설비 또는 이동식 이외의 분말소화설비
	그 밖의 것		고정식 포소화설비, 이동식 이외의 불활성가스 소화설비, 이동식 이외의 할로젠화합물 소화설비 또는 이동식 이외의 분말소화설비
옥외저장소 및 이송취급소			옥내소화전설비, 옥외소화전설비, 스프링클러설비 또는 물분무등 소화설비(화재발생 시 연기가 충만할 우려가 있는 장소에는 스프링클러설비 또는 이동식 이외의 물분무등 소화설비에 한한다)
암반탱크저장소	황만을 저장·취급하는 것		물분무소화설비
	인화점 70℃ 이상의 제4류 위험물만을 저장·취급하는 것		물분무소화설비 또는 고정식 포소화설비
	그 밖의 것		고정식 포소화설비(포소화설비가 적응성이 없는 경우에는 분말소화설비)

◀ 고정식 포소화설비의 모습

※ 제4류 위험물을 저장 또는 취급하는 옥외탱크저장소 또는 옥내탱크저장소에는 소형수동식 소화기 등을 2개 이상 설치하여야 한다.

02 소화난이도등급 Ⅱ

(1) 소화난이도등급 Ⅱ에 해당하는 제조소등

제조소등의 구분	제조소등의 규모, 저장 또는 취급하는 위험물의 품명 및 최대수량 등
제조소 및 일반취급소	연면적 600m² 이상인 것
	지정수량의 10배 이상인 것(고인화점 위험물만을 100℃ 미만의 온도에서 취급하는 것은 제외)
	소화난이도등급 Ⅰ의 제조소등에 해당하지 아니하는 것(고인화점 위험물만을 100℃ 미만의 온도에서 취급하는 것은 제외)
옥내저장소	단층 건물 이외의 것
	다층 건물의 옥내저장소 또는 소규모 옥내저장소
	지정수량의 10배 이상인 것(고인화점 위험물만을 저장하는 것은 제외)
	연면적 150m² 초과인 것
	복합용도건축물의 옥내저장소로서 소화난이도등급 Ⅰ의 제조소등에 해당하지 아니하는 것
옥외탱크저장소, 옥내탱크저장소	소화난이도등급 Ⅰ의 제조소등 외의 것(고인화점 위험물만을 100℃ 미만의 온도로 저장하는 것 및 제6류 위험물만을 저장하는 것은 제외)
옥외저장소	덩어리상태의 황을 저장하는 것으로서 경계표시 내부의 면적(2 이상의 경계표시가 있는 경우에는 각 경계표시의 내부의 면적을 합한 면적)이 5m² 이상 100m² 미만인 것
	인화성 고체(인화점이 21℃ 미만), 제1석유류 또는 알코올류를 저장하는 것으로서 지정수량의 10배 이상 100배 미만인 것
	지정수량의 100배 이상인 것(덩어리상태의 황 또는 고인화점 위험물을 저장하는 것은 제외)
주유취급소	**옥내주유취급소로서 소화난이도등급 Ⅰ의 제조소등에 해당하지 아니하는 것**
판매취급소	제2종 판매취급소

(2) 소화난이도등급 Ⅱ의 제조소등에 설치하여야 하는 소화설비

제조소등의 구분	소화설비
제조소, 옥내저장소, 옥외저장소, 주유취급소, 판매취급소, 일반취급소	방사능력범위 내에 해당 건축물, 그 밖의 공작물 및 위험물이 포함되도록 대형수동식 소화기를 설치하고, 해당 위험물의 소요단위의 1/5 이상에 해당되는 능력단위의 소형수동식 소화기등을 설치할 것
옥외탱크저장소, 옥내탱크저장소	대형수동식 소화기 및 소형수동식 소화기 등을 각각 1개 이상 설치할 것

03 소화난이도등급 Ⅲ

(1) 소화난이도등급 Ⅲ의 제조소등

제조소등의 구분	제조소등의 규모, 저장 또는 취급하는 위험물의 품명 및 최대수량 등
제조소 및 일반취급소	소화난이도등급 Ⅰ 또는 소화난이도등급 Ⅱ의 제조소등에 해당하지 아니하는 것
옥내저장소	소화난이도등급 Ⅰ 또는 소화난이도등급 Ⅱ의 제조소등에 해당하지 아니하는 것
지하탱크저장소, 간이탱크저장소, 이동탱크저장소	모든 대상
옥외저장소	덩어리상태의 황을 저장하는 것으로서 경계표시 내부의 면적(2 이상의 경계표시가 있는 경우에는 각 경계표시의 내부의 면적을 합한 면적)이 $5m^2$ 미만인 것
	덩어리상태의 황 외의 것을 저장하는 것으로서 소화난이도등급 Ⅰ 또는 소화난이도등급 Ⅱ의 제조소등에 해당하지 아니하는 것
주유취급소	옥내주유취급소 외의 것으로서 소화난이도등급 Ⅰ의 제조소등에 해당하지 아니하는 것
제1종 판매취급소	모든 대상

(2) 소화난이도등급 Ⅲ의 제조소등에 설치하여야 하는 소화설비 실기에도 잘 나와요!

제조소등의 구분	소화설비	설치기준	
지하탱크저장소	소형수동식 소화기 등	능력단위의 수치가 3 이상	2개 이상
이동탱크저장소	자동차용 소화기	무상의 강화액 8L 이상	2개 이상
		이산화탄소 3.2kg 이상	
		일브로민화일염화이플루오린화메테인(CF_2ClBr) 2L 이상	
		일브로민화삼플루오린화메테인(CF_3Br) 2L 이상	
		이브로민화사플루오린화에테인($C_2F_4Br_2$) 1L 이상	
		소화분말 3.3kg 이상	
	마른모래 및 팽창질석 또는 팽창진주암	마른모래 150L 이상	
		팽창질석 또는 팽창진주암 640L 이상	
그 밖의 제조소등	소형수동식 소화기 등	능력단위의 수치가 건축물, 그 밖의 공작물 및 위험물의 소요단위의 수치에 이르도록 설치할 것(다만, 옥내소화전설비, 옥외소화전설비, 스프링클러설비, 물분무등 소화설비 또는 대형수동식 소화기를 설치한 경우에는 해당 소화설비의 방사능력범위 내의 부분에 대하여는 수동식 소화기 등을 그 능력단위의 수치가 해당 소요단위의 수치의 1/5 이상이 되도록 하는 것으로 족한다.)	

※ **알킬알루미늄등**을 저장 또는 취급하는 이동탱크저장소에 있어서는 자동차용 소화기를 설치하는 것 외에 **마른모래**나 **팽창질석 또는 팽창진주암**을 추가로 설치하여야 한다.

4-2 소화설비의 적응성 📖실기에도 잘 나와요!

소화설비의 구분			건축물·그 밖의 공작물	전기설비	제1류 위험물 알칼리금속의 과산화물등	제1류 위험물 그 밖의 것	제2류 위험물 철분·금속분·마그네슘 등	제2류 위험물 인화성 고체	제2류 위험물 그 밖의 것	제3류 위험물 금수성 물품	제3류 위험물 그 밖의 것	제4류 위험물	제5류 위험물	제6류 위험물
옥내소화전 또는 옥외소화전 설비			○			○		○	○		○		○	○
스프링클러설비			○			○		○	○		○	△	○	○
물분무등 소화설비		물분무소화설비	○	○		○		○	○		○	○	○	○
		포소화설비	○			○		○	○		○	○	○	○
		불활성가스 소화설비		○				○				○		
		할로젠화합물 소화설비		○				○				○		
	분말 소화설비	인산염류등	○	○		○		○	○			○		○
		탄산수소염류등		○	○		○	○		○		○		
		그 밖의 것			○		○			○				
대형·소형 수동식 소화기		봉상수(棒狀水) 소화기	○			○		○	○		○		○	○
		무상수(霧狀水) 소화기	○	○		○		○	○		○		○	○
		봉상강화액 소화기	○			○		○	○		○		○	○
		무상강화액 소화기	○	○		○		○	○		○	○	○	○
		포소화기	○			○		○	○		○	○	○	○
		이산화탄소 소화기		○				○				○		△
		할로젠화합물 소화기		○				○				○		
	분말 소화기	인산염류 소화기	○	○		○		○	○			○		○
		탄산수소염류 소화기		○	○		○	○		○		○		
		그 밖의 것			○		○			○				
기타		물통 또는 수조	○			○		○	○		○		○	○
		건조사			○	○	○	○	○	○	○	○	○	○
		팽창질석 또는 팽창진주암			○	○	○	○	○	○	○	○	○	○

※ "○"는 소화설비의 적응성이 있다는 의미이다.

※ "△"의 의미는 다음과 같다.
① 스프링클러설비 : 제4류 위험물 화재에는 사용할 수 없지만 취급장소의 살수기준면적에 따라 스프링클러설비의 살수밀도가 다음 [표]의 기준 이상이면 제4류 위험물 화재에 사용할 수 있다.

살수기준면적(m^2)	방사밀도(L/m^2·분)	
	인화점 38℃ 미만	인화점 38℃ 이상
279 미만	16.3 이상	12.2 이상
279 이상 372 미만	15.5 이상	11.8 이상
372 이상 465 미만	13.9 이상	9.8 이상
465 이상	12.2 이상	8.1 이상

살수기준면적은 내화구조의 벽 및 바닥으로 구획된 하나의 실의 바닥면적을 말하고, 하나의 실의 바닥면적이 465m^2 이상인 경우의 살수기준면적은 465m^2로 한다. 다만, 위험물의 취급을 주된 작업내용으로 하지 아니하고 소량의 위험물을 취급하는 설비 또는 부분이 넓게 분산되어 있는 경우에는 방사밀도는 8.2L/m^2·분 이상, 살수기준면적은 279m^2 이상으로 할 수 있다.
② 이산화탄소 소화기 : 폭발의 위험이 없는 장소에 한하여 이산화탄소 소화기가 제6류 위험물에 적응성이 있음을 의미한다.

📖 물분무등 소화설비의 종류

1) 물분무소화설비
2) 포소화설비
3) 불활성가스 소화설비
4) 할로젠화합물 소화설비
5) 분말소화설비

예제 1 소화난이도등급 I에 해당하는 위험물제조소는 연면적이 몇 m^2 이상인 것인가?

① 400m^2
② 600m^2
③ 800m^2
④ 1,000m^2

✅ **풀이** 소화난이도등급 I에 해당하는 위험물제조소는 연면적 1,000m^2 이상이다.

정답 ④

예제 2 소화난이도등급 I에 해당하지 않는 제조소등은?

① 제1석유류 위험물을 제조하는 제조소로서 연면적 1,000m^2 이상인 것
② 제1석유류 위험물을 저장하는 옥외탱크저장소로서 액표면적이 40m^2 이상인 것
③ 모든 이송취급소
④ 제6류 위험물을 저장하는 암반탱크저장소

✅ **풀이** 소화난이도등급 I에 해당하는 암반탱크저장소의 조건은 액표면적이 40m^2 이상인 것이지만 제6류 위험물을 저장하는 것 및 고인화점 위험물만을 100℃ 미만의 온도에서 저장하는 것은 제외한다.

정답 ④

예제 3 소화난이도등급 I에 해당하는 제조소등에 해당하지 않는 것은?

① 지정수량의 100배 이상인 것을 저장하는 옥내저장소
② 직원 외의 자가 출입하는 부분의 면적의 합이 500m² 를 초과하는 주유취급소
③ 지반면으로부터 탱크 옆판 상단까지의 높이가 6m 이상인 옥외탱크저장소
④ 덩어리상태의 황을 저장하는 것으로서 경계표시 내부의 면적의 합이 100m² 이상인 옥외저장소

풀이 소화난이도등급 I에 해당하는 옥내저장소는 지정수량의 150배 이상을 저장하는 것이다.

정답 ①

예제 4 처마높이가 6m 이상인 단층 건물에 설치한 옥내저장소에 필요한 소화설비는?

① 스프링클러설비　　　　　② 옥내소화전
③ 옥외소화전　　　　　　　④ 봉상강화액 소화기

풀이 처마높이가 6m 이상인 단층 건물에 설치한 옥내저장소에는 스프링클러설비 또는 이동식 외의 물분무등 소화설비가 필요하다.

정답 ①

예제 5 인화점 70℃ 이상의 제4류 위험물을 저장하는 옥외탱크저장소에 설치하여야 하는 소화설비들로만 이루어진 것은? (단, 소화난이도등급 I에 해당한다.)

① 물분무소화설비 또는 고정식 포소화설비
② 불활성가스 소화설비 또는 물분무소화설비
③ 할로젠화물 소화설비 또는 불활성가스 소화설비
④ 고정식 포소화설비 또는 할로젠화합물 소화설비

풀이 인화점 70℃ 이상의 제4류 위험물을 저장하는 옥외탱크저장소에 설치하여야 하는 소화설비는 물분무소화설비 또는 고정식 포소화설비이다.

정답 ①

예제 6 소화난이도등급 Ⅱ에 해당하는 제조소의 연면적은 얼마 이상인가?

① 300m²　　　　　　　　　② 600m²
③ 900m²　　　　　　　　　④ 1,200m²

풀이 소화난이도등급 Ⅱ에 해당하는 제조소의 연면적은 600m² 이상이다.

정답 ②

예제 7 위험물안전관리법령상 옥내주유취급소의 소화난이도등급은?

① Ⅰ　　　　　　　　　　　② Ⅱ
③ Ⅲ　　　　　　　　　　　④ Ⅳ

풀이 옥내주유취급소의 소화난이도등급은 Ⅱ이다.

정답 ②

예제 8 소화난이도등급 Ⅱ에 해당하는 옥외탱크저장소 및 옥내탱크저장소에는 대형수동식 소화기 및 소형수동식 소화기 등을 각각 몇 개 이상 설치해야 하는가?

① 1개

② 2개

③ 3개

④ 4개

풀이 소화난이도등급 Ⅱ에 해당하는 옥외탱크저장소 및 옥내탱크저장소에는 대형수동식 소화기 및 소형수동식 소화기 등을 각각 1개 이상 설치한다.

정답 ①

예제 9 소화난이도등급 Ⅲ에 해당하는 지하탱크저장소에 설치하는 소형수동식 소화기 등의 능력단위의 수치와 설치개수는 각각 얼마인가?

① 능력단위의 수치 : 1 이상, 설치개수 : 2개 이상

② 능력단위의 수치 : 2 이상, 설치개수 : 3개 이상

③ 능력단위의 수치 : 3 이상, 설치개수 : 2개 이상

④ 능력단위의 수치 : 4 이상, 설치개수 : 3개 이상

풀이 소화난이도등급 Ⅲ에 해당하는 지하탱크저장소에는 능력단위 3단위 이상의 소형수동식 소화기 등을 2개 이상 설치한다.

정답 ③

예제 10 전기설비의 화재에 효과가 없는 소화설비는 어느 것인가?

① 불활성가스 소화설비

② 할로젠화합물 소화설비

③ 물분무소화설비

④ 포소화설비

풀이 포소화설비는 수분을 포함하고 있어 전기설비의 화재에는 사용할 수 없다. 반면 물분무 소화설비는 물을 아주 잘게 쪼개서 흩어뿌리기 때문에 전기화재에 효과 있는 소화설비 이다.

정답 ④

예제 11 제1류 위험물 중 알칼리금속의 과산화물에 적응성이 있는 소화설비는 무엇인가?

① 불활성가스 소화설비

② 할로젠화합물 소화설비

③ 탄산수소염류 분말소화설비

④ 물분무소화설비

풀이 제1류 위험물 중 알칼리금속의 과산화물, 제2류 위험물 중 철분, 금속분, 마그네슘, 제3류 위험물 중 금수성 물질의 화재에는 탄산수소염류 분말소화설비 또는 소화기, 마른모래, 팽창질석, 팽창진주암만이 적응성이 있다.

정답 ③

예제 12 모든 유별의 화재에 대해 모두 적응성을 가지는 소화설비 및 소화기구는 무엇인가?

① 옥내소화전설비

② 스프링클러설비

③ 마른모래

④ 무상강화액 소화기

풀이 마른모래, 팽창질석 또는 팽창진주암은 모든 유별의 화재에 대해 모두 적응성을 갖는 소화설비이다.

정답 ③

예제 13 다음의 (   ) 안에 들어갈 말로 적합한 것은?

> 제4류 위험물의 화재에는 스프링클러를 사용할 수 없지만 취급장소의 살수기준면적에 따라 스프링클러의 (   )가(이) 일정 기준 이상이면 제4류 위험물의 화재에도 사용할 수 있다.

① 방사밀도   ② 방사압력

③ 방사각도   ④ 방사시간

풀이 제4류 위험물의 화재에는 스프링클러를 사용할 수 없지만 취급장소의 살수기준면적에 따라 스프링클러의 방사밀도가 일정기준 이상이면 제4류 위험물의 화재에도 사용할 수 있다.

정답 ①

예제 14 위험물안전관리법령에 따른 소화설비의 적응성에 관한 다음 내용 중 ( ) 안에 적합한 내용은?

> 제6류 위험물을 저장·취급하는 장소로서 폭발의 위험이 없는 장소에 한하여 (   )가(이) 제6류 위험물에 대하여 적응성이 있다.

① 할로젠화합물 소화기

② 분말소화기 중 탄산수소염류 소화기

③ 분말소화기 중 그 밖의 것

④ 이산화탄소 소화기

풀이 이산화탄소 소화기는 제6류 위험물을 저장·취급하는 장소에서는 사용할 수 없지만 폭발의 위험이 없는 장소에 한하여 이산화탄소 소화기가 제6류 위험물에 대하여 적응성이 있다.

정답 ④

Section 05 위험물의 저장·취급 및 운반에 관한 기준

5-1 위험물의 저장 및 취급에 관한 기준

위험물을 저장·취급하는 건축물 또는 설비는 위험물의 성질에 따라 **차광** 또는 **환기**를 실시하여야 하며 위험물은 **온도계, 습도계, 압력계** 등의 계기를 감시하여 위험물의 성질에 맞는 적정한 **온도, 습도** 또는 **압력**을 유지하도록 해야 한다.

01 위험물의 저장기준

(1) 유별이 서로 다른 위험물을 동일한 저장소에 저장하는 경우 🔖실기에도 잘 나와요!

옥내저장소 또는 옥외저장소에서는 서로 다른 유별 끼리 함께 저장할 수 없다.

 옥내·옥외 저장소 저장용기의 이격거리

단, 다음의 조건을 만족하면서 유별로 정리하여 서로 1m 이상의 간격을 두는 경우에는 저장할 수 있다.

① 제1류 위험물(알칼리금속의 과산화물 제외)과 제5류 위험물
② 제1류 위험물과 제6류 위험물
③ 제1류 위험물과 제3류 위험물 중 자연발화성 물질(황린)
④ 제2류 위험물 중 인화성 고체와 제4류 위험물
⑤ 제3류 위험물 중 알킬알루미늄등과 제4류 위험 물(알킬알루미늄 또는 알킬리튬을 함유한 것)
⑥ 제4류 위험물 중 유기과산화물과 제5류 위험 물 중 유기과산화물

> 💡 **Tip**
> 옥내저장소와 옥외저장소에서는 위험 물과 위험물이 아닌 물품을 함께 저장 할 수 없지만, 함께 저장할 수 있는 종 류별로 모아서 저장할 경우 상호간에 1m 이상의 간격을 두면 됩니다.

(2) 유별이 같은 위험물을 동일한 저장소에 저장하는 경우

① 제3류 위험물 중 **황린**과 같이 물속에 저장하는 물품과 **금수성 물질**은 동일한 저장 소에서 **저장하지 아니하여야** 한다.
② 동일 품명의 위험물이라도 자연발화할 우려가 있거나 재해가 현저하게 증대할 우려가 있는 위험물을 다량 저장하는 경우에는 **지정수량의 10배 이하마다 구분하여 상호간 0.3m 이상**의 간격을 두어 저장하여야 한다.

(3) 용기의 수납

① 옥내저장소에서 용기에 수납하지 않고 저장 가능한 위험물

　　㉠ 덩어리상태의 황

　　㉡ 화약류의 위험물(옥내저장소에만 해당)

② 옥내저장소에서 용기에 수납하여 저장하는 위험물의 저장온도 : 55℃ 이하

02 옥내저장소 또는 옥외저장소의 저장용기를 쌓는 높이의 기준 💬실기에도 잘 나와요!

① 기계에 의하여 하역하는 구조로 된 용기 : 6m 이하

② 제4류 위험물 중 제3석유류, 제4석유류 및 동식물유류의 용기
　　: 4m 이하

옥외저장소에 설치된 선반

③ 그 밖의 경우 : 3m 이하

④ 용기를 선반에 저장하는 경우

　　㉠ 옥내저장소에 설치한 선반 : 높이의 제한 없음

　　㉡ 옥외저장소에 설치한 선반 : 6m 이하

💡 Tip

> 저장용기가 아닌 운반용기의 경우에는 위험물의 종류에 관계없이 겹쳐 쌓는 높이를 3m 이하로 합니다.

03 탱크에 저장할 경우 위험물의 저장온도기준 💬실기에도 잘 나와요!

(1) 옥외저장탱크, 옥내저장탱크 또는 지하저장탱크

① 이들 탱크 중 압력탱크 외의 탱크에 저장하는 경우

　　㉠ 아세트알데하이드등 : 15℃ 이하

　　㉡ 산화프로필렌등과 다이에틸에터등 : 30℃ 이하

② 이들 탱크 중 압력탱크에 저장하는 경우

　　㉠ 아세트알데하이드등 : 40℃ 이하

　　㉡ 다이에틸에터등 : 40℃ 이하

(2) 이동저장탱크

① 보냉장치가 있는 이동저장탱크에 저장하는 경우

　　㉠ 아세트알데하이드등 : 비점 이하

　　㉡ 다이에틸에터등 : 비점 이하

② 보냉장치가 없는 이동저장탱크에 저장하는 경우

　　㉠ 아세트알데하이드등 : 40℃ 이하

　　㉡ 다이에틸에터등 : 40℃ 이하

※ 보냉장치 : 냉각을 유지하는 장치

04 위험물제조소등에서의 위험물의 취급기준

(1) 주유취급소

① 위험물을 주유할 때 자동차 등의 원동기를 정지시켜야 하는 경우 : **인화점 40℃ 미만의 위험물**

② 이동저장탱크에 위험물을 주입할 때의 기준

　㉠ 이동저장탱크의 상부로부터 위험물을 주입할 때 : 위험물의 액표면이 주입관의 선단을 넘는 높이가 될 때까지 주입관 내의 유속을 초당 1m 이하로 한다.

　㉡ 이동저장탱크의 밑부분으로부터 위험물을 주입할 때 : 위험물의 액표면이 주입관의 정상부분을 넘는 높이가 될 때까지 주입관 내의 유속을 초당 1m 이하로 한다.

(2) 이동탱크저장소

① 알킬알루미늄등의 이동탱크로부터 알킬알루미늄을 꺼낼 때 : 동시에 200kPa 이하의 압력으로 불활성 기체를 봉입해야 한다.

② 알킬알루미늄등의 이동탱크에 알킬알루미늄을 저장할 때 : 20kPa 이하의 압력으로 불활성 기체를 봉입해야 한다.

③ 아세트알데하이드등의 이동탱크로부터 아세트알데하이드를 꺼낼 때 : 동시에 100kPa 이하의 압력으로 불활성 기체를 봉입해야 한다.

(3) 판매취급소

① 위험물은 운반용기에 수납한 채로 운반해야 한다.

② 판매취급소에서 배합하거나 옮겨 담을 수 있는 위험물의 종류

　㉠ 도료류

　㉡ 제1류 위험물 중 염소산염류

　㉢ 황

　㉣ 제4류 위험물(단, 인화점 38℃ 이상인 것)

예제 1 유별로 정리하여 서로 1m 이상 간격을 둔 옥내저장소에 함께 저장할 수 없는 경우는 무엇인가?

① 제1류 위험물 중 알칼리금속의 과산화물과 제5류 위험물

② 제1류 위험물과 제6류 위험물

③ 제1류 위험물과 제3류 위험물 중 자연발화성 물질(황린)

④ 제2류 위험물 중 인화성 고체와 제4류 위험물

풀이 제1류 위험물(알칼리금속의 과산화물 제외)과 제5류 위험물을 함께 저장할 수 있다.

정답 ①

예제 2 동일 품명의 위험물이라도 자연발화할 우려가 있거나 재해가 증대할 우려가 있는 위험물을 다량 저장하는 경우에 위험물의 저장방법으로 맞는 것은?

① 지정수량의 5배 이하마다 구분하여 상호간 0.3m 이상의 간격을 두어 저장한다.
② 지정수량의 10배 이하마다 구분하여 상호간 0.3m 이상의 간격을 두어 저장한다.
③ 지정수량의 5배 이하마다 구분하여 상호간 0.5m 이상의 간격을 두어 저장한다.
④ 지정수량의 10배 이하마다 구분하여 상호간 0.5m 이상의 간격을 두어 저장한다.

풀이 지정수량의 10배 이하마다 구분하여 상호간 0.3m 이상의 간격을 두어 저장한다.

정답 ②

예제 3 다음 중 옥내저장소 또는 옥외저장소에서 용기에 수납하지 않고 저장이 가능한 위험물은?

① 덩어리상태의 황
② 칼륨
③ 탄화칼슘
④ 과산화수소

풀이 옥내저장소 또는 옥외저장소에서 용기에 수납하지 않고 저장이 가능한 위험물은 덩어리 상태의 황과 화약류의 위험물이다.

정답 ①

예제 4 옥내저장소에서 용기에 수납하여 저장하는 위험물의 저장온도는 얼마로 하는가?

① 35℃ 이하
② 45℃ 이하
③ 55℃ 이하
④ 65℃ 이하

풀이 옥내저장소에서 용기에 수납하여 저장하는 위험물의 저장온도는 55℃ 이하이다.

정답 ③

예제 5 옥내저장소에 제4류 위험물 중 제3석유류를 저장할 때 저장용기를 겹쳐 쌓을 수 있는 높이는 얼마를 초과할 수 없나?

① 3m
② 4m
③ 5m
④ 6m

풀이 옥내저장소 또는 옥외저장소에서 제4류 위험물 중 제3석유류, 제4석유류 및 동식물유 류의 저장용기를 쌓는 높이의 기준은 4m 이하이다.

정답 ②

예제 6 옥외저장소에서 선반을 이용하여 용기를 겹쳐 쌓을 수 있는 높이는 얼마 이하인가?

① 3m 이하
② 4m 이하
③ 5m 이하
④ 6m 이하

풀이 옥외저장소에서 선반을 이용하여 용기를 겹쳐 쌓을 수 있는 높이는 6m 이하이다.

정답 ④

예제 7 옥외저장탱크 중 압력탱크 외의 탱크에 아세트알데하이드등을 저장하는 경우 저장온도는 몇 ℃ 이하로 해야 하나?

① 15℃   ② 30℃

③ 35℃   ④ 40℃

풀이 옥외저장탱크, 옥내저장탱크 또는 지하저장탱크 중 압력탱크 외의 탱크에 저장하는 경우 저장온도는 다음의 기준에 따른다.
1) 아세트알데하이드등 : 15℃ 이하
2) 산화프로필렌등과 다이에틸에터등 : 30℃ 이하

정답 ①

예제 8 보냉장치가 있는 이동탱크에 아세트알데하이드등을 저장하는 경우 저장온도는 몇 ℃ 이하로 해야 하나?

① 녹는점

② 어는점

③ 비점

④ 연소점

풀이 보냉장치가 있는 이동저장탱크에 저장하는 경우 아세트알데하이드등과 다이에틸에터등의 저장온도는 모두 비점 이하로 한다.

정답 ③

예제 9 이동저장탱크의 상부로부터 위험물을 주입할 때 위험물의 액표면이 주입관의 선단을 넘는 높이가 될 때까지 주입관 내의 유속을 초당 몇 m 이하로 해야 하는가?

① 4m   ② 3m

③ 2m   ④ 1m

풀이 이동저장탱크의 상부로부터 위험물을 주입할 때에는 위험물의 액표면이 주입관의 선단을 넘는 높이가 될 때까지 주입관 내의 유속을 초당 1m 이하로 해야 한다.

정답 ④

예제 10 다음 중 판매취급소에서 위험물을 배합하거나 옮겨 담을 수 있는 위험물의 종류가 아닌 것은?

① 도료류

② 제1류 위험물 중 염소산염류

③ 인화점 38℃ 이상인 제4류 위험물

④ 제5류 위험물 중 유기과산화물

풀이 판매취급소에서 위험물을 배합하거나 옮겨 담을 수 있는 위험물의 종류로는 도료류, 제1류 위험물 중 염소산염류, 황, 인화점 38℃ 이상인 제4류 위험물이 있다.

정답 ④

5-2 위험물의 운반에 관한 기준

01 운반용기의 기준

(1) 운반용기의 재질

강판, 알루미늄판, 양철판, 유리, 금속판, 종이, 플라스틱, 섬유판, 고무류, 합성섬유, 삼, 짚 또는 나무

(2) 운반용기의 수납률 《실기에도 잘 나와요!》

① 고체 위험물 : 운반용기 내용적의 95% 이하

② 액체 위험물 : 운반용기 내용적의 98% 이하(55℃에서 누설되지 않도록 공간용적 유지)

③ 알킬리튬 및 알킬알루미늄 : 운반용기 내용적의 90% 이하(50℃에서 5% 이상의 공간 용적 유지)

(3) 운반용기 외부에 표시해야 하는 사항 《실기에도 잘 나와요!》

① 품명, 위험등급, 화학명 및 수용성

② 위험물의 수량

③ 위험물에 따른 주의사항

유 별	품 명	운반용기의 주의사항
제1류	알칼리금속의 과산화물	화기충격주의, 가연물접촉주의, 물기엄금
	그 밖의 것	화기충격주의, 가연물접촉주의
제2류	철분, 금속분, 마그네슘	화기주의, 물기엄금
	인화성 고체	화기엄금
	그 밖의 것	화기주의
제3류	금수성 물질	물기엄금
	자연발화성 물질	화기엄금, 공기접촉엄금
제4류	인화성 액체	화기엄금
제5류	자기반응성 물질	화기엄금, 충격주의
제6류	산화성 액체	가연물접촉주의

(4) 운반용기의 최대용적 또는 중량

1) 고체 위험물

내장용기 용기의 종류	최대용적(중량)	외장용기 용기의 종류	최대용적(중량)	제1류 I	제1류 II	제1류 III	제2류 II	제2류 III	제3류 I	제3류 II	제3류 III	제5류 I	제5류 II
유리용기 또는 플라스틱용기	10L	나무상자 또는 플라스틱상자	125kg	○	○	○	○	○	○	○	○	○	○
			225kg		○	○		○		○	○		○
		파이버판상자	40kg	○	○	○	○	○	○	○	○	○	○
			55kg		○	○		○		○	○		○
금속제용기	30L	나무상자 또는 플라스틱상자	125kg	○	○	○	○	○	○	○	○	○	○
			225kg		○	○		○		○	○		○
		파이버판상자	40kg	○	○	○	○	○	○	○	○	○	○
			55kg		○	○		○		○	○		○
플라스틱 필름포대 또는 종이포대	5kg	나무상자 또는 플라스틱상자	50kg	○	○	○	○	○		○	○	○	○
	50kg		50kg	○	○	○	○	○					○
	125kg		125kg		○	○	○	○		○			○
	225kg		225kg				○	○		○			
	5kg	파이버판상자	40kg	○	○	○	○	○		○	○	○	○
	40kg		40kg	○	○		○	○					○
	55kg		55kg					○					
		금속제용기 (드럼 제외)	60L	○	○	○	○	○	○	○	○	○	○
		플라스틱용기 (드럼 제외)	10L		○	○		○		○	○		○
			30L		○	○		○			○		○
		금속제드럼	250L	○	○	○	○	○	○	○	○	○	○
		플라스틱드럼 또는 파이버드럼 (방수성이 있는 것)	60L	○	○	○	○	○	○	○	○	○	○
			250L		○	○		○		○	○		○
		합성수지포대 (방수성이 있는 것), 플라스틱필름포대, 섬유포대 (방수성이 있는 것) 또는 종이포대 (여러 겹으로서 방수성이 있는 것)	50kg		○	○	○	○		○	○		○

2) 액체 위험물 🗨실기에도 잘 나와요!

운반용기				수납위험물의 종류 및 위험등급								
내장용기		외장용기		제3류			제4류			제5류		제6류
용기의 종류	최대용적(중량)	용기의 종류	최대용적(중량)	I	II	III	I	II	III	I	II	I
유리용기	5L	나무 또는 플라스틱상자 (불활성의 완충재를 채울 것)	75kg	○	○	○	○	○	○	○	○	○
			125kg		○	○		○	○		○	
	10L		225kg						○			
	5L	파이버판상자	40kg	○	○	○	○	○	○	○	○	○
	10L		55kg						○			
플라스틱 용기	10L	나무 또는 플라스틱상자	75kg	○	○	○	○	○	○	○	○	○
			125kg		○	○		○	○		○	
			225kg						○			
		파이버판상자	40kg	○	○	○	○	○	○	○	○	○
			55kg						○			
금속제 용기	30L	나무 또는 플라스틱상자	125kg	○	○	○	○	○	○	○	○	○
			225kg						○			
		파이버판상자	40kg	○	○	○	○	○	○	○	○	○
			55kg		○	○		○	○		○	
		금속제용기 (금속제드럼 제외)	60L		○	○		○	○		○	
		플라스틱용기 (플라스틱드럼 제외)	10L		○	○		○	○		○	
			20L					○	○		○	
			30L						○		○	
		금속제드럼 (뚜껑고정식)	250L	○	○	○	○	○	○	○	○	○
		금속제드럼 (뚜껑탈착식)	250L					○	○			
		플라스틱 또는 파이버드럼 (플라스틱내용기 부착의 것)	250L		○	○			○		○	

예제 1 다음 ( ) 안에 적합한 숫자를 차례대로 나열한 것은?

> 자연발화성 물질 중 알킬알루미늄등은 운반용기 내용적의 ( )% 이하의 수납률로 수납하되 50℃의 온도에서 ( )% 이상의 공간용적을 유지하도록 할 것

① 90, 5   ② 90, 10

③ 95, 5   ④ 95, 10

풀이 알킬알루미늄을 저장하는 운반용기는 내용적의 90% 이하(50℃에서 5% 이상의 공간용적을 유지)로 한다.

정답 ①

예제 2 운반용기 외부에 표시하는 사항이 아닌 것은?

① 품명   ② 화학명

③ 위험물의 수량   ④ 유별

풀이 운반용기 외부에는 품명, 위험등급, 화학명 및 수용성, 위험물의 수량, 위험물에 따른 주의사항을 표시한다.

정답 ④

예제 3 제2류 위험물 중 철분, 금속분, 마그네슘의 운반용기 외부에 표시해야 하는 주의사항 내용은 무엇인가?

① 화기주의 및 물기주의   ② 화기엄금 및 화기주의

③ 물기엄금 및 화기엄금   ④ 화기주의 및 물기엄금

풀이 제2류 위험물 중 철분, 금속분, 마그네슘의 운반용기의 외부에는 "화기주의" 및 "물기엄금" 주의사항을 표시해야 하며, 그 밖의 제2류 위험물에는 "화기주의"를 표시한다.

정답 ④

예제 4 제5류 위험물의 운반용기에 표시해야 하는 주의사항 내용은 무엇인가?

① 화기주의, 화기엄금   ② 물기엄금, 공기접촉엄금

③ 화기엄금, 충격주의   ④ 가연물접촉주의

풀이 제5류 위험물의 운반용기에 표시해야 하는 주의사항 내용은 화기엄금과 충격주의이다.

정답 ③

예제 5 아염소산염류의 운반용기 중 적응성 있는 내장용기의 종류 및 최대 용적이나 중량을 올바르게 나타낸 것은 무엇인가? (단, 외장용기의 종류는 나무상자, 플라스틱상자이고, 외장용기의 최대중량은 125kg으로 한다.)

① 금속제용기 : 20L   ② 종이포대 : 55kg

③ 플라스틱필름포대 : 60kg   ④ 유리용기 : 10L

풀이 고체인 아염소산염류의 운반용기 중 유리용기(10L), 플라스틱용기(10L), 금속제용기(30L)의 내장용기 용적만 암기하면 된다.

정답 ④

예제 6 **액체 위험물의 운반용기 중 외장용기로 사용되는 금속제 드럼의 최대용량은 얼마인가?**

① 100L   ② 150L

③ 200L   ④ 250L

풀이 액체 위험물의 운반용기 중 외장용기로 사용되는 금속제 드럼(뚜껑고정식 및 뚜껑 탈착식)의 최대용량은 250L이다.

정답 ④

02 운반 시 위험물의 성질에 따른 조치의 기준 실기에도 잘 나와요!

(1) 차광성 피복으로 가려야 하는 위험물

① 제1류 위험물

② 제3류 위험물 중 자연발화성 물질

③ 제4류 위험물 중 특수인화물

④ 제5류 위험물

⑤ 제6류 위험물

※ 제5류 위험물 중 55℃ 이하의 온도에서 분해될 우려가 있는 것은 보냉컨테이너에 수납 하는 등 적정한 온도관리를 해야 한다.

(2) 방수성 피복으로 가려야 하는 위험물

① 제1류 위험물 중 알칼리금속의 과산화물

② 제2류 위험물 중 철분, 금속분, 마그네슘

③ 제3류 위험물 중 금수성 물질

03 운반에 관한 위험등급기준 실기에도 잘 나와요!

(1) 위험등급 I

① 제1류 위험물 : 아염소산염류, 염소산염류, 과염소산염류, 무기과산화물 등 지정수량 이 50kg인 위험물

② 제3류 위험물 : 칼륨, 나트륨, 알킬알루미늄, 알킬리튬, 황린 등 지정수량이 10kg 또는 20kg인 위험물

③ 제4류 위험물 : 특수인화물

④ 제5류 위험물 : 유기과산화물, 질산에스터류 등 지정수량이 10kg인 위험물

⑤ 제6류 위험물

(2) 위험등급 Ⅱ

① 제1류 위험물 : 브로민산염류, 질산염류, 아이오딘산염류 등 지정수량이 300kg인 위험물

② 제2류 위험물 : 황화인, 적린, 황 등 지정수량이 100kg인 위험물

③ 제3류 위험물 : 알칼리금속(칼륨 및 나트륨을 제외한다) 및 알칼리토금속, 유기금속화합물(알킬알루미늄 및 알킬리튬을 제외한다) 등 지정수량이 50kg인 위험물

④ 제4류 위험물 : 제1석유류 및 알코올류

⑤ 제5류 위험물 : 위험등급 Ⅰ 외의 것

(3) 위험등급 Ⅲ

위험등급 Ⅰ, 위험등급 Ⅱ 외의 것

04 위험물의 혼재기준

(1) 유별을 달리하는 위험물의 혼재기준(운반기준) 실기에도 잘 나와요!

위험물의 구분	제1류	제2류	제3류	제4류	제5류	제6류
제1류		×	×	×	×	○
제2류	×		×	○	○	×
제3류	×	×		○	×	×
제4류	×	○	○		○	×
제5류	×	○	×	○		×
제6류	○	×	×	×	×	

※ 이 표는 지정수량의 1/10 이하의 위험물에 대하여는 적용하지 아니한다.

📖 "위험물의 혼재기준 표" 그리는 방법

423, 524, 61의 숫자 조합으로 표를 만들 수 있다.
1) 가로줄의 제4류를 기준으로 아래로 제2류와 제3류에 "○"을 표시한다.
2) 가로줄의 제5류를 기준으로 아래로 제2류와 제4류에 "○"을 표시한다.
3) 가로줄의 제6류를 기준으로 아래로 제1류에 "○"을 표시한다.
4) 세로줄의 제4류를 기준으로 오른쪽으로 제2류와 제3류에 "○"을 표시한다.
5) 세로줄의 제5류를 기준으로 오른쪽으로 제2류와 제4류에 "○"을 표시한다.
6) 세로줄의 제6류를 기준으로 오른쪽으로 제1류에 "○"을 표시한다.

(2) 위험물과 혼재가 가능한 고압가스

내용적 120L 미만인 용기에 충전한 불활성 가스, 액화석유가스 또는 압축천연가스이며 액화석유가스와 압축천연가스의 경우에는 제4류 위험물과 혼재하는 경우에 한한다.

예제 1 **제4류 위험물 중 운반 시 차광성의 피복으로 덮어야 하는 위험물의 품명은 무엇인가?**

① 특수인화물   ② 제1석유류

③ 알코올류   ④ 제2석유류

풀이 운반 시 차광성 피복으로 가려야 하는 위험물은 제1류 위험물, 제3류 위험물 중 자연 발화성 물질, 제4류 위험물 중 특수인화물, 제5류 위험물, 제6류 위험물이다.

정답 ①

예제 2 **운반 시 방수성 피복으로 덮어야 하는 위험물이 아닌 것은?**

① 제1류 위험물 중 알칼리금속의 과산화물

② 제3류 위험물 중 금수성 물질

③ 제5류 위험물

④ 제2류 위험물 중 철분

풀이 운반 시 방수성 피복으로 덮어야 하는 위험물은 다음과 같다.
    1) 제1류 위험물 중 알칼리금속의 과산화물
    2) 제2류 위험물 중 철분, 금속분, 마그네슘
    3) 제3류 위험물 중 금수성 물질

정답 ③

예제 3 **위험등급 I에 속하는 물질로만으로 짝지어진 것은 무엇인가?**

① 염소산염류, 과산화수소   ② 브로민산염류, 알코올류

③ 염소산염류, 나이트로화합물   ④ 금속의 인화물, 제3석유류

풀이 염소산염류는 제1류 위험물의 위험등급 I, 과산화수소는 제6류 위험물의 위험등급 I 에 해당한다.

정답 ①

예제 4 **위험등급에 관한 설명 중 잘못된 것은?**

① 제1류 위험물은 위험등급 I, II, III 모두에 해당한다.

② 제2류 위험물은 위험등급 II, III에만 해당하며 위험등급 I에는 해당하지 않는다.

③ 제5류 위험물은 위험등급 I, II, III 모두에 해당한다.

④ 제6류 위험물은 모두 위험등급 I에 해당한다.

풀이 제5류 위험물 중 지정수량이 제1종 10kg은 위험등급 I이며, 제2종 100kg은 위험등급 II에 해당하고, 위험등급 III에 해당하는 제5류 위험물은 없다.

정답 ③

예제 5 위험물의 운반 시 제4류 위험물과 혼재할 수 있는 유별에 해당하지 않는 것은 무엇인가? (단, 지정수량의 1/10을 초과하는 경우이다.)

① 제1류 위험물　　　　　　　　② 제2류 위험물

③ 제3류 위험물　　　　　　　　④ 제5류 위험물

풀이 유별을 달리하는 위험물의 혼재기준(운반기준)에 따라 제4류 위험물은 제2류, 제3류, 제5류 위험물과 혼재 가능하다.

정답 ①

예제 6 위험물의 운반 시 제1류 위험물과 혼재할 수 있는 유별은 무엇인가? (단, 지정수량의 1/10을 초과하는 경우이다.)

① 제2류 위험물　　　　　　　　② 제4류 위험물

③ 제5류 위험물　　　　　　　　④ 제6류 위험물

풀이 위험물의 운반 시 제1류 위험물은 제6류 위험물만 혼재할 수 있고 제6류 위험물은 제1류 위험물만 혼재할 수 있다.

정답 ④

예제 7 위험물의 운반에 관한 혼재기준은 지정수량의 몇 배 이하일 때 적용하지 않는가?

① 1/3 이하　　　　　　　　　　② 1/5 이하

③ 1/10 이하　　　　　　　　　④ 1/15 이하

풀이 위험물의 운반에 관한 혼재기준은 지정수량의 1/10 이하일 때는 적용하지 않는다.

정답 ③

예제 8 위험물안전관리법령에 따라 위험물 운반을 위해 적재하는 경우 제4류 위험물과 혼재가 가능한 액화석유가스 또는 압축천연가스의 용기 내용적은 몇 L 미만인가?

① 120L　　　　　　　　　　　② 150L

③ 180L　　　　　　　　　　　④ 200L

풀이 위험물과 혼재 가능한 고압가스는 내용적이 120L 미만인 용기에 충전한 불활성 가스, 액화석유가스 또는 압축천연가스이며, 액화석유가스와 압축천연가스의 경우에는 제4류 위험물과 혼재하는 경우에 한한다.

정답 ①

Section 06 유별에 따른 위험성 시험방법 및 인화성 액체의 인화점 시험방법

6-1 위험물의 유별에 따른 위험성 시험방법

(1) 제1류 위험물

① 산화성 시험 : 연소시험

② 충격민감성 시험 : 낙구타격감도시험

(2) 제2류 위험물

① 착화위험성 시험 : 작은 불꽃 착화시험

② 고체의 인화위험성 시험 : 가연성 고체의 인화점 측정시험

(3) 제3류 위험물

① 자연발화성 물질의 시험 : 고체의 공기 중 발화위험성의 시험

② 금수성 물질의 시험 : 물과 접촉하여 발화하거나 가연성 가스를 발생할 위험성의 시험

(4) 제4류 위험물

① 인화성 액체의 인화점 시험

　㉠ 태그밀폐식 인화점측정기에 의한 인화점 측정시험

　㉡ 신속평형법 인화점측정기에 의한 인화점 측정시험

　㉢ 클리브랜드개방컵 인화점 측정기에 의한 인화점 측정시험

② 인화성 액체 중 수용성 액체란 20℃, 1기압에서 동일한 양의 증류수와 완만하게 혼합하여, 혼합액의 유동이 멈춘 후 그 혼합액이 균일한 외관을 유지하는 것을 말한다.

(5) 제5류 위험물

① 폭발성 시험 : 열분석 시험

② 가열분해성 시험 : 압력용기 시험

(6) 제6류 위험물

연소시간의 측정시험

6-2 인화성 액체의 인화점 시험방법

01 인화점 측정시험의 종류

인화성 액체의 인화점 측정시험은 인화점측정기에 의해 이루어지며, 인화점측정기의 종류에 따라 3가지로 구분된다.

(1) 태그밀폐식 인화점측정기

① 측정결과가 0℃ 미만인 경우 : 그 측정결과를 인화점으로 할 것

② 측정결과가 0℃ 이상 80℃ 이하인 경우 : 동점도 측정을 하여 동점도가 $10mm^2/s$ 미만인 경우에는 그 측정결과를 인화점으로 하고 동점도가 $10mm^2/s$ 이상인 경우에는 신속평형법 측정기로 다시 측정할 것

(2) 신속평형법 인화점측정기

① 측정결과가 0℃ 이상 80℃ 이하인 경우 : 동점도 측정을 하여 동점도가 $10mm^2/s$ 이상인 경우에는 그 측정결과를 인화점으로 할 것

② 측정결과가 80℃를 초과하는 경우 : 클리브랜드개방컵 측정기로 다시 측정할 것

(3) 클리브랜드개방컵 인화점측정기

– 측정결과가 80℃를 초과하는 경우 : 그 측정결과를 인화점으로 할 것

02 인화점 측정시험의 조건

(1) 태그밀폐식 인화점측정기

① 시험장소 : 1기압, 무풍의 장소

② 시험물품의 양 : $50cm^3$

③ 화염의 크기 : 직경 4mm

(2) 신속평형법 인화점측정기

① 시험장소 : 1기압, 무풍의 장소

② 시험물품의 양 : 2mL

③ 화염의 크기 : 직경 4mm

(3) 클리브랜드개방컵 인화점측정기

① 시험장소 : 1기압, 무풍의 장소

② 시험물품의 양 : 시료컵의 표선까지

③ 화염의 크기 : 직경 4mm

예제 1 제5류 위험물의 위험성 시험방법으로 알맞은 것은 무엇인가?

① 인화점 시험
② 작은 불꽃 착화시험
③ 열분석 시험
④ 금수성의 시험

> **풀이** 제5류 위험물의 연소위험성 시험방법은 폭발성 시험의 열분석 시험과 가열분해성 시험의 압력용기 시험이 있다.
>
> **정답** ③

예제 2 위험물안전관리법에서 정하는 제4류 위험물의 인화점측정기가 아닌 것은?

① 태그밀폐식 인화점측정기
② 신속평형법 인화점측정기
③ 펜스키마르텐스 인화점측정기
④ 클리브랜드개방컵 인화점측정기

> **풀이** 위험물안전관리법에서 정하는 제4류 위험물의 인화점측정기는 다음의 3가지가 있다.
> 1) 태그밀폐식 인화점측정기
> 2) 신속평형법 인화점측정기
> 3) 클리브랜드개방컵 인화점측정기
>
> **정답** ③

예제 3 태그밀폐식 인화점측정기로 인화점을 측정할 때 시험장소의 기준으로 옳은 것은?

① 1기압, 무풍의 장소
② 2기압, 무풍의 장소
③ 1기압, 초속 2m/s 이하의 장소
④ 2기압, 초속 2m/s 이하의 장소

> **풀이** 태그밀폐식 인화점측정기, 신속평형법 인화점측정기 및 클리브랜드개방컵 인화점측정기 모두 인화점을 시험하는 장소는 공통적으로 1기압, 무풍의 장소에서 실시한다.
>
> **정답** ①

제3편

위험물기능사 **필기 기출문제**

Craftsman Hazardous material

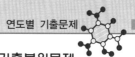

01 나이트로화합물과 같은 가연성 물질이 자체 내에 산소를 함유하고 있어 공기 중의 산소를 필요로 하지 않고 자체의 산소에 의해서 연소되는 현상은?

① 자기연소
② 등심연소
③ 훈소연소
④ 분해연소

》》 제5류 위험물은 가연성 물질이면서 자체적으로 산소를 함유하고 있으므로 연소형태는 자기연소이다.

02 다음 중 발화점이 달라지는 요인으로 가장 거리가 먼 것은?

① 가연성 가스와 공기의 조성비
② 발화를 일으키는 공간의 형태와 크기
③ 가열속도와 가열시간
④ 가열도구와 내구연한

》》 발화점이 달라지는 요인과 가열도구의 종류, 내구연한은 관계 없다.

03 화재별 급수에 따른 화재의 종류 및 표시색상을 모두 올바르게 나타낸 것은?

① A급 : 유류화재 – 황색
② B급 : 유류화재 – 황색
③ A급 : 유류화재 – 백색
④ B급 : 유류화재 – 백색

》》 화재별 급수에 따른 화재의 종류 및 표시색상
 1) A급 : 일반화재 – 백색
 2) **B급 : 유류화재 – 황색**
 3) C급 : 전기화재 – 청색
 4) D급 : 금속화재 – 무색

04 가연물에 따른 화재의 종류 및 표시색상의 연결이 옳은 것은?

① 폴리에틸렌 – 유류화재 – 백색
② 석탄 – 일반화재 – 청색
③ 시너 – 유류화재 – 청색
④ 나무 – 일반화재 – 백색

》》 ① 폴리에틸렌 – 일반화재 – 백색
 ② 석탄 – 일반화재 – 백색
 ③ 시너 – 유류화재 – 황색

05 소화작용에 대한 설명으로 옳지 않은 것은?

① 냉각소화 : 물을 뿌려서 온도를 저하시키는 방법
② 질식소화 : 불연성 포말로 연소물을 덮어 씌우는 방법
③ 제거소화 : 가연물을 제거하여 소화시키는 방법
④ 희석소화 : 산·알칼리를 중화시켜 연쇄반응을 억제시키는 방법

》》 ① 냉각소화 : 물이 고온에서 증발하였을 때 발생하는 증발잠열을 이용하여 연소면의 열을 흡수함으로써 온도를 발화점 미만으로 낮추어 소화하는 방법
 ② 질식소화 : 불연성 물질로 연소물을 덮어 씌워 산소공급원을 차단시키는 소화방법
 ③ 제거소화 : 가연물을 제거하여 소화시키는 방법
 ④ 희석소화 : 가연물의 농도를 낮추어 소화시키는 방법

06 제1종 분말소화약제의 적응화재급수는?

① A급
② B·C급
③ A·B급
④ A·B·C급

정답 01. ① 02. ④ 03. ② 04. ④ 05. ④ 06. ②

◈ 분말소화약제의 종류 및 성질

분말의 종류	주성분	화학식	적응 화재	착색
제1종 분말	탄산수소 나트륨	$NaHCO_3$	**B, C**	백색
제2종 분말	탄산수소 칼륨	$KHCO_3$	B, C	보라색
제3종 분말	인산 암모늄	$NH_4H_2PO_4$	A, B, C	담홍색
제4종 분말	탄산수소 칼륨과 요소의 반응 생성물	$KHCO_3 +$ $(NH_2)_2CO$	B, C	회색

07 유류화재 소화 시 분말소화약제를 사용할 경우 소화 후에 재발화현상이 가끔씩 발생할 수 있다. 이러한 현상을 예방하기 위하여 병용하여 사용하면 가장 효과적인 포소화약제는?

① 단백포 소화약제
② 수성막포 소화약제
③ 알코올형포 소화약제
④ 합성계면활성제포 소화약제

>> 수성막포 소화약제의 현상을 설명하고 있는 문제이다.

08 다음 중 이산화탄소 소화기의 장점으로 옳은 것은?

① 전기설비화재에 유용하다.
② 마그네슘과 같은 금속분의 화재 시 유용하다.
③ 자기반응성 물질의 화재 시 유용하다.
④ 알칼리금속의 과산화물의 화재 시 유용하다.

>> ① **전기설비화재 : 이산화탄소**·할로젠화합물·분말 소화기
② 마그네슘과 같은 금속분의 화재 : 탄산수소 염류 분말소화기, 마른모래, 팽창질석 및 팽창진주암
③ 자기반응성 물질의 화재 : 물, 포소화기 등
④ 알칼리금속의 과산화물의 화재 : 탄산수소 염류 분말소화기, 마른모래, 팽창질석 및 팽창진주암

09 단백포 소화약제의 제조공정에서 부동제로 사용하는 것은?

① 에틸렌글리콜
② 물
③ 가수분해단백질
④ 황산철(Ⅱ)

>> 포소화약제의 부동제(부동액)로 사용하는 것은 제4류 위험물의 제3석유류인 에틸렌글리콜이다.

10 다음 중 소화설비의 주된 소화효과를 올바르게 설명한 것은?

① 옥내·옥외 소화전설비 : 질식소화
② 스프링클러설비, 물분무소화설비 : 억제소화
③ 포·분말 소화설비 : 억제소화
④ 할로젠화합물 소화설비 : 억제소화

>> ① 옥내·옥외 소화전설비 : 냉각소화
② 스프링클러설비, 물분무소화설비 : 냉각소화, 질식소화
③ 포·분말 소화설비 : 질식소화
④ **할로젠화합물 소화설비 : 억제소화**

11 물과 접촉하면 위험성이 증가하므로 주수소화를 할 수 없는 물질은?

① $C_6H_2CH_3(NO_2)_3$ ② $NaNO_3$
③ $(C_2H_5)_3Al$ ④ $(C_6H_5CO)_2O_2$

>> ① $C_6H_2CH_3(NO_2)_3$(트라이나이트로톨루엔) : 제5류 위험물 – 주수소화
② $NaNO_3$(질산나트륨) : 제1류 위험물 – 주수소화
③ $(C_2H_5)_3Al$(트라이에틸알루미늄) : 제3류 위험물 – 마른모래 등으로 **질식소화**
④ $(C_6H_5CO)_2O_2$(과산화벤조일) : 제5류 위험물 – 주수소화

12 위험물저장탱크 중 부상지붕구조로 탱크의 직경이 53m 이상 60m 미만인 경우 고정식 포소화설비의 포방출구 형태로 옳은 것은?

① Ⅰ형 방출구 ② Ⅱ형 방출구
③ Ⅲ형 방출구 ④ 특형 방출구

정답 07. ② 08. ① 09. ① 10. ④ 11. ③ 12. ④

➡ 탱크에 설치하는 고정식 포소화설비의 포방출구

탱크지붕의 구분	포방출구 형태	포주입법
고정지붕 구조의 탱크	Ⅰ형 방출구	상부포주입법(고정포방출구를 탱크 옆판의 상부에 설치하여 액표면상에 포를 방출하는 방법)
	Ⅱ형 방출구	
	Ⅲ형 방출구	저부포주입법(탱크의 액면하에 설치된 포방출구로부터 포를 탱크 내에 주입하는 방법)
	Ⅳ형 방출구	
부상지붕 구조의 탱크	**특형 방출구**	상부포주입법(고정포방출구를 탱크 옆판의 상부에 설치하여 액표면상에 포를 방출하는 방법)

부상지붕구조의 탱크에 설치하는 포방출구의 종류는 탱크의 직경에 상관없이 특형밖에 없다.

13 질산에틸과 아세톤의 공통적인 성질 및 취급 방법으로 옳은 것은?

① 휘발성이 낮기 때문에 마개 없는 병에 보관하여도 무방하다.
② 점성이 커서 다른 용기에 옮길 때 가열하여 더운 상태에서 옮긴다.
③ 통풍이 잘되는 곳에 보관하고 불꽃 등의 화기를 피하여야 한다.
④ 인화점이 높으나 증기압이 낮으므로 햇빛에 노출된 곳에 저장이 가능하다.

➡ 질산에틸(제5류 위험물)은 제4류 위험물의 성질을 가지기 때문에 불꽃 등의 화기를 멀리해야 하고, 용기는 밀전·밀봉해야 하며, 통풍이 잘되는 차갑고 어두운 장소에 보관해야 한다.

14 과산화수소와 산화프로필렌의 공통점은?

① 특수인화물이다.
② 분해 시 질소를 발생한다.
③ 끓는점이 100℃ 이하이다.
④ 수용액 상태에서도 자연발화 위험이 있다.

➡ 1. 과산화수소의 성질
   1) 제6류 위험물로서 자신은 불연성이다.
   2) 분해 시 산소를 발생한다.
   3) **비점(끓는점)은 84℃**이다.
   4) 불연성이므로 자연발화 위험은 없다.
2. 산화프로필렌의 성질
   1) 제4류 위험물의 특수인화물이다.
   2) **비점(끓는점)이 34℃**이다.
   3) 발화점 465℃로서 자연발화 위험은 없다.

15 다음 위험물 품명 중 지정수량이 나머지 셋과 다른 것은?

① 염소산염류　　② 질산염류
③ 무기과산화물　④ 과염소산염류

➡ ① 염소산염류 : 50kg
   ② **질산염류 : 300kg**
   ③ 무기과산화물 : 50kg
   ④ 과염소산염류 : 50kg

16 제1류 위험물 일반적 성질에 해당하지 않는 것은?

① 고체상태이다.
② 분해하여 산소를 발생한다.
③ 가연성 물질이다.
④ 산화제이다.

➡ ③ 제1류 위험물 자신은 불연성 물질이다.

17 염소산나트륨과 반응하여 ClO_2가스를 발생 시키는 것은?

① 글리세린　　② 질소
③ 염산　　　　④ 산소

➡ 염소산나트륨(제1류 위험물)은 **염산**, 황산, 질산 등의 산과 반응 시 이산화염소(ClO_2)를 발생한다.

18 과산화리튬의 화재현장에서 주수소화가 불가능한 이유는?

① 수소가 발생하기 때문에
② 산소가 발생하기 때문에
③ 이산화탄소가 발생하기 때문에
④ 일산화탄소가 발생하기 때문에

➡ 과산화리튬(제1류 위험물 중 알칼리금속의 과산화물)은 물과 반응 시 산소가 발생하기 때문에 위험하다.

정답　13. ③　14. ③　15. ②　16. ③　17. ③　18. ②

19 제조소에서 다음과 같이 위험물을 취급하고 있는 경우 각 지정수량 배수의 총합은 얼마인가?

> • 브로민산나트륨 300kg
> • 과산화나트륨 150kg
> • 다이크로뮴산나트륨 500kg

① 3.5

② 4.0

③ 4.5

④ 5.0

≫ 1) 브로민나트륨 : 300kg
2) 과산화나트륨 : 50kg
3) 다이크로뮴산나트륨 : 1,000kg

∴ $\frac{300kg}{300kg} + \frac{150kg}{50kg} + \frac{500kg}{1,000kg} = 4.5$

20 황의 성질로 옳은 것은?

① 전기양도체이다.

② 물에는 매우 잘 녹는다.

③ 이산화탄소와 반응한다.

④ 미분은 분진폭발의 위험성이 있다.

≫ ① 비금속성의 물질로서 전기불량도체이다.
② 황은 물에는 녹지 않고 고무상황을 제외한 그 외의 황은 이황화탄소에 녹는다.
③ 이산화탄소는 불연성 가스이므로 반응하지 않는다.

21 오황화인이 물과 작용했을 때의 발생기체는?

① 포스핀

② 포스겐

③ 황산가스

④ 황화수소

≫ 오황화인의 물과의 반응식
$P_2S_5 + 8H_2O \rightarrow 5H_2S + 2H_3PO_4$
오황화인　　물　　　황화수소　　인산

22 다음 알루미늄분의 위험성에 대한 설명 중 틀린 것은?

① 할로젠원소와 접촉 시 자연발화의 위험이 있다.

② 산과 반응하여 가연성 가스인 수소를 발생한다.

③ 발화하면 다량의 열이 발생한다.

④ 뜨거운 물과 격렬히 반응하여 산화알루미늄을 발생한다.

≫ ① 산소공급원 역할을 하는 할로젠원소와 접촉 시 자연발화의 위험이 있다.
② 제2류 위험물의 양쪽성 원소로서 물 또는 산, 알칼리 모두와 반응하여 수소를 발생한다.
③ 발화 시 많은 열을 수반한다.
④ 뜨거운 물과 격렬히 반응하여 **수산화알루미늄**[Al(OH)₃]과 수소(H₂)가스를 발생한다.

23 제2류 위험물의 일반적 성질에 대한 설명으로 가장 거리가 먼 것은?

① 가연성 고체 물질이다.

② 연소 시 연소열이 크고 연소속도가 빠르다.

③ 산소를 포함하여 조연성 가스의 공급 없이 연소가 가능하다.

④ 비중이 1보다 크고 물에 녹지 않는다.

≫ ③ 산소를 포함하고 있어 조연성 가스의 공급 없이 연소 가능한 물질은 자기반응성인 제5류 위험물이다.

24 표준상태에서 수소화나트륨 240g과 충분한 물이 완전 반응하였을 때 발생하는 수소의 부피는?

① 22.4L

② 224L

③ 22.4m³

④ 224m³

≫ $NaH + H_2O \rightarrow NaOH + H_2$
수소화나트륨　물　수산화나트륨　수소
표준상태에서 모든 기체 1mol의 부피는 22.4L이고, 수소화나트륨(NaH) 1mol의 분자량은 23g(Na) + 1g(H) = 24g이다.

$240g\ NaH \times \frac{1mol\ NaH}{24g\ NaH} \times \frac{1mol\ H_2}{1mol\ NaH} \times \frac{22.4L}{1mol\ H_2}$
$= 224L$

25 금속칼륨의 보호액으로서 적당하지 않은 것은?

① 등유

② 유동파라핀

③ 경유

④ 에탄올

>>> ④ 에탄올은 칼륨과 반응하여 수소가스를 발생하므로 보호액으로 사용할 수 없다.
※ 칼륨(제3류 위험물)의 보호액은 석유류(등유, 경유, 유동파라핀 등)이다.

26 다음 위험물 중 발화점이 가장 낮은 것은?

① 황   ② 삼황화인

③ 황린   ④ 아세톤

>>> 제3류 위험물인 황린은 자연발화성 물질로서 위험물 중 발화점이 가장 낮다.
① 황 : 232℃
② 삼황화인 : 100℃
③ **황린 : 34℃**
④ 아세톤 : 538℃

27 탄화알루미늄이 물과 반응하여 폭발의 위험이 있는 것은 어떤 가스가 발생하기 때문인가?

① 수소   ② 메테인

③ 아세틸렌   ④ 암모니아

>>> 탄화알루미늄과 물과의 반응식
$Al_4C_3 + 12H_2O \rightarrow 4Al(OH)_3 + 3CH_4$
탄화알루미늄   물   수산화알루미늄   메테인

28 다음 중 제3류 위험물에 대한 설명으로 옳지 않은 것은?

① 황린은 공기 중에 노출되면 자연발화하므로 물속에 저장하여야 한다.

② 나트륨은 물보다 무거우며 석유 등의 보호액 속에 저장하여야 한다.

③ 트라이에틸알루미늄은 상온에서 액체이다.

④ 인화칼슘은 물과 반응하여 유독성의 포스핀을 발생한다.

>>> ② **나트륨은 물보다 가볍고** 석유(등유, 경유, 유동파라핀 등)의 보호액 속에 저장하여야 한다.

29 위험물안전관리법령상 위험등급이 나머지 셋과 다른 하나는?

① 알코올류   ② 제2석유류

③ 제3석유류   ④ 동식물유류

>>> 제4류 위험물의 위험등급 구분
1) 특수인화물 : 위험등급 Ⅰ
2) 제1석유류 및 **알코올류** : **위험등급 Ⅱ**
3) 제2석유류, 제3석유류, 제4석유류, 동식물유류 : 위험등급 Ⅲ

30 휘발유에 대한 설명으로 옳지 않은 것은?

① 지정수량은 200L이다.

② 전기의 불량도체로서 정전기의 축적이 용이하다.

③ 원유의 성질, 상태, 처리방법에 따라 탄화수소의 혼합비율이 다르다.

④ 발화점은 −43~−38℃ 정도이다.

>>> 휘발유의 인화점은 −43~−38℃, 발화점은 300℃이다.

31 다음 위험물 중 인화점이 가장 낮은 것은?

① 아세톤   ② 이황화탄소

③ 클로로벤젠   ④ 다이에틸에터

>>> ① 아세톤(제4류 위험물, 제1석유류) : −18℃
② 이황화탄소(제4류 위험물, 특수인화물) : −30℃
③ 클로로벤젠(제4류 위험물, 제2석유류) : 32℃
④ **다이에틸에터(제4류 위험물, 특수인화물) : −45℃**

🎓 **똑똑한 풀이비법**

인화점은 특수인화물과 제1석유류, 알코올류까지만 암기하고 나머지 석유류들은 품명에 따른 인화점의 범위만 알고 있어도 된다.

32 다음 중 분자량이 약 74, 비중이 약 0.71인 물질로서 에탄올 두 분자에서 물이 빠지면서 축합반응이 일어나 생성되는 물질은?

① $C_2H_5OC_2H_5$

② C_2H_5OH

③ C_6H_5Cl

④ CS_2

PLAY ▶ 풀이

>>> 두 분자의 에탄올($2C_2H_5OH$)은 에틸(C_2H_5)과 수산기(OH)를 각각 2개씩 가지고 있다. 이 중 물(H_2O)을 빼면 에틸(C_2H_5) 2개와 산소(O) 1개만 남게 되므로 다이에틸에터($C_2H_5OC_2H_5$)를 생성하게 된다.

정답   26. ③   27. ②   28. ②   29. ①   30. ④   31. ④   32. ①

33 벤젠에 관한 설명 중 틀린 것은?

① 인화점은 약 −11℃ 정도이다.

② 이황화탄소보다 착화온도가 높다.

③ 벤젠 증기는 마취성은 있으나 독성은 없다.

④ 취급할 때 정전기 발생을 조심해야 한다.

≫ 벤젠은 인화점 −11℃, 착화점 498℃로 이황화탄소의 착화점 100℃보다 높고 그 증기는 마취성과 함께 **맹독성**을 갖는다.

34 다음 중 착화온도가 가장 낮은 것은?

① 등유 　　　　② 가솔린

③ 아세톤 　　　④ 톨루엔

≫ 등유의 탄소수는 10개 이상 17개 이하로서 〈보기〉 중 탄소수가 가장 많고 착화점이 가장 낮으며, 일반적으로 탄소수가 많을수록 인화점은 높아지고 착화점은 낮아진다.

35 다음 중 증기비중이 가장 큰 것은?

① 벤젠 　　　　② 등유

③ 메틸알코올 　④ 산소

≫ 증기비중 $= \dfrac{분자량}{공기의\ 분자량(29)}$ 이므로

분자량이 가장 큰 물질이 증기비중도 가장 크다. 〈보기〉 중 등유는 탄소수가 10개 이상 17개 이하로서 분자량, 즉 증기비중이 가장 크다.

36 셀룰로이드에 대한 설명으로 옳은 것은?

① 질소 함유 유기물이다.

② 질소 함유 무기물이다.

③ 유기의 염화물이다.

④ 무기의 염화물이다.

≫ 셀룰로이드는 제5류 위험물의 질산에스터류에 해당하는 물질로서 질소를 함유하고 있으면서 동시에 탄소를 함유한 유기물이다.

37 다음 위험물 중 상온에서 액체인 것은?

① 질산에틸

② 트라이나이트로톨루엔

③ 셀룰로이드

④ 피크린산

≫ ① 질산에틸(제5류 위험물의 질산에스터류) : **액체**

② 트라이나이트로톨루엔(제5류 위험물의 나이트로화합물) : 고체

③ 셀룰로이드(제5류 위험물의 질산에스터류) : 고체

④ 피크린산(제5류 위험물의 나이트로화합물) : 고체

38 $C_6H_2(NO_2)_3OH$와 $C_2H_5NO_3$의 공통성질에 해당하는 것은?

① 나이트로화합물이다.

② 인화성과 폭발성이 있는 액체이다.

③ 무색의 방향성 액체이다.

④ 에탄올에 녹는다.

≫ 1. $C_6H_2(NO_2)_3OH$(피크린산)의 성질

　1) 품명은 나이트로화합물이다.

　2) 황색 고체 물질이다.

　3) 물에 녹지 않고 **알코올에 잘 녹는다.**

2. $C_2H_5NO_3$(질산에틸)의 성질

　1) 품명은 질산에스터류이다.

　2) 무색투명한 액체이다.

　3) 물에 녹지 않고 **알코올에 잘 녹는다.**

39 과산화벤조일과 품명이 같은 것은?

① 셀룰로이드 　　② 아세틸퍼옥사이드

③ 질산메틸 　　　④ 나이트로글리세린

≫ 제5류 위험물인 과산화벤조일의 품명은 유기과산화물이다.

① 셀룰로이드 : 질산에스터류

② 아세틸퍼옥사이드 : 유기과산화물

③ 질산메틸 : 질산에스터류

④ 나이트로글리세린 : 질산에스터류

40 질산이 공기 중에서 분해되어 발생하는 유독한 갈색 증기의 분자량은?

① 16 　　　　　② 40

③ 46 　　　　　④ 71

≫ 질산이 분해하여 발생하는 갈색 증기는 이산화질소(NO_2)이며, 분자량은 14(N)+16(O)×2 = 46이다.

－ 분해반응식 : $2HNO_3 \rightarrow H_2O + 2NO_2 + O_2$

　　　　　　질산　　　물　이산화질소　산소

정답　33. ③　34. ①　35. ②　36. ①　37. ①　38. ④　39. ②　40. ③

41 위험물안전관리법령상 산화성 액체에 해당하지 않는 것은?

① 과염소산　　② 과산화수소

③ 과염소산나트륨　④ 질산

≫ ③ 과염소산나트륨은 제1류 위험물(산화성 고체)이다.
　※ 제6류 위험물(산화성 액체)의 종류
　　1) 과염소산
　　2) 과산화수소
　　3) 질산

42 과산화수소의 위험성으로 옳지 않은 것은?

① 산화제로서 불연성 물질이지만 산소를 함유하고 있다.

② 이산화망가니즈 촉매하에서 분해가 촉진된다.

③ 분해를 막기 위해 하이드라진을 안정제로 사용할 수 있다.

④ 고농도의 것은 피부에 닿으면 화상의 위험이 있다.

≫ ③ 과산화수소(제6류 위험물)는 분해를 막기 위해 인산, 요산 등의 분해방지안정제를 사용한다.
　※ 하이드라진(N_2H_4)은 제4류 위험물의 제2석유류이기 때문에 안정제로 사용할 수 없다.

43 [그림]과 같이 가로로 설치한 원형 탱크의 용량은 약 몇 m^3인가? (단, 공간용적은 내용적의 100분의 10이다.)

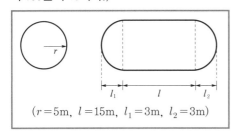

$(r=5m,\ l=15m,\ l_1=3m,\ l_2=3m)$

① $1,690.9m^3$
② $1,335.1m^3$
③ $1,268.4m^3$
④ $1,201.7m^3$

내용적 $=\pi\times5^2\times\left(15+\dfrac{3+3}{3}\right)=1,335.18m^3$
공간용적이 내용적의 100분의 10 즉, 10%인 탱크의 용량은 내용적의 90%이므로
$1,335.18m^3\times0.9=1,201.7m^3$이다.

44 위험물의 운반 시 혼재가 가능한 것은? (단, 지정수량 10배의 위험물인 경우이다.)

① 제1류 위험물과 제2류 위험물

② 제2류 위험물과 제3류 위험물

③ 제4류 위험물과 제5류 위험물

④ 제5류 위험물과 제6류 위험물

위험물의 혼재기준

≫ 유별을 달리하는 위험물의 혼재기준은 다음 [표]와 같다.

위험물의 구분	제1류	제2류	제3류	제4류	제5류	제6류
제1류		×	×	×	×	○
제2류	×		×	○	○	×
제3류	×	×		○	×	×
제4류	×	○	○		○	×
제5류	×	○	×	◎		×
제6류	○	×	×	×	×	

※ 이 표는 지정수량의 1/10 이하의 위험물에 대하여는 적용하지 아니한다.

45 위험물을 운반용기에 수납하여 적재할 때 차광성 피복으로 가려야 하는 위험물이 아닌 것은?

① 제1류　　② 제2류
③ 제5류　　④ 제6류

≫ 1) 차광성 피복으로 가려야 하는 위험물 : 제1류 위험물, 제3류 위험물 중 자연발화성 물질, 제4류 위험물 중 특수인화물, 제5류 위험물, 제6류 위험물
　2) 방수성 피복으로 가려야 하는 위험물 : 제1류 위험물 중 알칼리금속의 과산화물, 제2류 위험물 중 철분, 금속분, 마그네슘, 제3류 위험물 중 금수성 물질

정답 41. ③ 42. ③ 43. ④ 44. ③ 45. ②

46 위험물제조소의 게시판에 "화기주의"라고 쓰여 있다. 몇 류 위험물제조소인가?

① 제1류

② 제2류

③ 제3류

④ 제4류

>> 유별에 따른 주의사항

유별	품명	운반용기의 주의사항	위험물 제조소등의 주의사항
제1류	알칼리금속의 과산화물	화기·충격주의, 가연물충격주의, 물기엄금	물기엄금 (청색 바탕, 백색 문자)
	그 밖의 것	화기·충격주의, 가연물 충격주의	필요 없음
제2류	철분, 금속분, 마그네슘	화기주의, 물기엄금	**화기주의** (적색 바탕, 백색 문자)
	인화성 고체	화기엄금	화기엄금 (적색 바탕, 백색 문자)
	그 밖의 것	화기주의	**화기주의** (적색 바탕, 백색 문자)
제3류	금수성 물질	물기엄금	물기엄금 (청색 바탕, 백색 문자)
	자연발화성 물질	화기엄금, 공기접촉엄금	화기엄금 (적색 바탕, 백색 문자)
제4류	인화성 액체	화기엄금	화기엄금 (적색 바탕, 백색 문자)
제5류	자기반응성 물질	화기엄금, 충격주의	화기엄금 (적색 바탕, 백색 문자)
제6류	산화성 액체	가연물 접촉주의	필요 없음

47 위험물안전관리법령상 옥외저장탱크 중 압력탱크 외의 탱크에 통기관을 설치하여야 할 때 밸브 없는 통기관인 경우 통기관의 직경은 몇 mm 이상으로 하여야 하는가?

① 10mm

② 15mm

③ 20mm

④ 30mm

>> 밸브 없는 통기관의 기준

1) **직경은 30mm 이상**으로 한다.

2) 선단은 수평면보다 45도 이상 구부려 빗물 등의 침투를 막는다.

3) 인화점이 38℃ 미만인 위험물만을 저장, 취급하는 탱크의 통기관에는 화염방지장치를 설치하고, 인화점이 38℃ 이상 70℃ 미만인 위험물을 저장, 취급하는 탱크의 통기관에는 40mesh 이상인 구리망으로 된 인화방지장치를 설치한다.

4) 인화점 70℃ 이상의 위험물만을 해당 위험물의 인화점 미만의 온도로 저장 또는 취급하는 탱크에 설치하는 통기관에는 인화방지장치를 설치하지 않아도 된다.

5) 가연성 증기 회수를 목적으로 밸브를 통기관에 설치할 때 밸브는 개방되어 있어야 하며 닫혔을 경우 10kPa 이하의 압력에서 개방되는 구조로 한다(개방부분의 단면적은 777.15mm^2 이상).

48 이송취급소의 교체밸브, 제어밸브 등의 설치 기준으로 틀린 것은?

① 밸브는 원칙적으로 이송기지 또는 전용부지 내에 설치할 것

② 밸브는 그 개폐상태를 설치장소에서 쉽게 확인할 수 있도록 할 것

③ 밸브를 지하에 설치하는 경우에는 점검상자 안에 설치할 것

④ 밸브는 그 밸브의 관리에 관계하는 자가 아니면 수동으로만 개폐할 수 있도록 할 것

>> ④ 이송취급소의 밸브는 그 밸브의 관리에 관계하는 자 외의 자가 수동으로 개폐할 수 없도록 한다.

49 위험물제조소의 안전거리기준으로 틀린 것은?

① 초·중등교육법 및 고등교육법에 의한 학교 – 20m 이상

② 의료법에 의한 병원급 의료기관 – 30m 이상

③ 문화재보호법 규정에 의한 지정문화재 – 50m 이상

④ 사용전압이 35,000V를 초과하는 특고 압가공전선 – 5m 이상

》 제조소로부터 다음 건축물 또는 공작물의 외벽(외측) 사이에는 다음과 같이 안전거리를 두어야 한다.
  1) 주거용 건축물(제조소의 동일부지 외에 있는 것) : 10m 이상
  2) **학교·병원·극장(300명 이상), 다수인 수용시설 : 30m 이상**
  3) 유형문화재, 지정문화재 : 50m 이상
  4) 고압가스, 액화석유가스 등의 저장·취급 시설 : 20m 이상
  5) 사용전압 7,000V 초과 35,000V 이하의 특고압 가공전선 : 3m 이상
  6) 사용전압 35,000V를 초과하는 특고압가공전선 : 5m 이상

50 옥내저장소의 저장창고에 150m² 이내마다 일정 규격의 격벽을 설치하여 저장하여야 하는 위험물은?

① 지정과산화물

② 알킬알루미늄등

③ 아세트알데하이드등

④ 하이드록실아민등

》 지정과산화물(제5류 위험물 중 유기과산화물로서 지정수량이 10kg인 것) 옥내저장소의 격벽 기준
  1) 바닥면적 **150m² 이내마다 격벽으로 구획**
  2) 격벽의 두께
    ㉠ 철근콘크리트조 또는 철골철근콘크리트조 : 30cm 이상
    ㉡ 보강콘크리트블록조 : 40cm 이상
  3) 격벽의 돌출길이
    ㉠ 창고 양측의 외벽으로부터 1m 이상
    ㉡ 창고 상부의 지붕으로부터 50cm 이상

51 위험물 이동저장탱크의 외부도장 색상으로 적합하지 않은 것은?

① 제2류 – 적색 ② 제3류 – 청색

③ 제5류 – 황색 ④ 제6류 – 회색

》 이동저장탱크의 외부도장 색상
  1) 제1류 위험물 : 회색
  2) 제2류 위험물 : 적색
  3) 제3류 위험물 : 청색
  4) 제4류 위험물 : 적색(색상에 대한 제한은 없으나 적색을 권장)
  5) 제5류 위험물 : 황색
  6) **제6류 위험물 : 청색**

52 위험물안전관리법령상 자동화재탐지설비의 경계구역 하나의 면적은 몇 m² 이하이어야 하는가? (단, 원칙적인 경우에 한한다.)

① 250m² ② 300m²

③ 400m² ④ 600m²

》 자동화재탐지설비의 경계구역
  1) 건축물의 2 이상의 층에 걸치지 아니하도록 할 것(경계구역의 면적이 500m² 이하이면 그러하지 아니하다)
  2) **하나의 경계구역의 면적은 600m² 이하로 할 것**
  3) 한 변의 길이는 50m(광전식 분리형 감지기의 경우에는 100m) 이하로 할 것
  4) 건축물의 주요한 출입구에서 그 내부 전체를 볼 수 있는 경우는 면적을 1,000m² 이하로 할 것
  5) 자동화재탐지설비의 감지기는 지붕 또는 벽의 옥내에 면한 부분에 화재발생을 감지할 수 있도록 설치할 것
  6) 자동화재탐지설비에는 비상전원을 설치할 것

53 위험물안전관리법상 경보설비로 자동화재탐지설비를 설치해야 하는 위험물제조소 규모의 기준에 대한 설명으로 옳은 것은?

① 연면적 500m² 이상인 것

② 연면적 1,000m² 이상인 것

③ 연면적 1,500m² 이상인 것

④ 연면적 2,000m² 이상인 것

정답 49.① 50.① 51.④ 52.④ 53.①

➤➤ 제조소 및 일반취급소에서 경보설비의 종류 중 자동화재탐지설비만을 설치해야 하는 경우
1) **연면적 500m² 이상인 것**
2) 지정수량의 100배 이상을 취급하는 것

54 소화난이도등급 Ⅰ의 옥내저장소에 설치하여야 하는 소화설비에 해당하지 않는 것은?

① 옥외소화전설비

② 연결살수설비

③ 스프링클러설비

④ 물분무소화설비

➤➤ ② **연결살수설비**는 소화설비가 아닌 **소화활동설비에 해당**한다.

④ 물분무소화설비는 물분무등소화설비의 종류 중 하나에 해당하므로 소화난이도등급 Ⅰ의 옥내저장소에 설치해야 하는 소화설비이다.
소화난이도등급 Ⅰ의 옥내저장소에 설치해야 하는 소화설비는 다음과 같이 구분한다.
1) 처마높이가 6m 이상인 단층 건물 또는 다른 용도의 부분이 있는 건축물에 설치한 옥내저장소 : 스프링클러설비 또는 이동식 외의 물분무등소화설비
2) 그 밖의 것 : 옥외소화전설비, 스프링클러설비, 이동식 외의 물분무등소화설비 또는 이동식 포소화설비(포소화전을 옥외에 설치하는 것에 한한다)

55 제6류 위험물을 저장하는 옥내탱크저장소로서 단층 건물에 설치된 것의 소화난이도등급은?

① Ⅰ 등급

② Ⅱ 등급

③ Ⅲ 등급

④ 해당 없음

➤➤ ④ 탱크전용실이 단층 건물 외의 건축물에 설치되어 있는 것은 소화난이도등급 Ⅰ의 옥내탱크저장소에 해당한다. 이 문제의 조건은 옥내탱크저장소로서 탱크전용실이 단층 건물에 설치된 것이므로 소화난이도등급 Ⅰ이 아닌 소화난이도등급 Ⅱ의 옥내탱크저장소에 해당한다. 하지만, 소화난이도등급 Ⅱ의 옥내탱크

저장소의 조건에 제6류 위험물만을 저장하는 것은 제외하므로 **이 문제의 조건은 어떤 소화난이도등급에도 해당하지 않는다.**

※ 옥내탱크저장소의 소화난이도등급
1. 소화난이도등급 Ⅰ
1) 액표면적이 40m² 이상인 것(제6류 위험물을 저장하는 것 및 고인화점 위험물만을 100℃ 미만의 온도에서 저장하는 것은 제외)
2) 바닥면으로부터 탱크 옆판의 상단까지 높이가 6m 이상인 것(제6류 위험물을 저장하는 것 및 고인화점 위험물만을 100℃ 미만의 온도에서 저장하는 것은 제외)
3) 탱크전용실이 단층 건물 외의 건축물에 설치되어 있는 것으로서 인화점 38℃ 이상 70℃ 미만의 위험물을 지정수량의 5배 이상 저장하는 것(내화구조로 개구부 없이 구획된 것은 제외)
2. 소화난이도등급 Ⅱ : 소화난이도등급 Ⅰ의 제조소등 외의 것(고인화점 위험물만을 100℃ 미만의 온도로 저장하는 것 및 제6류 위험물만을 저장하는 것은 제외)
3. 소화난이도등급 Ⅲ : 해당 없음

56 시·도의 조례가 정하는 바에 따라 관할 소방서장의 승인을 받아 지정수량 이상의 위험물을 제조소등이 아닌 장소에서 임시로 저장 또는 취급하는 기간은 최대 며칠 이내인가?

① 30일

② 60일

③ 90일

④ 120일

➤➤ 시·도의 조례가 정하는 바에 따라 관할 소방서장의 승인을 받아 지정수량 이상의 위험물을 제조소등이 아닌 장소에서 임시로 저장 또는 취급할 수 있는 조건
1) 시·도의 조례가 정하는 바에 따라 관할 소방서장의 승인을 받아 지정수량 이상의 위험물을 **90일 이내**의 기간 동안 임시로 저장 또는 취급하는 경우
2) 군부대가 지정수량 이상의 위험물을 군사목적으로 임시로 저장 또는 취급하는 경우

57 다음 위험물 중에서 이동탱크저장소에 의하여 위험물을 운송할 때 운송책임자의 감독·지원을 받아야 하는 위험물은?

① 알킬리튬
② 아세트알데하이드
③ 금속의 수소화물
④ 마그네슘

≫ 이동탱크저장소에 의하여 위험물을 운송할 때 운송책임자의 감독·지원을 받아야 하는 위험물은 **알킬리튬**과 알킬알루미늄이다.

58 위험물의 품명, 수량 또는 지정수량 배수의 변경신고에 대한 설명으로 옳은 것은?

① 허가청과 협의하여 설치한 군용 위험물시설의 경우에도 적용된다.
② 변경신고는 변경한 날로부터 7일 이내에 완공검사필증을 첨부하여 신고하여야 한다.
③ 위험물의 품명이나 수량의 변경을 위해 제조소등의 위치, 구조 또는 설비를 변경하는 경우에 신고한다.
④ 위험물의 품명, 수량 및 지정수량의 배수를 모두 변경할 때에는 신고를 할 수 없고 허가를 신청하여야 한다.

≫ ① 협의를 통해 제조소등의 설치허가를 받은 군용 위험물시설이라 하더라도 **위험물의 품명, 수량 또는 지정수량의 배수의 변경신고는 별도로 해야 한다.**
② 변경신고는 변경한 날이 아닌, 변경하고자 하는 날의 1일 전까지 완공검사필증을 첨부하여 신고하여야 한다.
③ 제조소등의 위치, 구조 또는 설비를 변경하는 경우에는 변경신고가 아닌 변경허가를 받아야 한다.
④ 위험물의 품명, 수량 및 지정수량의 배수를 모두 변경하더라도 변경허가는 필요없고 변경신고만 하면 된다.

🔲 **똑똑한 풀이비법**

제조소등의 위치, 구조 또는 설비를 변경할 때에는 변경허가를 받아야 하고, 품명, 수량 또는 지정수량의 배수를 변경할 때에는 변경신고만 하면 된다.

59 위험물안전관리법에서 규정하고 있는 사항으로 옳지 않은 것은?

① 위험물저장소를 경매에 의해 시설의 전부를 인수한 경우에는 30일 이내에, 저장소의 용도를 폐지한 경우에는 14일 이내에 시·도지사에게 그 사실을 신고하여야 한다.
② 제조소등의 위치, 구조 및 설비 기준을 위반하여 사용한 때에 시·도지사는 허가취소, 전부 또는 일부의 사용정지를 명할 수 있다.
③ 경유 20,000L를 수산용 건조시설에 사용하는 경우에는 위험물법의 허가는 받지 아니하고 저장소를 설치할 수 있다.
④ 위치, 구조 또는 설비의 변경 없이 저장소에서 저장하는 위험물 지정수량의 배수를 변경하고자 하는 경우에는 변경하고자 하는 날의 1일 전까지 시·도지사에게 신고하여야 한다.

≫ ② 제조소등의 위치, 구조 및 설비 기준을 위반하여 사용한 경우 모두에 대해 허가취소나 사용정지를 명하는 것은 아니다.
※ 시·도지사는 다음에 해당하는 때에는 허가를 취소하거나 6월 이내의 기간을 정하여 제조소등의 전부 또는 일부의 사용정지를 명할 수 있다.
  1) 수리·개조 또는 이전의 명령을 위반한 때
  2) 저장·취급 기준 준수명령을 위반한 때
  3) 완공검사를 받지 아니하고 제조소등을 사용한 때
  4) 위험물안전관리자를 선임하지 아니한 때
  5) 변경허가를 받지 아니하고 제조소등의 위치·구조 또는 설비를 변경한 때
  6) 대리자를 지정하지 아니한 때
  7) 정기점검을 실시하지 않거나 정기검사를 받지 아니한 때

60 제조소등의 관계인이 예방규정을 정하여야 하는 제조소등이 아닌 것은?

① 지정수량 100배의 위험물을 저장하는 옥외탱크저장소

② 지정수량 150배의 위험물을 저장하는 옥내저장소

③ 지정수량 10배의 위험물을 취급하는 제조소

④ 지정수량 5배의 위험물을 취급하는 이송취급소

≫ 예방규정을 정해야 하는 제조소등
1) 지정수량 10배 이상의 위험물을 취급하는 제조소
2) 지정수량 100배 이상의 위험물을 저장하는 옥외저장소
3) 지정수량 150배 이상의 위험물을 저장하는 옥내저장소
4) **지정수량 200배 이상의 위험물을 저장하는 옥외탱크저장소**
5) 암반탱크저장소
6) 이송취급소
7) 지정수량 10배 이상의 위험물을 취급하는 일반취급소

CBT 기출복원문제
제2회 위험물기능사

2020년 4월 19일 시행

01 고온체의 색상이 휘적색일 경우의 온도는 약 몇 ℃ 정도인가?

① 500℃ ② 950℃
③ 1,300℃ ④ 1,500℃

» 고온체의 색상별 온도의 구분
1) 암적색 : 700℃
2) 적색 : 850℃
3) **휘적색 : 950℃**
4) 황적색 : 1,100℃
5) 백적색 : 1,300℃

02 연소형태가 표면연소인 것을 올바르게 나타 낸 것은?

① 중유, 알코올
② 코크스, 숯
③ 목재, 종이
④ 석탄, 플라스틱

» 고체의 연소형태
1) **표면연소** : 연소물의 표면에서 산소와 산화 반응을 하여 연소하는 반응이다.
 예 코크스(탄소), 목탄(**숯**), 금속분
2) 분해연소 : 고체 가연물이 점화에너지를 공 급받게 되면 공급된 에너지에 의해 열분해반 응이 일어나게 되는데 이때 발생된 가연성 증 기가 공기와 혼합되면서 발생된 혼합기체가 연소하는 형태를 의미한다.
 예 목재, 종이, 석탄, 플라스틱, 합성수지 등
3) 자기연소(내부연소) : 고체 가연물은 자체적으로 산소공급원을 가지고 있어서 외부로부터 공기 또는 산소공급원의 유입 없이도 연소할 수 있는 형태로서 연소속도가 폭발적인 연소형태이다.
 예 제5류 위험물
4) 증발연소 : 고체 가연물이 점화에너지를 받아 액체형태로 상태변화를 일으키면서 가연성 증 기를 증발시켜 이 가연성 증기가 공기와 혼합 하여 연소하는 형태이다.
 예 황(S), 나프탈렌($C_{10}H_8$), 양초(파라핀) 등

03 점화원으로 작용할 수 있는 정전기를 방지하 기 위한 예방대책이 아닌 것은?

① 정전기 발생이 우려되는 장소에 접지시 설을 한다.
② 실내의 공기를 이온화하여 정전기 발생 을 억제한다.
③ 정전기는 습도가 낮을 때 많이 발생하므 로 상대습도를 70% 이상으로 한다.
④ 전기의 저항이 큰 물질은 대전이 용이하 므로 비전도체 물질을 사용한다.

» ④ 비전도체는 전기를 통과시키지 않으므로 오히 려 정전기를 발생시킨다.
※ 정전기 방지방법
1) 접지할 것
2) 공기를 이온화시킬 것
3) 공지 중 상대습도를 70% 이상으로 할 것

04 나이트로셀룰로오스의 자연발화는 일반적으 로 무엇에 기인한 것인가?

① 산화열 ② 중합열
③ 흡착열 ④ 분해열

» 나이트로셀룰로오스(제5류 위험물)는 질산에스터 류에 속하며 운반 시 함수알코올에 습면시키는 물 질로서 **분해열**에 의해 자연발화할 수 있다.

05 연소에 필요한 산소공급원을 단절하는 것은?

① 제거소화 ② 질식소화
③ 희석소화 ④ 억제소화

» ① 제거소화 : 가연물을 제거하는 것
② 질식소화 : 산소공급원을 제거하는 것
③ 희석소화 : 가연물의 농도를 낮추어 소화하 는 것
④ 억제소화 : 반응속도를 빠르게 하는 정촉매 의 역할을 억제시키는 것

정답 01. ② 02. ② 03. ④ 04. ④ 05. ②

06 이산화탄소의 특성에 대한 설명으로 옳지 않은 것은?

① 전기전도성이 우수하다.
② 냉각, 압축에 의하여 액화된다.
③ 과량 존재 시 질식할 수 있다.
④ 상온, 상압에서 무색무취의 불연성 기체이다.

» ① 전기불량도체이므로 전기전도성은 없다.

07 분말소화기의 소화약제로 사용되지 않는 것은?

① 탄산수소나트륨
② 탄산수소칼륨
③ 과산화나트륨
④ 인산암모늄

» ③ 과산화나트륨은 소화약제가 아닌 제1류 위험물이다.

08 제조소등에 전기설비(전기배선, 조명기구 등은 제외)가 설치된 경우에는 면적 몇 m^2 마다 소형수동식 소화기를 1개 이상 설치하여야 하는가?

① $50m^2$　　　　② $100m^2$
③ $150m^2$　　　④ $200m^2$

» 전기설비가 설치된 제조소등에는 면적 $100m^2$마다 소형수동식 소화기를 1개 이상 설치한다.

09 이산화탄소 소화기 사용 시 줄 – 톰슨 효과에 의해서 생성되는 물질은?

① 포스겐
② 일산화탄소
③ 드라이아이스
④ 수성가스

» 줄–톰슨 효과란 이산화탄소 소화기 내에서 약제를 방출할 때 액체 이산화탄소가 가는 관을 통과하게 되는데 이때 압력과 온도의 급감으로 인해 **드라이아이스**(이산화탄소의 고체상태)가 관내에 생성됨으로써 노즐이 막히는 현상을 말한다.

10 위험물안전관리법상 소화설비에 해당하지 않는 것은?

① 옥외소화전설비
② 스프링클러설비
③ 할로젠화합물 소화설비
④ 연결살수설비

» 연결살수설비는 소화활동설비에 해당한다.

11 위험물안전관리법에 따른 옥외소화전설비의 설치기준에 대해 다음 (　) 안에 알맞은 수치를 차례대로 나타낸 것은?

> 옥외소화전설비는 모든 옥외소화전(설치 개수가 4개 이상인 경우는 4개)을 동시에 사용할 경우에 각 노즐선단의 방수압력이 (　)kPa 이상이고, 방수량이 1분당 (　)L 이상의 성능이 되도록 할 것

① 350, 260　　　② 300, 260
③ 350, 450　　　④ 300, 450

» 옥외소화전설비의 설치기준
　1) 옥외소화전은 건축물의 1층 및 2층의 부분만을 방사범위로 한다.
　2) 제조소등 건축물의 층마다 그 층의 각 부분에서 하나의 호스 접속구까지의 수평거리가 40m 이하가 되도록 설치해야 한다.
　3) 수원의 양은 옥외소화전의 수에 $13.5m^3$를 곱한 양 이상으로 하면 되는데 소화전의 수가 4개 이상이면 최대 4개의 옥외소화전 수만 곱해주면 된다.
　4) 방수압력은 **350kPa 이상**으로 해야 한다.
　5) 방수량은 **450L/min 이상**으로 해야 한다.
　6) 비상전원은 45분 이상 작동해야 한다.
　7) 옥외소화전은 옥외소화전함과 떨어져 있는데 상호거리는 5m 이내이어야 한다.

12 고형 알코올 2,000kg과 철분 1,000kg의 지정수량 배수의 총합은 얼마인가?

① 3　　　　　　② 4
③ 5　　　　　　④ 6

》 고형 알코올(제2류 위험물)은 인화성 고체에 해당하므로 지정수량은 1,000kg이며, 철분(제2류 위험물)의 지정수량은 500kg이다.

$$\therefore \frac{2,000kg}{1,000kg} + \frac{1,000kg}{500kg} = 4$$

13 다음 중 화재별 소화방법으로 옳지 않은 것은 어느 것인가?

① 황린 – 분무주수에 의한 냉각소화
② 인화칼슘 – 분무주수에 의한 냉각소화
③ 톨루엔 – 포에 의한 질식소화
④ 질산메틸 – 주수에 의한 냉각소화

》 ① 황린 – 물속에 저장하므로 분무주수에 의한 냉각소화가 가능하다.
② **인화칼슘 – 물과 반응 시 포스핀이라는 독성이고 가연성인 가스가 발생**하므로 분무주수에 의한 냉각소화는 불가능하다.
③ 톨루엔 – 제4류 위험물이므로 포에 의한 질식소화가 가능하다.
④ 질산메틸 – 제5류 위험물이므로 주수에 의한 냉각소화가 가능하다.

14 지정수량이 50kg이 아닌 위험물은?

① 염소산나트륨
② 리튬
③ 과산화나트륨
④ 나트륨

》 ① 염소산나트륨(제1류 위험물) : 50kg
② 리튬(제3류 위험물) : 50kg
③ 과산화나트륨(제1류 위험물) : 50kg
④ **나트륨**(제3류 위험물) : **10kg**

15 염소산나트륨의 성상에 대한 설명으로 옳지 않은 것은?

① 자신은 불연성 물질이지만 강한 산화제이다.
② 유리를 녹이므로 철제용기에 저장한다.
③ 열분해하여 산소를 발생한다.
④ 산과 반응하면 유독성의 이산화염소를 발생한다.

》 ① 제1류 위험물로서 자신은 불연성 물질이지만 강한 산화제이다.
② **철제용기를 부식시키므로 유리용기에 저장한다.**
③ 열을 가해 분해시키면 산소를 발생한다.
④ 황산, 염산 등과 반응하면 유독성의 이산화염소(ClO_2)를 발생한다.

16 질산나트륨의 성상으로 옳은 것은?

① 황색 결정이다.
② 물에 잘 녹는다.
③ 흑색화약의 원료이다.
④ 상온에서 자연분해한다.

》 ① 백색 고체이다.
② **물에 잘 녹는다.**
③ 흑색화약의 원료는 질산칼륨과 숯, 황을 혼합한 것이다.
④ 약 300℃까지 가열하면 분해한다.

17 다이크로뮴산칼륨에 대한 설명으로 틀린 것은?

① 열분해하여 산소를 발생한다.
② 물과 알코올에 잘 녹는다.
③ 등적색의 결정으로 쓴맛이 있다.
④ 산화제, 의약품 등에 사용된다.

》 ① 제1류 위험물로서 열분해하여 산소를 발생한다.
② 물에 녹으며 **알코올에는 녹지 않는다.**
③ 등적(오렌지)색의 고체이며 쓴맛이 있다.
④ 산소공급원을 포함하므로 산화제, 의약품 등에 쓰인다.

18 아이오딘산아연의 성질에 대한 설명으로 가장 거리가 먼 것은?

① 결정성 분말이다.
② 유기물과 혼합 시 연소위험이 있다.
③ 환원력이 강하다.
④ 제1류 위험물이다.

》 ① 제1류 위험물이므로 고체 또는 분말이다.
② 산소공급원이므로 유기물과 혼합 시 연소위험이 있다.
③ **산화력이 강하다.**
④ 제1류 위험물의 아이오딘산염류에 해당하는 물질이다.

정답 13. ② 14. ④ 15. ② 16. ② 17. ② 18. ③

19 과염소산나트륨 설명으로 옳지 않은 것은?

① 가열하면 분해하여 산소를 방출한다.

② 환원제이며 수용액은 강한 환원성이 있다.

③ 수용성이며 조해성이 있다.

④ 제1류 위험물이다.

➠ ② 과염소산나트륨(제1류 위험물)은 산화제이며 수용액은 강한 산화성이 있다.

20 삼황화인과 오황화인의 공통점이 아닌 것은?

① 물과 접촉하여 인화수소가 발생한다.

② 가연성 고체이다.

③ 분자식이 P와 S로 이루어져 있다.

④ 연소 시 오산화인과 이산화황이 생성된다.

➠ 1. 삼황화인(P_4S_3)과 오황화인(P_2S_5)의 공통성질
  1) 가연성 고체이다.
  2) 분자식이 P와 S로 이루어져 있다.
  3) 연소 시 오산화인(P_2O_5)과 이산화황(SO_2)이 생성된다.
2. 삼황화인(P_4S_3)의 성질
  – 물과 반응하지 않는다.
3. 오황화인(P_2S_5)의 성질
  – 물과 접촉하여 황화수소(H_2S)가 발생한다.

21 위험물안전관리법령상 제2류 위험물에 속하지 않는 것은?

① P_4S_3 ② Al

③ Mg   ④ Li

➠ ① P_4S_3(삼황화인) : 제2류 위험물
② Al(알루미늄) : 제2류 위험물
③ Mg(마그네슘) : 제2류 위험물
④ **Li(리튬) : 제3류 위험물**

22 다음 중 위험물안전관리법령에서 정한 지정수량이 500kg인 것은?

① 황화인   ② 금속분

③ 인화성 고체   ④ 황

➠ ① 황화인(제2류 위험물) : 100kg
② **금속분(제2류 위험물) : 500kg**
③ 인화성 고체(제2류 위험물) : 1,000kg
④ 황(제2류 위험물) : 100kg

23 황의 성질에 대한 설명 중 틀린 것은?

① 물에 녹지 않으나 이황화탄소에 녹는다.

② 공기 중에서 연소하여 아황산가스를 발생한다.

③ 전도성 물질이므로 정전기 발생에 유의하여야 한다.

④ 분진폭발의 위험성에 주의하여야 한다.

➠ ① 물에는 녹지 않고 고무상황을 제외한 그 외의 황은 이황화탄소에 녹는다.
② 공기 중에서 연소하면 아황산가스(SO_2)를 발생한다.
③ **비전도성 물질**이므로 정전기 발생에 유의하여야 한다.
④ 가연물인 황은 분진폭발이 가능하므로 주의하여야 한다.

24 탄화칼슘을 습한 공기 중에 보관하면 위험한 이유로 가장 옳은 것은?

① 아세틸렌과 공기가 혼합된 폭발성 가스가 생성될 수 있으므로

② 에틸렌과 공기 중 질소가 혼합된 폭발성 가스가 생성될 수 있으므로

③ 분진폭발의 위험성이 증가하기 때문에

④ 포스핀과 같은 독성 가스가 발생하기 때문에

➠ 탄화칼슘(제3류 위험물)은 습한 공기 중에 포함된 수분과 반응하여 아세틸렌가스를 발생하고 이 가스와 공기가 혼합되어 폭발을 일으키므로 습한 공기 중에 보관하면 위험하다.

25 제3류 위험물 중 금수성 물질에 적응할 수 있는 소화설비는?

① 포소화설비

② 불활성가스 소화설비

③ 탄산수소염류 분말소화설비

④ 할로젠화합물 소화설비

➠ 제3류 위험물의 금수성 물질에 적응성이 있는 소화설비는 탄산수소염류 분말소화설비이다.

정답   19. ②   20. ①   21. ④   22. ②   23. ③   24. ①   25. ③

26 다음 중 위험물안전관리법령에 따른 지정수량이 나머지 셋과 다른 하나는?

① 황린　　　　② 칼륨
③ 나트륨　　　④ 알킬리튬

》 ① **황린(제3류 위험물) : 20kg**
　② 칼륨(제3류 위험물) : 10kg
　③ 나트륨(제3류 위험물) : 10kg
　④ 알킬리튬(제3류 위험물) : 10kg

27 금속나트륨과 금속칼륨의 공통적인 성질에 대한 설명으로 옳은 것은?

① 불연성 고체이다.
② 물과 반응하여 산소를 발생한다.
③ 은백색의 매우 단단한 금속이다.
④ 물보다 가벼운 금속이다.

》 ① 모두 제3류 위험물의 금수성 물질이며 가연성 고체이다.
　② 모두 물과 반응 시 수소를 발생한다.
　③ 모두 은백색의 무른 경금속이다.
　④ **모두 물보다 가벼운 금속이다.**

28 위험물안전관리법령상 제3류 위험물에 속하는 담황색의 고체로서 물속에 보관해야 하는 것은?

① 황린　　　　② 적린
③ 황　　　　　④ 나이트로글리세린

》 황린(제3류 위험물)은 자연발화를 방지하기 위해 pH 9인 약알칼리성의 물속에 보관해야 하는 물질이다.

29 벤젠의 저장 및 취급 시 주의사항에 대한 설명으로 틀린 것은?

① 정전기 발생에 주의한다.
② 피부에 닿지 않도록 주의한다.
③ 증기는 공기보다 가벼워 높은 곳에 체류하므로 환기에 주의한다.
④ 통풍이 잘되는 서늘하고 어두운 곳에 저장한다.

》 ③ 벤젠을 포함한 대부분의 제4류 위험물의 증기는 공기보다 무거워 낮게 체류하기 쉽다.

30 위험물안전관리법상 제6류 위험물이 아닌 것은?

① H_3PO_4　　② IF_5
③ BrF_5　　　④ BrF_3

》 ① **H_3PO_4 : 인산(비위험물)**
　② IF_5 : 오플루오린화아이오딘(할로젠간화합물로서 행정안전부령이 정하는 제6류 위험물)
　③ BrF_5 : 오플루오린화브로민(할로젠간화합물로서 행정안전부령이 정하는 제6류 위험물)
　④ BrF_3 : 삼플루오린화브로민(할로젠간화합물로서 행정안전부령이 정하는 제6류 위험물)

31 다이에틸에터에 관한 설명 중 틀린 것은?

① 비전도성이므로 정전기를 발생하지 않는다.
② 무색투명한 유동성의 액체이다.
③ 휘발성이 매우 높고, 마취성을 가진다.
④ 공기와 장시간 접촉하면 폭발성의 과산화물이 생성된다.

》 ① 제4류 위험물로서 비전도성이므로 정전기를 발생한다.

32 1기압 20℃에서 액상이며 인화점이 200℃ 이상인 물질은?

① 벤젠　　　　② 톨루엔
③ 글리세린　　④ 실린더유

》 ① 벤젠(제1석유류) : 인화점 21℃ 미만
　② 톨루엔(제1석유류) : 인화점 21℃ 미만
　③ 글리세린(제3석유류) : 인화점 70℃ 이상 200℃ 미만
　④ **실린더유(제4석유류) : 인화점 200℃ 이상 250℃ 미만**

33 다음 위험물 중 특수인화물이 아닌 것은?

① 메틸에틸케톤퍼옥사이드
② 산화프로필렌
③ 아세트알데하이드
④ 이황화탄소

》 ① 메틸에틸케톤퍼옥사이드 : 제5류 위험물의 유기과산화물
   ② 산화프로필렌 : 제4류 위험물의 특수인화물
   ③ 아세트알데하이드 : 제4류 위험물의 특수인화물
   ④ 이황화탄소 : 제4류 위험물의 특수인화물

34 가솔린의 연소범위에 가장 가까운 것은?

① 1.4~7.6%   ② 2.0~23.0%
③ 1.8~36.5%   ④ 1.0~50.0%

》 가솔린의 연소범위는 1.4~7.6%이다.

35 메탄올과 에탄올의 공통점을 설명한 내용으로 틀린 것은?

① 휘발성의 무색 액체이다.
② 인화점이 0℃ 이하이다.
③ 증기는 공기보다 무겁다.
④ 비중이 물보다 작다.

》 메탄올의 인화점은 11℃, 에탄올의 인화점은 13℃이므로, 모두 인화점은 0℃ 이상이다.

36 제5류 위험물의 성질에 대한 설명 중 틀린 것은 어느 것인가?

① 자기연소를 일으키며, 연소속도가 빠르다.
② 무기물이므로 폭발의 위험이 있다.
③ 운반용기 외부에 "화기엄금" 및 "충격주의" 주의사항 표시를 하여야 한다.
④ 강산화제나 강산류와 접촉 시 위험성이 증가한다.

》 ② 제5류 위험물은 자기반응성 물질로 대부분 탄소와 수소를 포함하는 유기물에 해당한다.

37 트라이나이트로페놀의 성상에 대한 설명 중 틀린 것은?

① 융점은 약 61℃이고 비점은 약 120℃이다.
② 쓴맛이 있으며 독성이 있다.
③ 단독으로는 마찰, 충격에 비교적 안정하다.
④ 알코올, 에터, 벤젠에 녹는다.

》 트라이나이트로페놀의 성질
   1) 발화점 300℃, **융점 121℃**, 비중 1.80이다.
   2) 황색의 침상결정(바늘 모양의 고체)인 고체상태로 존재한다.
   3) 제5류 위험물이므로 찬물에는 안 녹고 온수, 알코올, 벤젠, 에터에는 잘 녹는다.
   4) 쓴맛이 있고 독성이 있다.
   5) 단독으로는 충격, 마찰 등에 둔감하나 구리, 아연 등의 금속염류와의 혼합물은 피크린산염을 생성하여 마찰, 충격 등에 위험해진다.
   6) 고체 물질이므로 건조하면 위험하고 약한 습기에 저장하면 안정하다.
   7) 주수하여 냉각소화 해야 한다.

38 유기과산화물의 화재예방상 주의사항으로 틀린 것은?

① 직사광선을 피하고 냉암소에 저장한다.
② 불꽃, 불티 등의 화기, 열원으로부터 멀리한다.
③ 산화제와 접촉하지 않도록 주의한다.
④ 대형 화재 시 분말소화기를 이용한 질식소화가 유효하다.

》 유기과산화물(제5류 위험물)은 자체적으로 산소공급원을 가지므로 질식소화는 효과가 없고 물로 냉각소화하는 것이 효과적이다.

39 위험물안전관리법령에 따른 소화설비의 적응성에 관한 다음 내용 중 ( ) 안에 적합한 내용은?

> 제6류 위험물을 저장·취급하는 장소로서 폭발의 위험이 없는 장소에 한하여 (   )가(이) 제6류 위험물에 대하여 적응성이 있다.

① 할로젠화합물 소화기
② 분말소화기-탄산수소염류 소화기
③ 분말소화기-그 밖의 것
④ 이산화탄소 소화기

》 이산화탄소 소화기는 제6류 위험물을 저장·취급하는 장소에서는 사용할 수 없지만, 폭발의 위험이 없는 장소에 한하여는 이산화탄소소화기도 제6류 위험물에 대해 적응성이 있다.

정답 34. ① 35. ② 36. ② 37. ① 38. ④ 39. ④

40 위험물안전관리법령에 따른 제6류 위험물의 특성에 대한 설명 중 틀린 것은?

① 과염소산은 유기물과 접촉 시 발화의 위험이 있다.

② 과염소산은 불안정하며 강력한 산화성 물질이다.

③ 과산화수소는 알코올, 에터에 녹지 않는다.

④ 질산은 부식성이 강하고 햇빛에 의해 분해된다.

》》③ 과산화수소(제6류 위험물)는 물, 에터, 알코올에 잘 녹고 벤젠과 석유에 녹지 않는다.

41 옥내저장소에 질산 600L를 저장하고 있다. 저장하고 있는 질산은 지정수량의 몇 배인가? (단, 질산의 밀도는 1.5g/mL이다.)

① 1배

② 2배

③ 3배

④ 4배

》》 밀도 = $\dfrac{질량}{부피}$. 단위는 g/mL 또는 kg/L이다.

$600L \times \dfrac{1.5kg}{1L} = 900kg$

질산의 지정수량은 300kg이므로, $\dfrac{900kg}{300kg} = 3배$ 이다.

42 다음 중 과염소산에 대한 설명으로 틀린 것은 어느 것인가?

① 물과 접촉하면 발열한다.

② 불연성이지만 유독성이 있다.

③ 증기비중은 약 3.5이다.

④ 산화제이므로 쉽게 산화할 수 있다.

》》① 제6류 위험물은 물과 접촉하면 발열한다.
② 불연성이지만 기관지를 손상시키는 유독성이 있다.
③ 증기비중은 100/29로 약 3.50이다.
④ 과염소산은 산화제로서 다른 물질을 산화시키고 **자신은 환원하는 성질**을 갖고 있다.

43 제조소의 게시판 사항 중 위험물의 종류에 따른 주의사항이 올바르게 연결된 것은?

① 제2류 위험물(인화성 고체 제외) – 화기엄금

② 제3류 위험물 중 금수성 물질 – 물기엄금

③ 제4류 위험물 – 화기주의

④ 제5류 위험물 – 물기엄금

》》① 제2류 위험물(인화성 고체 제외) – 화기주의
③ 제4류 위험물 – 화기엄금
④ 제5류 위험물 – 화기엄금

44 다음 괄호 안에 들어갈 알맞은 단어는?

> 보냉장치가 있는 이동저장탱크에 저장하는 아세트알데하이드등 또는 다이에틸에터등의 온도는 해당 위험물의 (   ) 이하로 유지하여야 한다.

① 비점

② 인화점

③ 융해점

④ 발화점

》》1) 보냉장치가 있는 이동저장탱크에 저장하는 아세트알데하이드와 다이에틸에터의 저장온도 : 모두 비점 이하
2) 보냉장치가 없는 이동저장탱크에 저장하는 아세트알데하이드와 다이에틸에터의 저장온도 : 모두 40℃ 이하

45 반지름 5m, 직선 10m, 곡선 5m인 양쪽으로 볼록한 탱크의 공간용적이 5%라면 탱크 용량은 몇 m³인가?

① 196.3m³

② 261.6m³

③ 785.0m³

④ 994.8m³

》》 내용적 $= \pi \times r^2 \times \left(l + \dfrac{l_1 + l_2}{3}\right)$

탱크의 공간용적이 5%이면 탱크 용량은 탱크 내용적의 95%이다.

∴ 탱크 용량 $= \pi \times 5^2 \times \left(10 + \dfrac{5+5}{3}\right) \times 0.95$

$= 994.84m^3$

정답　40. ③　41. ③　42. ④　43. ②　44. ①　45. ④

46 인화성 액체 위험물을 저장 또는 취급하는 옥외탱크저장소의 방유제 내에 용량 10만L와 5만L인 옥외저장탱크 2기를 설치하는 경우에 확보하여야 하는 방유제의 용량은?

① 50,000L 이상
② 80,000L 이상
③ 110,000L 이상
④ 150,000L 이상

» 인화성이 있는 위험물의 옥외저장탱크의 방유제 용량
   1) 하나의 옥외저장탱크 방유제 용량 : 탱크 용량의 110% 이상
   2) **2개 이상의 옥외저장탱크 방유제 용량 : 탱크 중 용량이 최대인 것의 110% 이상**
   3) 이황화탄소 옥외저장탱크 : 방유제가 필요 없으며 벽 및 바닥의 두께가 0.2m 이상인 철근 콘크리트의 수조에 넣어 보관한다.
   이 중 가장 큰 탱크의 용량은 100,000L이므로, 100,000L×1.1=110,000L가 된다.

47 인화성 액체 위험물을 저장하는 옥외탱크저장소에 설치하는 방유제의 높이기준은?

① 0.5m 이상 1m 이하
② 0.5m 이상 3m 이하
③ 0.3m 이상 1m 이하
④ 0.3m 이상 3m 이하

» 옥외탱크저장소의 방유제 높이는 0.5m 이상 3m 이하이다.

48 높이 15m, 지름 20m인 옥외저장탱크에 보유공지의 단축을 위해서 물분무설비로 방호조치를 하는 경우 수원의 양은 약 몇 L 이상으로 하여야 하는가?

① 46,496L
② 58,090L
③ 70,259L
④ 95,880L

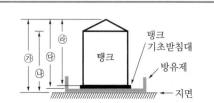

» 옥외저장탱크의 보유공지에 1/2을 곱한 값 이상의 너비(최소 3m 이상)로 할 수 있는 물분무설비에 필요한 수원의 양은 탱크의 원주(원의 둘레=

π×탱크의 지름)길이 1m에 대해 분당 37L 이상으로 하고 20분 이상 방사할 수 있어야 한다.
∴ 수원의 양=π ×20m×37L/min×20min
         =46,496L

49 다음은 위험물안전관리법령에 따른 이동탱크저장소에 대한 기준이다. ( ) 안에 알맞은 수치를 차례대로 나열한 것은?

> 이동저장탱크는 그 내부에 (A)L 이하마다 (B)mm 이상의 강철판 또는 이와 동등 이상의 강도, 내열성 및 내식성이 있는 금속성의 것으로 칸막이를 설치하여야 한다.

① A : 2,500, B : 3.2
② A : 2,500, B : 4.8
③ A : 4,000, B : 3.2
④ A : 4,000, B : 4.8

» 이동저장탱크는 그 내부에 **4,000L** 이하마다 **3.2mm** 이상의 강철판 또는 이와 동등 이상의 강도, 내열성 및 내식성이 있는 금속성의 것으로 칸막이를 설치하여야 한다.

50 옥외탱크저장소의 소화설비를 검토 및 적용할 때 소화난이도등급 Ⅰ에 해당되는지를 검토하는 탱크높이의 측정기준으로 적합한 것은?

㉮ 지면으로부터 탱크의 지붕 위까지의 높이
㉯ 지면으로부터 지붕을 제외한 탱크까지의 높이
㉰ 방유제의 바닥으로부터 탱크의 지붕 위까지의 높이
㉱ 탱크 기초받침대를 제외한 탱크의 바닥으로부터 탱크의 지붕 위까지의 높이

① ㉮   ② ㉯
③ ㉰   ④ ㉱

➤ 소화난이도등급 Ⅰ에 해당하는 옥외탱크저장소의 조건은 **지면으로부터 지붕을 제외한 탱크 옆판의 상단까지 높이가 6m 이상인 것**(제6류 위험물을 저장하는 것 및 고인화점 위험물만을 100℃ 미만의 온도에서 저장하는 것은 제외)이다.

51 주유취급소의 고정주유설비에서 펌프기기의 주유관 선단에서 최대토출량으로 틀린 것은?

① 휘발유는 분당 50L 이하
② 경유는 분당 180L 이하
③ 등유는 분당 80L 이하
④ 제1석유류(휘발유 제외)는 분당 100L 이하

➤ ① 제1석유류(휘발유) : 분당 50L 이하
② 경유 : 분당 180L 이하
③ 등유 : 분당 80L 이하

52 아염소산염류 500kg과 질산염류 3,000kg을 함께 저장하는 경우 위험물의 소요단위는 얼마인가?

① 2   ② 4
③ 6   ④ 8

➤ 아염소산염류의 지정수량은 50kg, 질산염류의 지정수량은 300kg이고, 위험물의 1소요단위는 지정수량의 10배이다. 〈문제〉에서 주어진 아염소산염류 500kg과 질산염류 3,000kg은 각각 지정수량의 10배, 즉 각각 1소요단위를 나타내므로 두 물질을 함께 저장하는 경우는 2소요단위이다.

53 위험물안전관리법령에서 정한 자동화재탐지설비에 대한 기준으로 틀린 것은? (단, 원칙적인 경우에 한한다.)

① 경계구역은 건축물, 그 밖의 공작물의 2 이상의 층에 걸치지 아니하도록 할 것
② 하나의 경계구역의 면적은 600m² 이하로 할 것
③ 하나의 경계구역의 한 변 길이는 30m 이하로 할 것
④ 자동화재탐지설비에는 비상전원을 설치할 것

➤ 자동화재탐지설비의 경계구역
1) 건축물의 2 이상의 층에 걸치지 아니하도록 할 것(경계구역의 면적이 500m² 이하이면 그러하지 아니하다)
2) 하나의 경계구역의 면적은 600m² 이하로 할 것
3) **한 변의 길이는 50m**(광전식 분리형 감지기의 경우에는 100m) **이하로** 할 것
4) 건축물의 주요한 출입구에서 그 내부 전체를 볼 수 있는 경우는 면적을 1,000m² 이하로 할 것
5) 자동화재탐지설비의 감지기는 지붕 또는 벽의 옥내에 면한 부분에 화재발생을 감지할 수 있도록 설치할 것
6) 자동화재탐지설비에는 비상전원을 설치할 것

54 피난설비를 설치하여야 하는 위험물제조소 등에 해당하는 것은?

① 건축물의 2층 부분을 자동차 정비소로 사용하는 주유취급소
② 건축물의 2층 부분을 전시장으로 사용하는 주유취급소
③ 건축물의 1층 부분을 자동차 주유사무소로 사용하는 주유취급소
④ 건축물의 1층 부분을 관계자의 주거시설로 사용하는 주유취급소

➤ 피난설비는 그 장소의 구조를 잘 알지 못하는 사람에게 출입구의 위치를 알려주는 역할을 하기 때문에 주유취급소 중 **2층 이상**을 점포, 휴게음식점 또는 **전시장 용도로 사용**할 때는 건축물의 2층 이상으로부터 주유취급소 밖으로 통하는 출입구와 출입구로 통하는 통로, 계단 및 출입구에 피난설비인 유도등을 설치한다.

55 소화설비의 설치기준에서 알킬알루미늄 1,000kg은 몇 소요단위에 해당하는가?

① 10
② 20
③ 100
④ 200

➤ 위험물의 1소요단위는 지정수량의 10배이다. 알킬알루미늄(제3류 위험물)의 지정수량은 10kg이고, 10kg×10＝100kg이 1소요단위이므로 1,000kg은 10소요단위가 된다.

정답 51. ④ 52. ① 53. ③ 54. ② 55. ①

56 주유취급소 일반점검표의 점검항목에 따른 점검내용 중 점검방법이 육안점검이 아닌 것은?

① 가연성 증기 검지경보설비 – 손상의 유무
② 피난설비의 비상전원 – 정전 시의 점등 상황
③ 간이탱크의 가연성 증기 회수밸브 – 작동상황
④ 배관의 전기방식설비 – 단자의 탈락 유무

➤➤ ① 가연성 증기 검지경보설비 – 손상의 유무
　　 : 육안점검
　 ② **피난설비의 비상전원 – 정전 시의 점등상황**
　　 : **작동확인**
　 ③ 간이탱크의 가연성 증기 회수밸브 – 작동상황
　　 : 육안점검
　 ④ 배관의 전기방식설비 – 단자의 탈락 유무
　　 : 육안점검

57 위험물안전관리법령상 제조소등의 정기점검 대상에 해당하지 않는 것은?

① 지정수량 15배의 제조소
② 지정수량 40배의 옥내탱크저장소
③ 지정수량 50배의 이동탱크저장소
④ 지정수량 20배의 지하탱크저장소

➤➤ 정기점검대상의 제조소등
　 1) 예방규정대상에 해당하는 것
　　 ㉠ 지정수량의 10배 이상의 위험물을 취급하는 제조소
　　 ㉡ 지정수량의 100배 이상의 위험물을 저장하는 옥외저장소
　　 ㉢ 지정수량의 150배 이상의 위험물을 저장하는 옥내저장소
　　 ㉣ 지정수량의 200배 이상의 위험물을 저장하는 옥외탱크저장소
　　 ㉤ 암반탱크저장소
　　 ㉥ 이송취급소
　　 ㉦ 지정수량의 10배 이상의 위험물을 취급하는 일반취급소
　 2) 지하탱크저장소
　 3) 이동탱크저장소
　 4) 위험물을 취급하는 탱크로서 지하에 매설된 탱크가 있는 제조소, 주유취급소 또는 일반취급소

58 위험물안전관리법령에서 규정하고 있는 사항으로 틀린 것은?

① 법정의 안전교육을 받아야 하는 사람은 안전관리자로 선임된 자, 탱크시험자의 기술인력으로 종사하는 자, 위험물운송자로 종사하는 자이다.
② 지정수량 150배 이상의 위험물을 저장하는 옥내저장소는 관계인이 예방규정을 정하여야 하는 제조소등에 해당한다.
③ 정기검사의 대상이 되는 것은 액체 위험물을 저장 또는 취급하는 10만L 이상의 옥외탱크저장소, 암반탱크저장소, 이송취급소이다.
④ 법정의 안전관리자교육이수자와 소방공무원으로 근무한 경력이 3년 이상인 자는 제4류 위험물에 대한 위험물취급자격자가 될 수 있다.

➤➤ ③ 정기검사대상의 제조소등은 특정·준특정 옥외탱크저장소(위험물을 저장 또는 취급하는 50만L 이상의 옥외탱크저장소)이다.

59 위험물안전관리법령에 따른 위험물의 운송에 관한 설명 중 틀린 것은?

① 알킬리튬과 알킬알루미늄 또는 이 중 어느 하나 이상을 함유한 것은 운송책임자의 감독·지원을 받아야 한다.
② 이동탱크저장소에 의하여 위험물을 운송할 때의 운송책임자에는 법정의 교육을 이수하고 관련 업무에 2년 이상 경력이 있는 자도 포함된다.
③ 서울에서 부산까지 금속의 인화물 300kg을 1명의 운전자가 휴식 없이 운송해도 규정 위반이 아니다.
④ 운송책임자의 감독 또는 지원 방법에는 동승하는 방법과 별도의 사무실에서 대기하면서 규정된 사항을 이행하는 방법이 있다.

≫ ③ 서울에서 부산까지의 거리는 413km이기 때
   문에 제3류 위험물 중 금속의 인화물의 운송
   은 2명 이상의 운전자로 해야 한다.

※ 위험물운송자는 다음의 경우 2명 이상의 운
   전자로 해야 한다.

   1) 고속국도에 있어서 340km 이상에 걸치는
      운송을 하는 때

   2) 일반도로에 있어서 200km 이상 걸치는 운
      송을 하는 때

   3) 1명의 운전자로 할 수 있는 경우

      ㉠ 운송책임자를 동승시킨 경우

      ㉡ 제2류 위험물, 제3류 위험물(칼슘 또
         는 알루미늄의 탄화물에 한한다) 또는
         제4류 위험물(특수인화물 제외)을 운송
         하는 경우

      ㉢ 운송 도중에 2시간 이내마다 20분 이상
         씩 휴식하는 경우

60 위험물안전관리법령상 제조소등의 관계인은
   제조소등의 화재예방과 재해발생 시 비상조
   치에 필요한 사항을 서면으로 작성하여 허가
   청에 제출하여야 한다. 이는 무엇에 관한 설
   명인가?

① 예방규정
② 소방계획서
③ 비상계획서
④ 화재영향평가서

≫ 제조소등의 화재예방과 재해발생 시의 비상조치
   에 필요한 사항을 서면으로 작성하여 시·도지
   사에게 제출하는 서류를 예방규정이라 한다.

2020 제3회 위험물기능사

CBT 기출복원문제

2020년 6월 28일 시행

---

01 연소속도와 의미가 가장 가까운 것은?

① 기화열의 발생속도

② 환원속도

③ 착화속도

④ 산화속도

» 연소속도는 산화속도와 같은 의미이다.

02 다음 중 폭발범위가 가장 넓은 물질은?

① 메테인 ② 톨루엔

③ 에틸알코올 ④ 에터

» ① 메테인 : 5~15%
② 톨루엔 : 1.4~6.7%
③ 에틸알코올 : 4~19%
④ 에터 : 1.9~48%

🎓 **똑똑한 풀이비법**

에터(다이에틸에터)는 제4류 위험물 중 특수인화물이기 때문에 폭발범위도 대단히 넓다.

03 탱크 화재현상 중 BLEVE(Boiling Liquid Expanding Vapor Explosion)에 대한 설명으로 옳은 것은?

① 기름탱크에서의 수증기 폭발현상이다.

② 비등상태의 액화가스가 기화하여 팽창하고 폭발하는 현상이다.

③ 화재 시 기름 속의 수분이 급격히 증발하여 기름거품이 되고 팽창해서 기름탱크에서 밖으로 내뿜어져 나오는 현상이다.

④ 고점도의 기름 속에 수증기를 포함한 볼 형태의 물방울이 형성되어 탱크 밖으로 넘치는 현상이다.

» BLEVE(블레비)란 탱크 내에서 비등상태의 액화가스가 기화하여 팽창하고 폭발하는 현상이다.

04 아세톤의 위험도를 구하면 얼마인가? (단, 아세톤의 연소범위는 2~13vol%이다.)

① 0.846 ② 1.23

③ 5.5 ④ 7.5

» 위험도$(H) = \dfrac{연소상한(U) - 연소하한(L)}{연소하한(L)}$

연소범위의 낮은 점을 연소하한(2%), 높은 점을 연소상한(13%)이라고 한다.

∴ $H = \dfrac{13 - 2}{2} = 5.5$

05 다음 중 가연물이 연소할 때 공기 중의 산소 농도를 떨어뜨려 연소를 중단시키는 소화방법은?

① 제거소화 ② 질식소화

③ 냉각소화 ④ 억제소화

» 질식소화 : 공기 중 산소의 농도는 21%를 차지하는데, 이 농도를 15% 이하로 낮춰 불을 끄는 소화방법이다.

06 분말소화약제 중 제1종과 제2종 분말이 각각 열분해될 때 공통적으로 생성되는 물질은 어느 것인가?

① N_2, CO_2 ② N_2, O_2

③ H_2O, CO_2 ④ H_2O, N_2

» 1) 제1종 분말소화약제의 열분해반응식 :
$2NaHCO_3 \rightarrow Na_2CO_3 + CO_2 + H_2O$
탄산수소나트륨   탄산나트륨   이산화탄소   물

2) 제2종 분말소화약제의 열분해반응식 :
$2KHCO_3 \rightarrow K_2CO_3 + CO_2 + H_2O$
탄산수소칼륨   탄산칼륨   이산화탄소   물

🎓 **똑똑한 풀이비법**

대부분의 소화약제의 반응에서는 CO_2, H_2O가 발생하여 CO_2는 질식작용, H_2O는 냉각작용을 한다.

정답 01. ④ 02. ④ 03. ② 04. ③ 05. ② 06. ③

07 화재 시 이산화탄소를 방출하여 산소의 농도를 12.5%로 낮추어 소화하려고 한다. 혼합 기체 중 이산화탄소의 농도는 약 몇 vol%로 해야 하는가?

① 30.7vol%

② 32.8vol%

③ 40.5vol%

④ 68.0vol%

PLAY ▶ 풀이

≫ 이산화탄소 소화약제의 질식소화 원리

산소 21%

⇩

이산화탄소 8.5%	산소 12.5%

이산화탄소는 공기 중에 포함된 산소의 농도에만 영향을 미친다. 산소 21%의 공간 안에 이산화탄소가 8.5% 들어오면 산소는 12.5%만 남게 된다. 문제의 질문은 이산화탄소와 산소의 농도를 합산한 농도 중 이산화탄소가 차지하는 비율을 구하는 것이므로

$$\frac{이산화탄소}{이산화탄소 + 산소} \times 100 = \frac{8.5}{8.5 + 12.5} \times 100 = 40.5\%$$

08 이산화탄소가 소화약제로 사용되는 이유에 대한 설명으로 가장 옳은 것은?

① 산소와의 반응이 느리기 때문이다.

② 산소와 반응하지 않기 때문이다.

③ 착화되어도 불이 곧 꺼지기 때문이다.

④ 산화반응이 되어도 열 발생이 없기 때문이다.

≫ 이산화탄소는 산소와 반응하지 않기 때문에 산소공급원을 차단시키는 소화약제로 사용된다.

09 건축물의 1층 및 2층 부분만을 방사능력범위로 하고 지하층 및 3층 이상의 층에 대하여 다른 소화설비를 설치해야 하는 소화설비는?

① 스프링클러 소화설비

② 포소화설비

③ 옥외소화전설비

④ 물분무소화설비

≫ ③ 옥외소화전은 건축물의 1층 및 2층 부분만을 방사능력범위로 한다.

10 8L 용량의 소화전용 물통의 능력단위는?

① 0.3

② 0.5

③ 1.0

④ 1.5

≫
소화설비	용량	능력단위
소화전용 물통	8L	0.3
수조 (소화전용 물통 3개 포함)	80L	1.5
수조 (소화전용 물통 6개 포함)	190L	2.5
마른모래 (삽 1개 포함)	50L	0.5
팽창질석 또는 팽창진주암 (삽 1개 포함)	160L	1.0

11 불활성가스 소화설비의 기준에서 저장용기 설치기준에 관한 내용으로 틀린 것은?

① 방호구역 외의 장소에 설치할 것

② 온도가 50℃ 이하이고 온도변화가 적은 장소에 설치할 것

③ 직사일광 및 빗물이 침투할 우려가 적은 장소에 설치할 것

④ 저장용기에는 안전장치를 설치할 것

≫ 불활성가스 소화약제 용기의 설치장소
1) 방호구역 외부에 설치한다.
2) 온도가 40℃ 이하이고 온도변화가 적은 장소
3) 직사광선 및 빗물이 침투할 우려가 없는 장소
4) 저장용기에는 안전장치를 설치한다.
5) 용기 외면에 소화약제의 종류와 양, 제조년도 및 제조자를 표시한다.

12 위험물의 유별에 따른 성질과 해당 품명의 예가 잘못 연결된 것은?

① 제1류 : 산화성 고체 – 무기과산화물

② 제2류 : 가연성 고체 – 금속분

③ 제3류 : 자연발화성 물질 및 금수성 물질 – 황화인

④ 제5류 : 자기반응성 물질 – 하이드록실아민염류

≫ ③ 황화인은 제2류 위험물이다.

정답　07. ③　08. ②　09. ③　10. ①　11. ②　12. ③

13 다음 중 위험물의 저장방법에 대한 설명으로 옳은 것은?

① 황화인은 알코올, 과산화물에 저장하여 보관한다.

② 마그네슘은 건조하면 분진폭발의 위험성이 있으므로 물에 습윤하여 저장한다.

③ 적린은 화재예방을 위해 할로젠원소와 혼합하여 저장한다.

④ 수소화리튬은 저장용기에 아르곤과 같은 불활성 기체를 봉입한다.

≫ ① 황화인은 제2류 위험물인 가연성 고체이므로 산소공급원인 과산화물에 저장하면 안 된다.
② 마그네슘은 물과 반응 시 수소를 발생하므로 물에 습윤하는 것은 위험하다.
③ 제2류 위험물인 적린은 산소공급원인 할로젠원소와 혼합하면 위험하다.
④ **수소화리튬**(제3류 위험물)은 공기 중 수분과 접촉 시 수소가스를 발생하므로 용기 상부에 질소 또는 아르곤과 같은 **불활성 기체를 봉입**한다.

14 위험물안전관리법령상 위험물에 해당하는 것은?

① 황산

② 비중이 1.41인 질산

③ 54μm의 표준체를 통과하는 것이 50중량% 미만인 철의 분말

④ 농도가 40중량%인 과산화수소

≫ ① 황산 : 비위험물이다.
② 질산 : 비중이 1.49 이상인 것이 위험물이다.
③ 철분 : 53μm(마이크로미터)의 표준체를 통과하는 것이 50중량% 이상인 것이 위험물이다.
④ **과산화수소** : 농도가 **36중량% 이상**인 것이 위험물이다.

15 다음 중 주수소화를 하면 위험성이 증가하는 것은?

① 과산화칼륨   ② 과망가니즈산칼륨

③ 과염소산칼륨   ④ 브로민산칼륨

≫ 제1류 위험물 중 과산화칼륨, 과산화나트륨, 과산화리튬의 알칼리금속의 과산화물은 물과 반응 시 발열과 함께 산소를 발생하므로 주수(냉각)소화는 위험하다.

16 다음 중 과염소산나트륨의 성질이 아닌 것은 어느 것인가?

① 황색의 분말로 물과 반응하여 산소를 발생한다.

② 가열하면 분해되어 산소를 방출한다.

③ 융점은 약 482℃이고 물에 잘 녹는다.

④ 비중은 약 2.5로 물보다 무겁다.

≫ ① 물과 반응하여 산소를 발생하는 제1류 위험물은 알칼리금속의 과산화물이다.

17 다음 질산나트륨의 성상에 대한 설명 중 틀린 것은?

① 조해성이 있다.

② 강력한 환원제이며 물보다 가볍다.

③ 열분해하여 산소를 방출한다.

④ 가연물과 혼합 시 충격에 의해 발화할 수 있다.

≫ ② 제1류 위험물이므로 강력한 산화제이며 물보다 무겁다.

18 염소산나트륨의 저장 및 취급 시 주의할 사항으로 틀린 것은?

① 철제용기의 저장은 피해야 한다.

② 열분해 시 이산화탄소가 발생하므로 질식에 유의한다.

③ 조해성이 있으므로 방습에 유의한다.

④ 용기에 밀전하여 보관한다.

≫ ① 산소를 가지고 있어 철제용기를 부식시키므로 철제용기의 저장은 피해야 한다.
② **열분해 시 산소가 발생**하므로 유의한다.
③ 조해성(공기 중 수분을 흡수하여 녹는 성질)이 있으므로 방습에 유의한다.
④ 공기와 접촉을 방지하기 위해 용기에 밀전하여 보관한다.

19 과염소산칼륨과 아염소산나트륨의 공통성질이 아닌 것은?

① 지정수량이 50kg이다.

② 열분해 시 산소를 방출한다.

③ 강산화성 물질이며 가연성이다.

④ 상온에서 고체의 형태이다.

≫ ③ 제1류 위험물로서 강산화성 물질이지만 자신은 **불연성**이다.

20 가연성 고체 위험물의 일반적 성질로 틀린 것은?

① 비교적 저온에서 착화한다.

② 산화제와의 접촉 가열은 위험하다.

③ 연소속도가 빠르다.

④ 산소를 포함하고 있다.

≫ 가연성 고체(제2류 위험물)는 자체적으로 산소를 포함하고 있지 않으며 산소를 포함하고 있는 위험물은 제1류, 제5류, 제6류 위험물이다.

21 알루미늄분말 화재 시 주수하면 안 되는 가장 큰 이유는?

① 수소가 발생하여 연소가 확대되기 때문에

② 유독가스가 발생하여 연소가 확대되기 때문에

③ 산소의 발생으로 연소가 확대되기 때문에

④ 분말의 독성이 강하기 때문에

≫ 알루미늄분말(제2류 위험물 중 금속분)은 물과 반응 시 수소를 발생한다.

22 황화인에 대한 설명 중 옳지 않은 것은?

① 삼황화인은 황색 결정으로 공기 중 약 100℃에서 발화할 수 있다.

② 오황화인은 담황색 결정으로 조해성이 있다.

③ 오황화인은 물과 접촉하여 유독성 가스를 발생할 위험이 있다.

④ 삼황화인은 연소하여 황화수소가스를 발생할 위험이 있다.

≫ ④ 삼황화인은 연소 시 이산화황과 오산화인을 발생시키며 황화수소가스는 발생시키지 않는다.

1. 삼황화인(P_4S_3)은 황색 고체로서 착화점 100℃이며 물, 염산, 황산에 안 녹고 질산, 알칼리, 끓는물, 이황화탄소에는 녹는다.
 - 연소반응식
 $$P_4S_3 + 8O_2 \rightarrow 3SO_2 + 2P_2O_5$$
 삼황화인 산소 이산화황 오산화인

2. 오황화인(P_2S_5)의 착화점 142℃이며 황색 고체로서 조해성이 있다.
 1) 연소반응식
 $$2P_2S_5 + 15O_2 \rightarrow 2P_2O_5 + 10SO_2$$
 오황화인 산소 오산화인 이산화황
 2) 물과의 반응식
 $$P_2S_5 + 8H_2O \rightarrow 5H_2S + 2H_3PO_4$$
 오황화인 물 황화수소 인산

23 위험물의 소화방법으로 적합하지 않은 것은?

① 적린은 다량의 물로 소화한다.

② 황화인의 소규모 화재 시에는 모래로 질식소화한다.

③ 알루미늄분은 다량의 물로 소화한다.

④ 황의 소규모 화재에는 모래로 질식소화한다.

≫ ① 적린(제2류 위험물)은 다량의 물로 소화해야 한다.

② 황화인(제2류 위험물)의 소규모 화재 시에는 물로 냉각소화 또는 마른모래로 질식소화한다.

③ 알루미늄분(제2류 위험물)은 **물과 반응 시 수소를 발생**하므로 물은 사용하여서는 안 되고 마른모래 등으로 질식소화해야 한다.

④ 황(제2류 위험물)의 소규모 화재에는 물로 냉각소화 또는 마른모래로 질식소화한다.

24 황린의 저장 및 취급에 있어서 주의해야 할 사항 중 옳지 않은 것은?

① 독성이 있으므로 취급에 주의할 것

② 물과의 접촉을 피할 것

③ 산화제와의 접촉을 피할 것

④ 화기의 접근을 피할 것

≫ 황린(제3류 위험물)은 자연발화를 방지하기 위해 물속에 저장해야 한다.

정답 19. ③ 20. ④ 21. ① 22. ④ 23. ③ 24. ②

25 탄화알루미늄 1몰을 물과 반응시킬 때 발생하는 가연성 가스의 종류와 양은?

① 에테인, 4몰
② 에테인, 3몰
③ 메테인, 4몰
④ 메테인, 3몰

≫ 탄화알루미늄과 물의 반응식
$Al_4C_3 + 12H_2O \rightarrow 4Al(OH)_3 + 3CH_4$
탄화알루미늄　　물　　수산화알루미늄　메테인

26 위험물과 그 위험물이 물과 반응하여 발생하는 가스를 잘못 연결한 것은?

① 탄화알루미늄 – 메테인
② 탄화칼슘 – 아세틸렌
③ 인화칼슘 – 에테인
④ 수소화칼슘 – 수소

≫ ① 탄화알루미늄 – 메테인
$Al_4C_3 + 12H_2O \rightarrow 4Al(OH)_3 + 3CH_4$
탄화알루미늄　　물　　수산화알루미늄　메테인
② 탄화칼슘 – 아세틸렌
$CaC_2 + 2H_2O \rightarrow Ca(OH)_2 + C_2H_2$
탄화칼슘　　물　　수산화칼슘　아세틸렌
③ 인화칼슘 – 포스핀
$Ca_3P_2 + 6H_2O \rightarrow 3Ca(OH)_2 + 2PH_3$
인화칼슘　　물　　수산화칼슘　포스핀
④ 수소화칼슘 – 수소
$CaH_2 + 2H_2O \rightarrow Ca(OH)_2 + H_2$
수소화칼슘　　물　　수산화칼슘　수소

27 위험물안전관리법령상 염소화규소화합물은 제 몇 류 위험물에 해당하는가?

① 제1류　　② 제2류
③ 제3류　　④ 제5류

≫ 염소화규소화합물은 행정안전부령이 정하는 제 3류 위험물이다.

28 비중 0.86이고 은백색의 무른 경금속으로 보라색 불꽃을 내면서 연소하는 제3류 위험물은?

① 칼슘　　② 나트륨
③ 칼륨　　④ 리튬

≫ 비중이 0.86이고 은백색의 무른 경금속으로 보라색 불꽃을 내면서 연소하는 제3류 위험물은 칼륨이다.

29 다이에틸에터의 보관 · 취급에 관한 설명으로 틀린 것은?

① 용기는 밀봉하여 보관한다.
② 환기가 잘되는 곳에 보관한다.
③ 정전기가 발생하지 않도록 취급한다.
④ 저장용기에 빈 공간이 없게 가득 채워 보관한다.

≫ ④ 다이에틸에터(제4류 위험물)는 보관 · 취급 시 저장용기에 공간용적을 2% 이상 두어야 한다.

30 다음의 제4류 위험물 중 제1석유류에 속하는 것은?

① 에틸렌글리콜　　② 글리세린
③ 아세톤　　④ n-뷰탄올

≫ ① 에틸렌글리콜 : 제4류 위험물의 제3석유류
② 글리세린 : 제4류 위험물의 제3석유류
③ 아세톤 : 제4류 위험물의 **제1석유류**
④ n-뷰탄올 : 제4류 위험물의 제2석유류

31 다음 중 에틸알코올에 관한 설명으로 옳은 것은?

① 인화점은 0℃ 이하이다.
② 비점은 물보다 낮다.
③ 증기밀도는 메틸알코올보다 작다.
④ 수용성이므로 이산화탄소 소화기는 효과가 없다.

≫ ① 인화점 13℃, 발화점 363℃, 연소범위 4~19%이다.
② 에틸알코올의 비점은 80℃로서 물의 비점 100℃보다 낮다.
③ 메틸알코올보다 분자량이 크므로 증기밀도는 메틸알코올보다 크다.
④ 수용성 또는 비수용성에 관계없이 이산화탄소 소화기는 효과가 있다.

32 다음 중 인화점이 가장 높은 것은?

① 나이트로벤젠　　② 클로로벤젠
③ 톨루엔　　④ 에틸벤젠

>> ① 나이트로벤젠(제4류 위험물의 제3석유류) : 70℃ 이상 200℃ 미만
② 클로로벤젠(제4류 위험물의 제2석유류) : 21℃ 이상 70℃ 미만
③ 톨루엔(제4류 위험물의 제1석유류) : 21℃ 미만
④ 에틸벤젠(제4류 위험물의 제1석유류) : 21℃ 미만

33 아세트알데하이드와 아세톤의 공통성질에 대한 설명 중 틀린 것은?

① 증기는 공기보다 무겁다.
② 무색 액체로서 인화점이 낮다.
③ 물에 잘 녹는다.
④ 특수인화물로 반응성이 크다.

>> ① 두 물질 모두 제4류 위험물로서 증기는 공기보다 무겁다.
② 두 물질 모두 무색 액체로서 인화점이 낮다.
③ 두 물질 모두 물에 잘 녹는다.
④ 아세트알데하이드는 특수인화물이며, **아세톤은 제1석유류**이다.

34 휘발유에 대한 설명으로 옳은 것은?

① 가연성 증기를 발생하기 쉬우므로 주의한다.
② 발생된 증기는 공기보다 가벼워서 주변으로 확산하기 쉽다.
③ 전기를 잘 통하는 도체이므로 정전기를 발생시키지 않도록 조치한다.
④ 인화점이 상온보다 높으므로 여름철에 각별한 주의가 필요하다.

>> ② 발생된 증기는 공기보다 무거워 주변으로 확산하기 쉽다.
③ 전기를 잘 통하지 않는 전기불량도체이므로 정전기를 발생시키지 않도록 조치한다.
④ 인화점이 −43~−38℃로 상온보다 낮으므로 여름철에 주의가 필요하다.

35 톨루엔에 대한 설명으로 틀린 것은?

① 벤젠의 수소원자 하나가 메틸기로 치환된 것이다.

② 증기는 벤젠보다 가볍고 휘발성은 더 높다.
③ 독특한 향기를 가진 무색의 액체이다.
④ 물에 녹지 않는다.

>> ① 벤젠(C_6H_6)에서 H 원소 1개 대신 CH_3(메틸)을 치환시키면 $C_6H_5CH_3$가 된다.
② 벤젠(C_6H_6)의 증기비중은 78/29 = 2.690이고 톨루엔($C_6H_5CH_3$)의 증기비중은 분자량은 92/29 = 3.170이므로 **증기는 톨루엔이 벤젠보다 더 무겁고 휘발성은 더 낮다.**
③ 향기를 갖고 있으며 무색투명한 액체이다.
④ 비수용성 물질이다.

36 나이트로셀룰로오스의 저장·취급 방법으로 옳은 것은?

① 건조한 상태로 보관하여야 한다.
② 물 또는 알코올 등을 첨가하여 습윤시켜야 한다.
③ 물기에 접촉하면 위험하므로 제습제를 첨가한다.
④ 알코올에 접촉하면 자연발화의 위험이 있으므로 주의하여야 한다.

>> ② 나이트로셀룰로오스(제5류 위험물)는 건조하면 위험하므로 물 또는 알코올에 습면시킨다.

37 트라이나이트로톨루엔의 작용기에 해당하는 것은?

① −NO   ② −NO₂
③ −NO₃   ④ −NO₄

>> 트라이나이트로톨루엔(제5류 위험물)은 톨루엔에 **나이트로기(−NO₂)가 3개 치환된 물질**이며 이와 같은 제5류 위험물 등의 폭발성 물질에는 나이트로기(−NO₂)가 주로 포함되어 있다.

38 질산에스터류에 속하지 않는 것은?

① 나이트로셀룰로오스
② 질산에틸
③ 나이트로글리세린
④ 다이나이트로페놀

>> ④ 다이나이트로페놀은 제5류 위험물의 나이트로화합물에 해당하는 물질이다.

39 나이트로셀룰로오스 화재 시 가장 적합한 소화방법은?

① 할로젠화합물 소화기를 사용한다.
② 분말소화기를 사용한다.
③ 이산화탄소 소화기를 사용한다.
④ 다량의 물을 사용한다.

≫ 나이트로셀룰로오스(제5류 위험물)의 화재 시에는 다량의 물로 냉각소화한다.

40 위험물안전관리법상 제6류 위험물이 아닌 것은?

① H_3PO_4 ② IF_5
③ BrF_5 ④ BrF_3

≫ ① H_3PO_4 : 인산(비위험물)
② IF_5 : 오플루오린화아이오딘(할로젠간화합물로서 행정안전부령이 정하는 제6류 위험물)
③ BrF_5 : 오플루오린화브로민(할로젠간화합물로서 행정안전부령이 정하는 제6류 위험물)
④ BrF_3 : 삼플루오린화브로민(할로젠간화합물로서 행정안전부령이 정하는 제6류 위험물)

41 제6류 위험물의 화재예방 및 진압대책으로 적합하지 않은 것은?

① 가연물과의 접촉을 피한다.
② 과산화수소를 장기보존할 때는 유리용기를 사용하여 밀전한다.
③ 옥내소화전설비를 사용하여 소화할 수 있다.
④ 물분무소화설비를 사용하여 소화할 수 있다.

≫ 제6류 위험물의 취급방법
1) 산소공급원이므로 가연물과 접촉을 피해야 한다.
2) 부식성 때문에 철제용기는 사용할 수 없고 유리용기 등을 사용한다.
3) **과산화수소**는 분해되어 발생하는 산소의 압력으로 인한 용기의 폭발을 방지하기 위해 밀전하여서는 안 되고 **용기에 구멍이 뚫린 마개로 막는다.**
4) 화재 시 물을 이용한 냉각소화가 효과적이기 때문에 옥내·옥외 소화전설비 또는 물분무소화설비를 이용하여 소화한다.

42 제2류 위험물을 수납하는 운반용기의 외부에 표시하여야 하는 주의사항으로 옳은 것은?

① 제2류 위험물 중 철분, 금속분, 마그네슘 또는 이들 중 어느 하나 이상을 함유한 것에 있어서는 "화기주의" 및 "물기주의", 인화성 고체에 있어서는 "화기엄금", 그 밖의 것에 있어서는 "화기주의"
② 제2류 위험물 중 철분, 금속분, 마그네슘 또는 이들 중 어느 하나 이상을 함유한 것에 있어서는 "화기주의" 및 "물기엄금", 인화성 고체에 있어서는 "화기주의", 그 밖의 것에 있어서는 "화기엄금"
③ 제2류 위험물 중 철분, 금속분, 마그네슘 또는 이들 중 어느 하나 이상을 함유한 것에 있어서는 "화기주의" 및 "물기엄금", 인화성 고체에 있어서는 "화기엄금", 그 밖의 것에 있어서는 "화기주의"
④ 제2류 위험물 중 철분, 금속분, 마그네슘 또는 이들 중 어느 하나 이상을 함유한 것에 있어서는 "화기엄금" 및 "물기엄금", 인화성 고체에 있어서는 "화기엄금", 그 밖의 것에 있어서는 "화기주의"

≫ 제2류 위험물의 운반용기 외부에 표시해야 하는 주의사항
1) 철분, 금속분, 마그네슘 또는 이들 중 어느 하나 이상을 함유한 것 : "화기주의" 및 "물기엄금"
2) 인화성 고체 : "화기엄금"
3) 그 밖의 것 : "화기주의"

43 질산의 비중이 1.5일 때 1소요단위는 몇 L인가?

① 150L
② 200L
③ 1,500L
④ 2,000L

>> 밀도 = $\frac{질량}{부피}$, 단위는 g/mL 또는 kg/L이다.

비중 = $\frac{해당\ 물질의\ 밀도(kg/L)}{표준물질(물)의\ 밀도(kg/L)}$

= $\frac{해당\ 물질의\ 밀도(kg/L)}{1kg/L}$

비중은 단위가 없을 뿐 밀도를 구하는 공식과 같다.

따라서, 비중 = $\frac{질량(kg)}{부피(L)}$, 부피(L) = $\frac{질량(kg)}{비중}$

소요단위는 지정수량의 10배이므로 질산의 지정수량 300kg × 10 = 3,000kg이다.
질량 3,000kg을 비중 1.5로 나누면 부피(L)를 구할 수 있다.

∴ 부피(L) = $\frac{3,000kg}{1.5}$ = 2,000L

44 주유취급소에 다음과 같이 전용탱크를 설치하였다. 최대로 저장·취급할 수 있는 용량은 얼마인가? (단, 고속도로 외의 주유취급소인 경우이다.)

- 간이탱크 : 2기
- 폐유탱크등 : 1기
- 고정주유설비 및 고정급유설비 접속 전용탱크 : 2기

① 103,200L
② 104,600L
③ 123,200L
④ 124,200L

>> 1) 고정주유설비 및 고정급유설비용 탱크 : 각각 50,000L 이하
2) 보일러 등에 직접 접속하는 전용탱크 : 10,000L 이하
3) 폐유, 윤활유 등의 위험물을 저장하는 탱크 : 2,000L 이하
4) 고정주유설비 또는 고정급유설비용 간이탱크 : 3기 이하
간이탱크 1개의 용량은 600L이므로 2개는 1,200L이고 폐유탱크는 1개이므로 용량은 2,000L, 고정주유설비 및 고정급유설비용 탱크는 각각 50,000L씩 2개이다.
∴ 1,200L + 2,000L + 50,000L + 50,000L = 103,200L

45 종류(유별)가 다른 위험물을 동일한 옥내저장소의 동일한 실에 같이 저장하는 경우에 대한 설명으로 틀린 것은? (단, 유별로 정리하여 서로 1m 이상의 간격을 두는 경우에 한한다.)

① 제1류 위험물과 황린은 동일한 옥내저장소에 저장할 수 있다.
② 제1류 위험물과 제6류 위험물은 동일한 옥내저장소에 저장할 수 있다.
③ 제1류 위험물 중 알칼리금속의 과산화물과 제5류 위험물은 동일한 옥내저장소에 저장할 수 있다.
④ 제2류 위험물 중 인화성 고체와 제4류 위험물을 동일한 옥내저장소에 저장할 수 있다.

>> 유별이 다른 위험물끼리 동일한 저장소에 저장할 수 있는 경우(단, 간격을 1m 이상 두는 경우에 한한다.)
1) 제1류 위험물(**알칼리금속의 과산화물 제외**)과 제5류 위험물
2) 제1류 위험물과 제6류 위험물
3) 제1류 위험물과 제3류 위험물 중 자연발화성 물질(황린)
4) 제2류 위험물 중 인화성 고체와 제4류 위험물
5) 제3류 위험물 중 알킬알루미늄등과 제4류 위험물(알킬알루미늄 또는 알킬리튬을 함유한 것)
6) 제4류 위험물 중 유기과산화물과 제5류 위험물중 유기과산화물

46 질산암모늄의 일반적인 성질에 대한 설명으로 옳은 것은?

① 조해성이 없다.
② 무색무취의 액체이다.
③ 물에 녹을 때에는 발열한다.
④ 급격한 가열에 의한 폭발의 위험이 있다.

>> ① 제1류 위험물로서 조해성이 있다.
② 무색무취의 고체이다.
③ 물에 녹을 때에는 흡열한다.
④ 제1류 위험물이지만 예외적으로 **급격한 가열에 의한 폭발의 위험**이 있다.

47 위험물의 지하저장탱크 중 압력탱크 외의 탱크에 대해 수압시험을 실시할 때 몇 kPa의 압력으로 하여야 하는가? (단, 소방청장이 정하여 고시하는 기밀시험과 비파괴시험을 동시에 실시하는 방법으로 대신하는 경우는 제외한다.)

① 40kPa   ② 50kPa

③ 60kPa   ④ 70kPa

≫ 지하저장탱크의 시험압력
  1) 압력탱크 : 최대상용압력(탱크에 최대로 사용할 수 있는 압력)의 1.5배의 압력으로 10분간 수압시험을 실시하여 새거나 변형되지 않을 것
  2) **압력탱크 외의 탱크** : **70kPa**의 압력으로 10분간 수압시험을 실시하여 새거나 변형되지 않을 것

48 제4류 위험물의 옥외저장탱크에 대기밸브부착 통기관을 설치할 때 몇 kPa 이하의 압력차이로 작동하여야 하는가?

① 5kPa

② 10kPa

③ 15kPa   ◀ 대기밸브부착 통기관의 모습

④ 20kPa

≫ 옥외저장탱크에 설치하는 대기밸브부착 통기관은 5kPa 이하의 압력차이로 작동하여야 한다.

49 지정과산화물을 저장 또는 취급하는 위험물 옥내저장소 저장창고의 기준에 대한 설명으로 틀린 것은?

① 서까래의 간격은 30cm 이하로 할 것

② 저장창고 출입구에는 60분＋방화문 또는 60분 방화문을 설치할 것

③ 저장창고의 외벽을 철근콘크리트조로 할 경우 두께를 10cm 이상으로 할 것

④ 저장창고의 창은 바닥면으로부터 2m 이상의 높이에 둘 것

≫ 지정과산화물(제5류 위험물 중 유기과산화물로서 지정수량이 10kg인 것) 옥내저장소의 기준

1. 지정과산화물 옥내저장소의 격벽 기준
  1) 바닥면적 150m² 이내마다 격벽으로 구획
  2) 격벽의 두께
    ㉠ 철근콘크리트조 또는 철골철근콘크리트조 : 30cm 이상
    ㉡ 보강콘크리트블록조 : 40cm 이상
  3) 격벽의 돌출길이
    ㉠ 창고 양측의 외벽으로부터 1m 이상
    ㉡ 창고 상부의 지붕으로부터 50cm 이상
2. **지정과산화물 옥내저장소의 외벽 두께**
  1) **철근콘크리트조** 또는 철골철근콘크리트조 : **20cm 이상**
  2) 보강콘크리트블록조 : 30cm 이상
3. 저장창고의 출입구에는 60분＋방화문 또는 60분 방화문을 설치할 것
4. 저장창고의 창은 바닥으로부터 2m 이상 높이
5. 창 한 개의 면적 : 0.4m² 이내
6. 벽면에 부착된 모든 창의 면적 : 벽면 면적의 80분의 1 이내
7. 저장창고 지붕의 서까래의 간격은 30cm 이하로 할 것

50 옥내탱크저장소 중 탱크전용실을 단층 건물 외의 건축물에 설치하는 경우 탱크전용실을 건축물의 1층 또는 지하층에만 설치하여야 하는 위험물이 아닌 것은?

① 제2류 위험물 중 덩어리 황

② 제3류 위험물 중 황린

③ 제4류 위험물 중 인화점이 38℃ 이상인 위험물

④ 제6류 위험물 중 질산

≫ ③ 제4류 위험물 중 인화점이 38℃ 이상인 위험물의 탱크전용실은 단층 건물 외의 건축물의 모든 층수에 관계없이 설치할 수 있다.
※ 옥내저장탱크의 전용실을 단층 건물이 아닌 건축물의 1층 또는 지하층에만 저장할 수 있는 위험물 : 황화인, 적린, 덩어리상태의 황, 황린, 질산

51 제조소등의 소요단위 산정 시 위험물은 지정수량의 몇 배를 1소요단위로 하는가?

① 5배   ② 10배

③ 20배   ④ 50배

≫ 제조소등의 소요단위 산정 시 위험물은 지정수량의 10배를 1소요단위로 한다.

정답   47. ④   48. ①   49. ③   50. ③   51. ②

52 위험물안전관리법령상 다음 ( ) 안에 알맞은 수치는?

> 옥내저장소에서 위험물을 저장하는 경우 기계에 의하여 하역하는 구조로 된 용기만을 겹쳐 쌓는 경우에 있어서는 ( )m 높이를 초과하여 용기를 겹쳐 쌓지 아니하여야 한다.

① 2　　　　　② 4
③ 6　　　　　④ 8

≫ 옥내저장소 또는 옥외저장소의 저장용기를 쌓는 높이의 기준
1) 기계에 의하여 하역하는 구조로 된 용기
 : **6m 이하**
2) 제4류 위험물 중 제3석유류, 제4석유류 및 동식물유류 용기 : 4m 이하
3) 그 밖의 경우 : 3m 이하
4) 옥외저장소에서 용기를 선반에 저장하는 경우
 : 6m 이하

53 위험물제조소등에 설치하여야 하는 자동화재탐지설비의 설치기준에 대한 설명 중 틀린 것은?

① 자동화재탐지설비의 경계구역은 건축물, 그 밖의 공작물의 2 이상의 층에 걸치도록 할 것
② 하나의 경계구역에서 그 한 변의 길이는 50m(광전식 분리형 감지기를 설치할 경우에는 100m) 이하로 할 것
③ 자동화재탐지설비의 감지기는 지붕 또는 벽의 옥내에 면한 부분에 유효하게 화재의 발생을 감지할 수 있도록 설치할 것
④ 자동화재탐지설비에는 비상전원을 설치할 것

≫ 자동화재탐지설비의 경계구역
1) **건축물의 2 이상의 층에 걸치지 아니하도록 한다**(경계구역의 면적이 500m² 이하이면 그러하지 아니하다).
2) 하나의 경계구역의 면적은 600m² 이하로 한다.
3) 한 변의 길이는 50m(광전식 분리형 감지기의 경우에는 100m) 이하로 한다.

4) 건축물의 주요한 출입구에서 그 내부 전체를 볼 수 있는 경우는 면적을 1,000m² 이하로 한다.
5) 자동화재탐지설비의 감지기는 지붕 또는 벽의 옥내에 면한 부분에 화재발생을 감지할 수 있도록 설치한다.
6) 자동화재탐지설비에는 비상전원을 설치한다.

54 위험물안전관리법령에 따라, 다음 ( ) 안에 알맞은 용어는?

> 주유취급소 중 건축물의 2층 이상의 부분을 점포, 휴게음식점 또는 전시장의 용도로 사용하는 것에 있어서는 해당 건축물의 2층 이상으로부터 주유취급소의 부지 밖으로 통하는 출입구와 그 출입구로 통하는 통로, 계단 및 출입구에 ( )을(를) 설치하여야 한다.

① 피난사다리　　② 경보기
③ 유도등　　　　④ CCTV

≫ 주유취급소의 통로, 계단 및 출입구에는 유도등을 설치해야 한다.

55 위험물시설에 설치하는 자동화재탐지설비의 하나의 경계구역 면적과 그 한 변의 길이의 기준으로 옳은 것은? (단, 광전식 분리형 감지기를 설치하지 않은 경우이다.)

① 300m² 이하, 50m 이하
② 300m² 이하, 100m 이하
③ 600m² 이하, 50m 이하
④ 600m² 이하, 100m 이하

≫ 자동화재탐지설비의 설치기준
1) 건축물의 2 이상의 층에 걸치지 아니하도록 할 것(하나의 경계구역의 면적이 500m² 이하이면 그러하지 아니하다)
2) **하나의 경계구역의 면적은 600m² 이하**로 할 것
3) **한 변의 길이는 50m**(광전식 분리형 감지기의 경우에는 100m) **이하**로 할 것
4) 건축물의 주요한 출입구에서 그 내부 전체를 볼 수 있는 경우는 면적을 1,000m² 이하로 할 것
5) 자동화재탐지설비의 감지기는 지붕 또는 벽의 옥내에 면한 부분에 화재발생을 감지할 수 있도록 설치할 것
6) 자동화재탐지설비에는 비상전원을 설치할 것

56 다음은 위험물안전관리법령에서 정한 정의이다. 무엇의 정의인가?

> 인화성 또는 발화성 등의 성질을 가지는 것으로서 대통령령이 정하는 물품을 말한다.

① 위험물 ② 가연물
③ 특수인화물 ④ 제4류 위험물

» 위험물이란 인화성 또는 발화성 등의 성질을 가지는 것으로서 대통령령이 정하는 물품을 말한다.

57 위험물안전관리법의 적용 제외와 관련된 다음 내용에서 ( ) 안에 알맞은 것을 모두 나타낸 것은?

> 위험물안전관리법은 ( )에 의한 위험물의 저장·취급 및 운반에 있어서는 이를 적용하지 아니한다.

① 항공기, 선박, 철도 및 궤도
② 항공기, 선박, 철도
③ 항공기, 철도 및 궤도
④ 철도 및 궤도

» 위험물안전관리법은 항공기, 선박, 철도 및 궤도에 의한 위험물의 저장·취급 및 운반에 있어서는 이를 적용하지 아니한다.

58 위험물운송책임자의 감독 또는 지원의 방법으로 운송의 감독 또는 지원을 위하여 마련한 별도의 사무실에 운송책임자가 대기하면서 이행하는 사항에 해당하지 않는 것은?

① 운송 후에 운송경로를 파악하여 관할 경찰관서에 신고하는 것
② 이동탱크저장소의 운전자에 대하여 수시로 안전확보 상황을 확인하는 것
③ 비상시의 응급처치에 관하여 조언을 하는 것
④ 위험물의 운송 중 안전확보에 관하여 필요한 정보를 제공하고 감독 또는 지원하는 것

» ① 경찰에 신고하는 것은 운송자가 범죄에 해당하는 행위를 한 경우로서 운송 후에 운송경로를 파악하여 관할 경찰관서에 신고하는 것은 운송책임자의 감독 또는 지원의 방법이 될 수 없다.

59 위험물제조소등의 허가에 관계된 설명으로 옳은 것은?

① 제조소등을 변경하고자 하는 경우에는 언제나 허가를 받아야 한다.
② 위험물의 품명을 변경하고자 하는 경우에는 언제나 허가를 받아야 한다.
③ 농예용으로 필요한 난방시설을 위한 지정수량 20배 이하의 저장소는 허가대상이 아니다.
④ 저장하는 위험물의 변경으로 지정수량의 배수가 달라지는 경우는 언제나 허가대상이 아니다.

» ① 제조소등에 대한 변경사항이 있을 때 변경허가를 받아야 하는 경우는 별도로 정해져 있으며 언제나 허가를 받아야 하는 것은 아니다.
② 위험물의 품명, 수량, 지정수량의 배수를 변경하고자 하는 경우에는 변경허가가 아닌 변경신고를 해야 한다.
③ 허가를 받지 않고 제조소등을 설치하거나 위치·구조 또는 설비를 변경할 수 있고 신고를 하지 아니하고 위험물의 품명·수량 또는 지정수량의 배수를 변경할 수 있는 경우는 다음과 같다.
1) 주택의 난방시설(공동주택의 중앙난방시설을 제외한다)을 위한 저장소 또는 취급소
2) **농예용**·축산용 또는 수산용으로 필요한 **난방시설** 또는 건조시설을 위한 **지정수량 20배 이하의 저장소**
④ 위험물의 품명 등의 변경으로 지정수량의 배수가 달라지면서 제조소등의 위치·구조 또는 설비의 기준이 달라지는 경우는 변경허가를 받아야 한다.

정답 56. ① 57. ① 58. ① 59. ③

60 취급하는 제4류 위험물의 수량이 지정수량의 30만배인 일반취급소가 있는 사업장에 자체 소방대를 설치함에 있어서 전체 화학소방차 중 포수용액을 방사하는 화학소방차는 몇 대 이상 두어야 하는가?

① 필수적인 것은 아니다.
② 1대
③ 2대
④ 3대

≫ 자체소방대에 두는 화학소방자동차 및 자체소방대원의 수의 기준

사업소의 구분	화학소방 자동차의 수	자체소방 대원의 수
지정수량의 3천배 이상 12만배 미만으로 취급하는 제조소 또는 일반취급소	1대	5인
지정수량의 12만배 이상 24만배 미만으로 취급하는 제조소 또는 일반취급소	2대	10인
지정수량의 24만배 이상 48만배 미만으로 취급하는 제조소 또는 일반취급소	**3대**	**15인**
지정수량의 48만배 이상으로 취급하는 제조소 또는 일반취급소	4대	20인
지정수량의 50만배 이상으로 저장하는 옥외탱크저장소	2대	10인

※ **포수용액을 방사하는 화학소방자동차의 대수는 화학소방자동차의 대수의 3분의 2 이상으**로 하여야 한다. 따라서, 지정수량의 30만배라면 필요한 화학소방자동차의 대수는 3대인데 그 중 포수용액을 방사하는 화학소방차는 전체 대수의 3분의 2 이상으로 해야 하므로 **2대 이상**은 되어야 한다.

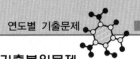

CBT 기출복원문제

2020 제4회 위험물기능사

2020년 10월 11일 시행

01 제2류 위험물인 황의 대표적인 연소형태는?

① 표면연소
② 분해연소
③ 증발연소
④ 자기연소

≫ 황(제2류 위험물)은 고체로서 연소형태는 증발연소에 해당한다.

02 자연발화를 방지하기 위한 방법으로 옳지 않은 것은?

① 습도를 가능한 한 높게 유지한다.
② 열 축적을 방지한다.
③ 저장실의 온도를 낮춘다.
④ 정촉매작용을 하는 물질을 피한다.

≫ 자연발화의 방지법
1) **습도를 낮춰야 한다.**
2) 저장온도를 낮춰야 한다.
3) 퇴적 및 수납 시 열이 쌓이지 않도록 해야 한다.
4) 통풍을 잘되게 해야 한다.
5) 분해를 촉진하는 정촉매물질을 피해야 한다.

03 금속분, 목탄, 코크스 등의 연소형태에 해당하는 것은?

① 자기연소
② 증발연소
③ 분해연소
④ 표면연소

≫ 고체의 연소형태와 물질
1) **표면연소 : 코크스**(탄소), **목탄**(숯), **금속분**
2) 분해연소 : 목재, 종이, 석탄, 플라스틱, 합성수지 등
3) 자기연소(내부연소) : 제5류 위험물
4) 증발연소 : 황(S), 나프탈렌($C_{10}H_8$), 양초(파라핀) 등

04 전기화재의 급수와 색상을 올바르게 나타낸 것은?

① C급 – 백색
② D급 – 백색
③ C급 – 청색
④ D급 – 청색

≫ 적응화재의 급수별 화재의 종류 및 소화기의 표시색상

적응화재	화재의 종류	소화기 표시색상
A급(일반화재)	목재, 종이 등의 화재	백색
B급(유류화재)	석유류, 양초, 황 등의 화재	황색
C급(전기화재)	전기, 누전 등의 화재	**청색**
D급(금속화재)	금속분말 등으로 인한 화재	무색

05 공기 중의 산소농도를 한계산소량 이하로 낮추어 연소를 중지시키는 소화방법은?

① 냉각소화
② 제거소화
③ 억제소화
④ 질식소화

≫ 산소농도를 낮추어 연소를 중지시키는 소화방법은 질식소화이다.

06 다음 중 오존층파괴지수가 가장 큰 것은?

① Halon 104
② Halon 1211
③ Halon 1301
④ Halon 2402

≫ 오존층파괴지수(ODP)가 가장 큰 할로젠화합물 소화약제는 Halon 1301이다.

07 다음 중 분말소화약제의 식별 색상을 올바르게 나타낸 것은?

① $KHCO_3$: 백색
② $NH_4H_2PO_4$: 담홍색
③ $NaHCO_3$: 보라색
④ $KHCO_3 + (NH_2)_2CO$: 초록색

정답　01. ③　02. ①　03. ④　04. ③　05. ④　06. ③　07. ②

분말소화약제의 종류 및 성질

분말의 종류	주성분	화학식	적응화재	착색
제1종 분말	탄산수소 나트륨	$NaHCO_3$	B, C	백색
제2종 분말	탄산수소 칼륨	$KHCO_3$	B, C	보라색
제3종 분말	인산 암모늄	$NH_4H_2PO_4$	A, B, C	**담홍색**
제4종 분말	탄산수소 칼륨과 요소의 반응 생성물	$KHCO_3$ + $(NH_2)_2CO$	B, C	회색

08 연쇄반응을 억제하여 소화하는 소화약제는?

① 할론 1301　　② 물
③ 이산화탄소　　④ 포

≫ 억제효과를 갖는 소화약제는 할로젠화합물 소화약제이고 〈보기〉 중 할론 1301(CF_3Br)이 할로젠화합물 소화약제의 종류이다.

09 다음과 같은 반응에서 $5m^3$의 탄산가스를 만들기 위해 필요한 탄산수소나트륨의 양은 약 몇 kg인가? (단, 표준상태이고 나트륨의 원자량은 23이다.)

$$2NaHCO_3 \rightarrow Na_2CO_3 + CO_2 + H_2O$$

① 18.75kg
② 37.5kg
③ 56.25kg
④ 75kg

≫ $2NaHCO_3 \rightarrow Na_2CO_3 + CO_2 + H_2O$
$NaHCO_3$ 1mol의 분자량은 23g(Na) + 1g(H) + 12g(C) + 16g(O)×3 = 84g이다.
$1m^3$ = 1,000L이고, 표준상태에서 기체 1mol의 부피는 22.4L이다.

$$5m^3 \ CO_2 \times \frac{1,000L \ CO_2}{1m^3 \ CO_2} \times \frac{1mol \ CO_2}{22.4L \ CO_2}$$
$$\times \frac{2mol \ NaHCO_3}{1mol \ CO_2} \times \frac{84g \ NaHCO_3}{1mol \ NaHCO_3} \times \frac{1kg}{1,000g}$$
$$= 37.5kg \ NaHCO_3$$

10 위험물제조소에 옥외소화전 5개가 설치되어 있다면 수원의 법정 최소량은 몇 m^3인가?

① $28m^3$　　② $35m^3$
③ $54m^3$　　④ $67.5m^3$

≫ 위험물제조소의 옥외소화전의 수원의 양은 옥외소화전의 개수(최대 4개)에 $13.5m^3$를 곱한 양 이상이 되도록 설치한다.
∴ $4 \times 13.5m^3 = 54m^3$

11 다음 중 폭굉유도거리가 짧아지는 경우는 어느 것인가?

① 정상연소속도가 작은 가스일수록 짧아진다.
② 압력이 높을수록 짧아진다.
③ 관지름이 넓을수록 짧아진다.
④ 점화원의 에너지가 약할수록 짧아진다.

≫ ① 정상연소속도가 큰 혼합가스일수록 짧아진다.
③ 관속에 방해물이 있거나 관지름이 좁을수록 짧아진다.
④ 점화원의 에너지가 강할수록 짧아진다.

12 적린과 동소체 관계에 있는 위험물은?

① 오황화인　　② 인화알루미늄
③ 인화칼슘　　④ 황린

≫ 동소체란 단체로서 동일한 원소로 이루어져 있으며 성질은 다르지만 최종 연소생성물이 같은 물질을 말한다. 적린의 화학식은 P이고 황린의 화학식은 P4인데 이 두 물질은 단체로서 성질은 서로 다르지만 두 물질 모두 연소 시 오산화인(P_2O_5)이라는 백색 연기를 발생하므로 시로 동소체의 관계에 있다.

13 위험물의 유별 구분이 나머지 셋과 다른 하나는 어느 것인가?

① 나이트로글리콜　② 벤젠
③ 아조벤젠　　　　④ 다이나이트로벤젠

≫ ① 나이트로글리콜 : 제5류 위험물 중 질산에스터류
② 벤젠 : **제4류 위험물** 중 제1석유류
③ 아조벤젠 : 제5류 위험물 중 아조화합물
④ 다이나이트로벤젠 : 제5류 위험물 중 나이트로화합물

정답　08. ①　09. ②　10. ③　11. ②　12. ④　13. ②

14 하나의 위험물 저장소에 다음과 같이 2가지 위험물을 저장하고 있다. 지정수량 이상에 해당하는 것은?

① 브로민산칼륨 80kg, 염소산칼륨 40kg
② 질산 100kg, 과산화수소 150kg
③ 질산칼륨 120kg, 다이크로뮴산나트륨 500kg
④ 휘발유 20L, 윤활유 2,000L

»» 2가지 위험물의 지정수량 배수의 합이 1 이상이면 그 상태를 지정수량 이상인 것으로 간주하며 각 〈보기〉의 지정수량 배수의 합은 다음과 같다.

① $\dfrac{80kg}{300kg} + \dfrac{40kg}{50kg} = 1.07$

② $\dfrac{100kg}{300kg} + \dfrac{150kg}{300kg} = 0.83$

③ $\dfrac{120kg}{300kg} + \dfrac{500kg}{1,000kg} = 0.9$

④ $\dfrac{20L}{200L} + \dfrac{2,000L}{6,000L} = 0.43$

15 염소산칼륨 20kg과 아염소산나트륨 10kg을 과염소산과 함께 저장하는 경우 지정수량의 1배로 저장하려면 과염소산은 얼마나 저장할 수 있는가?

① 20kg
② 40kg
③ 80kg
④ 120kg

»» 염소산칼륨의 지정수량은 50kg, 아염소산나트륨의 지정수량은 50kg, 과염소산의 지정수량은 300kg이므로 다음과 같다.

$\dfrac{20kg}{50kg} + \dfrac{10kg}{50kg} + \dfrac{x(kg)}{300kg} = 1$

$0.4 + 0.2 + \dfrac{x}{300} = 1$

$\dfrac{x}{300} = 1 - 0.4 - 0.2$

∴ $x = 0.4 \times 300 = 120kg$

16 과산화칼륨이 물 또는 이산화탄소와 반응할 경우 공통적으로 발생하는 물질은?

① 산소
② 과산화수소
③ 수산화칼륨
④ 수소

»» 과산화칼륨(제1류 위험물 중 알칼리금속의 과산화물)은 물 또는 이산화탄소와 반응하여 산소를 발생한다.

17 과염소산암모늄의 위험성에 대한 설명으로 올바르지 않은 것은?

① 급격히 가열하면 폭발의 위험이 있다.
② 건조 시에 안정하나 수분 흡수 시에는 폭발한다.
③ 가연성 물질과 혼합하면 위험하다.
④ 강한 충격이나 마찰에 의해 폭발의 위험이 있다.

»» 과염소산암모늄(제1류 위험물)은 예외적으로 급격한 가열 시 단독으로도 폭발의 위험이 있으나 **물에 녹을 때는 열을 흡수하는 흡열반응을** 하기 때문에 **폭발하지 않는다.**

18 2몰의 브로민산칼륨이 모두 열분해되어 생긴 산소의 양은 2기압 27℃에서 약 몇 L인가?

① 32.42L
② 36.92L
③ 41.34L
④ 45.64L

»» $2KBrO_3 \rightarrow 2KBr + 3O_2$
1몰의 브로민산칼륨이 분해하면 산소는 1.5몰 발생하므로 2몰의 브로민산칼륨이 분해하면 산소는 3몰 발생한다. 따라서 2기압, 27℃에서의 산소 3몰의 부피는 다음과 같이 이상기체상태방정식을 이용하여 구할 수 있다.

$PV = nRT$
여기서, P : 압력(기압) = 2기압
V : 부피(L)
n : 몰수(mol) = 3몰
R : 이상기체상수 = 0.082atm · L/K · mol
T : 절대온도 = 섭씨온도(℃) + 273
    = 27 + 273
$2 \times V = 3 \times 0.082 \times (27 + 273)$
∴ $V = 36.9L$

19 물과 접촉 시 발열하면서 폭발 위험성이 증가하는 것은?

① 과산화칼륨
② 과망가니즈산나트륨
③ 아이오딘산칼륨
④ 과염소산칼륨

≫ 제1류 위험물 중 물과 반응 시 발열과 함께 산소가 발생하여 폭발의 위험성이 있는 물질은 **과산화칼륨**, 과산화나트륨, 과산화리튬이다.

20 제2류 위험물인 마그네슘의 위험성에 관한 설명 중 틀린 것은?

① 더운물과 작용시키면 산소가스를 발생한다.
② 이산화탄소 중에서도 연소한다.
③ 습기와 반응하여 열이 축적되면 자연발화의 위험이 있다.
④ 공기 중에 부유하면 분진폭발의 위험이 있다.

≫ 마그네슘의 성질
1) 제2류 위험물로 가연성 고체이다.
2) **물과 반응 시 수소를 발생한다.**
3) 이산화탄소와 반응 시 탄소를 발생하여 연소한다.
4) 습기와 열의 축적으로 자연발화의 위험이 있다.
5) 분진상태로 공기 중에서 분진폭발의 위험성이 있다.

21 오황화인과 칠황화인이 물과 반응했을 때 공통으로 나오는 물질은?

① 이산화황   ② 황화수소
③ 인화수소   ④ 삼산화황

≫ 오황화인(P_2S_5)과 칠황화인(P_4S_7)은 제2류 위험물로서 둘 다 황(S)을 포함하고 있어 물과 반응 시 물에 포함된 수소(H)와 반응하여 황화수소(H_2S)를 발생한다.

22 위험물의 화재 시 주수소화가 가능한 것은?

① 철분
② 마그네슘
③ 나트륨
④ 황

≫ 제2류 위험물인 철분, 마그네슘, 제3류 위험물인 나트륨은 물과 반응 시 수소를 발생하므로 주수소화는 안 되고 마른모래, 팽창질석, 팽창진주암, 탄산수소염류 분말소화약제를 사용하여야 한다.

23 금속은 덩어리상태보다 분말상태일 때 연소위험성이 증가하기 때문에 금속분을 제2류 위험물로 분류하고 있다. 연소위험성이 증가하는 이유로 잘못된 것은?

① 비표면적이 증가하여 반응면적이 증대되기 때문에
② 비열이 증가하여 열축적이 용이하기 때문에
③ 복사열의 흡수율이 증가하여 열의 축적이 용이하기 때문에
④ 대전성이 증가하여 정전기가 발생되기 쉽기 때문에

≫ ② 비열은 물질 1g의 온도를 1℃ 올리는 데 필요한 열량으로, 비열이 증가하면 온도를 올리는 데 많은 열을 필요로 하기 때문에 열축적은 어려워지고 연소위험성은 낮아지게 된다.

24 물과 작용하여 메테인과 수소를 발생시키는 것은?

① Al_4C_3
② Mn_3C
③ Na_2C_2
④ MgC_2

≫ Mn_3C(망가니즈카바이드)와 물과의 반응식
$$Mn_3C + 6H_2O → 3Mn(OH)_2 + CH_4 + H_2$$
망가니즈카바이드   물   수산화망가니즈 메테인 수소

25 인화칼슘이 물과 반응하였을 때 발생하는 가스에 대한 설명으로 옳은 것은?

① 폭발성인 수소를 발생한다.
② 유독한 인화수소를 발생한다.
③ 조연성인 산소를 발생한다.
④ 가연성인 아세틸렌을 발생한다.

≫ 인화칼슘(제3류 위험물)은 물과 반응 시 가연성이며 맹독성인 포스핀(인화수소, PH_3)가스를 발생한다.
– 물과의 반응식
$$Ca_3P_2 + 6H_2O → 3Ca(OH)_2 + 2PH_3$$
인화칼슘   물   수산화칼슘   포스핀

정답   20. ①   21. ②   22. ④   23. ②   24. ②   25. ②

26 다음 중 탄화칼슘에 대한 설명으로 옳은 것은 어느 것인가?

① 분자식은 CaC이다.

② 물과의 반응생성물에는 수산화칼슘이 포함된다.

③ 순수한 것은 흑회색의 불규칙한 덩어리이다.

④ 고온에서도 질소와는 반응하지 않는다.

≫ ① 제3류 위험물로서 분자식은 CaC_2이다.
　② **물과 반응하여 수산화칼슘**$[Ca(OH)_2]$과 아세틸렌(C_2H_2)가스를 **발생**한다.
　　– 물과의 반응식
　　$$CaC_2 + 2H_2O \rightarrow Ca(OH)_2 + C_2H_2$$
　　　탄화칼슘　물　　수산화칼슘　아세틸렌
　③ 순수한 것은 백색 결정이지만 시판품은 흑회색의 불규칙한 괴상으로 나타난다.
　④ 고온에서 질소와 반응하여 석회질소를 생성한다.

27 저장용기에 물을 넣어 보관하고, $Ca(OH)_2$을 넣어 pH 9의 약알칼리성으로 유지시키면서 저장하는 물질은?

① 적린　　　　　② 황린

③ 질산　　　　　④ 황화인

≫ 자연발화성 물질인 황린(제3류 위험물)은 소량의 $Ca(OH)_2$를 첨가하여 만든 pH 9인 약알칼리성 물에 보관한다.

28 제4류 위험물만으로 나열된 것은?

① 특수인화물, 황산, 질산

② 알코올, 황린, 나이트로화합물

③ 동식물유류, 질산, 무기과산화물

④ 제1석유류, 알코올류, 특수인화물

≫ ① 특수인화물(제4류 위험물), 황산(비위험물), 질산(제6류 위험물).
　② 알코올(제4류 위험물), 황린(제3류 위험물), 나이트로화합물(제5류 위험물)
　③ 동식물유류(제4류 위험물), 질산(제6류 위험물), 무기과산화물(제1류 위험물)
　④ **제1석유류(제4류 위험물), 알코올류(제4류 위험물), 특수인화물(제4류 위험물)**

29 알킬알루미늄의 저장 및 취급 방법으로 옳은 것은?

① 용기는 완전밀봉하고 CH_4, C_3H_8 등을 봉입한다.

② C_6H_6 등의 희석제를 넣어준다.

③ 용기의 마개에 다수의 미세한 구멍을 뚫는다.

④ 통기구가 달린 용기를 사용하여 압력상승을 방지한다.

≫ 알킬알루미늄(제3류 위험물)은 용기 상부에 불연성 가스를 채워 벤젠(C_6H_6), 헥세인(C_6H_{14})과 같은 희석제를 첨가한다.
　① 메테인(CH_4), 프로페인(C_3H_8)은 가연성 가스이므로 봉입하면 안 된다.
　③, ④ 용기에 구멍이나 통기구를 설치하면 공기 또는 공기 중의 수분과 접촉하여 가연성 가스를 발생하므로 위험해진다.

30 아닐린에 대한 설명으로 옳은 것은?

① 특유의 냄새를 가진 기름상 액체이다.

② 인화점이 0℃ 이하여서 상온에서 인화의 위험이 높다.

③ 황산과 같은 강산화제와 접촉하면 중화되어 안정하게 된다.

④ 증기는 공기와 혼합하여 인화, 폭발의 위험이 없는 안정한 상태가 된다.

≫ ① 제4류 위험물로서 **인화성이 있는 액체이며 자극성 냄새**를 가진다.
　② 인화점이 75℃인 제3석유류에 속한다.
　③ 황산과 같은 강산화제와 인화성이 있는 아닐린이 접촉하면 위험하다.
　④ 증기는 공기와 혼합하여 인화, 폭발의 위험이 커진다.

31 인화점이 낮은 것부터 높은 순서로 나열된 것은?

① 톨루엔 – 아세톤 – 벤젠

② 아세톤 – 톨루엔 – 벤젠

③ 톨루엔 – 벤젠 – 아세톤

④ 아세톤 – 벤젠 – 톨루엔

≫ 아세톤(−18℃) < 벤젠(−11℃) < 톨루엔(4℃)

정답 26. ② 27. ② 28. ④ 29. ② 30. ① 31. ④

32 에틸알코올의 증기비중은 약 얼마인가?

① 0.72 ② 0.91

③ 1.13 ④ 1.59

≫ 에틸알코올(C_2H_5OH)의 분자량 = 12(C)×2+1(H)×5 +16(O)+1 = 46이다.

증기비중 = $\dfrac{분자량}{29}$ 이므로, $\dfrac{46}{29}$ = 1.59이다.

33 물보다 비중이 작은 것으로만 이루어진 것은?

① 에터, 이황화탄소

② 벤젠, 글리세린

③ 가솔린, 메탄올

④ 글리세린, 아닐린

≫ ① 에터(물보다 가볍다), 이황화탄소(물보다 무겁다)
② 벤젠(물보다 가볍다), 글리세린(물보다 무겁다)
③ **가솔린(물보다 가볍다), 메탄올(물보다 가볍다)**
④ 글리세린(물보다 무겁다), 아닐린(물보다 무겁다)

34 메탄올에 관한 설명으로 옳지 않은 것은?

① 인화점은 약 11℃이다.

② 술의 원료로 사용된다.

③ 휘발성이 강하다.

④ 최종 산화물은 의산(폼산)이다.

≫ ① 인화점은 11℃이다.
② **술의 원료는 에틸알코올**이며 메탄올은 시신 경장애를 일으키는 독성 물질이다.
③ 휘발성이 강하고 수용성이다.
④ 메틸알코올의 산화

$$CH_3OH \xrightarrow{-H_2(산화)} HCHO \xrightarrow{+O(산화)} HCOOH$$
메틸알코올　　　　폼알데하이드　　　　폼산
※ 산화 : 수소를 잃는 것, 산소를 얻는 것을 의미한다.

35 트라이나이트로톨루엔의 설명으로 옳지 않은 것은?

① 일광을 쪼이면 갈색으로 변한다.

② 녹는점은 약 81℃이다.

③ 아세톤에 잘 녹는다.

④ 비중은 약 1.8인 액체이다.

≫ ④ 비중은 약 1.66인 고체이다.

36 다이에틸에터에 대한 설명 중 틀린 것은?

① 강산화제와 혼합 시 안전하게 사용할 수 있다.

② 대량으로 저장 시 불활성 가스를 봉입한다.

③ 정전기 발생 방지를 위해 주의를 기울여야 한다.

④ 통풍, 환기가 잘되는 곳에 저장한다.

≫ ① 강산화제는 산소공급원이므로 다이에틸에터(제4류 위험물)와 혼합 시 위험하다.

37 위험물의 지정수량이 나머지 셋과 다른 하나는?

① 메틸리튬 ② 수소화칼륨

③ 인화알루미늄 ④ 탄화칼슘

≫ ① 메틸리튬(제3류 위험물, 알킬알루미늄) : 10kg
② 수소화칼륨(제3류 위험물, 금속의 수소화물) : 300kg
③ 인화알루미늄(제3류 위험물, 금속의 인화물) : 300kg
④ 탄화칼슘(제3류 위험물, 칼슘 또는 알루미늄의 탄화물) : 300kg

38 위험물안전관리법상에 따른 다음에 해당하는 동식물유류의 규제에 관한 설명으로 틀린 것은?

> 행정안전부령이 정하는 용기기준과 수납·저장 기준에 따라 수납되어 저장·보관되고 용기의 외부에 물품의 통칭명, 수량 및 "화기엄금"(화기엄금과 동일한 의미를 갖는 표시를 포함한다)의 표시가 있는 경우

① 위험물에 해당하지 않는다.

② 제조소등이 아닌 장소에 지정수량 이상 저장할 수 있다.

③ 지정수량 이상을 저장하는 장소도 제조소등의 설치허가를 받을 필요가 없다.

④ 화물자동차에 적재하여 운반하는 경우 위험물안전관리법상 운반기준이 적용되지 않는다.

➤ ④ 〈문제〉의 조건이 위험물에 해당하지 않는다 하더라도 이를 운반하는 경우 위험물안전관리법상 운반기준이 적용된다.

동식물유류라 하더라도 행정안전부령이 정하는 용기기준과 수납·저장 기준에 따라 수납되어 저장·보관되고 용기의 외부에 물품의 통칭명, 수량 및 "화기엄금"(화기엄금과 동일한 의미를 갖는 표시를 포함한다)의 표시가 있는 경우에는 동식물유류에서 제외된다.

따라서 〈보기〉에 해당하는 동식물유류는 제4류 위험물이 아니다. 위험물이 아니기 때문에 제조소등이 아닌 장소에서 지정수량 이상의 양을 저장할 수 있으며 제조소등의 설치허가를 받을 필요가 없다. 하지만 이를 저장·취급이 아닌 운반하는 경우에는 동식물유류가 〈보기〉에 해당하는 경우라 하더라도 위험물로 규제되어 위험물안전관리법의 운반기준의 적용을 받는다.

39 다음 중 질산에스터류에 속하는 것은?

① 피크린산
② 나이트로벤젠
③ 나이트로글리세린
④ 트라이나이트로톨루엔

➤ ① 피크린산 : 제5류 위험물 중 나이트로화합물
② 나이트로벤젠 : 제4류 위험물 중 제3석유류
③ **나이트로글리세린 : 제5류 위험물 중 질산에스터류**
④ 트라이나이트로톨루엔 : 제5류 위험물 중 나이트로화합물

40 제6류 위험물로서 분자량이 약 63인 것은?

① 과염소산　　② 질산
③ 과산화수소　　④ 삼플루오린화브로민

➤ ① 과염소산($HClO_4$) : $1(H)+35.5(Cl)+16(O)\times4$ $=100.5$
② **질산(HNO_3) : $1(H)+14(N)+16(O)\times3=63$**
③ 과산화수소(H_2O_2) : $1(H)\times2+16(O)\times2=34$
④ 삼플루오린화브로민(BrF_3) : $80(Br)+19(F)\times3$ $=137$

41 과산화수소의 분해방지제로서 적합한 것은?

① 아세톤　　② 인산
③ 황　　④ 암모니아

➤ 과산화수소의 분해방지안정제로는 인산(H_3PO_4), 요산($C_5H_4N_4O_3$), 아세트아닐리드(C_8H_9NO)가 있다.

42 다음에서 설명하는 위험물에 해당하는 것은 어느 것인가?

> • 지정수량은 300kg이다.
> • 산화성 액체 위험물이다.
> • 가열하면 분해하여 유독성 가스를 발생한다.
> • 증기비중은 약 3.5이다.

① 브로민산칼륨
② 클로로벤젠
③ 질산
④ 과염소산

➤ 과염소산($HClO_4$)의 기준
1) 지정수량은 300kg이다.
2) 제6류 위험물인 산화성 액체이다.
3) 가열하면 분해하여 유독성 가스인 염화수소(HCl)를 발생한다.
4) 분자량이 100으로 증기비중은 $100/29=3.5$이다.

43 위험물저장탱크의 공간용적은 탱크 내용적의 얼마 이상, 얼마 이하로 하는가?

① 2/100 이상, 3/100 이하
② 2/100 이상, 5/100 이하
③ 5/100 이상, 10/100 이하
④ 10/100 이상, 20/100 이하

➤ 탱크의 공간용적은 탱크 내용적의 100분의 5 이상 100분의 10 이하로 한다.

44 주유취급소에 설치하는 "주유중엔진정지" 표시를 한 게시판의 바탕과 문자의 색상을 차례대로 올바르게 나타낸 것은?

① 황색, 흑색
② 흑색, 황색
③ 백색, 흑색
④ 흑색, 백색

주유중 ◀ 엔진정지 게시판

➤ 주유취급소의 "주유중엔진정지" 게시판의 색상은 황색 바탕에 흑색 문자이다.

45 위험물 운반 시 동일한 트럭에 제1류 위험물과 함께 적재할 수 있는 유별은? (단, 지정수량의 5배 이상인 경우이다.)

① 제3류

② 제4류

③ 제6류

④ 없음

위험물의
혼재기준

➤➤ 운반 시 제1류 위험물과 혼재할 수 있는 것은 제6류 위험물이다.

46 위험물안전관리법령에 따른 위험물의 적재 방법에 대한 설명으로 옳지 않은 것은?

① 원칙적으로는 운반용기를 밀봉하여 수납할 것

② 고체 위험물은 용기 내용적의 95% 이하의 수납률로 수납할 것

③ 액체 위험물은 용기 내용적의 99% 이상의 수납률로 수납할 것

④ 하나의 외장용기에는 다른 종류의 위험물을 수납하지 않을 것

➤➤ 운반용기의 수납률
1) 고체 위험물 : 운반용기 내용적의 95% 이하
2) **액체 위험물** : 운반용기 내용적의 **98% 이하**
(55℃에서 누설되지 않도록 공간용적을 유지)
3) 알킬알루미늄등 : 운반용기 내용적의 90% 이하(50℃에서 5% 이상의 공간용적을 유지)

47 제1종 판매취급소에 설치하는 위험물배합실의 기준으로 틀린 것은?

① 바닥면적은 $6m^2$ 이상 $15m^2$ 이하일 것

② 내화구조 또는 불연재료로 된 벽으로 구획할 것

③ 출입구는 수시로 열 수 있는 자동폐쇄식 60분＋방화문 또는 60분 방화문으로 설치할 것

④ 출입구 문턱의 높이는 바닥면으로부터 0.2m 이상일 것

➤➤ 제1종 판매취급소에 설치하는 위험물배합실의 기준
1) 바닥면적 : $6m^2$ 이상 $15m^2$ 이하

2) 내화구조 또는 불연재료로 된 벽으로 구획할 것

3) 바닥은 적당한 경사를 두고 집유설비를 할 것

4) 출입구에는 자동폐쇄식 60분＋방화문 또는 60분 방화문을 설치할 것

5) 출입구 문턱의 높이는 바닥면으로부터 **0.1m 이상**으로 할 것

6) 가연성의 증기 또는 미분을 지붕 위로 방출하는 설비를 할 것

48 옥내저장탱크의 상호간에는 특별한 경우를 제외하고 최소 몇 m 이상의 간격을 유지하여야 하는가?

① 0.1m　　② 0.2m

③ 0.3m　　④ 0.5m

➤➤ 옥내저장탱크는 전용실의 안쪽 면과 탱크 사이의 거리 및 2개 이상의 탱크 사이의 상호거리를 모두 0.5m 이상으로 해야 한다.

49 위험물저장소에 해당하지 않는 것은?

① 옥외저장소　　② 지하탱크저장소

③ 이동탱크저장소　④ 판매저장소

➤➤ ④ 판매저장소는 존재하지 않으며, 화공약품점이나 페인트점과 같은 장소를 판매취급소라 부르며 이는 취급소의 종류에 포함된다.

※ 저장소의 종류

지정수량 이상의 위험물을 저장하기 위한 장소	저장소의 구분
1. 옥내(건축물 내부)에 위험물을 저장하는 장소	옥내저장소
2. 옥외(건축물 외부)에 있는 탱크에 위험물을 저장하는 장소	옥외탱크저장소
3. 옥내에 있는 탱크에 위험물을 저장하는 장소	옥내탱크저장소
4. 지하에 매설한 탱크에 위험물을 저장하는 장소	지하탱크저장소
5. 간이탱크에 위험물을 저장하는 장소	간이탱크저장소
6. 차량에 고정된 탱크에 위험물을 저장하는 장소	이동탱크저장소
7. 옥외에 위험물을 저장하는 장소	옥외저장소
8. 암반 내의 공간을 이용한 탱크에 액체의 위험물을 저장하는 장소	암반탱크저장소

정답 45. ③　46. ③　47. ④　48. ④　49. ④

50 위험물제조소등에서 위험물안전관리법상 안전거리 규제대상이 아닌 것은?

① 제6류 위험물을 취급하는 제조소를 제외한 모든 제조소
② 주유취급소
③ 옥외저장소
④ 옥외탱크저장소

» 안전거리를 제외할 수 있는 장소
1) 제6류 위험물을 취급하는 제조소, 취급소 또는 저장소
2) **주유취급소**
3) 지하탱크저장소
4) 옥내탱크저장소
5) 암반탱크저장소
6) 이동탱크저장소
7) 간이탱크저장소

51 지정수량 20배 이상의 제1류 위험물을 저장하는 옥내저장소에서 내화구조로 하지 않아도 되는 것은? (단, 원칙적인 경우에 한한다.)

① 바닥
② 보
③ 기둥
④ 벽

» 옥내저장소의 건축물 기준
1) 내화구조로 해야 하는 것 : 벽, 기둥, 바닥
2) **불연재료**로 해야 하는 것 : **보**, 서까래, 계단

52 위험물안전관리법령상 자동화재탐지설비를 설치하지 않고 비상경보설비로 대신할 수 있는 것은?

① 일반취급소로서 연면적 600m²인 것
② 지정수량 20배를 저장하는 옥내저장소로서 처마높이가 8m인 단층 건물
③ 단층 건물 외에 건축물에 설치된 지정수량 15배의 옥내탱크저장소로서 소화난이도등급Ⅱ에 속하는 것
④ 지정수량 20배를 저장·취급하는 옥내주유취급소

» 경보설비의 종류 중 자동화재탐지설비만을 설치해야 하는 경우
1) 제조소 및 일반취급소로서 연면적 500m² 이상인 것
2) 옥내저장소로서 지정수량의 100배 이상을 저장하거나 처마높이가 6m 이상인 단층 건물의 것
3) 단층 건물 외의 건축물에 설치된 **옥내탱크저장소로서 소화난이도등급Ⅰ에 해당하는 것**
4) 주유취급소로서 옥내주유취급소에 해당하는 것

53 알코올류 20,000L에 대한 소화설비 설치 시 소요단위는?

① 5   ② 10
③ 15   ④ 20

» 위험물의 1소요단위는 지정수량의 10배이고 알코올류의 지정수량은 400L이다. 따라서 알코올류 1소요단위는 400L×10 = 4,000L이므로, 알코올류 20,000L는 $\dfrac{20,000L}{4,000L}$ = 5소요단위가 된다.

54 위험물안전관리법령상 지정수량 10배 이상의 위험물을 저장하는 제조소에 설치하여야 하는 경보설비의 종류가 아닌 것은?

① 자동화재탐지설비
② 자동화재속보설비
③ 휴대용 확성기
④ 비상방송설비

» 지정수량 10배 이상의 위험물을 저장 또는 취급하는 제조소 등에 설치하는 경보설비의 종류
1) 자동화재탐지설비
2) 비상방송설비
3) 비상경보설비
4) 확성장치(휴대용 확성기) 중 1가지 이상

55 건축물 외벽이 내화구조이며 연면적 300m²인 위험물 옥내저장소의 건축물에 대하여 소화설비의 소화능력단위는 최소한 몇 단위 이상이 되어야 하는가?

① 1단위   ② 2단위
③ 3단위   ④ 4단위

》 소요단위

구 분	외벽이 내화구조	외벽이 비내화구조
위험물 제조소 및 취급소	연면적 100m²	연면적 50m²
위험물저장소	**연면적 150m²**	연면적 75m²
위험물	지정수량의 10배	

$$\therefore \frac{300m^2}{150m^2} = 2$$

56 위험물 관련 신고 및 선임에 관한 사항으로 옳지 않은 것은?

① 제조소의 위치·구조 변경 없이 위험물 품명 변경 시는 변경한 날로부터 7일 이내에 신고하여야 한다.

② 제조소 설치자의 지위를 승계한 자는 승계한 날로부터 30일 이내에 신고하여야 한다.

③ 위험물안전관리자가 해임 또는 퇴직한 경우에는 소방본부장이나 소방서장에게 그 사실을 알려 해임 및 퇴직 사실을 확인받을 수 있다.

④ 위험물안전관리자가 퇴직한 경우는 퇴직일로부터 30일 이내에 선임하여야 한다.

》 ① 제조소의 위치·구조 또는 설비의 변경 없이 위험물 품명·수량 또는 지정수량의 배수를 변경하고자 하는 자는 **변경하고자 하는 날의 1일 이내에 시·도지사**에게 신고하여야 한다.

② 제조소등의 설치자의 지위를 승계한 자는 승계한 날부터 30일 이내에 시·도지사에게 신고하여야 한다.

③ 위험물안전관리자 해임·퇴직 신고는 할 필요가 없으며, 소방본부장이나 소방서장에게 그 사실을 알려 해임이나 퇴직한 사실을 확인받을 수 있다.

④ 안전관리자가 해임되거나 퇴직한 때에는 해임되거나 퇴직한 날부터 30일 이내에 다시 안전관리자를 선임하여야 한다.

57 제조소에서 취급하는 제4류 위험물의 최대수량의 합이 지정수량의 24만배 이상 48만배 미만의 사업소의 자체소방대에 두는 화학소방자동차 수와 소방대원 수의 기준으로 옳은 것은?

① 2대, 4인 ② 2대, 12인

③ 3대, 15인 ④ 3대, 24인

》 자체소방대에 두는 화학소방자동차 및 자체소방대원의 수의 기준

사업소의 구분	화학소방 자동차의 수	자체소방 대원의 수
지정수량의 3천배 이상 12만배 미만으로 취급하는 제조소 또는 일반취급소	1대	5인
지정수량의 12만배 이상 24만배 미만으로 취급하는 제조소 또는 일반취급소	2대	10인
지정수량의 24만배 이상 48만배 미만으로 취급하는 제조소 또는 일반취급소	**3대**	**15인**
지정수량의 48만배 이상으로 취급하는 제조소 또는 일반취급소	4대	20인
지정수량의 50만배 이상으로 저장하는 옥외탱크저장소	2대	10인

58 제조소등에서 위험물을 유출시켜 사람의 신체 또는 재산에 위험을 발생시킨 자에 대한 벌칙기준으로 옳은 것은?

① 1년 이상 3년 이하의 징역

② 1년 이상 5년 이하의 징역

③ 1년 이상 7년 이하의 징역

④ 1년 이상 10년 이하의 징역

》 1) 제조소등에서 위험물을 유출·방출 또는 확산시켜 사람의 생명, 신체 또는 재산에 대하여 위험을 발생시킨 자는 **1년 이상 10년 이하의 징역**에 처한다.

2) 제조소등에서 위험물을 유출·방출 또는 확산시켜 사람을 상해에 이르게 한 때에는 무기 또는 3년 이상의 징역에 처하며, 사망에 이르게 한 때에는 무기 또는 5년 이상의 징역에 처한다.

정답 56. ① 57. ③ 58. ④

59 위험물안전관리법령상 제조소등에 대한 긴급 사용정지명령 등을 할 수 있는 권한이 없는 자는?

① 시 · 도지사
② 소방본부장
③ 소방서장
④ 소방청장

◈ 제조소등에 대한 긴급 사용정지명령 등을 할 수 있는 권한이 있는 자는 시 · 도지사, 소방본부장, 소방서장이다.

🎓 똑똑한 풀이비법

소방청장은 직위가 너무 높아 이런 종류의 일은 하지 않는 것으로 이해하면 된다.

60 위험물안전관리법에서 정의하는 다음 용어는 무엇인가?

> 인화성 또는 발화성 등의 성질을 가지는 것으로서 대통령령이 정하는 물품을 말한다.

① 위험물
② 인화성 물질
③ 자연발화성 물질
④ 가연물

◈ 인화성 또는 발화성 등의 성질을 가지는 것으로서 대통령령이 정하는 물품은 위험물의 정의이다.

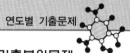

2021

CBT 기출복원문제
제1회 위험물기능사

2021년 1월 31일 시행

01 화재의 원인에 대한 설명으로 틀린 것은?

① 연소대상물의 열전도율이 좋을수록 연소가 잘된다.

② 온도가 높을수록 연소위험이 높아진다.

③ 화학적 친화력이 클수록 연소가 잘된다.

④ 산소와 접촉이 잘될수록 연소가 잘된다.

》 ① 연소대상물의 열전도율이 좋으면 가진 열을 상대에게 다 주게 되므로 연소가 어렵다.

02 다음 중 증발연소를 하는 물질이 아닌 것은?

① 황　　　　② 석탄

③ 파라핀　　④ 나프탈렌

》 ② 석탄은 분해연소하는 물질이다.

03 탄화칼슘과 물이 반응하였을 때 발생하는 가연성 가스의 연소범위에 가장 가까운 것은?

① 2.1~9.5vol%

② 2.5~81vol%

③ 4.1~74.2vol%

④ 15.0~28vol%

》 탄화칼슘(제3류 위험물)은 물과 반응하여 **연소범위가 2.5~81vol%**인 아세틸렌(C_2H_2)가스를 발생한다.

$$CaC_2 + 2H_2O \rightarrow Ca(OH)_2 + C_2H_2$$
탄화칼슘　　물　　수산화칼슘　　아세틸렌

04 0.99atm, 55℃에서 이산화탄소의 밀도는 약 몇 g/L인가?

① 0.62g/L

② 1.62g/L

③ 9.65g/L

④ 12.65g/L

PLAY▶풀이

》 이상기체상태방정식은 다음과 같다.

$$PV = \frac{w}{M}RT$$

여기서, P : 압력(기압, atm) = 0.99atm

　　　　V : 부피(L)

　　　　w : 질량(g)

　　　　M : 분자량 = 44g/mol

　　　　R : 이상기체상수 = 0.082atm · L/K · mol

　　　　T : 절대온도(K) = 섭씨온도(℃) + 273

　　　　　　　　= 55 + 273

증기밀도 = $\frac{질량}{부피}$ 이므로 방정식을 변형하면

$$\therefore \frac{w}{V} = \frac{PM}{RT} = \frac{0.99 \times 44}{0.082 \times (55+273)} = 1.62g/L$$

05 제거소화의 예가 아닌 것은?

① 가스화재 시 가스공급을 차단하기 위해 밸브를 닫아 소화시킨다.

② 유전화재 시 폭약을 사용하여 폭풍에 의해 가연성 증기를 날려 소화시킨다.

③ 연소하는 가연물을 밀폐시켜 공기공급을 차단하여 소화한다.

④ 촛불을 입으로 바람을 불어서 소화시킨다.

》 제거소화는 가연물을 제거하여 소화하는 방법이다. 연소하는 가연물을 밀폐시켜 공기공급을 차단하여 소화하는 방법은 질식소화에 해당한다.

06 위험물제조소 분말소화설비의 기준에서 분말소화약제의 가압용 가스로 사용할 수 있는 것은?

① 헬륨 또는 산소

② 네온 또는 염소

③ 아르곤 또는 산소

④ 질소 또는 이산화탄소

》 분말소화약제의 가압용 또는 축압용 가스로는 질소 또는 이산화탄소를 사용한다.

정답　01. ①　02. ②　03. ②　04. ②　05. ③　06. ④

07 Halon 1301 소화약제에 대한 설명으로 틀린 것은?

① 저장용기에 액체상으로 충전한다.

② 화학식은 CF_3Br이다.

③ 비점이 낮아서 기화가 용이하다.

④ 공기보다 가볍다.

≫ ① 증발성 액체 소화약제로 저장용기에 액체상으로 충전한다.
  ② 할로화합물 소화약제로, 화학식은 CF_3Br이다.
  ③ 비점이 낮아서 기화가 잘되어야 불연성인 기체를 생성할 수 있다.
  ④ **공기보다 무거운 불연성 기체**상으로 방사된다.

08 화재 시 이산화탄소를 방출하여 산소의 농도를 13vol%로 낮추어 소화를 하려면 혼합 기체 중의 이산화탄소는 몇 vol%가 되어야 하는가?

① 28.1vol%

② 38.1vol%

③ 42.86vol%

④ 48.36vol%

≫ 이산화탄소 소화약제의 질식소화 원리

산소 21%

⇩

이산화탄소 8%	산소 13%

이산화탄소는 공기 중에 포함된 산소의 농도에만 영향을 미친다. 산소 21%의 공간 안에 이산화탄소가 8% 들어오면 산소는 13%만 남게 된다. 문제는 이산화탄소와 산소의 농도를 합산한 농도 중 이산화탄소가 차지하는 비율을 구하는 것이므로

$$\frac{이산화탄소}{이산화탄소+산소} \times 100 = \frac{8}{8+13} \times 100$$
$$= 38.1vol\%$$

09 BCF(Bromochlorodifluoromethane) 소화약제의 화학식으로 옳은 것은?

① CCl_4 ② CH_2ClBr

③ CF_3Br ④ CF_2ClBr

≫ BCF란 탄소(C)와 함께 B(Br), C(Cl), F를 모두 포함하는 할로화합물 소화약제를 의미한다.

10 위험물안전관리법령상 위험물제조소 등에서 전기설비가 있는 곳에 적응하는 소화설비는?

① 옥내소화전설비

② 스프링클러설비

③ 포소화설비

④ 할로젠화합물 소화설비

≫ 전기설비의 화재 시에는 질식 또는 억제 소화가 효과적이므로 〈보기〉 중에서는 억제소화효과를 가지는 할로젠화합물 소화설비가 적응성이 있다.

🎓 **똑똑한 풀이비법**

포소화설비는 제4류 위험물의 화재 시에는 질식 효과가 있지만,
전기설비의 화재 시에는 수분이 포함되어 있어서 사용해서는 안 된다.

11 위험물제조소등에 옥내소화전설비를 설치할 경우 옥내소화전이 가장 많이 설치된 층의 소화전의 개수가 4개일 때 확보하여야 할 수원의 수량은?

① $10.4m^3$

② $20.8m^3$

③ $31.2m^3$

④ $41.6m^3$

≫ 옥내소화전에 필요한 수원의 양은 옥내소화전이 가장 많이 설치되어 있는 층의 소화전 개수에 $7.8m^3$를 곱한 양 이상으로 하되, 소화전 개수가 5개 이상이면 최대 5개의 옥내소화전의 수만 곱해주면 된다.
∴ $4 \times 7.8m^3 = 31.2m^3$

12 다음 각 위험물의 지정수량의 총 합은 몇 kg인가?

알킬리튬, 리튬, 수소화나트륨, 인화칼슘, 탄화칼슘

① 820kg ② 900kg

③ 960kg ④ 1,260kg

>> 1) 알킬리튬 : 10kg
2) 리튬 : 50kg
3) 수소화나트륨 : 300kg
4) 인화칼슘 : 300kg
5) 탄화칼슘 : 300kg
∴ 10kg + 50kg + 300kg + 300kg + 300kg
= 960kg

13 위험물 운반에 관한 기준 중 위험등급 Ⅰ에 해당하는 위험물은?

① 황화인
② 피리딘
③ 과산화바륨
④ 질산나트륨

>> ① 황화인(제2류 위험물, 지정수량 100kg) : 위험등급 Ⅱ
② 피리딘(제4류 위험물의 제1석유류, 지정수량 400L) : 위험등급 Ⅱ
③ **과산화바륨(제1류 위험물의 무기과산화물, 지정수량 50kg) : 위험등급 Ⅰ**
④ 질산나트륨(제1류 위험물의 질산염류, 지정수량 300kg) : 위험등급 Ⅱ

14 다음 중 물과 반응하여 가연성 가스를 발생하지 않는 것은?

① 리튬
② 나트륨
③ 황
④ 칼슘

>> ③ 황은 물과 반응하지 않는 물질이며 나머지 〈보기〉의 금속들은 물과 반응 시 수소를 발생한다.

15 염소산나트륨의 저장 및 취급 방법으로 옳지 않은 것은?

① 철제용기에 저장한다.
② 습기가 없는 찬 장소에 보관한다.
③ 조해성이 크므로 용기는 밀전한다.
④ 가열, 충격, 마찰을 피하고 점화원의 접근을 금한다.

>> ① 제1류 위험물로서 산소공급원을 가지고 있어 철제용기를 부식시키므로 **철제용기에 저장할 수 없다.**

② 습기가 없는 차고 건조한 장소에 보관한다.
③ 조해성이 크므로 용기는 밀전하여 공기와 접촉을 금지해야 한다.
④ 가열, 충격, 마찰 등 점화원의 접근을 피한다.

16 제1류 위험물 중 과산화칼륨을 다음과 같이 반응시켰을 때 공통적으로 발생되는 기체는 어느 것인가?

• 물과 반응을 시켰다.
• 가열하였다.
• 탄산가스와 반응시켰다.

① 수소
② 이산화탄소
③ 산소
④ 이산화황

>> 제1류 위험물 중 **과산화칼륨**, 과산화나트륨, 과산화리튬은 물과의 반응은 물론 가열, 충격, 마찰 등 점화원의 유입 및 이산화탄소와 반응 시 모두 **산소를 발생**시킨다.

17 질산암모늄의 일반적 성질에 대한 설명 중 옳은 것은?

① 불안정한 물질이고 물에 녹을 때는 흡열반응을 나타낸다.
② 물에 대한 용해도값이 매우 작아 물에 거의 불용이다.
③ 가열 시 분해하여 수소를 발생한다.
④ 과일향의 냄새가 나는 적갈색 비결정체이다.

>> ② 물에 잘 녹는 수용성 물질이다.
③ 가열 시 분해하여 산소를 발생한다.
④ 무색, 무취의 분말이다.

18 위험물안전관리법령상 행정안전부령으로 정하는 제1류 위험물에 해당하지 않는 것은?

① 과아이오딘산
② 질산구아니딘
③ 차아염소산염류
④ 염소화아이소사이아누르산

» 행정안전부령이 정하는 위험물의 구분

유 별	품 명	지정수량
제1류	차아염소산염류	50kg
	과아이오딘산염류, 과아이오딘산, 크로뮴, 납 또는 아이오딘의 산화물, 아질산염류, 염소화아이소사이아누르산, 퍼옥소이황산염류, 퍼옥소붕산염류	300kg
제3류	염소화규소화합물	300kg
제5류	금속의 아지화합물, **질산구아니딘**	제1종 10kg, 제2종 100kg
제6류	할로젠간화합물	300kg

19 적린의 일반적인 성질에 대한 설명으로 틀린 것은?

① 비금속원소이다.

② 암적색의 분말이다.

③ 승화온도가 약 260℃이다.

④ 이황화탄소에 녹지 않는다.

» ① 화학식은 P이며 비금속원소이다.
② 암적색의 분말로, 제2류 위험물이다.
③ 착화온도가 260℃이며 **승화**(고체에 열을 가했을 때 액체를 거치지 않고 바로 기체가 되는 상태)**온도는 400℃**이다.
④ 물, 이황화탄소에 녹지 않고 브로민화인에 녹는다.

20 다음 중 황 분말과 혼합했을 때 가열 또는 충격에 의해서 폭발할 위험이 가장 높은 것은?

① 질산암모늄   ② 물
③ 이산화탄소   ④ 마른모래

» 황(제2류 위험물)은 가연성 고체이며 이와 함께 연소하기 위해서는 점화원과 산소공급원이 필요한데 〈보기〉 중 제1류 위험물인 질산암모늄은 산소공급원 역할을 하므로 폭발의 위험이 가장 높다.

21 위험물안전관리법령상 제2류 위험물 중 지정수량이 500kg인 물질에 의한 화재는?

① A급 화재   ② B급 화재
③ C급 화재   ④ D급 화재

» 제2류 위험물 중 지정수량이 500kg인 것은 철분, 금속분, 마그네슘이며 이들에 의한 화재는 금속화재(D급 화재)이다.

22 금속나트륨에 대한 설명으로 옳지 않은 것은?

① 물과 격렬히 반응하여 발열하고 수소가스를 발생한다.

② 에틸알코올과 반응하여 나트륨에틸라이트와 수소가스를 발생한다.

③ 할로젠화합물 소화약제는 사용할 수 없다.

④ 은백색의 광택이 있는 중금속이다.

» ① 제3류 위험물 중 금수성 물질로서 물과 반응하여 발열하고 수소가스를 발생한다.
② 에틸알코올과 반응하여 나트륨에틸라이트와 수소가스를 발생한다.
③ 할로젠화합물 소화약제는 사용할 수 없고 마른모래, 팽창질석, 팽창진주암, 탄산수소염류 분말소화약제만 사용할 수 있다.
④ 은백색의 광택이 있는 **경금속**으로 칼로 자를 수 있을만큼 무르다.

23 위험물안전관리법령에 따른 제3류 위험물에 대한 화재예방 또는 소화의 대책으로 틀린 것은?

① 이산화탄소, 할로젠화합물, 분말 소화약제를 사용하여 소화한다.

② 칼륨은 석유, 등유의 보호액 속에 저장한다.

③ 알킬알루미늄은 헥세인, 톨루엔 등 탄화수소용제를 희석제로 사용한다.

④ 알킬알루미늄, 알킬리튬을 저장하는 탱크에는 불활성 가스의 봉입장치를 설치한다.

» ① 제3류 위험물 중 금수성 물질의 경우 화재 시 소화약제로 **이산화탄소 · 할로젠화합물 · 분말 소화약제는 효과가 없고** 마른모래, 팽창질석, 팽창진주암, 탄산수소염류 분말소화약제만 적응성이 있다.

24 다음 중 황린의 위험성에 대한 설명으로 틀린 것은?

① 공기 중에서 자연발화의 위험성이 있다.

② 연소 시 발생되는 증기는 유독하다.

③ 화학적 활성이 커서 CO_2, H_2O와 격렬히 반응한다.

④ 강알칼리용액과 반응하여 독성 가스를 발생한다.

➤➤ ① 공기 중에서 자연발화의 위험성이 있기 때문에 물속에 저장하여 보관한다.

② 연소 시 발생되는 증기인 오산화인(P_2O_5)은 유독하다.

③ 화학적 활성이 크지만 물속에 저장하는 물질이므로 **물과 격렬히 반응하지는 않는다.**

④ 약알칼리성(pH 9) 용액과는 중화되어 안정하지만 강알칼리용액과는 반응하여 포스핀(PH_3)이라는 독성 가스를 발생한다.

25 트라이메틸알루미늄이 물과 반응 시 생성되는 물질은?

① 산화알루미늄　② 메테인

③ 메틸알코올　④ 에테인

➤➤ 트라이메틸알루미늄은 물과 반응 시 수산화알루미늄[$Al(OH)_3$]과 **메테인(CH_4)**이 발생한다.

$$(CH_3)_3Al + 3H_2O \rightarrow Al(OH)_3 + 3CH_4$$
트라이메틸알루미늄　　물　　수산화알루미늄　메테인

26 다음 중 제4류 위험물에 대한 설명으로 가장 옳은 것은?

① 물과 접촉하면 발열하는 것

② 자기연소성 물질

③ 많은 산소를 함유하는 강산화제

④ 상온에서 액상인 가연성 액체

➤➤ ① 물과 접촉하면 발열하는 것은 제1류 위험물의 알칼리금속의 과산화물, 제3류 위험물의 금수성 물질, 제6류 위험물의 성질이다.

② 자기연소성 물질은 제5류 위험물의 성질이다.

③ 많은 산소를 함유하는 강산화제는 제1류 위험물과 제6류 위험물의 성질이다.

④ **상온에서 액상인 가연성 액체는 제4류 위험물**(인화성 액체)의 성질이다.

27 1몰의 이황화탄소와 고온의 물이 반응하여 생성되는 독성 기체 물질의 질량(g)은?

① 34g　　　② 68g

③ 102g　　④ 204g

➤➤ 이황화탄소(제4류 위험물)는 물속에 보관하는 물질이지만 물에 저장한 상태에서 150℃ 이상의 열로 가열하면 다음의 반응을 통해 유독성의 황화수소(H_2S)가스가 발생한다.

$$CS_2 + 2H_2O \rightarrow 2H_2S + CO_2$$
이황화탄소　물　　황화수소　이산화탄소
위의 반응식에서 1몰의 이황화탄소와 고온의 물이 반응하면 황화수소(H_2S) 2몰이 발생한다. 황화수소(H_2S) 1mol의 분자량은 1g(H)×2 + 32g(S) = 34g이므로

$$2mol\ H_2S \times \frac{34g\ H_2S}{1mol\ H_2S} = 68g\ H_2S$$

28 아세트알데하이드의 저장 · 취급 시 주의사항으로 틀린 것은?

① 강산화제와의 접촉을 피한다.

② 취급설비에는 구리합금의 사용을 피한다.

③ 수용성이기 때문에 화재 시 물로 희석소화가 가능하다.

④ 옥외저장탱크에 저장 시 조연성 가스를 주입한다.

➤➤ ① 산소공급원인 강산화제와의 접촉을 피한다.

② 수은, 은, 구리, 마그네슘과 반응 시 금속아세틸라이트라는 폭발성의 물질을 생성하므로 이들의 사용을 피한다.

③ 제4류 위험물이라 하더라도 수용성이기 때문에 화재 시 물로 희석소화가 가능하다.

④ 옥외저장탱크에 저장 시 조연성 가스인 산소를 주입하면 위험해지기 때문에 질소 등의 **불연성 가스를 주입**해야 한다.

29 다음 중 질산메틸의 성질에 대한 설명으로 틀린 것은?

① 비점은 약 66℃이다.

② 증기는 공기보다 가볍다.

③ 무색투명한 액체이다.

④ 자기반응성 물질이다.

>> ① 비점이 66℃인 제5류 위험물이다.
② 분자량이 77이므로 증기비중은 77/29＝2.66 으로 **증기는 공기보다 무겁다.**
③ 무색투명한 액체로 제4류 위험물의 제1석유류와 성질이 비슷하다.
④ 자체적으로 가연물과 산소공급원을 동시에 포함하고 있는 자기반응성 물질이다.

30 이황화탄소기체는 수소기체보다 20℃, 1기압에서 몇 배 더 무거운가?

① 11배 ② 22배
③ 32배 ④ 38배

>> 증기비중 ＝ $\dfrac{\text{물질의 분자량}}{\text{공기의 분자량}(29)}$

두 기체의 분자량을 29로 각각 나누어주면 각 기체의 증기비중을 알 수 있지만 두 기체의 분자량의 차이가 바로 증기비중의 차이와 같은 값이므로 두 기체의 분자량의 배수를 구하면 된다.
이황화탄소(CS_2)의 분자량 : 12(C)+32(S)×2＝76
수소(H_2)의 분자량 : 1(H)×2＝2
∴ $\dfrac{76}{2}$＝38배

31 위험물안전관리법령상 위험물의 운반에 관한 기준에 따르면 알코올류의 위험등급은 얼마인가?

① 위험등급 Ⅰ ② 위험등급 Ⅱ
③ 위험등급 Ⅲ ④ 위험등급 Ⅳ

>> 제4류 위험물의 위험등급
1) 위험등급 Ⅰ : 특수인화물
2) **위험등급 Ⅱ** : 제1석유류, **알코올류**
3) 위험등급 Ⅲ : 제2석유류, 제3석유류, 제4석유류, 동식물유류

32 경유에 대한 설명으로 틀린 것은?

① 물에 녹지 않는다.
② 비중은 1 이하이다.
③ 발화점이 인화점보다 높다.
④ 인화점은 상온 이하이다.

>> ① 물에 녹지 않는 비수용성 물질이다.
② 물보다 가벼우므로 비중은 1 이하이다.
③ 인화점 50~70℃, 발화점 200℃이므로 발화점이 인화점보다 높다.

④ 제4류 위험물의 제2석유류이므로 인화점은 21℃ 이상 70℃ 미만으로 **상온(20℃) 이상**이다.

33 트라이나이트로페놀에 대한 일반적인 설명으로 틀린 것은?

① 가연성 물질이다.
② 공업용은 보통 휘황색의 결정이다.
③ 알코올에 녹지 않는다.
④ 납과 화합하여 예민한 금속염을 만든다.

>> ① 자기반응성이므로 자체적으로 가연성 물질과 산소공급원을 모두 포함하고 있다.
② 공업용은 휘황색 결정이다.
③ 찬물에 안 녹고 온수, **알코올**, 벤젠, 에터에는 **잘 녹는다.**
④ 단독으로는 충격, 마찰 등에 둔감하나 구리, 아연, 납 등 금속염류와의 혼합물은 피크린산염을 생성하여 마찰, 충격 등에 위험해진다.

34 규조토에 흡수시켜 다이너마이트를 제조할 때 사용되는 위험물은?

① 다이나이트로톨루엔
② 질산에틸
③ 나이트로글리세린
④ 나이트로셀룰로오스

>> 나이트로글리세린(제5류 위험물)을 규조토에 흡수시키면 다이너마이트를 제조할 수 있다.

35 순수한 것은 무색투명한 기름상의 액체이고 공업용은 담황색인 위험물로 충격, 마찰에는 매우 예민하며 겨울철에는 동결할 우려가 있는 것은?

① 펜트리트
② 트라이나이트로벤젠
③ 나이트로글리세린
④ 질산메틸

>> ③ 나이트로글리세린(제5류 위험물)은 질산에스터류에 해당하는 물질로서 상온에서 무색투명한 기름상의 액체이며, 액체상태에서는 매우 민감한 편이고, 고체상태에서는 비교적 충격이나 마찰에 둔감한 편이다.

정답 30. ④ 31. ② 32. ④ 33. ③ 34. ③ 35. ③

36 질화면을 강면약과 약면약으로 구분하는 기준은?

① 물질의 경화도 ② 수산기의 수
③ 질산기의 수 ④ 탄소 함유량

》》 질산에스터류에 속하는 나이트로셀룰로오스(제5류 위험물)는 질화면이라 불리는 물질로서 **질산기의 수에 따라 강면약과 약면약으로 구분**되며 강면약일수록 폭발력이 강하다.

37 다음 위험물 중 발화점이 가장 낮은 것은?

① 피크린산
② TNT
③ 과산화벤조일
④ 나이트로셀룰로오스

》》 ① 피크린산 : 300℃
② TNT : 300℃
③ **과산화벤조일 : 125℃**
④ 나이트로셀룰로오스 : 180℃

38 다음의 위험물 중 비중이 물보다 큰 것은 모두 몇 개인가?

과염소산, 과산화수소, 질산

① 0 ② 1
③ 2 ④ 3

》》 과염소산, 과산화수소, 질산은 모두 제6류 위험물이며, 모든 **제6류 위험물은 물보다 무겁고 물에 잘 녹는다.**

39 질산과 과염소산의 공통성질에 해당하지 않는 것은?

① 산소를 함유하고 있다.
② 불연성 물질이다.
③ 강산이다.
④ 비점이 상온보다 낮다.

》》 ④ 과염소산의 비점은 39℃이고, 질산의 비점은 86℃로 모두 상온(20℃)보다 높다.

40 위험물안전관리법령에 따라 기계에 의하여 하역하는 구조로 된 운반용기의 외부에 행하는 표시내용에 해당하지 않는 것은? (단, 국제해상위험물규칙에 정한 기준 또는 소방청장이 정하여 고시하는 기준에 적합한 표시를 한 경우는 제외한다.)

① 운반용기의 제조년월
② 제조자의 명칭
③ 겹쳐쌓기 시험하중
④ 용기의 유효기간

》》 기계에 의하여 하역하는 구조로 된 운반용기에는 일반적인 운반용기에 표시하는 내용 외에 다음의 내용을 추가로 표시하여야 한다.
1) 운반용기의 제조년월 및 제조자의 명칭
2) 겹쳐쌓기 시험하중
3) 운반용기의 종류에 따른 중량

41 다음은 위험물을 저장하는 탱크의 공간용적 산정기준이다. ( ) 안에 들어갈 수치로 옳은 것은?

> • 위험물을 저장 또는 취급하는 탱크의 공간용적은 탱크 내용적의 (A) 이상 (B) 이하의 용적으로 한다. 단, 소화설비(소화약제 방출구를 탱크 안의 윗부분에 설치하는 것에 한한다)를 설치하는 탱크의 공간용적은 그 소화설비의 소화약제 방출구 아래의 0.3m 이상 1m 미만 사이 면으로부터 윗부분의 용적으로 한다.
> • 암반탱크에 있어서는 그 탱크 내에 용출하는 (C)일간의 지하수의 양에 상당하는 용적과 그 탱크 내용적의 (D)의 용적 중에서 보다 큰 용적을 공간용적으로 한다.

① A : 3/100, B : 10/100, C : 10, D : 1/100
② A : 5/100, B : 5/100, C : 10, D : 1/100
③ A : 5/100, B : 10/100, C : 7, D : 1/100
④ A : 5/100, B : 10/100, C : 10, D : 3/100

정답 36. ③ 37. ③ 38. ④ 39. ④ 40. ④ 41. ③

≫ 탱크의 공간용적 산정기준
1) 일반탱크의 공간용적 : 탱크의 내용적의 **100분의 5 이상 100분의 10 이하**
2) 소화설비(소화약제 방출구를 탱크 안의 윗부분에 설치하는 것에 한한다)를 설치하는 탱크의 공간용적 : 그 소화설비의 소화약제 방출구 아래의 0.3m 이상 1m 미만 사이의 면으로부터 윗부분의 용적으로 한다.
3) 암반탱크의 공간용적 : 해당 탱크 내에 용출하는 **7일간** 지하수의 양에 상당하는 용적과 해당 탱크 내용적의 **100분의 1**의 용적 중에서 보다 큰 용적을 공간용적으로 한다.

42 제조소등에 있어서 위험물의 저장하는 기준으로 잘못된 것은?

① 황린은 제3류 위험물이므로 물기가 없는 건조한 장소에 저장하여야 한다.
② 덩어리상태의 황은 위험물 용기에 수납하지 않고 옥내저장소에 저장할 수 있다.
③ 옥내저장소에서는 용기에 수납하여 저장하는 위험물의 온도가 55℃를 넘지 아니하도록 필요한 조치를 강구하여야 한다.
④ 이동저장탱크에는 저장 또는 취급하는 위험물의 유별, 품명, 최대수량 및 적재중량을 표시하고 잘 보일 수 있도록 관리하여야 한다.

≫ ① 황린은 제3류 위험물 중 자연발화성 물질이므로 물속에 저장하여야 한다.

43 위험물안전관리법령은 위험물의 유별에 따른 저장ㆍ취급상의 유의사항을 규정하고 있다. 이 규정에서 특히 과열, 충격, 마찰을 피하여야 할 류에 속하는 위험물의 품명을 바르게 나열한 것은?

① 하이드록실아민, 금속의 아지화합물
② 금속의 산화물, 칼슘의 탄화물
③ 무기금속화합물, 인화성 고체
④ 무기과산화물, 금속의 산화물

≫ 위험물의 저장ㆍ취급상 과열, 충격, 마찰을 피하여야 할 유별은 제5류 위험물이다.
① **하이드록실아민(제5류 위험물), 금속의 아지화합물(행정안전부령이 정하는 제5류 위험물)**
② 금속의 산화물(비위험물), 칼슘의 탄화물(제3류 위험물)
③ 무기금속화합물(비위험물), 인화성 고체(제2류 위험물)
④ 무기과산화물(제1류 위험물), 금속의 산화물(비위험물)

44 위험물 운반에 관한 사항 중 위험물안전관리법령에서 정한 내용과 틀린 것은?

① 운반용기에 수납하는 위험물이 다이에틸에터라면 운반용기 중 최대용적이 1L 이하라 하더라도 규정에 따른 품명, 주의사항 등 표시사항을 부착하여야 한다.
② 운반용기에 담아 적재하는 물품이 황린이라면 파라핀, 경유 등 보호액으로 채워 밀봉한다.
③ 운반용기에 담아 적재하는 물품이 알킬알루미늄이라면 운반용기 내용적의 90% 이하의 수납률을 유지하여야 한다.
④ 기계에 의하여 하역하는 구조로 된 경질플라스틱제 운반용기는 제조된 때로부터 5년 이내의 것이어야 한다.

≫ ② 운반용기에 담아 적재하는 물품이 황린이라면 자연발화성 물질이므로 파라핀, 경유가 아닌 물속에 보관해야 한다.

45 옥외저장소에 덩어리상태의 황만을 지반면에 설치한 경계표시의 안쪽에서 저장할 경우 하나의 경계표시의 내부면적은 몇 m^2 이하이어야 하는가?

① $75m^2$
② $100m^2$
③ $150m^2$
④ $300m^2$

≫ 옥외저장소에서 덩어리상태의 황만을 지반면에 설치한 경계표시의 안쪽에서 저장할 때 하나의 경계표시의 내부면적은 $100m^2$ 이하로 해야 한다.

정답 42. ① 43. ① 44. ② 45. ②

46 위험물안전관리법령상 제4류 위험물을 지정수량의 3천배 초과 4천배 이하로 저장하는 옥외탱크저장소의 보유공지는 얼마인가?

① 6m 이상　　② 9m 이상
③ 12m 이상　　④ 15m 이상

》 옥외탱크저장소의 보유공지

저장 또는 취급하는 위험물의 최대수량	공지의 너비
지정수량의 500배 이하	3m 이상
지정수량의 500배 초과 1,000배 이하	5m 이상
지정수량의 1,000배 초과 2,000배 이하	9m 이상
지정수량의 2,000배 초과 3,000배 이하	12m 이상
지정수량의 3,000배 초과 4,000배 이하	**15m 이상**
지정수량의 4,000배 초과	1. 탱크의 지름과 높이 중 큰 것 이상으로 한다. 2. 최소 15m 이상으로 하고 최대 30m 이하로 한다.

47 다음 중 위험물안전관리법령상 위험물제조소와의 안전거리가 가장 먼 것은?

① '고등교육법'에서 정하는 학교
② '의료법'에 따른 병원급 의료기관
③ '고압가스안전관리법'에 의하여 허가를 받은 고압가스제조시설
④ '문화재보호법'에 의한 유형문화재와 기념물 중 지정문화재

》 위험물제조소와의 안전거리기준
1) 주거용 건축물(제조소의 동일부지 외에 있는 것) : 10m 이상
2) 학교 · 병원 · 극장(300명 이상), 다수인 수용시설 : 30m 이상
3) **유형문화재와 지정문화재 : 50m 이상**
4) 고압가스, 액화석유가스 등의 저장 · 취급 시설 : 20m 이상
5) 사용전압 7,000V 초과 35,000V 이하의 특고압가공전선 : 3m 이상
6) 사용전압 35,000V를 초과하는 특고압가공전선 : 5m 이상

48 위험물안전관리법령상 간이탱크저장소에 대한 설명 중 틀린 것은?

① 간이저장탱크의 용량은 600L 이하여야 한다.
② 하나의 간이탱크저장소에 설치하는 간이저장탱크는 5개 이하여야 한다.
③ 간이저장탱크는 두께 3.2mm 이상의 강판으로 흠이 없도록 제작하여야 한다.
④ 간이저장탱크는 70kPa의 압력으로 10분간의 수압시험을 실시하여 새거나 변형되지 않아야 한다.

》 ② 하나의 간이탱크저장소에 설치할 수 있는 간이저장탱크의 수는 3개 이하이다.

49 위험물제조소에 설치하는 안전장치 중 위험물의 성질에 따라 안전밸브의 작동이 곤란한 가압설비에 한하여 설치하는 것은 어느 것인가?

① 파괴판
② 안전밸브를 병용하는 경보장치
③ 감압 측에 안전밸브를 부착한 감압밸브
④ 연성계

》 위험물을 가압하는 설비 또는 그 취급하는 위험물의 압력이 상승할 우려가 있는 설비에는 압력계 및 다음 중 하나에 해당하는 안전장치를 설치하여야 한다.
1) 자동으로 압력의 상승을 정지시키는 장치
2) 감압 측에 안전밸브를 부착한 감압밸브
3) 안전밸브를 병용하는 경보장치
4) **파괴판(위험물의 성질에 따라 안전밸브의 작동이 곤란한 가압설비에 한한다)**

50 위험물은 지정수량의 몇 배를 1소요단위로 하는가?

① 1배　　　② 10배
③ 50배　　　④ 100배

》 위험물의 1소요단위 : 지정수량의 10배

51 혼합물인 위험물이 복수의 성상을 가지는 경우에 적용하는 품명에 관한 설명으로 틀린 것은?

① 산화성 고체의 성상 및 가연성 고체의 성상을 가지는 경우 : 산화성 고체의 품명
② 산화성 고체의 성상 및 자기반응성 물질의 성상을 가지는 경우 : 자기반응성 물질의 품명
③ 가연성 고체의 성상 및 자연발화성 물질의 성상 및 금수성 물질의 성상을 가지는 경우 : 자연발화성 물질 및 금수성 물질의 품명
④ 인화성 액체의 성상 및 자기반응성 물질의 성상을 가지는 경우 : 자기반응성 물질의 품명

》》 복수의 성상을 가지는 위험물 (하나의 물질이 2가지의 위험물  성질을 동시에 가지고 있는 것)의 품명기준 (공식 : 제1류 < 제2류 < 제4류 < 제3류 < 제5류)

① 산화성 고체(제1류) < 가연성 고체(제2류) : 가연성 고체(제2류)
② 산화성 고체(제1류) < 자기반응성 물질(제5류) : 자기반응성 물질(제5류)
③ 가연성 고체(제2류) < 자연발화성 및 금수성 물질(제3류) : 자연발화성 및 금수성 물질(제3류)
④ 인화성 액체(제4류) < 자기반응성 물질(제5류) : 자기반응성 물질(제5류)

52 위험물시설에 설치하는 소화설비와 관련한 소요단위의 산출방법에 관한 설명 중 옳은 것은?

① 제조소등의 옥외에 설치된 공작물은 외벽이 내화구조인 것으로 간주한다.
② 위험물은 지정수량의 20배를 1소요단위로 한다.
③ 취급소의 건축물은 외벽이 내화구조인 것은 연면적 75m²를 1소요단위로 한다.

④ 제조소의 건축물은 외벽이 내화구조인 것은 연면적 150m²를 1소요단위로 한다.

》》 소요단위 : 소화설비의 설치대상이 되는 건축물 또는 그 밖의 공작물의 규모나 위험물량의 기준단위를 1소요단위라고 정하며 아래의 [표]와 같다.

구 분	외벽이 내화구조	외벽이 비내화구조
위험물 제조소 및 취급소	연면적 100m²	연면적 50m²
위험물저장소	연면적 150m²	연면적 75m²
위험물	지정수량의 10배	

① 제조소의 외벽과 제조소 옥외에 설치된 공작물의 외벽은 기본적으로 내화구조로 간주한다.
② 위험물은 지정수량의 10배를 1소요단위로 한다.
③ 취급소의 건축물은 외벽이 내화구조인 것은 연면적 100m²를 1소요단위로 한다.
④ 제조소의 건축물은 외벽이 내화구조인 것은 연면적 100m²를 1소요단위로 한다.

53 주유취급소 건축물 2층에 휴게음식점 용도로 사용하는 것에 있어 그 건축물 2층으로부터 직접 주유취급소의 부지 밖으로 통하는 출입구와 그 출입구로 통하는 통로 및 계단에 설치해야 하는 것은 무엇인가?

① 비상경보설비　② 유도등
③ 비상조명등　④ 확성장치

》》 통로 및 계단에는 화재 시 부지 밖으로 나올 수 있는 통로 등에 유도등을 설치하여야 한다.

54 위험물제조소등에 자동화재탐지설비를 설치하는 경우 해당 건축물, 그 밖의 공작물의 주요한 출입구에서 그 내부 전체를 볼 수 있는 경우에 하나의 경계구역의 면적은 최대 몇 m²까지 할 수 있는가?

① 300m²　② 600m²
③ 1,000m²　④ 1,200m²

》》 자동화재탐지설비의 경계구역은 건축물의 2 이상의 층에 걸치지 아니하도록 하고 하나의 경계구역의 면적은 600m² 이하로 한다. 단, 건축물의 주요한 출입구에서 그 내부 전체를 볼 수 있는 경우는 면적을 1,000m² 이하로 할 수 있다.

정답　51. ①　52. ①　53. ②　54. ③

55 소화난이도등급 I에 해당하는 위험물제조소는 연면적이 몇 m² 이상인 것인가?

① 400m² ② 600m²
③ 800m² ④ 1,000m²

》》 소화난이도등급 I에 해당하는 제조소등에서 제조소 및 일반취급소의 기준
1) 연면적 1,000m² 이상인 것
2) 지정수량의 100배 이상인 것(고인화점 위험물만을 100℃ 미만의 온도에서 취급하는 것은 제외)
3) 지반면으로부터 6m 이상의 높이에 위험물 취급설비가 있는 것(고인화점 위험물만을 100℃ 미만의 온도에서 취급하는 것은 제외)

56 이동탱크저장소에 있어서 구조물 등의 시설을 변경하는 경우 변경허가를 받아야 하는 경우는?

① 펌프설비를 보수하는 경우
② 동일 사업장 내에서 상치장소의 위치를 이전하는 경우
③ 직경이 200mm인 이동저장탱크의 맨홀을 신설하는 경우
④ 탱크 본체를 절개하여 탱크를 보수하는 경우

》》 이동탱크저장소의 변경허가를 받아야 하는 경우
1) 동일 사업장이 아닌 사업장으로 상치장소의 위치를 이전하는 경우
2) 탱크의 직경이 250mm 초과인 이동탱크에 맨홀을 신설하는 경우
3) 탱크의 본체를 절개하여 보수하는 경우

57 탱크 안전성능검사 내용의 구분에 해당하지 않는 것은?

① 기초, 지반 검사 ② 충수, 수압 검사
③ 용접부 검사   ④ 배관 검사

》》 탱크 안전성능검사의 내용
1) 기초, 지반 검사
2) 충수, 수압 검사
3) 용접부 검사

58 과산화바륨에 대한 설명 중 틀린 것은?

① 약 840℃의 고온에서 산소를 발생한다.
② 알칼리금속의 과산화물에 해당된다.
③ 비중은 1보다 크다.
④ 유기물과의 접촉을 피한다.

》》 ① 제1류 위험물로서 약 840℃로 가열하면 분해하여 산소를 발생한다.
② 바륨(Ba)이라는 알칼리토금속에 속하는 원소를 포함한 과산화물이므로 알칼리토금속의 과산화물에 해당한다.
③ 제1류 위험물은 모두 비중이 1보다 크다.
④ 유기물(탄소를 포함하는 물질)은 가연성을 가지므로 산소공급원인 제1류 위험물과의 접촉을 피해야 한다.

59 다음 중 제2류 위험물이 아닌 것은 무엇인가?

① 황화인   ② 황
③ 마그네슘   ④ 칼륨

》》 ④ 칼륨은 제3류 위험물이다.

60 트라이에틸알루미늄의 안전관리에 관한 설명 중 틀린 것은 무엇인가?

① 물과의 접촉을 피한다.
② 냉암소에 저장한다.
③ 화재발생 시 팽창질석을 사용한다.
④ I₂ 또는 Cl₂ 가스의 분위기에서 저장한다.

》》 ① 제3류 위험물로서 물과 반응 시 에테인(C_2H_6) 가스를 발생한다.
② 냉암소에 저장해야 한다.
③ 화재발생 시에는 마른 모래, 팽창질석, 팽창진주암 또는 탄산수소염류 분말소화기를 이용해야 한다.
④ F_2, Cl_2, Br_2, I_2는 할로젠원소로서 조연성(연소를 도와준다)을 가지는 산소공급원 역할을 한다. 따라서, 위험물을 저장할 때 사용하면 위험하다.

정답 55. ④ 56. ④ 57. ④ 58. ② 59. ④ 60. ④

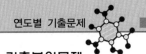

CBT 기출복원문제
2021 제2회 위험물기능사

2021년 4월 18일 시행

01 다음 고온체의 색상을 낮은 온도부터 나열한 것으로 옳은 것은?

① 암적색 < 황적색 < 백적색 < 휘적색
② 휘적색 < 백적색 < 황적색 < 암적색
③ 휘적색 < 암적색 < 황적색 < 백적색
④ 암적색 < 휘적색 < 황적색 < 백적색

》》 고온체의 색상은 온도가 낮을수록 어두운 색이며 온도가 높을수록 밝은 색을 띠게 된다.
따라서, 암적색 < 휘적색 < 황적색 < 백적색의 순서가 된다.

02 어떤 소화기에 "ABC"라고 표시되어 있다. 다음 중 사용할 수 없는 화재는?

① 금속화재   ② 유류화재
③ 전기화재   ④ 일반화재

》》 ① "ABC"소화기는 D급(금속화재)에는 사용할 수 없다.
※ 소화기의 화재등급
1) 일반화재 : A급 화재(백색)
2) 유류화재 : B급 화재(황색)
3) 전기화재 : C급 화재(청색)
4) 금속화재 : D급 화재(무색)

03 다음 중 '인화점 50℃'의 의미를 가장 올바르게 설명한 것은?

① 주변의 온도가 50℃ 이상이 되면 자발적으로 점화원 없이 발화한다.
② 액체의 온도가 50℃ 이상이 되면 가연성 증기를 발생하여 점화원에 의해 인화한다.
③ 액체를 50℃ 이상으로 가열하면 발화한다.
④ 주변의 온도가 50℃일 경우 액체가 발화한다.

》》 인화점이란 외부의 점화원에 의해 인화할 수 있는 최저온도이므로 인화점 50℃의 의미는 물질의 온도가 50℃ 이상이 되면 가연성 증기를 발생하여 점화원에 의해 인화한다는 것이다.

04 20℃의 물 100kg이 100℃ 수증기로 증발하면 최대 몇 kcal의 열량을 흡수할 수 있는가? (단, 물의 증발잠열은 540cal/g이다.)

① 540kcal   ② 7,800kcal
③ 62,000kcal   ④ 108,000kcal

》》 1) 현열의 열량
$$Q_1 = C(비열=1) \times m(질량) \times \Delta t(온도차)$$
$$= 1 \times 100 \times (100 - 20) = 8,000kcal$$
2) 잠열의 열량
$$Q_2 = m(질량) \times \gamma (증발잠열상수=540)$$
$$= 100 \times 540 = 54,000kcal$$
20℃의 물이 수증기로 변했으므로,
8,000kcal + 54,000kcal = 62,000kcal

05 위험물제조소등에 설치하는 불활성가스 소화설비의 소화약제 저장용기의 설치장소로 적합하지 않은 것은?

① 방호구역 외의 장소
② 온도가 40℃ 이하이고 온도변화가 적은 장소
③ 빗물이 침투할 우려가 적은 장소
④ 직사일광이 잘 들어오는 장소

》》 불활성가스 소화약제 용기의 설치장소
1) 방호구역 외의 장소일 것
2) 온도가 40℃ 이하이고 온도변화가 적은 장소일 것
3) **직사광선 및 빗물이 침투할 우려가 없는 장소**일 것
4) 저장용기에는 안전장치를 설치할 것
5) 저장용기 외면에 소화약제의 종류와 양, 제조년도 및 제조자를 표시할 것

정답 01. ④ 02. ① 03. ② 04. ③ 05. ④

06 화재 시 이산화탄소를 방출하여 산소의 농도를 13vol%로 낮추어 소화하기 위해서는 혼합 기체 중 이산화탄소는 몇 vol%가 되어야 하는가?

① 28.1vol%

② 38.1vol%

③ 42.86vol%

④ 48.36vol%

 PLAY▶풀이

≫ 이산화탄소 소화약제의 질식소화 원리

산소 21%

⇓

이산화탄소 8%	산소 13%

이산화탄소는 공기 중에 포함된 산소의 농도에만 영향을 미친다. 산소 21%의 공간 안에 이산화탄소가 8% 들어오면 산소는 13%만 남게 된다. 문제는 이산화탄소와 산소의 농도를 합산한 농도 중 이산화탄소가 차지하는 비율을 구하는 것이므로 계산하면 다음과 같다.

$$\frac{이산화탄소}{이산화탄소 + 산소} \times 100 = \frac{8}{8+13} \times 100$$
$$= 38.1vol\%$$

07 위험물안전관리법령에서 정한 물분무소화설비의 설치기준으로 적합하지 않은 것은?

① 고압의 전기설비가 있는 장소에는 그 전기설비와 분무헤드 및 배관 사이에 전기절연을 위하여 필요한 공간을 보유한다.

② 스트레이너 및 일제개방밸브는 제어밸브의 하류 측 부근에 스트레이너, 일제개방밸브의 순으로 설치한다.

③ 물분무소화설비에 2 이상의 방사구역을 두는 경우에는 화재를 유효하게 소화할 수 있도록 인접하는 방사구역이 상호 중복되도록 한다.

④ 수원의 수위가 수평회전식 펌프보다 낮은 위치에 있는 가압송수장치의 물올림장치는 타 설비와 겸용하여 설치한다.

≫ ④ 소방시설은 기본적으로 소방행위만을 위해 전용으로 설치해야 한다.

08 포소화약제에 의한 소화방법으로 다음 중 가장 주된 소화효과는?

① 희석소화

② 질식소화

③ 제거소화

④ 자기소화

≫ 포소화약제의 주된 소화효과는 질식소화이다.

09 소화전용 물통 3개를 포함한 수조 80L의 능력단위는?

① 0.3

② 0.5

③ 1.0

④ 1.5

≫

소화설비	용량	능력단위
소화전용 물통	8L	0.3
수조 (소화전용 물통 3개 포함)	80L	1.5
수조 (소화전용 물통 6개 포함)	190L	2.5
마른모래 (삽 1개 포함)	50L	0.5
팽창질석 또는 팽창진주암 (삽 1개 포함)	160L	1.0

10 할로겐화합물의 소화약제 중 할론 2402의 화학식은?

① $C_2Br_4F_2$

② $C_2Cl_4F_2$

③ $C_2Cl_4Br_2$

④ $C_2F_4Br_2$

≫ 할로겐화합물 소화약제의 할론번호는 C – F – Cl – Br의 순으로 그 원소의 개수를 읽어준다. 할론 2402는 C 2개, F 4개, Cl 0개, Br 2개이므로 화학식은 $C_2F_4Br_2$이다.

11 위험물안전관리법령의 소화설비 설치기준에 의하면 옥외소화전설비 수원의 수량은 옥외소화전 설치개수(설치개수가 4 이상인 경우에는 4)에 몇 m^3를 곱한 양 이상이 되도록 하여야 하는가?

① $7.5m^3$

② $13.5m^3$

③ $20.5m^3$

④ $25.5m^3$

≫ 옥외소화전설비의 수원의 양은 $13.5m^3$에 옥외소화전의 개수(옥외소화전의 개수가 4 이상이면 최대 4개)를 곱한 양 이상으로 정한다.

정답 ▨ 06. ② 07. ④ 08. ② 09. ④ 10. ④ 11. ②

12 다음 중 위험물안전관리법령에 의한 지정수량이 가장 작은 품명은?

① 질산염류　　② 인화성 고체
③ 금속분　　　④ 질산에스터류

》 ① 질산염류(제1류 위험물) : 300kg
② 인화성 고체(제2류 위험물) : 1,000kg
③ 금속분(제2류 위험물) : 500kg
④ **질산에스터류(제5류 위험물) : 제1종 10kg, 제2종 100kg**

13 위험물의 저장방법에 관한 설명 중 틀린 것은?

① 알킬알루미늄은 물속에 보관한다.
② 황린은 물속에 보관한다.
③ 금속나트륨은 등유 속에 보관한다.
④ 금속칼륨은 경유 속에 보관한다.

》 ① 알킬알루미늄은 **물과 반응 시 가연성 가스가 발생**하므로 용기 상부에 불연성 가스를 봉입하여 밀폐용기에 보관해야 한다.
② 자연발화성 물질인 황린은 물속에 보관한다.
③, ④ 나트륨과 칼륨은 등유, 경유 및 유동파라핀 속에 보관한다.

14 다음 물질 중에서 위험물안전관리법상 위험물의 범위에 포함되는 것은?

① 농도가 40중량%인 과산화수소 350kg
② 비중이 1.40인 질산 350kg
③ 직경 2.5mm인 막대모양인 마그네슘 500kg
④ 순도가 55중량%인 황 50kg

》 ① 농도가 36중량% 이상의 과산화수소는 제6류 위험물의 기준에 해당하며 지정수량은 300kg이므로 **농도가 40중량%인 과산화수소 350kg은 지정수량 이상의 위험물에 해당**하는 조건이다.
② 비중이 1.49 이상의 질산은 제6류 위험물의 기준에 해당하며 지정수량은 300kg이므로 비중이 1.40인 질산 350kg은 위험물에 해당하지 않는 조건이다.
③ 직경 2mm 이상의 막대모양인 마그네슘은 제2류 위험물에서 제외되는 조건이므로 직경 2.5mm의 막대모양인 마그네슘은 위험물에 해당하지 않는 조건이다.
④ 순도가 60중량% 이상인 황은 제2류 위험물의 기준에 해당하며 지정수량은 100kg이므로 순도가 55중량%인 황 50kg은 위험물에 해당하지 않는 조건이다.

15 과산화나트륨 78g과 충분한 양의 물이 반응하여 생성되는 기체의 종류와 생성량을 올바르게 나타낸 것은?

① 수소, 1g
② 산소, 16g
③ 수소, 2g
④ 산소, 32g

》 과산화나트륨(Na_2O_2)은 물과 반응 시 수산화나트륨($NaOH$)과 산소(O_2)를 발생한다.
　　$2Na_2O_2 + 2H_2O \rightarrow 4NaOH + O_2$
과산화나트륨(Na_2O_2) 1mol의 분자량은 23g(Na)×2 + 16g(O)×2 = 78g이다.

$$78g\,Na_2O_2 \times \frac{1mol\,Na_2O_2}{78g\,Na_2O_2} \times \frac{1mol\,O_2}{2mol\,Na_2O_2} \times \frac{32g\,O_2}{1mol\,O_2}$$
$$= 16g\,O_2$$

16 과망가니즈산칼륨의 위험성에 대한 설명 중 틀린 것은?

① 진한 황산과 접촉하면 폭발적으로 반응한다.
② 알코올, 에터, 글리세린 등 유기물과 접촉을 금한다.
③ 가열하면 약 60℃에서 분해하여 수소를 방출한다.
④ 목탄, 황과 접촉 시 충격에 의해 폭발할 위험성이 있다.

》 ③ 과망가니즈산칼륨은 제1류 위험물로서 어떤 반응을 하더라도 수소를 발생시키지 않는다.

17 위험물안전관리법령상 염소화아이소사이아누르산은 몇 류 위험물인가?

① 제1류　　② 제2류
③ 제5류　　④ 제6류

》 염소화아이소사이아누르산은 행정안전부령이 정하는 제1류 위험물로서 지정수량은 300kg이다.

18 흑색화약의 원료로 사용되는 위험물의 유별을 올바르게 나타낸 것은?

① 제1류, 제2류　　② 제1류, 제4류
③ 제2류, 제4류　　④ 제4류, 제5류

정답　12. ④　13. ①　14. ①　15. ②　16. ③　17. ①　18. ①

» 흑색화약의 원료로 사용되는 물질은 질산칼륨, 숯, 황이며, 이 중 질산칼륨은 제1류 위험물이고 황은 제2류 위험물이다.

19 제2류 위험물의 종류에 해당되지 않는 것은?

① 마그네슘
② 고형 알코올
③ 칼슘
④ 안티몬분

» ① 마그네슘 : 제2류 위험물
② 고형 알코올 : 제2류 위험물 중 인화성 고체
③ **칼슘** : **제3류 위험물** 중 알칼리토금속
④ 안티몬분 : 제2류 위험물의 금속분

20 삼황화인의 연소생성물을 올바르게 나열한 것은?

① P_2O_5, SO_2
② P_2O_5, H_2S
③ H_3PO_4, SO_2
④ H_3PO_4, H_2S

» 삼황화인의 연소반응식
$$P_4S_3 + 8O_2 \rightarrow 2P_2O_5 + 3SO_2$$
삼황화인 산소 오산화인 이산화황

21 적린의 성질에 대한 설명 중 옳지 않은 것은?

① 황린과 성분원소가 같다.
② 발화온도는 황린보다 낮다.
③ 물, 이황화탄소에 녹지 않는다.
④ 브로민화인에 녹는다.

» ① 적린(P)과 황린(P_4)의 성분원소는 P로 동일하다.
② 적린(P)의 발화온도는 260℃, 황린(P_4)의 발화온도는 34℃이므로 **황린이 더 낮다.**
③ 물, 이황화탄소에 녹지 않는다.
④ 브로민화인에 녹는다.

22 황린의 저장방법으로 옳은 것은?

① 물속에 저장한다.
② 공기 중에 보관한다.
③ 벤젠 속에 저장한다.
④ 이황화탄소 속에 보관한다.

» 황린(제3류 위험물)은 자연발화를 방지하기 위해 pH 9인 약알칼리성의 물속에 저장해야 한다.

23 칼륨의 화재 시 사용 가능한 소화제는?

① 물
② 마른모래
③ 이산화탄소
④ 사염화탄소

» 칼륨(제3류 위험물)의 화재 시 소화약제로는 마른모래, 팽창질석, 팽창진주암, 탄산수소염류 분말 소화약제만 사용할 수 있다.

24 제3류 위험물에 해당하는 것은?

① 황
② 적린
③ 황린
④ 삼황화인

» ① 황 : 제2류 위험물
② 적린 : 제2류 위험물
③ **황린** : **제3류 위험물**
④ 삼황화인 : 제2류 위험물

25 위험물안전관리법령상 제3류 위험물 중 금수성 물질에 해당하는 것은?

① 황린
② 적린
③ 마그네슘
④ 칼륨

» ① 황린 : 제3류 위험물 자연발화성 물질
② 적린 : 제2류 위험물 가연성 고체
③ 마그네슘 : 제2류 위험물 가연성 고체
④ **칼륨 : 제3류 위험물 금수성 물질**

26 이황화탄소 저장 시 물속에 저장하는 이유로 가장 옳은 것은?

① 공기 중 수소와 접촉하여 산화되는 것을 방지하기 위하여
② 공기와 접촉 시 환원하기 때문에
③ 가연성 증기의 발생을 억제하기 위해서
④ 불순물을 제거하기 위하여

» 이황화탄소는 공기 중 산소와 반응하여 연소하면 가연성 가스인 이산화황(SO_2)을 발생시키므로 이 **가연성 가스의 발생을 억제**하기 위해서 물속에 보관한다.
– 이황화탄소의 연소반응식
$$CS_2 + 3O_2 \rightarrow CO_2 + 2SO_2$$
이황화탄소 산소 이산화탄소 이산화황

정답   19. ③ 20. ① 21. ② 22. ① 23. ② 24. ③ 25. ④ 26. ③

27 1몰의 에틸알코올이 완전연소하였을 때 생성되는 이산화탄소는 몇 몰인가?

① 1몰

② 2몰

③ 3몰

④ 4몰

◈ 에틸알코올의 연소반응식

$$C_2H_5OH + 3O_2 \rightarrow 2CO_2 + 3H_2O$$

에틸알코올　　산소　 이산화탄소　 물

28 벤젠 증기의 비중에 가장 가까운 값은?

① 0.7

② 0.9

③ 2.7

④ 3.9

◈ 증기비중 $= \dfrac{분자량}{29}$

벤젠(C_6H_6)의 분자량은 78이므로, $\dfrac{78}{29} = 2.7$이다.

29 자연발화의 위험성이 가장 큰 물질은?

① 아마인유

② 야자유

③ 올리브유

④ 피마자유

◈ 제4류 위험물의 동식물유류 중 건성유는 자연발화의 위험성이 매우 높으며 건성유의 식물유 종류로 동유, 해바라기유, **아마인유**, 들기름이 있다.

🎓 **똑똑한 풀이비법**

동(**동**유), 해(**해**바라기유), 아(**아**마인유), 들(**들**기름)로 암기한다.

30 에틸렌글리콜의 성질로 옳지 않은 것은?

① 갈색의 액체로 방향성이 있고 쓴맛이 난다.

② 물, 알코올 등에 잘 녹는다.

③ 분자량은 약 62이고 비중은 약 1.1이다.

④ 부동액의 원료로 사용된다.

◈ ① **무색의 액체**로 방향성이 있고 **단맛**이 난다.

② 2가 알코올로서 독성이 있으며 물, 알코올 등에 잘 녹는다.

③ 화학식은 $C_2H_4(OH)_2$이므로 분자량은 약 62이고 비중은 약 1.10이다.

④ 잘 얼지 않아 부동액의 원료로 사용된다.

31 등유의 성질에 대한 설명 중 틀린 것은?

① 증기는 공기보다 가볍다.

② 인화점이 상온보다 높다.

③ 전기에 대해 불량도체이다.

④ 물보다 가볍다.

◈ ① **등유의 증기는 공기보다 무겁다.**

② 제4류 위험물 중 제2석유류이기 때문에 등유의 인화점은 21℃ 이상 70℃ 미만의 범위에 포함된다. 따라서, 등유의 인화점은 상온(20℃)보다 높다.

③ 금속성분이 아니기 때문에 전기에 대해 불량도체이다.

④ 물보다 가볍고 비수용성이다.

32 제2석유류에 해당하는 물질로만 짝지어진 것은?

① 등유, 경유

② 등유, 중유

③ 글리세린, 기계유

④ 글리세린, 장뇌유

◈ ① **등유(제4류 위험물 중 제2석유류), 경유(제4류 위험물 중 제2석유류)**

② 등유(제4류 위험물 중 제2석유류), 중유(제4류 위험물 중 제3석유류)

③ 글리세린(제4류 위험물 중 제3석유류), 기계유(제4류 위험물 중 제4석유류)

④ 글리세린(제4류 위험물 중 제3석유류), 장뇌유(제4류 위험물 중 제2석유류)

33 나이트로글리세린에 관한 설명으로 틀린 것은?

① 상온에서 액체상태이다.

② 물에는 잘 녹지만 유기용매에는 녹지 않는다.

③ 충격 및 마찰에 민감하므로 주의해야 한다.

④ 다이너마이트의 원료로 쓰인다.

» 나이트로글리세린(제5류 위험물)은 상온에서 액체상태이며 **물에 녹지 않고 유기용매에 잘 녹는다.** 또한 액체상태에서는 충격 및 마찰에 민감하여 운반조차 금지되어 있고 규조토에 흡수시키면 다이너마이트를 만들 수 있다.

34 과산화벤조일의 취급 시 주의사항에 대한 설명 중 틀린 것은?

① 수분을 포함하고 있으면 폭발하기 쉽다.
② 가열, 충격, 마찰을 피해야 한다.
③ 저장용기는 차고 어두운 곳에 보관한다.
④ 희석제를 첨가하여 폭발성을 낮출 수 있다.

» 과산화벤조일(제5류 위험물)은 유기과산화물에 해당하는 고체상태의 물질로서 **수분을 포함하면 폭발성이 현저히 감소**하여 안정해지는 성질을 가지고 있다.

35 다음 중 나이트로글리세린을 다공질의 규조토에 흡수시켜 제조한 물질은?

① 흑색화약
② 나이트로셀룰로오스
③ 다이너마이트
④ 면화약

» 나이트로글리세린(제5류 위험물)을 다공질의 규조토에 흡수시키면 다이너마이트를 만들 수 있다.

36 위험물안전관리법령상 제5류 위험물에 적응성이 있는 소화설비는?

① 포소화설비
② 불활성가스 소화설비
③ 할로젠화합물 소화설비
④ 탄산수소염류 소화설비

» 제5류 위험물은 자체적으로 산소공급원을 가지고 있으므로 질식소화는 불가능하며 물로 냉각소화를 해야 하는데 〈보기〉 중에서 포소화설비는 수분을 포함하고 있는 약제이기 때문에 제5류 위험물의 화재에도 적응성이 있다.

37 자기반응성 물질인 제5류 위험물에 해당하는 것은?

① $CH_3(C_6H_4)NO_2$ ② CH_3COCH_3
③ $C_6H_2(NO_2)_3OH$ ④ $C_6H_5NO_2$

» ① $CH_3(C_6H_4)NO_2$(나이트로톨루엔) : 제4류 위험물 중 제3석유류
② CH_3COCH_3(아세톤) : 제4류 위험물 중 제1석유류
③ $C_6H_2(NO_2)_3OH$(트라이나이트로페놀) : **제5류 위험물 중 나이트로화합물**
④ $C_6H_5NO_2$(나이트로벤젠) : 제4류 위험물 중 제3석유류

38 다음 중 위험물안전관리법령상 제6류 위험물에 해당하는 것은?

① 황산   ② 염산
③ 질산염류   ④ 할로젠간화합물

» ① 황산 : 비위험물
② 염산 : 비위험물
③ 질산염류 : 제1류 위험물
④ **할로젠간화합물 : 행정안전부령이 정하는 제6류 위험물**

39 과산화수소의 성질에 대한 설명으로 옳지 않은 것은?

① 산화성이 강한 무색투명한 액체이다.
② 위험물안전관리법령상 일정 비중 이상일 때 위험물로 취급한다.
③ 가열에 의해 분해하면 산소가 발생한다.
④ 소독약으로 사용할 수 있다.

» 1) **일정 농도(36중량%) 이상 : 과산화수소가 제6류 위험물이 되는 조건**
2) 일정 비중(1.49) 이상 : 질산이 제6류 위험물이 되는 조건

40 가로로 설치한 원통형 위험물저장탱크의 내용적이 500L일 때 공간용적은 최소 몇 L로 해야 하는가?

① 15L   ② 25L
③ 35L   ④ 50L

>> 탱크의 공간용적은 탱크 내용적의 100분의 5 이상 100분의 10 이하이므로 최소 공간용적은 탱크 내용적의 100분의 5 즉, 5%가 되는 양을 말한다.

∴ 500L × 0.05 = 25L

41 다음 중 옥내저장소의 동일한 실에 서로 1m 이상의 간격을 두고 저장할 수 없는 것은?

① 제1류 위험물과 제3류 위험물 중 자연발화성 물질(황린 또는 이를 함유한 것에 한한다)

② 제4류 위험물과 제2류 위험물 중 인화성 고체

③ 제1류 위험물과 제4류 위험물

④ 제1류 위험물과 제6류 위험물

>> 옥내저장소 또는 옥외저장소에서는 서로 다른 유별끼리 함께 저장할 수 없다. 다만, 다음의 조건을 만족하면서 유별로 정리하여 서로 1m 이상의 간격을 두는 경우에는 저장할 수 있다.
1) 제1류 위험물(알칼리금속의 과산화물 제외)과 제5류 위험물
2) 제1류 위험물과 제6류 위험물
3) 제1류 위험물과 제3류 위험물 중 자연발화성 물질(황린)
4) 제2류 위험물 중 인화성 고체와 제4류 위험물
5) 제3류 위험물 중 알킬알루미늄등과 제4류 위험물(알킬알루미늄 또는 알킬리튬을 함유한 것)
6) 제4류 위험물 중 유기과산화물과 제5류 위험물 중 유기과산화물

42 위험물의 운반에 관한 기준에서 제4석유류와 혼재할 수 없는 위험물은? (단, 위험물은 각각 지정수량의 2배인 경우이다.)

① 황화인
② 칼륨
③ 유기과산화물
④ 과염소산

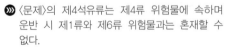 PLAY ▶ 풀이

>> 〈문제〉의 제4석유류는 제4류 위험물에 속하며 운반 시 제1류와 제6류 위험물과는 혼재할 수 없다.
① 황화인 : 제2류 위험물
② 칼륨 : 제3류 위험물

③ 유기과산화물 : 제5류 위험물
④ **과염소산 : 제6류 위험물**

유별을 달리하는 위험물의 운반에 관한 혼재기준

위험물의 구분	제1류	제2류	제3류	제4류	제5류	제6류
제1류		×	×	×	×	○
제2류	×		×	○	○	×
제3류	×	×		○	×	×
제4류	×	○	○		○	×
제5류	×	○	×	○		×
제6류	○	×	×	×	×	

※ 이 표는 지정수량의 1/10 이하의 위험물에 대하여는 적용하지 아니한다.

43 NaClO₂을 수납하는 운반용기의 외부에 표시하여야 할 주의사항으로 옳은 것은?

① "화기엄금" 및 "충격주의"
② "화기주의" 및 "물기엄금"
③ "화기 · 충격 주의" 및 "가연물접촉주의"
④ "화기엄금" 및 "공기접촉엄금"

>> 제1류 위험물인 아염소산나트륨(NaClO₂)의 운반용기 외부에는 "화기 · 충격 주의" 및 "가연물접촉주의" 주의사항을 표시해야 한다.

44 운반을 위하여 위험물을 적재하는 경우에 차광성이 있는 피복으로 가려주어야 하는 것은?

① 특수인화물
② 제1석유류
③ 알코올류
④ 동식물유류

>> 1) 차광성 피복 : 제1류 위험물, 제3류 위험물 중 자연발화성 물질, **제4류 위험물 중 특수인화물**, 제5류 위험물, 제6류 위험물
2) 방수성 피복 : 제1류 위험물 중 알칼리금속의 과산화물, 제2류 위험물 중 철분. 금속분. 마그네슘, 제3류 위험물 중 금수성 물질

(🎓 똑똑한 풀이비법)
제4류 위험물 중 운반 시 차광성 피복을 필요로 하는 품명은 제4류 위험물 중 가장 위험한 특수인화물뿐이다.

정답 41. ③ 42. ④ 43. ③ 44. ①

45 다음은 위험물안전관리법령에 따른 판매취급소에 대한 정의이다. ( ) 안에 알맞은 말은?

> 판매취급소라 함은 점포에서 위험물을 용기에 담아 판매하기 위하여 지정수량의 (A)배 이하의 위험물을 (B)하는 장소를 말한다.

① A : 20, B : 취급

② A : 40, B : 취급

③ A : 20, B : 저장

④ A : 40, B : 저장

≫ 판매취급소라 함은 점포에서 위험물을 용기에 담아 판매하기 위하여 **지정수량의 40배 이하의 위험물을 취급하는 장소**를 말한다.

46 위험물안전관리법령에 의해 옥외저장소에 저장을 허가받을 수 없는 위험물은?

① 제2류 위험물 중 황(금속제 드럼에 수납)

② 제4류 위험물 중 가솔린(금속제 드럼에 수납)

③ 제6류 위험물

④ 국제해상위험물규칙(IMDG Code)에 적합한 용기에 수납된 위험물

≫ ② 제4류 위험물 중 가솔린은 제1석유류로서 인화점이 −43~−38℃이므로 옥외저장소에 저장할 수 없다.
 ※ 옥외저장소에 저장할 수 있는 위험물의 종류
  1) 제2류 위험물 : 황, 인화성 고체(인화점이 0℃ 이상)
  2) **제4류 위험물**
   ㉠ **제1석유류(인화점이 섭씨 0도 이상인 것에 한한다)**
   ㉡ 알코올류
   ㉢ 제2석유류
   ㉣ 제3석유류
   ㉤ 제4석유류
   ㉥ 동식물유류
  3) 제6류 위험물
  4) 제2류 위험물 및 제4류 위험물 중 특별시 · 광역시 또는 도의 조례에서 정하는 위험물

 5) 국제해사기구에 관한 협약에 의하여 설치된 국제해사기구가 채택한 국제해상위험물규칙(IMDG Code)에 적합한 용기에 수납된 위험물

47 위험물제조소에서 국소방식 배출설비의 배출능력은 1시간당 배출장소 용적의 몇 배 이상인 것으로 하여야 하는가?

① 5배   ② 10배

③ 15배   ④ 20배

≫ 위험물제조소에서 배출설비의 배출능력
 1) 국소방식 : 1시간당 **배출장소 용적의 20배 이상**을 배출시킬 수 있을 것
 2) 전역방식 : 1시간당 바닥면적 1m²마다 18m³ 이상의 양을 배출시킬 수 있을 것

48 제4류 위험물의 옥외저장탱크에 설치하는 밸브 없는 통기관은 직경이 얼마 이상인 것으로 설치해야 되는가? (단, 압력탱크는 제외한다.)

① 10mm

② 20mm

③ 30mm

④ 40mm

밸브 없는 통기관의 모습

≫ 옥외저장탱크에 설치하는 밸브 없는 통기관의 직경은 30mm 이상이다.

49 자동화재탐지설비 일반점검표의 점검내용이 '변형 · 손상의 유무, 표시의 적부, 경계구역 일람도의 적부, 기능의 적부'인 점검항목은?

① 감지기

② 중계기

③ 수신기

④ 발신기

≫ 수신기의 일반점검표의 점검내용
 1) 변형 · 손상의 유무
 2) 표시의 적부
 3) 경계구역일람도의 적부
 4) 기능의 적부

50 위험물안전관리법령상 제4류 위험물과 제6류 위험물에 모두 적응성이 있는 소화설비는?

① 불활성가스 소화설비
② 할로젠화합물 소화설비
③ 탄산수소염류 소화설비
④ 인산염류 분말소화설비

>>> ④ 인산염류 분말소화설비는 제4류 및 제6류 위험물에 적응성이 있다.

소화설비의 구분 / 대상물의 구분	건축물·그 밖의 공작물	전기설비	제1류 위험물 알칼리금속의 과산화물등	제1류 위험물 그 밖의 것	제2류 위험물 철분·금속분·마그네슘등	제2류 위험물 인화성 고체	제2류 위험물 그 밖의 것	제3류 위험물 금수성 물품	제3류 위험물 그 밖의 것	제4류 위험물	제5류 위험물	제6류 위험물
옥내소화전 또는 옥외소화전 설비	○			○		○	○		○		○	○
스프링클러설비	○			○		○	○		○	△	○	○
물분무소화설비	○	○		○		○	○		○	○	○	○
포소화설비	○			○		○	○		○	○	○	○
불활성가스 소화설비		○				○				○		
할로젠화합물 소화설비		○				○				○		
분말 소화설비 인산염류등	○	○		○		○	○			●		●
분말 소화설비 탄산수소염류등		○	○		○	○		○		○		
분말 소화설비 그 밖의 것			○		○			○				

51 위험물안전관리법령상 위험물의 운송에 있어서 운송책임자의 감독 또는 지원을 받아 운송하여야 하는 위험물에 속하지 않는 것은?

① $Al(CH_3)_3$　　② CH_3Li
③ $Cd(CH_3)_2$　　④ $Al(C_4H_9)_3$

>>> 운송책임자의 감독 또는 지원을 받아 운송하여야 하는 위험물은 알킬리튬 및 알킬알루미늄이다.
　① $Al(CH_3)_3$: 트라이메틸알루미늄(알킬알루미늄에 해당)
　② CH_3Li : 메틸리튬(알킬리튬에 해당)
　③ **$Cd(CH_3)_2$** : 다이메틸카드뮴(**유기금속화합물**에 해당)
　④ $Al(C_4H_9)_3$: 트라이뷰틸알루미늄(알킬알루미늄에 해당)

52 위험물제조소등에 설치하여야 하는 자동화재탐지설비의 설치기준에 대한 설명으로 틀린 것은 무엇인가?

① 자동화재탐지설비의 경계구역은 건축물, 그 밖의 공작물의 2 이상의 층에 걸치도록 할 것
② 하나의 경계구역에서 그 한 변의 길이는 50m(광전식 분리형 감지기를 설치할 경우에는 100m) 이하로 할 것
③ 자동화재탐지설비의 감지기는 지붕 또는 벽의 옥내에 면한 부분에 유효하게 화재의 발생을 감지할 수 있도록 설치할 것
④ 자동화재탐지설비에는 비상전원을 설치할 것

>>> ① 자동화재탐지설비의 경계구역은 건축물의 2 이상의 층에 걸치지 아니하도록 한다(다만, 하나의 경계구역의 면적이 500m^2 이하이면 그러하지 아니하다).
　② 하나의 경계구역에서 한 변의 길이는 50m(광전식 분리형 감지기의 경우에는 100m) 이하로 하고, 하나의 경계구역의 면적은 600m^2 이하로 하며, 건축물의 주요한 출입구에서 그 내부 전체를 볼 수 있는 경우는 면적을 1,000m^2 이하로 한다.
　③ 자동화재탐지설비의 감지기는 지붕 또는 벽의 옥내에 면한 부분에 화재발생을 감지할 수 있도록 설치한다.
　④ 자동화재탐지설비에는 비상전원을 설치한다.

53 제조소의 소화설비 설치 시 소요단위 산정에 관한 다음 내용에서 (　) 안에 알맞은 수치를 차례대로 나열한 것은?

> 제조소 또는 취급소의 건축물은 외벽이 내화구조인 것은 연면적 (　　)m^2를 1소요단위로 하며 외벽이 내화구조가 아닌 것은 연면적 (　　)m^2를 1소요단위로 한다.

① 200, 100　　② 150, 100
③ 150, 50　　④ 100, 50

정답　50. ④　51. ③　52. ①　53. ④

》 제조소 또는 취급소의 1소요단위의 기준
  1) 외벽이 내화구조인 것 : 연면적 100m²
  2) 외벽이 비내화구조인 것 : 연면적 50m²

54 소화난이도등급 Ⅰ의 옥내탱크저장소(인화점 70℃ 이상의 제4류 위험물만을 저장·취급하는 것)에 설치하여야 하는 소화설비가 아닌 것은?

① 고정식 포소화설비
② 이동식 외의 할로젠화합물 소화설비
③ 스프링클러설비
④ 물분무소화설비

》 소화난이도등급 Ⅰ의 옥내탱크저장소에 설치해야 하는 소화설비
  1) 황만을 저장·취급하는 것 : 물분무소화설비
  2) **인화점 70℃ 이상의 제4류 위험물만을 저장·취급하는 것** : 물분무소화설비, 고정식 포소화설비, 이동식 이외의 불활성가스 소화설비, 이동식 이외의 할로젠화합물 소화설비 또는 이동식 이외의 분말소화설비
  3) 그 밖의 것 : 고정식 포소화설비, 이동식 이외의 불활성가스 소화설비, 이동식 이외의 할로젠화합물 소화설비 또는 이동식 이외의 분말소화설비
  ※ 일반적으로 스프링클러는 옥내탱크저장소등의 탱크에는 설치하지 않는다.

55 지정수량의 100배 이상을 저장 또는 취급하는 옥내저장소에 설치하여야 하는 경보설비는? (단, 고인화점 위험물만을 저장 또는 취급하는 것은 제외한다.)

① 비상경보설비   ② 자동화재탐지설비
③ 비상방송설비   ④ 확성장치

》 경보설비의 종류 중 반드시 자동화재탐지설비를 설치해야 하는 경우
  1) 제조소 및 일반취급소로서 연면적 500m² 이상인 것 또는 지정수량의 100배 이상을 취급하는 것은 반드시 자동화재탐지설비를 설치해야 한다.
  2) **옥내저장소로서 지정수량의 100배 이상을 저장하는 것** 또는 연면적이 150m²를 초과하는 것은 반드시 자동화재탐지설비를 설치해야 한다.

56 다음에서 ( ) 안에 들어갈 알맞은 용어를 모두 올바르게 나타낸 것은?

> (   ) 또는 (   )은 위험물의 운송에 따른 화재의 예방을 위하여 필요하다고 인정하는 경우에는 주행 중의 이동탱크저장소를 정지시켜 그 이동탱크저장소에 승차하고 있는 자에 대하여 위험물의 취급에 관한 국가기술자격증 또는 교육수료증의 제시를 요구할 수 있다.

① 지방소방공무원, 지방행정공무원
② 국가소방공무원, 국가행정공무원
③ 소방공무원, 경찰공무원
④ 국가행정공무원, 경찰공무원

》 운행 중인 차량을 정지시킬 수 있는 권한은 경찰공무원이 가지고 있고 위험물자격증 제시를 요구할 수 있는 권한은 소방공무원이 가지고 있다.

57 물과 반응하여 산소를 발생하는 것은?

① $KClO_3$
② $NaNO_3$
③ Na_2O_2
④ $KMnO_4$

》 제1류 위험물은 가열, 충격, 마찰 등에 의해 분해하여 산소를 발생하지만 알칼리금속의 과산화물(과산화칼륨, 과산화나트륨, 과산화리튬)은 가열, 충격, 마찰뿐만 아니라 물과 반응 시에도 산소를 발생한다.
  ① $KClO_3$: 염소산칼륨
  ② $NaNO_3$: 질산나트륨
  ③ Na_2O_2 : 과산화나트륨
  ④ $KMnO_4$: 과망가니즈산칼륨

58 마그네슘을 저장 및 취급하는 장소에 설치하는 소화기는 무엇인가?

① 포소화기
② 이산화탄소 소화기
③ 할로젠화합물 소화기
④ 탄산수소염류 분말소화기

정답 54. ③ 55. ② 56. ③ 57. ③ 58. ④

≫ 제1류 위험물 중 알칼리금속의 과산화물, 제2류 위험물 중 철분, 금속분, **마그네슘**, 제3류 위험물 중 금수성 물질의 화재 시에는 **탄산수소염류 분말소화기** 또는 마른 모래, 팽창질석 및 팽창진주암만 가능하다.

59 탄화알루미늄이 물과 반응하여 생기는 현상이 아닌 것은 무엇인가?

① 산소가 발생한다.

② 수산화알루미늄이 생성된다.

③ 열이 발생한다.

④ 메테인가스가 발생한다.

≫ 탄화알루미늄(제3류 위험물)의 물과의 반응식은 아래와 같으며, 이 반응으로 열과 함께 메테인가스가 발생하고 산소는 발생하지 않는다.

$$Al_4C_3 + 12H_2O \rightarrow 4Al(OH)_3 + 3CH_4$$
탄화알루미늄   물   수산화알루미늄   메테인

60 위험물안전관리법령에서 규정하고 있는 사항으로 틀린 것은?

① 법정 안전교육을 받아야 하는 사람은 안전관리자로 선임된 자, 탱크시험자의 기술인력으로 종사하는 자, 위험물운반자로 종사하는 자, 위험물운송자로 종사하는 자이다.

② 지정수량 150배 이상의 위험물을 저장하는 옥내저장소는 관계인이 예방규정을 정하여야 하는 제조소등에 해당한다.

③ 정기검사의 대상이 되는 것은 액체 위험물을 저장 또는 취급하는 10만L 이상의 옥외탱크저장소, 암반탱크저장소, 이송취급소이다.

④ 법정 안전관리자 교육이수자와 소방공무원으로 근무한 경력이 3년 이상인 자는 제4류 위험물에 대한 위험물취급자격자가 될 수 있다.

≫ 1. 안전교육을 받아야 하는 대상
　1) 위험물안전관리자로 선임한 자
　2) 탱크시험자의 기술인력으로 종사하는 자
　3) 위험물운반자로 종사하는 자
　4) 위험물운송자로 종사하는 자
2. 예방규정을 정해야 하는 제조소등
　1) 지정수량의 10배 이상의 위험물을 취급하는 제조소
　2) 지정수량의 100배 이상의 위험물을 저장하는 옥외저장소
　3) 지정수량의 150배 이상의 위험물을 저장하는 옥내저장소
　4) 지정수량의 200배 이상의 위험물을 저장하는 옥외탱크저장소
　5) 암반탱크저장소
　6) 이송취급소
　7) 지정수량의 10배 이상의 위험물을 취급하는 일반취급소
3. 정기검사대상의 제조소등
　특정 옥외탱크저장소(위험물을 저장 또는 취급하는 50만L 이상의 옥외탱크저장소)
4. 위험물을 취급할 수 있는 자

위험물취급자격자의 구분	취급할 수 있는 위험물
위험물기능장, 위험물산업기사, 위험물기능사	모든 위험물
안전관리자 교육이수자	제4류 위험물
3년 이상의 소방공무원 경력자	제4류 위험물

CBT 기출복원문제

2021 제3회 위험물기능사

2021년 6월 27일 시행

01 다음 중 폭발 시 연소파의 전파속도범위는 어느 것인가?

① 0.1~10m/s

② 100~1,000m/s

③ 2,000~3,500m/s

④ 5,000~10,000m/s

》》 1) 폭발의 전파속도 : 0.1~10m/s
   2) 폭굉의 전파속도 : 1,000~3,500m/s

02 다음 중 기체연료가 완전연소하기에 유리한 이유로 가장 거리가 먼 것은?

① 활성화에너지가 크다.

② 공기 중에서 확산되기 쉽다.

③ 산소를 충분히 공급받을 수 있다.

④ 분자의 운동이 활발하다.

》》 ① **기체**는 분자의 운동이 활발하여 **활성화에너지**(물질을 활성화시키는 데 필요한 에너지의 양)가 **적다.**
   ② 기체분자는 가볍기 때문에 공기 중에서 확산되기 쉽다.
   ③ 분자의 운동이 활발하므로 산소를 충분히 공급받을 수 있다.
   ④ 기체는 고체나 액체보다 분자의 운동이 활발하다.

03 양초, 고급 알코올 등과 같은 연료의 가장 일반적인 연소형태는?

① 분무연소

② 증발연소

③ 표면연소

④ 분해연소

》》 황, 나프탈렌, 양초, 제4류 위험물의 특수인화물, 제1석유류, 알코올류의 연소형태는 증발연소이다.

04 탄소 80%, 수소 14%, 황 6%인 물질 1kg이 완전연소하기 위해 필요한 이론공기량은 약 몇 kg인가? (단, 공기 중 산소는 23wt% 이다.)

① 3.31kg

② 7.05kg

③ 11.62kg

④ 14.41kg

PLAY ▶ 풀이

》》 1) 탄소의 연소반응식
   $C + O_2 \rightarrow CO_2$

   $(1,000g \times 0.8) \times \dfrac{1mol\,C}{12g\,C} \times \dfrac{1mol\,O_2}{1mol\,C} \times \dfrac{32g\,O_2}{1mol\,O_2}$

   $= 2133.33g\,O_2$

   2) 수소의 연소반응식
   $2H_2 + O_2 \rightarrow 2H_2O$

   $(1,000g \times 0.14) \times \dfrac{1mol\,H_2}{2g\,H_2} \times \dfrac{1mol\,O_2}{2mol\,H_2} \times \dfrac{32g\,O_2}{1mol\,O_2}$

   $= 1,120g\,O_2$

   3) 황의 연소반응식
   $S + O_2 \rightarrow SO_2$

   $(1,000g \times 0.06) \times \dfrac{1mol\,S}{32g\,S} \times \dfrac{1mol\,O_2}{1mol\,S} \times \dfrac{32g\,O_2}{1mol\,O_2}$

   $= 60g\,O_2$

   3가지의 물질을 모두 연소시키는 데 필요한 산소의 양은 2133.33g + 1,120g + 60g = 3313.33g O_2 이다. 산소는 공기의 23%의 양이므로 필요한 공기의 양은

   $3313.33g\,O_2 \times \dfrac{100g\,공기}{23g\,O_2} \times \dfrac{1kg}{1,000g} = 14.41kg\,공기$

05 다음 중 분말소화약제를 방출시키기 위해 주로 사용되는 가압용 가스는?

① 산소   ② 질소

③ 헬륨   ④ 아르곤

》》 분말소화기에 압력원으로 사용되는 **가압용 가스**는 **질소**(N_2) 또는 이산화탄소(CO_2)이다.

정답   01. ① 02. ① 03. ② 04. ④ 05. ②

06 다음 소화작용에 대한 설명 중 옳지 않은 것은 어느 것인가?

① 가연물의 온도를 낮추는 소화는 냉각작용이다.

② 물의 주된 소화작용 중 하나는 냉각작용이다.

③ 연소에 필요한 산소의 공급원을 차단하는 소화는 제거작용이다.

④ 가스화재 시 밸브를 차단하는 것은 제거작용이다.

➤➤ 소화방법은 다음과 같이 구분한다.
1) 냉각소화 : 물이 증발하여 발생한 수증기가 연소면의 열을 흡수하여 연소면의 온도를 낮추어 소화하는 원리
2) **질식소화 : 산소공급원을 차단, 제거하여 소화하는 원리**
3) 제거소화 : 가연물을 제거하여 소화하는 원리

07 화재 시 이산화탄소를 사용하여 공기 중 산소의 농도를 21vol%에서 13vol%로 낮추려면 혼합 기체 중 이산화탄소의 농도는 약 몇 vol%가 되어야 하는가?

① 34.3vol%

② 38.1vol%

③ 42.5vol%

④ 45.8vol%

➤➤ 이산화탄소 소화약제의 질식소화 원리

산소 21%

⇩

이산화탄소 8%	산소 13%

이산화탄소는 공기 중에 포함된 산소의 농도에만 영향을 미친다.
산소 21%의 공간 안에 이산화탄소가 8% 들어오면 산소는 13%만 남게 된다.
문제는 이산화탄소와 산소의 농도를 합산한 농도 중 이산화탄소가 차지하는 비율을 구하는 것이므로

$$\frac{이산화탄소}{이산화탄소 + 산소} \times 100 = \frac{8}{8 + 13} \times 100$$
$$= 38.1vol\%$$

08 위험물안전관리법령에 따른 대형수동식 소화기의 설치기준에서 방호대상물의 각 부분으로부터 하나의 대형수동식 소화기까지의 보행거리는 몇 m 이하가 되도록 설치하여야 하는가?

① 10m   ② 15m

③ 20m   ④ 30m

➤➤ 방호대상물의 각 부분으로부터 하나의 수동식 소화기까지의 보행거리
1) **대형수동식 소화기 : 30m 이하**
2) 소형수동식 소화기 : 20m 이하

09 제3종 분말소화약제의 열분해반응식을 올바르게 나타낸 것은?

① $NH_4H_2PO_4 \rightarrow HPO_3 + NH_3 + H_2O$

② $2KNO_3 \rightarrow 2KNO_2 + O_2$

③ $KClO_4 \rightarrow KCl + 2O_2$

④ $2CaHCO_3 \rightarrow 2CaO + H_2CO_3$

➤➤ 제3종 분말소화약제의 분해반응식
$NH_4H_2PO_4 \rightarrow HPO_3 + NH_3 + H_2O$
인산암모늄   메타인산 암모니아 물

10 위험물제조소등에 설치하는 옥외소화전설비의 기준에서 옥외소화전함은 옥외소화전으로부터 보행거리 몇 m 이하의 장소에 설치하여야 하는가?

① 1.5m   ② 5m

③ 7.5m   ④ 10m

➤➤ 옥외소화전함은 옥외소화전으로부터 보행거리 5m 이하의 장소에 설치해야 한다.

11 위험물의 지정수량이 틀린 것은?

① 과산화칼륨 : 50kg

② 질산나트륨 : 50kg

③ 과망가니즈산나트륨 : 1,000kg

④ 다이크로뮴산암모늄 : 1,000kg

➤➤ ② 질산나트륨 : 300kg

12 국소방출방식 이산화탄소 소화설비의 분사 헤드에서 방출되는 소화약제의 방사기준은?

① 10초 이내에 균일하게 방사할 수 있을 것
② 15초 이내에 균일하게 방사할 수 있을 것
③ 30초 이내에 균일하게 방사할 수 있을 것
④ 60초 이내에 균일하게 방사할 수 있을 것

➠ 불활성가스 소화설비 중 이산화탄소 소화약제의 방사시간
  1) 전역방출방식 : 60초 이내
  2) **국소방출방식 : 30초 이내**

13 황린과 적린의 성질에 대한 설명으로 가장 거리가 먼 것은?

① 황린과 적린은 이황화탄소에 녹는다.
② 황린과 적린은 물에 불용이다.
③ 적린은 황린에 비하여 화학적으로 활성이 작다.
④ 황린과 적린을 각각 연소시키면 P_2O_5가 생성된다.

➠ ① **황린은 이황화탄소에 녹지만 적린은 녹지 않는다.**
  ② 황린과 적린 모두 물에 녹지 않는다.
  ③ 황린은 자연발화성 물질이므로 적린에 비해 화학적 활성이 더 크다.
  ④ 황린과 적린 모두 연소시키면 P_2O_5가 생성된다.

14 위험물안전관리법령에 의한 지정수량이 나머지 셋과 다른 하나는?

① 황   ② 적린
③ 황린   ④ 황화인

➠ ① 황(제2류 위험물) : 100kg
  ② 적린(제2류 위험물) : 100kg
  ③ **황린(제3류 위험물) : 20kg**
  ④ 황화인(제2류 위험물) : 100kg

15 알칼리금속의 과산화물 저장창고에 화재가 발생하였을 때 가장 적합한 소화약제는?

① 마른모래   ② 물
③ 이산화탄소   ④ 할론 1211

➠ 알칼리금속의 과산화물(제1류 위험물)의 화재에는 **마른모래** 및 팽창질석, 팽창진주암, 탄산수소염류 분말소화약제만 적응성을 가진다.

16 위험물안전관리법령에서 정한 위험물의 유별 성질을 잘못 나타낸 것은?

① 제1류 : 산화성
② 제4류 : 인화성
③ 제5류 : 자기반응성
④ 제6류 : 가연성

➠ ① 제1류 : 산화성 고체
  ② 제4류 : 인화성 액체
  ③ 제5류 : 자기반응성 물질
  ④ **제6류 : 산화성 액체**

17 과염소산칼륨의 성질에 대한 설명 중 틀린 것은?

① 무색, 무취의 결정으로 물에 잘 녹는다.
② 화학식은 $KClO_4$이다.
③ 에탄올, 에터에는 녹지 않는다.
④ 화약, 폭약, 섬광제 등에 쓰인다.

➠ 과염소산칼륨($KClO_4$)은 제1류 위험물로서 무색, 무취의 결정으로 **물에 잘 녹지 않고** 알코올, 에터에도 잘 녹지 않으며, 화약이나 폭약에 산소공급원으로 사용된다.

18 과산화칼륨과 과산화마그네슘이 염산과 각각 반응했을 경우 공통으로 나오는 물질의 지정수량은?

① 50L
② 100kg
③ 300kg
④ 1,000L

➠ 제1류 위험물의 무기과산화물인 과산화칼륨이나 과산화마그네슘은 염산이나 황산 등의 산과 반응 시 제6류 위험물인 과산화수소를 발생시키며 과산화수소의 지정수량은 300kg이다.

정답   12. ③   13. ①   14. ③   15. ①   16. ④   17. ①   18. ③

19 다음 중 삼황화인 연소 시 발생가스에 해당하는 것은?

① 이산화황
② 황화수소
③ 산소
④ 인산

➤➤ 삼황화인의 연소반응식

$$P_4S_3 + 8O_2 \rightarrow 2P_2O_5 + 3SO_2$$

삼황화인　　산소　　오산화인　이산화황

20 다음 중 황에 대한 설명으로 옳지 않은 것은 어느 것인가?

① 연소 시 황색 불꽃을 보이며 유독한 이황화탄소를 발생한다.
② 미세한 분말상태에서 부유하면 분진폭발의 위험이 있다.
③ 마찰에 의해 정전기가 발생할 우려가 있다.
④ 고온에서 용융된 황은 수소와 반응한다.

➤➤ ① 연소 시 청색 불꽃을 보이며 유독한 이산화황(SO_2)을 발생한다.

21 적린의 위험성에 관한 설명 중 옳은 것은?

① 공기 중에 방치하면 폭발한다.
② 산소와 반응하여 포스핀가스를 발생한다.
③ 연소 시 적색의 오산화인이 발생한다.
④ 강산화제와 혼합하면 충격·마찰에 의해 발화할 수 있다.

➤➤ ① 공기 중에서 단독으로는 안정하다.
　② 산소와 반응하여 오산화인(P_2O_5) 기체를 발생한다.
　③ 연소 시 백색의 오산화인이 발생한다.

22 알킬리튬에 대한 설명으로 틀린 것은?

① 제3류 위험물이고 지정수량은 10kg이다.
② 가연성의 액체이다.

③ 이산화탄소와는 격렬하게 반응한다.
④ 소화방법으로는 물로 주수가 불가하며 할로젠화합물 소화약제를 사용하여야 한다.

➤➤ 알킬리튬의 성질
　1) 제3류 위험물이고 지정수량은 10kg이다.
　2) 가연성의 액체이다.
　3) 이산화탄소와는 격렬하게 반응하므로 이산화탄소 소화약제는 사용할 수 없다.
　4) 소화방법으로는 **물**, 이산화탄소, **할로젠화합물 소화약제는 사용할 수 없고** 마른모래, 팽창질석, 팽창진주암, 탄산수소염류 분말소화약제를 사용하여야 한다.

23 위험물저장소에서 다음과 같이 제3류 위험물을 저장하고 있는 경우 지정수량의 몇 배가 보관되어 있는가?

> • 칼륨 : 20kg
> • 황린 : 40kg
> • 칼슘탄화물 : 300kg

① 4
② 5
③ 6
④ 7

➤➤ 1) 칼륨(제3류 위험물) : 지정수량 10kg
　2) 황린(제3류 위험물) : 지정수량 20kg
　3) 칼슘탄화물(탄화칼슘, 제3류 위험물) : 지정수량 300kg

$$\therefore \frac{20kg}{10kg} + \frac{40kg}{20kg} + \frac{300kg}{300kg} = 5$$

24 다음 중 위험물안전관리법령에서 정한 제3류 위험물 중 금수성 물질의 소화설비로 적응성이 있는 것은?

① 불활성가스 소화설비
② 할로젠화합물 소화설비
③ 인산염류등 분말소화설비
④ 탄산수소염류등 분말소화설비

➤➤ 제3류 위험물 중 금수성 물질에 적응성이 있는 소화설비
　1) **탄산수소염류 분말소화설비**
　2) 마른모래
　3) 팽창질석, 팽창진주암

정답　19. ①　20. ①　21. ④　22. ④　23. ②　24. ④

25 금속칼륨과 금속나트륨은 어떻게 보관하여야 하는가?

① 공기 중에 노출하여 보관

② 물속에 넣어서 밀봉하여 보관

③ 석유 속에 넣어서 밀봉하여 보관

④ 그늘지고 통풍이 잘되는 곳에 산소 분위기에서 보관

➤ 비중이 작은 금속칼륨이나 금속나트륨은 석유(등유, 경유, 유동파라핀 등) 속에 보관한다.

26 메틸알코올의 위험성 설명으로 틀린 것은?

① 겨울에는 인화의 위험이 여름보다 적다.

② 증기밀도는 가솔린보다 크다.

③ 독성이 있다.

④ 연소범위는 에틸알코올보다 넓다.

➤ ① 겨울에는 주변의 온도가 낮아서 여름보다 인화의 위험이 적다.
② 가솔린보다 분자량이 적기 때문에 **증기밀도는 가솔린보다 작다.**
③ 시신경 장애를 일으키는 독성을 가진다.
④ 탄소수가 에틸알코올보다 작아 연소가 더 잘 되기 때문에 연소범위는 에틸알코올보다 넓다.

27 건성유에 해당되지 않는 것은?

① 들기름 ② 동유

③ 아마인유 ④ 피마자유

➤ 동식물유류(제4류 위험물)는 건성유, 반건성유, 불건성유로 구분된다. 이 중 건성유의 종류에는 동유, 해바라기유, 아마인유, 들기름이 있다.

🎓 **똑똑한 풀이비법**

"동해아들"로 기억하자. 동(**동**유), 해(**해**바라기유), 아(**아**마인유), 들(**들**기름)

28 벤젠 1몰을 충분한 산소가 공급되는 표준상태에서 완전연소시켰을 때 발생하는 이산화탄소의 양은 몇 L인가?

① 22.4L ② 134.4L

③ 168.8L ④ 224.0L

➤ 벤젠 1몰 연소 시 이산화탄소는 6몰 발생한다. 표준상태에서 모든 기체 1몰은 22.4L이므로 이산화탄소 6몰의 부피는 $6 \times 22.4L = 134.4L$이다.
– 벤젠의 연소반응식
$2C_6H_6 + 15O_2 \rightarrow 12CO_2 + 6H_2O$
벤젠　　산소　　이산화탄소　물

29 동식물유류의 경우 1기압에서 인화점을 몇 ℃ 미만으로 규정하고 있는가?

① 150℃ ② 250℃

③ 450℃ ④ 600℃

➤ 동식물유류 : 1기압에서 인화점이 250℃ 미만인 것

30 위험물안전관리법령상 위험물의 품명이 다른 하나는?

① CH_3COOH ② C_6H_5Cl

③ $C_6H_5CH_3$ ④ C_6H_5Br

➤ ① CH_3COOH(초산) : 제4류 위험물 중 제2석유류
② C_6H_5Cl(클로로벤젠) : 제4류 위험물 중 제2석유류
③ $C_6H_5CH_3$(**톨루엔**) : 제4류 위험물 중 제1석유류
④ C_6H_5Br(브로모벤젠) : 제4류 위험물 중 제2석유류

31 비스코스(레이온) 원료로, 비중이 약 1.3, 인화점이 약 −30℃이고, 연소 시 유독한 아황산가스를 발생시키는 위험물은?

① 황린 ② 이황화탄소

③ 테레핀유 ④ 장뇌유

➤ 이황화탄소(CS_2)의 성질
1) 실을 만드는 재료인 비스코스(레이온)의 원료로 사용되는 제4류 위험물의 특수인화물이다.
2) 물보다 무겁고 인화점은 −30℃이다.
3) 연소 시 이산화탄소(CO_2)와 아황산가스(SO_2)가 발생한다.

32 제4류 위험물의 화재에 적응성이 없는 소화기는?

① 포소화기 ② 봉상수소화기

③ 인산염류소화기 ④ 이산화탄소소화기

➤ 제4류 위험물에 적응성이 있는 소화기는 포소화기, 이산화탄소소화기, 할로겐화합물소화기, 분말소화기(탄산수소염류 및 인산염류 포함)이다.

정답　25. ③ 26. ② 27. ④ 28. ② 29. ② 30. ③ 31. ② 32. ②

33 피크린산 제조에 사용되는 물질과 가장 관계가 있는 것은?

① C_6H_6 ② $C_6H_5CH_3$
③ $C_3H_5(OH)_3$ ④ C_6H_5OH

» ① C_6H_6 : 벤젠
② $C_6H_5CH_3$: 톨루엔
③ $C_3H_5(OH)_3$: 글리세린
④ C_6H_5OH : 페놀
피크린산(제5류 위험물)은 트라이나이트로페놀을 의미하며, 피크린산은 **페놀**에 질산과 황산을 반응시켜 제조한다.

34 제5류 위험물에 관한 내용으로 틀린 것은?

① $C_2H_5ONO_2$: 상온에서 액체이다.
② $C_6H_2OH(NO_2)_3$: 공기 중 자연분해가 잘된다.
③ $C_6H_3(NO_2)_2CH_3$: 담황색의 결정이다.
④ $C_3H_5(ONO_2)_3$: 혼산 중에 글리세린을 반응시켜 제조한다.

» ① $C_2H_5ONO_2$(질산에틸) : 상온에서 액체이며 질산에스터류에 해당하는 물질이다.
② $C_6H_2OH(NO_2)_3$(피크린산) : 단독으로는 마찰·충격에 둔감하여 **공기 중에서 자연분해되지 않지만** 금속과 반응 시 폭발성의 물질을 생성하여 위험하다.
③ $C_6H_3(NO_2)_2CH_3$(다이나이트로톨루엔) : 트라이나이트로톨루엔과 같이 나이트로화합물에 포함되는 물질이며 담황색의 결정이다.
④ $C_3H_5(ONO_2)_3$(나이트로글리세린) : 질산과 황산(혼산)을 글리세린에 반응시켜 제조한다.

35 과산화벤조일의 일반적인 성질로 옳은 것은?

① 비중은 약 0.33이다.
② 무미, 무취의 고체이다.
③ 물에 잘 녹지만 다이에틸에터에는 녹지 않는다.
④ 녹는점은 약 300℃이다.

» 유기과산화물인 과산화벤조일(제5류 위험물)은 물보다 무겁고(비중이 1 이상) 무색, **무미, 무취의 고체**상태이며 물에 안 녹고 다이에틸에터에는 잘 녹으며 녹는점은 약 54℃이다.

36 제5류 위험물의 일반적 성질에 관한 설명으로 옳지 않은 것은?

① 화재발생 시 소화가 곤란하므로 적은 양으로 나누어 저장한다.
② 운반용기 외부에 "충격주의", "화기엄금"의 주의사항을 표시한다.
③ 자기연소를 일으키며 연소속도가 대단히 빠르다.
④ 가연성 물질이므로 질식소화하는 것이 가장 좋다.

» ④ 제5류 위험물은 가연성이기도 하지만 자체적으로 산소공급원을 포함하고 있는 물질이므로 질식소화는 효과가 없고 냉각소화를 해야 한다.

37 질산메틸에 대한 설명 중 틀린 것은?

① 액체형태이다.
② 물보다 무겁다.
③ 알코올에 녹는다.
④ 증기는 공기보다 가볍다.

» ① 제5류 위험물 중 질산에스터류에 속하는 액체형태이다.
② 질산메틸을 포함한 제5류 위험물은 모두 물보다 무겁다.
③ 질산메틸은 물에 안 녹고 알코올에 녹는다.
④ 분자량이 77이므로 증기비중은 77/29＝2.66으로서 1보다 크기 때문에 **증기는 공기보다 무겁다.**

38 다음 위험물의 지정수량 배수의 총합은?

질산 150kg, 과산화수소 420kg, 과염소산 300kg

① 2.5 ② 2.9
③ 3.4 ④ 3.9

» 1) 질산의 지정수량 : 300kg
2) 과산화수소의 지정수량 : 300kg
3) 과염소산의 지정수량 : 300kg
∴ $\dfrac{150kg}{300kg} + \dfrac{420kg}{300kg} + \dfrac{300kg}{300kg} = 2.9$

정답 33. ④ 34. ② 35. ② 36. ④ 37. ④ 38. ②

39 HNO₃에 대한 설명으로 틀린 것은?

① Al, Fe은 진한 질산에서 부동태를 생성해 녹지 않는다.

② 질산과 염산을 3 : 1의 비율로 제조한 것을 왕수라고 한다.

③ 부식성이 강하고 흡습성이 있다.

④ 직사광선에서 분해하여 NO₂를 발생한다.

》》① Al, Fe, Co, Ni, Cr은 진한 질산에서 부동태(막이 형성되어 반응을 진행하지 않는 상태)를 생성해 녹지 않는다.

② **염산과 질산을 3 : 1의 부피비율로 혼합**하여 제조한 것을 왕수라고 한다.

③ 산소를 포함하고 있어서 부식성이 강하고 흡습성이 있다.

④ 직사광선에서 분해하여 적갈색 기체인 NO₂(이산화질소)를 발생한다.

40 위험물을 운반 및 적재할 경우 혼재가 불가능한 것으로 연결된 것은? (단, 지정수량의 1/5 이상이다.)

① 제1류와 제6류

② 제4류와 제3류

③ 제2류와 제3류

④ 제5류와 제4류

[QR 코드] ◀ 위험물의 혼재기준

》》 유별을 달리하는 위험물의 운반에 관한 혼재기준

위험물의 구분	제1류	제2류	제3류	제4류	제5류	제6류
제1류		×	×	×	×	○
제2류	×		×	○	○	×
제3류	×	×		○	×	×
제4류	×	○	○		○	×
제5류	×	○	×	○		×
제6류	○	×	×	×	×	

※ 이 표는 지정수량의 1/10 이하의 위험물에 대하여는 적용하지 아니한다.

41 위험물 저장탱크의 내용적이 300L일 때 탱크에 저장하는 위험물의 용량의 범위로 적합한 것은? (단, 원칙적인 경우에 한한다.)

① 240~270L   ② 270~285L

③ 290~295L   ④ 295~298L

》》 탱크의 공간용적은 탱크 내용적의 5~10% 범위로 정해지기 때문에 탱크 용량은 탱크 내용적의 90~95%로 정한다. 탱크의 내용적이 300L이므로 90%의 양을 적용하면 300L×0.9=270L가 되고 95%의 양을 적용하면 300L×0.95=285L가 된다. 따라서 저장하는 위험물의 용량의 범위는 270~285L이다.

42 위험물안전관리법령상 제4류 위험물 운반용기의 외부에 표시하여야 하는 주의사항을 모두 올바르게 나타낸 것은?

① 화기엄금 및 충격주의

② 가연물접촉주의

③ 화기엄금

④ 화기주의 및 충격주의

》》 운반용기 외부의 표시사항
1. 제1류 위험물
   1) 알칼리금속의 과산화물 : 화기 · 충격주의, 가연물접촉주의, 물기엄금
   2) 그 외의 것 : 화기 · 충격주의, 가연물접촉주의
2. 제2류 위험물
   1) 철분, 금속분, 마그네슘 : 화기주의, 물기엄금
   2) 인화성 고체 : 화기엄금
   3) 그 외의 것 : 화기주의
3. 제3류 위험물
   1) 금수성 물질 : 물기엄금
   2) 자연발화성 물질 : 화기엄금, 공기접촉엄금
4. **제4류 위험물 : 화기엄금**
5. 제5류 위험물 : 화기엄금, 충격주의
6. 제6류 위험물 : 가연물접촉주의

43 아염소산염류의 운반용기 중 적응성 있는 내장용기의 종류와 최대용적이나 중량을 올바르게 나타낸 것은? (단, 외장용기의 종류는 나무상자 또는 플라스틱상자이고, 외장용기의 최대중량은 125kg으로 한다.)

① 금속제용기 : 20L

② 종이포대 : 55kg

③ 플라스틱필름포대 : 60kg

④ 유리용기 : 10L

정답 39. ② 40. ③ 41. ② 42. ③ 43. ④

⫸ 고체 위험물 운반용기의 기준

운반용기				수납위험물의 종류									
내장용기		외장용기		제1류			제2류		제3류			제5류	
용기의 종류	최대용적 (중량)	용기의 종류	최대용적 (중량)	I	II	III	II	III	I	II	III	I	II
유리용기 또는 플라스틱용기	10L	나무상자 또는 플라스틱상자	125kg	○	○	○	○	○	○	○	○	○	○
			225kg		○	○		○		○	○		○
		파이버판상자	40kg	○	○	○	○	○	○	○	○	○	○
			55kg		○	○		○		○	○		○
금속제용기	30L	나무상자 또는 플라스틱상자	125kg	○	○	○	○	○	○	○	○	○	○
			225kg		○	○		○		○	○		○
		파이버판상자	40kg	○	○	○	○	○	○	○	○	○	○
			55kg		○	○		○		○	○		○
플라스틱필름포대 또는 종이포대	5kg	나무상자 또는 플라스틱상자	50kg	○	○	○	○	○		○	○		○
	50kg		50kg		○	○		○			○		
	125kg		125kg		○	○		○					
	225kg		225kg			○		○					
	5kg	파이버판상자	40kg	○	○	○	○	○		○	○		○
	40kg		40kg		○	○		○			○		
	55kg		55kg			○		○					

아염소산염류(제1류 위험물)는 지정수량이 50kg이므로 위험등급 I에 해당된다. 이 〈문제〉의 조건은 위험등급 I에 해당하는 위험물의 외장용기의 종류가 나무상자 또는 플라스틱상자이고, 최대중량이 125kg일 때 이에 따른 내장용기는 그 종류별로 최대용적이 몇 L인지를 묻는다. 앞의 〈표〉에서 알 수 있듯이 내장용기의 종류가 **유리용기 또는 플라스틱용기의 경우 최대용적은 10L**이고, 금속제용기의 경우는 30L이다.

🎓 **똑똑한 풀이비법**

고체의 운반용기 중 내장용기인 유리 또는 플라스틱용기의 최대용량은 10L, 금속제용기는 30L만 암기해도 된다.

44 옥외저장탱크 중 압력탱크에 저장하는 다이에틸에터등의 저장온도는 몇 ℃ 이하이어야 하는가?

① 60℃   ② 40℃
③ 30℃   ④ 15℃

⫸ 탱크에 저장할 경우 위험물의 저장온도
  1. 옥외저장탱크, 옥내저장탱크 또는 지하저장탱크 중 압력탱크 외의 탱크에 저장하는 경우
    1) 아세트알데하이드 : 15℃ 이하
    2) 산화프로필렌과 다이에틸에터 : 30℃ 이하

  2. **옥외저장탱크**, 옥내저장탱크 또는 지하저장탱크 중 **압력탱크**에 저장하는 경우
    – 아세트알데하이드, 산화프로필렌과 **다이에틸에터 : 40℃ 이하**
  3. 보냉장치가 있는 이동저장탱크에 저장하는 경우
    – 아세트알데하이드, 산화프로필렌과 다이에틸에터 : 비점 이하
  4. 보냉장치가 없는 이동저장탱크에 저장하는 경우
    – 아세트알데하이드, 산화프로필렌과 다이에틸에터 : 40℃ 이하

45 지하탱크저장소에 대한 설명으로 옳지 않은 것은?
① 탱크전용실 벽의 두께는 0.3m 이상이어야 한다.
② 지하저장탱크의 윗부분은 지면으로부터 0.6m 이상 아래에 있어야 한다.
③ 지하저장탱크와 탱크전용실 안쪽과의 간격은 0.1m 이상의 간격을 유지한다.
④ 지하저장탱크에는 두께 0.1m 이상의 철근콘크리트조로 된 뚜껑을 설치한다.

⫸ ① 탱크전용실의 벽, 바닥 및 뚜껑의 두께는 0.3m 이상의 철근콘크리트로 한다.
  ② 지면으로부터 지하탱크의 윗부분까지의 깊이는 0.6m 이상으로 한다.
  ③ 지하저장탱크와 탱크전용실 안쪽과의 간격은 0.1m 이상으로 한다.
  ④ 지하탱크전용실은 두께가 **0.3m 이상**인 철근콘크리트조의 뚜껑으로 덮는다.

46 지정수량 20배의 알코올류를 저장하는 옥외탱크저장소의 경우 펌프실 외의 장소에 설치하는 펌프설비의 기준으로 옳지 않은 것은?
① 펌프설비 주위에는 3m 이상의 공지를 보유한다.
② 펌프설비 그 직하의 지반면 주위에 높이 0.15m 이상의 턱을 만든다.
③ 펌프설비 그 직하의 지반면의 최저부에는 집유설비를 만든다.
④ 집유설비에는 위험물이 배수구에 유입되지 않도록 유분리장치를 만든다.

정답   44. ②   45. ④   46. ④

》 ④ 옥외탱크저장소의 펌프실 외의 장소에 설치하는 펌프설비의 기준으로 3m 이상의 공지, 지반면 주위에 높이 0.15m 이상의 턱, 집유설비, 유분리장치를 설치해야 하지만 **제4류 위험물 중 알코올류는 수용성이므로 물과 분리할 수가 없다.** 따라서 유분리장치가 필요 없다.

47 위험물안전관리법령상 옥내저장탱크와 탱크전용실의 벽과의 사이 및 옥내저장탱크의 상호간에는 몇 m 이상의 간격을 유지하여야 하는가? (단, 탱크의 점검 및 보수에 지장이 없는 경우는 제외한다.)

① 0.5m ② 1m
③ 1.5m ④ 2m

》 옥내저장탱크와 탱크전용실의 벽과의 사이 및 옥내저장탱크의 상호간에는 0.5m 이상의 간격을 유지하여야 한다.

48 옥외저장소에서 저장 또는 취급할 수 있는 위험물이 아닌 것은? (단, 국제해상위험물규칙에 적합한 용기에 수납된 위험물의 경우는 제외한다.)

① 제2류 위험물 중 황
② 제1류 위험물 중 과염소산염류
③ 제6류 위험물
④ 제2류 위험물 중 인화점이 10℃인 인화성고체

》 ② 제1류 위험물은 어떠한 종류라도 옥외저장소에 저장할 수 없다.

49 위험물제조소등의 용도폐지신고에 대한 설명으로 옳지 않은 것은?

① 용도폐지 후 30일 이내에 신고하여야 한다.
② 완공검사필증을 첨부한 용도폐지신고서를 제출하는 방법으로 신고한다.
③ 전자문서로 된 용도폐지신고서를 제출하는 경우에도 완공검사필증을 제출하여야 한다.

④ 신고의무의 주체는 해당 제조소등의 관계인이다.

》 제조소등을 용도폐지하려는 제조소등의 관계인은 용도폐지신고서에 제조소등의 완공검사필증을 첨부하여 제조소등의 용도를 폐지한 날부터 **14일 이내에 시·도지사에게 신고**하여야 한다.

50 위험물안전관리법령상 운송책임자의 감독·지원을 받아 운송하여야 하는 위험물은?

① 알킬리튬 ② 과산화수소
③ 가솔린 ④ 경유

》 위험물의 운송 시 운송책임자의 감독·지원을 받아 운송하여야 하는 위험물은 **알킬리튬** 및 알킬알루미늄이다.

51 아염소산염류 500kg과 질산염류 3,000kg을 저장하는 경우 위험물의 소요단위는 얼마인가?

① 2 ② 4
③ 6 ④ 8

》 위험물의 소요단위는 지정수량의 10배이므로 다음과 같다.

$$\therefore \frac{500kg}{50kg \times 10} + \frac{3,000kg}{300kg \times 10} = 2$$

52 위험물제조소의 연면적이 몇 m^2 이상일 경우 경보설비 중 자동화재탐지설비를 설치하여야 하는가?

① 400m^2 ② 500m^2
③ 600m^2 ④ 800m^2

》 제조소 및 일반취급소는 연면적 500m^2 이상이거나 지정수량의 100배 이상이면 자동화재탐지설비를 설치해야 한다.

53 소화난이도등급 Ⅱ의 옥내탱크저장소에는 대형수동식 소화기 및 소형수동식 소화기를 각각 몇 개 이상 설치하여야 하는가?

① 4개 ② 3개
③ 2개 ④ 1개

정답 47. ① 48. ② 49. ① 50. ① 51. ① 52. ② 53. ④

➠ 소화난이도등급 Ⅱ의 제조소등에 설치하여야 하는 소화설비의 기준

제조소등의 구분	소화설비
제조소, 옥내저장소, 옥외저장소, 주유취급소, 판매취급소, 일반취급소	방사능력범위 내에 해당 건축물, 그 밖의 공작물 및 위험물이 포함되도록 대형수동식 소화기를 설치하고, 해당 위험물 소요단위의 1/5 이상에 해당되는 능력단위의 소형수동식 소화기 등을 설치할 것
옥외탱크저장소, **옥내탱크저장소**	**대형수동식 소화기 및 소형수동식 소화기 등을 각각 1개 이상 설치**할 것

54 알코올류 20,000L에 대한 소화설비 설치 시 소요단위는?

① 5단위

② 10단위

③ 15단위

④ 20단위

➠ 위험물의 소요단위는 지정수량의 10배를 1소요단위로 하며 알코올류의 지정수량은 400L이다.

$$\therefore \frac{20,000L}{400L \times 10} = 5$$

55 제1종 판매취급소의 위치, 구조 및 설비의 기준으로 틀린 것은?

① 천장을 설치하는 경우에는 천장을 불연재료로 할 것

② 창 및 출입구에는 60분+방화문·60분 방화문 또는 30분 방화문을 설치할 것

③ 건축물의 지하 또는 1층에 설치할 것

④ 위험물배합실은 바닥면적 6m² 이상 15m² 이하로 할 것

➠ ① 보와 천장은 불연재료로 하고 그 외 건축물의 부분은 내화구조 또는 불연재료로 할 것
② 창 및 출입구에는 60분+방화문·60분 방화문 또는 30분 방화문을 설치할 것
③ 건축물의 1층에 설치할 것
④ 위험물배합실의 바닥면적은 6m² 이상 15m² 이하로 하고 내화구조 또는 불연재료로 된 벽으로 구획할 것

56 다음 중 위험물안전관리법상 설치허가 및 완공검사 절차에 관한 설명으로 틀린 것은 무엇인가?

① 지정수량의 1천배 이상의 위험물을 취급하는 제조소는 한국소방산업기술원으로부터 해당 제조소의 구조설비에 관한 기술검토를 받아야 한다.

② 50만L 이상인 옥외탱크저장소는 한국소방산업기술원으로부터 해당 탱크의 기초 지반 및 탱크 본체에 관한 기술검토를 받아야 한다.

③ 지정수량의 1천배 이상의 제4류 위험물을 저장하는 저장소의 완공검사는 한국소방산업기술원이 실시한다.

④ 50만L 이상인 옥외탱크저장소의 완공검사는 한국소방산업기술원이 실시한다.

➠ 한국소방산업기술원이 위탁받아 수행하는 탱크의 설치 또는 변경에 따른 기술검토 및 완공검사 업무
1) 지정수량의 1천배 이상의 위험물을 취급하는 제조소 또는 일반취급소의 구조·설비에 관한 사항의 기술검토
2) 50만L 이상의 옥외탱크저장소 또는 암반탱크저장소의 탱크의 기초, 기반, 탱크 본체 및 소화설비에 관한 사항의 기술검토
3) **지정수량의 1천배 이상의 위험물을 취급하는 제조소 또는 일반취급소의 설치 또는 변경의 완공검사**
4) 50만L 이상의 옥외탱크저장소 또는 암반탱크저장소의 설치 또는 변경에 따른 완공검사

57 위험물제조소등의 지위승계에 관한 설명으로 옳은 것은?

① 양도는 승계 사유이지만 상속이나 법인의 합병은 승계 사유에 해당하지 않는다.

② 지위승계의 사유가 있는 날로부터 14일 이내에 승계신고를 하여야 한다.

③ 시·도지사에게 신고하여야 하는 경우와 소방서장에게 신고하여야 하는 경우가 있다.

정답 54. ① 55. ③ 56. ③ 57. ③

④ 민사집행법에 의한 경매 절차에 따라 제조소등을 인수한 경우에는 지위승계신고를 한 것으로 간주한다.

》》① 양도, 상속, 합병 또는 경매 등을 통해 인수한 경우에도 지위를 승계한 것으로 간주한다.
② 제조소등의 설치자의 지위를 승계한 자는 승계한 날부터 30일 이내에 시·도지사에게 신고하여야 한다.
③ 시·도지사는 업무의 일부를 소방서장에게 위임할 수 있기 때문에 시·도지사 대신 소방서장에게 신고할 수도 있는 것이다.
④ 경매를 통해 인수한 경우 지위를 승계하였지만 지위승계신고를 별도로 행하여야 한다.

58 염소산칼륨의 성질에 대한 설명으로 옳은 것은 무엇인가?

① 가연성 액체이다.
② 강력한 산화제이다.
③ 물보다 가볍다.
④ 열분해하면 수소를 발생한다.

》》① 산화성 고체이다.
② 제1류 위험물로서 산소공급원을 가지므로 강력한 산화제(가연물을 태우는 성질의 물질)이다.
③ 모든 제1류 위험물은 물보다 무겁다.
④ 모든 제1류 위험물은 열분해하면 산소를 발생한다.

59 인화칼슘이 물과 반응하여 발생하는 가스는 무엇인가?

① PH$_3$ ② H$_2$
③ CO$_2$ ④ N$_2$

》》 인화칼슘(제3류 위험물)의 물과의 반응식
: Ca$_3$P$_2$ + 6H$_2$O → 3Ca(OH)$_2$ + 2PH$_3$
　　인화칼슘　　　물　　　수산화칼슘　　포스핀
※ 포스핀은 인화수소라고도 불린다.

60 황의 성상에 관한 설명으로 틀린 것은?

① 연소할 때 발생하는 가스는 냄새를 갖고 있으나 인체에 무해하다.
② 미분이 공기 중에 떠 있을 때 분진폭발의 우려가 있다.
③ 용융된 황을 물에서 급랭하면 고무상황을 얻을 수 있다.
④ 연소할 때 아황산가스를 발생한다.

》》 황의 성질에는 다음과 같은 것이 있다.
1) 제2류 위험물인 가연성 고체로서 미분상태에서 분진폭발이 가능한 물질이다.
2) 녹인 황을 급랭시키면 고무상황을 만들 수 있다.
3) 사방황, 단사황, 고무상황의 3가지 동소체를 가지며 물에 녹지 않는다.
4) 고무상황을 제외하고는 제4류 위험물의 특수인화물인 이황화탄소(CS$_2$)에 녹는다.
5) **연소 시 발생하는 아황산가스는 자극성 냄새를 가지며 인체에 유독성이 있다.**
　 – 연소반응식 : S + O$_2$ → SO$_2$
　　　　　　　　　황　산소　이산화황
　　　　　　　　　　　　(아황산가스)

Craftsman Hazardous material

연도별 기출문제

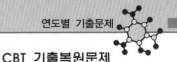

2021

CBT 기출복원문제
제4회 위험물기능사

2021년 10월 3일 시행

01 다음 중 증발연소를 하는 물질이 아닌 것은?

① 황　　　　　　② 석탄
③ 파라핀　　　　④ 나프탈렌

≫ ② 석탄은 분해연소하는 물질이다.

02 주된 연소형태가 나머지 셋과 다른 하나는 어느 것인가?

① 아연분　　　　② 양초
③ 코크스　　　　④ 목탄

≫ ① 아연분 : 표면연소
② **양초 : 증발연소**
③ 코크스 : 표면연소
④ 목탄 : 표면연소

03 플래시오버에 대한 설명으로 옳은 것은?

① 대부분 화재 초기(발화기)에 발생한다.
② 대부분 화재 종기(쇠퇴기)에 발생한다.
③ 내장재의 종류와 개구부의 크기에 영향을 받는다.
④ 산소의 공급이 주요 요인이 되어 발생한다.

≫ 플래시오버는 건물 내에서 화재가 진행되어 열이 축적되어 있다가 화염이 순간적으로 실내 전체로 확대되는 현상으로서 **산소의 공급이 주요 원인이 되지는 않으며** 화재의 성장기에서 최성기로 넘어가는 시점에 발생하고 내장재의 종류 또는 개구부의 크기에 따라 영향을 받을 수 있다.

04 표준상태에서 탄소 1몰이 완전히 연소하면 몇 L의 이산화탄소가 생성되는가?

① 11.2L　　　　② 22.4L
③ 44.8L　　　　④ 56.8L

≫ 탄소 1몰의 연소반응식은 다음과 같다.
$$C + O_2 \rightarrow CO_2$$
탄소　산소　　이산화탄소
모든 기체 1몰은 표준상태에서 부피가 22.4L이기 때문에 이 연소반응식에서 발생하는 이산화탄소(CO_2) 1몰의 부피 또한 22.4L이다.

05 소화효과 중 부촉매효과를 기대할 수 있는 소화약제는?

① 물소화약제
② 포소화약제
③ 분말소화약제
④ 이산화탄소 소화약제

≫ **부촉매효과**(억제효과)는 할로겐화합물 소화약제와 제3종 **분말소화약제**가 갖는 효과이다.

06 다음에서 소화기의 사용방법을 올바르게 설명한 것을 모두 나열한 것은?

┌─────────────────────────────┐
│ ㉠ 적응화재에만 사용할 것
│ ㉡ 불과 최대한 멀리 떨어져서 사용할 것
│ ㉢ 바람을 마주보고 풍하에서 풍상 방향으로 사용할 것
│ ㉣ 양옆으로 비로 쓸듯이 골고루 사용할 것
└─────────────────────────────┘

① ㉠, ㉡　　　　② ㉠, ㉢
③ ㉠, ㉣　　　　④ ㉠, ㉢, ㉣

≫ ㉡ 불과 최대한 가까이 접근해서 사용할 것
㉢ 바람을 등지고 풍상에서 풍하 방향으로 사용할 것

07 영하 20℃ 이하의 겨울철이나 한랭지에서 사용하기에 적합한 소화기는?

① 분무주수 소화기　② 봉상주수 소화기
③ 물주수 소화기　　④ 강화액 소화기

>> ④ 겨울철이나 한랭지에서 사용하기에 적합한 소화기는 강화액 소화기이다.

08 다음은 어떤 화합물의 구조식인가?

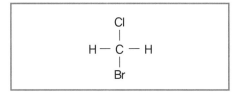

① 할론 1301　　② 할론 1201
③ 할론 1011　　④ 할론 2402

>> C 1개, F 0개, Cl 1개, Br 1개이므로 할론 1011 이라고 한다. 이때 수소의 개수는 할론번호에 포함되지 않는다.

09 소화기 속에 압축되어 있는 이산화탄소 1.1kg을 표준상태에서 분사하였다. 이산화탄소의 부피는 몇 m^3가 되는가?

① $0.56m^3$　　② $5.6m^3$
③ $11.2m^3$　　④ $24.6m^3$

>> 이산화탄소(CO_2) 1mol의 분자량은 12g(C) + 16g(O) ×2 =44g이고, 표준상태(0℃, 1기압)에서 모든 기체 1몰의 부피는 22.4L이다.
1kg = 1,000g이고　1m^3 = 1,000L이므로
$$1,100g\ CO_2 \times \frac{1mol\ CO_2}{44g\ CO_2} \times \frac{22.4L}{1mol\ CO_2} \times \frac{1m^3}{1,000L}$$
$$= 0.56m^3\ CO_2$$

10 위험물제조소등에 설치해야 하는 각 소화설비의 설치기준에 있어서 각 노즐 또는 헤드 선단의 방사압력기준이 나머지 셋과 다른 설비는?

① 옥내소화전설비
② 옥외소화전설비
③ 스프링클러설비
④ 물분무소화설비

>> ① 옥내소화전설비 : 350kPa
② 옥외소화전설비 : 350kPa
③ **스프링클러설비 : 100kPa**
④ 물분무소화설비 : 350kPa

11 스프링클러설비의 장점이 아닌 것은?

① 화재의 초기진압에 효율적이다.
② 사용약제를 쉽게 구할 수 있다.
③ 자동으로 화재를 감지하고 소화할 수 있다.
④ 다른 소화설비보다 구조가 간단하고 시설비가 적다.

>> ① 스프링클러는 물론 대부분의 소화설비는 화재의 초기진압에 효율적이다.
② 사용약제는 물이므로 쉽게 구할 수 있다.
③ 자동으로 화재를 감지하고 소화할 수 있는 기능을 가지고 있다.
④ **다른 소화설비보다 구조가 복잡하고 시설비가 많이 든다.**

12 다음 중 위험등급 I의 위험물이 아닌 것은 어느 것인가?

① 무기과산화물　　② 적린
③ 나트륨　　④ 과산화수소

>> ① 무기과산화물(제1류 위험물) : 위험등급 I
② **적린(제2류 위험물) : 위험등급 II**
③ 나트륨(제3류 위험물) : 위험등급 I
④ 과산화수소(제6류 위험물) : 위험등급 I

13 위험물안전관리법령상 유별이 같은 것으로만 나열된 것은?

① 금속의 인화물, 칼슘의 탄화물, 할로젠간화합물
② 아조벤젠, 염산하이드라진, 질산구아니딘
③ 황린, 적린, 무기과산화물
④ 유기과산화물, 질산에스터류, 알킬리튬

>> ① 금속의 인화물(제3류 위험물), 칼슘의 탄화물(제3류 위험물), 할로젠간화합물(제6류 위험물)
② **아조벤젠(제5류 위험물의 아조화합물), 염산하이드라진(제5류 위험물의 하이드라진유도체), 질산구아니딘(제5류 위험물)**
③ 황린(제3류 위험물), 적린(제2류 위험물), 무기과산화물(제1류 위험물)
④ 유기과산화물(제5류 위험물), 질산에스터류(제5류 위험물), 알킬리튬(제3류 위험물)

정답　08. ③　09. ①　10. ③　11. ④　12. ②　13. ②

14 위험물안전관리법령상 지정수량이 다른 하나는?

① 인화칼슘　　　② 루비듐
③ 칼슘　　　　　④ 차아염소산칼륨

➤ ① **인화칼슘**(Ca_3P_2) : 제3류 위험물 중 금속의 인화물로서 **지정수량 300kg**
　② 루비듐(Rb) : 제3류 위험물 중 알칼리금속으로서 지정수량 50kg
　③ 칼슘(Ca) : 제3류 위험물 중 알칼리토금속으로서 지정수량 50kg
　④ 차아염소산칼륨(KClO) : 제1류 위험물 중 행정안전부령이 정하는 위험물로서 지정수량 50kg

15 다음 중 제1류 위험물에 속하지 않는 것은?

① 질산구아니딘
② 과아이오딘산
③ 납 또는 아이오딘의 산화물
④ 염소화아이소사이아누르산

➤ ① 질산구아니딘은 행정안전부령으로 정하는 제5류 위험물이다.

16 위험물의 품명이 질산염류에 속하지 않는 것은?

① 질산메틸　　　② 질산칼륨
③ 질산나트륨　　④ 질산암모늄

➤ ① **질산메틸 : 제5류 위험물 중 질산에스터류**
　② 질산칼륨 : 제1류 위험물 중 질산염류
　③ 질산나트륨 : 제1류 위험물 중 질산염류
　④ 질산암모늄 : 제1류 위험물 중 질산염류

🎓 똑똑한 풀이비법

시험에 자주 나오는 제1류 위험물의 염류는 K(칼륨), Na(나트륨), NH_4(암모늄)이다.

17 과산화칼륨의 저장창고에서 화재가 발생하였다. 다음 중 가장 적합한 소화약제는?

① 물　　　　　　② 이산화탄소
③ 마른모래　　　④ 염산

➤ 과산화칼륨은 제1류 위험물 중 알칼리금속의 과산화물로서 적응성이 있는 소화약제는 **마른모래**, 팽창질석, 팽창진주암, 탄산수소염류 분말소화약제이다.

18 과산화나트륨이 물과 반응하면 어떤 물질과 산소를 발생하는가?

① 수산화나트륨
② 수산화칼륨
③ 질산나트륨
④ 아염소산나트륨

➤ 과산화나트륨이 물과 반응하면 **수산화나트륨**(NaOH)과 산소(O_2)가 발생한다.
$$2Na_2O_2 + 2H_2O \rightarrow 4NaOH + O_2$$
과산화나트륨　　물　　수산화나트륨　산소

19 제2류 위험물인 마그네슘에 대한 설명으로 옳지 않은 것은?

① 2mm의 체를 통과한 것만 위험물에 해당된다.
② 화재 시 이산화탄소 소화약제로 소화가 가능하다.
③ 가연성 고체로 산소와 반응하여 산화반응을 한다.
④ 주수소화를 하면 가연성의 수소가스가 발생한다.

➤ ① 2mm의 체를 통과하는 것 또는 직경이 2mm 미만의 것만 위험물에 해당된다.
　② **화재 시 마른모래, 팽창질석, 팽창진주암, 탄산수소염류 분말소화약제만 적응성이 있다.**
　③ 산소와 산화반응을 하여 산화마그네슘을 생성한다.
　④ 주수소화를 하면 물과 반응하여 가연성의 수소가스가 발생한다.

20 다음은 위험물안전관리법령에서 정한 내용이다. (　) 안에 알맞은 용어는?

> (　)라 함은 고형 알코올, 그 밖에 1기압에서 인화점이 섭씨 40도 미만인 고체를 말한다.

① 가연성 고체　　② 산화성 고체
③ 인화성 고체　　④ 자기반응성 고체

>> 제2류 위험물 중 인화성 고체라 함은 고형 알코올, 그 밖에 1기압에서 인화점이 섭씨 40도 미만인 고체를 말한다.

21 황의 성질을 설명한 것으로 옳은 것은?

① 전기의 양도체이다.
② 물에 잘 녹는다.
③ 연소하기 어려워 분진폭발의 위험성은 없다.
④ 높은 온도에서 탄소와 반응하여 이황화탄소가 생긴다.

>> ① 전기의 불량도체이다.
② 물에 안 녹고 이황화탄소에 잘 녹는다.
③ 연소하기 쉽고 분진폭발의 위험성도 크다.
④ 높은 온도에서 **탄소와 반응하여 이황화탄소를 만든다.**
  – 황과 탄소의 반응식
  $C + 2S \rightarrow CS_2$
  탄소 황 이황화탄소

22 탄화칼슘의 취급방법에 대한 설명으로 옳지 않은 것은?

① 물, 습기와의 접촉을 피한다.
② 건조한 장소에 밀봉·밀전하여 보관한다.
③ 습기와 작용하여 다량의 메테인이 발생하므로 저장 중에 메테인가스의 발생 유무를 조사한다.
④ 저장용기에 질소가스 등 불활성 가스를 충전하여 저장한다.

>> ③ 습기(물)와 반응 시 메테인이 아닌 아세틸렌(C_2H_2)가스를 발생한다.
  – 탄화칼슘과 물의 반응식
  $CaC_2 + 2H_2O \rightarrow Ca(OH)_2 + C_2H_2$
  탄화칼슘 물   수산화칼슘 아세틸렌

23 다음 중 화재발생 시 물을 이용한 소화가 효과적인 물질은?

① 트라이메틸알루미늄 ② 황린
③ 나트륨   ④ 인화칼슘

>> 자연발화성 물질인 황린(제3류 위험물)은 물속에 보관하며 화재 시 물로 냉각소화한다.

24 다음 중 알킬알루미늄의 소화방법으로 가장 적합한 것은?

① 팽창질석에 의한 소화
② 알코올포에 의한 소화
③ 주수에 의한 소화
④ 산, 알칼리 소화약제에 의한 소화

>> 알킬알루미늄(제3류 위험물)의 화재 시에는 마른모래, **팽창질석**, 팽창진주암, 탄산수소염류 분말 소화약제만 적응성이 있다.

25 위험물안전관리법령상 제3류 위험물 중 금수성 물질의 화재에 적응성이 있는 소화설비는?

① 탄산수소염류의 분말소화설비
② 불활성가스 소화설비
③ 할로젠화합물 소화설비
④ 인산염류의 분말소화설비

>> 제1류 위험물 중 알칼리금속의 과산화물, 제2류 위험물 중 철분, 마그네슘, 금속분, **제3류 위험물 중 금수성 물질의 화재에는 탄산수소염류 분말 소화약제** 또는 마른모래, 팽창질석, 팽창진주암이 적응성을 가진다.

26 인화점이 상온 이상인 위험물은?

① 중유
② 아세트알데하이드
③ 아세톤
④ 이황화탄소

>> ① 중유(제3석유류) : 인화점 70℃ 이상 200℃ 미만
② 아세트알데하이드(특수인화물) : 발화점 100℃ 이하이거나 인화점 –20℃ 이하이고 비점 40℃ 이하인 것
③ 아세톤(제1석유류) : 인화점 21℃ 미만
④ 이황화탄소(특수인화물) : 발화점 100℃ 이하이거나 인화점 –20℃ 이하이고 비점 40℃ 이하인 것

🎓 똑똑한 풀이비법
상온이 1기압, 20℃를 의미하므로 제3석유류의 인화점은 상온 이상에 해당된다.

정답 21. ④ 22. ③ 23. ② 24. ① 25. ① 26. ①

27 이황화탄소에 관한 설명으로 틀린 것은?

① 비교적 무거운 무색의 고체이다.

② 인화점이 0℃ 이하이다.

③ 약 100℃에서 발화할 수 있다.

④ 이황화탄소의 증기는 유독하다.

➤➤ ① 제4류 위험물 중 특수인화물에 해당하는 물보다 무거운 **액체상태의 물질**이다.
   ② 인화점은 –30℃로서, 0℃ 이하이다.
   ③ 발화점은 100℃이다.
   ④ 이황화탄소의 증기는 유독하여 중추신경계통에 마비를 일으킬 수 있다.

28 등유의 지정수량에 해당하는 것은?

① 100L

② 200L

③ 1,000L

④ 2,000L

➤➤ 등유(제4류 위험물)는 제2석유류의 비수용성 물질로서 지정수량은 1,000L이다.

29 위험물 분류에서 제1석유류에 대한 설명으로 옳은 것은?

① 아세톤, 휘발유, 그 밖에 1기압에서 인화점이 섭씨 21도 미만인 것

② 등유, 경유, 그 밖의 액체로서 인화점이 섭씨 21도 이상 70도 미만의 것

③ 중유, 도료류로서 인화점이 섭씨 70도 이상 200도 미만의 것

④ 기계유, 실린더유, 그 밖의 액체로서 인화점이 섭씨 200도 이상 250도 미만의 것

➤➤ ① 제1석유류 : **아세톤, 휘발유, 그 밖에 1기압에서 인화점이 섭씨 21도 미만인 것**
   ② 제2석유류 : 등유, 경유, 그 밖에 1기압에서 인화점이 섭씨 21도 이상 70도 미만인 것
   ③ 제3석유류 : 중유, 크레오소트유, 그 밖에 1기압에서 인화점이 섭씨 70도 이상 200도 미만인 것
   ④ 제4석유류 : 기어유, 실린더유, 그 밖에 1기압에서 인화점이 섭씨 200도 이상 250도 미만인 것

30 다음 중 증기의 밀도가 가장 큰 것은?

① 다이에틸에터

② 벤젠

③ 가솔린(옥테인 100%)

④ 에틸알코올

➤➤ 증기밀도는 분자량을 22.4L로 나눈 값으로 분자량이 가장 크면 증기밀도도 가장 크다.
   ① 다이에틸에터($C_2H_5OC_2H_5$) : $12(C)\times4+1(H)\times10+16(O)=74$
   ② 벤젠(C_6H_6) : $12(C)\times6+1(H)\times6=78$
   ③ 옥테인 100%(C_8H_{18}) : $12(C)\times8+1(H)\times18=114$
   ④ 에틸알코올(C_2H_5OH) : $12(C)\times2+1(H)\times6+16(O)=46$

31 벤젠에 대한 설명으로 옳은 것은?

① 휘발성이 강한 액체이다.

② 물에 매우 잘 녹는다.

③ 증기의 비중은 1.5이다.

④ 순수한 것의 융점은 30℃이다.

➤➤ ① **휘발성**과 독성이 강한 제4류 위험물의 **액체**이다.
   ② 물에 안 녹는다.
   ③ 증기비중은 벤젠의 분자량 78을 공기의 분자량 29로 나눈 값으로 $\dfrac{78}{29}=2.69$이다.
   ④ 순수한 것의 융점은 5.5℃이다.

32 공기 중에서 산소와 반응하여 과산화물을 생성하는 물질은?

① 다이에틸에터 ② 이황화탄소

③ 에틸알코올 ④ 과산화나트륨

➤➤ **다이에틸에터**(제4류 위험물)의 과산화물 생성
   1) 햇빛에 분해되거나 **공기 중 산소로 인해 과산화물을 생성**할 수 있으므로 갈색병에 밀전·밀봉해서 보관해야 한다.
   2) 저장 시 과산화물이 생성되었는지를 확인하는 과산화물 검출시약은 KI(아이오딘화칼륨) 10% 용액이며 이를 반응시켰을 때 황색으로 변하면 과산화물이 생성되었다고 판단한다.
   3) 과산화물이 생성되었다면 제거해야 하는데 과산화물 제거시약은 황산철(Ⅱ) 또는 환원철을 이용한다.

정답 27. ① 28. ③ 29. ① 30. ③ 31. ① 32. ①

33 과산화벤조일에 대한 설명 중 틀린 것은?

① 진한 황산과 혼촉 시 위험성이 증가한다.

② 폭발성을 방지하기 위하여 희석제를 첨가할 수 있다.

③ 가열하면 약 100℃에서 흰 연기를 내면서 분해한다.

④ 물에 녹으며 무색, 무취의 액체이다.

≫ 과산화벤조일(제5류 위험물)은 유기과산화물에 포함되는 고체상태의 물질이며 물에는 녹지 않는다.

34 Ca_3P_2 600kg을 저장하려 한다. 지정수량의 배수는 얼마인가?

① 2배 　　　　② 3배

③ 4배 　　　　④ 5배

≫ 제3류 위험물 중 인화칼슘(Ca_3P_2)의 지정수량은 300kg이므로 저장량 600kg은 지정수량의 $\frac{600kg}{300kg}$ = 2배이다.

35 제5류 위험물의 화재 시 소화방법에 대한 설명으로 옳은 것은?

① 가연성 물질로서 연소속도가 빠르므로 질식소화가 효과적이다.

② 할로젠화합물 소화기가 적응성이 있다.

③ CO_2 및 분말소화기가 적응성이 있다.

④ 다량의 주수에 의한 냉각소화가 효과적이다.

≫ 제5류 위험물의 화재 시에는 다량의 주수에 의한 냉각소화가 효과적이다.

36 다음 중 나이트로화합물에 속하지 않는 것은?

① 나이트로벤젠

② 테트릴

③ 트라이나이트로톨루엔

④ 피크린산

≫ ① 나이트로벤젠($C_6H_5NO_2$)은 제4류 위험물 중 제3석유류에 속하는 물질이다.

37 다음 중 제5류 위험물이 아닌 것은?

① 나이트로글리세린

② 나이트로톨루엔

③ 나이트로글리콜

④ 트라이나이트로톨루엔

≫ ① 나이트로글리세린 : 제5류 위험물 중 질산에스터류

② **나이트로톨루엔 : 제4류 위험물** 중 제3석유류

③ 나이트로글리콜 : 제5류 위험물 중 질산에스터류

④ 트라이나이트로톨루엔 : 제5류 위험물 중 나이트로화합물

38 다음에서 설명하는 물질은 무엇인가?

> • 살균제 및 소독제로도 사용된다.
> • 분해할 때 발생하는 발생기산소[O]는 난분해성 유기물질을 산화시킬 수 있다.

① $HClO_4$ 　　　② CH_3OH

③ H_2O_2 　　　④ H_2SO_4

≫ 제6류 위험물인 과산화수소(H_2O_2)에 대한 설명이다.

39 질산이 직사일광에 노출될 때 어떻게 되는가?

① 분해되지는 않으나 붉은 색으로 변한다.

② 분해되지는 않으나 녹색으로 변한다.

③ 분해되어 질소를 발생한다.

④ 분해되어 이산화질소를 발생한다.

≫ 질산(제6류 위험물)은 분해하여 적갈색의 이산화질소(NO_2)가스를 발생한다.

40 제5류 위험물을 취급하는 위험물제조소에 설치하는 주의사항 게시판에서 표시하는 내용과 바탕색, 문자색으로 옳은 것은?

① 화기주의, 백색 바탕에 적색 문자

② 화기주의, 적색 바탕에 백색 문자

③ 화기엄금, 백색 바탕에 적색 문자

④ 화기엄금, 적색 바탕에 백색 문자

≫ 제5류 위험물의 제조소등에는 적색 바탕에 백색 문자로 "화기엄금"을 표시한다.

정답　33. ④　34. ①　35. ④　36. ①　37. ②　38. ③　39. ④　40. ④

41 위험물을 운반용기에 담아 지정수량의 1/10을 초과하여 적재하는 경우 위험물을 혼재하여도 무방한 것은?

① 제1류 위험물과 제6류 위험물
② 제2류 위험물과 제6류 위험물
③ 제2류 위험물과 제3류 위험물
④ 제3류 위험물과 제5류 위험물

>> 제1류 위험물과 혼재 가능한 것은 제6류 위험물이다.

 위험물의 혼재기준

42 과산화수소의 운반용기 외부에 표시하여야 하는 주의사항은?

① 화기주의   ② 충격주의
③ 물기엄금   ④ 가연물접촉주의

>> 과산화수소(제6류 위험물)의 운반용기 외부에 표시하는 주의사항은 "가연물접촉주의"이다.

43 액체 위험물을 운반용기에 수납할 때 내용적 몇 % 이하의 수납률로 수납하여야 하는가?

① 95%   ② 96%
③ 97%   ④ 98%

>> 운반용기 수납률의 기준
1) 고체 위험물 : 운반용기 내용적의 95% 이하
2) 액체 위험물 : 운반용기 내용적의 98% 이하 (55℃에서 누설되지 않도록 공간용적을 유지)
3) 알킬알루미늄등 : 운반용기의 내용적의 90% 이하(50℃에서 5% 이상의 공간용적을 유지)

44 다음 ( ) 안에 알맞은 수치를 차례대로 올바르게 나열한 것은?

위험물 암반탱크의 공간용적은 해당 탱크 내에 용출하는 ( )일간의 지하수 양에 상당하는 용적과 해당 탱크 내용적의 100분의 ( )의 용적 중에서 보다 큰 용적을 공간용적으로 한다.

① 1, 1   ② 7, 1
③ 1, 5   ④ 7, 5

>> 위험물 암반탱크의 공간용적은 해당 탱크 내에 용출하는 7일간의 지하수 양에 상당하는 용적과 해당 탱크 내용적의 100분의 1의 용적 중에서 보다 큰 용적을 공간용적으로 한다.

45 위험물안전관리법령에서 정한 제5류 위험물 이동저장탱크의 외부도장 색상은?

① 황색   ② 회색
③ 적색   ④ 청색

>> 이동저장탱크의 외부도장 색상
1) 제1류 위험물 : 회색
2) 제2류 위험물 : 적색
3) 제3류 위험물 : 청색
4) 제4류 위험물 : 적색(색상에 대한 제한은 없으나 적색을 권장)
5) **제5류 위험물 : 황색**
6) 제6류 위험물 : 청색

46 위험물제조소의 건축물 구조기준 중 연소의 우려가 있는 외벽은 출입구 외의 개구부가 없는 내화구조의 벽으로 하여야 한다. 이때 연소의 우려가 있는 외벽은 제조소가 설치된 부지의 경계선에서 몇 m 이내에 있는 외벽을 말하는가? (단, 단층 건물일 경우이다.)

① 3m
② 4m
③ 5m
④ 6m

 연소의 우려가 있는 외벽의 기준

>> 연소의 우려가 있는 외벽은 다음에서 정한 선을 기산점으로 하여 **3m**(제조소등이 2층 이상의 층은 5m) **이내에 있는 외벽**을 말한다.
1) 제조소등이 설치된 부지의 경계선
2) 제조소 등에 인접한 도로의 중심선
3) 제조소등의 외벽과 동일부지 내 다른 건축물의 외벽 간의 중심선

47 위험물안전관리법령에서 정한 탱크 안전성능검사의 구분에 해당하지 않는 것은?

① 기초 · 지반 검사   ② 충수 · 수압 검사
③ 용접부 검사   ④ 배관 검사

≫ 탱크 안전성능검사의 종류
1) 기초·지반 검사
2) 충수·수압 검사
3) 용접부 검사
4) 암반탱크 검사

48 위험물안전관리법령에서 정한 아세트알데하이드등을 취급하는 제조소의 특례에 관한 내용이다. ( ) 안에 해당하는 물질이 아닌 것은?

> 아세트알데하이드등을 취급하는 설비는 (   ), (   ), (   ), (   ) 또는 이들을 성분으로 하는 합금으로 만들지 아니할 것

① 동   ② 은
③ 금   ④ 마그네슘

≫ 아세트알데하이드등을 취급하는 설비는 수은, 은, 구리(동), 마그네슘과의 반응으로 금속아세틸라이트라는 폭발성 물질을 생성하므로 이들 금속과 접촉을 피해야 한다.

49 알킬알루미늄등 또는 아세트알데하이드등을 취급하는 제조소의 특례기준으로서 옳은 것은?

① 알킬알루미늄등을 취급하는 설비에는 불활성 기체 또는 수증기를 봉입하는 장치를 설치한다.
② 알킬알루미늄등을 취급하는 설비는 은, 수은, 동, 마그네슘을 성분으로 하는 것으로 만들지 않는다.
③ 아세트알데하이드등을 취급하는 탱크에는 냉각장치 또는 보냉장치 및 불활성 기체 봉입장치를 설치한다.
④ 아세트알데하이드등을 취급하는 설비의 주위에는 누설범위를 국한하기 위한 설비와 누설되었을 때 안전한 장소에 설치된 저장실에 유입시킬 수 있는 설비를 갖춘다.

≫ 위험물의 성질에 따른 각종 제조소의 특례
1. 알킬알루미늄등을 취급하는 제조소
   1) 알킬알루미늄등을 취급하는 설비에는 불활성 기체를 봉입하는 장치를 갖출 것
   2) 알킬알루미늄등을 취급하는 설비의 주위에는 누설범위를 국한하기 위한 설비와 누설된 알킬알루미늄등을 안전한 장소에 설치된 저장실에 유입시킬수 있는 설비를 갖출 것
2. 아세트알데하이드등을 취급하는 제조소등의 설비
   1) 아세트알데하이드등을 취급하는 제조소의 설비에는 은, 수은, 구리(동), 마그네슘을 성분으로 하는 합금으로 만들지 아니할 것
   2) 아세트알데하이드등을 취급하는 제조소의 설비에는 연소성 혼합기체의 폭발을 방지하기 위한 불활성 기체 또는 수증기 봉입장치를 갖출 것
   3) **아세트알데하이드등을 저장하는 탱크에는 냉각장치 또는 보냉장치(냉방을 유지하는 장치) 및 불활성 기체 봉입장치를 갖출 것**
   4) 아세트알데하이드등을 저장하는 탱크에는 냉각장치 또는 보냉장치를 2개 이상 설치하여 하나의 냉각장치 또는 보냉장치가 고장난 때에도 일정 온도를 유지할 수 있도록 할 것

50 이동탱크저장소에 의한 위험물의 운송 시 준수하여야 하는 기준에서 다음 중 어떤 위험물을 운송할 때 위험물운송자는 위험물안전카드를 휴대하여야 하는가?

① 특수인화물 및 제1석유류
② 알코올류 및 제2석유류
③ 제3석유류 및 동식물유류
④ 제4석유류

≫ 모든 위험물(제4류 위험물에 있어서는 특수인화물 및 제1석유류에 한한다)을 운송하게 하는 자는 위험물안전카드를 위험물운송자로 하여금 휴대하게 할 것

51 옥내에서 지정수량의 100배 이상을 취급하는 일반취급소에 설치하여야 하는 경보설비는? (단, 고인화점 위험물만을 취급하는 경우는 제외한다.)

① 비상경보설비
② 자동화재탐지설비
③ 비상방송설비
④ 비상벨설비 및 확성장치

정답 48. ③ 49. ③ 50. ① 51. ②

③ 지정수량의 100배 이상을 저장·취급할 경우

④ 지정수량의 150배 이상을 저장·취급할 경우

➤➤ 옥내저장소에서 지정수량의 10배 이상을 취급하는 경우는 경보설비(비상방송설비, 비상경보설비, 확성장치, 자동화재탐지설비) 중 하나 이상의 것을 설치하면 되지만 지정수량의 100배 이상을 취급하는 경우는 자동화재탐지설비만을 설치해야 한다.

➤➤ 자동화재탐지설비을 설치해야 하는 제조소 및 일반취급소
1) 연면적 500m² 이상인 것
2) **지정수량의 100배 이상을 취급하는 것**

52 소화설비의 설치기준으로 옳은 것은?

① 제4류 위험물을 저장 또는 취급하는 소화난이도등급 I 인 옥외탱크저장소에는 대형수동식 소화기 및 소형수동식 소화기 등을 각각 1개 이상 설치할 것

② 소화난이도등급 II 인 옥내탱크저장소는 소형수동식 소화기 등을 2개 이상 설치할 것

③ 소화난이도등급 III 인 지하탱크저장소는 능력단위의 수치가 2 이상인 소형수동식 소화기 등을 2개 이상 설치할 것

④ 제조소등에 전기설비(전기배선, 조명기구 등은 제외한다)가 설치된 경우에는 해당 장소의 면적 100m²마다 소형수동식 소화기를 1개 이상 설치할 것

➤➤ ① 제4류 위험물을 저장 또는 취급하는 소화난이도등급 I 인 옥외탱크저장소 또는 옥내탱크저장소에는 소형수동식 소화기 등을 2개 이상 설치하여야 한다.
② 소화난이도등급 II 인 옥내탱크저장소에는 대형수동식 소화기 및 소형수동식 소화기 등을 각각 1개 이상 설치하여야 한다.
③ 소화난이도등급 III 인 지하탱크저장소의 소화설비의 기준은 다음 [표]와 같다.

소화설비	설치기준	
소형수동식 소화기 등	능력단위의 수치가 3 이상	2개 이상

④ 전기설비가 설치된 제조소등에는 면적 100m²마다 소형수동식 소화기를 1개 이상 설치할 것

53 옥내저장소에서 지정수량의 몇 배 이상을 저장 또는 취급할 경우 자동화재탐지설비만을 설치하여야 하는가?

① 지정수량의 10배 이상을 저장·취급할 경우
② 지정수량의 50배 이상을 저장·취급할 경우

54 위험물제조소등에 설치하는 자동화재탐지설비의 설치기준에 대한 설명 중 틀린 것은?

① 자동화재탐지설비의 경계구역은 건축물, 공작물의 2 이상의 층에 걸치도록 할 것

② 하나의 경계구역에서 그 한 변의 길이는 50m 이하로 할 것

③ 자동화재탐지설비의 감지기는 지붕 또는 벽의 옥내에 면한 부분에 유효하게 화재의 발생을 감지할 수 있도록 설치할 것

④ 자동화재탐지설비에는 비상전원을 설치할 것

➤➤ 자동화재탐지설비의 경계구역기준
1) 건축물의 2 이상의 층에 걸치지 아니하도록 한다(경계구역의 면적이 500m² 이하이면 그러하지 아니하다).
2) 하나의 경계구역의 면적은 600m² 이하로 한다.
3) 한 변의 길이는 50m(광전식 분리형 감지기의 경우에는 100m) 이하로 한다.
4) 건축물의 주요한 출입구에서 그 내부 전체를 볼 수 있는 경우는 면적을 1,000m² 이하로 한다.
5) 자동화재탐지설비의 감지기는 지붕 또는 벽의 옥내에 면한 부분에 화재발생을 감지할 수 있도록 설치한다.
6) 자동화재탐지설비에는 비상전원을 설치한다.

55 소화설비의 설치기준에서 무기과산화물 1,000kg은 몇 소요단위에 해당하는가?

① 2　　② 3
③ 4　　④ 5

>> 소요단위는 지정수량의 10배이며, 제1류인 무기과산화물의 지정수량은 50kg이다.

$$\therefore \frac{1,000kg}{50kg \times 10} = 2소요단위$$

56 한국소방산업기술원이 시·도지사로부터 위탁받아 수행하는 탱크 안전성능검사 업무와 관계없는 액체위험물탱크는 무엇인가?

① 암반탱크
② 지하탱크저장소의 이중벽탱크
③ 100만L 용량의 지하저장탱크
④ 옥외에 있는 50만L 용량의 취급탱크

>> 1. 한국소방산업기술원이 시·도지사로부터 위탁받아 수행하는 **탱크 안전성능검사 업무에 해당하는 탱크**
   1) 암반탱크
   2) 지하탱크저장소의 이중벽탱크
   3) 용량이 100만L 이상인 액체위험물 저장탱크
2. 한국소방산업기술원이 시·도지사로부터 위탁받아 수행하는 탱크의 설치 또는 변경에 따른 완공검사 업무에 해당하는 제조소등
   1) 지정수량의 1천배 이상의 위험물을 취급하는 제조소 또는 일반취급소의 완공검사
   2) 50만L 이상의 옥외탱크저장소
   3) 암반탱크저장소

57 위험물안전관리자의 선임 등에 대한 설명으로 옳은 것은 무엇인가?

① 안전관리자는 국가기술자격 취득자 중에서만 선임하여야 한다.
② 안전관리자를 해임한 때에는 14일 이내에 다시 선임하여야 한다.
③ 제조소등의 관계인은 안전관리자가 일시적으로 직무를 수행할 수 없는 경우에는 14일 이내의 범위에서 안전관리자의 대리자를 지정하여 직무를 대행하게 하여야 한다.
④ 안전관리자를 선임한 때는 14일 이내에 신고하여야 한다.

>> ① 안전관리자는 국가기술자격 취득자 또는 위험물안전관리자 교육이수자 또는 소방공무원 경력 3년 이상인자 중에서 선임하여야 한다.

② 안전관리자가 해임되거나 퇴직한 때에는 해임되거나 퇴직한 날부터 30일 이내에 다시 안전관리자를 선임하여야 한다.
③ 안전관리자가 일시적으로 직무를 수행할 수 없거나 안전관리자의 해임 또는 퇴직과 동시에 다른 안전관리자를 선임하지 못하는 경우에는 대리자를 지정하여 **30일 이내**로만 대행하게 하여야 한다.
④ 안전관리자를 선임한 때에는 14일 이내에 소방본부장 또는 소방서장에게 신고하여야 한다.

58 질산암모늄에 대한 설명으로 틀린 것은 무엇인가?

① 열분해하여 산화이질소가 발생한다.
② 폭약제조 시 산소공급제로 사용된다.
③ 물에 녹을 때 많은 열을 발생한다.
④ 무취의 결정이다.

>> 질산암모늄(제1류 위험물)은 다음과 같은 성질을 가진다.
1) 무색무취의 결정 또는 분말이다.
2) 물, 알코올에 잘 녹으며 **물에 녹을 때 열을 흡수한다.**
3) 단독으로도 급격한 충격 및 가열에 의해 분해·폭발할 수 있다.
4) 산화력이 강하므로 폭약제조 시 산소공급원으로 사용된다.
5) 제1차 열분해반응식
   : $NH_4NO_3 \rightarrow N_2O + 2H_2O$
   질산암모늄   산화이질소   물

59 일반적으로 알려진 황화인의 3종류에 속하지 않는 것은 무엇인가?

① P_4S_3
② P_2S_5
③ P_4S_7
④ P_2S_9

>> 황화인(제2류 위험물)의 3가지 종류 : 삼황화인(P_4S_3), 오황화인(P_2S_5), 칠황화인(P_4S_7)

60 발화점이 가장 낮은 것은 무엇인가?

① 황
② 삼황화인
③ 황린
④ 아세톤

>> 제3류 위험물 중 황린은 자연발화성 물질이며 발화점이 34℃로 매우 낮다.

정답 56. ④ 57. ④ 58. ③ 59. ④ 60. ③

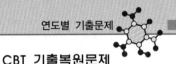

01 다음 물질 중 분진폭발의 위험이 가장 낮은 것은?

① 마그네슘가루   ② 아연가루

③ 밀가루   ④ 시멘트가루

» 1) 분진폭발을 하는 물질 : 금속분말, 합성수지, 쌀, 밀가루, 커피가루, 담뱃가루 등의 농산물
  2) **분진폭발을 하지 않는 물질 : 시멘트분말**, 대리석분말, 가성소다(NaOH)분말 등

02 위험물안전관리법에서 정한 정전기를 유효하게 제거할 수 있는 방법에 해당하지 않는 것은?

① 위험물 이송 시 배관 내 유속을 빠르게 하는 방법

② 공기를 이온화하는 방법

③ 접지에 의한 방법

④ 공기 중의 상대습도를 70% 이상으로 하는 방법

» 정전기 제거방법
  1) 공기를 이온화할 것
  2) 접지할 것
  3) 공기 중의 상대습도를 70% 이상으로 할 것

03 유류화재 시 발생하는 이상현상인 보일오버의 방지대책으로 가장 거리가 먼 것은?

① 탱크 하부에 배수관을 설치하여 탱크 저면의 수층을 방지한다.

② 적당한 시기에 모래나 팽창질석, 비등석을 넣어 물의 과열을 방지한다.

③ 냉각수를 대량 첨가하여 유류와 물의 과열을 방지한다.

④ 탱크 내용물의 기계적 교반을 통해 에멀션상태로 하여 수층형성을 방지한다.

» ③ 보일오버는 탱크 하부에 고여 있는 물이 끓어서 부피가 팽창하는 현상으로 냉각수를 대량 첨가하면 부피 팽창 현상이 더 심해져 위험한 상태가 된다.

04 다음 중 화학적 소화에 해당하는 것은?

① 냉각소화   ② 질식소화

③ 제거소화   ④ 억제소화

» 억제소화는 연쇄반응을 억제시키는 반응을 이용해 소화하는 것으로 화학적 소화에 해당한다.

05 가연물이 되기 쉬운 조건이 아닌 것은 어느 것인가?

① 산소와 친화력이 클 것

② 열전도율이 클 것

③ 발열량이 클 것

④ 활성화에너지가 작을 것

» ② 열전도율이 크다는 것은 자신이 가지고 있던 열을 상대에게 전달하는 양이 많아져 자신은 열을 가지지 못하게 되므로 가연물이 되기 힘든 조건이 되는 것이다.

06 위험물안전관리법령상 분말소화설비의 기준에서 규정한 전역방출방식 또는 국소방출방식 분말소화설비의 가압용 또는 축압용 가스에 해당하는 것은?

① 네온가스

② 아르곤가스

③ 수소가스

④ 이산화탄소가스

» 전역방출방식 또는 국소방출방식 분말소화설비는 가압용 또는 축압용 가스로 질소 또는 **이산화탄소**(탄산가스)를 이용하여 약제를 방출한다.

정답   01. ④   02. ①   03. ③   04. ④   05. ②   06. ④

07 다음 중 물이 소화약제로 쓰이는 이유로 가장 거리가 먼 것은?

① 쉽게 구할 수 있다.
② 제거소화가 잘된다.
③ 취급이 간편하다.
④ 기화잠열이 크다.

》》 물은 기화잠열(증발잠열)에 의해 연소면의 열을 흡수하여 연소면 온도를 발화점 이하로 낮추어 냉각소화하는 소화약제이며, 가연물을 제거하여 소화하는 제거소화와는 상관없는 소화약제이다.

08 다음 중 팽창진주암(삽 1개 포함)의 능력단위 1은 몇 L의 용량인가?

① 70L   ② 100L
③ 130L   ④ 160L

》》
소화설비	용량	능력단위
소화전용 물통	8L	0.3
수조 (소화전용 물통 3개 포함)	80L	1.5
수조 (소화전용 물통 6개 포함)	190L	2.5
마른모래 (삽 1개 포함)	50L	0.5
팽창질석 또는 **팽창진주암** **(삽 1개 포함)**	160L	1.0

09 액화 이산화탄소 1kg이 25℃, 2atm에서 방출되어 모두 기체가 되었다. 방출된 기체상의 이산화탄소 부피는 약 몇 L인가?

① 238L
② 278L
③ 308L
④ 340L

》》 액체상태의 이산화탄소가 기체상태로 되었을 때 이산화탄소의 부피를 구하는 문제이다. 표준상태(0℃, 1기압)에서는 모든 기체 1몰의 부피가 22.4L이지만 이 문제의 조건은 25℃, 2기압이므로 이상기체상태방정식을 이용해야 한다.

$$PV = \frac{w}{M}RT$$

여기서, P : 압력 = 2기압(또는 atm)
V : 부피 = x(L)
w : 질량 = 1,000g
R : 이상기체상수 = 0.082atm · L/K · mol
T : 절대온도(K) = 섭씨온도(℃) + 273
     = 25 + 273
M : 분자량(1몰의 질량) = 44g/mol

$$2 \times V = \frac{1,000}{44} \times 0.082 \times (25+273)$$

$$\therefore V = 277.68L = 278L$$

10 위험물안전관리법령상 옥내소화전설비의 설치기준에서 옥내소화전은 제조소등 건축물의 층마다 그 층의 각 부분에서 하나의 호스접속구까지의 수평거리가 몇 m 이하가 되도록 설치하여야 하는가?

① 5m   ② 10m
③ 15m   ④ 25m

》》 1) 옥내소화전설비의 기준에서 제조소등 건축물의 층마다 그 층의 각 부분에서 하나의 호스접속구까지의 **수평거리가 25m 이하**가 되도록 설치해야 한다.
2) 옥외소화전설비의 기준에서 방호대상물(제조소등의 건축물)의 각 부분에서 하나의 호스접속구까지의 수평거리가 40m 이하가 되도록 설치해야 한다.

11 위험물안전관리법령에서 정한 물분무등소화설비의 종류에 속하지 않는 것은?

① 스프링클러설비
② 포소화설비
③ 분말소화설비
④ 불활성가스 소화설비

》》 물분무등소화설비의 종류
1) 물분무소화설비
2) 포소화설비
3) 불활성가스 소화설비
4) 할로젠화합물 소화설비
5) 분말소화설비

정답 07. ② 08. ④ 09. ② 10. ④ 11. ①

12 위험물의 저장 및 취급 방법에 대한 설명으로 틀린 것은?

① 적린은 화기와 멀리하고 가열, 충격이 가해지지 않도록 한다.

② 이황화탄소는 발화점이 낮으므로 물속에 저장한다.

③ 마그네슘은 산화제와 혼합되지 않도록 취급한다.

④ 알루미늄분은 분진폭발의 위험이 있으므로 분무주수하여 저장한다.

➠ ① 적린은 제2류 위험물의 가연성 고체이므로 화기와 멀리하고 가열, 충격이 가해지지 않도록 한다.
② 이황화탄소의 발화점은 100℃로 낮은 편이며 가연성 가스 발생을 방지하기 위해 물속에 저장한다.
③ 마그네슘은 제2류 위험물의 가연성 고체이므로 산화제와 혼합되지 않도록 취급한다.
④ 알루미늄분은 분진폭발의 위험이 있으며 물을 뿌리면 수소를 발생하여 폭발을 일으킬 수 있기 때문에 **분무주수하면 안 된다.**

13 Mg, Na의 화재에 이산화탄소 소화기를 사용하였다. 화재현장에서 발생되는 현상은?

① 이산화탄소가 부착면을 만들어 질식소화된다.

② 이산화탄소가 방출되어 냉각소화된다.

③ 이산화탄소가 Mg, Na과 반응하여 화재가 확대된다.

④ 부촉매효과에 의해 소화된다.

➠ Mg, Na의 화재에 이산화탄소 소화기를 사용하면 탄소(C)가 발생하여 오히려 화재가 더 커지게 된다.

14 다음 물질 중 위험물 유별에 따른 구분이 나머지 셋과 다른 하나는?

① 질산은 　② 질산메틸
③ 무수크로뮴산 　④ 질산암모늄

➠ ① 질산은 : 제1류 위험물 중 질산염류

② **질산메틸 :** 제5류 위험물 중 질산에스터류
③ 무수크로뮴산 : 제1류 위험물 중 행정안전부령이 정하는 크로뮴의 산화물
④ 질산암모늄 : 제1류 위험물 중 질산염류

15 다음 중 물과의 반응성이 가장 낮은 것은?

① 인화알루미늄
② 트라이에틸알루미늄
③ 오황화인
④ 황린

➠ ① 인화알루미늄 : 제3류 위험물로서 물과 반응 시 독성이면서 가연성 가스인 포스핀(PH₃)을 발생한다.
② 트라이에틸알루미늄 : 제3류 위험물로서 물과 반응 시 가연성 가스인 에테인(C₂H₆)을 발생한다.
③ 오황화인 : 제2류 위험물로서 물과 반응 시 가연성 가스인 황화수소(H₂S)를 발생한다.
④ **황린** : 제3류 위험물로서 **물속에 보관**하는 물질이므로 물과의 반응성은 낮다.

16 과산화나트륨이 물과 반응하면 어떤 물질과 산소를 발생하는가?

① 수산화나트륨
② 수산화칼륨
③ 질산나트륨
④ 아염소산나트륨

➠ 과산화나트륨이 물과 반응하면 **수산화나트륨**(NaOH)과 산소(O₂)가 발생한다.
2Na₂O₂ + 2H₂O → 4NaOH + O₂
과산화나트륨 　물 　수산화나트륨 　산소

17 과염소산암모늄에 대한 설명으로 옳은 것은?

① 물에 용해되지 않는다.
② 청록색의 침상 결정이다.
③ 130℃에서 분해하기 시작하여 CO₂가스를 방출한다.
④ 아세톤, 알코올에 용해된다.

➠ ① 물에 잘 녹는다.
② 무색의 결정이다.
③ 130℃에서 분해하기 시작하여 산소가스를 발생한다.

정답 　12.④ 13.③ 14.② 15.④ 16.① 17.④

18 염소산염류 250kg, 아이오딘산염류 600kg, 질산염류 900kg을 저장하고 있는 경우 지정수량의 몇 배가 보관되어 있는가?

① 5배　　　　② 7배
③ 10배　　　　④ 12배

» 1) 염소산염류 : 지정수량 50kg
2) 아이오딘산염류 : 지정수량 300kg
3) 질산염류 : 지정수량 300kg

$$\therefore \frac{250kg}{50kg} + \frac{600kg}{300kg} + \frac{900kg}{300kg} = 10$$

19 칼륨을 물에 반응시키면 격렬한 반응이 일어난다. 이때 발생하는 기체는 무엇인가?

① 산소　　　　② 수소
③ 질소　　　　④ 이산화탄소

» 칼륨을 비롯한 대부분의 순수한 금속들은 물과 반응 시 수소를 발생한다.
– 칼륨과 물의 반응식

$$2K + 2H_2O \rightarrow 2KOH + H_2$$
　칼륨　　물　　수산화칼륨　수소

20 다음 중 위험물안전관리법령에 따라 정한 지정수량이 나머지 셋과 다른 것은?

① 황화인　　　② 적린
③ 황　　　　　④ 철분

» ① 황화인 : 100kg
② 적린 : 100kg
③ 황 : 100kg
④ **철분 : 500kg**

21 제2류 위험물에 대한 설명으로 옳지 않은 것은?

① 대부분 물보다 가벼우므로 주수소화는 어려움이 있다.
② 점화원으로부터 멀리하고 가열을 피한다.
③ 금속분은 물과의 접촉을 피한다.
④ 용기 파손으로 인한 위험물의 누설에 주의한다.

» ① 제2류 위험물은 모두 물보다 무겁고 철분, 금속분, 마그네슘 외의 물질들은 화재 시 주수소화를 해야 하는 물질들이다.

22 다음 위험물의 공통성질을 올바르게 설명한 것은?

> 나트륨, 황린, 트라이에틸알루미늄

① 상온, 상압에서 고체의 형태를 나타낸다.
② 상온, 상압에서 액체의 형태를 나타낸다.
③ 금수성 물질이다.
④ 자연발화의 위험이 있다.

» 1) 나트륨 : 고체로서 **자연발화성** 및 금수성 물질이다.
2) 황린 : 고체로서 **자연발화성** 물질이다.
3) 트라이에틸알루미늄 : 액체로서 **자연발화성** 및 금수성 물질이다.

23 시약(고체)의 명칭이 불분명한 시약병의 내용물을 확인하려고 뚜껑을 열어 시계접시에 소량을 담아 놓고 공기 중에서 햇빛을 받는 곳에 방치하던 중 시계접시에서 갑자기 연소현상이 일어났다. 다음 물질 중 이 시약의 명칭으로 예상할 수 있는 것은?

① 황
② 황린
③ 적린
④ 질산암모늄

» 공기 중에서 햇빛을 받아 갑자기 자연발화한 경우이므로 이 물질은 제3류 위험물 중 자연발화성 물질인 황린으로 예상할 수 있다.

24 트라이에틸알루미늄의 화재 시 사용할 수 있는 소화약제(설비)가 아닌 것은?

① 마른모래
② 팽창질석
③ 팽창진주암
④ 이산화탄소

» 트라이에틸알루미늄은 제3류 위험물 중 금수성 물질로서, 사용할 수 있는 소화약제는 탄산수소염류 분말소화약제 및 마른모래, 팽창질석 또는 팽창진주암이다.

정답　18. ③　19. ②　20. ④　21. ①　22. ④　23. ②　24. ④

25 제3류 위험물 중 금수성 물질에 적응성이 있는 소화설비는?

① 할로젠화합물 소화설비

② 포소화설비

③ 불활성가스 소화설비

④ 탄산수소염류등 분말소화설비

➤➤ 제1류 위험물 중 알칼리금속의 과산화물, 제2류 위험물 중 철분, 금속분, 마그네슘, 제3류 위험물 중 **금수성 물질에 적응성이 있는 소화설비는 탄산수소염류 분말소화설비**이다.

26 다이에틸에터에 대한 설명으로 옳은 것은?

① 연소하면 아황산가스를 발생하고, 마취제로 사용한다.

② 증기는 공기보다 무거우므로 물속에 보관한다.

③ 에탄올을 진한 황산을 이용해 축합반응시켜 제조할 수 있다.

④ 제4류 위험물 중 연소범위가 좁은 편에 속한다.

➤➤ ① 다이에틸에터(제4류 위험물)처럼 탄소(C)와 수소(H)를 포함하고 있는 물질을 연소시키면 CO_2와 H_2O만 발생한다.

$$C_2H_5OC_2H_5 + 6O_2 \rightarrow 4CO_2 + 5H_2O$$
다이에틸에터　산소　이산화탄소　물

② 증기는 공기보다 무겁지만 액체상태는 물보다 가벼워 물에 저장할 수 없다.

③ 다이에틸에터는 **에틸알코올(에탄올)과 황산(촉매)을 탈수(축합)반응시켜 만들 수** 있다.

$$2C_2H_5OH \xrightarrow{c-H_2SO_4} C_2H_5OC_2H_5 + H_2O$$
에틸알코올　　　　　다이에틸에터　물

④ 연소범위가 1.9~48%로 넓은 편에 속한다.

27 메틸알코올의 위험성으로 옳지 않은 것은?

① 나트륨과 반응하여 수소기체를 발생한다.

② 휘발성이 강하다.

③ 연소범위가 알코올류 중 가장 좁다.

④ 인화점이 상온(25℃)보다 낮다.

➤➤ ③ 메틸알코올(CH_3OH)은 알코올류 중에서 탄소의 수가 가장 적기 때문에 연소범위가 가장 넓다.

28 다음 중 제2석유류만으로 짝지어진 것은?

① 사이클로헥세인 – 피리딘

② 염화아세틸 – 휘발유

③ 사이클로헥세인 – 중유

④ 아크릴산 – 폼산

➤➤ ① 사이클로헥세인(C_6H_{12}) : 제1석유류, 비수용성, 피리딘(C_5H_5N) : 제1석유류, 수용성

② 염화아세틸(CH_3COCl) : 제1석유류, 비수용성, 휘발유(C_8H_{18}) : 제1석유류, 비수용성

③ 사이클로헥세인(C_6H_{12}) : 제1석유류, 비수용성, 중유 : 제3석유류, 비수용성

④ **아크릴산($CH_2=CHCOOH$) : 제2석유류 수용성, 폼산($HCOOH$) : 제2석유류 수용성**

29 등유에 관한 설명으로 틀린 것은?

① 물보다 가볍다.

② 녹는점은 상온보다 높다.

③ 발화점은 상온보다 높다.

④ 증기는 공기보다 무겁다.

➤➤ ② 녹는점은 녹기 시작하는 최저온도를 의미하기 때문에 상온(20℃)에서 액체상태로 존재하는 등유(제4류 위험물)는 이미 상온보다 훨씬 낮은 온도에서 녹기 시작했다는 것이다. 그러한 **등유의 녹는점은 −51℃로 매우 낮은 편**이다.

30 위험물안전관리법령에서 정한 특수인화물의 발화점 기준으로 옳은 것은?

① 1기압에서 100℃ 이하

② 0기압에서 100℃ 이하

③ 1기압에서 25℃ 이하

④ 0기압에서 25℃ 이하

➤➤ 특수인화물(제4류 위험물)은 이황화탄소, 다이에틸에터, 그 밖의 **1기압에서 발화점 100℃ 이하**이거나 인화점 −20℃ 이하이고 비점이 40℃ 이하인 것이다.

31 다음 위험물 중 비중이 물보다 큰 것은?

① 다이에틸에터　② 아세트알데하이드

③ 산화프로필렌　④ 이황화탄소

정답　25. ④　26. ③　27. ③　28. ④　29. ②　30. ①　31. ④

>> 이황화탄소(CS_2)는 물보다 무겁고 물에 녹지 않는 제4류 위험물로서 물속에 저장하는 물질이다.

32 사이클로헥세인에 관한 설명으로 가장 거리가 먼 것은?

① 고리형 분자구조를 가진 방향족 탄화수소화합물이다.
② 화학식은 C_6H_{12}이다.
③ 비수용성 위험물이다.
④ 제4류 제1석유류에 속한다.

>> ① 방향족 탄화수소란 이중결합구조의 고리형 분자구조를 가지고 있는 벤젠을 포함하는 것인데 사이클로헥세인은 단일결합구조의 고리형 분자구조를 가진 물질이기 때문에 방향족 탄화수소로 분류되지 않는다.
※ 사이클로헥세인(C_6H_{12})은 제4류 위험물 중 제1석유류에 해당하는 비수용성 물질이다.

33 제4류 위험물에 대한 일반적인 설명으로 옳지 않은 것은?

① 대부분 연소하한값이 낮다.
② 발생증기는 가연성이며 대부분 공기보다 무겁다.
③ 대부분 무기화합물이므로 정전기 발생에 주의한다.
④ 인화점이 낮을수록 화재위험성이 높다.

>> ③ 제4류 위험물은 탄소를 함유하고 있으므로 무기화합물이 아닌 유기화합물에 포함되며, 정전기의 발생 이유는 전기불량도체이기 때문이다.

34 휘발유의 성질 및 취급 시의 주의사항에 관한 설명 중 틀린 것은?

① 증기가 모여 있지 않도록 통풍을 잘 시킨다.
② 인화점이 상온이므로 상온 이상에서는 취급 시 각별한 주의가 필요하다.
③ 정전기 발생에 주의해야 한다.
④ 강산화제 등과 혼촉 시 발화할 위험이 있다.

>> ② 휘발유의 인화점은 $-43 \sim -38℃$이므로 상온보다 훨씬 낮아 인화점 이상에서는 취급 시 주의가 필요하다.

35 아세트산에틸의 일반성질 중 틀린 것은?

① 과일 냄새를 가진 휘발성 액체이다.
② 증기는 공기보다 무거워 낮은 곳에 체류한다.
③ 강산화제와의 혼촉은 위험하다.
④ 인화점은 $-20℃$ 이하이다.

>> 아세트산에틸(제4류 위험물)은 초산에틸이라고도 하며 제1석유류(비수용성 물질)의 **인화점이 $-4℃$**인 물질이다.

36 벤젠 100L와 아세톤을 함께 저장하려고 한다. 이때 지정수량의 1배로 저장하려면 아세톤 몇 L를 저장하여야 하는가?

① 50L
② 100L
③ 150L
④ 200L

>> 1) 벤젠 : 제4류 위험물 중 제1석유류, 비수용성, 지정수량 200L
2) 아세톤 : 제4류 위험물 중 제1석유류, 수용성, 지정수량 400L
$$\frac{100L}{200L} + \frac{x(L)}{400L} = 1$$
$$\therefore x(L) = 200L$$

37 과산화벤조일의 취급 시 주의사항에 대한 설명 중 틀린 것은?

① 수분을 포함하고 있으면 폭발하기 쉽다.
② 가열, 충격, 마찰을 피해야 한다.
③ 저장용기는 차고 어두운 곳에 보관한다.
④ 희석제를 첨가하여 폭발성을 낮출 수 있다.

>> 과산화벤조일(제5류 위험물)은 유기과산화물에 해당하는 고체상태의 물질로서 **수분을 포함하면 폭발성이 현저히 감소**하여 안정해지는 성질을 가지고 있다.

38 제5류 위험물의 위험성에 대한 설명으로 옳지 않은 것은?

① 가연성 물질이다.

② 대부분 외부의 산소 없이도 연소하며, 연소속도가 빠르다.

③ 물에 잘 녹지 않으며 물과 반응위험성이 크다.

④ 가열, 충격, 타격 등에 민감하며 강산화제 또는 강산류와 접촉 시 위험하다.

➢ ③ 제5류 위험물은 대부분 물에 녹지 않으며 물에 안정한 성질을 갖는다.

39 위험물안전관리법령상 해당하는 품명이 나머지 셋과 다른 하나는?

① 트라이나이트로페놀

② 트라이나이트로톨루엔

③ 나이트로셀룰로오스

④ 테트릴

➢ ① 트라이나이트로페놀 : 제5류 위험물, 나이트로화합물

② 트라이나이트로톨루엔 : 제5류 위험물, 나이트로화합물

③ **나이트로셀룰로오스 : 제5류 위험물, 질산에스터류**

④ 테트릴 : 제5류 위험물, 나이트로화합물

40 다음 중 산화성 액체인 질산의 분자식으로 옳은 것은?

① HNO_2 ② HNO_3

③ NO_2 ④ NO_3

➢ 제6류 위험물인 질산의 분자식은 HNO_3이다.

41 나이트로셀룰로오스의 위험성에 대하여 올바르게 설명한 것은?

① 물과 혼합하면 위험성이 감소된다.

② 공기 중에서 산화되지만 자연발화의 위험은 없다.

③ 건조할수록 발화의 위험성이 낮다.

④ 알코올과 반응하여 발화한다.

➢ 나이트로셀룰로오스(제5류 위험물)는 질산에스터류에 해당하는 고체상태의 물질로서 건조하면 자연발화의 위험이 있으므로 **물 또는 알코올에 혼합 또는 습면**시켜 보관한다.

42 무색의 액체로 융점이 −112℃ 이고 물과 접촉하면 심하게 발열하는 제6류 위험물은?

① 과산화수소

② 과염소산

③ 질산

④ 오플루오린화아이오딘

➢ ② 과염소산은 융점 −112℃, 비점 39℃, 비중이 1.7인 물과 발열반응을 하는 제6류 위험물이다.

43 위험물안전관리법령상 산화성 액체에 대한 설명으로 옳은 것은?

① 과산화수소는 농도와 밀도가 비례한다.

② 과산화수소는 농도가 높을수록 끓는점이 낮아진다.

③ 질산은 상온에서 불연성이지만 고온으로 가열하면 스스로 발화한다.

④ 질산을 황산과 일정 비율로 혼합하여 왕수를 제조할 수 있다.

➢ ① 과산화수소는 농도가 높아지면 밀도도 높아지므로 **농도와 밀도의 관계는 비례**한다.

② 과산화수소의 농도가 높을수록 잘 끓지 않기 때문에 끓는점은 오히려 높아진다.

③ 질산은 불연성 물질이라 스스로 발화하지 않는다.

④ 왕수는 질산을 염산과 1 대 3의 부피비로 혼합하여 제조할 수 있다.

44 위험물안전관리법령에 따라 위험물 운반을 위해 적재하는 경우 제4류 위험물과 혼재가 가능한 액화석유가스 또는 압축천연가스의 용기 내용적은 몇 L 미만인가?

① 120L   ② 150L

③ 180L   ④ 200L

➢ 위험물과 혼재 가능한 고압가스는 내용적이 120L 미만인 용기에 충전한 불활성 가스, 액화석유가스 또는 압축천연가스이며, 액화석유가스와 압축천연가스의 경우에는 제4류 위험물과 혼재하는 경우에 한한다.

정답   38. ③   39. ③   40. ②   41. ①   42. ②   43. ①   44. ①

45 제4류 위험물을 저장 및 취급하는 위험물제조소에 설치한 "화기엄금" 게시판의 색상으로 맞는 것은?

① 적색 바탕에 흑색 문자
② 흑색 바탕에 적색 문자
③ 백색 바탕에 적색 문자
④ 적색 바탕에 백색 문자

》》 주의사항 게시판은 내용에 "화기엄금" 또는 "화기주의"처럼 **"화기"가 포함되면 적색 바탕에 백색 문자**로 나타내고 "물기엄금"처럼 "물기"가 포함되면 청색 바탕에 백색 문자로 나타낸다.

46 위험물저장탱크의 공간용적은 탱크 내용적의 얼마 이상, 얼마 이하로 하는가?

① 2/100 이상, 3/100 이하
② 2/100 이상, 5/100 이하
③ 5/100 이상, 10/100 이하
④ 10/100 이상, 20/100 이하

》》 위험물저장탱크의 공간용적은 탱크 내용적의 5/100 이상, 10/100 이하로 한다.

47 위험물안전관리법령상 제4류 위험물 운반용기의 외부에 표시해야 하는 사항이 아닌 것은?

① 규정에 의한 주의사항
② 위험물의 품명 및 위험등급
③ 위험물의 관리자 및 지정수량
④ 위험물의 화학명

》》 위험물의 운반용기 외부에 표시하는 사항
1) 품명, 위험등급, 화학명 및 수용성(수용성에 해당하는 경우에만 표시)
2) 위험물의 수량
3) 위험물의 주의사항

48 위험물안전관리법령에 따라 위험물을 유별로 정리하여 서로 1m 이상의 간격을 두었을 때 옥내저장소에서 함께 저장하는 것이 가능한 경우가 아닌 것은?

① 제1류 위험물(알칼리금속의 과산화물 또는 이를 함유한 것을 제외한다)과 제5류 위험물을 저장하는 경우

② 제3류 위험물 중 알킬알루미늄과 제4류 위험물(알킬알루미늄 또는 알킬리튬을 함유한 것에 한한다)을 저장하는 경우
③ 제1류 위험물과 제3류 위험물 중 금수성 물질을 저장하는 경우
④ 제2류 위험물 중 인화성 고체와 제4류 위험물을 저장하는 경우

》》 ③ 제1류 위험물과 함께 저장할 수 있는 제3류 위험물은 금수성 물질이 아니라, 자연발화성 물질(황린 또는 이를 함유한 것에 한한다)이다.

49 제조소 옥외에 모두 3기의 휘발유취급탱크를 설치하고 그 주위에 방유제를 설치하고자 한다. 방유제 안에 설치하는 각 취급탱크의 용량이 5만L, 3만L, 2만L일 때 필요한 방유제의 용량은 몇 L 이상인가?

① 66,000L
② 60,000L
③ 33,000L
④ 30,000L

》》 제조소의 옥외에 위험물취급탱크가 2개 이상 설치되어 있는 경우 그 주위의 방유제의 용량은 가장 용량이 큰 위험물취급탱크 용량의 50%에 나머지 탱크들을 합한 용량의 10%를 가산한 양 이상으로 정한다.
• 가장 용량이 큰 취급탱크의 용량 : $50,000L \times 1/2 = 25,000L$
• 나머지 탱크들의 용량의 합 : $(30,000L + 20,000L) \times 0.1 = 5,000L$
∴ $25,000L + 5,000L = 30,000L$

50 제3류 위험물을 취급하는 제조소는 300명 이상을 수용할 수 있는 극장으로부터 몇 m 이상의 안전거리를 유지하여야 하는가?

① 5m
② 10m
③ 30m
④ 70m

》》 제조소로부터 300명 이상을 수용할 수 있는 극장까지의 안전거리는 30m 이상으로 한다.

정답 45. ④ 46. ③ 47. ③ 48. ③ 49. ④ 50. ③

51 위험물제조소의 환기설비 중 급기구는 급기구가 설치된 실의 바닥면적 몇 m^2마다 1개 이상으로 설치하여야 하는가?

① $100m^2$　　② $150m^2$
③ $200m^2$　　④ $800m^2$

≫ 위험물제조소의 환기설비 중 급기구는 급기구가 설치된 실의 바닥면적 $150m^2$마다 1개 이상으로 설치해야 한다.

52 위험물안전관리자에 대한 설명 중 옳지 않은 것은?

① 이동탱크저장소는 위험물안전관리자 선임대상에 해당하지 않는다.
② 위험물안전관리자가 퇴직한 경우 퇴직한 날부터 30일 이내에 다시 안전관리자를 선임하여야 한다.
③ 위험물안전관리자를 선임한 경우에는 선임한 날로부터 14일 이내에 소방본부장 또는 소방서장에게 신고하여야 한다.
④ 위험물안전관리자가 일시적으로 직무를 수행할 수 없는 경우에는 안전교육을 받고 6개월 이상 실무경력이 있는 사람을 대리자로 지정할 수 있다.

≫ ④ 안전관리자 대리자의 자격
　1) 안전교육을 받은 자
　2) 제조소등의 위험물 안전관리업무에 있어서 안전관리자를 지휘·감독하는 직위에 있는 자

53 전기설비에 적응성이 없는 소화설비는?

① 불활성가스 소화설비
② 물분무소화설비
③ 포소화설비
④ 할로젠화합물 소화설비

≫ 전기설비의 화재에는 물을 사용할 수 없다. 물분무소화설비는 소화약제가 물이라 하더라도 물을 잘게 흩어 뿌리기 때문에 효과가 있지만 포소화약제의 경우 포함된 수분 때문에 효과가 없다.

대상물의 구분 / 소화설비의 구분	건축물·그 밖의 공작물	전기설비	제1류 위험물 알칼리금속의 과산화물등	제1류 위험물 그 밖의 것	제2류 위험물 철분·금속분·마그네슘등	제2류 위험물 인화성 고체	제2류 위험물 그 밖의 것	제3류 위험물 금수성물품	제3류 위험물 그 밖의 것	제4류 위험물	제5류 위험물	제6류 위험물
옥내소화전 또는 옥외소화전 설비	○			○		○	○		○		○	○
스프링클러설비	○			○		○	○		○	△	○	○
물분무소화설비	○	○		○		○	○		○	○	○	○
포소화설비	○	×		○		○	○		○	○	○	○
불활성가스소화설비		○				○				○		×
할로젠화합물소화설비		○				○				○		
분말소화설비 인산염류등	○	○		○		○	○			○		○
분말소화설비 탄산수소염류등		○	○		○	○		○		○		
분말소화설비 그 밖의 것			○		○			○				

54 이동탱크저장소에 의한 위험물의 운송 시 준수하여야 하는 기준에서 다음 중 어떤 위험물을 운송할 때 위험물운송자는 위험물안전카드를 휴대하여야 하는가?

① 특수인화물 및 제1석유류
② 알코올류 및 제2석유류
③ 제3석유류 및 동식물유류
④ 제4석유류

≫ 위험물안전카드를 휴대해야 하는 위험물
　1) 제1류 위험물
　2) 제2류 위험물
　3) 제3류 위험물
　4) 제4류 위험물(**특수인화물** 및 **제1석유류**만 해당)
　5) 제5류 위험물
　6) 제6류 위험물

🎓 **똑똑한 풀이비법**
위험할수록 안전카드가 필요하기 때문에 이 문제에서 제4류 위험물 중 가장 위험한 품명을 찾으면 된다.

55 소화설비의 기준에서 불활성가스 소화설비가 적응성이 있는 대상물은?

① 알칼리금속의 과산화물
② 철분
③ 인화성 고체
④ 금수성 물질

》 제1류 위험물의 알칼리금속의 과산화물과 제2류 위험물의 철분, 금속분, 마그네슘, 그리고 제3류 위험물의 금수성 물질은 마른모래 또는 팽창질석, 팽칭진주암, 탄산수소염류 분말소화약제만 적응성이 있다. 제2류 위험물인 인화성 고체의 성질은 제4류 위험물인 인화성 액체와 비슷하고, 불활성가스 소화약제가 적응성이 있다.

56 위험물안전관리법령상 자동화재탐지설비를 설치하지 않고 비상경보설비로 대신할 수 있는 것은?

① 일반취급소로서 연면적 600m²인 것
② 지정수량의 20배를 저장하는 옥내저장소로서 처마높이가 8m인 단층 건물
③ 단층 건물 외에 건축물에 설치된 지정수량 15배의 옥내탱크저장소로서 소화난이도등급 Ⅱ에 속하는 것
④ 지정수량 20배를 저장·취급하는 옥내주유취급소

》 1. 자동화재탐지설비만을 설치해야 하는 경우
　　1) 연면적 500m² 이상인 제조소 및 일반취급소
　　2) 지정수량의 100배 이상을 취급하는 제조소 및 일반취급소, 옥내저장소
　　3) 연면적 150m²를 초과하는 옥내저장소
　　4) 처마높이가 6m 이상인 단층 건물의 옥내저장소
　　5) 단층 건물 외의 건축물에 있는 옥내탱크저장소로서 **소화난이도등급 Ⅰ에 해당**하는 옥내탱크저장소
　　6) 옥내주유취급소
2. 자동화재탐지설비, 비상경보설비, 확성장치 또는 비상방송설비 중 1종 이상을 설치해야 하는 경우
　　− 1.에 해당하는 것 외의 것 중 지정수량의 10배 이상을 저장 또는 취급하는 제조소등

57 다음 중 위험물안전관리법령상 탄산수소염류 분말소화기가 적응성을 갖는 위험물이 아닌 것은?

① 과염소산　　② 철분
③ 톨루엔　　④ 아세톤

》 철분(제2류 위험물), 톨루엔과 아세톤(제4류 위험물)은 탄산수소염류 분말소화약제가 적응성을 갖지만 과염소산(제6류 위험물)은 적응성이 없다.

소화설비의 구분	건축물·그 밖의 공작물	전기설비	제1류 위험물		제2류 위험물			제3류 위험물		제4류 위험물	제5류 위험물	제6류 위험물
			알칼리금속의 과산화물등	그 밖의 것	철분·금속분·마그네슘등	인화성 고체	그 밖의 것	금수성 물품	그 밖의 것			
옥내소화전 또는 옥외소화전 설비	○			○		○	○		○		○	○
스프링클러설비	○			○		○	○		○	△	○	○
물분무등소화설비 — 물분무 소화설비	○	○		○		○	○		○	○	○	○
물분무등소화설비 — 포소화설비	○			○		○	○		○	○	○	○
물분무등소화설비 — 불활성가스 소화설비		○				○				○		
물분무등소화설비 — 할로젠화합물 소화설비		○				○				○		
물분무등소화설비 — 분말소화설비 — 인산염류등	○	○		○		○	○			○		○
물분무등소화설비 — 분말소화설비 — 탄산수소염류등		○	○		○	○		○		○		×
물분무등소화설비 — 분말소화설비 — 그 밖의 것						○				○		

58 아염소산염류 500kg과 질산염류 3,000kg을 함께 저장하는 경우 위험물의 소요단위는 얼마인가?

① 2　　② 4
③ 6　　④ 8

》 아염소산염류의 지정수량은 50kg, 질산염류의 지정수량은 300kg, 위험물의 1소요단위는 지정수량의 10배이므로 이들 위험물의 소요단위는 다음과 같다.

$$\therefore \ \frac{500kg}{50kg \times 10} + \frac{3,000kg}{300kg \times 10} = 2$$

정답　55. ③　56. ③　57. ①　58. ①

59 정기점검대상에 해당하지 않는 것은?

① 지정수량 15배의 제조소

② 지정수량 40배의 옥내탱크저장소

③ 지정수량 50배의 이동탱크저장소

④ 지정수량 20배의 지하탱크저장소

》① 예방규정작성대상 중 지정수량 10배 이상의 제조소
② 옥내탱크저장소는 정기점검대상에 해당하지 않는다.
③ 이동탱크저장소
④ 지하탱크저장소

60 허가량이 1,000만L인 위험물 옥외저장탱크의 바닥판을 전면 교체할 경우 법적 절차로 옳은 것은?

① 변경허가 – 기술검토 – 안전성능검사 – 완공검사

② 기술검토 – 변경허가 – 안전성능검사 – 완공검사

③ 변경허가 – 안전성능검사 – 기술검토 – 완공검사

④ 안전성능검사 – 변경허가 – 기술검토 – 완공검사

》 위험물 옥외저장탱크의 바닥판 전면 교체 시 법적 절차 : 기술검토 – 변경허가 – 안전성능검사 – 완공검사

2022 제2회 위험물기능사

CBT 기출복원문제

2022년 3월 27일 시행

01 정전기로 인한 재해방지대책 중 틀린 것은?

① 접지를 한다.

② 실내를 건조하게 유지한다.

③ 공기 중의 상대습도를 70% 이상으로 유지한다.

④ 공기를 이온화한다.

≫ 정전기의 방지방법
1) 접지를 한다.
2) 공기 중의 상대습도를 70% 이상으로 유지한다.
3) 공기를 이온화한다.

02 가연성 액화가스의 탱크 주위에서 화재가 발생한 경우에 탱크의 가열로 인하여 그 부분의 강도가 약해져 탱크가 파열됨으로 내부의 가열된 액화가스가 급속히 팽창하면서 폭발하는 현상은?

① 블레비(BLEVE) 현상

② 보일오버(Boil Over) 현상

③ 플래시백(Flash Back) 현상

④ 백드래프트(Back Draft) 현상

≫ ② 보일오버(Boil Over) 현상 : 탱크 밑면의 유류 아래쪽에 고여 있는 수분이 화재의 진행에 따라 급격히 증발하여 부피가 팽창함으로써 상부의 기름을 탱크 밖으로 분출시키는 현상
③ 플래시백(Flash Back) 현상 : 연소하고 있던 화염이 버너의 혼합기까지 되돌아오는 현상
④ 백드래프트(Back Draft) 현상 : 연소에 필요한 산소가 부족한 상태에서 실내에 산소가 갑자기 다량 공급될 때 연소가스가 순간적으로 발화하는 현상

03 화재의 종류와 가연물이 올바르게 연결된 것은?

① A급 – 플라스틱 ② B급 – 섬유

③ A급 – 페인트 ④ B급 – 나무

≫ ① 플라스틱 : A급(일반화재)
② 섬유 : A급(일반화재)
③ 페인트 : B급(유류화재)
④ 나무 : A급(일반화재)

04 가연물이 연소할 때 공기 중의 산소농도를 떨어뜨려 연소를 중단시키는 소화방법은?

① 제거소화   ② 질식소화

③ 냉각소화   ④ 억제소화

≫ 공기 중의 산소농도를 떨어뜨려 연소를 중단시키는 소화방법을 질식소화라 한다.

05 연소의 연쇄반응을 차단 및 억제하여 소화하는 방법은?

① 냉각소화   ② 부촉매소화

③ 질식소화   ④ 제거소화

≫ 연소의 연쇄반응을 차단 및 억제하여 소화하는 방법을 억제소화 또는 부촉매소화라고 한다.

06 제1종, 제2종, 제3종 분말소화약제의 주성분에 해당하지 않는 것은?

① 탄산수소나트륨 ② 황산마그네슘

③ 탄산수소칼륨 ④ 인산암모늄

≫ 1) 제1종 분말소화약제 : 탄산수소나트륨
2) 제2종 분말소화약제 : 탄산수소칼륨
3) 제3종 분말소화약제 : 인산암모늄

07 B·C급 화재뿐만 아니라 A급 화재까지도 사용이 가능한 분말소화약제는?

① 제1종 분말소화약제

② 제2종 분말소화약제

③ 제3종 분말소화약제

④ 제4종 분말소화약제

① 제1종 분말소화약제 : B · C급 화재
② 제2종 분말소화약제 : B · C급 화재
③ **제3종 분말소화약제 : A · B · C급 화재**
④ 제4종 분말소화약제 : B · C급 화재

08 $NH_4H_2PO_4$이 열분해하여 생성되는 물질 중 암모니아와 수증기의 부피비율은?

① 1 : 1   ② 1 : 2
③ 2 : 1   ④ 3 : 2

》 제3종 분말소화약제의 열분해 반응식
$NH_4H_2PO_4 \rightarrow HPO_3 + NH_3 + H_2O$
인산암모늄   메타인산   암모니아   수증기
NH_3(암모니아)와 H_2O(수증기)는 각각 1몰 즉,
22.4L씩 발생하므로 1 : 1의 부피비를 가진다.

09 소화약제에 따른 주된 소화효과로 틀린 것은?

① 수성막포 소화약제 : 질식효과
② 제2종 분말소화약제 : 탈수탄화효과
③ 이산화탄소 소화약제 : 질식효과
④ 할로젠화합물 소화약제 : 화학억제효과

》 ② 제2종 분말소화약제 : 질식효과

10 위험물안전관리법령상 압력수조를 이용한 옥내소화전설비의 가압송수장치에서 압력수조의 최소압력(MPa)은? (단, 소방용 호스의 마찰손실수두압은 3MPa, 배관의 마찰손실수두압은 1MPa, 낙차의 환산수두압은 1.35MPa 이다.)

① 5.35MPa   ② 5.70MPa
③ 6.00MPa   ④ 6.35MPa

》 옥내소화전설비의 압력수조를 이용한 가압송수장치의 압력수조의 압력은 다음 식에 의하여 구한 수치 이상으로 한다.
$P = p_1 + p_2 + p_3 + 0.35MPa$
여기서, P : 필요한 압력(MPa)
     p_1 : 소방용 호스의 마찰손실수두압(MPa)
     p_2 : 배관의 마찰손실수두압(MPa)
     p_3 : 낙차의 환산수두압(MPa)
∴ $P = 3 + 1 + 1.35 + 0.35 = 5.70MPa$

11 위험물안전관리법령상 전기설비에 적응성이 없는 소화설비는?

① 포소화설비
② 불활성가스 소화설비
③ 할로젠화합물 소화설비
④ 물분무소화설비

》 전기설비의 화재는 주로 불활성가스 소화설비나 할로젠화합물 소화설비를 이용하는 질식효과에 적응성이 있다. 물분무소화설비는 물이 포함되어 있어도 분무형태라서 질식효과를 갖고 있지만 수분을 포함한 **포소화설비는 사용할 수 없다.**

12 위험물안전관리법령상 위험등급 I의 위험물로 옳은 것은?

① 무기과산화물
② 황화인, 적린, 황
③ 제1석유류
④ 알코올류

》 ① **무기과산화물** : 제1류 위험물, 지정수량 50kg, **위험등급 I**
② 황화인, 적린, 황 : 제2류 위험물, 지정수량 100kg, 위험등급 II
③ 제1석유류 : 제4류 위험물, 지정수량 200L (비수용성) 또는 400L(수용성), 위험등급 II
④ 알코올류 : 제4류 위험물, 지정수량 400L, 위험등급 II

13 위험물과 그 보호액 또는 안정제의 연결이 틀린 것은?

① 황린 - 물
② 인화석회 - 물
③ 금속칼륨 - 등유
④ 알킬알루미늄 - 헥세인

》 ① 황린 : pH 9인 약알칼리성의 물
② **인화석회 : 물과 반응 시 포스핀이라는 가연성이고 독성인 가스를 발생**한다.
③ 금속칼륨 : 석유류(등유, 경유, 유동파라핀)
④ 알킬알루미늄 : 벤젠, 헥세인

14 위험물의 품명과 지정수량이 잘못 짝지어진 것은?

① 황화인 – 50kg

② 마그네슘 – 500kg

③ 알킬알루미늄 – 10kg

④ 황린 – 20kg

➤➤ ① 황화인(제2류 위험물)의 지정수량은 100kg이다.

15 다음 위험물의 저장창고에 화재가 발생하였을 때 주수에 의한 소화가 오히려 더 위험한 것은?

① 염소산칼륨   ② 과염소산나트륨

③ 질산암모늄   ④ 탄화칼슘

➤➤ ④ 제3류 위험물 중 금수성 물질인 탄화칼슘(CaC_2)은 물과 반응 시 가연성 가스인 아세틸렌(C_2H_2)을 발생하므로 주수에 의한 소화는 위험하다.
① 염소산칼륨, ② 과염소산나트륨, ③ 질산암모늄은 산소공급원을 포함하고 있는 제1류 위험물로서 화재 시 물로 냉각소화해야 하는 물질들이다.

16 과염소산칼륨과 가연성 고체 위험물이 혼합되는 것은 위험하다. 그 주된 이유는 무엇인가?

① 전기가 발생하고 자연 가열되기 때문이다.

② 중합반응을 하여 열이 발생되기 때문이다.

③ 혼합하면 과염소산칼륨이 연소하기 쉬운 액체로 변하기 때문이다.

④ 가열, 충격 및 마찰에 의하여 발화·폭발 위험이 높아지기 때문이다.

➤➤ 과염소산칼륨(제1류 위험물)은 산소공급원 역할을 하며 가연성 고체(제2류 위험물)는 가연물의 역할을 하기 때문에 가열, 충격 및 마찰 등의 점화원이 발생하면 발화·폭발 위험이 높아진다.

17 위험물안전관리법령상 제1류 위험물의 질산염류가 아닌 것은?

① 질산은   ② 질산암모늄

③ 질산섬유소   ④ 질산나트륨

➤➤ ③ 질산섬유소(나이트로셀룰로오스)는 제5류 위험물의 질산에스터류에 해당한다.

18 무기과산화물의 일반적인 성질에 대한 설명으로 틀린 것은?

① 과산화수소의 수소가 금속으로 치환된 화합물이다.

② 산화력이 강해 스스로 쉽게 산화한다.

③ 가열하면 분해되어 산소를 발생한다.

④ 물과의 반응성이 크다.

➤➤ ① H_2O_2(과산화수소)의 수소 대신 금속 K(칼륨)으로 치환하는 경우 K_2O_2(과산화칼륨)라는 무기과산화물이 생성된다.
② 산화력이 강한 무기과산화물은 가연물을 태우기 위해 산소를 잃기 때문에 **자신은 환원하는 성질**이다.
③ 산소공급원이므로 가열하면 분해되어 산소를 발생한다.
④ 제1류 위험물 중 과산화물에 속하므로 물과의 반응으로 산소와 열을 발생한다.

19 황의 성상에 관한 설명으로 틀린 것은?

① 연소할 때 발생하는 가스는 냄새를 가지고 있으나 인체에 무해하다.

② 미분이 공기 중에 떠 있을 때 분진폭발의 우려가 있다.

③ 용융된 황을 물에서 급랭하면 고무상황을 얻을 수 있다.

④ 연소할 때 아황산가스를 발생한다.

➤➤ ① 가연성 고체(제2류 위험물)인 황(S)이 연소 시 발생하는 가스는 자극성 냄새를 가지고 있으며 인체에 유해한 아황산가스(SO_2)이다.

20 알루미늄분이 염산과 반응하였을 경우 생성되는 가연성 가스는?

① 산소   ② 질소

③ 메테인   ④ 수소

➤➤ 알루미늄은 염산과 반응하여 **수소를 발생**한다.
– 알루미늄과 염산의 반응식
$$2Al + 6HCl \rightarrow 2AlCl_3 + 3H_2$$
알루미늄   염산   염화알루미늄   수소

21 위험물안전관리법령상 제2류 위험물의 위험 등급에 대한 설명으로 옳은 것은?

① 제2류 위험물은 위험등급 I 에 해당되는 품명이 없다.

② 제2류 위험물 중 위험등급 III에 해당되는 품명은 지정수량이 500kg인 품명만 해당된다.

③ 제2류 위험물 중 황화인, 적린, 황 등 지정 수량이 100kg인 품명은 위험등급 I 에 해당한다.

④ 제2류 위험물 중 지정수량이 1,000kg인 인화성 고체는 위험등급 II에 해당한다.

≫ ① 제2류 위험물에는 위험등급 I 의 품명은 존재하지 않는다.
② 제2류 위험물 중 위험등급 III에는 지정수량 500kg인 품명뿐만 아니라 지정수량 1,000kg 인 품명도 있다.
③ 제2류 위험물 중 지정수량이 100kg인 품명은 위험등급 II에 해당한다.
④ 제2류 위험물 중 지정수량이 1,000kg인 품명은 위험등급 III에 해당한다.
※ 제2류 위험물의 품명과 위험등급
  1) 황화인, 적린, 황 : 지정수량 100kg, 위험 등급 II
  2) 철분, 금속분, 마그네슘 : 지정수량 500kg, 위험등급 III
  3) 인화성 고체 : 지정수량 1,000kg, 위험등급 III

22 금속염을 불꽃반응실험을 한 결과 노란색의 불 꽃이 나타났다. 이 금속염에 포함된 금속은?

① Cu   ② K

③ Na   ④ Li

≫ ① Cu : 청색   ② K : 보라색
    ③ Na : 황색   ④ Li : 적색

23 제3류 위험물 중 금수성 물질에 적응성이 있 는 소화설비는?

① 할로젠화합물 소화설비

② 포소화설비

③ 불활성가스 소화설비

④ 탄산수소염류등 분말소화설비

≫ 제1류 위험물 중 알칼리금속의 과산화물, 제2류 위험물 중 철분, 금속분, 마그네슘, 제3류 위험물 중 **금수성 물질에 적응성이 있는 소화설비는 탄산수소염류 분말소화설비**이다.

24 위험물의 지정수량이 잘못된 것은?

① $(C_2H_5)_3Al$: 10kg

② Ca : 50kg

③ LiH : 300kg

④ Al_4C_3 : 500kg

≫ ① $(C_2H_5)_3Al$(제3류 위험물 중 알킬알루미늄) : 10kg
② Ca(제3류 위험물 중 알칼리토금속) : 50kg
③ LiH(제3류 위험물 중 금속의 수소화물) : 300kg
④ Al_4C_3(제3류 위험물 중 칼슘 또는 알루미늄 탄화물) : **300kg**

25 살충제의 원료로 사용되기도 하는 암회색 물 질로 물과 반응하여 포스핀가스를 발생할 위 험이 있는 것은?

① 인화아연   ② 수소화나트륨

③ 칼륨   ④ 나트륨

≫ 물과 반응하여 독성인 포스핀가스를 발생하는 것은 제3류 위험물 중 금속의 인화물(인화칼슘 또는 **인화아연** 등)이다.

26 다음 설명 중 제2석유류에 해당하는 것은? (단, 1기압상태이다.)

① 착화점이 21℃ 미만인 것

② 착화점이 30℃ 이상 50℃ 미만인 것

③ 인화점이 21℃ 이상 70℃ 미만인 것

④ 인화점이 21℃ 이상 90℃ 미만인 것

≫ 제4류 위험물 중 제2석유류의 인화점 기준은 21℃ 이상 70℃ 미만이다.

27 다음 중 발화점이 가장 낮은 것은?

① 이황화탄소   ② 산화프로필렌

③ 휘발유   ④ 메틸알코올

정답   21. ①   22. ③   23. ④   24. ④   25. ①   26. ③   27. ①

≫ ① 이황화탄소 : 100℃
② 산화프로필렌 : 465℃
③ 휘발유 : 300℃
④ 메틸알코올 : 454℃

28 다음 반응식과 같이 벤젠 1kg이 연소할 때 발생되는 CO_2의 양은 약 몇 m^3인가? (단, 27℃, 750mmHg 기준이다.)

> $$C_6H_6 + 7.5O_2 \rightarrow 6CO_2 + 3H_2O$$

① $0.72m^3$
② $1.22m^3$
③ $1.92m^3$
④ $2.42m^3$

≫ $C_6H_6 + 7.5O_2 \rightarrow 6CO_2 + 3H_2O$
벤젠(C_6H_6)1mol의 분자량은 12g(C)×6 + 1g(H)× 6 = 78g이다. 1kg = 1,000g이고 $1m^3$ = 1,000L이다.
$PV = nRT$의 공식에 다음과 같이 대입한다.
여기서, P : 압력 = 750/760기압 = 0.987기압

n : 몰수 = $1,000g\ C_6H_6 \times \dfrac{1mol\ C_6H_6}{78g\ C_6H_6}$

$\times \dfrac{6mol\ CO_2}{1mol\ C_6H_6} = 76.9mol$

R : 이상기체상수 = 0.082기압 · L/K · kmol
T : 절대온도(K) = 섭씨온도(℃) + 273
$\qquad = 27 + 273$
$0.987 \times V = 76.9 \times 0.082 \times (27 + 273)$
$V = 1916.67L$

$\therefore V = 1916.67L \times \dfrac{1m^3}{1,000L} = 1.92m^3$

29 휘발유의 일반적인 성질에 관한 설명으로 틀린 것은?
① 인화점이 0℃보다 낮다.
② 위험물안전관리법령상 제1석유류에 해당한다.
③ 전기에 대해 비전도성 물질이다.
④ 순수한 것은 청색이나 안전을 위해 검은색으로 착색해서 사용해야 한다.

≫ ④ 휘발유를 포함하여 대부분의 순수한 제4류 위험물은 무색투명하며 판매를 위해 착색(휘발유는 황색)을 하는 것이 일반적이다.

30 다음 물질 중 인화점이 가장 낮은 것은?
① CH_3COCH_3
② $C_2H_5OC_2H_5$
③ $CH_3(CH_2)_3OH$
④ CH_3OH

≫ ① CH_3COCH_3(아세톤) – 제1석유류 : –18℃
② $C_2H_5OC_2H_5$(다이에틸에터) – 특수인화물 : **–45℃**
③ $CH_3(CH_2)_3OH$(뷰틸알코올) – 제2석유류 : 35℃
④ CH_3OH(메틸알코올) – 알코올류 : 11℃

31 다이에틸에터의 성질에 대한 설명으로 옳은 것은?
① 발화온도는 400℃이다.
② 증기는 공기보다 가볍고, 액상은 물보다 무겁다.
③ 알코올에 용해되지 않지만 물에 잘 녹는다.
④ 연소범위는 1.9~48% 정도이다.

≫ ① 발화온도는 180℃이다.
② 증기는 공기보다 무겁고 액상은 물보다 가볍다.
③ 알코올에 잘 녹지만 물에 안 녹는다.

32 다음 중 아이오딘값이 가장 낮은 것은?
① 해바라기유
② 오동유
③ 아마인유
④ 낙화생유

≫ ④ 낙화생유(땅콩유)는 아이오딘값이 100 이하인 불건성유에 해당한다.
※ 해바라기유, 오동유, 아마인유는 들기름과 함께 아이오딘값이 130 이상인 건성유에 해당한다.

33 다음 중 위험물안전관리법령에서 정한 지정수량이 나머지 셋과 다른 물질은?
① 아세트산
② 하이드라진
③ 클로로벤젠
④ 나이트로벤젠

≫ ① 아세트산(제2석유류, 수용성) : 2,000L
② 하이드라진(제2석유류, 수용성) : 2,000L
③ **클로로벤젠(제2석유류, 비수용성) : 1,000L**
④ 나이트로벤젠(제3석유류, 비수용성) : 2,000L

정답 28. ③ 29. ④ 30. ② 31. ④ 32. ④ 33. ③

34 1차 알코올에 대한 설명으로 가장 적절한 것은?

① OH기의 수가 하나이다.

② OH기가 결합된 탄소원자에 붙은 알킬기의 수가 하나이다.

③ 가장 간단한 알코올이다.

④ 탄소의 수가 하나인 알코올이다.

≫ 알코올은 C_nH_{2n+1}(알킬)과 OH(수산기)의 결합물이다. 이 중 알킬기의 수에 따라 1차, 2차, 3차 알코올로 구분되고 수산기의 수에 따라 1가, 2가, 3가 알코올로 구분된다.
  ② 1차 알코올이란, OH기가 결합된 탄소원자에 붙은 알킬기의 수가 1개 존재하는 물질을 의미한다.

35 다음 물질 중 인화점이 가장 높은 것은?

① 아세톤   ② 다이에틸에터

③ 메탄올   ④ 벤젠

≫ ① 아세톤 : $-18℃$
  ② 다이에틸에터 : $-45℃$
  ③ **메탄올 : 11℃**
  ④ 벤젠 : $-11℃$

36 다음 중 나이트로셀룰로오스의 저장방법으로 옳은 것은?

① 물이나 알코올로 습윤시킨다.

② 에탄올과 에터 혼액에 침윤시킨다.

③ 수은염을 만들어 저장한다.

④ 산에 용해시켜 저장한다.

≫ 나이트로셀룰로오스는 함수알코올(물 또는 알코올)에 적셔서 보관한다.

37 위험물안전관리법령상 제5류 위험물의 공통된 취급방법으로 옳지 않은 것은?

① 용기의 파손 및 균열에 주의한다.

② 저장 시 과열, 충격, 마찰을 피한다.

③ 운반용기 외부에 주의사항으로 "화기주의" 및 "물기엄금"을 표기한다.

④ 불티, 불꽃, 고온체와의 접근을 피한다.

≫ ③ 제5류 위험물은 운반용기 외부에 표시하는 주의사항으로 "화기엄금" 및 "충격주의"를 표기한다.

38 제1류 위험물 중 무기과산화물 300kg과 브로민산염류 600kg을 함께 보관하는 경우 지정수량의 몇 배인가?

① 3배   ② 8배

③ 10배   ④ 18배

≫ 1) 무기과산화물의 지정수량 : 50kg
  2) 브로민산염류의 지정수량 : 300kg
  ∴ 지정수량 배수의 합 $= \dfrac{300kg}{50kg} + \dfrac{600kg}{300kg} = 8$

39 페놀을 황산과 질산의 혼산으로 나이트로화하여 제조하는 제5류 위험물은?

① 아세트산

② 피크르산

③ 나이트로글리콜

④ 질산에틸

≫ 페놀을 황산과 질산으로 3번의 나이트로화반응을 하면 제5류 위험물의 나이트로화합물인 트라이나이트로페놀(피크르산)이 된다.

40 제5류 위험물을 저장 또는 취급하는 장소에 적응성이 있는 소화설비는?

① 포소화설비

② 분말소화설비

③ 불활성가스 소화설비

④ 할로젠화합물 소화설비

≫ 제5류 위험물은 자기반응성 물질로서 자체적으로 가연물과 산소공급원을 동시에 포함하므로 산소공급원을 제거하는 질식소화는 효과가 없다. 〈보기〉 중 분말소화설비, 불활성가스 소화설비는 질식소화원리를 이용하고 할로젠화합물 소화설비는 억제소화원리를 이용하지만 **포소화설비**의 경우 질식소화원리는 물론, 수분(물)을 함유하고 있어 냉각소화원리도 가능한 소화설비이므로 **제5류 위험물 화재에도 적응성**을 갖는다.

정답 34. ② 35. ③ 36. ① 37. ③ 38. ② 39. ② 40. ①

41 $C_6H_2(NO_2)_3OH$와 CH_3NO_3의 공통성질에 해당하는 것은?

① 나이트로화합물이다.

② 인화성과 폭발성이 있는 액체이다.

③ 무색의 방향성 액체이다.

④ 에탄올에 녹는다.

➤➤ 1. $C_6H_2(NO_2)_3OH$(트라이나이트로페놀)의 성질
    1) 제5류 위험물 중 나이트로화합물에 속한다.
    2) 휘황색의 고체이다.
    3) 물에 녹지 않고 **에탄올에 잘 녹는다.**
  2. CH_3NO_3(질산메틸)의 성질
    1) 제5류 위험물 중 질산에스터류에 속한다.
    2) 무색투명한 액체이다.
    3) 물에 녹지 않고 **에탄올에 잘 녹는다.**

42 위험물 옥내저장소에 과염소산 300kg, 과산화수소 300kg을 저장하고 있다. 저장창고에는 지정수량 몇 배의 위험물을 저장하고 있는가?

① 4　　　　　　② 3

③ 2　　　　　　④ 1

➤➤ 과염소산과 과산화수소는 제6류 위험물로서 지정수량은 둘 다 300kg이다.

$$\therefore \frac{300kg}{300kg} + \frac{300kg}{300kg} = 2$$

43 위험물안전관리법령상 다음 (　)에 알맞은 수치를 모두 합한 값은?

> • 과염소산의 지정수량은 (　)kg 이다.
> • 과산화수소는 농도가 (　)wt% 미만인 것은 위험물에 해당하지 않는다.
> • 질산은 비중이 (　) 이상인 것만 위험물로 규정한다.

① 349.36　　　　② 549.36

③ 337.49　　　　④ 537.49

➤➤ 1) 과염소산의 지정수량은 300kg이다.
  2) 과산화수소는 농도가 36wt% 이상을 위험물로 규정한다.
  3) 질산은 비중이 1.49 이상인 것만 위험물로 규정한다.
  $\therefore$ 300+36+1.49＝337.49

44 위험물안전관리법령상 위험물 운송 시 제1류 위험물과 혼재 가능한 위험물은?

① 제2류 위험물

② 제3류 위험물

③ 제5류 위험물

④ 제6류 위험물

➤➤ 제1류 위험물과 혼재 가능한 것은 제6류 위험물이다.

유별을 달리하는 위험물의 운반에 관한 혼재기준

위험물의 구분	제1류	제2류	제3류	제4류	제5류	제6류
제1류		×	×	×	×	○
제2류	×		×	○	○	×
제3류	×	×		○	×	×
제4류	×	○	○		○	×
제5류	×	○	×	○		×
제6류	◎	×	×	×	×	

※ 이 표는 지정수량의 1/10 이하의 위험물에 대하여는 적용하지 아니한다.

45 위험물안전관리법령상 제4류 위험물 운반용기의 외부에 표시하여야 하는 주의사항을 모두 올바르게 나타낸 것은?

① 화기엄금 및 충격주의

② 가연물접촉주의

③ 화기엄금

④ 화기주의 및 충격주의

➤➤ 운반용기 외부의 표시사항
  1. 제1류 위험물
    1) 알칼리금속의 과산화물 : 화기ㆍ충격주의, 가연물접촉주의, 물기엄금
    2) 그 외의 것 : 화기ㆍ충격주의, 가연물접촉주의
  2. 제2류 위험물
    1) 철분, 금속분, 마그네슘 : 화기주의, 물기엄금
    2) 인화성 고체 : 화기엄금
    3) 그 외의 것 : 화기주의
  3. 제3류 위험물
    1) 금수성 물질 : 물기엄금
    2) 자연발화성 물질 : 화기엄금, 공기접촉엄금
  4. **제4류 위험물 : 화기엄금**
  5. 제5류 위험물 : 화기엄금, 충격주의
  6. 제6류 위험물 : 가연물접촉주의

정답　41. ④　42. ③　43. ③　44. ④　45. ③

46 위험물안전관리법령상의 위험물 운반에 관한 기준에서 액체 위험물은 운반용기 내용적의 몇 % 이하의 수납률로 수납하여야 하는가?

① 80%　　　　② 85%

③ 90%　　　　④ 98%

≫ 1) 고체 위험물 : 운반용기 내용적의 95% 이하의 수납률로 수납할 것
2) **액체 위험물** : 운반용기 내용적의 **98% 이하의 수납률**로 수납하되, 55℃의 온도에서 누설되지 아니하도록 충분한 공간용적을 유지하도록 할 것

47 위험물안전관리법령상 [그림]과 같이 가로로 설치한 원형 탱크의 용량은 약 몇 m³인가? (단, 공간용적은 내용적의 10/100이다.)

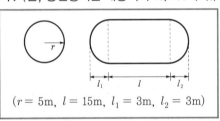

$(r = 5m, \; l = 15m, \; l_1 = 3m, \; l_2 = 3m)$

① 1,690.9m³

② 1,335.1m³

③ 1,268.4m³

④ 1,201.7m³

≫ 내용적 $= \pi \times 5^2 \times \left(15 + \dfrac{3+3}{3}\right) = 1,335.18m^3$
공간용적이 내용적의 10%인 탱크 용량은 내용적의 90%이므로, $1,335.18m^3 \times 0.9 = 1,201.7m^3$

48 위험물안전관리법령상 위험물을 유별로 정리하여 저장하면서 서로 1m 이상의 간격을 두면 동일한 옥내저장소에 저장할 수 있는 경우는?

① 제1류 위험물과 제3류 위험물 중 금수성 물질을 저장하는 경우

② 제1류 위험물과 제4류 위험물을 저장하는 경우

③ 제1류 위험물과 제6류 위험물을 저장하는 경우

④ 제2류 위험물 중 금속분과 제4류 위험물 중 동식물유류를 저장하는 경우

≫ 옥내저장소 또는 옥외저장소에서는 서로 다른 유별끼리 함께 저장할 수 없다. 단, 다음의 조건을 만족하면서 유별로 정리하여 서로 1m 이상의 간격을 두는 경우에는 저장할 수 있다.
1) 제1류 위험물(알칼리금속의 과산화물 제외)과 제5류 위험물
2) 제1류 위험물과 제6류 위험물
3) 제1류 위험물과 제3류 위험물 중 자연발화성 물질(황린)
4) 제2류 위험물 중 인화성 고체와 제4류 위험물
5) 제3류 위험물 중 알칼알루미늄등과 제4류 위험물(알킬알루미늄 또는 알킬리튬을 함유한 것)
6) 제4류 위험물 중 유기과산화물과 제5류 위험물 중 유기과산화물

49 위험물안전관리법령상 판매취급소에 관한 설명으로 옳지 않은 것은?

① 건축물의 1층에 설치하여야 한다.

② 위험물을 저장하는 탱크시설을 갖추어야 한다.

③ 건축물의 다른 부분과는 내화구조의 격벽으로 구획하여야 한다.

④ 제조소와 달리 안전거리 또는 보유공지에 관한 규제를 받지 않는다.

≫ ② 판매취급소란 페인트점 또는 화공약품점이라서 위험물을 저장하는 탱크시설은 필요 없다.

50 주유취급소의 벽(담)에 유리를 부착할 수 있는 기준에 대한 설명으로 옳은 것은?

① 유리 부착위치는 주입구, 고정주유설비로부터 2m 이상 이격되어야 한다.

② 지반면으로부터 50cm를 초과하는 부분에 한하여 설치하여야 한다.

③ 하나의 유리판 가로의 길이는 2m 이내로 한다.

④ 유리의 구조는 기준에 맞는 강화유리로 하여야 한다.

정답　46. ④　47. ④　48. ③　49. ②　50. ③

❯❯ ① 유리 부착위치는 주입구, 고정주유설비로부터 4m 이상 이격되어야 한다.
② 지반면으로부터 70cm를 초과하는 부분에 한하여 설치하여야 한다.
④ 유리의 구조는 기준에 맞는 접합유리로 하여야 한다.

51 위험물안전관리법령상 제4석유류를 저장하는 단층건물에 설치한 옥내저장탱크의 용량은 지정수량의 몇 배 이하이어야 하는가?

① 20배   ② 40배
③ 100배   ④ 150배

❯❯ 1. 단층 건물 또는 1층 이하의 층에 설치한 탱크전용실의 옥내저장탱크의 용량
  － 지정수량의 40배 이하(단, 제4석유류 및 동식물유류 외의 제4류 위험물은 20,000L 초과 시 20,000L 이하)
2. 2층 이상의 층에 설치한 탱크전용실의 옥내저장탱크의 용량
  － 지정수량의 10배 이하(단, 제4석유류 및 동식물유류 외의 제4류 위험물은 5,000L 초과 시 5,000L 이하)

52 위험물안전관리법령상 이동탱크저장소에 의한 위험물의 운송 시 장거리에 걸친 운송을 하는 때에는 2명 이상의 운전자로 하는 것이 원칙이다. 다음 중 예외적으로 1명의 운전자가 운송하여도 되는 경우의 기준으로 옳은 것은?

① 운송 도중에 2시간 이내마다 10분 이상씩 휴식하는 경우
② 운송 도중에 2시간 이내마다 20분 이상씩 휴식하는 경우
③ 운송 도중에 4시간 이내마다 10분 이상씩 휴식하는 경우
④ 운송 도중에 4시간 이내마다 20분 이상씩 휴식하는 경우

❯❯ 1. 운전자를 2명 이상으로 하는 경우
  1) 고속국도에 있어서는 340km 이상에 걸치는 운송을 하는 때
  2) 일반도로에 있어서는 200km 이상 걸치는 운송을 하는 때

2. 운전자를 1명으로 할 수 있는 경우
  1) 운송책임자를 동승시킨 경우
  2) 제2류 위험물, 제3류 위험물(칼슘 또는 알루미늄의 탄화물에 한함) 또는 제4류 위험물(특수인화물 제외)을 운송하는 경우
  3) **운송 도중에 2시간 이내마다 20분 이상씩 휴식하는 경우**

53 위험물안전관리법령상 운송책임자의 감독, 지원을 받아 운송하여야 하는 위험물에 해당하는 것은?

① 알킬알루미늄, 산화프로필렌, 알킬리튬
② 알킬알루미늄, 산화프로필렌
③ 알킬알루미늄, 알킬리튬
④ 산화프로필렌, 알킬리튬

❯❯ 위험물안전관리법령상 운송책임자의 감독, 지원을 받아 운송하여야 하는 위험물은 제3류 위험물 중 **알킬알루미늄** 및 **알킬리튬**이다.

54 건축물 외벽이 내화구조이며 연면적 $300m^2$인 위험물 옥내저장소의 건축물에 대하여 소화설비의 소화능력단위는 최소 몇 단위 이상이 되어야 하는가?

① 1단위   ② 2단위
③ 3단위   ④ 4단위

❯❯ 소요단위의 기준은 다음 [표]와 같다.

구 분	외벽이 내화구조	외벽이 비내화구조
위험물 제조소 및 취급소	연면적 $100m^2$	연면적 $50m^2$
위험물저장소	**연면적 $150m^2$**	연면적 $75m^2$
위험물	지정수량의 10배	

외벽이 내화구조인 옥내저장소는 연면적 $150m^2$가 1소요단위이므로 연면적 $300m^2$는 2소요단위에 해당한다. 소화능력단위와 소요단위는 같은 수치이므로 이 경우 소화능력단위는 2단위이다.

55 제5류 위험물인 트라이나이트로톨루엔 분해 시 주생성물에 해당하지 않는 것은?

① CO   ② N_2
③ NH_3 ④ H_2

정답   51. ②   52. ②   53. ③   54. ②   55. ③

➠ $2C_6H_2CH_3(NO_2)_3 \rightarrow 12CO + 2C + 3N_2 + 5H_2$
트라이나이트로톨루엔   일산화탄소   탄소   질소   수소

56 질산의 비중이 1.5일 때 1소요단위는 몇 L 인가?

① 150L

② 200L

③ 1,500L

④ 2,000L

➠ 밀도 = $\dfrac{질량}{부피}$, 단위는 g/mL 또는 kg/L이다.

비중 = $\dfrac{해당\ 물질의\ 밀도(kg/L)}{표준물질(물)의\ 밀도(kg/L)}$

     = $\dfrac{해당\ 물질의\ 밀도(kg/L)}{1kg/L}$

비중은 단위가 없을 뿐 밀도를 구하는 공식과 같다. 질산의 지정수량이 300kg이고 1소요단위는 지정수량의 10배이므로 질산 1소요단위는 300kg×10 =3,000kg이다.

∴ $3,000kg × \dfrac{1L}{1.5kg} = 2,000L$ 질산

57 위험물안전관리법령에서 정한 자동화재탐지설비에 대한 기준으로 틀린 것은? (단, 원칙적인 경우에 한한다.)

① 경계구역은 건축물, 그 밖의 공작물의 2 이상의 층에 걸치지 아니하도록 할 것

② 하나의 경계구역의 면적은 600m² 이하로 할 것

③ 하나의 경계구역의 한 변의 길이는 30m 이하로 할 것

④ 자동화재탐지설비에는 비상전원을 설치할 것

➠ 자동화재탐지설비의 경계구역
   1) 건축물의 2 이상의 층에 걸치지 아니하도록 할 것(다만, 2 이상의 경계구역의 면적의 합이 500m² 이하이면 그러하지 아니하다)
   2) 하나의 경계구역의 면적은 600m² 이하로 할 것
   3) 한 변의 길이는 50m(광전식 분리형 감지기의 경우에는 100m) 이하로 할 것

4) 건축물의 주요한 출입구에서 그 내부 전체를 볼 수 있는 경우는 면적을 1,000m² 이하로 할 것

5) 자동화재탐지설비의 감지기는 지붕 또는 벽의 옥내에 면한 부분에 화재발생을 감지할 수 있도록 설치할 것

6) 자동화재탐지설비에는 비상전원을 설치할 것

58 지정수량 10배 이상의 위험물을 취급하는 제조소에는 피뢰침을 설치하여야 하지만 제 몇 류 위험물을 취급하는 경우에는 이를 제외할 수 있는가?

① 제2류 위험물   ② 제4류 위험물

③ 제5류 위험물   ④ 제6류 위험물

➠ 지정수량의 10배 이상의 위험물을 취급하는 제조소(단, 제6류 위험물제조소는 제외)에는 피뢰설비를 설치해야 한다.

59 소화난이도등급 I에 해당하는 위험물제조소는 연면적이 몇 m² 이상인 것인가?

① 400m²   ② 600m²

③ 800m²   ④ 1,000m²

➠ 소화난이도등급 I에 해당하는 제조소등에서 제조소 및 일반취급소의 기준
   1) 연면적 1,000m² 이상인 것
   2) 지정수량의 100배 이상인 것(고인화점 위험물만을 100℃ 미만의 온도에서 취급하는 것은 제외)
   3) 지반면으로부터 6m 이상의 높이에 위험물 취급설비가 있는 것(고인화점 위험물만을 100℃ 미만의 온도에서 취급하는 것은 제외)

60 위험물안전관리자를 선임한 제조소등의 관계인은 그 안전관리자를 해임하거나 안전관리자가 퇴직한 때에는 해임하거나 퇴직한 날부터 며칠 이내에 다시 안전관리자를 선임해야 하는가?

① 10일   ② 20일

③ 30일   ④ 40일

➠ 안전관리자가 해임되거나 퇴직한 때에는 해임되거나 퇴직한 날부터 30일 이내에 다시 안전관리자를 선임하여야 한다.

정답   56. ④   57. ③   58. ④   59. ④   60. ③

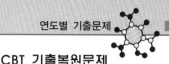

01 수소, 아세틸렌과 같은 가연성 가스가 공기 중 누출되어 연소하는 형식에 가장 가까운 것은?

① 확산연소 ② 증발연소
③ 분해연소 ④ 표면연소

》》 가연성 가스가 공기 중 누출되어 연소하는 형태는 확산연소이다.

02 가연물이 고체 덩어리보다 분말가루일 때 화재 위험성이 큰 이유로 가장 옳은 것은?

① 공기와의 접촉면적이 크기 때문이다.
② 열전도율이 크기 때문이다.
③ 흡열반응을 하기 때문이다.
④ 활성에너지가 크기 때문이다.

》》 분말상태는 덩어리상태보다 공기와 접촉하는 면적이 더 크기 때문에 화재 또는 폭발의 위험성도 크다.

03 연소의 3요소를 모두 포함하는 것은?

① 과염소산, 산소, 불꽃
② 마그네슘분말, 연소열, 수소
③ 아세톤, 수소, 산소
④ 불꽃, 아세톤, 질산암모늄

》》 ① 과염소산(제6류 위험물인 산소공급원), 산소(산소공급원), 불꽃(점화원)
② 마그네슘분말(제2류 위험물인 가연물), 연소열(점화원), 수소(가연물)
③ 아세톤(제4류 위험물인 가연물), 수소(가연물), 산소(산소공급원)
④ 불꽃(**점화원**), 아세톤(제4류 위험물인 **가연물**), 질산암모늄(제1류 위험물인 **산소공급원**)
※ 연소의 3요소
　1) 가연물
　2) 산소공급원
　3) 점화원

04 수용성 가연성 물질의 화재 시 다량의 물을 방사하여 가연물질의 농도를 연소농도 이하가 되도록 하여 소화시키는 것은 무슨 소화원리인가?

① 제거소화 ② 촉매소화
③ 희석소화 ④ 억제소화

》》 소화기의 종류
　1) 제거소화 : 가연물을 제거해서 불을 소화시키는 것
　2) **희석소화 : 가연물질의 농도를 연소농도 이하가 되도록 하여 소화시키는 것**
　3) 억제소화 : 연쇄반응을 억제해서 소화시키는 것
　4) 질식소화 : 산소공급원을 제거해서 소화시키는 것

05 건조사와 같은 불연성 고체로 가연물을 덮는 것은 어떤 소화에 해당하는가?

① 제거소화 ② 질식소화
③ 냉각소화 ④ 억제소화

》》 건조사와 같은 불연성 고체로 가연물을 덮는 것은 산소공급원을 차단시키는 것으로서 질식소화에 해당한다.

06 소화효과에 대한 설명으로 틀린 것은?

① 기화잠열이 큰 소화약제를 사용할 경우 냉각소화효과를 기대할 수 있다.
② 이산화탄소에 의한 소화는 주로 질식소화로 화재를 진압한다.
③ 할로젠화합물 소화약제는 주로 냉각소화한다.
④ 분말소화약제는 질식효과와 부촉매효과 등으로 화재를 진압한다.

》》 ③ 할로젠화합물 소화약제의 주된 소화방법은 억제소화이다.

정답　01. ①　02. ①　03. ④　04. ③　05. ②　06. ③

07 할론 1301의 증기비중은? (단, 플루오린의 원자량은 19, 브로민의 원자량은 80, 염소의 원자량은 35.5이고, 공기의 분자량은 29이다.)

① 2.14 ② 4.15
③ 5.14 ④ 6.15

≫ 할론 1301의 화학식은 CF_3Br이며 분자량은 12(C)+19(F)×3+80(Br)=149이다. 증기비중은 물질의 분자량을 공기의 분자량인 29로 나누어 구하므로 증기비중 $=\dfrac{149}{29}=5.14$이다.

08 식용유화재 시 제1종 분말소화약제를 이용하여 화재의 제어가 가능하다. 이때의 소화원리에 가장 가까운 것은?

① 촉매효과에 의한 질식소화
② 비누화반응에 의한 질식소화
③ 아이오딘화에 의한 냉각소화
④ 가수분해반응에 의한 냉각소화

≫ ② 지방을 가수분해하는 비누화현상으로 식용유화재를 제어하여 질식소화하는 소화약제는 제1종 분말소화약제이다.
※ 비누($C_nH_{2n+1}COONa$)와 제1종 분말소화약제($NaHCO_3$)는 Na을 공통적으로 포함한다는 점을 응용한다.

09 할로젠화합물 소화약제의 주된 소화효과는?

① 부촉매효과 ② 희석효과
③ 파괴효과   ④ 냉각효과

≫ 할로젠화합물 소화약제의 주된 소화효과는 화학적 소화방법인 부촉매(억제)효과이다.

10 위험물제조소등에 옥외소화전을 6개 설치할 경우 수원의 수량은 몇 m^3 이상이어야 하는가?

① 48m^3 이상 ② 54m^3 이상
③ 60m^3 이상 ④ 81m^3 이상

≫ 옥외소화전의 수원의 양은 옥외소화전 개수에 13.5m^3를 곱한 양 이상으로 하되, 소화전 개수가 4개 이상이면 최대 4개의 옥외소화전의 수만 곱해주면 된다.
∴ 13.5m^3×4=54m^3

11 위험물안전관리법령에 따른 스프링클러헤드의 설치방법에 대한 설명으로 옳지 않은 것은?

① 개방형 헤드는 반사판으로부터 하방으로 0.45m, 수평방향으로 0.3m의 공간을 보유할 것
② 폐쇄형 헤드는 가연성 물질 수납부분에 설치 시 반사판으로부터 하방으로 0.9m, 수평방향으로 0.4m의 공간을 확보할 것
③ 폐쇄형 헤드 중 개구부에 설치하는 것은 해당 개구부의 상단으로부터 높이 0.15m 이내의 벽면에 설치할 것
④ 폐쇄형 헤드 설치 시 급배기용 덕트의 긴 변의 길이가 1.2m를 초과하는 것이 있는 경우에는 해당 덕트의 윗부분에만 헤드를 설치할 것

≫ 1. 개방형 스프링클러헤드는 스프링클러헤드의 반사판으로부터 하방으로 0.45m 이상, 수평방향으로 0.3m 이상의 공간을 보유해야 한다.
2. 폐쇄형 스프링클러헤드
   1) 스프링클러헤드의 반사판과 헤드의 부착면과의 거리는 0.3m 이하이어야 한다.
   2) 스프링클러헤드는 가연성 물질 수납부분에 설치 시 반사판으로부터 하방으로 0.9m 이상, 수평방향으로 0.4m 이상의 공간을 확보해야 한다.
   3) 스프링클러헤드 중 개구부에 설치하는 것은 해당 개구부의 상단으로부터 높이 0.15m 이내의 벽면에 설치해야 한다.
   4) **급배기용 덕트 등의 긴 변의 길이가 1.2m를 초과하는 것이 있는 경우에는 해당 덕트의 아랫면에도 헤드를 설치**해야 한다.

12 위험물을 저장할 때 필요한 보호물질을 올바르게 연결한 것은?

① 황린 – 석유
② 금속칼슘 – 에탄올
③ 이황화탄소 – 물
④ 금속나트륨 – 산소

≫ ① 황린 – 물
② 금속칼슘 – 밀폐용기에 보관
④ 금속나트륨 – 석유류(등유, 경유, 유동파라핀)

정답 07. ③ 08. ② 09. ① 10. ② 11. ④ 12. ③

13 경유 2,000L, 글리세린 2,000L를 같은 장소에 저장하려 한다. 지정수량 배수의 합은 얼마인가?

① 2.5 ② 3.0
③ 3.5 ④ 4.0

≫ 1) 경유 : 제4류 위험물 중 제2석유류(비수용성), 지정수량 1,000L
2) 글리세린 : 제4류 위험물 중 제3석유류(수용성), 지정수량 4,000L

$$\therefore \frac{2,000L}{1,000L} + \frac{2,000L}{4,000L} = 2.5$$

14 다음 중 산화성 물질이 아닌 것은?

① 무기과산화물 ② 과염소산
③ 질산염류 ④ 마그네슘

≫ ① 무기과산화물 : 제1류 위험물(산화성 고체)
② 과염소산 : 제6류 위험물(산화성 액체)
③ 질산염류 : 제1류 위험물(산화성 고체)
④ **마그네슘 : 제2류 위험물(가연성 고체)**

15 위험물안전관리법령상 위험등급 I 의 위험물에 해당하는 것은?

① 무기과산화물 ② 황화인, 적린, 황
③ 제1석유류 ④ 알코올류

≫ ① **무기과산화물**(제1류 위험물) : **위험등급 I**
② 황화인, 적린, 황(제2류 위험물) : 위험등급 II
③ 제1석유류(제4류 위험물) : 위험등급 II
④ 알코올류(제4류 위험물) : 위험등급 II

16 질산칼륨에 대한 설명 중 옳은 것은?

① 유기물 및 강산에 보관할 때 매우 안정하다.
② 열에 안정하여 1,000℃를 넘는 고온에서도 분해되지 않는다.
③ 알코올에는 잘 녹으나 물, 글리세린에는 잘 녹지 않는다.
④ 무색, 무취의 결정 또는 분말로서 화약의 원료로 사용된다.

≫ ① 제1류 위험물로서 산소공급원의 역할을 하므로 유기물 및 강산에 매우 위험하다.
② 400℃에서 분해하여 산소를 발생한다.
③ 물, 글리세린에 잘 녹고 알코올에는 안 녹는다.
④ **무색, 무취의 결정 또는 분말로서 숯과 황을 혼합하면 흑색화약의 원료로 사용된다.**

17 과산화나트륨의 화재 시 물을 사용한 소화가 위험한 이유는?

① 수소와 열을 발생하므로
② 산소와 열을 발생하므로
③ 수소를 발생하고 이 가스가 폭발적으로 연소하므로
④ 산소를 발생하고 이 가스가 폭발적으로 연소하므로

≫ 제1류 위험물 중 알칼리금속의 과산화물에 속하는 과산화칼륨, **과산화나트륨**, 과산화리튬은 화재 시 **물을 이용해 소화하면 산소와 열을 발생**하므로 물로 냉각소화하면 위험하다.

18 과산화바륨과 물이 반응하였을 때 발생하는 것은?

① 수소 ② 산소
③ 탄산가스 ④ 수성가스

≫ 과산화바륨은 제1류 위험물 중 무기과산화물로서, 물과 반응 시 산소를 발생한다.

19 위험물안전관리법령상 품명이 금속분에 해당하는 것은? (단, 150μm의 체를 통과하는 것이 50wt% 이상인 경우이다.)

① 니켈분 ② 마그네슘분
③ 알루미늄분 ④ 구리분

≫ 제2류 위험물 중 금속분은 알칼리금속 · 알칼리토금속 · 철 및 마그네슘 외의 금속의 분말을 말하고, 구리분 · 니켈분은 제외하고 150μm(마이크로미터)의 체를 통과하는 것이 50중량% 미만인 것도 제외한다.
①, ④ 니켈분과 구리분 : '금속분'이라는 품명에서 제외되는 물질
② 마그네슘 : 제2류 위험물 중 '금속분'이 아닌 '마그네슘'의 품명에 해당하는 물질
③ **알루미늄분 : 제2류 위험물 중 '금속분'에 해당하는 물질**

20 황의 특성 및 위험성에 대한 설명 중 틀린 것은?

① 산화성 물질이므로 환원성 물질과 접촉을 피해야 한다.

② 전기의 부도체이므로 전기절연체로 쓰인다.

③ 공기 중 연소 시 유해가스를 발생한다.

④ 분말상태인 경우 분진폭발의 위험성이 있다.

》 황(제2류 위험물)은 **환원성**(가연성) **물질**이므로 **산화성**(산소공급원의 성질) **물질과 접촉을 피해야** 한다.

21 다음 중 알루미늄분말의 저장방법으로 옳은 것은?

① 에틸알코올수용액에 넣어 보관한다.

② 밀폐용기에 넣어 건조한 곳에 보관한다.

③ 폴리에틸렌병에 넣어 수분이 많은 곳에 보관한다.

④ 염산수용액에 넣어 보관한다.

》 알루미늄분말(제2류 위험물)은 물(수용액) 또는 염산과 반응하여 수소를 발생하므로 밀폐용기에 넣어 **수분이 없는 장소에 보관**해야 한다.

22 위험물안전관리법령상 제3류 위험물의 금수성 물질 화재 시 적응성이 있는 소화약제는 어느 것인가?

① 탄산수소염류 분말

② 물

③ 이산화탄소

④ 할로젠화합물

》 제3류 위험물 중 금수성 물질 화재 시에는 **탄산수소염류 분말소화약제**, 마른모래, 팽창질석 또는 팽창진주암이 적응성이 있다.

23 다음 2가지 물질을 섞었을 때 수소가 발생하는 것은?

① 칼륨과 에탄올

② 과산화마그네슘과 염화수소

③ 과산화칼륨과 탄산가스

④ 오황화인과 물

》 ① 칼륨과 에틸알코올의 반응식

$$2K + 2C_2H_5OH \rightarrow 2C_2H_5OK + H_2$$
칼륨　　　에틸알코올　　　칼륨에틸레이트　　수소

24 금속나트륨, 금속칼륨 등을 보호액 속에 저장하는 이유에 대해 가장 올바르게 설명한 것은?

① 온도를 낮추기 위하여

② 승화하는 것을 막기 위하여

③ 공기와의 접촉을 막기 위하여

④ 운반 시 충격을 적게 하기 위하여

》 제3류 위험물인 금속나트륨과 금속칼륨은 공기 중에 포함된 수분과 반응하여 수소가스를 발생할 수 있고 산소와 반응하여 산화(녹이 스는 현상)될 수 있으므로 **공기와의 접촉을 막기 위하여** 석유(등유, 경유, 유동파라핀 등) 속에 저장한다.

25 다음 중 제2류 위험물에 대한 설명으로 옳지 않은 것은?

① 대부분 물보다 가벼우므로 주수소화는 어려움이 있다.

② 점화원으로부터 멀리하고 가열을 피한다.

③ 금속분은 물과의 접촉을 피한다.

④ 용기 파손으로 인한 위험물의 누설에 주의한다.

》 ① 제2류 위험물은 모두 물보다 무겁고 철분, 금속분, 마그네슘 외의 물질들은 화재 시 주수소화를 해야 하는 물질들이다.

26 다음 중 인화점이 0℃보다 작은 것은 모두 몇 개인가?

$$C_2H_5OC_2H_5, \ CS_2, \ CH_3CHO$$

① 0개　　　　　　② 1개

③ 2개　　　　　　④ 3개

》 1) 다이에틸에터($C_2H_5OC_2H_5$) : -45℃
　 2) 이황화탄소(CS_2) : -30℃
　 3) 아세트알데하이드(CH_3CHO) : -38℃

정답 　20. ①　21. ②　22. ①　23. ①　24. ③　25. ①　26. ④

27 위험물의 품명 분류가 잘못된 것은?

① 휘발유 : 제1석유류

② 경유 : 제2석유류

③ 폼산 : 제3석유류

④ 기어유 : 제4석유류

≫ ③ 폼산(HCOOH)은 제2석유류에 속한다.

28 위험물안전관리법령에서 정한 메틸알코올의 지정수량을 kg단위로 환산하면 얼마인가? (단, 메틸알코올의 밀도는 0.8g/mL이다.)

① 200kg   ② 320kg

③ 400kg   ④ 460kg

≫ 밀도 $= \dfrac{질량}{부피}$, 단위는 g/mL 또는 kg/L이다.

메틸알코올의 지정수량은 400L이다.

$$400L \times \dfrac{0.8kg}{1L} = 320kg$$

29 1분자 내에 포함된 탄소의 수가 가장 많은 것은?

① 아세톤   ② 톨루엔

③ 아세트산   ④ 이황화탄소

≫ ① 아세톤(CH_3COCH_3) : 3개

② **톨루엔($C_6H_5CH_3$) : 7개**

③ 아세트산(CH_3COOH) : 2개

④ 이황화탄소(CS_2) : 1개

30 벤젠(C_6H_6)의 일반성질로서 틀린 것은?

① 휘발성이 강한 액체이다.

② 인화점은 가솔린보다 낮다.

③ 물에 녹지 않는다.

④ 화학적으로 공명구조를 이루고 있다.

≫ ② 벤젠의 인화점은 −11℃로 가솔린의 인화점 −43∼−38℃보다 높다.

31 다음 물질 중 물에 대한 용해도가 가장 낮은 것은?

① 아크릴산   ② 아세트알데하이드

③ 벤젠   ④ 글리세린

≫ ① 아크릴산 : 제2석유류(수용성)

② 아세트알데하이드 : 특수인화물(수용성)

③ **벤젠 : 제1석유류(비수용성)**

④ 글리세린 : 제3석유류(수용성)

32 다음 중 하이드라진에 대한 설명으로 틀린 것은 어느 것인가?

① 외관은 물과 같이 무색투명하다.

② 가열하면 분해하여 가스를 발생한다.

③ 위험물안전관리법령상 제4류 위험물에 해당한다.

④ 알코올, 물 등의 비극성 용매에 잘 녹는다.

≫ ① 무색투명한 액체이다.

② 화학식은 N_2H_4이며, 이를 가열하여 분해하여 암모니아(NH_3)가스를 발생한다.

③ 제4류 위험물 중 제2석유류 수용성 물질이다.

④ 알코올, 물 등은 비극성 용매가 아닌 극성 용매로 분류되며 하이드라진은 수용성이므로 **극성 용매에 잘 녹는다.**

33 다음 아세톤의 완전연소반응식에서 ( ) 안에 알맞은 계수를 차례대로 올바르게 나타낸 것은?

$CH_3COCH_3 + (\ \ )O_2 \rightarrow (\ \ )CO_2 + 3H_2O$

① 3, 4

② 4, 3

③ 6, 3

④ 3, 6

≫ ㉠ 1단계

$CH_3COCH_3 + (\ \ )O_2 \rightarrow (3)CO_2 + (\ \ )H_2O$

화살표 왼쪽 C의 수는 3개이므로, 화살표 오른쪽 C의 수를 3으로 맞춘다.

㉡ 2단계

$CH_3COCH_3 + (\ \ )O_2 \rightarrow (3)CO_2 + (3)H_2O$

화살표 왼쪽 H의 수는 6개이므로, 화살표 오른쪽 H의 수를 6으로 맞춘다.

㉢ 3단계

$CH_3COCH_3 + (4)O_2 \rightarrow (3)CO_2 + (3)H_2O$

화살표 오른쪽 O의 수는 9개이므로, 화살표 왼쪽 O의 수를 9로 맞춘다.

34 다음 중 위험물 운반용기의 외부에 "제4류"와 "위험등급 Ⅱ"의 표시만 보이고 품명이 잘 보이지 않을 때 예상할 수 있는 수납위험물의 품명은?

① 제1석유류
② 제2석유류
③ 제3석유류
④ 제4석유류

》》 제4류 위험물 중 위험등급 Ⅱ에 해당하는 품명은 **제1석유류**와 알코올류이다.

35 다음 중 산을 가하면 이산화염소를 발생시키는 물질로 분자량이 약 90.5인 것은?

① 아염소산나트륨
② 브로민산나트륨
③ 아이오딘산칼륨
④ 다이크로뮴산나트륨

》》① 아염소산염류(염소산염류 및 과염소산염류 포함)에 황산이나 질산 등의 산을 가하면 이산화염소(ClO_2)라는 독성 가스가 발생한다. 아염소산나트륨($NaClO_2$)의 분자량 = 23(Na) + 35.5(Cl) + 16(O) × 2 = 90.5이다.

🎓 **똑똑한 풀이비법**
산을 가하여 이산화염소(ClO_2)를 발생시킬 수 있다는 것은 아염소산나트륨($NaClO_2$)처럼 그 물질 자체에 염소(Cl)가 포함되어 있어야 가능하다는 점을 이용하면 답을 쉽게 찾을 수 있다.

36 충격이나 마찰에 민감하고 가수분해반응을 일으키는 단점을 가지고 있어 이를 개선하여 다이너마이트를 발명하는 데 주원료로 사용한 위험물은?

① 셀룰로이드
② 나이트로글리세린
③ 트라이나이트로톨루엔
④ 트라이나이트로페놀

》》② 나이트로글리세린(제5류 위험물)은 동결된 것은 충격에 둔하나 액체는 충격에 매우 민감하여 운반도 금지되어 있으며, 규조토에 흡수시킨 것을 다이너마이트라고 한다.

37 과망가니즈산칼륨의 위험성에 대한 설명으로 틀린 것은?

① 황산과 격렬하게 반응한다.
② 유기물과 혼합 시 위험성이 증가한다.
③ 고온으로 가열하면 분해하여 산소와 수소를 방출한다.
④ 목탄, 황 등 환원성 물질과 격리하여 저장해야 한다.

》》③ 과망가니즈산칼륨은 제1류 위험물이므로 고온으로 가열하면 분해하여 산소를 방출한다.

🎓 **똑똑한 풀이비법**
제1류 위험물은 어떤 반응으로도 수소를 방출할 수는 없다.

38 유기과산화물의 저장 또는 운반 시 주의사항으로 옳은 것은?

① 일광이 드는 건조한 곳에 저장한다.
② 가능한 한 대용량으로 저장한다.
③ 알코올류 등 제4류 위험물과 혼재하여 운반할 수 있다.
④ 산화제이므로 다른 강산화제와 같이 저장해도 좋다.

》》① 모든 위험물은 일광이 드는 곳에 저장하면 안 된다.
② 화재발생을 대비해 가능한 한 소량을 여러 군데 분산하여 저장한다.
③ **유기과산화물**(제5류 위험물)과 **혼재하여 운반**할 수 있는 것은 제2류 위험물과 **제4류 위험물**이다.
④ 산화제이면서 동시에 환원제(가연물)이므로 다른 산화제와 저장하면 위험하다.

39 벤조일퍼옥사이드에 대한 설명으로 틀린 것은?

① 무색, 무취의 투명한 액체이다.
② 가급적 소분하여 저장한다.
③ 제5류 위험물에 해당한다.
④ 품명은 유기과산화물이다.

》》① 벤조일퍼옥사이드(과산화벤조일)는 제5류 위험물 중 유기과산화물에 해당하는 고체이다.

정답 **34.** ① **35.** ① **36.** ② **37.** ③ **38.** ③ **39.** ①

40 나이트로셀룰로오스의 저장·취급 방법으로 틀린 것은?

① 직사광선을 피해 저장한다.

② 되도록 장기간 보관하여 안정화된 후에 사용한다.

③ 유기과산화물류, 강산화제와의 접촉을 피한다.

④ 건조상태에 이르면 위험하므로 습한 상태를 유지한다.

≫ 나이트로셀룰로오스(제5류 위험물)는 자기반응성 물질이므로 장기간 보관하면 오히려 위험성을 증대시킬 수 있다.

41 위험물안전관리법령상 품명이 유기과산화물인 것으로만 나열된 것은?

① 과산화벤조일, 과산화메틸에틸케톤

② 과산화벤조일, 과산화마그네슘

③ 과산화마그네슘, 과산화메틸에틸케톤

④ 과산화초산, 과산화수소

≫ 제5류 위험물 중 유기과산화물은 유기물(C를 포함하는 물질)이 과산화된 상태(산소가 과한 상태)를 의미하며 탄소를 포함하고 있지 않는 과산화물은 무기과산화물로 분류된다.
〈보기〉 중 ①의 **과산화벤조일과 과산화메틸에틸케톤은 둘다 탄소를 포함하고 있는 유기과산화물**이다.
① 과산화벤조일 : $(C_6H_5CO)_2O_2$, 과산화메틸에틸케톤 : $(CH_3COC_2H_5)_2O_2$
② 과산화벤조일 : $(C_6H_5CO)_2O_2$, 과산화마그네슘 : MgO_2
③ 과산화마그네슘 : MgO_2, 과산화메틸에틸케톤 : $(CH_3COC_2H_5)_2O_2$
④ 과산화초산 : CH_3COOOH, 과산화수소 : H_2O_2

42 제6류 위험물을 저장하는 장소에 적응성이 있는 소화설비가 아닌 것은?

① 물분무소화설비

② 포소화설비

③ 불활성가스 소화설비

④ 옥내소화전설비

≫ 제6류 위험물은 산화성 액체로서 자체적으로 산소공급원을 포함하는 물질이므로 산소를 제거하는 질식소화는 불가능하고 물을 소화약제로 사용하는 소화설비가 적응성이 있다. 여기서, **불활성가스 소화설비는 질식소화원리**를 이용하는 대표적인 소화설비이며, 물분무소화설비, 포소화설비(질식소화도 가능) 및 옥내소화전설비는 물로 냉각소화가 가능한 소화설비들이다.

43 질산의 저장 및 취급 방법이 아닌 것은?

① 직사광선을 차단한다.

② 분해방지를 위해 요산, 인산 등을 가한다.

③ 유기물과 접촉을 피한다.

④ 갈색병에 넣어 보관한다.

≫ ② 요산, 인산, 아세트아닐리드 등은 과산화수소(제6류 위험물)의 분해방지안정제이지 질산(제6류 위험물)의 안정제가 아니다.

44 다음 ( ) 안에 적합한 숫자를 차례대로 나열한 것은?

> 자연발화성 물질 중 알킬알루미늄등은 운반용기 내용적의 ( )% 이하의 수납률로 수납하되 50℃의 온도에서 ( )% 이상의 공간용적을 유지하도록 할 것

① 90, 5
② 90, 10
③ 95, 5
④ 95, 10

≫ 운반용기의 수납률
1) 고체 위험물 : 운반용기 내용적의 95% 이하
2) 액체 위험물 : 운반용기 내용적의 98% 이하 (55℃에서 누설되지 않도록 공간용적을 유지)
3) **알킬알루미늄등** : 운반용기의 내용적의 **90% 이하**(50℃에서 **5% 이상의 공간용적**을 유지)

45 위험물안전관리법령상 위험물 운반 시 차광성이 있는 피복으로 덮지 않아도 되는 것은?

① 제1류 위험물

② 제2류 위험물

③ 제3류 위험물 중 자연발화성 물질

④ 제5류 위험물

정답 | 40. ② 41. ① 42. ③ 43. ② 44. ① 45. ②

1) 제1류 위험물, 제3류 위험물 중 자연발화성 물질, 제4류 위험물 중 특수인화물, 제5류 위험물 또는 제6류 위험물은 차광성이 있는 피복으로 가릴 것

2) 제1류 위험물 중 알칼리금속의 과산화물, 제2류 위험물 중 철분·금속분·마그네슘, 제3류 위험물 중 금수성 물질은 방수성이 있는 피복으로 덮을 것

46 제4류 위험물을 저장 및 취급하는 위험물제조소에 설치한 "화기엄금" 게시판의 색상으로 맞는 것은?

① 적색 바탕에 흑색 문자
② 흑색 바탕에 적색 문자
③ 백색 바탕에 적색 문자
④ 적색 바탕에 백색 문자

≫ 주의사항 게시판은 내용에 "화기엄금" 또는 "화기주의"처럼 "화기"가 포함되면 **적색 바탕에 백색 문자**로 나타내고 "물기엄금"처럼 "물기"가 포함되면 청색 바탕에 백색 문자로 나타낸다.

47 위험물탱크의 용량은 탱크의 내용적에서 공간용적을 뺀 용적으로 한다. 이 경우 소화약제 방출구를 탱크 안의 윗부분에 설치하는 탱크의 공간용적은 해당 소화설비의 소화약제 방출구 아래의 어느 범위의 면으로부터 윗부분의 용적으로 하는가?

① 0.1미터 이상 0.5미터 미만 사이의 면
② 0.3미터 이상 1미터 미만 사이의 면
③ 0.5미터 이상 1미터 미만 사이의 면
④ 0.5미터 이상 1.5미터 미만 사이의 면

≫ 소화설비(소화약제 방출구를 탱크 안의 윗부분에 설치하는 것에 한한다)를 설치하는 탱크의 공간용적은 해당 소화설비의 소화약제 방출구 아래의 **0.3미터 이상 1미터 미만 사이의 면**으로부터 윗부분의 용적으로 한다.

48 유별을 달리하는 위험물을 운반할 때 혼재할 수 있는 것은? (단, 지정수량의 1/10을 넘는 양을 운반하는 경우이다.)

① 제1류와 제3류
② 제2류와 제4류
③ 제3류와 제5류
④ 제4류와 제6류

≫ 유별을 달리하는 위험물의 운반에 관한 혼재기준

위험물의 구분	제1류	제2류	제3류	제4류	제5류	제6류
제1류		×	×	×	×	○
제2류	×		×	○	○	×
제3류	×	×		○	×	×
제4류	×	◎	○		○	×
제5류	×	○	×	○		×
제6류	○	×	×	×	×	

※ 이 표는 지정수량의 1/10 이하의 위험물에 대하여는 적용하지 아니한다.

49 위험물안전관리법령상 주유취급소에서의 위험물 취급기준으로 옳지 않은 것은?

① 자동차에 주유할 때에는 고정주유설비를 이용하여 직접 주유할 것
② 자동차에 경유 위험물을 주유할 때에는 자동차의 원동기를 반드시 정지시킬 것
③ 고정주유설비에는 해당 주유설비에 접속한 전용탱크 또는 간이탱크의 배관 외의 것을 통하여서는 위험물을 공급하지 아니할 것
④ 고정주유설비에 접속하는 탱크에 위험물을 주입할 때에는 해당 탱크에 접속된 고정주유설비의 사용을 중지할 것

≫ ② 자동차에 위험물을 주유할 때 자동차의 원동기를 정지시켜야 하는 경우는 인화점이 40℃ 미만인 위험물을 주유하는 경우이다. 하지만 경유는 제2석유류로서 인화점이 50~70℃이므로 경유를 주유할 경우에는 원동기를 반드시 정지시킬 필요는 없다.

정답   46.④   47.②   48.②   49.②

50 위험물안전관리법령에서 정한 아세트알데하이드등을 취급하는 제조소의 특례에 따라, 다음 ( )에 해당하지 않는 것은?

> 아세트알데하이드등을 취급하는 설비는 ( ), ( ), 동, ( ) 또는 이들을 성분으로 하는 합금으로 만들지 아니할 것

① 금   ② 은
③ 수은   ④ 마그네슘

》 아세트알데하이드는 수은, 은, 구리(동), 마그네슘과 반응하면 금속아세틸라이트(폭발성 물질)를 생성하므로 이들을 성분으로 한 설비는 사용할 수 없다.

(🎓 똑똑한 풀이비법)
"수은 구루마"로 암기한다.

51 위험물안전관리법령에서 정한 소화설비의 설치기준에 따라, 다음 ( ) 안에 알맞은 숫자를 차례대로 나타낸 것은?

> 제조소등에 전기설비(전기배선, 조명기구 등은 제외한다)가 설치된 경우에는 해당 장소의 면적 ( )m²마다 소형수동식소화기를 ( )개 이상 설치할 것

① 50, 1   ② 50, 2
③ 100, 1   ④ 100, 2

》 제조소등에 전기설비(전기배선, 조명기구 등은 제외한다)가 설치된 경우에는 해당 장소의 면적 100m²마다 소형수동식 소화기를 1개 이상 설치해야 한다.

52 위험물안전관리자를 해임할 때에는 해임한 날로부터 며칠 이내에 위험물안전관리자를 다시 선임하여야 하는가?

① 7일   ② 14일
③ 30일   ④ 60일

》 안전관리자가 해임되거나 퇴직한 때에는 해임되거나 퇴직한 날부터 30일 이내에 다시 안전관리자를 선임하여야 한다.

53 위험물안전관리법령상 예방규정을 정해야 하는 제조소등의 관계인은 위험물제조소등에 대하여 기술기준에 적합한지의 여부를 정기적으로 점검해야 한다. 법적 최소점검주기에 해당하는 것은? (단, 100만L 이상의 옥외탱크저장소는 제외한다.)

① 월 1회 이상
② 6개월 1회 이상
③ 연 1회 이상
④ 2년 1회 이상

》 위험물안전관리법상 위험물제조소등에 대한 정기점검은 연 1회 이상 실시해야 한다.

54 위험물제조소등에 경보설비를 설치해야 하는 경우가 아닌 것은?

① 이동탱크저장소
② 단층 건물로 처마높이가 6m인 옥내저장소
③ 단층 건물 외의 건축물에 설치된 옥내탱크저장소로서 소화난이도등급 Ⅰ에 해당하는 것
④ 옥내주유취급소

》 ① 이동탱크저장소는 경보설비를 설치할 필요 없다.
1. 자동화재탐지설비만을 설치해야 하는 경우
  1) 연면적 500m² 이상인 제조소 및 일반취급소
  2) 지정수량의 100배 이상을 취급하는 제조소 및 일반취급소, 옥내저장소
  3) 연면적이 150m²를 초과하는 옥내저장소
  4) 처마높이가 6m 이상인 단층 건물의 옥내저장소
  5) 단층 건물 외의 건축물에 있는 옥내탱크저장소로서 소화난이도등급 Ⅰ에 해당하는 옥내탱크저장소
  6) 옥내주유취급소
2. 자동화재탐지설비, 비상경보설비, 확성장치 또는 비상방송설비 중 1종 이상을 설치해야 하는 경우
  – 1.에 해당하는 것 외의 것 중 지정수량의 10배 이상을 취급하는 제조소등

정답   50. ①   51. ③   52. ③   53. ③   54. ①

55 전기설비에 대해 적응성이 없는 소화설비는?

① 물분무소화설비

② 불활성가스 소화설비

③ 포소화설비

④ 할로젠화합물 소화설비

대상물의 구분 소화설비의 구분		건축물·그 밖의 공작물	전기설비	제1류 위험물		제2류 위험물			제3류 위험물		제4류 위험물	제5류 위험물	제6류 위험물
				알칼리금속의 과산화물등	그 밖의 것	철분·금속분·마그네슘등	인화성고체	그 밖의 것	금수성물품	그 밖의 것			
옥내소화전 또는 옥외소화전 설비		○			○		○	○		○		○	○
스프링클러설비		○			○		○	○		○	△	○	○
물분무등 소화설비	물분무 소화설비	○	○		○		○	○		○	○	○	○
	포소화설비	○	×		○		○	○		○	○	○	○
	불활성가스 소화설비		○				○				○		
	할로젠 화합물 소화설비		○				○				○		
	분말소화설비	인산염류등	○	○		○		○			○		○	○
		탄산수소염류등		○	○		○		○			○		
		그 밖의 것			○		○			○				

전기설비의 화재에는 물을 사용할 수 없다. 물분무 소화설비는 소화약제가 물이라 하더라도 물을 잘게 흩어 뿌리기 때문에 질식효과가 있지만 포소화 약제의 경우 포함된 수분 때문에 효과가 없다.

56 위험물안전관리법령상 할로젠화합물 소화기가 적응성이 있는 위험물은?

① 나트륨   ② 질산메틸

③ 이황화탄소   ④ 과산화나트륨

» ① 나트륨(제3류 위험물) : 탄산수소염류 분말소화약제

② 질산메틸(제5류 위험물) : 물

③ **이황화탄소**(제4류 위험물) : **할로젠화합물**·이산화탄소·포·분말소화약제

④ 과산화나트륨(제1류 위험물) : 탄산수소염류 분말소화약제

57 하이드록실아민을 취급하는 제조소에 두어야 하는 최소한의 안전거리(D)를 구하는 식으로 옳은 것은? (단, N은 해당 제조소에서 취급하는 하이드록실아민의 지정수량 배수를 나타낸다.)

① $D = 31.1 \times \sqrt[3]{N}$

② $D = 51.1 \times \sqrt[3]{N}$

③ $D = 31.1 \times \sqrt[4]{N}$

④ $D = 51.1 \times \sqrt[4]{N}$

» 하이드록실아민 제조소의 안전거리

$D = 51.1 \times \sqrt[3]{N}$

여기서, D : 안전거리(m)

N : 취급하는 하이드록실아민의 지정수량의 배수

58 제조소 및 일반취급소에 설치하는 자동화재탐지설비의 설치기준으로 틀린 것은?

① 하나의 경계구역은 600m^2 이하로 하고, 한 변의 길이는 50m 이하로 한다.

② 주요한 출입구에서 내부 전체를 볼 수 있는 경우 경계구역은 $1,000\text{m}^2$ 이하로 할 수 있다.

③ 하나의 경계구역이 300m^2 이하이면 2개 층을 하나의 경계구역으로 할 수 있다.

④ 비상전원을 설치하여야 한다.

» 제조소·일반취급소에 설치하는 자동화재탐지설비의 설치기준

1) 자동화재탐지설비의 경계구역은 **건축물의 2 이상의 층에 걸치지 아니하도록 한다**(다만, **하나의 경계구역의 면적이 500m² 이하이면 그러하지 아니하다**).

2) 하나의 경계구역의 면적은 600m² 이하로 하고, 건축물의 주요한 출입구에서 그 내부 전체를 볼 수 있는 경우는 면적을 1,000m² 이하로 한다.

3) 하나의 경계구역에서 한 변의 길이는 50m(광전식 분리형 감지기의 경우에는 100m) 이하로 한다.

4) 자동화재탐지설비의 감지기는 지붕 또는 벽의 옥내에 면한 부분에 화재발생을 감지할 수 있도록 설치한다.

5) 자동화재탐지설비에는 비상전원을 설치한다.

정답   55. ③ 56. ③ 57. ② 58. ③

59 이동탱크저장소의 위험물 운송에 있어서 운송책임자의 감독·지원을 받아 운송하여야 하는 위험물의 종류에 해당하는 것은?

① 칼륨
② 알킬알루미늄
③ 질산에스터류
④ 아염소산염류

≫ 이동탱크저장소의 위험물 운송에 있어서 운송책임자의 감독·지원을 받아 운송하여야 하는 위험물은 알킬알루미늄과 알킬리튬이다.

60 위험물안전관리법에서 정한 위험물의 운반에 관한 다음의 내용 중 ( ) 안에 들어갈 용어가 아닌 것은?

> 위험물의 운반은 ( ), ( ) 및 ( )에 관하여 법에서 정한 중요 기준과 세부 기준을 따라 행하여야 한다.

① 용기
② 적재방법
③ 운반방법
④ 검사방법

≫ 위험물의 운반은 용기, 적재방법 및 운반방법에 관하여 위험물안전관리법에서 정한 중요 기준과 세부 기준을 따라 행하여야 한다.

2022 제4회 위험물기능사

CBT 기출복원문제

2022년 8월 28일 시행

01 플래시오버에 대한 설명으로 틀린 것은?

① 국소화재에서 실내의 가연물들이 연소하는 대화재로의 전이
② 환기지배형 화재에서 연료지배형 화재로의 전이
③ 실내의 천장 쪽에 축적된 미연소 가연성 증기나 가스를 통한 화염의 급격한 전파
④ 내화건축물의 실내화재 온도 상황으로 보아 성장기에서 최성기로의 진입

≫ 건물 내에서 화재가 진행되어 열이 축적되어 있다가 화염이 순간적으로 실내 전체로 확대되는 현상으로서 화재의 성장기에서 최성기로 넘어가는 시점에 발생하며 **연료지배형 화재에서 환기지배형 화재로 전이**되는 경향이 크다.
1) 연료지배형 화재 : 화재발생 초기 가연물이 주위의 공기가 충분한 상태에서 연소하므로 화재가 연료량의 지배를 받는 형태
2) 환기지배형 화재 : 화재 중기 이후 가연물의 연소속도가 공급되는 공기의 양보다 빨라서 연료가 충분하므로 화재가 환기량의 지배를 받는 형태

02 가연성 물질과 주된 연소형태의 연결이 틀린 것은?

① 종이, 섬유 – 분해연소
② 셀룰로이드, TNT – 자기연소
③ 목재, 석탄 – 표면연소
④ 황, 알코올 – 증발연소

≫ ③ 목재, 석탄, 플라스틱 등의 연소형태는 분해연소이다.

03 금속화재를 바르게 설명한 것은?

① C급 화재이고, 표시색상은 청색이다.
② C급 화재이고, 별도의 표시색상은 없다.
③ D급 화재이고, 표시색상은 청색이다.
④ D급 화재이고, 별도의 표시색상은 없다.

≫ ④ 금속화재는 D급 화재이며 소화기에 표시하는 색상은 없다.

04 질식소화효과를 주로 이용하는 소화기는?

① 포소화기
② 강화액 소화기
③ 물소화기
④ 할로젠화합물 소화기

≫ ① **포소화기 : 질식효과**
② 강화액 소화기 : 냉각효과
③ 물소화기 : 냉각효과
④ 할로젠화합물 소화기 : 억제효과

05 소화설비의 기준에서 용량 160L 팽창질석의 능력단위는?

① 0.5
② 1.0
③ 1.5
④ 2.5

≫

소화설비	용 량	능력단위
소화전용 물통	8L	0.3
수조 (소화전용 물통 3개 포함)	80L	1.5
수조 (소화전용 물통 6개 포함)	190L	2.5
마른모래 (삽 1개 포함)	50L	0.5
팽창질석 또는 팽창진주암 (삽 1개 포함)	**160L**	**1.0**

06 소화약제로 사용할 수 없는 물질은?

① 이산화탄소 ② 제1인산암모늄
③ 탄산수소나트륨 ④ 브로민산암모늄

≫ ④ 브로민산암모늄은 제1류 위험물에 해당하므로 소화약제로는 사용할 수 없다.

07 탄소 80%, 수소 14%, 황 6%인 물질 1kg이 완전연소하기 위해 필요한 이론공기량은 약 몇 kg인가? (단, 공기 중 산소는 23wt%이다.)

① 3.31kg

② 7.05kg

③ 11.62kg

④ 14.41kg

1) 탄소의 연소반응식

$C + O_2 \rightarrow CO_2$

$(1,000g \times 0.8) \times \dfrac{1mol\ C}{12g\ C} \times \dfrac{1mol\ O_2}{1mol\ C} \times \dfrac{32g\ O_2}{1mol\ O_2}$

$= 2133.33g\ O_2$

2) 수소의 연소반응식

$2H_2 + O_2 \rightarrow 2H_2O$

$(1,000g \times 0.14) \times \dfrac{1mol\ H_2}{2g\ H_2} \times \dfrac{1mol\ O_2}{2mol\ H_2} \times \dfrac{32g\ O_2}{1mol\ O_2}$

$= 1,120g\ O_2$

3) 황의 연소반응식

$S + O_2 \rightarrow SO_2$

$(1,000g \times 0.06) \times \dfrac{1mol\ S}{32g\ S} \times \dfrac{1mol\ O_2}{1mol\ S} \times \dfrac{32g\ O_2}{1mol\ O_2}$

$= 60g\ O_2$

3가지의 물질을 모두 연소시키는 데 필요한 산소의 양은 $2133.33g + 1,120g + 60g = 3313.33g\ O_2$ 이다.

산소는 공기의 23%의 양이므로, 필요로 하는 공기의 양은 다음과 같은 식으로 성립한다.

$3313.33g\ O_2 \times \dfrac{100g\ 공기}{23g\ O_2} \times \dfrac{1kg}{1,000g} = 14.41kg\ 공기$

08 제3종 분말소화약제의 주성분으로 사용되는 것은?

① $KHCO_3$

② H_2SO_4

③ $NaHCO_3$

④ $NH_4H_2PO_4$

» ① $KHCO_3$(탄산수소칼륨) : 제2종 분말소화약제
② H_2SO_4(황산) : 유독물
③ $NaHCO_3$(탄산수소나트륨) : 제1종 분말소화약제
④ $NH_4H_2PO_4$(인산암모늄) : 제3종 분말소화약제

09 제1종 분말소화약제의 적응 화재 종류는?

① A급

② B · C급

③ A · B급

④ A · B · C급

» 분말소화약제의 분류

분말의 종류	주성분	화학식	적응 화재	착 색
제1종 분말	탄산수소나트륨	$NaHCO_3$	B, C	백색
제2종 분말	탄산수소칼륨	$KHCO_3$	B, C	보라색
제3종 분말	인산암모늄	$NH_4H_2PO_4$	A, B, C	담홍색
제4종 분말	탄산수소칼륨과 요소의 반응생성물	$KHCO_3 + (NH_2)_2CO$	B, C	회색

10 위험물안전관리법령상 스프링클러설비가 제4류 위험물에 대하여 적응성을 갖는 경우는?

① 연기가 충만할 우려가 없는 경우

② 방사밀도(살수밀도)가 일정 수치 이상인 경우

③ 지하층의 경우

④ 수용성 위험물인 경우

» 스프링클러설비는 제4류 위험물 화재에는 사용할 수 없지만 취급장소의 살수기준면적에 따라 스프링클러설비의 **살수밀도가 일정 기준 이상**이면 제4류 위험물 화재에도 사용할 수 있다.

11 위험물제조소등에 설치하는 고정식 포소화설비의 기준에서 포헤드방식의 포헤드는 방호대상물의 표면적 몇 m²당 1개 이상의 헤드를 설치하여야 하는가?

① 3m²

② 9m²

③ 15m²

④ 30m²

» 포헤드방식의 포헤드 기준
1) 설치해야 할 헤드 수 : 방호대상물의 **표면적 9m²당 1개 이상**이어야 한다.
2) 방호대상물의 표면적 1m²당의 방사량 : 6.5L/min 이상이어야 한다.
3) 방사구역 : 100m² 이상(방호대상물의 표면적이 100m² 미만인 경우에는 그 표면적)이어야 한다.

정답 07. ④ 08. ④ 09. ② 10. ② 11. ②

12 위험물안전관리법령에서 정하는 위험등급 Ⅱ에 해당하지 않는 것은?

① 제1류 위험물 중 질산염류

② 제2류 위험물 중 적린

③ 제3류 위험물 중 유기금속화합물

④ 제4류 위험물 중 제2석유류

≫ ④ 제4류 위험물 중 제2석유류는 위험등급 Ⅲ에 해당한다.

13 다음 중 지정수량이 나머지 셋과 다른 물질은?

① 황화인　　　　② 적린

③ 칼슘　　　　　④ 황

≫ ① 황화인 : 제2류 위험물, 지정수량 100kg
　② 적린 : 제2류 위험물, 지정수량 100kg
　③ **칼슘 : 제3류 위험물 중 알칼리토금속, 지정수량 50kg**
　④ 황 : 제2류 위험물, 지정수량 100kg

14 다음 중 위험성이 더욱 증가하는 경우는?

① 황린을 진한 농도의 수산화칼슘 수용액에 넣었다.

② 나트륨을 등유 속에 넣었다.

③ 트라이에틸알루미늄 보관용기 내에 아르곤가스를 봉입시켰다.

④ 나이트로셀룰로오스를 알코올 수용액에 넣었다.

≫ ① 진한 농도의 수산화칼슘 수용액의 성분은 강알칼리성으로 약한 산성인 황린과 격렬하게 반응하여 포스핀(PH₃)이라는 독성 가스를 발생하여 위험성이 증가하게 된다. 따라서, 황린을 저장하는 보호액은 아주 소량의 수산화칼슘을 첨가하여 만든 pH 9인 약알칼리성의 물이다.

15 위험물안전관리법령에 의한 위험물에 속하지 않는 것은?

① CaC_2　　　　② S

③ P_2O_5　　　　④ K

≫ ① CaC_2(탄화칼슘) : 제3류 위험물
　② S(황) : 제2류 위험물
　③ P_2O_5(오산화인) : 흰색 기체로서 **위험물이 아니다.**
　④ K(칼륨) : 제3류 위험물

16 다음 중 물과 접촉하면 열과 산소가 발생하는 것은?

① $NaClO_2$

② $NaClO_3$

③ $KMnO_4$

④ Na_2O_2

≫ 제1류 위험물 중 물과 접촉 시 열과 산소를 발생하는 것은 알칼리금속의 과산화물로서 그 종류는 다음과 같다.
　1) Li_2O_2(과산화리튬)
　2) **Na_2O_2(과산화나트륨)**
　3) K_2O_2(과산화칼륨)

17 다음 중 과산화나트륨에 대한 설명으로 틀린 것은?

① 순수한 것은 백색이다.

② 상온에서 물과 반응하여 수소가스를 발생한다.

③ 화재발생 시 주수소화는 위험할 수 있다.

④ CO 및 CO_2 제거제를 제조할 때 사용된다.

≫ ① 제1류 위험물의 순수한 것은 대부분 백색이다.
　② 상온에서 물과 반응하여 **산소가스를 발생**한다.
　③ 물과 반응하여 산소가스를 발생하므로 화재 시 주수소화는 위험하며 질식소화해야 한다.
　④ 알칼리금속의 과산화물과 수산화물 등의 혼합물은 공기 중의 탄산가스를 제거하는 동시에 산소를 발생시키는 성질을 가지고 있어 CO 및 CO_2 제거제의 제조에 사용된다.

18 분자량이 약 110인 무기과산화물로 물과 접촉하여 발열하는 것은?

① 과산화마그네슘

② 과산화벤조일

③ 과산화칼슘

④ 과산화칼륨

≫ ④ 과산화칼륨은 물과 접촉하여 발열하는 제1류 위험물 중 알칼리금속의 과산화물에 해당한다. 또한, 화학식이 K_2O_2이므로 분자량은 39(K)×2 + 16(O)×2 = 110이다.

19 위험물에 대한 설명으로 틀린 것은?

① 적린은 연소하면 유독성 물질이 발생한다.

② 마그네슘은 연소하면 가연성의 수소가스가 발생한다.

③ 황은 분진폭발의 위험이 있다.

④ 황화인에는 P_4S_3, P_2S_5, P_4S_7 등이 있다.

》 ② 마그네슘은 물과 반응 시 가연성의 수소가스가 발생하며 연소(산소와 반응)하면 산화마그네슘(MgO)이 발생한다.

20 철분, 금속분, 마그네슘의 화재에 적응성이 있는 소화약제는?

① 탄산수소염류 분말

② 할로젠화합물

③ 물

④ 이산화탄소

》 제2류 위험물 중 철분, 금속분, 마그네슘의 화재에 적응성이 있는 소화약제는 **탄산수소염류 분말소화약제** 및 마른모래, 팽창질석 또는 팽창진주암이다.

21 황의 특성 및 위험성에 대한 설명 중 틀린 것은?

① 산화성 물질이므로 환원성 물질과 접촉을 피해야 한다.

② 전기의 부도체이므로 전기절연체로 쓰인다.

③ 공기 중 연소 시 유해가스를 발생한다.

④ 분말상태인 경우 분진폭발의 위험성이 있다.

》 황(제2류 위험물)은 **환원성**(가연성) **물질**이므로 **산화성**(산소공급원의 성질) **물질과 접촉을 피해야 한다.**

22 칼륨이 에틸알코올과 반응할 때 나타나는 현상은?

① 산소가스를 생성한다.

② 칼륨에틸레이트를 생성한다.

③ 칼륨과 물이 반응할 때와 동일한 생성물이 나온다.

④ 에틸알코올이 산화되어 아세트알데하이드를 생성한다.

》 ① 수소가스를 발생한다.

② 칼륨이 에틸알코올과 반응하면 **칼륨에틸레이트**(C_2H_5OK)와 수소(H_2)를 발생한다.

$2K + 2C_2H_5OH \rightarrow 2C_2H_5OK + H_2$

③ 칼륨이 물과 반응하면 수산화칼륨(KOH)과 수소(H_2)를 발생한다.

$2K + 2H_2O \rightarrow 2KOH + H_2$

④ 에틸알코올이 산화되면 아세트알데하이드가 생성되는 것은 맞지만, 칼륨과의 반응으로 산화되지는 않는다.

23 위험물안전관리법령상 제3류 위험물에 해당하지 않는 것은?

① 적린

② 나트륨

③ 칼륨

④ 황린

》 ① **적린 : 제2류 위험물**

② 나트륨 : 제3류 위험물

③ 칼륨 : 제3류 위험물

④ 황린 : 제3류 위험물

24 황린에 관한 설명 중 틀린 것은?

① 물에 잘 녹는다.

② 화재 시 물로 냉각소화할 수 있다.

③ 적린에 비해 불안정하다.

④ 적린과 동소체이다.

》 ① 물속에 보관하는 물질이므로 **물에 녹지 않는다.**

② 화재 시 소화방법은 냉각소화이다.

③ 황린은 발화점이 34℃인 자연발화성 물질이므로 발화점이 260℃이고 공기중에서 안정한 적린에 비해 매우 불안정한 물질이다.

④ 적린(P)과 황린(P_4)은 단체(하나의 원소로만 구성된 물질)로서 성질은 다르지만, 연소 시 오산화인(P_2O_5)이라는 동일한 최종 생성물을 발생하므로 두 물질은 동소체의 관계에 있다.

25 나트륨에 관한 설명으로 옳은 것은?

① 물보다 무겁다.

② 융점이 100℃보다 높다.

③ 물과 격렬히 반응하여 산소를 발생시키고 발열한다.

④ 등유는 반응이 일어나지 않아 저장에 사용된다.

➤➤ ① 물보다 가볍다.
② 융점은 97.8℃이다.
③ 물과 격렬히 반응하여 수소를 발생시키고 발열한다.

26 제4류 위험물에 속하지 않는 것은?

① 아세톤

② 실린더유

③ 트라이나이트로톨루엔

④ 나이트로벤젠

➤➤ ① 아세톤 : 제4류 위험물 중 제1석유류
② 실린더유 : 제4류 위험물 중 제4석유류
③ **트라이나이트로톨루엔 : 제5류 위험물 중 나이트로화합물**
④ 나이트로벤젠 : 제4류 위험물 중 제3석유류

27 다음 중 물에 녹고 물보다 가벼운 물질로 인화점이 가장 낮은 것은?

① 아세톤　　　② 이황화탄소

③ 벤젠　　　　④ 산화프로필렌

➤➤ ① 아세톤 : 물보다 가벼운 수용성, 인화점 −18℃
② 이황화탄소 : 물보다 무거운 비수용성, 인화점 −30℃
③ 벤젠 : 물보다 가벼운 비수용성, 인화점 −11℃
④ **산화프로필렌 : 물보다 가벼운 수용성, 인화점 −37℃**

28 톨루엔에 대한 설명으로 틀린 것은?

① 휘발성이 있고 가연성 액체이다.

② 증기는 마취성이 있다.

③ 알코올, 에터, 벤젠 등과 잘 섞인다.

④ 노란색 액체로 냄새가 없다.

➤➤ ④ 톨루엔(제4류 위험물)은 제1석유류에 포함되는 무색투명한 액체로 자극성 냄새를 갖는다.

29 아세톤의 성질에 대한 설명으로 옳은 것은?

① 자연발화성 때문에 유기용제로 사용할 수 없다.

② 무색, 무취이고 겨울철에 쉽게 응고한다.

③ 증기비중은 약 0.79이고 아이오도폼반응을 한다.

④ 물에 잘 녹으며 끓는점이 60℃보다 낮다.

➤➤ ① 자연발화성은 없고 제4류 위험물이므로 유기용제로 사용할 수 있다.
② 무색이고 자극성 냄새를 가지고 있다.
③ 증기비중은 $\frac{58}{29}=2$이고 아이오도폼반응을 한다.
④ **물에 잘 녹으며 끓는점이 56.5℃이므로 60℃보다 낮다.**

30 위험물안전관리법령상 특수인화물의 정의에 관한 내용이다. ( ) 안에 알맞은 수치를 차례대로 나타낸 것은?

'특수인화물'이라 함은 이황화탄소, 다이에틸에터, 그 밖에 1기압에서 발화점이 섭씨 100도 이하인 것 또는 인화점이 섭씨 영하 ( )도 이하이고 비점이 섭씨 ( )도 이하인 것을 말한다.

① 40, 20　　　② 20, 40

③ 20, 100　　④ 40, 100

➤➤ 특수인화물이란 이황화탄소, 다이에틸에터, 그 밖에 1기압에서 발화점이 섭씨 100도 이하인 것 또는 **인화점이 섭씨 영하 20도 이하이고 비점이 섭씨 40도 이하**인 것을 말한다.

31 다이에틸에터의 보관·취급에 관한 설명으로 틀린 것은?

① 용기는 밀전하여 보관한다.

② 환기가 잘되는 곳에 보관한다.

③ 정전기가 발생하지 않도록 취급한다.

④ 저장용기에 빈 공간이 없도록 가득 채워 보관한다.

정답　25. ④　26. ③　27. ④　28. ④　29. ④　30. ②　31. ④

≫ ④ 다이에틸에터뿐만 아니라 대부분의 액체 위험물을 용기에 저장할 때에는 적당한 공간용적을 두어야 한다.

32 위험물안전관리법령에서 정한 품명이 서로 다른 물질을 나열한 것은?

① 이황화탄소, 다이에틸에터
② 에틸알코올, 고형 알코올
③ 등유, 경유
④ 중유, 크레오소트유

≫ ① 이황화탄소 : 제4류 위험물 중 특수인화물
　　다이에틸에터 : 제4류 위험물 중 특수인화물
② 에틸알코올 : 제4류 위험물 중 **알코올류**
　　고형 알코올 : 제2류 위험물 중 **인화성 고체**
③ 등유 : 제4류 위험물 중 제2석유류
　　경유 : 제4류 위험물 중 제2석유류
④ 중유 : 제4류 위험물 중 제3석유류
　　크레오소트유 : 제4류 위험물 중 제3석유류

33 이황화탄소를 화재예방상 물속에 저장하는 이유는?

① 불순물을 물에 용해시키기 위해
② 가연성 증기의 발생을 억제하기 위해
③ 상온에서 수소가스를 발생시키기 때문에
④ 공기와 접촉하면 즉시 폭발하기 때문에

≫ 제4류 위험물 중 특수인화물인 이황화탄소(CS_2)는 공기 중 산소와 반응하면 **가연성 가스**인 이산화황(SO_2)을 **발생하므로 이를 방지**하기 위해 물속에 보관해야 한다.
－ 이황화탄소의 연소반응식
$$CS_2 + 3O_2 \rightarrow CO_2 + 2SO_2$$
　이황화탄소　산소　　이산화탄소　이산화황

34 $CH_3COC_2H_5$의 명칭 및 지정수량을 올바르게 나타낸 것은?

① 메틸에틸케톤, 50L
② 메틸에틸케톤, 200L
③ 메틸에틸에터, 50L
④ 메틸에틸에터, 200L

≫ 메틸에틸케톤($CH_3COC_2H_5$)은 제4류 위험물 중 제1석유류 비수용성 물질로서 지정수량은 200L이다.

35 과염소산칼륨의 성질에 관한 설명 중 틀린 것은?

① 무색, 무취의 결정이다.
② 알코올, 에터에 잘 녹는다.
③ 진한 황산과 접촉하면 폭발할 위험이 있다.
④ 400℃ 이상으로 가열하면 분해하여 산소가 발생할 수 있다.

≫ ② 제1류 위험물 중 아염소산염류 및 염소산염류, 그리고 과염소산염류가 칼륨을 포함하는 경우 찬물에 녹지 않고 알코올, 에터 등에도 잘 녹지 않는 성질이 있다.

36 자기반응성 물질인 제5류 위험물에 해당하는 것은?

① $CH_3(C_6H_4)NO_2$
② CH_3COCH_3
③ $C_6H_2(NO_2)_3OH$
④ $C_6H_5NO_2$

≫ ① $CH_3(C_6H_4)NO_2$(나이트로톨루엔) : 제4류 위험물 중 제3석유류
② CH_3COCH_3(아세톤) : 제4류 위험물 중 제1석유류
③ $C_6H_2(NO_2)_3OH$(트라이나이트로페놀) : **제5류 위험물** 중 나이트로화합물
④ $C_6H_5NO_2$(나이트로벤젠) : 제4류 위험물 중 제3석유류

37 과산화벤조일(벤조일퍼옥사이드)에 대한 설명 중 틀린 것은?

① 환원성 물질과 격리하여 저장한다.
② 물에 녹지 않으나 유기용매에 녹는다.
③ 희석제로 묽은 질산을 사용한다.
④ 결정성의 분말형태이다.

≫ ① 자기반응성 물질이므로 환원성 물질(자신이 직접 타는 성질의 물질)과도 격리해야 하며 산화성 물질과도 격리하여 저장해야 한다.
② 제5류 위험물로서 물에 녹지 않고 유기용매에는 녹는 물질이다.
③ 희석제로 산소공급원의 성질인 **묽은 질산을 사용하면 위험해진다.**
④ 고체로서 분말형태이다.

38 트라이나이트로톨루엔의 성질에 대한 설명 중 옳지 않은 것은?

① 담황색의 결정이다.
② 폭약으로 사용된다.
③ 자연분해의 위험성이 적어 장기간 저장이 가능하다.
④ 조해성과 흡습성이 매우 크다.

➤➤ ① 제5류 위험물 중 나이트로화합물로서 담황색의 결정이다.
② 폭발의 기준이며 폭약의 원료로 사용한다.
③ 피크린산보다 폭발력이 둔감하고 자연분해의 위험성이 적다.
④ TNT는 약한 습기에 안정하며 **조해성(수분을 흡수하여 녹는 성질)과 흡습성은 없다.**

39 제5류 위험물의 화재 시 적응성이 있는 소화설비는?

① 분말소화설비
② 할로젠화합물 소화설비
③ 물분무소화설비
④ 불활성가스 소화설비

➤➤ 제5류 위험물은 자체적으로 산소공급원을 포함하고 있기 때문에 질식소화는 효과가 없고 냉각소화를 원칙으로 한다. 따라서, 〈보기〉 중에서는 물이 포함된 물분무소화설비가 적응성이 있다.

40 나이트로셀룰로오스의 안전한 저장을 위해 사용하는 물질은?

① 페놀　　　② 황산
③ 에탄올　　④ 아닐린

➤➤ 질산에스터류에 포함되는 나이트로셀룰로오스(제5류 위험물)는 고체 물질로서 건조하면 위험하므로 물 또는 **알코올에 습면**시켜 보관한다.

41 $C_6H_2CH_3(NO_2)_3$을 녹이는 용제가 아닌 것은?

① 물　　　　② 벤젠
③ 에터　　　④ 아세톤

➤➤ $C_6H_2CH_3(NO_2)_3$(트라이나이트로톨루엔 또는 TNT)는 제5류 위험물이며, 모든 제5류 위험물은 물에 녹지 않는다.

42 과산화수소의 성질에 대한 설명 중 틀린 것은?

① 알칼리성 용액에 의해 분해될 수 있다.
② 산화제로 사용할 수 있다.
③ 농도가 높을수록 안정하다.
④ 열, 햇빛에 의해 분해될 수 있다.

➤➤ ① 과산화수소는 가연성인 알칼리성 용액과 반응 시 분해하여 산소를 발생한다.
② 제6류 위험물(산화성 액체)이므로 산화제로 이용된다.
③ 농도가 36중량% 이상이 위험물이며, 60중량% 이상이면 폭발도 가능하므로 **농도가 높을수록 불안정하다.**
④ 열, 햇빛에 의해 분해되어 산소를 발생한다.

43 다음 중 과염소산의 성질로 옳지 않은 것은?

① 산화성 액체이다.
② 무기화합물이며 물보다 무겁다.
③ 불연성 물질이다.
④ 증기는 공기보다 가볍다.

➤➤ ④ 과염소산($HClO_4$)의 분자량은 $1(H)+35.5(Cl)+16(O) \times 4 = 100.5$이고, 증기비중은 $100.5/29 = 3.47$이므로 과염소산의 증기는 공기보다 3.47배 더 무겁다.

44 [그림]의 원통형 세로로 설치된 탱크에서 공간용적을 내용적의 10%라고 하면 탱크 용량(허가용량)은 약 몇 m^3인가?

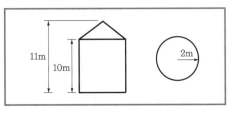

① $113.09m^3$
② $124.34m^3$
③ $129.06m^3$
④ $138.16m^3$

➤➤ 탱크 내용적 $= \pi r^2 l$
공간용적이 10%이므로 탱크 용량은 탱크 내용적의 90%를 적용해야 한다.
∴ 탱크 용량 $= \pi \times 2^2 \times 10 \times 0.9 = 113.09m^3$

45 위험물을 유별로 정리하여 상호 1m 이상의 간격을 유지하는 경우에도 동일한 옥내저장소에 저장할 수 없는 것은?

① 제1류 위험물(알칼리금속의 과산화물 또는 이를 함유한 것을 제외한다)과 제5류 위험물

② 제1류 위험물과 제6류 위험물

③ 제1류 위험물과 제3류 위험물 중 황린

④ 인화성 고체를 제외한 제2류 위험물과 제4류 위험물

≫ 유별이 다른 위험물끼리 동일한 저장소에 저장할 수 있는 경우(단, 유별끼리 정리하여 1m 이상의 간격을 두는 경우이다.)
1) 제1류 위험물(알칼리금속의 과산화물 제외)과 제5류 위험물
2) 제1류 위험물과 제6류 위험물
3) 제1류 위험물과 제3류 위험물 중 자연발화성 물질(황린)
4) **제2류 위험물 중 인화성 고체와 제4류 위험물**
5) 제3류 위험물 중 알킬알루미늄등과 제4류 위험물(알킬알루미늄 또는 알킬리튬을 함유한 것)
6) 제4류 위험물 중 유기과산화물과 제5류 위험물 중 유기과산화물

46 위험물안전관리법령상 혼재할 수 없는 위험물은? (단, 위험물은 지정수량의 1/10을 초과하는 경우이다.)

① 적린과 황린

② 질산염류와 질산

③ 칼륨과 특수인화물

④ 유기과산화물과 황

PLAY ▶ 풀이

≫ ① 위험물 운반의 혼재기준에서 적린(제2류 위험물)과 황린(제3류 위험물)은 혼재 불가능한 물질이다.

47 제4류 위험물을 저장 및 취급하는 위험물제조소에 설치한 "화기엄금" 게시판의 색상으로 맞는 것은?

① 적색 바탕에 흑색 문자

② 흑색 바탕에 적색 문자

③ 백색 바탕에 적색 문자

④ 적색 바탕에 백색 문자

≫ 주의사항 게시판은 내용에 "화기엄금" 또는 "화기주의"처럼 **화기가 포함되면 적색 바탕에 백색 문자**로 나타내고 "물기엄금"처럼 "물기"가 포함되면 청색 바탕에 백색 문자로 나타낸다.

48 다음 위험물을 저장하는 탱크의 공간용적 산정기준에서 ( ) 안에 알맞은 수치는?

> 암반탱크에 있어서는 해당 탱크 내에 용출하는 (   )일간의 지하수의 양에 상당하는 용적과 해당 탱크 내용적의 (   )의 용적 중에서 보다 큰 용적을 공간용적으로 한다.

① 7, 1/100 ② 7, 5/100

③ 10, 1/100 ④ 10, 5/100

≫ 암반탱크에 있어서는 해당 탱크 내에 용출하는 **7**일간의 지하수의 양에 상당하는 용적과 해당 탱크 내용적의 **1/100**의 용적 중에서 보다 큰 용적을 공간용적으로 한다.

49 위험물안전관리법령상 옥내주유취급소에 있어서 해당 사무소 등의 출입구 및 피난구와 해당 피난구로 통하는 통로, 계단 및 출입구에 무엇을 설치해야 하는가?

① 화재감지기

② 스프링클러설비

③ 자동화재탐지설비

④ 유도등

≫ 주유취급소의 피난구와 피난구로 통하는 통로, 계단 및 출입구에는 유도등을 설치한다.

50 위험물안전관리법령에서 정한 알킬알루미늄등을 저장 또는 취급하는 이동탱크저장소에 비치해야 하는 물품이 아닌 것은?

① 방호복 ② 고무장갑

③ 비상조명등 ④ 휴대용 확성기

정답 45. ④ 46. ① 47. ④ 48. ① 49. ④ 50. ③

≫ ③ 비상조명등은 피난설비이므로 이동저장탱크에 비치해야 하는 물품이 아니다.

51 위험물제조소등의 종류가 아닌 것은?

① 간이탱크저장소 ② 일반취급소

③ 이송취급소 ④ 이동판매취급소

≫ 위험물제조소등이란 제조소, 저장소, 취급소를 말한다.
④ 이동판매취급소라는 종류는 존재하지 않는다.
※ 취급소의 종류
   1) 이송취급소 2) 주유취급소
   3) 일반취급소 4) 판매취급소

52 위험물안전관리법령에 의한 위험물 운송에 관한 규정으로 틀린 것은?

① 이동탱크저장소에 의하여 위험물을 운송하는 자는 해당 위험물을 취급할 수 있는 국가기술자격자 또는 안전교육을 받은 자이어야 한다.
② 안전관리자 · 탱크시험자 · 위험물운반자 · 위험물운송자 등 위험물의 안전관리에 관련된 업무를 수행하는 자는 시 · 도지사가 실시하는 안전교육을 받아야 한다.
③ 운송책임자의 범위, 감독 또는 지원의 방법 등에 관한 구체적인 기준은 행정안전부령으로 정한다.
④ 위험물운송자는 이동탱크저장소에 의하여 위험물을 운송하는 때에는 행정안전부령으로 정하는 기준을 준수하는 등 해당 위험물의 안전확보를 위하여 세심한 주의를 기울여야 한다.

≫ ② 안전관리자, 탱크시험자, 위험물운반자, 위험물운송자 등 위험물의 안전관리에 관련된 업무를 수행하는 자는 **소방청장이 실시하는 안전교육**을 받아야 한다. 하지만, 소방청장은 안전관리자와 위험물운송자의 안전교육은 한국소방안전원에 위탁하고 탱크시험자의 기술인력으로 종사하는 자에 대한 교육은 한국소방

산업기술원에 위탁하므로 실질적인 교육 실시자는 한국소방안전원장과 한국소방산업기술원장이 된다.

53 위험물안전관리법령상 정기점검대상인 제조소등의 조건이 아닌 것은?

① 예방규정작성대상인 제조소등
② 지하탱크저장소
③ 이동탱크저장소
④ 지정수량 5배의 위험물을 취급하는 옥외탱크를 둔 제조소

≫ 정기점검대상인 제조소등
   1) 예방규정대상에 해당하는 것
   2) 지하탱크저장소
   3) 이동탱크저장소
   4) 위험물을 취급하는 탱크로서 지하에 매설된 탱크가 있는 제조소, 주유취급소 또는 일반취급소

54 위험물법령에서 정한 경보설비가 아닌 것은?

① 자동화재탐지설비
② 비상조명설비
③ 비상경보설비
④ 비상방송설비

≫ ② 비상조명설비는 피난설비에 해당한다.
※ 위험물안전관리법에서 정한 경보설비의 종류
   : 자동화재탐지설비, 비상경보설비, 비상방송설비, 확성장치, 자동화재속보설비

55 다음 ( ) 안에 알맞은 용어는?

> 주유취급소 중 건축물 2층 이상의 부분을 점포, 휴게음식점 또는 전시장의 용도로 사용하는 것에 있어서 그 건축물의 2층 이상으로부터 직접 주유취급소의 부지 밖으로 통하는 출입구와 그 출입구로 통하는 통로 계단 및 출입구에 ( )을 설치한다.

① 피난사다리 ② 경보기
③ 유도등 ④ CCTV

≫ 주유취급소의 계단 및 출입구 등에는 유도등을 설치해야 한다.

정답 51. ④ 52. ② 53. ④ 54. ② 55. ③

56 위험물안전관리법령에 따른 건축물, 그 밖의 공작물 또는 위험물 소요단위의 계산방법의 기준으로 옳은 것은?

① 위험물은 지정수량 100배를 1소요단위로 할 것

② 저장소의 건축물은 외벽이 내화구조인 것은 연면적 100m²를 1소요단위로 할 것

③ 저장소의 건축물은 외벽이 내화구조가 아닌 것은 연면적 50m²를 1소요단위로 할 것

④ 제조소나 취급소용으로서 옥외공작물인 경우 최대수평투영면적 100m²를 1소요단위로 할 것

≫ ① 위험물은 지정수량 10배를 1소요단위로 한다.
② 저장소의 건축물은 외벽이 내화구조인 것은 연면적 150m²를 1소요단위로 한다.
③ 저장소의 건축물은 외벽이 내화구조가 아닌 것은 연면적 75m²를 1소요단위로 한다.
④ 제조소나 취급소용으로서 옥외공작물의 경우 외벽은 내화구조로, 최대수평투영면적은 연면적으로 간주하므로 100m²를 1소요단위로 한다.

57 벤젠을 저장하는 옥외탱크저장소가 액표면적이 45m²인 경우 소화난이도등급은?

① 소화난이도등급 Ⅰ

② 소화난이도등급 Ⅱ

③ 소화난이도등급 Ⅲ

④ 제시된 조건으로 판단할 수 없음

≫ **소화난이도등급 Ⅰ에 해당하는 옥외탱크저장소**의 기준

1) **액표면적이 40m² 이상**인 것(제6류 위험물을 저장하는 것 및 고인화점 위험물만을 100℃ 미만의 온도에서 저장하는 것은 제외)

2) 지면으로부터 탱크 옆판 상단까지 높이가 6m 이상인 것(제6류 위험물을 저장하는 것 및 고인화점 위험물만을 100℃ 미만의 온도에서 저장하는 것은 제외)

※ 1)과 2) 중 어느 하나의 조건에 만족하는 경우 소화난이도등급 Ⅰ에 해당하는 옥외탱크저장소로 간주한다.

58 제조소등의 완공검사신청서는 어디에 제출해야 하는가?

① 소방청장

② 소방청장 또는 시·도지사

③ 소방청장, 소방서장 또는 한국소방산업기술원

④ 시·도지사, 소방서장 또는 한국소방산업기술원

≫ 제조소등의 완공검사신청서는 시·도지사, 소방서장 또는 한국소방산업기술원에 제출한다.

🎓 **똑똑한 풀이비법**

완공검사신청서 접수 업무는 소방청장처럼 높은 사람이 해야 할 업무는 아니라고 생각하면 공부가 쉬워지겠죠?

59 제조소등의 관계인이 예방규정을 정하여야 하는 제조소등이 아닌 것은?

① 지정수량 100배의 위험물을 저장하는 옥외탱크저장소

② 지정수량 150배의 위험물을 저장하는 옥내저장소

③ 지정수량 10배의 위험물을 취급하는 제조소

④ 지정수량 5배의 위험물을 취급하는 이송취급소

≫ 예방규정을 정해야 하는 제조소등

1) 지정수량의 10배 이상의 위험물을 취급하는 제조소

2) 지정수량의 100배 이상의 위험물을 저장하는 옥외저장소

3) 지정수량의 150배 이상의 위험물을 저장하는 옥내저장소

4) **지정수량의 200배 이상의 위험물을 저장하는 옥외탱크저장소**

5) 암반탱크저장소

6) 이송취급소

7) 지정수량의 10배 이상의 위험물을 취급하는 일반취급소

정답 56. ④ 57. ① 58. ④ 59. ①

60 지정수량 10배의 위험물을 저장 또는 취급하는 제조소에 있어서 연면적이 최소 몇 m²이면 자동화재탐지설비를 설치해야 하는가?

① 100m²

② 300m²

③ 500m²

④ 1,000m²

≫ 자동화재탐지설비만을 설치해야 하는 제조소 및 일반취급소는 다음 중 어느 하나에 해당하는 것이다.

1) 연면적 500m² 이상인 것

2) 지정수량의 100배 이상을 취급하는 것

2023 제1회 위험물기능사

CBT 기출복원문제

2023년 1월 28일 시행

01 다음 중 분진폭발의 원인물질로 작용할 위험성이 가장 낮은 것은?

① 마그네슘분말
② 밀가루
③ 담배분말
④ 시멘트분말

» 시멘트분말과 대리석분말은 분진폭발을 일으키지 않는다.

02 플래시오버에 관한 설명이 아닌 것은?

① 실내에서 발생하는 현상
② 순간적인 연소확대 현상
③ 발생시점은 초기에서 성장기로 넘어가는 분기점
④ 화재로 인한 온도가 급격히 상승하여 화재가 순간적으로 실내 전체에 확산되어 연소되는 현상

» 플래시오버 : 화재로 인해 온도가 급격히 상승하여 화재가 순간적으로 실내 전체에 확산되어 연소되는 현상으로, **성장기에서 최성기로 넘어갈 때 발생**한다.

03 다음 중 전기설비에 적응성이 없는 소화설비는 어느 것인가?

① 불활성가스 소화설비
② 물분무소화설비
③ 포소화설비
④ 할로젠화합물 소화설비

» 전기설비의 화재에는 물을 사용할 수 없다. 물분무소화설비는 소화약제가 물이라 하더라도 물을 잘게 흩어 뿌리기 때문에 효과가 있지만 포소화약제의 경우 포함된 수분때문에 효과가 없다.

소화설비의 구분		건축물·그 밖의 공작물	전기설비	제1류 위험물		제2류 위험물			제3류 위험물		제4류 위험물	제5류 위험물	제6류 위험물
대상물의 구분				알칼리금속의 과산화물 등	그 밖의 것	철분·금속분·마그네슘 등	인화성 고체	그 밖의 것	금수성 물품	그 밖의 것			
옥내소화전 또는 옥외소화전 설비		○			○		○	○		○	○	○
스프링클러설비		○			○		○	○		○	△	○	○
물분무등 소화설비	물분무 소화설비	○	○		○		○	○		○	○	○
	포소화설비	○	×		○		○	○		○	○	○
	불활성가스 소화설비		○				○			○		×
	할로젠 화합물 소화설비		○				○			○		
분말 소화 설비	인산 염류등	○	○		○		○	○		○		○
	탄산수소 염류등		○	○		○		○		○		
	그 밖의 것			○		○		○				

04 다음 중 물질의 발화온도가 낮아지는 경우는 어느 것인가?

① 발열량이 작을 때
② 산소의 농도가 작을 때
③ 화학적 활성도가 클 때
④ 산소와 친화력이 작을 때

» 발화온도가 낮아지는 조건(낮은 온도에서도 발화가 시작되므로 발화가 잘된다는 의미이다.)
1) 압력이 클수록
2) 발열량이 클수록
3) **화학적 활성이 클수록**
4) 산소와 친화력이 좋을수록

정답 01. ④ 02. ③ 03. ③ 04. ③

05 지정수량의 10배의 위험물을 운반할 때 혼재가 가능한 것은?

① 제1류 위험물과 제2류 위험물

② 제1류 위험물과 제4류 위험물

③ 제4류 위험물과 제5류 위험물

④ 제5류 위험물과 제3류 위험물

 위험물의 혼재기준

≫ 유별을 달리하는 위험물의 혼재기준은 다음 [표] 와 같다.

위험물의 구분	제1류	제2류	제3류	제4류	제5류	제6류
제1류		×	×	×	×	○
제2류	×		×	○	○	×
제3류	×	×		○	×	×
제4류	×	○	○		○	×
제5류	×	○	×	○		×
제6류	○	×	×	×	×	

06 동식물유류에 대한 설명으로 틀린 것은?

① 아마인유는 건성유이다.

② 불포화결합이 적을수록 자연발화의 위험이 커진다.

③ 아이오딘값이 100 이하인 것을 불건성유라 한다.

④ 건성유는 공기 중 산화중합으로 생긴 고체가 도막을 형성할 수 있다.

≫ 동식물유류의 종류 및 성질은 다음과 같다.
  1) 제4류 위험물로서 건성유, 반건성유, 불건성유로 구분한다.
  2) 건성유의 식물유로는 <u>동</u>유, <u>해</u>바라기유, <u>아</u>마인유, <u>들</u>기름이 있으며, 이들은 공기 중 산화중합으로 막이 생겨 자연발화를 잘 일으킨다.

  🎓 **똑똑한 풀이비법**
  건성유는 "동해아들"로 암기

  3) 아이오딘값은 유지 100g에 흡수되는 아이오딘의 g수로서 불포화도에 비례한다. 따라서 **불포화결합이 많을수록 건성유에 가까우므로 자연발화성도 높다.**

07 다음 중 화재 시 내알코올포 소화약제를 사용하는 것이 가장 적합한 위험물은?

① 아세톤   ② 휘발유

③ 경유   ④ 등유

≫ 제4류 위험물 중 수용성 물질의 화재 시 일반 포는 포가 소멸되기 때문에 효과가 없다. 따라서 소멸되지 않는 내알코올포 소화약제를 사용한다.
  ※ 아세톤은 대표적인 수용성 물질이다.

08 다음 중 물과 반응하여 아세틸렌을 발생하는 것은?

① NaH

② Al_4C_3

③ CaC_2

④ $(C_2H_5)_3Al$

≫ ① 수소화나트륨
   : $NaH + H_2O \rightarrow NaOH + H_2$
   수소화나트륨   물   수산화나트륨   수소
  ② 탄화알루미늄
   : $Al_4C_3 + 12H_2O \rightarrow 4Al(OH)_3 + 3CH_4$
   탄화알루미늄   물   수산화알루미늄   메테인
  ③ 탄화칼슘
   : $CaC_2 + 2H_2O \rightarrow Ca(OH)_2 + C_2H_2$
   탄화칼슘   물   수산화칼슘   아세틸렌
  ④ 트라이에틸알루미늄
   : $(C_2H_5)_3Al + 3H_2O \rightarrow Al(OH)_3 + 3C_2H_6$
   트라이에틸알루미늄   물   수산화알루미늄   에테인

09 다음 중 과산화수소에 대한 설명으로 틀린 것은?

① 불연성이다.

② 물보다 무겁다.

③ 산화성 액체이다.

④ 지정수량은 300L이다.

≫ ① 자신은 불연성이다.
  ② 물보다 무겁고 물에 잘 녹는다.
  ③ 산화성 액체로서 제6류 위험물이다.
  ④ **지정수량은 300kg**이다.

4) 건성유의 아이오딘값은 130 이상, 반건성유의 아이오딘값은 100에서 130 사이, 불건성유의 아이오딘값은 100 이하이다.

정답 05. ③ 06. ② 07. ① 08. ③ 09. ④

10 제조소는 300명 이상을 수용할 수 있는 극장으로부터 몇 m 이상의 안전거리를 유지해야 하는가?

① 5m ② 10m
③ 30m ④ 70m

》 제조소로부터 다음 건축물 또는 공작물의 외벽(외측) 사이에는 다음과 같이 안전거리를 두어야 한다.
  1) 주거용 건축물(제조소의 동일부지 외에 있는 것) : 10m 이상
  2) 학교·병원·**극장(300명 이상)**, 다수인 수용시설 : **30m 이상**
  3) 유형문화재, 지정문화재 : 50m 이상
  4) 고압가스, 액화석유가스 등의 저장·취급 시설 : 20m 이상
  5) 사용전압 7,000V 초과 35,000V 이하의 특고압가공전선 : 3m 이상
  6) 사용전압 35,000V를 초과하는 특고압가공전선 : 5m 이상

11 물의 소화능력을 향상시키고 동절기 또는 한랭지에서도 사용할 수 있도록 탄산칼륨 등의 알칼리금속염을 첨가한 소화약제는?

① 강화액 소화약제
② 할로젠화합물 소화약제
③ 이산화탄소 소화약제
④ 포(foam) 소화약제

》 강화액 소화약제는 탄산칼륨(K_2CO_3) 등의 금속염을 첨가하여 물의 소화능력을 향상시키고 동절기 또는 한랭지에서도 사용할 수 있도록 만든 소화약제이다.

12 위험물안전관리법령상 품명이 나머지 셋과 다른 하나는?

① 트라이나이트로톨루엔
② 나이트로글리세린
③ 나이트로글리콜
④ 셀룰로이드

》 ① 트라이나이트로톨루엔 : 나이트로화합물
  ② 나이트로글리세린 : 질산에스터류
  ③ 나이트로글리콜 : 질산에스터류
  ④ 셀룰로이드 : 질산에스터류

13 아염소산염류 500kg과 질산염류 3,000kg을 함께 저장하는 경우 위험물의 소요단위는 얼마인가?

① 2 ② 4
③ 6 ④ 8

》 아염소산염류의 지정수량은 50kg, 질산염류의 지정수량은 300kg, 위험물의 1소요단위는 지정수량의 10배이므로 이들 위험물의 소요단위는 다음과 같다.

$$\therefore \frac{500kg}{50kg \times 10} + \frac{3,000kg}{300kg \times 10} = 2$$

14 위험물의 저장 및 취급 방법에 대한 설명으로 틀린 것은?

① 적린은 화기와 멀리하고 가열, 충격이 가해지지 않도록 한다.
② 황린은 자연발화성이 있으므로 물속에 저장한다.
③ 마그네슘은 산화제와 혼합되지 않도록 취급한다.
④ 알루미늄분은 분진폭발의 위험이 있으므로 분무주수하여 저장한다.

》 알루미늄분(제2류 위험물)은 분진폭발의 위험이 있긴 하지만 물과 반응 시 수소가스를 발생시키므로 주수하여 소화하거나 취급할 수 없다.

15 다음 중 정기점검대상 제조소등에 해당하지 않는 것은?

① 이동탱크저장소
② 지정수량 100배 이상의 위험물 옥외저장소
③ 지정수량 100배 이상의 위험물 옥내저장소
④ 이송취급소

》 정기점검대상의 제조소등
  1. 예방규정대상에 해당하는 것
    1) 지정수량의 10배 이상의 위험물을 취급하는 제조소
    2) 지정수량의 100배 이상의 위험물을 저장하는 옥외저장소
    3) **지정수량의 150배 이상의 위험물을 저장하는 옥내저장소**

정답 10. ③ 11. ① 12. ① 13. ① 14. ④ 15. ③

4) 지정수량의 200배 이상의 위험물을 저장하는 옥외탱크저장소
5) 암반탱크저장소
6) 이송취급소
7) 지정수량의 10배 이상의 위험물을 취급하는 일반취급소
2. 지하탱크저장소
3. 이동탱크저장소
4. 위험물을 취급하는 탱크로서 지하에 매설된 탱크가 있는 제조소, 주유취급소 또는 일반취급소

16 다음 중 상온에서 CaC₂를 장기간 보관할 때 사용하는 물질로 가장 적합한 것은?

① 물　　　　　② 알코올수용액
③ 질소가스　　④ 아세틸렌가스

》》 탄화칼슘(CaC₂)은 제3류 위험물의 금수성 물질이며, 공기 중의 수분과 접촉하여 아세틸렌가스를 발생하기 때문에 이 가스의 발생을 방지하기 위해 **질소** 또는 아르곤 등의 불연성 가스를 탄화칼슘의 용기 상부에 채워 보관한다.

17 벤조일퍼옥사이드의 위험성에 대한 설명으로 틀린 것은?

① 상온에서 분해되며 수분이 흡수되면 폭발성을 가지므로 건조된 상태로 보관·운반한다.
② 강산에 의해 분해 폭발의 위험이 있다.
③ 충격, 마찰에 의해 분해되어 폭발할 위험이 있다.
④ 가연성 물질과 접촉하면 발화의 위험이 높다.

》》 ① 벤조일퍼옥사이드(제5류 위험물)는 수분이 흡수되면 폭발성이 감소되는 성질을 가지고 있다.

18 액화 이산화탄소 1kg이 25℃, 2atm에서 방출되어 모두 기체가 되었다. 방출된 기체상의 이산화탄소 부피는 약 몇 L인가?

① 278L
② 556L
③ 1,111L
④ 1,985L

PLAY ▶ 풀이

》》 액체상태의 이산화탄소가 기체상태로 되었을 때 이산화탄소의 부피를 구하는 문제이며, 표준상태(0℃, 1기압)에서 모든 기체의 1몰의 부피는 22.4L지만, 이 문제의 조건은 25℃, 2기압이므로 이상기체상태방정식을 이용하여 온도와 압력을 보정해야 한다.

$$PV = \frac{w}{M}RT$$

여기서, P : 압력 = 2기압(또는 atm)
　　　　V : 부피 = x(L)
　　　　w : 질량 = 1,000g
　　　　R : 이상기체상수 = 0.082atm·L/K·mol
　　　　T : 절대온도(273+실제온도)
　　　　　　 = 273+25K
　　　　M : 분자량(1몰의 질량) = 44g

$$2 \times V = \frac{1,000}{44} \times 0.082 \times (273+25)$$

$$\therefore V = 277.68L \risingdotseq 278L$$

19 위험물의 화재위험에 관한 제반조건을 설명한 것으로 옳은 것은?

① 인화점이 높을수록, 연소범위가 넓을수록 위험하다.
② 인화점이 낮을수록, 연소범위가 좁을수록 위험하다.
③ 인화점이 높을수록, 연소범위가 좁을수록 위험하다.
④ 인화점이 낮을수록, 연소범위가 넓을수록 위험하다.

》》 화재위험이 높아지는 조건
1) **인화점이 낮을수록**
2) 발화점이 낮을수록
3) **연소범위가 넓을수록**
4) 연소하한이 낮을수록
5) 온도 및 압력이 높을수록

20 제5류 위험물이 아닌 것은?

① 클로로벤젠
② 과산화벤조일
③ 염산하이드라진
④ 아조벤젠

》》 ① 클로로벤젠 : 제4류 위험물 중 제2석유류

정답　16. ③　17. ①　18. ①　19. ④　20. ①

21 금속나트륨의 올바른 취급으로 가장 거리가 먼 것은?

① 보호액 속에서 노출되지 않도록 저장한다.
② 수분 또는 습기와 접촉되지 않도록 주의한다.
③ 용기에서 꺼낼 때는 손을 깨끗이 닦고 만져야 한다.
④ 다량 연소하면 소화가 어려우므로 가급적 소량으로 나누어 저장한다.

>> ① 등유, 경유 등의 석유류에 담가 보관한다.
   ② 물과 반응 시 수소를 발생하므로 물과 접촉을 피한다.
   ③ **피부와 접촉 시 화상의 위험**이 있다.
   ④ 조금씩 분산시켜 소량으로 저장한다.

22 다음 중 적린과 동소체 관계에 있는 위험물은 어느 것인가?

① 오황화인 ② 인화알루미늄
③ 인화칼슘 ④ 황린

>> 동소체란 단체로서 동일한 원소로 이루어져 있으며 성질은 다르지만 최종 연소생성물이 같은 물질을 말한다. 적린의 화학식은 P이고 황린의 화학식은 P4인데 이 두 물질은 단체로서 성질은 서로 다르지만 두 물질 모두 연소 시 오산화인(P_2O_5)이라는 백색 연기를 발생하므로 서로 동소체의 관계에 있다.

23 다음 중 화재 시 사용하면 독성의 $COCl_2$가스를 발생시킬 위험이 가장 높은 소화약제는 어느 것인가?

① 액화 이산화탄소
② 제1종 분말
③ 사염화탄소
④ 공기포

>> ③ 사염화탄소는 연소 및 물과의 반응을 통해 공통적으로 독성인 포스겐($COCl_2$)을 발생한다.
   1) 연소반응식
      $2CCl_4 + O_2 \rightarrow 2COCl_2 + 2Cl_2$
   2) 물과의 반응식
      $CCl_4 + H_2O \rightarrow COCl_2 + 2HCl$

24 연소의 종류와 가연물을 잘못 연결한 것은?

① 증발연소 - 가솔린, 알코올
② 표면연소 - 코크스, 목탄
③ 분해연소 - 목재, 종이
④ 자기연소 - 에터, 나프탈렌

>> ① 증발연소 - 제4류 위험물의 특수인화물, 제1석유류(가솔린), 알코올류(알코올), 제2석유류
   ② 표면연소 - 코크스, 목탄, 금속분
   ③ 분해연소 - 목재, 종이, 석탄, 플라스틱
   ④ 자기연소 - 제5류 위험물
   ※ 에터는 특수인화물(제4류 위험물), 나프탈렌은 특수가연물(비위험물)에 해당한다.

25 물과 접촉하면 열과 산소가 발생하는 것은?

① $NaClO_2$
② $NaClO_3$
③ $KMnO_4$
④ Na_2O_2

>> 제1류 위험물 중 물과 접촉 시 열과 산소가 발생하는 위험물은 알칼리금속의 과산화물이며, 그 종류로는 K_2O_2, Na_2O_2, Li_2O_2이 있다.

26 금속분의 연소 시 주수소화하면 위험한 원인으로 옳은 것은?

① 물에 녹아 산이 된다.
② 물과 작용하여 유독가스를 발생한다.
③ 물과 작용하여 수소가스를 발생한다.
④ 물과 작용하여 산소가스를 발생한다.

>> 제2류 위험물의 금속분(알루미늄, 아연 등)은 물과 반응 시 수소를 발생한다.

27 옥외저장소에 덩어리상태의 황만을 지반면에 설치한 경계표시의 안쪽에서 저장할 경우 하나의 경계표시의 내부면적은 몇 m^2 이하이어야 하는가?

① $75m^2$
② $100m^2$
③ $300m^2$
④ $500m^2$

➤➤ 옥외저장소에 덩어리상태의 황만을 경계표시의 안쪽에 저장하는 경우의 기준
1) **하나의 경계표시의 내부면적 : 100m² 이하**
2) 2개 이상의 경계표시 내부면적 전체의 합 : 1,000m² 이하
3) 인접하는 경계표시와 경계표시와의 간격 : 보유공지 너비의 1/2 이상
4) 저장하는 위험물의 최대수량이 지정수량의 200배 이상인 경계표시끼리의 간격 : 10m 이상
5) 경계표시의 높이 : 1.5m 이하

28 운송책임자의 감독·지원을 받아 운송하는 위험물은?

① 알킬알루미늄
② 금속나트륨
③ 메틸에틸케톤
④ 트라이나이트로톨루엔

➤➤ 운송책임자의 감독·지원을 받아 운송하는 위험물은 알킬알루미늄과 알킬리튬이다.

29 적린과 황의 공통성질이 아닌 것은?

① 비중이 1보다 크다.
② 연소하기 쉽다.
③ 산화되기 쉽다.
④ 물에 잘 녹는다.

➤➤ 적린과 황은 모두 제2류 위험물로서 물보다 무겁고 연소하기 쉽지만 둘 다 물에 녹지 않는다.

30 제조소 및 일반취급소에 설치하는 자동화재탐지설비의 설치기준으로 틀린 것은?

① 하나의 경계구역은 600m² 이하로 하고, 한 변의 길이는 50m 이하로 한다.
② 주요한 출입구에서 내부 전체를 볼 수 있는 경우 경계구역은 1,000m² 이하로 할 수 있다.
③ 하나의 경계구역이 300m² 이하이면 2개 층을 하나의 경계구역으로 할 수 있다.
④ 비상전원을 설치하여야 한다.

➤➤ 제조소·일반취급소에 설치하는 자동화재탐지설비의 설치기준
1) 자동화재탐지설비의 경계구역은 **건축물의 2 이상의 층에 걸치지 아니하도록 한다**(다만, 하나의 경계구역의 면적이 500m² 이하이면 그러하지 아니하다).
2) 하나의 경계구역의 면적은 600m² 이하로 하고, 건축물의 주요한 출입구에서 그 내부 전체를 볼 수 있는 경우는 면적을 1,000m² 이하로 한다.
3) 하나의 경계구역에서 한 변의 길이는 50m(광전식 분리형 감지기의 경우에는 100m) 이하로 한다.
4) 자동화재탐지설비의 감지기는 지붕 또는 벽의 옥내에 면한 부분에 화재발생을 감지할 수 있도록 설치한다.
5) 자동화재탐지설비에는 비상전원을 설치한다.

31 $KMnO_4$의 지정수량은 몇 kg인가?

① 50kg
② 100kg
③ 300kg
④ 1,000kg

➤➤ 과망가니즈산칼륨($KMnO_4$)은 제1류 위험물로서 지정수량은 1,000kg이다.

32 주유취급소에 설치하는 "주유중엔진정지" 표시를 한 게시판의 바탕과 문자의 색상을 차례대로 올바르게 나타낸 것은?

① 황색, 흑색
② 흑색, 황색
③ 백색, 흑색
④ 흑색, 백색

주유중
◀ 엔진정지
게시판

➤➤ 주유취급소의 "주유중엔진정지" 게시판의 색상은 황색 바탕에 흑색 문자이다.

33 유류화재의 급수와 색상은?

① A급, 백색
② B급, 백색
③ A급, 황색
④ B급, 황색

➤➤ 유류화재는 B급 화재이며, 소화기에는 황색 원형 표시를 해야 한다.

정답 28. ① 29. ④ 30. ③ 31. ④ 32. ① 33. ④

34 제2류 위험물을 수납하는 운반용기의 외부에 표시하여야 하는 주의사항으로 옳은 것은?

① 제2류 위험물 중 철분, 금속분, 마그네슘 또는 이들 중 어느 하나 이상을 함유한 것에 있어서는 "화기주의" 및 "물기주의", 인화성 고체에 있어서는 "화기엄금", 그 밖의 것에 있어서는 "화기주의"

② 제2류 위험물 중 철분, 금속분, 마그네슘 또는 이들 중 어느 하나 이상을 함유한 것에 있어서는 "화기주의" 및 "물기엄금", 인화성 고체에 있어서는 "화기주의", 그 밖의 것에 있어서는 "화기엄금"

③ 제2류 위험물 중 철분, 금속분, 마그네슘 또는 이들 중 어느 하나 이상을 함유한 것에 있어서는 "화기주의" 및 "물기엄금", 인화성 고체에 있어서는 "화기엄금", 그 밖의 것에 있어서는 "화기주의"

④ 제2류 위험물 중 철분, 금속분, 마그네슘 또는 이들 중 어느 하나 이상을 함유한 것에 있어서는 "화기엄금" 및 "물기엄금", 인화성 고체에 있어서는 "화기엄금", 그 밖의 것에 있어서는 "화기주의"

≫ 제2류 위험물의 운반용기 외부에 표시해야 하는 주의사항
  1) 철분, 금속분, 마그네슘 또는 이들 중 어느 하나 이상을 함유한 것 : "화기주의" 및 "물기엄금"
  2) 인화성 고체 : "화기엄금"
  3) 그 밖의 것 : "화기주의"

35 위험물안전관리법의 규제에 대해 틀린 것은?

① 지정수량 미만 위험물의 저장ㆍ취급 및 운반은 시ㆍ도조례에 의해 규제한다.

② 항공기에 의한 위험물의 저장ㆍ취급 및 운반은 위험물안전관리법의 규제대상이 아니다.

③ 궤도에 의한 위험물의 저장ㆍ취급 및 운반은 위험물안전관리법의 규제대상이 아니다.

④ 선박법의 선박에 의한 위험물의 저장ㆍ취급 및 운반은 위험물안전관리법의 규제대상이 아니다.

≫ ① 지정수량 미만의 위험물의 저장ㆍ취급은 시ㆍ도조례에 의해 규제하지만, **지정수량 미만의 위험물의 운반은 위험물안전관리법으로 규제**한다.
  항공기, 선박법의 선박, 철도 및 궤도에 의한 위험물의 저장ㆍ취급 및 운반은 위험물안전관리법의 규제대상이 아니다.

36 옥내에서 지정수량 100배 이상을 취급하는 일반취급소에 설치해야 하는 경보설비는? (단, 고인화점 위험물만을 취급하는 경우는 제외한다.)

① 비상경보설비
② 자동화재탐지설비
③ 비상방송설비
④ 비상벨설비 및 확성장치

≫ 경보설비의 종류 중 자동화재탐지설비만을 설치해야 하는 제조소 및 일반취급소의 조건은 연면적 500m² 이상 또는 옥내에서 **지정수량의 100배 이상**을 취급하는 것이다.

37 분말소화기의 소화약제로 사용되지 않는 것은?

① 탄산수소나트륨
② 탄산수소칼륨
③ 과산화나트륨
④ 인산암모늄

≫ ③ 과산화나트륨은 소화약제가 아닌 제1류 위험물이다.

38 제6류 위험물에 대한 설명으로 옳은 것은?

① 과염소산은 독성은 없지만 폭발의 위험이 있으므로 밀폐하여 보관한다.

② 과산화수소는 농도가 3% 이상일 때 단독으로 폭발하므로 취급에 주의한다.

③ 질산은 자연발화의 위험이 높으므로 저온으로 보관한다.

④ 할로젠간화합물의 지정수량은 300kg이다.

>> ① 과염소산은 독성이 강하지만 폭발의 위험은 없다.
② 과산화수소는 농도가 60% 이상일 때 단독으로 폭발한다.
③ 질산은 불연성 물질로 자연발화의 위험은 없다.
④ **할로젠간화합물은 행정안전부령이 정하는 제6류 위험물이며, 지정수량은 300kg이다.**

39 Ca_3P_2 600kg을 저장하려 한다. 지정수량의 배수는 얼마인가?

① 2배
② 3배
③ 4배
④ 5배

>> 제3류 위험물인 인화칼슘(Ca_3P_2)의 지정수량은 300kg이다. 문제의 조건에서 600kg을 저장한다 하였으므로 600kg을 300kg으로 나누면 지정수량의 2배가 된다.

40 가로로 설치한 원통형 위험물저장탱크의 내용적이 500L일 때 공간용적은 최소 몇 L로 해야 하는가?

① 15L
② 25L
③ 35L
④ 50L

>> 탱크의 공간용적은 탱크 내용적의 100분의 5 이상 100분의 10 이하이므로 최소 공간용적은 탱크 내용적의 100분의 5 즉, 5%가 되는 양을 말한다.
∴ 500L×0.05=25L

41 위험물의 유별 구분이 나머지 셋과 다른 하나는?

① 나이트로글리콜
② 벤젠
③ 아조벤젠
④ 다이나이트로벤젠

>> ① 나이트로글리콜 : 제5류 위험물 중 질산에스터류
② 벤젠 : **제4류 위험물 중 제1석유류**
③ 아조벤젠 : 제5류 위험물 중 아조화합물
④ 다이나이트로벤젠 : 제5류 위험물 중 나이트로화합물

42 건축물의 1층 및 2층 부분만을 방사능력범위로 하고 지하층 및 3층 이상의 층에 대하여 다른 소화설비를 설치해야 하는 소화설비는?

① 스프링클러 소화설비
② 포소화설비
③ 옥외소화전설비
④ 물분무소화설비

>> ③ 옥외소화전은 건축물의 1층 및 2층 부분만을 방사능력범위로 한다.

43 이산화탄소의 특성에 대한 설명으로 옳지 않은 것은?

① 전기전도성이 우수하다.
② 냉각, 압축에 의하여 액화된다.
③ 과량 존재 시 질식할 수 있다.
④ 상온, 상압에서 무색무취의 불연성 기체이다.

>> ① 전기불량도체이므로 전기전도성은 없다.

44 인화점이 낮은 것부터 높은 순서로 나열된 것은?

① 톨루엔 – 아세톤 – 벤젠
② 아세톤 – 톨루엔 – 벤젠
③ 톨루엔 – 벤젠 – 아세톤
④ 아세톤 – 벤젠 – 톨루엔

>> 아세톤(−18℃) < 벤젠(−11℃) < 톨루엔(4℃)

45 유류화재 소화 시 분말소화약제를 사용할 경우 소화 후에 재발화현상이 가끔씩 발생할 수 있다. 이러한 현상을 예방하기 위하여 병용하여 사용하면 가장 효과적인 포소화약제는?

① 단백포 소화약제
② 수성막포 소화약제
③ 알코올형포 소화약제
④ 합성계면활성제포 소화약제

>> 수성막포 소화약제의 현상을 설명하고 있는 문제이다.

정답 39. ① 40. ② 41. ② 42. ③ 43. ① 44. ④ 45. ②

46 소화효과 중 부촉매효과를 기대할 수 있는 소화약제는?

① 물소화약제
② 포소화약제
③ 분말소화약제
④ 이산화탄소 소화약제

>> **부촉매효과**(억제효과)는 할로겐화합물 소화약제와 제3종 **분말소화약제**가 갖는 효과이다.

47 위험물제조소에 옥외소화전 5개가 설치되어 있다면 수원의 법정 최소량은 몇 m³인가?

① 28m³
② 35m³
③ 54m³
④ 67.5m³

>> 위험물제조소의 옥외소화전의 수원의 양은 옥외소화전의 개수(최대 4개)에 13.5m³를 곱한 양 이상이 되도록 설치한다.
∴ 13.5m³×4=54m³

48 인화칼슘이 물과 반응하였을 때 발생하는 가스에 대한 설명으로 옳은 것은?

① 폭발성인 수소를 발생한다.
② 유독한 인화수소를 발생한다.
③ 조연성인 산소를 발생한다.
④ 가연성인 아세틸렌을 발생한다.

>> 인화칼슘(제3류 위험물)은 물과 반응 시 가연성이며, 맹독성인 포스핀(인화수소, PH_3)가스를 발생한다.
－ 물과의 반응식
Ca_3P_2 + $6H_2O$ → $3Ca(OH)_2$ + $2PH_3$
인화칼슘 　물　 수산화칼슘 포스핀

49 주유취급소에서 자동차 등에 위험물을 주유할 때 자동차 등의 원동기를 정지시켜야 하는 위험물의 인화점 기준은 몇 ℃ 미만인가? (단, 연료탱크에 위험물을 주유하는 동안 방출되는 가연성 증기 회수설비가 부착되지 않은 고정주유설비의 경우이다.)

① 20℃
② 30℃
③ 40℃
④ 50℃

>> 주유취급소에서 자동차 등에 위험물을 주유할 때 자동차 등의 원동기를 정지시켜야 하는 위험물의 인화점 기준은 40℃ 미만이다.

50 산화성 고체의 저장·취급 방법으로 옳지 않은 것은?

① 가연물과 접촉 및 혼합을 피한다.
② 분해를 촉진하는 물품의 접근을 피한다.
③ 조해성 물질의 경우 물속에 보관하고, 과열, 충격, 마찰 등을 피하여야 한다.
④ 알칼리금속의 과산화물은 물과의 접촉을 피하여야 한다.

>> ③ 조해성 물질은 수분을 흡수하여 녹는 성질이 있으므로 물속에 보관하여서는 안 된다.

51 삼황화인과 오황화인의 공통점이 아닌 것은?

① 물과 접촉하여 인화수소가 발생한다.
② 가연성 고체이다.
③ 분자식이 P와 S로 이루어져 있다.
④ 연소 시 오산화인과 이산화황이 생성된다.

>> 1. 삼황화인(P_4S_3)과 오황화인(P_2S_5)의 공통성질
　1) 가연성 고체이다.
　2) 분자식이 P와 S로 이루어져 있다.
　3) 연소 시 오산화인(P_2O_5)과 이산화황(SO_2)이 생성된다.
2. 삼황화인(P_4S_3)의 성질
　－ 물과 반응하지 않는다.
3. 오황화인(P_2S_5)의 성질
　－ 물과 접촉하여 황화수소(H_2S)가 발생한다.

52 제2류 위험물인 황의 대표적인 연소형태는?

① 표면연소
② 분해연소
③ 증발연소
④ 자기연소

>> 황(제2류 위험물)은 고체로서 연소형태는 증발연소에 해당한다.

53 에틸알코올의 증기비중은 약 얼마인가?

① 0.72
② 0.91
③ 1.13
④ 1.59

>> 에틸알코올(C_2H_5OH)의 분자량=12(C)×2+1(H)×5+16(O)+1=46이다.
증기비중=분자량/29이므로, 46/29=1.59이다.

정답　46. ③　47. ③　48. ②　49. ③　50. ③　51. ①　52. ③　53.④

54 자연발화를 방지하기 위한 방법으로 옳지 않은 것은?

① 습도를 가능한 한 높게 유지한다.
② 열 축적을 방지한다.
③ 저장실의 온도를 낮춘다.
④ 정촉매작용을 하는 물질을 피한다.

≫ 자연발화의 방지법
1) **습도를 낮춰야 한다.**
2) 저장온도를 낮춰야 한다.
3) 퇴적 및 수납 시 열이 쌓이지 않도록 해야 한다.
4) 통풍을 잘되게 해야 한다.
5) 분해를 촉진하는 정촉매물질을 피해야 한다.

55 위험물제조소에서 지정수량 이상의 위험물을 취급하는 건축물(시설)에는 원칙상 최소 몇 m 이상의 보유공지를 확보하여야 하는가? (단, 최대수량은 지정수량의 10배이다.)

① 1m   ② 3m
③ 5m   ④ 7m

≫ 위험물제조소의 보유공지

지정수량의 배수	공지의 너비
지정수량의 10배 이하	3m 이상
지정수량의 10배 초과	5m 이상

56 주수소화를 하면 위험성이 증가하는 것은?

① 과산화칼륨   ② 과망가니즈산칼륨
③ 과염소산칼륨   ④ 브로민산칼륨

≫ 제1류 위험물 중 과산화칼륨, 과산화나트륨, 과산화리튬의 알칼리금속의 과산화물은 물과 반응 시 발열과 함께 산소를 발생하므로 주수(냉각)소화는 위험하다.

57 메테인 1g이 완전연소하면 발생되는 이산화탄소는 몇 g인가?

① 1.25g
② 2.75g
③ 14g
④ 44g

PLAY ▶ 풀이

≫ $CH_4 + 2O_2 \rightarrow CO_2 + 2H_2O$
메테인 산소   이산화탄소 물
16g —— 44g
1g —— $x(g)$
$16x = 44$
∴ $x = 2.75g$

58 지정수량이 50kg이 아닌 위험물은?

① 염소산나트륨
② 리튬
③ 과산화나트륨
④ 나트륨

≫ ① 염소산나트륨(제1류 위험물) : 50kg
② 리튬(제3류 위험물) : 50kg
③ 과산화나트륨(제1류 위험물) : 50kg
④ **나트륨**(제3류 위험물) : **10kg**

59 오황화인이 물과 작용했을 때의 발생기체는?

① 포스핀   ② 포스겐
③ 황산가스   ④ 황화수소

≫ 오황화인의 물과의 반응식
$P_2S_5 + 8H_2O \rightarrow 5H_2S + 2H_3PO_4$
오황화인 물   황화수소   인산

60 위험물을 운반용기에 수납하여 적재할 때 차광성 피복으로 가려야 하는 위험물이 아닌 것은?

① 제1류   ② 제2류
③ 제5류   ④ 제6류

≫ 1) 차광성 피복으로 가려야 하는 위험물 : 제1류 위험물, 제3류 위험물 중 자연발화성 물질, 제4류 위험물 중 특수인화물, 제5류 위험물, 제6류 위험물
2) 방수성 피복으로 가려야 하는 위험물 : 제1류 위험물 중 알칼리금속의 과산화물, 제2류 위험물 중 철분, 금속분, 마그네슘, 제3류 위험물 중 금수성 물질

정답 54. ① 55. ② 56. ① 57. ② 58. ④ 59. ④ 60. ②

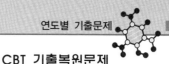
CBT 기출복원문제

2023 제2회 위험물기능사

2023년 4월 8일 시행

---

01 제조소등에 전기설비(전기배선, 조명기구 등은 제외)가 설치된 경우에는 면적 몇 m² 마다 소형수동식 소화기를 1개 이상 설치하여야 하는가?

① 50m²
② 100m²
③ 150m²
④ 200m²

》 전기설비가 설치된 제조소등에는 면적 100m²마다 소형수동식 소화기를 1개 이상 설치한다.

02 탱크 화재현상 중 BLEVE(Boiling Liquid Expanding Vapor Explosion)에 대한 설명으로 옳은 것은?

① 기름탱크에서의 수증기 폭발현상이다.
② 비등상태의 액화가스가 기화하여 팽창하고 폭발하는 현상이다.
③ 화재 시 기름 속의 수분이 급격히 증발하여 기름거품이 되고 팽창해서 기름탱크에서 밖으로 내뿜어져 나오는 현상이다.
④ 고점도의 기름 속에 수증기를 포함한 볼 형태의 물방울이 형성되어 탱크 밖으로 넘치는 현상이다.

》 BLEVE(블레비)란 탱크 내에서 비등상태의 액화가스가 기화하여 팽창하고 폭발하는 현상이다.

03 위험물을 운반용기에 담아 지정수량의 1/10을 초과하여 적재하는 경우 위험물을 혼재하여도 무방한 것은?

① 제1류 위험물과 제6류 위험물
② 제2류 위험물과 제6류 위험물
③ 제2류 위험물과 제3류 위험물
④ 제3류 위험물과 제5류 위험물

》 제1류 위험물과 혼재 가능한 것은 제6류 위험물이다.

위험물의 혼재기준

04 금속분, 목탄, 코크스 등의 연소형태에 해당하는 것은?

① 자기연소
② 증발연소
③ 분해연소
④ 표면연소

》 고체의 연소형태와 물질
1) 표면연소 : 코크스(탄소), 목탄(숯), 금속분
2) 분해연소 : 목재, 종이, 석탄, 플라스틱, 합성수지 등
3) 자기연소(내부연소) : 제5류 위험물
4) 증발연소 : 황(S), 나프탈렌($C_{10}H_8$), 양초(파라핀) 등

05 일반취급소의 형태가 옥외의 공작물로 되어 있는 경우에 있어서 그 최대수평투영면적이 500m²일 때 설치하여야 하는 소화설비의 소요단위는 몇 단위인가?

① 5단위
② 10단위
③ 15단위
④ 20단위

》 소요단위

구 분	외벽이 내화구조	외벽이 비내화구조
위험물 제조소 및 취급소	연면적 100m²	연면적 50m²
위험물저장소	연면적 150m²	연면적 75m²
위험물	지정수량의 10배	

일반취급소의 옥외에 설치된 공작물은 외벽이 내화구조인 것으로 간주하고 **공작물의 최대수평투영면적을 연면적으로 간주**하기 때문에, 소요단위는 500m²/100m² = 5단위가 된다.

정답   01. ② 02. ② 03. ① 04. ④ 05. ①

06 건물의 외벽이 내화구조로서 연면적 $300m^2$의 옥내저장소에 필요한 소화기의 소요단위는 몇 단위인가?

① 1단위   ② 2단위
③ 3단위   ④ 4단위

≫ 소요단위

구 분	외벽이 내화구조	외벽이 비내화구조
위험물 제조소 및 취급소	연면적 $100m^2$	연면적 $50m^2$
위험물저장소	**연면적 $150m^2$**	연면적 $75m^2$
위험물	지정수량의 10배	

외벽이 내화구조인 옥내저장소는 연면적 $150m^2$가 1소요단위이므로 연면적 $300m^2$는 $\dfrac{300m^2}{150m^2}$ =2단위이다.

07 위험물판매취급소에 대한 설명 중 틀린 것은?

① 제1종 판매취급소라 함은 저장 또는 취급하는 위험물의 수량이 지정수량의 20배 이하인 판매취급소를 말한다.
② 위험물을 배합하는 실의 바닥면적은 $6m^2$ 이상 $15m^2$ 이하이어야 한다.
③ 판매취급소에서는 도료류 외의 제1석유류를 배합하거나 옮겨 담는 작업을 할 수 없다.
④ 제1종 판매취급소는 건축물의 2층까지만 설치가 가능하다.

≫ ① 제1종 판매취급소의 저장 또는 취급하는 위험물의 수량은 지정수량의 20배 이하이다.
② 위험물 배합실의 기준은 다음과 같다.
  1) 바닥면적은 $6m^2$ 이상 $15m^2$ 이하로 할 것
  2) 내화구조 또는 불연재료로 된 벽으로 구획할 것
  3) 바닥은 적당한 경사를 두고 집유설비를 할 것
  4) 출입구에는 자동폐쇄식 60분+방화문 또는 60분 방화문을 설치할 것
  5) 출입구 문턱의 높이는 바닥면으로부터 0.1m 이상으로 할 것
  6) 가연성의 증기 또는 미분을 지붕 위로 방출하는 설비를 할 것

③ 판매취급소의 배합실에서 배합하거나 옮겨 담는 작업을 할 수 있는 위험물은 다음과 같다.
  1) 도료류
  2) 제1류 위험물 중 염소산염류
  3) 황
  4) 인화점이 38℃ 이상인 제4류 위험물
④ **건축물의 1층에 설치**해야 한다.

08 다음 각 위험물의 지정수량의 총 합은 몇 kg인가?

> 알킬리튬, 리튬, 수소화나트륨, 인화칼슘, 탄화칼슘

① 820kg   ② 900kg
③ 960kg   ④ 1,260kg

≫ 1) 알킬리튬 : 10kg
  2) 리튬 : 50kg
  3) 수소화나트륨 : 300kg
  4) 인화칼슘 : 300kg
  5) 탄화칼슘 : 300kg
∴ 10kg + 50kg + 300kg + 300kg + 300kg = 960kg

09 다이크로뮴산칼륨에 대한 설명으로 틀린 것은?

① 열분해하여 산소를 발생한다.
② 물과 알코올에 잘 녹는다.
③ 등적색의 결정으로 쓴맛이 있다.
④ 산화제, 의약품 등에 사용된다.

≫ ① 제1류 위험물로서 열분해하여 산소를 발생한다.
② 물에 녹으며 **알코올에는 녹지 않는다.**
③ 등적(오렌지)색의 고체이며, 쓴맛이 있다.
④ 산소공급원을 포함하므로 산화제, 의약품 등에 쓰인다.

10 위험물의 운반에 관한 기준에서 제4석유류와 혼재할 수 없는 위험물은? (단, 위험물은 각각 지정수량의 2배인 경우이다.)

① 황화인
② 칼륨
③ 유기과산화물
④ 과염소산

PLAY ▶ 풀이

≫ 〈문제〉의 제4석유류는 제4류 위험물에 속하며, 운반 시 제1류와 제6류 위험물과는 혼재할 수 없다.
① 황화인 : 제2류 위험물
② 칼륨 : 제3류 위험물
③ 유기과산화물 : 제5류 위험물
④ **과염소산 : 제6류 위험물**
유별을 달리하는 위험물의 운반에 관한 혼재기준

위험물의 구분	제1류	제2류	제3류	제4류	제5류	제6류
제1류		×	×	×	×	○
제2류	×		×	○	○	×
제3류	×	×		○	×	×
제4류	×	○	○		○	×
제5류	×	○	×	○		×
제6류	○	×	×	×	×	

※ 이 표는 지정수량의 1/10 이하의 위험물에 대하여는 적용하지 아니한다.

11 탄화알루미늄이 물과 반응하여 폭발의 위험이 있는 것은 어떤 가스가 발생하기 때문인가?

① 수소
② 메테인
③ 아세틸렌
④ 암모니아

≫ 탄화알루미늄과 물과의 반응식
$$Al_4C_3 + 12H_2O \rightarrow 4Al(OH)_3 + 3CH_4$$
탄화알루미늄 물 수산화알루미늄 메테인

12 아세톤의 위험도를 구하면 얼마인가? (단, 아세톤의 연소범위는 2~13vol%이다.)

① 0.846
② 1.23
③ 5.5
④ 7.5

≫ 위험도$(H) = \dfrac{\text{연소상한}(U) - \text{연소하한}(L)}{\text{연소하한}(L)}$

연소범위의 낮은 점을 연소하한(2%), 높은 점을 연소상한(13%)이라고 한다.
$$\therefore H = \frac{13-2}{2} = 5.5$$

13 위험물제조소등에 설치하는 옥외소화전설비의 기준에서 옥외소화전함은 옥외소화전으로부터 보행거리 몇 m 이하의 장소에 설치하여야 하는가?

① 1.5m ② 5m
③ 7.5m ④ 10m

≫ 옥외소화전함은 옥외소화전으로부터 보행거리 5m 이하의 장소에 설치해야 한다.

14 과산화수소의 운반용기 외부에 표시하여야 하는 주의사항은?

① 화기주의 ② 충격주의
③ 물기엄금 ④ 가연물접촉주의

≫ 과산화수소(제6류 위험물)의 운반용기 외부에 표시하는 주의사항은 "가연물접촉주의"이다.

15 다음 중 제4류 위험물에 대한 설명으로 가장 옳은 것은?

① 물과 접촉하면 발열하는 것
② 자기연소성 물질
③ 많은 산소를 함유하는 강산화제
④ 상온에서 액상인 가연성 액체

≫ ① 물과 접촉하면 발열하는 것은 제1류 위험물의 알칼리금속의 과산화물, 제3류 위험물의 금수성 물질, 제6류 위험물의 성질이다.
② 자기연소성 물질은 제5류 위험물의 성질이다.
③ 많은 산소를 함유하는 강산화제는 제1류 위험물과 제6류 위험물의 성질이다.
④ **상온에서 액상인 가연성 액체는 제4류 위험물 (인화성 액체)의 성질이다.**

16 제4류 위험물의 옥외저장탱크에 대기밸브부착 통기관을 설치할 때 몇 kPa 이하의 압력차이로 작동하여야 하는가?

① 5kPa
② 10kPa
③ 15kPa
④ 20kPa

◀ 대기밸브부착 통기관의 모습

≫ 옥외저장탱크에 설치하는 대기밸브부착 통기관은 5kPa 이하의 압력차이로 작동하여야 한다.

정답 11. ② 12. ③ 13. ② 14. ④ 15. ④ 16. ①

17 제조소에서 다음과 같이 위험물을 취급하고 있는 경우 각 지정수량 배수의 총합은 얼마인가?

> • 브로민산나트륨 300kg
> • 과산화나트륨 150kg
> • 다이크로뮴산나트륨 500kg

① 3.5 ② 4.0
③ 4.5 ④ 5.0

» 1) 브로민산나트륨 : 300kg
    2) 과산화나트륨 : 50kg
    3) 다이크로뮴산나트륨 : 1,000kg

$$\therefore \frac{300kg}{300kg} + \frac{150kg}{50kg} + \frac{500kg}{1,000kg} = 4.5$$

18 이황화탄소에 관한 설명으로 틀린 것은?

① 비교적 무거운 무색의 고체이다.
② 인화점이 0℃ 이하이다.
③ 약 100℃에서 발화할 수 있다.
④ 이황화탄소의 증기는 유독하다.

» ① 제4류 위험물 중 특수인화물에 해당하는 물보다 무거운 **액체상태의 물질**이다.
    ② 인화점은 −30℃로서, 0℃ 이하이다.
    ③ 발화점은 100℃이다.
    ④ 이황화탄소의 증기는 유독하여 중추신경계통에 마비를 일으킬 수 있다.

19 폭발 시 연소파의 전파속도 범위는?

① 0.1~10m/s
② 100~1,000m/s
③ 2,000~3,500m/s
④ 5,000~10,000m/s

» 1) **폭발의 전파속도** : 0.1~10m/s
    2) 폭굉의 전파속도 : 1,000~3,500m/s

20 위험물제조소의 안전거리기준으로 틀린 것은?

① 초·중등교육법 및 고등교육법에 의한 학교 – 20m 이상
② 의료법에 의한 병원급 의료기관 – 30m 이상

③ 문화재보호법 규정에 의한 지정문화재 – 50m 이상
④ 사용전압이 35,000V를 초과하는 특고압가공전선 – 5m 이상

» 제조소로부터 다음 건축물 또는 공작물의 외벽(외측) 사이에는 다음과 같이 안전거리를 두어야 한다.
    1) 주거용 건축물(제조소의 동일부지 외에 있는 것) : 10m 이상
    2) **학교·병원·극장(300명 이상), 다수인 수용시설 : 30m 이상**
    3) 유형문화재, 지정문화재 : 50m 이상
    4) 고압가스, 액화석유가스 등의 저장·취급 시설 : 20m 이상
    5) 사용전압 7,000V 초과 35,000V 이하의 특고압 가공전선 : 3m 이상
    6) 사용전압 35,000V를 초과하는 특고압가공전선 : 5m 이상

21 위험물안전관리법령상 위험물제조소 등에서 전기설비가 있는 곳에 적응하는 소화설비는?

① 옥내소화전설비
② 스프링클러설비
③ 포소화설비
④ 할로젠화합물 소화설비

» 전기설비의 화재 시에는 질식 또는 억제 소화가 효과적이므로 〈보기〉 중에서는 억제소화효과를 가지는 할로젠화합물 소화설비가 적응성이 있다.

똑똑한 풀이비법
포소화설비는 제4류 위험물의 화재 시에는 질식효과가 있지만,
전기설비의 화재 시에는 수분이 포함되어 있어서 사용해서는 안 된다.

22 스프링클러설비의 장점이 아닌 것은?

① 화재의 초기진압에 효율적이다.
② 사용약제를 쉽게 구할 수 있다.
③ 자동으로 화재를 감지하고 소화할 수 있다.
④ 다른 소화설비보다 구조가 간단하고, 시설비가 적다.

❯❯ ① 스프링클러는 물론 대부분의 소화설비는 화재의 초기진압에 효율적이다.
② 사용약제는 물이므로 쉽게 구할 수 있다.
③ 자동으로 화재를 감지하고 소화할 수 있는 기능을 가지고 있다.
④ **다른 소화설비보다 구조가 복잡하고, 시설비가 많이 든다.**

23 황화인에 대한 설명 중 옳지 않은 것은?

① 삼황화인은 황색 결정으로 공기 중 약 100℃에서 발화할 수 있다.
② 오황화인은 담황색 결정으로 조해성이 있다.
③ 오황화인은 물과 접촉하여 유독성 가스를 발생할 위험이 있다.
④ 삼황화인은 연소하여 황화수소가스를 발생할 위험이 있다.

❯❯ ④ 삼황화인은 연소 시 이산화황과 오산화인을 발생시키며 황화수소가스는 발생시키지 않는다.

1. 삼황화인(P_4S_3)은 황색 고체로서 착화점 100℃이며, 물, 염산, 황산에 안 녹고 질산, 알칼리, 끓는물, 이황화탄소에는 녹는다.
   – 연소반응식
   $$P_4S_3 + 8O_2 \rightarrow 3SO_2 + 2P_2O_5$$
   삼황화인   산소   이산화황   오산화인
2. 오황화인(P_2S_5)의 착화점은 142℃이며, 황색 고체로서 조해성이 있다.
   1) 연소반응식
   $$2P_2S_5 + 15O_2 \rightarrow 2P_2O_5 + 10SO_2$$
   오황화인   산소   오산화인   이산화황
   2) 물과의 반응식
   $$P_2S_5 + 8H_2O \rightarrow 5H_2S + 2H_3PO_4$$
   오황화인   물   황화수소   인산

24 탄화칼슘의 취급방법에 대한 설명으로 옳지 않은 것은?

① 물, 습기와의 접촉을 피한다.
② 건조한 장소에 밀봉·밀전하여 보관한다.
③ 습기와 작용하여 다량의 메테인이 발생하므로 저장 중에 메테인가스의 발생 유무를 조사한다.
④ 저장용기에 질소가스 등 불활성 가스를 충전하여 저장한다.

❯❯ ③ 습기(물)와 반응 시 메테인이 아닌 아세틸렌(C_2H_2)가스를 발생한다.
– 탄화칼슘과 물의 반응식
$$CaC_2 + 2H_2O \rightarrow Ca(OH)_2 + C_2H_2$$
탄화칼슘   물   수산화칼슘   아세틸렌

25 벤젠 1몰을 충분한 산소가 공급되는 표준상태에서 완전연소시켰을 때 발생하는 이산화탄소의 양은 몇 L인가?

① 22.4L
② 134.4L
③ 168.8L
④ 224.0L

❯❯ 벤젠 1몰 연소 시 이산화탄소는 6몰 발생한다. 표준상태에서 모든 기체 1몰은 22.4L이므로 이산화탄소 6몰의 부피는 $6 \times 22.4L = 134.4L$이다.
– 벤젠 1mol의 연소반응식
$$C_6H_6 + 7.5O_2 \rightarrow 6CO_2 + 3H_2O$$
벤젠   산소   이산화탄소   물

26 다음 중 자연발화의 위험성이 가장 큰 물질은?

① 아마인유
② 야자유
③ 올리브유
④ 피마자유

❯❯ 제4류 위험물의 동식물유류 중 건성유는 자연발화의 위험성이 매우 높으며, 건성유의 식물유 종류로 동유, 해바라기유, **아마인유**, 들기름이 있다.

🎓 **똑똑한 풀이비법**

동(**동**유), 해(**해**바라기유), 아(**아**마인유), 들(**들**기름)로 암기한다.

27 황린의 저장방법으로 옳은 것은?

① 물속에 저장한다.
② 공기 중에 보관한다.
③ 벤젠 속에 저장한다.
④ 이황화탄소 속에 보관한다.

❯❯ 황린(제3류 위험물)은 자연발화를 방지하기 위해 pH=9인 약알칼리성의 물속에 저장해야 한다.

28 위험물제조소등의 허가에 관계된 설명으로 옳은 것은?

① 제조소등을 변경하고자 하는 경우에는 언제나 허가를 받아야 한다.

② 위험물의 품명을 변경하고자 하는 경우에는 언제나 허가를 받아야 한다.

③ 농예용으로 필요한 난방시설을 위한 지정수량 20배 이하의 저장소는 허가대상이 아니다.

④ 저장하는 위험물의 변경으로 지정수량의 배수가 달라지는 경우는 언제나 허가대상이 아니다.

≫ ① 제조소등에 대한 변경사항이 있을 때 변경허가를 받아야 하는 경우는 별도로 정해져 있으며 언제나 허가를 받아야 하는 것은 아니다.
② 위험물의 품명, 수량, 지정수량의 배수를 변경하고자 하는 경우에는 변경허가가 아닌 변경신고를 해야 한다.
③ 허가를 받지 않고 제조소등을 설치하거나 위치·구조 또는 설비를 변경할 수 있고, 신고를 하지 아니하고 위험물의 품명·수량 또는 지정수량의 배수를 변경할 수 있는 경우는 다음과 같다.
　1) 주택의 난방시설(공동주택의 중앙난방시설을 제외한다)을 위한 저장소 또는 취급소
　2) **농예용**·축산용 또는 수산용으로 필요한 **난방시설** 또는 건조시설을 위한 **지정수량 20배 이하의 저장소**
④ 위험물의 품명 등의 변경으로 지정수량의 배수가 달라지면서 제조소등의 위치·구조 또는 설비의 기준이 달라지는 경우는 변경허가를 받아야 한다.

29 과산화수소의 위험성으로 옳지 않은 것은?

① 산화제로서 불연성 물질이지만 산소를 함유하고 있다.

② 이산화망가니즈 촉매하에서 분해가 촉진된다.

③ 분해를 막기 위해 하이드라진을 안정제로 사용할 수 있다.

④ 고농도의 것은 피부에 닿으면 화상의 위험이 있다.

≫ ③ 과산화수소(제6류 위험물)는 분해를 막기 위해 인산, 요산 등의 분해방지안정제를 사용한다.
※ 하이드라진(N_2H_4)은 제4류 위험물의 제2석유류이기 때문에 안정제로 사용할 수 없다.

30 위험물안전관리법령상 스프링클러설비가 제4류 위험물에 대하여 적응성을 갖는 경우는?

① 연기가 충만할 우려가 없는 경우

② 방사밀도(살수밀도)가 일정 수치 이상인 경우

③ 지하층의 경우

④ 수용성 위험물인 경우

≫ 스프링클러설비는 제4류 위험물 화재에는 사용할 수 없지만, 취급장소의 살수기준면적에 따라 스프링클러설비의 **살수밀도가 일정 기준 이상**이면 제4류 위험물 화재에도 사용할 수 있다.

31 금속은 덩어리상태보다 분말상태일 때 연소위험성이 증가하기 때문에 금속분을 제2류 위험물로 분류하고 있다. 연소위험성이 증가하는 이유로 잘못된 것은?

① 비표면적이 증가하여 반응면적이 증대되기 때문에

② 비열이 증가하여 열축적이 용이하기 때문에

③ 복사열의 흡수율이 증가하여 열의 축적이 용이하기 때문에

④ 대전성이 증가하여 정전기가 발생되기 쉽기 때문에

≫ ② 비열은 물질 1g의 온도를 1℃ 올리는 데 필요한 열량으로, 비열이 증가하면 온도를 올리는 데 많은 열을 필요로 하기 때문에 열축적은 어려워지고 연소위험성은 낮아지게 된다.

32 영하 20℃ 이하의 겨울철이나 한랭지에서 사용하기에 적합한 소화기는?

① 분무주수 소화기　② 봉상주수 소화기

③ 물주수 소화기　　④ 강화액 소화기

≫ ④ 겨울철이나 한랭지에서 사용하기에 적합한 소화기는 강화액 소화기이다.

33 다음 물질 중에서 위험물안전관리법상 위험물의 범위에 포함되는 것은?

① 농도가 40중량%인 과산화수소 350kg

② 비중이 1.40인 질산 350kg

③ 직경 2.5mm의 막대모양인 마그네슘 500kg

④ 순도가 55중량%인 황 50kg

≫ ① 농도가 36중량% 이상의 과산화수소는 제6류 위험물의 기준에 해당하며 지정수량은 300kg이므로, **농도가 40중량%인 과산화수소 350kg은 지정수량 이상의 위험물에 해당**하는 조건이다.
② 비중이 1.49 이상의 질산은 제6류 위험물의 기준에 해당하며 지정수량은 300kg이므로, 비중이 1.40인 질산 350kg은 위험물에 해당하지 않는 조건이다.
③ 직경 2mm 이상의 막대모양인 마그네슘은 제2류 위험물에서 제외되는 조건이므로, 직경 2.5mm의 막대모양인 마그네슘은 위험물에 해당하지 않는 조건이다.
④ 순도가 60중량% 이상인 황은 제2류 위험물의 기준에 해당하며 지정수량은 100kg이므로, 순도가 55중량%인 황 50kg은 위험물에 해당하지 않는 조건이다.

34 제1류 위험물 중 과산화칼륨을 다음과 같이 반응시켰을 때 공통적으로 발생되는 기체는?

- 물과 반응을 시켰다.
- 가열하였다.
- 탄산가스와 반응시켰다.

① 수소　　　　② 이산화탄소

③ 산소　　　　④ 이산화황

≫ 제1류 위험물 중 **과산화칼륨**, 과산화나트륨, 과산화리튬은 물과의 반응은 물론 가열, 충격, 마찰 등 점화원의 유입 및 이산화탄소와 반응 시 모두 **산소를 발생**시킨다.

35 HNO_3에 대한 설명으로 틀린 것은?

① Al, Fe은 진한 질산에서 부동태를 생성해 녹지 않는다.

② 질산과 염산을 3 : 1의 비율로 제조한 것을 왕수라고 한다.

③ 부식성이 강하고 흡습성이 있다.

④ 직사광선에서 분해하여 NO_2를 발생한다.

≫ ① Al, Fe, Co, Ni, Cr은 진한 질산에서 부동태(막이 형성되어 반응을 진행하지 않는 상태)를 생성해 녹지 않는다.
② **염산과 질산을 3 : 1의 부피비율로 혼합**하여 제조한 것을 왕수라고 한다.
③ 산소를 포함하고 있어서 부식성이 강하고 흡습성이 있다.
④ 직사광선에서 분해하여 적갈색 기체인 NO_2(이산화질소)를 발생한다.

36 위험물을 유별로 정리하여 상호 1m 이상의 간격을 유지하는 경우에도 동일한 옥내저장소에 저장할 수 없는 것은?

① 제1류 위험물(알칼리금속의 과산화물 또는 이를 함유한 것을 제외한다)과 제5류 위험물

② 제1류 위험물과 제6류 위험물

③ 제1류 위험물과 제3류 위험물 중 황린

④ 인화성 고체를 제외한 제2류 위험물과 제4류 위험물

≫ 유별이 다른 위험물끼리 동일한 저장소에 저장할 수 있는 경우(단, 유별끼리 정리하여 1m 이상의 간격을 두는 경우이다.)
1) 제1류 위험물(알칼리금속의 과산화물 제외)과 제5류 위험물
2) 제1류 위험물과 제6류 위험물
3) 제1류 위험물과 제3류 위험물 중 자연발화성 물질(황린)
4) **제2류 위험물 중 인화성 고체와 제4류 위험물**
5) 제3류 위험물 중 알킬알루미늄등과 제4류 위험물(알킬알루미늄 또는 알킬리튬을 함유한 것)
6) 제4류 위험물 중 유기과산화물과 제5류 위험물 중 유기과산화물

37 플래시오버에 대한 설명으로 옳은 것은?

① 대부분 화재 초기(발화기)에 발생한다.

② 대부분 화재 종기(쇠퇴기)에 발생한다.

③ 내장재의 종류와 개구부의 크기에 영향을 받는다.

④ 산소의 공급이 주요 요인이 되어 발생한다.

>> 플래시오버는 건물 내에서 화재가 진행되어 열이 축적되어 있다가 화염이 순간적으로 실내 전체로 확대되는 현상으로서 **산소의 공급이 주요 원인이 되지는 않으며** 화재의 성장기에서 최성기로 넘어가는 시점에 발생하고 내장재의 종류 또는 개구부의 크기에 따라 영향을 받을 수 있다.

38 다음 중 나이트로글리세린을 다공질의 규조토에 흡수시켜 제조한 물질은?

① 흑색화약   ② 나이트로셀룰로오스
③ 다이너마이트   ④ 면화약

>> 나이트로글리세린(제5류 위험물)을 다공질의 규조토에 흡수시키면 다이너마이트를 만들 수 있다.

39 소화기 속에 압축되어 있는 이산화탄소 1.1kg을 표준상태에서 분사하였다. 이산화탄소의 부피는 몇 m³가 되는가?

① 0.56m³   ② 5.6m³
③ 11.2m³   ④ 24.6m³

>> 이산화탄소(CO_2) 1mol의 분자량은 44g이고, 질량 1.1kg은 1,100g이다.

따라서, 몰수 = $\dfrac{질량}{분자량}$ = $\dfrac{1,100}{44}$ = 25몰이다.

표준상태에서 모든 기체 1몰의 부피는 22.4L이므로, 25 × 22.4L = 560L이고, 560L = 0.56m³이다.

40 다음 ( ) 안에 적합한 숫자를 차례대로 나열한 것은?

자연발화성 물질 중 알킬알루미늄등은 운반용기 내용적의 ( )% 이하의 수납률로 수납하되 50℃의 온도에서 ( )% 이상의 공간용적을 유지하도록 할 것

① 90, 5   ② 90, 10
③ 95, 5   ④ 95, 10

>> 운반용기의 수납률
1) 고체 위험물 : 운반용기 내용적의 95% 이하
2) 액체 위험물 : 운반용기 내용적의 98% 이하 (55℃에서 누설되지 않도록 공간용적을 유지)
3) **알킬알루미늄등** : 운반용기의 내용적의 **90% 이하**(50℃에서 **5% 이상의 공간용적**을 유지)

41 위험물안전관리법령상 염소화아이소사이아누르산은 몇 류 위험물인가?

① 제1류
② 제2류
③ 제5류
④ 제6류

>> 염소화아이소사이아누르산은 행정안전부령이 정하는 제1류 위험물로서 지정수량은 300kg이다.

42 다음 중 인화점이 0℃보다 작은 것은 모두 몇 개인가?

$C_2H_5OC_2H_5$, CS_2, CH_3CHO

① 0개   ② 1개
③ 2개   ④ 3개

>> 1) 다이에틸에터($C_2H_5OC_2H_5$) : −45℃
2) 이황화탄소(CS_2) : −30℃
3) 아세트알데하이드(CH_3CHO) : −38℃

43 위험물안전관리법령에 따른 위험물의 운송에 관한 설명 중 틀린 것은?

① 알킬리튬과 알킬알루미늄 또는 이 중 어느 하나 이상을 함유한 것은 운송책임자의 감독·지원을 받아야 한다.
② 이동탱크저장소에 의하여 위험물을 운송할 때의 운송책임자에는 법정 교육을 이수하고 관련 업무에 2년 이상 경력이 있는 자도 포함된다.
③ 서울에서 부산까지 금속의 인화물 300kg을 1명의 운전자가 휴식 없이 운송해도 규정 위반이 아니다.
④ 운송책임자의 감독 또는 지원 방법에는 동승하는 방법과 별도의 사무실에서 대기하면서 규정된 사항을 이행하는 방법이 있다.

>> ③ 서울에서 부산까지의 거리는 413km이기 때문에 제3류 위험물 중 금속의 인화물의 운송은 2명 이상의 운전자로 해야 한다.

정답 38. ③ 39. ① 40. ① 41. ① 42. ④ 43. ③

※ 위험물운송자는 다음의 경우 2명 이상의 운전자로 해야 한다.
1) 고속국도에 있어서 340km 이상에 걸치는 운송을 하는 때
2) 일반도로에 있어서 200km 이상 걸치는 운송을 하는 때
3) 1명의 운전자로 할 수 있는 경우
   ㉠ 운송책임자를 동승시킨 경우
   ㉡ 제2류 위험물, 제3류 위험물(칼슘 또는 알루미늄의 탄화물에 한한다) 또는 제4류 위험물(특수인화물 제외)을 운송하는 경우
   ㉢ 운송 도중에 2시간 이내마다 20분 이상씩 휴식하는 경우

44 다음 설명 중 제2석유류에 해당하는 것은? (단, 1기압상태이다.)

① 착화점이 21℃ 미만인 것
② 착화점이 30℃ 이상 50℃ 미만인 것
③ 인화점이 21℃ 이상 70℃ 미만인 것
④ 인화점이 21℃ 이상 90℃ 미만인 것

》》 제4류 위험물 중 제2석유류의 인화점 기준은 21℃ 이상 70℃ 미만이다.

45 [그림]의 원통형 세로로 설치된 탱크에서 공간용적을 내용적의 10%라고 하면 탱크 용량(허가용량)은 약 몇 m³인가?

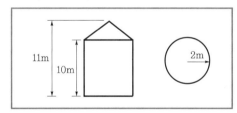

① 113.04m³
② 124.34m³
③ 129.06m³
④ 138.16m³

》》 탱크 내용적 = $\pi r^2 l$
공간용적이 10%이므로 탱크 용량은 탱크 내용적의 90%를 적용해야 한다.
∴ 탱크 용량 = $\pi \times 2^2 \times 10 \times 0.9 = 113.04$m³

46 제3종 분말소화약제의 열분해반응식을 올바르게 나타낸 것은?

① $NH_4H_2PO_4 \rightarrow HPO_3 + NH_3 + H_2O$
② $2KNO_3 \rightarrow 2KNO_2 + O_2$
③ $KClO_4 \rightarrow KCl + 2O_2$
④ $2CaHCO_3 \rightarrow 2CaO + H_2CO_3$

》》 제3종 분말소화약제의 열분해반응식
$NH_4H_2PO_4 \rightarrow HPO_3 + NH_3 + H_2O$
인산암모늄　　메타인산　암모니아　물

47 위험물안전관리법령상 제2류 위험물 중 지정수량이 500kg인 물질에 의한 화재는 어느 것인가?

① A급 화재
② B급 화재
③ C급 화재
④ D급 화재

》》 제2류 위험물 중 지정수량이 500kg인 것은 철분, 금속분, 마그네슘이며, 이들에 의한 화재는 금속화재(D급 화재)이다.

48 위험물제조소등에 설치하여야 하는 자동화재탐지설비의 설치기준에 대한 설명 중 틀린 것은?

① 자동화재탐지설비의 경계구역은 건축물, 그 밖의 공작물의 2 이상의 층에 걸치도록 할 것
② 하나의 경계구역에서 그 한 변의 길이는 50m(광전식 분리형 감지기를 설치할 경우에는 100m) 이하로 할 것
③ 자동화재탐지설비의 감지기는 지붕 또는 벽의 옥내에 면한 부분에 유효하게 화재의 발생을 감지할 수 있도록 설치할 것
④ 자동화재탐지설비에는 비상전원을 설치할 것

>> 자동화재탐지설비의 경계구역
1) **건축물의 2 이상의 층에 걸치지 아니하도록 한다**(경계구역의 면적이 500㎡ 이하이면 그러하지 아니하다).
2) 하나의 경계구역의 면적은 600㎡ 이하로 한다.
3) 한 변의 길이는 50m(광전식 분리형 감지기의 경우에는 100m) 이하로 한다.
4) 건축물의 주요한 출입구에서 그 내부 전체를 볼 수 있는 경우는 면적을 1,000㎡ 이하로 한다.
5) 자동화재탐지설비의 감지기는 지붕 또는 벽의 옥내에 면한 부분에 화재발생을 감지할 수 있도록 설치한다.
6) 자동화재탐지설비에는 비상전원을 설치한다.

49 건조사와 같은 불연성 고체로 가연물을 덮는 것은 어떤 소화에 해당하는가?

① 제거소화　　② 질식소화
③ 냉각소화　　④ 억제소화

>> 건조사와 같은 불연성 고체로 가연물을 덮는 것은 산소공급원을 차단시키는 것으로서 질식소화에 해당한다.

50 Mg, Na의 화재에 이산화탄소 소화기를 사용하였다. 화재현장에서 발생되는 현상은?

① 이산화탄소가 부착면을 만들어 질식소화된다.
② 이산화탄소가 방출되어 냉각소화된다.
③ 이산화탄소가 Mg, Na과 반응하여 화재가 확대된다.
④ 부촉매효과에 의해 소화된다.

>> Mg, Na의 화재에 이산화탄소 소화기를 사용하면 탄소(C)가 발생하여 오히려 화재가 더 커지게 된다.

51 다음 중 위험성이 더욱 증가하는 경우는?

① 황린을 수산화칼슘 수용액에 넣었다.
② 나트륨을 등유 속에 넣었다.
③ 트라이에틸알루미늄 보관용기 내에 아르곤가스를 봉입시켰다.
④ 나이트로셀룰로오스를 알코올 수용액에 넣었다.

>> ① 수산화칼슘 수용액의 성분은 강알칼리성으로 약한 산성인 황린과 격렬하게 반응하여 포스핀(PH₃)이라는 독성 가스를 발생하여 위험성이 증가하게 된다. 따라서, 황린을 저장하는 보호액은 아주 소량의 수산화칼슘을 첨가하여 만든 pH=9인 약알칼리성의 물이다.

52 위험물안전관리법령상 위험물 운반 시 차광성이 있는 피복으로 덮지 않아도 되는 것은?

① 제1류 위험물
② 제2류 위험물
③ 제3류 위험물 중 자연발화성 물질
④ 제5류 위험물

>> 1) 제1류 위험물, 제3류 위험물 중 자연발화성 물질, 제4류 위험물 중 특수인화물, 제5류 위험물 또는 제6류 위험물은 차광성이 있는 피복으로 가릴 것
2) 제1류 위험물 중 알칼리금속의 과산화물, 제2류 위험물 중 철분·금속분·마그네슘, 제3류 위험물 중 금수성 물질은 방수성이 있는 피복으로 덮을 것

53 흑색화약의 원료로 사용되는 위험물의 유별을 올바르게 나타낸 것은?

① 제1류, 제2류
② 제1류, 제4류
③ 제2류, 제4류
④ 제4류, 제5류

>> 흑색화약의 원료로 사용되는 물질은 질산칼륨, 숯, 황이며, 이 중 질산칼륨은 제1류 위험물이고 황은 제2류 위험물이다.

54 다음의 위험물 중 비중이 물보다 큰 것은 모두 몇 개인가?

과염소산, 과산화수소, 질산

① 0　　　　　　② 1
③ 2　　　　　　④ 3

>> 과염소산, 과산화수소, 질산은 모두 제6류 위험물이며, 모든 **제6류 위험물은 물보다 무겁고** 물에 잘 녹는다.

55 위험물제조소의 건축물 구조기준 중 연소의 우려가 있는 외벽은 출입구 외의 개구부가 없는 내화구조의 벽으로 하여야 한다. 이때 연소의 우려가 있는 외벽은 제조소가 설치된 부지의 경계선에서 몇 m 이내에 있는 외벽을 말하는가? (단, 단층 건물일 경우이다.)

① 3m
② 4m
③ 5m
④ 6m

 ◀ 연소의 우려가 있는 외벽의 기준

≫ 연소의 우려가 있는 외벽은 다음에서 정한 선을 기산점으로 하여 3m(제조소등이 2층 이상의 층은 5m) **이내에 있는 외벽**을 말한다.
1) 제조소등이 설치된 부지의 경계선
2) 제조소에 인접한 도로의 중심선
3) 제조소등의 외벽과 동일부지 내 다른 건축물의 외벽 간의 중심선

56 다음 중 위험물안전관리법령상 제6류 위험물에 해당하는 것은?

① 황산　　　　② 염산
③ 질산염류　　④ 할로젠간화합물

≫ ① 황산 : 비위험물
② 염산 : 비위험물
③ 질산염류 : 제1류 위험물
④ **할로젠간화합물** : 행정안전부령이 정하는 **제6류 위험물**

57 위험물안전관리법에서 정한 정전기를 유효하게 제거할 수 있는 방법에 해당하지 않는 것은?

① 위험물 이송 시 배관 내 유속을 빠르게 하는 방법
② 공기를 이온화하는 방법
③ 접지에 의한 방법
④ 공기 중의 상대습도를 70% 이상으로 하는 방법

≫ 정전기 제거방법
1) 공기를 이온화할 것
2) 접지할 것
3) 공기 중의 상대습도를 70% 이상으로 할 것

58 B · C급 화재뿐만 아니라 A급 화재까지도 사용이 가능한 분말소화약제는?

① 제1종 분말소화약제
② 제2종 분말소화약제
③ 제3종 분말소화약제
④ 제4종 분말소화약제

≫ ① 제1종 분말소화약제 : B · C급 화재
② 제2종 분말소화약제 : B · C급 화재
③ **제3종 분말소화약제 : A · B · C급 화재**
④ 제4종 분말소화약제 : B · C급 화재

59 할론 1301의 증기비중은? (단, 플루오린의 원자량은 19, 브로민의 원자량은 80, 염소의 원자량은 35.5이고, 공기의 분자량은 29이다.)

① 2.14
② 4.15
③ 5.14
④ 6.15

≫ 할론 1301의 화학식은 CF_3Br이며, 분자량은 $12(C) + 19(F) \times 3 + 80(Br) = 149$이다. 증기비중은 물질의 분자량을 공기의 분자량인 29로 나누어 구하므로 증기비중 $= \dfrac{149}{29} = 5.14$이다.

60 20℃의 물 100kg이 100℃ 수증기로 증발하면 최대 몇 kcal의 열량을 흡수할 수 있는가? (단, 물의 증발잠열은 540cal/g이다.)

① 540kcal
② 7,800kcal
③ 62,000kcal
④ 108,000kcal

≫ 1) 현열의 열량
$Q_1 = C($비열$=1) \times m($질량$) \times \Delta t($온도차$)$
$= 1 \times 100 \times (100 - 20) = 8,000$kcal
2) 잠열의 열량
$Q_2 = m($질량$) \times \gamma($증발잠열상수$=540)$
$= 100 \times 540 = 54,000$kcal
20℃의 물이 수증기로 변했으므로,
8,000kcal + 54,000kcal = 62,000kcal

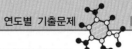
01 소화전용 물통 8L의 능력단위는 얼마인가?

① 0.1
② 0.3
③ 0.5
④ 1.0

소화설비	용량	능력단위
소화전용 물통	8L	0.3
수조 (소화전용 물통 3개 포함)	80L	1.5
수조 (소화전용 물통 6개 포함)	190L	2.5
마른모래 (삽 1개 포함)	50L	0.5
팽창질석 또는 팽창진주암 (삽 1개 포함)	160L	1.0

02 반지름 5m, 직선 10m, 곡선 5m인 양쪽으로 볼록한 탱크의 공간용적이 5%라면 탱크 용량은 몇 m³인가?

① 196.3m³
② 261.6m³
③ 785.0m³
④ 994.8m³

PLAY ▶ 풀이

》》 내용적 $= \pi \times r^2 \times \left(l + \dfrac{l_1 + l_2}{3} \right)$

탱크의 공간용적이 5%이면 탱크 용량은 탱크 내용적의 95%이다.

∴ 탱크 용량 $= \pi \times 5^2 \times \left(10 + \dfrac{5+5}{3} \right) \times 0.95$
$= 994.84$m³

03 위험물안전관리법령에 따른 자동화재탐지설비의 설치기준에서 하나의 경계구역 면적은 얼마 이하로 하여야 하는가? (단, 해당 건축물, 그 밖의 공작물의 주요한 출입구에서 그 내부 전체를 볼 수 없는 경우이다.)

① 500m²
② 600m²
③ 800m²
④ 1,000m²

》》 자동화재탐지설비의 경계구역
  1) 자동화재탐지설비의 경계구역은 건축물의 2 이상의 층에 걸치지 아니하도록 한다(다만, 하나의 경계구역의 면적이 500m² 이하이면 그러하지 아니하다).
  2) **하나의 경계구역의 면적은 600m² 이하**로 하고, 건축물의 주요한 출입구에서 그 내부 전체를 볼 수 있는 경우는 면적을 1,000m² 이하로 한다.
  3) 하나의 경계구역에서 한 변의 길이는 50m(광전식 분리형 감지기를 설치한 경우에는 100m) 이하로 한다.
  4) 자동화재탐지설비의 감지기는 지붕 또는 벽의 옥내에 면한 부분에 화재발생을 감지할 수 있도록 설치한다.
  5) 자동화재탐지설비에는 비상전원을 설치한다.

04 위험물안전관리법령상 염소화규소화합물은 제 몇 류 위험물에 해당하는가?

① 제1류
② 제2류
③ 제3류
④ 제5류

》》 염소화규소화합물은 행정안전부령이 정하는 제3류 위험물이다.

05 수소화칼슘이 물과 반응하였을 때의 생성물은 어느 것인가?

① 칼슘과 수소
② 수산화칼슘과 수소
③ 칼슘과 산소
④ 수산화칼슘과 산소

➤➤ $CaH_2 + 2H_2O \rightarrow Ca(OH)_2 + 2H_2$
수소화칼슘 　물　 수산화칼슘 　수소

06 위험물안전관리법령상 옥내저장탱크와 탱크전용실의 벽과의 사이 및 옥내저장탱크의 상호간에는 몇 m 이상의 간격을 유지하여야 하는가? (단, 탱크의 점검 및 보수에 지장이 없는 경우는 제외한다.)

① 0.5m
② 1m
③ 1.5m
④ 2m

➤➤ 옥내저장탱크와 탱크전용실의 벽과의 사이 및 옥내저장탱크의 상호간에는 0.5m 이상의 간격을 유지하여야 한다.

07 위험물제조소에서 국소방식 배출설비의 배출능력은 1시간당 배출장소 용적의 몇 배 이상인 것으로 하여야 하는가?

① 5배
② 10배
③ 15배
④ 20배

➤➤ 위험물제조소에서 배출설비의 배출능력
1) 국소방식 : 1시간당 **배출장소 용적의 20배 이상**을 배출시킬 수 있을 것
2) 전역방식 : 1시간당 바닥면적 $1m^2$마다 $18m^3$ 이상의 양을 배출시킬 수 있을 것

08 위험물안전관리법령상 해당하는 품명이 나머지 셋과 다른 하나는?

① 트라이나이트로페놀
② 트라이나이트로톨루엔
③ 나이트로셀룰로오스
④ 테트릴

➤➤ ① 트라이나이트로페놀 : 제5류 위험물 나이트로화합물
② 트라이나이트로톨루엔 : 제5류 위험물 나이트로화합물
③ **나이트로셀룰로오스 : 제5류 위험물 질산에스터류**
④ 테트릴 : 제5류 위험물 나이트로화합물

09 위험물안전관리법령상 혼재할 수 없는 위험물은? (단, 위험물은 지정수량의 1/10을 초과하는 경우이다.)

① 적린과 황린
② 질산염류와 질산
③ 칼륨과 특수인화물
④ 유기과산화물과 황

➤➤ ① 위험물 운반의 혼재기준에서 적린(제2류 위험물)과 황린(제3류 위험물)은 혼재 불가능한 물질이다.

10 위험물안전관리법령상 특수인화물의 정의에 관한 내용이다. ( ) 안에 알맞은 수치를 차례대로 나타낸 것은?

'특수인화물'이라 함은 이황화탄소, 다이에틸에터, 그 밖에 1기압에서 발화점이 섭씨 100도 이하인 것 또는 인화점이 섭씨 영하 ( )도 이하이고 비점이 섭씨 ( )도 이하인 것을 말한다.

① 40, 20
② 20, 40
③ 20, 100
④ 40, 100

➤➤ 특수인화물이란 이황화탄소, 다이에틸에터, 그 밖에 1기압에서 발화점이 섭씨 100도 이하인 것 또는 **인화점이 섭씨 영하 20도 이하이고 비점이 섭씨 40도 이하**인 것을 말한다.

11 위험물안전관리법령에서 정한 아세트알데하이드등을 취급하는 제조소의 특례에 관한 내용이다. ( ) 안에 해당하는 물질이 아닌 것은?

아세트알데하이드등을 취급하는 설비는 ( ), ( ), ( ), ( ) 또는 이들을 성분으로 하는 합금으로 만들지 아니할 것

① 동
② 은
③ 금
④ 마그네슘

⫸ 아세트알데하이드등을 취급하는 설비는 수은, 은, 구리(동), 마그네슘과의 반응으로 금속아세틸라이드라는 폭발성 물질을 생성하므로 이들 금속과 접촉을 피해야 한다.

12 페놀을 황산과 질산의 혼산으로 나이트로화하여 제조하는 제5류 위험물은?

① 아세트산 ② 피크르산
③ 나이트로글리콜 ④ 질산에틸

⫸ 페놀을 황산과 질산으로 3번의 나이트로화반응을 하면 제5류 위험물의 나이트로화합물인 트라이나이트로페놀(피크르산)이 된다.

13 다음 위험물의 공통성질을 올바르게 설명한 것은?

> 나트륨, 황린, 트라이에틸알루미늄

① 상온, 상압에서 고체의 형태를 나타낸다.
② 상온, 상압에서 액체의 형태를 나타낸다.
③ 금수성 물질이다.
④ 자연발화의 위험이 있다.

⫸ 1) 나트륨 : 고체로서 **자연발화성** 및 금수성 물질이다.
   2) 황린 : 고체로서 **자연발화성** 물질이다.
   3) 트라이에틸알루미늄 : 액체로서 **자연발화성** 및 금수성 물질이다.

14 2가지 물질을 섞었을 때 수소가 발생하는 것은?

① 칼륨과 에탄올
② 과산화마그네슘과 염화수소
③ 과산화칼륨과 탄산가스
④ 오황화인과 물

⫸ ① 칼륨과 에틸알코올의 반응식
$2K + 2C_2H_5OH \rightarrow 2C_2H_5OK + H_2$
칼륨 에틸알코올 칼륨에틸레이트 수소

15 금속분의 연소 시 주수소화를 하면 위험한 이유로 옳은 것은?

① 물에 녹아 산이 된다.

② 물과 작용하여 유독가스를 발생한다.
③ 물과 작용하여 수소가스를 발생한다.
④ 물과 작용하여 산소가스를 발생한다.

⫸ 제2류 위험물에 속하는 금속분(알루미늄, 아연 등)은 **물과 반응하여 수소**라는 폭발성 가스를 발생하기 때문에 위험하다.

16 정전기 방지대책으로 가장 거리가 먼 것은?

① 접지를 한다.
② 공기를 이온화한다.
③ 21% 이상의 산소농도를 유지하도록 한다.
④ 공기의 상대습도를 70% 이상으로 한다.

⫸ 정전기 방지방법
   1) 접지를 한다.
   2) 공기 중의 상대습도를 70% 이상으로 한다.
   3) 공기를 이온화한다.

17 과염소산의 화재예방에 요구되는 주의사항에 대한 설명으로 옳은 것은?

① 유기물과 접촉 시 발화의 위험이 있기 때문에 가연물과 접촉시키지 않는다.
② 자연발화의 위험이 높으므로 냉각시켜 보관한다.
③ 공기 중 발화하므로 공기와의 접촉을 피해야 한다.
④ 액체상태는 위험하므로 고체상태로 보관한다.

⫸ 산소공급원의 역할을 하는 과염소산(제6류 위험물)의 화재예방을 위해 가장 중요한 점은 유기물 등 **가연물과의 접촉을 방지**하는 것이다.

18 분말소화약제 중 제1종과 제2종 분말이 각각 열분해될 때 공통적으로 생성되는 물질은?

① N_2, CO_2 ② N_2, O_2
③ H_2O, CO_2 ④ H_2O, N_2

⫸ 1) 제1종 분말소화약제의 열분해반응식
$2NaHCO_3 \rightarrow Na_2CO_3 + CO_2 + H_2O$
   2) 제2종 분말소화약제의 열분해반응식
$2KHCO_3 \rightarrow K_2CO_3 + CO_2 + H_2O$

정답 12. ② 13. ④ 14. ① 15. ③ 16. ③ 17. ① 18. ③

19 위험물안전관리법령상 소화설비의 적응성에 관한 내용이다. 다음 중 옳은 것은?

① 마른모래는 대상물 중 제1류~제6류 위험물에 적응성이 있다.

② 팽창질석은 전기설비를 포함한 모든 대상물에 적응성이 있다.

③ 분말소화약제는 셀룰로이드류의 화재에 가장 적당하다.

④ 물분무소화설비는 전기설비에 사용할 수 없다.

≫ ② 마른모래와 팽창질석 또는 팽창진주암은 제1류 위험물부터 제6류 위험물까지 모든 위험물의 화재에 적응성을 가지며, 건축물, 그 밖의 공작물이나 전기설비의 화재에는 적응성이 없다.
③ 셀룰로이드와 같은 제5류 위험물의 화재에는 냉각소화가 적응성이 있고, 질식소화의 원리를 이용하는 분말소화약제는 적응성이 없다.
④ 물분무소화설비는 소화약제가 물이라 하더라도 물을 잘게 흩어 뿌려 연소면으로부터 공기를 차단하는 질식효과를 가지기 때문에 전기설비의 화재에 적응성이 있다.

20 다음 중 질산과 과염소산의 공통성질이 아닌 것은?

① 가연성이며, 강산화제이다.

② 비중이 1보다 크다.

③ 가연물과 혼합으로 발화의 위험이 있다.

④ 물과 접촉하면 발열한다.

≫ 제6류 위험물인 질산과 과염소산은 산소를 포함하고 있는 강산화제로서 자신은 **불연성 물질**이다. 물보다 무겁고 물에 잘 녹지만, 물과 접촉 시 발열현상을 나타낸다.

21 인화칼슘이 물과 반응할 경우에 대한 설명 중 틀린 것은?

① 발생가스는 가연성이다.

② 포스겐가스가 발생한다.

③ 발생가스는 독성이 강하다.

④ $Ca(OH)_2$가 생성된다.

≫ 인화칼슘(Ca_3P_2)은 물과 반응 시 수산화칼슘[$Ca(OH)_2$]과 포스핀(PH_3)이라는 독성이면서 가연성인 가스를 발생한다.
– 물과의 반응식
$Ca_3P_2 + 6H_2O \rightarrow 3Ca(OH)_2 + 2PH_3$
② 포스겐($COCl_2$)가스는 사염화탄소(CCl_4)가 물과 반응하거나 연소할 때 발생하는 독성 가스이다.

22 주수소화를 할 수 없는 위험물은?

① 금속분

② 적린

③ 유황

④ 과망가니즈산칼륨

≫ 제2류 위험물에 속하는 **금속분**(알루미늄, 아연 등)은 **주수소화하면 수소라는 폭발성 가스를 발생**하기 때문에 질식소화를 해야 한다.

23 제1류 위험물 중 흑색화약의 원료로 사용되는 것은?

① KNO_3 ② $NaNO_3$

③ BaO_2 ④ NH_4NO_3

≫ 제1류 위험물인 **질산칼륨(KNO_3)**에 숯과 제2류 위험물인 황(S)을 혼합하면 **흑색화약**을 만들 수 있다.

24 다음 중 제4류 위험물에 해당하는 것은?

① $Pb(N_3)_2$ ② CH_3ONO_2

③ N_2H_4 ④ NH_2OH

≫ 각 〈보기〉에 해당하는 위험물의 성질은 다음과 같다.

화학식	명칭	유별	품명	지정수량
$Pb(N_3)_2$	아지화납	(행정안전부령이 정하는) 제5류 위험물	금속의 아지화합물	제1종 : 10kg, 제2종 : 100kg
CH_3ONO_2	질산메틸	제5류 위험물	질산에스터류	
N_2H_4	하이드라진	**제4류 위험물**	제2석유류 (수용성)	2,000L
NH_2OH	하이드록실아민	제5류 위험물	하이드록실아민	제1종 : 10kg, 제2종 : 100kg

25 인화칼슘, 탄화알루미늄, 나트륨이 물과 반응하였을 때 발생하는 가스에 해당하지 않는 것은?

① 포스핀가스
② 수소
③ 이황화탄소
④ 메테인

≫ 1) 인화칼슘은 물과 반응 시 수산화칼슘[$Ca(OH)_2$]과 포스핀(PH_3)을 생성한다.
  – 물과의 반응식
    $Ca_3P_2 + 6H_2O \rightarrow 3Ca(OH)_2 + 2PH_3$
2) 탄화알루미늄은 물과 반응 시 수산화알루미늄[$Al(OH)_3$]과 메테인(CH_4)을 생성한다.
  – 물과의 반응식
    $Al_4C_3 + 12H_2O \rightarrow 4Al(OH)_3 + 3CH_4$
3) 나트륨은 물과 반응 시 수산화나트륨($NaOH$)과 수소(H_2)를 생성한다.
  – 물과의 반응식
    $2Na + 2H_2O \rightarrow 2NaOH + H_2$

26 질산칼륨을 약 400℃에서 가열하여 열분해시킬 때 주로 생성되는 물질은?

① 질산과 산소
② 질산과 칼륨
③ 아질산칼륨과 산소
④ 아질산칼륨과 질소

≫ 질산칼륨(KNO_3)은 열분해 시 **아질산칼륨**(KNO_2)과 **산소**를 발생한다.
  – 열분해반응식 : $2KNO_3 \rightarrow 2KNO_2 + O_2$

27 각각 지정수량의 10배인 위험물을 운반할 경우 제5류 위험물과 혼재 가능한 위험물에 해당하는 것은?

① 제1류 위험물
② 제2류 위험물
③ 제3류 위험물
④ 제6류 위험물

≫ 운반 시 제5류 위험물과 혼재 가능한 것은 **제2류 위험물**과 제4류 위험물이다.

28 위험물안전관리법령상 제조소등의 관계인이 정기적으로 점검하여야 할 대상이 아닌 것은?

① 지정수량의 10배 이상의 위험물을 취급하는 제조소
② 지하탱크저장소
③ 이동탱크저장소
④ 지정수량의 100배 이상의 위험물을 저장하는 옥외탱크저장소

≫ 정기점검대상의 제조소등
1) 예방규정대상에 해당하는 것
  ㉠ 지정수량의 10배 이상의 위험물을 취급하는 제조소
  ㉡ 지정수량의 100배 이상의 위험물을 저장하는 옥외저장소
  ㉢ 지정수량의 150배 이상의 위험물을 저장하는 옥내저장소
  ㉣ **지정수량의 200배 이상의 위험물을 저장하는 옥외탱크저장소**
  ㉤ 암반탱크저장소
  ㉥ 이송취급소
  ㉦ 지정수량의 10배 이상의 위험물을 취급하는 일반취급소
2) 지하탱크저장소
3) 이동탱크저장소
4) 위험물을 취급하는 탱크로서 지하에 매설된 탱크가 있는 제조소, 주유취급소 또는 일반취급소

29 위험물안전관리법령상 위험물제조소의 옥외에 있는 하나의 액체 위험물 취급탱크 주위에 설치하는 방유제의 용량은 해당 탱크 용량의 몇 % 이상으로 하여야 하는가?

① 50%   ② 60%
③ 100%   ④ 110%

≫ 위험물제조소의 옥외에 있는 위험물취급탱크 주위에 설치하는 방유제의 용량
1) 하나의 위험물취급탱크 주위에 설치하는 방유제의 용량 : **탱크 용량의 50% 이상**
2) 2개 이상의 위험물취급탱크 주위에 설치하는 방유제의 용량 : 탱크 중 용량이 최대인 것의 50%에 나머지 탱크 용량 합계의 10%를 가산한 양 이상

30 연소의 3요소인 산소의 공급원이 될 수 없는 것은?

① H_2O_2 ② KNO_3

③ HNO_3 ④ CO_2

≫ ① H_2O_2(과산화수소) : 제6류 위험물(산소공급원)
  ② KNO_3(질산칼륨) : 제1류 위험물(산소공급원)
  ③ HNO_3(질산) : 제6류 위험물(산소공급원)
  ④ CO_2(이산화탄소) : 불연성 가스로서 **소화약제**로 사용

31 위험물의 자연발화를 방지하는 방법으로 가장 거리가 먼 것은?

① 통풍을 잘 시킬 것

② 저장실의 온도를 낮출 것

③ 습도가 높은 곳에 저장할 것

④ 정촉매 작용을 하는 물질과의 접촉을 피할 것

≫ 자연발화를 방지하기 위해서는 온도 및 습도를 모두 낮추어야 한다.

32 위험물안전관리법령상 제3류 위험물 중 금수성 물질의 제조소에 설치하는 주의사항 게시판의 바탕색과 문자색을 올바르게 나타낸 것은?

① 청색 바탕에 황색 문자

② 황색 바탕에 청색 문자

③ 청색 바탕에 백색 문자

④ 백색 바탕에 청색 문자

≫ 제3류 위험물 중 금수성 물질을 취급하는 제조소에는 **청색 바탕에 백색 문자**로 "물기엄금"이라는 주의사항을 표시해야 한다.

33 위험물안전관리법령상 알칼리금속의 과산화물에 적응성이 있는 소화설비는?

① 할로젠화합물 소화설비

② 탄산수소염류 분말소화설비

③ 물분무소화설비

④ 스프링클러설비

≫ 제1류 위험물 중 알칼리금속의 과산화물에 적응성이 있는 소화설비의 종류에는 **탄산수소염류 분말소화설비**, 마른모래, 팽창질석, 팽창진주암이 있다.

34 다음 중 강화액 소화약제의 주된 소화원리에 해당하는 것은?

① 냉각소화   ② 절연소화

③ 제거소화   ④ 발포소화

≫ 강화액 소화약제는 주된 소화원리가 **냉각소화**이며, 응고점이 낮아 잘 얼지 않기 때문에 한랭지에서나 겨울철에 많이 쓰인다.

35 이산화탄소 소화약제에 관한 설명 중 틀린 것은?

① 소화약제에 의한 오손이 없다.

② 소화약제 중 증발잠열이 가장 크다.

③ 전기 절연성이 있다.

④ 장기간 저장이 가능하다.

≫ ② 물의 증발잠열은 539kcal/kg이고 이산화탄소의 증발잠열은 56.13kcal/kg이므로, 물의 증발잠열이 이산화탄소의 증발잠열보다 더 크다.

36 다음 중 제6류 위험물이 아닌 것은?

① 할로젠간화합물   ② 과염소산

③ 아염소산   ④ 과산화수소

≫ ③ 아염소산($HClO_2$)은 위험물에 속하지 않는다.
  ※ 제6류 위험물의 구분
    1) 위험물안전관리법에서 정하는 것 : 과염소산, 과산화수소, 질산
    2) 행정안전부령이 정하는 것 : 할로젠간화합물

37 나이트로글리세린에 대한 설명으로 옳은 것은?

① 물에 매우 잘 녹는다.

② 공기 중에서 점화하면 연소나 폭발의 위험은 없다.

③ 충격에 민감하여 폭발을 일으키기 쉽다.

④ 제5류 위험물의 나이트로화합물에 속한다.

정답   30. ④   31. ③   32. ③   33. ②   34. ①   35. ②   36. ③   37. ③

➤ ① 물에 녹지 않고 알코올, 벤젠에 잘 녹는다.
　② 공기 중에서 점화하면 연소와 함께 폭발의
　　위험이 높다.
　④ 제5류 위험물 중 질산에스터류에 속한다.

38 다음 중 인화점이 가장 높은 것은?

① 등유　　　　② 벤젠
③ 아세톤　　　④ 아세트알데하이드

➤ ① **등유**(제2석유류) : **25~50℃**
　② 벤젠(제1석유류) : －11℃
　③ 아세톤(제1석유류) : －18℃
　④ 아세트알데하이드(특수인화물) : －38℃

39 제4류 위험물인 클로로벤젠의 지정수량으로
옳은 것은?

① 200L　　　　② 400L
③ 1,000L　　　④ 2,000L

➤ 클로로벤젠(C_6H_5Cl)
　1) 제4류 위험물 중 제2석유류 비수용성 물질로
　　서 **지정수량은 1,000L**이다.
　2) 인화점 32℃, 발화점 593℃, 비점 132℃, 비중
　　1.11이며, 물보다 무겁다.

40 위험물안전관리법령상 위험물제조소에 설치
하는 배출설비에 대한 내용으로 틀린 것은?

① 배출설비는 예외적인 경우를 제외하고
　는 국소방식으로 하여야 한다.
② 배출설비는 강제배출방식으로 한다.
③ 급기구는 낮은 장소에 설치하고 인화방
　지망을 설치한다.
④ 배출구는 지상 2m 이상 높이의 연소의
　우려가 없는 곳에 설치한다.

➤ ① 배출설비는 국소방식을 원칙으로 하며 1시간당
　　배출장소용적의 20배 이상을 배출할 수 있는
　　능력을 갖추어야 한다.
　② 배출설비는 강제배기(배출)방식으로 한다.
　③ **급기구는 높은 곳에 설치**하고 가는 눈의 구
　　리망 등으로 인화방지망을 설치한다.
　④ 배출구는 덕트 또는 후드 등을 이용하여 지
　　상 2m 이상의 높이에 설치한다.

41 위험물의 운반에 관한 기준에서 다음 (　) 안
에 들어갈 알맞은 온도는 몇 ℃인가?

> 적재하는 제5류 위험물 중 (　)℃ 이하의
> 온도에서 분해될 우려가 있는 것은 보냉
> 컨테이너에 수납하는 등 적정한 온도관리
> 를 유지하여야 한다.

① 40　　　　② 50
③ 55　　　　④ 60

➤ 제5류 위험물 중 **55℃ 이하**의 온도에서 분해될
　우려가 있는 것은 보냉컨테이너에 수납하는 등
　적정한 온도관리를 해야 한다.

42 다음 중 제1류 위험물에 해당되지 않는 것은?

① 염소산칼륨　　② 과염소산암모늄
③ 과산화바륨　　④ 질산구아니딘

➤ ④ 질산구아니딘과 함께 금속의 아지화합물은 행
　　정안전부령이 정하는 제5류 위험물에 속한다.

43 위험물안전관리법령상 배출설비를 설치해야
하는 옥내저장소의 기준에 해당하는 것은?

① 가연성 증기가 액화할 우려가 있는 장소
② 모든 장소의 옥내저장소
③ 가연성 미분이 체류할 우려가 있는 장소
④ 인화점이 70℃ 미만인 위험물의 옥내저
　장소

➤ 제조소 및 옥내저장소에는 기본적으로 환기설비
　를 설치해야 하지만, 배출설비를 설치해야 하는
　경우는 다음과 같다.
　1) 제조소 : 가연성 증기 또는 미분이 체류할 우
　　려가 있는 장소
　2) 옥내저장소 : **인화점이 70℃ 미만인 위험물**
　　을 저장하는 저장창고

44 폼산에 대한 설명으로 옳지 않은 것은?

① 물, 알코올, 에터에 잘 녹는다.
② 개미산이라고도 한다.
③ 강한 산화제이다.
④ 녹는점이 상온보다 낮다.

정답　38. ①　39. ③　40. ③　41. ③　42. ④　43. ④　44. ③

» ① 무색투명한 액체로 물, 알코올 및 에터에 잘
녹으며, 물보다 무겁고 강산이다.
② 의산 또는 개미산이라고도 한다.
③ 직접연소가 가능한 제4류 위험물로 **강한 환
원제**이다.
④ 녹는점은 8.5℃로서 상온(20℃)보다 낮다.

45 위험물 옥외저장소에서 지정수량 200배 초
과의 위험물을 저장할 경우 경계표시 주위의
보유공지 너비는 몇 m 이상으로 하여야 하는
가? (단, 제4류 위험물과 제6류 위험물이 아
닌 경우이다.)

① 0.5m   ② 2.5m
③ 10m   ④ 15m

» 옥외저장소의 보유공지

저장 또는 취급하는 위험물의 최대수량	공지의 너비
지정수량의 10배 이하	3m 이상
지정수량의 10배 초과 20배 이하	5m 이상
지정수량의 20배 초과 50배 이하	9m 이상
지정수량의 50배 초과 200배 이하	12m 이상
지정수량의 200배 초과	**15m 이상**

※ 보유공지를 공지 너비의 1/3로 단축할 수 있
는 위험물의 종류
1) 제4류 위험물 중 제4석유류
2) 제6류 위험물

46 이동저장탱크에 알킬알루미늄을 저장하는
경우에 불활성 기체를 봉입하는데 이때의 압
력은 몇 kPa 이하이어야 하는가?

① 10kPa   ② 20kPa
③ 30kPa   ④ 40kPa

» 이동탱크저장소의 취급기준은 다음과 같다.
1) 알킬알루미늄의 이동탱크로부터 알킬알루미
늄을 꺼낼 때에는 동시에 200kPa 이하의 압
력으로 불활성 기체를 봉입할 것
2) **알킬알루미늄의 이동탱크에 알킬알루미늄을
저장할 때에는 20kPa 이하의 압력으로 불활
성 기체를 봉입하여 둘 것**
3) 아세트알데하이드의 이동탱크로부터 아세트
알데하이드를 꺼낼 때에는 동시에 100kPa
이하의 압력으로 불활성 기체를 봉입할 것

47 할론 1301의 화학식은 무엇인가?

① CCl₄   ② CH₃Br
③ CF₃Br   ④ CF₂Br₂

» 할로젠화합물 소화약제는 할론명명법에 의해 번호
를 부여한다.
그 방법으로는 C − F − Cl − Br의 순서대로 개수
를 표시하는데, 원소의 위치가 바뀌어 있더라도
C − F − Cl − Br의 순서대로만 표시하면 된다.
그러므로, Halon 1301은 CF₃Br이 된다.

48 다음 중 화재발생 시 물을 이용한 소화가 효과
적인 물질은?

① 트라이메틸알루미늄
② 황린
③ 나트륨
④ 인화칼슘

» 자연발화성 물질인 황린(제3류 위험물)은 물속
에 보관하며, 화재 시 물로 냉각소화한다.

49 위험물안전관리법령상 자동화재탐지설비를
설치하지 않고 비상경보설비로 대신할 수 있
는 것은?

① 일반취급소로서 연면적 600m²인 것
② 지정수량 20배를 저장하는 옥내저장소
로서 처마높이가 8m인 단층 건물
③ 단층 건물 외에 건축물에 설치된 지정수
량 15배의 옥내탱크저장소로서 소화난
이도등급Ⅱ에 속하는 것
④ 지정수량 20배를 저장 · 취급하는 옥내
주유취급소

» 경보설비의 종류 중 자동화재탐지설비만을 설치
해야 하는 경우
1) 제조소 및 일반취급소로서 연면적 500m² 이
상인 것
2) 옥내저장소로서 지정수량의 100배 이상을
저장하거나 처마높이가 6m 이상인 단층 건
물의 것
3) 옥내탱크저장소로서 단층 건물 외의 건축물
에 설치된 **옥내탱크저장소로서 소화난이도등
급 Ⅰ에 해당하는 것**
4) 주유취급소로서 옥내주유취급소에 해당하는 것

50 위험물안전관리법령에 따른 대형수동식 소화기의 설치기준에서 방호대상물의 각 부분으로부터 하나의 대형수동식 소화기까지의 보행거리는 몇 m 이하가 되도록 설치하여야 하는가?

① 10m ② 15m
③ 20m ④ 30m

》》 방호대상물의 각 부분으로부터 하나의 수동식 소화기까지의 보행거리
  1) **대형수동식 소화기 : 30m 이하**
  2) 소형수동식 소화기 : 20m 이하

51 위험물안전관리법령에서 정한 소화설비의 소요단위 산정방법에 대한 설명 중 옳은 것은?

① 위험물은 지정수량의 100배를 1소요단위로 함
② 저장소용 건축물로 외벽이 내화구조인 것은 연면적 100m²를 1소요단위로 함
③ 제조소용 건축물로 외벽이 내화구조가 아닌 것은 연면적 50m²를 1소요단위로 함
④ 저장소용 건축물로 외벽이 내화구조가 아닌 것은 연면적 25m²를 1소요단위로 함

》》 ① 위험물은 지정수량의 10배를 1소요단위로 함
  ② 저장소용 건축물로 외벽이 내화구조인 것은 연면적 150m²를 1소요단위로 함
  ④ 저장소용 건축물로 외벽이 내화구조가 아닌 것은 연면적 75m²를 1소요단위로 함

52 주된 연소형태가 나머지 셋과 다른 하나는?

① 아연분 ② 양초
③ 코크스 ④ 목탄

》》 ① 아연분 : 표면연소
  ② **양초 : 증발연소**
  ③ 코크스 : 표면연소
  ④ 목탄 : 표면연소

53 위험물제조소등에 옥외소화전을 6개 설치할 경우 수원의 수량은 몇 m³ 이상이어야 하는가?

① 48m³ 이상
② 54m³ 이상
③ 60m³ 이상
④ 81m³ 이상

》》 옥외소화전의 수원의 양은 옥외소화전 개수에 13.5m³를 곱한 양 이상으로 하되, 소화전 개수가 4개 이상이면 최대 4개의 옥외소화전의 수만 곱해 주면 된다.
∴ 13.5m³×4=54m³

54 등유의 성질에 대한 설명 중 틀린 것은?

① 증기는 공기보다 가볍다.
② 인화점이 상온보다 높다.
③ 전기에 대해 불량도체이다.
④ 물보다 가볍다.

》》 ① **등유의 증기는 공기보다 무겁다.**
  ② 제4류 위험물 중 제2석유류이기 때문에 등유의 인화점은 21℃ 이상 70℃ 미만의 범위에 포함된다. 따라서, 등유의 인화점은 상온(20℃)보다 높다.
  ③ 금속성분이 아니기 때문에 전기에 대해 불량도체이다.
  ④ 물보다 가볍고 비수용성이다.

55 이황화탄소 기체는 수소 기체보다 20℃, 1기압에서 몇 배 더 무거운가?

① 11배 ② 22배
③ 32배 ④ 38배

》》 증기비중 $=\dfrac{물질의\ 분자량}{공기의\ 분자량(29)}$
두 기체의 분자량을 29로 각각 나누어 주면 각 기체의 증기비중을 알 수 있지만 두 기체의 분자량의 차이가 바로 증기비중의 차이와 같은 값이므로 두 기체의 분자량의 배수를 구하면 된다.
이황화탄소(CS_2)의 분자량 : 12(C)+32(S)×2=76
수소(H_2)의 분자량 : 1(H)×2=2
∴ $\dfrac{76}{2}=38$배

정답 50.④ 51.③ 52.② 53.② 54.① 55.④

56 옥외저장탱크 중 압력탱크에 저장하는 다이에틸에터등의 저장온도는 몇 ℃ 이하이어야 하는가?

① 60℃ ② 40℃

③ 30℃ ④ 15℃

≫ 탱크에 저장할 경우 위험물의 저장온도
1. 옥외저장탱크, 옥내저장탱크 또는 지하저장탱크 중 압력탱크 외의 탱크에 저장하는 경우
   1) 아세트알데하이드 : 15℃ 이하
   2) 산화프로필렌과 다이에틸에터 : 30℃ 이하
2. **옥외저장탱크**, 옥내저장탱크 또는 지하저장탱크 중 **압력탱크**에 저장하는 경우
   – 아세트알데하이드, 산화프로필렌과 **다이에틸에터 : 40℃ 이하**
3. 보냉장치가 있는 이동저장탱크에 저장하는 경우
   – 아세트알데하이드, 산화프로필렌과 다이에틸에터 : 비점 이하
4. 보냉장치가 없는 이동저장탱크에 저장하는 경우
   – 아세트알데하이드, 산화프로필렌과 다이에틸에터 : 40℃ 이하

57 위험물을 저장할 때 필요한 보호물질을 올바르게 연결한 것은?

① 황린 – 석유

② 금속칼슘 – 에탄올

③ 이황화탄소 – 물

④ 금속나트륨 – 산소

≫ ① 황린 – 물
   ② 금속칼슘 – 밀폐용기에 보관
   ④ 금속나트륨 – 석유류(등유, 경유, 유동파라핀)

58 나이트로셀룰로오스의 저장방법으로 옳은 것은?

① 물이나 알코올로 습윤시킨다.

② 에탄올과 에터 혼액에 침윤시킨다.

③ 수은염을 만들어 저장한다.

④ 산에 용해시켜 저장한다.

≫ 나이트로셀룰로오스는 함수알코올(물 또는 알코올)에 적셔서 보관한다.

59 질산의 비중이 1.5일 때 1소요단위는 몇 L 인가?

① 150L

② 200L

③ 1,500L

④ 2,000L

PLAY ▶ 풀이

≫ 밀도 = $\dfrac{질량(kg)}{부피(L)}$

비중 = $\dfrac{해당\ 물질의\ 밀도(kg/L)}{표준물질(물)의\ 밀도(kg/L)}$

  = $\dfrac{해당\ 물질의\ 밀도(kg/L)}{1kg/L}$

비중은 단위가 없을 뿐 밀도를 구하는 공식과 같다.

따라서, 비중 = $\dfrac{질량(kg)}{부피(L)}$, 부피(L) = $\dfrac{질량(kg)}{비중}$

소요단위는 지정수량의 10배이므로 질산의 지정수량 300kg × 10 = 3,000kg이다.

질량 3,000kg을 비중 1.5로 나누면 부피(L)를 구할 수 있다.

∴ 부피(L) = $\dfrac{3,000kg}{1.5}$ = 2,000L

60 삼황화인 연소 시 발생가스에 해당하는 것은?

① 이산화황

② 황화수소

③ 산소

④ 인산

≫ 삼황화인의 연소반응식
   $P_4S_3 + 8O_2 \rightarrow 2P_2O_5 + 3SO_2$
   삼황화인   산소   오산화인   이산화황

정답 56. ② 57. ③ 58. ① 59. ④ 60. ①

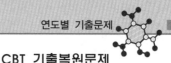

01 액체 연료의 연소형태가 아닌 것은?

① 확산연소   ② 증발연소
③ 액면연소   ④ 분무연소

≫ 확산연소는 기체 연료의 대표적인 연소형태이다.

02 화학식과 Halon 번호를 올바르게 연결한 것은?

① CBr_2F_2 – 1202
② $C_2Br_2F_2$ – 2422
③ $CBrClF_2$ – 1102
④ $C_2Br_2F_4$ – 1242

≫ 할론 번호는 화학식에서의 F, Cl, Br의 위치에 관계없이 C–F–Cl–Br의 순서대로 원소의 개수를 읽어준다.
   ② $C_2Br_2F_2$ – 존재하지 않는 화학식이다.
   ③ $CBrClF_2$ – 1211
   ④ $C_2Br_2F_4$ – 2402

03 팽창질석(삽 1개 포함) 160L의 소화능력단위는?

① 0.5   ② 1.0
③ 1.5   ④ 2.0

≫ 기타 소화설비의 능력단위기준은 다음 [표]와 같다.

소화설비	용 량	능력단위
소화전용 물통	8L	0.3
수조 (소화전용 물통 3개 포함)	80L	1.5
수조 (소화전용 물통 6개 포함)	190L	2.5
마른모래 (삽 1개 포함)	50L	0.5
팽창질석 또는 팽창진주암 **(삽 1개 포함)**	160L	1.0

04 제조소등의 관계인이 예방규정을 정하여야 하는 제조소등에 해당하지 않는 것은?

① 지정수량의 200배 이상의 위험물을 저장하는 옥외탱크저장소
② 지정수량의 10배 이상의 위험물을 취급하는 제조소
③ 암반탱크저장소
④ 지하탱크저장소

≫ 예방규정을 정해야 하는 제조소등
   1) 지정수량의 10배 이상의 위험물을 취급하는 제조소
   2) 지정수량의 100배 이상의 위험물을 저장하는 옥외저장소
   3) 지정수량의 150배 이상의 위험물을 저장하는 옥내저장소
   4) 지정수량의 200배 이상의 위험물을 저장하는 옥외탱크저장소
   5) 암반탱크저장소
   6) 이송취급소
   7) 지정수량의 10배 이상의 위험물을 취급하는 일반취급소

05 다음 중 위험물안전관리자 책무에 해당하지 않는 것은?

① 화재 등의 재난이 발생한 경우 소방관서에 대한 연락 업무
② 화재 등의 재난이 발생한 경우 응급조치
③ 위험물 취급에 관한 일지의 작성 기록
④ 위험물안전관리자의 선임신고

≫ 위험물안전관리자가 위험물안전관리자의 선임신고 업무를 하는 것은 불가능하다. 현재 위험물안전관리자가 없는 상태에서 신규로 위험물안전관리자의 선임신고를 하고자 한다면 이 신고업무를 해야 할 위험물안전관리자가 없는 상태라 할 수 있기 때문에 위험물안전관리자의 선임신고는 위험물안전관리자가 아닌 관계인이 해야 한다.

06 황린과 적린의 공통성질이 아닌 것은?

① 물에 녹지 않는다.

② 이황화탄소에 잘 녹는다.

③ 연소 시 오산화인을 생성한다.

④ 화재 시 물을 사용하여 소화를 할 수 있다.

➤➤ 적린(P)은 이황화탄소에 녹지 않고, 황린(P_4)은 이황화탄소에 잘 녹는다.

07 메틸알코올의 연소범위를 더 좁게 하기 위하여 첨가하는 물질이 아닌 것은?

① 질소 ② 산소

③ 이산화탄소 ④ 아르곤

➤➤ 연소범위를 좁게 하는 것은 불연성 가스나 불활성 가스(질소, 이산화탄소, 아르곤)를 첨가하는 경우이고, 산소를 첨가하면 연소를 촉진시켜 연소범위는 더 넓어진다.

08 지정과산화물 옥내저장소의 저장창고 출입구 및 창의 설치기준으로 틀린 것은?

① 창은 바닥면으로부터 2m 이상의 높이에 설치한다.

② 하나의 창의 면적은 $0.4m^2$ 이내로 한다.

③ 하나의 벽면에 두는 창의 면적의 합계는 해당 벽면 면적의 80분의 1이 초과되도록 한다.

④ 출입구에는 60분+방화문 또는 60분 방화문을 설치한다.

➤➤ 지정과산화물 옥내저장소의 기준
1) 바닥면적 $150m^2$ 이내마다 격벽으로 구획할 것
2) 격벽의 두께 : 철근콘크리트조 또는 철골철근콘크리트조의 경우 30cm 이상으로 하고 보강콘크리트블록조의 경우 40cm 이상으로 할 것
3) 격벽의 돌출길이 : 창고 양측의 외벽으로부터 1m 이상으로 하고 창고 상부의 지붕으로부터 50cm 이상으로 할 것
4) 저장창고의 출입구에는 60분+방화문 또는 60분 방화문을 설치할 것

5) 저장창고의 창은 바닥으로부터 2m 이상의 높이에 설치할 것
6) 하나의 창의 면적 : $0.4m^2$ 이내로 할 것
7) 벽면에 부착된 모든 창의 면적의 합 : **벽면 면적의 80분의 1 이내로 할 것**

09 다음 [그림]과 같은 위험물저장탱크의 내용적은 약 몇 m^3인가? (단, $r = 10m$, $l = 18m$, $l_1 = 3m$, $l_2 = 3m$이다.)

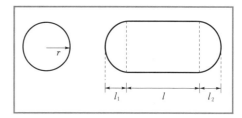

① $4,681m^3$

② $5,482m^3$

③ $6,283m^3$

④ $7,080m^3$

PLAY ▶ 풀이

➤➤

$$내용적 = \pi \times r^2 \times \left(l + \frac{l_1 + l_2}{3} \right)$$

$$= \pi \times 10^2 \times \left(18 + \frac{3+3}{3} \right)$$

$$= 6,283m^3$$

10 위험물안전관리법령상 품명이 질산에스터류에 속하지 않는 것은?

① 질산에틸

② 나이트로글리세린

③ 나이트로톨루엔

④ 나이트로셀룰로오스

➤➤ ③ 나이트로톨루엔은 제4류 위험물 중 제3석유류에 해당한다.
※ 제5류 위험물 중 질산에스터류의 종류
1) 질산메틸
2) 질산에틸
3) 나이트로글리콜
4) 나이트로글리세린
5) 나이트로셀룰로오스
6) 셀룰로이드

정답 **06.** ② **07.** ② **08.** ③ **09.** ③ **10.** ③

11 위험물의 유별과 성질을 잘못 연결한 것은?

① 제2류 – 가연성 고체

② 제3류 – 자연발화성 및 금수성 물질

③ 제5류 – 자기반응성 물질

④ 제6류 – 산화성 고체

>> ④ 제6류 – 산화성 액체

12 지정수량 10배의 위험물을 저장 또는 취급하는 제조소에 있어서 연면적이 최소 몇 m^2이면 자동화재탐지설비를 설치해야 하는가?

① $100m^2$ ② $300m^2$

③ $500m^2$ ④ $1,000m^2$

>> 자동화재탐지설비만을 설치해야 하는 제조소 및 일반취급소는 다음 중 어느 하나에 해당하는 것이다.
1) 연면적 $500m^2$ 이상인 것
2) 지정수량의 100배 이상을 취급하는 것

13 화재의 종류 중 금속화재에 해당하는 것은?

① A급   ② B급

③ C급   ④ D급

>> ① A급 : 일반화재
② B급 : 유류화재
③ C급 : 전기화재
④ **D급 : 금속화재**

14 화재 시 물을 이용한 냉각소화를 할 경우 오히려 위험성이 증가하는 물질은?

① 질산에틸   ② 마그네슘

③ 적린   ④ 황

>> ② 마그네슘(제2류 위험물)을 물과 반응시키면 수소가 발생하여 위험성이 증가한다.

15 탄화칼슘에 대한 설명으로 틀린 것은?

① 시판품은 흑회색이며, 불규칙한 형태의 고체이다.

② 물과 작용하여 산화칼슘과 아세틸렌을 만든다.

③ 고온에서 질소와 반응하여 칼슘사이안 아마이드(석회질소)가 생성된다.

④ 비중은 약 2.2이다.

>> 탄화칼슘의 성질
1) 흑회색의 물질로 비중은 2.2이다.
2) 상온에서는 질소와 반응하지 않지만 고온에서 반응하여 석회질소를 만든다.
3) 물과의 반응으로 **수산화칼슘**(소석회)과 아세틸렌을 생성한다.
$CaC_2 + 2H_2O \rightarrow Ca(OH)_2 + C_2H_2$

16 제1류 위험물에 해당하지 않는 것은?

① 납의 산화물

② 질산구아니딘

③ 퍼옥소이황산염류

④ 염소화아이소사이아누르산

>> ①, ③, ④ : 행정안전부령이 정한 제1류 위험물
② 질산구아니딘 : 행정안전부령이 정한 제5류 위험물

17 강화액 소화기에 대한 설명이 아닌 것은?

① 알칼리금속염류가 포함된 고농도의 수용액이다.

② A급 화재에 적응성이 있다.

③ 어는점이 낮아서 동절기에도 사용이 가능하다.

④ 물의 표면장력을 강화시킨 것으로 심부 화재에 효과적이다.

>> 강화액 소화기의 특징
1) 탄산칼륨이라는 알칼리금속염류가 포함된 고농도의 수용액으로 pH가 12인 강알칼리성이다.
2) A급 화재에 적응성이 있으며, 무상주수의 경우 A · B · C급 화재에도 적응성이 있다.
3) 어는점이 낮아서 동절기에도 사용이 가능하다.

18 다음 중 수소화나트륨 소화약제로 적당하지 않은 것은?

① 물   ② 건조사

③ 팽창질석   ④ 팽창진주암

>> 수소화나트륨(제3류 위험물)은 금수성 물질이므로 마른모래, 팽창질석, 팽창진주암, 탄산수소염류 분말소화약제만이 적응성이 있으며, 물과 반응 시 수소를 발생하므로 물을 소화약제로 사용하면 안 된다.

19 다음 위험물 중 인화점이 가장 낮은 것은?

① 아세톤
② 이황화탄소
③ 클로로벤젠
④ 다이에틸에터

>> ① 아세톤(제4류 위험물 제1석유류) : −18℃
② 이황화탄소(제4류 위험물 특수인화물) : −30℃
③ 클로로벤젠(제4류 위험물 제2석유류) : 32℃
④ **다이에틸에터(제4류 위험물 특수인화물) : −45℃**

🎓 **똑똑한 풀이비법**

인화점은 특수인화물과 제1석유류, 알코올류까지만 암기하고, 나머지 석유류들은 품명에 따른 인화점의 범위만 알고 있어도 된다.

20 분말소화약제 중 제1종과 제2종 분말이 각각 열분해될 때 공통적으로 생성되는 물질은?

① N_2, CO_2
② N_2, O_2
③ H_2O, CO_2
④ H_2O, N_2

>> 1) 제1종 분말소화약제의 열분해반응식
$2NaHCO_3 \rightarrow Na_2CO_3 + CO_2 + H_2O$
　　탄산수소나트륨　　탄산나트륨　이산화탄소　물
2) 제2종 분말소화약제의 열분해반응식
$2KHCO_3 \rightarrow K_2CO_3 + CO_2 + H_2O$
　　탄산수소칼륨　　탄산칼륨　이산화탄소　물

🎓 **똑똑한 풀이비법**

대부분의 소화약제의 반응에서는 CO_2, H_2O가 발생하여 CO_2는 질식작용, H_2O는 냉각작용을 한다.

21 다음 중 금속칼륨의 보호액으로서 적당하지 않은 것은?

① 등유　　　　② 유동파라핀
③ 경유　　　　④ 에탄올

>> ④ 에탄올은 칼륨과 반응하여 수소가스를 발생하므로 보호액으로 사용할 수 없다.
　※ 칼륨(제3류 위험물)의 보호액은 석유류(등유, 경유, 유동파라핀 등)이다.

22 염소산칼륨 20kg과 아염소산나트륨 10kg을 과염소산과 함께 저장하는 경우 지정수량의 1배로 저장하려면 과염소산은 얼마나 저장할 수 있는가?

① 20kg
② 40kg
③ 80kg
④ 120kg

>> 염소산칼륨의 지정수량은 50kg, 아염소산나트륨의 지정수량은 50kg, 과염소산의 지정수량은 300kg이므로 다음과 같다.

$$\frac{20kg}{50kg} + \frac{10kg}{50kg} + \frac{x(kg)}{300kg} = 1$$

$$0.4 + 0.2 + \frac{x}{300} = 1$$

$$\frac{x}{300} = 1 - 0.4 - 0.2$$

$$\therefore\ x = 0.4 \times 300 = 120kg$$

23 단백포 소화약제의 제조공정에서 부동제로 사용하는 것은?

① 에틸렌글리콜
② 물
③ 가수분해단백질
④ 황산철(Ⅱ)

>> 포소화약제의 부동제(부동액)로 사용하는 것은 제4류 위험물의 제3석유류인 에틸렌글리콜이다.

24 15℃의 기름 100g에 8,000J의 열량을 주면 기름의 온도는 몇 ℃가 되겠는가? (단, 기름의 비열은 2J/g · ℃이다.)

① 25℃
② 45℃
③ 50℃
④ 55℃

➤➤ Q (열량) $= c$ (비열) $\times m$ (질량) $\times \Delta t$ (온도차)

$$\Delta t = \frac{Q}{c \times m}$$

여기서, $Q = 8,000J$

$\quad\quad c = 2J/g \cdot \ ℃$

$\quad\quad m = 100g$이므로

$$\Delta t = \frac{8,000J}{2J/g \cdot ℃ \times 100g} = 40℃$$

$\Delta t = t_2$ (반응 후 온도) $- t_1$ (처음 온도)

$40 = t_2 - 15$

$\therefore \ t_2 = 55℃$

25 위험물의 성질에 따라 강화된 기준을 적용하는 지정과산화물을 저장하는 옥내저장소에서 지정과산화물에 대한 설명으로 옳은 것은?

① 지정과산화물이란 제5류 위험물 중 유기과산화물 또는 이를 함유한 것으로서 지정수량이 10kg인 것을 말한다.

② 지정과산화물에는 제4류 위험물에 해당하는 것도 포함된다.

③ 지정과산화물이란 유기과산화물과 알킬알루미늄을 말한다.

④ 지정과산화물이란 유기과산화물 중 소방청장이 고시로 지정한 물질을 말한다.

➤➤ 지정과산화물이란 제5류 위험물 중 유기과산화물로서 지정수량이 10kg인 것을 말한다.

26 옥내저장탱크의 상호간에는 특별한 경우를 제외하고 최소 몇 m 이상의 간격을 유지하여야 하는가?

① 0.1m   ② 0.2m

③ 0.3m   ④ 0.5m

➤➤ 옥내저장탱크는 전용실의 안쪽 면과 탱크 사이의 거리 및 2개 이상의 탱크 사이의 상호거리를 모두 0.5m 이상으로 해야 한다.

27 위험물의 저장방법에 관한 설명 중 틀린 것은?

① 알킬알루미늄은 물속에 보관한다.

② 황린은 물속에 보관한다.

③ 금속나트륨은 등유 속에 보관한다.

④ 금속칼륨은 경유 속에 보관한다.

➤➤ ① 알킬알루미늄은 **물과 반응 시 가연성 가스가 발생**하므로 용기 상부에 불연성 가스를 봉입하여 밀폐용기에 보관해야 한다.

② 자연발화성 물질인 황린은 물속에 보관한다.

③, ④ 나트륨과 칼륨은 등유, 경유 및 유동파라핀 속에 보관한다.

28 이송취급소의 교체밸브, 제어밸브 등의 설치기준으로 틀린 것은?

① 밸브는 원칙적으로 이송기지 또는 전용부지 내에 설치할 것

② 밸브는 그 개폐상태를 설치장소에서 쉽게 확인할 수 있도록 할 것

③ 밸브를 지하에 설치하는 경우에는 점검상자 안에 설치할 것

④ 밸브는 그 밸브의 관리에 관계하는 자가 아니면 수동으로만 개폐할 수 있도록 할 것

➤➤ ④ 이송취급소의 밸브는 그 밸브의 관리에 관계하는 자 외의 자가 수동으로 개폐할 수 없도록 한다.

29 건성유에 해당되지 않는 것은?

① 들기름   ② 동유

③ 아마인유   ④ 피마자유

➤➤ 동식물유류(제4류 위험물)는 건성유, 반건성유, 불건성유로 구분된다. 이 중 건성유의 종류에는 동유, 해바라기유, 아마인유, 들기름이 있다.

🎓 **똑똑한 풀이비법**

"동해아들"로 기억하자. 동(**동**유), 해(**해**바라기유), 아(**아**마인유), 들(**들**기름)

30 규조토에 흡수시켜 다이너마이트를 제조할 때 사용되는 위험물은?

① 다이나이트로톨루엔

② 질산에틸

③ 나이트로글리세린

④ 나이트로셀룰로오스

➤➤ 나이트로글리세린(제5류 위험물)을 규조토에 흡수시키면 다이너마이트를 제조할 수 있다.

정답   25. ①   26. ④   27. ①   28. ④   29. ④   30. ③

31 다음 중 제5류 위험물이 아닌 것은?

① 나이트로글리세린

② 나이트로톨루엔

③ 나이트로글리콜

④ 트라이나이트로톨루엔

≫ ① 나이트로글리세린 : 제5류 위험물 중 질산에
스터류

② **나이트로톨루엔 : 제4류 위험물** 중 제3석유류

③ 나이트로글리콜 : 제5류 위험물 중 질산에스
터류

④ 트라이나이트로톨루엔 : 제5류 위험물 중 나
이트로화합물

32 다음 ( ) 안에 알맞은 수치를 차례대로 올바르
게 나열한 것은?

> 위험물 암반탱크의 공간용적은 해당 탱크
> 내에 용출하는 ( )일간의 지하수 양에 상
> 당하는 용적과 해당 탱크 내용적의 100분
> 의 ( )의 용적 중에서 보다 큰 용적을 공
> 간용적으로 한다.

① 1, 1 　　　　② 7, 1

③ 1, 5 　　　　④ 7, 5

≫ 위험물 암반탱크의 공간용적은 해당 탱크 내에
용출하는 **7**일간의 지하수 양에 상당하는 용적과
해당 탱크 내용적의 **100분의 1**의 용적 중에서
보다 큰 용적을 공간용적으로 한다.

33 수소, 아세틸렌과 같은 가연성 가스가 공기 중
누출되어 연소하는 형식에 가장 가까운 것은?

① 확산연소 　　　② 증발연소

③ 분해연소 　　　④ 표면연소

≫ 가연성 가스가 공기 중 누출되어 연소하는 형태
는 확산연소이다.

34 위험물안전관리법령에 따른 스프링클러헤드
의 설치방법에 대한 설명으로 옳지 않은 것은?

① 개방형 헤드는 반사판으로부터 하방으
로 0.45m, 수평방향으로 0.3m의 공간
을 보유할 것

② 폐쇄형 헤드는 가연성 물질 수납부분에
설치 시 반사판으로부터 하방으로 0.9m,
수평방향으로 0.4m의 공간을 확보할 것

③ 폐쇄형 헤드 중 개구부에 설치하는 것은
해당 개구부의 상단으로부터 높이 0.15m
이내의 벽면에 설치할 것

④ 폐쇄형 헤드 설치 시 급배기용 덕트의
긴 변의 길이가 1.2m를 초과하는 것이
있는 경우에는 해당 덕트의 윗부분에만
헤드를 설치할 것

≫ 1. 개방형 스프링클러헤드는 스프링클러헤드의
반사판으로부터 하방으로 0.45m 이상, 수평
방향으로 0.3m 이상의 공간을 보유해야 한다.

2. 폐쇄형 스프링클러헤드

1) 스프링클러헤드의 반사판과 헤드의 부착
면과의 거리는 0.3m 이하이어야 한다.

2) 스프링클러헤드는 가연성 물질 수납부분에
설치 시 반사판으로부터 하방으로 0.9m 이
상, 수평방향으로 0.4m 이상의 공간을 확
보해야 한다.

3) 스프링클러헤드 중 개구부에 설치하는 것은
해당 개구부의 상단으로부터 높이 0.15m
이내의 벽면에 설치해야 한다.

4) **급배기용 덕트 등의 긴 변의 길이가 1.2m
를 초과하는 것이 있는 경우에는 해당 덕
트의 아랫면에도 헤드를 설치**해야 한다.

35 과산화나트륨이 물과 반응하면 어떤 물질과
산소를 발생하는가?

① 수산화나트륨 　　② 수산화칼륨

③ 질산나트륨 　　　④ 아염소산나트륨

≫ 과산화나트륨이 물과 반응하면 **수산화나트륨**
(NaOH)과 산소(O_2)가 발생한다.

$2Na_2O_2 + 2H_2O \rightarrow 4NaOH + O_2$
과산화나트륨　　물　　수산화나트륨　　산소

36 다음 중 물이 소화약제로 쓰이는 이유로 가장
거리가 먼 것은?

① 쉽게 구할 수 있다.

② 제거소화가 잘된다.

③ 취급이 간편하다.

④ 기화잠열이 크다.

정답　31. ② 32. ② 33. ① 34. ④ 35. ① 36. ②

➲ 물은 기화잠열(증발잠열)에 의해 연소면의 열을 흡수하여 연소면 온도를 발화점 이하로 낮추어 냉각소화하는 소화약제이며, 가연물을 제거하여 소화하는 제거소화와는 상관없는 소화약제이다.

37 질산과 과염소산의 공통성질에 해당하지 않는 것은?

① 산소를 함유하고 있다.
② 불연성 물질이다.
③ 강산이다.
④ 비점이 상온보다 낮다.

➲ ④ 과염소산의 비점은 39℃이고 질산의 비점은 86℃로 모두 상온(20℃)보다 높다.

38 제3류 위험물 중 금수성 물질에 적응성이 있는 소화설비는?

① 할로젠화합물 소화설비
② 포소화설비
③ 불활성가스 소화설비
④ 탄산수소염류등 분말소화설비

➲ 제1류 위험물 중 알칼리금속의 과산화물, 제2류 위험물 중 철분, 금속분, 마그네슘, 제3류 위험물 중 **금수성 물질에 적응성이 있는 소화설비는 탄산수소염류 분말소화설비**이다.

39 제6류 위험물을 저장하는 장소에 적응성이 있는 소화설비가 아닌 것은?

① 물분무소화설비
② 포소화설비
③ 불활성가스 소화설비
④ 옥내소화전설비

➲ 제6류 위험물은 산화성 액체로서 자체적으로 산소공급원을 포함하는 물질이므로 산소를 제거하는 질식소화는 불가능하고 물을 소화약제로 사용하는 소화설비가 적응성이 있다. 여기서, **불활성가스 소화설비는 질식소화원리**를 이용하는 대표적인 소화설비이며, 물분무소화설비, 포소화설비(질식소화도 가능) 및 옥내소화전설비는 물로 냉각소화가 가능한 소화설비들이다.

40 다음 중 물과의 반응성이 가장 낮은 것은?

① 인화알루미늄　　② 트라이에틸알루미늄
③ 오황화인　　　　④ 황린

➲ ① 인화알루미늄 : 제3류 위험물로서 물과 반응 시 독성이면서 가연성 가스인 포스핀(PH_3)을 발생한다.
② 트라이에틸알루미늄 : 제3류 위험물로서 물과 반응 시 가연성 가스인 에테인(C_2H_6)을 발생한다.
③ 오황화인 : 제2류 위험물로서 물과 반응 시 가연성 가스인 황화수소(H_2S)를 발생한다.
④ **황린** : 제3류 위험물로서 **물속에 보관**하는 물질이므로 물과의 반응성은 낮다.

41 위험물 옥내저장소에 과염소산 300kg, 과산화수소 300kg을 저장하고 있다. 저장창고에는 지정수량 몇 배의 위험물을 저장하고 있는가?

① 4　　　　　　　　② 3
③ 2　　　　　　　　④ 1

➲ 과염소산과 과산화수소는 제6류 위험물로서 지정수량은 둘 다 300kg이다.

$$\therefore \frac{300kg}{300kg} + \frac{300kg}{300kg} = 2$$

42 주유취급소의 벽(담)에 유리를 부착할 수 있는 기준에 대한 설명으로 옳은 것은?

① 유리 부착위치는 주입구, 고정주유설비로부터 2m 이상 이격되어야 한다.
② 지반면으로부터 50cm를 초과하는 부분에 한하여 설치하여야 한다.
③ 하나의 유리판 가로의 길이는 2m 이내로 한다.
④ 유리의 구조는 기준에 맞는 강화유리로 하여야 한다.

➲ ① 유리 부착위치는 주입구, 고정주유설비로부터 4m 이상 이격되어야 한다.
② 지반면으로부터 70cm를 초과하는 부분에 한하여 설치하여야 한다.
④ 유리의 구조는 기준에 맞는 접합유리로 하여야 한다.

정답 37. ④ 38. ④ 39. ③ 40. ④ 41. ③ 42. ③

43 위험물제조소의 환기설비 중 급기구는 급기구가 설치된 실의 바닥면적 몇 m²마다 1개 이상으로 설치하여야 하는가?

① 100m² ② 150m²
③ 200m² ④ 800m²

» 위험물제조소의 환기설비 중 급기구는 급기구가 설치된 실의 바닥면적 150m²마다 1개 이상으로 설치해야 한다.

44 공기를 차단하고 황린을 약 몇 ℃로 가열하면 적린이 생성되는가?

① 60℃ ② 100℃
③ 150℃ ④ 260℃

» 공기를 차단하고 황린(제3류 위험물)을 250℃ 내지 260℃로 가열하면 적린(제2류 위험물)이 만들어진다.

45 다음 물질 중 물에 대한 용해도가 가장 낮은 것은?

① 아크릴산
② 아세트알데하이드
③ 벤젠
④ 글리세린

» ① 아크릴산 : 제2석유류(수용성)
② 아세트알데하이드 : 특수인화물(수용성)
③ **벤젠 : 제1석유류(비수용성)**
④ 글리세린 : 제3석유류(수용성)

46 위험물안전관리법령상 다음 ( ) 안에 알맞은 수치를 모두 합한 값은?

> • 과염소산의 지정수량은 (   )kg이다.
> • 과산화수소는 농도가 (   )wt% 미만인 것은 위험물에 해당하지 않는다.
> • 질산은 비중이 (   ) 이상인 것만 위험물로 규정한다.

① 349.36 ② 549.36
③ 337.49 ④ 537.49

» 1) 과염소산의 지정수량은 300kg이다.
2) 과산화수소는 농도가 36wt% 이상을 위험물로 규정한다.
3) 질산은 비중이 1.49 이상인 것만 위험물로 규정한다.
∴ 300+36+1.49=337.49

47 연소가 잘 이루어지는 조건으로 거리가 먼 것은?

① 가연물의 발열량이 클 것
② 가연물의 열전도율이 클 것
③ 가연물과 산소와의 접촉표면적이 클 것
④ 가연물의 활성화에너지가 작을 것

» ② 열전도율이 크면 자신이 가지고 있던 열을 상대에게 전달하는 양이 많아져 자신은 열을 갖지 못하게 되므로 가연물이 되기 힘들어진다.

48 다음 중 연소의 3요소를 모두 갖춘 것은?

① 휘발유＋공기＋수소
② 적린＋수소＋성냥불
③ 성냥불＋황＋염소산암모늄
④ 알코올＋수소＋염소산암모늄

» ① 휘발유＋공기＋수소 = 가연물＋산소공급원＋가연물
② 적린＋수소＋성냥불 = 가연물＋가연물＋점화원
③ **성냥불＋황＋염소산암모늄 = 점화원＋가연물＋산소공급원**
④ 알코올＋수소＋염소산암모늄 = 가연물＋가연물＋산소공급원

49 위험물안전관리법령상 옥내저장소에서 기계에 의하여 하역하는 구조로 된 용기만을 겹쳐 쌓아 위험물을 저장하는 경우 그 높이는 몇 m를 초과하지 않아야 하는가?

① 2m
② 4m
③ 6m
④ 8m

◈ 옥내저장소 또는 옥외저장소의 저장용기를 쌓는 높이의 기준
1) **기계에 의하여 하역하는 구조로 된 용기 : 6m 이하**
2) 제4류 위험물 중 제3석유류, 제4석유류 및 동식물유류의 용기 : 4m 이하
3) 그 밖의 경우 : 3m 이하
4) 옥외저장소에서 용기를 선반에 저장하는 경우 : 6m 이하

50 화재발생 시 이를 알릴 수 있는 경보설비를 설치하여야 하는 제조소는 지정수량의 몇 배 이상인 위험물을 취급하는 제조소인가?

① 5배 ② 10배
③ 20배 ④ 100배

◈ **지정수량의 10배 이상**을 저장 또는 취급하는 제조소등(이동탱크저장소는 제외)에는 자동화재탐지설비, 비상경보설비, 확성장치 또는 비상방송설비 중 1종 이상의 **경보설비를 설치**해야 한다.
※ 지정수량의 100배 이상을 저장 또는 취급하는 제조소 또는 일반취급소, 옥내저장소에는 자동화재탐지설비만을 설치해야 한다.

51 위험물안전관리법령상 위험물 운반 시 방수성 덮개를 하지 않아도 되는 위험물은?

① 나트륨
② 적린
③ 철분
④ 과산화칼륨

◈ ① 나트륨 : 제3류 위험물 중 금수성 물질
② **적린 : 제2류 위험물**
③ 철분 : 제2류 위험물
④ 과산화칼륨 : 제1류 위험물 중 알칼리금속의 과산화물
※ 운반 시 위험물의 성질에 따른 조치의 기준
1. 차광성 피복으로 가려야 하는 위험물
   1) 제1류 위험물
   2) 제3류 위험물 중 자연발화성 물질
   3) 제4류 위험물 중 특수인화물
   4) 제5류 위험물
   5) 제6류 위험물
2. 방수성 피복으로 가려야 하는 위험물
   1) 제1류 위험물 중 알칼리금속의 과산화물
   2) 제2류 위험물 중 철분, 금속분, 마그네슘
   3) 제3류 위험물 중 금수성 물질

52 정기점검대상 제조소등에 해당하지 않는 것은?

① 이동탱크저장소
② 지정수량 120배의 위험물을 저장하는 옥외저장소
③ 지정수량 120배의 위험물을 저장하는 옥내저장소
④ 이송취급소

◈ 정기점검의 대상이 되는 제조소등
1) 예방규정대상에 해당하는 것
   ㉠ 지정수량의 10배 이상의 위험물을 취급하는 제조소
   ㉡ 지정수량의 100배 이상의 위험물을 저장하는 옥외저장소
   ㉢ **지정수량의 150배 이상의 위험물을 저장하는 옥내저장소**
   ㉣ 지정수량의 200배 이상의 위험물을 저장하는 옥외탱크저장소
   ㉤ 암반탱크저장소
   ㉥ 이송취급소
   ㉦ 지정수량의 10배 이상의 위험물을 취급하는 일반취급소
2) 지하탱크저장소
3) 이동탱크저장소
4) 위험물을 취급하는 탱크로서 지하에 매설된 탱크가 있는 제조소, 주유취급소 또는 일반취급소

53 위험물안전관리법령상 이동탱크저장소에 의한 위험물 운송 시 위험물운송자는 장거리에 걸치는 운송을 하는 때에는 2명 이상의 운전자로 하여야 한다. 다음 중 그러하지 않아도 되는 경우가 아닌 것은?

① 적린을 운송하는 경우
② 알루미늄의 탄화물을 운송하는 경우
③ 이황화탄소를 운송하는 경우
④ 운송 도중에 2시간 이내마다 20분 이상씩 휴식하는 경우

◈ 위험물의 운송기준
1. 운전자를 2명 이상으로 하는 경우
   1) 고속국도에 있어서는 340km 이상에 걸치는 운송을 하는 때
   2) 일반도로에 있어서는 200km 이상에 걸치는 운송을 하는 때

2. 운전자를 1명으로 할 수 있는 경우
    1) 운송책임자를 동승시킨 경우
    2) 제2류 위험물, 제3류 위험물(칼슘 또는 알루미늄의 탄화물에 한함) 또는 **제4류 위험물(특수인화물 제외)**을 운송하는 경우
    3) 운송 도중에 2시간 이내마다 20분 이상씩 휴식하는 경우
③ 이황화탄소는 제4류 위험물 중 특수인화물에 해당한다.

54 다음 중 위험물안전관리법이 적용되는 영역은 어느 것인가?

① 항공기에 의한 대한민국 영공에서의 위험물의 저장·취급 및 운반
② 궤도에 의한 위험물의 저장·취급 및 운반
③ 철도에 의한 위험물의 저장·취급 및 운반
④ 자가용승용차에 의한 지정수량 이하 위험물의 저장·취급 및 운반

➤➤ 육상에서의 위험물의 저장·취급 및 운반은 위험물안전관리법의 적용을 받지만 항공기, 선박, 철도 및 궤도에 의한 위험물의 저장·취급 및 운반은 위험물안전관리법의 적용을 받지 않는다.

55 인화칼슘이 물과 반응하였을 때 발생하는 가스는?

① 수소   ② 포스겐
③ 포스핀   ④ 아세틸렌

➤➤ 인화칼슘은 물과 반응 시 가연성이면서 동시에 유독성인 **포스핀**(PH_3)가스를 발생한다.
    – 물과의 반응식
    $Ca_3P_2 + 6H_2O \rightarrow 3Ca(OH)_2 + 2PH_3$
    인화칼슘   물   수산화칼슘   포스핀

56 다음 중 수성막포 소화약제에 사용되는 계면활성제는?

① 염화단백포 계면활성제
② 산소계 계면활성제
③ 황산계 계면활성제
④ 플루오린계 계면활성제

➤➤ 소화약제에 따라 사용되는 계면활성제의 종류
    1) 단백포 소화약제 : 단백질의 가수분해물 또는 단백질의 가수분해물과 플루오린계 계면활성제의 혼합물

2) 합성계면활성제포 소화약제 : 탄화수소계 계면활성제
3) **수성막포 소화약제 : 플루오린계 계면활성제**

57 다음 중 알루미늄분의 성질에 대한 설명으로 옳은 것은?

① 금속 중에서 연소열량이 가장 작다.
② 끓는물과 반응해서 수소를 발생한다.
③ 수산화나트륨 수용액과 반응해서 산소를 발생한다.
④ 안전한 저장을 위해 할로젠원소와 혼합한다.

➤➤ ① 철, 구리 등의 금속보다 더 큰 연소열량을 가진다.
    ② **끓는물과 반응**해서 수산화알루미늄[$Al(OH)_3$]과 **수소**(H_2)를 발생한다.
        – 물과의 반응식
        $2Al + 6H_2O \rightarrow 2Al(OH)_3 + 3H_2$
    ③ 수산화나트륨 수용액과 반응해서 알루민산나트륨($NaAlO_2$)과 수소(H_2)를 발생한다.
        – 수산화나트륨 수용액과의 반응식
        $2Al + 2NaOH + 2H_2O \rightarrow 2NaAlO_2 + 3H_2$
    ④ 할로젠원소는 산소공급원의 성질이므로 혼합하면 위험하다.

58 위험물안전관리법령상 연면적이 $450m^2$인 저장소의 건축물 외벽이 내화구조가 아닌 경우 이 저장소의 소화기 소요단위는?

① 3   ② 4.5
③ 6   ④ 9

➤➤ 소요단위

구 분	외벽이 내화구조	외벽이 비내화구조
위험물 제조소 및 취급소	연면적 $100m^2$	연면적 $50m^2$
위험물저장소	연면적 $150m^2$	연면적 $75m^2$
위험물	지정수량의 10배	

외벽이 내화구조가 아닌 저장소는 연면적 $75m^2$가 1소요단위이므로, 연면적이 $450m^2$인 저장소는 $450m^2/75m^2$=6소요단위이다.

정답   54. ④   55. ③   56. ④   57. ②   58. ③

59 일반적으로 알려진 황화인의 3종류에 속하지 않는 것은 무엇인가?

① P_4S_3

② P_2S_5

③ P_4S_7

④ P_2S_9

>> 제2류 위험물 중 황화인의 3가지 종류는 다음과 같다.
  1) 삼황화인(P_4S_3)
  2) 오황화인(P_2S_5)
  3) 칠황화인(P_4S_7)

60 다음 중 원자량이 가장 큰 것은?

① K   ② O

③ Na   ④ Li

>> 원자량은 원소 한 개의 질량을 의미한다.
  원자번호가 짝수일 때 원자량＝원자번호×2
  원자번호가 홀수일 때 원자량＝(원자번호×2)+1
  ① K : 원자번호 19, 원자량 39
  ② O : 원자번호 8, 원자량 16
  ③ Na : 원자번호 11 원자량 23
  ④ Li : 원자번호 3, 원자량 7

CBT 기출복원문제

2024 제1회 위험물기능사

2024년 1월 21일 시행

01 다음 중 산화성 액체 위험물의 화재예방상 가장 주의해야 할 점은?

① 0℃ 이하로 냉각시킨다.
② 공기와의 접촉을 피한다.
③ 가연물과의 접촉을 피한다.
④ 금속용기에 저장한다.

≫ 산화성 액체(제6류 위험물)는 산소공급원이기 때문에 가장 주의해야 할 점은 가연물과의 접촉이다.

02 아세톤의 성질에 관한 설명으로 옳은 것은?

① 비중은 1.02이다.
② 물에 불용이고, 에터에 잘 녹는다.
③ 증기 자체는 무해하나 피부에 탈지작용이 있다.
④ 인화점이 0℃보다 낮다.

≫ ① 비중은 0.79로 1보다 작다.
② 물에 잘 녹는 수용성이고, 에터에도 잘 녹는다.
③ 증기는 유해하고, 피부에 탈지작용이 있다.
④ 인화점은 −18℃로 0℃보다 낮다.

03 다이에틸에터의 성질에 대한 설명으로 옳은 것은?

① 발화온도는 400℃이다.
② 증기는 공기보다 가볍고, 액상은 물보다 무겁다.
③ 알코올에 용해되지 않지만, 물에 잘 녹는다.
④ 연소범위는 1.9~48% 정도이다.

≫ ① 발화온도는 180℃이다.
② 증기는 공기보다 무겁고, 액상은 물보다 가볍다.
③ 알코올에 잘 녹지만, 물에는 안 녹는다.

04 위험물제조소 및 일반취급소에 설치하는 자동화재탐지설비의 설치기준으로 틀린 것은?

① 하나의 경계구역은 600m² 이하로 하고, 한 변의 길이는 50m 이하로 한다.
② 주요한 출입구에서 내부 전체를 볼 수 있는 경우 경계구역은 1,000m² 이하로 할 수 있다.
③ 광전식 분리형 감지기를 설치할 경우에는 하나의 경계구역을 1,000m² 이하로 할 수 있다.
④ 비상전원을 설치하여야 한다.

≫ 자동화재탐지설비의 경계구역
  1) 건축물의 2 이상의 층에 걸치지 아니하도록 할 것(하나의 경계구역의 면적이 500m² 이하이면 그러하지 아니하다)
  2) 하나의 경계구역의 면적은 600m² 이하로 할 것
  3) 한 변의 길이는 50m(**광전식 분리형 감지기의 경우에는 100m**) 이하로 할 것
  4) 건축물의 주요한 출입구에서 그 내부 전체를 볼 수 있는 경우는 면적이 1,000m² 이하로 할 것
  5) 자동화재탐지설비의 감지기는 지붕 또는 벽의 옥내에 면한 부분에 화재발생을 감지할 수 있도록 설치할 것
  6) 자동화재탐지설비에는 비상전원을 설치할 것

05 위험물안전관리법령상 옥내저장소 저장창고의 바닥은 물이 스며나오거나 스며들지 아니하는 구조로 하여야 한다. 다음 중 반드시 이 구조로 하지 않아도 되는 위험물은?

① 제1류 위험물 중 알칼리금속의 과산화물
② 제4류 위험물
③ 제5류 위험물
④ 제2류 위험물 중 철분

정답 01. ③ 02. ④ 03. ④ 04. ③ 05. ③

≫ 물이 스며나오거나 스며들지 아니하는 바닥구조로 해야 하는 위험물
1) 제1류 위험물 중 알칼리금속의 과산화물
2) 제2류 위험물 중 철분, 금속분, 마그네슘
3) 제3류 위험물 중 금수성 물질
4) 제4류 위험물

06 위험물안전관리법령상 제4류 위험물에 적응성이 없는 소화설비는?

① 옥내소화전설비
② 포소화설비
③ 불활성가스 소화설비
④ 할로젠화합물 소화설비

≫ 제4류 위험물의 화재에는 질식소화의 원리를 이용한 소화설비가 적응성이 있기 때문에 물을 소화약제로 이용하는 냉각소화 원리의 소화설비는 효과가 없다.
1) 냉각소화 원리의 소화설비 : **옥내소화전설비**, 옥외소화전설비, 스프링클러설비
2) 질식소화 원리의 소화설비 : 물분무소화설비, 포소화설비, 불활성가스 소화설비, 할로젠화합물 소화설비(억제소화도 포함), 분말소화설비

07 제조소등에서 위험물을 유출·방출 또는 확산시켜 사람을 상해에 이르게 한 경우의 벌칙에 관한 기준에 해당하는 것은?

① 3년 이상 10년 이하의 징역
② 무기 또는 10년 이하의 징역
③ 무기 또는 3년 이상의 징역
④ 무기 또는 5년 이상의 징역

≫ 제조소등에서 위험물을 유출·방출 또는 확산시켜 사람을 상해에 이르게 한 때에는 **무기 또는 3년 이상의 징역**에 처하며, 사망에 이르게 한 때에는 무기 또는 5년 이상의 징역에 처한다.

08 위험물 적재방법 중 위험물을 수납한 운반용기를 겹쳐 쌓는 경우 높이는 몇 m 이하로 하여야 하는가?

① 2m   ② 3m
③ 4m   ④ 6m

≫ 1. 옥내저장소 또는 옥외저장소의 저장용기를 쌓는 높이의 기준
　1) 기계에 의하여 하역하는 구조로 된 용기 : 6m 이하
　2) 제4류 위험물 중 제3석유류, 제4석유류 및 동식물유류 용기 : 4m 이하
　3) 그 밖의 경우 : 3m 이하
　4) 옥외저장소에서 용기를 선반에 저장하는 경우 : 6m 이하
2. 운반용기의 경우에는 위험물의 종류에 관계 없이 겹쳐 쌓는 높이를 **3m 이하**로 한다.

09 탄화칼슘 취급 시 주의해야 할 사항은?

① 산화성 물질과 혼합하여 저장할 것
② 물의 접촉을 피할 것
③ 은, 구리 등의 금속용기에 저장할 것
④ 화재발생 시 이산화탄소 소화약제를 사용할 것

≫ 탄화칼슘(제3류 위험물)은 물과 반응 시 아세틸렌(C_2H_2)가스를 발생하므로 물의 접촉을 피해야 한다.

10 그림과 같이 가로로 설치한 원형 탱크의 용량은 약 몇 m^3인가? (단, 공간용적은 내용적의 10/100이다.)

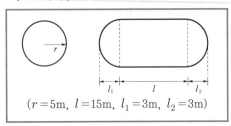

$(r = 5m, \; l = 15m, \; l_1 = 3m, \; l_2 = 3m)$

① 1690.3m^3
② 1335.1m^3
③ 1268.4m^3
④ 1201.7m^3

PLAY ▶ 풀이

≫
내용적 $= \pi \times r^2 \times \left(l + \dfrac{l_1 + l_2}{3} \right)$

탱크의 용적은 공간용적 10%를 뺀 내용적의 90%이다.

∴ 탱크 용적 $= \pi \times 5^2 \times \left(15 + \dfrac{3+3}{3} \right) \times 0.9$

$= 1201.7m^3$

정답　06. ①　07. ③　08. ②　09. ②　10. ④

11 다음 중 분말소화약제의 분류가 바르게 연결된 것은?

① 제1종 분말약제 : $KHCO_3$

② 제2종 분말약제 : $KHCO_3 + (NH_2)_2CO$

③ 제3종 분말약제 : $NH_4H_2PO_4$

④ 제4종 분말약제 : $NaHCO_3$

» ① 제1종 분말약제 : $NaHCO_3$
　② 제2종 분말약제 : $KHCO_3$
　③ 제3종 분말약제 : $NH_4H_2PO_4$
　④ 제4종 분말약제 : $KHCO_3 + (NH_2)_2CO$

12 다음 중 제2류 위험물이 아닌 것은?

① 황화인　　　　　② 황

③ 마그네슘　　　　④ 칼륨

» ④ 칼륨은 제3류 위험물이다.

13 제5류 위험물에 관한 내용으로 틀린 것은?

① $C_2H_5ONO_2$: 상온에서 액체이다.

② $C_6H_2OH(NO_2)_3$: 공기 중 자연분해가 매우 잘된다.

③ $C_6H_3(NO_2)_2CH_3$: 담황색의 결정이다.

④ $C_3H_5(ONO_2)_3$: 혼산 중에 글리세린을 반응시켜 제조한다.

» ① $C_2H_5ONO_2$[질산에틸] : 상온에서 무색투명한 액체이다.
　② $C_6H_2OH(NO_2)_3$[피크린산] : 단독으로는 마찰, 충격 등에 둔감하여 자연분해가 되지 않으며, 금속과 반응하면 피크린산염을 만들어 위험해진다.
　③ $C_6H_3(NO_2)_2CH_3$[다이나이트로톨루엔] : 트라이나이트로톨루엔과 같은 담황색의 고체이다.
　④ $C_3H_5(ONO_2)_3$[나이트로글리세린] : 혼산(질산과 황산의 혼합) 중에 글리세린을 반응시켜 나이트로글리세린을 제조한다.

14 분말소화약제 중 제1종과 제2종 분말이 각각 열분해될 때 공통으로 생성되는 물질은?

① N_2, CO_2　　　② N_2, O_2

③ H_2O, CO_2　　④ H_2O, N_2

» 1) 제1종 분말소화약제의 분해반응식
　　$2NaHCO_3 \rightarrow Na_2CO_3 + H_2O + CO_2$
　　탄산수소나트륨　　탄산나트륨　　물　이산화탄소
　2) 제2종 분말소화약제의 분해반응식
　　$2KHCO_3 \rightarrow K_2CO_3 + H_2O + CO_2$
　　탄산수소칼륨　　탄산칼륨　　물　이산화탄소

15 물과 반응하여 수소를 발생하는 물질로 불꽃반응 시 노란색을 나타내는 것은?

① 칼륨　　　　　② 과산화칼륨

③ 과산화나트륨　④ 나트륨

» 나트륨(제3류 위험물)은 물과 반응 시 수소를 발생하며 노란색 불꽃반응을 한다.
　※ 칼륨(제3류 위험물)은 보라색 불꽃반응을 한다.

16 위험물안전관리법령상 소화설비의 구분에서 물분무등소화설비의 종류가 아닌 것은?

① 스프링클러설비

② 할로젠화합물 소화설비

③ 불활성가스 소화설비

④ 분말소화설비

» 물분무등소화설비의 종류
　1) 물분무소화설비
　2) 포소화설비
　3) 불활성가스 소화설비
　4) 할로젠화합물 소화설비
　5) 분말소화설비

17 다음 중 화학식과 Halon 번호를 올바르게 연결한 것은?

① $CBr_2F_2 - 1202$

② $C_2Br_2F_2 - 2422$

③ $CBrClF_2 - 1102$

④ $C_2Br_2F_4 - 1242$

» 할론 번호는 화학식에서의 F, Cl, Br의 위치에 관계없이 C-F-Cl-Br의 순서대로 원소의 개수를 읽어준다.
　② $C_2Br_2F_2$ - 존재하지 않는 화학식이다.
　③ $CBrClF_2$ - 1211
　④ $C_2Br_2F_4$ - 2402

정답　11. ③　12. ④　13. ②　14. ③　15. ④　16. ①　17. ①

18 위험물제조소등에 자체소방대를 두어야 할 대상으로 옳은 것은?

① 지정수량의 300배 이상의 제4류 위험물을 취급하는 저장소

② 지정수량의 300배 이상의 제4류 위험물을 취급하는 제조소

③ 지정수량의 3,000배 이상의 제4류 위험물을 취급하는 저장소

④ 지정수량의 3,000배 이상의 제4류 위험물을 취급하는 제조소

≫ 자체소방대를 설치해야 하는 기준은 지정수량 3,000배 이상의 제4류 위험물을 취급하는 제조소 또는 일반취급소이다.

19 제조소의 건축물 구조기준 중 연소의 우려가 있는 외벽은 출입구 외에 개구부가 없는 내화구조의 벽으로 하여야 한다. 이때 연소의 우려가 있는 외벽은 제조소가 설치된 부지의 경계선에서 몇 m 이내에 있는 외벽을 말하는가? (단, 단층 건물일 경우이다.)

① 3m

② 4m

③ 5m

④ 6m

 ◀ 연소의 우려가 있는 외벽의 기준

≫ 연소의 우려가 있는 외벽은 다음에서 정한 선을 기산점으로 하여 3m(2층 이상의 층은 5m) 이내에 있는 외벽을 말한다.
1) 제조소등이 설치된 부지의 경계선
2) 제조소등에 인접한 도로의 중심선
3) 제조소등의 외벽과 동일부지 내의 다른 건축물의 외벽 간의 중심선

20 액체 연료의 연소형태가 아닌 것은?

① 확산연소

② 증발연소

③ 액면연소

④ 분무연소

≫ 확산연소는 기체 연료의 대표적인 연소형태이다.

21 다음 중 품명이 제4석유류인 위험물은 어느 것인가?

① 중유

② 기어유

③ 등유

④ 크레오소트유

≫ ① 중유 : 제3석유류
② 기어유 : 제4석유류
③ 등유 : 제2석유류
④ 크레오소트유 : 제3석유류

22 다음 중 질산에 대한 설명으로 옳은 것은 어느 것인가?

① 산화력은 없고, 강한 환원력이 있다.

② 자체 연소성이 있다.

③ 크산토프로테인반응을 한다.

④ 조연성과 부식성이 없다.

≫ 질산(제6류 위험물)은 산화력, 조연성, 부식성을 갖지만 자신은 불연성이며, 단백질과 반응 시 노란색으로 변하는데 이를 크산토프로테인반응이라 한다.
※ 산화력 : 태우는 힘, 조연성 : 연소를 돕는 성질

23 다음 중 오황화인이 물과 반응하였을 때 생성된 가스를 연소시키면 발생하는 독성이 있는 가스는?

① 이산화질소

② 포스핀

③ 염화수소

④ 이산화황

≫ 물과 반응 시 발생하는 가스는 황화수소(H_2S)이며, 이를 연소시킬 경우 이산화황(SO_2)이 발생한다.
1) 물과의 반응식
$$P_2S_5 + 8H_2O \rightarrow 5H_2S + 2H_3PO_4$$
오황화인　　물　　황화수소　　　인산
2) H_2S의 연소반응식
$$2H_2S + 3O_2 \rightarrow 2H_2O + 2SO_2$$
황화수소　　산소　　물　　이산화황

24 위험물의 성질에 따라 강화된 기준을 적용하는 지정과산화물을 저장하는 옥내저장소에서 지정과산화물에 대한 설명으로 옳은 것은?

① 지정과산화물이란 제5류 위험물 중 유기과산화물 또는 이를 함유한 것으로서 지정수량이 10kg인 것을 말한다.
② 지정과산화물에는 제4류 위험물에 해당하는 것도 포함된다.
③ 지정과산화물이란 유기과산화물과 알킬알루미늄을 말한다.
④ 지정과산화물이란 유기과산화물 중 소방청장이 고시로 지정한 물질을 말한다.

≫ 지정과산화물이란 제5류 위험물 중 유기과산화물 또는 이를 함유한 것으로 지정수량이 10kg인 것을 말한다.

25 위험물관리법령상 소화설비의 적응성에서 소화설비의 종류가 아닌 것은?

① 물분무소화설비
② 방화설비
③ 옥내소화전설비
④ 물통

≫ 소화설비의 종류는 옥내소화전설비, 옥외소화전설비, 스프링클러설비, 물분무소화설비 외에도 물통과 수조, 마른 모래, 팽창질석, 팽창진주암 등이 있다.

26 다음 중 탄화칼슘에 대한 설명으로 틀린 것은 어느 것인가?

① 시판품은 흑회색이며, 불규칙한 형태의 고체이다.
② 물과 작용하여 산화칼슘과 아세틸렌을 만든다.
③ 고온에서 질소와 반응하여 칼슘사이안아마이드(석회질소)가 생성된다.
④ 비중은 약 2.2이다.

≫ 탄화칼슘의 성질
1) 흑회색의 물질로 비중은 2.2이다.
2) 상온에서는 질소와 반응하지 않지만 고온에서 반응하여 석회질소를 만든다.
3) 물과의 반응으로 **수산화칼슘**(소석회)과 아세틸렌을 생성한다.
   $CaC_2 + 2H_2O \rightarrow Ca(OH)_2 + C_2H_2$

27 다음 중 강화액 소화기에 대한 설명이 아닌 것은?

① 알칼리금속염류가 포함된 고농도의 수용액이다.
② A급 화재에 적응성이 있다.
③ 어는점이 낮아서 동절기에도 사용이 가능하다.
④ 물의 표면장력을 강화시킨 것으로 심부화재에 효과적이다.

≫ 강화액 소화기의 특징
1) 탄산칼륨이라는 알칼리금속염류가 포함된 고농도의 수용액으로 pH가 12인 강알칼리성이다.
2) A급 화재에 적응성이 있으며, 무상주의 경우 A·B·C급 화재에도 적응성이 있다.
3) 어는점이 낮아서 동절기에도 사용이 가능하다.

28 15℃의 기름 100g에 8,000J의 열량을 주면 기름의 온도는 몇 ℃가 되겠는가? (단, 기름의 비열은 2J/g·℃이다.)

① 25℃
② 45℃
③ 50℃
④ 55℃

≫ Q(열량)$= c$(비열)$\times m$(질량)$\times \Delta t$(온도차)
여기서, $Q = 8,000J$
$\qquad c = 2J/g \cdot ℃$
$\qquad m = 100g$이므로
$8,000J = 2J/g \cdot ℃ \times 100g \times \Delta t ℃$

$\Delta t = \dfrac{8,000J}{2J/g \cdot ℃ \times 100g} = 40℃$

$\Delta t = t_2$(반응 후 온도)$ - t_1$(처음 온도)
$40 = t_2 - 15$
$\therefore t_2 = 55℃$

29 지정수량의 10배의 위험물을 운반할 때 혼재가 가능한 것은?

① 제1류 위험물과 제2류 위험물
② 제1류 위험물과 제4류 위험물
③ 제4류 위험물과 제5류 위험물
④ 제5류 위험물과 제3류 위험물

 ◀ 위험물의 혼재기준

>> 유별을 달리하는 위험물의 혼재기준은 다음 [표]와 같다.

위험물의 구분	제1류	제2류	제3류	제4류	제5류	제6류
제1류		×	×	×	×	○
제2류	×		×	○	○	×
제3류	×	×		○	×	×
제4류	×	○	○		○	×
제5류	×	○	×	◎		×
제6류	○	×	×	×	×	

30 건물의 외벽이 내화구조로서 연면적 $300m^2$의 옥내저장소에 필요한 소화기의 소요단위는 몇 단위인가?

① 1단위
② 2단위
③ 3단위
④ 4단위

>> 소요단위

구 분	외벽이 내화구조	외벽이 비내화구조
위험물 제조소 및 취급소	연면적 $100m^2$	연면적 $50m^2$
위험물저장소	**연면적 $150m^2$**	연면적 $75m^2$
위험물	지정수량의 10배	

외벽이 내화구조인 옥내저장소는 연면적 $150m^2$가 1소요단위이므로 연면적 $300m^2$는 $\frac{300m^2}{150m^2} =$ 2단위이다.

31 단백포 소화약제의 제조공정에서 부동제로 사용하는 것은?

① 에틸렌글리콜
② 물
③ 가수분해 단백질
④ 황산철(Ⅱ)

>> 포소화약제의 부동제(부동액)로 사용하는 것은 제4류 위험물의 제3석유류인 에틸렌글리콜이다.

32 염소산나트륨과 반응하여 ClO_2가스를 발생시키는 것은?

① 글리세린
② 질소
③ 염산
④ 산소

>> 염소산나트륨(제1류 위험물)은 **염산**, 황산, 질산 등의 산과 반응 시 이산화염소(ClO_2)를 발생한다.

33 금속칼륨의 보호액으로서 적당하지 않은 것은?

① 등유
② 유동파라핀
③ 경유
④ 에탄올

>> ④ 에탄올은 칼륨과 반응하여 수소가스를 발생하므로 보호액으로 사용할 수 없다.
※ 칼륨(제3류 위험물)의 보호액은 석유류(등유, 경유, 유동파라핀 등)이다.

34 위험물안전관리법령상 산화성 액체에 해당하지 않는 것은?

① 과염소산
② 과산화수소
③ 과염소산나트륨
④ 질산

>> ③ 과염소산나트륨은 제1류 위험물(산화성 고체)이다.
※ 제6류 위험물(산화성 액체)의 종류
1) 과염소산
2) 과산화수소
3) 질산

35 벤젠의 저장 및 취급 시 주의사항에 대한 설명으로 틀린 것은?

① 정전기 발생에 주의한다.

② 피부에 닿지 않도록 주의한다.

③ 증기는 공기보다 가벼워 높은 곳에 체류하므로 환기에 주의한다.

④ 통풍이 잘되는 서늘하고 어두운 곳에 저장한다.

≫ ③ 벤젠을 포함한 대부분의 제4류 위험물의 증기는 공기보다 무거워 낮게 체류하기 쉽다.

36 질산에스터류에 속하지 않는 것은?

① 나이트로셀룰로오스

② 질산에틸

③ 나이트로글리세린

④ 다이나이트로페놀

≫ ④ 다이나이트로페놀은 제5류 위험물의 나이트로화합물에 해당하는 물질이다.

37 적린과 동소체 관계에 있는 위험물은?

① 오황화인

② 인화알루미늄

③ 인화칼슘

④ 황린

≫ 동소체란 단체로서 동일한 원소로 이루어져 있으며 성질은 다르지만 최종 연소생성물이 같은 물질을 말한다. 적린의 화학식은 P이고 황린의 화학식은 P_4인데 이 두 물질은 단체로서 성질은 서로 다르지만 두 물질 모두 연소 시 오산화인(P_2O_5)이라는 백색 연기를 발생하므로 서로 동소체의 관계에 있다.

38 경유에 대한 설명으로 틀린 것은?

① 물에 녹지 않는다.

② 비중은 1 이하이다.

③ 발화점이 인화점보다 높다.

④ 인화점은 상온 이하이다.

≫ ① 물에 녹지 않는 비수용성 물질이다.

② 물보다 가벼우므로 비중은 1 이하이다.

③ 인화점 50~70℃, 발화점 200℃이므로 발화점이 인화점보다 높다.

④ 제4류 위험물의 제2석유류이므로 인화점은 21℃ 이상 70℃ 미만으로 **상온(20℃) 이상**이다.

39 인화칼슘이 물과 반응하여 발생하는 가스는 무엇인가?

① PH_3

② H_2

③ CO_2

④ N_2

≫ 인화칼슘(제3류 위험물)의 물과의 반응식
: $Ca_3P_2 + 6H_2O \rightarrow 3Ca(OH)_2 + 2PH_3$
인화칼슘   물   수산화칼슘   포스핀
※ 포스핀은 인화수소라고도 불린다.

40 다음 중 물이 소화약제로 쓰이는 이유로 가장 거리가 먼 것은?

① 쉽게 구할 수 있다.

② 제거소화가 잘된다.

③ 취급이 간편하다.

④ 기화잠열이 크다.

≫ 물은 기화잠열(증발잠열)에 의해 연소면의 열을 흡수하여 연소면 온도를 발화점 이하로 낮추어 냉각소화하는 소화약제이며, 가연물을 제거하여 소화하는 제거소화와는 상관없는 소화약제이다.

41 다음 중 물과의 반응성이 가장 낮은 것은?

① 인화알루미늄

② 트라이에틸알루미늄

③ 오황화인

④ 황린

≫ ① 인화알루미늄 : 제3류 위험물로서 물과 반응 시 독성이면서 가연성 가스인 포스핀(PH_3)을 발생한다.

② 트라이에틸알루미늄 : 제3류 위험물로서 물과 반응 시 가연성 가스인 에테인(C_2H_6)을 발생한다.

③ 오황화인 : 제2류 위험물로서 물과 반응 시 가연성 가스인 황화수소(H_2S)를 발생한다.

④ 황린 : 제3류 위험물로서 **물속에 보관**하는 물질이므로 물과의 반응성은 낮다.

정답 35. ③ 36. ④ 37. ④ 38. ④ 39. ① 40. ② 41. ④

42 주유취급소의 벽(담)에 유리를 부착할 수 있는 기준에 대한 설명으로 옳은 것은?

① 유리 부착위치는 주입구, 고정주유설비로부터 2m 이상 이격되어야 한다.

② 지반면으로부터 50cm를 초과하는 부분에 한하여 설치하여야 한다.

③ 하나의 유리판 가로의 길이는 2m 이내로 한다.

④ 유리의 구조는 기준에 맞는 강화유리로 하여야 한다.

》 ① 유리 부착위치는 주입구, 고정주유설비로부터 4m 이상 이격되어야 한다.
② 지반면으로부터 70cm를 초과하는 부분에 한하여 설치하여야 한다.
④ 유리의 구조는 기준에 맞는 접합유리로 하여야 한다.

43 위험물안전관리법령상 이동탱크저장소에 의한 위험물의 운송 시 장거리에 걸친 운송을 하는 때에는 2명 이상의 운전자로 하는 것이 원칙이다. 다음 중 예외적으로 1명의 운전자가 운송하여도 되는 경우의 기준으로 옳은 것은?

① 운송 도중에 2시간 이내마다 10분 이상씩 휴식하는 경우

② 운송 도중에 2시간 이내마다 20분 이상씩 휴식하는 경우

③ 운송 도중에 4시간 이내마다 10분 이상씩 휴식하는 경우

④ 운송 도중에 4시간 이내마다 20분 이상씩 휴식하는 경우

》 1. 운전자를 2명 이상으로 하는 경우
　1) 고속국도에 있어서는 340km 이상에 걸치는 운송을 하는 때
　2) 일반도로에 있어서는 200km 이상 걸치는 운송을 하는 때
2. 운전자를 1명으로 할 수 있는 경우
　1) 운송책임자를 동승시킨 경우
　2) 제2류 위험물, 제3류 위험물(칼슘 또는 알루미늄의 탄화물에 한함) 또는 제4류 위험물(특수인화물 제외)을 운송하는 경우
　3) **운송 도중에 2시간 이내마다 20분 이상씩 휴식하는 경우**

44 수소, 아세틸렌과 같은 가연성 가스가 공기 중 누출되어 연소하는 형식에 가장 가까운 것은?

① 확산연소　　② 증발연소

③ 분해연소　　④ 표면연소

》 가연성 가스가 공기 중 누출되어 연소하는 형태는 확산연소이다.

45 위험물제조소등의 종류가 아닌 것은?

① 간이탱크저장소　② 일반취급소

③ 이송취급소　　　④ 이동판매취급소

》 위험물제조소등이란 제조소, 저장소, 취급소를 말한다.
④ 이동판매취급소라는 종류는 존재하지 않는다.
※ 취급소의 종류
　1) 이송취급소　　2) 주유취급소
　3) 일반취급소　　4) 판매취급소

46 분말소화기의 소화약제로 사용되지 않는 것은?

① 탄산수소나트륨　② 탄산수소칼륨

③ 과산화나트륨　　④ 인산암모늄

》 ③ 과산화나트륨은 소화약제가 아닌 제1류 위험물이다.

47 제2류 위험물인 황의 대표적인 연소형태는?

① 표면연소　　② 분해연소

③ 증발연소　　④ 자기연소

》 황(제2류 위험물)은 고체로서 연소형태는 증발연소에 해당한다.

48 위험물안전관리법령상 알칼리금속의 과산화물에 적응성이 있는 소화설비는?

① 할로젠화합물 소화설비

② 탄산수소염류 분말소화설비

③ 물분무소화설비

④ 스프링클러설비

》 제1류 위험물 중 알칼리금속의 과산화물에 적응성이 있는 소화설비의 종류에는 **탄산수소염류 분말소화설비**, 마른 모래, 팽창질석, 팽창진주암이 있다.

정답　42. ③　43. ②　44. ①　45. ④　46. ③　47. ③　48. ②

49 삼황화인 연소 시 발생가스에 해당하는 것은?

① 이산화황

② 황화수소

③ 산소

④ 인산

>> 삼황화인의 연소반응식

$P_4S_3 + 8O_2 \rightarrow 2P_2O_5 + 3SO_2$
삼황화인　산소　　오산화인　이산화황

50 다음 중 수성막포 소화약제에 사용되는 계면활성제는?

① 염화단백포 계면활성제

② 산소계 계면활성제

③ 황산계 계면활성제

④ 플루오린계 계면활성제

>> 소화약제에 따라 사용되는 계면활성제의 종류
1) 단백포 소화약제 : 단백질의 가수분해물 또는 단백질의 가수분해물과 플루오린계 계면활성제의 혼합물
2) 합성계면활성제포 소화약제 : 탄화수소계 계면활성제
3) **수성막포 소화약제 : 플루오린계 계면활성제**

51 다음 중 원자량이 가장 큰 것은?

① K   ② O

③ Na   ④ Li

>> 원자량은 원소 한 개의 질량을 의미한다.
• 원자번호가 짝수일 때, 원자량 = 원자번호 × 2
• 원자번호가 홀수일 때, 원자량 = (원자번호 × 2) + 1
① K : 원자번호 19, 원자량 39
② O : 원자번호 8, 원자량 16
③ Na : 원자번호 11 원자량 23
④ Li : 원자번호 3, 원자량 7

52 염소산칼륨의 성질에 대한 설명으로 옳은 것은 무엇인가?

① 가연성 액체이다.

② 강력한 산화제이다.

③ 물보다 가볍다.

④ 열분해하면 수소를 발생한다.

>> 제1류 위험물로서 산소공급원을 가지므로 강력한 산화제(가연물을 태우는 성질의 물질)이다.
① 산화성 고체이다.
③ 모든 제1류 위험물은 물보다 무겁다.
④ 모든 제1류 위험물은 열분해하면 산소를 발생한다.

53 과산화칼륨이 물 또는 이산화탄소와 반응할 경우 공통적으로 발생하는 물질은?

① 산소

② 과산화수소

③ 수산화칼륨

④ 수소

>> 과산화칼륨(제1류 위험물 중 알칼리금속의 과산화물)은 물 또는 이산화탄소와 반응하여 산소를 발생한다.

54 취급하는 장치가 구리나 마그네슘으로 되어 있을 때 반응을 일으켜서 폭발성의 아세틸라이드를 생성하는 물질은?

① 이황화탄소

② 아이소프로필알코올

③ 산화프로필렌

④ 아세톤

>> 제4류 위험물 중 특수인화물에 속하는 **산화프로필렌** 또는 아세트알데하이드는 수은, 은, 구리 및 마그네슘과 반응을 일으켜 폭발성의 아세틸라이드를 생성한다.

55 등유에 대한 설명 중 틀린 것은?

① 비중은 물보다 작다.

② 증기비중은 공기보다 크다.

③ 전기에 대한 도체이므로 정전기 발생으로 인한 화재를 방지해야 한다.

④ 물에는 녹지 않지만, 유기용제에 녹고 유지 등을 녹인다.

>> ③ 등유는 제4류 위험물로서 **전기에 대한 도체가 아니라 불량도체**이므로 정전기를 발생하며 이로 인한 화재를 방지해야 한다.

56 화재의 종류 중 유류화재에 해당하는 것은?

① A급 ② B급

③ C급 ④ K급

➤➤ ① A급 : 일반화재
② B급 : **유류화재**
③ C급 : 전기화재
④ K급 : 주방화재

57 트라이나이트로페놀에 대한 일반적인 설명으로 틀린 것은?

① 가연성 물질이다.

② 황색의 액체 상태로 존재하며, 독성이 있다.

③ 알코올에 잘 녹는다.

④ 구리, 아연 등과 반응하여 예민한 금속을 만든다.

➤➤ ① 자기반응성이므로 자체적으로 가연성 물질과 산소공급원을 모두 포함하고 있다.
② 황색의 침상결정인 **고체 상태로 존재**한다.
③ 찬물에는 안 녹고, 온수, 알코올, 벤젠, 에터에는 잘 녹는다.
④ 단독으로는 충격·마찰 등에 둔감하지만, 구리, 아연 등 금속염류와의 혼합물은 피크린산염을 생성하여 마찰·충격 등에 위험해진다.

58 제4류 위험물의 저장 및 취급 방법에 대한 설명으로 틀린 것은?

① 인화점이 높은 위험물일수록 저장 시 용기 상부에 질소와 같은 불연성 가스 또는 아르곤 같은 불활성 기체를 봉입해야 한다.

② 발생된 증기는 높은 곳으로 배출해야 한다.

③ 휘발성이 있으므로 용기를 밀전·밀봉하여 보관한다.

④ 이황화탄소는 냉수에 보관한다.

➤➤ ① 특수인화물인 **아세트알데하이드(인화점 −38℃), 산화프로필렌(인화점 −37℃)**은 저장 시 용기 상부에 질소와 같은 불연성 가스 또는 아르곤 같은 불활성 기체를 봉입한다.

59 공기 중의 산소농도를 한계산소량 이하로 낮추어 연소를 중지시키는 소화방법은 어느 것인가?

① 냉각소화 ② 제거소화

③ 억제소화 ④ 질식소화

➤➤ ① 냉각소화 : 물이 고온에서 증발하였을 때 발생하는 증발잠열을 이용하여 연소면의 열을 흡수함으로써 온도를 발화점 미만으로 낮추어 소화하는 방법
② 제거소화 : 가연물을 제거하여 소화하는 방법
③ 억제소화 : 연쇄반응의 속도를 빠르게 하는 정촉매의 역할을 억제시켜 소화하는 방법
④ 질식소화 : 공기 중의 산소와 연소물과의 접촉을 차단시켜 연소에 필요한 **산소의 농도를 낮추어 소화하는 방법**

60 위험물제조소등에서 위험물안전관리법상 안전거리 규제대상이 아닌 것은?

① 충전하는 일반취급소

② 이송취급소

③ 옥내저장소

④ 옥내탱크저장소

➤➤ 제조소등의 안전거리를 제외할 수 있는 조건
1) 제6류 위험물을 취급하는 제조소, 취급소 또는 저장소
2) 주유취급소
3) 판매취급소
4) 지하탱크저장소
5) **옥내탱크저장소**
6) 이동탱크저장소
7) 간이탱크저장소
8) 암반탱크저장소

정답　56. ② 57. ② 58. ① 59. ④ 60. ④

Craftsman Hazardous material

연도별 기출문제

2024

CBT 기출복원문제
제2회 위험물기능사

2024년 3월 31일 시행

01 염소산칼륨의 성질에 대한 설명으로 옳은 것은 무엇인가?

① 가연성 액체이다.
② 강력한 산화제이다.
③ 물보다 가볍다.
④ 열분해하면 수소를 발생한다.

>> ① 산화성 고체이다.
② 제1류 위험물로서 산소공급원을 가지므로 강력한 산화제(가연물을 태우는 성질의 물질)이다.
③ 모든 제1류 위험물은 물보다 무겁다.
④ 모든 제1류 위험물은 열분해하면 산소를 발생한다.

02 지중탱크 누액방지판의 구조에 관한 기준으로 틀린 것은?

① 두께 4.5mm 이상의 강판으로 할 것
② 용접은 맞대기용접으로 할 것
③ 침하 등에 의한 지중탱크 본체의 변위영향을 흡수하지 아니할 것
④ 일사 등에 의한 열의 영향 등에 대하여 안전할 것

>> 지중탱크의 누액방지판은 두께 4.5mm 이상의 강판으로 하며, **누액방지판의 용접은 맞대기용접으로 한다. 또한 누액방지판은 침하 등에 의한 지중탱크 본체의 변위영향을 흡수할 수 있는 것**으로 해야 하며, 누액방지판은 일사 등에 의한 열영향, 콘크리트의 건조·수축 등에 의한 응력에 대하여 안전한 것으로 한다.

03 다음 중 전기설비에 적응성이 없는 소화설비는 어느 것인가?

① 불활성가스 소화설비
② 물분무소화설비
③ 포소화설비
④ 할로젠화합물 소화설비

>> 전기설비의 화재에는 물을 사용할 수 없다. 물분무소화설비는 소화약제가 물이라 하더라도 물을 잘게 흩어 뿌리기 때문에 효과가 있지만 포소화약제의 경우 포함된 수분 때문에 효과가 없다.

소화설비의 구분		대상물의 구분	건축물·그 밖의 공작물	전기설비	제1류 위험물		제2류 위험물			제3류 위험물		제4류 위험물	제5류 위험물	제6류 위험물
					알칼리금속의 과산화물 등	그 밖의 것	철분·금속분·마그네슘 등	인화성 고체	그 밖의 것	금수성 물품	그 밖의 것			
옥내소화전 또는 옥외소화전 설비			○			○		○	○		○		○	○
스프링클러설비			○						○		○	△	○	○
물분무 등 소화설비		물분무 소화설비	○	○		○		○	○		○	○	○	○
		포소화설비	○	×		○		○	○		○	○	○	○
		불활성가스 소화설비		○				○			○			
		할로젠 화합물 소화설비		○				○			○			
	분말 소화설비	인산 염류등	○	○		○		○	○		○		○	○
		탄산수소 염류등		○	○		○		○		○	○			
		그 밖의 것			○						○			

04 이동탱크저장소의 위험물 운송에 있어서 운송책임자의 감독·지원을 받아 운송하여야 하는 위험물의 종류에 해당하는 것은?

① 칼륨
② 알킬알루미늄
③ 질산에스터류
④ 아염소산염류

>> 이동탱크저장소의 위험물 운송에 있어서 운송책임자의 감독·지원을 받아 운송하여야 하는 위험물은 알킬알루미늄과 알킬리튬이다.

정답   01. ② 02. ③ 03. ③ 04. ②

05 제1종 분말소화약제의 화학식과 색상이 바르게 연결된 것은?

① NaHCO₃ – 백색

② KHCO₃ – 백색

③ NaHCO₃ – 담홍색

④ KHCO₃ – 담홍색

》》 종별 분말소화약제의 종류 및 성질

분말의 종류	주성분	화학식	적응 화재	착 색
제1종 분말	탄산수소나트륨	NaHCO₃	B, C	백색
제2종 분말	탄산수소칼륨	KHCO₃	B, C	보라색
제3종 분말	인산암모늄	NH₄H₂PO₄	A, B, C	담홍색
제4종 분말	탄산수소칼륨과 요소의 반응생성물	KHCO₃ + (NH₂)₂CO	B, C	회색

06 탄화칼슘의 저장소에 수분이 침투하여 반응하였을 때 발생하는 가연성 가스는?

① 메테인

② 아세틸렌

③ 에테인

④ 프로페인

》》 탄화칼슘(제3류 위험물)의 물과의 반응식
$$CaC_2 + 2H_2O \rightarrow Ca(OH)_2 + C_2H_2$$
　탄화칼슘　　물　　수산화칼슘　아세틸렌

07 다음 중 품명이 나머지 셋과 다른 하나는 어느 것인가?

① 질산메틸

② 트라이나이트로페놀

③ 나이트로글리세린

④ 나이트로셀룰로오스

》》 ① 질산메틸 : 질산에스터류
　② 트라이나이트로페놀 : 나이트로화합물
　③ 나이트로글리세린 : 질산에스터류
　④ 나이트로셀룰로오스 : 질산에스터류

08 제5류 위험물에 관한 내용으로 틀린 것은?

① C₂H₅ONO₂ : 상온에서 액체이다.

② C₆H₂OH(NO₂)₃ : 공기 중 자연분해가 매우 잘된다.

③ C₆H₃(NO₂)₂CH₃ : 담황색의 결정이다.

④ C₃H₅(ONO₂)₃ : 혼산 중에 글리세린을 반응시켜 제조한다.

》》 ① C₂H₅ONO₂[질산에틸] : 상온에서 무색투명한 액체이다.
　② C₆H₂OH(NO₂)₃[피크린산] : 단독으로는 마찰, 충격 등에 둔감하여 자연분해가 되지 않으며, 금속과 반응하면 피크린산염을 만들어 위험해진다.
　③ C₆H₃(NO₂)₂CH₃[다이나이트로톨루엔] : 트라이나이트로톨루엔과 같은 담황색의 고체이다.
　④ C₃H₅(ONO₂)₃[나이트로글리세린] : 혼산(질산과 황산의 혼합) 중에 글리세린을 반응시켜 나이트로글리세린을 제조한다.

09 위험물의 운반에 관한 기준에서 다음 (　) 안에 알맞은 온도는 몇 ℃인가?

적재하는 제5류 위험물 중 (　)℃ 이하의 온도에서 분해될 우려가 있는 것은 보냉 컨테이너에 수납하는 등 적정한 온도관리를 하여야 한다.

① 40

② 50

③ 55

④ 60

》》 적재하는 제5류 위험물 중 55℃ 이하의 온도에서 분해될 우려가 있는 것은 보냉 컨테이너에 수납하는 등 적정한 온도관리를 하여야 한다.

10 다음 중 B급 화재에 해당하는 것은?

① 유류화재

② 목재화재

③ 금속분화재

④ 전기화재

》》 A급 화재는 일반화재, B급 화재는 유류화재, C급 화재는 전기화재, D급 화재는 금속화재이다.

11 다음 중 과산화수소에 대한 설명으로 틀린 것은?

① 열에 의해 분해된다.

② 농도가 높을수록 안정하다.

③ 인산, 요산과 같은 분해방지안정제를 사용한다.

④ 강력한 산화제이다.

≫ ① 과산화수소(제6류 위험물)는 농도가 36중량% 이상이 위험물이며 열에 의해 분해된다.
② 농도가 60중량% 이상으로 높아지면 폭발도 가능한 위험한 상태가 된다.
③ 인산, 요산, 아세트아닐리드 등의 분해방지안정제를 사용한다.
④ 강력한 산화제로 사용된다.

12 일반건축물 화재에서 내장재로 사용한 폴리스타이렌폼이 화재 중 연소를 했다면 이 플라스틱의 연소형태는?

① 증발연소   ② 자기연소

③ 분해연소   ④ 표면연소

≫ 분해연소를 하는 물질의 종류로는 플라스틱, 목재, 종이, 석탄 등이 있다.

13 위험물안전관리법에 의하면 옥외소화전이 6개 있을 경우 수원의 수량은 몇 m^3 이상이어야 하는가?

① $48m^3$ ② $54m^3$

③ $60m^3$ ④ $81m^3$

≫ 옥외소화전의 수원의 양=옥외소화전의 수×13.5m^3
옥외소화전이 6개 있더라도 최대 4개만을 고려한다.
∴ 4×13.5m^3 = 54m^3

14 물과 반응하여 수소를 발생하는 물질로 불꽃반응 시 노란색을 나타내는 것은?

① 칼륨   ② 과산화칼륨

③ 과산화나트륨   ④ 나트륨

≫ 나트륨(제3류 위험물)은 물과 반응 시 수소를 발생하며 노란색 불꽃반응을 한다.
※ 칼륨(제3류 위험물)은 보라색 불꽃반응을 한다.

15 식용유화재 시 제1종 분말소화약제를 이용하여 화재의 제어가 가능하다. 이때의 소화원리에 가장 가까운 것은?

① 촉매효과에 의한 질식소화

② 비누화반응에 의한 질식소화

③ 아이오딘화에 의한 냉각소화

④ 가수분해반응에 의한 냉각소화

≫ 식용유화재에 지방을 가수분해하는 비누화현상으로 거품을 생성하여 질식소화하는 원리이다.
※ 비누($C_nH_{2n+1}COONa$)와 제1종 분말소화약제($NaHCO_3$)는 Na을 공통적으로 포함한다는 점을 응용한다.

16 이산화탄소 소화약제의 저장용기 설치기준으로 옳은 것은?

① 저압식 저장용기 충전비 : 1.0 이상 1.3 이하

② 고압식 저장용기 충전비 : 1.3 이상 1.7 이하

③ 저압식 저장용기 충전비 : 1.1 이상 1.4 이하

④ 고압식 저장용기 충전비 : 1.7 이상 2.1 이하

≫ 이산화탄소 소화약제의 저장용기의 충전비(전역방출방식과 국소방출방식 공통)
1) 저압식 : 1.1 이상 1.4 이하
2) 고압식 : 1.5 이상 1.9 이하

17 과산화나트륨의 화재 시 물을 사용한 소화가 위험한 이유는?

① 수소와 열을 발생하므로

② 산소와 열을 발생하므로

③ 수소를 발생하고 이 가스가 폭발적으로 연소하므로

④ 산소를 발생하고 이 가스가 폭발적으로 연소하므로

≫ 제1류 위험물 중 알칼리금속의 과산화물에 속하는 과산화칼륨, **과산화나트륨**, 과산화리튬은 화재 시 **물을 이용해 소화하면 산소와 열을 발생**하므로 물로 냉각소화하면 위험하다.

18 오황화인이 물과 반응하였을 때 생성된 가스를 연소시키면 발생하는 독성이 있는 가스는?

① 이산화질소　　② 포스핀
③ 염화수소　　　④ 이산화황

>> 물과 반응 시 발생하는 가스는 황화수소(H_2S)이며, 이를 연소시킬 경우 이산화황(SO_2)이 발생한다.
1) 물과의 반응식
   $$P_2S_5 + 8H_2O \rightarrow 5H_2S + 2H_3PO_4$$
   오황화인　　물　　황화수소　　인산
2) H_2S의 연소반응식
   $$2H_2S + 3O_2 \rightarrow 2H_2O + 2SO_2$$
   황화수소　산소　물　　이산화황

19 1기압 20℃에서 액체인 미상의 위험물을 측정하였더니 인화점이 32.2℃, 발화점이 257℃로 측정되었다. 다음 제4류 위험물 중 해당하는 품명은?

① 특수인화물　　② 제1석유류
③ 제2석유류　　④ 제3석유류

>> 제4류 위험물 중 제2석유류의 인화점 범위 : 21℃ 이상 70℃ 미만

20 위험물법령에서 정한 경보설비가 아닌 것은?

① 자동화재탐지설비
② 비상조명설비
③ 비상경보설비
④ 비상방송설비

>> ② 비상조명설비는 피난설비에 해당한다.
※ 위험물안전관리법에서 정한 경보설비의 종류 : 자동화재탐지설비, 비상경보설비, 비상방송설비, 확성장치, 자동화재속보설비

21 위험물안전관리법에서 규정하고 있는 내용으로 틀린 것은?

① 민사집행법에 의한 경매, 국세징수법 또는 지방세법에 의한 압류재산의 매각절차에 따라 제조소등의 시설의 전부를 인수한 자는 그 설치자의 지위를 승계한다.

② 금치산자나 한정치산자, 탱크시험자의 등록이 취소된 날로부터 2년이 지나지 아니한 자는 탱크시험자로 등록하거나 탱크시험자의 업무에 종사할 수 없다.

③ 농예용·축산용으로 필요한 난방시설 또는 건조시설물을 위한 지정수량 20배 이하의 취급소는 신고를 하지 아니하고 위험물의 품명 및 수량을 변경할 수 있다.

④ 법정의 완공검사를 받지 아니하고 제조소등을 사용한 때 시·도지사는 허가를 취소하거나 6월 이내의 기간을 정하여 사용정지를 명할 수 있다.

>> ③ 다음에 해당하는 제조소등의 경우에는 허가를 받지 않고 제조소등을 설치하거나 위치·구조 또는 설비를 변경할 수 있고 신고를 하지 아니하고 위험물의 품명·수량 또는 지정수량의 배수를 변경할 수 있다.
1) 주택의 난방시설(공동주택의 중앙난방시설을 제외한다)을 위한 저장소 또는 취급소
2) 농예용·축산용 또는 수산용으로 필요한 난방시설 또는 건조시설을 위한 **지정수량 20배 이하의 저장소**

22 소화기 속에 압축되어 있는 이산화탄소 1.1kg을 표준상태에서 분사하였다. 이산화탄소의 부피는 몇 m^3가 되는가?

① $0.56m^3$
② $5.6m^3$
③ $11.2m^3$
④ $24.6m^3$

>> 이산화탄소(CO_2) 1mol의 분자량은 12g(C) + 16g(O) × 2 = 44g이고, 표준상태(0℃, 1기압)에서 모든 기체 1몰은 22.4L이다.
1kg = 1,000g이고 1,000L = $1m^3$를 이용하면
$$1,100g\ CO_2 \times \frac{1mol\ CO_2}{44g\ CO_2} \times \frac{22.4L}{1mol\ CO_2} \times \frac{1m^3}{1,000L}$$
$$= 0.56m^3 \text{이다.}$$

23 품명이 제4석유류인 위험물은?

① 중유　　　　② 기어유

③ 등유　　　　④ 크레오소트유

》① 중유 : 제3석유류
　② **기어유 : 제4석유류**
　③ 등유 : 제2석유류
　④ 크레오소트유 : 제3석유류

24 제5류 위험물의 화재에 적응성이 없는 소화설비는?

① 옥외소화전설비

② 스프링클러설비

③ 물분무소화설비

④ 할로젠화합물 소화설비

》 제5류 위험물은 자체적으로 가연물과 산소공급원을 동시에 포함하고 있으므로 질식소화는 효과가 없고 물로 냉각소화를 해야 한다.
　④ 할로젠화합물 소화설비의 대표적인 소화방법은 억제소화이다.

25 다음 중 질산에 대한 설명으로 옳은 것은?

① 산화력은 없고, 강한 환원력이 있다.

② 자체 연소성이 있다.

③ 크산토프로테인반응을 한다.

④ 조연성과 부식성이 없다.

》 질산(제6류 위험물)은 산화력, 조연성, 부식성을 갖지만 자신은 불연성이며, 단백질과 반응 시 노란색으로 변하는데 이를 크산토프로테인반응이라 한다.
　※ 산화력 : 태우는 힘, 조연성 : 연소를 돕는 성질

26 위험물을 운반 및 적재할 경우 혼재가 불가능한 것으로 연결된 것은? (단, 지정수량의 1/5 이상이다.)

① 제1류와 제6류

② 제4류와 제3류

③ 제2류와 제3류

④ 제5류와 제4류

◀ 위험물의 혼재기준

》 유별을 달리하는 위험물의 운반에 관한 혼재기준

위험물의 구분	제1류	제2류	제3류	제4류	제5류	제6류
제1류		×	×	×	×	○
제2류	×		×	○	○	×
제3류	×	×		○	×	×
제4류	×	○	○		○	×
제5류	×	○	×	○		×
제6류	○	×	×	×	×	

※ 이 표는 지정수량의 1/10 이하의 위험물에 대하여는 적용하지 아니한다.

27 위험물제조소의 위치, 구조 및 설비의 기준에 대한 설명 중 틀린 것은?

① 벽, 기둥, 바닥, 보, 서까래는 내화재료로 하여야 한다.

② 제조소의 표지판은 한 변이 30cm, 다른 한 변이 60cm 이상의 크기로 한다.

③ "화기엄금"을 표시하는 게시판은 적색 바탕에 백색 문자로 한다.

④ 지정수량 10배를 초과한 위험물을 취급하는 제조소는 보유공지의 너비가 5m 이상이어야 한다.

》① **벽, 기둥, 바닥, 보, 서까래는 불연재료**로 하고, 연소의 우려가 있는 외벽은 개구부가 없는 내화구조로 하여야 한다.
　② 제조소등의 표지는 한 변이 30cm, 다른 한 변이 60cm 이상의 크기로 한다.
　③ "화기엄금" 또는 "화기주의"를 표시하는 게시판은 적색 바탕에 백색 문자로 하고, "물기엄금"을 표시하는 게시판은 청색 바탕에 백색 문자로 한다.
　④ 지정수량 10배 이하의 위험물을 취급하는 제조소는 보유공지의 너비가 3m 이상이고, 지정수량 10배 초과의 위험물을 취급하는 제조소는 보유공지의 너비가 5m 이상이어야 한다.

28 위험물안전관리법령에 의해 위험물을 취급함에 있어서 발생하는 정전기를 유효하게 제거하는 방법으로 옳지 않은 것은?

① 인화방지망 설치

② 접지 실시

③ 공기 이온화

④ 상대습도를 70% 이상으로 유지

➤ 정전기 제거방법
1) 접지한다.
2) 공기를 이온화시킨다.
3) 공기 중 상대습도를 70% 이상으로 유지한다.

29 탄화칼슘에 대한 설명으로 틀린 것은?

① 시판품은 흑회색이며, 불규칙한 형태의 고체이다.

② 물과 작용하여 산화칼슘과 아세틸렌을 만든다.

③ 고온에서 질소와 반응하여 칼슘사이안아마이드(석회질소)가 생성된다.

④ 비중은 약 2.2이다.

➤ 탄화칼슘의 성질
1) 흑회색의 물질로 비중은 2.20이다.
2) 상온에서는 질소와 반응하지 않지만 고온에서 반응하여 석회질소를 만든다.
3) 물과의 반응으로 **수산화칼슘**(소석회)과 아세틸렌을 생성한다.
$$CaC_2 + 2H_2O \rightarrow Ca(OH)_2 + C_2H_2$$

30 위험물을 유별로 정리하여 상호 1m 이상의 간격을 유지하는 경우에도 동일한 옥내저장소에 저장할 수 없는 것은?

① 제1류 위험물(알칼리금속의 과산화물 또는 이를 함유한 것을 제외한다)과 제5류 위험물

② 제1류 위험물과 제6류 위험물

③ 제1류 위험물과 제3류 위험물 중 황린

④ 인화성 고체를 제외한 제2류 위험물과 제4류 위험물

➤ 유별이 다른 위험물끼리 동일한 저장소에 저장할 수 있는 경우(단, 각각 모아서 간격은 1m 이상 두어야 한다.)
1) 제1류 위험물(알칼리금속의 과산화물 제외)과 제5류 위험물
2) 제1류 위험물과 6류 위험물
3) 제1류 위험물과 제3류 위험물 중 자연발화성 물질(황린)
4) **제2류 위험물 중 인화성 고체와 제4류 위험물**
5) 제3류 위험물 중 알킬알루미늄등과 제4류 위험물(알킬알루미늄 또는 알킬리튬을 함유한 것)
6) 제4류 위험물 중 유기과산화물과 제5류 위험물 중 유기과산화물

31 다음 중 할로겐화합물 소화약제의 가장 주된 소화효과에 해당하는 것은?

① 제거소화   ② 억제소화

③ 냉각소화   ④ 질식소화

➤ 할로겐화합물 소화약제의 가장 주된 소화효과는 억제효과 또는 부촉매효과이다.

32 제3류 위험물 중 금수성 물질을 제외한 위험물에 적응성이 있는 소화설비가 아닌 것은?

① 분말소화설비

② 스프링클러설비

③ 팽창질석

④ 포소화설비

➤ 제3류 위험물 중 금수성 물질을 제외한 위험물은 황린이며, 이 물질은 물에 저장하는 위험물로서 물을 포함한 소화약제가 적응성이 있다. 〈보기〉 중 스프링클러설비, 포소화설비처럼 물을 포함하고 있는 약제와 팽창질석은 적응성이 있지만 분말소화설비는 적응성이 없다.

33 염소산나트륨과 반응하여 ClO_2가스를 발생시키는 것은?

① 글리세린   ② 질소

③ 염산   ④ 산소

➤ 염소산나트륨(제1류 위험물)은 **염산**, 황산, 질산 등의 산과 반응 시 이산화염소(ClO_2)를 발생한다.

34 위험물안전관리법령상 산화성 액체에 해당하지 않는 것은?

① 과염소산　　② 과산화수소

③ 과염소산나트륨　④ 질산

≫ ③ 과염소산나트륨은 제1류 위험물(산화성 고체)이다.
　※ 제6류 위험물(산화성 액체)의 종류
　　1) 과염소산
　　2) 과산화수소
　　3) 질산

35 다이에틸에터에 관한 설명 중 틀린 것은?

① 비전도성이므로 정전기를 발생하지 않는다.

② 무색투명한 유동성의 액체이다.

③ 휘발성이 매우 높고, 마취성을 가진다.

④ 공기와 장시간 접촉하면 폭발성의 과산화물이 생성된다.

≫ ① 제4류 위험물로서 비전도성이므로 정전기를 발생한다.

36 다음 중 위험물의 저장방법에 대한 설명으로 옳은 것은?

① 황화인은 알코올, 과산화물에 저장하여 보관한다.

② 마그네슘은 건조하면 분진폭발의 위험성이 있으므로 물에 습윤하여 저장한다.

③ 적린은 화재예방을 위해 할로젠원소와 혼합하여 저장한다.

④ 수소화리튬은 저장용기에 아르곤과 같은 불활성 기체를 봉입한다.

≫ ① 황화인은 제2류 위험물인 가연성 고체이므로 산소공급원인 과산화물에 저장하면 안 된다.
② 마그네슘은 물과 반응 시 수소를 발생하므로 물에 습윤하는 것은 위험하다.
③ 제2류 위험물인 적린은 산소공급원인 할로젠원소와 혼합하면 위험하다.
④ **수소화리튬**(제3류 위험물)은 공기 중 수분과 접촉 시 수소가스를 발생하므로 용기 상부에 질소 또는 아르곤과 같은 **불활성 기체를 봉입**한다.

37 위험물제조소등의 허가에 관계된 설명으로 옳은 것은?

① 제조소등을 변경하고자 하는 경우에는 언제나 허가를 받아야 한다.

② 위험물의 품명을 변경하고자 하는 경우에는 언제나 허가를 받아야 한다.

③ 농예용으로 필요한 난방시설을 위한 지정수량 20배 이하의 저장소는 허가대상이 아니다.

④ 저장하는 위험물의 변경으로 지정수량의 배수가 달라지는 경우는 언제나 허가대상이 아니다.

≫ ① 제조소등에 대한 변경사항이 있을 때 변경허가를 받아야 하는 경우는 별도로 정해져 있으며 언제나 허가를 받아야 하는 것은 아니다.
② 위험물의 품명, 수량, 지정수량의 배수를 변경하고자 하는 경우에는 변경허가가 아닌 변경신고를 해야 한다.
③ 허가를 받지 않고 제조소등을 설치하거나 위치·구조 또는 설비를 변경할 수 있고 신고를 하지 아니하고 위험물의 품명·수량 또는 지정수량의 배수를 변경할 수 있는 경우는 다음과 같다.
　1) 주택의 난방시설(공동주택의 중앙난방시설을 제외한다)을 위한 저장소 또는 취급소
　2) **농예용·축산용** 또는 수산용으로 필요한 **난방시설** 또는 건조시설을 위한 **지정수량 20배 이하의 저장소**
④ 위험물의 품명 등의 변경으로 지정수량의 배수가 달라지면서 제조소등의 위치·구조 또는 설비의 기준이 달라지는 경우는 변경허가를 받아야 한다.

38 적린과 동소체 관계에 있는 위험물은?

① 오황화인　　② 인화알루미늄

③ 인화칼슘　　④ 황린

≫ 동소체란 단체로서 동일한 원소로 이루어져 있으며 성질은 다르지만 최종 연소생성물이 같은 물질을 말한다. 적린의 화학식은 P이고 황린의 화학식은 P_4인데 이 두 물질은 단체로서 성질은 서로 다르지만 두 물질 모두 연소 시 오산화인(P_2O_5)이라는 백색 연기를 발생하므로 서로 동소체의 관계에 있다.

정답 34. ③　35. ①　36. ④　37. ③　38. ④

39 과산화칼륨이 물 또는 이산화탄소와 반응할 경우 공통적으로 발생하는 물질은?

① 산소

② 과산화수소

③ 수산화칼륨

④ 수소

》 과산화칼륨(제1류 위험물 중 알칼리금속의 과산화물)은 물 또는 이산화탄소와 반응하여 산소를 발생한다.

40 인화칼슘이 물과 반응하였을 때 발생하는 가스는?

① 수소　　　　② 포스겐

③ 포스핀　　　④ 아세틸렌

》 인화칼슘은 물과 반응 시 가연성이면서 동시에 유독성인 **포스핀**(PH_3)가스를 발생한다.

　－ 물과의 반응식

　Ca_3P_2 ＋ $6H_2O$ → $3Ca(OH)_2$ ＋ $2PH_3$

　인화칼슘　　물　　수산화칼슘　포스핀

41 제조소등에서 위험물을 유출시켜 사람의 신체 또는 재산에 위험을 발생시킨 자에 대한 벌칙기준으로 옳은 것은?

① 1년 이상 3년 이하의 징역

② 1년 이상 5년 이하의 징역

③ 1년 이상 7년 이하의 징역

④ 1년 이상 10년 이하의 징역

》 1) 제조소등에서 위험물을 유출·방출 또는 확산시켜 사람의 생명, 신체 또는 재산에 대하여 위험을 발생시킨 자는 **1년 이상 10년 이하의 징역**에 처한다.

　2) 제조소등에서 위험물을 유출·방출 또는 확산시켜 사람을 상해에 이르게 한 때에는 무기 또는 3년 이상의 징역에 처하며, 사망에 이르게 한 때에는 무기 또는 5년 이상의 징역에 처한다.

42 제2류 위험물의 종류에 해당되지 않는 것은?

① 마그네슘　　② 고형 알코올

③ 칼슘　　　　④ 안티몬분

》 ① 마그네슘 : 제2류 위험물

② 고형 알코올 : 제2류 위험물 중 인화성 고체

③ **칼슘 : 제3류 위험물** 중 알칼리토금속

④ 안티몬분 : 제2류 위험물의 금속분

43 액체 위험물을 운반용기에 수납할 때 내용적 몇 % 이하의 수납률로 수납하여야 하는가?

① 95%

② 96%

③ 97%

④ 98%

》 운반용기 수납률의 기준

　1) 고체 위험물 : 운반용기 내용적의 95% 이하

　2) **액체 위험물** : 운반용기 내용적의 **98% 이하**

　　(55℃에서 누설되지 않도록 공간용적을 유지)

　3) 알킬알루미늄등 : 운반용기 내용적의 90% 이하

　　(50℃에서 5% 이상의 공간용적을 유지)

44 이동탱크저장소에 의한 위험물의 운송 시 준수하여야 하는 기준에서 다음 중 어떤 위험물을 운송할 때 위험물운송자는 위험물안전카드를 휴대하여야 하는가?

① 특수인화물 및 제1석유류

② 알코올류 및 제2석유류

③ 제3석유류 및 동식물유류

④ 제4석유류

》 모든 위험물(제4류 위험물에 있어서는 특수인화물 및 제1석유류에 한한다)을 운송하게 하는 자는 위험물안전카드를 위험물운송자로 하여금 휴대하게 할 것

45 다음 중 화학적 소화에 해당하는 것은 어느 것인가?

① 냉각소화

② 질식소화

③ 제거소화

④ 억제소화

》 억제소화는 연쇄반응을 억제시키는 반응을 이용해 소화하는 것으로 화학적 소화에 해당한다.

정답　39. ①　40. ③　41. ④　42. ③　43. ④　44. ①　45. ④

46 제4류 위험물에 대한 일반적인 설명으로 옳지 않은 것은?

① 대부분 연소하한값이 낮다.

② 발생증기는 가연성이며, 대부분 공기보다 무겁다.

③ 대부분 무기화합물이므로 정전기 발생에 주의한다.

④ 인화점이 낮을수록 화재위험성이 높다.

》》 ③ 제4류 위험물은 탄소를 함유하고 있으므로 무기화합물이 아닌 유기화합물에 포함되며, 정전기의 발생 이유는 전기불량도체이기 때문이다.

47 위험물안전관리법령상 위험물에 해당하는 것은?

① 황산

② 비중이 1.41인 질산

③ 54μm의 표준체를 통과하는 것이 50중량% 미만인 철의 분말

④ 농도가 40중량%인 과산화수소

》》 ① 황산 : 비위험물이다.
② 질산 : 비중이 1.49 이상인 것이 위험물이다.
③ 철분 : 53μm(마이크로미터)의 표준체를 통과하는 것이 50중량% 이상인 것이 위험물이다.
④ **과산화수소** : **농도가 36중량% 이상**인 것이 위험물이다.

48 위험물의 자연발화를 방지하는 방법으로 가장 거리가 먼 것은?

① 통풍을 잘 시킬 것

② 저장실의 온도를 낮출 것

③ 습도가 높은 곳에 저장할 것

④ 정촉매 작용을 하는 물질과의 접촉을 피할 것

》》 자연발화를 방지하기 위해서는 **온도 및 습도를 모두 낮추어야 한다.**

49 이산화탄소의 특성에 대한 설명으로 옳지 않은 것은?

① 전기전도성이 우수하다.

② 냉각, 압축에 의하여 액화된다.

③ 과량 존재 시 질식할 수 있다.

④ 상온, 상압에서 무색무취의 불연성 기체이다.

》》 ① 전기불량도체이므로 전기전도성은 없다.

50 위험물안전관리법령상 위험물제조소의 옥외에 있는 하나의 액체 위험물 취급탱크 주위에 설치하는 방유제의 용량은 해당 탱크 용량의 몇 % 이상으로 하여야 하는가?

① 50%   ② 60%

③ 100%   ④ 110%

》》 위험물제조소의 옥외에 있는 위험물취급탱크 주위에 설치하는 방유제의 용량
1) 하나의 위험물 취급탱크 주위에 설치하는 방유제의 용량 : **탱크 용량의 50% 이상**
2) 2개 이상의 위험물 취급탱크 주위에 설치하는 방유제의 용량 : 탱크 중 용량이 최대인 것의 50%에 나머지 탱크 용량 합계의 10%를 가산한 양 이상

51 연쇄반응을 억제하여 소화하는 소화약제는?

① 할론 1301   ② 물

③ 이산화탄소   ④ 포

》》 억제효과를 갖는 소화약제는 할로젠화합물 소화약제이고, 〈보기〉 중 **할론 1301(CF₃Br)**이 할로젠화합물 소화약제의 종류이다.

52 위험물안전관리법령상 개방형 스프링클러헤드를 이용하는 스프링클러설비에서 수동식 개방밸브를 개방 조작하는 데 필요한 힘은 얼마 이하가 되도록 설치하여야 하는가?

① 5kg   ② 10kg

③ 15kg   ④ 20kg

》》 개방형 스프링클러헤드를 이용하는 스프링클러설비의 수동식 개방밸브를 개방 조작하는 데 필요한 힘은 **15kg 이하**이다.

정답 46. ③ 47. ④ 48. ③ 49. ① 50. ① 51. ① 52. ③

53 위험물안전관리법령상 제조소에서 취급하는 제4류 위험물의 최대수량의 합이 지정수량의 12만배 미만인 사업소에 두어야 하는 화학소방자동차 및 자체소방대원 수의 기준으로 옳은 것은?

① 1대, 5인

② 2대, 10인

③ 3대, 15인

④ 4대, 20인

➤➤ 1) 자체소방대의 설치기준 : 제4류 위험물을 지정수량의 3천배 이상 취급하는 제조소 또는 일반취급소와 50만배 이상으로 저장하는 옥외탱크저장소에 설치한다.
2) 자체소방대에 두는 화학소방자동차 및 자체소방대원의 수의 기준

사업소의 구분	화학소방자동차의 수	자체소방대원의 수
지정수량의 3천배 이상 **12만배 미만으로 취급하는 제조소** 또는 일반취급소	1대	5인
지정수량의 12만배 이상 24만배 미만으로 취급하는 제조소 또는 일반취급소	2대	10인
지정수량의 24만배 이상 48만배 미만으로 취급하는 제조소 또는 일반취급소	3대	15인
지정수량의 48만배 이상으로 취급하는 제조소 또는 일반취급소	4대	20인
지정수량의 50만배 이상으로 저장하는 옥외탱크저장소	2대	10인

54 다음 중 탄산칼륨을 물에 용해시킨 강화액 소화약제의 pH에 가장 가까운 값은?

① 1   ② 4

③ 7   ④ 12

➤➤ 강화액 소화약제는 물에 탄산칼륨(K_2CO_3)을 첨가하여 만든 **pH=12**인 강알칼리성의 수용액이다.

55 다음 중 옥외탱크저장소의 제4류 위험물의 저장탱크에 설치하는 통기관에 관한 설명으로 틀린 것은?

① 제4류 위험물을 저장하는 압력탱크 외에 탱크에는 밸브 없는 통기관 또는 대기밸브부착 통기관을 설치하여야 한다.

② 밸브 없는 통기관은 직경을 30mm 미만으로 하고, 선단은 수평면보다 45도 이상 구부려 빗물 등의 침투를 막는 구조로 한다.

③ 인화점 70℃ 이상의 위험물만을 해당 위험물의 인화점 미만의 온도로 저장 또는 취급하는 탱크에 설치하는 통기관에는 인화방지장치를 설치하지 않아도 된다.

④ 옥외저장탱크 중 압력탱크란 탱크의 최대상용압력이 부압 또는 정압 5kPa을 초과하는 탱크를 말한다.

➤➤ ② **직경은 30mm 이상**으로 하고, 선단은 수평면보다 45도 이상 구부려 빗물 등의 침투를 막는 구조로 한다.

56 다음 중 열전도율이 가장 낮은 것은 어느 것인가?

① 알루미늄

② 물

③ 공기

④ 동(구리)

➤➤ 〈문제〉 물질들의 열전도율은 다음과 같다.
① 알루미늄 : 237W/m・K
② 물 : 0.6W/m・K
③ 공기 : 0.025W/m・K
④ 동(구리) : 400W/m・K
열전도율의 크기 순서대로 나타내면 동(구리) > 알루미늄 > 물 > 공기 순서가 되고, 열전도율이 가장 낮은 물질은 **공기**이다.

정답 53. ① 54. ④ 55. ② 56. ③

46 제4류 위험물에 대한 일반적인 설명으로 옳지 않은 것은?

① 대부분 연소하한값이 낮다.
② 발생증기는 가연성이며, 대부분 공기보다 무겁다.
③ 대부분 무기화합물이므로 정전기 발생에 주의한다.
④ 인화점이 낮을수록 화재위험성이 높다.

》③ 제4류 위험물은 탄소를 함유하고 있으므로 무기화합물이 아닌 유기화합물에 포함되며, 정전기의 발생 이유는 전기불량도체이기 때문이다.

47 위험물안전관리법령상 위험물에 해당하는 것은?

① 황산
② 비중이 1.41인 질산
③ 54 μm의 표준체를 통과하는 것이 50중량% 미만인 철의 분말
④ 농도가 40중량%인 과산화수소

》① 황산 : 비위험물이다.
② 질산 : 비중이 1.49 이상인 것이 위험물이다.
③ 철분 : 53 μm(마이크로미터)의 표준체를 통과하는 것이 50중량% 이상인 것이 위험물이다.
④ **과산화수소 : 농도가 36중량% 이상**인 것이 위험물이다.

48 위험물의 자연발화를 방지하는 방법으로 가장 거리가 먼 것은?

① 통풍을 잘 시킬 것
② 저장실의 온도를 낮출 것
③ 습도가 높은 곳에 저장할 것
④ 정촉매 작용을 하는 물질과의 접촉을 피할 것

》자연발화를 방지하기 위해서는 **온도 및 습도를 모두 낮추어야** 한다.

49 이산화탄소의 특성에 대한 설명으로 옳지 않은 것은?

① 전기전도성이 우수하다.
② 냉각, 압축에 의하여 액화된다.
③ 과량 존재 시 질식할 수 있다.
④ 상온, 상압에서 무색무취의 불연성 기체이다.

》① 전기불량도체이므로 전기전도성은 없다.

50 위험물안전관리법령상 위험물제조소의 옥외에 있는 하나의 액체 위험물 취급탱크 주위에 설치하는 방유제의 용량은 해당 탱크 용량의 몇 % 이상으로 하여야 하는가?

① 50%   ② 60%
③ 100%   ④ 110%

》위험물제조소의 옥외에 있는 위험물취급탱크 주위에 설치하는 방유제의 용량
1) 하나의 위험물 취급탱크 주위에 설치하는 방유제의 용량 : **탱크 용량의 50% 이상**
2) 2개 이상의 위험물 취급탱크 주위에 설치하는 방유제의 용량 : 탱크 중 용량이 최대인 것의 50%에 나머지 탱크 용량 합계의 10%를 가산한 양 이상

51 연쇄반응을 억제하여 소화하는 소화약제는?

① 할론 1301   ② 물
③ 이산화탄소   ④ 포

》억제효과를 갖는 소화약제는 할로젠화합물 소화약제이고, 〈보기〉 중 **할론 1301(CF_3Br)**이 할로젠화합물 소화약제의 종류이다.

52 위험물안전관리법령상 개방형 스프링클러헤드를 이용하는 스프링클러설비에서 수동식 개방밸브를 개방 조작하는 데 필요한 힘은 얼마 이하가 되도록 설치하여야 하는가?

① 5kg   ② 10kg
③ 15kg   ④ 20kg

》개방형 스프링클러헤드를 이용하는 스프링클러설비의 수동식 개방밸브를 개방 조작하는 데 필요한 힘은 **15kg 이하**이다.

정답   46. ③   47. ④   48. ③   49. ①   50. ①   51. ①   52. ③

53 위험물안전관리법령상 제조소에서 취급하는 제4류 위험물의 최대수량의 합이 지정수량의 12만배 미만인 사업소에 두어야 하는 화학소방자동차 및 자체소방대원 수의 기준으로 옳은 것은?

① 1대, 5인

② 2대, 10인

③ 3대, 15인

④ 4대, 20인

≫ 1) 자체소방대의 설치기준 : 제4류 위험물을 지정수량의 3천배 이상 취급하는 제조소 또는 일반취급소와 50만배 이상으로 저장하는 옥외탱크저장소에 설치한다.

2) 자체소방대에 두는 화학소방자동차 및 자체소방대원의 수의 기준

사업소의 구분	화학소방자동차의 수	자체소방대원의 수
지정수량의 3천배 이상 **12만배 미만으로 취급하는 제조소** 또는 일반취급소	1대	5인
지정수량의 12만배 이상 24만배 미만으로 취급하는 제조소 또는 일반취급소	2대	10인
지정수량의 24만배 이상 48만배 미만으로 취급하는 제조소 또는 일반취급소	3대	15인
지정수량의 48만배 이상으로 취급하는 제조소 또는 일반취급소	4대	20인
지정수량의 50만배 이상으로 저장하는 옥외탱크저장소	2대	10인

54 다음 중 탄산칼륨을 물에 용해시킨 강화액 소화약제의 pH에 가장 가까운 값은?

① 1   ② 4

③ 7   ④ 12

≫ 강화액 소화약제는 물에 탄산칼륨(K_2CO_3)을 첨가하여 만든 **pH=12**인 강알칼리성의 수용액이다.

55 다음 중 옥외탱크저장소의 제4류 위험물의 저장탱크에 설치하는 통기관에 관한 설명으로 틀린 것은?

① 제4류 위험물을 저장하는 압력탱크 외에 탱크에는 밸브 없는 통기관 또는 대기밸브부착 통기관을 설치하여야 한다.

② 밸브 없는 통기관은 직경을 30mm 미만으로 하고, 선단은 수평면보다 45도 이상 구부려 빗물 등의 침투를 막는 구조로 한다.

③ 인화점 70℃ 이상의 위험물만을 해당 위험물의 인화점 미만의 온도로 저장 또는 취급하는 탱크에 설치하는 통기관에는 인화방지장치를 설치하지 않아도 된다.

④ 옥외저장탱크 중 압력탱크란 탱크의 최대상용압력이 부압 또는 정압 5kPa을 초과하는 탱크를 말한다.

≫ ② **직경은 30mm 이상**으로 하고, 선단은 수평면보다 45도 이상 구부려 빗물 등의 침투를 막는 구조로 한다.

56 다음 중 열전도율이 가장 낮은 것은 어느 것인가?

① 알루미늄

② 물

③ 공기

④ 동(구리)

≫ 〈문제〉 물질들의 열전도율은 다음과 같다.
① 알루미늄 : 237W/m · K
② 물 : 0.6W/m · K
③ 공기 : 0.025W/m · K
④ 동(구리) : 400W/m · K
열전도율의 크기 순서대로 나타내면 동(구리) > 알루미늄 > 물 > 공기 순서가 되고, 열전도율이 가장 낮은 물질은 **공기**이다.

정답   53. ①   54. ④   55. ②   56. ③

57 아세톤의 성질에 관한 설명으로 틀린 것은?

① 비중은 0.79이다.

② 물에 불용이고, 에터에 잘 녹는다.

③ 인화점이 0℃보다 낮다.

④ 휘발성 있는 가연성 액체이다.

》 ① 비중은 0.79로 물보다 가벼운 무색 액체이다.
② 물에 잘 녹는 수용성이고, 에터에도 잘 녹는다.
③ 인화점은 −18℃로 0℃보다 낮다.

58 등유에 관한 설명으로 틀린 것은?

① 전기의 불량도체로서 정전기의 축적이 용이하다.

② 증기는 공기보다 무겁다.

③ 발화점이 인화점보다 높다.

④ 물보다 무겁고, 비수용성이다.

》 ② 증기비중은 4~5로 공기보다 무겁다.
③ 인화점은 25~50℃, 발화점은 220℃, 연소범위는 1.1~6%이다.
④ 물보다 가볍고, 비수용성이다.

59 트라이나이트로페놀에 대한 설명 중 틀린 것은?

① 가연성 물질이다.

② 상온에서 액체상태이며, 독성이 있다.

③ 알코올과 벤젠에 잘 녹는다.

④ 납과 화합하여 예민한 금속염을 만든다.

》 ① 자기반응성이므로 자체적으로 가연성 물질과 산소공급원을 모두 포함하고 있다.
② 황색의 침상결정인 고체상태로 존재하며, 독성이 있다.
③ 찬물에는 안 녹고, 온수, 알코올, 벤젠 등에는 잘 녹는다.
④ 단독으로는 충격·마찰 등에 둔감하지만, 구리, 아연, 납 등 금속염류와의 혼합물은 피크린산을 생성하여 마찰, 충격 등에 위험해진다.

60 물이 일반적인 소화약제로 사용될 수 있는 특징에 대한 설명 중 틀린 것은?

① 비교적 쉽게 구해서 이용이 가능하다.

② 비극성 물질이므로 증발잠열이 크다.

③ 증발잠열이 커서 기화 시 냉각효과가 뛰어나다.

④ 기화팽창률이 커서 질식효과가 있다.

》 물은 굽은 구조로 알짜쌍극자가 있는 **극성 물질**이고, 증발잠열(539kcal/kg)이 커서 냉각소화효과가 뛰어나며, 기화팽창률이 커서 수증기로 기화되었을 때 부피가 상당히 커지며 이때 수증기는 공기를 차단시켜 질식소화효과를 갖게 된다.

정답 57. ② 58. ④ 59. ② 60. ②

CBT 기출복원문제

2024 제3회 위험물기능사

2024년 6월 16일 시행

01 다음 중 전기설비에 적응성이 없는 소화설비는 어느 것인가?

① 불활성가스 소화설비

② 물분무소화설비

③ 포소화설비

④ 할로젠화합물 소화설비

》》 전기설비의 화재에는 물을 사용할 수 없다. 물분무소화설비는 소화약제가 물이라 하더라도 물을 잘게 흩어 뿌리기 때문에 효과가 있지만 포소화약제의 경우 포함된 수분 때문에 효과가 없다.

대상물의 구분 / 소화설비의 구분	건축물·그 밖의 공작물	전기설비	제1류 위험물		제2류 위험물			제3류 위험물		제4류 위험물	제5류 위험물	제6류 위험물
			알칼리금속의 과산화물 등	그 밖의 것	철분·금속분·마그네슘 등	인화성 고체	그 밖의 것	금수성 물품	그 밖의 것			
옥내소화전 또는 옥외소화전 설비	○			○		○	○		○		○	○
스프링클러설비	○			○		○	○		○	△	○	○
물분무등소화설비 / 물분무 소화설비	○	○		○		○	○		○	○	○	○
물분무등소화설비 / 포소화설비	○	×		○		○	○		○	○	○	○
물분무등소화설비 / 불활성가스 소화설비		○				○				○		
물분무등소화설비 / 할로젠 화합물 소화설비		○				○				○		
물분무등소화설비 / 분말소화설비 / 인산염류등	○	○		○		○	○			○		○
물분무등소화설비 / 분말소화설비 / 탄산수소염류등		○	○		○	○		○		○		
물분무등소화설비 / 분말소화설비 / 그 밖의 것			○		○			○				

02 다음 중 적린과 동소체 관계에 있는 위험물은 어느 것인가?

① 오황화인   ② 인화알루미늄

③ 인화칼슘   ④ 황린

》》 동소체란 단체로서 동일한 원소로 이루어져 있으며 성질은 다르지만 최종 연소생성물이 같은 물질을 말한다. 적린의 화학식은 P이고 황린의 화학식은 P_4인데 이 두 물질은 단체로서 성질은 서로 다르지만 두 물질 모두 연소 시 오산화인(P_2O_5)이라는 백색 연기를 발생하므로 서로 동소체의 관계에 있다.

03 운송책임자의 감독·지원을 받아 운송하는 위험물은?

① 알킬알루미늄

② 금속나트륨

③ 메틸에틸케톤

④ 트라이나이트로톨루엔

》》 운송책임자의 감독·지원을 받아 운송하는 위험물은 알킬알루미늄과 알킬리튬이다.

04 등유의 성질에 대한 설명 중 틀린 것은?

① 증기는 공기보다 가볍다.

② 인화점이 상온보다 높다.

③ 전기에 대해 불량도체이다.

④ 물보다 가볍다.

》》 ① 등유의 증기는 공기보다 무겁다.

② 제4류 위험물 중 제2석유류이기 때문에 등유의 인화점은 21℃ 이상 70℃ 미만의 범위에 포함된다. 따라서 등유의 인화점은 상온(20℃)보다 높다.

③ 금속성분이 아니기 때문에 전기에 대해 불량도체이다.

④ 물보다 가볍고, 비수용성이다.

---

05 위험물안전관리법령에서 정한 소화설비의 소요단위 산정방법에 대한 설명 중 옳은 것은 어느 것인가?

① 위험물은 지정수량의 100배를 1소요단위로 한다.
② 저장소용 건축물로 외벽이 내화구조인 것은 연면적 $100m^2$를 1소요단위로 한다.
③ 제조소용 건축물로 외벽이 내화구조가 아닌 것은 연면적 $50m^2$를 1소요단위로 한다.
④ 저장소용 건축물로 외벽이 내화구조가 아닌 것은 연면적 $25m^2$를 1소요단위로 한다.

➠ ① 위험물은 지정수량의 10배를 1소요단위로 한다.
② 저장소용 건축물로 외벽이 내화구조인 것은 연면적 $150m^2$를 1소요단위로 한다.
④ 저장소용 건축물로 외벽이 내화구조가 아닌 것은 연면적 $75m^2$를 1소요단위로 한다.

06 다음 중 제6류 위험물이 아닌 것은?

① 할로젠간화합물
② 과염소산
③ 아염소산
④ 과산화수소

➠ ③ 아염소산($HClO_2$)은 위험물에 속하지 않는다.
※ 제6류 위험물의 구분
1) 위험물안전관리법에서 정하는 것 : 과염소산, 과산화수소, 질산
2) 행정안전부령이 정하는 것 : 할로젠간화합물

07 탄화칼슘에 대한 설명으로 틀린 것은?

① 시판품은 흑회색이며, 불규칙한 형태의 고체이다.
② 물과 작용하여 산화칼슘과 아세틸렌을 만든다.
③ 고온에서 질소와 반응하여 칼슘사이안아마이드(석회질소)가 생성된다.
④ 비중은 약 2.2이다.

➠ 탄화칼슘의 성질
1) 흑회색의 물질로 비중은 2.2이다.
2) 상온에서는 질소와 반응하지 않지만 고온에서 반응하여 석회질소를 만든다.
3) 물과의 반응으로 **수산화칼슘**(소석회)과 아세틸렌을 생성한다.
$CaC_2 + 2H_2O \rightarrow Ca(OH)_2 + C_2H_2$

08 다음 ( ) 안에 알맞은 수치를 차례대로 올바르게 나열한 것은?

> 위험물 암반탱크의 공간용적은 해당 탱크 내에 용출하는 ( )일간의 지하수 양에 상당하는 용적과 해당 탱크 내용적의 100분의 ( )의 용적 중에서 보다 큰 용적을 공간용적으로 한다.

① 1, 1　　② 7, 1
③ 1, 5　　④ 7, 5

➠ 위험물 암반탱크의 공간용적은 해당 탱크 내에 용출하는 **7일**간의 지하수 양에 상당하는 용적과 해당 탱크 내용적의 **100분의 1**의 용적 중에서 보다 큰 용적을 공간용적으로 한다.

09 분말소화약제 중 인산염류를 주성분으로 하는 것은 제 몇 종 분말인가?

① 제1종 분말　　② 제2종 분말
③ 제3종 분말　　④ 제4종 분말

➠ ① 제1종 분말 : 탄산수소나트륨($NaHCO_3$)
② 제2종 분말 : 탄산수소칼륨($KHCO_3$)
③ 제3종 분말 : 인산암모늄($NH_4H_2PO_4$)
※ 염류의 종류 : K, Na, NH_4 등
④ 제4종 분말 : 탄산수소칼륨($KHCO_3$) + 요소[$(NH_2)_2CO$]의 부산물

10 제3류 위험물 중 금수성 물질에 적응성이 있는 소화설비는?

① 할로젠화합물 소화설비
② 포소화설비
③ 불활성가스 소화설비
④ 탄산수소염류등 분말소화설비

정답　05. ③　06. ③　07. ②　08. ②　09. ③　10. ④

≫ 제1류 위험물 중 알칼리금속의 과산화물, 제2류 위험물 중 철분, 금속분, 마그네슘, 제3류 위험물 중 **금수성 물질에 적응성이 있는 소화설비는 탄산수소염류 분말소화설비**이다.

11 다이에틸에터의 안전관리에 관한 설명 중 틀린 것은?

① 증기는 마취성이 있으므로 증기 흡입에 주의한다.

② 폭발성의 과산화물 생성을 아이오딘화칼륨 수용액으로 확인한다.

③ 물에 잘 녹으므로 대규모 화재 시 집중주수하여 소화한다.

④ 정전기불꽃에 의한 발화에 주의한다.

≫ 다이에틸에터의 성질
1) 제4류 위험물의 특수인화물로서, **비수용성으로 화재 시 질식소화**를 해야 한다.
2) 과산화물 검출시약은 KI(아이오딘화칼륨) 10% 용액이며, 이를 반응시켰을 때 황색으로 변하면 과산화물이 생성되었다고 판단한다.
3) 과산화물의 제거시약은 황산철(Ⅱ) 또는 환원철이다.
4) 저장 시 정전기를 방지하기 위해 소량의 염화칼슘($CaCl_2$)을 넣어준다.

12 정전기의 발생요인에 대한 설명으로 틀린 것은 어느 것인가?

① 접촉면적이 클수록 정전기 발생량은 많아진다.

② 분리속도가 **빠를수록** 정전기 발생량은 많아진다.

③ 대전서열에서 먼 위치에 있을수록 정전기 발생량은 많아진다.

④ 접촉과 분리가 반복됨에 따라 정전기 발생량은 증가한다.

≫ 접촉면적이 크고 접촉과 분리속도가 빠를수록 정전기 발생량은 많아지지만, 접촉과 분리의 반복으로는 정전기 발생량은 증가하지 않으며, 대전(전기를 띠는)서열에서 먼 위치에 있는 물질(비전도체)의 정전기 발생량은 많아진다.

13 다음 중 제2류 위험물이 아닌 것은?

① 황화인　　　② 황

③ 마그네슘　　④ 칼륨

≫ ④ 칼륨은 제3류 위험물이다.

14 위험물안전관리자의 선임 등에 대한 설명으로 옳은 것은?

① 안전관리자는 국가기술자격 취득자 중에서만 선임하여야 한다.

② 안전관리자를 해임한 때에는 14일 이내에 다시 선임하여야 한다.

③ 제조소등의 관계인은 안전관리자가 일시적으로 직무를 수행할 수 없는 경우에는 14일 이내의 범위에서 안전관리자의 대리자를 지정하여 직무를 대행하게 하여야 한다.

④ 안전관리자를 선임한 때는 14일 이내에 신고하여야 한다.

≫ 안전관리자를 선임한 때에는 14일 이내에 소방본부장 또는 소방서장에게 신고하여야 한다.
① 안전관리자는 국가기술자격 취득자 또는 위험물안전관리자 교육이수자 또는 소방공무원 경력 3년 이상인 자 중에서 선임하여야 한다.
② 안전관리자가 해임되거나 퇴직한 때에는 해임되거나 퇴직한 날부터 30일 이내에 다시 안전관리자를 선임하여야 한다.
③ 안전관리자가 일시적으로 직무를 수행할 수 없거나 안전관리자의 해임 또는 퇴직과 동시에 다른 안전관리자를 선임하지 못하는 경우에는 대리자를 지정하여 **30일 이내**로만 대행하게 하여야 한다.

15 염소산칼륨의 성질에 대한 설명으로 옳은 것은 무엇인가?

① 가연성 액체이다.

② 강력한 산화제이다.

③ 물보다 가볍다.

④ 열분해하면 수소를 발생한다.

》》 제1류 위험물로서 산소공급원을 가지므로 강력한 산화제(가연물을 태우는 성질의 물질)이다.
① 산화성 고체이다.
③ 모든 제1류 위험물은 물보다 무겁다.
④ 모든 제1류 위험물은 열분해하면 산소를 발생한다.

16 위험물제조소에서 연소 우려가 있는 외벽은 기산점이 되는 선으로부터 3m(2층 이상의 층에 대해서는 5m) 이내에 있는 외벽을 말하는데, 이 기산점이 되는 선에 해당하지 않는 것은?

① 동일부지 내의 다른 건축물과 제조소 부지 간의 중심선
② 제조소등에 인접한 도로의 중심선
③ 제조소등이 설치된 부지의 경계선
④ 제조소등의 외벽과 동일부지 내 다른 건축물의 외벽 간의 중심선

》》 연소의 우려가 있는 외벽의 기산점
1) 제조소등의 부지경계선
2) 제조소등에 면하는 도로중심선
3) 동일부지 내에 있는 다른 건축물과의 상호 외벽 간의 중심선

17 화학식과 Halon 번호를 올바르게 연결한 것은?

① $CBr_2F_2 - 1202$ ② $C_2Br_2F_2 - 2422$
③ $CBrClF_2 - 1102$ ④ $C_2Br_2F_4 - 1242$

》》 할론 번호는 화학식에서의 F, Cl, Br의 위치에 관계없이 C-F-Cl-Br의 순서대로 원소의 개수를 읽어준다.
② $C_2Br_2F_2$ - 존재하지 않는 화학식이다.
③ $CBrClF_2$ - 1211
④ $C_2Br_2F_4$ - 2402

18 다음 중 오황화인이 물과 반응하였을 때 생성된 가스를 연소시키면 발생하는 독성이 있는 가스는?

① 이산화질소 ② 포스핀
③ 염화수소 ④ 이산화황

》》 물과 반응 시 발생하는 가스는 황화수소(H_2S)이며, 이를 연소시킬 경우 이산화황(SO_2)이 발생한다.
1) 물과의 반응식
  $- P_2S_5 + 8H_2O \rightarrow 5H_2S + 2H_3PO_4$
  오황화인   물   황화수소   인산
2) H_2S의 연소반응식
  $- 2H_2S + 3O_2 \rightarrow 2H_2O + 2SO_2$
  황화수소   산소   물   이산화황

19 다음 중 할로겐화합물 소화약제의 가장 주된 소화효과에 해당하는 것은?

① 제거소화 ② 억제소화
③ 냉각소화 ④ 질식소화

》》 할로겐화합물 소화약제의 가장 주된 소화효과는 억제효과이다.

20 벤젠을 저장하는 옥외탱크저장소가 액표면적이 45m²인 경우 소화난이도등급은?

① 소화난이도등급 I
② 소화난이도등급 II
③ 소화난이도등급 III
④ 제시된 조건으로 판단할 수 없음

》》 **소화난이도등급 I** 에 해당하는 옥외탱크저장소의 기준
1) **액표면적이 40m² 이상**인 것(제6류 위험물을 저장하는 것 및 고인화점 위험물만을 100℃ 미만의 온도에서 저장하는 것은 제외)
2) 지면으로부터 탱크 옆판 상단까지 높이가 6m 이상인 것(제6류 위험물을 저장하는 것 및 고인화점 위험물만을 100℃ 미만의 온도에서 저장하는 것은 제외)
※ 1)과 2) 중 어느 하나의 조건에 만족하는 경우 소화난이도등급 I 에 해당하는 옥외탱크저장소로 간주한다.

21 이산화탄소 소화기 사용 시 줄 - 톰슨 효과에 의해 생성되는 물질은?

① 포스겐 ② 일산화탄소
③ 드라이아이스 ④ 수성 가스

》》 줄 - 톰슨 효과란 이산화탄소약제를 방출할 때 액체 이산화탄소가 가는 관을 통과하게 되는데 이때 압력과 온도의 급감으로 인해 **드라이아이스가 관 내에 생성됨**으로써 노즐이 막히는 현상을 의미한다.

정답 16. ① 17. ① 18. ④ 19. ② 20. ① 21. ③

22 제5류 위험물에 관한 내용으로 틀린 것은 어느 것인가?

① $C_2H_5ONO_2$: 상온에서 액체이다.

② $C_6H_2OH(NO_2)_3$: 공기 중 자연분해가 잘된다.

③ $C_6H_3(NO_2)_2CH_3$: 담황색의 결정이다.

④ $C_3H_5(ONO_2)_3$: 혼산 중에 글리세린을 반응시켜 제조한다.

»» ① 질산에틸($C_2H_5ONO_2$) : 상온에서 액체인 질산에스터류에 해당하는 물질이다.
② 피크린산[$C_6H_2OH(NO_2)_3$] : 단독으로는 마찰·충격에 둔감하여 **공기 중에서 자연분해되지 않지만**, 금속과 반응 시 폭발성의 물질을 생성하여 위험하다.
③ 다이나이트로톨루엔[$C_6H_3(NO_2)_2CH_3$] : 트라이나이트로톨루엔과 같이 나이트로화합물에 포함되는 물질이며, 담황색의 결정이다.
④ 나이트로글리세린[$C_3H_5(ONO_2)_3$] : 질산과 황산(혼산)을 글리세린에 반응시켜 제조한다.

23 트라이에틸알루미늄의 화재 시 사용할 수 있는 소화약제(설비)가 아닌 것은?

① 마른 모래   ② 팽창질석

③ 팽창진주암   ④ 이산화탄소

»» 트라이에틸알루미늄은 제3류 위험물 중 금수성 물질로서, 사용할 수 있는 소화약제는 **탄산수소염류 분말소화약제 및 마른 모래, 팽창질석 또는 팽창진주암**이다.

24 휘발유의 성질 및 취급 시의 주의사항에 관한 설명 중 틀린 것은?

① 증기가 모여 있지 않도록 통풍을 잘 시킨다.

② 인화점이 상온이므로 상온 이상에서는 취급 시 각별한 주의가 필요하다.

③ 정전기 발생에 주의해야 한다.

④ 강산화제 등과 혼촉 시 발화할 위험이 있다.

»» ② 휘발유의 인화점은 −43 ～ −38℃이므로 상온보다 훨씬 낮아 인화점 이상에서는 취급 시 주의가 필요하다.

25 다음 설명 중 제2석유류에 해당하는 것은? (단, 1기압상태이다.)

① 착화점이 21℃ 미만인 것

② 착화점이 30℃ 이상 50℃ 미만인 것

③ 인화점이 21℃ 이상 70℃ 미만인 것

④ 인화점이 21℃ 이상 90℃ 미만인 것

»» 제4류 위험물 중 제2석유류의 인화점 기준은 21℃ 이상 70℃ 미만이다.

26 다음 중 발화점이 가장 낮은 것은?

① 이황화탄소   ② 산화프로필렌

③ 휘발유   ④ 메틸알코올

»» ① **이황화탄소** : 100℃
② 산화프로필렌 : 465℃
③ 휘발유 : 300℃
④ 메틸알코올 : 454℃

27 제5류 위험물을 저장 또는 취급하는 장소에 적응성이 있는 소화설비는?

① 포소화설비

② 분말소화설비

③ 불활성가스 소화설비

④ 할로젠화합물 소화설비

»» 제5류 위험물은 자기반응성 물질로서 자체적으로 가연물과 산소공급원을 동시에 포함하므로 산소공급원을 제거하는 질식소화는 효과가 없다. 〈보기〉 중 분말소화설비, 불활성가스 소화설비는 질식소화원리를 이용하고 할로젠화합물 소화설비는 억제소화원리를 이용하지만 **포소화설비**의 경우 질식소화원리는 물론, 수분(물)을 함유하고 있어 냉각소화원리도 가능한 소화설비이므로 **제5류 위험물 화재에도 적응성**을 갖는다.

28 연소의 3요소를 모두 포함하는 것은?

① 과염소산, 산소, 불꽃

② 마그네슘분말, 연소열, 수소

③ 아세톤, 수소, 산소

④ 불꽃, 아세톤, 질산암모늄

>> ① 과염소산(제6류 위험물인 산소공급원), 산소(산소공급원), 불꽃(점화원)
② 마그네슘분말(제2류 위험물인 가연물), 연소열(점화원), 수소(가연물)
③ 아세톤(제4류 위험물인 가연물), 수소(가연물), 산소(산소공급원)
④ 불꽃(**점화원**), 아세톤(제4류 위험물인 **가연물**), 질산암모늄(제1류 위험물인 **산소공급원**)
※ 연소의 3요소
1) 가연물
2) 산소공급원
3) 점화원

29 벤조일퍼옥사이드에 대한 설명으로 틀린 것은?

① 무색, 무취의 투명한 액체이다.
② 가급적 소분하여 저장한다.
③ 제5류 위험물에 해당한다.
④ 품명은 유기과산화물이다.

>> ① 벤조일퍼옥사이드(과산화벤조일)는 제5류 위험물 중 유기과산화물에 해당하는 고체이다.

30 탄소 80%, 수소 14%, 황 6%인 물질 1kg이 완전연소 하기 위해 필요한 이론공기량은 약 몇 kg인가? (단, 공기 중 산소는 23wt%이다.)

① 3.31kg
② 7.05kg
③ 11.62kg
④ 14.41kg

>> 1) 탄소의 연소반응식
$C + O_2 \rightarrow CO_2$
$(1,000g \times 0.8) \times \frac{1mol\ C}{12g\ C} \times \frac{1mol\ O_2}{1mol\ C} \times \frac{32g\ O_2}{1mol\ O_2}$
$= 2133.33g\ O_2$
2) 수소의 연소반응식
$2H_2 + O_2 \rightarrow 2H_2O$
$(1,000g \times 0.14) \times \frac{1mol\ H_2}{2g\ H_2} \times \frac{1mol\ O_2}{2mol\ H_2} \times \frac{32g\ O_2}{1mol\ O_2}$
$= 1,120g\ O_2$
3) 황의 연소반응식
$S + O_2 \rightarrow SO_2$
$(1,000g \times 0.06) \times \frac{1mol\ S}{32g\ S} \times \frac{1mol\ O_2}{1mol\ S} \times \frac{32g\ O_2}{1mol\ O_2}$
$= 60g\ O_2$
3가지의 물질을 모두 연소시키는 데 필요한 산소의 양은 2133.33g + 1,120g + 60g = 3313.33g O_2이다.
산소는 공기의 23%의 양이므로, 필요로 하는 공기의 양은 다음과 같은 식으로 성립한다.
$3313.33g\ O_2 \times \frac{100g\ 공기}{23g\ O_2} \times \frac{1kg}{1,000g} = $**14.41kg 공기**

31 위험물제조소등의 종류가 아닌 것은?

① 간이탱크저장소
② 일반취급소
③ 이송취급소
④ 이동판매취급소

>> 위험물제조소등이란 제조소, 저장소, 취급소를 말한다.
④ 이동판매취급소라는 종류는 존재하지 않는다.
※ 취급소의 종류
1) 이송취급소
2) 주유취급소
3) 일반취급소
4) 판매취급소

32 염소산나트륨과 반응하여 ClO_2가스를 발생시키는 것은?

① 글리세린   ② 질소
③ 염산   ④ 산소

>> 염소산나트륨(제1류 위험물)은 **염산**, 황산, 질산 등의 산과 반응 시 이산화염소(ClO_2)를 발생한다.

33 위험물안전관리법령에서 제3류 위험물에 해당하지 않는 것은?

① 알칼리금속   ② 칼륨
③ 황화인   ④ 황린

>> ① 알칼리금속 : 제3류 위험물
② 칼륨 : 제3류 위험물
③ **황화인 : 제2류 위험물**
④ 황린 : 제3류 위험물

34 위험물제조소 내의 위험물을 취급하는 배관에 대한 설명으로 옳지 않은 것은?

① 배관을 지하에 매설하는 경우 접합부분에는 점검구를 설치하여야 한다.

② 배관을 지하에 매설하는 경우 금속성 배관의 외면에는 부식방지조치를 하여야 한다.

③ 최대상용압력의 1.5배 이상의 압력으로 수압시험을 실시하여 이상이 없어야 한다.

④ 지상에 설치하는 경우에는 안전한 구조의 지지물로 지면에 밀착하여 설치하여야 한다.

》》 ④ 배관을 지상에 설치하는 경우에는 지면에 밀착해서는 안된다.

35 다음 중 품명이 나머지 셋과 다른 하나는?

① 질산메틸
② 트라이나이트로페놀
③ 나이트로글리세린
④ 나이트로셀룰로오스

》》 ① 질산메틸 : 질산에스터류
② 트라이나이트로페놀 : 나이트로화합물
③ 나이트로글리세린 : 질산에스터류
④ 나이트로셀룰로오스 : 질산에스터류

36 정전기를 제거하려 할 때 공기 중 상대습도는 몇 % 이상으로 해야 하나?

① 50% ② 60%
③ 70% ④ 80%

》》 정전기의 제거방법
1) 접지할 것
2) 공기 중 상대습도를 **70% 이상**으로 할 것
3) 공기를 이온화시킬 것

37 지정수량 10배의 벤조일퍼옥사이드 운송 시 혼재할 수 있는 위험물류로 옳은 것은?

① 제1류 ② 제2류
③ 제3류 ④ 제6류

》》 벤조일퍼옥사이드(제5류 위험물)의 운송 시 혼재 가능한 유별은 **제2류**, 제4류이다.

38 1기압 20℃에서 액체인 미상의 위험물을 측정하였더니 인화점이 32.2℃, 발화점이 257℃로 측정되었다. 다음 제4류 위험물 중 해당하는 품명은?

① 특수인화물 ② 제1석유류
③ 제2석유류 ④ 제3석유류

》》 제4류 위험물 중 제2석유류의 인화점 범위 : 21℃ 이상 70℃ 미만

39 톨루엔의 화재 시 가장 적합한 소화방법은?

① 산·알칼리 소화기에 의한 소화
② 포에 의한 소화
③ 다량의 강화액에 의한 소화
④ 다량의 주수에 의한 냉각소화

》》 톨루엔 등 제4류 위험물의 화재 시에는 포로 질식소화 하는 것이 가장 일반적이며 이산화탄소, 할로젠화합물 등도 이용할 수 있다.

40 위험물안전관리법령상 고정주유설비는 주유설비의 중심선을 기점으로 하여 도로경계선까지 몇 m 이상의 거리를 유지해야 하는가?

① 1m ② 3m
③ 4m ④ 6m

》》 고정주유설비의 중심선을 기점으로 하여 확보해야 하는 거리
1) **도로경계선까지 4m 이상**
2) 부지경계선, 담 및 벽까지 2m 이상
3) 개구부가 없는 벽까지 1m 이상
4) 고정급유설비까지 4m 이상

41 품명이 제4석유류인 위험물은?

① 중유 ② 기어유
③ 등유 ④ 크레오소트유

》》 ① 중유 : 제3석유류
② **기어유 : 제4석유류**
③ 등유 : 제2석유류
④ 크레오소트유 : 제3석유류

정답 34. ④ 35. ② 36. ③ 37. ② 38. ③ 39. ② 40. ③ 41. ②

42 위험물안전관리법령에 의한 안전교육에 대한 설명으로 옳은 것은?

① 제조소등의 관계인은 교육대상자에 대하여 안전교육을 받게 할 의무가 있다.
② 안전관리자, 탱크시험자의 기술인력, 위험물운반자 및 위험물운송자 등은 안전교육을 받을 의무가 없다.
③ 탱크시험자의 업무에 대한 강습교육을 받으면 탱크시험자의 기술인력이 될 수 있다.
④ 소방서장은 교육대상자가 교육을 받지 아니한 때에는 그 자격을 정지하거나 취소할 수 있다.

≫ ② 안전관리자와 위험물운송자 등은 한국소방안전원으로부터. 탱크시험자의 기술인력종사자는 한국소방산업기술원으로부터 안전교육을 받아야 한다.
③ 탱크시험자의 기술인력은 신규종사 후 6개월 이내에 8시간 이내의 실무교육을 받아야 한다.
④ 소방서장은 교육대상자가 교육을 받지 아니한 때에는 교육을 받을 때까지 그 자격으로 행하는 행위를 제한할 수 있다.

43 제5류 위험물의 화재예방상 주의사항으로 거리가 먼 것은?

① 점화원의 접근을 피한다.
② 통풍이 양호한 찬 곳에 저장한다.
③ 소화설비는 질식소화가 있는 것을 위주로 준비한다.
④ 가급적 소분하여 저장한다.

≫ 1) 제5류 위험물의 성질 : 자체적으로 가연물과 산소공급원을 동시에 포함하고 있으므로 외부로부터의 점화원만으로 폭발이 가능하며 저장할 때에도 소분하여 저장하고 통풍이 잘되면서 차갑고 어두운 장소(냉암소)에 보관함으로써 폭발에 대한 위험을 방지할 수 있도록 해야 한다.
2) 제5류 위험물의 소화방법 : 자체적으로 가지고 있는 산소공급원을 지속적으로 방출할 수 있기 때문에 산소공급원을 제거하는 소화방법인 **질식소화는 효과가 없어, 물로 냉각소화를 해야 한다.**

44 공장 창고에 보관되었던 톨루엔이 유출되어 미상의 점화원에 의해 착화되어 화재가 발생하였다면 이 화재의 분류로 옳은 것은?

① A급 화재   ② B급 화재
③ C급 화재   ④ D급 화재

≫ 톨루엔은 물보다 가볍고 비수용성인 제4류 위험물이므로 **유류화재인 B급 화재**에 해당한다.

45 석유류가 연소할 때 발생하는 가스로 강한 자극성 냄새가 나며 취급하는 장치를 부식시키는 것은?

① H_2 ② CH_4
③ NH_3 ④ SO_2

≫ 〈보기〉의 가스 중에서 부식성을 갖는 가스는 이산화황(SO_2)밖에 없다.

46 과산화칼륨이 물 또는 이산화탄소와 반응할 경우 공통적으로 발생하는 물질은?

① 산소   ② 과산화수소
③ 수산화칼륨   ④ 수소

≫ 과산화칼륨(제1류 위험물 중 알칼리금속의 과산화물)은 물 또는 이산화탄소와 반응하여 산소를 발생한다.

47 위험물안전관리법령상 개방형 스프링클러헤드를 이용하는 스프링클러설비에서 수동식 개방밸브를 개방 조작하는 데 필요한 힘은 얼마 이하가 되도록 설치하여야 하는가?

① 5kg   ② 10kg
③ 15kg   ④ 20kg

≫ 개방형 스프링클러헤드를 이용하는 스프링클러설비의 수동식 개방밸브를 개방 조작하는 데 필요한 힘은 **15kg 이하**이다.

48 위험물안전관리법령에 명기된 위험물의 운반용기 재질에 포함되지 않는 것은?

① 고무류   ② 유리
③ 도자기   ④ 종이

>> 운반용기의 재질로는 강판, 알루미늄판, 양철판, 유리, 금속판, 종이, 플라스틱, 섬유판, 고무류, 합성섬유, 삼, 짚 또는 나무 등이 있다.

똑똑한 풀이비법

도자기는 쉽게 깨지기 때문에 운반용기 재질로는 사용할 수 없겠죠?

49 공기 중의 산소농도를 한계산소량 이하로 낮추어 연소를 중지시키는 소화방법은 어느 것인가?

① 냉각소화   ② 제거소화
③ 억제소화   ④ 질식소화

>> ① 냉각소화 : 물이 고온에서 증발하였을 때 발생하는 증발잠열을 이용하여 연소면의 열을 흡수함으로써 온도를 발화점 미만으로 낮추어 소화하는 방법
② 제거소화 : 가연물을 제거하여 소화하는 방법
③ 억제소화 : 연쇄반응의 속도를 빠르게 하는 정촉매의 역할을 억제시켜 소화하는 방법
④ 질식소화 : 공기 중의 산소와 연소물과의 접촉을 차단시켜 연소에 필요한 **산소의 농도를 낮추어 소화하는 방법**

50 위험물안전관리법에 따른 소화설비의 구분에서 물분무등소화설비에 속하지 않는 것은?

① 불활성가스 소화설비
② 포소화설비
③ 스프링클러설비
④ 분말소화설비

>> 물분무등소화설비의 종류 : 물분무소화설비, 포소화설비, 불활성가스 소화설비, 할로전화합물 소화설비, 분말소화설비

51 경유 옥외탱크저장소에서 10,000L 탱크 1기가 설치된 곳의 방유제 용량은 얼마 이상인가?

① 5,000L
② 10,000L
③ 11,000L
④ 20,000L

>> 위험물 옥외저장탱크 방유제의 용량(인화성 액체를 저장하는 경우에 한함)

1) 하나의 옥외저장탱크 방유제 용량 : 탱크 용량의 110% 이상
2) 2개 이상의 옥외저장탱크 방유제 용량 : 탱크 중 용량이 최대인 것의 110% 이상
∴ 10,000L × 1.1 = 11,000L

52 다음 중 소화약제에 따른 주된 소화효과로 틀린 것은?

① 수성막포 소화약제 : 질식효과
② 제2종 분말소화약제 : 탈수·탄화효과
③ 이산화탄소 소화약제 : 질식효과
④ 할로전화합물 소화약제 : 화학억제효과

>> 소화효과별 소화약제의 구분
1) **질식효과** : 포소화약제, 이산화탄소 소화약제, **분말소화약제**
2) 억제효과 : 할로전화합물 소화약제
3) 냉각효과 : 물을 이용한 소화약제

53 자기반응성 물질인 제5류 위험물에 해당하는 것은?

① $CH_3(C_6H_4)NO_2$ ② CH_3COCH_3
③ $C_6H_2(NO_2)_3OH$ ④ $C_6H_5NO_2$

>> ① $CH_3(C_6H_4)NO_2$(나이트로톨루엔) : 제4류 위험물 중 제3석유류
② CH_3COCH_3(아세톤) : 제4류 위험물 중 제1석유류
③ **$C_6H_2(NO_2)_3OH$(트라이나이트로페놀) : 제5류 위험물 중 나이트로화합물**
④ $C_6H_5NO_2$(나이트로벤젠) : 제4류 위험물 중 제3석유류

54 경유에 대한 설명으로 틀린 것은?

① 물에 녹지 않는다.
② 비중은 1 이하이다.
③ 발화점이 인화점보다 높다.
④ 인화점은 상온 이하이다.

>> ① 물에 녹지 않는 비수용성 물질이다.
② 물보다 가벼우므로 비중은 1 이하이다.
③ 인화점 50~70℃, 발화점 200℃이므로 발화점이 인화점보다 높다.
④ 제4류 위험물의 제2석유류이므로 인화점은 21℃ 이상 70℃ 미만으로 **상온(20℃) 이상**이다.

55 불활성가스 소화설비의 구성 성분은?

① 염소   ② 플루오린

③ 질소   ④ 브로민

》 불활성가스의 종류별 구성 성분
  1) IG-100 : 질소(N_2) 100%
  2) IG-55 : 질소(N_2) 50%와 아르곤(Ar) 50%
  3) IG-541 : 질소(N_2) 52%와 아르곤(Ar) 40%와 이산화탄소(CO_2) 8%

56 산화프로필렌의 저장 또는 보관 방법으로 옳은 것은?

① pH 9인 약알칼리성 물속에 보관한다.

② 용기 상부에 질소, 아르곤 등의 기체를 봉입한다.

③ 등유나 경유 속에 보관한다.

④ 함수알코올에 습면시켜 저장한다.

》 **산화프로필렌**은 저장 시 용기 상부에 **질소(N_2)와** 같은 불연성 가스 또는 **아르곤(Ar)**과 같은 불활성 기체를 봉입한다.

57 오존파괴지수(ODP)의 기준이 되는 물질은?

① O_3 ② Cl

③ Halon 1301   ④ CFC11

》 오존파괴지수(ODP)는
  $\dfrac{\text{물질 1kg에 의해 파괴되는 오존량}}{\text{CFC11 1kg에 의해 파괴되는 오존량}}$ 으로 정의되며, **기준물질은 CFC11($CFCl_3$)**이다.

58 자연발화를 방지하기 위한 방법으로 옳지 않은 것은?

① 습도를 가능한 한 낮게 유지한다.

② 열 축적을 방지한다.

③ 통풍을 막는다.

④ 정촉매작용을 하는 물질을 피한다.

》 자연발화의 방지법
  1) 습도를 낮춰야 한다.
  2) 저장온도를 낮춰야 한다.
  3) 퇴적 및 수납 시 열이 쌓이지 않도록 해야 한다.
  4) 통풍이 잘되도록 해야 한다.
  5) 분해를 촉진하는 정촉매 물질을 피해야 한다.

59 트라이나이트로페놀의 성상에 대한 설명 중 틀린 것은?

① 쓴맛이 있으며, 독성이 있다.

② 비중 1.8인 액체 상태로 존재한다.

③ 단독으로는 마찰, 충격에 비교적 안정하다.

④ 알코올, 에터, 벤젠에 녹는다.

》 트라이나이트로페놀의 성질
  1) 발화점 300℃, 융점 121℃, 비중 1.80이다.
  2) **황색의 침상결정인 고체상태로** 존재한다.
  3) 찬물에는 안 녹고, 온수, 알코올, 벤젠, 에터에는 잘 녹는다.
  4) 쓴맛이 있고, 독성이 있다.
  5) 단독으로는 충격, 마찰 등에 둔감하나, 구리, 아연 등 금속염류와의 혼합물은 피크린산염을 생성하여 충격, 마찰 등에 위험해진다.
  6) 고체 물질이므로 건조하면 위험하고 약한 습기에 저장하면 안정하다.
  7) 주수하여 냉각소화 해야 한다.

60 위험물을 저장할 때 필요한 보호물질로 잘못 연결한 것은?

① 황린 – 물

② 알킬알루미늄 – 물

③ 이황화탄소 – 물

④ 나트륨 – 석유

》 **알킬알루미늄**은 금수성 물질이므로 저장 시에는 용기 상부에 **질소(N_2) 또는 아르곤(Ar)** 등의 불연성 가스를 봉입한다.

정답 55. ③ 56. ② 57. ④ 58. ③ 59. ② 60. ②

2024 제4회 위험물기능사

CBT 기출복원문제

2024년 9월 8일 시행

01 다음 중 제5류 위험물이 아닌 것은?

① 나이트로글리세린

② 나이트로톨루엔

③ 나이트로글리콜

④ 트라이나이트로톨루엔

» ① 나이트로글리세린 : 제5류 위험물 중 질산에스터류
② **나이트로톨루엔 : 제4류 위험물** 중 제3석유류
③ 나이트로글리콜 : 제5류 위험물 중 질산에스터류
④ 트라이나이트로톨루엔 : 제5류 위험물 중 나이트로화합물

02 다음 중 위험물안전관리법령에 따라 정한 지정수량이 나머지 셋과 다른 것은?

① 황화인

② 적린

③ 황

④ 철분

» ① 황화인 : 100kg
② 적린 : 100kg
③ 황 : 100kg
④ **철분 : 500kg**

03 B·C급 화재뿐만 아니라 A급 화재까지도 사용이 가능한 분말소화약제는?

① 제1종 분말소화약제

② 제2종 분말소화약제

③ 제3종 분말소화약제

④ 제4종 분말소화약제

» ① 제1종 분말소화약제 : B·C급 화재
② 제2종 분말소화약제 : B·C급 화재
③ **제3종 분말소화약제 : A·B·C급 화재**
④ 제4종 분말소화약제 : B·C급 화재

04 위험물안전관리법령상 운송책임자의 감독, 지원을 받아 운송하여야 하는 위험물에 해당하는 것은?

① 알킬알루미늄, 산화프로필렌, 알킬리튬

② 알킬알루미늄, 산화프로필렌

③ 알킬알루미늄, 알킬리튬

④ 산화프로필렌, 알킬리튬

» 위험물안전관리법령상 운송책임자의 감독, 지원을 받아 운송하여야 하는 위험물은 제3류 위험물 중 **알킬알루미늄** 및 **알킬리튬**이다.

05 과산화바륨과 물이 반응하였을 때 발생하는 것은?

① 수소

② 산소

③ 탄산가스

④ 수성가스

» 과산화바륨은 제1류 위험물 중 무기과산화물로서, 물과 반응 시 수산화바륨[$Ba(OH)_2$]과 산소(O_2)를 발생한다.
– 물과의 반응식 : $2BaO_2 + 2H_2O \rightarrow 2Ba(OH)_2 + O_2$

06 위험물을 저장하는 탱크의 공간용적 산정 기준에서 ( ) 안에 알맞은 수치는?

> 암반탱크에 있어서는 해당 탱크 내에 용출하는 ( )일간의 지하수의 양에 상당하는 용적과 해당 탱크 내용적의 ( )의 용적 중에서 보다 큰 용적을 공간용적으로 한다.

① 7, 1/100

② 7, 5/100

③ 10, 1/100

④ 10, 5/100

» 암반탱크에 있어서는 해당 탱크 내에 용출하는 **7**일간의 지하수의 양에 상당하는 용적과 해당 탱크 내용적의 **1/100**의 용적 중에서 보다 큰 용적을 공간용적으로 한다.

정답 01. ② 02. ④ 03. ③ 04. ③ 05. ② 06. ①

07 BCF(Bromochlorodifluoromethane) 소화약제의 화학식으로 옳은 것은?

① CCl_4

② CH_2ClBr

③ CF_3Br

④ CF_2ClBr

≫ BCF란 탄소(C)와 함께 B(Br), C(Cl), F를 모두 포함하는 할로젠화합물 소화약제를 의미한다.

08 다음 중 황 분말과 혼합했을 때 가열 또는 충격에 의해서 폭발할 위험이 가장 높은 것은?

① 질산암모늄

② 물

③ 이산화탄소

④ 마른모래

≫ 황(제2류 위험물)은 가연성 고체이며 이와 함께 연소하기 위해서는 점화원과 산소공급원이 필요한데 〈보기〉 중 제1류 위험물인 **질산암모늄은 산소공급원** 역할을 하므로 폭발의 위험이 가장 높다.

09 다음 중 위험물안전관리법령상 위험물제조소와의 안전거리가 가장 먼 것은?

① '고등교육법'에서 정하는 학교

② '의료법'에 따른 병원급 의료기관

③ '고압가스안전관리법'에 의하여 허가를 받은 고압가스제조시설

④ '문화재보호법'에 의한 유형문화재와 기념물 중 지정문화재

≫ 위험물제조소와의 안전거리기준
1) 주거용 건축물(제조소의 동일부지 외에 있는 것) : 10m 이상
2) 학교 · 병원 · 극장(300명 이상), 다수인 수용시설 : 30m 이상
3) **유형문화재와 지정문화재 : 50m 이상**
4) 고압가스, 액화석유가스 등의 저장 · 취급 시설 : 20m 이상
5) 사용전압 7,000V 초과 35,000V 이하의 특고압가공전선 : 3m 이상
6) 사용전압 35,000V를 초과하는 특고압가공전선 : 5m 이상

10 혼합물인 위험물이 복수의 성상을 가지는 경우에 적용하는 품명에 관한 설명으로 틀린 것은?

① 산화성 고체의 성상 및 가연성 고체의 성상을 가지는 경우 : 산화성 고체의 품명

② 산화성 고체의 성상 및 자기반응성 물질의 성상을 가지는 경우 : 자기반응성 물질의 품명

③ 가연성 고체의 성상 및 자연발화성 물질의 성상 및 금수성 물질의 성상을 가지는 경우 : 자연발화성 물질 및 금수성 물질의 품명

④ 인화성 액체의 성상 및 자기반응성 물질의 성상을 가지는 경우 : 자기반응성 물질의 품명

≫ 복수의 성상을 가지는 위험물(하나의 물질이 2가지의 위험물 성질을 동시에 가지고 있는 것)의 품명기준 (공식 : 제1류 < 제2류 < 제4류 < 제3류 < 제5류)

◀ 복수성상물품의 공식

① **산화성 고체(제1류) < 가연성 고체(제2류) : 가연성 고체(제2류)**

② 산화성 고체(제1류) < 자기반응성 물질(제5류) : 자기반응성 물질(제5류)

③ 가연성 고체(제2류) < 자연발화성 및 금수성 물질(제3류) : 자연발화성 및 금수성 물질(제3류)

④ 인화성 액체(제4류) < 자기반응성 물질(제5류) : 자기반응성 물질(제5류)

11 제3류 위험물에 해당하는 것은?

① 황

② 적린

③ 황린

④ 삼황화인

≫ ① 황 : 제2류 위험물
② 적린 : 제2류 위험물
③ **황린 : 제3류 위험물**
④ 삼황화인 : 제2류 위험물

정답 07. ④ 08. ① 09. ④ 10. ① 11. ③

12 위험물안전관리법령상 위험등급이 나머지 셋과 다른 하나는?

① 알코올류　　② 제2석유류
③ 제3석유류　　④ 동식물유류

≫ 제4류 위험물의 위험등급 구분
1) 특수인화물 : 위험등급 Ⅰ
2) 제1석유류 및 **알코올류** : **위험등급 Ⅱ**
3) 제2석유류, 제3석유류, 제4석유류, 동식물유류
　 : 위험등급 Ⅲ

13 옥내저장소의 저장창고에 150m² 이내마다 일정 규격의 격벽을 설치하여 저장하여야 하는 위험물은?

① 지정과산화물
② 알킬알루미늄등
③ 아세트알데하이드등
④ 하이드록실아민등

≫ **지정과산화물**(제5류 위험물 중 유기과산화물로서 지정수량이 10kg인 것) 옥내저장소의 격벽 기준
1) **바닥면적 150m² 이내마다 격벽으로 구획**
2) 격벽의 두께
　　㉠ 철근콘크리트조 또는 철골철근콘크리트조
　　 : 30cm 이상
　　㉡ 보강콘크리트블록조 : 40cm 이상
3) 격벽의 돌출길이
　　㉠ 창고 양측의 외벽으로부터 1m 이상
　　㉡ 창고 상부의 지붕으로부터 50cm 이상

14 제4류 위험물만으로 나열된 것은?

① 특수인화물, 황산, 질산
② 알코올, 황린, 나이트로화합물
③ 동식물유류, 질산, 무기과산화물
④ 제1석유류, 알코올류, 특수인화물

≫ ① 특수인화물(제4류 위험물), 황산(비위험물), 질산(제6류 위험물).
② 알코올(제4류 위험물), 황린(제3류 위험물), 나이트로화합물(제5류 위험물)
③ 동식물유류(제4류 위험물), 질산(제6류 위험물), 무기과산화물(제1류 위험물)
④ **제1석유류(제4류 위험물), 알코올류(제4류 위험물), 특수인화물(제4류 위험물)**

15 위험물안전관리법에서 정의하는 다음 용어는 무엇인가?

> 인화성 또는 발화성 등의 성질을 가지는 것으로서 대통령령이 정하는 물품을 말한다.

① 위험물
② 인화성 물질
③ 자연발화성 물질
④ 가연물

≫ 인화성 또는 발화성 등의 성질을 가지는 것으로서 대통령령이 정하는 물품은 **위험물의 정의**이다.

16 위험물제조소등의 전기설비에 적응성이 있는 소화설비는?

① 봉상수소화기　　② 포소화설비
③ 옥외소화전설비　④ 물분무소화설비

≫ 위험물제조소등의 전기설비에 적응성이 있는 소화설비는 **물분무소화설비**, 이산화탄소 소화설비, 할로젠화합물 소화설비, 분말소화설비 등이 있다.

17 알코올에 관한 설명으로 옳지 않은 것은?

① 1가 알코올은 OH기의 수가 1개인 알코올을 말한다.
② 2차 알코올은 1차 알코올이 산화된 것이다.
③ 2차 알코올이 수소를 잃으면 케톤이 된다.
④ 알데하이드가 환원되면 1차 알코올이 된다.

≫ ① 1가 알코올은 OH의 수가 1개인 것이고, 2가 알코올은 OH의 수가 2개인 것이다.
② 2차 알코올은 알킬의 수가 2개인 것이고, 1차 알코올은 알킬의 수가 1개인 것이다. 1차 알코올이 산화(수소를 잃거나 산소를 얻는 것)하더라도 알킬의 수는 변하지 않으므로 **1차 알코올의 산화와 2차 알코올과는 아무런 연관성이 없다.**
③ 2차 알코올인 $(CH_3)_2CHOH$(아이소프로필알코올)이 수소를 잃으면 CH_3COCH_3(다이메틸케톤＝아세톤)이 된다.
④ CH_3CHO(아세트알데하이드)가 환원(수소를 얻는다)되면 1차 알코올인 C_2H_5OH(에틸알코올)이 된다.

정답　12. ①　13. ①　14. ④　15. ①　16. ④　17. ②

18 서로 반응할 때 수소가 발생하지 않는 것은?

① 리튬 + 염산

② 탄화칼슘 + 물

③ 수소화칼슘 + 물

④ 루비듐 + 물

》① 리튬 + 염산 → 수소

② **탄화칼슘 + 물 → 아세틸렌**

③ 수소화칼슘 + 물 → 수소

④ 루비듐 + 물 → 수소

19 위험물안전관리법령상 품명이 나머지 셋과 다른 하나는?

① 트라이나이트로톨루엔

② 나이트로글리세린

③ 나이트로글리콜

④ 셀룰로이드

》① **트라이나이트로톨루엔 : 나이트로화합물**

② 나이트로글리세린 : 질산에스터류

③ 나이트로글리콜 : 질산에스터류

④ 셀룰로이드 : 질산에스터류

20 열의 이동원리 중 '복사'에 관한 예로 적당하지 않은 것은?

① 그늘이 시원한 이유

② 더러운 눈이 빨리 녹는 현상

③ 보온병 내부를 거울병으로 만드는 것

④ 해풍과 육풍이 일어나는 원리

》① 그늘이 시원한 이유 : 복사

② 더러운 눈이 빨리 녹는 현상 : 복사

③ 보온병 내부를 거울병으로 만드는 것 : 복사

④ **해풍과 육풍이 일어나는 원리 : 대류**

※ 열의 이동원리

1) 전도 : 각기 다른 온도를 가지고 있는 물체의 접촉으로 인한 분자들 간의 충돌로 발생하는 열의 전달방식

2) 대류 : 액체와 기체의 온도가 상승하면 분자들이 가벼워지면서 위로 상승하게 되고 위에 있던 분자들을 밀어내는 순환방식에 의한 열전달

3) 복사 : 매개체 없이도 열이 전달되는 방식의 열전달

21 액화 이산화탄소 1kg이 25℃, 2atm에서 방출되어 모두 기체가 되었다. 방출된 기체상의 이산화탄소 부피는 약 몇 L인가?

① 278L

② 556L

③ 1,111L

④ 1,985L

PLAY ▶ 풀이

》 액체상태의 이산화탄소가 기체상태로 되었을 때 이산화탄소의 부피를 구하는 문제이며, 표준상태(0℃, 1기압)에서 모든 기체의 1몰의 부피는 22.4L지만, 이 문제의 조건은 25℃, 2기압이므로 이상기체상태방정식을 이용하여 온도와 압력을 보정해야 한다.

$$PV = \frac{w}{M}RT$$

여기서, P : 압력 = 2기압(또는 atm)

V : 부피 = x(L)

w : 질량 = 1,000g

R : 이상기체상수 = 0.082atm·L/K·mol

T : 절대온도(K) = 섭씨온도(℃) + 273
= 25 + 273

M : 분자량(1몰의 질량) = 44g

$2 \times V = \dfrac{1,000}{44} \times 0.082 \times (25 + 273)$

∴ $V = 277.68L = $ **278L**

22 일반취급소의 형태가 옥외의 공작물로 되어 있는 경우에 있어서 그 최대수평투영면적이 500m²일 때 설치하여야 하는 소화설비의 소요단위는 몇 단위인가?

① 5단위   ② 10단위

③ 15단위   ④ 20단위

》 소요단위

구 분	외벽이 내화구조	외벽이 비내화구조
위험물 제조소 및 취급소	연면적 100m²	연면적 50m²
위험물저장소	연면적 150m²	연면적 75m²
위험물	지정수량의 10배	

일반취급소의 옥외에 설치된 공작물은 외벽이 내화구조인 것으로 간주하고 **공작물의 최대수평투영면적을 연면적으로 간주**하기 때문에, 소요단위는 500m²/100m² = 5단위가 된다.

정답   18. ②   19. ①   20. ④   21. ①   22. ①

23 산화성 고체의 저장·취급 방법으로 옳지 않은 것은?

① 가연물과 접촉 및 혼합을 피한다.

② 분해를 촉진하는 물품의 접근을 피한다.

③ 조해성 물질의 경우 물속에 보관하고, 과열, 충격, 마찰 등을 피하여야 한다.

④ 알칼리금속의 과산화물은 물과의 접촉을 피하여야 한다.

➤➤ ③ 조해성 물질은 수분을 흡수하여 녹는 성질이 있으므로 물속에 보관하여서는 안 된다.

24 가연물이 되기 쉬운 조건이 아닌 것은?

① 산화반응의 활성이 크다.

② 표면적이 넓다.

③ 활성화에너지가 크다.

④ 열전도율이 낮다.

➤➤ 가연물이 되기 쉬운 조건
1) 산소와의 친화력(산소를 잘 받아들이는 힘)이 커야 한다.
2) 반응열(연소열량)이 커야 한다.
3) 표면적(공기와 접촉하는 면적의 합)이 커야 한다.
4) 열전도도가 적어야 한다(다른 물질에 열을 전달하는 정도가 적어야 자신이 열을 가지고 있을 수 있기 때문에 가연물이 될 수 있다).
5) 활성화에너지(점화에너지라고도 하며 물질을 활성화(점화)시키기 위해 필요한 에너지의 양)가 적어야 한다.

25 자기반응성 물질에 해당하는 물질은?

① 과산화칼륨

② 벤조일퍼옥사이드

③ 트라이에틸알루미늄

④ 메틸에틸케톤

➤➤ ① 과산화칼륨 : 제1류 위험물(산화성 고체)
② 벤조일퍼옥사이드 : 제5류 위험물(자기반응성 물질)
③ 트라이에틸알루미늄 : 제3류 위험물(금수성 물질)
④ 메틸에틸케톤 : 제4류 위험물(인화성 액체)

26 지하탱크저장소 탱크전용실의 안쪽과 지하저장탱크 사이는 몇 m 이상의 간격을 유지하여야 하는가?

① 0.1m

② 0.2m

③ 0.3m

④ 0.5m

➤➤ 지하탱크저장소의 탱크전용실의 간격
1) 지하의 벽, 가스관, 대지경계선과 탱크전용실과의 사이 : 0.1m 이상
2) 지하저장탱크와 탱크전용실 안쪽과의 사이 : **0.1m 이상**

27 지정수량 10배의 위험물을 저장 또는 취급하는 제조소에 있어서 연면적이 최소 몇 m^2이면 자동화재탐지설비를 설치해야 하는가?

① $100m^2$ ② $300m^2$

③ $500m^2$ ④ $1,000m^2$

➤➤ 자동화재탐지설비만을 설치해야 하는 제조소 및 일반취급소는 다음 중 어느 하나에 해당하는 것이다.
1) **연면적 $500m^2$ 이상**인 것
2) 지정수량의 100배 이상을 취급하는 것

28 지정수량의 몇 배 이상의 위험물을 취급하는 제조소에 경보설비를 설치하여야 하는가?

① 5배

② 10배

③ 20배

④ 100배

➤➤ 1. 경보설비의 종류 중 자동화재탐지설비만을 설치해야 하는 제조소 및 일반취급소
1) 연면적 $500m^2$ 이상인 것
2) 지정수량의 100배 이상을 취급하는 것
2. 자동화재탐지설비, 비상경보설비, 확성장치 또는 비상방송설비 중 1종 이상의 **경보설비를 설치**할 수 있는 제조소 및 일반취급소
 - 지정수량의 **10배 이상**을 저장 또는 취급하는 것
3. 자동화재탐지설비 및 자동화재속보설비를 설치해야 하는 경우
 - 특수인화물, 제1석유류 및 알코올류를 저장 또는 취급하는 탱크의 용량이 1,000만L 이상인 옥외탱크저장소

정답 23. ③ 24. ③ 25. ② 26. ① 27. ③ 28. ②

29 다음 중 연소범위가 약 1.4~7.6%인 제4류 위험물은?

① 가솔린
② 다이에틸에터
③ 이황화탄소
④ 아세톤

》 ② 다이에틸에터 : 1.9~48%
③ 이황화탄소 : 1~50%
④ 아세톤 : 2.6~12.8%

30 제3류 위험물 중 금수성 물질을 취급하는 제조소에 설치하는 주의사항 게시판의 내용과 색상을 연결한 것으로 옳은 것은 어느 것인가?

① 물기엄금 – 백색 바탕에 청색 문자
② 물기엄금 – 청색 바탕에 백색 문자
③ 물기주의 – 백색 바탕에 청색 문자
④ 물기주의 – 청색 바탕에 백색 문자

》 제3류 위험물 중 금수성 물질을 취급하는 제조소의 주의사항은 "**물기엄금**"이며, **청색 바탕에 백색 문자**로 표시한다.

31 위험물안전관리법의 규정상 운반차량에 혼재해서 적재할 수 없는 것은? (단, 지정수량의 10배인 경우이다.)

① 염소화규소화합물 – 특수인화물
② 고형 알코올 – 나이트로화합물
③ 염소산염류 – 질산
④ 질산구아니딘 – 황린

》 ① 염소화규소화합물(제3류 위험물) – 특수인화물(제4류 위험물)
② 고형 알코올(제2류 위험물) – 나이트로화합물(제5류 위험물)
③ 염소산염류(제1류 위험물) – 질산(제6류 위험물)
④ 질산구아니딘(제5류 위험물) – 황린(제3류 위험물)

위험물의 혼재기준

위험물의 유별 혼재기준

위험물의 구분	제1류	제2류	제3류	제4류	제5류	제6류
제1류		×	×	×	×	○
제2류	×		×	○	○	×
제3류	×	×		○	×	×
제4류	×	○	○		○	×
제5류	×	○	×	○		×
제6류	○	×	×	×	×	

위의 [표]에서 알 수 있듯이 **질산구아니딘(제5류 위험물)**과 **황린(제3류 위험물)**은 운반차량에 서로 혼재하여 적재할 수 없는 위험물이다.

32 다음 중 연소 시 이산화황을 발생하는 것은?

① 황
② 적린
③ 황린
④ 인화칼슘

》 $S + O_2 \rightarrow SO_2$
황　산소　이산화황
(아황산가스)

33 자연발화의 방지법이 아닌 것은?

① 습도를 높게 유지할 것
② 저장실의 온도를 낮출 것
③ 퇴적 및 수납 시 열축적이 없을 것
④ 통풍을 잘 시킬 것

》 자연발화를 방지하기 위해서는 온도 및 **습도**를 모두 **낮추어야 한다**.

34 다음 중 산화열에 의해 자연발화의 위험이 높은 것은?

① 건성유
② 나이트로셀룰로오스
③ 퇴비
④ 목탄

》 동식물유류(제4류 위험물)는 건성유, 반건성유, 불건성유로 구분되는데, 그 중 **건성유**는 산화열에 의한 자연발화를 일으키는 성질이 있다.

35 화재발생 시 물을 이용한 소화를 하면 오히려 위험성이 증대되는 것은?

① 황린

② 적린

③ 탄화알루미늄

④ 나이트로셀룰로오스

≫ ① 황린(제3류 위험물) : 물속에 저장
② 적린(제2류 위험물) : 물과 반응하지 않음
③ **탄화알루미늄(제3류 위험물) : 물과 반응 시 메테인(CH₄)가스 발생**
④ 나이트로셀룰로오스(제5류 위험물) : 물 또는 알코올에 습면

36 물은 냉각소화가 대표적인 소화약제이다. 물의 소화효과를 높이기 위하여 무상주수를 함으로써 부가적으로 적용하는 소화효과로 이루어진 것은?

① 질식소화 작용, 제거소화 작용

② 질식소화 작용, 유화소화 작용

③ 타격소화 작용, 유화소화 작용

④ 타격소화 작용, 피복소화 작용

≫ 무상주수는 안개모양의 형태로 물을 잘게 흩어 뿌리는 방식으로 **산소를 차단시키는 질식효과**도 갖고 있지만, 흩어 뿌려진 물이 얇은 막을 형성함으로써 **유류 표면을 덮는 유화효과**도 가진다.

37 염소산나트륨을 가열하여 분해시킬 때 발생하는 기체는 무엇인가?

① 산소

② 질소

③ 나트륨

④ 수소

≫ 염소산나트륨(제1류 위험물)을 포함하여, 모든 제1류 위험물은 분해 시 **산소가 발생**한다.

38 [그림]과 같이 가로로 설치한 원통형 위험물 탱크에 대하여 탱크의 용량을 구하면 약 몇 m³ 인가? (단, 공간용적은 탱크 내용적의 100분의 5로 한다.)

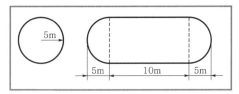

① $52.4m^3$

② $261.6m^3$

③ $994.8m^3$

④ $1,047.5m^3$

≫ 내용적 $= \pi \times r^2 \times \left(l + \dfrac{l_1 + l_2}{3}\right)$

탱크의 공간용적이 5%이면 탱크용량은 탱크 내용적의 95%이다.

∴ 탱크 용적 $= \pi \times 5^2 \times \left(10 + \dfrac{5+5}{3}\right) \times 0.95$

$= 994.84m^3$

39 다음 중 산화성 고체 위험물에 속하지 않는 것은?

① Na_2O_2

② $HClO_4$

③ NH_4ClO_4

④ $KClO_3$

≫ 산화성 고체는 제1류 위험물을 의미한다.
① Na_2O_2(과산화나트륨) : 제1류 위험물
② **$HClO_4$(과염소산) : 제6류 위험물**
③ NH_4ClO_4(과염소산암모늄) : 제1류 위험물
④ $KClO_3$(염소산칼륨) : 제1류 위험물

40 다음 중 분자량이 가장 큰 위험물은?

① 과염소산

② 과산화수소

③ 질산

④ 하이드라진

≫ ① **과염소산**$(HClO_4) = 1(H) + 35.5(Cl) + 16(O) \times 4$
$= 100.5$
② 과산화수소$(H_2O_2) = 1(H) \times 2 + 16(O) \times 2 = 34$
③ 질산$(HNO_3) = 1(H) + 14(N) + 16(O) \times 3 = 63$
④ 하이드라진$(N_2H_4) = 14(N) \times 2 + 1(H) \times 4 = 32$

41 염소산나트륨에 대한 설명으로 틀린 것은?

① 조해성이 크기 때문에 보관용기는 밀봉하는 것이 좋다.

② 무색, 무취의 고체이다.

③ 산과 반응하여 유독성의 이산화나트륨 가스가 발생한다.

④ 물, 알코올, 글리세린에 녹는다.

정답 35. ③ 36. ② 37. ① 38. ③ 39. ② 40. ① 41. ③

>> 염소산나트륨($NaClO_3$)은 조해성과 흡습성을 가진 무색, 무취의 결정으로 물, 알코올, 에터 및 글리세린 등에 잘 녹으며, 산과 반응 시 독성인 ClO_2(**이산화염소**)가스가 **발생**한다.

42 알코올류 20,000L에 대한 소화설비 설치 시 소요단위는?

① 5 ② 10
③ 15 ④ 20

>> 위험물의 1소요단위는 지정수량의 10배이고 알코올류의 지정수량은 400L이다. 따라서 알코올류 1소요단위는 400L×10＝4,000L이므로, 알코올류 20,000L는 $\frac{20,000L}{4,000L}$＝**5소요단위**가 된다.

43 과산화칼륨의 저장창고에서 화재가 발생하였다. 다음 중 가장 적합한 소화약제는?

① 물
② 이산화탄소
③ 마른모래
④ 염산

>> 과산화칼륨은 제1류 위험물 중 알칼리금속의 과산화물로서 적응성이 있는 소화약제는 **마른모래**, 팽창질석, 팽창진주암, 탄산수소염류 분말소화약제이다.

44 칼륨을 물에 반응시키면 격렬한 반응이 일어난다. 이때 발생하는 기체는 무엇인가?

① 산소 ② 수소
③ 질소 ④ 이산화탄소

>> 칼륨을 비롯한 대부분의 순수한 금속들은 물과 반응 시 수소를 발생한다.
  - 칼륨과 물의 반응식
    $2K + 2H_2O \rightarrow 2KOH + H_2$
    칼륨　물　수산화칼륨　수소

45 다음 위험물의 저장창고에 화재가 발생하였을 때 주수에 의한 소화가 오히려 더 위험한 것은?

① 염소산칼륨 ② 과염소산나트륨
③ 질산암모늄 ④ 탄화칼슘

>> ④ **제3류 위험물 중 금수성 물질**인 탄화칼슘(CaC_2)은 물과 반응 시 가연성 가스인 아세틸렌(C_2H_2)을 발생하므로 **주수에 의한 소화는 위험**하다.
① 염소산칼륨, ② 과염소산나트륨, ③ 질산암모늄은 산소공급원을 포함하고 있는 제1류 위험물로서 화재 시 물로 냉각소화 해야 하는 물질들이다.

46 다음 중 증발연소를 하는 물질이 아닌 것은?

① 황 ② 석탄
③ 파라핀 ④ 나프탈렌

>> ② **석탄**은 분해연소 하는 물질이다.

47 황의 성질에 대한 설명 중 틀린 것은?

① 물에 녹지 않으나 이황화탄소에 녹는다.
② 공기 중에서 연소하여 이산화황을 발생한다.
③ 전도성 물질이므로 정전기 발생에 유의하여야 한다.
④ 분진폭발의 위험성에 주의하여야 한다.

>> ① 물에는 녹지 않고 고무상황을 제외한 그 외의 황은 이황화탄소에 녹는다.
② 공기 중에서 연소하면 이산화황(SO_2)을 발생한다.
③ **비전도성 물질**이므로 정전기 발생에 유의하여야 한다.
④ 가연물인 황은 분진폭발이 가능하므로 주의하여야 한다.

48 위험물안전관리법령상 제조소등에 대한 긴급 사용정지명령 등을 할 수 있는 권한이 없는 자는?

① 시·도지사 ② 소방본부장
③ 소방서장 ④ 소방청장

>> 제조소등에 대한 긴급 사용정지명령 등을 할 수 있는 권한이 있는 자는 **시·도지사, 소방본부장, 소방서장**이다.

🎓 **똑똑한 풀이비법**
소방청장은 직위가 너무 높아 이런 종류의 일은 하지 않는 것으로 이해하면 된다.

정답 42.① 43.③ 44.② 45.④ 46.② 47.③ 48.④

49 위험물안전관리법령상 제5류 위험물의 공통된 취급방법으로 옳지 않은 것은?

① 용기의 파손 및 균열에 주의한다.
② 저장 시 과열, 충격, 마찰을 피한다.
③ 운반용기 외부에 주의사항으로 "화기주의" 및 "물기엄금"을 표기한다.
④ 불티, 불꽃, 고온체와의 접근을 피한다.

≫ ③ 제5류 위험물은 운반용기 외부에 표시하는 주의사항으로 **"화기엄금"** 및 **"충격주의"**를 표기한다.

50 위험물저장탱크 중 부상지붕구조로 탱크의 직경이 53m 이상 60m 미만인 경우 고정식 포소화설비의 포방출구 종류 및 수량으로 옳은 것은?

① Ⅰ형 8개 이상
② Ⅱ형 8개 이상
③ Ⅲ형 8개 이상
④ 특형 10개 이상

≫ 탱크에 설치하는 고정식 포소화설비의 포방출구

탱크지붕의 구분	포방출구 형태	포주입법
고정지붕 구조의 탱크	Ⅰ형 방출구	상부포주입법 (고정포방출구를 탱크 옆판의 상부에 설치하여 액표면상에 포를 방출하는 방법)
	Ⅱ형 방출구	
	Ⅲ형 방출구	저부포주입법 (탱크의 액면하에 설치된 포방출구로부터 포를 탱크 내에 주입하는 방법)
	Ⅳ형 방출구	
부상지붕 구조의 탱크	**특형 방출구**	상부포주입법 (고정포방출구를 탱크 옆판의 상부에 설치하여 액표면상에 포를 방출하는 방법)

부상지붕구조의 탱크에 설치하는 포방출구의 종류는 탱크의 직경에 상관없이 특형밖에 없다.

51 유기과산화물의 화재예방상 주의사항으로 틀린 것은?

① 열원으로부터 멀리한다.
② 직사광선을 피해야 한다.
③ 용기의 파손에 의해 누출되면 위험하므로 정기적으로 점검하여야 한다.
④ 산화제와 격리하고 환원제와 접촉시켜야 한다.

≫ 유기과산화물(제5류 위험물)은 자체적으로 가연물과 산소공급원을 동시에 포함하고 있으므로 **산화제(산소공급원)와 환원제(가연물) 모두를 격리**해야 한다.

52 분말소화약제 중 인산염류를 주성분으로 하는 것은?

① 제1종 분말 ② 제2종 분말
③ 제3종 분말 ④ 제4종 분말

≫ 종별 분말소화약제의 종류 및 성질

분말의 종류	주성분	화학식	적응 화재	착색
제1종 분말	탄산수소나트륨	$NaHCO_3$	B, C	백색
제2종 분말	탄산수소칼륨	$KHCO_3$	B, C	보라색
제3종 분말	**인산암모늄**	$NH_4H_2PO_4$	A, B, C	담홍색
제4종 분말	탄산수소칼륨과 요소의 반응생성물	$KHCO_3 + CO(NH_2)_2$	B, C	회색

53 Halon 1301에 해당하는 할로젠화합물의 분자식을 바르게 나타낸 것은?

① CBr_3F ② CF_3Br
③ CH_3Cl ④ CCl_3H

≫ 할로젠화합물 소화약제의 할론번호는 C – F – Cl – Br의 순서대로 각 원소의 개수를 나타낸 것이다. Halon 1301은 C 1개, F 3개, Cl 0개, Br 1개로 구성되므로 화학식은 **CF_3Br**이다.

54 다음 중 피크린산의 품명으로 옳은 것은?

① 나이트로화합물

② 나이트로소화합물

③ 아조화합물

④ 하이드록실아민염류

» 피크린산

트라이나이트로페놀이라고도 하며, 제5류 위험물로서 **품명은 나이트로화합물**이고 화학식은 $C_6H_2OH(NO_2)_3$이다. 단독으로는 충격·마찰 등에 둔감하지만 구리, 아연 등 금속염류와의 혼합물은 피크린산염을 생성하여 충격·마찰 등에 위험해진다. 또한 고체 물질로 건조하면 위험하고 약한 습기에 저장하면 안정하다.

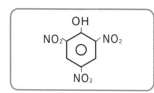

∥피크린산의 구조식∥

55 제4류 위험물을 취급하는 제조소 및 일반취급소는 지정수량의 몇 배 이상의 위험물을 취급하는 경우 자체소방대를 두어야 하는가?

① 2,000배 ② 2,500배

③ 3,000배 ④ 3,500배

» 제4류 위험물을 **지정수량의 3천배 이상** 취급하는 제조소 및 일반취급소와 50만배 이상 저장하는 옥외탱크저장소에는 자체소방대를 설치하여야 한다.

자체소방대에 두는 화학소방자동차와 자체소방대원의 수

사업소의 구분	화학소방자동차의 수	자체소방대원의 수
지정수량의 3천배 이상 12만배 미만으로 취급하는 제조소 또는 일반취급소	1대	5인
지정수량의 12만배 이상 24만배 미만으로 취급하는 제조소 또는 일반취급소	2대	10인
지정수량의 24만배 이상 48만배 미만으로 취급하는 제조소 또는 일반취급소	3대	15인
지정수량의 48만배 이상으로 취급하는 제조소 또는 일반취급소	4대	20인
저장하는 제4류 위험물의 최대수량이 지정수량의 50만배 이상인 옥외탱크저장소	2대	10인

56 다이에틸에터에 관한 설명 중 틀린 것은?

① 물에 안 녹고 알코올에 녹는다.

② 공기와 장시간 접촉하면 폭발성의 과산화물이 생성된다.

③ 전도성이므로 정전기 발생에 주의해야 한다.

④ 물보다 가벼운 무색투명한 액체로 증기는 마취성이 있다.

» 다이에틸에터의 성질

1) 제4류 위험물로서 품명은 특수인화물이며, 인화점 −45℃, 발화점 180℃, 비점 34.6℃, 연소범위 1.9~48%이다.

2) 비중 0.7인 물보다 가벼운 무색투명한 액체로 증기는 마취성이 있다.

3) 물에 안 녹고 알코올에는 잘 녹는다.

4) 햇빛에 분해되거나 공기 중 산소로 인해 과산화물을 생성할 수 있으므로 반드시 갈색병에 밀전·밀봉하여 보관해야 한다. 만일, 이 유기물이 과산화되면 제5류 위험물의 유기과산화물로 되고 성질도 자기반응성으로 변하게 되어 매우 위험해진다.

5) **비전도성이므로 저장 시 정전기를 방지하기 위해** 소량의 염화칼슘($CaCl_2$)을 넣어준다.

57 다음 위험물 중 수용성 제1석유류인 것은?

① 아세톤 ② 벤젠

③ 톨루엔 ④ 휘발유

» 〈보기〉의 위험물은 모두 제4류 위험물로서 품명은 제1석유류이다. **아세톤은 수용성**으로 지정수량이 400L이고, 벤젠, 톨루엔, 휘발유는 비수용성으로 지정수량은 200L이다.

정답 54. ① 55. ③ 56. ③ 57. ①

58 다음 중 줄-톰슨효과에 의해 드라이아이스가 생성되는 소화기는?

① 강화액소화기
② 포소화기
③ 할로젠화합물소화기
④ 이산화탄소소화기

➡ **이산화탄소소화기**
용기에 이산화탄소(탄산가스)가 액화되어 충전되어 있으며, 공기보다 1.52배 무거운 가스가 발생하게 된다. 줄-톰슨 효과는 이산화탄소 약제를 방출할 때 액체 이산화탄소가 가는 관을 통과하게 되는데 이때 압력과 온도의 급감으로 인해 드라이아이스가 관 내에 생성됨으로써 노즐이 막히는 현상이다.

59 리튬이 물과 반응해서 생성되는 것은?

① 수소화리튬, 수소
② 수소화리튬, 산소
③ 수산화리튬, 수소
④ 수산화리튬, 산소

➡ 리튬(Li)은 제3류 위험물 중 품명은 알칼리금속 및 알칼리토금속이며, 지정수량은 50kg인 금수성 물질이다. 2차 전지의 원료로 사용되며, 적색 불꽃반응을 내며 탄다. 물과 반응 시 **수산화리튬(LiOH)과 수소(H_2)가 발생**한다.
  – 물과의 반응식 : $2Li + H_2O \rightarrow LiOH + H_2$

60 다음 중 나이트로셀룰로오스에 대한 설명으로 틀린 것은?

① 물에는 안 녹고 알코올, 에터에 녹는다.
② 셀룰로오스에 염기와 반응시켜 제조한다.
③ 질화도가 클수록 폭발의 위험성이 커진다.
④ 강면약과 약면약으로 구분된다.

➡ 나이트로셀룰로오스는 제5류 위험물 중 품명은 질산에스터류이며, 질화면이라고도 불리는 자기반응성 물질이다. 물에는 안 녹고 알코올, 에터에 녹는 고체 상태의 물질이며, **셀룰로오스에 질산과 황산을 반응시켜 제조한다**. 질화도는 질산기의 수에 따라 결정되며, 질화도가 클수록 폭발의 위험성이 크다. 질산기의 수에 따라 강면약과 약면약으로 구분되고, 건조하면 발화위험이 있으므로 함수알코올을 습면시켜 저장한다.

제4편

위험물기능사 **중요 빈출문제**

CBT 시행 이후 자주 출제되는 중요 기출문제

Craftsman Hazardous material

위험물기능사 필기시험은 2016년 5회부터 CBT(Computer Based Test) 방식으로 시행되고 있으며 문제은행식으로 시험문제가 출제되어 같은 회차라도 개인별 문제가 상이합니다. 이 장에는 CBT 시행 이후 자주 출제되는 중요 · 빈출문제를 선별하여 정확하고 자세한 해설을 함께 수록하였습니다.

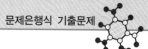

CBT

CBT 시행 이후 자주 출제되는 중요 기출문제

중요 빈출문제

01 분말소화약제 중 인산염류를 주성분으로 하는 것은 제 몇 종 분말인가?

① 제1종 분말 　② 제2종 분말
③ 제3종 분말 　④ 제4종 분말

》》 ① 제1종 분말 : 탄산수소나트륨($NaHCO_3$)
② 제2종 분말 : 탄산수소칼륨($KHCO_3$)
③ 제3종 분말 : 인산암모늄($NH_4H_2PO_4$)
　※ 염류의 종류 : K, Na, NH_4 등
④ 제4종 분말 : 탄산수소칼륨($KHCO_3$) + 요소 [$(NH_2)_2CO$]의 부산물

02 마그네슘을 저장 및 취급하는 장소에 설치하는 소화기는 무엇인가?

① 포소화기
② 이산화탄소 소화기
③ 할로젠화합물 소화기
④ 탄산수소염류 분말소화기

》》 제1류 위험물 중 알칼리금속의 과산화물, 제2류 위험물 중 철분, 금속분, **마그네슘**, 제3류 위험물 중 금수성 물질의 화재 시에는 **탄산수소염류 분말소화기** 또는 마른모래, 팽창질석 및 팽창진주암만 가능하다.

03 과산화수소에 대한 설명으로 옳은 것은 무엇인가?

① 강산화제이지만 환원제로 사용한다.
② 알코올, 에터에는 용해되지 않는다.
③ 20~30% 용액을 옥시돌(Oxydol)이라 한다.
④ 알칼리성 용액에서는 분해가 안 된다.

》》 제6류 위험물로서 강한 산화제이지만 환원제로 작용할 때도 있다.
② 물, 알코올, 에터에 잘 녹지만, 석유, 벤젠에는 녹지 않는다.

③ 농도가 3%인 옥시돌(옥시풀)을 소독약으로 사용한다.
④ 산성이므로 알칼리에 반응한다.

04 제6류 위험물 위험성에 대한 설명으로 틀린 것은?

① 질산을 가열할 때 발생하는 적갈색 증기는 무해하지만 가연성이며 폭발성이 강하다.
② 고농도의 과산화수소는 충격, 마찰에 의해서 단독으로도 분해 폭발할 수 있다.
③ 과염소산은 유기물과 접촉 시 발화 또는 폭발할 위험이 있다.
④ 과산화수소는 햇빛에 의해서 분해되며, 촉매(MnO_2)하에서 분해가 촉진된다.

》》 ① 질산을 가열할 때 발생하는 적갈색 증기는 **인체에 유해**하다.
② 60중량% 이상의 고농도 과산화수소는 충격, 마찰에 의해서 단독으로도 분해 폭발할 수 있다.
③ 제6류 위험물인 과염소산은 산소공급원이라서 가연성의 유기물과 접촉 시 발화 또는 폭발할 위험이 있다.
④ 과산화수소는 햇빛에 의해서 분해되어 산소를 발생하며, 촉매(MnO_2)하에서 분해가 촉진된다.

05 과산화나트륨의 저장 및 취급 시 주의사항에 관한 설명 중 틀린 것은 무엇인가?

① 가열, 충격을 피한다.
② 유기물질의 혼입을 막는다.
③ 가연물과의 접촉을 피한다.
④ 화재예방을 위해 물분무소화설비 또는 스프링클러설비가 설치된 곳에 보관한다.

정답　01. ③　02. ④　03. ①　04. ①　05. ④

⟫ 제1류 위험물의 알칼리금속의 과산화물은 물과 반응 시 산소와 열을 발생하기 때문에 물을 소화약제로 이용하는 물분무소화설비 또는 스프링클러설비는 적응성이 없다.

06 다음 중 운반차량에 함께 적재할 수 있는 유별을 올바르게 연결한 것은? (단, 지정수량 이상을 적재한 경우이다.)

① 제1류 – 제2류
② 제1류 – 제3류
③ 제1류 – 제4류
④ 제1류 – 제6류

⟫ 운반 시 제1류 위험물은 제6류 위험물만 혼재할 수 있다.

07 탄화칼슘 취급 시 주의해야 할 사항은 무엇인가?

① 산화성 물질과 혼합하여 저장할 것
② 물의 접촉을 피할 것
③ 은, 구리 등의 금속용기에 저장할 것
④ 화재발생 시 이산화탄소 소화약제를 사용할 것

⟫ 탄화칼슘(제3류 위험물)은 물과 반응 시 아세틸렌(C_2H_2)가스를 발생하므로 물의 접촉을 피해야 한다.

08 다음 ( ) 안에 적합한 숫자는 무엇인가?

> 자연발화성 물질 중 알킬알루미늄등은 운반용기 내용적의 ( )% 이하의 수납률로 수납하되, 50℃의 온도에서 ( )% 이상의 공간용적을 유지하도록 한다.

① 90, 5   ② 90, 10
③ 95, 5   ④ 95, 10

⟫ 운반용기의 수납률
  1) 고체 위험물 : 운반용기 내용적의 95% 이하
  2) 액체 위험물 : 운반용기 내용적의 98% 이하 (55℃에서 누설되지 않도록 공간용적을 유지)
  3) 알킬알루미늄등 : 운반용기 내용적의 **90% 이하**(50℃에서 **5% 이상**의 공간용적을 유지)

09 질산암모늄에 대한 설명으로 틀린 것은?

① 열분해하여 산화이질소가 발생한다.
② 폭약제조 시 산소공급제로 사용된다.
③ 물에 녹을 때 많은 열을 발생한다.
④ 무취의 결정이다.

⟫ 질산암모늄(제1류 위험물)은 다음과 같은 성질을 가진다.
  1) 무색무취의 결정 또는 백색분말이다.
  2) 물, 알코올에 잘 녹으며 **물에 녹을 때 열을 흡수한다**.
  3) 단독으로도 급격한 충격 및 가열에 의해 분해·폭발할 수 있다.
  4) 산화력이 강하므로 폭약제조 시 산소공급원으로 사용된다.
  5) 제1차 열분해반응식
     $NH_4NO_3 \rightarrow N_2O + 2H_2O$
     질산암모늄 산화이질소 물

10 그림과 같이 가로로 설치한 원통형 위험물탱크에 대하여 탱크 용적을 구하면 약 몇 m^3인가? (단, 공간용적은 탱크 내용적의 100분의 5로 한다.)

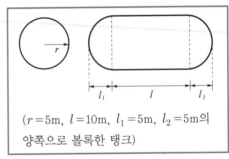

($r = 5m$, $l = 10m$, $l_1 = 5m$, $l_2 = 5m$의 양쪽으로 볼록한 탱크)

① 196.25m^3
② 261.60m^3
③ 785.00m^3
④ 994.84m^3

PLAY ▶ 풀이

⟫ 내용적 $= \pi \times r^2 \times \left(l + \dfrac{l_1 + l_2}{3}\right)$

탱크의 용적은 공간용적 5%를 뺀 내용적의 95%이다.

∴ 탱크 용적 $= \pi \times 5^2 \times \left(10 + \dfrac{5+5}{3}\right) \times 0.95$
                    $= 994.84m^3$

정답 06. ④ 07. ② 08. ① 09. ③ 10. ④

11 위험물시설에 설치하는 소화설비와 관련한 소요단위의 산출방법에 관한 설명 중 옳은 것은 어느 것인가?

① 제조소등의 옥외에 설치된 공작물은 외벽이 내화구조인 것으로 간주한다.

② 위험물은 지정수량의 20배를 1소요단위로 한다.

③ 취급소의 건축물은 외벽이 내화구조인 것은 연면적 75m^{2}를 1소요단위로 한다.

④ 제조소의 건축물은 외벽이 내화구조인 것은 연면적 150m^{2}를 1소요단위로 한다.

≫ 제조소의 외벽과 제조소 옥외에 설치된 공작물의 외벽은 기본적으로 내화구조로 간주한다. 소화설비의 설치대상이 되는 건축물 또는 그 밖의 공작물의 규모나 위험물량의 기준단위를 1소요단위라고 정하며, 그 기준은 아래의 [표]와 같다.

구 분	외벽이 내화구조	외벽이 비내화구조
위험물 제조소 및 취급소	연면적 100m^2	연면적 50m^2
위험물 저장소	연면적 150m^2	연면적 75m^2
위험물	지정수량의 10배	

② 위험물은 지정수량의 10배를 1소요단위로 한다.

③ 취급소의 건축물은 외벽이 내화구조인 것은 연면적 100m^{2}를 1소요단위로 한다.

④ 제조소의 건축물은 외벽이 내화구조인 것은 연면적 100m^{2}를 1소요단위로 한다.

12 나이트로셀룰로오스에 관한 설명으로 옳은 것은 무엇인가?

① 용제에는 전혀 녹지 않는다.

② 질화도가 클수록 위험성이 증가한다.

③ 물과 작용하여 수소를 발생한다.

④ 화재발생 시 질식소화가 가장 적합하다.

≫ 질산의 함량에 따라 질화도를 구분하며, 질화도가 클수록 폭발성도 커진다.
① 나이트로셀룰로오스(제5류 위험물)는 물에 녹지 않고 용제에는 잘 녹는다.

③ 물 또는 알코올에 습면시켜 보관하는 물질이므로 물과 작용해 수소를 발생하지 않는다.

④ 제5류 위험물은 자체적으로 가연물과 산소공급원을 포함하고 있으므로 냉각소화가 적합하다.

13 발화점이 가장 낮은 것은 무엇인가?

① 황

② 삼황화인

③ 황린

④ 아세톤

≫ 제3류 위험물 중 황린은 자연발화성 물질이며 발화점이 34℃로 매우 낮다.

14 과산화바륨에 대한 설명 중 틀린 것은 무엇인가?

① 약 840℃의 고온에서 산소를 발생한다.

② 알칼리금속의 과산화물에 해당된다.

③ 비중은 1보다 크다.

④ 유기물과의 접촉을 피한다.

≫ 바륨(Ba)이라는 알칼리토금속에 속하는 원소를 포함한 과산화물이므로 알칼리토금속의 과산화물에 해당한다.
① 제1류 위험물로서 약 840℃로 가열하면 분해하여 산소를 발생한다.
③ 제1류 위험물은 모두 비중이 1보다 크다.
④ 유기물(탄소를 포함하는 물질)은 가연성을 가지므로 산소공급원인 제1류 위험물과의 접촉을 피해야 한다.

15 제5류 위험물이 아닌 것은?

① 염화벤조일

② 아지화나트륨

③ 질산구아니딘

④ 아세틸퍼옥사이드

≫ ① **염화벤조일** : **제4류 위험물** 중 제3석유류
② 아지화나트륨 : 제5류 위험물 중 금속의 아지화합물
③ 질산구아니딘 : 제5류 위험물 중 질산구아니딘
④ 아세틸퍼옥사이드 : 제5류 위험물 중 유기과산화물

16 다이에틸에터의 안전관리에 관한 설명 중 틀린 것은?

① 증기는 마취성이 있으므로 증기 흡입에 주의한다.

② 폭발성의 과산화물 생성을 아이오딘화칼륨 수용액으로 확인한다.

③ 물에 잘 녹으므로 대규모 화재 시 집중 주수하여 소화한다.

④ 정전기불꽃에 의한 발화에 주의한다.

≫ 다이에틸에터의 성질
1) 제4류 위험물의 특수인화물로서, **비수용성으로 화재 시 질식소화**를 해야 한다.
2) 과산화물 검출시약은 KI(아이오딘화칼륨) 10% 용액이며, 이를 반응시켰을 때 황색으로 변하면 과산화물이 생성되었다고 판단한다.
3) 과산화물의 제거시약은 황산철(Ⅱ) 또는 환원철이다.
4) 저장 시 정전기를 방지하기 위해 소량의 염화칼슘($CaCl_2$)을 넣어준다.

17 이황화탄소를 물속에 저장하는 이유는?

① 불순물을 물에 용해시키기 위해

② 가연성 증기의 발생을 억제하기 위해

③ 상온에서 수소가스를 발생시키기 때문에

④ 공기와 접촉하면 즉시 폭발하기 때문에

≫ 이황화탄소는 연소시키면 이산화황이라는 가연성 가스가 발생하므로, 이를 방지하기 위해 물속에 저장한다.

$$CS_2 + 3O_2 \rightarrow CO_2 + 2SO_2$$
이황화탄소 산소 이산화탄소 이산화황

18 연면적이 1,000m^{2}이고 지정수량의 80배의 위험물을 취급하며 지반면으로부터 5m 높이에 위험물취급설비가 있는 제조소의 소화난이도등급은?

① 소화난이도등급 Ⅰ

② 소화난이도등급 Ⅱ

③ 소화난이도등급 Ⅲ

④ 제시된 조건으로 판단할 수 없음

≫ 아래 4개의 조건 중 1개라도 만족하면 소화난이도등급 Ⅰ에 해당하는 제조소이다.
1) **연면적 1,000m^2 이상**인 것
2) 지정수량의 100배 이상인 것(고인화점 위험물만을 100℃ 미만의 온도에서 취급하는 것은 제외)
3) 지반면으로부터 6m 이상의 높이에 위험물취급설비가 있는 것(고인화점 위험물만을 100℃ 미만의 온도에서 취급하는 것은 제외)
4) 일반취급소로 사용되는 부분 외의 부분을 갖는 건축물에 설치된 것(내화구조로 개구부 없이 구획된 것 및 고인화점 위험물만을 100℃ 미만의 온도에서 취급하는 것은 제외)

19 제5류 위험물의 운반용기 외부에 표시하여야 하는 주의사항은 무엇인가?

① 물기주의 및 화기주의

② 물기엄금 및 화기엄금

③ 화기주의 및 충격엄금

④ 화기엄금 및 충격주의

≫ 운반용기 외부에 표시하는 주의사항은 유별에 따라 다음과 같이 구분된다.
1) 제1류 위험물
 ㉠ 제1류 위험물 중 알칼리금속의 과산화물 : 화기충격주의, 물기엄금, 가연물접촉주의
 ㉡ 그 밖의 제1류 위험물 : 화기충격주의, 가연물접촉주의
2) 제2류 위험물
 ㉠ 제2류 위험물 중 철분, 금속분, 마그네슘 : 화기주의, 물기엄금
 ㉡ 제2류 위험물 중 인화성 고체 : 화기엄금
 ㉢ 그 밖의 제2류 위험물 : 화기주의
3) 제3류 위험물
 ㉠ 제3류 위험물 중 자연발화성 물질 : 화기엄금, 공기접촉엄금
 ㉡ 제3류 위험물 중 금수성 물질 : 물기엄금
4) 제4류 위험물 : 화기엄금
5) **제5류 위험물 : 화기엄금, 충격주의**
6) 제6류 위험물 : 가연물접촉주의

20 무색의 액체로 융점이 −112℃이고 물과 접촉하면 심하게 발열하는 제6류 위험물은?

① 과산화수소

② 과염소산

③ 질산

④ 오플루오린화아이오딘

◈ 과염소산(제6류 위험물)의 성질
1) 융점 −112℃, 비중 1.7인 무색 액체이다.
2) 대부분 제6류 위험물은 물과 반응 시 발열반응을 일으킨다.
3) 산화력이 강하며 염소산 중에서 가장 강한 산이다.

21 아세톤에 관한 설명 중 틀린 것은 무엇인가?

① 무색이고 휘발성이 강한 액체이다.
② 조해성이 있으며, 물과 반응 시 발열한다.
③ 겨울철에도 인화의 위험성이 있다.
④ 증기는 공기보다 무거우며 액체는 물보다 가볍다.

◈ ① 무색이고 휘발성 있는 액체이다.
② **수용성이며 물과 발열반응하지 않는다.**
③ 인화점이 −18℃이므로 겨울철에도 인화할 수 있다.
④ 액체상태의 제4류 위험물은 대부분 물보다 가볍지만 발생하는 증기는 대부분 공기보다 무겁다.

22 아염소산염류 500kg과 질산염류 3,000kg을 저장하는 경우 위험물의 소요단위는?

① 2 　　② 4
③ 6 　　④ 8

◈ 위험물의 소요단위는 지정수량의 10배이므로 다음과 같다.

$$\therefore \frac{500kg}{50kg \times 10} + \frac{3,000kg}{300kg \times 10} = 2$$

23 정전기의 발생요인에 대한 설명으로 틀린 것은 어느 것인가?

① 접촉면적이 클수록 정전기 발생량은 많아진다.
② 분리속도가 빠를수록 정전기의 발생량은 많아진다.
③ 대전서열에서 먼 위치에 있을수록 정전기의 발생량은 많아진다.
④ 접촉과 분리가 반복됨에 따라 정전기의 발생량은 증가한다.

◈ 접촉면적이 크고 접촉과 분리속도가 빠를수록 정전기 발생량은 많아지지만 접촉과 분리의 반복으로는 정전기의 발생량은 증가하지 않으며 대전(전기를 띠는)서열에서 먼 위치에 있는 물질(비전도체)의 정전기 발생량은 많아진다.

24 위험물제조소등에 설치하여야 하는 자동화재탐지설비의 설치기준에 대한 설명으로 틀린 것은 무엇인가?

① 자동화재탐지설비의 경계구역은 건축물, 그 밖의 공작물의 2 이상의 층에 걸치도록 할 것
② 하나의 경계구역에서 그 한 변의 길이는 50m(광전식 분리형 감지기를 설치할 경우에는 100m) 이하로 할 것
③ 자동화재탐지설비의 감지기는 지붕 또는 벽의 옥내에 면한 부분에 유효하게 화재의 발생을 감지할 수 있도록 설치할 것
④ 자동화재탐지설비에는 비상전원을 설치할 것

◈ ① 자동화재탐지설비의 경계구역은 **건축물의 2 이상의 층에 걸치지 아니하도록 한다**(다만, 하나의 경계구역의 면적이 500m² 이하이면 그러하지 아니하다).
② 하나의 경계구역에서 한 변의 길이는 50m(광전식 분리형 감지기의 경우에는 100m) 이하로 하고, 하나의 경계구역의 면적은 600m² 이하로 하며, 건축물의 주요한 출입구에서 그 내부 전체를 볼 수 있는 경우는 면적을 1,000m² 이하로 한다.
③ 자동화재탐지설비의 감지기는 지붕 또는 벽의 옥내에 면한 부분에 화재발생을 감지할 수 있도록 설치한다.
④ 자동화재탐지설비에는 비상전원을 설치한다.

25 B급 화재의 표시색상은?

① 백색 　　② 황색
③ 청색 　　④ 초록

◈ B급 화재는 유류화재이며, 소화기에 황색 원형 표시를 부착해야 한다.

26 황린의 취급에 관한 설명으로 옳은 것은 무엇인가?

① 보호액의 pH를 측정한다.

② 1기압, 25℃의 공기에서 보관한다.

③ 주수에 의한 소화는 절대로 금한다.

④ 더 이상 분해되지 않는다.

➤➤ 자연발화 방지 및 포스핀가스 발생 방지를 위해 물에 소량의 $Ca(OH)_2$을 첨가하여 물의 성분을 pH가 9인 약알칼리성으로 만들어야 한다.
　② 제3류 위험물의 자연발화성 물질로서 공기 중에서 자연발화할 수 있기 때문에 물속에 보관해야 한다.
　③ 물에 안전한 물질로서 소화할 때에도 물로 주수소화한다.
　④ 공기를 차단하고 250℃로 가열하면 적린이 된다.
　　　– 분해반응식 : $P_4 \rightarrow 4P$

27 종류(유별)가 다른 위험물을 동일한 옥내저장소의 동일한 실에 같이 저장하는 경우에 대한 설명으로 틀린 것은?

① 제1류 위험물과 황린은 동일한 옥내저장소에 저장할 수 있다.

② 제1류 위험물과 제6류 위험물은 동일한 옥내저장소에 저장할 수 있다.

③ 제1류 위험물 중 알칼리금속의 과산화물과 제5류 위험물은 동일한 옥내저장소에 저장할 수 있다.

④ 유별을 달리하는 위험물을 유별로 모아서 저장하는 한편 상호간에 1m 이상 간격을 두어야한다.

➤➤ 유별이 다른 위험물끼리 동일한 저장소에 저장할 수 있는 경우는 다음과 같다.
　(유별로 정리하여 서로 1m 이상의 간격을 두는 경우에 가능)
　1) **제1류 위험물(알칼리금속의 과산화물 제외)과 제5류 위험물**
　2) 제1류 위험물과 제6류 위험물
　3) 제1류 위험물과 제3류 위험물 중 자연발화성 물질(황린)
　4) 제2류 위험물 중 인화성 고체와 제4류 위험물

5) 제3류 위험물 중 알킬알루미늄등과 제4류 위험물(알킬알루미늄 또는 알킬리튬을 함유한 것)
6) 제4류 위험물 중 유기과산화물과 제5류 위험물 중 유기과산화물

28 인화칼슘이 물과 반응하여 발생하는 가스는 무엇인가?

① PH_3　　　　　② H_2

③ CO_2　　　　　④ N_2

➤➤ 인화칼슘(제3류 위험물)의 물과의 반응식
　– $Ca_3P_2 + 6H_2O \rightarrow 3Ca(OH)_2 + 2PH_3$
　　인화칼슘　　물　　수산화칼슘　　포스핀
　※ 포스핀은 인화수소라고도 불린다.

29 다음 중 팽창질석(삽 1개 포함) 160L의 소화능력단위는?

① 0.5　　　　　② 1.0

③ 1.5　　　　　④ 2.0

➤➤ 기타 소화설비의 능력단위기준은 다음 [표]와 같다.

소화설비	용량	능력단위
소화전용 물통	8L	0.3
수조 (소화전용 물통 3개 포함)	80L	1.5
수조 (소화전용 물통 6개 포함)	190L	2.5
마른모래 (삽 1개 포함)	50L	0.5
팽창질석 또는 팽창진주암 (삽 1개 포함)	**160L**	**1.0**

30 이동탱크저장소의 위험물 운송에 있어서 운송책임자의 감독·지원을 받아 운송하여야 하는 위험물의 종류에 해당하는 것은?

① 칼륨

② 알킬알루미늄

③ 질산에스터류

④ 아염소산염류

➤➤ 이동탱크저장소의 위험물 운송에 있어서 운송책임자의 감독·지원을 받아 운송하여야 하는 위험물은 알킬알루미늄과 알킬리튬이다.

정답　26. ①　27. ③　28. ①　29. ②　30. ②

31 다음 중 적린의 위험성에 대한 설명으로 옳은 것은?

① 물과 반응하여 발화 및 폭발한다.

② 공기 중에 방치하면 자연발화한다.

③ 염소산칼륨과 혼합하면 마찰에 의한 발화의 위험이 있다.

④ 황린보다 불안정하다.

≫ 염소산칼륨은 제1류 위험물로서 산소공급원 역할을 하므로 마찰에 의한 발화의 위험이 있다.
① 적린(제2류 위험물)은 물에 녹지 않고 물과 안정한 물질이다.
② 발화점이 260℃로 공기 중에서 발화하지 않는다.
④ 황린은 자연발화성 물질로 적린보다 더 불안정한 물질이다.

32 위험물제조소의 연면적이 몇 m² 이상일 경우 경보설비 중 자동화재탐지설비를 설치하여야 하는가?

① 400m²

② 500m²

③ 600m²

④ 800m²

≫ 제조소 및 일반취급소는 연면적 500m² 이상이거나 지정수량의 100배 이상이면 자동화재탐지설비를 설치해야 한다.

33 옥내에서 지정수량의 100배 이상을 취급하는 일반취급소에 설치하여야 하는 경보설비는? (단, 고인화점 위험물만을 취급하는 경우는 제외한다.)

① 비상경보설비

② 자동화재탐지설비

③ 비상방송설비

④ 비상벨설비 및 확성장치

≫ 자동화재탐지설비을 설치해야 하는 제조소 및 일반취급소
1) 연면적 500m² 이상인 것
2) **지정수량의 100배 이상을 취급하는 것**

34 과산화칼륨에 대한 설명 중 틀린 것은 어느 것인가?

① 융점은 약 490℃이다.

② 무색 또는 오렌지색 분말이다.

③ 물과 반응하여 주로 수소를 발생한다.

④ 물보다 무겁다.

≫ 제1류 위험물 중에서도 과산화칼륨은 물과 반응 시 산소를 발생하는 물질이다.

🎓 **똑똑한 풀이비법**

일반적으로, 제1류 위험물의 반응에서는 폭발성인 수소가스는 발생하지 않는다.

35 C₆H₅CH₃의 일반적인 성질이 아닌 것은?

① 벤젠보다 독성이 매우 강하다.

② 질산과 황산으로 나이트로화하면 TNT가 된다.

③ 비중은 약 0.86g이다.

④ 물에 녹지 않는다.

≫ ① 톨루엔($C_6H_5CH_3$, 제4류 위험물)의 독성은 벤젠의 1/10 정도로 벤젠보다 약하다.

36 다음 중 황화인에 대한 설명으로 옳지 않은 것은 어느 것인가?

① 삼황화인은 황색 결정으로 공기 중 약 100℃에서 발화할 수 있다.

② 오황화인은 담황색 결정으로 조해성이 있다.

③ 오황화인은 물과 접촉하여 황화수소를 발생할 위험이 있다.

④ 삼황화인은 차가운 물에도 잘 녹으므로 주의해야 한다.

≫ 황화인(제2류 위험물)의 종류 3가지
1) **삼황화인**(P_4S_3) : 찬 물에는 녹지 않고 뜨거운 물, 이황화탄소, 질산 등에 녹으며 발화점 100℃이다.
2) 오황화인(P_2S_5)과 칠황화인(P_4S_7) : 조해성이 있으며 물과 반응 시 황화수소(H_2S)를 발생시키고 연소 시에는 이산화황(SO_2)을 발생시킨다.

정답 31. ③ 32. ② 33. ② 34. ③ 35. ① 36. ④

37 다음 중 제2류 위험물이 아닌 것은 무엇인가?

① 황화인
② 황
③ 마그네슘
④ 칼륨

>> ④ 칼륨은 제3류 위험물이다.

38 인화점이 가장 낮은 것은 무엇인가?

① CH_3COCH_3
② $C_2H_5OC_2H_5$
③ $CH_3(CH_2)_3OH$
④ CH_3OH

>> ① CH_3COCH_3(아세톤, 제1석유류) : $-18℃$
② $C_2H_5OC_2H_5$(다이에틸에터, 특수인화물) : $-45℃$
③ $CH_3(CH_2)_3OH$(뷰틸알코올, 제2석유류) : $35℃$
④ CH_3OH(메틸알코올, 알코올류) : $11℃$

39 아세트알데하이드의 일반적 성질에 대한 설명 중 틀린 것은 무엇인가?

① 은거울반응을 한다.
② 물에 잘 녹는다.
③ 구리, 마그네슘의 합금과 반응한다.
④ 무색무취의 액체이다.

>> 아세트알데하이드(제4류 위험물의 특수인화물)는 다음과 같은 성질을 가진다.
1) 물보다 가벼운 무색 액체로 물에 잘 녹으며 **자극적인 냄새**가 난다.
2) 환원력이 강하여 은거울반응과 펠링용액반응을 한다.
3) 수은, 은, 구리, 마그네슘과 반응하여 폭발성인 금속아세틸라이트를 만들기 때문에 이 물질의 저장용기 재질로는 사용하면 안 된다.

40 주유취급소 건축물 2층에 휴게음식점 용도로 사용하는 것에 있어 그 건축물 2층으로부터 직접 주유취급소의 부지 밖으로 통하는 출입구와 그 출입구로 통하는 통로 및 계단에 설치해야 하는 것은 무엇인가?

① 비상경보설비　　② 유도등
③ 비상조명등　　　④ 확성장치

>> 통로 및 계단에는 화재 시 부지 밖으로 나올 수 있는 통로 등에 유도등을 설치하여야 한다.

41 위험물안전관리자의 선임 등에 대한 설명으로 옳은 것은 무엇인가?

① 안전관리자는 국가기술자격 취득자 중에서만 선임하여야 한다.
② 안전관리자를 해임한 때에는 14일 이내에 다시 선임하여야 한다.
③ 제조소등의 관계인은 안전관리자가 일시적으로 직무를 수행할 수 없는 경우에는 14일 이내의 범위에서 안전관리자의 대리자를 지정하여 직무를 대행하게 하여야 한다.
④ 안전관리자를 선임한 때는 14일 이내에 신고하여야 한다.

>> 안전관리자를 선임한 때에는 14일 이내에 소방본부장 또는 소방서장에게 신고하여야 한다.
① 안전관리자는 국가기술자격 취득자 또는 위험물안전관리자 교육이수자 또는 소방공무원 경력 3년 이상인 자 중에서 선임하여야 한다.
② 안전관리자가 해임되거나 퇴직한 때에는 해임되거나 퇴직한 날부터 30일 이내에 다시 안전관리자를 선임하여야 한다.
③ 안전관리자가 일시적으로 직무를 수행할 수 없거나 안전관리자의 해임 또는 퇴직과 동시에 다른 안전관리자를 선임하지 못하는 경우에는 대리자를 지정하여 **30일 이내**로만 대행하게 하여야 한다.

42 트라이나이트로페놀의 성상에 대한 설명 중 틀린 것은?

① 융점은 약 $61℃$이고 비점은 약 $120℃$이다.
② 쓴맛이 있으며 독성이 있다.
③ 단독으로는 마찰, 충격에 비교적 안정하다.
④ 알코올, 에터, 벤젠에 녹는다.

정답　37. ④　38. ②　39. ④　40. ②　41. ④　42. ①

≫ 트라이나이트로페놀의 성질
1) 발화점 300℃, **융점 121℃**, 비중 1.8이다.
2) 황색의 침상결정인 고체상태로 존재한다.
3) 제5류 위험물이므로 찬물에는 안 녹고 온수, 알코올, 벤젠, 에터에는 잘 녹는다.
4) 쓴맛이 있고 독성이 있다.
5) 단독으로는 충격, 마찰 등에 둔감하나 구리, 아연 등 금속염류와의 혼합물은 피크린산염을 생성하여 충격, 마찰 등에 위험해진다.
6) 고체 물질이므로 건조하면 위험하고 약한 습기에 저장하면 안정하다.
7) 주수하여 냉각소화해야 한다.

43 다음 중 산을 가하면 이산화염소를 발생시키는 물질은?

① 아염소산나트륨
② 브로민산나트륨
③ 옥소산칼륨
④ 다이크로뮴산나트륨

≫ 아염소산염류 및 염소산염류(제1류 위험물)는 황산 또는 질산과의 반응으로 이산화염소(ClO_2)를 발생한다.

44 다음 중 정기점검대상에 해당하지 않는 것은 어느 것인가?

① 지정수량 15배의 제조소
② 지정수량 40배의 옥내탱크저장소
③ 지정수량 50배의 이동탱크저장소
④ 지정수량 20배의 지하탱크저장소

≫ 정기점검의 대상이 되는 제조소등
1) 예방규정을 정해야 하는 제조소등
  ㉠ 지정수량 10배 이상의 제조소 및 일반취급소
  ㉡ 지정수량 100배 이상의 옥외저장소
  ㉢ 지정수량 150배 이상의 옥내저장소
  ㉣ 지정수량 200배 이상의 옥외탱크저장소
  ㉤ 암반탱크저장소 및 이송취급소
2) 이동탱크저장소
3) 지하탱크저장소
4) 지하에 매설된 탱크가 있는 제조소, 주유취급소 또는 일반취급소

45 벤젠의 성질에 대한 설명 중 틀린 것은 무엇인가?

① 무색의 액체로서 휘발성이 있다.
② 불을 붙이면 그을음을 낸다.
③ 증기는 공기보다 무겁다.
④ 물에 잘 녹는다.

≫ 1) 벤젠(제4류 위험물)은 제1석유류의 **비수용성 물질**이다.
  ※ 벤젠을 포함한 물질은 대부분 물에 잘 녹지 않는다.
2) 벤젠에 불을 붙이면 그을음이 발생하는 이유는 탄소의 함량이 많기 때문이다.

46 제1종 판매취급소의 위치, 구조 및 설비의 기준으로 틀린 것은?

① 천장을 설치하는 경우에는 천장을 불연재료로 할 것
② 창 및 출입구에는 60분+방화문·60분 방화문 또는 30분 방화문을 설치할 것
③ 건축물의 지하 또는 1층에 설치할 것
④ 위험물배합실은 바닥면적 6m² 이상 15m² 이하로 할 것

≫ ① 보와 천장은 불연재료로 하고 그 외 건축물의 부분은 내화구조 또는 불연재료로 할 것
② 창 및 출입구에는 60분+방화문·60분 방화문 또는 30분 방화문을 설치할 것
③ **건축물의 1층에 설치할 것**
④ 위험물배합실의 바닥면적은 6m² 이상 15m² 이하로 하고 내화구조 또는 불연재료로 된 벽으로 구획할 것

47 금속염의 불꽃반응실험 결과 보라색의 불꽃이 나타났다. 다음 중 이 금속염에 포함된 금속은?

① Cu
② K
③ Na
④ Li

≫ ① Cu : 청색
② **K : 보라색**
③ Na : 황색
④ Li : 적색

48 다음 중 옥외탱크저장소의 제4류 위험물의 저장탱크에 설치하는 통기관에 관한 설명으로 틀린 것은?

① 제4류 위험물을 저장하는 압력탱크 외에 탱크에는 밸브 없는 통기관 또는 대기밸브부착 통기관을 설치하여야 한다.

② 밸브 없는 통기관은 직경을 30mm 미만으로 하고, 선단은 수평면보다 45도 이상 구부려 빗물 등의 침투를 막는 구조로 한다.

③ 인화점 70℃ 이상의 위험물만을 해당 위험물의 인화점 미만의 온도로 저장 또는 취급하는 탱크에 설치하는 통기관에는 인화방지장치를 설치하지 않아도 된다.

④ 옥외저장탱크 중 압력탱크란 탱크의 최대상용압력이 부압 또는 정압 5kPa을 초과하는 탱크를 말한다.

≫ ② **직경은 30mm 이상**으로 하고, 선단은 수평면보다 45도 이상 구부려 빗물 등의 침투를 막는 구조로 한다.

49 질산에 대한 설명 중 틀린 것은 무엇인가?

① 환원성 물질과 혼합하면 발화할 수 있다.
② 분자량은 63이다.
③ 비중이 1.82 이상인 것이 위험물이다.
④ 분해하면 인체에 해로운 가스가 발생한다.

≫ 질산은 비중 1.49 이상이 위험물의 조건이다.
　① 질산(제6류 위험물)은 산소공급원이므로 환원제(직접 연소할 수 있는 물질)와 혼합하면 위험하다.
　② 질산(HNO_3)의 분자량은 63이다.
　④ 분해하면 이산화질소(NO_2)라는 적갈색의 유독가스가 발생한다.

50 위험물제조소를 설치하고자 하는 경우 제조소와 초등학교 사이에는 몇 m 이상의 안전거리를 두는가?

① 50m　　　　② 40m
③ 30m　　　　④ 20m

≫ 제조소등으로부터의 안전거리는 다음의 거리 이상으로 해야 한다.
　1) 주거용 건축물 : 10m
　2) **학교**, 병원, 극장 : **30m**
　3) 유형문화재 또는 지정문화재 : 50m
　4) 고압가스·석유액화가스·도시가스 시설 : 20m
　5) 7,000V 초과 35,000V 이하의 특고압가공전선 : 3m
　6) 35,000V 초과의 특고압가공전선 : 5m

51 위험물제조소등에 설치해야 하는 각 소화설비의 설치기준에 있어서 각 노즐 또는 헤드 선단의 방사압력기준이 나머지 셋과 다른 설비는?

① 옥내소화전설비　② 옥외소화전설비
③ 스프링클러설비　④ 물분무소화설비

≫ ① 옥내소화전설비 : 350kPa
　② 옥외소화전설비 : 350kPa
　③ **스프링클러설비 : 100kPa**
　④ 물분무소화설비 : 350kPa

52 위험물안전관리법령에 따른 스프링클러헤드의 설치방법에 대한 설명으로 옳지 않은 것은?

① 개방형 헤드는 반사판으로부터 하방으로 0.45m, 수평방향으로 0.3m의 공간을 보유할 것

② 폐쇄형 헤드는 가연성 물질 수납부분에 설치 시 반사판으로부터 하방으로 0.9m, 수평방향으로 0.4m의 공간을 확보할 것

③ 폐쇄형 헤드 중 개구부에 설치하는 것은 해당 개구부의 상단으로부터 높이 0.15m 이내의 벽면에 설치할 것

④ 폐쇄형 헤드 설치 시 급배기용 덕트의 긴 변의 길이가 1.2m를 초과하는 것이 있는 경우에는 해당 덕트의 윗부분에만 헤드를 설치할 것

>> 1) 개방형 스프링클러헤드
스프링클러헤드의 반사판으로부터 보유공간
: 하방으로 0.45m, 수평방향으로 0.3m의 공간을 보유해야 한다.
2) 폐쇄형 스프링클러헤드
ㄱ 스프링클러헤드의 반사판과 헤드의 부착면과의 거리 : 0.3m 이하이어야 한다.
ㄴ 스프링클러헤드는 가연성 물질 수납부분에 설치 시 반사판으로부터 하방으로 0.9m, 수평방향으로 0.4m의 공간을 확보할 것
ㄷ 스프링클러헤드 중 개구부에 설치하는 것은 해당 개구부의 상단으로부터 높이 0.15m 이내의 벽면에 설치할 것
ㄹ **해당 덕트 등의 아래면에도 스프링클러헤드를 설치**해야 하는 경우 : **급배기용 덕트 등의 긴 변의 길이가 1.2m를 초과하는 것이 있는 경우**이다.

53 위험물안전관리법령에 따라 제조소등의 관계인이 화재예방과 재해발생 시 비상조치를 위해 작성하는 예방규정에 관한 설명으로 틀린 것은?

① 제조소의 관계인은 제조소에서 지정수량 5배 위험물을 취급할 때 예방규정을 작성하여야 한다.
② 지정수량의 200배 위험물 저장하는 옥외저장소 관계인은 예방규정을 작성하여 제출하여야 한다.
③ 위험물시설의 운전 또는 조작에 관한 사항, 위험물 취급작업의 기준에 관한 사항은 예방규정에 포함되어야 한다.
④ 제조소등의 예방규정은 산업안전보건법의 규정에 의한 안전보건관리규정과 통합하여 작성할 수 있다.

>> 예방규정을 정해야 하는 제조소등
1) **지정수량의 10배 이상의 위험물을 취급하는 제조소**
2) 지정수량의 100배 이상의 위험물을 저장하는 옥외저장소
3) 지정수량의 150배 이상의 위험물을 저장하는 옥내저장소
4) 지정수량의 200배 이상의 위험물을 저장하는 옥외탱크저장소

5) 암반탱크저장소
6) 이송취급소
7) 지정수량의 10배 이상의 위험물을 취급하는 일반취급소

54 옥외저장소에서 지정수량 200배 초과의 위험물을 저장할 경우 보유공지의 너비는 몇 m 이상으로 하여야 하는가? (단, 제4석유류와 제6류 위험물은 제외한다.)

① 0.5m ② 2.5m
③ 10m ④ 15m

>> 옥외저장소의 보유공지

저장 또는 취급하는 위험물의 최대수량	공지의 너비
지정수량의 10배 이하	3m 이상
지정수량의 10배 초과 20배 이하	5m 이상
지정수량의 20배 초과 50배 이하	9m 이상
지정수량의 50배 초과 200배 이하	12m 이상
지정수량의 200배 초과	**15m 이상**

※ 보유공지를 공지 너비의 1/3로 단축할 수 있는 위험물의 종류
1) 제4류 위험물 중 제4석유류
2) 제6류 위험물

55 위험물제조소등의 전기설비에 적응성이 있는 소화설비는?

① 봉상수소화기
② 포소화설비
③ 옥외소화전설비
④ 물분무소화설비

>> 위험물제조소등의 전기설비에 적응성이 있는 소화설비는 물분무소화설비, 이산화탄소 소화설비, 할로젠화합물 소화설비, 분말소화설비 등이 있다.

56 나트륨의 저장방법으로 옳은 것은 무엇인가?

① 에탄올 속에 넣어 저장한다.
② 물속에 넣어 저장한다.
③ 젖은 모래 속에 넣어 저장한다.
④ 경유 속에 넣어 저장한다.

>> 나트륨(제3류 위험물)은 비중이 작으므로 석유(등유, 경유, 유동파라핀) 속에 보관한다.

57 다음 중 분진폭발의 위험성이 가장 낮은 것은 어느 것인가?

① 밀가루
② 알루미늄분말
③ 모래
④ 석탄

》 모래는 소화약제로 사용되는 것으로, 폭발하지 않는다.

58 다음 ( ) 안에 알맞은 수치를 올바르게 나열한 것은?

> 위험물 암반탱크의 공간용적은 그 탱크 내에 용출하는 ( )일 동안의 지하수량에 상당하는 용적과 그 탱크 내용적의 100분의 ( )의 용적 중에서 보다 큰 용적을 공간용적으로 한다.

① 1, 7
② 3, 5
③ 5, 3
④ 7, 1

》 암반탱크의 공간용적은 탱크 내에 용출하는 7일 동안의 지하수량에 상당하는 용적과 탱크의 내용적의 100분의 1의 용적 중 더 큰 용적으로 정한다.

59 염소산칼륨의 성질에 대한 설명으로 옳은 것은 무엇인가?

① 가연성 액체이다.
② 강력한 산화제이다.
③ 물보다 가볍다.
④ 열분해하면 수소를 발생한다.

》 제1류 위험물로서 산소공급원을 가지므로 강력한 산화제(가연물을 태우는 성질의 물질)이다.
① 산화성 고체이다.
③ 모든 제1류 위험물은 물보다 무겁다.
④ 모든 제1류 위험물은 열분해하면 산소를 발생한다.

60 건축물 화재 시 성장기에서 최성기로 진행될 때 실내온도가 급격히 상승하기 시작하면서 화염이 실내 전체로 급격히 확대되는 연소현상은?

① 슬롭오버(slop over)
② 플래시오버(flash over)
③ 보일오버(boil over)
④ 프로스오버(froth over)

》 플래시오버란 건축물 내에서 화재가 진행되어 실내온도가 상승하면서 축적되어 있던 열이 실내 전체로 급격히 확대되는 연소현상을 말한다.

61 다음 중 주된 연소형태가 표면연소인 것은 무엇인가?

① 숯
② 목재
③ 플라스틱
④ 나프탈렌

》 연소의 형태는 다음과 같이 구분할 수 있다.
1) **표면연소** : **숯(목탄)**, 코크스(C), 금속분
2) 분해연소 : 석탄, 나무, 플라스틱 등
3) 자기연소 : 피크린산, TNT 등의 제5류 위험물
4) 증발연소 : 황, 나프탈렌, 양초(파라핀)

62 다음 중 위험물의 유별과 성질을 잘못 연결한 것은?

① 제2류 – 가연성 고체
② 제3류 – 자연발화성 및 금수성 물질
③ 제5류 – 자기반응성 물질
④ 제6류 – 산화성 고체

》 ④ 제6류 – 산화성 액체

63 위험물제조소를 설치하고자 하는 경우 제조소와 초등학교 사이에는 몇 m 이상의 안전거리를 두는가?

① 50m ② 40m
③ 30m ④ 20m

≫ 제조소등으로부터의 안전거리는 다음의 거리 이상으로 해야 한다.
1) 주거용 건축물 : 10m
2) **학교**, 병원, 극장 : **30m**
3) 유형문화재 또는 지정문화재 : 50m
4) 고압가스·석유액화가스·도시가스 시설 : 20m
5) 7,000V 초과 35,000V 이하의 특고압가공전선 : 3m
6) 35,000V 초과의 특고압가공전선 : 5m

64 물과 친화력이 있는 수용성 용매의 화재에 보통의 포소화약제를 사용하면 포가 파괴되기 때문에 소화효과를 잃게 된다. 이러한 단점을 보완한 소화약제로 가연성인 수용성 용매의 화재에 유효한 효과를 가지고 있는 것은?

① 알코올형포 소화약제
② 단백포 소화약제
③ 합성계면활성제포 소화약제
④ 수성막포 소화약제

≫ 수용성 물질의 화재 시 일반 포를 사용하면 소포성으로 인해 포가 파괴되기 때문에 소화효과가 없다. 따라서 수용성 물질의 화재에는 내알코올포 소화약제 또는 알코올형포 소화약제를 사용해야 한다.

65 유기과산화물의 화재예방상 주의사항으로 틀린 것은?

① 열원으로부터 멀리한다.
② 직사광선을 피해야 한다.
③ 용기의 파손에 의해 누출되면 위험하므로 정기적으로 점검하여야 한다.
④ 산화제와 격리하고 환원제와 접촉시켜야 한다.

≫ 유기과산화물(제5류 위험물)은 자체적으로 가연물과 산소공급원을 동시에 포함하고 있으므로 산화제(산소공급원)와 환원제(가연물)를 모두 격리해야 한다.

66 제6류 위험물에 속하는 것은?

① 염소화아이소사이아누르산
② 퍼옥소이황산염류

③ 질산구아니딘
④ 할로젠간화합물

≫ ① 염소화아이소사이아누르산 : 행정안전부령이 정하는 제1류 위험물
② 퍼옥소이황산염류 : 행정안전부령이 정하는 제1류 위험물
③ 질산구아니딘 : 행정안전부령이 정하는 제5류 위험물
④ **할로젠간화합물** : 행정안전부령이 정하는 **제6류 위험물**

67 위험물제조소등에 자체소방대를 두어야 할 대상으로 옳은 것은?

① 지정수량의 300배 이상의 제4류 위험물을 취급하는 저장소
② 지정수량의 300배 이상의 제4류 위험물을 취급하는 제조소
③ 지정수량의 3,000배 이상의 제4류 위험물을 취급하는 저장소
④ 지정수량의 3,000배 이상의 제4류 위험물을 취급하는 제조소

≫ 자체소방대를 설치해야 하는 기준은 제4류 위험물을 지정수량의 3천배 이상 취급하는 제조소 또는 일반취급소이다.

68 다음 중 불활성가스 소화설비의 소화약제 저장용기 설치장소로 적합하지 않은 것은 어느 것인가?

① 방호구역 외의 장소
② 온도가 40℃ 이하이고 온도변화가 적은 장소
③ 빗물이 침투할 우려가 적은 장소
④ 직사일광이 잘 들어오는 장소

≫ 불활성가스 소화약제 용기의 설치장소(전역방출방식과 국소방출방식 공통)
1) 방호구역 외부에 설치한다.
2) 온도변화가 적고 40℃ 이하인 장소
3) **직사광선 및 빗물이 침투할 우려가 없는 장소**
4) 용기의 설치장소에는 해당 용기가 설치된 곳임을 표시하는 표지를 설치한다.

69 제조소의 옥외에 모두 3기의 휘발유취급탱크를 설치하고 그 주위에 방유제를 설치하고자 한다. 방유제 안에 설치하는 각 취급탱크의 용량이 60,000L, 20,000L, 10,000L일 때 필요한 방유제의 용량은 몇 L 이상인가?

① 66,000L

② 60,000L

③ 33,000L

④ 30,000L

≫ 제조소 옥외의 위험물취급탱크의 방유제 용량은 다음의 기준으로 정한다.

1) 하나의 방유제 안에 위험물취급탱크 1개 포함 : 취급탱크 용량의 50% 이상

2) 하나의 방유제 안에 **위험물취급탱크 2개 이상 포함 : 가장 용량이 큰 취급탱크 용량의 50% 이상에 나머지 탱크들을 합한 용량의 10%를 가산한 양 이상**

문제에서 총 3기의 휘발유취급탱크를 설치한다 하였으므로,

60,000L × 1/2 = 30,000L

(20,000L + 10,000L) × 0.1 = 3,000L

∴ 30,000L + 3,000L = 33,000L

70 화재 시 이산화탄소를 방출하여 산소의 농도를 13vol%로 낮추어 소화하기 위해서는 혼합기체 중 이산화탄소는 몇 vol%가 되어야 하는가?

① 28.1vol%

② 38.1vol%

③ 42.86vol%

④ 48.36vol%

≫ 이산화탄소 소화약제의 질식소화 원리

산소 21%	

⇩

이산화탄소 8%	산소 13%

이산화탄소는 공기 중에 포함된 산소의 농도에만 영향을 미친다.

산소 21%의 공간 안에 이산화탄소가 8% 들어오면 산소는 13%만 남게 된다.

문제는 이산화탄소와 산소의 농도를 합산한 농도 중 이산화탄소가 차지하는 비율을 구하는 것이므로 다음과 같이 구한다.

$$\frac{\text{이산화탄소}}{\text{이산화탄소} + \text{산소}} \times 100 = \frac{8}{8 + 13} \times 100$$

$$= 38.1 \text{vol}\%$$

71 지하탱크저장소 탱크전용실의 안쪽과 지하저장탱크 사이는 몇 m 이상의 간격을 유지하여야 하는가?

① 0.1m

② 0.2m

③ 0.3m

④ 0.5m

≫ 지하탱크저장소에서 탱크전용실의 바깥쪽과 지하의 벽, 가스관, 대지경계선과의 사이 및 탱크전용실의 안쪽과 지하탱크와의 사이에는 각각 0.1m 이상의 간격을 유지해야 한다.

72 지정과산화물을 저장하는 옥내저장소의 저장창고를 일정 면적마다 구획하는 격벽의 설치기준에 해당하지 않는 것은?

① 저장창고 상부의 지붕으로부터 50cm 이상 돌출하도록 하여야 한다.

② 저장창고 양측의 외벽으로부터 1m 이상 돌출하도록 하여야 한다.

③ 철근콘크리트조의 경우 두께가 30cm 이상이어야 한다.

④ 바닥면적 250m² 이내마다 완전하게 구획하여야 한다.

≫ 지정과산화물(제5류 중 유기과산화물로서 지정수량이 10kg인 물질)을 저장하는 옥내저장소 격벽의 설치기준

1) 바닥면적 **150m² 이내마다 격벽으로 완전하게 구획**하여야 한다.

2) 격벽은 저장창고 상부의 지붕으로부터 50cm 이상 돌출하도록 하여야 한다.

3) 격벽은 저장창고 양측의 외벽으로부터 1m 이상 돌출하도록 하여야 한다.

4) 격벽의 두께는 철근콘크리트조의 경우 30cm 이상이어야 한다.

5) 격벽의 두께는 보강콘크리트블록조의 경우 40cm 이상이어야 한다.

73 제조소등의 허가청이 제조소등의 관계인에게 제조소등의 사용정지처분 또는 허가취소처분을 할 수 있는 사유가 아닌 것은?

① 소방서장으로부터 변경허가를 받지 아니하고 제조소등의 위치, 구조 또는 설비를 변경한 때
② 소방서장의 수리, 개조 또는 이전의 명령을 위반한 때
③ 정기점검을 하지 아니한 때
④ 소방서장의 출입검사를 정당한 사유 없이 거부한 때

≫ ④ 소방서장의 출입검사를 거부한 때에는 1년 이하의 징역이나 1천만원 이하의 벌금에 처한다.
 ※ 제조소등의 허가를 취소하거나 제조소등의 사용정지처분을 6개월 이내로 할 수 있는 경우는 다음과 같다.
  1) 수리·개조 또는 이전의 명령을 위반한 때
  2) 저장·취급 기준 준수명령을 위반한 때
  3) 완공검사를 받지 아니하고 제조소등을 사용한 때
  4) 위험물안전관리자를 선임하지 아니한 때
  5) 변경허가를 받지 아니하고 제조소등의 위치·구조 또는 설비를 변경한 때
  6) 대리자를 지정하지 아니한 때
  7) 정기점검을 실시하지 아니한 때
  8) 정기검사를 받지 아니한 때

74 화학포 소화기에서 탄산수소나트륨과 황산알루미늄이 반응하여 생성되는 기체의 주성분은 다음 중 어느 것인가?

① CO
② CO_2
③ N_2
④ Ar

≫ 일반적으로 소화약제의 반응으로 질식을 위한 CO_2와 냉각을 위한 H_2O가 발생한다.
 $6NaHCO_3 + Al_2(SO_4)_3 \cdot 18H_2O$
 탄산수소나트륨 황산알루미늄   물
 $\rightarrow 3Na_2SO_4 + 2Al(OH)_3 + 6CO_2 + 18H_2O$
 황산나트륨   수산화알루미늄 이산화탄소   물

75 질산칼륨을 약 400℃에서 가열하여 열분해시킬 때 주로 생성되는 물질은?

① 질산과 산소
② 질산과 칼륨
③ 아질산칼륨과 산소
④ 아질산칼륨과 질소

≫ 질산칼륨(KNO_3)은 열분해 시 아질산칼륨(KNO_2)과 산소가 발생한다.
 − 열분해반응식 : $2KNO_3 \rightarrow 2KNO_2 + O_2$

76 고온층(hot zone)이 형성된 유류화재의 탱크 밑면에 물이 고여 있는 경우, 화재의 진행에 따라 바닥의 물이 급격히 증발하여 불 붙은 기름을 분출시키는 위험현상을 무엇이라 하는가?

① 파이어볼(fire ball)
② 플래시오버(flash over)
③ 슬롭오버(slop over)
④ 보일오버(boil over)

≫ 보일오버란 탱크 밑면의 유류 아래쪽에 고여 있는 수분이 화재의 진행에 따라 급격히 증발하여 부피가 팽창함으로써 상부의 기름을 탱크 밖으로 분출시키는 현상이다.

77 요리용 기름의 화재 시 비누화반응을 일으켜 질식효과와 재발화 방지효과를 나타내는 소화약제는?

① $NaHCO_3$
② $KHCO_3$
③ $BaCl_2$
④ $NH_4H_2PO_4$

≫ 제1종 분말소화약제의 소화원리 : 식용유화재에 지방을 가수분해하는 비누화현상으로 거품을 생성하여 질식소화하는 원리이다.
 ※ 비누($C_nH_{2n+1}COONa$)와 제1종 분말소화약제($NaHCO_3$)는 Na을 공통적으로 포함한다는 점을 응용한다.

정답 73. ④ 74. ② 75. ③ 76. ④ 77. ①

78 탱크의 지름이 10m, 높이가 15m라고 할 때 방유제는 탱크 옆판으로부터 몇 m 이상의 거리를 유지하여야 하는가? (단, 인화점 200℃ 미만의 위험물을 저장한다.)

① 2m

② 3m

③ 4m

④ 5m

PLAY ▶ 풀이

≫ 방유제로부터 옥외저장탱크 옆판까지의 거리는 다음의 기준으로 한다.
  1) 탱크 지름이 15m 미만 : 탱크 높이의 3분의 1 이상
  2) 탱크 지름이 15m 이상 : 탱크 높이의 2분의 1 이상
  탱크 지름이 10m이므로, 탱크 높이에 1/3을 곱하여 15m×1/3=5m 이상으로 한다.

79 메탄올에 관한 설명으로 옳지 않은 것은?

① 인화점은 약 11℃이다.

② 술의 원료로 사용된다.

③ 휘발성이 강하다.

④ 최종 산화물은 의산(폼산)이다.

≫ ① 메탄올의 인화점은 11℃이다.
  ② 술의 원료는 에틸알코올이며, 메탄올은 시신경장애를 일으키는 독성 물질이다.
  ③ 휘발성이 강하고 수용성이다.
  ④ 메틸알코올의 산화

$$CH_3OH \underset{-H_2(산화)}{\rightleftharpoons} HCHO \underset{+O(산화)}{\rightleftharpoons} HCOOH$$
메틸알코올　　　폼알데하이드　　　폼산

  ※ 산화 : 수소를 잃는 것, 산소를 얻는 것을 의미한다.

80 다음은 위험물안전관리법령상 특수인화물의 정의이다. ( ) 안에 알맞은 수치를 차례대로 나열한 것으로 옳은 것은?

'특수인화물'은 이황화탄소, 다이에틸에터, 그 밖에 1기압에서 발화점이 섭씨( )도 이하인 것 또는 인화점이 섭씨 영하 ( )도 이하이고 비점이 섭씨 40도 이하인 것을 말한다.

① 100, 20

② 25, 0

③ 100, 0

④ 25, 20

≫ 제4류 위험물의 특수인화물은 이황화탄소, 다이에틸에터, 그 밖에 1기압에서 발화점이 섭씨 100도 이하인 것 또는 인화점이 섭씨 영하 20도 이하이고 비점이 섭씨 40도 이하인 것을 말한다.

81 제조소등의 위치, 구조 또는 설비의 변경 없이 그 제조소등에서 취급하는 위험물의 품명을 변경하고자 하는 자는 변경하고자 하는 날의 며칠(또는 몇 개월) 전까지 신고하여야 하는가?

① 1일

② 14일

③ 1개월

④ 6개월

≫ 제조소등의 위치·구조 또는 설비의 변경 없이 위험물의 품명·수량 또는 지정수량의 배수를 변경하고자 하는 자는 변경하고자 하는 날의 1일 이내에 시·도지사에게 신고하여야 한다.

🎓 **똑똑한 풀이비법**

신고기간은 일반적으로 14일이 대부분이지만, 이 경우에 있어서는 변경하고자 하는 날의 1일 이내에 해야 한다.

82 소화설비의 설치기준으로 옳은 것은?

① 제4류 위험물을 저장 또는 취급하는 소화난이도등급 Ⅰ인 옥외탱크저장소에는 대형수동식 소화기 및 소형수동식 소화기 등을 각각 1개 이상 설치할 것

② 소화난이도등급 Ⅱ인 옥내탱크저장소는 소형수동식 소화기 등을 2개 이상 설치할 것

③ 소화난이도등급 Ⅲ인 지하탱크저장소는 능력단위의 수치가 2 이상인 소형수동식 소화기 등을 2개 이상 설치할 것

④ 제조소등에 전기설비(전기배선, 조명기구 등은 제외한다)가 설치된 경우에는 해당 장소의 면적 $100m^2$마다 소형수동식 소화기를 1개 이상 설치할 것

정답　78. ④　79. ②　80. ①　81. ①　82. ④

➤➤ ① 제4류 위험물을 저장 또는 취급하는 소화난이도등급Ⅰ인 옥외탱크저장소 또는 옥내탱크저장소에는 소형수동식 소화기 등을 2개 이상 설치하여야 한다.
② 소화난이도등급Ⅱ인 옥내탱크저장소에는 대형수동식 소화기 및 소형수동식 소화기 등을 각각 1개 이상 설치하여야 한다.
③ 소화난이도등급Ⅲ인 지하탱크저장소에는 능력단위의 수치가 3 이상인 소형수동식 소화기 등을 2개 이상 설치하여야 한다.

83 위험물제조소에서 국소방식 배출설비의 배출능력은 1시간당 배출장소용적의 몇 배 이상인 것으로 하는가?

① 5배
② 10배
③ 15배
④ 20배

➤➤ 위험물제조소의 배출설비별 배출능력은 다음과 같다.
1) **국소방식** : 일정 구역을 배출장소용적으로 정해놓고 1시간 안에 그 배출장소용적의 **20배 이상**의 양을 배출시킬 수 있는 능력을 갖추어야 하는 방식
2) 전역방식 : 위험물제조소의 전체 구역에 대해 1시간 안에 바닥면적 $1m^2$당 $18m^3$ 이상의 양을 배출시킬 수 있는 능력을 갖추어야 하는 방식

84 옥외저장소에 덩어리상태의 황만을 지반면에 설치한 경계표시의 안쪽에서 저장할 경우 하나의 경계표시의 내부면적은 몇 m^2 이하로 하여야 하는가?

① $75m^2$
② $100m^2$
③ $300m^2$
④ $500m^2$

➤➤ 옥외저장소에 덩어리상태의 황만 경계표시의 안쪽에 저장할 경우 그 경계표시의 내부 면적은 $100m^2$ 이하로 해야 한다.

85 위험물제조소에서 연소 우려가 있는 외벽은 기산점이 되는 선으로부터 3m(2층 이상의 층에 대해서는 5m) 이내에 있는 외벽을 말하는데, 이 기산점이 되는 선에 해당하지 않는 것은?

① 동일부지 내의 다른 건축물과 제조소 부지 간의 중심선
② 제조소등에 인접한 도로의 중심선
③ 제조소등이 설치된 부지의 경계선
④ 제조소등의 외벽과 동일부지 내 다른 건축물의 외벽 간의 중심선

➤➤ 연소의 우려가 있는 외벽의 기산점
1) 제조소등의 부지경계선
2) 제조소등에 면하는 도로중심선
3) 동일부지 내에 있는 다른 건축물과의 상호 외벽 간의 중심선

86 이동탱크저장소에 의한 위험물의 운송 시 준수하여야 하는 기준에서 다음 중 어떤 위험물을 운송할 때 위험물운송자는 위험물안전카드를 휴대하여야 하는가?

① 특수인화물, 제1석유류
② 알코올류, 제2석유류
③ 제3석유류 및 동식물유류
④ 제4석유류

➤➤ 위험물안전카드를 휴대해야 하는 위험물
1) 제1류 위험물
2) 제2류 위험물
3) 제3류 위험물
4) 제4류 위험물(**특수인화물 및 제1석유류만 해당**)
5) 제5류 위험물
6) 제6류 위험물

🎓 **똑똑한 풀이비법**
위험할수록 안전카드가 필요하기 때문에 이 문제에서 제4류 위험물 중 가장 위험한 품명을 찾으면 된다.

정답 83. ④ 84. ② 85. ① 86. ①

87 화학식과 Halon번호를 올바르게 연결한 것은?

① $CBr_2F_2 - 1202$　② $C_2Br_2F_2 - 2422$

③ $CBrClF_2 - 1102$　④ $C_2Br_2F_4 - 1242$

》 할론번호는 화학식에서의 F, Cl, Br의 위치에 관계없이 C-F-Cl-Br의 순서대로 원소의 개수를 읽어준다.
　② $C_2Br_2F_2$ - 존재하지 않는 화학식이다.
　③ $CBrClF_2$ - 1211
　④ $C_2Br_2F_4$ - 2402

88 액화 이산화탄소 1kg이 25℃, 2기압의 공기 중으로 방출되었을 경우 방출된 기체상 이산화탄소의 부피는 약 몇 L인가?

① 278L

② 556L

③ 1,111L

④ 1,985L

PLAY ▶ 풀이

》 액체상태의 이산화탄소가 기체상태로 되었을 때 이산화탄소의 부피를 구하는 문제인데, 표준상태(0℃, 1기압)에서 모든 기체 1몰의 부피는 22.4L지만, 이 문제의 조건이 25℃, 2기압이므로 이상기체상태방정식을 이용하여 온도와 압력을 보정해야 한다.

$$PV = \frac{w}{M}RT$$

여기서, P : 압력=2기압(또는 atm)
　　　　V : 부피=x(L)
　　　　w : 질량=1,000g
　　　　R : 이상기체상수=0.082atm·L/K·mol
　　　　T : 절대온도(273 + 실제온도)
　　　　　　 =273 + 25(K)
　　　　M : 분자량(1몰의 질량)=44g/mol

$$2 \times V = \frac{1,000}{44} \times 0.082 \times (273+25)$$

∴ $V = 277.68L = 278L$

89 위험물안전관리법에 따른 소화설비의 구분에서 물분무등소화설비에 속하지 않는 것은?

① 불활성가스 소화설비

② 포소화설비

③ 스프링클러설비

④ 분말소화설비

》 물분무등소화설비의 종류 : 물분무소화설비, 포소화설비, 불활성가스 소화설비, 할로젠화합물 소화설비, 분말소화설비

90 소화난이도등급Ⅰ의 옥내탱크저장소(인화점 70℃ 이상의 제4류 위험물만을 저장·취급하는 것)에 설치하여야 하는 소화설비가 아닌 것은?

① 고정식 포소화설비

② 이동식 외의 할로젠화합물 소화설비

③ 스프링클러설비

④ 물분무소화설비

》 소화난이도등급Ⅰ의 옥내탱크저장소에 설치해야 하는 소화설비
　1) 황만을 저장·취급하는 것 : 물분무소화설비
　2) **인화점 70℃ 이상의 제4류 위험물만을 저장·취급하는 것** : 물분무소화설비, 고정식 포소화설비, 이동식 이외의 불활성가스 소화설비, 이동식 이외의 할로젠화합물 소화설비 또는 이동식 이외의 분말소화설비
　3) 그 밖의 것 : 고정식 포소화설비, 이동식 이외의 불활성가스 소화설비, 이동식 이외의 할로젠화합물 소화설비 또는 이동식 이외의 분말소화설비
　※ 일반적으로 스프링클러는 옥내탱크저장소등의 탱크에는 설치하지 않는다.

91 다음 중 물과 반응하여 산소를 발생하는 것은 무엇인가?

① $KClO_3$

② $NaNO_3$

③ Na_2O_2

④ $KMnO_4$

》 제1류 위험물은 가열, 충격, 마찰 등에 의해 분해하여 산소를 발생하지만 제1류 위험물 중 알칼리금속의 과산화물(과산화칼륨, **과산화나트륨**, 과산화리튬)은 가열, 충격, 마찰뿐만 아니라 물과 반응 시에도 산소를 발생한다.
　① $KClO_3$: 염소산칼륨
　② $NaNO_3$: 질산나트륨
　③ **Na_2O_2 : 과산화나트륨**
　④ $KMnO_4$: 과망가니즈산칼륨

정답　87. ①　88. ①　89. ③　90. ③　91. ③

92 HO-CH₂CH₂-OH의 지정수량은 몇 L인가?

① 1,000L   ② 2,000L

③ 4,000L   ④ 6,000L

≫ $HO-CH_2CH_2-OH \rightarrow C_2H_4(OH)_2$: 에틸렌글리콜 (제4류 위험물 중 제3석유류의 수용성. 지정수량 4,000L)

93 폭굉유도거리(DID)가 짧아지는 경우는?

① 정상연소속도가 작은 혼합가스일수록 짧아진다.

② 압력이 높을수록 짧아진다.

③ 관 속에 방해물이 있으나 관 지름이 넓을 수록 짧아진다.

④ 점화원의 에너지가 약할수록 짧아진다.

≫ ① 정상연소속도가 큰 혼합가스일수록 짧아진다.
③ 관 속에 방해물이 있거나 관 지름이 좁을수록 짧아진다.
④ 점화원의 에너지가 강할수록 짧아진다.

94 벤조일퍼옥사이드의 위험성에 대한 설명으로 틀린 것은?

① 상온에서 분해되며 수분이 흡수되면 폭발성을 가지므로 건조된 상태로 보관·운반한다.

② 강산에 의해 분해 폭발의 위험이 있다.

③ 충격, 마찰에 의해 분해되어 폭발할 위험이 있다.

④ 가연성 물질과 접촉하면 발화의 위험이 높다.

≫ 벤조일퍼옥사이드(제5류 위험물)는 수분이 흡수되면 폭발성이 현저히 감소되는 성질을 가지고 있다.

95 위험물안전관리법령에 따른 위험물의 운송에 관한 설명 중 틀린 것은?

① 알킬리튬과 알킬알루미늄 또는 이 중 어느 하나 이상을 함유한 것은 운송책임자의 감독·지원을 받아야 한다.

② 이동탱크저장소에 의하여 위험물을 운송할 때의 운송책임자에는 법정의 교육이수자도 포함된다.

③ 서울에서 부산까지 금속의 인화물 300kg을 1명의 운전자가 휴식 없이 운송해도 규정위반이 아니다.

④ 운송책임자의 감독 또는 지원의 방법에는 동승하는 방법과 별도의 사무실에서 대기하면서 규정된 사항을 이행하는 방법이 있다.

≫ ③ 서울에서 부산까지의 거리는 413km이기 때문에 제3류 위험물 중 금속의 인화물의 운송은 2명 이상의 운전자로 해야 한다.
1) 위험물운송자를 2명 이상으로 해야 하는 경우
　㉠ 고속국도에 있어서 340km 이상에 걸치는 운송을 하는 때
　㉡ 일반도로에 있어서 200km 이상 걸치는 운송을 하는 때
2) 1명의 운전자로 할 수 있는 경우
　㉠ 운송책임자를 동승시킨 경우
　㉡ 제2류 위험물, 제3류 위험물(칼슘 또는 알루미늄의 탄화물에 한한다) 또는 제4류 위험물(특수인화물 제외)을 운송하는 경우
　㉢ 운송 도중에 2시간 이내마다 20분 이상씩 휴식하는 경우

96 위험물안전관리법상 위험물이 아닌 것은?

① CCl₄   ② BrF₃

③ BrF₅   ④ IF₅

≫ ① CCl_4(사염화탄소)는 할로겐화합물 소화약제이다.
②, ③, ④는 할로겐원소(F, Cl, Br, I)끼리의 화합물로, 할로겐간화합물이라 불리는 행정안전부령이 정하는 제6류 위험물이다.

97 일반적으로 폭굉파의 전파속도는 얼마인가?

① 0.1~10m/s

② 100~350m/s

③ 1,000~3,500m/s

④ 10,000~35,000m/s

≫ 1) 폭발의 전파속도 : 0.1~10m/sec
2) **폭굉의 전파속도** : 1,000~3,500m/sec

98 한국소방산업기술원이 시·도지사로부터 위탁받아 수행하는 탱크 안전성능검사 업무와 관계없는 액체위험물탱크는 무엇인가?

① 암반탱크
② 지하탱크저장소의 이중벽탱크
③ 100만L 용량의 지하저장탱크
④ 옥외에 있는 50만L 용량의 취급탱크

≫ 1) 한국소방산업기술원이 시·도지사로부터 위탁받아 수행하는 **탱크 안전성능검사 업무에 해당하는 탱크**
    ㉠ **암반탱크**
    ㉡ **지하탱크저장소의 이중벽탱크**
    ㉢ **용량이 100만L 이상인 액체위험물 저장탱크**
  2) 한국소방산업기술원이 시·도지사로부터 위탁받아 수행하는 탱크의 설치 또는 변경에 따른 완공검사 업무에 해당하는 제조소등
    ㉠ 지정수량의 1천배 이상의 위험물을 취급하는 제조소 또는 일반취급소의 완공검사
    ㉡ 50만L 이상의 옥외탱크저장소 또는 암반탱크저장소의 완공검사

99 위험물안전관리법령상 위험물옥외저장소에 저장할 수 있는 품명은?

① 특수인화물　　② 무기과산화물
③ 알코올류　　　④ 칼륨

≫ 옥외저장소에 저장할 수 있는 위험물
  1) 제2류 위험물
    ㉠ 황
    ㉡ 인화성 고체(인화점이 섭씨 0도 이상)
  2) 제4류 위험물
    ㉠ 제1석유류(인화점이 섭씨 0도 이상)
    ㉡ **알코올류**
    ㉢ 제2석유류
    ㉣ 제3석유류
    ㉤ 제4석유류
    ㉥ 동식물유류
  3) 제6류 위험물

100 다음 중 위험물안전관리법이 적용되는 영역은 어느 것인가?

① 항공기에 의한 대한민국 영공에서의 위험물의 저장·취급 및 운반
② 궤도에 의한 위험물의 저장·취급 및 운반
③ 철도에 의한 위험물의 저장·취급 및 운반
④ 자가용승용차에 의한 지정수량 이하 위험물의 저장·취급 및 운반

≫ 육상에서 지정수량 이상의 위험물의 저장·취급 및 운반(지정수량 미만을 포함)은 위험물안전관리법의 적용을 받지만 항공기, 선박, 철도 및 궤도에 의한 위험물의 저장·취급 및 운반은 위험물안전관리법의 적용을 받지 않는다.

101 자연발화가 잘 일어나는 경우와 가장 거리가 먼 것은?

① 주변의 온도가 높을 것
② 습도가 높을 것
③ 표면적이 넓을 것
④ 열전도율이 클 것

≫ ④ 열전도율이 작아야 한다.
  ※ 열전도율이 크면 가지고 있는 열을 상대에게 주는 의미가 되므로 자연발화는 발생하기 어렵다.

102 주유취급소에 다음과 같이 전용탱크를 설치하였다. 최대로 저장·취급할 수 있는 용량은 얼마인가? (단, 고속도로 외의 주유취급소인 경우이다.)

> • 간이탱크 : 2기
> • 폐유탱크등 : 1기
> • 고정주유설비 및 고정급유설비 접속 전용탱크 : 2기

① 103,200L　　② 104,600L
③ 123,200L　　④ 124,200L

≫ 1) 고정주유설비 및 고정급유설비용 탱크 : 각각 50,000L 이하
  2) 보일러 등에 직접 접속하는 전용탱크 : 10,000L 이하
  3) 폐유, 윤활유 등의 위험물을 저장하는 탱크 : 2,000L 이하

정답　98. ④　99. ③　100. ④　101. ④　102. ①

4) 고정주유설비 또는 고정급유비용 간이탱크
: 3기 이하

간이탱크 1개의 용량은 600L이므로 2개는 1,200L 이고 폐유탱크는 1개이므로 용량은 2,000L, 고정 주유설비 및 고정급유비용 탱크는 각각 50,000L 씩 2개이다.

∴ 1,200L + 2,000L + 50,000L + 50,000L
= 103,200L

따라서, 비중 = $\dfrac{질량(kg)}{부피(L)}$, 부피(L) = $\dfrac{질량(kg)}{비중}$

소요단위는 지정수량의 10배이므로 질산의 지 정수량 300kg × 10 = 3,000kg이다.

질량 3,000kg을 비중 1.5로 나누면 부피(L)를 구할 수 있다.

∴ 부피(L) = $\dfrac{3,000kg}{1.5}$ = 2,000L

103 오황화인이 물과 반응하였을 때 생성된 가스 를 연소시키면 발생하는 독성이 있는 가스는?

① 이산화질소 　　② 포스핀
③ 염화수소 　　　④ 이산화황

≫ 물과 반응 시 발생하는 가스는 H_2S이며, 이를 연 소시킬 경우 SO_2이 발생한다.
1) 물과의 반응식
　– P_2S_5 + 8H_2O → 5H_2S + 2H_3PO_4
　　오황화인　물　　황화수소　　인산
2) H_2S의 연소반응식
　– 2H_2S + 3O_2 → 2H_2O + 2SO_2
　　황화수소　산소　　물　　이산화황

104 다음 중 할로젠화합물 소화약제의 가장 주된 소화효과에 해당하는 것은?

① 제거소화 　　② 억제소화
③ 냉각소화 　　④ 질식소화

≫ 할로젠화합물 소화약제의 가장 주된 소화효과는 억제효과이다.

105 질산의 비중이 1.5일 때 1소요단위는 몇 L인가?

① 150L
② 200L
③ 1,500L
④ 2,000L

≫ 밀도 = $\dfrac{질량(kg)}{부피(L)}$

비중 = $\dfrac{해당\ 물질의\ 밀도(kg/L)}{표준물질(물)의\ 밀도(kg/L)}$

　　= $\dfrac{해당\ 물질의\ 밀도(kg/L)}{1kg/L}$

비중은 단위가 없을 뿐 밀도를 구하는 공식과 같다.

106 벤젠을 저장하는 옥외탱크저장소가 액표면 적이 45m^2인 경우 소화난이도등급은?

① 소화난이도등급 I
② 소화난이도등급 II
③ 소화난이도등급 III
④ 제시된 조건으로 판단할 수 없음

≫ **소화난이도등급 I**에 해당하는 옥외탱크저장소 의 기준
1) **액표면적이 40m^2 이상**인 것(제6류 위험물을 저장하는 것 및 고인화점 위험물만을 100℃ 미만의 온도에서 저장하는 것은 제외)
2) 지면으로부터 탱크 옆판 상단까지 높이가 6m 이상인 것(제6류 위험물을 저장하는 것 및 고 인화점 위험물만을 100℃ 미만의 온도에서 저장하는 것은 제외)
※ 1)과 2) 중 어느 하나의 조건에 만족하는 경 우 소화난이도등급 I에 해당하는 옥외탱크저 장소로 간주한다.

107 공기포 소화약제의 혼합방식 중 펌프의 토출 관과 흡입관 사이의 배관 도중에 설치된 흡입 기에 펌프에서 토출된 물의 일부를 보내고 농 도조절밸브에서 조정된 포소화약제의 필요 량을 포소화약제 탱크에서 펌프의 흡입 측으 로 보내어 이를 혼합하는 방식은 무엇인가?

① 프레셔 프로포셔너방식
② 펌프 프로포셔너방식
③ 프레셔사이드 프로포셔너방식
④ 라인 프로포셔너방식

≫ 농도조절밸브를 이용해 펌프의 흡입 측으로 포 소화약제를 보내는 방식은 펌프 프로포셔너방식 이다.

108 대형수동식 소화기의 설치기준은 방호대상물의 각 부분으로부터 하나의 대형수동식 소화기까지의 보행거리가 몇 m 이하가 되도록 설치하여야 하는가?

① 10m

② 20m

③ 30m

④ 40m

⯈⯈ 수동식 소화기는 층마다 설치하되 소방대상물의 각 부분으로부터 소형 소화기는 보행거리 20m 이하마다 1개 이상, 대형 소화기는 30m 이하마다 1개 이상 설치한다.

109 고온체의 색상이 휘적색일 경우의 온도는 약 몇 ℃ 정도인가?

① 500℃

② 950℃

③ 1,300℃

④ 1,500℃

⯈⯈ 고온체의 색상별 온도는 다음과 같이 구분한다.
  1) 암적색 : 700℃
  2) 적색 : 850℃
  3) **휘적색 : 950℃**
  4) 황적색 : 1,100℃
  5) 백적색 : 1,300℃

110 위험물 이동저장탱크의 외부도장 색상으로 적합하지 않은 것은?

① 제2류 – 적색

② 제3류 – 청색

③ 제5류 – 황색

④ 제6류 – 회색

⯈⯈ 위험물 유별 이동탱크의 외부도장 색상
  1) 제1류 위험물 : 회색
  2) 제2류 위험물 : 적색
  3) 제3류 위험물 : 청색
  4) 제4류 위험물 : 적색(색상에 대한 제한은 없으나 적색을 권장)
  5) 제5류 위험물 : 황색
  6) **제6류 위험물 : 청색**

111 위험물 운반용기에 수납하여 적재할 때 차광성 있는 피복으로 가려야 하는 위험물이 아닌 것은?

① 제1류 위험물 ② 제2류 위험물

③ 제5류 위험물 ④ 제6류 위험물

⯈⯈ 운반 시 위험물의 성질에 따른 피복기준
  1) **차광성 피복** : 제1류 위험물, 제3류 위험물 중 자연발화성 물질, 제4류 위험물 중 특수인화물, 제5류 위험물, 제6류 위험물
  2) 방수성 피복 : 제1류 위험물 중 알칼리금속의 과산화물, 제2류 위험물 중 철분, 금속분, 마그네슘, 제3류 위험물 중 금수성 물질

112 질산나트륨의 성상으로 옳은 것은?

① 황색 결정이다.

② 물에 잘 녹는다.

③ 흑색화약의 원료이다.

④ 상온에서 자연분해한다.

⯈⯈ 질산나트륨은 물, 글리세린에 잘 녹고, 무수알코올에는 안 녹는다.
  ① 백색 고체이다.
  ③ 흑색화약의 원료는 질산칼륨과 숯, 황을 혼합하여 만들 수 있다.
  ④ 약 300℃까지 가열하면 분해한다.

113 1몰의 이황화탄소와 고온의 물이 반응하여 생성되는 유독한 기체물질의 부피는 표준상태에서 몇 L인가?

① 22.4L

② 44.8L

③ 67.2L

④ 134.4L

⯈⯈ 이황화탄소(제4류 위험물)는 물속에 보관하는 물질이지만 물에 저장한 상태에서 150℃ 이상의 열로 가열하면 다음의 반응을 통해 유독성의 황화수소(H_2S)가스가 발생한다.
  $$CS_2 + 2H_2O \rightarrow 2H_2S + CO_2$$
  이황화탄소 물 황화수소 이산화탄소
  위의 반응식에서 1몰의 이황화탄소와 고온의 물이 반응하면 황화수소(H_2S) 2몰이 발생한다. 표준상태에서 모든 기체 1몰의 부피는 22.4L이므로 2몰의 부피는 44.8L이다.

정답 108. ③ 109. ② 110. ④ 111. ② 112. ② 113. ②

114 위험물탱크의 용량은 탱크의 내용적에서 공간용적을 뺀 용적으로 한다. 이 경우 소화약제 방출구를 탱크 안의 윗부분에 설치하는 탱크의 공간용적은 해당 소화설비의 소화약제 방출구 아래 어느 범위의 면으로부터 윗부분의 용적으로 하는가?

① 0.1m 이상 0.5m 미만 사이의 면

② 0.3m 이상 1m 미만 사이의 면

③ 0.5m 이상 1m 미만 사이의 면

④ 0.5m 이상 1.5m 미만 사이의 면

>> 소화설비(소화약제 방출구를 탱크 안의 윗부분에 설치하는 것에 한한다)를 설치하는 탱크의 공간용적은 그 소화설비의 소화약제 방출구 아래 0.3m 이상 1m 미만 사이의 면으로부터 윗부분의 용적으로 한다.

115 위험물제조소에 설치하는 안전장치 중 위험물의 성질에 따라 안전밸브의 작동이 곤란한 가압설비에 한하여 설치하는 것은?

① 파괴판

② 안전밸브를 병용하는 경보장치

③ 감압 측에 안전밸브를 부착한 감압밸브

④ 연성계

>> 제조소에 설치하는 안전장치의 종류
1) 압력계
2) 자동압력상승 정지장치
3) 안전밸브를 부착한 감압밸브
4) 안전밸브를 병용하는 경보장치
5) **파괴판(안전밸브의 작동이 곤란한 가압설비에 설치)**

116 이산화탄소 소화기 사용 시 줄 – 톰슨 효과에 의해 생성되는 물질은?

① 포스겐   ② 일산화탄소

③ 드라이아이스   ④ 수성 가스

>> 줄 – 톰슨 효과란 이산화탄소약제를 방출할 때 액체 이산화탄소가 가는 관을 통과하게 되는데 이때 압력과 온도의 급감으로 인해 드라이아이스가 관내에 생성됨으로써 노즐이 막히는 현상을 의미한다.

117 다음의 위험물을 위험등급 Ⅰ, Ⅱ, Ⅲ의 순서로 나열한 것으로 맞는 것은?

> 황린, 수소화나트륨, 리튬

① 황린, 수소화나트륨, 리튬

② 황린, 리튬, 수소화나트륨

③ 수소화나트륨, 황린, 리튬

④ 수소화나트륨, 리튬, 황린

>> 1) 황린 : 위험등급 Ⅰ
2) 수소화나트륨 : 위험등급 Ⅲ
3) 리튬 : 위험등급 Ⅱ

118 위험물제조소의 환기설비의 기준에서 급기구가 설치된 실의 바닥면적 150m² 마다 1개 이상 설치하는 급기구의 크기는 몇 cm² 이상이어야 하는가? (단, 바닥면적이 150m² 미만인 경우는 제외한다.)

① 200cm²

② 400cm²

③ 600cm²

④ 800cm²

>> 위험물제조소의 급기구(외부의 공기를 건물 내부로 유입시키는 통로)는 바닥면적 150m²마다 1개 이상으로 하고 급기구의 크기는 800cm² 이상으로 해야 한다.

119 소화약제 중 오존파괴지수(ODP)가 가장 큰 것은?

① IG–541

② Halon 2402

③ Halon 1211

④ Halon 1301

>> 각 〈보기〉 소화약제의 오존파괴지수(ODP)는 다음과 같다.
① IG–541 : 0
② Halon 2402 : 6
③ Halon 1211 : 3
④ **Halon 1301 : 10**

120 인화성 액체 위험물을 저장 또는 취급하는 옥외탱크저장소의 방유제 내에 용량이 10만L와 5만L인 옥외저장탱크 2기를 설치하는 경우 방유제의 용량은?

① 50,000L 이상

② 80,000L 이상

③ 100,000L 이상

④ 110,000L 이상

 PLAY ▶ 풀이

◈ 인화성이 있는 위험물 옥외저장탱크의 방유제 용량

　1) 하나의 옥외저장탱크 방유제 용량 : 탱크 용량의 110% 이상

　2) 2개 이상의 옥외저장탱크 방유제 용량 : 탱크 중 용량이 최대인 것의 110% 이상

　3) 이황화탄소 옥외저장탱크 : 방유제가 필요 없으며 벽 및 바닥의 두께가 0.2m 이상인 철근콘크리트의 수조에 넣어 보관한다.

　문제에서 가장 큰 탱크의 용량은 10만L이므로, 방유제의 용량은

　100,000L × 1.1 = 110,000L 이상이 된다.

121 위험물안전관리법령상 염소화규소화합물은 제 몇 류 위험물에 해당하는가?

① 제1류

② 제2류

③ 제3류

④ 제5류

◈ 염소화규소화합물은 행정안전부령이 정하는 제3류 위험물이다.

122 압력수조를 이용한 옥내소화전설비의 가압송수장치에서 압력수조의 최소압력(MPa)은? (단, 소방용 호스의 마찰손실수두압은 3MPa, 배관의 마찰손실수두압은 1MPa, 낙차의 환산수두압은 1.35MPa이다.)

① 5.35MPa

② 5.70MPa

③ 6.00MPa

④ 6.35MPa

◈ 압력수조를 이용한 가압송수장치 압력수조의 압력은 다음의 식을 이용하여 구한다.

$$P = p_1 + p_2 + p_3 + 0.35MPa$$

　여기서, P : 필요한 압력(MPa)

　　　　p_1 : 소방용 호스의 마찰손실수두압(MPa)

　　　　p_2 : 배관의 마찰손실수두압(MPa)

　　　　p_3 : 낙차의 환산수두압(MPa)

　∴ 3MPa + 1MPa + 1.35MPa + 0.35MPa
　　= 5.70MPa

◉ 똑똑한 풀이비법

　1) 문제에서 단위가 〔MPa〕이면 주어진 수치를 모두 더한 후 그 값에 0.35를 더한다.

　2) 문제에서 단위가 〔m〕이면 주어진 수치를 모두 더한 후 그 값에 35를 더한다.

123 저장 또는 취급하는 위험물의 최대수량이 지정수량의 500배 이하일 때 옥외저장탱크의 측면으로부터 몇 m 이상의 보유공지를 확보하여야 하는가?

① 1m　　　　② 2m

③ 3m　　　　④ 4m

◈ 옥외저장탱크의 보유공지

저장 또는 취급하는 위험물의 최대수량	공지의 너비
지정수량의 500배 이하	3m 이상
지정수량의 500배 초과 1,000배 이하	5m 이상
지정수량의 1,000배 초과 2,000배 이하	9m 이상
지정수량의 2,000배 초과 3,000배 이하	12m 이상
지정수량의 3,000배 초과 4,000배 이하	15m 이상
지정수량의 4,000배 초과	1. 탱크의 지름과 높이 중 큰 것 이상으로 한다. 2. 최소 15m 이상으로 하고 최대 30m 이하로 한다.

◉ 똑똑한 풀이비법

옥외탱크저장소의 보유공지 너비는 구구단 3단의 변형 3m, 5m, 9m, 12m, 15m의 패턴을 가진다.

124 위험물안전관리법령상 자동화재탐지설비를 설치하지 않고 비상경보설비로 대신할 수 있는 것은?

① 일반취급소로서 연면적 600m²인 것

② 지정수량 20배를 저장하는 옥내저장소로서 처마높이가 8m인 단층 건물

③ 단층 건물 외에 건축물에 설치된 지정수량 15배의 옥내탱크저장소로서 소화난이도등급 Ⅱ에 속하는 것

④ 지정수량 20배를 저장·취급하는 옥내주유취급소

>> 경보설비의 종류 중 자동화재탐지설비만을 설치해야 하는 경우
1) 제조소 및 일반취급소로서 연면적 500m² 이상인 것
2) 옥내저장소로서 지정수량의 100배 이상을 저장하거나 처마높이가 6m 이상인 단층 건물의 것
3) 옥내탱크저장소로서 단층 건물 외의 건축물에 설치된 **옥내탱크저장소로서 소화난이도등급 Ⅰ에 해당하는 것**
4) 주유취급소로서 옥내주유취급소에 해당하는 것

125 제4류 위험물 운반용기의 외부에 표시해야 하는 사항이 아닌 것은?

① 규정에 의한 주의사항

② 위험물의 품명 및 위험등급

③ 위험물의 관리자 및 지정수량

④ 위험물의 화학명

>> 위험물 운반용기의 외부에 표시해야 하는 사항
1) 품명, 위험등급, 화학명 및 수용성
2) 위험물의 수량
3) 위험물에 따른 주의사항

126 과산화수소의 운반용기 외부에 표시해야 하는 주의사항은 무엇인가?

① 화기주의

② 충격주의

③ 물기엄금

④ 가연물접촉주의

>> 과산화수소는 제6류 위험물이며, 운반용기 외부에 표시하는 주의사항은 유별로 다음과 같이 구분된다.
1) 제1류 위험물
　㉠ 제1류 위험물 중 알칼리금속의 과산화물 : 화기충격주의, 물기엄금, 가연물접촉주의
　㉡ 그 밖의 제1류 위험물 : 화기충격주의, 가연물접촉주의
2) 제2류 위험물
　㉠ 제2류 위험물 중 철분, 금속분, 마그네슘 : 화기주의, 물기엄금
　㉡ 제2류 위험물 중 인화성 고체 : 화기엄금
　㉢ 그 밖의 제2류 위험물 : 화기주의
3) 제3류 위험물
　㉠ 제3류 위험물 중 자연발화성 물질 : 화기엄금, 공기접촉엄금
　㉡ 제3류 위험물 중 금수성 물질 : 물기엄금
4) 제4류 위험물 : 화기엄금
5) 제5류 위험물 : 화기엄금, 충격주의
6) **제6류 위험물 : 가연물접촉주의**

127 주택, 학교 등 보호대상물과의 사이에 안전거리를 두지 않아도 되는 위험물시설은?

① 옥내저장소　　② 옥내탱크저장소

③ 옥외저장소　　④ 일반취급소

>> 안전거리를 제외할 수 있는 제조소등
1) **옥내탱크저장소**
2) 지하탱크저장소
3) 주유취급소
4) 제6류 위험물을 취급하는 장소

128 위험물안전관리법에서 규정하고 있는 내용으로 틀린 것은?

① 민사집행법에 의한 경매, 국세징수법 또는 지방세법에 의한 압류재산의 매각절차에 따라 제조소등의 시설의 전부를 인수한 자는 그 설치자의 지위를 승계한다.

② 금치산자나 한정치산자, 탱크시험자의 등록이 취소된 날로부터 2년이 지나지 아니한 자의 탱크시험자로 등록하거나 탱크시험자의 업무에 종사할 수 없다.

③ 농예용 축산용으로 필요한 난방시설 또는 건조시설물을 위한 지정수량 20배 이하의 취급소는 신고를 하지 아니하고 위험물의 품명 및 수량을 변경할 수 있다.

④ 법정의 완공검사를 받지 아니하고 제조소등을 사용한 때 시·도지사는 허가를 취소하거나 6월 이내의 기간을 정하여 사용정지를 명할 수 있다.

》》 다음에 해당하는 제조소등의 경우에는 허가를 받지 않고 제조소등을 설치하거나 위치·구조 또는 설비를 변경할 수 있고 신고를 하지 아니하고 위험물의 품명·수량 또는 지정수량의 배수를 변경할 수 있다.
1) 주택의 난방시설(공동주택의 중앙난방시설을 제외한다)을 위한 저장소 또는 취급소
2) 농예용·축산용 또는 수산용으로 필요한 난방시설 또는 건조시설을 위한 **지정수량 20배 이하의 저장소**

129 다음은 아세톤의 완전연소반응식이다. ( ) 안에 알맞은 계수를 차례대로 나열한 것은 어느 것인가?

$$CH_3COCH_3 + (\quad)O_2 \rightarrow (\quad)CO_2 + 3H_2O$$

① 3, 4
② 4, 3
③ 6, 3
④ 3, 6

반응식을 만드는 방법

》》 1단계)
$\underline{CH_3}\underline{C}O\underline{CH_3} + (\quad)O_2 \rightarrow (3)\underline{CO_2} + (\quad)H_2O$
화살표 왼쪽 C의 수는 3개이므로, 화살표 오른쪽 C의 수를 3으로 맞춘다.
2단계)
$\underline{CH_3}\underline{COCH_3} + (\quad)O_2 \rightarrow (3)CO_2 + (3)\underline{H_2O}$
화살표 왼쪽 H의 수는 6개이므로, 화살표 오른쪽 H의 수를 6으로 맞춘다.
3단계)
$CH_3\underline{CO}CH_3 + (4)\underline{O_2} \rightarrow (3)\underline{CO_2} + (3)\underline{H_2O}$
화살표 오른쪽 O의 수는 9개이므로, 화살표 왼쪽 O의 수를 9로 맞춘다.

130 금속은 덩어리상태보다 분말상태일 때 연소위험성이 증가하기 때문에 금속분을 제2류 위험물로 분류하고 있다. 연소위험성이 증가하는 이유로 잘못된 것은?

① 비표면적이 증가하여 반응면적이 증대되기 때문에

② 비열이 증가하여 열축적이 용이하기 때문에

③ 복사열의 흡수율이 증가하여 열의 축적이 용이하기 때문에

④ 대전성이 증가하여 정전기가 발생되기 쉽기 때문에

》》 ② 비열은 물질 1g(kg)의 온도를 1℃ 올리는 데 필요한 열량으로, 비열이 증가하면 온도를 올리는 데 많은 열을 필요로 하기 때문에 열축적은 어려워지고 연소위험성은 낮아지게 된다.

131 고정지붕구조를 가진 높이 15m의 원통 세로형 옥외저장탱크 안의 탱크 상부로부터 아래로 1m 지점에 포방출구가 설치되어 있다. 이 조건의 탱크를 신설하는 경우 최대허가량은 얼마인가? (단, 탱크의 단면적은 100m²이고, 탱크 내부에는 별다른 구조물이 없으며, 공간용적 기준을 만족하는 것으로 가정한다.)

① 1,400m³
② 1,370m³
③ 1,350m³
④ 1,300m³

PLAY ▶ 풀이

》》 소화설비(소화약제 방출구를 탱크 안의 윗부분에 설치하는 것에 한한다)를 설치하는 탱크의 공간용적은 그 소화설비의 소화약제 방출구 아래로 0.3m 이상 1m 미만 사이의 면으로부터 윗부분의 용적으로 한다. 탱크의 높이가 15m이므로, 포방출구가 설치된 지점은 탱크의 상부로부터 아래로 1m 지점, 즉 지상으로부터 14m의 높이다. 이 지점으로부터 0.3m 아래의 지점은 지상으로부터 14m－0.3m＝13.7m의 높이다. 이때 탱크 용량이 공간용적을 최소로 한 용량이므로 최대허가량이 된다. 탱크 용량은 단면적×탱크의 높이로서 100m²×13.7m ＝1,370m³가 된다.

정답 129. ② 130. ② 131. ②

132 옥내저장탱크의 상호간에는 특별한 경우를 제외하고 최소 몇 m 이상의 간격을 유지하여야 하는가?

① 0.1m
② 0.2m
③ 0.3m
④ 0.5m

≫ 옥내저장탱크는 전용실의 안쪽 면과 탱크 사이의 거리 및 2개 이상 탱크 사이의 상호거리를 모두 0.5m 이상으로 해야 한다.

133 복수의 성상을 가지는 위험물에 대한 유별 지정의 기준상 유별의 연결이 틀린 것은 어느 것인가?

① 산화성 고체의 성상 및 가연성 고체의 성상을 가지는 경우 : 가연성 고체
② 산화성 고체의 성상 및 자기반응성 물질의 성상을 가지는 경우 : 자기반응성 물질
③ 가연성 고체의 성상과 자연발화성 물질 및 금수성 물질의 성상을 가지는 경우 : 자연발화성 물질 및 금수성 물질
④ 인화성 액체의 성상 및 자기반응성 물질의 성상을 가지는 경우 : 인화성 액체

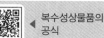
◀ 복수성상물품의 공식

≫ 복수의 성상을 가지는 위험물(하나의 물질이 2가지의 위험물 성질을 동시에 가지고 있는 것)의 유별 기준
공식 : 제1류＜제2류＜제4류＜제3류＜제5류
① 산화성 고체(제1류)＜가연성 고체(제2류) : 가연성 고체
② 산화성 고체(제1류)＜자기반응성 물질(제5류) : 자기반응성 물질
③ 가연성 고체(제2류)＜자연발화성 물질 및 금수성 물질(제3류) : 자연발화성 물질 및 금수성 물질
④ **인화성 액체(제4류)＜자기반응성 물질(제5류) : 자기반응성 물질**

134 하나의 위험물저장소에 다음과 같이 2가지 위험물을 저장하고 있다. 지정수량 이상에 해당하는 것은?

① 브로민칼륨 80kg, 염소산칼륨 40kg
② 질산 100kg, 과산화수소 150kg
③ 질산칼륨 120kg, 다이크로뮴산나트륨 500kg
④ 휘발유 20L, 윤활유 2,000L

≫ 2가지 위험물의 지정수량 배수의 합이 1 이상이어야 지정수량 이상이 된다.
각 〈보기〉의 지정수량 배수는 다음과 같다.

① $\dfrac{80kg}{300kg} + \dfrac{40kg}{50kg} = 1.07$

② $\dfrac{100kg}{300kg} + \dfrac{150kg}{300kg} = 0.83$

③ $\dfrac{120kg}{300kg} + \dfrac{500kg}{1,000kg} = 0.9$

④ $\dfrac{20L}{200L} + \dfrac{2,000L}{6,000L} = 0.43$

135 위험물제조소등에 설치하는 고정식 포소화설비의 기준에서 포헤드방식의 포헤드는 방호대상물의 표면적 몇 m²당 1개 이상의 헤드를 설치하여야 하는가?

① 3m²
② 9m²
③ 15m²
④ 30m²

≫ 포헤드방식의 포헤드 기준
1) 설치해야 할 헤드 수 : 방호대상물의 **표면적 9m²당 1개 이상**이어야 한다.
2) 방호대상물의 표면적 1m²당의 방사량 : 6.5L/min 이상이어야 한다.
3) 방사구역 : 100m² 이상(방호대상물의 표면적이 100m² 미만인 경우에는 그 표면적)이어야 한다.

136 산화프로필렌에 대한 설명 중 틀린 것은?

① 연소범위는 가솔린보다 넓다.
② 물에는 잘 녹지만 알코올, 벤젠에는 녹지 않는다.
③ 비중은 1보다 작고, 증기비중은 1보다 크다.
④ 증기압이 높으므로 상온에서 위험한 농도까지 도달할 수 있다.

≫ 산화프로필렌의 성질
1) 인화점 −37℃, 발화점 465℃, 비점 34℃이다.
2) 연소범위는 2.5~38.5%이며 가솔린의 연소범위(1.4~7.6%)보다 넓다.
3) 증기의 흡입으로 폐부종(폐에 물이 차는 병)이 발생할 수 있다.
4) 증기압이 높아 위험하다.
5) 수은, 은, 구리, 마그네슘과 반응하여 폭발성인 금속아세틸라이트를 만들기 때문에 이 물질의 저장용기 재료로 사용하면 안 된다.
6) 액체의 비중은 1보다 작지만 증기의 비중은 1보다 크다.
7) **수용성 물질이며 알코올, 벤젠 등에도 잘 녹는다.**

137 알킬알루미늄등 또는 아세트알데하이드등을 취급하는 제조소의 특례기준으로 옳은 것은?

① 알킬알루미늄등을 취급하는 설비에는 불활성 기체 또는 수증기를 봉입하는 장치를 설치한다.
② 알킬알루미늄등을 취급하는 설비는 은, 수은, 동, 마그네슘을 성분으로 하는 것으로 만들지 않는다.
③ 아세트알데하이드등을 취급하는 탱크에는 냉각장치 또는 보냉장치 및 불활성 기체 봉입장치를 설치한다.
④ 아세트알데하이드등을 취급하는 설비의 주위에는 누설범위를 국한하기 위한 설비와 누설되었을 때 안전한 장소에 설치된 저장실에 유입시킬 수 있는 설비를 갖춘다.

≫ 위험물의 성질에 따른 각종 제조소의 특례
1) 알킬알루미늄등을 취급하는 제조소
　㉠ 알킬알루미늄등을 취급하는 설비에는 불활성 기체를 봉입하는 장치를 갖출 것
　㉡ 알킬알루미늄등을 취급하는 설비의 주위에는 누설범위를 국한하기 위한 설비와 누설된 알킬알루미늄등을 안전한 장소에 설치된 저장실에 유입시킬 수 있는 설비를 갖출 것
　※ 알킬알루미늄은 금수성 물질이라 수증기와 반응하여 가연성 가스를 발생한다.

2) 아세트알데하이드등을 취급하는 제조소등의 설비
　㉠ 아세트알데하이드등을 취급하는 제조소의 설비에는 은, 수은, 구리(동), 마그네슘을 성분으로 하는 합금으로 만들지 아니할 것
　㉡ 아세트알데하이드등을 취급하는 제조소의 설비에는 연소성 혼합기체의 폭발을 방지하기 위한 불활성 기체 또는 수증기 봉입장치를 갖출 것
　㉢ **아세트알데하이드등을 저장하는 탱크에는 냉각장치 또는 보냉장치(냉방을 유지하는 장치) 및 불활성 기체 봉입장치를 갖출 것**
　㉣ 아세트알데하이드등을 저장하는 탱크에는 하나의 냉각장치 또는 보냉장치가 고장난 때에도 일정 온도를 유지할 수 있도록 비상전원을 갖출 것

138 위험물안전관리법상 제4류 인화성 액체의 판정을 위한 인화점 시험방법의 설명으로 틀린 것은 무엇인가?

① 태그밀폐식 인화점측정기에 의한 시험을 실시하여 측정결과가 0℃ 미만인 경우에는 해당 측정결과를 인화점으로 한다.
② 태그밀폐식 인화점측정기에 의한 시험을 실시하여 측정결과가 0℃ 이상 80℃ 이하인 경우에는 동점도를 측정하여 동점도가 $10mm^2/s$ 미만인 경우에는 측정결과를 인화점으로 한다.
③ 태그밀폐식 인화점측정기에 의한 시험을 실시하여 측정결과가 0℃ 이상 80℃ 이하인 경우에는 동점도를 측정하여 동점도가 $10mm^2/s$ 이상인 경우에는 신속평형법 인화점측정기에 의한 시험을 한다.
④ 태그밀폐식 인화점측정기에 의한 시험을 실시하여 측정결과가 80℃를 초과하는 경우에는 클리브랜드밀폐식 인화점측정기에 의한 실험을 한다.

≫ 인화점 측정시험의 종류
1) 태그밀폐식 인화점측정기
　㉠ 측정결과가 0℃ 미만인 경우에는 그 측정결과를 인화점으로 할 것

ⓒ 측정결과가 0℃ 이상 80℃ 이하인 경우에는 동점도 측정을 하여 동점도가 10mm²/s 미만인 경우에는 그 측정결과를 인화점으로 할 것

2) 신속평형법(세타밀폐식) 인화점측정기
  − 측정결과가 0℃ 이상 80℃ 이하인 경우에는 동점도 측정을 하여 동점도가 10mm²/s 이상인 경우에는 그 측정결과를 인화점으로 할 것

3) 클리브랜드개방컵 인화점측정기
  − 측정결과가 80℃를 초과하는 경우에는 그 측정결과를 인화점으로 할 것

139 위험물안전관리법령상 간이탱크저장소에 대한 설명 중 틀린 것은?

① 간이저장탱크의 용량은 600L 이하여야 한다.
② 하나의 간이탱크저장소에 설치하는 간이저장탱크는 5개 이하여야 한다.
③ 간이저장탱크는 두께 3.2mm 이상의 강판으로 흠이 없도록 제작하여야 한다.
④ 간이저장탱크는 70kPa의 압력으로 10분간의 수압시험을 실시하여 새거나 변형되지 않아야 한다.

≫ ② 하나의 간이탱크저장소에 설치할 수 있는 간이저장탱크의 수는 3개 이하이다.

140 다음 중 제3류 위험물에 해당하는 것은 어느 것인가?

① 염소화규소화합물
② 금속의 아지화합물
③ 질산구아니딘
④ 할로젠간화합물

≫ ① **염소화규소화합물** : 행정안전부령이 정하는 **제3류 위험물**
② 금속의 아지화합물 : 행정안전부령이 정하는 제5류 위험물
③ 질산구아니딘 : 행정안전부령이 정하는 제5류 위험물
④ 할로젠간화합물 : 행정안전부령이 정하는 제6류 위험물

141 제2류 위험물 중 지정수량이 500kg인 물질에 의한 화재는?

① A급　　　② B급
③ C급　　　④ D급

≫ 제2류 위험물 중 지정수량이 500kg인 물질은 철분, 금속분, 마그네슘이며 이들은 금속화재(D급)이다.

142 제거소화의 예가 아닌 것은?

① 가스화재 시 가스공급을 차단하기 위해 밸브를 닫아 소화시킨다.
② 유전화재 시 폭약을 사용하여 폭풍에 의해 가연성 증기를 날려 소화시킨다.
③ 연소하는 가연물을 밀폐시켜 공기공급을 차단하여 소화한다.
④ 촛불을 입으로 바람을 불어서 소화시킨다.

≫ 제거소화는 가연물을 제거하여 소화하는 방법이다. 연소하는 가연물을 밀폐시켜 공기공급을 차단하여 소화하는 방법은 질식소화에 해당한다.

143 위험물안전관리법령상 제조소등의 위치·구조 또는 설비 가운데 행정안전부령이 정하는 사항을 변경허가를 받지 아니하고 제조소등의 위치·구조 또는 설비를 변경한 때 1차 행정처분기준으로 옳은 것은?

① 사용정지 15일
② 경고 또는 사용정지 15일
③ 사용정지 30일
④ 경고 또는 업무정지 30일

≫ 제조소등에 대한 행정처분기준

위반사항	행정처분기준		
	1차	2차	3차
수리·개조 또는 이전의 명령에 위반한 때	사용정지 30일	사용정지 90일	허가취소
저장·취급 기준 준수명령을 위반한 때	사용정지 30일	사용정지 60일	허가취소

위반사항	행정처분기준		
	1차	2차	3차
완공검사를 받지 아니하고 제조소등을 사용한 때	사용 정지 15일	사용 정지 60일	허가 취소
위험물안전관리자를 선임하지 아니한 때			
변경허가를 받지 아니하고 제조소등의 위치, 구조 또는 설비를 변경한 때	**경고 또는 사용 정지 15일**	사용 정지 60일	허가 취소
대리자를 지정하지 아니한 때	사용 정지 10일	사용 정지 30일	허가 취소
정기점검을 하지 아니한 때			
정기검사를 받지 아니한 때			

144 다음 제4류 위험물 중 품명이 나머지 셋과 다른 하나는?

① 아세트알데하이드
② 다이에틸에터
③ 나이트로벤젠
④ 이황화탄소

≫ ① 아세트알데하이드 : 특수인화물
② 다이에틸에터 : 특수인화물
③ **나이트로벤젠 : 제3석유류**
④ 이황화탄소 : 특수인화물

145 금속분의 화재 시 주수해서는 안 되는 이유로 가장 옳은 것은?

① 산소가 발생하기 때문에
② 수소가 발생하기 때문에
③ 질소가 발생하기 때문에
④ 유독가스가 발생하기 때문에

≫ 금속분(제2류 위험물)은 물과 반응 시 수소가스가 발생한다.

146 위험물안전관리법령상 위험물의 품명별 지정수량의 단위에 관한 설명 중 옳은 것은?

① 액체인 위험물은 지정수량의 단위를 '리터'로 하고 고체인 위험물은 지정수량의 단위를 '킬로그램'으로 한다.
② 액체만 포함된 유별은 '리터'로 하고, 고체만 포함된 유별은 '킬로그램'으로 하고, 액체와 고체가 포함된 유별은 '리터'로 한다.
③ 산화성인 위험물은 '킬로그램'으로 하고, 가연성인 위험물은 '리터'로 한다.
④ 자기반응성 물질과 산화성 물질은 액체와 고체의 구분에 관계없이 '킬로그램'으로 한다.

≫ ① 액체인 제6류 위험물은 지정수량의 단위를 '킬로그램'으로 한다.
② 액체만 포함된 제6류 위험물은 지정수량의 단위를 '킬로그램'으로 한다.
③ 산화성 위험물의 지정수량의 단위는 '킬로그램', 가연성 고체인 제2류 위험물의 지정수량의 단위도 '킬로그램'이다.
④ 인화성 액체인 제4류 위험물의 지정수량의 단위만 '리터'로 하며, 나머지 **자기반응성 물질**(제5류 위험물)과 **산화성 물질**(제1류 및 제6류 위험물)은 액체와 고체의 구분 없이 **지정수량의 단위를 '킬로그램'**으로 한다.

147 에터(ether)의 일반식으로 옳은 것은?

① ROR
② RCHO
③ RCOR
④ RCOOH

≫ 에터의 일반식을 R(알킬)−O−R′ (알킬)로 표시하는 이유는 O의 앞뒤로 서로 다른 종류의 R(알킬)이 붙을 수 있기 때문인데, 문제의 〈보기〉에서는 동일한 종류의 R(알킬)이 붙은 것으로 가정하고 ROR의 형태로 나타낸 것이다.
즉, R−O−R′ 와 ROR은 동일한 의미라고 할 수 있다.
※ 일반식의 종류
1) R−O−R′ : 에터
2) RCHO : 알데하이드
3) R−CO−R′ : 케톤
4) RCOOH : 카복실산

148 하이드록실아민을 취급하는 제조소에 두어야 하는 최소한의 안전거리(D)를 구하는 식으로 옳은 것은? (단, N은 해당 제조소에서 취급하는 하이드록실아민의 지정수량 배수를 나타낸다.)

① $D = 51.1 \cdot N$

② $D = 51.1 \cdot \sqrt[3]{N}$

③ $D = 31.1 \cdot N$

④ $D = 31.1 \cdot \sqrt[3]{N}$

》 하이드록실아민 제조소의 안전거리
$D = 51.1 \cdot \sqrt[3]{N}$
여기서, D : 안전거리(m)
N : 취급하는 하이드록실아민의 지정수량의 배수

149 옥외저장탱크 중 압력탱크에 저장하는 다이에틸에터등의 저장온도는 몇 ℃ 이하이어야 하는가?

① 60℃   ② 40℃
③ 30℃   ④ 15℃

》 탱크에 저장할 경우 위험물의 저장온도
1) 옥외저장탱크, 옥내저장탱크 또는 지하저장탱크 중 압력탱크 외의 탱크에 저장하는 경우
㉠ 아세트알데하이드 : 15℃ 이하
㉡ 산화프로필렌과 다이에틸에터 : 30℃ 이하
2) 옥외저장탱크, 옥내저장탱크 또는 지하저장탱크 중 **압력탱크에 저장하는 경우**
– 아세트알데하이드와 **다이에틸에터 : 40℃ 이하**
3) 보냉장치가 있는 이동저장탱크에 저장하는 경우
– 아세트알데하이드와 다이에틸에터 : 비점 이하
4) 보냉장치가 없는 이동저장탱크에 저장하는 경우
– 아세트알데하이드와 다이에틸에터 : 40℃ 이하

150 위험물안전관리법령상   스프링클러설비가 제4류 위험물에 대하여 적응성을 갖는 경우는 어느 것인가?

① 연기가 충만할 우려가 없는 경우
② 방사밀도(살수밀도)가 일정 수치 이상인 경우
③ 지하층의 경우
④ 수용성 위험물인 경우

》 스프링클러설비는 제4류 위험물 화재에는 사용할 수 없지만 취급장소의 살수기준면적에 따라 스프링클러설비의 살수밀도가 일정 기준 이상이면 제4류 위험물 화재에도 사용할 수 있다.

151 위험물안전관리법령상 다음 ( ) 안에 알맞은 수치는?

> 옥내저장소에서 위험물을 저장하는 경우 기계에 의하여 하역하는 구조로 된 용기만을 겹쳐 쌓는 경우에 있어서는 ( )m 높이를 초과하여 용기를 겹쳐 쌓지 아니하여야 한다.

① 2
② 4
③ 6
④ 8

》 옥내저장소 또는 옥외저장소의 저장용기를 쌓는 높이의 기준
1) 기계에 의하여 하역하는 구조로 된 용기 : **6m 이하**
2) 제4류 위험물 중 제3석유류, 제4석유류 및 동식물유 용기 : 4m 이하
3) 그 밖의 경우 : 3m 이하
4) 옥외저장소에서 용기를 선반에 저장하는 경우 : 6m 이하

152 취급하는 제4류 위험물의 수량이 지정수량의 30만배인 일반취급소가 있는 사업장에 자체소방대를 설치함에 있어서 전체 화학소방차 중 포수용액을 방사하는 화학소방차는 몇 대 이상 두어야 하는가?

① 필수적인 것은 아니다.
② 1대
③ 2대
④ 3대

➤➤ 자체소방대에 두는 화학소방자동차 및 자체소방대원 수의 기준은 다음 [표]와 같다.

사업소의 구분	화학소방자동차의 수	자체소방대원의 수
지정수량의 3천배 이상 12만배 미만으로 취급하는 제조소 또는 일반취급소	1대	5인
지정수량의 12만배 이상 24만배 미만으로 취급하는 제조소 또는 일반취급소	2대	10인
지정수량의 24만배 이상 48만배 미만으로 취급하는 제조소 또는 일반취급소	3대	15인
지정수량의 48만배 이상으로 취급하는 제조소 또는 일반취급소	4대	20인
지정수량의 50만배 이상으로 저장하는 옥외탱크저장소	2대	10인

포수용액을 방사하는 화학소방자동차의 대수는 화학소방자동차 대수의 3분의 2 이상으로 하여야 한다. 따라서, 지정수량의 30만배라면 필요한 화학소방자동차의 대수는 3대인데 그 중 포수용액을 방사하는 **화학소방차는 전체 대수의 3분의 2 이상으로 해야 하므로 2대 이상**은 되어야 한다.

153 가연성 액화가스의 탱크 주위에서 화재가 발생한 경우에 탱크의 가열로 인하여 그 부분의 강도가 약해져 탱크가 파열됨으로 내부의 가열된 액화가스가 급속히 팽창하면서 폭발하는 현상은?

① 블레비(BLEVE) 현상
② 보일오버(Boil Over) 현상
③ 플래시백(Flash Back) 현상
④ 백드래프트(Back Draft) 현상

➤➤ ② 보일오버(Boil Over) 현상 : 중질유의 탱크에서 장시간 조용히 연소하다 탱크 내 잔존 기름 아래의 수분이 끓어 부피의 팽창으로 기름이 갑자기 분출하는 현상
③ 플래시백(Flash Back) 현상 : 연소하고 있던 화염이 버너 내부의 가스, 공기와 혼합하여 혼합기를 만드는 혼합기에까지 되돌아오는 현상

④ 백드래프트(Back Draft) 현상 : 연소에 필요한 산소가 부족하여 실내에 산소가 갑자기 다량 공급될 때 연소가스가 순간적으로 발화하는 현상

154 위험물안전관리법령에서 정한 주유취급소의 고정주유설비 주위에 보유하여야 하는 주유공지의 기준은?

① 너비 10m 이상, 길이 6m 이상
② 너비 15m 이상, 길이 6m 이상
③ 너비 10m 이상, 길이 10m 이상
④ 너비 15m 이상, 길이 10m 이상

➤➤ 주유취급소에는 주유를 받으려는 자동차 등이 출입할 수 있도록 고정주유설비 주위에 너비 15m 이상, 길이 6m 이상의 주유공지를 두어야 한다.

155 주유취급소의 벽(담)에 유리를 부착할 수 있는 기준에 대한 설명으로 옳은 것은 어느 것인가?

① 유리 부착위치는 주입구, 고정주유설비로부터 2m 이상 이격되어야 한다.
② 지반면으로부터 50cm를 초과하는 부분에 한하여 설치하여야 한다.
③ 하나의 유리판 가로의 길이는 2m 이내로 한다.
④ 유리의 구조는 기준에 맞는 강화유리로 하여야 한다.

➤➤ ① 유리 부착위치는 주입구, 고정주유설비로부터 4m 이상 이격되어야 한다.
② 지반면으로부터 70cm를 초과하는 부분에 한하여 설치하여야 한다.
④ 유리의 구조는 기준에 맞는 접합유리로 하여야 한다.

156 위험물안전관리법령상 제4석유류를 저장하는 옥내저장탱크의 용량은 지정수량의 몇 배 이하이어야 하는가?

① 20배   ② 40배
③ 100배   ④ 150배

정답   153. ① 154. ② 155. ③ 156. ②

>> 1) 단층 건물 또는 1층 이하의 층에 설치한 탱크
   전용실의 옥내저장탱크의 용량
   ㉠ 제4석유류 및 동식물유류 외의 제4류 위
      험물의 저장탱크 : 20,000L 이하
   ㉡ **제4석유류 및 동식물유류를 포함한 그 밖의**
      위험물의 저장탱크 : 지정수량의 40배 이하
   2) 2층 이상의 층에 설치한 탱크전용실의 옥내
   저장탱크의 용량
   ㉠ 제4석유류 및 동식물유류 외의 제4류 위
      험물의 저장탱크 : 5,000L 이하
   ㉡ 제4석유류 및 동식물유류를 포함한 그 밖의
      위험물의 저장탱크 : 지정수량의 10배 이하
   ※ 이 문제처럼 별도로 건축물의 층수를 정하지
   않은 경우라면 옥내저장탱크는 단층 건물에
   설치한 탱크전용실의 탱크를 의미한다. 따라
   서, 제4석유류를 저장하는 옥내저장탱크의
   용량은 지정수량의 40배 이하이어야 한다.
   (2층 이상의 층이라는 조건이 있는 경우에는
   지정수량의 10배 이하가 되어야 한다.)

157 위험물안전관리법령상 위험물 옥외탱크저
장소의 방화에 관하여 필요한 사항을 게시
한 게시판에 기재하여야 하는 내용이 아닌 것
은 어느 것인가?

① 위험물의 지정수량의 배수
② 위험물의 저장최대수량
③ 위험물의 품명
④ 위험물의 성질

>> 방화에 관하여 필요한 사항을 게시한 게시판의
   기준
   1) 위치 : 제조소 주변의 보기 쉬운 곳에 설치하
      는 것 외에 특별한 규정은 없다.
   2) 내용 : 위험물의 유별·품명, 저장최대수량
      또는 취급최대수량, 지정수량의 배수, 안전관
      리자의 성명 또는 직명
   3) 크기 : 한 변 0.3m 이상, 다른 한 변 0.6m
      이상인 직사각형
   4) 색상 : 백색 바탕, 흑색 문자

158 지방족 탄화수소가 아닌 것은?

① 톨루엔
② 아세트알데하이드
③ 아세톤
④ 다이에틸에터

>> 1) 지방족(사슬족) : 구조식으로 표현했을 때 사
   슬형으로 연결되어 있는 물질로서 아세톤
   (CH_3COCH_3), 다이에틸에터($C_2H_5OC_2H_5$), 아
   세트알데하이드(CH_3CHO) 등의 종류가 있다.
   2) **방향족**(벤젠족) : 구조식으로 표현했을 때 고리
   형으로 연결되어 있는 물질로서 벤젠(C_6H_6), **톨**
   루엔($C_6H_5CH_3$), 크실렌[$C_6H_4(CH_3)_2$] 등의 종류
   가 있다.

159 화학적으로 알코올을 분류할 때 3가 알코올에
해당하는 것은?

① 에틸알코올
② 메틸알코올
③ 에틸렌글리콜
④ 글리세린

>> 알코올은 알킬(C_nH_{2n+1})과 OH를 결합한 것으
   로 OH의 수에 따라 1가 알코올, 2가 알코올,
   3가 알코올로 구분한다.
   ① 에틸알코올(C_2H_5OH) : 1가 알코올
   ② 메틸알코올(CH_3OH) : 1가 알코올
   ③ 에틸렌글리콜[$C_2H_4(OH)_2$] : 2가 알코올
   ④ **글리세린**[$C_3H_5(OH)_3$] : **3가 알코올**

160 위험물안전관리법령상 제4류 위험물의 품명
에 따른 위험등급과 옥내저장소 하나의 저장
창고 바닥면적 기준을 올바르게 나열한 것
은? (단, 전용의 독립된 단층건물에 설치하
며, 구획된 실이 없는 하나의 저장창고인 경
우에 한한다.)

① 제1석유류 : 위험등급 I, 최대 바닥면적
   $1,000m^2$
② 제2석유류 : 위험등급 I, 최대 바닥면적
   $2,000m^2$
③ 제3석유류 : 위험등급 II, 최대 바닥면적
   $2,000m^2$
④ 알코올류 : 위험등급 II, 최대 바닥면적
   $1,000m^2$

>> ① 제1석유류 : 위험등급 II, 최대 바닥면적 $1,000m^2$
   ② 제2석유류 : 위험등급 III, 최대 바닥면적 $2,000m^2$
   ③ 제3석유류 : 위험등급 III, 최대 바닥면적 $2,000m^2$

정답 157. ④ 158. ① 159. ④ 160. ④

하나의 옥내저장소의 바닥면적과 위험물의 저장 기준은 다음과 같다.

1) 바닥면적 1,000m² 이하에 저장해야 하는 물질
   ㉠ 제1류 위험물 중 아염소산염류, 염소산염류, 과염소산염류, 무기과산화물, 그 밖에 지정수량이 50kg인 위험물(위험등급 I)
   ㉡ 제3류 위험물 중 칼륨, 나트륨, 일킬알루미늄, 알킬리튬, 그 밖에 지정수량이 10kg인 위험물 및 황린(위험등급 I)
   ㉢ 제4류 위험물 중 특수인화물(위험등급 I), 제1석유류 및 알코올류(위험등급 II)
   ㉣ 제5류 위험물 중 유기과산화물, 질산에스터류, 그 밖에 지정수량이 10kg인 위험물(위험등급 I)
   ㉤ 제6류 위험물(위험등급 I)
2) 바닥면적 2,000m² 이하에 저장할 수 있는 물질
   - 바닥면적 1,000m² 이하에 저장할 수 있는 물질 이외의 것

📖 **똑똑한 풀이비법**

옥내저장소의 바닥면적은 위험등급을 이용하여 기억하자!

1) 바닥면적 1,000m² 이하에 저장해야 하는 물질
   ㉠ 제4류 위험물 중 위험등급 I, 위험등급 II
   ㉡ 제4류 위험물을 제외한 그 밖의 위험물 중 위험등급 I
2) 바닥면적 2,000m² 이하에 저장할 수 있는 물질
   - 그 밖의 위험등급

161 위험물의 품명, 수량 또는 지정수량 배수의 변경신고에 대한 설명으로 옳은 것은?

① 허가청과 협의하여 설치한 군용 위험물시설의 경우에도 적용된다.
② 변경신고는 변경한 날로부터 7일 이내에 완공검사필증을 첨부하여 신고하여야 한다.
③ 위험물의 품명이나 수량의 변경을 위해 제조소등의 위치, 구조 또는 설비를 변경하는 경우에 신고한다.
④ 위험물의 품명, 수량 및 지정수량의 배수를 모두 변경할 때에는 신고를 할 수 없고 허가를 신청하여야 한다.

≫ ① 허가청과 협의하여 설치한 군용 위험물시설이라 하더라도 **위험물의 품명, 수량 또는 지정수량의 배수의 변경신고는 별도로 해야 한다.**

② 변경신고는 변경한 날이 아닌, 변경하고자 하는 날의 1일 전까지 완공검사필증을 첨부하여 신고하여야 한다.
③ 제조소등의 위치, 구조 또는 설비를 변경하는 경우에는 변경신고가 아닌 변경신청을 해야 한다.
④ 위험물의 품명, 수량 및 지정수량의 배수를 모두 변경할 때에도 변경신청이 아닌 변경신고를 해야 한다.

📖 **똑똑한 풀이비법**

제조소등의 위치, 구조 또는 설비를 변경할 때에는 변경신청을 해야 하고,
품명, 수량 또는 지정수량의 배수를 변경할 때에는 변경신고를 해야 한다.

162 위험물제조소등에 설치하는 옥외소화전설비의 기준에서 옥외소화전함은 옥외소화전으로부터 보행거리 몇 m 이하의 장소에 설치하여야 하는가?

① 1.5m　　② 5m
③ 7.5m　　④ 10m

≫ 옥외소화전함은 옥외소화전으로부터 보행거리 5m 이하의 장소에 설치해야 한다.

163 제5류 위험물에 관한 내용으로 틀린 것은 어느 것인가?

① $C_2H_5ONO_2$: 상온에서 액체이다.
② $C_6H_2OH(NO_2)_3$: 공기 중 자연분해가 잘 된다.
③ $C_6H_3(NO_2)_2CH_3$: 담황색의 결정이다.
④ $C_3H_5(ONO_2)_3$: 혼산 중에 글리세린을 반응시켜 제조한다.

≫ ① 질산에틸($C_2H_5ONO_2$) : 상온에서 액체인 질산에스터류에 해당하는 물질이다.
② 피크린산[$C_6H_2OH(NO_2)_3$] : 단독으로는 마찰·충격에 둔감하여 **공기 중에서 자연분해되지 않지만** 금속과 반응 시 폭발성의 물질을 생성하여 위험하다.
③ 다이나이트로톨루엔[$C_6H_3(NO_2)_2CH_3$] : 트라이나이트로톨루엔과 같이 나이트로화합물에 포함되는 물질이며 담황색의 결정이다.
④ 나이트로글리세린[$C_3H_5(ONO_2)_3$] : 질산과 황산(혼산)을 글리세린에 반응시켜 제조한다.

164 제4류 위험물의 옥외저장탱크에 대기밸브부착 통기관을 설치할 때 몇 kPa 이하의 압력차이로 작동하여야 하는가?

① 5kPa
② 10kPa
③ 15kPa
④ 20kPa

대기밸브부착 통기관의 모습

≫ 옥외저장탱크에 설치하는 대기밸브부착 통기관은 5kPa 이하의 압력차이로 작동하여야 한다.

165 제조소등에서 위험물을 유출시켜 사람의 신체 또는 재산에 위험을 발생시킨 자에 대한 벌칙기준으로 옳은 것은?

① 1년 이상 3년 이하의 징역
② 1년 이상 5년 이하의 징역
③ 1년 이상 7년 이하의 징역
④ 1년 이상 10년 이하의 징역

≫ 1) 제조소등에서 위험물을 유출·방출 또는 확산시켜 **사람의 생명, 신체 또는 재산에 대하여 위험을 발생시킨 자는 1년 이상 10년 이하의 징역**에 처한다.
  2) 제조소등에서 위험물을 유출·방출 또는 확산시켜 사람을 상해에 이르게 한 때에는 무기 또는 3년 이상의 징역에 처하며, 사망에 이르게 한 때에는 무기 또는 5년 이상의 징역에 처한다.

166 오황화인과 칠황화인이 물과 반응했을 때 공통으로 나오는 물질은?

① 이산화황
② 황화수소
③ 인화수소
④ 삼산화황

≫ 오황화인(P_2S_5)과 칠황화인(P_4S_7)은 제2류 위험물로서 둘 다 황(S)을 포함하고 있어 물과 반응 시 물에 포함된 수소(H)와 반응하여 황화수소(H_2S)를 발생한다.

167 과산화칼륨이 물 또는 이산화탄소와 반응할 경우 공통적으로 발생하는 물질은?

① 산소
② 과산화수소
③ 수산화칼륨
④ 수소

≫ 과산화칼륨(제1류 위험물 중 알칼리금속의 과산화물)은 물 또는 이산화탄소와 반응하여 산소를 발생한다.

168 액체 위험물을 운반용기에 수납할 때 내용적 몇 % 이하의 수납률로 수납하여야 하는가?

① 95%
② 96%
③ 97%
④ 98%

≫ 운반용기 수납률의 기준
  1) 고체 위험물 : 운반용기 내용적의 95% 이하
  2) **액체 위험물 : 운반용기 내용적의 98% 이하**
    (55℃에서 누설되지 않도록 공간용적을 유지)
  3) 알킬알루미늄등 : 운반용기의 내용적의 90% 이하(50℃에서 5% 이상의 공간용적을 유지)

169 벤젠 1몰을 충분한 산소가 공급되는 표준상태에서 완전연소시켰을 때 발생하는 이산화탄소의 양은 몇 L인가?

① 22.4L
② 134.4L
③ 168.8L
④ 224.0L

PLAY ▶ 풀이

≫ 아래의 연소반응식에서 알 수 있듯이 벤젠 1몰 연소 시 이산화탄소 6몰이 발생하므로 표준상태에서 이산화탄소 6몰의 부피는 $6 \times 22.4L = 134.4L$이다.
  − 벤젠의 연소반응식
    : $2C_6H_6 + 15O_2 \rightarrow 12CO_2 + 6H_2O$
    벤젠　　　산소　　　이산화탄소　　물

170 다음은 위험물안전관리법령에서 정의한 동식물유에 관한 내용이다. (　) 안에 알맞은 수치는?

> 동물의 지육 등 또는 식물의 종자나 과육으로부터 추출한 것으로서 1기압에서 인화점이 섭씨 (　)도 미만인 것을 말한다.

① 21
② 200
③ 250
④ 300

≫ 위험물안전관리법령에서 정의한 제4류 위험물 중 동식물유류의 인화점은 섭씨 250도 미만이다.

정답　164. ①　165. ④　166. ②　167. ①　168. ④　169. ②　170. ③

171 위험물안전관리법상 제6류 위험물이 아닌 것은?

① H_3PO_4　　　　② IF_5

③ BrF_5　　　　④ BrF_3

≫ ① H_3PO_4 : 인산으로, **위험물이 아니다.**
　② IF_5 : 오플루오린화아이오딘(할로젠간화합물인 제6류 위험물)
　③ BrF_5 : 오플루오린화브로민(할로젠간화합물인 제6류 위험물)
　④ BrF_3 : 삼플루오린화브로민(할로젠간화합물인 제6류 위험물)

172 제5류 위험물 나이트로화합물에 속하지 않는 것은 어느 것인가?

① 나이트로벤젠

② 테트릴

③ 트라이나이트로톨루엔

④ 피크린산

≫ ① 나이트로벤젠($C_6H_5NO_2$)은 제4류 위험물 중 제3석유류에 속하는 물질이다.

173 과산화나트륨 70g과 충분한 양의 물이 반응하여 생성되는 기체의 종류와 생성량을 올바르게 나타낸 것은?

① 수소, 1g

② 산소, 16g

③ 수소, 2g

④ 산소, 32g

PLAY ▶ 풀이

≫　$2Na_2O_2 + 2H_2O \rightarrow 4NaOH + O_2$
　　과산화나트륨　　물　　수산화나트륨　산소
　과산화나트륨의 분자량은 78이며, 물과 반응 시 산소 0.5몰, 즉 산소 16g이 발생한다.

174 주된 연소형태가 나머지 셋과 다른 하나는?

① 아연분　　　　② 양초

③ 코크스　　　　④ 목탄

≫ ① 아연분 : 표면연소
　② **양초 : 증발연소**
　③ 코크스 : 표면연소
　④ 목탄 : 표면연소

175 위험물안전관리법령상 제조소등의 관계인은 제조소등의 화재예방과 재해발생 시 비상조치에 필요한 사항을 서면으로 작성하여 허가청에 제출하여야 한다. 이는 무엇에 관한 설명인가?

① 예방규정　　　　② 소방계획서

③ 비상계획서　　　④ 화재영향평가서

≫ 제조소등의 화재예방과 재해발생 시의 비상조치에 필요한 사항을 서면으로 작성하여 허가청에 제출하는 서류를 예방규정이라 한다.

176 다음 물질 중에서 위험물안전관리법상 위험물의 범위에 포함되는 것은?

① 농도가 40중량%인 과산화수소 350kg

② 비중이 1.40인 질산 350kg

③ 직경 2.5mm의 막대모양인 마그네슘 500kg

④ 순도가 55중량%인 황 50kg

≫ ① 농도가 36중량% 이상의 과산화수소는 제6류 위험물의 기준에 해당하며 지정수량은 300kg이므로 **농도가 40중량%인 과산화수소** 350kg은 지정수량 이상의 **위험물에 해당하는 조건**이다.
　② 비중이 1.49 이상의 질산은 제6류 위험물의 기준에 해당하나 지정수량은 300kg이므로 비중이 1.40인 질산 350kg은 지정수량 이상은 맞지만 위험물에는 해당하지 않는 조건이다.
　③ 직경 2mm 이상의 막대모양인 마그네슘은 제2류 위험물에서 제외되는 조건이므로 직경 2.5mm의 막대모양인 마그네슘은 위험물에 해당하지 않는 조건이다.
　④ 순도가 60중량% 이상인 황은 제2류 위험물의 기준에 해당하며 지정수량은 100kg이므로 순도가 55중량%인 황 50kg은 지정수량 미만이고 위험물에도 해당하지 않는 조건이다.

177 질화면을 강면약과 약면약으로 구분하는 기준은?

① 물질의 경화도

② 수산기의 수

③ 질산기의 수

④ 탄소 함유량

정답　171. ①　172. ①　173. ②　174. ②　175. ①　176. ①　177. ③

>> 질산에스터류에 속하는 나이트로셀룰로오스(제5류 위험물)는 질화면이라 불리는 물질로서 **질산기의 수**에 따라 강면약과 약면약으로 구분되며 강면약일수록 폭발력이 강하다.

178 에틸렌글리콜의 성질로 옳지 않은 것은?

① 갈색의 액체로 방향성이 있고 쓴맛이 난다.
② 물, 알코올 등에 잘 녹는다.
③ 분자량은 약 62이고 비중은 약 1.1이다.
④ 부동액의 원료로 사용된다.

>> ① **무색의 액체로 방향성이 있고 단맛**이 난다.
② 2가 알코올로서 독성이 있으며 물, 알코올 등에 잘 녹는다.
③ 화학식은 $C_2H_4(OH)_2$이므로 분자량은 약 62이고 비중은 약 1.1이다.
④ 주로 부동액의 원료로 사용된다.

179 위험물안전관리법령상 위험물의 운반에 관한 기준에 따르면 알코올류의 위험등급은 얼마인가?

① 위험등급 Ⅰ   ② 위험등급 Ⅱ
③ 위험등급 Ⅲ   ④ 위험등급 Ⅳ

>> 제4류 위험물의 위험등급
1) 위험등급 Ⅰ : 특수인화물
2) **위험등급 Ⅱ** : 제1석유류, **알코올류**
3) 위험등급 Ⅲ : 제2석유류, 제3석유류, 제4석유류, 동식물유류

180 다음은 어떤 화합물의 구조식인가?

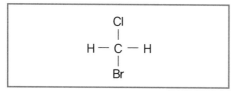

① 할론 1301   ② 할론 1201
③ 할론 1011   ④ 할론 2402

>> C 1개, F 0개, Cl 1개, Br 1개이므로 할론 1011이라고 한다. 이때 수소의 개수는 할론번호에는 포함하지 않는다.

181 다음은 위험물안전관리법령에 따른 판매취급소에 대한 정의이다. ( ) 안에 알맞은 말은?

> 판매취급소라 함은 점포에서 위험물을 용기에 담아 판매하기 위하여 지정수량의 (A)배 이하의 위험물을 (B)하는 장소를 말한다.

① A : 20, B : 취급
② A : 40, B : 취급
③ A : 20, B : 저장
④ A : 40, B : 저장

>> 판매취급소라 함은 점포에서 위험물을 용기에 담아 판매하기 위하여 지정수량의 40배 이하의 위험물을 취급하는 장소를 말한다.

182 인화성 액체 위험물을 저장하는 옥외탱크저장소에 설치하는 방유제의 높이기준은?

① 0.5m 이상 1m 이하
② 0.5m 이상 3m 이하
③ 0.3m 이상 1m 이하
④ 0.3m 이상 3m 이하

>> 옥외탱크저장소의 방유제 높이 : 0.5m 이상 3m 이하로 할 것

183 위험물저장탱크의 공간용적은 탱크 내용적의 얼마 이상, 얼마 이하로 하는가?

① 2/100 이상, 3/100 이하
② 2/100 이상, 5/100 이하
③ 5/100 이상, 10/100 이하
④ 10/100 이상, 20/100 이하

>> 위험물저장탱크의 공간용적은 탱크 내용적의 5/100 이상, 10/100 이하로 한다.

184 BCF(Bromochlorodifluoromethane) 소화약제의 화학식으로 옳은 것은?

① CCl_4 ② CH_2ClBr
③ CF_3Br ④ CF_2ClBr

➤ BCF의 의미 : 탄소를 포함하면서 B(Br), C(Cl), F를 모두 포함하는 것이다.

185 다음 중 제2석유류에 해당하는 물질로만 짝지어진 것은?

① 등유, 경유
② 등유, 중유
③ 글리세린, 기계유
④ 글리세린, 장뇌유

➤ ① 등유(제4류 위험물 중 **제2석유류**), 경유(제4류 위험물 중 **제2석유류**)
② 등유(제4류 위험물 중 제2석유류), 중유(제4류 위험물 중 제3석유류)
③ 글리세린(제4류 위험물 중 제3석유류), 기계유(제4류 위험물 중 제4석유류)
④ 글리세린(제4류 위험물 중 제3석유류), 장뇌유(제4류 위험물 중 제2석유류)

186 사이클로헥세인에 관한 설명으로 가장 거리가 먼 것은?

① 고리형 분자구조를 가진 방향족 탄화수소화합물이다.
② 화학식은 C_6H_{12}이다.
③ 비수용성 위험물이다.
④ 제4류 제1석유류에 속한다.

➤ ① 방향족 탄화수소란 이중결합구조의 고리형 분자구조를 가지고 있는 벤젠을 포함하는 것인데 사이클로헥세인은 단일결합구조의 고리형 분자구조를 가진 물질이기 때문에 방향족 탄화수소로 분류되지 않는다.
※ 사이클로헥세인(C_6H_{12})은 제4류 위험물 중 제1석유류에 해당하는 비수용성 물질이다.

187 0.99atm, 55℃에서 이산화탄소의 밀도는 약 몇 g/L인가?

① 0.62g/L
② 1.62g/L
③ 9.65g/L
④ 12.65g/L

PLAY ▶ 풀이

➤ 이상기체상태방정식은 다음과 같다.

$$PV = \frac{w}{M}RT$$

여기서, P : 압력(기압, atm)＝0.99atm
V : 부피(L)
w : 질량(g)
M : 분자량(g/mol)＝44
R : 이상기체상수＝0.082
T : 절대온도(실제온도+273)
$= 273+55$

$$증기밀도 = \frac{질량}{부피}$$

$$\therefore \frac{w}{V} = \frac{PM}{RT} = \frac{0.99 \times 44}{0.082 \times (273+55)}$$
$$= 1.62g/L$$

188 과산화수소의 성질에 대한 설명으로 옳지 않은 것은?

① 산화성이 강한 무색투명한 액체이다.
② 위험물안전관리법령상 일정 비중 이상일 때 위험물로 취급한다.
③ 가열에 의해 분해하면 산소가 발생한다.
④ 소독약으로 사용할 수 있다.

➤ 1) 일정 **농도(36중량%) 이상** : 과산화수소가 위험물이 되는 조건
2) 일정 비중(1.49) 이상 : 질산이 위험물이 되는 조건

189 지정수량 10배 이상의 위험물을 취급하는 제조소에는 피뢰침을 설치하여야 하지만 제 몇 류 위험물을 취급하는 경우에는 이를 제외할 수 있는가?

① 제2류 위험물
② 제4류 위험물
③ 제5류 위험물
④ 제6류 위험물

➤ 지정수량의 10배 이상의 위험물을 취급하는 제조소에는 피뢰설비를 설치해야 한다. 다만, 제6류 위험물제조소는 제외할 수 있다.

정답 185.① 186.① 187.② 188.② 189.④

190 다음은 위험물안전관리법령에서 정한 내용이다. ( ) 안에 알맞은 용어는?

> ( )라 함은 고형 알코올, 그 밖에 1기압에서 인화점이 섭씨 40도 미만인 고체를 말한다.

① 가연성 고체
② 산화성 고체
③ 인화성 고체
④ 자기반응성 고체

>> 제2류 위험물 중 인화성 고체라 함은 고형 알코올, 그 밖에 1기압에서 인화점이 섭씨 40도 미만인 고체를 말한다.

191 전기불꽃에 의한 에너지식을 바르게 나타낸 것은 무엇인가? (단, E는 전기불꽃에너지, C는 전기용량, Q는 전기량, V는 방전전압이다.)

① $E = \frac{1}{2}QV$ ② $E = \frac{1}{2}QV^2$

③ $E = \frac{1}{2}CV$ ④ $E = \frac{1}{2}VQ^2$

>> 전기불꽃에너지는 다음의 2가지 공식을 가진다.
> 1) $E = \frac{1}{2}QV$
> 2) $E = \frac{1}{2}QV^2$

192 위험물의 운반에 관한 기준에서 다음 ( ) 안에 알맞은 온도는 몇 ℃인가?

> 적재하는 제5류 위험물 중 ( )℃ 이하의 온도에서 분해될 우려가 있는 것은 보냉 컨테이너에 수납하는 등 적정한 온도관리를 하여야 한다.

① 40   ② 50
③ 55   ④ 60

>> 적재하는 제5류 위험물 중 55℃ 이하의 온도에서 분해될 우려가 있는 것은 보냉 컨테이너에 수납하는 등 적정한 온도관리를 하여야 한다.

193 위험물제조소등에 설치하는 옥내소화전설비의 설치기준으로 옳은 것은?

① 옥내소화전은 건축물의 층마다 그 층의 각 부분에서 하나의 호스 접속구까지의 수평거리가 25m 이하가 되도록 설치하여야 한다.
② 해당 층의 모든 옥내소화전(5개 이상인 경우는 5개)을 동시에 사용할 경우 각 노즐 선단에서의 방수량은 130L/min 이상이어야 한다.
③ 해당 층의 모든 옥내소화전(5개 이상인 경우는 5개)을 동시에 사용할 경우 각 노즐 선단에서의 방수압력은 250kPa 이상이어야 한다.
④ 수원의 수량은 옥내소화전이 가장 많이 설치된 층의 옥내소화전 설치개수(5개 이상인 경우는 5개)에 2.6m³를 곱한 양 이상이 되도록 설치하여야 한다.

>> ② 해당 층의 모든 옥내소화전(5개 이상인 경우는 5개)을 동시에 사용할 경우 각 노즐 선단에서의 방수량은 260L/min 이상이어야 한다.
> ③ 해당 층의 모든 옥내소화전(5개 이상인 경우는 5개)을 동시에 사용할 경우 각 노즐 선단에서의 방수압력은 350kPa 이상이어야 한다.
> ④ 수원의 수량은 옥내소화전이 가장 많이 설치된 층의 옥내소화전 설치개수(5개 이상인 경우는 5개)에 7.8m³를 곱한 양 이상이 되도록 설치하여야 한다.

194 이송취급소에 설치하는 경보설비의 기준에 따라 이송기지에 설치하여야 하는 경보설비로만 이루어진 것은 무엇인가?

① 확성장치, 비상벨장치
② 비상방송설비, 비상경보설비
③ 확성장치, 비상방송설비
④ 비상방송설비, 자동화재탐지설비

>> 이송취급소의 이송기지에 설치해야 하는 경보설비의 종류는 비상벨장치 및 확성장치이다.

195 위험물을 취급함에 있어서 정전기가 발생할 우려가 있는 설비에 정전기를 유효하게 제거할 수 있는 방법에 해당하지 않는 것은?

① 위험물의 유속을 높이는 방법
② 공기를 이온화하는 방법
③ 공기 중의 상대습도를 70% 이상으로 하는 방법
④ 접지에 의한 방법

≫ ① 위험물의 유속을 높이면 마찰 등으로 인해 정전기의 발생확률이 높아진다.
※ 정전기 발생 방지법
1) 공기를 이온화하는 방법
2) 공기 중의 상대습도를 70% 이상으로 하는 방법
3) 접지에 의한 방법

196 주유취급소에서 자동차 등에 위험물을 주유할 때 자동차 등의 원동기를 정지시켜야 하는 위험물의 인화점 기준은 몇 ℃ 미만인가? (단, 연료탱크에 위험물을 주유하는 동안 방출되는 가연성 증기 회수설비가 부착되지 않은 고정주유설비의 경우이다.)

① 20℃
② 30℃
③ 40℃
④ 50℃

≫ 주유취급소에서 자동차 등에 위험물을 주유할 때 자동차 등의 원동기를 정지시켜야 하는 위험물의 인화점 기준은 40℃ 미만이다.

197 위험물저장탱크 중 부상지붕구조로 탱크의 직경이 53m 이상 60m 미만인 경우 고정식 포소화설비의 포방출구 종류 및 수량으로 옳은 것은?

① Ⅰ형 8개 이상
② Ⅱ형 8개 이상
③ Ⅲ형 8개 이상
④ 특형 10개 이상

≫ 탱크에 설치하는 고정식 포소화설비의 포방출구

탱크지붕의 구분	포방출구 형태	포주입법
고정지붕 구조의 탱크	Ⅰ형 방출구	상부포주입법(고정포방출구를 탱크 옆판의 상부에 설치하여 액표면상에 포를 방출하는 방법)
	Ⅱ형 방출구	
	Ⅲ형 방출구	저부포주입법(탱크의 액면하에 설치된 포방출구로부터 포를 탱크 내에 주입하는 방법)
	Ⅳ형 방출구	
부상지붕 구조의 탱크	특형 방출구	상부포주입법(고정포방출구를 탱크 옆판의 상부에 설치하여 액표면상에 포를 방출하는 방법)

부상지붕구조의 탱크에 설치하는 고정식 포소화설비의 포방출구 종류는 특형밖에 없다.

198 일반적으로 알려진 황화인의 3종류에 속하지 않는 것은 무엇인가?

① P_4S_3
② P_2S_5
③ P_4S_7
④ P_2S_9

≫ 제2류 위험물 중 황화인의 3가지 종류는 다음과 같다.
1) 삼황화인(P_4S_3)
2) 오황화인(P_2S_5)
3) 칠황화인(P_4S_7)

199 제조소등의 관계인이 위험물제조소등에 대해 기술기준에 적합한지의 여부를 판단하는 최소 정기점검주기는?

① 주 1회 이상
② 월 1회 이상
③ 6개월에 1회 이상
④ 연 1회 이상

≫ 위험물제조소등에 대해 기술기준에 적합한지의 여부를 판단하는 최소 정기점검주기는 연 1회 이상이다.

200 흑색화약의 원료로 사용되는 위험물의 유별을 올바르게 나타낸 것은?

① 제1류, 제2류
② 제1류, 제4류
③ 제2류, 제4류
④ 제4류, 제5류

≫ 흑색화약의 원료로 사용되는 물질은 질산칼륨, 숯, 황이며, 이 중 질산칼륨은 제1류 위험물이고 황은 제2류 위험물이다.

제5편

위험물기능사 신경향 예상문제

저자가 엄선한 신경향 족집게 문제
(앞으로 출제될 가능성이 높은 예상문제 60선)

Craftsman Hazardous material

이 파트에서는 가장 최근의 출제경향을 분석한 결과 이제까지는 출제된 적이 없거나
한두 번밖에 출제되지 않았으나 앞으로 출제될 가능성이 높은 필기 예상문제를 엄선
하여 수록하였습니다.

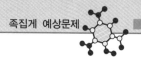

CBT 신경향 예상문제

출제 가능성이 높은 예상문제 60선

○ 불활성가스 소화설비의 기준이 2015.05.06. 개정되면서 매회 출제되고 있는 문제이다.

01 불활성가스 소화약제 중 IG −100의 성분과 성분비를 올바르게 나타낸 것은?

① 질소 100%

② 질소 50%, 아르곤 50%

③ 질소 52%, 아르곤 40%, 이산화탄소 8%

④ 질소 52%, 이산화탄소 40%, 아르곤 8%

》》 불활성가스의 종류별 성분의 구성은 다음과 같다.
1) IG−100 : **질소 100%**
2) IG−55 : 질소 50% + 아르곤 50%
3) IG−541 : 질소 52% + 아르곤 40% + 이산화탄소 8%

정답 ①

○ 특히 화재 시 연기가 충만할 우려가 있는 장소에 설치해야 하는 소화설비의 종류를 구분하기 위한 문제이며, 실기시험에서 출제된 바 있다.

02 소화난이도등급Ⅰ의 제조소 또는 일반취급소에서 화재발생 시 연기가 충만할 우려가 있는 장소에 설치해야 하는 소화설비는 무엇인가?

① 스프링클러설비

② 옥외소화전설비

③ 옥내소화전설비

④ 소형수동식 소화기

》》 소화난이도등급Ⅰ의 제조소 또는 일반취급소에는 옥내소화전설비, 옥외소화전설비, 스프링클러설비, 물분무등소화설비를 설치해야 하며 이 중 **화재발생 시 연기가 충만할 우려가 있는 장소**에는 **스프링클러설비** 또는 이동식 외의 물분무등소화설비를 설치해야 한다.

정답 ①

○ 용어
1) 캐노피·처마·차양·부연·발코니 및 루버
: 주유취급소의 지붕 또는 천장을 일컫는 말
2) 수평투영면적 : 하늘에서 내려다 본 모양의 면적

03 옥내주유취급소란 캐노피의 수평투영면적이 주유취급소 공지면적의 얼마를 초과하는 것인가?

① 2분의 1

② 3분의 1

③ 4분의 1

④ 5분의 1

》》 **옥내주유취급소**
1) 건축물 안에 설치하는 주유취급소
2) 캐노피·처마·차양·부연·발코니 및 루버의 수평투영면적이 주유취급소의 공지면적의 3분의 1을 초과하는 주유취급소

정답 ②

○ 옥외저장탱크에 설치하는 물분무설비의 수원의 양을 구하는 문제가 출제된 적은 있지만 '물분무설비를 설치함으로써 보유공지를 1/2 이상의 너비(최소 3m 이상)로 할 수 있는 설비'에 대해 출제된 적은 없으며, 앞으로 출제될 가능성이 높다.

04 옥외저장탱크의 보유공지를 1/2 이상으로 단축시킬 수 있는 설비는 무엇인가?

① 물분무설비
② 고정식 포소화설비
③ 접지설비
④ 스프링클러설비

≫ 옥외저장탱크에 물분무설비를 설치하면 옥외저장탱크 보유공지를 1/2 이상의 너비(최소 3m 이상)로 할 수 있다.

정답 ①

05 판매취급소의 배합실에서 배합하거나 옮겨 담는 작업을 하면 안 되는 위험물은?

① 도료류
② 염소산염류
③ 윤활유
④ 황화인

≫ 판매취급소의 배합실에 배합하거나 옮겨 담는 작업을 할 수 있는 위험물
1) 도료류
2) 염소산염류
3) 황
4) 인화점이 38℃ 이상인 제4류 위험물
③ 윤활유는 제4석유류로서 인화점이 200℃ 이상 250℃ 미만의 범위에 속하므로 인화점이 38℃ 이상인 제4류 위험물에 해당한다.

정답 ④

○ 제조소와 공작물 사이에 설치하는 격벽의 기준은 실기시험에서 자주 다루고 있는 부분이다.

06 위험물을 취급하는 제조소와 공작물 사이에 공지를 보유하지 아니할 수 있도록 설치하는 방화상 유효한 격벽은 양단 및 상단이 제조소의 외벽 또는 지붕으로부터 각각 얼마 이상 돌출되어야 하는가?

① 외벽 : 30cm, 지붕 : 50cm
② 외벽 : 50cm, 지붕 : 30cm
③ 외벽 : 50cm, 지붕 : 50cm
④ 외벽 : 100cm, 지붕 : 50cm

≫ 제조소의 작업공정이 다른 작업장의 작업공정과 연속되어 있어 제조소의 건축물, 그 밖의 공작물 주위에 공지를 두게 되면 그 제조소의 작업에 현저한 지장이 생길 우려가 있는 경우 해당 제조소와 다른 작업장 사이에 다음의 기준에 따라 방화상 유효한 격벽을 설치한 때에는 해당 제조소와 다른 작업장 사이에 공지를 보유하지 아니할 수 있다.
1) 방화벽은 내화구조로 할 것. 다만 취급하는 위험물이 제6류 위험물인 경우에는 불연재료로 할 수 있다.
2) 방화벽에 설치하는 출입구 및 창 등의 개구부는 가능한 한 최소로 하고, 출입구 및 창에는 자동폐쇄식의 60분+방화문 또는 60분 방화문을 설치할 것
3) **방화벽의 양단 및 상단이 외벽 또는 지붕으로부터 50cm 이상 돌출**하도록 할 것

정답 ③

07 제조소에 설치하는 배출설비 중 전역방식의 배출능력은 바닥면적 1m² 당 몇 m³ 이상으로 배출할 수 있어야 하는가?

① 15m³   ② 16m³
③ 17m³   ④ 18m³

≫ 제조소에 설치하는 배출설비 중 국소방식의 배출능력은 1시간당 배출장소 용적의 20배 이상인 것으로 하여야 한다. 다만, 전역방식의 경우에는 바닥면적 1m² 당 18m³ 이상으로 할 수 있다.

정답 ④

제조소에 설치하는 배출설비의 배출능력은 국소방식과 전역방식 모두 중요하므로, 꼭 두 가지 모두 암기해야 한다.

08 이동탱크의 상용압력이 23kPa인 탱크의 안전장치가 작동해야 하는 압력의 범위는 얼마인가?

① 20kPa 이상 24kPa 이하의 압력
② 21kPa 이상 25kPa 이하의 압력
③ 23kPa의 1.2배 이하의 압력
④ 23kPa의 1.1배 이하의 압력

≫ 이동탱크의 안전장치의 작동압력은 다음의 압력에서 작동해야 한다.
  1) 상용압력이 20kPa 이하인 탱크 : 20kPa 이상 24kPa 이하의 압력
  2) **상용압력이 20kPa 초과하는 탱크 : 상용압력의 1.1배 이하의 압력**

정답 ④

09 제5류 위험물 중 유기과산화물 또는 이를 함유하는 것으로서 지정수량이 10kg인 것의 정의는 무엇인가?

① 무기과산화물   ② 특수과산화물
③ 지정과산화물   ④ 특정과산화물

≫ 제5류 위험물중 유기과산화물 또는 이를 함유하는 것으로서 지정수량이 10kg인 것을 지정과산화물이라 한다.

정답 ③

제조소등의 관계인이 위험물안전관리자를 중복 선임하기 위해 반드시 알아두어야 하는 업무임에도, 지금까지 출제된 적이 없는 문제이다.

10 다수의 제조소등을 동일인이 설치한 경우에는 1인의 안전관리자를 중복하여 선임할 수 있는 행정안전부령이 정하는 저장소에 해당하지 않는 것은 무엇인가?

① 10개의 옥내저장소   ② 10개의 옥내탱크저장소
③ 35개의 옥외탱크저장소   ④ 10개의 옥외저장소

≫ 1인의 안전관리자를 중복하여 선임할 수 있는 행정안전부령이 정하는 저장소의 수
  1) 옥내저장소, 옥외저장소, 암반탱크저장소 : 10개 이하
  2) **옥외탱크저장소 : 30개 이하**
  3) 옥내탱크저장소, 지하탱크저장소, 간이탱크저장소 : 개수제한 없음

정답 ③

11 휘발유를 주유하는 셀프용 고정주유설비의 1회의 연속주유량의 상한은 얼마인가?

① 50리터
② 100리터
③ 150리터
④ 150리터

○ 대부분의 주유취급소에 설치된 셀프용 고정주유설비의 기준은 필기시험뿐만 아니라 실기시험에서도 출제빈도가 높은 내용이다.

》》 셀프용 고정주유설비의 1회 연속주유량의 상한은 **휘발유는 100리터**, 경유는 200리터로 하며, 주유시간의 상한은 모두 4분 이하로 한다.

정답 ②

12 주유취급소의 고정주유설비에서 펌프기기의 주유관 선단에서 최대토출량으로 틀린 것은?

① 휘발유는 분당 50L 이하
② 경유는 분당 180L 이하
③ 등유는 분당 80L 이하
④ 제1석유류(휘발유 제외)는 분당 100L 이하

○ 〈문제〉의 고정주유설비는 셀프용이 아닌 고정주유설비를 의미하는 것이며 이 고정주유설비의 기준과 셀프용 고정주유설비의 기준을 구분하여 암기하도록 하자.

》》 ④ 휘발유를 포함하여 제1석유류는 분당 50L 이하이다.
  ※ 주유취급소의 고정주유설비 또는 고정급유설비 선단에서의 최대토출량
  1) **제1석유류 : 분당 50L 이하**
  2) 경유 : 분당 180L 이하
  3) 등유 : 분당 80L 이하

정답 ④

13 다음 중 한 명의 운전자로도 장거리에 걸치는 운송할 수 있는 위험물은 무엇인가?

① 제2류 위험물 중 황
② 제4류 위험물 중 특수인화물
③ 제5류 위험물 중 유기과산화물
④ 제6류 위험물 중 질산

○ 위험물의 운송기준에 관한 문제는 꾸준히 출제되고 있으며, '장거리에 해당하는 기준'과 '한 명의 운전자로 할 수 있는 위험물의 종류'는 출제될 가능성이 높은 내용이다.

》》 위험물운송자는 장거리(고속국도에 있어서는 340km 이상, 그 밖의 도로에 있어서는 200km 이상을 말한다)에 걸치는 운송을 하는 때에는 2명 이상의 운전자로 할 것. 다만, 다음의 1에 해당하는 경우에는 그러하지 아니하다.
  1) 운송책임자를 동승시킨 경우
  2) 운송하는 위험물이 **제2류 위험물** · 제3류 위험물(칼슘 또는 알루미늄의 탄화물과 이것만을 함유한 것에 한한다) 또는 제4류 위험물(특수인화물을 제외한다)인 경우
  3) 운송 도중에 2시간 이내마다 20분 이상씩 휴식하는 경우

정답 ①

14 주유취급소의 직원 외의 자가 출입하는 부분의 면적의 합은 1,000m²를 초과할 수 없다. 여기서 출입하는 부분에 해당하지 않는 것은?

① 주유취급소 업무를 행하기 위한 사무소
② 자동차 등의 점검 및 간이정비를 위한 작업장
③ 자동차 등의 세정을 위한 작업장
④ 주유취급소에 출입하는 사람을 대상으로 한 점포·휴게음식점 또는 전시장

》》 주유취급소의 직원 외의 자가 출입하는 다음의 부분의 면적의 합은 1,000m²를 초과할 수 없다.
1) 주유취급소 업무를 행하기 위한 사무소
2) 자동차 등의 점검 및 간이정비를 위한 작업장
3) 주유취급소에 출입하는 사람을 대상으로 한 점포·휴게음식점 또는 전시장

정답 ③

○ 제조소의 지붕을 내화구조로 할 수 있는 경우와 옥내저장소의 지붕을 내화구조로 할 수 있는 경우의 다른 점을 구분하여 기억하자.
※ 옥내저장소의 지붕을 내화구조로 할 수 있는 위험물
1) 제2류 위험물(분상의 것과 인화성고체 제외)
2) 제6류 위험물

15 제조소의 지붕은 폭발력이 위로 방출될 정도의 가벼운 불연재료로 해야 하지만, 취급하는 위험물의 종류에 따라 지붕을 내화구조로 할 수 있다. 다음 중 제조소의 지붕을 내화구조로 할 수 있는 위험물의 종류가 아닌 것은?

① 제4석유류   ② 철분
③ 동식물유류   ④ 질산

》》 제조소의 지붕을 내화구조로 할 수 있는 위험물
1) 제2류 위험물(분상의 것과 인화성고체를 제외한다)
2) 제4류 위험물 중 제4석유류·동식물유류
3) 제6류 위험물
※ 다음의 기준에 적합한 밀폐형 구조의 건축물인 경우에도 제조소의 지붕을 내화구조로 할 수 있다.
1) 내부의 과압 또는 부압에 견딜 수 있는 철근콘크리트조
2) 외부화재에 90분 이상 견딜 수 있는 구조

정답 ②

16 옥외의 이동탱크저장소의 상치장소는 1층인 인근 건축물로부터 얼마 이상의 거리를 확보해야 하는가?

① 1m   ② 3m
③ 5m   ④ 7m

》》 옥외의 이동탱크저장소의 상치장소(주차장)는 화기를 취급하는 장소 또는 인근의 건축물로부터 5m 이상(인근의 **건축물이 1층인 경우에는 3m 이상**)의 거리를 확보하여야 한다.

정답 ②

17 다음 중 운반 시 차광성 피복으로도 가려야 하고 방수성 피복으로도 가려야 하는 위험물의 품명은?

① 제1류 위험물 중 알칼리금속의 과산화물
② 제3류 위험물 중 자연발화성 물질
③ 제4류 위험물 중 특수인화물
④ 제6류 위험물

≫ 운반 시 적재하는 위험물의 성질에 따른 피복 기준
　　1) 차광성 피복으로 가려야 하는 것
　　　　㉠ 제1류 위험물
　　　　㉡ 제3류 위험물 중 자연발화성 물질
　　　　㉢ 제4류 위험물 중 특수인화물
　　　　㉣ 제5류 위험물
　　　　㉤ 제6류 위험물
　　2) 방수성 피복으로 가려야 하는 것
　　　　㉠ 제1류 위험물 중 알칼리금속의 과산화물
　　　　㉡ 제2류 위험물 중 철분·금속분·마그네슘
　　　　㉢ 제3류 위험물 중 금수성 물질
　　여기서, 알칼리금속의 과산화물은 방수성 피복으로 가려야 하는 것이기도 하고 동시에 제1류 위험물에 속하므로 차광성 피복으로도 가려야 한다.

정답 ①

18 시·도지사의 탱크 안전성능검사 중 한국소방산업기술원에 위탁하는 업무가 아닌 것은 무엇인가?

① 용량이 100만L 이상인 액체 위험물을 저장하는 탱크
② 이동탱크
③ 지하탱크저장소의 위험물탱크 중 이중벽의 위험물탱크
④ 암반탱크

≫ 시·도지사의 탱크 안전성능검사 중 한국소방산업기술원에 위탁하는 탱크안전성능검사 업무에 해당하는 탱크
　　1) 용량이 100만L 이상인 액체 위험물을 저장하는 탱크
　　2) 암반탱크
　　3) 지하탱크저장소의 위험물탱크 중 이중벽의 위험물탱크

정답 ②

○ 위 18번 문제의 '한국소방산업기술원에 위탁하는 탱크 안전성능검사' 업무와 이 문제의 '완공검사' 업무를 구분하여 암기하자.

19 시 · 도지사의 완공검사에 관한 권한 중 한국소방산업기술원에 위탁하는 업무가 아닌 것은 무엇인가?

① 지정수량의 1천배 이상의 위험물을 취급하는 제조소 또는 일반취급소의 설치 또는 변경에 따른 완공검사

② 저장용량이 50만L 이상인 옥외탱크저장소의 설치 또는 변경에 따른 완공검사

③ 암반탱크저장소의 설치 또는 변경에 따른 완공검사

④ 지정수량의 3천배 이상인 옥외탱크저장소의 설치 또는 변경에 따른 완공검사

》 시 · 도지사의 완공검사에 관한 권한 중 한국소방산업기술원에 위탁하는 업무의 종류
1) 지정수량의 1천배 이상의 위험물을 취급하는 제조소 또는 일반취급소의 설치 또는 변경(사용 중인 제조소 또는 일반취급소의 보수 또는 부분적인 증설은 제외)에 따른 완공검사
2) 옥외탱크저장소(저장용량이 50만L 이상인 것만 해당) 또는 암반탱크저장소의 설치 또는 변경에 따른 완공검사

정답 ④

20 다음 중 이동저장탱크에 저장할 때 접지도선을 설치해야 하는 위험물의 품명이 아닌 것은?

① 특수인화물   ② 제1석유류
③ 알코올류   ④ 제2석유류

》 제4류 위험물 중 특수인화물, 제1석유류 또는 제2석유류의 이동탱크저장소에는 접지도선을 설치하여야 한다.

정답 ③

21 위험물 운송책임자의 자격요건으로 맞는 것은 무엇인가?

① 위험물 국가기술자격을 취득하고 관련 업무에 2년 이상 종사한 경력이 있는 자

② 위험물 국가기술자격을 취득한 자

③ 위험물의 운송에 관한 안전교육을 수료하고 관련 업무에 2년 이상 종사한 경력자

④ 위험물의 운송에 관한 안전교육을 수료한 자

》 위험물 운송책임자는 다음의 1에 해당하는 자로 한다.
1) 해당 위험물의 취급에 관한 국가기술자격을 취득하고 관련 업무에 1년 이상 종사한 경력이 있는 자
2) 위험물의 운송에 관한 **안전교육을 수료하고 관련 업무에 2년 이상 종사한 경력이** 있는 자

정답 ③

일반취급소에 대한 문제는 출제빈도가 높지는 않지만, 충전하는 일반취급소의 기준은 암기할 필요가 있다.

22 제조소의 안전거리와 보유공지의 기준이 예외 없이 적용되는 일반취급소는?

① 세정작업의 일반취급소   ② 분무도장작업 등의 일반취급소
③ 열처리작업 등의 일반취급소   ④ 충전하는 일반취급소

》》 대부분의 일반취급소는 일정한 건축물의 기준 등을 갖추면 제조소에 적용하는 안전거리와 보유공지를 제외할 수 있으나 "충전하는 일반취급소"는 어떠한 경우라도 안전거리와 보유공지를 확보해야 한다.

정답 ④

23 다음 중 소화난이도등급 I 에 해당하는 주유취급소는 어느 것인가?

① 주유취급소의 직원 외의 자가 출입하는 부분의 면적의 합이 1,000m²를 초과하는 것
② 주유취급소의 직원 외의 자가 출입하는 부분의 면적의 합이 500m²를 초과하는 것
③ 주유취급소의 직원이 사용하는 부분의 면적의 합이 1,000m²를 초과하는 것
④ 주유취급소의 직원이 사용하는 부분의 면적의 합이 500m²를 초과하는 것

》》 소화난이도등급 I 에 해당하는 주유취급소는 주유취급소의 직원 외의 자가 출입하는 부분의 면적의 합이 500m²를 초과하는 것이다.

정답 ②

24 다음 위험등급에 대한 내용 중 틀린 것은 어느 것인가?

① 제6류 위험물은 모두 위험등급 I 에 해당한다.
② 제2류 위험물 중 지정수량이 100kg인 물질들은 위험등급 I 에 해당한다.
③ 제5류 위험물에는 위험등급 III 에 해당하는 물질은 존재하지 않는다.
④ 제1류 위험물 중 지정수량이 1,000kg인 물질들은 위험등급 III 에 해당한다.

》》 1) 위험등급 I 의 위험물
　　㉠ 제1류 위험물 중 아염소산염류, 염소산염류, 과염소산염류, 무기과산화물, 그 밖에 지정수량이 50kg인 위험물
　　㉡ 제3류 위험물 중 칼륨, 나트륨, 알킬알루미늄, 알킬리튬, 황린, 그 밖에 지정수량이 10kg 또는 20kg인 위험물
　　㉢ 제4류 위험물 중 특수인화물
　　㉣ 제5류 위험물 중 지정수량 10kg인 위험물
　　㉤ 제6류 위험물
2) 위험등급 II 의 위험물
　　㉠ 제1류 위험물 중 브로민산염류, 질산염류, 아이오딘산염류, 그 밖에 지정수량이 300kg인 위험물
　　㉡ 제2류 위험물 중 황화인, 적린, 황, 그 밖에 지정수량이 100kg인 위험물
　　㉢ 제3류 위험물 중 알칼리금속(칼륨 및 나트륨 제외) 및 알칼리토금속, 유기금속화합물(알킬알루미늄 및 알킬리튬 제외), 그 밖에 지정수량이 50kg인 위험물
　　㉣ 제4류 위험물 중 제1석유류 및 알코올류
　　㉤ 제5류 위험물 중 위험등급 I에 포함되지 않는 위험물

> 3) 위험등급 Ⅲ의 위험물(위험등급 Ⅰ 및 Ⅱ에 포함되지 않는 위험물)
>   ㉠ 제1류 위험물 중 과망가니즈산염류, 다이크로뮴산염류
>   ㉡ 제2류 위험물 중 철분, 마그네슘, 금속분, 인화성 고체
>   ㉢ 제3류 위험물 중 금속의 수소화물, 금속의 인화물, 칼슘 또는 알루미늄의 탄화물
>   ㉣ 제4류 위험물 중 제2석유류, 제3석유류, 제4석유류, 동식물유류
> 여기서, 제2류 위험물 중 지정수량이 100kg인 황화인, 적린, 황은 위험등급 Ⅱ에 속하며
> 제2류 위험물 중에는 위험등급 Ⅰ에 속하는 품명은 없다.

정답 ②

25 제4석유류 중 도료류, 그 밖의 물품은 가연성 액체량이 얼마 이하인 것은 제외하는가?

① 20중량퍼센트
② 30중량퍼센트
③ 40중량퍼센트
④ 50중량퍼센트

"도료류, 그 밖의 물품은 가연성 액체량이 40중량퍼센트 이하인 것을 제외"하는 것은 제2석유류, 제3석유류, 제4석유류가 갖는 공통적인 기준이다.

》 제4석유류는 기어유, 실린더유, 그 밖에 1기압에서 인화점이 200℃ 이상 250℃ 미만의 것을 말한다. 다만, 도료류, 그 밖의 물품은 가연성 액체량이 40중량퍼센트 이하인 것은 제외한다.

정답 ③

26 다층 건물 옥내저장소에 저장할 수 있는 물질이 아닌 것은?

① 황화인
② 황
③ 윤활유
④ 인화성 고체

다층 건물에 설치된 옥내저장소에 위험물을 저장하는 것은 단층 건물보다 위험성이 크므로 저장할 수 있는 위험물의 종류를 제한한다.

》 다층 건물의 옥내저장소에 저장 가능한 위험물은 제2류(인화성 고체 제외) 또는 제4류(인화점이 70℃ 미만 제외)이다.

정답 ④

27 다음 중 이동탱크 측면틀의 최외측과 탱크의 최외측을 연결하는 직선의 수평면에 대한 내각은 얼마 이상이어야 하는가?

① 60도 이상
② 65도 이상
③ 70도 이상
④ 75도 이상

》 탱크 뒷부분의 입면도에 있어서 **측면틀의 최외측과 탱크의 최외측을 연결하는 직선의 수평면에 대한 내각이 75도 이상**이 되도록 하고 최대수량의 위험물을 저장한 상태에서 해당 탱크 중량의 중심점과 측면틀의 최외측을 연결하는 직선과 그 중심점을 지나는 직선 중 최외측선과 직각을 이루는 직선과의 내각이 35도 이상이 되도록 해야 한다.

정답 ④

28 황이 제2류 위험물로 규정될 수 있는 기준은?

① 농도 36중량퍼센트 이상

② 순도 36중량퍼센트 이상

③ 농도 60중량퍼센트 이상

④ 순도 60중량퍼센트 이상

》》 황은 순도가 60중량퍼센트 이상인 것을 말하며, 이 경우 순도 측정에 있어서 불순물은 활석 등 불연성 물질과 수분에 한한다.

정답 ④

> ○ 옥외저장탱크에서 인화성이 있는 액체 위험물의 방유제 용량도 중요하지만, 인화성이 없는 액체 위험물의 방유제 용량을 산정하는 방법 역시 중요하다.

29 제6류 위험물을 저장하는 옥외저장탱크 하나의 방유제 용량은 옥외저장탱크 용량의 몇 퍼센트 이상으로 하는가?

① 50퍼센트 이상   ② 70퍼센트 이상

③ 100퍼센트 이상   ④ 110퍼센트 이상

》》 옥외저장탱크의 방유제 용량은 다음과 같이 구분한다.
1) 인화성이 있는 위험물
  ㉠ 하나의 옥외저장탱크의 방유제 용량 : 탱크 용량의 110% 이상
  ㉡ 2개 이상의 옥외저장탱크의 방유제 용량 : 탱크 중 용량이 최대인 것의 110% 이상
2) 인화성이 없는 위험물(**제6류 위험물**)
  ㉠ 하나의 옥외저장탱크의 방유제 용량 : **탱크 용량의 100% 이상**
  ㉡ 2개 이상의 옥외저장탱크의 방유제 용량 : 탱크 중 용량이 최대인 것의 100% 이상

정답 ③

30 염소화아이소사이아누르산은 몇 류 위험물인가?

① 제1류 위험물   ② 제2류 위험물

③ 제3류 위험물   ④ 제4류 위험물

》》 염소화아이소사이아누르산은 행정안전부령으로 정하는 제1류 위험물이다.

정답 ①

> ○ (31~32번)
> 대부분 탱크의 두께는 3.2mm 이상의 강판으로 제작하지만, 3.2mm가 아닌 두께로 해야 하는 탱크의 종류도 구분할 필요가 있다.

31 알킬알루미늄등을 저장하는 이동저장탱크의 두께는 몇 mm 이상의 강판으로 제작하여야 하는가?

① 1.6mm   ② 3.2mm

③ 5mm   ④ 10mm

》》 알킬알루미늄등을 저장하는 이동저장탱크는 두께 10mm 이상의 강판 또는 이와 동등 이상의 기계적 성질이 있는 재료로 기밀하게 제작해야 한다.

정답 ④

32 컨테이너식 이동저장탱크의 직경이 2m라면 탱크의 두께는 몇 mm 이상으로 하는가?

① 3.2mm
② 4.5mm
③ 5mm
④ 6mm

》》 컨테이너식 이동저장탱크의 두께와 맨홀 및 주입구 뚜껑의 두께는 모두 6mm(해당 탱크의 직경 또는 장경이 1.8m 이하인 것은 5mm) 이상의 강판 또는 이와 동등 이상의 기계적 성질이 있는 재료로 만든다.

정답 ④

○ 지정과산화물 옥내저장소의 '격벽 두께'를 묻는 문제는 출제된 적 있지만 지정과산화물 옥내저장소의 '외벽 두께'를 묻는 문제는 없었으므로 꼭 암기해두자.

33 지정과산화물 옥내저장소의 저장창고 외벽을 철근콘크리트조로 할 경우 두께는 얼마 이상으로 해야 하는가?

① 20cm 이상
② 30cm 이상
③ 40cm 이상
④ 50cm 이상

》》 지정과산화물 옥내저장소의 저장창고의 기준
1) 격벽 : 두께 30cm 이상의 철근콘크리트조 또는 철골철근콘크리트조로 하거나 두께 40cm 이상의 보강콘크리트블록조로 하고, 해당 저장창고의 양측 외벽으로부터 1m 이상, 상부 지붕으로부터 50cm 이상 돌출하게 하여야 한다.
2) **외벽 : 두께 20cm 이상의 철근콘크리트조**나 철골철근콘크리트조 또는 두께 30cm 이상의 보강콘크리트블록조로 하여야 한다.

정답 ①

○ 옥내저장소의 바닥면적을 구분하는 문제는 2016년부터 출제되고 있으며, 출제빈도가 지속적으로 높아지는 추세이다.

34 제1석유류를 저장하는 옥내저장소의 바닥면적은 얼마 이하로 하는가?

① 2,000m² 이하
② 1,500m² 이하
③ 1,000m² 이하
④ 500m² 이하

》》 하나의 옥내저장소의 바닥면적에 따른 위험물의 저장 기준
1) **바닥면적 1,000m² 이하**에 저장해야 하는 물질
  ㉠ 제1류 위험물 중 아염소산염류, 염소산염류, 과염소산염류, 무기과산화물, 그 밖에 지정수량이 50kg인 위험물(위험등급 Ⅰ)
  ㉡ 제3류 위험물 중 칼륨, 나트륨, 알킬알루미늄, 알킬리튬, 그 밖에 지정수량이 10kg인 위험물 및 황린(위험등급 Ⅰ)
  ㉢ 제4류 위험물 중 특수인화물(위험등급 Ⅰ), **제1석유류** 및 알코올류(위험등급 Ⅱ)
  ㉣ 제5류 위험물 중 유기과산화물, 질산에스터류, 그 밖에 지정수량이 10kg인 위험물(위험등급 Ⅰ)
  ㉤ 제6류 위험물(위험등급 Ⅰ)
2) 바닥면적 2,000m² 이하에 저장할 수 있는 물질
  – 바닥면적 1,000m² 이하에 저장할 수 있는 물질 이외의 것

정답 ③

35 옥외저장탱크 중 압력탱크 외의 탱크에 아세트알데하이드를 저장하는 경우 저장온도는 몇 ℃ 이하로 해야 하는가?

① 15℃　　　　　　　　　　② 30℃
③ 비점　　　　　　　　　　④ 인화점

》》 탱크의 종류에 따른 위험물의 저장온도
1) 옥외저장탱크, 옥내저장탱크 또는 지하저장탱크 중 **압력탱크 외의 탱크**에 저장하는 경우
　　㉠ **아세트알데하이드 : 15℃ 이하**
　　㉡ 산화프로필렌과 다이에틸에터 : 30℃ 이하
2) 옥외저장탱크, 옥내저장탱크 또는 지하저장탱크 중 압력탱크에 저장하는 경우
　　– 아세트알데하이드와 다이에틸에터 : 40℃ 이하
3) 보냉장치가 있는 이동저장탱크에 저장하는 경우
　　– 아세트알데하이드와 다이에틸에터 : 비점 이하
4) 보냉장치가 없는 이동저장탱크에 저장하는 경우
　　– 아세트알데하이드와 다이에틸에터 : 40℃ 이하

정답 ①

> '옥내소화전설비'의 하나의 호스접속구까지의 수평거리를 25m 이하로 하는 문제는 출제된 적이 있지만, '옥외소화전설비'의 하나의 호스접속구까지의 수평거리는 출제된 적이 없으므로 꼭 암기해두자.

36 위험물제조소에 설치한 옥외소화전설비는 방호대상물의 각 부분에서 하나의 호스접속구까지의 수평거리를 몇 m 이하가 되도록 설치해야 하는가?

① 10m　　　　　　　　　　② 25m
③ 40m　　　　　　　　　　④ 50m

》》 옥외소화전설비의 설치기준으로 옥외소화전설비는 방호대상물(제조소등의 건축물)의 각 부분에서 하나의 호스접속구까지의 수평거리는 40m 이하가 되도록 설치한다.

정답 ③

37 옥외저장소에서 제4류 위험물 중 제4석유류와 제6류 위험물을 저장하는 경우 보유공지의 너비를 얼마 이상으로 단축할 수 있는가?

① 1/2　　　　　　　　　　② 1/3
③ 1/4　　　　　　　　　　④ 1/5

》》 제4류 위험물 중 제4석유류와 제6류 위험물을 저장 또는 취급하는 옥외저장소의 보유공지는 다음 [표]에 의한 공지의 너비의 3분의 1 이상의 너비로 할 수 있다.

저장 또는 취급하는 위험물의 최대수량	공지의 너비
지정수량의 10배 이하	3m 이상
지정수량의 10배 초과 20배 이하	5m 이상
지정수량의 20배 초과 50배 이하	9m 이상
지정수량의 50배 초과 200배 이하	12m 이상
지정수량의 200배 초과	15m 이상

정답 ②

38 제4류 위험물은 총 몇 개의 품명으로 구성되어 있는가?

① 5개　　　　　　　　　　　② 6개
③ 7개　　　　　　　　　　　④ 8개

≫ 제4류 위험물은 다음과 같이 총 7개의 품명으로 구성되어 있다.
1) 특수인화물　　　　　　2) 제1석유류
3) 알코올류　　　　　　　4) 제2석유류
5) 제3석유류　　　　　　6) 제4석유류
7) 동식물유류

정답 ③

제4류 위험물이 '알코올류'를 제외한 6개의 품명으로 구성된 것으로 알고 있는 경우가 많다. 제4류 위험물은 '알코올류'를 포함하여 총 7개의 품명으로 구성되어 있다는 것을 기억하자.

39 제조소등의 설치허가 취소와 사용정지에 해당하지 않는 것은?

① 변경허가를 받지 아니하고 제조소등의 위치·구조 또는 설비를 변경한 때
② 완공검사를 받지 아니하고 제조소등을 사용한 때
③ 대리자를 지정하지 아니한 때
④ 운반용기의 검사를 받지 않고 유통시킨 때

≫ 허가를 취소하거나 6월 이내의 기간을 정하여 제조소등의 전부 또는 일부의 사용정지를 명할 수 있는 경우
1) 수리·개조 또는 이전의 명령을 위반한 때
2) 저장·취급 기준 준수명령을 위반한 때
3) 완공검사를 받지 아니하고 제조소등을 사용한 때
4) 위험물안전관리자를 선임하지 아니한 때
5) 변경허가를 받지 아니하고 제조소등의 위치·구조 또는 설비를 변경한 때
6) 대리자를 지정하지 아니한 때
7) 정기점검을 하지 아니하거나 정기검사를 받지 아니한 때

정답 ④

40 위험물안전관리법령상 다음 (　) 안에 알맞은 수치는?

동일 품명을 저장하더라도 저장량을 구분하여 상호간의 간격을 필요로 하는 경우도 있다는 것을 알아두자.

옥내저장소에서 동일 품명의 위험물이라도 자연발화할 우려가 있거나 재해가 현저하게 증대할 우려가 있는 위험물을 다량 저장하는 경우에는 지정수량의 (　)배 이하마다 구분하여 상호간 (　)m 이상의 간격을 두어 저장하여야 한다.

① 5, 0.3　　　　　　　　　② 10, 0.3
③ 5, 0.5　　　　　　　　　④ 10, 0.5

≫ 옥내저장소에서 동일 품명의 위험물이라도 자연발화할 우려가 있거나 재해가 현저하게 증대할 우려가 있는 위험물을 다량 저장하는 경우에는 지정수량의 10배 이하마다 구분하여 상호간 0.3m 이상의 간격을 두어 저장하여야 한다.

정답 ②

41 옥내저장소에서 중유의 저장용기를 겹쳐 쌓는 높이는 몇 m 이하로 해야 하는가?

① 3m ② 4m ③ 6m ④ 8m

○ 저장소에 저장용기를 겹쳐 쌓는 기준은 매우 중요한 사항으로, 실기시험에서는 거의 매회 출제되고 있다.

》》 중유는 제4류 위험물 중 제3석유류에 속하므로 저장용기를 겹쳐 쌓는 높이는 4m 이하로 해야 한다.
   ※ 옥내저장소 또는 옥외저장소의 저장용기를 쌓는 높이의 기준
     1) 기계에 의하여 하역하는 구조로 된 용기 : 6m 이하
     2) 제4류 위험물 중 제3석유류, 제4석유류 및 동식물유류 용기 : 4m 이하
     3) 그 밖의 경우 : 3m 이하
   정답 ②

42 옥내탱크저장소 중 탱크전용실을 단층 건물 외의 건축물에 설치하는 경우 탱크전용실을 건축물의 1층 또는 지하층에만 설치하여야 하는 위험물이 아닌 것은?

① 제2류 위험물 중 덩어리 황
② 제3류 위험물 중 황린
③ 제4류 위험물 중 인화점이 38℃ 이상인 위험물
④ 제6류 위험물 중 질산

○ 최근 탱크전용실을 단층 건물 외의 건축물에 설치하는 옥내탱크저장소에 저장할 수 있는 위험물의 종류 및 저장할 수 있는 양에 관한 문제가 자주 출제되고 있다.

》》 ③ 제4류 위험물 중 인화점이 38℃ 이상인 위험물의 탱크전용실은 단층 건물 외의 건축물의 모든 층수에 관계없이 설치할 수 있다.
   ※ 옥내저장탱크의 전용실을 단층 건물이 아닌 건축물의 1층 또는 지하층에만 저장할 수 있는 위험물 : 황화인, 적린, 덩어리상태의 황, 황린, 질산
   정답 ③

43 단층 건물에 설치하는 옥내탱크저장소의 탱크전용실에 비수용성의 제2석유류 위험물을 저장하는 탱크 1개를 설치할 경우, 설치할 수 있는 탱크의 최대용량은?

① 10,000L ② 20,000L ③ 40,000L ④ 80,000L

○ 최근 탱크전용실을 단층 건물 외의 건축물에 설치하는 옥내탱크저장소에 저장할 수 있는 위험물의 종류 및 저장할 수 있는 양에 관한 문제가 자주 출제되고 있다.

》》 옥내저장탱크의 용량
   1) **단층 건물** 또는 1층 이하의 층에 탱크전용실을 설치하는 경우
     ㉠ 제4석유류, 동식물유류 외의 제4류 위험물의 저장탱크(특수인화물, 제1석유류, 알코올류, **제2석유류**, 제3석유류) : **20,000L 이하**
     ㉡ 그 밖의 위험물저장탱크(제4석유류, 동식물유류, 제4류 위험물 외의 위험물) : 지정수량의 40배 이하
   2) 2층 이상의 층에 탱크전용실을 설치하는 경우
     ㉠ 제4석유류, 동식물유류 외의 제4류 위험물의 저장탱크(특수인화물, 제1석유류, 알코올류, 제2석유류, 제3석유류) : 5,000L 이하
     ㉡ 그 밖의 위험물저장탱크(제4석유류, 동식물유류, 제4류 위험물 외의 위험물) : 지정수량의 10배 이하

🎓 **똑똑한 풀이비법**
2층 이상의 층은 단층 건물 또는 1층 이하의 층에 비해 4배로 줄여 저장한다.
   정답 ②

44 아세톤의 위험도를 구하면 얼마인가? (단, 아세톤의 연소범위는 2~13vol%이다.)

① 0.846　　　　② 1.23　　　　③ 5.5　　　　④ 7.5

》 위험도$(H) = \dfrac{연소상한(U) - 연소하한(L)}{연소하한(L)}$

연소범위의 낮은 점을 연소하한(2%), 높은 점을 연소상한(13%)이라고 한다.

∴ $H = \dfrac{13-2}{2} = 5.5$

정답 ③

45 위험물안전관리법령상 고정주유설비는 주유설비의 중심선을 기점으로 하여 도로경계선까지 몇 m 이상의 거리를 유지해야 하는가?

① 1m　　　　② 3m　　　　③ 4m　　　　④ 6m

》 고정주유설비의 중심선을 기점으로 하여 확보해야 하는 거리
　1) **도로경계선까지 4m 이상**
　2) 부지경계선, 담 및 벽까지 2m 이상
　3) 개구부가 없는 벽까지 1m 이상
　4) 고정급유설비까지 4m 이상

정답 ③

> ♂ 소화난이도등급 I 에 해당하는 옥외저장탱크의 옆판 상단까지 높이를 정할 때 그 기준이 탱크의 기초받침대를 포함한 지면으로부터인지 탱크의 기초받침대를 제외한 탱크의 밑바닥부터인지를 묻는 섬세한 문제이다.

46 옥외탱크저장소의 소화설비를 검토 및 적용할 때 소화난이도등급 I 에 해당되는지를 검토하는 탱크높이의 측정기준으로 적합한 것은?

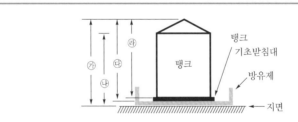

⑦ 지면으로부터 탱크의 지붕 위까지의 높이
⑭ 지면으로부터 지붕을 제외한 탱크까지의 높이
⑭ 방유제의 바닥으로부터 탱크의 지붕 위까지의 높이
⑭ 탱크 기초받침대를 제외한 탱크의 바닥으로부터 탱크의 지붕 위까지의 높이

① ⑦　　　　② ⑭　　　　③ ⑭　　　　④ ⑭

》 소화난이도등급 I 에 해당하는 옥외탱크저장소의 조건은 지면으로부터 지붕을 제외한 탱크 옆판의 상단까지 높이가 6m 이상인 것(제6류 위험물을 저장하는 것 및 고인화점 위험물만을 100℃ 미만의 온도에서 저장하는 것은 제외)이다.

정답 ②

○ 1가 알코올과 1차 알코올의 구분은 알코올이 포함하고 있는 것이 무엇인지 알면 된다.

47 알코올에 관한 설명으로 옳지 않은 것은?

① 1가 알코올은 OH기의 수가 1개인 알코올을 말한다.
② 2차 알코올은 1차 알코올이 산화된 것이다.
③ 2차 알코올이 수소를 잃으면 케톤이 된다.
④ 알데하이드가 환원되면 1차 알코올이 된다.

》》 ① 1가 알코올은 OH의 수가 1개인 것이고 2가 알코올은 OH의 수가 2개인 것이다.
② 2차 알코올은 알킬의 수가 2개인 것이고 1차 알코올은 알킬의 수가 1개인 것이다. 1차 알코올이 산화(수소를 잃거나 산소를 얻는 것)하더라도 알킬의 수는 변하지 않으므로 **1차 알코올의 산화와 2차 알코올과는 아무런 연관성이 없다.**
③ 2차 알코올인 $(CH_3)_2CHOH$(아이소프로필알코올)이 수소를 잃으면 CH_3COCH_3(다이메틸케톤=아세톤)이 된다.
④ CH_3CHO(아세트알데하이드)가 환원(수소를 얻는다)되면 1차 알코올인 C_2H_5OH(에틸알코올)이 된다.

정답 ②

○ 옥외저장소에서 선반 없이 용기들만 적재하여 저장하는 높이와 선반에 용기를 넣어 저장하는 용기의 높이는 다르다.

48 옥외저장소에서 선반에 저장하는 용기의 높이는 몇 m를 초과할 수 없는가?

① 3m
② 4m
③ 6m
④ 7m

》》 옥외저장소에서 용기를 선반에 저장하는 경우 용기에 수납된 위험물의 종류에 관계없이 그 높이를 6m 이하로 할 수 있다. 다만, 옥내저장소에서 용기를 선반에 저장하는 경우는 높이의 제한이 없다.
※ 옥내저장소 또는 옥외저장소에서 선반 없이 저장용기를 쌓는 높이의 기준
　1) 기계에 의하여 하역하는 구조로 된 용기 : 6m 이하
　2) 제4류 위험물 중 제3석유류, 제4석유류 및 동식물유류의 용기 : 4m 이하
　3) 그 밖의 경우 : 3m 이하

정답 ③

49 위험물안전관리법령에서 정한 탱크 안전성능 검사의 구분에 해당하지 않는 것은?

① 기초·지반 검사
② 충수·수압 검사
③ 용접부 검사
④ 배관 검사

》》 탱크 안전성능 검사의 종류
　1) 기초·지반 검사
　2) 충수·수압 검사
　3) 용접부 검사
　4) 암반탱크 검사

정답 ④

난이도 갑인 문제로서 화학포 소화약제의 반응식과 계산을 모두 요구하는 문제이다.

50 화학포 소화약제인 탄산수소나트륨 6몰이 반응하여 생성되는 이산화탄소는 표준상태에서 최대 몇 L인가?

① 22.4L　　　　　　　　② 44.8L

③ 89.6L　　　　　　　　④ 134.4L

》 $6NaHCO_3 + Al_2(SO_4)_3 \cdot 18H_2O \rightarrow 3Na_2SO_4 + 2Al(OH)_3 + 6CO_2 + 18H_2O$
탄산수소나트륨　황산알루미늄　　물　　　황산나트륨　수산화알루미늄　이산화탄소　　물

위의 화학포 소화기의 화학반응식을 보면, 탄산수소나트륨($NaHCO_3$) 6몰이 반응할 때 이산화탄소(CO_2) 6몰이 발생한다. 모든 기체 1몰은 표준상태에서 22.4L이므로, $6 \times 22.4L = 134.4L$의 부피가 발생한다.

PLAY ▶ 풀이

정답 ④

업무상 과실로 인한 벌칙은 개정됨과 동시에 매우 강화되어 이 부분에 대한 출제 확률이 훨씬 더 높아졌다.

51 업무상 과실로 제조소등에서 위험물을 유출·방출 또는 확산시켜 사람을 사상에 이르게 한 경우의 벌칙에 관한 기준에 해당하는 것은 무엇인가?

① 3년 이상 10년 이하의 징역

② 무기 또는 10년 이하의 징역

③ 7년 이하의 금고 또는 7천만원 이하의 벌금

④ 10년 이하의 징역 또는 금고나 1억원 이하의 벌금

》 업무상 과실로 제조소등에서 위험물을 유출·방출 또는 확산시켜 사람의 생명, 신체 또는 재산에 대하여 위험을 발생시킨 자는 7년 이하의 금고 또는 7천만원 이하의 벌금에 처하며 업무상 과실로 제조소등에서 위험물을 유출·방출 또는 확산시켜 사람을 사상에 이르게 한 자는 10년 이하의 징역 또는 금고나 1억원 이하의 벌금에 처한다.

정답 ④

52 방향족 탄화수소인 B.T.X를 구성하는 물질이 아닌 것은?

① 벤젠　　　　　　　　　② 톨루엔

③ 크레졸　　　　　　　　④ 크실렌

》 B.T.X는 3가지의 물질로 구성되는데 이 중 B는 벤젠(C_6H_6), T는 톨루엔($C_6H_5CH_3$), X는 크실렌[$C_6H_4(CH_3)_2$]을 의미한다.

정답 ③

다층 건물의 옥내저장소는 단층 건물의 옥내저장소와 달리 2,000㎡ 이하의 바닥면적은 존재하지 않는다는 점이 중요하다.

53 다층 건물의 옥내저장소의 모든 층의 바닥면적의 합은 몇 m^2 이하인가?

① $1,000m^2$　　　　　　② $1,500m^2$

③ $2,000m^2$　　　　　　④ $2,500m^2$

》 단층 건물의 옥내저장소와는 달리 다층 건물의 옥내저장소는 제2류 위험물(인화성 고체 제외) 또는 제4류 위험물(인화점 70℃ 미만 제외)만 저장할 수 있으며, 옥내저장소의 모든 층의 바닥면적의 합을 $1,000m^2$ 이하로 해야 한다.

정답 ①

제4류 위험물에는 비수용성과 수용성의 구분 없이 지정수량이 동일한 품명도 있지만 비수용성과 수용성에 따라 지정수량이 달라지는 품명도 있다는 것을 기억하자.

54 제4류 위험물 중 지정수량을 수용성과 비수용성으로 구분하는 품명이 아닌 것은?

① 제1석유류 ② 제2석유류
③ 제3석유류 ④ 제4석유류

≫ 제4류 위험물의 지정수량

품 명	지정수량	
	비수용성	수용성
특수인화물	50L	
제1석유류	200L	400L
알코올류	400L	
제2석유류	1,000L	2,000L
제3석유류	2,000L	4,000L
제4석유류	6,000L	
동식물유류	10,000L	

정답 ④

55 액체 위험물의 운반용기 중 금속제 내장용기의 최대용적은 몇 L인가?

① 5L ② 10L ③ 20L ④ 30L

≫

운반용기				수납위험물의 종류								
내장용기		외장용기		제3류			제4류			제5류		제6류
용기의 종류	최대용적 또는 중량	용기의 종류	최대용적 또는 중량	I	II	III	I	II	III	I	II	I
금속제 용기	30L	나무 또는 플라스틱상자	125kg	○	○	○	○	○	○	○	○	○
			225kg						○			
		파이버판상자	40kg	○	○	○	○	○	○	○	○	○
			55kg		○	○		○	○		○	

정답 ④

덩어리상태의 황만을 지반면에 설치한 경계표시의 안쪽에서 저장할 때 하나의 경계표시의 내부 면적에 대한 문제는 출제가 되고 있지만 각각의 경계표시 내부 면적의 합은 지금까지 출제된 적이 없다.

56 옥외저장소에서 덩어리상태의 황만을 지반면에 설치한 경계표시의 안쪽에서 저장할 때 2 이상의 경계표시를 설치하는 경우 각각의 경계표시 내부 면적의 합은 몇 m^2 이하로 하여야 하는가?

① $100m^2$ ② $500m^2$
③ $1,000m^2$ ④ $1,500m^2$

≫ 옥외저장소에서 덩어리상태의 황만을 지반면에 설치한 경계표시의 안쪽에서 저장할 때 하나의 경계표시의 내부 면적은 $100m^2$ 이하로 해야 하고 2 이상의 경계표시를 설치하는 경우 각각의 경계표시 내부 면적의 합은 $1,000m^2$ 이하로 해야 한다.

정답 ③

57 지정수량의 배수에 따라 공지를 정하는 제조소등의 종류가 아닌 것은?

① 제조소
② 옥내저장소
③ 주유취급소
④ 옥외탱크저장소

》 주유취급소는 주유를 받으려는 자동차등이 출입할 수 있도록 너비 15m 이상, 길이 6m 이상의 크기로 공지를 결정하지만 제조소, 옥내저장소, 옥외탱크저장소, 옥외저장소 등은 지정수량의 배수에 따라 공지의 너비를 결정한다.

정답 ③

○ 하이드라진(제4류 위험물)과 하이드라진 유도체(제5류 위험물)를 혼동하지 말자.

58 하이드라진의 지정수량은 얼마인가?

① 200kg
② 200L
③ 2,000kg
④ 2,000L

》 하이드라진(N_2H_4) : 제4류 위험물의 제2석유류(수용성)로 지정수량은 2,000L이다.

정답 ④

○ 옥외탱크저장소의 방유제의 용량 및 높이를 묻는 문제는 출제되고 있지만 방유제의 두께 또는 지하매설깊이를 묻는 문제는 지금까지 출제된 적이 없다. 하지만 앞으로는 출제될 확률이 높다.

59 옥외탱크저장소의 방유제의 높이, 두께 및 지하매설깊이가 올바르게 짝지어진 것은?

① 높이 0.3m 이상 2m 이하, 두께 0.1m 이상, 지하매설깊이 1.5m 이상
② 높이 0.3m 이상 2m 이하, 두께 0.2m 이상, 지하매설깊이 1m 이상
③ 높이 0.5m 이상 3m 이하, 두께 0.1m 이상, 지하매설깊이 1.5m 이상
④ 높이 0.5m 이상 3m 이하, 두께 0.2m 이상, 지하매설깊이 1m 이상

》 옥외탱크저장소의 방유제는 높이 0.5m 이상 3m 이하, 두께 0.2m 이상, 지하매설깊이 1m 이상으로 한다.

정답 ④

60 옥내저장소에 채광·조명 및 환기의 설비 대신 가연성의 증기를 지붕 위로 배출하는 설비를 갖춰야 하는 조건에 해당하는 것은?

① 인화점이 50℃ 미만인 물질을 저장하는 경우
② 인화점이 70℃ 미만인 물질을 저장하는 경우
③ 인화점이 100℃ 미만인 물질을 저장하는 경우
④ 인화점이 150℃ 미만인 물질을 저장하는 경우

》 옥내저장소에는 제조소의 규정에 준하여 채광·조명 및 환기의 설비를 갖추어야 하며 인화점이 70℃ 미만인 위험물의 저장창고에 있어서는 내부에 체류한 가연성의 증기를 지붕 위로 배출하는 설비를 갖추어야 한다.

정답 ②

인생에서 가장 멋진 일은
사람들이 당신이 해내지 못할 것이라 장담한 일을
해내는 것이다.

-월터 배젓(Walter Bagehot)-

☆

항상 긍정적인 생각으로 도전하고 노력한다면,
언젠가는 멋진 성공을 이끌어 낼 수 있다는 것을 잊지 마세요.^^

한번에
합격하기

한번에
합격하는
위험물기능사

실기 여승훈, 박수경 지음

BM (주)도서출판 성안당

제6편

위험물기능사 실기 예제문제

Craftsman Hazardous material

제1장 / 기초화학

예제 1 **나트륨과 산소의 반응으로 만들어지는 화합물을 쓰시오.**

풀이 Na(나트륨)은 +1가 원소, O(산소)는 −2가 원소이므로 Na(나트륨)은 1을 O(산소)의 분자수 자리에 주고 O(산소)의 원자가 2를 자신의 분자수 자리로 받는다. 이때, +와 −인 부호는 서로 없어지면서 $Na^{+1} \times O^{-2} \rightarrow Na_2O$(산화나트륨)이 된다.

족 주기	1								18
1	1 H	2	13	14	15	16	17		2 He
2	3 Li	4 Be	5 B	6 C	7 N	8 O	9 F		10 Ne
3	11 Na	12 Mg	13 Al	14 Si	15 P	16 S	17 Cl		18 Ar
4	19 K	20 Ca						35 Br	
								53 I	

$$Na^{+1} + O^{-2} \rightarrow Na_2O$$

위 [그림]처럼 반응 후에 Na(나트륨)은 O(산소)로부터 2를 받아 Na_2가 되고 O(산소)는 Na(나트륨)으로부터 1을 받았기 때문에 O로 표시되어 Na_2O가 되었다. Na_2O의 명칭은 뒤에 있는 산소의 "소"를 떼고 "화"를 붙여 "산화"가 되고 앞에 있는 나트륨을 그대로 읽어 주어 "산화나트륨"이 된다.

정답 Na_2O(산화나트륨)

예제 2 **알루미늄과 산소의 반응으로 만들어지는 화합물을 쓰시오.**

풀이 Al(알루미늄)은 +3가 원소, O(산소)는 −2가 원소이므로 Al(알루미늄)은 3을 O(산소)의 분자수 자리에 주고 O(산소)의 원자가 2를 자신의 분자수 자리로 받으면 Al_2O_3(산화알루미늄)이 된다.

정답 Al_2O_3(산화알루미늄)

예제 3 **인과 산소의 반응으로 만들어지는 화합물을 쓰시오.**

풀이 P(인)은 −3가 원소이지만 반응하는 상대원소인 O(산소)가 −2가 원소로 주기율표상에서 더 오른쪽에 위치하고 있기 때문에 P(인)은 +원자가 되어야 한다. P(인)은 +5가 원소, O(산소)는 −2가 원소이므로 P(인)은 5를 O(산소)의 분자수 자리에 주고 O(신소)의 원자가 2를 자신의 분자수 자리로 받으면 P_2O_5(오산화인)이 된다.

정답 P_2O_5(오산화인)

예제 4 C(탄소)의 원자번호와 원자량을 구하시오.

　✍️**풀이**　C의 원자번호는 6번으로 짝수이므로 원자량은 6×2＝12이다.

　✏️**정답**　원자번호 : 6, 원자량 : 12

예제 5 CO₂(이산화탄소)의 분자량을 구하시오.

　✍️**풀이**　C의 원자번호는 6번으로 짝수이므로 원자량은 6×2＝12이다.
　　　　O의 원자번호는 8번으로 짝수이므로 원자량은 8×2＝16이다.
　　　　O₂의 분자량은 16×2＝32이다.
　　　　따라서, CO₂의 분자량은 12＋32＝44이다.

　✏️**정답**　44

예제 6 Al과 OH의 반응식을 쓰시오.

　✍️**풀이**　Al(알루미늄)은 ＋3가 원소이고 OH(수산기)는 −1가 원자단이므로 Al(알루미늄)은 OH(수산기)
　　　　로부터 숫자 1을 받지만 표시하지 않으며, OH(수산기)는 Al(알루미늄)으로부터 숫자 3을 받아
　　　　Al(OH)₃(수산화알루미늄)을 생성하게 된다.

　✏️**정답**　Al＋OH → Al(OH)₃

예제 7 C₆H₆(벤젠)에서 발생한 증기 2몰의 질량과 부피는 표준상태에서 각각 얼마인지 구하시오.

　✍️**풀이**　C₆H₆(벤젠) 1몰의 분자량은 12(C)g×6＋1(H)g×6＝78g이고, 부피는 22.4L이다.
　　　　C₆H₆(벤젠) 2몰의 표시방법은 2C₆H₆이며, 질량은 2×78＝156g, 부피는 2×22.4L＝44.8L이다.

　✏️**정답**　질량 : 156g, 부피 : 44.8L

예제 8 20℃, 1기압에서 이산화탄소 1몰이 기화되었을 경우 기화된 이산화탄소의 부피는 몇 L인지 구하시오.

　✍️**풀이**　이상기체상태방정식에 대입하면 다음과 같다.
　　　　$PV＝nRT$
　　　　$1×V＝1×0.082×(273＋20)$　∴ $V＝24.026L≒24.03L$
　　　　※ 계산문제에서 답에 소수점이 발생하는 경우에는 소수점 셋째 자리를 반올림하여 소수점 두
　　　　　자리로 표시해야 한다.

　✏️**정답**　24.03L

예제 9 비중이 0.8인 휘발유 4,000mL의 질량은 몇 g인지 구하시오.

　✍️**풀이**　비중＝$\dfrac{질량(g)}{부피(mL)}$ 이므로, 질량＝비중×부피가 된다.
　　　　∴ 질량＝0.8×4,000＝3,200g

　✏️**정답**　3,200g

예제 10 다음 물질의 증기비중을 구하시오.

(1) 이황화탄소(CS_2)

(2) 아세트산(CH_3COOH)

풀이 (1) 이황화탄소(CS_2)의 분자량=12(C)+32(S)×2=76

이황화탄소(CS_2)의 증기비중=$\dfrac{76}{29}$=2.620≒2.62

(2) 아세트산(CH_3COOH)의 분자량=12(C)×2+1(H)×4+16(O)×2=60

아세트산(CH_3COOH)의 증기비중=$\dfrac{60}{29}$=2.068≒2.07

정답 (1) 2.62

(2) 2.07

예제 11 30℃, 1기압에서 벤젠(C_6H_6)의 증기밀도는 몇 g/L인지 구하시오.

풀이 벤젠(C_6H_6) 1mol의 분자량은 12(C)g×6+1(H)g×6=78g이다.

∴ 증기밀도=$\dfrac{PM}{RT}=\dfrac{1\times78}{0.082\times(273+30)}$=3.14g/L

정답 3.14g/L

예제 12 1몰의 $KClO_4$(과염소산칼륨)을 가열하여 분해시키는 반응식을 쓰시오.

풀이 1) 1단계(생성물질의 확인) : $KClO_4$(과염소산칼륨)은 제1류 위험물로 가열하면 O_2(산소)가 분리되면서 KCl(염화칼륨)을 생성한다.

$KClO_4 \rightarrow KCl + O_2$

2) 2단계(원소의 개수 확인) : 화살표 왼쪽과 오른쪽에 있는 KCl의 개수는 동일하지만 화살표 왼쪽의 O의 개수는 4개인데 화살표 오른쪽에 있는 O의 개수는 2개이므로 화살표 오른쪽의 O_2에 2를 곱해 주면 반응식을 완성시킬 수 있다.

$KClO_4 \rightarrow KCl + 2O_2$

정답 $KClO_4 \rightarrow KCl + 2O_2$

예제 13 탄소의 수가 4개인 알킬(C_nH_{2n+1})의 화학식을 쓰시오.

풀이 알킬의 일반식 C_nH_{2n+1}의 n에 4를 대입하면 C는 4개, H는 2×4+1=9개이므로 화학식은 C_4H_9, 명칭은 뷰틸이다.

정답 C_4H_9

제2장 화재예방과 소화방법

Section 01 연소이론

예제 1 다음 물질의 연소형태를 쓰시오.

(1) 금속분
(2) 목재
(3) 피크린산
(4) 양초(파라핀)

풀이 고체의 연소형태의 종류와 물질은 다음과 같다.
① 표면연소 : 숯(목탄), 코크스(C), 금속분
② 분해연소 : 석탄, 목재, 플라스틱 등
③ 자기연소 : 피크린산, TNT 등의 제5류 위험물
④ 증발연소 : 황, 나프탈렌, 양초(파라핀)

정답 (1) 표면연소 (2) 분해연소 (3) 자기연소 (4) 증발연소

예제 2 휘발유의 연소범위는 1.4~7.6%이다. 휘발유의 위험도를 구하시오.

풀이 휘발유의 연소범위 중 낮은 농도인 1.4%를 연소하한(L)이라 하고, 높은 농도인 7.6%를 연소상한(U)이라 한다.

$$위험도(H) = \frac{연소상한(U) - 연소하한(L)}{연소하한(L)} = \frac{7.6 - 1.4}{1.4} = 4.43$$

정답 4.43

예제 3 아세트알데하이드(CH_3CHO)의 연소범위는 4.1~57%이며, 이황화탄소(CS_2)의 연소범위는 1~50%이다. 이 중 위험도가 더 높은 것은 어느 것인지 쓰시오.

풀이 아세트알데하이드(CH_3CHO)의 연소범위는 이황화탄소(CS_2)의 연소범위보다 더 넓어 위험하고 이황화탄소(CS_2)는 연소하한이 아세트알데하이드(CH_3CHO)보다 더 낮아 위험하기 때문에 두 경우를 위험도의 공식에 대입해 보도록 한다.

① 아세트알데하이드(CH_3CHO)의 위험도 $= \dfrac{57 - 4.1}{4.1} = 12.90$

② 이황화탄소(CS_2)의 위험도 $= \dfrac{50 - 1}{1} = 49$

따라서, 이황화탄소(CS_2)의 위험도가 더 크다는 것을 알 수 있다.

정답 이황화탄소(CS_2)

예제 4 온도가 20℃이고 질량이 100kg인 물을 100℃까지 가열하여 모두 수증기상태가 되었다고 가정할 때 이 과정에서 소모된 열량은 몇 kcal인지 구하시오.

풀이 액체상태의 물이 수증기가 되었으므로 현열과 잠열의 합을 구한다.

① $Q_{현열} = c \times m \times \Delta t$

여기서, 물의 비열(c)=1kcal/kg · ℃

물의 질량(m)=100kg

물의 온도차(Δt)=100 – 20=80℃

$Q_{현열}$=1×100×80=8,000kcal

② $Q_{잠열} = m \times \gamma$

여기서, 잠열상수(γ)=539kcal/kg

$Q_{잠열}$=100×539=53,900kcal

∴ $Q_{현열} + Q_{잠열}$=8,000+53,900=61,900kcal

정답 61,900kcal

Section 02 소화이론

예제 1 다음 등급에 맞는 화재의 종류를 쓰시오.

(1) A급

(2) B급

(3) C급

풀이 화재의 종류 및 소화기의 표시색상은 다음과 같이 구분한다.

화재의 등급 및 종류	화재의 구분	소화기의 표시색상
A급(일반화재)	목재, 종이 등의 화재	백색
B급(유류화재)	기름, 유류 등의 화재	황색
C급(전기화재)	전기 등의 화재	청색
D급(금속화재)	금속분말 등의 화재	무색

정답 (1) 일반화재 (2) 유류화재 (3) 전기화재

예제 2 겨울철이나 한랭지에 적합한 소화기의 명칭과 이 소화기에 물과 함께 첨가하는 염류를 쓰시오.

(1) 소화기의 명칭

(2) 첨가 염류

풀이 강화액소화기는 물에 탄산칼륨(K_2CO_3)을 보강한 소화약제로 겨울철이나 한랭지에서도 잘 얼지 않는 성질을 가지고 있다.

Tip

탄산칼륨은 화학식을 묻는 형태로도 출제되므로 'K₂CO₃'라는 화학식도 함께 암기하세요.

정답 (1) 강화액소화기

(2) 탄산칼륨(K_2CO_3)

예제 3 화학포소화약제에 대해 다음 물음에 답하시오.

(1) 다음 화학포소화기의 반응식을 완성하시오.

$6NaHCO_3 + ($ 　 $) \cdot 18H_2O \rightarrow 3($ 　 $) + 2Al(OH)_3 + 6($ 　 $) + 18H_2O$

(2) 6몰의 탄산수소나트륨이 황산알루미늄과 반응하여 발생하는 이산화탄소의 부피는 0℃, 1기압에서 몇 L인가?

풀이 (1) 반응식의 완성단계는 다음과 같다.

① 1단계 : 6몰의 탄산수소나트륨(NaHCO₃)과 1몰의 황산알루미늄[Al₂(SO₄)₃]이 반응하는데 황산알루미늄에 18몰의 결정수(물)가 '·'형태로 붙어 있다.

$6NaHCO_3 + Al_2(SO_4)_3 \cdot 18H_2O$

② 2단계 : 나트륨은 알루미늄보다 반응성이 좋으므로 나트륨과 결합하고 있던 황산기(SO₄)를 차지하여 황산나트륨(Na₂SO₄)을 만들고 알루미늄은 탄산수소나트륨에 포함된 수산기(OH)와 결합하게 된다.

$6NaHCO_3 + Al_2(SO_4)_3 \cdot 18H_2O \rightarrow Na_2SO_4 + Al(OH)_3$

③ 3단계 : 반응하지 않고 남아 있는 원소들은 탄소(C)와 수소(H) 및 산소(O)이다. 소화약제의 대부분은 이 3가지의 원소들이 반응하여 질식을 위한 이산화탄소(CO₂)와 냉각을 위한 수증기(H₂O)를 발생시킨다.

$6NaHCO_3 + Al_2(SO_4)_3 \cdot 18H_2O \rightarrow Na_2SO_4 + Al(OH)_3 + CO_2 + H_2O$

④ 4단계 : 화살표 왼쪽과 화살표 오른쪽에 있는 모든 원소의 개수를 같게 한다. 이때 결정수 상태인 물은 그대로 분리되어 18몰의 수증기를 만든다.

$6NaHCO_3 + Al_2(SO_4)_3 \cdot 18H_2O \rightarrow 3Na_2SO_4 + 2Al(OH)_3 + 6CO_2 + 18H_2O$
탄산수소나트륨　황산알루미늄　물　황산나트륨　수산화알루미늄　이산화탄소　수증기

(2) 다음의 화학식에서 6몰의 탄산수소나트륨이 반응하면 6몰의 이산화탄소가 발생한다. 0℃, 1기압에서 모든 기체 1몰은 22.4L이므로 6몰은 6×22.4L=134.4L가 된다.

$6NaHCO_3 + Al_2(SO_4)_3 \cdot 18H_2O \rightarrow 3Na_2SO_4 + 2Al(OH)_3 + \mathbf{6}CO_2 + 18H_2O$

정답 (1) $Al_2(SO_4)_3$, Na_2SO_4, CO_2

(2) 134.4L

예제 4 식용유화재에 지방을 가수분해하는 비누화현상을 이용한 분말소화약제는 무엇인지 쓰시오.

풀이 제1종 분말소화약제의 소화원리 : 식용유화재에 지방을 가수분해하는 비누화현상으로 거품을 생성하여 질식소화하는 원리이다.

톡톡튀는 암기법 제1종 분말소화약제(NaHCO₃)와 같이 비누(CₙH₂ₙ₊₁COONa)도 나트륨(Na)을 포함하고 있어 연관성을 갖는다고 암기하자!

정답 탄산수소나트륨(NaHCO₃)

예제 5 이산화탄소소화기 사용 시 줄-톰슨 효과에 의해서 생성되는 물질은 무엇인지 쓰시오.

풀이 이산화탄소소화약제를 방출할 때 액체 이산화탄소가 가는 관을 통과하게 되는데 이때 압력과 온도의 급감으로 인해 드라이아이스가 관내에 생성됨으로써 노즐이 막히는 현상을 줄-톰슨 효과라고 한다.

정답 드라이아이스

예제 6 할론 1301의 화학식을 쓰시오.

> **풀이** 할로젠화합물소화약제는 할론명명법에 의해 할론번호를 부여한다. C−F−Cl−Br의 순서대로 각 원소들의 개수를 순서대로만 표시하면 된다.
>
> $$C \ - \ F \ - \ Cl \ - \ Br$$
> − 할론 번호 : 1 　 3 　 0 　 1
> − 화학식 　 : C 　 F_3 　 　 Br

> **정답** CF_3Br

예제 7 제1종 분말소화약제의 주성분을 화학식으로 쓰시오.

> **풀이** 제1종 분말소화약제의 주성분은 탄산수소나트륨이다.

> **정답** $NaHCO_3$

예제 8 제3종 분말소화약제의 1차 열분해반응식을 쓰시오.

> **풀이** 제3종 분말소화약제의 분해반응식
> ① 1차 열분해반응식(190℃) : $NH_4H_2PO_4 \longrightarrow H_3PO_4 + NH_3$
> 　　　　　　　　　　　　　　인산암모늄　　오르토인산　암모니아
> ② 2차 열분해반응식(215℃) : $2H_3PO_4 \longrightarrow H_4P_2O_7 + H_2O$
> 　　　　　　　　　　　　　　오르토인산　피로인산　　물
> ③ 3차 열분해반응식(300℃) : $H_4P_2O_7 \longrightarrow 2HPO_3 + H_2O$
> 　　　　　　　　　　　　　　피로인산　메타인산　　물
> ④ 완전열분해반응식 : $NH_4H_2PO_4 \longrightarrow NH_3 + H_2O + HPO_3$
> 　　　　　　　　　　　인산암모늄　　암모니아　물　　메타인산

> **정답** $NH_4H_2PO_4 \longrightarrow H_3PO_4 + NH_3$

Section 03 소방시설의 종류 및 설치기준

예제 1 전기설비가 설치된 제조소등에는 면적 몇 m^2마다 소형 소화기를 1개 이상 설치해야 하는지 쓰시오.

> **풀이** 전기설비가 설치된 제조소등에는 $100m^2$마다 소형 소화기를 1개 이상 설치해야 한다.

> **정답** $100m^2$

예제 2 방호대상물의 각 부분으로부터 하나의 대형수동식 소화기까지의 보행거리는 몇 m 이하로 설치하여야 하는지 쓰시오.

> **풀이** ① 대형수동식 소화기 : 30m 이하
> 　　　② 소형수동식 소화기 : 20m 이하

> **정답** 30m

예제 3 소화전용 물통 3개를 포함한 수조 80L의 능력단위는 얼마인지 쓰시오.

🖋풀이 소화설비의 능력단위는 다음과 같이 구분한다.

소화설비	용 량	능력단위
소화전용 물통	8L	0.3
수조(소화전용 물통 3개 포함)	80L	1.5
수조(소화전용 물통 6개 포함)	190L	2.5
마른모래(삽 1개 포함)	50L	0.5
팽창질석 또는 팽창진주암(삽 1개 포함)	160L	1.0

✏정답 1.5단위

예제 4 옥내저장소의 연면적이 450m²이고 외벽이 내화구조인 저장소의 소요단위는 몇 단위인지 쓰시오.

🖋풀이 소요단위는 다음과 같이 구분한다.

구 분	외벽이 내화구조	외벽이 비내화구조
위험물 제조소 및 취급소	연면적 100m²	연면적 50m²
위험물저장소	**연면적 150m²**	연면적 75m²
위험물	지정수량의 10배	

외벽이 내화구조인 옥내저장소는 연면적 150m²를 1소요단위로 하므로 연면적 450m²는 3소요단위가 된다.

✏정답 3단위

예제 5 위험물제조소등에 옥외소화전을 6개 설치할 경우 수원의 수량은 몇 m³ 이상이어야 하는지 구하시오.

🖋풀이 옥외소화전의 수원의 양은 13.5m³에 설치한 옥외소화전의 수를 곱해 주는데 〈문제〉의 조건과 같이 옥외소화전의 수가 4개 이상일 경우 최대 4개의 옥외소화전 수만 곱해 주면 된다.
13.5m³×4＝54m³

✏정답 54m³

예제 6 자동화재탐지설비를 설치해야 하는 제조소는 지정수량의 몇 배 이상을 취급하는 경우인지 쓰시오.

🖋풀이 지정수량의 100배 이상을 저장 또는 취급하는 위험물제조소, 일반취급소, 그리고 옥내저장소에는 자동화재탐지설비만을 설치해야 한다.

✏정답 100배

예제7 자동화재탐지설비에서 하나의 경계구역 면적과 한 변의 길이는 각각 얼마 이하로 해야 하는지 쓰시오. (단, 원칙적인 경우에 한한다.)

(1) 경계구역의 면적
(2) 한 변의 길이

풀이 자동화재탐지설비에서 하나의 경계구역 면적은 600m² 이하로 하고 그 한 변의 길이는 50m(광전식분리형 감지기는 100m) 이하로 해야 한다. 단, 해당 건축물 등의 주요한 출입구에서 그 내부 전체를 볼 수 있는 경우에는 그 면적을 1,000m² 이하로 할 수 있다.

정답 (1) 600m² (2) 50m

예제8 이산화탄소소화설비의 고압식 분사헤드의 방사압력과 저장온도는 각각 얼마인지 쓰시오.

(1) 방사압력 : (   )MPa 이상
(2) 저장온도 : (   )℃ 이하

풀이 이산화탄소소화설비 분사헤드의 방사압력과 저장온도의 기준은 다음과 같다.
① 고압식(상온(20℃)으로 저장되어 있는 것) : 2.1MPa 이상
② 저압식(−18℃ 이하로 저장되어 있는 것) : 1.05MPa 이상

정답 (1) 2.1 (2) 20

제3장 / 위험물의 성상 및 취급

Section 01 위험물의 총칙

예제 1 제2류 위험물 중 황은 위험물의 조건으로 순도가 몇 중량% 이상이어야 하는지 쓰시오.

> **풀이** 제2류 위험물에 속하는 황은 순도가 60중량퍼센트 이상인 것을 말한다. 이 경우 순도를 측정할 때 불순물은 활석 등 불연성 물질과 수분에 한한다.

> **정답** 60

예제 2 제2류 위험물 중 철분의 정의에 대해 ( ) 안에 알맞은 단어를 쓰시오.

> 철의 분말로서 ( )마이크로미터의 표준체를 통과하는 것이 ( )중량퍼센트 미만인 것은 제외한다.

> **풀이** 제2류 위험물에 속하는 철분의 정의는 철의 분말로서 53마이크로미터의 표준체를 통과하는 것이 50중량퍼센트 미만인 것은 제외한다.

> **정답** 53, 50

예제 3 다음 ( ) 안에 알맞은 내용을 쓰시오.

> 특수인화물이라 함은 이황화탄소, 다이에틸에터, 그 밖에 1기압에서 발화점이 섭씨 ( )도 이하인 것 또는 인화점이 섭씨 영하 ( )도 이하이고 비점이 섭씨 ( )도 이하인 것을 말한다.

> **풀이** 특수인화물이라 함은 이황화탄소, 다이에틸에터, 그 밖에 1기압에서 발화점이 섭씨 100도 이하인 것 또는 인화점이 섭씨 영하 20도 이하이고 비점이 섭씨 40도 이하인 것을 말한다.

> **정답** 100, 20, 40

예제 4 다음은 제4류 위험물의 알코올류에서 제외하는 조건 2가지이다. (   ) 안에 들어갈 알맞은 말을 쓰시오.

(1) 탄소원자의 수가 1개부터 3개까지인 포화1가알코올의 함유량이 (   )중량% 미만인 수용액
(2) 가연성 액체량이 (   )중량% 미만이고 인화점 및 연소점이 에틸알코올 60중량% 수용액의 (   ) 및 연소점을 초과하는 것

풀이 제4류 위험물의 알코올류란 탄소원자의 수가 1개부터 3개까지인 포화1가 알코올(변성 알코올 포함)을 말한다. 다만, 다음 중 하나에 해당하는 것은 제외한다.
① 알코올의 함유량이 60중량% 미만인 수용액
② 가연성 액체량이 60중량% 미만이고 인화점 및 연소점이 에틸알코올 60중량% 수용액의 인화점 및 연소점을 초과하는 것

정답 (1) 60
(2) 60, 인화점

예제 5 과산화수소는 농도가 얼마 이상인 것이 위험물에 속하는지 쓰시오.

풀이 과산화수소가 제6류 위험물이 되기 위한 조건은 농도가 36중량퍼센트 이상이어야 한다.

정답 36중량퍼센트

예제 6 질산은 비중이 얼마 이상인 것이 위험물에 속하는지 쓰시오.

풀이 질산이 제6류 위험물이 되기 위한 조건은 비중이 1.49 이상이어야 한다.

정답 1.49

Section 02 위험물의 종류 및 성질

〈 1. 제1류 위험물 – 산화성 고체 〉

예제 1 과산화나트륨이 물과 반응 시 위험한 이유는 무엇인지 쓰시오.

풀이 과산화나트륨(Na_2O_2)은 제1류 위험물의 알칼리금속의 과산화물로 물과 반응하여 다량의 산소와 많은 열을 발생하므로 위험하다.

정답 다량의 산소와 많은 열을 발생하기 때문에

예제 2 염소산칼륨과 염소산나트륨이 열에 의해 분해되었을 때 공통적으로 발생하는 가스는 무엇인지 쓰시오.

풀이 염소산칼륨 또는 염소산나트륨과 같은 제1류 위험물은 열에 의해 산소를 발생한다.

정답 산소

예제 3 숯과 황을 혼합하여 흑색화약의 원료를 만들 수 있는 제1류 위험물에 대하여 다음 물음에 답하시오.

(1) 위험물의 종류
(2) 분해반응식

풀이 제1류 위험물인 질산칼륨은 숯과 황을 혼합하여 흑색화약의 원료를 만들 수 있으며 열분해하여 아질산칼륨(KNO_2)과 산소를 발생한다.

정답 (1) 질산칼륨(KNO_3)　　(2) $2KNO_3 \rightarrow 2KNO_2 + O_2$

예제 4 과망가니즈산칼륨의 240℃에서의 분해반응식을 쓰시오.

풀이 과망가니즈산칼륨($KMnO_4$)은 제1류 위험물의 흑자색 결정으로 240℃에서 열분해하여 망가니즈산칼륨(K_2MnO_4)과 이산화망가니즈(MnO_2), 그리고 산소를 발생한다.

정답 $2KMnO_4 \rightarrow K_2MnO_4 + MnO_2 + O_2$

예제 5 제1류 위험물 중 염소산나트륨이 염산과 반응하면 발생하는 독성 가스를 쓰시오.

풀이 염소산나트륨은 염산, 황산 등의 산과 반응 시 독성인 이산화염소(ClO_2)를 발생한다.

정답 이산화염소(ClO_2)

예제 6 위험등급 I인 제1류 위험물의 품명 4가지를 쓰시오.

풀이 제1류 위험물 중 지정수량이 50kg인 품명은 모두 위험등급 I이다.

정답 아염소산염류, 염소산염류, 과염소산염류, 무기과산화물, 차아염소산염류(택4 기술)

예제 7 염소산염류 중 비중이 2.5이고 분해온도가 300℃인 조해성이 큰 위험물로서 철제용기에 저장하면 안 되는 물질의 화학식을 쓰시오.

풀이 염소산나트륨($NaClO_3$)의 성질은 다음과 같다.
① 분해온도 300℃, 비중 2.5이다.
② 조해성과 흡습성이 있다.
③ 철제용기를 부식시키므로 철제용기 사용을 금지해야 한다.

정답 $NaClO_3$

예제 8 다이크로뮴산칼륨에 대해 다음 물음에 답하시오.

(1) 유별
(2) 색상
(3) 위험등급

풀이 다이크로뮴산칼륨($K_2Cr_2O_7$)은 제1류 위험물로 등적색을 띠며 지정수량 1,000kg의 위험등급 Ⅲ인 물질이다.

정답 (1) 제1류 위험물　(2) 등적색　(3) Ⅲ

예제 9 과산화칼슘이 염산과 반응할 때 생성되는 과산화물의 화학식을 쓰시오.

> **풀이** 무기과산화물에 해당하는 과산화칼슘(CaO_2)은 염산과 반응 시 염화칼슘($CaCl_2$)과 제6류 위험물인 과산화수소(H_2O_2)를 발생한다.
> $CaO_2 + 2HCl \rightarrow CaCl_2 + H_2O_2$

> **정답** H_2O_2

〈 2. 제2류 위험물－가연성 고체 〉

예제 1 마그네슘의 화재에 주수소화를 하면 발생하는 가스를 쓰시오.

> **풀이** 철분, 금속분, 마그네슘은 물과 반응 시 폭발성의 수소를 발생한다.

> **정답** 수소

예제 2 황의 연소반응식을 쓰시오.

> **풀이** 황이 연소하면 자극성 냄새와 독성을 가진 이산화황(SO_2)이 발생한다.

> **정답** $S + O_2 \rightarrow SO_2$

예제 3 오황화인의 연소반응식을 쓰시오.

> **풀이** 오황화인은 연소 시 오산화인(P_2O_5)과 이산화황(SO_2)을 발생한다.

> **정답** $2P_2S_5 + 15O_2 \rightarrow 2P_2O_5 + 10SO_2$

예제 4 적린이 연소하면 발생하는 백색 기체의 화학식을 쓰시오.

> **풀이** 적린이 연소하면 오산화인(P_2O_5)이라는 백색 기체가 발생한다.
> － 연소반응식 : $4P + 5O_2 \rightarrow 2P_2O_5$

> **정답** P_2O_5

예제 5 제2류 위험물 중 지정수량이 100kg인 품명 3가지를 쓰시오.

> **풀이** 제2류 위험물의 지정수량은 다음과 같이 구분한다.
> ① 지정수량 100kg : 황화인, 적린, 황
> ② 지정수량 500kg : 철분, 금속분, 마그네슘
> ③ 지정수량 1,000kg : 인화성 고체

> **정답** 황화인, 적린, 황

예제 6 고무상황을 제외한 그 외의 황을 녹일 수 있는 제4류 위험물을 쓰시오.

풀이 고무상황을 제외한 사방황, 단사황은 이황화탄소(CS_2)에 녹는다.

정답 이황화탄소

예제 7 인화성 고체의 정의를 쓰시오.

풀이 제2류 위험물 중 인화성 고체란 고형 알코올, 그 밖에 1기압에서 인화점이 40℃ 미만인 고체를 말한다.

정답 고형 알코올, 그 밖에 1기압에서 인화점이 40℃ 미만인 고체

예제 8 다음 <보기> 중 제2류 위험물에 대한 설명으로 맞는 항목을 고르시오.

> A. 황화인, 적린, 황은 위험등급 Ⅱ에 속한다.
> B. 가연성 고체 중 고형 알코올의 지정수량은 1,000kg이다.
> C. 모두 수용성이다.
> D. 모두 산화제이다.
> E. 모두 비중이 1보다 작다.

풀이 A. 황화인, 적린, 황의 지정수량은 각각 100kg이며 모두 위험등급 Ⅱ에 속한다.
B. 가연성 고체 중 고형 알코올은 인화성 고체에 해당하는 물질로 지정수량은 1,000kg이다.
C. 거의 대부분 비수용성이다.
D. 모두 가연성이므로 환원제(직접 연소할 수 있는 물질)이다.
E. 모두 물보다 무거워 비중이 1보다 크다.

정답 A, B

〈 3. 제3류 위험물 - 자연발화성 물질 및 금수성 물질 〉

예제 1 제3류 위험물 중 비중이 1보다 작은 칼륨의 보호액을 쓰시오.

풀이 칼륨, 나트륨 등 물보다 가벼운 물질은 공기와의 접촉을 방지하기 위해 석유(등유, 경유, 유동파라핀)에 저장하여 보관한다.

정답 등유 또는 경유

예제 2 트라이에틸알루미늄이 물과 반응 시 발생하는 기체를 쓰시오.

풀이 트라이에틸알루미늄[$(C_2H_5)_3Al$]은 물과의 반응으로 수산화알루미늄[$Al(OH)_3$]과 에테인(C_2H_6)을 발생한다.
– 물과의 반응식 : $(C_2H_5)_3Al + 3H_2O \rightarrow Al(OH)_3 + 3C_2H_6$
※ 알루미늄은 물이 가지고 있던 수산기(OH)를 자신이 가지면서 수산화알루미늄[$Al(OH)_3$]을 만들고 수소를 에틸(C_2H_5)과 결합시켜 에테인(C_2H_6)을 발생시킨다.

정답 에테인(C_2H_6)

예제 3 다음 문장을 완성하시오.

> 황린의 화학식은 (　　)이며 연소할 때 (　　)이라는 흰 연기가 발생한다. 또한 자연발화를 막기 위해 통상적으로 pH (　　)인 약알칼리성의 (　　)속에 저장한다.

풀이 황린의 화학식은 P_4이며 연소할 때 오산화인(P_2O_5)이라는 흰 연기를 발생한다. 또한 자연발화를 막기 위해 통상적으로 pH 9인 약알칼리성의 물속에 저장한다.

정답 P_4, 오산화인, 9, 물

예제 4 자연발화성 물질인 황린의 연소반응식을 쓰시오.

풀이 황린을 연소하면 오산화인(P_2O_5)이라는 흰 연기가 발생한다.
– 연소반응식 : $P_4 + 5O_2 \rightarrow 2P_2O_5$

정답 $P_4 + 5O_2 \rightarrow 2P_2O_5$

예제 5 인화칼슘(Ca_3P_2)의 물과의 반응식을 쓰시오.

풀이 인화칼슘(Ca_3P_2)은 물과 반응 시 수산화칼슘[$Ca(OH)_2$]과 함께 가연성이며 맹독성인 포스핀(PH_3)가스를 발생한다.
– 물과의 반응식 : $Ca_3P_2 + 6H_2O \rightarrow 3Ca(OH)_2 + 2PH_3$

정답 $Ca_3P_2 + 6H_2O \rightarrow 3Ca(OH)_2 + 2PH_3$

예제 6 탄화칼슘(CaC_2)의 물과의 반응식을 쓰시오.

풀이 탄화칼슘(CaC_2)은 물과 반응 시 수산화칼슘[$Ca(OH)_2$]과 함께 연소범위가 2.5~81%인 아세틸렌(C_2H_2)가스를 발생한다.
– 물과의 반응식 : $CaC_2 + 2H_2O \rightarrow Ca(OH)_2 + C_2H_2$

정답 $CaC_2 + 2H_2O \rightarrow Ca(OH)_2 + C_2H_2$

예제 7 수소화칼륨(KH), 수소화나트륨(NaH), 수소화알루미늄리튬($LiAlH_4$)의 금속의 수소화물들이 물과 만났을 때 공통적으로 발생하는 기체를 쓰시오.

풀이 금속의 수소화물은 물과 반응 시 모두 수소가스를 발생한다.

정답 수소(H_2)

예제 8 다음 물질들의 지정수량은 각각 얼마인지 쓰시오.

(1) 탄화알루미늄
(2) 트라이에틸알루미늄
(3) 리튬

풀이 (1) 탄화알루미늄(Al_4C_3) : 품명은 칼슘 또는 알루미늄의 탄화물로, 지정수량은 300kg이다.
(2) 트라이에틸알루미늄[$(C_2H_5)_3Al$] : 품명은 알킬알루미늄으로, 지정수량은 10kg이다.
(3) 리튬(Li) : 품명은 알칼리금속 및 알칼리토금속으로, 지정수량은 50kg이다.

정답 (1) 300kg　(2) 10kg　(3) 50kg

예제 9 다음 제3류 위험물의 지정수량은 각각 얼마인지 쓰시오.

(1) K
(2) 알킬리튬
(3) 황린
(4) 알칼리토금속
(5) 유기금속화합물(알킬리튬 및 알킬알루미늄 제외)
(6) 금속의 인화물

풀이 제3류 위험물의 지정수량은 다음과 같이 구분할 수 있다.
(1) 지정수량 10kg : K, Na, 알킬알루미늄, 알킬리튬
(2) 지정수량 20kg : 황린
(3) 지정수량 50kg : 알칼리금속(K, Na 제외) 및 알칼리토금속, 유기금속화합물(알킬알루미늄, 알킬리튬 제외)
(4) 지정수량 300kg : 금속의 수소화물, 금속의 인화물, 칼슘 또는 알루미늄의 탄화물

정답 (1) 10kg
(2) 10kg
(3) 20kg
(4) 50kg
(5) 50kg
(6) 300kg

예제 10 제3류 위험물인 나트륨에 대해 다음 물음에 답하시오.

(1) 연소반응식
(2) 연소 시 불꽃반응 색상

풀이 나트륨을 연소시키면 황색 불꽃과 함께 산화나트륨(Na_2O)이 생성된다.

정답 (1) $4Na + O_2 \rightarrow 2Na_2O$
(2) 황색

〈 4. 제4류 위험물 – 인화성 액체 〉

예제 1 물보다 가볍고 비수용성인 제4류 위험물의 화재 시 물로 소화하면 위험한 이유를 쓰시오.

풀이 물보다 가볍고 비수용성이기 때문에 물로 소화하면 연소면이 확대되어 더 위험해진다.

정답 연소면의 확대

예제 2 에틸알코올에 황산을 촉매로 반응시켜 만들 수 있는 제4류 위험물을 쓰시오.

풀이 에틸알코올 2몰을 황산을 촉매로 사용하여 가열하면 탈수반응을 일으켜 물이 빠져나오면서 제4류 위험물의 특수인화물인 다이에틸에터가 생성된다.

– 140℃ 가열 : $2C_2H_5OH \xrightarrow[\text{촉매로서 탈수를 일으킨다}]{c-H_2SO_4} C_2H_5OC_2H_5 + H_2O$

정답 다이에틸에터($C_2H_5OC_2H_5$)

예제 3 이황화탄소(CS_2)에 대해 다음 물음에 답하시오.

(1) 저장방법
(2) 연소반응식

풀이 이황화탄소(CS_2)는 공기 중 산소와 반응하여 이산화탄소(CO_2)와 가연성 가스인 이산화황(SO_2)이 발생하기 때문에 이 가연성 가스의 발생을 방지하기 위해 물속에 저장한다.
— 연소반응식 : $CS_2 + 3O_2 \rightarrow CO_2 + 2SO_2$

정답 (1) 물속에 저장
(2) $CS_2 + 3O_2 \rightarrow CO_2 + 2SO_2$

예제 4 제4석유류의 정의를 완성하시오.

> 기어유, 실린더유, 그 밖에 1 기압에서 인화점이 (   )℃ 이상 (   )℃ 미만으로서 도료류의 경우 가연성 액체량이 (   )중량% 이하는 제외한다.

풀이 제4석유류라 함은 기어유, 실린더유, 그 밖에 1기압에서 인화점이 200℃ 이상 250℃ 미만의 것을 말한다. 다만 도료류, 그 밖의 물품은 가연성 액체량이 40중량퍼센트 이하인 것은 제외한다.

정답 200, 250, 40

예제 5 질산과 황산을 반응시켜 나이트로화하면 TNT를 만들 수 있는 제4류 위험물을 쓰시오.

풀이 제4류 위험물 중 제1석유류의 비수용성 물질인 톨루엔에 질산과 황산을 3번 반응시켜 나이트로화하면 제5류 위험물인 트라이나이트로톨루엔(TNT)을 만들 수 있다.

정답 톨루엔($C_6H_5CH_3$)

예제 6 무색이고 단맛이 있는 3가 알코올로 분자량이 92이며 비중이 1.26인 제3석유류에 대해 다음 물음에 답하시오.

(1) 명칭
(2) 구조식

풀이 글리세린[$C_3H_5(OH)_3$]의 성질은 다음과 같다.
① 인화점 160℃, 발화점 393℃, 비점 290℃, 비중 1.26으로 물보다 무거운 물질이다.
② 제3석유류의 수용성으로 지정수량은 4,000L이다.
③ 분자량은 $12(C) \times 3 + 1(H) \times 8 + 16(O) \times 3 = 92$이다.
④ 무색투명하고 단맛이 있는 액체로서 물에 잘 녹는 3가(OH의 수가 3개) 알코올이다.
⑤ 독성이 없으므로 화장품이나 의료기기의 원료로 사용된다.

정답 (1) 글리세린
(2)
```
        OH OH OH
         |  |  |
   H  –  C  –  C  –  C  – H
         |  |  |
         H  H  H
```

예제 7 제4류 위험물 중 무색투명하고 휘발성이 있는 액체로 분자량 92, 인화점 약 4℃인 물질에 대해 다음 물음에 답하시오.

(1) 명칭
(2) 지정수량

풀이 톨루엔($C_6H_5CH_3$)의 성질은 다음과 같다.
① 인화점 4℃, 발화점 552℃, 연소범위 1.4~6.7%, 비점 111℃이다.
② 제1석유류의 비수용성으로 지정수량은 200L이다.
③ 분자량은 12(C)×7 + 1(H)×8 = 92이다.
④ 무색투명한 액체로서 독성은 벤젠의 1/10 정도이며 TNT의 원료이다.

정답 (1) 톨루엔
(2) 200L

예제 8 다음 중 명칭과 화학식의 연결 중 잘못된 것을 찾아 기호를 적고 화학식을 바르게 고쳐쓰시오.

A. 다이에틸에터 – $C_2H_5OC_2H_5$	B. 톨루엔 – $C_6H_5CH_2$
C. 에틸알코올 – C_2H_5OH	D. 아닐린 – $C_6H_5NH_3$

풀이 B. 톨루엔은 제1석유류로서 화학식은 $C_6H_5CH_3$이다.
D. 아닐린은 제3석유류로서 화학식은 $C_6H_5NH_2$이다.

정답 B. 톨루엔 – $C_6H_5CH_3$, D. 아닐린 – $C_6H_5NH_2$

예제 9 다음 화학식의 명칭을 한글로 쓰시오.

A. $CH_3COC_2H_5$	B. $CH_3COOC_2H_5$	C. C_6H_5Cl

풀이 A. CH_3는 메틸, C_2H_5는 에틸, 메틸과 에틸 사이에 CO가 있으면 케톤이므로 $CH_3COC_2H_5$를 메틸에틸케톤(MEK)이라 부른다.
B. CH_3COO는 초산기, C_2H_5는 에틸이므로 $CH_3COOC_2H_5$를 초산에틸 또는 아세트산에틸이라 부른다.
C. 벤젠(C_6H_6)의 H원소 1개를 클로로(염소의 다른 명칭)와 치환시켜 만든 C_6H_5Cl을 클로로벤젠이라 부른다.

정답 A : 메틸에틸케톤, B : 초산에틸, C : 클로로벤젠

예제 10 BTX가 무엇인지 쓰시오.

풀이 B : 벤젠(C_6H_6), T : 톨루엔($C_6H_5CH_3$), X : 크실렌[$C_6H_4(CH_3)_2$]

정답 벤젠(C_6H_6), 톨루엔($C_6H_5CH_3$), 크실렌[$C_6H_4(CH_3)_2$]

예제 11 피리딘에 대해 다음 물음에 답하시오.

(1) 구조식
(2) 분자량
(3) 지정수량

풀이 피리딘(C_5H_5N)의 성질은 다음과 같다.
① 인화점 20℃, 발화점 482℃, 연소범위 1.8~12.4%, 비점 115℃이다.
② 벤젠의 C원소 하나가 N원소로 치환된 물질이다.
③ 분자량은 12(C)×5+1(H)×5+14(N)=79이다.
④ 제1석유류의 수용성으로 지정수량은 400L이다.

정답 (1) 　(2) 79　(3) 400L

예제 12 이황화탄소를 저장하고 있는 용기에서 화재가 발생했을 때 용기 내부에 물을 뿌리면 소화가 가능하다. 그 이유를 쓰시오.

풀이 제4류 위험물 중 물보다 가볍고 물에 안 녹는 물질의 경우 물을 뿌리면 연소면이 확대되어 위험하지만 이황화탄소는 물보다 무겁고 비수용성이라 물이 상층에서 이황화탄소를 덮어 산소공급원을 차단시키는 질식소화 작용을 한다.

정답 물보다 무겁고 비수용성이기 때문에 물이 질식소화 작용을 한다.

예제 13 다음 물질들의 시성식을 각각 쓰시오.

(1) 아세톤
(2) 초산메틸
(3) 피리딘
(4) 톨루엔
(5) 나이트로벤젠

풀이 (1) 아세톤(제1석유류 수용성) : CH_3COCH_3
(2) 초산메틸(제1석유류 비수용성) : CH_3COOCH_3
(3) 피리딘(제1석유류 수용성) : C_5H_5N
(4) 톨루엔(제1석유류 비수용성) : $C_6H_5CH_3$
(5) 나이트로벤젠(제3석유류 비수용성) : $C_6H_5NO_2$

정답 (1) CH_3COCH_3　(2) CH_3COOCH_3　(3) C_5H_5N　(4) $C_6H_5CH_3$　(5) $C_6H_5NO_2$

예제 14 크실렌의 3가지 이성질체의 명칭과 각 물질의 구조식을 쓰시오.

풀이 크실렌[$C_6H_4(CH_3)_2$]은 오르토크실렌($o-$크실렌), 메타크실렌($m-$크실렌), 파라크실렌($p-$크실렌)의 3가지 이성질체를 가지고 있다.

정답　$o-$크실렌　　$m-$크실렌　　$p-$크실렌

예제 15 다음 동식물유류의 아이오딘값의 범위를 각각 쓰시오.

(1) 건성유
(2) 반건성유
(3) 불건성유

풀이 아이오딘값이란 유지 100g에 흡수되는 아이오딘의 g수를 말한다.
(1) 건성유 : 유지 100g에 130g 이상의 아이오딘이 흡수되는 것
(2) 반건성유 : 유지 100g에 100~130g의 아이오딘이 흡수되는 것
(3) 불건성유 : 유지 100g에 100g 이하의 아이오딘이 흡수되는 것

정답 (1) 130 이상 (2) 100~130 (3) 100 이하

〈 5. 제5류 위험물－자기반응성 물질 〉

예제 1 질산에틸($C_2H_5ONO_2$)의 증기비중을 쓰시오.

풀이 질산에틸($C_2H_5ONO_2$)의 분자량은 $12(C)\times2+1(H)\times5+16(O)\times3+14(N)=91$이다. 증기비중은 분자량을 29로 나누어 준 값이므로 $91/29=3.14$이다.

정답 3.14

예제 2 건조하면 발화위험이 있으므로 함수알코올(수분 또는 알코올)에 습면시켜 저장하는 물질을 쓰시오

풀이 나이트로셀룰로오스는 건조하면 직사일광에 의해 자연발화의 위험이 있으므로 함수알코올에 습면시켜 저장한다.

정답 나이트로셀룰로오스

예제 3 피크린산에 대해 다음 물음에 답하시오.

(1) 화학식
(2) 품명
(3) 지정수량
(4) 구조식

풀이 피크린산[$C_6H_2OH(NO_2)_3$]은 품명이 나이트로화합물로서 제1종 : 10kg, 제2종 : 100kg, 위험등급 Ⅱ인 고체이다. 또 다른 명칭으로 트라이나이트로페놀이라 불리며 페놀(C_6H_5OH)에 나이트로기(NO_2) 3개를 치환시켜 만든 물질이다.

정답 (1) $C_6H_2OH(NO_2)_3$
(2) 나이트로화합물
(3) 제1종 : 10kg, 제2종 : 100kg
(4)

예제 4 다음 <보기> 중 품명이 나이트로화합물인 것을 모두 고르시오.

> 나이트로글리콜　　　셀룰로이드　　　질산메틸　　　트라이나이트로페놀

풀이 나이트로글리콜, 셀룰로이드, 질산메틸은 제5류 위험물 중 품명이 질산에스터류이고, 트라이나이트로페놀은 제5류 위험물 중 품명이 나이트로화합물이다.

정답 트라이나이트로페놀

예제 5 제5류 위험물의 품명 5가지를 쓰시오.

풀이 제5류 위험물의 품명은 유기과산화물, 질산에스터류, 나이트로화합물, 나이트로소화합물, 아조화합물, 다이아조화합물, 하이드라진유도체, 하이드록실아민, 하이드록실아민염류 등이 있다.

정답 유기과산화물, 질산에스터류, 나이트로화합물, 나이트로소화합물, 아조화합물, 다이아조화합물, 하이드라진유도체, 하이드록실아민, 하이드록실아민염류 중 5가지

예제 6 과산화벤조일에 대해 다음 물음에 답하시오.

(1) 화학식
(2) 품명
(3) 지정수량
(4) 구조식

풀이 과산화벤조일[$(C_6H_5CO)_2O_2$]은 품명이 유기과산화물로서 제1종 : 10kg, 제2종 : 100kg이며, 그 구조는 벤조일(C_6H_5CO) 2개를 산소 2개로 연결시킨 것이다.

정답 (1) $(C_6H_5CO)_2O_2$
(2) 유기과산화물
(3) 제1종 : 10kg, 제2종 : 100kg
(4) O=C–O–O–C=O

〈 6. 제6류 위험물 – 산화성 액체 〉

예제 1 과염소산이 열분해해서 발생하는 독성 가스를 쓰시오.

풀이 과염소산은 분해하여 산소와 염화수소(HCl)를 발생하며 염화수소는 기관지를 손상시키는 독성 가스이다.
– 분해반응식 : $HClO_4 \rightarrow HCl + 2O_2$

정답 염화수소(HCl)

예제 2 질산이 분해할 때 발생하는 적갈색 기체를 쓰시오.

풀이 질산(HNO_3)은 분해하여 물(H_2O), 이산화질소(NO_2), 산소(O_2)를 발생한다.
– 분해반응식 : $4HNO_3 \rightarrow 2H_2O + 4NO_2 + O_2$
※ 이때 발생하는 이산화질소(NO_2)가스의 색상은 적갈색이다.

정답 이산화질소(NO_2)

예제 3 질산은 금과 백금을 못 녹이지만 왕수는 금과 백금을 녹일 수 있다. 왕수를 만드는 방법을 쓰시오.

풀이 염산(HCl)과 질산(HNO_3)을 3 : 1의 부피비로 혼합한 용액을 왕수라 하며, 왕수는 금과 백금도 녹일 수 있다.

정답 염산과 질산을 3 : 1의 부피비로 혼합한다.

예제 4 질산과 부동태하는 물질이 아닌 것을 보기에서 고르시오.

A. 철   B. 코발트   C. 니켈   D. 구리

풀이 철(Fe), 코발트(Co), 니켈(Ni), 크로뮴(Cr), 알루미늄(Al)은 질산과 부동태한다. 부동태란 물질 표면에 얇은 금속산화물의 막을 형성시켜 산화반응의 진행을 막아주는 현상을 의미한다.

정답 D

예제 5 질산은 단백질과 노란색으로 변하는 반응을 일으키는데 이를 무엇이라 하는지 쓰시오.

풀이 질산은 단백질과 접촉하여 노란색으로 변하는 크산토프로테인반응을 한다.

정답 크산토프로테인반응

예제 6 H_2O_2에 MnO_2를 반응시켜 가스를 발생시킨 실험을 하였다. 이에 대해 다음 물음에 답하시오.
(1) 발생가스의 명칭
(2) MnO_2의 역할

풀이 과산화수소(H_2O_2)는 분해하여 물과 산소를 발생하며, 분해를 촉진시키기 위해 주로 이산화망가니즈(MnO_2)를 촉매로 사용한다.

– 분해반응식 : $2H_2O_2 \xrightarrow{\text{c-}MnO_2} 2H_2O + O_2$

정답 (1) 산소(O_2)
(2) 촉매 또는 정촉매

제4장 위험물안전관리법

Section 01 위험물안전관리법의 총칙

예제 1 다음 ( ) 안에 알맞은 단어를 쓰시오.

( )은 인화성 또는 발화성 등의 성질을 가지는 것으로서 대통령령이 정하는 물품이다.

풀이 위험물은 인화성 또는 발화성 등의 성질을 가지는 것으로서 대통령령이 정하는 물품을 말한다.

정답 위험물

예제 2 지정수량의 24만배 이상 48만배 미만의 사업장에서 필요로 하는 화학소방자동차의 수와 자체소방대원의 수는 최소 얼마인지 쓰시오.
(1) 화학소방자동차의 수   (2) 자체소방대원의 수

풀이 자체소방대에 두는 화학소방자동차 및 소방대원 수의 기준은 다음과 같다.

사업소의 구분	화학소방자동차의 수	자체소방대원의 수
지정수량의 3천배 이상 12만배 미만으로 취급하는 제조소 또는 일반취급소	1대	5인
지정수량의 12만배 이상 24만배 미만으로 취급하는 제조소 또는 일반취급소	2대	10인
지정수량의 24만배 이상 48만배 미만으로 취급하는 제조소 또는 일반취급소	**3대**	**15인**
지정수량의 48만배 이상으로 취급하는 제조소 또는 일반취급소	4대	20인
지정수량의 50만배 이상으로 저장하는 옥외탱크저장소	2대	10인

정답 (1) 3대 (2) 15명

예제 3 위험물취급소의 종류 4가지를 쓰시오.

풀이 위험물취급소는 다음과 같이 구분한다.

취급소의 구분	위험물을 제조 외의 목적으로 취급하기 위한 장소
이송취급소	배관 및 이에 부속된 설비에 의하여 위험물을 이송하는 장소
주유취급소	고정주유설비에 의하여 자동차, 항공기 또는 선박 등에 직접 연료를 주유하기 위하여 위험물을 취급하는 장소
일반취급소	주유취급소, 판매취급소, 이송취급소 외의 위험물을 취급하는 장소
판매취급소	점포에서 위험물을 용기에 담아 판매하기 위하여 지정수량의 40배 이하의 위험물을 취급하는 장소(페인트점 또는 화공약품점)

정답 이송취급소, 주유취급소, 일반취급소, 판매취급소

예제 4 예방규정을 정해야 하는 옥내저장소는 지정수량의 몇 배 이상이 되어야 하는지 쓰시오.

풀이 예방규정을 정해야 하는 제조소등은 다음과 같이 구분된다.
① 지정수량의 10배 이상의 위험물을 취급하는 제조소
② 지정수량의 100배 이상의 위험물을 저장하는 옥외저장소
③ **지정수량의 150배 이상의 위험물을 저장하는 옥내저장소**
④ 지정수량의 200배 이상의 위험물을 저장하는 옥외탱크저장소
⑤ 암반탱크저장소
⑥ 이송취급소
⑦ 지정수량의 10배 이상의 위험물을 취급하는 일반취급소

정답 150배

예제 5 아래 탱크의 내용적을 구하시오. (여기서, $r=1$m, $l=4$m, $l_1=0.6$m, $l_2=0.6$m이다.)

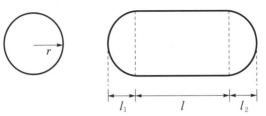

풀이 내용적 $= \pi r^2 \left(l + \dfrac{l_1 + l_2}{3} \right) = \pi \times 1^2 \times \left(4 + \dfrac{0.6 + 0.6}{3} \right) = 13.82$m^3

정답 13.82m^3

예제 6 탱크의 공간용적에 대한 다음 설명 중 ( ) 안에 들어갈 내용을 알맞게 채우시오.
(1) 탱크의 공간용적은 탱크 내용적의 100분의 ( ) 이상 100분의 ( ) 이하로 한다.
(2) 소화약제 방출구를 탱크 안의 윗부분에 설치한 탱크의 공간용적은 해당 소화설비의 소화약제 방출구 아래의 ( )m 이상 ( )m 미만 사이의 면으로부터 윗부분의 용적을 공간용적으로 한다.
(3) 암반탱크의 공간용적은 해당 탱크 내에 용출하는 ( )일간의 지하수의 양에 상당하는 용적과 그 탱크 내용적의 ( )분의 1의 용적 중에서 보다 큰 용적을 공간용적으로 한다.

풀이 (1) 탱크의 공간용적은 탱크 내용적의 100분의 5 이상 100분의 10 이하로 한다.
(2) 소화약제 방출구를 탱크 안의 윗부분에 설치한 탱크의 공간용적은 해당 소화설비의 소화약제 방출구 아래의 0.3m 이상 1m 미만 사이의 면으로부터 윗부분의 용적을 공간용적으로 한다.
(3) 암반탱크의 공간용적은 해당 탱크 내에 용출하는 7일간의 지하수의 양에 상당하는 용적과 그 탱크 내용적의 100분의 1의 용적 중에서 보다 큰 용적을 공간용적으로 한다.

정답 (1) 5, 10
(2) 0.3, 1
(3) 7, 100

예제 7 다음 [보기]에서 위험물안전카드를 휴대해야 하는 위험물을 모두 고르시오.

A. 특수인화물   B. 알코올류   C. 황화인
D. 과산화수소   E. 제3석유류

풀이 위험물안전카드를 휴대해야 하는 위험물의 종류는 다음과 같다.
① 제4류 위험물 중 특수인화물 및 제1석유류
② 제1류 · 제2류 · 제3류 · 제5류 · 제6류 위험물의 전부

정답 A, C, D

Section 02 제조소, 저장소의 위치 · 구조 및 설비의 기준

〈 1. 제조소 〉

예제 1 제조소로부터 다음 건축물까지의 안전거리는 몇 m 이상으로 해야 하는지 쓰시오.

(1) 학교   (2) 지정문화재

풀이 제조소등으로부터의 안전거리 기준은 다음과 같다.
① 주거용 건축물(제조소의 동일부지 외에 있는 것) : 10m 이상
② 학교 · 병원 · 극장(300명 이상), 다수인 수용 시설 : **30m 이상**
③ 유형문화재, **지정문화재** : **50m 이상**
④ 고압가스, 액화석유가스 등의 저장, 취급 시설 : 20m 이상
⑤ 사용전압 7,000V 초과 35,000V 이하의 특고압가공전선 : 3m 이상
⑥ 사용전압 35,000V를 초과하는 특고압가공전선 : 5m 이상

정답 (1) 30m (2) 50m

예제 2 지정수량의 15배를 취급하는 위험물제조소의 보유공지는 얼마 이상으로 해야 하는지 쓰시오.

풀이 제조소의 보유공지 너비의 기준은 다음과 같다.
① 지정수량의 10배 이하 : 3m 이상   ② 지정수량의 10배 초과 : 5m 이상

정답 5m

예제 3 작업장과 제4류 위험물을 취급하는 제조소 사이에 방화상 유효한 격벽을 설치한 때에는 제조소에 공지를 두지 아니할 수 있다. 이때 격벽의 기준에 대해 다음 물음에 답하시오.

(1) 방화상 유효한 격벽은 어떤 구조로 해야 하는가?
(2) 방화상 유효한 격벽의 양단 및 상단이 외벽과 지붕으로부터 각각 얼마 이상 돌출되어야 하는가?

풀이 제조소의 방화상 유효한 격벽의 기준은 다음과 같다.
① 방화상 유효한 격벽은 내화구조로 한다(단, 제6류 위험물을 취급하는 제조소는 불연재료로 할 수 있다).
② 방화상 유효한 격벽에 설치하는 출입구 및 창에는 자동폐쇄식 60분+방화문 또는 60분 방화문을 설치한다.
③ 방화상 유효한 격벽의 양단 및 상단을 외벽 또는 지붕으로부터 50cm 이상 돌출시킨다.

정답 (1) 내화구조 (2) 양단 : 50cm, 상단 : 50cm

예제 4 제4류 위험물을 제조하는 위험물제조소에 필요한 주의사항 게시판에 대한 다음 물음에 답하시오.
(1) 게시판의 내용
(2) 게시판의 크기
(3) 게시판의 바탕색
(4) 게시판의 문자색

풀이 위험물제조소의 주의사항 게시판의 기준
① 주의사항 게시판의 내용
 ㉠ 제2류 위험물 중 인화성 고체, 제3류 위험물 중 자연발화성 물질, 제4류 위험물, 제5류 위험물 : 화기엄금
 ㉡ 제2류 위험물(인화성 고체 제외) : 화기주의
 ㉢ 제1류 위험물 중 알칼리금속의 과산화물, 제3류 위험물 중 금수성 물질 : 물기엄금
 ㉣ 제1류 위험물(알칼리금속의 과산화물 제외), 제6류 위험물 : 필요 없음
② 크기 : 한 변의 길이 0.3m 이상, 다른 한 변의 길이 0.6m 이상
③ 색상
 ‒ 화기엄금 : 적색바탕, 백색문자
 ‒ 화기주의 : 적색바탕, 백색문자
 ‒ 물기엄금 : 청색바탕, 백색문자

정답 (1) 화기엄금 (2) 한 변의 길이 0.3m 이상, 다른 한 변의 길이 0.6m 이상
(3) 적색   (4) 백색

예제 5 제4류 위험물을 취급하는 제조소에서 반드시 내화구조로 해야 하는 것은 무엇인지 쓰시오.

풀이 제조소의 벽, 기둥, 바닥, 보, 서까래, 계단은 불연재료로 하고, 연소의 우려가 있는 외벽은 반드시 내화구조로 해야 한다.

정답 연소의 우려가 있는 외벽

예제 6 제조소에서 연소의 우려가 있는 외벽에 있는 출입구에 설치하는 방화문의 종류는 무엇인지 쓰시오.

풀이 제조소의 출입구에는 60분+방화문 · 60분 방화문 또는 30분 방화문을 설치하지만 연소의 우려가 있는 외벽에 있는 출입구에는 수시로 열 수 있는 자동폐쇄식 60분+방화문 또는 60분 방화문을 설치해야 한다.

정답 자동폐쇄식 60분+방화문 또는 60분 방화문

예제 7 제조소에서 취급하는 위험물의 종류 중 제조소의 지붕을 내화구조로 할 수 있는 제4류 위험물의 품명 2가지를 쓰시오.

풀이 제조소의 지붕은 폭발력이 위로 방출될 정도의 가벼운 불연재료로 해야 한다. 다만, 지붕을 내화구조로 할 수 있는 경우는 다음과 같다.
① 제2류 위험물(분상의 것과 인화성 고체를 제외)을 취급하는 경우
② 제4류 위험물 중 제4석유류, 동식물유류를 취급하는 경우
③ 제6류 위험물을 취급하는 경우
④ 내부의 과압 또는 부압에 견딜 수 있는 철근콘크리트의 밀폐형 구조의 건축물인 경우
⑤ 외부화재에 90분 이상 견딜 수 있는 밀폐형 구조의 건축물인 경우

정답 제4석유류, 동식물유류

예제 8 제조소의 바닥면적이 300m²라면 필요한 급기구의 개수와 하나의 급기구 면적은 각각 얼마 이상으로 해야 하는지 쓰시오.

(1) 급기구의 개수
(2) 하나의 급기구 면적

풀이 제조소는 바닥면적 150m²마다 급기구 1개 이상으로 하고 그 급기구의 크기는 800cm² 이상으로 한다. 바닥면적이 300m²인 경우 급기구의 개수는 2개가 필요하며 하나의 급기구 면적은 800cm² 이상으로 한다.

정답 (1) 2개
(2) 800cm²

예제 9 제조소에 설치하는 국소방식의 배출설비는 배출장소 용적의 몇 배 이상을 한 시간 내에 배출할 수 있어야 하는지 쓰시오.

풀이 배출설비의 배출능력
① 국소방식 : 1시간당 배출장소 용적의 20배 이상의 양
② 전역방식 : 1시간당 바닥면적 1m²마다 18m³ 이상의 양

정답 20배

예제 10 다음 물음에 답하시오.

(1) 제조소의 환기설비는 어떤 방식인가?
(2) 환기구의 높이는 지면으로부터 몇 m 이상으로 해야 하는가?
(3) 급기구에 설치하는 설비의 명칭은 무엇인가?

풀이 (1) 환기방식은 자연배기방식으로 한다.
(2) 환기구의 기준 : 지상 2m 이상의 높이에 설치한다.
(3) 급기구 기준
① 급기구는 낮은 곳에 설치한다.
② 급기구(외부의 공기를 건물 내부로 유입시키는 통로)는 바닥면적 150m²마다 1개 이상으로 하고 급기구의 크기는 800cm² 이상으로 한다.
③ 바닥면적이 150m² 미만인 경우에는 급기구의 면적을 아래의 크기로 한다.

바닥면적	급기구의 면적
60m² 미만	150cm² 이상
60m² 이상 90m² 미만	300cm² 이상
90m² 이상 120m² 미만	450cm² 이상
120m² 이상 150m² 미만	600cm² 이상

④ 급기구에는 가는 눈의 구리망 등으로 인화방지망을 설치한다.

정답 (1) 자연배기방식
(2) 2m
(3) 인화방지망

예제 11 제조소의 옥외에 모두 3기의 휘발유 취급탱크를 설치하려고 한다. 방유제 안에 설치하는 각 취급탱크의 용량이 60,000L, 20,000L, 10,000L일 때 필요한 방유제의 용량은 몇 L 이상인지 구하시오.

> **풀이** 하나의 방유제 안에 위험물취급탱크가 2개 이상 포함되어 있으면 용량이 가장 큰 취급탱크 용량의 50%에 나머지 취급탱크들의 용량을 합한 양의 10%를 가산한 양 이상으로 정한다. 여기서 용량이 가장 큰 취급탱크 용량의 50%는 60,000L×1/2=30,000L이며 나머지 취급탱크들의 용량을 합한 양의 10%는 (20,000L+10,000L)×0.1=3,000L이므로 이를 합하면 30,000L+3,000L=33,000L이다.

> **정답** 33,000L

〈 2. 옥내저장소 〉

예제 1 다음 (　) 안에 옥내저장소의 안전거리 제외조건을 완성하시오.

지정수량의 20배 이하로서 다음의 기준을 동시에 만족하는 경우
- 저장창고의 벽, (　　), 바닥, (　　) 및 지붕을 내화구조로 할 것
- 저장창고의 출입구에 수시로 열 수 있는 자동폐쇄식의 60분+방화문 또는 60분 방화문을 설치할 것
- 저장창고에 (　　)을 설치하지 아니할 것

> **풀이** 옥내저장소의 안전거리 제외조건은 다음과 같다.
> ① 지정수량의 20배 미만의 제4석유류 또는 동식물유류를 저장하는 경우
> ② 제6류 위험물을 저장하는 경우
> ③ 지정수량의 20배 이하로서 다음의 기준을 동시에 만족하는 경우
> 　　– 저장창고의 벽, 기둥, 바닥, 보 및 지붕을 내화구조로 할 것
> 　　– 저장창고의 출입구에 수시로 열 수 있는 자동폐쇄식의 60분+방화문 또는 60분 방화문을 설치할 것
> 　　– 저장창고에 창을 설치하지 아니할 것

> **정답** 기둥, 보, 창

예제 2 벽, 기둥, 바닥이 내화구조로 된 옥내저장소에 일일 최대량으로 휘발유 4,000L를 저장한다면 이 옥내저장소의 보유공지는 최소 몇 m 이상으로 해야 하는지 쓰시오.

> **풀이** 휘발유는 제4류 위험물의 제1석유류 비수용성 물질로 지정수량이 200L이다. 따라서 지정수량의 배수는 4,000L/200L=20배로서 지정수량의 10배 초과 20배 이하에 해당하며 이때 확보해야 하는 보유공지는 2m 이상이다.

> **정답** 2m

예제 3 옥내저장소에서 인화점이 몇 ℃ 미만의 위험물을 저장하는 경우 배출설비를 설치해야 하는지 쓰시오.

> **풀이** 옥내저장소에는 기본적으로 환기설비를 해야 하지만 인화점이 70℃ 미만인 위험물의 저장창고에 있어서는 배출설비를 설치해야 한다.

> **정답** 70℃

예제 4 벤젠을 저장하는 옥내저장소의 바닥면적은 몇 m² 이하로 하는지 쓰시오.

풀이 옥내저장소의 바닥면적에 따른 저장기준
① 바닥면적 1,000m² 이하에 저장할 수 있는 물질
 – 제1류 위험물 중 아염소산염류, 염소산염류, 과염소산염류, 무기과산화물, 그 밖에 지정 수량이 50kg인 위험물(위험등급 Ⅰ)
 – 제3류 위험물 중 칼륨, 나트륨, 알킬알루미늄, 알킬리튬, 그 밖에 지정수량이 10kg인 위험물 및 황린(위험등급 Ⅰ)
 – 제4류 위험물 중 특수인화물, **제1석유류** 및 알코올류(위험등급 Ⅰ 및 위험등급 Ⅱ)
 – 제5류 위험물 중 유기과산화물, 질산에스터류, 그 밖에 지정수량이 10kg인 위험물(위험 등급 Ⅰ)
 – 제6류 위험물(위험등급 Ⅰ)
② 바닥면적 2,000m² 이하에 저장할 수 있는 물질
 – 바닥면적 1,000m² 이하에 저장할 수 있는 물질 이외의 것

정답 1,000m²

예제 5 옥내저장소에 어떤 위험물을 저장하는 경우 지붕을 내화구조로 할 수 있는지 쓰시오.

풀이 옥내저장소의 지붕은 폭발력이 위로 방출될 정도의 가벼운 불연재료로 해야 한다. 단, 제2류 위험물(분상의 것과 인화성 고체를 제외한 것) 또는 제6류 위험물만의 저장창고에 있어서는 지붕을 내화구조로 할 수 있다.

정답 제2류 위험물(분상의 것과 인화성 고체를 제외한 것) 또는 제6류 위험물

예제 6 제1류 위험물 중 알칼리금속의 과산화물을 저장하는 옥내저장소의 바닥구조에 대해 쓰시오.

풀이 옥내저장소에서 물이 스며나오거나 스며들지 아니하는 바닥구조로 해야 하는 위험물
① 제1류 위험물 중 알칼리금속의 과산화물
② 제2류 위험물 중 철분, 금속분, 마그네슘
③ 제3류 위험물 중 금수성 물질
④ 제4류 위험물

정답 물이 스며나오거나 스며들지 아니하는 바닥구조

예제 7 액상의 위험물을 저장하는 옥내저장소의 바닥에 적당한 경사를 두고 그 최저부에 설치해야 하는 설비는 무엇인지 쓰시오.

풀이 액상의 위험물의 저장창고 바닥은 위험물이 스며들지 아니하는 구조로 하고, 적당히 경사지게 하여 그 최저부에 집유설비를 해야 한다.

정답 집유설비

예제 8 적린을 저장하는 다층 건물 옥내저장소의 바닥면적의 합은 얼마 이하인지 쓰시오.

풀이 다층 건물의 옥내저장소
① 저장 가능한 위험물 : 제2류(인화성 고체 제외) 또는 제4류(인화점 70℃ 미만 제외)
② 층고 : 6m 미만
③ 하나의 저장창고의 모든 층의 바닥면적 합계 : 1,000m² 이하

정답 1,000m²

예제 9 지정과산화물 옥내저장소에서 바닥으로부터 창의 높이와 하나의 창의 면적은 얼마 이내로 해야 하는지 쓰시오.
(1) 바닥으로부터 창의 높이
(2) 하나의 창의 면적

풀이 지정과산화물 옥내저장소의 창의 기준
① 바닥으로부터 2m 이상 높이에 있어야 한다.
② 하나의 창의 면적은 $0.4m^2$ 이내로 해야 한다.
③ 벽면에 부착된 모든 창의 면적의 합은 창이 부착되어 있는 벽면 면적의 80분의 1 이내로 해야 한다.

정답 (1) 2m
(2) $0.4m^2$

예제 10 지정과산화물 옥내저장소에 대해 다음 물음에 답하시오.
(1) 격벽으로 구획해야 하는 저장소의 바닥면적은 몇 m^2 이내인가?
(2) 저장창고의 격벽은 외벽으로부터 몇 m 이상 돌출되어야 하는가?
(3) 저장창고의 격벽은 지붕으로부터 몇 cm 이상 돌출되어야 하는가?

풀이 지정과산화물 옥내저장소의 격벽 기준
① 바닥면적 $150m^2$ 이내마다 격벽으로 구획한다.
② 격벽의 돌출길이
　– 창고 양측의 외벽으로부터 1m 이상 돌출되어야 한다.
　– 창고 상부의 지붕으로부터 50cm 이상 돌출되어야 한다.

정답 (1) $150m^2$
(2) 1m
(3) 50cm

예제 11 담 또는 토제를 설치한 지정과산화물 옥내저장소에 대해 다음 물음에 답하시오.
(1) 저장창고의 외벽으로부터 담 또는 토제까지의 거리는 몇 m 이상으로 해야 하는가?
(2) 담 또는 토제와 저장창고 외벽과의 간격은 지정과산화물 옥내저장소의 보유공지 너비의 몇 분의 몇을 초과할 수 없는가?
(3) 토제의 경사면은 몇 도 미만으로 해야 하는가?

풀이 지정과산화물 옥내저장소의 담 또는 토제(흙담)의 기준
① 담 또는 토제와 저장창고의 외벽까지의 거리 : 2m 이상
② 담 또는 토제와 저장창고와의 간격은 지정과산화물 옥내저장소의 보유공지 너비의 5분의 1을 초과할 수 없다.
③ 토제의 경사도 : 60도 미만

정답 (1) 2m
(2) 5분의 1
(3) 60도

〈 3. 옥외탱크저장소 〉

예제 1 옥외저장탱크에 휘발유 400,000L를 저장할 때 필요한 보유공지는 최소 얼마 이상으로 확보해야 하는지 쓰시오.

풀이 휘발유는 제4류 위험물의 제1석유류 비수용성 물질이므로 지정수량은 200L이며 지정수량의 배수는 400,000L/200L=2,000배로 지정수량의 1,000배 초과 2,000배 이하에 해당한다. 이 때 옥외저장탱크의 보유공지는 9m 이상을 확보해야 한다.

정답 9m

예제 2 제4류 위험물을 지정수량의 3,500배로 저장하는 옥외저장탱크 2개가 하나의 방유제 내에 들어 있을 때 이 2개 탱크 사이의 거리는 얼마 이상으로 해야 하는지 쓰시오.

풀이 동일한 방유제 안에 제4류 위험물을 저장한 옥외저장탱크 2개의 상호간 거리는 보유공지 너비의 1/3 이상(최소 3m 이상)으로 할 수 있다. 문제의 조건이 지정수량의 3,500배이기 때문에 보유공지는 15m 이상을 필요로 하지만 두 탱크 사이의 거리는 15m×1/3이므로 5m의 상호간 거리가 필요하다.

정답 5m

예제 3 제6류 위험물을 지정수량의 3,500배로 저장하는 옥외저장탱크 2개가 하나의 방유제 내에 들어 있을 때 다음 물음에 답하시오.
(1) 옥외저장탱크의 보유공지는 얼마 이상으로 해야 하는가?
(2) 2개의 탱크 사이의 거리는 얼마 이상으로 해야 하는가?

풀이 (1) 제6류 위험물의 옥외저장탱크의 보유공지는 제6류 위험물 외의 위험물이 저장된 옥외저장탱크의 보유공지의 1/3 이상(최소 1.5m 이상)으로 한다. 따라서 지정수량의 3,500배로 저장하는 제6류 위험물의 옥외저장탱크의 보유공지는 15m×1/3=5m이다.
(2) 동일한 방유제 안에 들어 있는 제6류 위험물의 옥외저장탱크 2개의 상호간 거리는 제6류 위험물의 옥외저장탱크의 보유공지 너비의 1/3 이상(최소 1.5m 이상)으로 한다. 따라서 제6류 위험물의 옥외저장탱크 2개의 상호간 거리는 5m×1/3=1.67m 이상이다.

정답 (1) 5m
(2) 1.67m

예제 4 옥외저장탱크의 통기관에 대해 다음 물음에 답하시오.
(1) 밸브 없는 통기관의 직경은 얼마 이상으로 해야 하는가?
(2) 밸브 없는 통기관의 선단은 수평면보다 몇 도 이상 구부려 빗물 등의 침투를 막는 구조로 해야 하는가?
(3) 대기밸브부착 통기관은 몇 kPa 이하의 압력 차이로 작동할 수 있어야 하는가?

풀이 ① 밸브 없는 통기관 : 직경은 30mm 이상으로 하고 밸브 없는 통기관의 선단은 수평면보다 45도 이상 구부려 빗물 등의 침투를 막는 구조로 한다.
② 대기밸브부착 통기관 : 5kPa 이하의 압력 차이로 작동할 수 있어야 한다.

정답 (1) 30mm
(2) 45°
(3) 5kPa

예제 5 인화성 액체(이황화탄소 제외)를 저장한 옥외저장탱크 1개가 설치되어 있는 방유제의 용량은 설치된 탱크 용량의 몇 % 이상으로 해야 하는지 쓰시오.

풀이 인화성이 있는 위험물의 옥외저장탱크의 방유제 용량
① 하나의 옥외저장탱크가 설치된 방유제 용량 : 탱크 용량의 110% 이상
② 2개 이상의 옥외저장탱크가 설치된 방유제 용량 : 탱크 중 용량이 최대인 것의 110% 이상

정답 110%

예제 6 질산을 저장하는 옥외저장탱크에 대해 다음 물음에 답하시오.
(1) 하나의 옥외저장탱크를 설치한 방유제의 용량은 탱크 용량의 몇 % 이상으로 하는가?
(2) 2개 이상의 옥외저장탱크를 설치한 방유제의 용량은 둘 중 더 큰 탱크 용량의 몇 % 이상으로 하는가?

풀이 질산(제6류 위험물)과 같이 인화성이 없는 액체위험물을 저장하는 옥외저장탱크의 방유제 용량
① 하나의 옥외저장탱크가 설치된 방유제 용량 : 탱크용량의 100% 이상
② 2개 이상의 옥외저장탱크가 설치된 방유제 용량 : 탱크 중 용량이 최대인 것의 100% 이상

정답 (1) 100%
(2) 100%

예제 7 옥외저장탱크의 방유제에 대한 다음 물음에 답하시오.
(1) 하나의 방유제 안에 휘발유 8만L를 저장하는 옥외저장탱크는 몇 개까지 설치할 수 있는가?
(2) 방유제의 높이의 범위는 얼마인가?
(3) 계단을 설치해야 하는 방유제의 높이는 최소 얼마 이상인가?

풀이 (1) 방유제 내의 설치하는 옥외저장탱크의 수
① 10개 이하 : 인화점 70℃ 미만의 위험물을 저장하는 옥외저장탱크
② 20개 이하 : 모든 옥외저장탱크 용량의 합이 20만L 이하이고 인화점이 70℃ 이상 200℃ 미만인 경우
③ 개수 무제한 : 인화점이 200℃ 이상인 위험물을 저장하는 경우
(2) 방유제의 높이는 0.5m 이상 3m 이하로 할 것
(3) 높이가 1m를 넘는 방유제의 안팎에는 약 50m마다 계단 또는 경사로를 설치할 것

정답 (1) 10개
(2) 0.5m 이상 3m 이하
(3) 1m

예제 8 옥외저장탱크의 지름이 15m이고 높이가 20m일 때 탱크의 옆판으로부터 방유제까지의 거리는 몇 m 이상으로 해야 하는지 쓰시오.

풀이 옥외저장탱크의 지름 15m는 15m 이상에 해당하는 경우이므로, 탱크 옆판으로부터 방유제까지의 거리는 탱크의 높이 20m×1/2=10m 이상이 되어야 한다.
※ 방유제로부터 옥외저장탱크 옆판까지의 거리
① 탱크 지름이 15m 미만 : 탱크 높이의 3분의 1 이상
② 탱크 지름이 15m 이상 : 탱크 높이의 2분의 1 이상

정답 10m

예제 9 압력탱크 외의 옥외저장탱크에 밸브 없는 통기관을 설치해야 하는 경우는 몇 류 위험물을 저장하는 경우인지 쓰시오.

풀이 압력탱크 외의 옥외저장탱크에 제4류 위험물을 저장하는 경우 밸브 없는 통기관 또는 대기밸브부착 통기관을 설치해야 한다.

정답 제4류 위험물

〈 4. 옥내탱크저장소 〉

예제 1 옥내저장탱크 전용실의 안쪽 면과 탱크 사이의 거리 및 탱크 상호간의 거리는 몇 m 이상으로 하는지 쓰시오.

풀이 옥내저장탱크의 간격은 다음과 같다.
① 옥내저장탱크와 탱크전용실의 벽과의 사이 간격 : 0.5m 이상
② 옥내저장탱크의 상호간의 간격 : 0.5m 이상

정답 0.5m

예제 2 옥내저장탱크의 밸브 없는 통기관에 대해 다음 물음에 답하시오.
(1) 통기관의 선단은 건축물의 창 및 출입구로부터 몇 m 이상 옥외의 장소로 떨어져 있어야 하는가?
(2) 통기관의 선단은 지면으로부터 몇 m 이상의 높이에 있어야 하는가?
(3) 인화점 40℃ 미만인 위험물을 저장하는 옥내저장탱크의 통기관과 부지경계선까지의 거리는 몇 m 이상으로 해야 하는가?

풀이 옥내저장탱크의 밸브 없는 통기관의 기준
① 통기관의 선단(끝단)과 건축물의 창, 출입구와의 거리는 옥외의 장소로 1m 이상 떨어져 있어야 한다.
② 통기관의 선단은 지면으로부터 4m 이상의 높이에 있어야 한다.
③ 인화점 40℃ 미만인 위험물을 저장하는 탱크의 통기관과 부지경계선까지의 거리는 1.5m 이상이어야 한다.

정답 (1) 1m (2) 4m (3) 1.5m

예제 3 옥내탱크저장소의 전용실을 단층 건물 외의 건축물 중 지하 또는 1층에 보관해야 하는 제2류 위험물의 종류 2가지를 쓰시오.

풀이 옥내탱크저장소의 전용실을 단층 건물 외의 건축물에 설치하는 경우
① 건축물의 1층 또는 지하층에 탱크전용실을 설치할 수 있는 위험물
 – 제2류 위험물 중 황화인, 적린 및 덩어리상태의 황
 – 제3류 위험물 중 황린
 – 제6류 위험물 중 질산
② 건축물 층수의 제한 없이 탱크전용실을 설치할 수 있는 위험물
 – 제4류 위험물 중 인화점이 38℃ 이상인 위험물

정답 황화인, 적린, 덩어리상태의 황 중 2가지

예제 4 단층 건물에 설치된 탱크전용실에 있는 옥내저장탱크에 제4석유류를 저장한다면 지정수량의 몇 배 이하로 저장할 수 있는지 쓰시오.

풀이 옥내저장탱크의 용량
  1) 단층 건물 또는 1층 이하의 층에 탱크전용실을 설치하는 경우
     ① 제4석유류 및 동식물유류 외의 제4류 위험물의 저장탱크 : 20,000L 이하
     ② 그 밖의 위험물의 저장탱크 : 지정수량의 40배 이하
  2) 2층 이상의 층에 탱크전용실을 설치하는 경우
     ① 제4석유류 및 동식물유류 외의 제4류 위험물의 저장탱크 : 5,000L 이하
     ② 그 밖의 위험물의 저장탱크 : 지정수량의 10배 이하

정답 40배

〈 5. 지하탱크저장소 〉

예제 1 지하저장탱크 중 압력탱크 외의 탱크의 수압시험은 얼마의 압력으로 하는지 쓰시오.

풀이 지하저장탱크의 시험압력 기준
  ① 압력탱크 외의 탱크 : 70kPa의 압력으로 10분간 수압시험에서 새거나 변형되지 아니하여야 한다.
  ② 압력탱크 : 최대상용압력의 1.5배 압력으로 10분간 실시하는 수압시험에서 새거나 변형되지 아니하여야 한다.

정답 70kPa

예제 2 지하저장탱크에 대해 다음 물음에 답하시오.
(1) 지면으로부터 탱크 상부까지의 깊이는 몇 m 이상으로 해야 하는가?
(2) 지하저장탱크 2개의 용량의 합이 지정수량의 150배일 때 탱크의 상호거리는 몇 m 이상으로 하는가?
(3) 지하저장탱크와 전용실 안쪽과의 거리는 몇 m 이상으로 하는가?
(4) 탱크전용실의 벽 및 바닥의 두께는 몇 m 이상의 철근콘크리트로 만드는가?

풀이 지하탱크저장소의 설치기준
  ① 전용실의 내부에는 입자지름 5mm 이하의 마른자갈분 또는 마른모래를 채운다.
  ② 지면으로부터 지하탱크의 윗부분까지의 깊이 : 0.6m 이상
  ③ 지하탱크를 2개 이상 인접해 설치할 때 상호거리 : 1m 이상(탱크 용량의 합계가 지정수량의 100배 이하일 경우 : 0.5m 이상)
  ④ 탱크전용실과의 간격
     – 지하의 벽, 가스관, 대지경계선으로부터 탱크전용실 바깥쪽과의 사이 : 0.1m 이상
     – 지하저장탱크와 탱크전용실 안쪽과의 사이 : 0.1m 이상
  ⑤ 탱크전용실의 벽, 바닥 및 뚜껑의 두께는 0.3m 이상의 철근콘크리트로 할 것

정답 (1) 0.6m
      (2) 1m
      (3) 0.1m
      (4) 0.3m

예제 3 주유취급소에 지하저장탱크를 설치할 때 통기관의 선단은 지면으로부터 얼마 이상의 높이로 해야 하는지 쓰시오.

> **풀이** 지하저장탱크의 밸브 없는 통기관의 선단은 지면으로부터 4m 이상의 높이로 해야 한다.
>
> **정답** 4m

예제 4 지하저장탱크의 주위에 넣는 자갈분의 입자지름은 몇 mm 이하인지 쓰시오.

> **풀이** 탱크전용실 내부에 설치한 지하저장탱크의 주위에는 마른모래 또는 습기 등에 의하여 응고되지 아니하는 입자지름 5mm 이하의 마른자갈분을 채운다.
>
> **정답** 5mm

예제 5 주유취급소에 지하저장탱크를 설치할 때 지하로 연결된 관의 명칭과 지하저장탱크 한 개에 필요한 관의 수는 몇 개 이상인지 쓰시오.

(1) 관의 명칭
(2) 필요한 관의 수

> **풀이** 누설검사관의 기준은 다음과 같다.
>   ① 누설검사관의 개수 : 하나의 탱크에 대해 4개소 이상 설치
>   ② 관은 금속재료로 이중관으로 하며, 관의 밑부분으로부터 탱크의 중심 높이까지에는 소공이 뚫려 있을 것
>
> **정답** (1) 누설검사관(누유검사관)
>   (2) 4개

예제 6 지하저장탱크에 위험물을 주입할 때 과충전방지장치를 설치하는데 이를 위한 방법을 한 가지만 쓰시오.

> **풀이** ① 자동으로 주입구를 폐쇄하거나 위험물의 공급을 차단하는 방법
>   ② 탱크 용량의 90%가 찰 때 경보음을 울리는 방법
>
> **정답** 탱크 용량의 90%가 차면 경보음을 울린다.

〈 6. 간이탱크저장소 〉

예제 1 하나의 간이저장탱크의 용량은 몇 L 이하로 해야 하는지 쓰시오.

> **풀이** 하나의 간이저장탱크의 용량은 600L 이하이다.
>
> **정답** 600L

예제 2 간이저장탱크의 수압시험을 실시할 때 압력은 얼마인지 쓰시오.

> **풀이** 간이저장탱크는 70kPa의 압력으로 10분간 수압시험을 실시해서 새거나 변형되지 않아야 한다.
>
> **정답** 70kPa

예제 3 하나의 간이탱크저장소에는 간이저장탱크를 최대 몇 개까지 설치할 수 있는지 쓰시오.

풀이 하나의 간이탱크저장소에 설치할 수 있는 간이저장탱크의 수는 3개 이하이다.

정답 3개

예제 4 간이저장탱크의 밸브 없는 통기관에 대한 다음 물음에 답하시오.
(1) 밸브 없는 통기관의 지름은 몇 mm 이상으로 해야 하는가?
(2) 밸브 없는 통기관의 선단의 높이는 지상 몇 m 이상으로 해야 하는가?

풀이 간이저장탱크의 밸브 없는 통기관 기준
① 통기관의 지름 : 25mm 이상으로 한다.
② 통기관은 옥외에 설치하되 그 선단의 높이는 지상 1.5m 이상으로 한다.

정답 (1) 25mm
(2) 1.5m

〈 7. 이동탱크저장소 〉

예제 1 이동저장탱크에 대해 다음 물음에 답하시오.
(1) 이동저장탱크에 16,000L의 위험물을 저장할 때 칸막이의 수는 몇 개 이상으로 해야 하는가?
(2) 방파판은 하나의 구획당 최소 몇 개 이상으로 설치해야 하는가?

풀이 (1) 칸막이의 구조
① 하나로 구획된 칸막이 용량 : 4,000L 이하
② 칸막이 두께 : 3.2mm 이상의 강철판
(2) 방파판의 구조
① 두께 : 1.6mm 이상의 강철판
② 하나의 구획부분에 2개 이상의 방파판을 설치
하나로 구획된 칸막이 용량은 4,000L 이하이므로 16,000L를 저장하려면 4개의 칸이 필요하다. 하지만 4개의 칸을 만들려면 칸막이는 3개 필요하다.

정답 (1) 3개
(2) 2개

예제 2 이동탱크저장소의 뒷부분 입면도에 있어서 측면틀의 최외측과 탱크 최외측의 연결선과 수평면이 이루는 내각은 몇 도 이상인지 쓰시오.

풀이 ① 측면틀의 최외측과 탱크 최외측의 연결선과 수평면이 이루는 내각 : 75도 이상
② 탱크 중심점과 측면틀의 최외측을 연결하는 선과 중심점을 지나는 직선 중 최외측선과 직각을 이루는 선과의 내각 : 35도 이상

정답 75도

예제 3 이동저장탱크에 설치한 방파판의 두께와 방호틀의 두께, 그리고 부속장치 상단으로부터 방호틀의 정상부분까지의 높이는 각각 얼마 이상으로 해야 하는지 쓰시오.

(1) 방파판의 두께
(2) 방호틀의 두께
(3) 부속장치 상단으로부터 방호틀의 정상부분까지의 높이

풀이 (1) 방파판은 두께 1.6mm 이상의 강철판으로 하나의 구획부분에 2개 이상으로 설치한다.
　　 (2) 방호틀은 두께 2.3mm 이상의 강철판으로 한다.
　　 (3) 방호틀의 정상부분은 부속장치의 상단보다 50mm 이상 높게 설치해야 한다.

정답 (1) 1.6mm　(2) 2.3mm　(3) 50mm

예제 4 이동저장탱크 표지의 바탕색과 문자색을 쓰시오.

(1) 바탕색
(2) 문자색

풀이 이동저장탱크 표지의 기준은 다음과 같다.
　　 ① 위치 : 이동탱크저장소의 전면 상단 및 후면 상단
　　 ② 규격 : 60cm 이상×30cm 이상의 가로형 사각형
　　 ③ 색상 : 흑색바탕에 황색문자
　　 ④ 내용 : 위험물

정답 (1) 흑색　(2) 황색

예제 5 이동저장탱크에 표기하는 UN번호에 대해 다음 ( ) 안에 알맞은 단어를 채우시오.

(1) 그림문자 외부에 표기하는 경우 부착위치는 이동탱크저장소의 ( ) 및 ( )이다.
(2) 크기 및 형상은 ( )cm 이상 × ( )cm 이상의 가로형 사각형으로 한다.
(3) 색상 및 문자는 굵기 1cm인 ( )색 테두리선과 ( )색의 바탕에 글자높이 6.5cm 이상의 UN번호를 ( )색으로 표기해야 한다.

풀이 이동저장탱크에 표기하는 UN번호의 기준(그림문자의 외부에 표기하는 경우)
　　 ① 부착위치 : 이동탱크저장소의 후면 및 양측면(그림문자와 인접한 위치)
　　 ② 크기 및 형상 : 30cm 이상×12cm 이상의 가로형 사각형
　　 ③ 색상 및 문자 : 흑색 테두리 선(굵기 1cm)과 오렌지색으로 이루어진 바탕에 UN번호(글자의 높이 6.5cm 이상)를 흑색으로 표기할 것

정답 (1) 후면, 양측면　(2) 30, 12　(3) 흑, 오렌지, 흑

예제 6 알킬알루미늄을 저장하는 이동저장탱크에 대해 다음 물음에 답하시오.

(1) 이동저장탱크의 두께는 몇 mm 이상인가?
(2) 이동저장탱크의 시험압력은 얼마 이상으로 하는가?
(3) 이동저장탱크의 용량은 얼마 미만으로 하는가?

풀이 (1) 알킬알루미늄등을 저장하는 이동저장탱크의 두께는 10mm 이상의 강철판으로 한다.
　　 (2) 1MPa 이상의 압력으로 10분간 수압시험을 실시하여 새거나 변형되지 않아야 한다.
　　 (3) 이동저장탱크의 용량은 1,900L 미만으로 한다.

정답 (1) 10mm　(2) 1MPa　(3) 1,900L

예제 7 컨테이너식 이동저장탱크에 대해 다음 물음에 답하시오.

(1) 탱크의 직경이 1.8m라면 맨홀의 두께는 몇 mm 이상으로 하는가?
(2) 탱크의 재질은 강판 또는 어떤 재료로 제작하여야 하는가?

풀이 컨테이너식 이동저장탱크 및 맨홀, 주입구는 다음과 같이 강철판 또는 동등 이상의 기계적 성질이 있는 재료로 한다.
① 직경이나 장경이 1.8m를 초과하는 경우 : 6mm 이상
② 직경이나 장경이 1.8m 이하인 경우 : 5mm 이상

정답 (1) 5mm
(2) 강판 또는 이와 동등 이상의 기계적 성질이 있는 재료

〈 8. 옥외저장소 〉

예제 1 덩어리상태의 황만을 옥외저장소의 경계표시의 안쪽에 저장하는 경우 하나의 경계표시의 내부의 면적은 몇 m^2 이하로 해야 하는지 쓰시오.

풀이 덩어리상태의 황만을 옥외저장소의 경계표시의 안쪽에 저장하는 경우 하나의 경계표시의 내부의 면적은 $100m^2$ 이하로 해야 한다.

정답 $100m^2$

예제 2 등유 80,000L를 저장하는 옥외저장소의 보유공지는 몇 m 이상으로 해야 하는지 쓰시오.

풀이 등유는 제4류 위험물의 제2석유류 비수용성이므로 지정수량이 1,000L이다. 지정수량의 배수는 80,000L/1,000L＝80배이므로 지정수량의 50배 초과 200배 이하의 범위에 해당한다. 따라서 이 경우 보유공지는 12m 이상이다.

정답 12m

예제 3 윤활유 900,000L를 저장하는 옥외저장소의 보유공지는 몇 m 이상으로 해야 하는지 쓰시오.

풀이 윤활유는 제4류 위험물의 제4석유류이므로 지정수량이 6,000L이다. 지정수량의 배수는 900,000L/6,000L＝150배이므로 지정수량의 50배 초과 200배 이하의 범위에 해당한다. 따라서 보유공지는 12m 이상이지만 윤활유와 같은 제4석유류 또는 제6류 위험물의 저장 시에는 보유공지를 1/3로 단축할 수 있기 때문에 이 경우 보유공지는 4m 이상으로 해야 한다.

정답 4m

예제 4 덩어리상태의 황만을 옥외저장소의 경계표시의 안쪽에 저장하는 경우에 대한 물음에 답하시오.

(1) 2개 이상의 경계표시의 내부 면적의 합은 몇 m^2 이하로 해야 하는가?
(2) 경계표시와 경계표시와의 간격은 보유공지 너비의 몇 분의 몇 이상으로 해야 하는가?
(3) 경계표시의 높이는 몇 m 이하로 해야 하는가?

> **풀이** (1) 덩어리상태의 황만을 옥외저장소의 경계표시의 안쪽에 저장하는 경우 2개 이상의 경계표시의 내부 면적의 합은 1,000m^2 이하로 해야 한다.
> (2) 경계표시와 경계표시와의 간격은 보유공지 너비의 1/2 이상으로 하되 저장하는 위험물의 최대 수량이 지정수량의 200배 이상인 경우 10m 이상으로 한다.
> (3) 경계표시는 불연재료로 해야 하며, 경계표시의 높이는 1.5m 이하로 해야 한다.

> **정답** (1) 1,000m^2 (2) 1/2 (3) 1.5m

예제 5 제외되는 품명없이 모두 옥외저장소에 저장할 수 있는 위험물의 유별을 쓰시오.

> **풀이** 옥외저장소에 저장 가능한 위험물은 다음과 같다.
> ① 제2류 위험물 : 황 또는 인화성 고체(인화점이 섭씨 0도 이상인 것에 한한다)
> ② 제4류 위험물
>   – 제1석유류(인화점이 섭씨 0도 이상인 것에 한한다)
>   – 알코올류
>   – 제2석유류
>   – 제3석유류
>   – 제4석유류
>   – 동식물유류
> ③ 제6류 위험물
> ④ 시·도조례로 정하는 제2류 또는 제4류 위험물
> ⑤ 국제해상위험물규칙(IMDG code)에 적합한 용기에 수납된 위험물

> **정답** 제6류 위험물

Section 03 취급소의 위치 · 구조 및 설비의 기준

예제 1 주유취급소의 주유공지의 너비와 길이는 각각 몇 m 이상인지 쓰시오.

(1) 너비   (2) 길이

> **풀이** 주유취급소의 고정주유설비 주위에는 주유를 받으려는 자동차 등이 출입할 수 있도록 너비 15m 이상, 길이 6m 이상의 콘크리트로 포장한 공지를 보유하여야 한다.

> **정답** (1) 15m (2) 6m

예제 2 주유취급소의 기준 중 바닥에 필요한 설비 3가지를 쓰시오.

> **풀이** 주유공지 바닥의 기준은 다음과 같다.
> ① 주유공지의 바닥은 주위 지면보다 높게 한다.
> ② 표면을 적당하게 경사지게 한다.
> ③ 배수구, 집유설비, 유분리장치를 설치한다.

> **정답** 배수구, 집유설비, 유분리장치

예제3 주유취급소의 주유중엔진정지 게시판의 색상을 쓰시오.

(1) 바탕색　　　　　　　　　　　　　　(2) 문자색

✅풀이　주유취급소의 주유중엔진정지 게시판은 황색바탕에 흑색문자로 한다.

🔵정답　(1) 황색　(2) 흑색

예제4 주유취급소에 설치하는 고정주유설비에 직접 접속하는 탱크용량은 얼마 이하인지 쓰시오.

✅풀이　주유취급소의 탱크용량 기준은 다음과 같다.
　① 고정주유설비 및 고정급유설비에 직접 접속하는 전용탱크 : 각각 50,000L 이하
　② 보일러 등에 직접 접속하는 전용탱크 : 10,000L 이하
　③ 폐유, 윤활유 등의 위험물을 저장하는 탱크 : 2,000L 이하
　④ 고정주유설비 또는 고정급유설비에 직접 접속하는 전용간이탱크 : 600L 이하의 탱크 3기 이하
　⑤ 고속국도의 주유취급소 탱크 : 60,000L 이하

🔵정답　50,000L

예제5 휘발유를 주유하는 고정주유설비의 주유관 선단에서의 분당 최대토출량은 얼마 이하로 해야 하는지 쓰시오.

✅풀이　고정주유설비 및 고정급유설비의 주유관 선단에서의 최대토출량은 다음과 같다.
　① 제1석유류 : 분당 50L 이하
　② 경유 : 분당 180L 이하
　③ 등유 : 분당 80L 이하

🔵정답　50L

예제6 고정주유설비에 대해 다음 물음에 답하시오.

(1) 고정주유설비의 주유관의 길이는 선단을 포함하여 몇 m 이내로 하는가?
(2) 현수식 주유관은 지면 위 0.5m의 수평면에 수직으로 내려 만나는 점을 중심으로 반경 몇 m 이하로 하는가?

✅풀이　(1) 고정주유설비의 주유관의 길이는 선단을 포함하여 5m 이내로 한다.
　(2) 현수식 주유관은 지면 위 0.5m의 수평면에 수직으로 내려 만나는 점을 중심으로 반경 3m 이하로 한다.

🔵정답　(1) 5m　(2) 3m

예제7 고정주유설비의 설치기준에 대해 다음 물음에 답하시오.

(1) 고정주유설비의 중심선으로부터 도로경계선까지의 거리는 몇 m 이상으로 해야 하는가?
(2) 고정주유설비의 중심선으로부터 부지경계선, 담 및 벽까지의 거리는 몇 m 이상으로 해야 하는가?
(3) 고정주유설비의 중심선으로부터 개구부가 없는 벽까지는 몇 m 이상으로 해야 하는가?

✅풀이　고정주유설비의 설치기준은 다음과 같다.
　① 고정주유설비의 중심선으로부터 도로경계선까지의 거리는 4m 이상으로 한다.
　② 고정주유설비의 중심선으로부터 부지경계선, 담 및 벽까지의 거리는 2m 이상으로 한다.
　③ 고정주유설비의 중심선으로부터 개구부가 없는 벽까지의 거리는 1m 이상으로 한다.

🔵정답　(1) 4m　(2) 2m　(3) 1m

예제 8 셀프용 고정주유설비의 1회 연속주유량 및 주유시간에 대해 다음 물음에 답하시오.

(1) 휘발유의 1회 연속주유량은 (   )L 이하이다.
(2) 경유의 1회 연속주유량은 (   )L 이하이다.
(3) 주유시간의 상한은 모두 (   )분이다.

풀이 ① 셀프용 고정주유설비의 기준
　　　　－ 1회의 연속주유량의 상한 : 휘발유는 100L 이하, 경유는 200L 이하
　　　　－ 1회의 연속주유시간의 상한 : 4분 이하
　　　② 셀프용 고정급유설비의 기준
　　　　－ 1회의 연속급유량의 상한 : 100L 이하
　　　　－ 1회의 연속급유시간의 상한 : 6분 이하

정답 (1) 100
　　　　(2) 200
　　　　(3) 4

예제 9 주유취급소의 담 또는 벽에 유리를 부착할 때 유리의 부착범위는 전체의 담 또는 벽의 길이의 얼마를 초과하면 안되는지 쓰시오.

풀이 주유취급소의 담 또는 벽에 유리를 부착할 때 유리의 부착범위는 전체의 담 또는 벽의 길이의 10분의 2를 초과하지 아니하여야 한다.

정답 2/10

예제 10 제1종 판매취급소라 함은 저장 또는 취급하는 위험물의 수량이 지정수량의 몇 배 이하인 판매취급소를 말하는지 쓰시오.

풀이 ① 제1종 판매취급소 : 지정수량의 20배 이하 취급
　　　② 제2종 판매취급소 : 지정수량의 40배 이하 취급

정답 20배

예제 11 다음 (   ) 안에 알맞은 단어를 쓰시오.

> 판매취급소의 위험물을 배합하는 실의 바닥면적은 (   )m^2 이상 (   )m^2 이하로 해야 하며, 배합실의 문턱 높이는 (   )m 이상으로 한다.

풀이 위험물배합실의 기준은 다음과 같다.
　　　① 바닥 : $6m^2$ 이상 $15m^2$ 이하의 면적으로 적당한 경사를 두고 집유설비를 할 것
　　　② 벽 : 내화구조 또는 불연재료로 된 벽으로 구획
　　　③ 출입구의 방화문 : 자동폐쇄식 60분＋방화문 또는 60분 방화문
　　　④ 출입구 문턱의 높이 : 바닥면으로부터 0.1m 이상
　　　⑤ 가연성의 증기 또는 미분을 지붕 위로 방출하는 설비를 할 것

정답 6, 15, 0.1

예제 12 이송취급소의 배관계에는 배관 내의 압력이 최대상용압력을 초과하거나 유격작용 등에 의하여 생긴 압력이 최대상용압력의 몇 배를 초과하지 아니하도록 제어하는 장치를 설치해야 하는지 쓰시오.

풀이 이송취급소의 배관계에는 배관 내의 압력이 최대상용압력을 초과하거나 유격작용 등에 의하여 생긴 압력이 최대상용압력의 1.1배를 초과하지 아니하도록 제어하는 장치(압력안전장치)를 설치한다.

정답 1.1

예제 13 분무도장작업 등의 일반취급소에서 취급하는 위험물의 종류를 쓰시오.

풀이 분무도장작업 등의 일반취급소는 도장, 인쇄 또는 도포를 위하여 제2류 위험물 또는 제4류 위험물(특수인화물을 제외한다)을 지정수량의 30배 미만으로 취급하는 일반취급소를 말한다.

정답 제2류 위험물, 제4류 위험물(특수인화물 제외)

Section 04 소화난이도등급 및 소화설비의 적응성

예제 1 소화난이도등급 I에 해당하는 위험물제조소에 대해 다음 물음에 답하시오.
(1) 연면적이 몇 m^2 이상인 것인가?
(2) 취급하는 위험물의 최대수량은 지정수량의 몇 배 이상인가?
(3) 아세톤을 취급하는 설비의 위치가 지반면으로부터 몇 m 이상 높이에 있는 것인가?

풀이 소화난이도등급 I에 해당하는 위험물제조소
① 연면적이 1,000m^2 이상인 것
② 지정수량의 100배 이상인 것
③ 지반면으로부터 6m 이상의 높이에 위험물 취급설비가 있는 것

정답 (1) 1,000
(2) 100
(3) 6

예제 2 소화난이도등급 I에 해당하는 주유취급소는 주유취급소의 직원 외의 자가 출입하는 부분의 면적의 합이 얼마를 초과해야 하는지 쓰시오.

풀이 소화난이도등급 I에 해당하는 주유취급소는 직원 외의 자가 출입하는 부분의 면적 합이 500m^2를 초과하는 것을 말한다.

정답 500m^2

예제 3 소화난이도등급 I 에 해당하는 옥내저장소에 대해 다음 물음에 답하시오.

(1) 저장하는 위험물의 최대수량은 지정수량의 몇 배 이상인가?
(2) 연면적은 몇 m^2를 초과하는 것인가?
(3) 처마높이가 몇 m 이상인 단층 건물의 것을 말하는가?

풀이 소화난이도등급 I 에 해당하는 옥내저장소의 기준은 다음과 같다.
① 지정수량의 150배 이상인 것
② 연면적 150m^2를 초과하는 것
③ 처마높이가 6m 이상인 단층 건물의 것

정답 (1) 150   (2) 150   (3) 6

예제 4 소화난이도등급 I 에 해당하는 옥외탱크저장소에 대해 다음 물음에 답하시오.

(1) 액표면적이 몇 m^2 이상인 것을 말하는가?
(2) 지반면으로부터 탱크 옆판의 상단까지 높이가 몇 m 이상인 것을 말하는가?

풀이 소화난이도등급 I 에 해당하는 옥외탱크저장소의 기준은 다음과 같다.
① 액표면적이 40m^2 이상인 것
② 지반면으로부터 탱크 옆판의 상단까지 높이가 6m 이상인 것

정답 (1) 40   (2) 6

예제 5 소화난이도등급 I 에 해당하는 옥외탱크저장소에 인화점 70℃ 이상의 제4류 위험물을 저장하는 경우 이 옥외저장탱크에 설치하여야 하는 소화설비를 쓰시오.

풀이 인화점 70℃ 이상의 제4류 위험물을 저장하는 옥외탱크저장소에는 물분무소화설비 또는 고정식 포소화설비를 설치하며 그 밖의 위험물을 저장하는 옥외탱크저장소에는 고정식 포소화설비를 설치한다.

정답 물분무소화설비 또는 고정식 포소화설비

예제 6 다음 <보기>의 위험물들이 공통적으로 적응성을 갖는 소화설비를 쓰시오. (단, 소화기의 종류는 제외한다.)

• 제1류 위험물 중 알칼리금속의 과산화물　　• 제2류 위험물 중 철분, 마그네슘, 금속분
• 제3류 위험물 중 금수성 물질

풀이 탄산수소염류 분말소화설비에 적응성을 갖는 설비 및 위험물에는 전기설비, 제1류 위험물 중 알칼리금속의 과산화물, 제2류 위험물 중 철분·금속분·마그네슘과 인화성 고체, 제3류 위험물 중 금수성 물품, 제4류 위험물이 있다.

정답 탄산수소염류 분말소화설비

예제 7 이산화탄소 소화기가 제6류 위험물의 화재에 적응성이 있는 경우란 어떤 장소를 말하는지 쓰시오.

풀이 폭발의 위험이 없는 장소에 한하여 이산화탄소 소화기는 제6류 위험물의 화재에 적응성을 가진다.

정답 폭발의 위험이 없는 장소

예제8 다음 <보기>에서 물분무등소화설비의 종류에 해당하는 것을 모두 골라 쓰시오.

A. 물분무소화설비	B. 스프링클러설비
C. 옥내소화전설비	D. 할로젠화합물소화설비
E. 분말소화설비	F. 연결송수관설비

✏️풀이 물분무등소화설비의 종류는 다음과 같다.
① 물분무소화설비
② 포소화설비
③ 불활성가스소화설비
④ 할로젠화합물소화설비
⑤ 분말소화설비

◎정답 A, D, E

Section 05 위험물의 저장·취급 및 운반에 관한 기준

〈 1. 위험물의 저장 및 취급에 관한 기준 〉

예제1 다음은 위험물의 저장 및 취급에 관한 기준이다. ( ) 안에 들어갈 알맞은 내용을 쓰시오.

위험물을 저장·취급하는 건축물 또는 설비는 위험물의 성질에 따라 ( ) 또는 ( )를 실시하여야 하며, 위험물은 ( ), ( ), 압력계 등의 계기를 감시하여 위험물의 성질에 맞는 적정한 온도, 습도 또는 압력을 유지하도록 해야 한다.

✏️풀이 위험물을 저장·취급하는 건축물 또는 설비는 위험물의 성질에 따라 차광 또는 환기를 실시하여야 하며, 위험물은 온도계, 습도계, 압력계 등의 계기를 감시하여 위험물의 성질에 맞는 적정한 온도, 습도 또는 압력을 유지하도록 해야 한다.

◎정답 차광, 환기, 온도계, 습도계

예제2 동일한 옥내저장소에 제5류 위험물과 함께 저장할 수 없는 제1류 위험물의 품명은 무엇인지 쓰시오.

✏️풀이 옥내저장소 또는 옥외저장소에서는 서로 다른 유별끼리 함께 저장할 수 없다. 다만, 다음의 조건을 만족하면서 유별로 정리하여 서로 1m 이상의 간격을 두는 경우에는 저장할 수 있다.
① 제1류 위험물(알칼리금속의 과산화물 제외)과 제5류 위험물
② 제1류 위험물과 제6류 위험물
③ 제1류 위험물과 제3류 위험물 중 자연발화성 물질(황린)
④ 제2류 위험물 중 인화성 고체와 제4류 위험물
⑤ 제3류 위험물 중 알킬알루미늄등과 제4류 위험물(알킬알루미늄 또는 알킬리튬을 함유한 것)
⑥ 제4류 위험물 중 유기과산화물과 제5류 위험물 중 유기과산화물

◎정답 알칼리금속의 과산화물

예제3 옥내저장소에 질산과 염소산염류를 함께 저장하고 있다. 다음 물음에 답하시오.

(1) 두 가지 위험물의 이격거리는 몇 m 이상으로 하는가?
(2) 이 물질들을 동시에 저장하는 옥내저장소의 바닥면적은 몇 m^2 이하인가?

풀이 (1) 제1류 위험물과 제6류 위험물은 서로 다른 유별이라 하더라도 1m 이상의 간격을 두는 경우에는 동일한 옥내 또는 옥외 저장소에 저장할 수 있다.
(2) 제6류 위험물 중 질산과 제1류 위험물 중 염소산염류를 저장하는 옥내저장소의 바닥면적은 모두 1,000m^2 이하로 한다.

정답 (1) 1m (2) 1,000m^2

예제4 옥내저장소에 제4류 위험물 중 제3석유류를 저장할 때 저장용기를 겹쳐 쌓을 수 있는 높이는 얼마를 초과할 수 없는지 쓰시오.

풀이 옥내저장소 또는 옥외저장소의 저장용기를 쌓는 높이의 기준은 다음과 같다.
① 기계에 의하여 하역하는 구조로 된 용기 : 6m 이하
② 제4류 위험물 중 제3석유류, 제4석유류 및 동식물유류의 저장용기 : 4m 이하
③ 그 밖의 경우 : 3m 이하
④ 용기를 선반에 저장하는 경우
   ㉠ 옥내저장소에 설치한 선반 : 높이의 제한 없음
   ㉡ 옥외저장소에 설치한 선반 : 6m 이하

정답 4m

예제5 지하저장탱크 중 압력탱크 외의 탱크에 다음의 물질을 저장할 때의 저장온도는 몇 ℃ 이하로 해야 하는지 쓰시오.

(1) 아세트알데하이드   (2) 다이에틸에터   (3) 산화프로필렌

풀이 옥외저장탱크, 옥내저장탱크, 지하저장탱크에 위험물을 저장하는 온도는 다음과 같이 구분한다.
1) 압력탱크 외의 탱크에 저장하는 경우
   ① 아세트알데하이드등 : 15℃ 이하
   ② 산화프로필렌등과 다이에틸에터등 : 30℃ 이하
2) 압력탱크에 저장하는 경우
   ① 아세트알데하이드등 : 40℃ 이하
   ② 다이에틸에터등 : 40℃ 이하

정답 (1) 15℃ (2) 30℃ (3) 30℃

예제6 보냉장치가 없는 이동저장탱크에 아세트알데하이드를 저장하는 경우 저장온도는 몇 ℃ 이하로 해야 하는지 쓰시오.

풀이 1) 보냉장치가 있는 이동저장탱크에 저장하는 경우
   ① 아세트알데하이드등 : 비점 이하
   ② 다이에틸에터등 : 비점 이하
2) 보냉장치가 없는 이동저장탱크에 저장하는 경우
   ① 아세트알데하이드등 : 40℃ 이하
   ② 다이에틸에터등 : 40℃ 이하

정답 40℃

〈 2. 위험물의 운반에 관한 기준 〉

예제 1 다음 ( ) 안에 알맞은 숫자를 쓰시오.

> 자연발화성 물질 중 알킬알루미늄등은 운반용기의 내용적의 ( )% 이하의 수납률로 수납하되 50℃의 온도에서 ( )% 이상의 공간용적을 유지하도록 해야 한다.

풀이 알킬알루미늄을 저장하는 운반용기는 내용적의 90% 이하(50℃에서 5% 이상의 공간용적을 유지)로 한다.

정답 90, 5

예제 2 다음의 물질을 저장하는 운반용기의 수납률은 얼마 이하로 해야 하는지 쓰시오.

(1) 고체 위험물
(2) 액체 위험물

풀이 운반용기의 수납률은 다음과 같이 구분한다.
(1) 고체 위험물 : 운반용기 내용적의 95% 이하
(2) 액체 위험물 : 운반용기 내용적의 98% 이하(55℃에서 누설되지 않게 공간용적을 유지)

정답 (1) 95%
(2) 98%

예제 3 다음은 위험물의 운반용기 외부에 표시해야 하는 사항이다. ( ) 안에 알맞은 내용을 채우시오.

> 운반용기의 외부에 표시해야 하는 사항은 ( ), 위험등급, ( ) 및 수용성, 그리고 위험물의 ( ), 각 유별에 따른 ( )이 필요하다.

풀이 운반용기의 외부에 표시해야 하는 사항은 다음과 같다.
① 품명, 위험등급, 화학명 및 수용성
② 위험물의 수량
③ 위험물에 따른 주의사항

정답 품명, 화학명, 수량, 주의사항

예제 4 제5류 위험물의 운반용기에 표시해야 하는 주의사항을 쓰시오.

풀이 제5류 위험물의 운반용기에는 "화기엄금" 및 "충격주의" 주의사항을 표시해야 한다.

정답 화기엄금, 충격주의

예제 5 제1류 위험물 중 알칼리금속의 과산화물의 운반용기 외부에 표시하는 주의사항을 모두 쓰시오.

풀이 제1류 위험물의 운반용기 외부에 표시하는 주의사항은 "화기·충격주의", "가연물접촉주의"이지만, 알칼리금속의 과산화물은 여기에 "물기엄금"을 추가한다.

정답 화기·충격주의, 가연물접촉주의, 물기엄금

예제 6 제1류 위험물 중 운반 시 차광성 및 방수성 덮개를 모두 해야 하는 품명을 쓰시오.

풀이 제1류 위험물은 모두 차광성 덮개를 해야 하고 제1류 위험물 중 알칼리금속의 과산화물은 방수성 덮개를 해야 한다. 여기서 알칼리금속의 과산화물은 제1류 위험물에 해당하므로 차광성 덮개와 방수성 덮개를 모두 해야 한다.

정답 알칼리금속의 과산화물

예제 7 다이에틸에터를 운반용기에 저장할 때 다음 각 용기의 최대수량은 얼마 이상으로 해야 하는지 쓰시오.
(1) 유리용기
(2) 플라스틱용기
(3) 금속제용기

풀이 다이에틸에터는 제4류 위험물 중 특수인화물이므로 위험등급 Ⅰ에 해당한다. 위험등급 Ⅰ에 해당하는 물질은 5L 이하의 유리용기에만 저장할 수 있고 10L 이하의 유리용기에는 저장할 수 없다. 그 밖에 플라스틱용기와 금속제용기는 각각 10L와 30L의 용기에 저장할 수 있다.

정답 (1) 5L (2) 10L (3) 30L

예제 8 제4류 위험물 중 운반 시 차광성 덮개로 덮어야 하는 위험물의 품명을 쓰시오.

풀이 차광성 덮개로 덮어야 하는 위험물은 제1류 위험물, 제3류 위험물 중 자연발화성 물질, 제4류 위험물 중 특수인화물, 제5류 위험물, 제6류 위험물이다.

정답 특수인화물

예제 9 운반의 기준에서 제4류 위험물과 혼재할 수 있는 유별을 쓰시오. (단, 지정수량의 1/10을 초과하는 경우이다.)

풀이 유별을 달리하는 위험물의 운반에 관한 혼재기준은 다음 [표]와 같다.

위험물의 구분	제1류	제2류	제3류	제4류	제5류	제6류
제1류		×	×	×	×	○
제2류	×		×	○	○	×
제3류	×	×		○	×	×
제4류	×	○	○		○	×
제5류	×	○	×	○		×
제6류	○	×	×	×	×	

정답 제2류 위험물, 제3류 위험물, 제5류 위험물

성공하려면

당신이 무슨 일을 하고 있는지를 알아야 하며,

하고 있는 그 일을 좋아해야 하며,

하는 그 일을 믿어야 한다.

-윌 로저스(Will Rogers)-

☆

때론 지치고 힘들지만 언제나 가슴에 큰 꿈을 안고 삽시다.

노력은 배반하지 않습니다. ^^

제7편

위험물기능사 **실기 기출문제**

최근의 과년도 출제문제 수록

그런데 말입니다.
실기공부를 하다보면 이런 것들이 궁금해집니다.
어떻게 해야 할까요?

반응식을 쓸 때 어느 것을 먼저 써야 맞는 걸까?
계산문제는 어느 범위까지 인정해줄까?
이런 사소할 수도 있는 것들을 너무 알고 싶은데 어디에 물어봐야 할지,
또 공부할 시간도 빠듯한데 이런 것까지 신경을 써야 하나?
위험물기능사 실기를 공부하다 보면 이런 점들이 궁금해지게 됩니다.

그래서 준비했습니다.

이 내용들은 저희 독자님들께서 위험물기능사 실기를 준비하시면서 가장 많이 하셨던 질문들을 Q&A로 정리한 것입니다.

Q ····· 반응식을 쓸 때 어느 것을 앞에 써야 하고 어느 것을 뒤에 써야 하는지 궁금한데 이런 것에 대해 순서가 정해지거나 우선순위가 있습니까?

A ····· 반응식을 쓸 때 어느 것을 앞에 쓰는지 아니면 뒤에 쓰는지에 대해서는 따로 우선순위가 없기 때문에 어떻게 쓰더라도 아무 상관없습니다.
예를 들어, 제1종 분말소화약제 반응식에서 Na_2CO_3와 H_2O, 그리고 CO_2의 순서나 제3종 분말소화약제 반응식에서 NH_3와 H_2O, 그리고 HPO_3의 순서를 모두 바꿔 적어도 됩니다.
예 1. 제1종 분말소화약제 반응식
  • $2NaHCO_3 \rightarrow Na_2CO_3 + H_2O + CO_2$ (O)
  • $2NaHCO_3 \rightarrow Na_2CO_3 + CO_2 + H_2O$ (O)
  2. 제3종 분말소화약제 반응식
  • $NH_4H_2PO_4 \rightarrow NH_3 + H_2O + HPO_3$ (O)
  • $NH_4H_2PO_4 \rightarrow NH_3 + HPO_3 + H_2O$ (O)

Q ── 반응식에서 몰수를 표시할 때 꼭 정수로 해야 한다는 말도 있던데 이게 실화입니까?

A ── 몰수는 반응 전과 반응 후의 원소들의 개수를 서로 같게 만들어 주는 절차이기 때문에 정수나 소수 또는 분수 어느 것으로 표시해도 아무 상관없습니다.
예를 들어, 칼륨(K)과 물(H_2O)의 반응에서 수소(H_2)가 0.5몰이 나오는데 이 0.5를 정수로 표시하기 위해 모든 항에 2를 곱할 필요는 없습니다. 그냥 소수로 표시해도 아무 문제 없구요, 물론 2를 곱해서 정수로 표시해도 됩니다.
예 칼륨(K)의 물(H_2O)과의 반응식
- 수소(H_2)의 몰수를 소수로 표시한 경우 : $K+H_2O \rightarrow KOH+0.5H_2$ (O)
- 수소(H_2)의 몰수를 정수로 표시한 경우 : $2K+2H_2O \rightarrow 2KOH+H_2$ (O)

Q ── 탱크 내용적을 계산하는 문제에서 π를 대입한 답과 3.14를 대입한 답이 다른데 어느 것이 맞나요?

A ── 탱크 내용적을 구할 때 π(3.14159265……)를 대입하여 계산한 값과 그냥 3.14를 대입하여 계산한 값은 다를 수밖에 없겠지만 채점 시에는 이 두 경우 모두를 정답으로 인정해 줍니다.

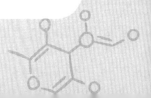

현재 위험물기능사 실기시험은 신경향 문제들이 새롭게 추가되어 출제되고 있는 추세에 있고 이러한 추세는 앞으로도 지속될 것으로 예상됩니다. 그래서 앞으로 위험물기능사 실기를 효율적으로 공부하기 위해서는 기출문제는 물론 그와 관련된 내용들도 함께 보셔야 합니다.

이러한 점들을 고려하여 본 위험물기능사 교재의 실기시험 기출문제 풀이 부분에 각 기출문제마다 check란을 만들어 기출문제와 연관성 있는 내용들과 함께 앞으로 출제될 수 있는 내용들을 담아두었으니 꼭 챙겨보시기 바랍니다!!

〈실기 시험 시 수험자 유의사항〉

일반사항

1. 시험문제를 받는 즉시 응시하고자 하는 종목의 문제지가 맞는지를 확인하여야 합니다.
2. 시험문제지 총 면수·문제번호 순서·인쇄상태 등을 확인하고(**확인 이후 시험문제지 교체 불가**), 수험번호 및 성명을 답안지에 기재하여야 합니다.
3. 부정 또는 불공정한 방법(시험문제 내용과 관련된 메모지 사용 등)으로 시험을 치른 자는 부정행위자로 처리되어 당해 시험을 중지 또는 무효로 하고, 3년간 국가기술자격검정의 응시자격이 정지됩니다.
4. 저장용량이 큰 전자계산기 및 유사 전자제품 사용 시에는 반드시 저장된 메모리를 초기화한 후 사용하여야 하며, 시험위원이 초기화 여부를 확인할 시 협조하여야 합니다. 초기화되지 않은 전자계산기 및 유사 전자제품을 사용하여 적발 시에는 부정행위로 간주합니다.
5. 시험 중에는 통신기기 및 전자기기(휴대용 전화기 **및 스마트워치** 등)를 지참하거나 사용할 수 없습니다.
6. **문제 및 답안(지), 채점기준은 공개하지 않습니다.**

채점사항

1. 수험자 인적사항 및 계산식을 포함한 답안 작성은 흑색 필기구만 사용하며, 그 외 연필류, 빨간색, 청색 등 필기구를 사용해 작성한 답항은 0점 처리되오니 불이익을 당하지 않도록 유의해 주시기 바랍니다.
2. 답란에는 문제와 관련 없는 불필요한 낙서나 특이한 기록사항 등을 기재하여서는 안되며, 답안지의 인적사항 기재란 외의 부분에 답안과 관련 없는 **특수한 표시를 하거나 특정인임을 암시하는 경우 답안지 전체를 0점 처리합니다.**
3. 계산문제는 반드시 「계산과정」과 「답」란에 기재하여야 하며, **계산과정이 틀리거나 없는 경우 0점 처리됩니다.**
4. 계산문제는 최종 결과 값(답)에서 소수 셋째자리에서 반올림하여 둘째자리까지 구하여야하나 개별문제에서 소수 처리에 대한 요구사항이 있을 경우 그 요구사항에 따라야 합니다.
5. 답에 단위가 없으면 오답으로 처리됩니다. (단, 문제의 요구사항에 단위가 주어졌을 경우는 생략되어도 무방합니다.)
6. 문제에서 요구한 가지 수(항수) 이상을 답란에 표기한 경우에는 답란기재 순으로 요구한 가지 수(항수)만 채점하고 한 항에 여러 가지를 기재하더라도 한 가지로 보며 그 중 정답과 오답이 함께 기재되어 있을 경우 오답으로 처리됩니다.
7. 답안 정정 시에는 정정하고자 하는 단어에 두 줄(=)을 긋거나 수정테이프(단, 수정액은 사용 불가)를 사용하여 다시 작성하시기 바랍니다.

※ 수험자 유의사항 미준수로 인한 채점상의 불이익은 수험자 본인에게 책임이 있습니다.

2020 제1회 위험물기능사 실기

2020년 4월 5일 시행

※ 필답형+작업형으로 시행되던 기존 시험에서는 각 문항별 배점이 상이하였으나,
   필답형(20문제) 시험만 보는 2020년 1회부터는 각 문항 배점이 모두 5점입니다!

필/답/형 시험

필답형 01

[5점]

적린에 대해 다음 물음에 답하시오.

(1) 연소반응식을 쓰시오.
(2) 연소 시 발생하는 기체의 색상을 쓰시오.

풀이 적린(P)은 제2류 위험물로서 지정수량이 100kg이며, 연소 시 **백색 기체**인 오산화인(P_2O_5)가스를 발생한다.
   – 적린의 연소반응식 : $4P + 5O_2 \rightarrow 2P_2O_5$

정답 (1) $4P + 5O_2 \rightarrow 2P_2O_5$
   (2) 백색

필답형 02

[5점]

제5류 위험물로서 품명은 나이트로화합물이고, 찬물에 녹지 않고 알코올에는 잘 녹으며 독성을 갖는 물질에 대해 다음 물음에 답하시오.

(1) 명칭을 쓰시오.
(2) 지정수량을 쓰시오.
(3) 구조식을 쓰시오.

풀이 **트라이나이트로페놀[$C_6H_2OH(NO_2)_3$] = 피크린산**
   ① 제5류 위험물 중 품명은 나이트로화합물이며, **지정수량은 제1종 : 10kg, 제2종 : 100kg**이다.
   ② 황색고체로 쓴맛과 독성이 있으며, 발화점 300℃, 융점 121℃, 비중 1.8, 분자량 229이다.
   ③ 찬물에는 안 녹고 온수, 알코올, 벤젠, 에터에 잘 녹는다.

┃ 트라이나이트로페놀의 구조식 ┃

정답 (1) 트라이나이트로페놀 또는 피크린산 중 1개
   (2) 제1종 : 10kg, 제2종 : 100kg
   (3)

필답형 03 [5점]

TNT의 분자량을 구하는 계산과정 및 답을 쓰시오.

(1) 계산과정
(2) 답

풀이 TNT(트라이나이트로톨루엔)
① 제5류 위험물 중 품명은 나이트로화합물이며, 지정수량은 제1종 : 10kg, 제2종 : 100kg이다.
② 화학식은 $C_6H_2CH_3(NO_2)_3$으로 분자량을 계산하면 $12(C) \times 7 + 1(H) \times 5 + (14(N) + 16(O) \times 2) \times 3 = 227$이다.

정답 (1) $(12 \times 7) + (1 \times 5) + [14 + (16 \times 2)] \times 3$
(2) 227

필답형 04 [5점]

다음과 같이 한쪽은 볼록하고 다른 한쪽은 오목한 타원형 탱크의 내용적을 구하시오.

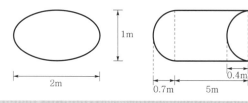

풀이 한쪽은 볼록하고 다른 한쪽은 오목한 타원형 탱크의 내용적은 다음과 같이 구한다.

내용적$(V) = \dfrac{\pi ab}{4} \times \left(l + \dfrac{l_1 - l_2}{3}\right)$

$= \dfrac{\pi \times 2 \times 1}{4} \times \left(5 + \dfrac{0.7 - 0.4}{3}\right)$

$= 8.01m^3$

Tip

이 〈문제〉는 실제로 법에 명시되지 않은 탱크의 내용적을 구하는 문제로 출제되었습니다. 따라서 본 교재에서는 법의 내용에 맞게 〈문제〉를 수정하여 수록하였음을 알려드립니다

Check >>>

1. 타원형 탱크의 내용적
   - 양쪽이 볼록한 것

   내용적 $= \dfrac{\pi ab}{4}\left(l + \dfrac{l_1 + l_2}{3}\right)$

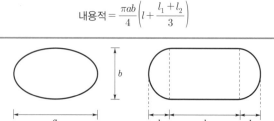

   - 한쪽은 볼록하고 다른 한쪽은 오목한 것

   내용적 $= \dfrac{\pi ab}{4}\left(l + \dfrac{l_1 - l_2}{3}\right)$

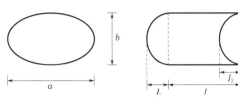

2. 원통형 탱크의 내용적
 - 가로로 설치한 것

$$\text{내용적} = \pi r^2 \left(l + \frac{l_1 + l_2}{3} \right)$$

 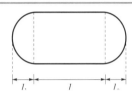

 - 세로로 설치한 것

$$\text{내용적} = \pi r^2 l$$

 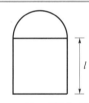

▶▶▶ 정답 8.01m^3

필답형 05   [5점]

과망가니즈산칼륨에 대해 다음 물음에 답하시오.

(1) 분해반응식을 쓰시오.
(2) 1몰 분해 시 몇 g의 산소가 발생하는지 구하시오.

▶▶▶ 풀이 과망가니즈산칼륨($KMnO_4$)
 ① 제1류 위험물 중 품명은 과망가니즈산염류이며, 지정수량은 1,000kg이다.
 ② 흑자색 고체로 분해온도는 240℃, 비중은 2.7이다.
 ③ 산화제로서 240℃에서 열분해하면 망가니즈산칼륨(K_2MnO_4)과 이산화망가니즈(MnO_2), 그리고 산소(O_2)가 발생한다.
  - 열분해반응식 : $2KMnO_4 \rightarrow K_2MnO_4 + MnO_2 + O_2$
  이 반응에서 과망가니즈산칼륨 2몰이 분해하면 산소 32g이 발생하므로 〈문제〉의 조건과 같이 과망가니즈산칼륨 1몰이 분해하면 **산소**는 **16g**이 **발생**하는 것을 알 수 있다.

▶▶▶ 정답 (1) $2KMnO_4 \rightarrow K_2MnO_4 + MnO_2 + O_2$
 (2) 16g

필답형 06 [5점]

위험물안전관리법령상 다음 각 품명에 해당하는 지정수량을 쓰시오.

(1) 아염소산염류
(2) 질산염류
(3) 다이크로뮴산염류

≫≫ 풀이

유 별	성 질	위험등급	품 명	지정수량
제1류 위험물	산화성 고체	Ⅰ	1. **아염소산염류**	**50kg**
			2. 염소산염류	50kg
			3. 과염소산염류	50kg
			4. 무기과산화물	50kg
		Ⅱ	5. 브로민산염류	300kg
			6. **질산염류**	**300kg**
			7. 아이오딘산염류	300kg
		Ⅲ	8. 과망가니즈산염류	1,000kg
			9. **다이크로뮴산염류**	**1,000kg**

≫≫ 정답
(1) 50kg
(2) 300kg
(3) 1,000kg

필답형 07 [5점]

다음은 제4류 위험물 중 알코올의 품명을 나타낸 것이다. 다음 ( ) 안에 알맞은 숫자를 쓰시오.

1분자를 구성하는 탄소원자의 수가 (①)개부터 (②)개까지인 포화1가 알코올(변성 알코올을 포함한다)을 말한다. 다만, 다음 중 하나에 해당하는 것은 제외한다.

㉠ 1분자를 구성하는 탄소원자의 수가 1개 내지 3개인 포화1가 알코올의 함유량이 (③)중량퍼센트 미만인 수용액

㉡ 가연성 액체량이 (④)중량퍼센트 미만이고 인화점 및 연소점(태그개방식 인화점측정기에 의한 연소점을 말한다)이 에틸알코올 (⑤)중량퍼센트인 수용액의 인화점 및 연소점을 초과하는 것

≫≫ 풀이 제4류 위험물의 품명 중 "알코올류"라 함은 1분자를 구성하는 탄소원자의 수가 **1개부터 3개**까지인 포화1가 알코올(변성 알코올을 포함)을 말한다. 다만, 다음 중 어느 하나에 해당하는 것은 제외한다.
① 1분자를 구성하는 탄소원자의 수가 1개 내지 3개인 포화1가 알코올의 함유량이 **60중량퍼센트** 미만인 수용액
② 가연성 액체량이 **60중량퍼센트** 미만이고 인화점 및 연소점이 에틸알코올 **60중량퍼센트**인 수용액의 인화점 및 연소점을 초과하는 것

≫≫ 정답
① 1
② 3
③ 60
④ 60
⑤ 60

필답형 08 [5점]

다음 소화설비의 능력단위를 쓰시오.

(1) 소화전용 물통 8L
(2) 마른모래(삽 1개 포함) 50L
(3) 팽창질석(삽 1개 포함) 160L

>>> 풀이   소화설비의 종류별 능력단위

소화설비	용 량	능력단위
소화전용 물통	**8L**	0.3
수조(소화전용 물통 3개 포함)	80L	1.5
수조(소화전용 물통 6개 포함)	190L	2.5
마른모래(삽 1개 포함)	**50L**	0.5
팽창질석 또는 **팽창진주암(삽 1개 포함)**	**160L**	1

>>> 정답   (1) 0.3단위
(2) 0.5단위
(3) 1단위

필답형 09 [5점]

메탄올에 대해 다음 물음에 답하시오.

(1) 분자량을 구하시오.
(2) 증기비중을 구하시오.
 ① 계산과정
 ② 답

>>> 풀이   메탄올(CH_3OH)의 분자량은 $12(C) + 1(H) \times 3 + 16(O) + 1(H) = 32$이며, 증기비중은 $\dfrac{분자량}{29} = \dfrac{32}{29} = 1.10$이다.

 Check >>>

메탄올
1. 메틸알코올이라고도 불리는 제4류 위험물로서 품명은 알코올류이며, 지정수량은 400L이다.
2. 인화점 11℃, 발화점 464℃, 연소범위 7.3~36%, 비점 65℃로 물보다 가볍다.
3. 시신경 장애를 일으킬 수 있는 독성이 있으며 심하면 실명까지 가능하다.
4. 알코올류 중 탄소수가 가장 작으므로 수용성이 가장 크다.

>>> 정답   (1) 32
(2) ① $\dfrac{32}{29}$
 ② 1.10

필답형 10

[5점]

다음의 물질이 물과 반응하면 어떤 종류의 인화성 가스가 발생하는지 그 가스의 명칭을 쓰시오. (단, 없으면 "없음"이라 쓰시오.)

(1) 수소화칼륨   (2) 리튬
(3) 인화알루미늄   (4) 탄화리튬
(5) 탄화알루미늄

>>> 풀이

(1) **수소화칼륨**(KH)은 제3류 위험물 중 품명이 금속의 수소화물로서 지정수량은 300kg이며, 물과 반응 시 수산화칼륨(KOH)과 인화성 가스인 **수소**(H_2)를 발생한다.
　　– 물과의 반응식 : $KH + H_2O \longrightarrow KOH + H_2$

(2) **리튬**(Li)은 제3류 위험물 중 품명이 알칼리금속 및 알칼리토금속으로서 지정수량은 50kg이며, 물과 반응 시 수산화리튬(LiOH)과 인화성 가스인 **수소**(H_2)를 발생한다.
　　– 물과의 반응식 : $2Li + 2H_2O \longrightarrow 2LiOH + H_2$

(3) **인화알루미늄**(AlP)은 제3류 위험물 중 품명이 금속의 인화물로서 지정수량은 300kg이며, 물과 반응 시 수산화알루미늄[$Al(OH)_3$]과 인화성 가스인 **포스핀**(PH_3)을 발생한다.
　　– 물과의 반응식 : $AlP + 3H_2O \longrightarrow Al(OH)_3 + PH_3$

(4) **탄화리튬**(Li_2C_2)은 비위험물이며, 물과 반응 시 수산화리튬(LiOH)과 인화성 가스인 **아세틸렌**(C_2H_2)을 발생한다.
　　– 물과의 반응식 : $Li_2C_2 + 2H_2O \longrightarrow 2LiOH + C_2H_2$

(5) **탄화알루미늄**(Al_4C_3)은 제3류 위험물 중 품명이 칼슘 또는 알루미늄의 탄화물로서 지정수량은 300kg이며, 물과 반응 시 수산화알루미늄[$Al(OH)_3$]과 인화성 가스인 **메테인**(CH_4)을 발생한다.
　　– 물과의 반응식 : $Al_4C_3 + 12H_2O \longrightarrow 4Al(OH)_3 + 3CH_4$

>>> 정답

(1) 수소   (2) 수소
(3) 포스핀   (4) 아세틸렌
(5) 메테인

필답형 11

[5점]

아연에 대해 다음 물음에 답하시오.

(1) 염산과의 반응식을 쓰시오.
(2) 물과 반응 시 발생하는 기체의 명칭을 쓰시오.

>>> 풀이   아연(Zn)은 제2류 위험물 중 품명은 금속분이고, 지정수량은 500kg이다.

(1) 염산(HCl)과 반응 시 염화아연($ZnCl_2$)과 수소(H_2)를 발생한다.
　　– 염산과의 반응식 : $Zn + 2HCl \longrightarrow ZnCl_2 + H_2$

(2) 물과 반응 시 수산화아연[$Zn(OH)_2$]과 **수소**(H_2)를 발생한다.
　　– 물과의 반응식 : $Zn + 2H_2O \longrightarrow Zn(OH)_2 + H_2$

> **Check >>>**
>
> **금속분의 정의**
> 알칼리금속·알칼리토금속·철 및 마그네슘 외의 금속분말을 말하고, 구리분·니켈분 및 150마이크로미터의 체를 통과하는 것이 50중량% 미만인 것은 제외한다.

>>> 정답

(1) $Zn + 2HCl \longrightarrow ZnCl_2 + H_2$
(2) 수소

필답형 12 [5점]

동식물유류는 아이오딘값을 기준으로 하여 건성유, 반건성유, 불건성유로 나눈다. 다음의 동식물유류를 구분하는 아이오딘값의 범위를 쓰시오.

(1) 건성유
(2) 반건성유
(3) 불건성유

≫ 풀이 동식물유류는 제4류 위험물이며, 지정수량은 10,000L로서 아이오딘값에 따라 다음과 같이 구분한다.

(1) **건성유 : 아이오딘값이 130 이상**
　　– 동물유 : 정어리유, 기타 생선유
　　– 식물유 : 동유(오동나무기름), 해바라기유, 아마인유(아마씨기름), 들기름

(2) **반건성유 : 아이오딘값이 100~130**
　　– 동물유 : 청어유
　　– 식물유 : 쌀겨기름, 면실유(목화씨기름), 채종유(유채씨기름), 옥수수기름, 참기름

(3) **불건성유 : 아이오딘값이 100 이하**
　　– 동물유 : 소기름, 돼지기름, 고래기름
　　– 식물유 : 땅콩유, 올리브유, 동백유, 아주까리기름(피마자유), 야자유(팜유)

≫ 정답
(1) 130 이상
(2) 100~130
(3) 100 이하

필답형 13 [5점]

1kg의 탄산가스를 표준상태에서 소화기로 방출할 경우 부피는 약 몇 L인지 구하시오.

(1) 계산과정
(2) 답

≫ 풀이 표준상태(0℃, 1기압)에서 1kg의 탄산가스, 즉 이산화탄소의 부피는 다음의 이상기체상태방정식을 이용하여 구할 수 있다.

PLAY ▶ 풀이

$$PV = \frac{w}{M}RT$$

여기서, P : 압력=1기압
　　　　V : 부피= V(L)
　　　　w : 질량=1,000g
　　　　M : 분자량=44g/mol
　　　　R : 이상기체상수=0.082기압 · L/K · mol
　　　　T : 절대온도(273 + 실제온도) K=273 + 0K

$$1 \times V = \frac{1,000}{44} \times 0.082 \times (273 + 0)$$

$$\therefore \ V = 508.77L$$

≫ 정답

(1) $1 \times V = \dfrac{1,000}{44} \times 0.082 \times (273 + 0)$

(2) 508.77L

필답형 14 [5점]

탄화칼슘에 대해 다음 물음에 답하시오.

(1) 지정수량을 쓰시오.
(2) 물과의 반응식을 쓰시오.
(3) 고온에서 질소와 반응해 석회질소를 발생하는 반응식을 쓰시오.

>>> 풀이 (1) 탄화칼슘(CaC_2)은 제3류 위험물 중 품명이 칼슘 또는 알루미늄의 탄화물이며, **지정수량은 300kg**이다.
(2) 탄화칼슘은 물과 반응 시 수산화칼슘[$Ca(OH)_2$]과 아세틸렌(C_2H_2)가스를 발생한다.
  – 탄화칼슘의 물과의 반응식 : $CaC_2 + 2H_2O \rightarrow Ca(OH)_2 + C_2H_2$
(3) 탄화칼슘은 약 700℃의 고온에서 질소(N_2)와 반응하여 석회질소($CaCN_2$)와 탄소(C)를 발생한다.
  – 탄화칼슘과 고온에서의 질소와의 반응식 : $CaC_2 + N_2 \rightarrow CaCN_2 + C$

>>> 정답 (1) 300kg
(2) $CaC_2 + 2H_2O \rightarrow Ca(OH)_2 + C_2H_2$
(3) $CaC_2 + N_2 \rightarrow CaCN_2 + C$

필답형 15 [5점]

이동탱크저장소에 설치된 다음 장치들의 두께는 몇 mm 이상으로 해야 하는지 쓰시오.

(1) 칸막이
(2) 방파판
(3) 방호틀

>>> 풀이 (1) **칸막이**는 이동저장탱크의 내부에 4,000L 이하마다 **3.2mm 이상**의 강철판 또는 이와 동등 이상의 강도·내열성 및 내식성이 있는 금속성의 것으로 설치하여야 한다. 다만, 고체인 위험물을 저장하거나 고체인 위험물을 가열하여 액체상태로 저장하는 경우에는 그러하지 아니하다.
(2) **방파판**은 두께 **1.6mm 이상**의 강철판 또는 이와 동등 이상의 강도·내열성 및 내식성이 있는 금속성의 것으로 하고 하나의 구획부분에 2개 이상의 방파판을 이동탱크저장소의 진행방향과 평행으로 설치하되, 각 방파판은 그 높이 및 칸막이로부터의 거리를 다르게 해야 한다.
(3) **방호틀**은 두께 **2.3mm 이상**의 강철판 또는 이와 동등 이상의 기계적 성질이 있는 재료로써 산모양의 형상으로 하거나 이와 동등 이상의 강도가 있는 형상으로 하고 정상부분은 부속장치보다 50mm 이상 높게 하거나 이와 동등 이상의 성능이 있는 것으로 해야 한다.

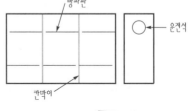

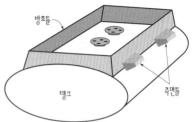

>>> 정답 (1) 3.2mm 이상
(2) 1.6mm 이상
(3) 2.3mm 이상

필답형 16 [5점]

다음 〈보기〉 중 물보다 무겁고 수용성인 것을 모두 고르시오.

아세톤, 글리세린, 이황화탄소, 클로로벤젠, 아크릴산

⟩⟩⟩ 풀이 〈보기〉의 위험물의 성질은 다음과 같다.

물질명	품 명	비 중	수용성 여부
아세톤(CH_3COCH_3)	제1석유류	0.79	수용성
글리세린[$C_3H_5(OH)_3$]	제3석유류	1.26	수용성
이황화탄소(CS_2)	특수인화물	1.26	비수용성
클로로벤젠(C_6H_5Cl)	제2석유류	1.11	비수용성
아크릴산($CH_2CHCOOH$)	제2석유류	1.1	수용성

⟩⟩⟩ 정답 글리세린, 아크릴산

필답형 17 [5점]

하이드라진과 제6류 위험물을 반응시키면 질소와 물이 발생한다. 다음 물음에 답하시오.

(1) 두 물질의 반응식을 쓰시오.
(2) 두 물질 중 제6류 위험물에 해당하는 물질이 위험물로 규정될 수 있는 위험물안전관리법령상의 기준을 쓰시오.

⟩⟩⟩ 풀이 (1) 하이드라진(N_2H_4)과 반응하여 질소(N_2)와 물(H_2O)을 만드는 제6류 위험물은 과산화수소(H_2O_2)이며, 두 물질의 반응식을 완성하는 단계는 다음과 같다.
　① 1단계 : 반응 후 생성되는 물(H_2O)의 몰수는 4몰이 된다고 암기한다.
　　$N_2H_4 + H_2O_2 \rightarrow N_2 + 4H_2O$
　② 2단계 : 4몰의 물($4H_2O$)에는 산소가 4개 존재하는데 반응 전의 과산화수소(H_2O_2)에는 산소가 2개밖에 없으므로 과산화수소 앞에 2를 곱해 산소의 개수를 같게 하면 나머지 질소(N)와 수소(H)의 개수도 같아져 반응식을 다음과 같이 완성할 수 있다.

PLAY ▶ 풀이

　　$N_2H_4 + 2H_2O_2 \rightarrow N_2 + 4H_2O$
(2) 과산화수소가 제6류 위험물로 규정될 수 있는 위험물안전관리법령상의 기준은 **농도가 36중량% 이상**인 경우이다.

> **Check ⟩⟩⟩**
> 하이드라진은 제4류 위험물 중 품명은 제2석유류 수용성 물질이며, 지정수량은 2,000L이다.

⟩⟩⟩ 정답 (1) $N_2H_4 + 2H_2O_2 \rightarrow N_2 + 4H_2O$
　　　 (2) 농도가 36중량% 이상

필답형 18　　　　　　　　　　　　　　　　　　　　　　　[5점]

다음의 할론번호에 해당하는 화학식을 쓰시오.

(1) Halon 2402

(2) Halon 1301

(3) Halon 1211

≫≫ 풀이　할로젠화합물소화약제는 할론명명법에 의해 할론번호를 부여하는데, 그 방법으로는 C − F − Cl − Br의 순서대로 그 개수를 표시하면 된다.

(1) Halon 2402의 경우 첫 번째 숫자 2는 C의 개수, 두 번째 숫자 4는 F의 개수, 세 번째 숫자 0은 Cl의 개수, 네 번째 숫자 2는 Br의 개수를 나타낸다. 따라서, Halon 2402의 화학식은 **$C_2F_4Br_2$**이다.

(2) Halon 1301의 경우 첫 번째 숫자 1은 C의 개수, 두 번째 숫자 3은 F의 개수, 세 번째 숫자 0은 Cl의 개수, 네 번째 숫자 1은 Br의 개수를 나타낸다. 따라서, Halon 1301의 화학식은 **CF_3Br**이다.

(3) Halon 1211의 경우 첫 번째 숫자 1은 C의 개수, 두 번째 숫자 2는 F의 개수, 세 번째 숫자 1은 Cl의 개수, 네 번째 숫자 1은 Br의 개수를 나타낸다. 따라서, Halon 1211의 화학식은 **CF_2ClBr**이다.

≫≫ 정답　(1) $C_2F_4Br_2$

(2) CF_3Br

(3) CF_2ClBr

필답형 19　　　　　　　　　　　　　　　　　　　　　　　[5점]

다음의 1소요단위에 해당하는 수치를 (　) 안에 쓰시오.

(1) 외벽이 내화구조인 제조소 및 취급소 : 연면적 (　)m^2

(2) 외벽이 비내화구조인 제조소 및 취급소 : 연면적 (　)m^2

(3) 외벽이 내화구조인 저장소 : 연면적 (　)m^2

(4) 외벽이 비내화구조인 저장소 : 연면적 (　)m^2

(5) 위험물 : 지정수량의 (　)배

≫≫ 풀이　소요단위는 소화설비의 설치대상이 되는 건축물 또는 그 밖의 공작물의 규모나 위험물 양의 기준단위로, 1소요단위는 다음 [표]와 같이 구분한다.

구 분	외벽이 내화구조	외벽이 비내화구조
위험물제조소 및 취급소	연면적 100m^2	연면적 50m^2
위험물저장소	연면적 150m^2	연면적 75m^2
위험물	지정수량의 10배	

≫≫ 정답　(1) 100

(2) 50

(3) 150

(4) 75

(5) 10

필답형 20   [5점]

다음 (   ) 안에 알맞은 수치 또는 용어를 쓰시오.

액체 위험물은 운반용기 내용적의 (①)% 이하의 수납률로 수납하되, (②)℃에서 누설되지 아니하도록 충분한 (③)을 유지하도록 해야 한다.

>>> 풀이 위험물 운반용기의 수납률
① 고체 위험물 : 운반용기 내용적의 95% 이하
② **액체 위험물** : 운반용기 내용적의 **98%** 이하(**55**℃에서 누설되지 않도록 **공간용적**을 유지)
③ 알킬알루미늄등 : 운반용기 내용적의 90% 이하(50℃에서 5% 이상의 공간용적을 유지)

>>> 정답 ① 98
② 55
③ 공간용적

2020 제2회 위험물기능사 실기

2020년 6월 14일 시행

※ 필답형＋작업형으로 시행되던 기존 시험에서는 각 문항별 배점이 상이하였으나,
필답형(20문제) 시험만 보는 2020년 1회부터는 각 문항 배점이 모두 5점입니다!

 필/답/형 시험

필답형 01 [5점]

다음 분말소화약제의 화학식을 쓰시오.

(1) 제1종 분말
(2) 제2종 분말
(3) 제3종 분말

》》 풀이　분말소화약제의 분류

분말의 구분	주성분	화학식	적응화재	착 색
제1종 분말	탄산수소나트륨	$NaHCO_3$	B·C급	백색
제2종 분말	탄산수소칼륨	$KHCO_3$	B·C급	보라색
제3종 분말	인산암모늄	$NH_4H_2PO_4$	A·B·C급	담홍색
제4종 분말	탄산수소칼륨과 요소의 반응생성물	$KHCO_3 + (NH_2)_2CO$	B·C급	회색

》》 정답
(1) $NaHCO_3$
(2) $KHCO_3$
(3) $NH_4H_2PO_4$

필답형 02 [5점]

다음 (　) 안에 위험물안전관리법령에 따른 알맞은 숫자를 쓰시오.

특수인화물이라 함은 이황화탄소, 다이에틸에터, 그 밖에 1기압에서 발화점이 (　)℃ 이하이거나
인화점이 영하 (　)℃ 이하이고 비점이 (　)℃ 이하인 것을 말한다.

》》 풀이　특수인화물은 1기압에서 **발화점이 100℃ 이하**이거나 **인화점이 영하 20℃ 이하**이고 **비점이 40℃ 이하**인 것으로서 비수용성인 이황화탄소 및 다이에틸에터 외에도 수용성인 아세트알데하이드 및 산화프로필렌 등이 있으며, 이들의 지정수량은 비수용성 및 수용성의 구분 없이 모두 50L이다.

》》 정답　100, 20, 40

필답형 03 [5점]

BrF₅ 6,000kg의 소요단위는 얼마인지 쓰시오.

(1) 소요단위의 계산식
(2) 소요단위

>>> 풀이 BrF₅(오플루오린화브로민)은 행정안전부령이 정하는 제6류 위험물로서 품명은 할로젠간화합물이며 지정수량은 300kg이다. 위험물은 지정수량의 10배를 1소요단위로 하기 때문에 BrF₅ 6,000kg의 소요단위는

$$\frac{6,000kg}{300kg/단위 \times 10} = 2단위이다.$$

>>> 정답

(1) $\dfrac{6,000kg}{300kg/단위 \times 10}$

(2) 2단위

필답형 04 [5점]

제3류 위험물 중 비중이 2.51이고 지정수량이 300kg인 적갈색 물질의 명칭과 물과의 반응식을 쓰시오.

(1) 물질의 명칭
(2) 물과의 반응식

>>> 풀이 인화칼슘(Ca_3P_2)
① 제3류 위험물 중 품명은 금속의 인화물이며, 지정수량은 300kg이다.
② 분자량은 40(Ca)×3 + 31(P)×2 = 182이다.
③ **적갈색 분말**로서 **비중 2.51**, 융점 1,600℃, 비점 300℃이다.
④ 물과 반응하여 가연성이며, 맹독성인 포스핀(PH_3)가스를 발생한다.
  – 물과의 반응식 : $Ca_3P_2 + 6H_2O \longrightarrow 3Ca(OH)_2 + 2PH_3$
          인화칼슘   물   수산화칼슘   포스핀

※ 포스핀가스를 인화수소라고도 한다.

> **Check >>>**
>
> **인화알루미늄(AIP)**
> 1. 제3류 위험물 중 품명은 금속의 인화물이며, 지정수량은 300kg이다.
> 2. 분자량은 27(Al) + 31(P) = 58이다.
> 3. 어두운 회색 또는 황색 결정으로 비중 2.5, 융점 1,000℃이다.
> 4. 물과 반응하여 가연성이며, 맹독성인 포스핀가스를 발생한다.
>   – 물과의 반응 : $AIP + 3H_2O \longrightarrow Al(OH)_3 + PH_3$
>   인화알루미늄   물   수산화알루미늄   포스핀

>>> 정답 (1) 인화칼슘
(2) $Ca_3P_2 + 6H_2O \longrightarrow 3Ca(OH)_2 + 2PH_3$

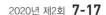

필답형 05 [5점]

다음 표의 빈칸을 완성하시오.

물질명	화학식	지정수량
과망가니즈산나트륨	①	1,000kg
과염소산나트륨	②	③
질산칼륨	④	⑤

>>> 풀이 〈문제〉의 물질들은 모두 제1류 위험물에 속하며 이들의 화학식과 지정수량, 그리고 위험등급은 다음과 같다.

물질명	화학식	지정수량	위험등급
과망가니즈산나트륨	$NaMnO_4$	1,000kg	III
과염소산나트륨	$NaClO_4$	50kg	I
질산칼륨	KNO_3	300kg	II

>>> 정답
① $NaMnO_4$
② $NaClO_4$
③ 50kg
④ KNO_3
⑤ 300kg

필답형 06 [5점]

다음의 각 위험물에 대해 운반 시 혼재 가능한 유별을 쓰시오.

(1) 제1류　　　　　　(2) 제2류　　　　　　(3) 제3류

>>> 풀이
(1) 제1류 위험물과 운반 시 혼재 가능한 유별은 제6류 위험물이다.
(2) 제2류 위험물과 운반 시 혼재 가능한 유별은 제4류와 제5류 위험물이다.
(3) 제3류 위험물과 운반 시 혼재 가능한 유별은 제4류 위험물이다.
유별을 달리하는 위험물의 혼재기준(운반기준)

위험물의 구분	제1류	제2류	제3류	제4류	제5류	제6류
제1류		×	×	×	×	○
제2류	×		×	○	○	×
제3류	×	×		○	×	×
제4류	×	○	○		○	×
제5류	×	○	×	○		×
제6류	○	×	×	×	×	

※ 이 표는 지정수량의 1/10 이하의 위험물에 대하여는 적용하지 아니한다.

>>> 정답
(1) 제6류
(2) 제4류, 제5류
(3) 제4류

필답형 07 [5점]

원자량이 약 24이고, 은백색의 광택이 나는 가벼운 금속이며 산과 작용하여 수소를 발생하는 제2류 위험물의 명칭을 쓰고, 그 물질과 염산과의 화학반응식을 쓰시오.

(1) 물질명
(2) 화학반응식

》》》 풀이　마그네슘(Mg)

① 제2류 위험물로서 지정수량은 500kg이다.

② 원자량은 원자번호×2의 방법으로 구할 수 있으므로 원자량이 24라는 것은 원자번호가 12라는 것이며, 원자번호가 12인 원소는 마그네슘(Mg)이다.

③ 염산과 반응 시 염화마그네슘($MgCl_2$)과 수소를 발생한다.
－ 염산과의 반응식 : $Mg + 2HCl \rightarrow MgCl_2 + H_2$

> **Check 》》》**
>
> **마그네슘의 또 다른 성질**
>
> 1. 물과 반응 시 수산화마그네슘[$Mg(OH)_2$]과 수소를 발생한다.
>   － 물과의 반응식 : $Mg + 2H_2O \rightarrow Mg(OH)_2 + H_2$
> 2. 연소하면 산화마그네슘을 생성한다.
>   － 연소반응식 : $2Mg + O_2 \rightarrow 2MgO$
> 3. 다음 중 하나에 해당하는 것은 위험물에서 제외한다.
>   － 2밀리미터의 체를 통과하지 아니하는 덩어리상태의 것
>   － 직경 2밀리미터 이상의 막대모양의 것

》》》 정답　(1) 마그네슘
(2) $Mg + 2HCl \rightarrow MgCl_2 + H_2$

필답형 08 [5점]

다음 〈보기〉에서 위험등급 I에 해당하는 것을 모두 고르시오.

　　이황화탄소, 에틸알코올, 다이에틸에터, 아세트알데하이드, 메틸에틸케톤, 휘발유

》》》 풀이

물질명	화학식	품 명	지정수량	위험등급
이황화탄소	CS_2	특수인화물	50L	I
에틸알코올	C_2H_5OH	알코올류	400L	II
다이에틸에터	$C_2H_5OC_2H_5$	특수인화물	50L	I
아세트알데하이드	CH_3CHO	특수인화물	50L	I
메틸에틸케톤	$CH_3COC_2H_5$	제1석유류(비수용성)	200L	II
휘발유(옥테인)	C_8H_{18}	제1석유류(비수용성)	200L	II

》》》 정답　이황화탄소, 다이에틸에터, 아세트알데하이드

필답형 09

[5점]

다음 물질의 화학식을 쓰시오.

(1) 사이안화수소
(2) 피리딘
(3) 에틸렌글리콜
(4) 다이에틸에터
(5) 에탄올

▶▶▶ 풀이

물질명	화학식	품 명	지정수량
사이안화수소	HCN	제1석유류(수용성)	400L
피리딘	C_5H_5N	제1석유류(수용성)	400L
에틸렌글리콜	$C_2H_4(OH)_2$	제3석유류(수용성)	4,000L
다이에틸에터	$C_2H_5OC_2H_5$	특수인화물	50L
에탄올	C_2H_5OH	알코올류	400L

▶▶▶ 정답

(1) HCN
(2) C_5H_5N
(3) $C_2H_4(OH)_2$
(4) $C_2H_5OC_2H_5$
(5) C_2H_5OH

필답형 10

[5점]

다음 물질의 운반용기 외부에 표시하여야 하는 주의사항을 각각 쓰시오.

(1) 과산화벤조일
(2) 과산화수소
(3) 아세톤
(4) 마그네슘
(5) 황린

▶▶▶ 풀이

물질명	화학식	유 별	품 명	운반용기의 주의사항	제조소등의 주의사항
과산화벤조일	$(C_6H_5CO)_2O_2$	제5류	유기과산화물	화기엄금, 충격주의	화기엄금
과산화수소	H_2O_2	제6류	과산화수소	가연물접촉주의	필요없음
아세톤	CH_3COCH_3	제4류	제1석유류	화기엄금	화기엄금
마그네슘	Mg	제2류	마그네슘	화기주의, 물기엄금	화기주의
황린	P_4	제3류	황린	화기엄금, 공기접촉엄금	화기엄금

▶▶▶ 정답

(1) 화기엄금, 충격주의
(2) 가연물접촉주의
(3) 화기엄금
(4) 화기주의, 물기엄금
(5) 화기엄금, 공기접촉엄금

필답형 11 [5점]

다음 물질의 연소반응식을 쓰시오.

(1) 황
(2) 알루미늄
(3) 삼황화인

≫ 풀이 다음 물질의 연소반응식은 다음과 같다.

(1) 황(S)은 연소 시 이산화황(SO_2)이 발생한다.
$$S + O_2 \rightarrow SO_2$$

(2) 알루미늄(Al)은 연소 시 산화알루미늄(Al_2O_3)이 발생한다.
$$4Al + 3O_2 \rightarrow 2Al_2O_3$$

(3) 삼황화인(P_4S_3)은 연소 시 이산화황(SO_2)과 오산화인(P_2O_5)이 발생한다.
$$P_4S_3 + 8O_2 \rightarrow 3SO_2 + 2P_2O_5$$

≫ 정답 (1) $S + O_2 \rightarrow SO_2$
(2) $4Al + 3O_2 \rightarrow 2Al_2O_3$
(3) $P_4S_3 + 8O_2 \rightarrow 3SO_2 + 2P_2O_5$

필답형 12 [5점]

다음 물질의 연소반응식을 쓰시오.

(1) 아세트알데하이드
(2) 메틸에틸케톤
(3) 이황화탄소

≫ 풀이 다음 물질의 연소반응식은 다음과 같다.

(1) 아세트알데하이드(CH_3CHO)는 연소 시 이산화탄소(CO_2)와 물(H_2O)이 발생한다.
$$2CH_3CHO + 5O_2 \rightarrow 4CO_2 + 4H_2O$$

(2) 메틸에틸케톤($CH_3COC_2H_5$)은 연소 시 이산화탄소와 물이 발생한다.
$$2CH_3COC_2H_5 + 11O_2 \rightarrow 8CO_2 + 8H_2O$$

(3) 이황화탄소(CS_2)는 연소 시 이산화탄소와 이산화황(SO_2)이 발생한다.
$$CS_2 + 3O_2 \rightarrow CO_2 + 2SO_2$$

≫ 정답 (1) $2CH_3CHO + 5O_2 \rightarrow 4CO_2 + 4H_2O$
(2) $2CH_3COC_2H_5 + 11O_2 \rightarrow 8CO_2 + 8H_2O$
(3) $CS_2 + 3O_2 \rightarrow CO_2 + 2SO_2$

필답형 13

[5점]

아세트산 2몰을 연소시키면 이산화탄소는 몇 몰 발생하는지 계산과정과 답을 쓰시오.

(1) 계산과정

(2) 답

>>> 풀이 다음의 연소반응식에서 알 수 있듯이 아세트산(CH_3COOH) 1몰을 연소시키면 이산화탄소 2몰과 물 2몰이 발생하고 아세트산 2몰을 연소시키면 이산화탄소 4몰과 물 4몰이 발생한다.

– 아세트산의 연소반응식 : $CH_3COOH + 2O_2 \rightarrow 2CO_2 + 2H_2O$

$1 \times x = 2 \times 2$

$\therefore x = 4$몰

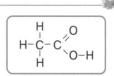

PLAY ▶ 풀이

> **Check** >>>
>
> **아세트산의 성질(CH_3COOH)**
>
> 1. 제4류 위험물 중 품명은 제2석유류 수용성 물질로, 지정수량은 2,000L이다.
> 2. 인화점 40℃, 발화점 427℃, 비점 118℃, 융점 16.6℃, 비중 1.05이다.
>
> ‖ 아세트산의 구조식 ‖

>>> 정답 (1) $1 \times x = 2 \times 2$

(2) 4몰

필답형 14

[5점]

나이트로글리세린에 대해 다음 물음에 답하시오.

(1) 분해반응식을 쓰시오.

(2) 1kmol 분해 시 발생하는 기체의 총 부피는 표준상태에서 몇 m^3인지 구하시오.

>>> 풀이 나이트로글리세린[$C_3H_5(ONO_2)_3$]은 제5류 위험물로서 품명은 질산에스터류이고 지정수량은 제1종 : 10kg, 제2종 : 100kg이다. 다음의 분해반응식에서 알 수 있듯이 4몰의 나이트로글리세린을 분해시키면 이산화탄소(CO_2) 12몰, 수증기(H_2O) 10몰, 질소(N_2) 6몰, 산소(O_2) 1몰의 총 29몰×22.4L의 기체가 발생하지만 〈문제〉의 조건인 나이트로글리세린 1kmol을 분해시키면 몇 m^3의 기체가 발생하는지 다음과 같이 구할 수 있다.

– 분해반응식 : $4C_3H_5(ONO_2)_3 \rightarrow 12CO_2 + 10H_2O + 6N_2 + O_2$

$4 \times x = 1 \times 29 \times 22.4$

$\therefore x = 162.4 m^3$

>>> 정답 (1) $4C_3H_5(ONO_2)_3 \rightarrow 12CO_2 + 10H_2O + 6N_2 + O_2$

(2) $162.4m^3$

필답형 15 [5점]

다음 〈보기〉의 제4류 위험물들의 지정수량 배수의 합을 구하시오.

> 다이에틸에터 250L, 아세톤 1,200L, 의산메틸 400L

(1) 계산과정
(2) 답

≫≫ 풀이 다이에틸에터는 품명이 특수인화물이며 지정수량이 50L이고, 아세톤과 의산메틸은 품명이 제1석유류이며 수
용성으로 지정수량은 400L이다.

$$\frac{250L}{50L} + \frac{1,200L}{400L} + \frac{400L}{400L} = 9배$$

≫≫ 정답
(1) $\frac{250L}{50L} + \frac{1,200L}{400L} + \frac{400L}{400L}$

(2) 9배

필답형 16 [5점]

다음 물음에 답하시오.

(1) 옥내저장탱크 상호 간에는 몇 m 이상의 간격을 유지하여야 하는지 쓰시오.
(2) 옥내저장탱크와 탱크전용실의 벽과의 사이에는 몇 m 이상의 간격을 유지하여야 하는지 쓰시오.
(3) 메탄올을 저장하는 옥내저장탱크의 용량은 몇 L로 해야 하는지 계산과정과 답을 쓰시오.
　① 계산과정
　② 답

≫≫ 풀이
(1) 옥내저장탱크 **상호 간에는 0.5m 이상**의 간격을 유지하여야 한다.
(2) **옥내저장탱크와 탱크전용실의 벽과의 사이에는 0.5m 이상**의 간격을 유지하여야 한다.
(3) 옥내저장탱크의 용량은 저장하는 위험물의 지정수량의 40배 이하로 한다. 단, 제4석유류 및 동식물유류
　　외의 제4류 위험물의 양이 20,000L를 초과하는 경우에는 20,000L 이하로 한다.
　　〈문제〉는 품명이 알코올류이고 지정수량이 400L인 메탄올을 저장하는 옥내저장탱크이므로 이 옥내저장탱
　　크의 용량은 **400L×40배=16,000L**가 된다.

≫≫ 정답
(1) 0.5m 이상
(2) 0.5m 이상
(3) ① 400L×40배
　　② 16,000L

필답형 17 [5점]

칼륨에 대해 다음 물음에 답하시오.

(1) 물과의 반응식을 쓰시오.
(2) 물과 반응 시 발생하는 기체의 명칭을 쓰시오.

≫≫ 풀이 칼륨(K)은 제3류 위험물로서 지정수량은 10kg이며 물과 반응 시 수산화칼륨(KOH)과 **수소**(H_2)를 발생한다.
 – 물과의 반응식 : $2K + 2H_2O \rightarrow 2KOH + H_2$

> Check ≫≫
>
> **칼륨의 각종 반응식**
> 1. 에틸알코올과의 반응식 : $2K + 2C_2H_5OH \rightarrow 2C_2H_5OK + H_2$
>   칼륨　　　 에틸알코올　　　 칼륨에틸레이트　　 수소
> 2. 연소반응식 : $4K + O_2 \rightarrow 2K_2O$
>   칼륨　 산소　 산화칼륨
> 3. 이산화탄소와의 반응식 : $4K + 3CO_2 \rightarrow 2K_2CO_3 + C$
>   칼륨　 이산화탄소　 탄산칼륨　 탄소

≫≫ 정답 (1) $2K + 2H_2O \rightarrow 2KOH + H_2$
(2) 수소

필답형 18 [5점]

탄소 1kg을 연소시키기 위해 필요한 산소의 부피는 750mmHg, 25℃에서 몇 L인지 구하시오.

≫≫ 풀이 다음의 연소반응식에서 알 수 있듯이 탄소(C) 12g을 연소시키려면 산소(O_2) 1몰이 필요한데 〈문제〉와 같이 탄소 1kg, 즉 1,000g을 연소시키려면 산소 몇 몰이 필요한가를 다음 비례식을 통해 구할 수 있다.
 – 탄소의 연소반응식 : $C + O_2 \rightarrow CO_2$

$$12g \diagdown 1몰$$
$$1,000g \diagup x몰$$

$12 \times x = 1,000 \times 1$
∴ $x = 83.33$몰
또한, 산소 83.33몰은 750mmHg, 25℃에서 몇 L인지 이상기체상태방정식을 이용해 구하면 다음과 같다.
$PV = nRT$

여기서, P : 압력 $= \dfrac{750mmHg}{760mmHg/기압} = 0.99$기압

　　　　V : 부피 $= V(L)$
　　　　n : 몰수 $= 83.33mol$
　　　　R : 이상기체상수 $= 0.082$기압 · L/K · mol
　　　　T : 절대온도(273 + 실제온도) K $= 273 + 25$K
$0.99 \times V = 83.33 \times 0.082 \times (273 + 25)$
∴ $V = 2,056.82L$

≫≫ 정답 2,056.82L

필답형 19 [5점]

염소산칼륨 1kg이 열분해하는 반응에 대해 다음 물음에 답하시오.

(1) 이 반응에서 발생하는 산소는 몇 g인지 구하시오.
(2) 이 반응에서 발생하는 산소는 표준상태에서 몇 L인지 구하시오.

>>> 풀이 염소산칼륨($KClO_3$)은 제1류 위험물로서 염소산칼륨 1mol의 분자량은 39(K)g + 35.5(Cl)g + 16(O)g×3 = 122.5g이고, 열분해하면 염화칼륨(KCl)과 산소(O_2)를 발생한다.

(1) 다음의 열분해반응식에서 알 수 있듯이 염소산칼륨 122.5g이 분해하여 발생하는 산소 1.5몰의 질량은 1.5×32g=48g인데 〈문제〉와 같이 염소산칼륨 1kg 즉, 1,000g이 열분해하면 산소는 몇 g 발생하는지 다음과 같이 구할 수 있다.

- 염소산칼륨의 열분해반응식 : $2KClO_3 \longrightarrow 2KCl + 3O_2$

$$\begin{matrix} 122.5g & \diagdown\diagup & 48g \\ 1,000g & \diagup\diagdown & x(g) \end{matrix}$$

$122.5 \times x = 1,000 \times 48$

∴ $x =$ **391.84g**

(2) 다음의 열분해반응식에서 알 수 있듯이 염소산칼륨 122.5g이 분해하여 발생하는 산소 1.5몰의 부피는 표준상태에서 1.5×22.4L=33.6L인데 〈문제〉와 같이 염소산칼륨 1,000g이 열분해하면 산소는 몇 L 발생하는지 다음과 같이 구할 수 있다.

- 염소산칼륨의 열분해반응식 : $2KClO_3 \longrightarrow 2KCl + 3O_2$

$$\begin{matrix} 122.5g & \diagdown\diagup & 33.6L \\ 1,000g & \diagup\diagdown & x(L) \end{matrix}$$

$122.5 \times x = 1,000 \times 33.6$

∴ $x =$ **274.29L**

>>> 정답 (1) 391.84g
(2) 274.29L

필답형 20 [5점]

〈보기〉의 물질들을 산의 세기가 작은 것부터 큰 것의 순서로 나열하여 그 번호를 쓰시오.

| 1. HClO | 2. $HClO_2$ | 3. $HClO_3$ | 4. $HClO_4$ |

>>> 풀이 산의 세기는 산소의 함유량에 따라 결정되는데 **산소의 함유량이 적을수록 산의 세기는 작고 산소의 함유량이 많을수록 산의 세기는 크다.** 〈보기〉의 물질들 중 산소의 함유량이 가장 적은 것은 산소의 개수가 1개밖에 없는 HClO이며 함유량이 가장 많은 것은 산소의 개수가 4개인 $HClO_4$이므로 산의 세기가 작은 것부터 큰 것의 순서로 나열하면 $HClO - HClO_2 - HClO_3 - HClO_4$이다.

>>> 정답 1 – 2 – 3 – 4

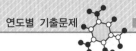

2020 제3회 위험물기능사 실기

2020년 8월 29일 시행

※ 필답형＋작업형으로 시행되던 기존 시험에서는 각 문항별 배점이 상이하였으나,
필답형(20문제) 시험만 보는 2020년 1회부터는 각 문항 배점이 모두 5점입니다!

필/답/형 시험

필답형 01 [5점]

다음 물질의 증기비중을 구하시오.

(1) 이황화탄소
　① 계산과정　　　　　　　　② 답
(2) 글리세린
　① 계산과정　　　　　　　　② 답
(3) 아세트산
　① 계산과정　　　　　　　　② 답

▶▶▶ 풀이　(1) 이황화탄소(CS_2)는 제4류 위험물 중 품명은 특수인화물이고, 지정수량은 50L이며, 분자량은 12(C)＋32(S)×2＝76
이므로 증기비중＝$\dfrac{분자량}{29}$＝$\dfrac{76}{29}$＝**2.62**이다.

　(2) 글리세린[$C_3H_5(OH)_3$]은 제4류 위험물 중 품명은 제3석유류 수용성이고, 지정수량은 4,000L이며, 분자량은
12(C)×3＋1(H)×5＋(16(O)＋1(H))×3＝92이므로 증기비중＝$\dfrac{분자량}{29}$＝$\dfrac{92}{29}$＝**3.17**이다.

　(3) 아세트산(CH_3COOH)은 제4류 위험물 중 품명은 제2석유류 수용성이고, 지정수량은 2,000L이며, 분자량은
12(C)×2＋1(H)×4＋16(O)×2＝60이므로 증기비중＝$\dfrac{분자량}{29}$＝$\dfrac{60}{29}$＝**2.07**이다.

▶▶▶ 정답　(1) ① $\dfrac{76}{29}$, ② 2.62　　(2) ① $\dfrac{92}{29}$, ② 3.17　　(3) ① $\dfrac{60}{29}$, ② 2.07

필답형 02 [5점]

이황화탄소 76g 연소 시 발생기체의 부피는 표준상태에서 몇 L인지 구하시오.

(1) 계산과정　　　　　　　　　　　　(2) 답

▶▶▶ 풀이　이황화탄소(CS_2) 1mol의 분자량은 12(C)g＋32(S)g×2＝76g이며, 연소반응식은 다음과 같다.
　　－ 연소반응식 : $CS_2 + 3O_2 \rightarrow CO_2 + 2SO_2$
　위의 연소반응식에서 알 수 있듯이 이황화탄소(CS_2) 76g을 연소시키면 이산화탄소(CO_2) 1몰과 이산화황(SO_2)
2몰, 총 3몰의 기체가 발생한다. 표준상태에서 모든 기체 1몰의 부피는 22.4L이므로 기체 3몰의 부피는
3×22.4L＝67.2L이다.

▶▶▶ 정답　(1) 3×22.4L　　(2) 67.2L

03 [5점]

다음 각 물질이 물과 반응 시 발생하는 물질을 모두 쓰시오.

(1) 탄화알루미늄
(2) 탄화칼슘

>>> 풀이 (1) 탄화알루미늄(Al_4C_3)은 제3류 위험물로서 품명은 칼슘 또는 알루미늄의 탄화물이고, 지정수량은 300kg이며, 물과 반응 시 **수산화알루미늄**[$Al(OH)_3$]과 **메테인**(CH_4) 가스를 발생한다.
   – 물과의 반응식 : $Al_4C_3 + 12H_2O \longrightarrow 4Al(OH)_3 + 3CH_4$
(2) 탄화칼슘(CaC_2)은 제3류 위험물로서 품명은 칼슘 또는 알루미늄의 탄화물이고, 지정수량은 300kg이며, 물과 반응 시 **수산화칼슘**[$Ca(OH)_2$]과 **아세틸렌**(C_2H_2) 가스를 발생한다.
   – 물과의 반응식 : $CaC_2 + 2H_2O \longrightarrow Ca(OH)_2 + C_2H_2$

>>> 정답 (1) 수산화알루미늄, 메테인   (2) 수산화칼슘, 아세틸렌

 04 [5점]

옥외저장탱크에 대해 다음 물음에 답하시오.

(1) 옥외저장탱크의 강철판 두께는 몇 mm 이상으로 해야 하는지 쓰시오. (단, 특정 · 준특정 옥외저장탱크는 제외한다.)
(2) 제4류 위험물을 저장하는 옥외저장탱크에 설치하는 밸브 없는 통기관의 직경은 몇 mm 이상인지 쓰시오.

>>> 풀이 (1) 특정 · 준특정 옥외저장탱크를 제외한 옥외저장탱크는 **두께 3.2mm 이상**의 강철판으로 제작한다.
(2) 밸브 없는 통기관의 기준
   ① **직경은 30mm 이상**으로 한다.
   ② 선단은 수평면보다 45° 이상 구부려 빗물 등의 침투를 막는다.
   ③ 인화점이 38℃ 미만인 위험물만을 저장, 취급하는 탱크의 통기관에는 화염방지장치를 설치하고, 인화점이 38℃ 이상 70℃ 미만인 위험물을 저장, 취급하는 탱크의 통기관에는 40mesh 이상인 구리망으로 된 인화방지장치를 설치한다. 다만, 인화점 70℃ 이상의 위험물만을 해당 위험물의 인화점 미만의 온도로 저장 또는 취급하는 탱크에 설치하는 통기관에는 인화방지망을 설치하지 않아도 된다.
   ④ 가연성 증기를 회수할 목적이 있을 때에는 밸브를 통기관에 설치할 수 있다. 이때 밸브는 개방되어 있어야 하며 닫혔을 경우 10kPa 이하의 압력에서 개방되는 구조로 하고 개방부분의 단면적은 777.15mm² 이상으로 한다.

>
> **옥외저장탱크 외의 탱크의 두께**
>
> 1. 옥내저장탱크, 간이저장탱크, 지하저장탱크(4,000L 이하인 것에 한함) : 3.2mm 이상의 강철판
> 2. 이동저장탱크
>   ① 컨테이너식 이동저장탱크
>   ㉠ 직경 또는 장경이 1.8m 초과 : 6mm 이상의 강철판
>   ㉡ 직경 또는 장경이 1.8m 이하 : 5mm 이상의 강철판
>   ② 알킬알루미늄등을 저장하는 이동저장탱크 : 10mm 이상의 강철판
>   ③ 그 밖의 이동저장탱크 : 3.2mm 이상의 강철판

>>> 정답 (1) 3.2mm   (2) 30mm

필답형 05 [5점]

다음 위험물의 지정수량을 쓰시오.

(1) 철분
(2) 알루미늄분
(3) 인화성 고체
(4) 황
(5) 마그네슘

>>> **풀이** (1) 철분은 제2류 위험물로서 품명도 철분이며, **지정수량은 500kg**이다.
(2) 알루미늄분은 제2류 위험물로서 품명은 금속분이며, **지정수량은 500kg**이다.
(3) 인화성 고체는 제2류 위험물로서 품명도 인화성 고체이며, **지정수량은 1,000kg**이다.
(4) 황은 제2류 위험물로서 품명도 황이며, **지정수량은 100kg**이다.
(5) 마그네슘은 제2류 위험물로서 품명도 마그네슘이며, **지정수량은 500kg**이다.

> **Check >>>**
> 1. 철분은 철의 분말로서 53마이크로미터의 표준체를 통과하는 것이 50중량퍼센트 미만인 것은 제외한다.
> 2. 금속분은 알칼리금속 · 알칼리토금속 · 철 및 마그네슘 외의 금속의 분말을 말하며, 구리분 · 니켈분 및 150마이크로미터의 체를 통과하는 것이 50중량% 미만인 것은 제외한다.
> 3. 인화성 고체는 고형알코올, 그 밖에 1기압에서 인화점이 40℃ 미만인 고체를 말한다.
> 4. 황은 순도가 60중량% 이상인 것을 위험물로 정한다.
> 5. 마그네슘은 다음 중 하나에 해당하는 것은 위험물에서 제외한다.
>   – 2mm의 체를 통과하지 않는 덩어리상태의 것
>   – 직경 2mm 이상의 막대모양의 것

>>> **정답** (1) 500kg (2) 500kg (3) 1,000kg (4) 100kg (5) 500kg

필답형 06 [5점]

다음은 하이드록실아민등의 제조소의 특례 기준에 대한 내용이다. 괄호 안에 들어갈 알맞은 내용을 쓰시오.

(1) 하이드록실아민등의 (   ) 및 (   )의 상승에 따른 위험한 반응을 방지하기 위한 조치를 강구한다.
(2) (   )등의 혼입에 따른 위험한 반응을 방지하기 위한 조치를 강구한다.

>>> **풀이** 하이드록실아민등(하이드록실아민, 하이드록실아민염류)을 취급하는 제조소의 설비
(1) 하이드록실아민등의 **온도** 및 **농도**의 상승에 따른 위험한 반응을 방지하기 위한 조치를 강구한다.
(2) **철이온**등의 혼입에 따른 위험한 반응을 방지하기 위한 조치를 강구한다.

>>> **정답** (1) 온도, 농도
(2) 철이온

필답형 07 [5점]

나이트로글리세린에 대해 다음 물음에 답하시오.

(1) 이 물질은 상온에서 액체, 기체, 고체 중 어떤 상태로 존재하는지 쓰시오.

(2) 이 물질을 제조하기 위해 글리세린에 혼합하는 산 두 가지를 쓰시오.

(3) 이 물질을 규조토에 흡수시켰을 때 발생하는 폭발물의 명칭을 쓰시오.

▶▶▶ 풀이 나이트로글리세린[$C_3H_5(ONO_2)_3$]은 제5류 위험물로서 품명은 질산에스
터류이고, 지정수량은 제1종 : 10kg, 제2종 : 100kg이다.

(1) 융점(물질이 녹기 시작하는 온도)이 2.8℃이므로 2.8℃부터는 녹아
서 **상온**인 20℃에서 **액체로 존재**한다.

(2) 제4류 위험물인 글리세린[$C_3H_5(OH)_3$]에 **질산**(HNO_3)과 **황산**(H_2SO_4)
을 반응시켜 제조할 수 있으며, 반응식은 다음과 같다. 이때 황산은
탈수를 위한 촉매로 사용된다.

　– 나이트로글리세린의 제조반응식

$$C_3H_5(OH)_3 + 3HNO_3 \xrightarrow{H_2SO_4} C_3H_5(ONO_2)_3 + 3H_2O$$

(3) 규조토에 흡수시키면 **다이너마이트**가 된다.

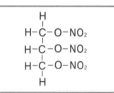

┃나이트로글리세린의 구조식┃

▶▶▶ 정답 (1) 액체

(2) 질산, 황산

(3) 다이너마이트

필답형 08 [5점]

다음 물질의 명칭을 쓰시오.

(1) $CH_3COC_2H_5$

(2) C_6H_5Cl

(3) $CH_3COOC_2H_5$

▶▶▶ 풀이

화학식	명 칭	품 명	수용성의 여부	지정수량
$CH_3COC_2H_5$	**메틸에틸케톤**	제1석유류	비수용성	200L
C_6H_5Cl	**클로로벤젠**	제2석유류	비수용성	1,000L
$CH_3COOC_2H_5$	**초산에틸**(아세트산에틸)	제1석유류	비수용성	200L

▶▶▶ 정답 (1) 메틸에틸케톤

(2) 클로로벤젠

(3) 초산에틸

필답형 09 [5점]

A, B, C 기체를 50% : 30% : 20%의 농도 비율로 혼합하여 만든 혼합기체의 폭발범위를 구하시오. (단, 각 기체의 폭발범위는 A : 5~15%, B : 3~12%, C : 2~10%이다.)

(1) 계산과정
(2) 답

≫≫ 풀이 혼합기체의 폭발범위는 혼합기체의 폭발하한(L)부터 폭발상한(U)까지의 범위를 말하며, 각 기체의 농도와 폭발하한, 그리고 폭발상한 값을 이용해 다음과 같이 구할 수 있다.

① 혼합기체의 폭발하한(L)

$$\frac{100}{L} = \frac{A의\ 농도}{A의\ 폭발하한} + \frac{B의\ 농도}{B의\ 폭발하한} + \frac{C의\ 농도}{C의\ 폭발하한}$$

② 혼합기체의 폭발상한(U)

$$\frac{100}{U} = \frac{A의\ 농도}{A의\ 폭발상한} + \frac{B의\ 농도}{B의\ 폭발상한} + \frac{C의\ 농도}{C의\ 폭발상한}$$

다음과 같이 〈문제〉의 값을 이 두 공식에 대입하면 혼합기체의 폭발하한(L)은 3.33%이고, 폭발상한(U)은 12.77%임을 알 수 있다. 따라서 혼합기체의 폭발범위는 **3.33~12.77%**가 된다.

① $\dfrac{100}{L} = \dfrac{50}{5} + \dfrac{30}{3} + \dfrac{20}{2}$

$\dfrac{100}{L} = 30$

$\therefore L = \dfrac{100}{30} = $ **3.33%**

② $\dfrac{100}{U} = \dfrac{50}{15} + \dfrac{30}{12} + \dfrac{20}{10}$

$\dfrac{100}{U} = 7.83$

$\therefore U = \dfrac{100}{7.83} = $ **12.77%**

≫≫ 정답
(1) $\dfrac{100}{L} = \dfrac{50}{5} + \dfrac{30}{3} + \dfrac{20}{2}$, $\dfrac{100}{U} = \dfrac{50}{15} + \dfrac{30}{12} + \dfrac{20}{10}$

(2) 3.33~12.77%

필답형 10 [5점]

다음 위험물이 물과 반응하여 산소를 발생하는 반응식을 쓰시오.

(1) 과산화나트륨   (2) 과산화마그네슘

≫≫ 풀이 과산화나트륨과 과산화마그네슘은 둘 다 제1류 위험물로서 품명은 무기과산화물이며, 지정수량은 50kg이다.

(1) 과산화나트륨(Na_2O_2)은 물과 반응 시 수산화나트륨($NaOH$)과 산소를 발생한다.
   – 과산화나트륨의 물과의 반응식 : $2Na_2O_2 + 2H_2O \rightarrow 4NaOH + O_2$

(2) 과산화마그네슘(MgO_2)은 물과 반응 시 수산화마그네슘[$Mg(OH)_2$]과 산소를 발생한다.
   – 과산화마그네슘의 물과의 반응식 : $2MgO_2 + 2H_2O \rightarrow 2Mg(OH)_2 + O_2$

≫≫ 정답
(1) $2Na_2O_2 + 2H_2O \rightarrow 4NaOH + O_2$
(2) $2MgO_2 + 2H_2O \rightarrow 2Mg(OH)_2 + O_2$

필답형 11 [5점]

〈보기〉에서 질산에스터류에 해당되는 물질을 모두 쓰시오.

트라이나이트로톨루엔, 나이트로셀룰로오스, 나이트로글리세린, 테트릴, 질산메틸, 피크린산

>>> 풀이

물질명	고체 및 액체	품 명
트라이나이트로톨루엔	고체	나이트로화합물
나이트로셀룰로오스	고체	**질산에스터류**
나이트로글리세린	액체	**질산에스터류**
테트릴	고체	나이트로화합물
질산메틸	액체	**질산에스터류**
피크린산	고체	나이트로화합물

>>> 정답 나이트로셀룰로오스, 나이트로글리세린, 질산메틸

필답형 12 [5점]

다음 〈보기〉에서 각 물음에 해당하는 위험물을 선택하여 그 번호를 쓰시오.

① 벤젠   ② 이황화탄소   ③ 아세톤   ④ 아세트알데하이드   ⑤ 아세트산

(1) 비수용성 물질
(2) 인화점이 가장 낮은 물질
(3) 비점이 가장 높은 물질

>>> 풀이 〈보기〉의 위험물의 성질은 다음과 같다.

물질명	품 명	수용성 여부	인화점	비 점
벤젠(C_6H_6)	제1석유류	**비수용성**	−11℃	80℃
이황화탄소(CS_2)	특수인화물	**비수용성**	−30℃	46.3℃
아세톤(CH_3COCH_3)	제1석유류	수용성	−18℃	56.5℃
아세트알데하이드(CH_3CHO)	특수인화물	수용성	**−38℃**	21℃
아세트산(CH_3COOH)	제2석유류	수용성	40℃	**118℃**

>>> 정답 (1) ①, ②
(2) ④
(3) ⑤

필답형 **13** [5점]

다음은 소화난이도등급 I 에 해당하는 제조소에 대한 내용이다. 괄호 안에 알맞은 말을 채우시오.

(1) 연면적 (   )m² 이상인 것을 말한다.
(2) 지정수량의 (   )배 이상인 것(고인화점 위험물만을 100℃ 미만의 온도에서 취급하는 것 및 화약류 위험물을 취급하는 것은 제외)을 말한다.
(3) 지반면으로부터 (   )m 이상의 높이에 위험물 취급설비가 있는 것(고인화점 위험물만을 100℃ 미만의 온도에서 취급하는 것은 제외)을 말한다.

》》 풀이 소화난이도등급 I 에 해당하는 제조소의 기준
(1) **연면적 1,000m² 이상**인 것
(2) **지정수량 100배 이상**인 것(고인화점 위험물만을 100℃ 미만의 온도에서 취급하는 것 및 화약류 위험물을 취급하는 것은 제외)
(3) **지반면으로부터 6m 이상**의 높이에 위험물취급설비가 있는 것(고인화점 위험물만을 100℃ 미만의 온도에서 취급하는 것은 제외)

》》 정답 (1) 1,000
(2) 100
(3) 6

필답형 **14** [5점]

판매취급소에 대해 다음 물음에 답하시오.

(1) 판매취급소는 위험물을 지정수량의 몇 배 이하로 취급하는 장소인지 쓰시오.
(2) 위험물을 배합하는 실의 바닥면적의 범위를 쓰시오.
(3) 위험물을 배합하는 실의 문턱 높이는 바닥면으로부터 몇 m 이상으로 해야 하는지 쓰시오.

》》 풀이 (1) 판매취급소란 점포에서 위험물을 용기에 담아 판매하기 위하여 **지정수량의 40배 이하**의 위험물을 취급하는 장소를 말한다.
(2) 판매취급소의 위험물 배합실의 기준
① 바닥 : **6m² 이상 15m² 이하**의 면적으로 적당한 경사를 두고 집유설비를 할 것
② 벽 : 내화구조 또는 불연재료로 된 벽으로 구획
③ 출입구의 방화문 : 자동폐쇄식 60분+방화문 또는 60분 방화문
④ 출입구 문턱의 높이 : 바닥면으로부터 **0.1m 이상**
⑤ 가연성의 증기 또는 미분을 지붕 위로 방출하는 설비를 할 것

》》 정답 (1) 40배
(2) 6m² 이상 15m² 이하
(3) 0.1m

필답형 15 [5점]

제4류 위험물을 취급하는 제조소로부터 다음의 시설물까지의 안전거리는 몇 m 이상으로 해야 하는지 쓰시오.

(1) 노인복지시설
(2) 고압가스시설
(3) 사용전압 35,000V를 초과하는 특고압가공전선

≫≫ 풀이　제조소의 안전거리
① 주거용 건축물(제조소의 동일부지 외에 있는 것) : 10m 이상
② 학교, 병원, 극장(300명 이상), **노인복지시설** 및 다수인 수용시설 : **30m 이상**
③ 유형문화재, 지정문화재 : 50m 이상
④ **고압가스**, 액화석유가스 등의 저장 · 취급 시설 : **20m 이상**
⑤ 사용전압 7,000V 초과 35,000V 이하의 특고압가공전선 : 3m 이상
⑥ 사용전압 **35,000V를 초과하는 특고압가공전선** : **5m 이상**
※ 단, 제6류 위험물제조소등은 제외한다.

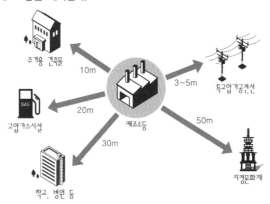

≫≫ 정답　(1) 30m
(2) 20m
(3) 5m

필답형 16 [5점]

다음 물음에 대해 답하시오. (단, 염소의 원자량은 35.5이다.)

(1) 과염소산의 화학식 및 분자량
(2) 질산의 화학식 및 분자량

≫≫ 풀이　(1) 과염소산의 화학식은 $HClO_4$이며, 분자량은 1(H)+35.5(Cl)+16(O)×4=**100.5**이다.
(2) 질산의 화학식은 HNO_3이며, 분자량은 1(H)+14(N)+16(O)×3=**63**이다.

≫≫ 정답　(1) $HClO_4$, 100.5
(2) HNO_3, 63

필답형 17 [5점]

다음 빈칸에 알맞은 내용을 쓰시오.

물질명	화학식	지정수량
①	$KMnO_4$	②
③	$K_2Cr_2O_7$	④
과염소산암모늄	⑤	⑥

≫≫ 풀이

물질명	화학식	품 명	지정수량
과망가니즈산칼륨	$KMnO_4$	과망가니즈산염류	1,000kg
다이크로뮴산칼륨	$K_2Cr_2O_7$	다이크로뮴산염류	1,000kg
과염소산암모늄	NH_4ClO_4	과염소산염류	50kg

≫≫ 정답
① 과망가니즈산칼륨
② 1,000kg
③ 다이크로뮴산칼륨
④ 1,000kg
⑤ NH_4ClO_4
⑥ 50kg

필답형 18 [5점]

다음 물질의 연소생성물을 화학식으로 쓰시오.

(1) 적린
(2) 황린
(3) 삼황화인

≫≫ 풀이
(1) 적린(P)은 제2류 위험물로서 지정수량은 100kg이며, 연소 시 오산화인(P_2O_5)을 발생한다.
　　- 적린의 연소반응식 : $4P + 5O_2 \rightarrow 2P_2O_5$
(2) 황린(P_4)은 제3류 위험물로서 지정수량은 20kg이며, 연소 시 오산화인(P_2O_5)을 발생한다.
　　- 황린의 연소반응식 : $P_4 + 5O_2 \rightarrow 2P_2O_5$
(3) 삼황화인(P_4S_3)은 제2류 위험물로서 지정수량은 100kg이며, 연소 시 오산화인(P_2O_5)과 이산화황(SO_2)을 발생한다.
　　- 삼황화인의 연소반응식 : $P_4S_3 + 8O_2 \rightarrow 2P_2O_5 + 3SO_2$

≫≫ 정답
(1) P_2O_5
(2) P_2O_5
(3) P_2O_5, SO_2

필답형 19 [5점]

비중 0.79인 에틸알코올 200mL와 비중이 1인 물 150mL를 혼합한 용액에 대하여 다음 물음에 답하시오.

(1) 이 용액에 포함된 에틸알코올의 함유량은 몇 중량%인지 구하시오.
   ① 풀이과정
   ② 답
(2) 이 용액은 제4류 위험물 중 알코올류의 품명에 속하는지 판단하고, 이유를 쓰시오.

>>> 풀이

(1) 〈문제〉는 에틸알코올의 함유량이 몇 중량%인지 묻는 것이므로 부피로 나와 있는 에틸알코올과 물을 질량으로 환산해야 한다.

밀도 $=\dfrac{질량(g)}{부피(mL)}$ 이며 비중은 단위가 없는 것을 제외하면 밀도와 같은 공식이므로 비중 또한 공식은

$\dfrac{질량(g)}{부피(mL)}$ 이고 여기서 질량(g)=비중×부피(mL)라는 것을 알 수 있다.

이 식을 이용해 비중 0.79인 에틸알코올 200mL와 비중 1인 물 150mL의 질량을 구하면 다음과 같다.
 – 에틸알코올의 질량 : 0.79×200mL=158g
 – 물의 질량 : 1×150mL=150g
〈문제〉는 에틸알코올 158g과 물 150g을 혼합한 용액의 에틸알코올의 함유량이 얼마인지를 묻는 것이며,

이 용액 속에 포함된 에틸알코올의 함유량은 $\dfrac{158(에틸알코올의 \ 중량)}{158(에틸알코올의 \ 중량)+150(물의 \ 중량)}×100=51.30$

중량%이다.

(2) 알코올의 함유량이 60중량% 미만인 수용액은 알코올류의 품명에서 제외되므로 **에틸알코올 51.30중량%는 알코올류에 속하지 않는다.**

> **Check** >>>
>
> 알코올류라 함은 1분자를 구성하는 탄소원자의 수가 1개부터 3개까지인 포화1가 알코올(변성 알코올을 포함)을 말한다. 다만, **다음 중 어느 하나에 해당하는 것은 제외**한다.
> 1. 1분자를 구성하는 탄소원자의 수가 1개 내지 3개인 포화1가 알코올의 **함유량이 60중량% 미만인 수용액**
> 2. 가연성 액체량이 60중량% 미만이고 인화점 및 연소점이 에틸알코올 60중량%인 수용액의 인화점 및 연소점을 초과하는 것

>>> 정답

(1) ① $\dfrac{158}{158+150}×100$

   ② 51.30중량%

(2) 함유량이 60중량% 미만이므로 알코올류에 속하지 않는다.

필답형 20 [5점]

다음 물질의 운반용기 외부에 표시하는 주의사항을 쓰시오.

(1) 인화성 고체
(2) 제6류 위험물
(3) 제5류 위험물

>>> 풀이 유별에 따른 주의사항의 비교

유 별	품 명	운반용기의 주의사항	위험물제조소등의 주의사항
제1류	알칼리금속의 과산화물	화기·충격주의, 가연물접촉주의, 물기엄금	물기엄금 (청색바탕, 백색문자)
	그 밖의 것	화기·충격주의, 가연물접촉주의	필요 없음
제2류	철분, 금속분, 마그네슘	화기주의, 물기엄금	화기주의 (적색바탕, 백색문자)
	인화성 고체	**화기엄금**	화기엄금 (적색바탕, 백색문자)
	그 밖의 것	화기주의	화기주의 (적색바탕, 백색문자)
제3류	금수성 물질	물기엄금	물기엄금 (청색바탕, 백색문자)
	자연발화성 물질	화기엄금, 공기접촉엄금	화기엄금 (적색바탕, 백색문자)
제4류	인화성 액체	화기엄금	화기엄금 (적색바탕, 백색문자)
제5류	자기반응성 물질	**화기엄금, 충격주의**	화기엄금 (적색바탕, 백색문자)
제6류	산화성 액체	**가연물접촉주의**	필요 없음

>>> 정답 (1) 화기엄금
(2) 가연물접촉주의
(3) 화기엄금, 충격주의

2020 제4회 위험물기능사 실기

2020년 11월 28일 시행

※ 필답형＋작업형으로 시행되던 기존 시험에서는 각 문항별 배점이 상이하였으나,
필답형(20문제) 시험만 보는 2020년 1회부터는 각 문항 배점이 모두 5점입니다!

 필/답/형 시험

필답형 01

[5점]

다음 탱크의 내용적을 구하시오. (단, $r=1m$, $l=4m$, $l_1=1.5m$, $l_2=1.5m$)

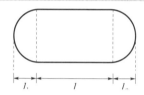

>>> 풀이　가로형으로 설치한 원통형 탱크

$$내용적 = \pi r^2 \left(l + \frac{l_1 + l_2}{3}\right) = \pi \times 1^2 \times \left(4 + \frac{1.5 + 1.5}{3}\right) = \mathbf{15.71m^3}$$

>>> 정답　$15.71m^3$

필답형 02

[5점]

과산화벤조일에 대해 다음 물음에 답하시오.

(1) 구조식
(2) 분자량의 계산과정 및 분자량

>>> 풀이　과산화벤조일[$(C_6H_5CO)_2O_2$]＝벤조일퍼옥사이드

① 제5류 위험물 중 품명은 유기과산화물이며, 지정수량은 제1종 :
10kg, 제2종 : 100kg이다.
② 무색무취의 고체상태이며, 분해온도 75~80℃, 발화점 125℃,
융점 54℃, 비중 1.2이다.
③ 분자량은 [12(C)×6＋1(H)×5＋12(C)＋16(O)]×2＋16(O)×2
＝242이다.

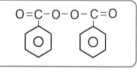

‖ 과산화벤조일의 구조식 ‖

>>> 정답　(1)

(2) (12×6＋5＋12＋16)×2＋16×2＝242

필답형 03 [5점]

하이드라진과 과산화수소의 반응식을 쓰시오.

▶▶▶ 풀이 하이드라진(N_2H_4)과 과산화수소(H_2O_2)의 반응으로 생성되는 물질은 질소(N_2)와 물(H_2O)이며, 반응식을 완성하는 단계는 다음과 같다.

① 1단계 : 반응 후 생성되는 물(H_2O)의 몰수는 4몰이 된다고 암기한다.
$$N_2H_4 + H_2O_2 \rightarrow N_2 + 4H_2O$$

② 2단계 : 4몰의 물($4H_2O$)에는 산소가 4개 존재하는데 반응 전의 과산화수소(H_2O_2)에는 산소가 2개밖에 없으므로 과산화수소 앞에 2를 곱해 산소의 개수를 같게 하면 나머지 질소(N)와 수소(H)의 개수도 같아져 반응식을 다음과 같이 완성할 수 있다.
$$N_2H_4 + 2H_2O_2 \rightarrow N_2 + 4H_2O$$

> **Check ▶▶▶**
> 1. 과산화수소(H_2O_2)는 제6류 위험물로 농도 36중량% 이상이 위험물이다.
> 2. 하이드라진(N_2H_4)은 제4류 위험물 중 품명은 제2석유류 수용성 물질이며, 지정수량은 2,000L이다.

▶▶▶ 정답 $N_2H_4 + 2H_2O_2 \rightarrow N_2 + 4H_2O$

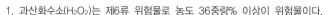

필답형 04 [5점]

위험물안전관리법령상 다음 각 품명에 해당하는 지정수량을 쓰시오.

(1) 염소산염류
(2) 무기과산화물
(3) 질산염류
(4) 아이오딘산염류
(5) 다이크로뮴산염류

▶▶▶ 풀이

유 별	성 질	위험등급	품 명	지정수량
제1류 위험물	산화성 고체	Ⅰ	1. 아염소산염류	50kg
			2. **염소산염류**	**50kg**
			3. 과염소산염류	50kg
			4. **무기과산화물**	**50kg**
		Ⅱ	5. 브로민산염류	300kg
			6. **질산염류**	**300kg**
			7. **아이오딘산염류**	**300kg**
		Ⅲ	8. 과망가니즈산염류	1,000kg
			9. **다이크로뮴산염류**	**1,000kg**

▶▶▶ 정답 (1) 50kg (2) 50kg (3) 300kg (4) 300kg (5) 1,000kg

필답형 05 [5점]

다음 물음에 답하시오.

(1) 고체의 연소형태 4가지를 쓰시오.
(2) 황의 연소형태를 쓰시오.

>>> 풀이   고체의 연소형태 4가지
고체의 연소형태는 **표면연소, 분해연소, 자기연소, 증발연소**로 구분할 수 있다.
① 표면연소 : 가스의 발생 없이 연소물의 표면에서 산소와 접촉하여 연소하는 반응이다.
  예 코크스(탄소), 목탄(숯), 금속분 등
② 분해연소 : 고체 가연물에서 열분해반응이 일어날 때 발생된 가연성 증기가 공기와 혼합되면서 발생된 혼합기체가 연소하는 형태를 의미한다.
  예 목재, 종이, 석탄, 플라스틱, 합성수지 등
③ 자기연소 : 자체적으로 산소공급원을 가지고 있는 고체 가연물이 외부로부터 공기 또는 산소공급원의 유입 없이도 연소할 수 있는 형태로서 연소속도가 폭발적인 연소형태이다.
  예 제5류 위험물 등
④ 증발연소 : 고체 가연물이 액체형태로 상태변화를 일으키면서 가연성 증기를 증발시키고 이 가연성 증기가 공기와 혼합하여 연소하는 형태를 의미한다.
  예 **황**(S), 나프탈렌($C_{10}H_8$), 양초(파라핀) 등

>>> 정답   (1) 표면연소, 분해연소, 자기연소, 증발연소
(2) 증발연소

필답형 06 [5점]

다음 물질의 연소반응식을 쓰시오.

(1) 톨루엔
(2) 벤젠
(3) 이황화탄소

>>> 풀이   다음 물질은 모두 제4류 위험물로서 연소 시 이산화탄소(CO_2)와 물(H_2O)을 발생하며, 각 물질의 연소반응식은 다음과 같다.
(1) 톨루엔의 연소반응식
  $C_6H_5CH_3 + 9O_2 \rightarrow 7CO_2 + 4H_2O$
(2) 벤젠의 연소반응식
  $2C_6H_6 + 15O_2 \rightarrow 12CO_2 + 6H_2O$
(3) 이황화탄소의 연소반응식
  $CS_2 + 3O_2 \rightarrow CO_2 + 2SO_2$

>>> 정답   (1) $C_6H_5CH_3 + 9O_2 \rightarrow 7CO_2 + 4H_2O$
(2) $2C_6H_6 + 15O_2 \rightarrow 12CO_2 + 6H_2O$
(3) $CS_2 + 3O_2 \rightarrow CO_2 + 2SO_2$

필답형 07 [5점]

다이에틸에터 37g을 100℃, 2L의 밀폐용기에서 기화시키면 이 용기의 내부압력은 몇 기압이 되는지 구하시오.

(1) 계산과정
(2) 답

▷▷ 풀이 다이에틸에터($C_2H_5OC_2H_5$) 1mol의 분자량은 12(C)g×4＋1(H)g×10+16(O)g=74g인데 〈문제〉는 다이에틸에터 37g이 온도 100℃에서 부피 2L가 되면 압력은 몇 기압인지 구하는 것이므로 다음과 같이 이상기체상태방정식을 이용한다.

$$PV = \frac{w}{M}RT$$

여기서, P : 압력
   V : 부피=2L
   w : 질량=37g
   M : 분자량=74g/mol
   R : 이상기체상수 0.082기압 · L/K · mol
   T : 절대온도(273＋실제온도) K=273＋100K

$$P \times 2 = \frac{37}{74} \times 0.082 \times (273 + 100)$$

∴ P=7.65기압

▷▷ 정답 (1) $P \times 2 = \dfrac{37}{74} \times 0.082 \times (273 + 100)$

(2) 7.65기압

필답형 08 [5점]

알루미늄분에 대해 다음 물음에 답하시오.

(1) 연소반응식을 쓰시오.
(2) 염산과의 반응식을 쓰시오.
(3) 품명을 쓰시오.

▷▷ 풀이 알루미늄분(Al)

① 제2류 위험물 중 **품명은 금속분**으로, 지정수량은 500kg이다.
② 비중 2.7, 융점 660℃인 은백색 광택의 금속으로 열전도율이나 전기전도도가 큰 편이다.
③ 알루미늄은 **연소 시** 산화알루미늄(Al_2O_3)이 생성된다.
   – 연소반응식 : $4Al + 3O_2 \rightarrow 2Al_2O_3$
④ 온수와 반응 시 수산화알루미늄[$Al(OH)_3$]과 폭발성인 수소(H_2)가스를 발생시킨다.
   – 물과의 반응식 : $2Al + 6H_2O \rightarrow 2Al(OH)_3 + 3H_2$
⑤ **염산과 반응 시** 염화알루미늄($AlCl_3$)과 폭발성인 수소가스를 발생시킨다.
   – 염산과의 반응식 : $2Al + 6HCl \rightarrow 2AlCl_3 + 3H_2$

▷▷ 정답 (1) $4Al + 3O_2 \rightarrow 2Al_2O_3$

(2) $2Al + 6HCl \rightarrow 2AlCl_3 + 3H_2$

(3) 금속분

필답형 09 [5점]

트라이나이트로톨루엔의 생성과정을 사용 원료를 중심으로 설명하시오.

〉〉〉 풀이 TNT로도 불리는 트라이나이트로톨루엔[$C_6H_2CH_3(NO_2)_3$]은 **톨루엔**($C_6H_5CH_3$)**에 질산**(HNO_3)**과 황산**(H_2SO_4)**을 반응**시켜 톨루엔의 수소(H) 3개를 나이트로기(−NO_2)로 치환한 물질로서, 제5류 위험물에 속하며 품명은 나이트로화합물이고 지정수량은 제1종 : 10kg, 제2종 : 100kg이다.

– 톨루엔의 나이트로화 반응식 : $C_6H_5CH_3 + 3HNO_3 \xrightarrow[\text{c−}H_2SO_4(\text{탈수반응})]{} C_6H_2CH_3(NO_2)_3 + 3H_2O$

> **Check 〉〉〉**
>
> 어떤 물질에 질산과 황산을 가하면 그 물질은 나이트로화된다.
> 1. 벤젠(C_6H_6)을 나이트로화시켜 나이트로벤젠($C_6H_5NO_2$)을 생성한다.
>   – 반응식 : $C_6H_6 + HNO_3 \xrightarrow[\text{c−}H_2SO_4]{} C_6H_5NO_2 + H_2O$
> 2. 글리세린[$C_3H_5(OH)_3$]을 나이트로화시켜 나이트로글리세린[$C_3H_5(ONO_2)_3$]을 생성한다.
>   – 반응식 : $C_3H_5(OH)_3 + 3HNO_3 \xrightarrow[\text{c−}H_2SO_4]{} C_3H_5(ONO_2)_3 + 3H_2O$

〉〉〉 정답 톨루엔에 질산과 황산을 반응시켜 생성

필답형 10 [5점]

다음 분말소화약제의 1차 분해반응식을 쓰시오.

(1) 탄산수소칼륨   (2) 인산암모늄

〉〉〉 풀이 분말소화약제의 1차 분해반응식
① 제1종 분말소화약제인 탄산수소나트륨($NaHCO_3$)은 270℃에서 1차 분해하여 탄산나트륨(Na_2CO_3)과 이산화탄소(CO_2), 물(H_2O)을 발생한다.
– 1차 분해반응식 : $2NaHCO_3 \longrightarrow Na_2CO_3 + CO_2 + H_2O$
② 제2종 분말소화약제인 **탄산수소칼륨**($KHCO_3$)은 190℃에서 1차 분해하여 탄산칼륨(K_2CO_3)과 이산화탄소(CO_2), 물(H_2O)을 발생한다.
– 1차 분해반응식 : $2KHCO_3 \longrightarrow K_2CO_3 + CO_2 + H_2O$
③ 제3종 분말소화약제인 **인산암모늄**($NH_4H_2PO_4$)은 190℃에서 1차 분해하여 오르토인산(H_3PO_4)과 암모니아(NH_3)를 발생한다.
– 1차 분해반응식 : $NH_4H_2PO_4 \longrightarrow H_3PO_4 + NH_3$

> **Check 〉〉〉**
>
> **인산암모늄의 열분해반응식**
> 1. 2차 분해반응식(215℃) : $2H_3PO_4 \longrightarrow H_4P_2O_7 + H_2O$
>   오르토인산　　피로인산　물
> 2. 3차 분해반응식(300℃) : $H_4P_2O_7 \longrightarrow 2HPO_3 + H_2O$
>   피로인산　　메타인산　물
> 3. 완전분해반응식 : $NH_4H_2PO_4 \longrightarrow NH_3 + H_2O + HPO_3$
>   인산암모늄　암모니아 물　메타인산

〉〉〉 정답 (1) $2KHCO_3 \longrightarrow K_2CO_3 + CO_2 + H_2O$ (2) $NH_4H_2PO_4 \longrightarrow H_3PO_4 + NH_3$

필답형 11 [5점]

이산화탄소소화기의 대표적인 소화작용 2가지를 쓰시오.

풀이 이산화탄소소화기의 대표적인 소화작용은 **질식소화**와 **냉각소화**이다.

> **Check >>>**
>
> **그 밖의 소화기의 주된 소화효과**
> 일반적으로 소화기의 소화효과는 다음과 같지만 소화대상물에 따라 소화기들의 소화효과는 달라질 수도 있다.
> 1. 할로겐화합물소화기 : 억제(부촉매)소화
> 2. 포소화기 : 질식소화 또는 냉각소화
> 3. 분말소화기 : 질식소화

정답 질식소화, 냉각소화

필답형 12 [5점]

다음 괄호 안에 들어갈 알맞은 말을 쓰시오.

(1) 위험물이라 함은 (   ) 또는 (   ) 등의 성질을 가지는 것으로서 대통령령이 정하는 물품을 말한다.
(2) (   )이라 함은 위험물의 종류별로 위험성을 고려하여 대통령령이 정하는 수량으로서 제조소 등의 설치허가 등에 있어서 최저의 기준이 되는 수량을 말한다.

풀이 (1) 위험물이라 함은 **인화성** 또는 **발화성** 등의 성질을 가지는 것으로서 대통령령이 정하는 물품을 말한다.
(2) **지정수량**이라 함은 위험물의 종류별로 위험성을 고려하여 대통령령이 정하는 수량으로서 제조소등의 설치 허가 등에 있어서 최저의 기준이 되는 수량을 말한다.

정답 (1) 인화성, 발화성
(2) 지정수량

필답형 13 [5점]

다음 괄호 안에 들어갈 알맞은 말을 쓰시오.

지하저장탱크는 압력탱크 외의 탱크에 있어서는 (①)kPa의 압력으로, 압력탱크에 있어서는 최대상용압력의 (②)배의 압력으로 각각 (③)분간 수압시험을 실시하여 새거나 변형되지 아니하여야 한다. 이 경우 수압시험은 소방청장이 정하여 고시하는 (④)과 (⑤)을 동시에 실시하는 방법으로 대신할 수 있다.

풀이 지하저장탱크는 압력탱크 외의 탱크에 있어서는 **70kPa**의 압력으로, 압력탱크에 있어서는 최대상용압력의 **1.5배**의 압력으로 각각 **10분**간 수압시험을 실시하여 새거나 변형되지 아니하여야 한다. 이 경우 수압시험은 소방청장이 정하여 고시하는 **기밀시험**과 **비파괴시험**을 동시에 실시하는 방법으로 대신할 수 있다.

정답 ① 70 ② 1.5 ③ 10 ④ 기밀시험 ⑤ 비파괴시험

필답형 14　　　　　　　　　　　　　　　　　　　　　　　　　　　[5점]

다음 각 물질이 물과 반응하여 발생하는 기체의 명칭을 쓰시오. (단, 없으면 "없음"이라 쓰시오.)

(1) 과산화마그네슘
(2) 칼슘
(3) 질산나트륨
(4) 수소화칼륨
(5) 과염소산나트륨

》》 풀이　(1) 과산화마그네슘(MgO_2)은 제1류 위험물로서 품명은 무기과산화물이며 물과 반응 시 수산화마그네슘[$Mg(OH)_2$]과 **산소**(O_2)를 발생한다.
　　　　　　　– 물과의 반응식 : $2MgO_2 + 2H_2O \rightarrow 2Mg(OH)_2 + O_2$
　　　　(2) 칼슘(Ca)은 제3류 위험물로서 품명은 알칼리금속 및 알칼리토금속이며 물과 반응 시 수산화칼슘[$Ca(OH)_2$]
　　　　　　과 **수소**(H_2)를 발생한다.
　　　　　　　– 물과의 반응식 : $Ca + 2H_2O \rightarrow Ca(OH)_2 + H_2$
　　　　(3) 질산나트륨($NaNO_3$)은 제1류 위험물로서 품명은 질산염류이며 **물과 반응하지 않는다.**
　　　　(4) 수소화칼륨(KH)은 제3류 위험물로서 품명은 금속의 수소화물이며 물과 반응 시 수산화칼륨(KOH)과 **수소**를
　　　　　　발생한다.
　　　　　　　– 물과의 반응식 : $KH + H_2O \rightarrow KOH + H_2$
　　　　(5) 과염소산나트륨($NaClO_4$)은 제1류 위험물로서 품명은 과염소산염류이며 **물과 반응하지 않는다.**

》》 정답　(1) 산소
　　　　(2) 수소
　　　　(3) 없음
　　　　(4) 수소
　　　　(5) 없음

필답형 15　　　　　　　　　　　　　　　　　　　　　　　　　　　[5점]

트라이에틸알루미늄과 물이 반응하여 발생하는 기체에 대해 다음 물음에 답하시오.

(1) 기체의 명칭을 쓰시오.
(2) 기체의 연소반응식을 쓰시오.

》》 풀이　트라이에틸알루미늄[$(C_2H_5)_3Al$]
　　　　① 제3류 위험물 중 품명은 알킬알루미늄이며, 지정수량은 10kg이다.
　　　　② 물과 반응 시 수산화알루미늄[$Al(OH)_3$]과 **에테인**(C_2H_6)가스를 발생한다.
　　　　　　– 물과의 반응식 : $(C_2H_5)_3Al + 3H_2O \rightarrow Al(OH)_3 + 3C_2H_6$
　　　　③ 에테인가스를 연소시키면 이산화탄소(CO_2)와 물(H_2O)이 발생한다.
　　　　　　– 연소반응식 : $2C_2H_6 + 7O_2 \rightarrow 4CO_2 + 6H_2O$

》》 정답　(1) 에테인
　　　　(2) $2C_2H_6 + 7O_2 \rightarrow 4CO_2 + 6H_2O$

필답형 16
[5점]

분자량 58, 비중 0.79, 비점 56.5℃이며, 아이오도폼반응을 하는 제4류 위험물에 대해 다음 물음에 답하시오.

(1) 명칭을 쓰시오.
(2) 시성식을 쓰시오.
(3) 위험등급을 쓰시오.

⟩⟩⟩ 풀이 **아세톤(CH_3COCH_3)＝다이메틸케톤**

① 제4류 위험물로서 품명은 제1석유류 수용성이고, 지정수량은 400L 이며, **위험등급 II**인 물질이다.

② 인화점 −18℃, 발화점 538℃, 비점 56.5℃, 연소범위 2.6∼12.8% 이다.

③ 비중 0.79로 물보다 가벼운 무색 액체이며, 물에 잘 녹는다.

④ 아이오도폼반응을 한다.

```
    H   O   H
    |   ‖   |
H — C — C — C — H
    |       |
    H       H
```

▌아세톤의 구조식 ▌

⟩⟩⟩ 정답
(1) 아세톤
(2) CH_3COCH_3
(3) II

필답형 17
[5점]

다음 〈보기〉 중 1기압에서 인화점이 21℃ 이상 70℃ 미만의 범위에 속하며 수용성인 물질을 쓰시오.

나이트로벤젠, 아세트산, 폼산, 테레핀유, 글리세린

⟩⟩⟩ 풀이 1기압에서 인화점이 21℃ 이상 70℃ 미만의 범위에 속하는 품명은 제4류 위험물 중 제2석유류이다. 아래의 [표]에서 알 수 있듯이 제2석유류 중 수용성 물질은 **아세트산**과 **폼산**이다.

물질명	화학식	인화점	품 명	수용성의 여부
나이트로벤젠	$C_6H_5NO_2$	88℃	제3석유류	비수용성
아세트산	CH_3COOH	**40℃**	**제2석유류**	**수용성**
폼산	$HCOOH$	**69℃**	**제2석유류**	**수용성**
테레핀유	$C_{10}H_{16}$	35℃	제2석유류	비수용성
글리세린	$C_3H_5(OH)_3$	160℃	제3석유류	수용성

⟩⟩⟩ 정답 아세트산, 폼산

필답형 18 [5점]

다음 중 품명과 지정수량의 연결이 옳은 것을 찾아 그 번호를 쓰시오.

① 산화프로필렌 – 200L
② 피리딘 – 400L
③ 실린더유 - 6,000L
④ 아닐린 - 2,000L
⑤ 아마인유 - 6,000L

▶▶▶ 풀이

물질명	화학식	품 명	지정수량
① 산화프로필렌	CH_3CHOCH_2	특수인화물(수용성)	50L
② 피리딘	C_5H_5N	제1석유류(수용성)	400L
③ 실린더유	–	제4석유류	6,000L
④ 아닐린	$C_6H_5NH_2$	제3석유류(비수용성)	2,000L
⑤ 아마인유	–	동식물유류	10,000L

▶▶▶ 정답 ②, ③, ④

필답형 19 [5점]

과산화칼륨 1몰이 충분한 이산화탄소와 반응하여 발생하는 산소의 부피는 표준상태에서 몇 L가 되는지 구하시오.

(1) 계산과정
(2) 답

▶▶▶ 풀이 과산화칼륨(K_2O_2)은 이산화탄소(CO_2)와 반응하면 탄산칼륨(K_2CO_3)과 산소(O_2)가 발생한다.
– 이산화탄소와의 반응식 : $2K_2O_2 + 2CO_2 \rightarrow 2K_2CO_3 + O_2$
위의 반응식에서 알 수 있듯이 1몰의 과산화칼륨을 이산화탄소와 반응시키면 0.5몰의 산소가 발생하고 표준상태(0℃, 1기압)에서 모든 기체 1몰의 부피는 22.4L이므로 〈문제〉의 산소 0.5몰의 부피는 **0.5×22.4L=11.2L**가 된다.

Check ▶▶▶

과산화칼륨의 그 밖의 반응
1. 분해 시 산화칼륨(K_2O)과 산소를 발생한다.
– 분해반응식 : $2K_2O_2 \rightarrow 2K_2O + O_2$
2. 물과 반응 시 수산화칼륨(KOH)과 산소를 발생한다.
– 물과의 반응식 : $2K_2O_2 + 2H_2O \rightarrow 4KOH + O_2$
3. 아세트산(CH_3COOH)과 반응 시 아세트산칼륨(CH_3COOK)과 제6류 위험물인 과산화수소(H_2O_2)를 발생한다.
– 아세트산과의 반응식 : $K_2O_2 + 2CH_3COOH \rightarrow 2CH_3COOK + H_2O_2$

▶▶▶ 정답 (1) 0.5×22.4L
(2) 11.2L

필답형 **20** [5점]

위험물을 운반할 때 제2류 위험물과 혼재할 수 없는 유별을 모두 쓰시오.

>>> 풀이 유별을 달리하는 위험물의 혼재기준(운반기준)

위험물의 구분	제1류	제2류	제3류	제4류	제5류	제6류
제1류		×	×	×	×	○
제2류	×		×	○	○	×
제3류	×	×		○	×	×
제4류	×	○	○		○	×
제5류	×	○	×	○		×
제6류	○	×	×	×	×	

※ 이 표는 지정수량의 1/10 이하의 위험물에 대하여는 적용하지 아니한다.

>>> 정답 제1류 위험물, 제3류 위험물, 제6류 위험물

2021 제1회 위험물기능사 실기

2021년 4월 3일 시행

※ 필답형＋작업형으로 시행되던 기존 시험에서는 각 문항별 배점이 상이하였으나,
필답형(20문제) 시험만 보는 2020년 1회부터는 각 문항 배점이 모두 5점입니다!

 필/답/형 시험

필답형 01 [5점]

표준상태에서 칼륨 78g과 에틸알코올 92g을 반응시키는 과정에 대한 다음 물음에 답하시오.

(1) 두 물질의 반응식을 쓰시오.
(2) 두 물질의 반응으로 발생하는 수소기체의 부피는 몇 L인지 쓰시오.

>>> 풀이
(1) 칼륨(K)과 에틸알코올(C_2H_5OH)을 반응시키면 칼륨에틸레이트(C_2H_5OK)와 수소(H_2)기체가 발생하며, 반응식은 다음과 같다.
- $2K + 2C_2H_5OH \rightarrow 2C_2H_5OK + H_2$

(2) 칼륨의 원자량은 39이며, 에틸알코올(C_2H_5OH)의 물질량은 12(C)×2＋1(H)×6＋16(O)＝46g/mol이고, 표준상태에서 기체 1mol의 부피는 22.4L이다.

칼륨 78g은 78g K × $\dfrac{1mol}{39g\ K}$ ＝2mol이고 에틸알코올은 92g $92gC_2H_5OH × \dfrac{1mol}{46g\ C_2H_5OH}$ ＝2mol이므로 2mol의 칼륨과 2mol의 에틸알코올이 반응하면 1mol의 수소기체가 발생하고 1mol의 수소기체의 부피는 22.4L이다.

이상기체상태방정식을 이용한 풀이 방법

$PV = nRT$

여기서, P : 압력＝1기압
V : 부피＝ V(L)
n : 몰수＝1mol
R : 이상기체상수＝0.082atm · L/K · mol
T : 절대온도(273 + 실제온도)＝273＋0K

💡 **Tip**
이 부피값은 통상적으로 22.4L로 사용되기 때문에 정답을 22.4L로 해도 됩니다.

$1 × V = 1 × 0.082 × (273 + 0)$
∴ $V = 22.386L$

>>> 정답
(1) $2K + 2C_2H_5OH \rightarrow 2C_2H_5OK + H_2$
(2) 22.4L

필답형 02   [5점]

다음 물음에 답하시오. (단, 마그네슘 1몰의 연소 시 발생 열량은 134.7kcal/mol이다.)

(1) 마그네슘 4몰의 연소반응식을 쓰시오.
(2) 마그네슘 4몰의 연소 시 발생하는 열량은 몇 kcal인지 구하시오.
   ① 계산과정
   ② 답

▶▶ 풀이 (1) 마그네슘(Mg)은 제2류 위험물로서 연소 시 산화마그네슘(MgO)을 생성하며, 연소반응식은 다음과 같다.
   – 마그네슘 1몰의 연소반응식 : $Mg + 0.5O_2 \longrightarrow MgO$
   〈문제〉는 마그네슘 4몰의 연소반응식을 쓰는 것이므로 모든 항에 4를 곱해 다음과 같이 나타내어야 한다.
   – 마그네슘 4몰의 연소반응식 : **$4Mg + 2O_2 \longrightarrow 4MgO$**
   (2) 마그네슘 1몰의 연소 시 발생 열량은 134.7kcal/mol이므로 마그네슘 4몰의 연소 시 발생 열량은 **4mol × 134.7kcal/mol=538.8kcal**이다.

> **Check ▶▶**
>
> 1. 은백색 광택을 가지고 있으며, 비중은 1.74, 융점은 650℃이다.
> 2. 물과 반응 시 수산화마그네슘[$Mg(OH)_2$]과 수소를 발생한다.
>   – 물과의 반응식 : $Mg + 2H_2O \longrightarrow Mg(OH)_2 + H_2$
> 3. 다음 중 하나에 해당하는 것은 위험물에서 제외한다.
>   – 2밀리미터의 체를 통과하지 아니하는 덩어리상태의 것
>   – 직경 2밀리미터 이상의 막대모양의 것

▶▶ 정답 (1) $4Mg + 2O_2 \longrightarrow 4MgO$
   (2) ① 4mol × 134.7kcal/mol
      ② 538.8kcal

필답형 03   [5점]

과산화물을 생성하는 물질로서 분자량 58, 비중 0.79, 비점 56.5℃이며, 탈지작용을 하는 제4류 위험물에 대해 다음 물음에 답하시오.

(1) 시성식
(2) 지정수량

▶▶ 풀이 아세톤(CH_3COCH_3)=다이메틸케톤
   ① 제4류 위험물로서 품명은 제1석유류 수용성 물질이고, **지정수량은 400L**이며, 분자량은 12(C)×3+1(H)×6+16(O)=58이다.
   ② 인화점 −18℃, 발화점 538℃, 비점 56.5℃, 연소범위 2.6~12.8%이다.
   ③ 비중 0.79로 물보다 가벼운 무색 액체이며, 물에 잘 녹는다.
   ④ 피부를 백색으로 만드는 탈지작용을 하며, 빛에 의해 과산화될 수 있다.

┃ 아세톤의 구조식 ┃

▶▶ 정답 (1) CH_3COCH_3
   (2) 400L

필답형 04 [5점]

다음 물질의 구조식을 쓰시오.

(1) TNP
(2) TNT

▶▶▶ 풀이

(1) TNP(트라이나이트로페놀)

제5류 위험물로서 품명은 나이트로화합물이며, 지정수량은 제1종 : 10kg, 제2종 : 100kg이다. 피크린산이라고도 불리는 이 물질의 화학식은 $C_6H_2OH(NO_2)_3$이며, 구조식은 페놀(C_6H_5OH)의 수소 3개를 빼고 그 자리에 나이트로기(NO_2)를 치환시킨 형태로서 오른쪽과 같이 나타낼 수 있다.

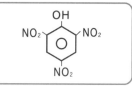

┃TNP의 구조식┃

(2) TNT(트라이나이트로톨루엔)

제5류 위험물로서 품명은 나이트로화합물이며, 지정수량은 제1종 : 10kg, 제2종 : 100kg이다. 이 물질의 화학식은 $C_6H_2CH_3(NO_2)_3$이며, 구조식은 톨루엔($C_6H_5CH_3$)의 수소 3개를 빼고 그 자리에 나이트로기(NO_2)를 치환시킨 형태로서 오른쪽과 같이 나타낼 수 있다.

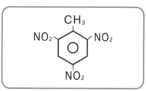

┃TNT의 구조식┃

▶▶▶ 정답

(1)

OH
NO₂   NO₂
NO₂

(2)

CH₃
NO₂   NO₂
NO₂

필답형 05 [5점]

다음 〈보기〉의 물질을 인화점이 낮은 것부터 높은 순으로 나열하시오.

아세트산, 아세톤, 에틸알코올, 나이트로벤젠

▶▶▶ 풀이

〈보기〉의 물질의 인화점은 다음과 같다.

물질명	화학식	인화점	품명 및 인화점 범위
아세트산	CH_3COOH	40℃	제2석유류(21℃ 이상 70℃ 미만)
아세톤	CH_3COCH_3	−18℃	제1석유류(21℃ 미만)
에틸알코올	C_2H_5OH	13℃	알코올류(제1석유류에 준함)
나이트로벤젠	$C_6H_5NO_2$	88℃	제3석유류(70℃ 이상 200℃ 미만)

💡 Tip

이 문제는 각 물질의 인화점을 몰라도 품명만 알고 있으면 인화점이 낮은 것부터 높은 순으로 나열할 수 있습니다.

▶▶▶ 정답

아세톤 – 에틸알코올 – 아세트산 – 나이트로벤젠

필답형 06 [5점]

다음 물음에 대해 〈보기〉에서 골라 답하시오.

> 삼황화인, 오황화인, 적린, 마그네슘, 알루미늄분, 황린, 나트륨, 황

(1) 물과 반응 시 수소가 발생하는 물질의 명칭을 모두 쓰시오.
(2) 제2류 위험물을 모두 쓰시오.
(3) 원소주기율표의 제1족에 속하는 원소를 모두 쓰시오.

≫ 풀이 (1) 〈보기〉 중 물과 반응 시 수소를 발생하는 물질은 다음과 같다.
　① **마그네슘**(Mg)은 제2류 위험물로서 물과 반응 시 수산화마그네슘[$Mg(OH)_2$]과 **수소**를 발생한다.
　　– 물과의 반응식 : $Mg + 2H_2O \rightarrow Mg(OH)_2 + H_2$
　② **알루미늄분**(Al)은 제2류 위험물로서 물과 반응 시 수산화알루미늄[$Al(OH)_3$]과 **수소**를 발생한다.
　　– 물과의 반응식 : $2Al + 6H_2O \rightarrow 2Al(OH)_3 + 3H_2$
　③ **나트륨**(Na)은 제3류 위험물로서 물과 반응 시 수산화나트륨(NaOH)과 **수소**를 발생한다.
　　– 물과의 반응식 : $2Na + 2H_2O \rightarrow 2NaOH + H_2$
(2) 〈보기〉의 물질을 유별로 분류하면 다음과 같다.

물질명	화학식	유 별	품 명	지정수량
삼황화인	P_4S_3	**제2류 위험물**	황화인	100kg
오황화인	P_2S_5	**제2류 위험물**	황화인	100kg
적린	P	**제2류 위험물**	적린	100kg
마그네슘	Mg	**제2류 위험물**	마그네슘	500kg
알루미늄분	Al	**제2류 위험물**	금속분	500kg
황린	P_4	제3류 위험물	황린	20kg
나트륨	Na	제3류 위험물	나트륨	10kg
황	S	**제2류 위험물**	황	100kg

(3) 〈보기〉의 물질 중 원소주기율표의 제1족, 즉 알칼리금속에 속하는 원소는 **나트륨**이다.

≫ 정답 (1) 마그네슘, 알루미늄분, 나트륨
(2) 삼황화인, 오황화인, 적린, 마그네슘, 알루미늄분, 황
(3) 나트륨

필답형 07 [5점]

단층건물인 제조소에 옥내소화전설비를 4개 설치한 경우 수원의 양은 몇 m³ 이상으로 해야 하는지 구하시오.

(1) 계산과정
(2) 답

≫ 풀이 옥내소화전설비의 수원의 양은 옥내소화전이 가장 많이 설치된 층의 소화전의 수(옥내소화전의 수가 5개 이상이면 5개)에 $7.8m^3$을 곱한 양 이상으로 한다. 〈문제〉는 단층건물인 제조소에 옥내소화전설비를 4개 설치한 경우이므로 수원의 양은 $4 \times 7.8m^3 = 31.2m^3$ 이상이다.

옥내소화전설비와 옥외소화전설비의 비교

구 분	옥내소화전	옥외소화전
물(수원)의 양	**소화전의 수(소화전의 수가 5개 이상 이면 5개)에 7.8m³를 곱한 양 이상**	소화전의 수(소화전의 수가 4개 이상 이면 4개)에 13.5m³를 곱한 양 이상
방수량	260L/min	450L/min
방수압	350kPa 이상	350kPa 이상
호스접속구까지의 수평거리	제조소등의 각 층의 각 부분에서 25m 이하	제조소등의 건축물의 각 부분에서 40m 이하
개폐밸브 및 호스 접속구의 설치높이	바닥으로부터 1.5m 이하	바닥으로부터 1.5m 이하
비상전원	45분 이상 작동	45분 이상 작동

>>> 정답
(1) $4 \times 7.8m^3$
(2) $31.2m^3$

필답형 **08**　　　　　　　　　　　　　　　　　　　　　　　　　　　　[5점]

〈보기〉에 대한 다음 물음에 답하시오.

> 탄화알루미늄, 탄화칼슘, 인화칼슘, 인화아연

(1) 〈보기〉 중 물과 반응 시 메테인가스를 발생하는 물질의 명칭을 쓰시오.
(2) (1)의 물질의 물과의 반응식을 쓰시오.

>>> 풀이
〈보기〉의 물질 중 **탄화알루미늄**(Al_4C_3)은 제3류 위험물로서 품명은 칼슘 또는 알루미늄의 탄화물이고, 지정수량은 300kg이며, 물과 반응 시 수산화알루미늄[$Al(OH)_3$]과 메테인(CH_4)가스를 발생한다.
– 물과의 반응식 : $Al_4C_3 + 12H_2O \rightarrow 4Al(OH)_3 + 3CH_4$

Check >>>

〈보기〉 중 그 밖의 물질의 물과의 반응
1. 탄화칼슘(CaC_2)은 제3류 위험물로서 품명은 칼슘 또는 알루미늄의 탄화물이고, 지정수량은 300kg이며, 물과 반응 시 수산화칼슘[$Ca(OH)_2$]과 아세틸렌(C_2H_2)가스를 발생한다.
 – 물과의 반응식 : $CaC_2 + 2H_2O \rightarrow Ca(OH)_2 + C_2H_2$
2. 인화칼슘(Ca_3P_2)은 제3류 위험물로서 품명은 금속의 인화물이고, 지정수량은 300kg이며, 물과 반응 시 수산화칼슘[$Ca(OH)_2$]과 포스핀(PH_3)가스를 발생한다.
 – 물과의 반응식 : $Ca_3P_2 + 6H_2O \rightarrow 3Ca(OH)_2 + 2PH_3$
3. 인화아연(Zn_3P_2)은 제3류 위험물로서 품명은 금속의 인화물이고, 지정수량은 300kg이며, 물과 반응 시 수산화아연[$Zn(OH)_2$]과 포스핀(PH_3)가스를 발생한다.
 – 물과의 반응식 : $Zn_3P_2 + 6H_2O \rightarrow 3Zn(OH)_2 + 2PH_3$

>>> 정답
(1) 탄화알루미늄
(2) $Al_4C_3 + 12H_2O \rightarrow 4Al(OH)_3 + 3CH_4$

필답형 09 [5점]

다음 물질의 품명과 지정수량을 쓰시오.

(1) (C₆H₅CO)₂O₂
　　① 품명
　　② 지정수량
(2) C₆H₂CH₃(NO₂)₃
　　① 품명
　　② 지정수량

≫≫ 풀이

화학식	물질명	유 별	품 명	지정수량	구조식
$(C_6H_5CO)_2O_2$	과산화벤조일 (벤조일퍼옥사이드)	제5류 위험물	**유기과산화물**	**제1종 : 10kg, 제2종 : 100kg**	
$C_6H_2CH_3(NO_2)_3$	트라이나이트로톨루엔 (TNT)	제5류 위험물	**나이트로화합물**	**제1종 : 10kg, 제2종 : 100kg**	

≫≫ 정답
(1) ① 유기과산화물
　　② 제1종 : 10kg, 제2종 : 100kg
(2) ① 나이트로화합물
　　② 제1종 : 10kg, 제2종 : 100kg

필답형 10 [5점]

적린에 대해 다음 물음에 답하시오.

(1) 지정수량을 쓰시오.
(2) 연소 시 발생기체의 명칭을 쓰시오.
(3) 적린과 동소체의 관계인 제3류 위험물에 속하는 물질의 명칭을 쓰시오.

≫≫ 풀이
(1) 적린(P)은 제2류 위험물로서 **지정수량은 100kg**이다.
(2) 연소 시 **오산화인**(P_2O_5)이라는 백색기체를 발생한다.
　　– 적린의 연소반응식 : $4P + 5O_2 \rightarrow 2P_2O_5$
(3) **황린**(P_4)은 제3류 위험물 중 자연발화성 물질로서 적린(P)과 비교했을 때 모양과 성질은 다르지만 연소 시
　　오산화인(P_2O_5)이라는 동일한 물질을 발생시키므로 **황린과 적린은 서로 동소체**이다.
　　※ 동소체란 하나의 원소로만 구성되어 있으며 원자배열이 달라 서로 성질은 다르지만 연소 시 동일한 생
　　　성물을 발생시키는 물질을 말한다.

≫≫ 정답
(1) 100kg
(2) 오산화인
(3) 황린

필답형 11　　　　　　　　　　　　　　　　　　　　　　　　　　[5점]

다음 각 물질의 소요단위를 구하시오.

(1) 질산 90,000kg
(2) 아세트산 20,000L

>>> 풀이

(1) 질산(HNO_3)은 제6류 위험물로서 지정수량은 300kg이며, 위험물은 지정수량의 10배를 1소요단위로 하기 때문에 질산 90,000kg의 소요단위는 $\dfrac{90,000kg}{300kg/단위 \times 10}$ = **30단위**이다.

(2) 아세트산(CH_3COOH)은 제4류 위험물 중 제2석유류 수용성 물질로서 지정수량은 2,000L이며, 위험물은 지정수량의 10배를 1소요단위로 하기 때문에 아세트산 20,000L의 소요단위는 $\dfrac{20,000L}{2,000L/단위 \times 10}$ = **1단위**이다.

Check >>>

소요단위는 소화설비의 설치대상이 되는 건축물 또는 그 밖의 공작물의 규모나 위험물 양의 기준단위로, 다음 [표]와 같이 구분한다.

구 분	외벽이 내화구조	외벽이 비내화구조
위험물 제조소 및 취급소	연면적 $100m^2$	연면적 $50m^2$
위험물저장소	연면적 $150m^2$	연면적 $75m^2$
위험물	지정수량의 10배	

>>> 정답

(1) 30단위
(2) 1단위

필답형 12　　　　　　　　　　　　　　　　　　　　　　　　　　[5점]

다음 〈보기〉의 물질 중 시성식을 틀리게 나타낸 것의 번호를 찾아 맞게 고쳐 쓰시오.

① 벤젠 : C_6H_6
② 톨루엔 : $C_6H_2CH_3$
③ 아세트알데하이드 : CH_3CHO
④ 트라이나이트로톨루엔 : $C_6H_2CH_3(NO_2)_3$
⑤ 아닐린 : $C_6H_2N_2H_2$

>>> 풀이

물질명	시성식	유 별	품 명	지정수량
벤젠	C_6H_6	제4류 위험물	제1석유류(비수용성)	200L
톨루엔	$C_6H_5CH_3$	제4류 위험물	제1석유류(비수용성)	200L
아세트알데하이드	CH_3CHO	제4류 위험물	특수인화물	50L
트라이나이트로톨루엔	$C_6H_2CH_3(NO_2)_3$	제5류 위험물	나이트로화합물	제1종 : 10kg, 제2종 : 100kg
아닐린	$C_6H_5NH_2$	제4류 위험물	제3석유류(비수용성)	2,000L

>>> 정답

② 톨루엔 : $C_6H_5CH_3$
⑤ 아닐린 : $C_6H_5NH_2$

필답형 13

[5점]

다음 물질의 연소반응식을 쓰시오.

(1) 삼황화인

(2) 오황화인

>>> 풀이   삼황화인(P_4S_3)과 오황화인(P_2S_5)은 모두 제2류 위험물로서 품명은 황화인이며, 연소 시 오산화인(P_2O_5)과 이산화황(SO_2)을 발생시키는 공통점을 갖는다.

(1) 삼황화인의 연소반응식 : $P_4S_3 + 8O_2 \rightarrow 2P_2O_5 + 3SO_2$

(2) 오황화인의 연소반응식 : $2P_2S_5 + 15O_2 \rightarrow 2P_2O_5 + 10SO_2$

두 물질의 물과의 반응

1. 삼황화인은 물과 반응하지 않는다.

2. 오황화인은 물과 반응 시 황화수소(H_2S)와 인산(H_3PO_4)을 발생시킨다.
   - 물과의 반응식 : $P_2S_5 + 8H_2O \rightarrow 5H_2S + 2H_3PO_4$

>>> 정답   (1) $P_4S_3 + 8O_2 \rightarrow 2P_2O_5 + 3SO_2$

(2) $2P_2S_5 + 15O_2 \rightarrow 2P_2O_5 + 10SO_2$

필답형 14

[5점]

다음 탱크들의 내용적을 구하는 식을 쓰시오.

(1)

(2)

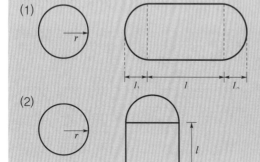

>>> 풀이   **원형 탱크의 내용적**

(1) 반지름이 존재하는 양쪽으로 볼록한 탱크

$$내용적 = \pi r^2 \left(l + \frac{l_1 + l_2}{3} \right)$$

(2) 세로형으로 되어 있는 탱크

$$내용적 = \pi r^2 l$$

1. 타원형 탱크의 내용적
   – 양쪽이 볼록한 것

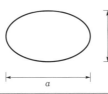 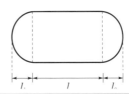

$$내용적 = \frac{\pi ab}{4}\left(l + \frac{l_1 + l_2}{3}\right)$$

   – 한쪽은 볼록하고 다른 한쪽은 오목한 것

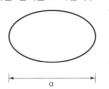 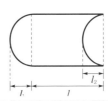

$$내용적 = \frac{\pi ab}{4}\left(l + \frac{l_1 - l_2}{3}\right)$$

2. 원통형 탱크의 내용적
   – 가로로 설치한 것

 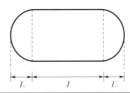

$$내용적 = \pi r^2\left(l + \frac{l_1 + l_2}{3}\right)$$

   – 세로로 설치한 것

 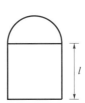

$$내용적 = \pi r^2 l$$

>>> 정답

(1) $\pi r^2\left(l + \dfrac{l_1 + l_2}{3}\right)$

(2) $\pi r^2 l$

필답형 **15**

[5점]

다음의 각 위험물에 대해 운반 시 혼재 가능한 유별을 쓰시오.

(1) 제4류 위험물
(2) 제5류 위험물
(3) 제6류 위험물

≫≫ 풀이

(1) 제4류 위험물과 운반 시 혼재 가능한 유별은 **제2류 위험물과 제3류 위험물, 제5류 위험물**이다.
(2) 제5류 위험물과 운반 시 혼재 가능한 유별은 **제2류 위험물과 제4류 위험물**이다.
(3) 제6류 위험물과 운반 시 혼재 가능한 유별은 **제1류 위험물**이다.

유별을 달리하는 위험물의 혼재기준(운반기준)

위험물의 구분	제1류	제2류	제3류	제4류	제5류	제6류
제1류		×	×	×	×	○
제2류	×		×	○	○	×
제3류	×	×		○	×	×
제4류	×	○	○		○	×
제5류	×	○	×	○		×
제6류	○	×	×	×	×	

※ 이 표는 지정수량의 1/10 이하의 위험물에 대하여는 적용하지 아니한다.

≫≫ 정답

(1) 제2류 위험물, 제3류 위험물, 제5류 위험물
(2) 제2류 위험물, 제4류 위험물
(3) 제1류 위험물

필답형 **16**

[5점]

다음 위험물의 지정수량을 쓰시오.

(1) $K_2Cr_2O_7$
(2) KNO_3
(3) $KMnO_4$
(4) Na_2O_2
(5) $KClO_3$

≫≫ 풀이

화학식	물질명	유 별	품 명	지정수량
$K_2Cr_2O_7$	다이크로뮴산칼륨	제1류 위험물	다이크로뮴산염류	1,000kg
KNO_3	질산칼륨	제1류 위험물	질산염류	300kg
$KMnO_4$	과망가니즈산칼륨	제1류 위험물	과망가니즈산염류	1,000kg
Na_2O_2	과산화나트륨	제1류 위험물	무기과산화물	50kg
$KClO_3$	염소산칼륨	제1류 위험물	염소산염류	50kg

≫≫ 정답 (1) 1,000kg   (2) 300kg   (3) 1,000kg   (4) 50kg   (5) 50kg

필답형 17 [5점]

다음은 위험물안전관리법에서 정하는 위험물의 저장 및 취급 기준이다. 괄호 안에 알맞은 숫자를 쓰시오.

(1) 제( )류 위험물 중 자연발화성 물질에 있어서는 불티, 불꽃, 고온체와의 접근, 과열 또는 공기와의 접촉을 피하고, 금수성 물질에 있어서는 물과의 접촉을 피해야 한다.

(2) 제( )류 위험물은 불티, 불꽃, 고온체와의 접근 또는 과열을 피하고, 함부로 증기를 발생시키지 아니하여야 한다.

(3) 제( )류 위험물은 산화제와의 접촉·혼합이나 불티, 불꽃, 고온체와의 접근 또는 과열을 피하는 한편, 철분, 금속분, 마그네슘 및 이를 함유한 것에 있어서는 물이나 산과의 접촉을 피하고 인화성 고체에 있어서는 함부로 증기를 발생시키지 아니하여야 한다.

(4) 제( )류 위험물은 가연물과의 접촉·혼합이나 분해를 촉진하는 물품과의 접근 또는 과열을 피해야 한다.

(5) 제( )류 위험물은 가연물과의 접촉·혼합이나 분해를 촉진하는 물품과의 접근 또는 과열, 충격, 마찰 등을 피하는 한편, 알칼리금속의 과산화물 및 이를 함유한 것에 있어서는 물과의 접촉을 피해야 한다.

》》풀이 **위험물의 유별 저장·취급 공통기준**

① **제1류 위험물**은 가연물과의 접촉·혼합이나 분해를 촉진하는 물품과의 접근 또는 과열, 충격, 마찰 등을 피하는 한편, 알칼리금속의 과산화물 및 이를 함유한 것에 있어서는 물과의 접촉을 피해야 한다.

② **제2류 위험물**은 산화제와의 접촉·혼합이나 불티, 불꽃, 고온체와의 접근 또는 과열을 피하는 한편, 철분, 금속분, 마그네슘 및 이를 함유한 것에 있어서는 물이나 산과의 접촉을 피하고 인화성 고체에 있어서는 함부로 증기를 발생시키지 아니하여야 한다.

③ **제3류 위험물** 중 자연발화성 물질에 있어서는 불티, 불꽃, 고온체와의 접근, 과열 또는 공기와의 접촉을 피하고, 금수성 물질에 있어서는 물과의 접촉을 피해야 한다.

④ **제4류 위험물**은 불티, 불꽃, 고온체와의 접근 또는 과열을 피하고, 함부로 증기를 발생시키지 아니하여야 한다.

⑤ **제5류 위험물**은 불티, 불꽃, 고온체와의 접근이나 과열, 충격 또는 마찰을 피해야 한다.

⑥ **제6류 위험물**은 가연물과의 접촉·혼합이나 분해를 촉진하는 물품과의 접근 또는 과열을 피해야 한다.

》》정답 (1) 3 (2) 4 (3) 2 (4) 6 (5) 1

필답형 18 [5점]

벤젠의 위험도를 구하시오. (단, 벤젠의 연소범위는 1.4~7.1%이다.)

(1) 계산과정   (2) 답

》》풀이 벤젠의 연소범위 1.4~7.1% 중 1.4%를 연소하한이라 하고 7.1%를 연소상한이라 하며, 위험도의 공식은 다음과 같다.

$$위험도(Hazard) = \frac{연소상한(Upper) - 연소하한(Lower)}{연소하한(Lower)}$$

따라서 벤젠의 위험도는 $\frac{7.1-1.4}{1.4} = 4.07$이다.

💡 Tip

위험도 공식에서 분자와 분모의 단위는 모두 %이므로 위험도의 값에는 단위를 붙이면 안됩니다.

》》정답 (1) $\frac{7.1-1.4}{1.4}$ (2) 4.07

필답형 19 [5점]

주유취급소에 설치하는 다음 게시판 및 표지의 바탕색과 문자색을 쓰시오.

(1) 주유중엔진정지
(2) 위험물주유취급소

>>> 풀이

(1) 주유취급소에는 한 변의 길이 0.3m 이상, 다른 한 변의 길이 0.6m 이상의 **황색바탕에 흑색문자**로 "주유중엔진정지" 표시를 한 게시판을 설치해야 한다.

(2) 주유취급소에는 한 변의 길이 0.3m 이상, 다른 한 변의 길이 0.6m 이상의 **백색바탕에 흑색문자**로 "위험물주유취급소"라는 표시를 한 표지를 설치해야 한다.

>>> 정답

(1) 황색바탕, 흑색문자
(2) 백색바탕, 흑색문자

필답형 20 [5점]

다음 위험물을 수납한 운반용기의 외부에 표시하는 주의사항을 모두 쓰시오.

(1) 인화성 고체
(2) 제4류 위험물
(3) 제6류 위험물

>>> 풀이 **유별에 따른 주의사항의 비교**

유별	품명	운반용기의 주의사항	위험물제조소등의 주의사항
제1류	알칼리금속의 과산화물	화기·충격주의, 가연물접촉주의, 물기엄금	물기엄금 (청색바탕, 백색문자)
	그 밖의 것	화기·충격주의, 가연물접촉주의	필요 없음
제2류	철분, 금속분, 마그네슘	화기주의, 물기엄금	화기주의 (적색바탕, 백색문자)
	인화성 고체	**화기엄금**	화기엄금 (적색바탕, 백색문자)
	그 밖의 것	화기주의	화기주의 (적색바탕, 백색문자)
제3류	금수성 물질	물기엄금	물기엄금 (청색바탕, 백색문자)
	자연발화성 물질	화기엄금, 공기접촉엄금	화기엄금 (적색바탕, 백색문자)
제4류	인화성 액체	**화기엄금**	화기엄금 (적색바탕, 백색문자)
제5류	자기반응성 물질	화기엄금, 충격주의	화기엄금 (적색바탕, 백색문자)
제6류	산화성 액체	**가연물접촉주의**	필요 없음

>>> 정답 (1) 화기엄금 (2) 화기엄금 (3) 가연물접촉주의

2021 제2회 위험물기능사 실기

2021년 6월 12일 시행

※ 필답형＋작업형으로 시행되던 기존 시험에서는 각 문항별 배점이 상이하였으나,
필답형(20문제) 시험만 보는 2020년 1회부터는 각 문항 배점이 모두 5점입니다!

 필/답/형 시험

필답형 01 [5점]

다음 제5류 위험물의 시성식을 쓰시오.

(1) 질산메틸
(2) TNT
(3) 나이트로글리세린

≫ 풀이

물질명	시성식	품 명
질산메틸	CH_3ONO_2	질산에스터류
TNT	$C_6H_2CH_3(NO_2)_3$	나이트로화합물
나이트로글리세린	$C_3H_5(ONO_2)_3$	질산에스터류

≫ 정답

(1) CH_3ONO_2
(2) $C_6H_2CH_3(NO_2)_3$
(3) $C_3H_5(ONO_2)_3$

필답형 02 [5점]

다음의 물질 중 위험물안전관리법령상 제1석유류에 속하는 물질을 모두 쓰시오.

에틸벤젠, 아세톤, 클로로벤젠, 아세트산, 폼산

≫ 풀이 〈보기〉의 물질들을 품명별로 구분하면 다음과 같다.

물질명	화학식	품 명	수용성의 여부	지정수량
에틸벤젠	$C_6H_5C_2H_5$	**제1석유류**	비수용성	200L
아세톤	CH_3COCH_3	**제1석유류**	수용성	400L
클로로벤젠	C_6H_5Cl	제2석유류	비수용성	1,000L
아세트산	CH_3COOH	제2석유류	수용성	2,000L
폼산	$HCOOH$	제2석유류	수용성	2,000L

≫ 정답 에틸벤젠, 아세톤

필답형 03 [5점]

다음은 제4류 위험물 중 동식물유류에 대한 설명이다. 물음에 답하시오.

(1) 다음 괄호 안에 들어갈 알맞은 말을 쓰시오.
( )은 유지에 포함된 불포화지방산의 이중결합수를 나타내는 수치로서 이중결합수에 비례한다.

(2) 다음은 건성유, 반건성유, 불건성유 중 어디에 해당하는지 쓰시오.
① 야자유
② 아마인유

>>> 풀이 제4류 위험물 중 동식물유류는 아이오딘값에 따라 다음과 같이 건성유, 반건성유, 불건성유로 구분하며, 여기서 **아이오딘값**은 유지 100g에 흡수되는 아이오딘의 g수 또는 **유지에 포함된 불포화지방산의 이중결합수**를 나타내는 수치를 말한다.

① **건성유** : 아이오딘값이 130 이상
  − 동물유 : 정어리유, 기타 생선유
  − 식물유 : 동유(오동나무기름), 해바라기유, **아마인유(아마씨기름)**, 들기름
② **반건성유** : 아이오딘값이 100∼130
  − 동물유 : 청어유
  − 식물유 : 쌀겨기름, 면실유(목화씨기름), 채종유(유채씨기름), 옥수수기름, 참기름
③ **불건성유** : 아이오딘값이 100 이하
  − 동물유 : 소기름, 돼지기름, 고래기름
  − 식물유 : 땅콩유, 올리브유, 동백유, 아주까리기름(피마자유), **야자유**(팜유)

>>> 정답 (1) 아이오딘값
(2) ① 불건성유, ② 건성유

필답형 04 [5점]

다음 물음에 답하시오.

(1) 황린의 동소체인 제2류 위험물의 명칭을 쓰시오.
(2) 황린을 이용해서 (1)의 물질을 만드는 방법을 쓰시오.
(3) (1)의 물질의 연소반응식을 쓰시오.

>>> 풀이 (1) 황린(P_4)은 제3류 위험물 중 자연발화성 물질로서 제2류 위험물인 적린(P)과 비교했을 때 모양과 성질은 다르지만 연소 시 오산화인(P_2O_5)이라는 동일한 물질을 발생시키므로 황린은 **적린과 서로 동소체**의 관계이다.
(2) **공기를 차단하고 260℃로** 황린을 **가열하여 분해시키면** 적린이 된다.
(3) 적린을 연소시키면 오산화인(P_2O_5)이라는 백색기체를 발생한다.
  − 적린의 연소반응식 : $4P + 5O_2 \rightarrow 2P_2O_5$

>>> 정답 (1) 적린
(2) 공기를 차단하고 260℃로 가열한다.
(3) $4P + 5O_2 \rightarrow 2P_2O_5$

필답형 05 [5점]

아래의 철분(Fe)의 연소반응식을 이용해 철분 1kg을 연소시키는 데 필요한 산소의 부피는 몇 L인지 구하시오. (단, 표준상태이고, Fe의 원자량은 55.85이다.)

$$4Fe + 3O_2 \rightarrow 2Fe_2O_3$$

(1) 계산과정
(2) 답

>>> 풀이　　아래의 철분의 연소반응식에서 알 수 있듯이 4몰×55.85g=223.4g의 철분을 연소시키는 데 필요한 산소의 부피는 표준상태에서 3몰×22.4L=67.2L인데, 〈문제〉의 조건은 1kg 즉, 1,000g의 철분을 연소시키려면 몇 L의 산소가 필요한가를 묻는 것이므로 다음의 반응식을 이용하여 필요한 산소의 부피를 구할 수 있다.

－ 철분의 연소반응식 : 　4Fe　+　3O_2 → 2Fe_2O_3
　　　　　　　　　　　　223.4g 　 67.2L
　　　　　　　　　　　　1,000g 　 x(L)

223.4×x=1,000×67.2
∴ x=**300.81L**

철분은 제2류 위험물로서 지정수량은 500kg이며, 철의 분말로서 53마이크로미터의 표준체를 통과하는 것이 50중량퍼센트 미만인 것은 제외한다.

>>> 정답　　(1) 223.4×x=1,000×67.2
　　　　　　(2) 300.81L

필답형 06 [5점]

사이안화수소에 대해 다음 물음에 답하시오.

(1) 품명
(2) 증기비중
(3) 화학식
(4) 지정수량

>>> 풀이　　사이안화수소(HCN)는 인화점 －17℃, 비점 26℃로 제4류 위험물 중 **제1석유류** 수용성 물질에 속하며, **지정수량은 400L**이다. 대부분의 제4류 위험물은 분자량이 공기의 분자량인 29보다 크므로 증기비중이 1보다 크지만, 사이안화수소는 분자량이 1(H)+12(C)+14(N)=27이므로 **증기비중이** $\dfrac{27}{29}$ = **0.93**으로 1보다 작은 것이 특징이다.

$H - C \equiv N$

▮ 사이안화수소의 구조식 ▮

>>> 정답　　(1) 제1석유류　　(2) 0.93
　　　　　　(3) HCN　　　　 (4) 400L

필답형 07 [5점]

C_6H_6 30kg을 연소시킬 때 필요한 공기의 부피는 표준상태에서 몇 m^3인지 구하시오.

(1) 계산과정
(2) 답

>>> 풀이 벤젠(C_6H_6)을 연소시킬 때 필요한 공기의 부피를 구하기 위해서는 연소에 필요한 산소의 부피를 먼저 구해야 한다. 벤젠의 분자량은 12(C)g×6 + 1(H)g×6=78g이고, 다음의 연소반응식에서 알 수 있듯이 표준상태에서 벤젠 78g을 연소시키기 위해서는 산소(O_2)가 7.5몰×22.4L=168L 필요한데 벤젠을 30kg 연소시키기 위해서는 산소가 몇 m^3 필요한가를 다음과 같은 방법을 이용하여 구할 수 있다.

– 벤젠의 연소반응식 : $2C_6H_6$ + $15O_2$ → $12CO_2$ + $6H_2O$

$$\begin{matrix} 78g & 168L \\ 30kg & x(m^3) \end{matrix}$$

$78 \times x = 30 \times 168$

$\therefore\ x=64.615m^3$

여기서 벤젠 30kg을 연소시키는 데 필요한 산소의 부피는 64.615m^3지만 〈문제〉의 조건은 필요한 산소의 부피가 아니라 공기의 부피를 구하는 것이다.

공기 중 산소 부피는 공기 부피의 21%이므로 공기의 부피를 구하는 식은 다음과 같다.

공기의 부피=산소의 부피$\times\dfrac{100}{21}$=64.615$m^3\times\dfrac{100}{21}$=307.69m^3

$\therefore$ 공기의 부피=307.69m^3

💡 Tip

이 문제에서는 연소하는 벤젠의 질량단위가 'g'이면 연소에 필요한 산소의 부피단위는 'L'가 되고, 연소하는 벤젠의 질량단위가 'kg'이면 연소에 필요한 산소의 부피단위는 'm^3'가 됩니다.

>>> 정답

(1) $78\times x=30\times 168$, $x=64.615m^3$, $64.615m^3\times\dfrac{100}{21}$

(2) 307.69m^3

필답형 08 [5점]

제6류 위험물에 대한 다음 물음에 답하시오.

(1) 증기비중이 3.46이고 물과 발열반응을 하는 물질의 명칭을 쓰시오.
(2) 단백질과 크산토프로테인 반응을 하는 물질의 명칭을 쓰시오.

>>> 풀이 (1) **과염소산**($HClO_4$)은 제6류 위험물로서 지정수량은 300kg이다. 분자량이 1(H) + 35.5(Cl) + 16(O)×4=100.5

이므로 **증기비중**은 $\dfrac{100.5}{29}$≒**3.46**이며, 가열 시 분해하여 산소를 발생하고 **물과 반응 시에는 열을 발생시키는**

발열반응을 일으킨다.

(2) **질산**(HNO_3)은 제6류 위험물로서 비중 1.49 이상인 것이 위험물에 속하며, 지정수량은 300kg이다. 질산을 피부에 접촉시켰을 때 피부에 포함된 **단백질이 질산과 접촉**함으로써 피부를 노란색으로 변하게 하는데 이를 **크산토프로테인 반응**이라 한다.

>>> 정답 (1) 과염소산
(2) 질산

필답형 09 [5점]

다음에서 설명하는 위험물에 대해 물음에 답하시오.

- 제4류 위험물 중 제2석유류에 속하는 물질로서 분자량은 약 104.2이다.
- 비점은 약 146℃이고, 인화점은 약 32℃이다.
- 에틸벤젠을 탈수소화 처리하여 얻을 수 있다.

(1) 화학식
(2) 명칭
(3) 위험등급

≫≫ 풀이 스타이렌($C_6H_5CH_2CH$)

① 제4류 위험물 중 제2석유류 비수용성으로 지정수량은 1,000L이며, **위험등급 Ⅲ**에 속한다.

② 인화점 32℃, 비점 146℃, 분자량 12(C)×8+1(H)×8=104이다.

③ 에틸벤젠($C_6H_5C_2H_5$)을 탈수소하면 H 2개를 잃어 스타이렌($C_6H_5CH_2CH$) 이 된다.

▮ 구조식 ▮

≫≫ 정답 (1) $C_6H_5CH_2CH$ (2) 스타이렌 (3) Ⅲ

필답형 10 [5점]

다음 물질의 연소형태를 쓰시오.

(1) 마그네슘분
(2) 제5류 위험물
(3) 황

≫≫ 풀이 고체의 연소형태는 표면연소, 분해연소, 자기연소, 증발연소로 구분한다.

① **표면연소** : 가스의 발생 없이 연소물의 표면에서 산소와 접촉하여 연소하는 반응이다.
   예 코크스(탄소), 목탄(숯), **마그네슘** 등의 금속분

② **분해연소** : 고체 가연물에서 열분해반응이 일어날 때 발생된 가연성 증기가 공기와 혼합되면서 발생된 혼합기체가 연소하는 형태를 의미한다.
   예 목재, 종이, 석탄, 플라스틱, 합성수지 등

③ **자기연소** : 자체적으로 산소공급원을 가지고 있는 고체 가연물이 외부로부터 공기 또는 산소공급원의 유입 없이도 연소할 수 있는 형태로서 연소속도가 폭발적인 연소형태이다.
   예 **제5류 위험물** 등

④ **증발연소** : 고체 가연물이 액체형태로 상태변화를 일으키면서 가연성 증기를 증발시키고 이 가연성 증기가 공기와 혼합하여 연소하는 형태를 의미한다.
   예 **황**(S), 나프탈렌($C_{10}H_8$), 양초(파라핀) 등

≫≫ 정답 (1) 표면연소
(2) 자기연소
(3) 증발연소

필답형 11 [5점]

탄산수소나트륨에 대해 다음 물음에 답하시오.

(1) 1차 열분해반응식을 쓰시오.
(2) 열분해 시 표준상태에서 이산화탄소 200m³가 발생하였다면 탄산수소나트륨은 몇 kg이 분해한 것인지 구하시오.
  ① 계산과정
  ② 답

≫ 풀이 (1) 제1종 분말소화약제인 탄산수소나트륨($NaHCO_3$)의 분해반응식
  ① **1차 열분해반응식(270℃) : $2NaHCO_3 \rightarrow Na_2CO_3 + CO_2 + H_2O$**
  ② 2차 열분해반응식(850℃) : $2NaHCO_3 \rightarrow Na_2O + 2CO_2 + H_2O$

(2) 아래의 열분해반응식에서 알 수 있듯이 2×84g=168g의 탄산수소나트륨을 열분해시키면 22.4L의 이산화탄소(CO_2)가 발생하는데 〈문제〉의 조건은 200m³의 탄산가스를 발생시키려면 몇 kg의 탄산수소나트륨이 필요한가를 묻는 것이므로, 다음의 제1종 분말소화약제의 열분해반응식을 이용하여 필요한 탄산수소나트륨의 질량을 구할 수 있다.

$2NaHCO_3 \rightarrow Na_2CO_3 + H_2O + CO_2$

168g ——— 22.4L
x(kg) ——— 200m³

$22.4 \times x = 168 \times 200$
∴ $x = 1,500$kg

> 💡 **Tip**
>
> 이 문제에서는 분해하는 탄산수소나트륨의 질량단위가 'g'이면 발생하는 이산화탄소의 부피단위는 'L'가 되고, 발생하는 이산화탄소의 부피단위가 'm³'가 되면 분해하는 탄산수소나트륨의 질량단위는 'kg'이 됩니다.

≫ 정답 (1) $2NaHCO_3 \rightarrow Na_2CO_3 + CO_2 + H_2O$
(2) ① $22.4 \times x = 168 \times 200$
  ② 1,500kg

필답형 12 [5점]

다음 제1류 위험물의 지정수량을 쓰시오.

(1) 염소산나트륨
(2) 과산화칼륨
(3) 무수크로뮴산

≫ 풀이

물질명	화학식	품 명	법령의 구분	지정수량
염소산나트륨	$NaClO_3$	염소산염류	대통령령	50kg
과산화칼륨	K_2O_2	무기과산화물	대통령령	50kg
무수크로뮴산	CrO_3	크로뮴의 산화물	행정안전부령	300kg

≫ 정답 (1) 50kg
(2) 50kg
(3) 300kg

필답형 13 [5점]

운반 시 다음 유별과 혼재할 수 없는 유별을 쓰시오.

(1) 제2류 위험물
(2) 제5류 위험물
(3) 제6류 위험물

≫≫ 풀이
(1) 제2류 위험물과 운반 시 혼재할 수 없는 유별은 **제1류 위험물**과 **제3류 위험물**, **제6류 위험물**이다.
(2) 제5류 위험물과 운반 시 혼재할 수 없는 유별은 **제1류 위험물**과 **제3류 위험물**, **제6류 위험물**이다.
(3) 제6류 위험물과 운반 시 혼재할 수 없는 유별은 **제2류 위험물**과 **제3류 위험물**, **제4류 위험물**, **제5류 위험물**이다.

유별을 달리하는 위험물의 혼재기준(운반기준)

위험물의 구분	제1류	제2류	제3류	제4류	제5류	제6류
제1류		×	×	×	×	○
제2류	×		×	○	○	×
제3류	×	×		○	×	×
제4류	×	○	○		○	×
제5류	×	○	×	○		×
제6류	○	×	×	×	×	

※ 이 표는 지정수량의 1/10 이하의 위험물에 대하여는 적용하지 아니한다.

≫≫ 정답
(1) 제1류 위험물, 제3류 위험물, 제6류 위험물
(2) 제1류 위험물, 제3류 위험물, 제6류 위험물
(3) 제2류 위험물, 제3류 위험물, 제4류 위험물, 제5류 위험물

필답형 14 [5점]

다음은 할로젠화합물소화약제의 할론번호를 나타낸 것이다. 이에 해당하는 화학식을 각각 쓰시오.

(1) Halon 1011
(2) Halon 2402
(3) Halon 1301

≫≫ 풀이
할로젠화합물소화약제는 할론명명법에 의해 할론번호를 부여하는데, 그 방법으로는 C – F – Cl – Br의 순서대로 그 개수를 표시하면 된다.
(1) Halon 1011에서 첫 번째 숫자 1은 C의 개수, 두 번째 숫자 0은 F의 개수, 세 번째 숫자 1은 Cl의 개수, 네 번째 숫자 1은 Br의 개수를 나타내므로 Halon 1011의 화학식은 CClBr이다. 그런데 C는 4가 원소이므로 C에는 총 4개의 원소가 붙어야 하는데 Halon 1011에는 Cl 1개와 Br 1개만 붙어 있어 2개의 원소가 더 필요하다. 이런 경우 2개의 원소는 무조건 H로 채워야 하는 규칙이 있어 Halon 1011의 화학식은 CH_2ClBr이 된다.
(2) Halon 2402의 경우 첫 번째 숫자 2는 C의 개수, 두 번째 숫자 4는 F의 개수, 세 번째 숫자 0은 Cl의 개수, 네 번째 숫자 2는 Br의 개수를 나타낸다. 따라서 Halon 2402의 화학식은 $C_2F_4Br_2$이다.
(3) Halon 1301의 경우 첫 번째 숫자 1은 C의 개수, 두 번째 숫자 3은 F의 개수, 세 번째 숫자 0은 Cl의 개수, 네 번째 숫자 1은 Br의 개수를 나타낸다. 따라서 Halon 1301의 화학식은 CF_3Br이다.

≫≫ 정답
(1) CH_2ClBr (2) $C_2F_4Br_2$ (3) CF_3Br

필답형 15　　　　　　　　　　　　　　　　　　　　　　　　　　　　　　　　　[5점]

다음과 같이 양쪽으로 볼록한 원형 탱크의 내용적을 구하는 식을 쓰시오.

 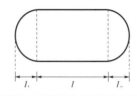

풀이 양쪽으로 볼록한 원형 탱크의 내용적

내용적 $= \pi r^2 \left(l + \dfrac{l_1 + l_2}{3} \right)$

Check >>>

1. 타원형 탱크의 내용적
   – 양쪽이 볼록한 것

$$\text{내용적} = \frac{\pi ab}{4} \left(l + \frac{l_1 + l_2}{3} \right)$$

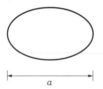 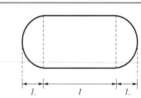

   – 한쪽은 볼록하고 다른 한쪽은 오목한 것

$$\text{내용적} = \frac{\pi ab}{4} \left(l + \frac{l_1 - l_2}{3} \right)$$

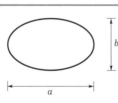 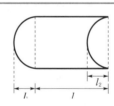

2. 원통형 탱크의 내용적
   – 가로로 설치한 것

$$\text{내용적} = \pi r^2 \left(l + \frac{l_1 + l_2}{3} \right)$$

 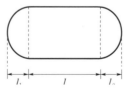

– 세로로 설치한 것

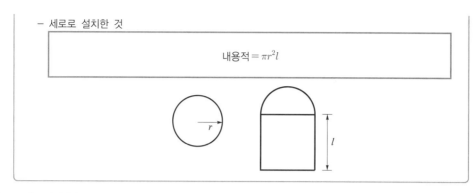

$$내용적 = \pi r^2 l$$

>>> 정답 $\pi r^2 \left(l + \dfrac{l_1 + l_2}{3} \right)$

필답형 16　　　　　　　　　　　　　　　　　　　　　　　　　　　**[5점]**

제2류 위험물에 대해 괄호 안에 알맞은 말을 채우시오.

(1) 인화성 고체란 (　　), 그 밖에 1기압에서 인화점 섭씨 (　　)도 미만인 고체를 말한다.
(2) 가연성 고체란 고체로서 화염에 의한 (　　)의 위험성 또는 (　　)의 위험성을 판단하기 위하여 고시로 정하는 시험에서 고시로 정하는 성질과 상태를 나타내는 것을 말한다.
(3) 황은 순도가 (　　)중량% 이상인 것을 말한다. 다만, 순도 측정에 있어서 불순물은 활석 등 불연성 물질과 수분에 한한다.

>>> 풀이

(1) 인화성 고체란 **고형알코올**, 그 밖에 1기압에서 인화점 섭씨 **40**도 미만인 고체를 말한다.
(2) 가연성 고체란 고체로서 화염에 의한 **발화**의 위험성 또는 **인화**의 위험성을 판단하기 위하여 고시로 정하는 시험에서 고시로 정하는 성질과 상태를 나타내는 것을 말한다.
(3) 황은 순도가 **60**중량% 이상인 것을 말한다. 다만, 순도 측정에 있어서 불순물은 활석 등 불연성 물질과 수분에 한한다.

> **Check >>>**
>
> **그 밖의 제2류 위험물**
> 1. 철분은 철의 분말로서 53마이크로미터의 표준체를 통과하는 것이 50중량퍼센트 미만인 것은 제외한다.
> 2. 금속분은 알칼리금속·알칼리토금속·철 및 마그네슘 외의 금속의 분말을 말하며, 구리분·니켈분 및 150마이크로미터의 체를 통과하는 것이 50중량% 미만인 것은 제외한다.
> 3. 마그네슘은 다음 중 하나에 해당하는 것은 위험물에서 제외한다.
>   – 2mm의 체를 통과하지 않는 덩어리상태의 것
>   – 직경 2mm 이상의 막대모양의 것

>>> 정답

(1) 고형알코올, 40
(2) 발화, 인화
(3) 60

필답형 17 [5점]

분자량 158인 제1류 위험물로서 흑자색을 띠며 열분해 시 산소를 발생하는 물질에 대해 다음 물음에 답하시오.

(1) 품명
(2) 화학식
(3) 분해반응식

>>> 풀이 과망가니즈산칼륨($KMnO_4$)은 제1류 위험물로서 **품명은 과망가니즈산염류**이며, 지정수량은 1,000kg이다. 흑자색을 띠는 고체로서 분자량은 39(K)+55(Mn)+16(O)×4=158이며, 240℃에서 열분해하여 망가니즈산칼륨(K_2MnO_4)과 이산화망가니즈(MnO_2), 그리고 산소(O_2)를 발생한다.
  – 열분해반응식 : $2KMnO_4 \rightarrow K_2MnO_4 + MnO_2 + O_2$

>>> 정답 (1) 과망가니즈산염류
  (2) $KMnO_4$
  (3) $2KMnO_4 \rightarrow K_2MnO_4 + MnO_2 + O_2$

필답형 18 [5점]

다음 물질이 물과 반응하여 발생하는 가연성 기체의 화학식을 쓰시오. (단, 없으면 "없음"이라고 쓰시오.)

(1) 트라이에틸알루미늄
(2) 과산화칼슘
(3) 메틸리튬

>>> 풀이 (1) 트라이에틸알루미늄[$(C_2H_5)_3Al$]은 제3류 위험물로서 품명은 알킬알루미늄이고, 지정수량은 10kg이며, 물과 반응하여 수산화알루미늄[$Al(OH)_3$]과 에테인(C_2H_6)이라는 가연성 가스를 발생한다.
  – 물과의 반응식 : $(C_2H_5)_3Al + 3H_2O \rightarrow Al(OH)_3 + 3C_2H_6$
  (2) 과산화칼슘(CaO_2)은 제1류 위험물로서 품명은 무기과산화물이고, 지정수량은 50kg이며, 물과 반응하여 수산화칼슘[$Ca(OH)_2$]과 산소(O_2)를 발생하지만 이때 발생하는 산소는 가연성 가스가 아니다.
  – 물과의 반응식 : $2CaO_2 + 2H_2O \rightarrow 2Ca(OH)_2 + O_2$
  (3) 메틸리튬(CH_3Li)은 제3류 위험물로서 품명은 알킬리튬이고, 지정수량은 10kg이며, 물과 반응하여 수산화리튬($LiOH$)과 메테인(CH_4)이라는 가연성 가스를 발생한다.
  – 물과의 반응식 : $CH_3Li + H_2O \rightarrow LiOH + CH_4$

>>> 정답 (1) C_2H_6
  (2) 없음
  (3) CH_4

필답형 19 [5점]

휘발유를 저장하는 옥외탱크저장소의 방유제에 대해 다음 물음에 답하시오.
(1) 하나의 방유제 안에 설치할 수 있는 탱크의 개수는 몇 개 이하인지 쓰시오.
(2) 방유제의 높이를 쓰시오.
(3) 하나의 방유제의 면적은 몇 m^2 이하로 하는지 쓰시오.

풀이 (1) 하나의 방유제 안에 설치할 수 있는 탱크 개수의 기준은 다음과 같다.
　① **10개 이하 : 인화점 70℃ 미만인 위험물을 저장**하는 옥외저장탱크
　　※ 휘발유는 인화점이 −43 ～ −38℃이다.
　② **20개 이하 : 모든 옥외저장탱크 용량의 합이 20만L 이하이고, 인화점 70℃ 이상 200℃ 미만(제3석유류)인 위험물을 저장하는 옥외저장탱크**
　③ **개수 무제한 : 인화점이 200℃ 이상인 위험물을 저장하는 옥외저장탱크**
(2) 옥외저장탱크 주위에 설치하는 방유제의 높이는 **0.5m 이상 3m 이하**로 한다.
(3) 하나의 방유제의 면적은 **8만m^2 이하**로 한다.

Check >>>

옥외저장탱크 주위에 설치하는 방유제의 기준
1. 인화성이 있는 액체 위험물의 옥외저장탱크의 방유제 용량
　– 방유제 안에 하나의 옥외저장탱크가 설치되어 있는 경우 : 탱크 용량의 110% 이상
　– 방유제 안에 두 개 이상의 옥외저장탱크가 설치되어 있는 경우 : 탱크 중 용량이 가장 큰 탱크 용량의 110% 이상
　　※ 인화성이 없는 액체 위험물의 옥외저장탱크의 방유제 용량
　　– 방유제 안에 하나의 옥외저장탱크가 설치되어 있는 경우 : 탱크 용량의 100% 이상
　　– 방유제 안에 두 개 이상의 옥외저장탱크가 설치되어 있는 경우 : 탱크 중 용량이 가장 큰 탱크 용량의 100% 이상
2. 방유제의 두께 : 0.2m 이상
3. 방유제의 지하매설깊이 : 1m 이상
4. 소방차 및 자동차의 통행을 위한 도로의 설치기준 : 방유제 외면의 2분의 1 이상은 3m 이상의 폭을 확보한 도로를 설치한다.
　※ 외면의 2분의 1이란, 외면이 4개일 경우 2개의 면을 의미한다.
5. 방유제로부터 옥외저장탱크 옆판까지의 거리
　– 탱크 지름이 15m 미만 : 탱크 높이의 3분의 1 이상
　– 탱크 지름이 15m 이상 : 탱크 높이의 2분의 1 이상
6. 계단 또는 경사로의 기준 : 높이가 1m를 넘는 방유제의 안팎에는 약 50m마다 계단 또는 경사로를 설치한다.
7. 방유제의 재질 : 철근콘크리트

정답 (1) 10개
(2) 0.5m 이상 3m 이하
(3) 8만m^2 이하

필답형 20 [5점]

단층건물의 탱크전용실에 설치한 옥내저장탱크에 대해 다음 물음에 답하시오.

(1) 옥내저장탱크와 탱크전용실의 벽과의 간격은 몇 m 이상인지 쓰시오.
(2) 옥내저장탱크의 상호간 간격은 몇 m 이상인지 쓰시오.
(3) 경유를 저장하는 옥내저장탱크의 용량은 몇 L 이하인지 쓰시오.

>>> 풀이

(1) 옥내저장탱크와 탱크전용실 벽과의 사이 간격은 **0.5m 이상**으로 한다.
(2) 옥내저장탱크의 상호간의 간격은 **0.5m 이상**으로 한다.
(3) 단층건물의 탱크전용실에 설치한 옥내저장탱크에 저장 가능한 위험물과 탱크의 용량
　① 저장할 수 있는 위험물 : 모든 유별
　② 탱크의 용량 : 지정수량의 40배 이하. 다만, 특수인화물, 제1석유류, 알코올류, 제2석유류, 제3석유류의
　　경우 저장량이 20,000L를 초과하는 경우에는 20,000L 이하로 한다.
〈문제〉의 경유는 품명이 제2석유류 비수용성이고 지정수량이 1,000L이므로 옥내저장탱크의 용량은 지정
수량의 40배 즉, 1,000L×40＝40,000L가 된다. 하지만 제2석유류를 저장하는 옥내저장탱크는 용량이
20,000L를 초과하는 경우 20,000L 이하로 해야 하므로 단층건물의 탱크전용실에 경유를 저장하는 옥내저
장탱크의 용량은 **20,000L 이하**가 되어야 한다.

> **탱크전용실을 단층 건물 외의 건축물에 설치한 옥내저장탱크의 기준**
> 1. 저장할 수 있는 위험물의 종류
> 　① 건축물의 1층 또는 지하층
> 　　㉠ 제2류 위험물 중 황화인, 적린 및 덩어리상태의 황
> 　　㉡ 제3류 위험물 중 황린
> 　　㉢ 제6류 위험물 중 질산
> 　② 건축물의 모든 층
> 　　– 제4류 위험물 중 인화점이 38℃ 이상인 위험물
> 2. 저장할 수 있는 위험물의 양
> 　① 건축물의 1층 또는 지하층 : 지정수량의 40배 이하(단, 제4석유류 및 동식물유류 외의 제4류 위
> 　　험물은 20,000L 초과 시 20,000L 이하)
> 　② 2층 이상의 층 : 지정수량의 10배 이하(단, 제4석유류 및 동식물유류 외의 제4류 위험물은
> 　　5,000L 초과 시 5,000L 이하)

>>> 정답

(1) 0.5m 이상
(2) 0.5m 이상
(3) 20,000L 이하

2021 제3회 위험물기능사 실기

2021년 8월 21일 시행

※ 필답형+작업형으로 시행되던 기존 시험에서는 각 문항별 배점이 상이하였으나,
필답형(20문제) 시험만 보는 2020년 1회부터는 각 문항 배점이 모두 5점입니다!

필/답/형 시험

필답형 01 [5점]

다음 위험물을 취급하고 있는 제조소의 게시판과 수납한 운반용기의 외부에 표시하는 주의사항에 기재해야 할 내용을 모두 쓰시오. (단, 위험물안전관리법령상 주의사항 게시판이 필요 없는 경우는 "필요 없음"으로 쓰시오.)

(1) 제5류 위험물
　　① 제조소 게시판
　　② 운반용기 외부
(2) 제6류 위험물
　　① 제조소 게시판
　　② 운반용기 외부

≫≫ 풀이 유별에 따른 주의사항의 비교

유 별	품 명	운반용기의 주의사항	위험물제조소등의 주의사항
제1류 위험물	알칼리금속의 과산화물	화기·충격주의, 가연물접촉주의, 물기엄금	물기엄금 (청색바탕, 백색문자)
	그 밖의 것	화기·충격주의, 가연물접촉주의	필요 없음
제2류 위험물	철분, 금속분, 마그네슘	화기주의, 물기엄금	화기주의 (적색바탕, 백색문자)
	인화성 고체	화기엄금	화기엄금 (적색바탕, 백색문자)
	그 밖의 것	화기주의	화기주의 (적색바탕, 백색문자)
제3류 위험물	금수성 물질	물기엄금	물기엄금 (청색바탕, 백색문자)
	자연발화성 물질	화기엄금, 공기접촉엄금	화기엄금 (적색바탕, 백색문자)
제4류 위험물	인화성 액체	화기엄금	화기엄금 (적색바탕, 백색문자)
제5류 위험물	자기반응성 물질	**화기엄금, 충격주의**	**화기엄금** (적색바탕, 백색문자)
제6류 위험물	산화성 액체	**가연물접촉주의**	**필요 없음**

≫≫ 정답 (1) ① 화기엄금, ② 화기엄금, 충격주의
(2) ① 필요 없음, ② 가연물접촉주의

필답형 02 [5점]

불활성 가스 소화약제 IG－541의 구성성분 3가지를 쓰시오.

>>> 풀이   불활성 가스의 종류별 구성성분
    ① IG－100 : 질소(N_2) 100%
    ② IG－55 : 질소(N_2) 50% + 아르곤(Ar) 50%
    ③ IG－541 : **질소(N_2)** 52% + **아르곤(Ar)** 40% + **이산화탄소(CO_2)** 8%

>>> 정답   질소(N_2), 아르곤(Ar), 이산화탄소(CO_2)

필답형 03 [5점]

다음 〈보기〉의 위험물 중 열분해하여 산소를 발생하는 물질을 모두 쓰시오.

과망가니즈산칼륨, 과산화칼륨, 다이크로뮴산칼륨, 질산암모늄

>>> 풀이   ① **과망가니즈산칼륨($KMnO_4$)**은 산화제로서 240℃에서 열분해하면 망가니즈산칼륨(K_2MnO_4)과 이산화망가니즈(MnO_2), 그리고 **산소(O_2)**가 발생한다.
    – 열분해반응식 : $2KMnO_4 \rightarrow K_2MnO_4 + MnO_2 + O_2$
  ② **과산화칼륨(K_2O_2)**은 열분해 시 산화칼륨(K_2O)과 **산소(O_2)**가 발생한다.
    – 열분해반응식 : $2K_2O_2 \rightarrow 2K_2O + O_2$
  ③ **다이크로뮴산칼륨($K_2Cr_2O_7$)**은 500℃에서 열분해하면 크로뮴산칼륨(K_2CrO_4)과 암녹색의 산화크로뮴(Ⅲ)(Cr_2O_3), 그리고 **산소(O_2)**가 발생한다.
    – 열분해반응식 : $4K_2Cr_2O_7 \rightarrow 4K_2CrO_4 + 2Cr_2O_3 + 3O_2$
  ④ **질산암모늄(NH_4NO_3)**은 열분해 시 질소(N_2)와 **산소(O_2)**, 그리고 수증기(H_2O)가 발생한다.
    – 열분해반응식 : $2NH_4NO_3 \rightarrow 2N_2 + O_2 + 4H_2O$

>>> 정답   과망가니즈산칼륨, 과산화칼륨, 다이크로뮴산칼륨, 질산암모늄

필답형 04 [5점]

제2류 위험물의 위험물안전관리법령상 품명 중 지정수량이 500kg인 것을 2가지만 쓰시오.

>>> 풀이   제2류 위험물의 품명과 지정수량
    ① 황화인, 적린, 황 : 100kg
    ② **철분, 금속분, 마그네슘 : 500kg**
    ③ 인화성 고체 : 1,000kg

>>> 정답   철분, 금속분, 마그네슘 중 2가지

필답형 05　　　　　　　　　　　　　　　　　　　　　　　　　　　　　　[5점]

제1류 위험물인 과망가니즈산칼륨에 대해 다음 물음에 답하시오.

(1) 화학식
(2) 품명
(3) 물과의 반응 (단, 반응하지 않으면 "반응하지 않음"이라고 쓰시오.)
(4) 물과 반응 시 생성되는 기체의 명칭 (단, 없으면 "없음"이라고 쓰시오.)
(5) 아세톤에 용해 여부 (단, 용해되면 "용해", 용해되지 않으면 "불용"이라고 쓰시오.)

》》 풀이　과망가니즈산칼륨($KMnO_4$)은 제1류 위험물로 **품명은 과망가니즈산염류**이고, 지정수량은 1,000kg이며, 위험등급 Ⅲ인 물질이다. 물에 녹아서 진한 보라색이 되며, **아세톤**, 메탄올, 초산에도 **잘 녹는다.** 또한 **물과 반응하지 않아** 생성되는 **기체는 없다.**

> Check 》》
>
> 1. 열분해 시 망가니즈산칼륨(K_2MnO_4), 이산화망가니즈(MnO_2), 그리고 산소(O_2)가 발생한다.
>   – 열분해반응식(240℃) : $2KMnO_4 \longrightarrow K_2MnO_4 + MnO_2 + O_2$
> 2. 묽은 황산(H_2SO_4)과 반응 시 황산칼륨(K_2SO_4), 황산망가니즈($MnSO_4$), 물(H_2O), 그리고 산소(O_2)가 발생한다.
>   – 묽은 황산과의 반응식 : $4KMnO_4 + 6H_2SO_4 \longrightarrow 2K_2SO_4 + 4MnSO_4 + 6H_2O + 5O_2$

》》 정답　(1) $KMnO_4$　　(2) 과망가니즈산염류　　(3) 반응하지 않음　　(4) 없음　　(5) 용해

필답형 06　　　　　　　　　　　　　　　　　　　　　　　　　　　　　　[5점]

메틸알코올 50L가 완전연소할 때의 화학반응식을 쓰고, 이때 필요한 산소는 몇 g인지 구하시오. (단, 메틸알코올의 비중은 0.8이다.)

(1) 화학반응식
(2) 필요한 산소량(g)

》》 풀이　메틸알코올(CH_3OH)은 제4류 위험물로서 연소 시 이산화탄소(CO_2)와 수증기(H_2O)를 발생한다.
– 연소반응식 : $2CH_3OH + 3O_2 \longrightarrow 2CO_2 + 4H_2O$
메틸알코올의 분자량은 12(C)×1 + 1(H)×4 + 16(O)×1 = 32이고 비중은 0.8이므로 메틸알코올 50L의 질량은 50L×0.8kg/L = 40kg = 40,000g이다.

$2CH_3OH \quad + \quad 3O_2 \longrightarrow 2CO_2 + 4H_2O$
64g ⟍ 3×32g
40,000g ⟋ x(g)
$64 \times x = 40,000 \times 3 \times 32$
∴ $x = $ **60,000g**

》》 정답　(1) $2CH_3OH + 3O_2 \longrightarrow 2CO_2 + 4H_2O$
　　　　(2) 60,000g

필답형 07

[5점]

제2류 위험물인 황화인에 대해 다음 괄호 안에 들어갈 알맞은 내용을 쓰시오.

구 분	화학식	조해성	지정수량
삼황화인	(②)	불용성	
(①)	P_2S_5	조해성	(⑤)
칠황화인	(③)	(④)	

풀이 삼황화인, 오황화인, 칠황화인은 제2류 위험물로 품명은 황화인이고, 지정수량은 **100kg**이며, 위험등급 Ⅱ인 물질이다.

① 삼황화인(P_4S_3) : 조해성이 없고, 연소 시 이산화황(SO_2)과 오산화인(P_2O_5)이 발생한다.

② **오황화인**(P_2S_5) : 조해성이 있고, 연소 시 이산화황(SO_2)과 오산화인(P_2O_5)이 발생하고, 물과 반응 시 황화수소(H_2S)와 인산(H_3PO_4)이 발생한다.

③ 칠황화인(P_4S_7) : **조해성**이 있고, 연소 시 이산화황(SO_2)과 오산화인(P_2O_5)이 발생한다.

정답 ① 오황화인 ② P_4S_3 ③ P_4S_7 ④ 조해성 ⑤ 100kg

필답형 08

[5점]

〈보기〉의 위험물을 인화점이 높은 것부터 낮은 순서대로 쓰시오.

아닐린, 아세트산, 에틸알코올, 사이안화수소, 아세트알데하이드

풀이 ① 아닐린($C_6H_5NH_2$) : **인화점 75℃**인 제3석유류 비수용성

② 아세트산(CH_3COOH) : **인화점 40℃**인 제2석유류 수용성

③ 에틸알코올(C_2H_5OH) : **인화점 13℃**인 알코올류

④ 사이안화수소(HCN) : **인화점 −17℃**인 제1석유류 수용성

⑤ 아세트알데하이드(CH_3CHO) : **인화점 −38℃**인 특수인화물

똑똑한 풀이비법

이런 형태의 문제를 풀 때는 위와 같이 각 물질의 인화점을 암기하는 것도 좋지만, 혹시 인화점을 모른다면 그 위험물이 몇 석유류(품명)인지만 알아도 된다.

Check >>>

제4류 위험물의 인화점 범위

1. 특수인화물 : 발화점 100℃ 이하 또는 인화점 −20℃ 이하이고, 비점 40℃ 이하

2. 제1석유류 및 알코올류 : 인화점 21℃ 미만

3. 제2석유류 : 인화점 21℃ 이상 70℃ 미만

4. 제3석유류 : 인화점 70℃ 이상 200℃ 미만

5. 제4석유류 : 인화점 200℃ 이상 250℃ 미만

6. 동식물유류 : 인화점 250℃ 미만

정답 아닐린 − 아세트산 − 에틸알코올 − 사이안화수소 − 아세트알데하이드

필답형 09 [5점]

표준상태에서 나트륨 23g과 에틸알코올 46g이 반응하여 발생하는 기체의 부피는 몇 L인지 구하시오.

>>> 풀이
나트륨(Na)은 에틸알코올(C_2H_5OH)과 반응 시 나트륨에틸레이트(C_2H_5ONa)와 수소(H_2) 기체를 발생한다.
- 에틸알코올과의 반응식 : $2Na + 2C_2H_5OH \rightarrow 2C_2H_5ONa + H_2$
에틸알코올의 분자량은 12(C)×2+1(H)×6+16(O)×1=46이다. 표준상태(0℃, 1기압)에서 나트륨 23g과 에틸알코올 46g을 반응시키면 수소 기체 0.5몰이 발생하므로 이 수소 기체의 부피는 0.5×22.4L=**11.2L**이다.

> **Check >>>**
> 표준상태(0℃, 1기압)에서 기체 1몰의 부피는 기체의 종류와 관계없이 22.4L이다.

>>> 정답
11.2L

필답형 10 [5점]

메틸에틸케톤 400L, 아세톤 1,200L, 등유 2,000L를 저장하고 있다. 각 물질의 지정수량 배수의 총합은 얼마인지 구하시오.

>>> 풀이
〈문제〉에서 제시된 위험물은 모두 제4류 위험물로서 각 물질의 지정수량은 다음과 같다.
① 메틸에틸케톤(제1석유류, 비수용성) : 200L
② 아세톤(제1석유류, 수용성) : 400L
③ 등유(제2석유류, 비수용성) : 1,000L

따라서, 이 위험물들의 지정수량 배수의 합은 $\dfrac{400L}{200L} + \dfrac{1,200L}{400L} + \dfrac{2,000L}{1,000L} = $**7배**이다.

>>> 정답
7배

필답형 11 [5점]

다음 위험물의 화학식과 20℃에서의 형태를 쓰시오. (단, 기체, 액체, 고체로 표시하시오.)
(1) 질산에틸
(2) 트라이나이트로페놀

>>> 풀이
(1) 질산에틸($C_2H_5ONO_2$)은 제5류 위험물로 품명은 질산에스터류이고, 지정수량은 제1종 : 10kg, 제2종 : 100kg이다. 융점은 −112℃, 비점은 88℃로 20℃에서는 **액체**상태로 존재한다. 물에는 녹지 않으나 알코올, 에터에 잘 녹는다.
(2) 트라이나이트로페놀[$C_6H_2OH(NO_2)_3$]은 제5류 위험물로 품명은 나이트로화합물이고, 지정수량은 제1종 : 10kg, 제2종 : 100kg이다. 융점은 121℃, 비점은 255℃로 20℃에서는 **고체**상태로 존재한다. 찬물에는 녹지 않고 온수, 알코올, 벤젠, 에터에 잘 녹는다.

>>> 정답
(1) $C_2H_5ONO_2$, 액체
(2) $C_6H_2OH(NO_2)_3$, 고체

필답형 12   [5점]

벤젠핵의 수소 1개가 메틸기 1개와 치환된 물질에 대해 다음 물음에 답하시오.

(1) 화학식   (2) 품명   (3) 증기비중

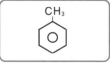

▶▶▶ 풀이   벤젠핵의 수소(H) 1개를 메틸(CH₃)기 1개로 치환시킨 것은 톨루엔(C₆H₅CH₃)
이며, 이는 제4류 위험물로 품명은 **제1석유류** 비수용성이고, 지정수량은 200L
이며, 위험등급 Ⅱ인 물질이다.

분자량은 12(C)×7+1(H)×8=92이므로

$$증기비중 = \frac{분자량}{공기의\ 평균\ 분자량} = \frac{분자량}{29} = \frac{92}{29} = 3.17이다.$$

∎ 톨루엔의 구조식 ∎

▶▶▶ 정답   (1) C₆H₅CH₃   (2) 제1석유류   (3) 3.17

필답형 13   [5점]

다음 중 제3석유류에 해당하는 것을 모두 고르시오.

> A. 클로로벤젠   B. 아세트산   C. 폼산   D. 나이트로톨루엔   E. 글리세린   F. 나이트로벤젠

▶▶▶ 풀이

기 호	물질명	화학식	품 명	수용성 여부	지정수량
A	클로로벤젠	C₆H₅Cl	제2석유류	비수용성	1,000L
B	아세트산	CH₃COOH	제2석유류	수용성	2,000L
C	폼산	HCOOH	제2석유류	수용성	2,000L
D	**나이트로톨루엔**	C₆H₄CH₃NO₂	**제3석유류**	비수용성	2,000L
E	**글리세린**	C₃H₅(OH)₃	**제3석유류**	수용성	4,000L
F	**나이트로벤젠**	C₆H₅NO₂	**제3석유류**	비수용성	2,000L

▶▶▶ 정답   D, E, F

필답형 14   [5점]

다음 위험물이 제6류 위험물이 되기 위한 조건을 쓰시오. (단, 조건이 없는 경우 "없음"이라 쓰시오.)

(1) 과염소산   (2) 과산화수소   (3) 질산

▶▶▶ 풀이   (1) 과염소산(HClO₄)의 제6류 위험물이 되기 위한 **조건은 없다.**
      (2) 과산화수소(H₂O₂)의 제6류 위험물이 되기 위한 조건은 **농도가 36중량% 이상**이어야 한다.
      (3) 질산(HNO₃)의 제6류 위험물이 되기 위한 조건은 **비중이 1.49 이상**이어야 한다.

▶▶▶ 정답   (1) 없음   (2) 농도 36중량% 이상   (3) 비중 1.49 이상

필답형 15 [5점]

제3류 위험물인 황린에 대해 다음 각 물음에 답하시오.

(1) 안전한 저장을 위해 사용하는 보호액을 쓰시오.
(2) 황린의 동소체인 제2류 위험물의 명칭을 쓰시오.
(3) 연소 시 생성되는 물질의 화학식을 쓰시오.
(4) 수산화칼륨 수용액과 반응하였을 때 발생하는 맹독성 가스의 화학식을 쓰시오.

》》 풀이

황린(P_4)

① 착화온도가 34℃로 매우 낮아서 공기 중에서 자연발화할 수 있기 때문에 물속에 보관한다. 하지만 강알칼리성의 물에서는 독성인 포스핀(PH_3) 가스를 발생하기 때문에 소량의 수산화칼륨(KOH)을 넣어 만든 **pH 9인 약알칼리성의 물속**에 보관한다.

– 강알칼리성 용액(KOH)과의 반응식 : $P_4 + 3KOH + 3H_2O \rightarrow PH_3 + 3KH_2PO_2$

② 공기를 차단하고 260℃로 가열하면 **적린(P)**이 된다. 황린과 적린은 공기 중에서 연소 시 오산화인(P_2O_5)이라는 동일한 물질을 발생시키므로 서로 동소체의 관계이다.

– 황린의 연소반응식 : $P_4 + 5O_2 \rightarrow 2P_2O_5$

》》 정답

(1) pH 9인 약알칼리성의 물
(2) 적린
(3) P_2O_5
(4) PH_3

필답형 16 [5점]

제3류 위험물 중 위험등급 Ⅰ에 해당하는 품명 3가지를 쓰시오.

》》 풀이

유 별	성 질	위험등급	품 명	지정수량
제3류 위험물	자연발화성 물질 및 금수성 물질	Ⅰ	1. **칼륨**	10kg
			2. **나트륨**	10kg
			3. **알킬알루미늄**	10kg
			4. **알킬리튬**	10kg
			5. **황린**	20kg
		Ⅱ	6. 알칼리금속(칼륨 및 나트륨 제외) 및 알칼리토금속	50kg
			7. 유기금속화합물(알킬알루미늄 및 알킬리튬 제외)	50kg
		Ⅲ	8. 금속의 수소화물	300kg
			9. 금속의 인화물	300kg
			10. 칼슘 또는 알루미늄의 탄화물	300kg

》》 정답

칼륨, 나트륨, 알킬알루미늄, 알킬리튬, 황린 중 3가지

필답형 17   [5점]

제4류 위험물 중 단맛이 나는 액체로서 2가 알코올이고, 자동차용 부동액으로 사용되는 물질에 대해 다음 물음에 답하시오.

(1) 명칭   (2) 시성식   (3) 구조식

▶▶▶ 풀이 **에틸렌글리콜**은 무색투명하고 단맛이 나는 액체로서 물에 잘 녹는 2가(OH의 수가 2개) 알코올이다. 시성식은 $C_2H_4(OH)_2$이며, 제4류 위험물로 품명은 제3석유류 수용성이고, 지정수량은 4,000L이며, 위험등급 Ⅲ인 물질이다.

$$\begin{array}{cc} H & H \\ | & | \\ H-C-C-H \\ | & | \\ OH & OH \end{array}$$

▶▶▶ 정답 (1) 에틸렌글리콜   (2) $C_2H_4(OH)_2$ (3)

$$\begin{array}{cc} H & H \\ | & | \\ H-C-C-H \\ | & | \\ OH & OH \end{array}$$

┃ 에틸렌글리콜의 구조식 ┃

필답형 18   [5점]

다음 그림을 보고 물음에 답하시오.

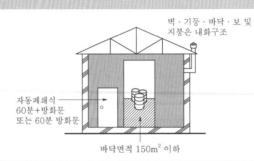

벽 · 기둥 · 바닥 · 보 및 지붕은 내화구조

자동폐쇄식
60분＋방화문
또는 60분 방화문

바닥면적 150m² 이하

(1) 해당 시설의 명칭을 쓰시오.
(2) 해당 시설에 저장할 수 있는 위험물의 최대지정수량의 배수를 쓰시오.
(3) 저장창고 지면에서 처마까지의 높이를 쓰시오.

▶▶▶ 풀이 옥내저장소의 위치 · 구조 및 설비의 기준 중 소규모 옥내저장소의 특례
소규모 옥내저장소(지정수량 50배 이하, 저장창고의 **처마 높이가 6m 미만**인 것) 저장창고가 다음 기준에 적합한 것에 대하여는 옥내저장소의 위치 · 구조 및 설비의 기준을 적용하지 않는다.
① 저장창고의 주위에는 다음 표에서 정하는 너비를 보유할 것

저장 또는 취급하는 위험물의 최대수량	공지의 너비
지정수량 5배 이하	－
지정수량의 5배 초과 20배 이하	1m 이상
지정수량의 20배 초과 50배 이하	2m 이상

② 하나의 저장창고의 바닥면적은 150m² 이하로 할 것
③ 저장창고는 벽 · 기둥 · 바닥 · 보 및 지붕을 내화구조로 할 것
④ 저장창고의 출입구에는 수시로 개방할 수 있는 자동폐쇄방식의 60분＋방화문 또는 60분 방화문을 설치할 것
⑤ 저장창고에는 창을 설치하지 아니할 것

▶▶▶ 정답 (1) 소규모 옥내저장소   (2) 50배   (3) 6m 미만

필답형 19　　　　　　　　　　　　　　　　　　　　　　　[5점]

제4류 위험물을 취급하는 제조소로부터 다음의 시설물까지의 안전거리는 몇 m 이상으로 해야 하는지 쓰시오.

(1) 학교　　(2) 병원　　(3) 주택　　(4) 지정문화재　　(5) 30,000V를 초과하는 특고압가공전선

>>> 풀이　　제조소의 안전거리

① **주거용 건축물**(제조소의 동일부지 외에 있는 것) : **10m 이상**
② **학교, 병원**, 극장(300명 이상), 다수인 수용시설 : **30m 이상**
③ 유형문화재, **지정문화재** : **50m 이상**
④ 고압가스, 액화석유가스 등의 저장·취급 시설 : 20m 이상
⑤ 사용전압이 7,000V 초과 **35,000V 이하의 특고압가공전선** : **3m 이상**
⑥ 사용전압이 35,000V를 초과하는 특고압가공전선 : 5m 이상
※ 단, 제6류 위험물제조소등은 제외한다.

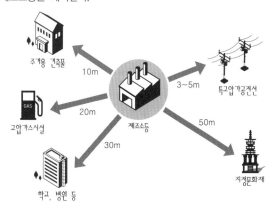

>>> 정답　　(1) 30m 이상　　(2) 30m 이상　　(3) 10m 이상　　(4) 50m 이상　　(5) 3m 이상

필답형 20　　　　　　　　　　　　　　　　　　　　　　　[5점]

다음 탱크의 내용적을 구하는 식을 쓰시오.

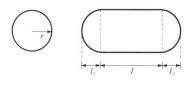

>>> 풀이　　가로형으로 설치한 원통형 탱크

$$\text{내용적} = \pi r^2 \left(l + \frac{l_1 + l_2}{3} \right)$$

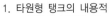

1. 타원형 탱크의 내용적
　－ 양쪽이 볼록한 것

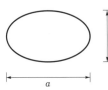 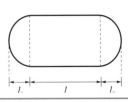

$$내용적 = \frac{\pi ab}{4}\left(l + \frac{l_1 + l_2}{3}\right)$$

　－ 한쪽은 볼록하고 다른 한쪽은 오목한 것

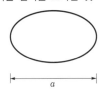 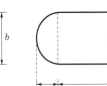

$$내용적 = \frac{\pi ab}{4}\left(l + \frac{l_1 - l_2}{3}\right)$$

2. 원통형 탱크의 내용적
　－ 가로로 설치한 것

$$내용적 = \pi r^2\left(l + \frac{l_1 + l_2}{3}\right)$$

　－ 세로로 설치한 것

 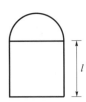

$$내용적 = \pi r^2 l$$

>>> 정답　$\pi r^2\left(l + \dfrac{l_1 + l_2}{3}\right)$

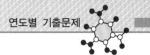
2021 제4회 위험물기능사 실기

2021년 11월 27일 시행

※ 필답형＋작업형으로 시행되던 기존 시험에서는 각 문항별 배점이 상이하였으나, 필답형(20문제) 시험만 보는 2020년 1회부터는 각 문항 배점이 모두 5점입니다!

필/답/형 시험

필답형 01 [5점]

90wt% 과산화수소 용액 1kg을 10wt% 과산화수소 용액으로 만들려면 물을 몇 kg 더 첨가해야 하는지 구하시오.

▶▶▶ 풀이 진한 용액에서 묽은 용액으로 용액을 희석하더라도 용질의 양은 변함없다는 사실을 이용한다.

90wt% 과산화수소 용액＝$\dfrac{90\text{g 과산화수소}}{100\text{g 과산화수소 용액}}$＝$\dfrac{90\text{kg 과산화수소}}{100\text{kg 과산화수소 용액}}$

진한 용액에 1kg 들어있는 과산화수소의 양(kg)을 wt%×용액의 질량(kg)으로 구하면

$\dfrac{90\text{kg 과산화수소}}{100\text{kg 과산화수소 용액}}$×1kg 과산화수소 용액＝0.9kg이다.

묽은 용액에 (1＋첨가한 물 x)kg 들어있는 과산화수소의 양(kg)도 0.9kg이다.

$\dfrac{10\text{kg 과산화수소}}{100\text{kg 과산화수소 용액}}$×(1＋$x$)kg 과산화수소 용액＝0.9kg 과산화수소

∴ x＝**8kg**의 물을 더 첨가하면 10wt% 과산화수소 용액을 만들 수 있다.

▶▶▶ 정답 8kg

필답형 02 [5점]

다음 물질의 화학식을 쓰시오.

(1) 과산화칼슘
(2) 과망가니즈산칼륨
(3) 질산암모늄

▶▶▶ 풀이

물질명	화학식	품 명	위험등급	지정수량
과산화칼슘	CaO_2	무기과산화물	I	50kg
과망가니즈산칼륨	$KMnO_4$	과망가니즈산염류	III	1,000kg
질산암모늄	NH_4NO_3	질산염류	II	300kg

▶▶▶ 정답 (1) CaO_2　(2) $KMnO_4$　(3) NH_4NO_3

필답형 03 [5점]

탄소 100kg을 완전연소시키려면 표준상태에서 몇 m³의 공기가 필요한지 구하시오. (단, 공기는 질소 79vol%, 산소 21vol%로 되어 있다.)

▶▶▶ 풀이 탄소를 연소시키기 위해 필요한 공기의 부피를 구하려면 연소에 필요한 산소의 부피를 먼저 구해야 한다. 아래의 연소반응식에서 알 수 있듯이 표준상태에서 12g의 탄소(C)를 연소시키기 위해 필요한 산소의 부피는 22.4L인데, 100kg의 탄소를 연소시키기 위해서는 몇 m³의 산소가 필요한지 다음 반응식을 이용하여 구할 수 있다.

– 탄소의 연소반응식 : $C + O_2 \rightarrow CO_2$

$$\begin{array}{cc} 12g & 22.4L \\ 100kg & x(m^3) \end{array}$$

$12 \times x = 100 \times 22.4$

$\therefore x = 186.667m^3$

여기서, 탄소 100kg을 연소시키는 데 필요한 산소의 부피는 186.667m³지만 〈문제〉의 조건은 필요한 산소의 부피가 아니라 필요한 공기의 부피를 구하는 것이다. 공기 중의 산소의 부피는 공기 부피의 21%이므로 공기의 부피를 구하는 식은 다음과 같다.

공기의 부피=산소의 부피 $\times \dfrac{100}{21}$ = $186.667m^3 \times \dfrac{100}{21}$ = $888.89m^3$

$\therefore$ 공기의 부피=**888.89m³**

> **Tip**
> 반응식 문제에서는 반응하는 물질(C)의 질량단위가 'g'이면 연소에 필요한 물질(O₂)의 부피단위는 'L'이고 반응하는 물질(C)의 질량 단위가 'kg'이면 연소에 필요한 물질(O₂)의 부피 단위는 'm³'로 적용해야 합니다.
> 1,000g=1kg, 1,000L=1m³
> 표준상태(0℃, 1기압)에서 기체 몰의 부피는 22.4L

▶▶▶ 정답 888.89m³

필답형 04 [5점]

다음의 1소요단위에 해당하는 수치를 ( ) 안에 쓰시오.

(1) 외벽이 내화구조인 제조소 및 취급소 : 연면적 ( )m²

(2) 외벽이 비내화구조인 제조소 및 취급소 : 연면적 ( )m²

(3) 외벽이 내화구조인 저장소 : 연면적 ( )m²

(4) 외벽이 비내화구조인 저장소 : 연면적 ( )m²

(5) 위험물 : 지정수량의 ( )배

▶▶▶ 풀이 소요단위는 소화설비의 설치대상이 되는 건축물 또는 그 밖의 공작물의 규모나 위험물 양의 기준단위로, 1소요단위는 다음 [표]와 같이 구분한다.

구 분	외벽이 내화구조	외벽이 비내화구조
위험물 제조조 및 취급소	연면적 100m²	연면적 50m²
위험물저장소	연면적 150m²	연면적 75m²
위험물	지정수량의 10배	

▶▶▶ 정답 (1) 100 (2) 50 (3) 150 (4) 75 (5) 10

필답형 05 [5점]

〈보기〉에 해당하는 위험물에 대해 다음 물음에 답하시오.

- 강산화제이다.
- 가열하면 400℃에서 아질산칼륨과 산소를 발생한다.
- 흑색화약의 제조나 금속 열처리제 등의 용도로 사용된다.

(1) 품명을 쓰시오.
(2) 지정수량을 쓰시오.
(3) 화학식을 쓰시오.

≫≫ 풀이   질산칼륨(KNO_3)
① 제1류 위험물(산화성 고체)로 **품명은 질산염류**이고, **지정수량은 300kg**이며, 위험등급 Ⅱ인 물질이다.
② '숯＋황＋질산칼륨'의 혼합물은 흑색화약이 되며, 불꽃놀이 등에 사용된다.
③ 열분해 시 아질산칼륨(KNO_2)과 산소(O_2)가 발생한다.
　 － 열분해반응식 : $2KNO_3 \rightarrow 2KNO_2 + O_2$

≫≫ 정답   (1) 질산염류
(2) 300kg
(3) KNO_3

필답형 06 [5점]

제2류 위험물인 황에 대해 다음 물음에 답하시오.

(1) 연소반응식을 쓰시오.
(2) 위험물의 조건을 쓰시오.
(3) ( ) 안에 알맞은 말을 쓰시오.
　 순도 측정에 있어서 불순물은 활석 등 (①)과 (②)에 한한다.

≫≫ 풀이   황(S)
① 황은 제2류 위험물로 위험등급 Ⅱ, 지정수량은 100kg이다.
② **순도가 60중량% 이상인 것**을 위험물로 규정하며, 이 경우 순도 측정에 있어 불순물은 활석 등 **불연성 물질**과 **수분**에 한한다.
③ 사방황, 단사황, 고무상황의 3가지 동소체가 존재한다.
④ 고무상황을 제외한 나머지 황은 이황화탄소(CS_2)에 녹는다.
⑤ 연소 시 청색 불꽃을 내며 이산화황(SO_2)이 발생한다.
　 － 연소반응식 : $S + O_2 \rightarrow SO_2$

≫≫ 정답   (1) $S + O_2 \rightarrow SO_2$
(2) 순도가 60중량% 이상인 것
(3) ① 불연성 물질, ② 수분

필답형 07 [5점]

다음 물질의 연소반응식을 쓰시오.

(1) 삼황화인
(2) 오황화인

>>> 풀이

삼황화인(P_4S_3)과 오황화인은 모두 제2류 위험물로 품명은 황화인이고, 지정수량은 100kg이며, 위험등급 Ⅱ인 물질이다. 연소 시 이산화황(SO_2)과 오산화인(P_2O_5)을 발생시킨다.
- 삼황화인의 연소반응식 : $P_4S_3 + 8O_2 \rightarrow 3SO_2 + 2P_2O_5$
- 오황화인의 연소반응식 : $2P_2S_5 + 15O_2 \rightarrow 10SO_2 + 2P_2O_5$

> **Check >>>**
>
> **물과의 반응**
> 1. 삼황화인은 물과 반응하지 않는다.
> 2. 오황화인은 물과 반응 시 황화수소(H_2S)와 인산(H_3PO_4)을 발생시킨다.

>>> 정답

(1) $P_4S_3 + 8O_2 \rightarrow 3SO_2 + 2P_2O_5$
(2) $2P_2S_5 + 15O_2 \rightarrow 10SO_2 + 2P_2O_5$

필답형 08 [5점]

〈보기〉에 주어진 반응식을 보고, ( ) 안 물질에 대해 다음 물음에 답하시오.

$$( ) + 2H_2O \rightarrow Ca(OH)_2 + 2H_2$$

(1) 품명
(2) 지정수량
(3) 위험등급

>>> 풀이

수소화칼슘(CaH_2)
① 수소화칼슘은 제3류 위험물로서 **품명은 금속의 수소화물**이며, **위험등급 Ⅲ, 지정수량은 300kg**이다.
② 물과 격렬하게 반응하여 수소(H_2)를 발생하고 발열한다.
  - 물과의 반응식 : $CaH_2 + 2H_2O \rightarrow Ca(OH)_2 + 2H_2$
③ 습기 중에 노출되어도 자연발화의 위험이 있으며, 600℃ 이상 가열하면 수소를 분해한다.

> **Check >>>**
>
> 1. 저장 및 취급방법 : 물과의 접촉은 피하고 건조하며 환기가 잘 되는 실내에 밀폐된 용기 중에 저장하고, 대량의 저장용기 중에는 아르곤 또는 질소를 봉입한다.
> 2. 소화 방법 : 화재 시 주수, CO_2, 할론소화약제는 엄금이며, 소석회, D급 소화약제, 마른모래 등에 의해 질식소화한다.

>>> 정답

(1) 금속의 수소화물   (2) 300kg   (3) Ⅲ

필답형 09　　　　　　　　　　　　　　　　　　　　　　　　　[5점]

나트륨에 대해 다음 물음에 답하시오.

(1) 나트륨과 물과의 반응식을 쓰시오.

(2) 발생하는 기체의 연소반응식을 쓰시오.

>>> 풀이　(1) 나트륨(Na)은 물(H_2O)과의 반응 시 수산화나트륨($NaOH$)과 수소(H_2) 기체를 발생한다.

　　　　　− 물과의 반응식 : $2Na + 2H_2O \rightarrow 2NaOH + H_2$

　　　　(2) 수소는 연소 시 많은 양의 열과 수증기가 발생한다.

　　　　　− 연소반응식 : $2H_2 + O_2 \rightarrow 2H_2O$

> **Check >>>**
>
> **나트륨(Na)**
>
> 1. 제3류 위험물로 위험등급 Ⅰ, 지정수량은 10kg이다.
> 2. 에틸알코올(C_2H_5OH)과 반응 시 나트륨에틸레이트(C_2H_5ONa)와 수소(H_2)를 발생한다.
>   − 에틸알코올과의 반응식 : $Na + C_2H_5OH \rightarrow C_2H_5ONa + H_2$
> 3. 연소 시 산화나트륨(Na_2O)이 발생한다.
>   − 연소반응식 : $4Na + O_2 \rightarrow 2Na_2O$
> 4. 이산화탄소(CO_2)와 반응 시 탄산나트륨(Na_2CO_3)과 탄소(C)가 발생한다.
>   − 연소반응식 : $4Na + 3CO_2 \rightarrow 2Na_2CO_3 + C$
> 5. 황색 불꽃반응을 내며 탄다.

>>> 정답　(1) $2Na + 2H_2O \rightarrow 2NaOH + H_2$

　　　　(2) $2H_2 + O_2 \rightarrow 2H_2O$

필답형 10　　　　　　　　　　　　　　　　　　　　　　　　　[5점]

위험물안전관리법령상 다음 위험물의 주유취급소의 고정주유설비 및 고정급유설비의 펌프기기 주유관 선단에서의 최대토출량은 각각 분당 몇 L 이하이어야 하는지 쓰시오. (단, 이동저장탱크에 주입하는 경우는 제외한다.)

(1) 휘발유

(2) 경유

(3) 등유

>>> 풀이　주유취급소의 고정주유설비 및 고정급유설비의 펌프기기 주유관 선단에서의 분당 최대토출량은 다음과 같다.

　　　　① 제1석유류(휘발유) : **50L 이하**

　　　　② 경유 : **180L 이하**

　　　　③ 등유 : **80L 이하**

>>> 정답　(1) 50L 이하

　　　　(2) 180L 이하

　　　　(3) 80L 이하

필답형 11 [5점]

아세트산에 대해 다음 물음에 답하시오.

(1) 시성식을 쓰시오.
(2) 증기비중을 구하시오.

〉〉〉 풀이 아세트산(**CH₃COOH**)은 제4류 위험물로 품명은 제2석유류 수용성이고, 지정수량은 2,000L이며, 위험등급 Ⅲ인 물질이다. 분자량은 12(C)×2＋1(H)×4＋16(O)×2＝60이므로,

$$증기비중 = \frac{분자량}{공기의\ 평균\ 분자량} = \frac{분자량}{29} = \frac{60}{29} = 2.07이다.$$

〉〉〉 정답 (1) CH₃COOH
(2) 2.07

필답형 12 [5점]

0℃, 1기압에서 아세톤의 증기밀도(g/L)를 구하시오.

〉〉〉 풀이 아세톤(CH₃COCH₃)은 제4류 위험물로 품명은 제1석유류 수용성이고, 지정수량은 400L이며, 위험등급 Ⅱ인 물질이다. 아세톤 1mol의 분자량은 12(C)g×3＋1(H)g×6＋16(O)g×1＝58g이므로,

$$0℃,\ 1기압(표준상태)에서\ 증기밀도 = \frac{분자량}{22.4}\,(g/L) = \frac{58}{22.4} = 2.59g/L이다.$$

〉〉〉 정답 2.59g/L

필답형 13 [5점]

피리딘에 대해 다음 물음에 답하시오.

(1) 구조식
(2) 분자량

〉〉〉 풀이 피리딘(C₅H₅N)은 제4류 위험물로 품명은 제1석유류 수용성이고, 지정수량은 400L이며, 위험등급 Ⅱ, 분자량은 12(C)×5＋1(H)×5＋14(N)＝**79**이다.

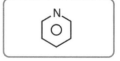

‖ 피리딘의 구조식 ‖

〉〉〉 정답 (1)

(2) 79

필답형 14 [5점]

동식물유류는 아이오딘값을 기준으로 하여 건성유, 반건성유, 불건성유로 나눈다. 다음 동식
물유류를 구분하는 아이오딘값의 일반적인 범위를 쓰시오.

(1) 건성유
(2) 불건성유

>>> **풀이** 동식물유류는 제4류 위험물이며, 지정수량은 10,000L로서 아이오딘값에 따라 다음과 같이 구분한다.
   ① 건성유 : 아이오딘값 **130 이상**
      – 동물유 : 정어리유, 기타 생선유
      – 식물유 : 동유(오동나무기름), 해바라기유, 아마인유(아마씨기름), 들기름
   ② 반건성유 : 아이오딘값 100~130
      – 동물유 : 청어유
      – 식물유 : 쌀겨기름, 면실유(목화씨기름), 채종유(유채씨기름), 옥수수기름, 참기름
   ③ 불건성유 : 아이오딘값 **100 이하**
      – 동물유 : 소기름, 돼지기름, 고래기름
      – 식물유 : 땅콩유, 올리브유, 동백유, 아주까리기름(피마자유), 야자유(팜유)

   > 아이오딘값은 유지 100g에 흡수되는 아이오딘의 g수를 의미하며, 불포화도에 비례하고 이중결합수에도
   > 비례한다.

>>> **정답** (1) 130 이상   (2) 100 이하

필답형 15 [5점]

간이탱크저장소의 밸브 없는 통기관의 기준 3가지를 쓰시오.

>>> **풀이** 간이탱크저장소에는 밸브 없는 통기관 또는 대기밸브부착 통기관을 설치해야 하며, **밸브 없는 통기관의 기준**은
   다음과 같다.
   ① 통기관의 지름은 25mm 이상으로 할 것
   ② 통기관은 옥외에 설치하되 그 끝부분의 높이는 지상 1.5m 이상으로 할 것
   ③ 통기관의 끝부분은 수평면에 대하여 아래로 45° 이상 구부려 빗물 등의 침투를 방지할 것
   ④ 가는 눈의 구리망 등으로 인화방지장치를 할 것. 다만, 인화점 70℃ 이상의 위험물만을 해당 위험물의
      인화점 미만의 온도로 저장 또는 취급하는 탱크에 설치하는 통기관에는 인화방지장치를 설치하지 않아도
      된다.

>>> **정답** ① 통기관의 지름은 25mm 이상으로 할 것
   ② 통기관은 옥외에 설치하되 그 끝부분의 높이는 지상 1.5m 이상으로 할 것
   ③ 통기관의 끝부분은 수평면에 대하여 아래로 45° 이상 구부려 빗물 등의 침투를 방지할 것
   ④ 가는 눈의 구리망 등으로 인화방지장치를 할 것. 다만, 인화점 70℃ 이상의 위험물만을 해당 위험물의
      인화점 미만의 온도로 저장 또는 취급하는 탱크에 설치하는 통기관에는 인화방지장치를 설치하지 않아도
      된다.
   중 3가지

필답형 16
[5점]

다음 〈보기〉의 제5류 위험물들의 지정수량 배수의 합을 구하시오. (단, 위험물들은 제2종에 해당된다.)

질산에스터류 50kg, 하이드록실아민 300kg, 나이트로화합물 400kg

>>> 풀이 제5류 위험물의 지정수량은 제1종 : 10kg, 제2종 : 100kg이다.

따라서, 이 위험물들의 지정수량 배수의 합은 다음과 같다.

$$\frac{\text{A위험물의 저장수량}}{\text{A위험물의 지정수량}} + \frac{\text{B위험물의 저장수량}}{\text{B위험물의 지정수량}} + \cdots = \frac{50kg}{100kg} + \frac{300kg}{100kg} + \frac{400kg}{100kg} = \mathbf{7.5배}$$

>>> 정답 7.5배

필답형 17
[5점]

아세트알데하이드등의 저장기준에 대해 다음 ( ) 안에 알맞은 용어 또는 수치를 쓰시오.

(1) 보냉장치가 있는 이동저장탱크에 저장하는 아세트알데하이드등의 온도는 당해 위험물의 ( ) 이하로 유지할 것

(2) 보냉장치가 없는 이동저장탱크에 저장하는 아세트알데하이드등의 온도는 ( )℃ 이하로 유지할 것

>>> 풀이 이동저장탱크에 저장하는 위험물의 저장온도

(1) 보냉장치가 있는 이동저장탱크에 저장하는 경우
  ① 아세트알데하이드등 : 비점 이하
  ② 다이에틸에터등 : 비점 이하
(2) 보냉장치가 없는 이동저장탱크에 저장하는 경우
  ① 아세트알데하이드등 : 40℃ 이하
  ② 다이에틸에터등 : 40℃ 이하

> **Check >>>**
>
> **옥외저장탱크, 옥내저장탱크 또는 지하저장탱크에 저장하는 위험물의 저장온도**
> 1. 옥외저장탱크, 옥내저장탱크 또는 지하저장탱크 중 압력탱크 외의 탱크에 저장하는 경우
>   – 아세트알데하이드등 : 15℃ 이하
>   – 산화프로필렌등, 다이에틸에터등 : 30℃ 이하
> 2. 옥외저장탱크, 옥내저장탱크 또는 지하저장탱크 중 압력탱크에 저장하는 경우
>   – 아세트알데하이드등 : 40℃ 이하
>   – 다이에틸에터등 : 40℃ 이하

>>> 정답 (1) 비점
(2) 40

필답형 18 [5점]

트라이나이트로톨루엔(TNT)에 대해 다음 물음에 답하시오.

(1) 물과 벤젠에 대한 용해성을 쓰시오. (단, 용해되면 "용해", 용해되지 않으면 "불용"이라고 쓰시오.)
(2) 지정수량을 쓰시오.
(3) 제조원료 물질 2가지를 쓰시오.

>>> 풀이 TNT로 불리는 트라이나이트로톨루엔[$C_6H_2CH_3(NO_2)_3$]은 톨루엔($C_6H_5CH_3$)에 질산(HNO_3)과 함께 황산(H_2SO_4)을 촉매로 반응시켜 톨루엔의 수소(H) 3개를 나이트로기(NO_2)로 치환한 물질로서 제5류 위험물에 속하며, 품명은 나이트로화합물이고, **지정수량은 제1종 : 10kg, 제2종 : 100kg**인 물질이다. **물에는 녹지 않으며**, 알코올, 아세톤, **벤젠** 등 유기용제에는 **잘 녹는다.**

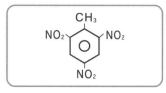

▌트라이나이트로톨루엔의 구조식▐

>>> 정답 (1) 물에는 불용, 벤젠에는 용해
(2) 제1종 : 10kg, 제2종 : 100kg
(3) 톨루엔, 질산

필답형 19 [5점]

다음은 위험물안전관리법령상 위험물제조소 환기설비의 급기구 면적에 대한 내용이다. 빈칸에 알맞은 내용을 쓰시오.

바닥면적	급기구의 면적
(①)m^2 미만	150cm^2 이상
(①)m^2 이상 (②)m^2 미만	300cm^2 이상
(②)m^2 이상 120m^2 미만	450cm^2 이상
120m^2 이상 150m^2 미만	(③)cm^2 이상

>>> 풀이 제조소에 설치하는 환기설비의 급기구 면적은 제조소의 바닥면적 150m^{2}마다 1개 이상 설치하고 그 크기는 800cm^2 이상으로 한다. 다만, 제조소의 바닥면적이 150m^2 미만인 경우 급기구의 면적은 다음과 같다.

바닥면적	급기구의 면적
60m^2 미만	150cm^2 이상
60m^2 이상 90m^2 미만	300cm^2 이상
90m^2 이상 120m^2 미만	450cm^2 이상
120m^2 이상 150m^2 미만	600cm^2 이상

>>> 정답 ① 60, ② 90, ③ 600

필답형 20 [5점]

제6류 위험물에 대한 다음 물음에 답하시오.

(1) 피부에 닿으면 노란색으로 변하는 반응의 이름은 무엇인지 쓰시오.

(2) (1)의 물질이 햇빛에 의해 분해되는 반응식을 쓰시오.

>>> 풀이 질산(HNO_3)은 제6류 위험물로서 비중 1.49 이상인 것만 위험물에 속하며, 지정수량은 300kg이다.

① 질산을 피부에 접촉시켰을 때 피부에 포함된 단백질이 질산과 접촉함으로써 피부를 노란색으로 변하게 하는데 이를 **크산토프로테인 반응**이라 한다.

② 햇빛에 의해 분해되면 적갈색 기체인 이산화질소(NO_2)가 발생하기 때문에 이를 방지하기 위하여 착색병을 사용한다.

 – 분해반응식 : $4HNO_3 \rightarrow 2H_2O + 4NO_2 + O_2$

>>> 정답 (1) 크산토프로테인 반응

(2) $4HNO_3 \rightarrow 2H_2O + 4NO_2 + O_2$

2022 제1회 위험물기능사 실기

2022년 3월 20일 시행

※ 필답형＋작업형으로 시행되던 기존 시험에서는 각 문항별 배점이 상이하였으나,
   필답형[20문제] 시험만 보는 2020년 1회부터는 각 문항 배점이 모두 5점입니다!

필/답/형 시험

필답형 01 [5점]

적린에 대해 다음 물음에 답하시오.

(1) 연소반응식
(2) 연소 시 발생되는 기체의 명칭

》》 풀이 적린(P)

① 제2류 위험물로서 지정수량은 100kg, 위험등급 Ⅱ이다.
② 발화점 260℃, 비중 2.2, 융점 600℃, 승화온도 400℃이다.
③ 황린(P_4)과 동소체이다.
④ 연소 시 **오산화인(P_2O_5)**이 발생한다.
   − 연소반응식 : $4P + 5O_2 \rightarrow 2P_2O_5$
⑤ 소화방법 : 물로 냉각소화한다.

》》 정답 (1) $4P + 5O_2 \rightarrow 2P_2O_5$
(2) 오산화인

필답형 02 [5점]

탄화알루미늄에 대해 다음 물음에 답하시오.

(1) 물과의 반응식
(2) (1)에서 생성되는 기체의 연소반응식

》》 풀이 (1) 탄화알루미늄(Al_4C_3)

① 제3류 위험물로서 품명은 칼슘 또는 알루미늄의 탄화물이고, 지정수량은 300kg, 위험등급 Ⅲ이다.
② 비중 2.36, 융점 1,400℃이다.
③ 물과 반응 시 수산화알루미늄[$Al(OH)_3$]과 메테인(CH_4)가스가 발생한다.
   − 물과의 반응식 : $Al_4C_3 + 12H_2O \rightarrow 4Al(OH)_3 + 3CH_4$
(2) 메테인의 연소반응식 : $CH_4 + 2O_2 \rightarrow CO_2 + 2H_2O$

》》 정답 (1) $Al_4C_3 + 12H_2O \rightarrow 4Al(OH)_3 + 3CH_4$
(2) $CH_4 + 2O_2 \rightarrow CO_2 + 2H_2O$

Craftsman Hazardous material

필답형 03 [5점]

과산화칼륨에 대해 다음 물음에 답하시오.

(1) 물과의 반응식
(2) 이산화탄소와의 반응식

>>> 풀이 과산화칼륨(K_2O_2)

① 제1류 위험물로서 품명은 무기과산화물이며, 지정수량은 50kg, 위험등급 Ⅰ이다.
② 물과의 반응으로 수산화칼륨(KOH)과 다량의 산소(O_2), 그리고 열을 발생하므로 물기엄금 해야 한다.
 – 물과의 반응식 : $2K_2O_2 + 2H_2O \longrightarrow 4KOH + O_2$
③ 이산화탄소(탄산가스)와 반응하여 탄산칼륨(K_2CO_3)과 산소(O_2)가 발생한다.
 – 이산화탄소와의 반응식 : $2K_2O_2 + 2CO_2 \longrightarrow 2K_2CO_3 + O_2$
④ 소화방법 : 물로 냉각소화하면 산소와 열의 발생으로 위험하므로 마른모래, 팽창질석, 팽창진주암, 탄산수소염류 분말소화약제로 질식소화를 해야 한다.

> **Check >>>**
>
> 1. 분해온도 490℃, 비중 2.9이다.
> 2. 열분해 시 산화칼륨(K_2O)과 산소(O_2)가 발생한다.
> – 열분해반응식 : $2K_2O_2 \longrightarrow 2K_2O + O_2$
> 3. 초산과 반응 시 초산칼륨(CH_3COOK)과 제6류 위험물인 과산화수소(H_2O_2)가 발생한다.
> – 초산과의 반응식 : $K_2O_2 + 2CH_3COOH \longrightarrow 2CH_3COOK + H_2O_2$

>>> 정답 (1) $2K_2O_2 + 2H_2O \longrightarrow 4KOH + O_2$
(2) $2K_2O_2 + 2CO_2 \longrightarrow 2K_2CO_3 + O_2$

필답형 04 [5점]

아닐린에 대해 다음 물음에 답하시오.

(1) 품명
(2) 지정수량
(3) 분자량

>>> 풀이 아닐린($C_6H_5NH_2$)

① 제4류 위험물로서 품명은 **제3석유류**이며, 비수용성으로 지정수량은 **2,000L**, 위험등급 Ⅲ, 분자량은 $12(C) \times 6 + 1(H) \times 7 + 14(N) = $**93**이다.
② 인화점 75℃, 발화점 538℃, 비점 184℃, 비중 1.01로 물보다 무거운 물질이다.
③ 나이트로벤젠을 환원하여 만들 수 있다.
④ 알칼리금속과 반응하여 수소를 발생한다.
⑤ 소화방법 : 이산화탄소(CO_2), 할로겐화합물, 분말·포 소화약제를 이용한 질식소화가 효과적이다.

▮아닐린의 구조식▮

>>> 정답 (1) 제3석유류
(2) 2,000L
(3) 93

7-92 제7편 • 실기 기출문제

필답형 05 [5점]

마그네슘에 대해 다음 물음에 답하시오.

(1) 연소반응식
(2) 표준상태에서 1mol의 마그네슘이 연소하는 데 필요한 이론적 산소의 부피(L)

>>> 풀이 마그네슘(Mg)

① 제2류 위험물로서 지정수량은 500kg, 위험등급 Ⅲ 이다.
② 연소 시 산화마그네슘(MgO)이 발생한다.
- 연소반응식 : $2Mg + O_2 \rightarrow 2MgO$
③ 소화방법 : 냉각소화 시 수소가 발생하므로 마른모래, 탄산수소염류 등으로 질식소화를 해야 한다.
④ 표준상태(0℃, 1기압)에서 1mol의 기체의 부피는 22.4L이므로 1mol의 Mg이 연소하는 데 필요한 산소의

부피는 $1mol\ Mg \times \dfrac{1mol\ O_2}{2mol\ Mg} \times \dfrac{22.4L\ O_2}{1mol\ O_2} = \textbf{11.2L}$이다.

> **Check >>>**
>
> 1. 다음 중 어느 하나에 해당하는 마그네슘은 제2류 위험물에서 제외한다.
>   - 2mm의 체를 통과하지 아니하는 덩어리상태의 것
>   - 직경 2mm 이상의 막대모양의 것
> 2. 비중 1.74, 융점 650℃, 발화점 473℃이며, 은백색 광택을 가지고 있다.
> 3. 온수와 반응 시 수산화마그네슘[Mg(OH)₂]과 수소(H₂)가 발생한다.
>   - 물과의 반응식 : $Mg + 2H_2O \rightarrow Mg(OH)_2 + H_2$
> 4. 이산화탄소와 반응 시 산화마그네슘(MgO)과 가연성 물질인 탄소(C) 또는 유독성 기체인 일산화탄소(CO)가 발생한다.
>   - 이산화탄소와의 반응식 : $2Mg + CO_2 \rightarrow 2MgO + C$ 또는 $Mg + CO_2 \rightarrow MgO + CO$

>>> 정답 (1) $2Mg + O_2 \rightarrow 2MgO$
(2) 11.2L

필답형 06 [5점]

다음 〈보기〉의 위험물 중 비중이 물보다 큰 것을 모두 쓰시오.

> 이황화탄소, 산화프로필렌, 피리딘, 클로로벤젠, 글리세린

>>> 풀이

물질명	화학식	품 명	지정수량	비 중	수용성 여부
이황화탄소	CS_2	특수인화물	50L	**1.26**	비수용성
산화프로필렌	CH_3CHOCH_2	특수인화물	50L	0.83	수용성
피리딘	C_5H_5N	제1석유류	400L	0.99	수용성
클로로벤젠	C_6H_5Cl	제2석유류	1,000L	**1.11**	비수용성
글리세린	$C_3H_5(OH)_3$	제3석유류	4,000L	**1.26**	수용성

물의 비중은 1이므로, 물보다 비중이 큰 것은 **이황화탄소, 클로로벤젠, 글리세린**이다.

>>> 정답 이황화탄소, 클로로벤젠, 글리세린

필답형 07　　　　　　　　　　　　　　　　　　　　　　　　　　　　　　**[5점]**

나트륨에 대해 다음 물음에 답하시오.

(1) 물과의 반응식
(2) 표준상태에서 1kg의 나트륨이 물과 반응할 경우 생성되는 기체의 부피(m^3)

>>> 풀이　나트륨(Na)

① 제3류 위험물로서 지정수량은 10kg, 위험등급 Ⅰ이다.
② 물과 반응 시 수산화나트륨(NaOH)과 수소(H_2)가 발생한다.
　– 물과의 반응식 : $2Na + 2H_2O \longrightarrow 2NaOH + H_2$
③ 황색 불꽃반응을 내며 탄다.
④ 석유(등유, 경유 등) 속에 보관하여 공기와의 접촉을 방지한다.
⑤ 소화방법 : 금수성 물질은 물뿐만 아니라 이산화탄소를 사용하면 가연성 물질인 탄소가 발생하여 폭발할 수 있으므로 절대 사용할 수 없고, 마른모래, 탄산수소염류 분말소화약제를 사용해야 한다.
⑥ 표준상태(0℃, 1기압)에서 1mol의 기체의 부피는 22.4L이고, 2mol의 나트륨이 반응하면 1mol의 수소기체가 생성되며, $1m^3=10L$이므로 1kg의 나트륨이 물과 반응할 경우 생성되는 수소기체의 부피는 $1 \times 10^3 g$ Na
$\times \dfrac{1\,mol\ Na}{23g\ Na} \times \dfrac{1\,mol\ H_2}{2\,mol\ Na} \times \dfrac{22.4L\ H_2}{1\,mol\ H_2} \times \dfrac{1m^3}{10^3 L} = \mathbf{0.49m^3}$이다.

>>> 정답　(1) $2Na + 2H_2O \longrightarrow 2NaOH + H_2$
　　　　　(2) $0.49m^3$

필답형 08　　　　　　　　　　　　　　　　　　　　　　　　　　　　　　**[5점]**

20kg의 이황화탄소가 모두 증기로 된다면, 3기압 120℃에서 부피는 몇 L인지 구하시오.

(1) 계산과정
(2) 답

>>> 풀이　이황화탄소(CS_2) 1mol의 분자량은 12g(C)+32g(S)×2=76g/mol이고, 〈문제〉는 이황화탄소 20kg이 3기압 120℃에서의 부피를 구하는 것이므로 다음과 같이 이상기체상태방정식을 이용한다.

$$PV = nRT = \frac{w}{M}RT$$

여기서, P : 압력(atm), V : 부피(L)
　　　　n : 몰수(mol), w : 질량(g)
　　　　M : 분자량(g/mol), R : 이상기체상수 0.082(atm · L/K · mol)
　　　　T : 절대온도(K)=섭씨온도(℃)+273

$$3 \times V = \frac{20 \times 10^3}{76} \times 0.082 \times (120 + 273)$$

$$\therefore V = 2826.84L$$

>>> 정답　(1) $3 \times V = \dfrac{20 \times 10^3}{76} \times 0.082 \times (120 + 273)$

　　　　　(2) 2826.84L

필답형 09 [5점]

〈보기〉에서 설명하는 위험물에 대해 다음 물음에 답하시오.

- 인화점 11℃, 비점 64℃, 비중 0.79
- 독성이 있으며, 심하면 실명까지 가능하다.
- 산화되면 폼알데하이드를 거쳐 최종적으로 폼산이 된다.

(1) 연소반응식
(2) 위험등급
(3) 구조식

》》 풀이 메틸알코올(CH_3OH)＝메탄올
① 제4류 위험물로서 품명은 알코올류이며, 수용성으로 지정수량은 400L, **위험등급 Ⅱ** 이다.
② 인화점 11℃, 발화점 464℃, 연소범위 7.3~36%, 비점 65℃로 물보다 가볍다.
③ 시신경장애의 독성이 있으며, 심하면 실명까지 가능하다.
④ 산화되면 폼알데하이드($HCHO$)를 거쳐 폼산($HCOOH$)이 된다.
⑤ 연소반응식 : $2CH_3OH + 3O_2 \rightarrow 2CO_2 + 4H_2O$
⑥ 소화방법 : 이산화탄소(CO_2), 할로젠화합물, 분말소화약제를 사용하고, 포를 이용해 소화할 경우 일반 포는 소포성때문에 효과가 없으므로 알코올포 소화약제를 사용해야 한다.

》》 정답 (1) $2CH_3OH + 3O_2 \rightarrow 2CO_2 + 4H_2O$
(2) 위험등급 Ⅱ
(3)

```
      H
      |
  H - C - OH
      |
      H
```

필답형 10 [5점]

다음 할로젠화합물의 Halon 번호를 쓰시오.

(1) CF_3Br
(2) CF_2BrCl
(3) $C_2F_4Br_2$

》》 풀이 할로젠화합물 소화약제는 할론 명명법에 의해 할론 번호를 부여하는데, 그 방법은 화학식에 표시된 원소의 개수를 C－F－Cl－Br의 순서대로 표시하는 것이다.
(1) **CF_3Br** : C의 개수 1개, F의 개수 3개, Cl의 개수 0개, Br의 개수 1개이므로 Halon 번호는 **1301**이다.
(2) **CF_2BrCl** : C의 개수 1개, F의 개수 2개, Cl의 개수 1개, Br의 개수 1개이므로 Halon 번호는 **1211**이다.
(3) **$C_2F_4Br_2$** : C의 개수 2개, F의 개수 4개, Cl의 개수 0개, Br의 개수 2개이므로 Halon 번호는 **2402**이다.

》》 정답 (1) 1301
(2) 1211
(3) 2402

필답형 11 [5점]

에틸알코올에 대해 다음 물음에 답하시오.

(1) 1차 산화하였을 때 생성되는 물질명
(2) 2차 산화하였을 때 생성되는 물질명
(3) 에틸알코올의 위험도

>>> 풀이   에틸알코올(C_2H_5OH)=에탄올
① 제4류 위험물로서 품명은 알코올류이며, 수용성으로 지정수량은 400L, 위험등급 Ⅱ이다.
② 인화점 13℃, 발화점 363℃, 연소범위 4.3~19%, 비점 80℃로 물보다 가볍다.
③ **산화되면 아세트알데하이드(CH_3CHO)를 거쳐 아세트산(=초산, CH_3COOH)**이 된다.
④ 소화방법 : 이산화탄소(CO_2), 할로젠화합물, 분말소화약제를 사용하고, 포를 이용해 소화할 경우 일반 포는 소포성때문에 효과가 없으므로 알코올포 소화약제를 사용해야 한다.
⑤ 위험도 $= \dfrac{연소상한 - 연소하한}{연소하한} = \dfrac{19 - 4.3}{4.3} = \textbf{3.42}$

Check >>>

1. 술의 원료로 사용되며, 독성은 없다.
2. 진한 황산을 넣고 가열하면 온도에 따라 다른 물질이 생성된다.

− 140℃로 가열 : $2C_2H_5OH \xrightarrow{H_2SO_4} \underset{\text{다이에틸에터}}{C_2H_5OC_2H_5} + H_2O$

− 160℃로 가열 : $C_2H_5OH \xrightarrow{H_2SO_4} \underset{\text{에틸렌}}{C_2H_4} + H_2O$

>>> 정답
(1) 아세트알데하이드
(2) 아세트산(초산)
(3) 3.42

필답형 12 [5점]

취급하는 위험물의 최대수량이 다음과 같을 경우, 위험물제조소의 보유공지 너비는 몇 m 이상이어야 하는지 각각 쓰시오.

(1) 지정수량 5배 이하
(2) 지정수량 10배 이하
(3) 지정수량 100배 이하

>>> 풀이   위험물을 취급하는 건축물의 주위에는 그 취급하는 위험물의 최대수량에 따라 공지를 보유하여야 한다.
제조소의 보유공지 기준

저장 또는 취급하는 위험물의 최대수량	공지의 너비
지정수량의 10배 이하	3m 이상
지정수량의 10배 초과	5m 이상

(1) 지정수량의 10배 이하이므로 보유공지 너비는 **3m 이상**이다.
(2) 지정수량의 10배 이하이므로 보유공지 너비는 **3m 이상**이다.
(3) 지정수량의 10배 초과이므로 보유공지 너비는 **5m 이상**이다.

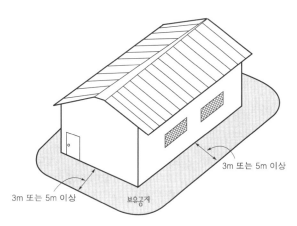

┃제조소의 보유공지 ┃

제조소에 보유공지를 두지 않을 수 있는 경우

제조소는 최소 3m 이상의 보유공지를 확보해야 하는데 만일 제조소와 그 인접한 장소에 다른 작업장이 있고 그 작업장과 제조소 사이에 보유공지를 두게 되면 작업에 지장을 초래하는 경우가 발생할 수 있다. 이때 아래의 조건을 만족하는 방화상 유효한 격벽(방화벽)을 설치한 경우에는 제조소에 보유공지를 두지 않을 수 있다.

1. 방화벽은 내화구조로 할 것(단, 제6류 위험물의 제조소라면 불연재료도 가능)
2. 방화벽에 설치하는 출입구 및 창에는 자동폐쇄식의 60분＋방화문 또는 60분 방화문을 설치할 것
3. 방화벽의 양단 및 상단이 외벽 또는 지붕으로부터 50cm 이상 돌출할 것

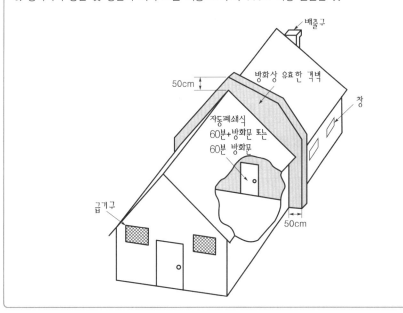

>>> 정답
(1) 3m 이상
(2) 3m 이상
(3) 5m 이상

필답형 **13** [5점]

다이에틸에터에 대해 다음 물음에 답하시오.

(1) 지정수량
(2) 증기비중
(3) 과산화물의 생성 여부를 확인하는 방법

≫≫ 풀이   다이에틸에터($C_2H_5OC_2H_5$)

① 제4류 위험물로서 품명은 특수인화물이며, 지정수량은 **50L**, 위험등급 Ⅰ이다.

② 인화점 −45℃, 발화점 180℃, 비점 34.6℃, 연소범위 1.9~48%이다.

③ 다이에틸에터($C_2H_5OC_2H_5$) 1mol의 분자량은 12g(C)×4＋1g(H)×10＋16g(O)＝74g/mol이다.

$$증기비중 = \frac{기체의\ 분자량}{공기의\ 분자량} = \frac{74}{29} = 2.55$$

④ 햇빛에 분해되거나 공기 중 산소로 인해 과산화물을 생성할 수 있으므로 반드시 갈색병에 밀전 · 밀봉하여 보관해야 한다. 만일, 이 유기물이 과산화되면 제5류 위험물의 유기과산화물로 되고 성질도 자기반응성으로 변하게 되어 매우 위험해진다.

⑤ 저장 시 과산화물의 생성 여부를 확인하는 **과산화물 검출시약은 KI(아이오딘화 칼륨) 10% 용액이며, 이 용액을 반응시켰을 때 황색으로 변하면 과산화물이 생성되었다고 판단**한다.

⑥ 과산화물이 생성되었다면 제거를 해야 하는데 과산화물 제거시약으로는 황산철(Ⅱ) 또는 환원철을 이용한다.

⑦ 소화방법 : 이산화탄소(CO_2), 할로젠화합물, 분말 · 포 소화약제로 질식소화한다.

> **Check ≫≫**
>
> 1. 연소 시 이산화탄소와 물을 발생시킨다.
>   – 연소반응식 : $C_2H_5OC_2H_5 + 6O_2 \longrightarrow 4CO_2 + 5H_2O$
> 2. 에틸알코올(C_2H_5OH) 2mol을 가열할 때 황산을 촉매로 사용하여 탈수반응을 일으키면 물이 빠져나오면서 다이에틸에터가 생성된다.
>   – 140℃로 가열 : $2C_2H_5OH \xrightarrow[\text{촉매로서 탈수를 일으킨다.}]{H_2SO_4} C_2H_5OC_2H_5 + H_2O$

≫≫ 정답
(1) 50L
(2) 2.55
(3) KI(아이오딘화 칼륨) 10% 용액을 반응시켰을 때 황색으로 변하면 과산화물이 생성되었다고 판단한다.

필답형 **14** [5점]

다음 탱크의 내용적은 몇 m³인지 구하시오. (단, r은 1m, l_1은 0.4m, l_2는 0.5m, l은 5m이다.)

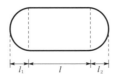

>>> 풀이　가로형으로 설치한 원통형 탱크

$$내용적 = \pi r^2\left(l+\frac{l_1+l_2}{3}\right) = \pi \times 1^2 \times \left(5+\frac{0.4+0.5}{3}\right) = \mathbf{16.65m^3}$$

1. 타원형 탱크의 내용적
 　– 양쪽이 볼록한 것

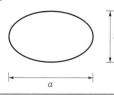 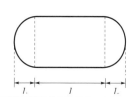

$$내용적 = \frac{\pi ab}{4}\left(l+\frac{l_1+l_2}{3}\right)$$

 　– 한쪽은 볼록하고 다른 한쪽은 오목한 것

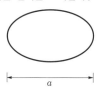 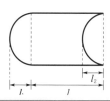

$$내용적 = \frac{\pi ab}{4}\left(l+\frac{l_1-l_2}{3}\right)$$

2. 원통형 탱크의 내용적
 　– 가로로 설치한 것

 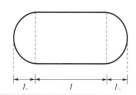

$$내용적 = \pi r^2\left(l+\frac{l_1+l_2}{3}\right)$$

 　– 세로로 설치한 것

 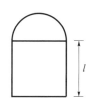

$$내용적 = \pi r^2 l$$

>>> 정답　16.65m³

필답형 15 [5점]

질산이 햇빛에 의해 분해되어 발생하는 독성기체의 명칭과 분해반응식을 쓰시오.
(1) 독성기체의 명칭   (2) 분해반응식

≫≫ 풀이   질산(HNO_3)
① 제6류 위험물로서 비중 1.49 이상인 것이 위험물이며, 지정수량은 300kg, 위험등급 Ⅰ이다.
② 햇빛에 의해 분해하면 적갈색 독성기체인 **이산화질소(NO_2)**가 발생하기 때문에 이를 방지하기 위하여 갈색 병을 사용한다.
③ 분해반응식 : $4HNO_3 \rightarrow 2H_2O + 4NO_2 + O_2$

> **Check ≫≫**
> **질산(HNO_3)의 또 다른 성질**
> 1. 금(Au), 백금(Pt), 이리듐(Ir), 로듐(Rh)을 제외한 모든 금속을 녹일 수 있다.
> 2. 염산(HCl)과 질산(HNO_3)을 3:1의 부피비로 혼합한 용액을 왕수라 하며, 왕수는 금과 백금도 녹일 수 있다. 단 이리듐, 로듐은 왕수로도 녹일 수 없다.
> 3. 철(Fe), 코발트(Co), 니켈(Ni), 크로뮴(Cr), 알루미늄(Al) 등의 금속들은 진한 질산에서 부동태한다.
> 4. 단백질과의 접촉으로 노란색으로 변하는 크산토프로테인 반응을 일으킨다.

≫≫ 정답   (1) 이산화질소   (2) $4HNO_3 \rightarrow 2H_2O + 4NO_2 + O_2$

필답형 16 [5점]

이동탱크저장소에 의한 위험물의 운송 시 주의사항에 대한 내용이다. 다음 빈칸을 알맞게 채우시오.
위험물운송자는 장거리(고속국도에 있어서는 (㉠)km 이상, 그 밖의 도로에 있어서는 (㉡)km 이상을 말한다)에 걸치는 운송을 하는 때에는 2명 이상의 운전자로 할 것. 다만, 다음의 1에 해당하는 경우에는 그러하지 아니하다.
1. 운송책임자를 동승시킨 경우
2. 운송하는 위험물이 제2류 위험물·제3류 위험물(칼슘 또는 알루미늄의 탄화물과 이것만을 함유한 것에 한한다) 또는 제(㉢)류 위험물(특수인화물을 제외한다)인 경우
3. 운송 도중에 (㉣)시간 이내마다 (㉤)분 이상씩 휴식하는 경우

≫≫ 풀이   위험물 운송자의 기준
① 운전자를 2명 이상으로 하는 경우
   - 고속국도에서 **340km** 이상에 걸치는 운송을 하는 경우
   - 일반도로에서 **200km** 이상에 걸치는 운송을 하는 경우
② 운전자를 1명으로 할 수 있는 경우
   - 운송책임자를 동승시킨 경우
   - 제2류 위험물, 제3류 위험물(칼슘 또는 알루미늄의 탄화물에 한한다) 또는 **제4류** 위험물(특수인화물 제외)을 운송하는 경우
   - 운송 도중에 **2시간** 이내마다 **20분** 이상씩 휴식하는 경우

≫≫ 정답   ㉠ 340, ㉡ 200, ㉢ 4, ㉣ 2, ㉤ 20

필답형 17 [5점]

이동탱크저장소의 위치, 구조 및 설비의 기준에 대한 내용이다. 다음 빈칸을 알맞게 채우시오.

(1) 칸막이는 이동저장탱크의 내부에 (①)L 이하마다 (②)mm 이상의 강철판 또는 이와 동등 이상의 강도 · 내열성 및 내식성이 있는 금속성의 것으로 설치하여야 한다.

(2) 상기 규정에 의한 칸막이로 구획된 각 부분마다 맨홀과 안전장치 및 방파판을 설치하여야 한다. 다만, 칸막이로 구획된 부분의 용량이 ( )L 미만인 부분에는 방파판을 설치하지 아니할 수 있다.

(3) 안전장치는 다음의 압력에서 작동해야 한다.
 – 상용압력이 20kPa 이하인 탱크에 있어서는 20kPa 이상 (①)kPa 이하의 압력
 – 상용압력이 20kPa을 초과하는 탱크에 있어서는 상용압력의 (②)배 이하의 압력

》》 풀이 이동저장탱크의 구조
 ① 탱크의 두께 : 3.2mm 이상의 강철판
 ② 칸막이
  – 하나로 구획된 칸막이의 용량 : **4,000L** 이하
  – 칸막이의 두께 : **3.2mm** 이상의 강철판
 ③ 안전장치의 작동압력 : 안전장치는 다음의 압력에서 작동해야 한다.
  – 상용압력이 20kPa 이하인 탱크 : 20kPa 이상 **24kPa** 이하의 압력
  – 상용압력이 20kPa 초과하는 탱크 : 상용압력의 **1.1배** 이하의 압력
 ④ 방파판 : 칸막이로 구획된 부분의 용량이 **2,000L** 미만인 부분에는 설치하지 않을 수 있다.
  – 두께 및 재질 : 1.6mm 이상의 강철판 또는 이와 동등 이상의 강도 · 내열성 및 내식성이 있는 금속성의 것
  – 개수 : 하나의 구획부분에 2개 이상
  – 면적의 합 : 구획부분에 최대 수직단면의 50% 이상

》》 정답 (1) ① 4,000, ② 3.2
 (2) 2,000
 (3) ① 24, ② 1.1

필답형 18 [5점]

경유 600L, 중유 200L, 등유 300L, 톨루엔 400L를 저장하고 있다. 각 물질의 지정수량 배수의 총합은 얼마인지 구하시오.

》》 풀이 〈문제〉에서 제시된 위험물은 모두 제4류 위험물로서 각 물질의 지정수량은 다음과 같다.
 ① 경유(제2석유류, 비수용성) : 1,000L
 ② 중유(제3석유류, 비수용성) : 2,000L
 ③ 등유(제2석유류, 비수용성) : 1,000L
 ④ 톨루엔(제1석유류, 비수용성) : 200L
 따라서 이 위험물들의 지정수량 배수의 합은 다음과 같다.

$$\frac{A위험물의\ 저장수량}{A위험물의\ 지정수량} + \frac{B위험물의\ 저장수량}{B위험물의\ 지정수량} + \cdots = \frac{600L}{1,000L} + \frac{200L}{2,000L} + \frac{300L}{1,000L} + \frac{400L}{200L} = 3배$$

》》 정답 3배

필답형 19   [5점]

다음은 위험물안전관리법령에 따른 소화설비 적응성에 관한 도표이다. 물분무등소화설비에 적응성이 있는 경우 빈칸에 알맞게 ○ 표시를 하시오.

대상물의 구분 / 소화설비의 구분		건축물·그 밖의 공작물	전기설비	제1류 위험물 알칼리금속의 과산화물등	제1류 위험물 그 밖의 것	제2류 위험물 철분·금속분·마그네슘 등	제2류 위험물 인화성 고체	제2류 위험물 그 밖의 것	제3류 위험물 금수성 물품	제3류 위험물 그 밖의 것	제4류 위험물	제5류 위험물	제6류 위험물
물분무등 소화설비	물분무소화설비												
	포소화설비												
	불활성가스소화설비												
	할로젠화합물소화설비												
분말 소화 설비	인산염류등												
	탄산수소염류등												
	그 밖의 것												

▶▶▶ 정답

대상물의 구분 / 소화설비의 구분		건축물·그 밖의 공작물	전기설비	제1류 위험물 알칼리금속의 과산화물등	제1류 위험물 그 밖의 것	제2류 위험물 철분·금속분·마그네슘 등	제2류 위험물 인화성 고체	제2류 위험물 그 밖의 것	제3류 위험물 금수성 물품	제3류 위험물 그 밖의 것	제4류 위험물	제5류 위험물	제6류 위험물
물분무등 소화설비	물분무소화설비	○	○		○		○	○		○	○	○	○
	포소화설비	○			○		○	○		○	○	○	○
	불활성가스소화설비		○				○				○		
	할로젠화합물소화설비		○				○				○		
분말 소화 설비	인산염류등	○	○		○		○	○			○		○
	탄산수소염류등		○	○		○	○		○		○		
	그 밖의 것			○		○			○				

필답형 20 [5점]

다음 위험물을 수납한 운반용기의 외부에 표시해야 하는 주의사항을 모두 쓰시오.

(1) 제1류 위험물 중 알칼리금속의 과산화물
(2) 제2류 위험물 중 철분, 금속분, 마그네슘
(3) 제3류 위험물 중 자연발화성 물질
(4) 제4류 위험물
(5) 제6류 위험물

>>> 풀이 유별에 따른 주의사항의 비교

유 별	품 명	운반용기의 주의사항	위험물제조소등의 주의사항
제1류	알칼리금속의 과산화물	**화기 · 충격주의, 가연물접촉주의, 물기엄금**	물기엄금 (청색바탕, 백색문자)
	그 밖의 것	화기 · 충격주의, 가연물접촉주의	필요 없음
제2류	철분, 금속분, 마그네슘	**화기주의, 물기엄금**	화기주의 (적색바탕, 백색문자)
	인화성 고체	화기엄금	화기엄금 (적색바탕, 백색문자)
	그 밖의 것	화기주의	화기주의 (적색바탕, 백색문자)
제3류	금수성 물질	물기엄금	물기엄금 (청색바탕, 백색문자)
	자연발화성 물질	**화기엄금, 공기접촉엄금**	화기엄금 (적색바탕, 백색문자)
제4류	인화성 액체	**화기엄금**	화기엄금 (적색바탕, 백색문자)
제5류	자기반응성 물질	화기엄금, 충격주의	화기엄금 (적색바탕, 백색문자)
제6류	산화성 액체	**가연물접촉주의**	필요 없음

>>> 정답 (1) 화기 · 충격주의, 가연물접촉주의, 물기엄금
(2) 화기주의, 물기엄금
(3) 화기엄금, 공기접촉엄금
(4) 화기엄금
(5) 가연물접촉주의

2022 제2회 위험물기능사 실기

2022년 5월 29일 시행

※ 필답형+작업형으로 시행되던 기존 시험에서는 각 문항별 배점이 상이하였으나, 필답형(20문제) 시험만 보는 2020년 1회부터는 각 문항 배점이 모두 5점입니다!

필/답/형 시험

필답형 01 [5점]

다음 〈보기〉 중 수용성인 물질을 모두 쓰시오.

이황화탄소, 벤젠, 사이클로헥세인, 아세톤, 아이소프로필알코올, 아세트산

>>> 풀이 보기의 위험물은 제4류 위험물이다. 아래의 [표]에서 알 수 있듯이 수용성 물질은 아세톤, 아이소프로필알코올, 아세트산이다.

물질명	화학식	품 명	수용성의 여부	지정수량
이황화탄소	CS_2	특수인화물	비수용성	50L
벤젠	C_6H_6	제1석유류	비수용성	200L
사이클로헥세인	C_6H_{12}	제1석유류	비수용성	200L
아세톤	CH_3COCH_3	제1석유류	**수용성**	400L
아이소프로필알코올	$(CH_3)_2CHOH$	알코올류	**수용성**	400L
아세트산	CH_3COOH	제2석유류	**수용성**	2,000L

>>> 정답 아세톤, 아이소프로필알코올, 아세트산

필답형 02 [5점]

다이에틸에터 100L, 이황화탄소 150L, 아세톤 200L, 휘발유 400L를 저장하고 있다. 위험물의 지정수량 배수의 합은 얼마인지 구하시오.

>>> 풀이 〈문제〉에서 제시된 위험물은 모두 제4류 위험물로서 각 물질의 지정수량은 다음과 같다.
① 다이에틸에터(특수인화물, 비수용성) : 50L
② 이황화탄소(특수인화물, 비수용성) : 50L
③ 아세톤(제1석유류, 수용성) : 400L
④ 휘발유(제1석유류, 비수용성) : 200L
따라서 이 위험물들의 지정수량 배수의 합은 다음과 같다.

$$\frac{\text{A위험물의 저장수량}}{\text{A위험물의 지정수량}} + \frac{\text{B위험물의 저장수량}}{\text{B위험물의 지정수량}} + \cdots = \frac{100L}{50L} + \frac{150L}{50L} + \frac{200L}{400L} + \frac{400L}{200L} = \textbf{7.5배}$$

>>> 정답 7.5배

필답형 03 [5점]

다음 분말소화약제의 1차 분해반응식을 쓰시오.

(1) 제1종 분말소화약제   (2) 제3종 분말소화약제

>>> 풀이 분말소화약제의 1차 분해반응식

① 제1종 분말소화약제인 탄산수소나트륨($NaHCO_3$)은 270℃에서 1차 분해하여 탄산나트륨(Na_2CO_3)과 이산화탄소(CO_2), 물(H_2O)을 발생한다.
- 1차 분해반응식 : $2NaHCO_3 \rightarrow Na_2CO_3 + CO_2 + H_2O$

② 제2종 분말소화약제인 탄산수소칼륨($KHCO_3$)은 190℃에서 1차 분해하여 탄산칼륨(K_2CO_3)과 이산화탄소(CO_2), 물(H_2O)을 발생한다.
- 1차 분해반응식 : $2KHCO_3 \rightarrow K_2CO_3 + CO_2 + H_2O$

③ 제3종 분말소화약제인 인산암모늄($NH_4H_2PO_4$)은 190℃에서 1차 분해하여 오르토인산(H_3PO_4)과 암모니아(NH_3)를 발생한다.
- 1차 분해반응식 : $NH_4H_2PO_4 \rightarrow H_3PO_4 + NH_3$

>
> **인산암모늄의 열분해반응식**
>
> 1. 2차 분해반응식(215℃) : $2H_3PO_4 \rightarrow H_4P_2O_7 + H_2O$
>   　　　　　　　　　　　오르토인산　　피로인산　물
> 2. 3차 분해반응식(300℃) : $H_4P_2O_7 \rightarrow 2HPO_3 + H_2O$
>   　　　　　　　　　　　피로인산　　메타인산　물
> 3. 완전분해반응식 : $NH_4H_2PO_4 \rightarrow NH_3 + H_2O + HPO_3$
>   　　　　　　　인산암모늄　암모니아　물　메타인산

>>> 정답 (1) $2NaHCO_3 \rightarrow Na_2CO_3 + CO_2 + H_2O$ (2) $NH_4H_2PO_4 \rightarrow H_3PO_4 + NH_3$

필답형 04 [5점]

다음은 탱크 용적의 산정기준에 대한 내용이다. 빈칸에 들어갈 알맞은 내용을 쓰시오.

위험물을 저장 또는 취급하는 탱크의 용량은 당해 탱크 내용적에서 공간용적을 뺀 용적으로 한다. 탱크의 공간용적은 탱크 내용적의 100분의 (①) 이상 100분의 (②) 이하의 용적으로 한다. 다만, 소화설비를 설치하는 탱크의 공간용적은 해당 소화설비의 소화약제 방출구 아래의 (③)미터 이상 (④)미터 미만 사이의 면으로부터 윗부분의 용적으로 한다(여기서 소화설비는 소화약제 방출구를 탱크 안의 윗부분에 설치하는 것에 한한다).

>>> 풀이 (1) 탱크의 공간용적

① 일반탱크의 공간용적 : 탱크 내용적의 100분의 **5** 이상 100분의 **10** 이하의 용적으로 한다.

② 소화설비를 설치하는 탱크의 공간용적 : 해당 소화설비(여기서 소화설비는 소화약제 방출구를 탱크 안의 윗부분에 설치하는 것에 한한다)의 소화약제 방출구 아래의 **0.3**미터 이상 **1**미터 미만 사이의 면으로부터 윗부분의 용적으로 한다.

③ 암반탱크의 공간용적 : 해당 탱크 내에 용출하는 7일간의 지하수의 양에 상당하는 용적과 그 탱크 내용적의 100분의 1의 용적 중에서 보다 큰 용적을 공간용적으로 한다.

(2) 탱크의 최대용량
- 탱크의 최대용량 = 탱크 내용적 - 탱크의 공간용적

>>> 정답 ① 5, ② 10, ③ 0.3, ④ 1

필답형 05 [5점]

표준상태에서 이산화탄소 1kg을 방출할 때 부피는 몇 L가 되는지 구하시오.

(1) 계산과정　　　　　　　　　　　　　　(2) 답

풀이 이산화탄소(CO_2) 1mol의 분자량은 12g(C)+16g(O)×2=44g/mol이고, 표준상태(0℃, 1기압)에서 1kg의 이산화탄소가 기체로 방출되었을 때의 부피는 다음 이상기체상태방정식을 이용하여 구할 수 있다.

$$PV = nRT = \frac{w}{M}RT$$

여기서, P : 압력=1기압
V : 부피=V(L)
w : 질량=1,000g
M : 분자량=44g/mol
R : 이상기체상수=0.082 기압·L/mol·K
T : 절대온도(K)=섭씨온도(℃)+273

$$1 \times V = \frac{1,000}{44} \times 0.082 \times (0+273)$$

∴ V=508.77L

Check >>>

표준상태에서 기체 1mol의 부피는 22.4L이다.

$$1,000g\ CO_2 \times \frac{1mol\ CO_2}{44g\ CO_2} \times \frac{22.4L}{1mol\ CO_2} = 509.09L$$

정답 (1) $1 \times V = \frac{1,000}{44} \times 0.082 \times (0+273)$ (2) 508.77L

필답형 06 [5점]

다음 물질의 연소반응식을 쓰시오.

(1) 삼황화인　　　　　　　　　　　　　　(2) 오황화인

풀이 제2류 위험물에 속하는 황화인은 삼황화인(P_4S_3)과 오황화인(P_2S_5), 칠황화인(P_4S_7)의 3가지 종류가 있으며, 이들 황화인은 모두 인(P)과 황(S)을 포함하고 있으므로 연소 시 공통으로 오산화인(P_2O_5)과 이산화황(SO_2)을 발생한다.

(1) 삼황화인의 연소반응식 : $P_4S_3 + 8O_2 \rightarrow 2P_2O_5 + 3SO_2$
(2) 오황화인의 연소반응식 : $2P_2S_5 + 15O_2 \rightarrow 2P_2O_5 + 10SO_2$

Check >>>

삼황화인과 오황화인의 물과의 반응
1. 삼황화인은 물과 반응하지 않는다.
2. 오황화인은 물과 반응 시 황화수소(H_2S)와 인산(H_3PO_4)을 발생시킨다.
 – 물과의 반응식 : $P_2S_5 + 8H_2O \rightarrow 5H_2S + 2H_3PO_4$

정답 (1) $P_4S_3 + 8O_2 \rightarrow 2P_2O_5 + 3SO_2$ (2) $2P_2S_5 + 15O_2 \rightarrow 2P_2O_5 + 10SO_2$

필답형 07　　　　　　　　　　　　　　　　　　　　　　　　　　[5점]

다음 할로젠화합물 소화약제에 해당하는 할론 번호를 쓰시오.

(1) $C_2F_4Br_2$
(2) CF_2ClBr
(3) CH_3I

▶▶ 풀이　할로젠화합물 소화약제는 할론 명명법에 의해 번호를 부여한다. 그 방법으로는 C−F−Cl−Br의 순서대로 개수를 표시하는데, 원소의 위치가 바뀌어 있더라고 C−F−Cl−Br의 순서대로만 표시하면 된다.

(1) $C_2F_4Br_2$ → Halon **2402**
(2) CF_2ClBr → Halon **1211**
(3) CH_3I → Halon **10001**

CH_3I의 경우는 C−F−Cl−Br−I의 순서대로 개수를 표시한다. CH_3I에서 수소가 3개 포함되어 있지만 수소는 할론 번호에 영향을 미치지 않기 때문에 무시해도 좋다.

> **Check ▶▶**
>
> 할론 번호에서 마지막의 '0'은 생략 가능하다.

▶▶ 정답
(1) 2402
(2) 1211
(3) 10001

필답형 08　　　　　　　　　　　　　　　　　　　　　　　　　　[5점]

크실렌의 이성질체 3가지의 명칭과 구조식을 쓰시오.

▶▶ 풀이　자일렌이라고도 불리는 크실렌[$C_6H_4(CH_3)_2$]은 제4류 위험물 중 제2석유류, 비수용성으로 지정수량은 1,000L 이며, o−**크실렌**, m−**크실렌**, p−**크실렌**의 3가지 이성질체를 가진다.

① o−크실렌　　　　　　② m−크실렌　　　　　　③ p−크실렌

‖o-크실렌의 구조식‖　　‖m-크실렌의 구조식‖　　‖p-크실렌의 구조식‖

> **Check ▶▶**
>
> 이성질체란 분자식은 같지만 성질 및 구조가 다른 물질을 말한다.

▶▶ 정답　① o−크실렌　　② m−크실렌　　③ p−크실렌

필답형 09 [5점]

다음은 제4류 위험물 중 알코올의 품명을 나타낸 것이다. 다음 ( ) 안에 알맞은 수치 또는 용어를 쓰시오.

제4류 위험물의 품명 중 "알코올류"라 함은 1분자를 구성하는 탄소원자의 수가 1개부터 3개까지인 포화1가 알코올(변성 알코올을 포함)을 말한다. 다만, 다음 중 어느 하나에 해당하는 것은 제외한다.
(1) 1분자를 구성하는 탄소원자의 수가 1개 내지 3개인 포화1가 알코올의 함유량이 ( )중량퍼센트 미만인 수용액
(2) 가연성 액체량이 60중량퍼센트 미만이고 인화점 및 ( )(태그개방식 인화점측정기에 의한 연소점을 말한다)이 에틸알코올 60중량퍼센트인 수용액의 인화점 및 ( )을 초과하는 것

풀이 제4류 위험물의 품명 중 "알코올류"라 함은 1분자를 구성하는 탄소원자의 수가 1개부터 3개까지인 포화1가 알코올(변성 알코올을 포함)을 말한다. 다만, 다음 중 어느 하나에 해당하는 것은 제외한다.
(1) 1분자를 구성하는 탄소원자의 수가 1개 내지 3개인 포화1가 알코올의 함유량이 **60중량퍼센트** 미만인 수용액
(2) 가연성 액체량이 60중량퍼센트 미만이고 인화점 및 **연소점**(태그개방식 인화점측정기에 의한 연소점을 말한다)이 에틸알코올 60중량퍼센트인 수용액의 인화점 및 **연소점**을 초과하는 것

정답 (1) 60
(2) 연소점

필답형 10 [5점]

다음 〈보기〉의 위험물을 건성유, 반건성유, 불건성유로 구분하여 쓰시오.

아마인유, 들기름, 참기름, 야자유, 동유

풀이 보기의 위험물은 제4류 위험물 중 동식물유류로서 지정수량이 10,000L이고, 1기압에서 인화점이 250℃ 미만이며, 아이오딘값에 의해 건성유, 반건성유, 불건성유로 구분한다.
※ 아이오딘값 : 유지 100g에 흡수되는 아이오딘의 g수를 말한다.
① **건성유** : 아이오딘값이 130 이상인 것
　－ 동물유 : 정어리유, 기타 생선유
　－ 식물유 : **아마인유**(아마씨기름), **들기름**, **동유**(오동나무기름), 해바라기유
② **반건성유** : 아이오딘값이 100～130인 것
　－ 동물유 : 청어류
　－ 식물유 : **참기름**, 쌀겨기름, 면실유(목화씨기름), 채종유(유채씨기름), 옥수수기름
③ **불건성유** : 아이오딘값이 100 이하인 것
　－ 동물유 : 소기름, 돼지기름, 고래기름
　－ 식물유 : **야자유**(팜유), 올리브유, 동백유, 아주까리기름(피마자유)

정답 ① 건성유 : 아마인유, 들기름, 동유
② 반건성유 : 참기름
③ 불건성유 : 야자유

필답형 11 [5점]

아세톤에 대하여 다음 물음에 답하시오.

(1) 연소반응식
(2) 표준상태에서 1kg의 아세톤이 연소하는 데 필요한 이론상의 공기량(m^3)을 구하시오. (단, 공기 중 산소의 부피비는 21vol%이다.)

>>> 풀이 아세톤(CH_3COCH_3)

① 제4류 위험물 중 제1석유류이며, 수용성으로 지정수량은 400L이다.
② 인화점 −18℃, 발화점 538℃, 비점 56.5℃, 연소범위 2.6~12.8%이다.
③ 연소 시 이산화탄소(CO_2)와 물(H_2O)을 발생한다.
　－ 연소반응식 : $CH_3COCH_3 + 4O_2 \rightarrow 3CO_2 + 3H_2O$
④ 2차 알코올이 산화되면 케톤(R−CO−R′)이 만들어진다.
⑤ 아이오도폼반응을 한다.
⑥ 표준상태(0℃, 1기압)에서 1mol의 기체의 부피는 22.4L이고, 1mol의 아세톤이 연소하기 위해서는 4mol의 산소가 필요하다. 아세톤 1mol의 분자량은 12g(C)×3 + 1g(H)×6 + 16g(O)=58g/mol, $1m^3 = 10^3L$, 공기 중의 산소의 부피비는 21%이므로 1kg의 아세톤이 연소하기 위해 필요한 공기의 양은 다음과 같다.

$$1 \times 10^3 g \text{ 아세톤} \times \frac{1mol \text{ 아세톤}}{58g \text{ 아세톤}} \times \frac{4mol \text{ } O_2}{1mol \text{ 아세톤}} \times \frac{22.4L \text{ } O_2}{1mol \text{ } O_2} \times \frac{100L \text{ 공기}}{21L \text{ } O_2} \times \frac{1m^3}{10^3L} = \textbf{7.36} \textbf{m}^3$$

>>> 정답 (1) $CH_3COCH_3 + 4O_2 \rightarrow 3CO_2 + 3H_2O$
(2) $7.36m^3$

필답형 12 [5점]

제4류 위험물 중 위험등급 Ⅱ에 해당하는 품명을 모두 쓰시오.

>>> 풀이

유 별	품 명		지정수량	위험등급
제4류	특수인화물		50L	Ⅰ
	제1석유류	비수용성 액체	200L	Ⅱ
		수용성 액체	400L	
	알코올류		400L	
	제2석유류	비수용성 액체	1,000L	Ⅲ
		수용성 액체	2,000L	
	제3석유류	비수용성 액체	2,000L	
		수용성 액체	4,000L	
	제4석유류		6,000L	
	동식물유류		10,000L	

>>> 정답 제1석유류, 알코올류

필답형 13 [5점]

다음 물질의 화학식을 쓰시오.

(1) 과산화벤조일
(2) 질산메틸
(3) 나이트로글리콜

 풀이

물질명	화학식	품 명	지정수량	구조식
과산화벤조일	$(C_6H_5CO)_2O_2$	유기과산화물	제1종 : 10kg, 제2종 : 100kg	$O=C-O-O-C=O$
질산메틸	CH_3ONO_2	질산에스터류	제1종 : 10kg, 제2종 : 100kg	$H-\overset{H}{\underset{H}{C}}-O-NO_2$
나이트로글리콜	$C_2H_4(ONO_2)_2$	질산에스터류	제1종 : 10kg, 제2종 : 100kg	$H-C-O-NO_2$ $H-C-O-NO_2$

정답

(1) $(C_6H_5CO)_2O_2$
(2) CH_3ONO_2
(3) $C_2H_4(ONO_2)_2$

필답형 14 [5점]

제6류 위험물의 공통적인 특성에 대한 설명으로 틀린 것을 찾아 번호를 쓰고, 올바르게 고쳐 쓰시오. (단, 없으면 "없음"이라고 쓰시오.)

① 산화성 액체이다.   ② 유기화합물이다.   ③ 물에 잘 녹는다.
④ 물보다 가볍다.   ⑤ 불연성이다.   ⑥ 고체이다.

풀이 제6류 위험물은 산화성 액체로 과염소산($HClO_4$), 과산화수소(H_2O_2), 질산(HNO_3) 등의 **무기화합물**이며, 일반적인 성질은 다음과 같다.
① **물보다 무겁고** 물에 잘 녹는 **액체**상태의 물질이다.
② 자신은 불연성이고 산소를 함유하고 있어 가연물의 연소를 도와준다.
③ 증기는 부식성과 독성이 강하다.
④ 물과 발열반응을 한다.
⑤ 분해하면 산소를 발생한다.
⑥ 강산화제로서 저장용기는 산에 견딜 수 있는 내산성 용기를 사용해야 한다.

정답 ② 무기화합물이다.
④ 물보다 무겁다.
⑥ 액체이다.

필답형 15 [5점]

다음 물질의 화학식과 지정수량을 각각 쓰시오.

(1) 클로로벤젠
(2) 톨루엔
(3) 메틸알코올

>>> 풀이

물질명	화학식	품 명	지정수량	위험등급
클로로벤젠	C_6H_5Cl	제2석유류	1,000L	Ⅲ
톨루엔	$C_6H_5CH_3$	제1석유류	200L	Ⅱ
메틸알코올	CH_3OH	알코올류	400L	Ⅱ

>>> 정답
(1) C_6H_5Cl, 1,000L
(2) $C_6H_5CH_3$, 200L
(3) CH_3OH, 400L

필답형 16 [5점]

다음은 이동탱크저장소에 대한 기준이다. 괄호 안에 알맞은 말을 채우시오.

(1) 압력탱크(최대상용압력이 46.7kPa 이상인 탱크) 외의 탱크는 (①)kPa의 압력으로, 압력탱크는 최대상용압력의 (②)배의 압력으로 각각 10분간 수압시험을 실시하여 새거나 변형되지 아니할 것
(2) 이동저장탱크는 그 내부에 (①)L 이하마다 (②)mm 이상의 강철판 또는 이와 동등 이상의 강도·내열성 및 내식성이 있는 금속성의 것으로 칸막이를 설치할 것(단, 고체인 위험물을 저장하거나 고체인 위험물을 가열하여 액체상태로 저장하는 경우에는 그러하지 아니한다)
(3) 탱크(맨홀 및 주입관의 뚜껑을 포함한다)는 두께 ( )mm 이상의 강철판 또는 이와 동등 이상의 강도·내식성 및 내열성이 있다고 인정하여 소방청장이 정하여 고시하는 재료 및 구조로 위험물이 새지 아니하게 제작할 것

>>> 풀이 이동저장탱크의 기준
① 탱크(맨홀 및 주입관의 뚜껑 포함)의 두께 : **3.2mm** 이상의 강철판
② 칸막이
  – 하나로 구획된 칸막이의 용량 : **4,000L** 이하
  – 칸막이의 두께 : **3.2mm** 이상의 강철판
③ 이동저장탱크의 시험압력 : 다음의 시험에서 새거나 변형되지 않아야 한다.
  – 압력탱크 : 최대상용압력의 **1.5배**의 압력으로 10분간 실시하는 수압압력
  – 압력탱크 외의 탱크 : **70kPa**의 압력으로 10분간 실시하는 수압압력

>>> 정답
(1) ① 70, ② 1.5
(2) ① 4,000, ② 3.2
(3) 3.2

필답형 17 [5점]

〈보기〉에서 설명하는 제2류 위험물에 대해 다음 물음에 답하시오.

- 은백색의 무른 경금속이다.
- 원소의 주기율표상 제2족 원소로 구분된다.
- 비중은 1.74이고, 녹는점은 650℃이다.

(1) 연소반응식을 쓰시오.
(2) 물과의 반응식을 쓰시오.

≫≫ 풀이
마그네슘(Mg)
① 제2류 위험물로서 지정수량은 500kg, 위험등급 Ⅲ이다.
② 비중 1.74, 융점 650℃, 발화점 473℃이며, 은백색 광택을 가지고 있다.
③ 연소 시 산화마그네슘(MgO)이 발생한다.
  - 연소반응식 : $2Mg + O_2 \rightarrow 2MgO$
④ 온수와 반응 시 수산화마그네슘[Mg(OH)₂]과 수소(H₂)가 발생한다.
  - 물과의 반응식 : $Mg + 2H_2O \rightarrow Mg(OH)_2 + H_2$
⑤ 이산화탄소와 반응 시 산화마그네슘(MgO)과 가연성 물질인 탄소(C) 또는 유독성 기체인 일산화탄소(CO)가 발생한다.
  - 이산화탄소와의 반응식 : $2Mg + CO_2 \rightarrow 2MgO + C$ 또는 $Mg + CO_2 \rightarrow MgO + CO$
⑥ 소화방법 : 냉각소화 시 수소가 발생하므로 마른모래, 탄산수소염류 등으로 질식소화를 해야 한다.

> **Check ≫≫**
> 다음 중 어느 하나에 해당하는 마그네슘은 제2류 위험물에서 제외한다.
> 1. 2mm의 체를 통과하지 아니하는 덩어리상태의 것
> 2. 직경 2mm 이상인 막대모양의 것

≫≫ 정답
(1) $2Mg + O_2 \rightarrow 2MgO$
(2) $Mg + 2H_2O \rightarrow Mg(OH)_2 + H_2$

필답형 18 [5점]

다음 〈보기〉의 물질을 발화점이 낮은 것부터 높은 순으로 나열하시오.

다이에틸에터, 이황화탄소, 휘발유, 아세톤

≫≫ 풀이

물질명	화학식	품 명	발화점	인화점
다이에틸에터	$C_2H_5OC_2H_5$	특수인화물	180℃	−45℃
이황화탄소	CS_2	특수인화물	100℃	−30℃
휘발유	C_8H_{18}	제1석유류	300℃	−43∼−38℃
아세톤	CH_3COCH_3	제1석유류	538℃	−18℃

≫≫ 정답 이황화탄소, 다이에틸에터, 휘발유, 아세톤

필답형 19 [5점]

다음 위험물을 취급하는 제조소에 설치하는 주의사항 게시판의 내용과 바탕색 그리고 글자색을 각각 쓰시오.

(1) 인화성 고체
(2) 금수성 물질

>>> 풀이

(1) 제2류 위험물 중 인화성 고체의 주의사항 게시판의 내용은 **화기엄금**이고, 바탕색은 **적색바탕**, 글자색은 **백색문자**이다.

(2) 제3류 위험물 중 금수성 물질의 주의사항 게시판의 내용은 **물기엄금**이고, 바탕색은 **청색바탕**, 글자색은 **백색문자**이다.

Check >>>

유 별	품 명	운반용기의 주의사항	위험물제조소등의 주의사항
제1류	알칼리금속의 과산화물	화기·충격주의, 가연물접촉주의, 물기엄금	물기엄금 (청색바탕, 백색문자)
	그 밖의 것	화기·충격주의, 가연물접촉주의	필요 없음
제2류	철분, 금속분, 마그네슘	화기주의, 물기엄금	화기주의 (적색바탕, 백색문자)
	인화성 고체	화기엄금	화기엄금 (적색바탕, 백색문자)
	그 밖의 것	화기주의	화기주의 (적색바탕, 백색문자)
제3류	자연발화성 물질	화기엄금, 공기접촉엄금	화기엄금 (적색바탕, 백색문자)
	금수성 물질	물기엄금	물기엄금 (청색바탕, 백색문자)
제4류	모든 대상	화기엄금	화기엄금 (적색바탕, 백색문자)
제5류	모든 대상	화기엄금, 충격주의	화기엄금 (적색바탕, 백색문자)
제6류	모든 대상	가연물접촉주의	필요 없음

>>> 정답

(1) 화기엄금, 적색바탕, 백색문자
(2) 물기엄금, 청색바탕, 백색문자

필답형 20 [5점]

다음 물음에 답하시오.

(1) 제조소등의 관계인은 정기점검을 연간 몇 회 이상 실시해야 하는지 쓰시오.

(2) 다음 〈보기〉 중 제조소등의 설치자에 대한 지위승계에 대한 내용으로 알맞은 것을 모두 고르시오.

> ① 제조소등의 설치자가 사망한 경우
> ② 제조소등을 양도한 경우
> ③ 법인인 제조소등의 설치자의 합병이 있는 경우

(3) 다음 〈보기〉 중 제조소등의 폐지에 대한 내용으로 틀린 내용을 모두 고르시오.

> ① 폐지는 장래에 대하여 위험물시설로서의 기능을 완전히 상실시키는 것을 말한다.
> ② 용도폐지는 제조소등의 관계인이 한다.
> ③ 시·도지사에게 신고 후 14일 이내 폐지한다.
> ④ 제조소등의 폐지에 필요한 서류는 용도폐지신청서, 완공검사합격증이다.

≫≫ 풀이

(1) 제조소 등의 관계인은 당해 제조소 등에 대하여 **연 1회 이상** 정기점검을 실시하여야 한다.

(2) 제조소 등의 **설치자(규정에 따라 허가를 받아 제조소등을 설치한 자)가 사망**하거나 그 **제조소등을 양도·인도한 때** 또는 **법인인 제조소등의 설치자의 합병이 있는 때**에는 그 상속인, 제조소등을 양수·인수한 자 또는 합병 후 존속하는 법인이나 합병에 의하여 설립되는 법인은 그 설치자의 지위를 승계한다.

(3) 제조소등의 관계인(소유자·점유자 또는 관리자)은 당해 제조소등의 용도를 폐지(장래에 대하여 위험물시설로서의 기능을 완전히 상실시키는 것을 말한다)한 때에는 행정안전부령이 정하는 바에 따라 제조소등의 **용도를 폐지한 날부터 14일 이내에 시·도지사에게 신고**하여야 한다.

≫≫ 정답

(1) 1회
(2) ①, ②, ③
(3) ③

2022 제3회 위험물기능사 실기

2022년 8월 14일 시행

※ 필답형+작업형으로 시행되던 기존 시험에서는 각 문항별 배점이 상이하였으나,
필답형(20문제) 시험만 보는 2020년 1회부터는 각 문항 배점이 모두 5점입니다!

필/답/형 시험

필답형 01 [5점]

다음 위험물을 수납한 운반용기의 외부에 표시해야 하는 주의사항을 모두 쓰시오.

(1) 제1류 위험물 중 염소산염류
(2) 제5류 위험물 중 나이트로화합물
(3) 제6류 위험물 중 과산화수소

》》 풀이 유별에 따른 주의사항의 비교

유 별	품 명	운반용기의 주의사항	위험물제조소등의 주의사항
제1류 위험물	알칼리금속의 과산화물	화기·충격주의, 가연물접촉주의, 물기엄금	물기엄금 (청색바탕, 백색문자)
	그 밖의 것	**화기·충격주의, 가연물접촉주의**	필요 없음
제2류 위험물	철분, 금속분, 마그네슘	화기주의, 물기엄금	화기주의 (적색바탕, 백색문자)
	인화성 고체	화기엄금	화기엄금 (적색바탕, 백색문자)
	그 밖의 것	화기주의	화기주의 (적색바탕, 백색문자)
제3류 위험물	금수성 물질	물기엄금	물기엄금 (청색바탕, 백색문자)
	자연발화성 물질	화기엄금, 공기접촉엄금	화기엄금 (적색바탕, 백색문자)
제4류 위험물	인화성 액체	화기엄금	화기엄금 (적색바탕, 백색문자)
제5류 위험물	자기반응성 물질	**화기엄금, 충격주의**	화기엄금 (적색바탕, 백색문자)
제6류 위험물	산화성 액체	**가연물접촉주의**	필요 없음

》》 정답 (1) 화기·충격주의, 가연물접촉주의
(2) 화기엄금, 충격주의
(3) 가연물접촉주의

필답형 02 [5점]

25℃, 1기압에서 이산화탄소 6kg을 방출할 때 부피는 몇 L가 되는지 구하시오.

(1) 계산과정   (2) 답

≫≫ 풀이 이산화탄소 1mol의 분자량은 12g(C)+16g(O)×2=44g/mol이고, 25℃, 1기압에서 6kg의 이산화탄소가 기체로 방출되었을 때의 부피는 다음 이상기체상태방정식을 이용하여 구할 수 있다.

$$PV = nRT = \frac{w}{M}RT$$

여기서, P : 압력=1기압
V : 부피= V(L)
w : 질량=6,000g
M : 분자량=44g/mol
R : 이상기체상수=0.082기압 · L/mol · K
T : 절대온도(K)=섭씨온도(℃)+273

$$1 \times V = \frac{6,000}{44} \times 0.082 \times (25+273)$$

$$\therefore V = 3332.18L$$

≫≫ 정답 (1) $1 \times V = \dfrac{6,000}{44} \times 0.082 \times (25+273)$ (2) 3332.18L

필답형 03 [5점]

제2종 분말소화약제에 대해 다음 물음에 답하시오.

(1) 화학식을 쓰시오.
(2) 1차 열분해반응식을 쓰시오.

≫≫ 풀이 제2종 분말소화약제인 탄산수소칼륨($KHCO_3$)은 190℃에서 1차 열분해하여 탄산칼륨(K_2CO_3)과 이산화탄소(CO_2), 물(H_2O)을 발생하고, 890℃에서 2차 열분해하여 산화칼륨(K_2O)과 이산화탄소(CO_2), 물(H_2O)을 발생한다.
- 1차 열분해반응식(190℃) : $2KHCO_3 \longrightarrow K_2CO_3 + CO_2 + H_2O$
- 2차 열분해반응식(890℃) : $2KHCO_3 \longrightarrow K_2O + 2CO_2 + H_2O$

> Check ≫≫

분말소화약제의 분류

분말의 구분	주성분	화학식	적응화재	착색
제1종 분말	탄산수소나트륨	$NaHCO_3$	B·C급	백색
제2종 분말	탄산수소칼륨	$KHCO_3$	B·C급	보라색
제3종 분말	인산암모늄	$NH_4H_2PO_4$	A·B·C급	담홍색
제4종 분말	탄산수소칼륨과 요소의 반응생성물	$KHCO_3 + (NH_2)_2CO$	B·C급	회색

≫≫ 정답 (1) $KHCO_3$ (2) $2KHCO_3 \longrightarrow K_2CO_3 + CO_2 + H_2O$

필답형 04 [5점]

위험물제조소등에 설치해야 하는 경보설비의 종류를 3가지만 쓰시오.

〉〉〉 풀이 위험물제조소등에 설치하는 경보설비의 종류는 **자동화재탐지설비, 자동화재속보설비, 비상경보설비, 확성장치, 비상방송설비**이다.

> Check 〉〉〉

경보설비 중 자동화재탐지설비만을 설치해야 하는 제조소등

제조소등의 구분	제조소등의 규모, 저장 또는 취급하는 위험물의 종류 및 최대수량 등
제조소 및 일반취급소	• **연면적 500m² 이상**인 것 • 옥내에서 **지정수량의 100배 이상**을 취급하는 것 (고인화점 위험물만을 100℃ 미만의 온도에서 취급하는 것은 제외한다)
옥내저장소	• 지정수량의 **100배 이상**을 저장 또는 취급하는 것 (고인화점 위험물만을 저장 또는 취급하는 것은 제외한다) • 저장창고의 **연면적이 150m²를 초과**하는 것 • **처마높이가 6m 이상인 단층건물**의 것
옥내탱크저장소	**단층건물 외의 건축물에 설치**된 옥내탱크저장소로서 소화난이도등급Ⅰ에 해당하는 것
주유취급소	**옥내주유취급소**

〉〉〉 정답 자동화재탐지설비, 자동화재속보설비, 비상경보설비, 확성장치, 비상방송설비 중 3가지

필답형 05 [5점]

제4류 위험물을 저장하는 옥내저장소의 연면적이 450m²이고 외벽은 비내화구조일 경우, 이 옥내저장소에 대한 소화설비의 소요단위는 얼마인지 구하시오.

(1) 계산과정
(2) 답

〉〉〉 풀이 소요단위는 소화설비의 설치대상이 되는 건축물 또는 그 밖의 공작물의 규모나 위험물 양의 기준단위로, 다음 [표]와 같이 구분한다.

구 분	외벽이 내화구조	외벽이 비내화구조
위험물 제조소 및 취급소	연면적 100m²	연면적 50m²
위험물저장소	연면적 150m²	연면적 75m²
위험물	지정수량의 10배	

외벽이 비내화구조인 옥내저장소는 연면적 75m²를 1소요단위로 하기 때문에 연면적 450m²의 소요단위는

$$\frac{450m^2}{75m^2/단위} = 6단위이다.$$

〉〉〉 정답 (1) $\dfrac{450m^2}{75m^2/단위}$ (2) 6단위

필답형 06 [5점]

다음 물질의 화학식을 쓰시오.

(1) 염소산칼륨
(2) 과망가니즈산나트륨
(3) 다이크로뮴산칼륨

▶▶▶ 풀이

물질명	화학식	품 명	위험등급	지정수량
염소산칼륨	$KClO_3$	염소산염류	I	50kg
과망가니즈산나트륨	$NaMnO_4$	과망가니즈산염류	III	1,000kg
다이크로뮴산칼륨	$K_2Cr_2O_7$	다이크로뮴산염류	III	1,000kg

▶▶▶ 정답
(1) $KClO_3$
(2) $NaMnO_4$
(3) $K_2Cr_2O_7$

필답형 07 [5점]

칼륨에 대해 다음 물음에 답하시오.

(1) 물과의 반응식을 쓰시오.
(2) 에탄올과의 반응식을 쓰시오.

▶▶▶ 풀이
(1) 칼륨(K)은 물(H_2O)과 반응 시 수산화칼륨(KOH)과 수소(H_2)가 발생한다.
 – 물과의 반응식 : $2K + 2H_2O \rightarrow 2KOH + H_2$
(2) 칼륨(K)은 에탄올(C_2H_5OH)과 반응 시 칼륨에틸레이트(C_2H_5OK)와 수소(H_2)가 발생한다.
 – 에탄올과의 반응식 : $2K + 2C_2H_5OH \rightarrow 2C_2H_5OK + H_2$

Check ▶▶▶

칼륨(K)
1. 제3류 위험물로 위험등급 I, 지정수량은 10kg이다.
2. 연소 시 산화나트륨(K_2O)이 발생한다.
 – 연소반응식 : $4K + O_2 \rightarrow 2K_2O$
3. 이산화탄소(CO_2)와 반응 시 탄산칼륨(K_2CO_3)과 탄소(C)가 발생한다.
 – 이산화탄소와의 반응식 : $4K + 3CO_2 \rightarrow 2K_2CO_3 + C$
4. 보라색 불꽃반응을 내며 탄다.
5. 비중이 1보다 작으므로 석유(등유, 경유) 속에 보관하여 공기와의 접촉을 방지한다.

▶▶▶ 정답
(1) $2K + 2H_2O \rightarrow 2KOH + H_2$
(2) $2K + 2C_2H_5OH \rightarrow 2C_2H_5OK + H_2$

필답형 08 [5점]

다음 물질의 지정수량을 각각 쓰시오.

(1) 황화인
(2) 적린
(3) 철분

>>> 풀이

유 별	품 명	지정수량	위험등급
제2류 가연성 고체	황화인	**100kg**	
	적린	**100kg**	Ⅱ
	황	100kg	
	금속분	500kg	
	철분	**500kg**	Ⅲ
	마그네슘	500kg	
	그 밖에 행정안전부령으로 정하는 것 제1호 내지 제7호의 어느 하나 이상을 함유한 것	100kg 또는 500kg	Ⅱ, Ⅲ
	인화성 고체	1,000kg	Ⅲ

>>> 정답
(1) 100kg
(2) 100kg
(3) 500kg

필답형 09 [5점]

제2류 위험물인 황에 대해 다음 물음에 답하시오.

(1) 연소반응식
(2) 고온에서 수소와의 반응식

>>> 풀이

황(S)

① 제2류 위험물로 위험등급 Ⅱ, 지정수량은 100kg이다.

② 순도가 60중량% 이상인 것을 위험물로 정하며, 이 경우 순도 측정에 있어서 불순물은 활석 등 불연성 물질과 수분에 한한다.

③ 사방황, 단사황, 고무상황의 3가지 동소체가 존재한다.

④ 고무상황을 제외한 나머지 황은 이황화탄소(CS_2)에 녹는다.

⑤ 연소 시 청색 불꽃을 내며 이산화황(SO_2)이 발생한다.
　　– 연소반응식 : $S + O_2 \rightarrow SO_2$

⑥ 고온에서 용융된 황은 수소와 반응하여 가연성 가스인 황화수소(H_2S)를 발생한다.
　　– 수소와의 반응식 : $S + H_2 \rightarrow H_2S$

>>> 정답
(1) $S + O_2 \rightarrow SO_2$
(2) $S + H_2 \rightarrow H_2S$

필답형 10
[5점]

제1류 위험물 중 분자량이 약 101이고, 분해온도는 약 400℃이며, 흑색화약 제조 등의 용도로 사용되는 물질에 대해 다음 물음에 답하시오.

(1) 위험등급

(2) 시성식

(3) 열분해반응식

>>> 풀이 질산칼륨(KNO_3)

① 제1류 위험물로서 품명은 질산염류이고, 지정수량은 300kg, 위험등급 Ⅱ이다.

② 분해온도는 400℃, 비중 2.1, 분자량은 39(K)+14(N)+16(O)×3=101이다.

③ '숯+황+질산칼륨'의 혼합물은 흑색화약이 되며, 불꽃놀이 등에 사용된다.

④ 열분해 시 아질산칼륨(KNO_2)과 산소(O_2)가 발생한다.

  – 열분해반응식 : $2KNO_3 \longrightarrow 2KNO_2 + O_2$

>>> 정답 (1) Ⅱ

(2) KNO_3

(3) $2KNO_3 \longrightarrow 2KNO_2 + O_2$

필답형 11
[5점]

다음 물질이 물과 반응하여 발생하는 기체의 명칭을 쓰시오. (단, 없으면 "없음"이라고 쓰시오.)

(1) 트라이메틸알루미늄

(2) 트라이에틸알루미늄

(3) 황린

(4) 리튬

(5) 수소화칼슘

>>> 풀이 (1) 트라이메틸알루미늄[$(CH_3)_3Al$]은 제3류 위험물로서 품명은 알킬알루미늄이고, 지정수량은 10kg이며, 물과 반응하여 수산화알루미늄[$Al(OH)_3$]과 **메테인(CH_4)**이 발생한다.

  – 물과의 반응식 : $(CH_3)_3Al + 3H_2O \longrightarrow Al(OH)_3 + 3CH_4$

(2) 트라이에틸알루미늄[$(C_2H_5)_3Al$]은 제3류 위험물로서 품명은 알킬알루미늄이고, 지정수량은 10kg이며, 물과 반응하여 수산화알루미늄[$Al(OH)_3$]과 **에테인(C_2H_6)**이 발생한다.

  – 물과의 반응식 : $(C_2H_5)_3Al + 3H_2O \longrightarrow Al(OH)_3 + 3C_2H_6$

(3) 황린(P_4)은 제3류 위험물로서 품명은 황린이고, 지정수량은 20kg이며, 물에 녹지 않고 이황화탄소에 잘 녹는다. 착화온도가 매우 낮아서 공기 중에서 자연발화할 수 있기 때문에 pH 9인 약알칼리성의 물속에 보관한다. 물과 반응하지 않아 발생하는 기체는 **없다**.

(4) 리튬(Li)은 제3류 위험물로서 품명은 알칼리금속 및 알칼리토금속이고, 지정수량은 50kg이며, 은백색의 무른 경금속이다. 적색 불꽃반응을 하며, 물과 반응하여 수산화리튬(LiOH)과 **수소(H_2)**가 발생한다.

  – 물과의 반응식 : $2Li + 2H_2O \longrightarrow 2LiOH + H_2$

(5) 수소화칼슘(CaH_2)은 제3류 위험물로서 품명은 금속의 수소화물이고, 지정수량은 300kg이며, 물과 반응하여 수산화칼슘[$Ca(OH)_2$]과 **수소(H_2)**가 발생한다.

  – 물과의 반응식 : $CaH_2 + 2H_2O \longrightarrow Ca(OH)_2 + 2H_2$

>>> 정답 (1) 메테인 (2) 에테인 (3) 없음 (4) 수소 (5) 수소

필답형 12 [5점]

위험물안전관리법령상 다음 제4류 위험물의 인화점 범위는 1기압을 기준으로 얼마인지 쓰시오. (단, 이상, 이하, 초과, 미만에 대하여 정확하게 쓰시오.)

(1) 제1석유류
(2) 제3석유류
(3) 제4석유류

>>> 풀이 제4류 위험물의 품명
① 특수인화물 : 이황화탄소, 다이에틸에터, 그 밖에 1기압에서 발화점이 100℃ 이하인 것 또는 인화점이 영하 20℃ 이하이고 비점이 40℃ 이하인 것
② 제1석유류 : 아세톤, 휘발유, 그 밖에 1기압에서 인화점이 **21℃ 미만**인 것
③ 알코올류 : 1분자를 구성하는 탄소원자의 수가 1개부터 3개까지인 포화1가알코올(변성알코올 포함)
④ 제2석유류 : 등유, 경유, 그 밖에 1기압에서 인화점이 21℃ 이상 70℃ 미만인 것
⑤ 제3석유류 : 중유, 크레오소트유, 그 밖에 1기압에서 인화점이 **70℃ 이상 200℃ 미만**인 것
⑥ 제4석유류 : 기어유, 실린더유, 그 밖에 1기압에서 인화점이 **200℃ 이상 250℃ 미만**인 것
⑦ 동식물유류 : 동물의 지육 등 또는 식물의 종자나 과육으로부터 추출한 것으로서 1기압에서 인화점이 250℃ 미만인 것

>>> 정답
(1) 21℃ 미만
(2) 70℃ 이상 200℃ 미만
(3) 200℃ 이상 250℃ 미만

필답형 13 [5점]

제4류 위험물 중 위험등급 Ⅲ에 해당하는 품명을 모두 쓰시오.

>>> 풀이

유별	품명		지정수량	위험등급
제4류	특수인화물		50L	Ⅰ
	제1석유류	비수용성 액체	200L	Ⅱ
		수용성 액체	400L	
	알코올류		400L	
	제2석유류	비수용성 액체	1,000L	Ⅲ
		수용성 액체	2,000L	
	제3석유류	비수용성 액체	2,000L	
		수용성 액체	4,000L	
	제4석유류		6,000L	
	동식물유류		10,000L	

>>> 정답 제2석유류, 제3석유류, 제4석유류, 동식물유류

필답형 14   [5점]

〈보기〉의 물질 중 비수용성이며 에터에 녹는 것을 모두 쓰시오. (단, 해당하는 물질이 없는 경우에는 "없음"이라고 쓰시오.)

이황화탄소, 아세트알데하이드, 아세톤, 스타이렌, 클로로벤젠

⟩⟩⟩ 풀이 제4류 위험물 중 수용성 물질
① 특수인화물 : 아세트알데하이드, 산화프로필렌
② 제1석유류 : 아세톤, 의산메틸, 피리딘, 사이안화수소
③ 알코올류
④ 제2석유류 : 의산, 초산, 하이드라진, 아크릴산
⑤ 제3석유류 : 글리세린, 에틸렌글리콜, 하이드라진하이드레이트
〈보기〉의 물질 중 아세트알데하이드와 아세톤은 수용성 물질이고, **이황화탄소, 스타이렌, 클로로벤젠은 비수용성 물질**로 물에 녹지 않고 **유기용제에 잘 녹는다.**

⟩⟩⟩ 정답 이황화탄소, 스타이렌, 클로로벤젠

필답형 15   [5점]

에탄올에 대해 다음 물음에 답하시오.

(1) 1차 산화할 때 생성되는 특수인화물의 시성식을 쓰시오.
(2) (1)에서 생성되는 물질의 연소반응식을 쓰시오.
(3) (1)에서 생성되는 물질이 산화할 때 생성되는 제2석유류의 명칭을 쓰시오.

⟩⟩⟩ 풀이 1. 에탄올(C_2H_5OH)
① 제4류 위험물로서 품명은 알코올류이고, 수용성이며, 지정수량은 400L이다.
② 에탄올에 진한 황산(H_2SO_4)을 넣고 가열하면 온도에 따라 다른 물질이 생성된다.
  - 140℃ 가열 : $2C_2H_5OH \rightarrow C_2H_5OC_2H_5 + H_2O$
  - 160℃ 가열 : $C_2H_5OH \rightarrow C_2H_4 + H_2O$
③ 에탄올이 산화되면 아세트알데하이드(**CH_3CHO**)를 거쳐 **아세트산**(CH_3COOH)이 된다.
  - 에탄올의 산화 : $C_2H_5OH \rightleftharpoons CH_3CHO \rightleftharpoons CH_3COOH$
2. 아세트알데하이드(CH_3CHO)
① 제4류 위험물로서 품명은 특수인화물이고, 수용성이며, 지정수량은 50L이다.
② 인화점 −38℃, 발화점 185℃, 비점 21℃, 연소범위는 4.1~57%이다.
③ 연소 시 이산화탄소(CO_2)와 물(H_2O)을 발생한다.
  - 연소반응식 : $2CH_3CHO + 5O_2 \rightarrow 4CO_2 + 4H_2O$

⟩⟩⟩ 정답 (1) CH_3CHO
(2) $2CH_3CHO + 5O_2 \rightarrow 4CO_2 + 4H_2O$
(3) 아세트산(초산)

필답형 16 [5점]

아세톤에 대해 다음 물음에 답하시오.

(1) 품명   (2) 시성식   (3) 증기비중

≫≫ 풀이   아세톤(CH_3COCH_3)

① 제4류 위험물로 품명은 **제1석유류**, 수용성 물질에 속하며, 지정수량은 400L이다.

② 인화점 −18℃, 비점 56℃, 연소범위 2.6~12.8%이다.

③ 분자량이 12(C)×3+1(H)×6+16(O)=58이므로

$$증기비중 = \frac{분자량}{공기의\ 평균분자량} = \frac{분자량}{29} = \frac{58}{29} = 2.0이다.$$

④ 소화방법으로는 이산화탄소, 할로젠화합물, 분말을 사용하며, 포를 이용해 소화할 경우에는 일반 포는 불가능하고 알코올포 소화약제만 사용할 수 있다.

≫≫ 정답   (1) 제1석유류   (2) CH_3COCH_3 (3) 2.0

필답형 17 [5점]

다음 물질의 구조식을 쓰시오.

(1) 트라이나이트로톨루엔(TNT)
(2) 트라이나이트로페놀(TNP)

≫≫ 풀이   (1) 트라이나이트로톨루엔(TNT)

       제5류 위험물로서 품명은 나이트로화합물이며, 화학식은 $C_6H_2CH_3(NO_2)_3$ 이다. 구조식은 톨루엔($C_6H_5CH_3$)의 수소 3개를 빼고 그 자리에 나이트로기(NO_2)를 치환시킨 형태이다. 물에는 안 녹으나 알코올, 아세톤, 벤젠 등 유기용제에 잘 녹는다. 기준 폭약으로 사용되며, 고체물질로 건조하면 위험하고 약한 습기에 저장하면 안정하다.

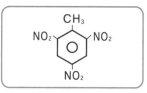

‖ 트라이나이트로톨루엔의 구조식 ‖

   (2) 트라이나이트로페놀(TNP)

       제5류 위험물로서 품명은 나이트로화합물이며, 화학식은 $C_6H_2OH(NO_2)_3$ 이다. 구조식은 페놀(C_6H_5OH)의 수소 3개를 빼고 그 자리에 나이트로기(NO_2)를 치환시킨 형태이다. 찬물에는 안 녹으나 온수, 알코올, 벤젠, 에터 등에 잘 녹는다. 단독으로는 충격·마찰 등에 둔감하지만 구리, 아연 등 금속염류와의 혼합물은 피크린산염을 생성하여 충격·마찰 등에 위험해진다. 고체물질로 건조하면 위험하고 약한 습기에 저장하면 안정하다.

‖ 트라이나이트로페놀의 구조식 ‖

≫≫ 정답   (1)   (2)

필답형 18 [5점]

질산이 햇빛에 의해 분해되어 산소와 함께 발생하는 독성 기체의 명칭과 질산의 분해반응식을 쓰시오.

(1) 발생하는 독성 기체   (2) 질산의 분해반응식

≫ 풀이   질산(HNO_3)

① 제6류 위험물로서 비중이 1.49 이상인 것이 위험물이며, 지정수량은 300kg이다.

② 햇빛에 의해 분해되면 물(H_2O), 적갈색의 독성 기체인 **이산화질소**(NO_2), 그리고 산소(O_2)가 발생하기 때문에 이를 방지하기 위하여 갈색병에 저장한다.

    – 분해반응식 : $4HNO_3 \rightarrow 2H_2O + 4NO_2 + O_2$

≫ 정답   (1) 이산화질소   (2) $4HNO_3 \rightarrow 2H_2O + 4NO_2 + O_2$

필답형 19 [5점]

산화프로필렌 200L, 벤즈알데하이드 1,000L, 아크릴산 4,000L를 저장하고 있다. 각 물질의 지정수량 배수의 총합은 얼마인지 구하시오.

≫ 풀이   〈문제〉에서 제시된 위험물은 모두 제4류 위험물로서 각 물질의 지정수량은 다음과 같다.

① 산화프로필렌(특수인화물, 수용성) : 50L

② 벤즈알데하이드(제2석유류, 비수용성) : 1,000L

③ 아크릴산(제2석유류, 수용성) : 2,000L

따라서, 이 위험물들의 지정수량 배수의 합은 $\dfrac{200L}{50L} + \dfrac{1,000L}{1,000L} + \dfrac{4,000L}{2,000L} = $ **7배**이다.

≫ 정답   7배

필답형 20 [5점]

다음 탱크의 내용적은 몇 m^3인지 구하시오. (단, r은 1m, l_1은 0.6m, l_2는 0.6m, l은 4m이다.)

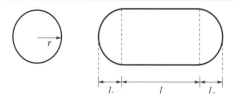

>>> 풀이 가로형으로 설치한 원통형 탱크

$$내용적 = \pi r^2\left(l + \frac{l_1 + l_2}{3}\right) = \pi \times 1^2 \times \left(4 + \frac{0.6 + 0.6}{3}\right) = 13.82m^3$$

Check >>>

1. 타원형 탱크의 내용적
   - 양쪽이 볼록한 것

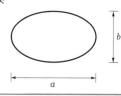 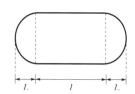

$$내용적 = \frac{\pi ab}{4}\left(l + \frac{l_1 + l_2}{3}\right)$$

   - 한쪽은 볼록하고 다른 한쪽은 오목한 것

 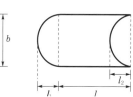

$$내용적 = \frac{\pi ab}{4}\left(l + \frac{l_1 - l_2}{3}\right)$$

2. 원통형 탱크의 내용적
   - 가로로 설치한 것

 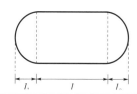

$$내용적 = \pi r^2\left(l + \frac{l_1 + l_2}{3}\right)$$

   - 세로로 설치한 것

$$내용적 = \pi r^2 l$$

>>> 정답 13.82m³

2022 제4회 위험물기능사 실기

2022년 11월 6일 시행

※ 필답형＋작업형으로 시행되던 기존 시험에서는 각 문항별 배점이 상이하였으나,
필답형(20문제) 시험만 보는 2020년 1회부터는 각 문항 배점이 모두 5점입니다!

 필/답/형 시험

필답형 01 [5점]

표준상태에서 1kg의 탄산가스를 소화기로 방출할 경우 부피는 약 몇 L인지 구하시오.

(1) 계산과정 　　　　　　　　　　　(2) 답

▶▶▶ 풀이 이산화탄소(CO_2) 1mol의 분자량은 12g(C)＋16g(O)×2＝44g/mol이고, 표준상태(0℃, 1기압)에서 1kg의 탄산가스, 즉 이산화탄소의 부피는 이상기체상태방정식을 이용하여 구할 수 있다.

$$PV = nRT = \frac{w}{M}RT$$

여기서, P : 압력＝1기압, V : 부피＝V(L), w : 질량＝1,000g, M : 분자량＝44g/mol
R : 이상기체상수＝0.082기압·L/mol·K, T : 절대온도(K)＝섭씨온도(℃)＋273

$1 \times V = \dfrac{1,000}{44} \times 0.082 \times (0+273)$ ∴ $V=$**508.77L**

　Check ▶▶▶
　표준상태에서 기체 1mol의 부피는 22.4L이다.
$$1,000g\,CO_2 \times \frac{1mol\,CO_2}{44g\,CO_2} \times \frac{22.4L}{1mol\,CO_2} = 509.09L$$

▶▶▶ 정답 (1) $1 \times V = \dfrac{1,000}{44} \times 0.082 \times (0+273)$　(2) 508.77L

필답형 02 [5점]

다음 할로젠화합물의 Halon 번호를 쓰시오.

(1) CF_3Br 　　　　　　(2) CH_2ClBr 　　　　　　(3) CH_3Br

▶▶▶ 풀이 할로젠화합물 소화약제는 할론 명명법에 의해 할론 번호를 부여하는데, 그 방법은 화학식에 표시된 원소의 개수를 C－F－Cl－Br－I의 순서대로 표시하는 것이다.
(1) CF_3Br : C의 개수 1개, F의 개수 3개, Cl의 개수 0개, Br의 개수 1개이므로 Halon 번호는 **1301**이다.
(2) CH_2ClBr : C의 개수 1개, F의 개수 0개, Cl의 개수 1개, Br의 개수 1개이므로 Halon 번호는 **1011**이다.
(3) CH_3Br : C의 개수 1개, F의 개수 0개, Cl의 개수 0개, Br의 개수 1개이므로 Halon 번호는 **1001**이다.

▶▶▶ 정답 (1) 1301　(2) 1011　(3) 1001

필답형 03 [5점]

탄산수소나트륨에 대해 다음 물음에 답하시오.

(1) 1차 열분해반응식을 쓰시오.

(2) 1기압, 100℃에서 100kg의 탄산수소나트륨이 완전분해할 경우 생성되는 이산화탄소의 부피 (m^3)를 구하시오.

》》 풀이

(1) 제1종 분말소화약제인 탄산수소나트륨($NaHCO_3$)의 분해반응식

   – 1차 열분해반응식(270℃) : $2NaHCO_3 \rightarrow Na_2CO_3 + CO_2 + H_2O$

   – 2차 열분해반응식(850℃) : $2NaHCO_3 \rightarrow Na_2O + 2CO_2 + H_2O$

(2) 100℃에서는 1차 열분해반응이 일어나며, 2mol의 탄산수소나트륨이 완전분해하면 1mol의 이산화탄소가 생성된다. 탄산수소나트륨 1mol의 분자량은 23g(Na) + 1g(H) + 12g(C) + 16g(O)×3 = 84g/mol, $1m^3$ = 1,000L이므로 100kg의 탄산수소나트륨이 완전분해하여 생성되는 이산화탄소의 부피(m^3)는 이상기체상태 방정식을 이용하여 구할 수 있다.

$$PV = nRT = \frac{w}{M}RT$$

여기서, P : 압력 = 1기압

        V : 부피 = V(L)

        w : 질량 = 100,000g

        M : 분자량 = 84g/mol

        R : 이상기체상수 = 0.082기압 · L/mol · K

        T : 절대온도(K) = 섭씨온도(℃) + 273

$$1 \times V = \left(\frac{100,000g \ 탄산수소나트륨}{84g \ 탄산수소나트륨} \right) \times \frac{1mol \ O_2}{2mol \ 탄산수소나트륨} \times 0.082 \times (100 + 273)$$

$V = 1.8206 \times 10^4$L이므로 1.8206×10^4L $\times \dfrac{1m^3}{1,000L} = $ **18.21m^3**이다.

》》 정답

(1) $2NaHCO_3 \rightarrow Na_2CO_3 + CO_2 + H_2O$

(2) 18.21m^3

필답형 04 [5점]

다음의 각 물질과 인화칼슘의 반응식을 쓰시오. (단, 반응을 하지 않을 경우에는 '해당 없음'으로 표시하시오.)

(1) 물   (2) 염산

》》 풀이

인화칼슘(Ca_3P_2)

① 제3류 위험물로서 품명은 금속의 인화물이고, 지정수량은 300kg, 위험등급 Ⅲ이다.

② 물과 반응 시 수산화칼슘[$Ca(OH)_2$]과 함께 가연성이면서 맹독성인 포스핀(PH_3)가스가 발생한다.

   – 물과의 반응식 : $Ca_3P_2 + 6H_2O \rightarrow 3Ca(OH)_2 + 2PH_3$

③ 염산과 반응 시 염화칼슘($CaCl_2$)과 포스핀(PH_3)가스가 발생한다.

   – 염산과의 반응식 : $Ca_3P_2 + 6HCl \rightarrow 3CaCl_2 + 2PH_3$

》》 정답

(1) $Ca_3P_2 + 6H_2O \rightarrow 3Ca(OH)_2 + 2PH_3$ (2) $Ca_3P_2 + 6HCl \rightarrow 3CaCl_2 + 2PH_3$

필답형 05 [5점]

다음 물질이 위험물안전관리법상 위험물이 될 수 없는 기준을 쓰시오.

(1) 철분
(2) 마그네슘
(3) 과산화수소

▶▶▶ 풀이
(1) '철분'이라 함은 철의 분말을 말하며, **53마이크로미터의 표준체를 통과하는 것이 50중량% 미만인 것**은 제외한다.
(2) 다음 중 어느 하나에 해당하는 마그네슘은 제2류 위험물에서 제외한다.
  ① **2mm의 체를 통과하지 아니하는 덩어리상태의 것**
  ② **직경 2mm 이상의 막대모양의 것**
(3) 과산화수소는 **농도가 36중량% 미만인 것**은 제외한다.

▶▶▶ 정답
(1) 53마이크로미터의 표준체를 통과하는 것이 50중량% 미만인 것
(2) 2mm의 체를 통과하지 아니하는 덩어리상태의 것 또는 직경 2mm 이상의 막대모양의 것
(3) 농도가 36중량% 미만인 것

필답형 06 [5점]

다음 물질이 열분해할 때 산소가 발생되는 분해반응식을 쓰시오. (단, 산소가 발생되지 않으면 "해당 없음"으로 표시하시오.)

(1) 삼산화크로뮴
(2) 질산칼륨

▶▶▶ 풀이
(1) 삼산화크로뮴(CrO_3)
  ① 무수크로뮴산이라고도 불리며, 행정안전부령이 정하는 제1류 위험물로서 품명은 크로뮴의 산화물이며, 지정수량은 300kg이다.
  ② 열분해 시 산화크로뮴(Ⅲ)(Cr_2O_3)과 산소(O_2)를 발생한다.
    – 열분해반응식 : $4CrO_3 \rightarrow 2Cr_2O_3 + 3O_2$
(2) 질산칼륨(KNO_3)
  ① 초석이라고도 불리며, 제1류 위험물로서 품명은 질산염류이며, 지정수량은 300kg이다.
  ② '숯+황+질산칼륨'의 혼합물은 흑색화약이 되며, 불꽃놀이 등에 사용된다.
  ③ 분해온도는 400℃이고 열분해 시 아질산칼륨(KNO_2)과 산소(O_2)를 발생한다.
    – 열분해반응식 : $2KNO_3 \rightarrow KNO_2 + O_2$

▶▶▶ 정답
(1) $4CrO_3 \rightarrow 2Cr_2O_3 + 3O_2$
(2) $2KNO_3 \rightarrow KNO_2 + O_2$

필답형 07 [5점]

칼륨과 나트륨의 공통적 성질을 다음 〈보기〉에서 찾아 모두 쓰시오.

① 무른 경금속이다.　　　　　　　　② 알코올과 반응하여 수소가스를 발생한다.

③ 물과 반응하여 불연성 기체를 발생한다.　④ 흑색의 고체에 해당한다.

⑤ 보호액 속에 보관해야 한다.

≫≫ 풀이　(1) 칼륨(K)

① 제3류 위험물로 품명은 칼륨이며, 지정수량은 10kg이다.

② 은백색의 광택이 있는 **무른 경금속**이다.

③ 물과 반응 시 수산화칼륨(KOH)과 가연성 가스인 수소(H_2)가스가 발생한다.

　– 물과의 반응식 : $2K + 2H_2O \rightarrow 2KOH + H_2$

④ **에탄올(C_2H_5OH)과 반응하여** 칼륨에틸레이트(C_2H_5OK)와 **수소가스를 발생**한다.

　– 에탄올과의 반응식 : $2K + 2C_2H_5OH \rightarrow 2C_2H_5OK + H_2$

⑤ 연소 시 산화칼륨(K_2O)이 발생한다.

　– 연소반응식 : $4K + O_2 \rightarrow 2K_2O$

⑥ **석유(등유, 경유) 속에 보관**하여 공기와의 접촉을 방지한다.

⑦ 보라색 불꽃반응을 내며 탄다.

(2) 나트륨(Na)

① 제3류 위험물로 품명은 나트륨이며, 지정수량은 10kg이다.

② 은백색의 **무른 경금속**이다.

③ 물과 반응 시 수산화나트륨(NaOH)과 가연성 가스인 수소(H_2)가스가 발생한다.

　– 물과의 반응식 : $2Na + 2H_2O \rightarrow 2NaOH + H_2$

④ **에탄올(C_2H_5OH)과 반응하여** 나트륨에틸레이트(C_2H_5ONa)와 **수소가스를 발생**한다.

　– 에탄올과의 반응식 : $2Na + 2C_2H_5OH \rightarrow 2C_2H_5ONa + H_2$

⑤ 연소 시 산화나트륨(Na_2O)이 발생한다.

　– 연소반응식 : $4Na + O_2 \rightarrow 2Na_2O$

⑥ **석유(등유, 경유) 속에 보관**하여 공기와의 접촉을 방지한다.

⑦ 황색 불꽃반응을 내며 탄다.

≫≫ 정답　①, ②, ⑤

필답형 08 [5점]

다음 물음에 답하시오.

(1) 옥내저장탱크와 탱크전용실의 벽과의 사이에는 몇 m 이상의 간격을 유지하여야 하는지 쓰시오.

(2) 옥내저장탱크 상호간에는 몇 m 이상의 간격을 유지하여야 하는지 쓰시오.

≫≫ 풀이　옥내저장탱크의 구조

① 옥내저장탱크의 두께 : 3.2mm 이상의 강철판

② 옥내저장탱크의 간격

　– 옥내저장탱크와 탱크전용실의 벽과의 사이 간격 : **0.5m 이상**

　– 옥내저장탱크 상호간의 간격 : **0.5m 이상**

≫≫ 정답　(1) 0.5m 이상　　(2) 0.5m 이상

필답형 09　　　　　　　　　　　　　　　　　　　　　　　　　　　[5점]

제4류 위험물인 에틸렌글리콜에 대해 다음 물음에 답하시오.

(1) 위험등급
(2) 증기비중
(3) 구조식

>>> 풀이　에틸렌글리콜[C₂H₄(OH)₂]

① 품명은 제3석유류이고, 수용성이며, 지정수량은 4,000L, 위험등급 Ⅲ이다.
② 인화점 111℃, 발화점 410℃, 비점 197℃이다.
③ 물에 잘 녹는 2가알코올이며, 독성이 있고, 부동액의 원료로 사용된다.
④ 분자량이 12(C)×2+1(H)×6+16(O)×2=62이므로 증기비중은 다음
　과 같다.

$$증기비중 = \frac{분자량}{공기의\ 평균분자량} = \frac{분자량}{29} = \frac{62}{29} = 2.14$$

▌에틸렌글리콜의 구조식▐

>>> 정답　(1) Ⅲ
　　　　　(2) 2.14
　　　　　(3)
```
        H   H
        |   |
  OH  - C - C - OH
        |   |
        H   H
```

필답형 10　　　　　　　　　　　　　　　　　　　　　　　　　　　[5점]

다음 〈보기〉의 물질 중 가연물인 동시에 산소없이 내부연소가 가능한 물질을 모두 고르시오.

과산화나트륨, 다이에틸아연, 과산화벤조일, 나이트로글리세린, 과산화수소

>>> 풀이　〈보기〉의 위험물의 성질은 다음과 같다.

물질명	화학식	품 명	유 별	성 질
과산화나트륨	Na_2O_2	무기과산화물	제1류 위험물	산화성 고체
다이에틸아연	$(C_2H_5)_2Zn$	유기금속화합물	제3류 위험물	자연발화성 및 금수성 물질
과산화벤조일	$(C_6H_5CO)_2O_2$	유기과산화물	**제5류 위험물**	**자기반응성 물질**
나이트로글리세린	$C_3H_5(ONO_2)_3$	질산에스터류	**제5류 위험물**	**자기반응성 물질**
과산화수소	H_2O_2	과산화수소	제6류 위험물	산화성 액체

제5류 위험물, 자기반응성 물질은 가연물인 동시에 산소없이 내부연소가 가능한 위험물이다.

>>> 정답　과산화벤조일, 나이트로글리세린

필답형 11 [5점]

벽, 기둥, 바닥이 내화구조로 된 건축물의 옥내저장소에 다음 물질을 저장하는 경우 각각의 보유공지는 몇 m 이상인지 쓰시오.

(1) 인화성 고체 12,000kg
(2) 질산 12,000kg
(3) 황 12,000kg

>>> 풀이 옥내저장소의 보유공지

저장 또는 취급하는 위험물의 최대수량	공지의 너비	
	벽·기둥 및 바닥이 내화구조로 된 건축물	그 밖의 건축물
지정수량의 5배 이하	–	0.5m 이상
지정수량의 5배 초과 10배 이하	1m 이상	1.5m 이상
지정수량의 10배 초과 20배 이하	2m 이상	3m 이상
지정수량의 20배 초과 50배 이하	3m 이상	5m 이상
지정수량의 50배 초과 200배 이하	5m 이상	10m 이상
지정수량의 200배 초과	10m 이상	15m 이상

(1) 인화성 고체는 지정수량이 1,000kg인 제2류 위험물로서 12,000kg에 대한 지정수량의 배수는 $\frac{12,000kg}{1,000kg}$ =12배이다. 위의 [표]에서 알 수 있듯이 벽, 기둥, 바닥이 내화구조인 옥내저장소에 인화성 고체를 지정수량의 10배 초과 20배 이하로 저장하는 경우 보유공지 너비를 2m 이상이므로 지정수량의 12배를 저장하는 경우 보유공지 너비를 **2m 이상**이 되도록 해야 한다.

(2) 질산은 지정수량이 300kg인 제6류 위험물로서 12,000kg에 대한 지정수량의 배수는 $\frac{12,000kg}{300kg}$ = 40배 이다. 위의 [표]에서 알 수 있듯이 벽, 기둥, 바닥이 내화구조인 옥내저장소에 인화성 고체를 지정수량의 20배 초과 50배 이하로 저장하는 경우 보유공지 너비를 3m 이상이므로 지정수량의 40배를 저장하는 경우 보유공지 너비를 **3m 이상**이 되도록 해야 한다.

(3) 황은 지정수량이 100kg인 제2류 위험물로서 12,000kg에 대한 지정수량의 배수는 $\frac{12,000kg}{100kg}$ = 120배이 다. 위의 [표]에서 알 수 있듯이 벽, 기둥, 바닥이 내화구조인 옥내저장소에 인화성 고체를 지정수량의 50배 초과 200배 이하로 저장하는 경우 보유공지 너비를 5m 이상이므로 지정수량의 50배를 저장하는 경우 보유공지 너비를 **5m 이상**이 되도록 해야 한다.

>>> 정답 (1) 2m 이상
(2) 3m 이상
(3) 5m 이상

필답형 12 [5점]

다음 탱크의 내용적은 몇 m³인지 구하시오. (단, r은 1m, l_1은 0.4m, l_2는 0.5m, l은 5m이다.)

 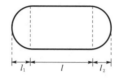

▷▷▷ 풀이 가로형으로 설치한 원통형 탱크

$$내용적 = \pi r^2 \left(l + \frac{l_1 + l_2}{3} \right) = \pi \times 1^2 \times \left(5 + \frac{0.4 + 0.5}{3} \right) = \mathbf{16.65m^3}$$

Check ▷▷▷

1. 타원형 탱크의 내용적
   – 양쪽이 볼록한 것

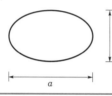 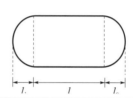

$$내용적 = \frac{\pi ab}{4} \left(l + \frac{l_1 + l_2}{3} \right)$$

   – 한쪽은 볼록하고 다른 한쪽은 오목한 것

 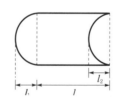

$$내용적 = \frac{\pi ab}{4} \left(l + \frac{l_1 - l_2}{3} \right)$$

2. 원통형 탱크의 내용적
   – 가로로 설치한 것

 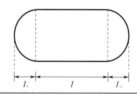

$$내용적 = \pi r^2 \left(l + \frac{l_1 + l_2}{3} \right)$$

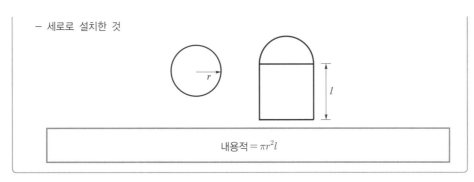

－ 세로로 설치한 것

내용적 $= \pi r^2 l$

≫≫ 정답 16.65m^3

필답형 13   [5점]

제4류 위험물인 메탄올과 벤젠의 특성을 비교하여 괄호 안을 〈보기〉의 A 또는 B로 알맞게 채우시오. (예를 들어, 괄호 안에 들어갈 내용이 "높다"이면 A, "낮다"이면 B, "크다"이면 A, "작다"이면 B를 쓰시오.)

• A : 높다, 크다, 많다, 넓다   • B : 낮다, 작다, 적다, 좁다

(1) 메탄올의 분자량은 벤젠의 분자량보다 (   ).
(2) 메탄올의 증기비중은 벤젠의 증기비중보다 (   ).
(3) 메탄올의 인화점은 벤젠의 인화점보다 (   ).
(4) 메탄올의 연소범위는 벤젠의 연소범위보다 (   ).
(5) 메탄올 1mol이 완전연소 시 발생하는 이산화탄소의 양은 벤젠 1mol이 완전연소 시 발생하는 이산화탄소의 양보다 (   ).

≫≫ 풀이

물질명	화학식	분자량	증기비중	인화점	연소범위
메탄올	CH_3OH	$12(C) + 1(H) \times 4 + 16(O) = 32$	$\dfrac{32}{29} = 1.10$	11℃	6~36%
벤젠	C_6H_6	$12(C) \times 6 + 1(H) \times 6 = 78$	$\dfrac{78}{29} = 2.69$	−11℃	1.4~7.1%

－ 메탄올 1mol의 연소반응식 : $CH_3OH + 1.5O_2 \rightarrow CO_2 + 2H_2O$
－ 벤젠 1mol의 연소반응식 : $C_6H_6 + 7.5O_2 \rightarrow 6CO_2 + 3H_2O$
(1) 메탄올의 분자량 32는 벤젠의 분자량 78보다 **작다(B).**
(2) 메탄올의 증기비중 1.10은 벤젠의 증기비중 2.69보다 **낮다(B).**
(3) 메탄올의 인화점 11℃는 벤젠의 인화점 −11℃보다 **높다(A).**
(4) 메탄올의 연소범위 6~36%는 벤젠의 연소범위 1.4~7.1%보다 **넓다(A).**
(5) 메탄올 1mol이 완전연소 시 발생하는 이산화탄소의 양 1mol은 벤젠 1mol이 완전연소 시 발생하는 이산화탄소의 양 6mol보다 **적다(B).**

≫≫ 정답   (1) B   (2) B   (3) A   (4) A   (5) B

필답형 14
[5점]

제5류 위험물로서 품명은 나이트로화합물이고, 햇빛에 의해 갈색으로 변하며, 분자량이 227인 물질에 대해 다음 물음에 답하시오. (단, 나이트로화합물은 제2종에 해당된다.)

(1) 명칭을 쓰시오.

(2) 시성식을 쓰시오.

(3) 지정과산화물 포함 여부를 쓰시오.

(4) 운반용기 외부에 표시하여야 할 주의사항을 쓰시오. (단, 해당 없으면 "해당 없음"으로 표시하시오.)

>>> 풀이　**트라이나이트로톨루엔**(TNT)

① 제5류 위험물로서 품명은 나이트로화합물이며, 지정수량은 제1종 : 10kg, 제2종 : 100kg이고, 시성식은 $C_6H_2CH_3(NO_2)_3$이다.

② 구조식은 톨루엔($C_6H_5CH_3$)의 수소 3개를 빼고 그 자리에 나이트로기(NO_2)를 치환시킨 형태이다.

③ 햇빛에 갈색으로 변하나 위험성은 없다.

④ 물에는 안 녹으나 알코올, 아세톤, 벤젠 등 유기용제에 잘 녹는다.

⑤ 기준폭약으로 사용되며, 고체물질로 건조하면 위험하고 약한 습기에 저장하면 안정하다.

⑥ 운반용기 외부표시 주의사항은 **"화기엄금"**, **"충격주의"**이다.

⑦ 지정과산화물은 제5류 위험물 중 유기과산화물 또는 이를 함유한 것으로 지정수량이 10kg인 것을 말하므로 문제의 제2종 트라이나이트로톨루엔은 **지정과산화물에 포함되지 않는다.**

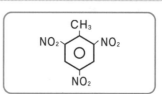

┃ 트라이나이트로톨루엔의 구조식 ┃

Check >>>

유 별	품 명	운반용기의 주의사항	위험물제조소등의 주의사항
제1류	알칼리금속의 과산화물	화기 · 충격주의, 가연물접촉주의, 물기엄금	물기엄금 (청색바탕, 백색문자)
	그 밖의 것	화기 · 충격주의, 가연물접촉주의	필요 없음
제2류	철분, 금속분, 마그네슘	화기주의, 물기엄금	화기주의 (적색바탕, 백색문자)
	인화성 고체	화기엄금	화기엄금 (적색바탕, 백색문자)
	그 밖의 것	화기주의	화기주의 (적색바탕, 백색문자)
제3류	자연발화성 물질	화기엄금, 공기접촉엄금	화기엄금 (적색바탕, 백색문자)
	금수성 물질	물기엄금	물기엄금 (청색바탕, 백색문자)
제4류	모든 대상	화기엄금	화기엄금 (적색바탕, 백색문자)
제5류	모든 대상	화기엄금, 충격주의	화기엄금 (적색바탕, 백색문자)
제6류	모든 대상	가연물접촉주의	필요 없음

>>> 정답　(1) 트라이나이트로톨루엔　(2) $C_6H_2CH_3(NO_2)_3$　(3) 포함되지 않는다.　(4) 화기엄금, 충격주의

필답형 **15** [5점]

탱크시험자가 갖추어야 할 필수장비와 필요한 경우에 두는 장비를 각각 2가지 이상 쓰시오.

(1) 필수장비 (2) 필요한 경우에 두는 장비

>>> **풀이** 탱크시험자의 필수장비와 필요한 경우에 두는 장비는 다음과 같다.
(1) 필수장비 : **자기탐상시험기, 초음파두께측정기, 영상초음파시험기 또는 방사선투과시험기 및 초음파시험기**
(2) 필요한 경우에 두는 장비
① 충 · 수압시험, 진공시험, 기밀시험 또는 내압시험의 경우
– 진공능력 53kPa 이상의 **진공누설시험기**
– **기밀시험장치**(안전장치가 부착된 것으로서 가압능력 200kPa 이상, 감압의 경우에는 감압능력 10kPa 이상 · 감도 10Pa 이하의 것으로서 각각의 압력변화를 스스로 기록할 수 있는 것)
② 수직 · 수평도 시험의 경우 : **수직 · 수평도측정기**

>>> **정답** (1) 자기탐상시험기, 초음파두께측정기, 영상초음파시험기 또는 방사선투과시험기 및 초음파시험기 중 2가지
(2) 진공누설시험기, 기밀시험장치, 수직 · 수평도측정기 중 2가지

필답형 **16** [5점]

다음은 주유취급소에 설치하는 주의사항 표지이다. 다음 물음에 답하시오.

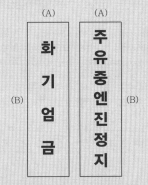

(1) 게시판의 크기[(A)와 (B)]를 쓰시오.
(2) 화기엄금 바탕색과 문자색을 쓰시오.
(3) 주유중엔진정지 게시판의 바탕색과 문자색을 쓰시오.

>>> **풀이** ① 화기엄금 주의사항 표지의 기준
– 크기 : **한 변 0.6m 이상, 다른 한 변 0.3m 이상**인 직사각형
– 내용 : 화기엄금
– 색상 : **적색바탕, 백색문자**
② 주유중엔진정지 게시판의 기준
– 크기 : **한 변 0.6m 이상, 다른 한 변 0.3m 이상**인 직사각형
– 내용 : 주유중엔진정지
– 색상 : **황색바탕, 흑색문자**

>>> **정답** (1) (A) 0.3m 이상, (B) 0.6m 이상
(2) 적색바탕, 백색문자
(3) 황색바탕, 흑색문자

필답형 17 [5점]

위험물안전관리법상 다음 빈칸에 들어갈 알맞은 내용을 쓰시오.

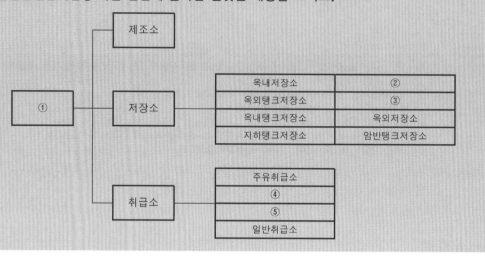

>>> 풀이 **제조소등** : 제조소, 저장소, 취급소를 의미하며, 각 정의는 다음과 같다.
(1) 제조소
   위험물을 제조할 목적으로 지정수량 이상의 위험물을 취급하기 위하여 허가를 받은 장소
(2) 저장소
   ① 지정수량 이상의 위험물을 저장하기 위한 대통령령이 정하는 장소
   ② 구분 : 옥내저장소, 옥외탱크저장소, 옥내탱크저장소, 지하탱크저장소, **간이탱크저장소**, **이동탱크저장소**, 옥외저장소, 암반탱크저장소
(3) 취급소
   ① 지정수량 이상의 위험물을 제조 외의 목적으로 취급하기 위한 대통령이 정하는 장소
   ② 구분 : 주유취급소, **이송취급소**, **판매취급소**, 일반취급소

>>> 정답 ① 제조소등, ② 간이탱크저장소, ③ 이동탱크저장소, ④ 이송취급소, ⑤ 판매취급소
※ ②번, ③번은 서로 답이 바뀌어도 되고, ④번, ⑤번도 서로 답이 바뀌어도 됨.

필답형 18 [5점]

아세트알데하이드 300L, 등유 2,000L, 크레오소트유 2,000L를 저장하고 있다. 각 물질의 지정수량 배수의 총합은 얼마인지 구하시오.

>>> 풀이 〈문제〉에서 제시된 위험물은 모두 제4류 위험물로서 각 물질의 지정수량은 다음과 같다.
   ① 아세트알데하이드(특수인화물, 수용성) : 50L
   ② 등유(제2석유류, 비수용성) : 1,000L
   ③ 크레오소트유(제3석유류, 비수용성) : 2,000L

따라서 이 위험물들의 지정수량 배수의 합은 $\dfrac{300L}{50L} + \dfrac{2,000L}{1,000L} + \dfrac{2,000L}{2,000L} =$ **9배**이다.

>>> 정답 9배

필답형 19 [5점]

다음 〈보기〉의 물질이 연소하는 경우 오산화인(P_2O_5)이 생성되는 것을 모두 고르시오.

삼황화인, 오황화인, 칠황화인, 적린

▶▶▶ 풀이
① 삼황화인(P_4S_3)의 연소 시 이산화황(SO_2)과 **오산화인(P_2O_5)이 발생**한다.
   - 연소반응식 : $P_4S_3 + 8O_2 \rightarrow 3SO_2 + 2P_2O_5$
② 오황화인(P_2S_5)의 연소 시 이산화황(SO_2)과 **오산화인(P_2O_5)이 발생**한다.
   - 연소반응식 : $2P_2S_5 + 15O_2 \rightarrow 10SO_2 + 2P_2O_5$
③ 칠황화인(P_4S_7)의 연소 시 이산화황(SO_2)과 **오산화인(P_2O_5)이 발생**한다.
   - 연소반응식 : $P_4S_7 + 12O_2 \rightarrow 7SO_2 + 2P_2O_5$
④ 적린(P)의 연소 시 **오산화인(P_2O_5)이 발생**한다.
   - 연소반응식 : $4P + 5O_2 \rightarrow 2P_2O_5$

▶▶▶ 정답 삼황화인, 오황화인, 칠황화인, 적린

필답형 20 [5점]

다음 각 위험물에 대해 지정수량의 10배 이상일 때, 같이 적재하여 운반 시 혼재 불가능한 유별을 모두 쓰시오.

(1) 제2류
(2) 제3류
(3) 제6류

▶▶▶ 풀이 유별을 달리하는 위험물의 혼재기준(운반기준)

위험물의 구분	제1류	제2류	제3류	제4류	제5류	제6류
제1류		×	×	×	×	○
제2류	×		×	○	○	×
제3류	×	×		○	×	×
제4류	×	○	○		○	×
제5류	×	○	×	○		×
제6류	○	×	×	×	×	

※ 이 표는 지정수량의 1/10 이하의 위험물에 대하여는 적용하지 아니한다.

▶▶▶ 정답
(1) 제1류, 제3류, 제6류
(2) 제1류, 제2류, 제5류, 제6류
(3) 제2류, 제3류, 제4류, 제5류

2023 제1회 위험물기능사 실기

2023년 3월 25일 시행

※ 필답형＋작업형으로 시행되던 기존 시험에서는 각 문항별 배점이 상이하였으나,
필답형(20문제) 시험만 보는 2020년 1회부터는 각 문항 배점이 모두 5점입니다!

필/답/형 시험

필답형 01 　　　　　　　　　　　　　　　　　　[5점]

다음은 주유취급소에 설치하는 주의사항 게시판이다. 다음 물음에 답하시오.

　　　　　화기엄금　　　　　**주유중엔진정지**

(1) 화기엄금 게시판의 바탕색과 문자색을 쓰시오.
(2) 주유중엔진정지 게시판의 바탕색과 문자색을 쓰시오.

>>> 풀이　(1) 화기엄금 게시판의 기준
　　　　　　－ 크기 : 한 변 0.6m 이상, 다른 한 변 0.3m 이상인 직사각형
　　　　　　－ 내용 : 화기엄금
　　　　　　－ 색상 : **적색바탕, 백색문자**
　　　　(2) 주유중엔진정지 게시판의 기준
　　　　　　－ 크기 : 한 변 0.6m 이상, 다른 한 변 0.3m 이상인 직사각형
　　　　　　－ 내용 : 주유중엔진정지
　　　　　　－ 색상 : **황색바탕, 흑색문자**

>>> 정답　(1) 적색바탕, 백색문자　　(2) 황색바탕, 흑색문자

필답형 02 　　　　　　　　　　　　　　　　　　[5점]

〈보기〉의 물질 중 이산화탄소와 반응하는 물질을 모두 쓰고, 해당 물질과 이산화탄소와의 반응식을 쓰시오. (단, 해당하는 물질이 없으면 "해당 없음"이라고 쓰시오.)

　　　염소산나트륨, 과산화나트륨, 질산암모늄, 과망가니즈산칼륨, 칼륨, 아세톤

>>> 풀이　① **과산화나트륨**(Na_2O_2)은 제1류 위험물로서 품명은 무기과산화물이고, 지정수량은 50kg이며, 이산화탄소(CO_2)와 반응하여 탄산나트륨(Na_2CO_3)과 산소(O_2)가 발생한다.
　　　　　－ 이산화탄소와의 반응식 : $2Na_2O_2 + 2CO_2 \rightarrow 2Na_2CO_3 + O_2$
　　　　② **칼륨**(K)은 제3류 위험물로서 품명은 칼륨이고, 지정수량은 10kg이며, 이산화탄소와 반응하여 탄산칼륨(K_2CO_3)과 탄소(C)가 발생한다.
　　　　　－ 이산화탄소와의 반응식 : $4K + 3CO_2 \rightarrow 2K_2CO_3 + C$

>>> 정답　① 과산화나트륨, $2Na_2O_2 + 2CO_2 \rightarrow 2Na_2CO_3 + O_2$
　　　　② 칼륨, $4K + 3CO_2 \rightarrow 2K_2CO_3 + C$

필답형 03   [5점]

과산화마그네슘에 대해 다음 물음에 답하시오.

(1) 물과의 반응식을 쓰시오.
(2) 염산과의 반응식을 쓰시오.
(3) 열분해반응식을 쓰시오.

▶▶▶ 풀이   산화마그네슘(MgO_2)

① 제1류 위험물로 품명은 무기과산화물이며, 지정수량은 50kg이다.
② 물보다 무겁고 물에 녹지 않는다.
③ 물로 냉각소화하면 산소와 열의 발생이 있으나 알칼리금속의 과산화물보다 약하므로 냉각소화가 가능하다.
(1) 물과 반응하면 수산화마그네슘[$Mg(OH)_2$]과 산소(O_2)가 발생한다.
　　– 물과의 반응식 : $2MgO_2 + 2H_2O \rightarrow 2Mg(OH)_2 + O_2$
(2) 염산(HCl)과 반응 시 염화마그네슘($MgCl_2$)과 제6류 위험물인 과산화수소(H_2O_2)가 발생한다.
　　– 염산과의 반응식 : $MgO_2 + 2HCl \rightarrow MgCl_2 + H_2O_2$
(3) 열분해 시 산화마그네슘(MgO)과 산소가 발생한다.
　　– 열분해반응식 : $2MgO_2 \rightarrow 2MgO + O_2$

▶▶▶ 정답   (1) $2MgO_2 + 2H_2O \rightarrow 2Mg(OH)_2 + O_2$
　　　(2) $MgO_2 + 2HCl \rightarrow MgCl_2 + H_2O_2$
　　　(3) $2MgO_2 \rightarrow 2MgO + O_2$

필답형 04   [5점]

다음 〈보기〉의 물질을 인화점이 낮은 것부터 높은 순으로 나열하시오.

산화프로필렌, 메틸알코올, 클로로벤젠, 나이트로벤젠

▶▶▶ 풀이   〈보기〉의 물질의 인화점은 다음과 같다.

물질명	화학식	품 명	인화점
산화프로필렌	CH_3CHOCH_2	특수인화물	−37℃
메틸알코올	CH_3OH	알코올류	11℃
클로로벤젠	C_6H_5Cl	제2석유류	32℃
나이트로벤젠	$C_6H_5NO_2$	제3석유류	88℃

🎓 **똑똑한 풀이비법**

이런 형태의 문제를 풀 때는 위와 같이 각 물질의 인화점을 암기하는 것도 좋지만, 혹시 인화점을 모른다면 그 위험물이 몇 석유류(품명)인지만 알아도 된다.

Check ▶▶▶

제4류 위험물의 인화점 범위

1. 특수인화물 : 발화점 100℃ 이하 또는 인화점 −20℃ 이하이고, 비점 40℃ 이하
2. 제1석유류 및 알코올류 : 인화점 21℃ 미만
3. 제2석유류 : 인화점 21℃ 이상 70℃ 미만
4. 제3석유류 : 인화점 70℃ 이상 200℃ 미만
5. 제4석유류 : 인화점 200℃ 이상 250℃ 미만
6. 동식물유류 : 인화점 250℃ 미만

▶▶▶ 정답   산화프로필렌 – 메틸알코올 – 클로로벤젠 – 나이트로벤젠

필답형 05 [5점]

다음 물음에 해당하는 물질을 〈보기〉에서 찾아 해당 물질의 화학식을 쓰시오. (단, 해당하는 물질이 없으면 "해당 없음"이라고 쓰시오.).

염소산칼륨, 과산화나트륨, 질산암모늄, 질산칼륨, 삼산화크로뮴

(1) 이산화탄소와 반응하는 물질을 쓰시오.
(2) 흡습성이 있고 분해 시 흡열반응하는 물질을 쓰시오.
(3) 비중이 2.32로 열분해 시 산소가 발생하는 물질을 쓰시오.

≫ 풀이

(1) 과산화나트륨(Na_2O_2)은 제1류 위험물로서 품명은 무기과산화물이고, 지정수량은 50kg이며, 이산화탄소(CO_2)와 반응하여 탄산나트륨(Na_2CO_3)과 산소(O_2)가 발생한다.
   – 이산화탄소와의 반응식 : $2Na_2O_2 + 2CO_2 \rightarrow 2Na_2CO_3 + O_2$

(2) 질산암모늄(NH_4NO_3)은 제1류 위험물로서 품명은 질산염류이고, 지정수량은 300kg이며, 흡습성과 조해성이 있다. 또한 단독으로도 급격한 충격 및 가열로 인해 분해 · 폭발할 수 있으며, 열분해 시 질소(N_2)와 산소(O_2), 그리고 수증기(H_2O)가 발생한다.
   – 열분해반응식 : $2NH_4NO_3 \rightarrow 2N_2 + O_2 + 4H_2O$

(3) 염소산칼륨($KClO_3$)은 제1류 위험물로서 품명은 염소산염류이고, 지정수량은 50kg이며, 분해온도는 400℃, 비중은 2.32이다. 또한 찬물과 알코올에는 안 녹고 온수 및 글리세린에 잘 녹으며, 열분해 시 염화칼륨(KCl)과 산소(O_2)가 발생한다.
   – 열분해반응식 : $2KClO_3 \rightarrow 2KCl + 3O_2$

≫ 정답

(1) Na_2O_2
(2) NH_4NO_3
(3) $KClO_3$

필답형 06 [5점]

다음 물질의 지정수량을 각각 쓰시오.
(1) 황화인   (2) 적린   (3) 황   (4) 철분   (5) 마그네슘

≫ 풀이

유 별	품 명	지정수량	위험등급
제2류 가연성 고체	황화인	100kg	Ⅱ
	적린	100kg	
	황	100kg	
	금속분	500kg	Ⅲ
	철분	500kg	
	마그네슘	500kg	
	그 밖에 행정안전부령으로 정하는 것 제1호 내지 제7호의 어느 하나 이상을 함유한 것	100kg 또는 500kg	Ⅱ, Ⅲ
	인화성 고체	1,000kg	Ⅲ

≫ 정답   (1) 100kg   (2) 100kg   (3) 100kg   (4) 500kg   (5) 500kg

필답형 07 [5점]

제6류 위험물에 해당하는 과염소산의 성질을 다음 〈보기〉에서 찾아 모두 쓰시오. (단, 해당 없으면 "해당 없음"으로 표시하시오.)

① 분자량은 약 63이다.
② 분자량은 약 78이다.
③ 무색의 액체에 해당한다.
④ 짙은 푸른색의 유동하기 쉬운 액체이다.
⑤ 농도가 36wt% 이상인 경우 위험물에 해당한다.
⑥ 비중이 1.49 이상인 경우 위험물에 해당한다.
⑧ 가열 분해하는 경우 유독성의 HCl을 발생한다.

>>> 풀이   과염소산($HClO_4$)

① 제6류 위험물로서 품명은 과염소산이며, 지정수량은 300kg이다.
② 분자량은 1(H)+35.5(Cl)+16(O)×4=**100.5**이고, **무색투명한 액체**상태이며, 산화력이 강하고, 염소산 중에서 가장 강한 산이다.
③ **분해 시 발생하는 HCl**은 염화수소 기체이며 이는 기관지를 손상시킬 만큼 유해하다.
   – 분해반응식 : $HClO_4 \rightarrow HCl + 2O_2$

Check >>>

제6류 위험물

성 질	위험등급	품 명	지정수량
산화성 액체	I	1. 과염소산	300kg
		2. 과산화수소	300kg
		3. 질산	300kg
		4. 그 밖에 행정안전부령으로 정하는 것	
		① 할로겐간화합물	300kg
		5. 제1호 내지 제4호의 어느 하나 이상을 함유한 것	300kg

위험물안전관리법령상 과산화수소(H_2O_2)는 농도가 36중량% 이상인 것을 말하고, 질산(HNO_3)은 비중이 1.49 이상인 것으로 진한 질산을 의미한다.

>>> 정답   ③, ⑧

필답형 08 [5점]

다음은 위험물안전관리법령에서 정한 제2석유류의 정의이다. ( ) 안에 알맞은 내용을 쓰시오.

"제2석유류"라 함은 등유, 경유, 그 밖에 1기압에서 인화점이 (①)℃ 이상 (②)℃ 미만인 것을 말한다. 다만, 도료류, 그 밖의 물품에 있어서 가연성 액체량이 (③)중량 % 이하이면서 인화점이 (④)℃ 이상인 동시에 연소점이 (⑤)℃ 이상인 것은 제외한다.

>>> 풀이 제4류 위험물의 품명과 인화점

① 특수인화물 : 이황화탄소, 다이에틸에터, 그 밖에 1기압에서 발화점이 100℃ 이하인 것 또는 인화점이 영하 20℃ 이하이고 비점이 40℃ 이하인 것

② 제1석유류 : 아세톤, 휘발유, 그 밖에 1기압에서 인화점이 21℃ 미만인 것

③ 알코올류 : 인화점 범위로 품명을 정하지 않는다.

④ **제2석유류 : 등유, 경유, 그 밖에 1기압에서 인화점이 21℃ 이상 70℃ 미만인 것을 말한다. 다만, 도료류, 그 밖의 물품에 있어서 가연성 액체량이 40중량% 이하이면서 인화점이 40℃ 이상인 동시에 연소점이 60℃ 이상인 것은 제외한다.**

⑤ 제3석유류 : 중유, 크레오소트유, 그 밖에 1기압에서 인화점이 70℃ 이상 200℃ 미만인 것을 말한다. 다만, 다만, 도료류, 그 밖의 물품은 가연성 액체량이 40중량% 이하인 것은 제외한다.

⑥ 제4석유류 : 기어유, 실린더유, 그 밖에 1기압에서 인화점이 200℃ 이상 250℃ 미만인 것을 말한다. 다만, 도료류, 그 밖의 물품은 가연성 액체량이 40중량% 이하인 것은 제외한다.

⑦ 동식물유류 : 동물의 지육 등 또는 식물의 종자나 과육으로부터 추출한 것으로서 1기압에서 인화점이 250℃ 미만인 것

>>> 정답 ① 21, ② 70, ③ 40, ④ 40, ⑤ 60

필답형 **09** [5점]

다음 물질의 연소반응식을 쓰시오. (단, 해당사항이 없으면 "해당 없음"이라고 쓰시오.)

(1) 과산화마그네슘

(2) 삼황화인

(3) 나트륨

(4) 황린

(5) 질산

>>> 풀이 (1) 과산화마그네슘(MgO_2)은 제1류 위험물로서 품명은 무기과산화물이고, 지정수량은 50kg이며, 산화성 고체로서 **불연성**이다.

(2) 삼황화인(P_4S_3)은 제2류 위험물로서 품명은 황화인이고, 지정수량은 100kg이며, 연소 시 이산화황(SO_2)과 오산화인(P_2O_5)이 발생한다.
   – 연소반응식 : $P_4S_3 + 8O_2 \rightarrow 3SO_2 + 2P_2O_5$

(3) 나트륨(Na)은 제3류 위험물로서 품명은 나트륨이고, 지정수량은 10kg이며, 연소 시 산화나트륨(Na_2O)이 발생한다.
   – 연소반응식 : $4Na + O_2 \rightarrow 2Na_2O$

(4) 황린(P_4)은 제3류 위험물로서 품명은 황린이고, 지정수량은 20kg이며, 연소 시 오산화인(P_2O_5)이 발생한다.
   – 연소반응식 : $P_4 + 5O_2 \rightarrow 2P_2O_5$

(5) 질산(HNO_3)은 제6류 위험물로서 품명은 질산이고, 지정수량은 300kg이며, 산화성 액체로서 **불연성**이다.

>>> 정답 (1) 해당 없음

(2) $P_4S_3 + 8O_2 \rightarrow 3SO_2 + 2P_2O_5$

(3) $4Na + O_2 \rightarrow 2Na_2O$

(4) $P_4 + 5O_2 \rightarrow 2P_2O_5$

(5) 해당 없음

필답형 10　　　　　　　　　　　　　　　　　　　　　　　　　[5점]

비중이 0.79인 에틸알코올 200mL와 비중이 1인 물 150mL를 혼합한 용액에 대하여 다음 물음에 답하시오.

(1) 이 용액에 포함된 에틸알코올의 함유량은 몇 중량%인지 구하시오.
　① 풀이과정
　② 답
(2) 이 용액은 제4류 위험물 중 알코올류의 품명에 속하는지 판단하고, 그 이유를 쓰시오.

》》 풀이

(1) 〈문제〉는 에틸알코올의 함유량이 몇 중량%인지 묻는 것이므로 부피로 나와 있는 에틸알코올과 물을 질량으로 환산해야 한다.

밀도 = $\dfrac{\text{질량(g)}}{\text{부피(mL)}}$ 이며 비중은 단위가 없는 것을 제외하면 밀도와 같은 공식이므로, 비중 또한 공식은

$\dfrac{\text{질량(g)}}{\text{부피(mL)}}$ 이고 여기서 질량(g)=비중×부피(mL)라는 것을 알 수 있다.

이 식을 이용해 비중 0.79인 에틸알코올 200mL와 비중 1인 물 150mL의 질량을 구하면 다음과 같다.
　– 에틸알코올의 질량 : 0.79×200mL=158g
　– 물의 질량 : 1×150mL=150g

〈문제〉는 에틸알코올 158g과 물 150g을 혼합한 용액의 에틸알코올의 함유량이 얼마인지를 묻는 것이며,

이 용액 속에 포함된 에틸알코올의 함유량은 $\dfrac{158\text{(에틸알코올의 중량)}}{158\text{(에틸알코올의 중량)}+150\text{(물의 중량)}}×100=51.30$

중량%이다.

(2) 알코올의 함유량이 60중량% 미만인 수용액은 알코올류의 품명에서 제외되므로 **에틸알코올 51.30중량%는 알코올류에 속하지 않는다.**

Check 》》

알코올류라 함은 1분자를 구성하는 탄소원자의 수가 1개부터 3개까지인 포화1가 알코올(변성 알코올을 포함)을 말한다. 다만, **다음 중 어느 하나에 해당하는 것은 제외**한다.
1. 1분자를 구성하는 탄소원자의 수가 1개 내지 3개인 포화1가 알코올의 **함유량이 60중량% 미만인 수용액**
2. 가연성 액체량이 60중량% 미만이고 인화점 및 연소점이 에틸알코올 60중량%인 수용액의 인화점 및 연소점을 초과하는 것

》》 정답

(1) ① $\dfrac{158}{158+150}×100$

　　② 51.30중량%

(2) 함유량이 60중량% 미만이므로 알코올류에 속하지 않는다.

필답형 11　　　　　　　　　　　　　　　　　　　　　　　　　　　[5점]

아세트알데하이드에 대한 다음 물음에 답하시오.

(1) 품명과 지정수량을 쓰시오.

(2) 아세트알데하이드의 성질을 다음 〈보기〉에서 찾아 모두 쓰시오. (단, 해당 없으면 "해당 없음"으로 표시하시오.)

> ① 무색이고, 고농도는 자극성 냄새가 나며, 저농도는 과일향이 난다.
> ② 물, 에터, 에틸알코올에 잘 녹고, 고무를 녹인다.
> ③ 구리, 수은, 마그네슘, 은 재질의 용기에 저장한다.
> ④ 에틸알코올의 산화반응을 통해 생성된다.

(3) 보냉장치가 없는 이동저장탱크에 저장하는 경우 온도는 몇 ℃ 이하로 유지해야 하는지 쓰시오.

≫≫ 풀이　(1) 아세트알데하이드(CH_3CHO)는 제4류 위험물로서 품명은 **특수인화물**이고, 수용성으로 지정수량은 **50L**이다.

(2) 인화점은 −38℃이고, 연소범위는 4.1~57%이며, 물보다 가벼운 **무색 액체로 물에 잘 녹으며, 자극적인 냄새가 난다.** 또한 연소 시 이산화탄소와 물을 발생시킨다.

　– 연소반응식 : $2CH_3CHO + 5O_2 \rightarrow 4CO_2 + 4H_2O$

산화되면 아세트산이 되며, **환원되면 에틸알코올**이 된다.

$$C_2H_5OH \underset{+H_2(환원)}{\overset{-H_2(산화)}{\rightleftharpoons}} CH_3CHO \underset{-O(환원)}{\overset{+O(산화)}{\rightleftharpoons}} CH_3COOH$$
　에틸알코올　　　　아세트알데하이드　　　　아세트산

환원력이 강하여 은거울반응과 펠링용액반응을 하며, **수은, 은, 구리, 마그네슘**은 아세트알데하이드와 중합반응을 하면서 폭발성의 물질을 생성하므로 **저장용기 재질로 사용하면 안 된다.** 또한 저장 시 용기 상부에 질소(N_2)와 같은 불연성 가스 또는 아르곤(Ar)과 같은 불활성 기체로 봉입한다.

(3) 이동저장탱크에 저장하는 위험물의 저장온도

　① 보냉장치가 있는 이동저장탱크에 저장하는 경우

　　– 아세트알데하이드등 : 비점 이하

　　– 다이에틸에터등 : 비점 이하

　② **보냉장치가 없는 이동저장탱크에 저장하는 경우**

　　– 아세트알데하이드등 : **40℃ 이하**

　　– 다이에틸에터등 : 40℃ 이하

Check ≫≫

옥외저장탱크, 옥내저장탱크 또는 지하저장탱크에 저장하는 위험물의 저장온도

1. 옥외저장탱크, 옥내저장탱크 또는 지하저장탱크 중 압력탱크 외의 탱크에 저장하는 경우

　– 아세트알데하이드등 : 15℃ 이하

　– 산화프로필렌등, 다이에틸에터등 : 30℃ 이하

2. 옥외저장탱크, 옥내저장탱크 또는 지하저장탱크 중 압력탱크에 저장하는 경우

　– 아세트알데하이드등 : 40℃ 이하

　– 다이에틸에터등 : 40℃ 이하

≫≫ 정답　(1) 특수인화물, 50L

　　(2) ①, ②, ④

　　(3) 40℃

필답형 12 [5점]

표준상태에서 메틸알코올 80kg이 완전연소할 때의 반응식을 쓰고, 이 때 필요한 공기의 양 (m³)을 구하시오. (단, 공기 중의 산소의 양은 21%이다.)
(1) 연소반응식
(2) ① 풀이과정　　　② 답

》》 풀이　메틸알코올(CH_3OH)은 제4류 위험물로서 품명은 알코올류이며, 지정수량은 400L이다.
(1) 인화점은 11℃, 연소범위는 7.3~36%, 연소 시 이산화탄소(CO_2)와 물(H_2O)이 생성된다.
　　연소반응식 : $2CH_3OH + 3O_2 \rightarrow 2CO_2 + 4H_2O$

(2) 메틸알코올의 몰질량은 $12 + (1 \times 4) + 16 = 32g/mol$이므로 80kg의 메틸알코올은 $80kg\ CH_3OH \times \dfrac{1,000g}{1kg}$

$\times \dfrac{1mol\ CH_3OH}{32g\ CH_3OH} = 2,500mol$이다. 2mol의 메틸알코올이 연소하려면 3mol의 산소가 필요하므로 2,500mol의 메틸알코올이 연소하려면 3,750mol의 산소가 필요하다. 그리고 표준상태에서 기체 1mol의 부피는 22.4L이며, 1,000L = 1m³이다.

$$80kg\ CH_3OH \times \frac{1,000g}{1kg} \times \frac{1mol\ CH_3OH}{32g\ CH_3OH} \times \frac{3mol\ O_2}{2mol\ CH_3OH} \times \frac{22.4L\ O_2}{1mol\ O_2} \times \frac{100L\ 공기}{21L\ O_2} \times \frac{1m^3}{1,000L} = 400.00m^3$$

》》 정답
(1) $2CH_3OH + 3O_2 \rightarrow 2CO_2 + 4H_2O$

(2) ① $80kg\ CH_3OH \times \dfrac{1,000g}{1kg} \times \dfrac{1mol\ CH_3OH}{32g\ CH_3OH} \times \dfrac{3mol\ O_2}{2mol\ CH_3OH} \times \dfrac{22.4L\ O_2}{1mol\ O_2} \times \dfrac{100L\ 공기}{21L\ O_2} \times \dfrac{1m^3}{1,000L}$

　　② $400.00m^3$

필답형 13 [5점]

동식물유류는 아이오딘값을 기준으로 하여 건성유, 반건성유, 불건성유로 나눈다. 다음 동식물유류를 구분하는 아이오딘값의 일반적인 범위를 쓰시오.
(1) 건성유　　　　　　　(2) 반건성　　　　　　　(3) 불건성유

》》 풀이　동식물유류는 제4류 위험물이며, 지정수량은 10,000L로서 아이오딘값에 따라 다음과 같이 구분한다.
(1) **건성유 : 아이오딘값 130 이상**
　－ 동물유 : 정어리유, 기타 생선유
　－ 식물유 : 동유(오동나무기름), 해바라기유, 아마인유(아마씨기름), 들기름
(2) **반건성유 : 아이오딘값 100~130**
　－ 동물유 : 청어유
　－ 식물유 : 쌀겨기름, 면실유(목화씨기름), 채종유(유채씨기름), 옥수수기름, 참기름
(3) **불건성유 : 아이오딘값 100 이하**
　－ 동물유 : 소기름, 돼지기름, 고래기름
　－ 식물유 : 땅콩유, 올리브유, 동백유, 아주까리기름(피마자유), 야자유(팜유)

> **Check 》》**
> 아이오딘값은 유지 100g에 흡수되는 아이오딘의 g수를 의미하여, 불포화도에 비례하고 이중결합수에도 비례한다.

》》 정답　(1) 130 이상　　(2) 100~130　　(3) 100 이하

필답형 14 [5점]

다음 물질의 구조식을 쓰시오.

(1) 질산메틸
(2) 트라이나이트로톨루엔
(3) 트라이나이트로페놀

>>> 풀이

(1) 질산메틸
   ① 제5류 위험물로서 품명은 질산에스터류이며,
      화학식은 CH_3ONO_2이다.
   ② 무색 투명한 액체이며, 향긋한 냄새와 단맛을 가지고 있다.
   ③ 물에는 안 녹으나 알코올, 에터에는 잘 녹는다.
   ④ 인화하기 쉽고 제4류 위험물과 성질이 비슷하다.

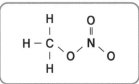

▌질산메틸의 구조식▌

(2) 트라이나이트로톨루엔(TNT)
   ① 제5류 위험물로서 품명은 나이트로화합물이며,
      화학식은 $C_6H_2CH_3(NO_2)_3$이다.
   ② 구조식은 톨루엔($C_6H_5CH_3$)의 수소 3개를 빼고 그 자리에 나이트
      로기(NO_2)를 치환시킨 형태이다.
   ③ 물에는 안 녹으나 알코올, 아세톤, 벤젠 등 유기용제에 잘 녹는다.
   ④ 기준 폭약으로 사용되며, 고체물질로 건조하면 위험하고 약한 습
      기에 저장하면 안정하다.

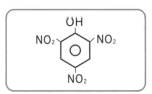

▌트라이나이트로톨루엔의 구조식▌

(3) 트라이나이트로페놀(TNP)
   ① 제5류 위험물로서 품명은 나이트로화합물이며,
      화학식은 $C_6H_2OH(NO_2)_3$이다.
   ② 구조식은 페놀(C_6H_5OH)의 수소 3개를 빼고 그 자리에 나이트로
      기(NO_2)를 치환시킨 형태이다.
   ③ 찬물에는 안 녹으나 온수, 알코올, 벤젠, 에터 등에 잘 녹는다.
   ④ 단독으로는 충격 · 마찰 등에 둔감하지만 구리, 아연 등 금속염류
      와의 혼합물은 피크린산염을 생성하여 충격 · 마찰 등에 위험해진다.
   ⑤ 고체물질로 건조하면 위험하고 약한 습기에 저장하면 안정하다.

▌트라이나이트로페놀의 구조식▌

>>> 정답

(1)

```
      H       O
      |       ‖
  H - C - O - N
      |       |
      H       O
```

(2)

```
        CH₃
  NO₂ ⬡ NO₂
      NO₂
```

(3)

```
         OH
  NO₂ ⬡ NO₂
      NO₂
```

필답형 15 [5점]

제6류 위험물인 36wt% 과산화수소 100g이 고온에서 분해할 때의 화학반응식을 쓰고, 이 때 발생하는 산소는 몇 g인지 구하시오.

(1) 분해반응식
(2) 발생하는 산소의 양(g)
　① 계산과정
　② 답

>>> 풀이　과산화수소(H_2O_2)

① 농도가 36wt% 이상인 것을 제6류 위험물로 정하며, 지정수량은 300kg이다.
② 농도가 60wt% 이상인 것은 충격에 의하여 폭발적으로 분해한다.
③ 분자량은 $1(H) \times 2 + 16(O) \times 2 = 34$이고, 햇빛에 의해 분해 시 수증기($H_2O$)와 산소($O_2$)가 발생한다.

　－ 분해반응식 : $2H_2O_2 \rightarrow 2H_2O + O_2$

100g의 과산화수소가 분해할 때 발생하는 산소의 양은 $100g \ H_2O_2 \ \text{용액} \times \dfrac{36g \ H_2O_2}{100g \ H_2O_2 \ \text{용액}} \times \dfrac{1mol \ H_2O_2}{34g \ H_2O_2} \times$

$\dfrac{1mol \ O_2}{2mol \ H_2O_2} \times \dfrac{32g \ O_2}{1mol \ O_2} = 16.94g$이다.

>>> 정답
(1) $2H_2O_2 \rightarrow 2H_2O + O_2$

(2) ① $100g \ H_2O_2 \ \text{용액} \times \dfrac{36H_2O_2}{100g \ H_2O_2 \ \text{용액}} \times \dfrac{1mol \ H_2O_2}{34g \ H_2O_2} \times \dfrac{1mol \ O_2}{2mol \ H_2O_2} \times \dfrac{32g \ O_2}{1mol \ H_2O_2}$

② 16.94g

필답형 16 [5점]

옥외저장소에 저장할 수 있는 위험물 중 제4류 위험물의 품명을 쓰시오.

>>> 풀이　옥외저장소에 저장 가능한 위험물은 다음과 같다.

① 제2류 위험물 : 황 또는 인화성 고체(인화점이 0℃ 이상인 것에 한한다.)
② 제4류 위험물
　㉠ **제1석유류(인화점이 0℃ 이상인 것에 한한다.)**
　㉡ **알코올류**
　㉢ **제2석유류**
　㉣ **제3석유류**
　㉤ **제4석유류**
　㉥ **동식물유류**
③ 제6류 위험물
④ 시ㆍ도 조례로 정하는 제2류 또는 제4류 위험물
⑤ 국제해상위험물규칙(IMDG Code)에 적합한 용기에 수납된 위험물

>>> 정답　제1류 위험물(인화점이 0℃ 이상인 것), 알코올류, 제2석유류, 제3석유류, 제4석유류, 동식물유류

필답형 **17**　　　　　　　　　　　　　　　　　　　　　　　　　　　[5점]

위험물제조소의 환기설비에 대한 기준이다. (   ) 안에 알맞은 내용을 쓰시오.

환기는 (①) 방식으로 하며, 급기구는 해당 급기구가 설치된 실의 바닥면적 (②)m²마다 1개 이상으로 하되 급기구의 크기는 (③)cm² 이상으로 한다. 환기구는 지붕 위 또는 지상 (④)m 이상의 높이에 회전식 고정 벤틸레이터 또는 (⑤) 방식으로 설치한다.

≫≫ 풀이

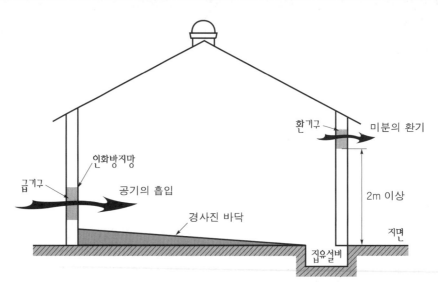

① 환기방식 : **자연배기방식**
② 급기구의 기준
　　※ 급기구 : 외부의 공기를 건물 내부로 유입시키는 통로를 말한다.
　　㉠ 급기구의 설치위치 : 낮은 곳에 설치
　　㉡ 급기구의 개수 및 면적
　　　ⓐ 바닥면적 150m² 이상인 경우 : **800cm² 이상**(바닥면적 150m²마다 1개 이상 설치한다.)
　　　ⓑ 바닥면적 150m² 미만인 경우

바닥면적	급기구의 면적
60m² 미만	150cm² 이상
60m² 이상 90m² 미만	300cm² 이상
90m² 이상 120m² 미만	450cm² 이상
120m² 이상 150m² 미만	600cm² 이상

　　㉢ 급기구의 설치장치 : 가는 눈의 구리망 등으로 인화방지망 설치
③ 환기구의 기준
　　– 환기구의 설치위치 : 지붕 위 또는 **지상 2m 이상**의 높이에 설치
　　– 환기구의 설치방식 : 회전식 고정 벤틸레이터 또는 **루프팬 방식**

≫≫ 정답　① 자연배기, ② 150, ③ 800, ④ 2, ⑤ 루프팬

필답형 18 [5점]

나이트로글리세린에 대해 다음 물음에 답하시오.

(1) 분해반응식을 쓰시오.
(2) 2mol의 나이트로글리세린이 분해될 때 발생하는 이산화탄소의 질량(g)을 구하시오.
　① 계산과정　　　　　② 답
(3) 90.8g의 나이트로글리세린이 분해될 때 발생하는 산소의 질량(g)을 구하시오.
　① 계산과정　　　　　② 답

≫≫ 풀이 나이트로글리세린[$C_3H_5(ONO_2)_3$]
　① 제5류 위험물로서 품명은 질산에스터류이며, 지정수량은 제1종 : 10kg, 제2종 : 100kg이다.
　② 다음의 분해반응식에서 알 수 있듯이 4mol의 나이트로글리세린을 분해시키면 이산화탄소(CO_2) 12mol, 수증기(H_2O) 10mol, 질소(N_2) 6mol, 산소(O_2) 1mol의 총 29mol의 기체가 발생한다.
(1) 분해반응식 : $4C_3H_5(ONO_2)_3 \longrightarrow 12CO_2 + 10H_2O + 6N_2 + O_2$
(2) 4mol의 나이트로글리세린을 분해시키면 12mol의 이산화탄소가 발생하므로, 2mol의 나이트로글리세린이 분해되면 6mol의 이산화탄소가 발생되며, 이산화탄소의 몰질량은 $12 + (16 \times 2) = 44g/mol$이다.

$$2mol\ C_3H_5(ONO_2)_3 \times \frac{12mol\ CO_2}{4mol\ C_3H_5(ONO_2)_3} \times \frac{44g\ CO_2}{1mol\ CO_2} = 264.00g$$

(3) 나이트로글리세린의 몰질량은 $(12 \times 3) + (1 \times 5) + (16 \times 9) + (14 \times 3) = 227g/mol$이므로

$$90.8g\ C_3H_5(ONO_2)_3 \times \frac{1mol\ C_3H_5(ONO_2)_3}{227g\ C_3H_5(ONO_2)_3} = 0.4mol\ C_3H_5(ONO_2)_3$$이다. 4mol의 나이트로글리세린을 분해시키면 1mol의 산소가 발생하므로, 0.4mol의 나이트로글리세린이 분해되면 0.1mol의 산소가 발생되며, 산소의 몰질량은 $16 \times 2 = 32g/mol$이다.

$$90.8g\ C_3H_5(ONO_2)_3 \times \frac{1mol\ C_3H_5(ONO_2)_3}{227g\ C_3H_5(ONO_2)_3} \times \frac{1mol\ O_2}{4mol\ C_3H_5(ONO_2)_3} \times \frac{32g\ O_2}{1mol\ O_2} = 3.20g$$

≫≫ 정답
(1) $4C_3H_5(ONO_2)_3 \longrightarrow 12CO_2 + 10H_2O + 6N_2 + O_2$

(2) ① $2molC_3H_5(ONO_2)_3 \times \dfrac{2molCO_2}{4molC_3H_5(ONO_2)_3} \times \dfrac{44gCO_2}{1molCO_2}$, ② 264.00g

(3) ① $90.8gC_3H_5(ONO_2)_3 \times \dfrac{1molC_3H_5(ONO_2)_3}{227g\ C_3H_5(ONO_2)_3} \times \dfrac{1molO_2}{4molC_3H_5(ONO_2)_3} \times \dfrac{32gO_2}{1molO_2}$, ② 3.20g

필답형 19 [5점]

다음 탱크의 내용적(L)을 구하시오. (단, r은 0.5m, l은 1m이다.)

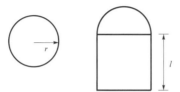

≫≫ 풀이 세로로 설치한 원통형 탱크 $= \pi r^2 l = \pi \times (0.5)^2 \times 1 = 0.78540m^3$

$1m^3 = 1,000L$이므로 $0.78540m^3 \times \dfrac{1,000L}{1m^3} = 785.40L$

1. 타원형 탱크의 내용적
   – 양쪽이 볼록한 것

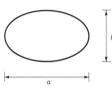 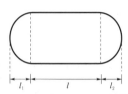

$$내용적 = \frac{\pi ab}{4}\left(l + \frac{l_1 + l_2}{3}\right)$$

– 한쪽은 볼록하고 다른 한쪽은 오목한 것

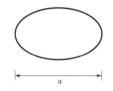 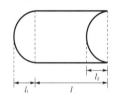

$$내용적 = \frac{\pi ab}{4}\left(l + \frac{l_1 - l_2}{3}\right)$$

2. 원통형 탱크의 내용적
   – 가로로 설치한 것

 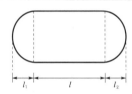

$$내용적 = \pi r^2\left(l + \frac{l_1 + l_2}{3}\right)$$

– 세로로 설치한 것

 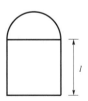

$$내용적 = \pi r^2 l$$

>>> 정답   785.40L

필답형 20 [5점]

다음 〈그림〉을 보고 이동저장탱크의 측면틀에 대한 물음에 답하시오.

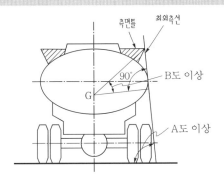

(1) A에 들어갈 알맞은 수치를 쓰시오.
(2) B에 들어갈 알맞은 수치를 쓰시오.

>>> **풀이**   측면틀과 방호틀은 부속장치의 손상을 방지하는 기능을 한다.

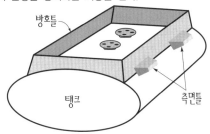

① 측면틀
  ㉠ 측면틀의 최외측과 탱크 최외측의 연결선과 수평면이 이루는 내각 : **75도 이상**
  ㉡ 탱크 중심점과 측면틀 최외측선을 연결하는 선과 중심점을 지나는 직선 중 최외측선과 직각을 이루는
    선과의 내각 : **35도 이상**
  ㉢ 탱크 상부의 네 모퉁이로부터 탱크의 전단 또는 후단까지의 거리 : 각각 1m 이내

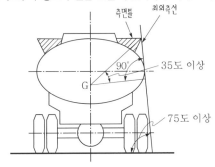

② 방호틀
  ㉠ 두께 : 2.3mm 이상의 강철판
  ㉡ 높이 : 방호틀의 정상부분을 부속장치보다 50mm 이상 높게 유지

>>> **정답**   (1) 75   (2) 35

2023 제2회 위험물기능사 실기

2023년 6월 10일 시행

※ 필답형+작업형으로 시행되던 기존 시험에서는 각 문항별 배점이 상이하였으나, 필답형(20문제) 시험만 보는 2020년 1회부터는 각 문항 배점이 모두 5점입니다!

필/답/형 시험

필답형 01 [5점]

옥내저장소에 황린을 저장하려고 한다. 다음 물음에 답하시오.

(1) 옥내저장소의 바닥면적은 몇 m² 이하인지 쓰시오.

(2) 황린의 위험등급을 쓰시오.

(3) 황린과 함께 저장할 수 있는 위험물의 유별을 쓰시오.

>>> 풀이 (1) 옥내저장소의 바닥면적에 따른 위험물의 저장기준

① 바닥면적 **1,000m² 이하에** 저장할 수 있는 물질

㉠ 제1류 위험물 중 아염소산염류, 염소산염류, 과염소산염류, 무기과산화물, 그 밖에 지정수량이 50kg 인 위험물(위험등급Ⅰ)

㉡ 제3류 위험물 중 칼륨, 나트륨, 알킬알루미늄, 알킬리튬, 그 밖에 지정수량이 10kg인 위험물 및 **황린** (위험등급Ⅰ)

㉢ 제4류 위험물 중 특수인화물, 제1석유류 및 알코올류(위험등급Ⅰ 및 위험등급Ⅱ)

㉣ 제5류 위험물 중 유기과산화물, 질산에스터류, 그 밖에 지정수량이 10kg인 위험물(위험등급Ⅰ)

㉤ 제6류 위험물 중 과염소산, 과산화수소, 질산(위험등급Ⅰ)

② 바닥면적 2,000m² 이하에 저장할 수 있는 물질 : 바닥면적 1,000m² 이하에 저장할 수 있는 물질 이외의 것

(2) 황린(P₄)은 제3류 위험물로서 품명은 황린이고, **위험등급Ⅰ이며**, 지정수량은 20kg이다. 공기를 차단하고 260℃로 가열하면 적린이 되며, 공기 중에서 자연발화할 수 있기 때문에 물속에 보관한다.

(3) 유별이 서로 다른 위험물을 동일한 저장소에 저장하는 경우 위험물의 저장기준

옥내저장소 또는 옥외저장소에서는 서로 다른 유별끼리 함께 저장할 수 없다. 단, 다음의 조건을 만족하면서 유별로 정리하여 서로 1m 이상의 간격을 두는 경우에는 저장할 수 있다.

① 제1류 위험물(알칼리금속의 과산화물 제외)과 제5류 위험물

② 제1류 위험물과 제6류 위험물

③ **제1류 위험물과 제3류 위험물 중 자연발화성 물질(황린)**

④ 제2류 위험물 중 인화성 고체와 제4류 위험물

⑤ 제3류 위험물 중 알킬알루미늄등과 제4류 위험물(알킬알루미늄 또는 알킬리튬을 함유한 것)

⑥ 제4류 위험물 중 유기과산화물과 제5류 위험물 중 유기과산화물

>>> 정답 (1) 1,000m² 이하

(2) Ⅰ

(3) 제1류 위험물

필답형 **02** [5점]

다음 〈보기〉의 물질을 인화점이 낮은 것부터 높은 순으로 나열하시오.

나이트로벤젠, 아세트알데하이드, 에틸알코올, 초산

▶▶▶ 풀이 〈보기〉의 물질의 인화점은 다음과 같다.

물질명	화학식	인화점	품 명
나이트로벤젠	$C_6H_5NO_2$	88℃	제3석유류
아세트알데하이드	CH_3CHO	−38℃	특수인화물
에틸알코올	C_2H_5OH	13℃	알코올류
초산	CH_3COOH	40℃	제2석유류

🎓 **똑똑한 풀이비법**

이런 형태의 문제를 풀 때는 위와 같이 각 물질의 인화점을 암기하는 것도 좋지만, 혹시 인화점을 모른다면 그 위험물이 몇 석유류(품명)인지만 알아도 된다.

Check ▶▶▶

제4류 위험물의 인화점 범위

1. 특수인화물 : 발화점 100℃ 이하 또는 인화점 −20℃ 이하이고, 비점 40℃ 이하

2. 제1석유류 및 알코올류 : 인화점 21℃ 미만

3. 제2석유류 : 인화점 21℃ 이상 70℃ 미만

4. 제3석유류 : 인화점 70℃ 이상 200℃ 미만

5. 제4석유류 : 인화점 200℃ 이상 250℃ 미만

6. 동식물유류 : 인화점 250℃ 미만

▶▶▶ 정답 아세트알데하이드, 에틸알코올, 초산, 나이트로벤젠

필답형 **03** [5점]

아연에 대해 다음 물음에 답하시오.

(1) 물과의 반응식을 쓰시오.
(2) 황산과의 반응식을 쓰시오.
(3) 연소반응식을 쓰시오.

▶▶▶ 풀이 아연(Zn)

① 제2류 위험물로서 품명은 금속분이고, 지정수량은 500kg이다.

② 비중은 7.14이며, 은백색 광택을 가지고 있는 양쪽성 원소이다.

(1) 물과의 반응 시 수산화아연[$Zn(OH)_2$]과 수소(H_2)가 발생한다.
  – 물과의 반응식 : $Zn + 2H_2O \rightarrow Zn(OH)_2 + H_2$

(2) 황산과의 반응 시 황산아연($ZnSO_4$)과 수소(H_2)가 발생한다.
  – 황산과의 반응식 : $Zn + H_2SO_4 \rightarrow ZnSO_4 + H_2$

(3) 연소 시 산화아연(ZnO)이 발생한다.
  – 연소반응식 : $2Zn + O_2 \rightarrow 2ZnO$

▶▶▶ 정답
(1) $Zn + 2H_2O \rightarrow Zn(OH)_2 + H_2$
(2) $Zn + H_2SO_4 \rightarrow ZnSO_4 + H_2$
(3) $2Zn + O_2 \rightarrow 2ZnO$

필답형 04 [5점]

분말소화약제인 탄산수소칼륨이 약 190℃에서 열분해되었을 때의 열분해반응식을 쓰고, 200kg의 탄산수소칼륨이 분해하였을 때 발생하는 탄산가스는 몇 m³인지 1기압, 200℃를 기준으로 구하시오. (단, 칼륨의 원자량은 39이다.)

(1) 열분해반응식

(2) 탄산가스의 양(m³)

》》 풀이 (1) 제2종 분말소화약제인 탄산수소칼륨($KHCO_3$)은 190℃ 온도에서 1차 분해반응을 일으켜 탄산칼륨(K_2CO_3)과 물(H_2O), 그리고 이산화탄소(CO_2)를 발생한다.

　　– 열분해반응식(190℃) : **$2KHCO_3 \rightarrow K_2CO_3 + H_2O + CO_2$**

(2) 열분해반응식에서 알 수 있듯이 탄산수소칼륨 2mol이 분해되면 이산화탄소 1mol이 발생하고, 탄산수소칼륨의 몰질량은 39(K)+1(H)+12(C)+16(O)×3=100g/mol이다. 200kg의 탄산수소칼륨이 분해할 때 발생하는 이산화탄소의 부피를 1기압, 200℃에서 몇 L인지를 이상기체상태방정식을 이용하여 구할 수 있다.

$$PV = nRT$$

여기서, P : 압력(atm)

　　　　V : 부피(L)

　　　　n : 몰수(mol)

　　　　R : 이상기체상수=0.082(atm · L/K · mol)

　　　　T : 절대온도=273+℃온도(K)

$$1 \times V = \left(200 \times 10^3 \text{g KHCO}_3 \times \frac{1\text{mol KHCO}_3}{100\text{g KHCO}_3} \times \frac{1\text{mol CO}_2}{2\text{mol KHCO}_3}\right) \times 0.082 \times (273 + 200)$$

$$V = 38,786\text{L}$$

$$1,000\text{L} = 1\text{m}^3\text{이므로 } 38,786\text{L} \times \frac{1\text{m}^3}{1,000\text{L}} = 38.79\text{m}^3$$

》》 정답 (1) $2KHCO_3 \rightarrow K_2CO_3 + H_2O + CO_2$　　(2) 38.79m³

필답형 05 [5점]

위험물안전관리법령상 다음 각 품명에 해당하는 지정수량을 쓰시오.

(1) 염소산염류　　　　　(2) 질산염류　　　　　(3) 다이크로뮴산염류

》》 풀이

유 별	성 질	위험등급	품 명	지정수량
제1류 위험물	산화성 고체	Ⅰ	1. 아염소산염류	50kg
			2. **염소산염류**	**50kg**
			3. 과염소산염류	50kg
			4. 무기과산화물	50kg
		Ⅱ	5. 브로민산염류	300kg
			6. **질산염류**	**300kg**
			7. 아이오딘산염류	300kg
		Ⅲ	8. 과망가니즈산염류	1,000kg
			9. **다이크로뮴산염류**	**1,000kg**

》》 정답 (1) 50kg　　(2) 300kg　　(3) 1,000kg

필답형 06 [5점]

탄화칼슘에 대해 다음 물음에 답하시오.

(1) 물과 반응했을 때 발생되는 기체의 연소반응식을 쓰시오.

(2) 위험물 제조소에 설치하는 표지의 바탕색과 문자의 색상을 쓰시오.

≫≫ 풀이

(1) 탄화칼슘(CaC_2)은 제3류 위험물로서 품명은 칼슘 또는 알루미늄의 탄화물이며, 지정수량은 300kg이다. 물과 반응 시 수산화칼슘[$Ca(OH)_2$]과 아세틸렌(C_2H_2) 가스가 발생한다.

– 물과의 반응식 : $CaC_2 + 2H_2O \rightarrow Ca(OH)_2 + C_2H_2$

아세틸렌은 연소하면 이산화탄소(CO_2)와 물이 발생하고, 연소범위는 2.5~81%이다.

– 아세틸렌의 연소반응식 : $2C_2H_2 + 5O_2 \rightarrow 4CO_2 + 2H_2O$

(2) 제조소 표지의 기준

┃제조소의 표지 ┃

① 위치 : 제조소 주변의 보기 쉬운 곳에 설치하는 것 외에 특별한 규정은 없다.

② 크기 : 한 변 0.3m 이상, 다른 한 변 0.6m 이상인 직사각형

③ 내용 : 위험물제조소

④ 색상 : **백색바탕, 흑색문자**

≫≫ 정답

(1) $2C_2H_2 + 5O_2 \rightarrow 4CO_2 + 2H_2O$

(2) 백색바탕, 흑색문자

필답형 07 [5점]

다음 〈보기〉에서 불건성유를 모두 선택하여 쓰시오. (단, 해당사항이 없을 경우는 "없음"이라고 쓰시오.

아마인유, 야자유, 올리브유, 피마자유, 해바라기유

≫≫ 풀이 동식물유류의 기본

구 분	아이오딘값	동물유	식물유
건성유	130 이상	정어리유, 기타 생선유	동유, 해바라기유, 아마인유, 들기름
반건성유	100~130	청어유	쌀겨기름, 면실유, 채종유, 옥수수기름, 참기름
불건성유	100 이하	소기름, 돼지기름, 고래기름	**올리브유**, 동백유, **피마자유**, **야자유**

≫≫ 정답 야자유, 올리브유, 피마자유

필답형 08 [5점]

톨루엔 9.2g을 완전연소시키는 데 필요한 공기는 몇 L인지 구하시오. (단, 0℃, 1기압을 기준으로 하며, 공기 중 산소는 21vol%이다.)

(1) 계산과정
(2) 답

>>> 풀이

톨루엔($C_6H_5CH_3$)을 연소시키기 위해 필요한 공기의 부피를 구하기 위해서는 연소에 필요한 산소의 부피를 먼저 구해야 한다. 톨루엔 1mol의 분자량은 12(C)g×7+1(H)g×8=92g이고, 다음의 연소반응식에서 알 수 있듯이 표준상태에서 톨루엔($C_6H_5CH_3$) 92g을 연소시키기 위해서는 산소(O_2) 9몰×22.4L가 필요한데 톨루엔을 9.2g 연소시키기 위해서는 몇 L의 산소가 필요한가를 다음과 같은 방법을 이용하여 구할 수 있다.

– 연소반응식 : $C_6H_5CH_3 + 9O_2 \rightarrow 7CO_2 + 4H_2O$

$$9.2\text{g 톨루엔} \times \frac{1\text{mol 톨루엔}}{92\text{g 톨루엔}} \times \frac{9\text{mol } O_2}{1\text{mol 톨루엔}} \times \frac{22.4\text{L } O_2}{1\text{mol } O_2} = 20.16\text{L}$$

여기서, 톨루엔 9.2g을 연소시키는 데 필요한 산소의 부피는 20.16L이지만 〈문제〉의 조건은 필요한 산소의 부피가 아니라 공기의 부피를 구하는 것이다. 공기 중 산소의 부피는 공기 부피의 21%이므로 공기의 부피를 구하는 식은 다음과 같다.

$$\text{공기의 부피} = \text{산소의 부피} \times \frac{100}{21} = 20.16\text{L} \times \frac{100}{21} = 96\text{L}$$

>>> 정답

(1) $9.2\text{g 톨루엔} \times \dfrac{1\text{mol 톨루엔}}{92\text{g 톨루엔}} \times \dfrac{9\text{mol } O_2}{1\text{mol 톨루엔}} \times \dfrac{22.4\text{L } O_2}{1\text{mol } O_2} \times \dfrac{100\text{L 공기}}{21\text{L } O_2}$

(2) 96.00L

필답형 09 [5점]

제4류 위험물 중 분자량이 약 76이고, 비점은 약 46℃이며, 비중이 1.26인 콘크리트 수조 속에 저장하는 물질에 대해 다음 물음에 답하시오.

(1) 명칭
(2) 화학식
(3) 품명
(4) 지정수량
(5) 위험등급

>>> 풀이

이황화탄소(CS_2)

① 제4류 위험물로서 품명은 **특수인화물**이고, **위험등급** I이며, 지정수량은 **50L**이다.
② 인화점 −30℃, 발화점 100℃, 비점 46.3℃, 연소범위 1~50%이다.
③ 비중 1.26으로 물보다 무겁고 물에 녹지 않는다.
④ 독성을 가지고 있으면 연소 시 이산화황(SO_2)을 발생시킨다.
   – 연소반응식 : $CS_2 + 3O_2 \rightarrow CO_2 + 2SO_2$
⑤ 공기 중 산소와의 반응으로 가연성 가스가 발생할 수 있기 때문에 물속에 넣어 보관한다.
⑥ 물에 저장한 상태에서 150℃ 이상의 열로 가열하면 황화수소(H_2S) 가스가 발생하므로 냉수에 보관해야 한다.
   – 물과의 반응식 : $CS_2 + 2H_2O \rightarrow 2H_2S + CO_2$

>>> 정답

(1) 이황화탄소 (2) CS_2 (3) 특수인화물 (4) 50L (5) I

필답형 10 [5점]

다음 표의 빈칸에 알맞은 말을 채우시오.

물질명	화학식	품명
에탄올	①	알코올류
②	$C_3H_5(OH)_3$	③
에틸렌글리콜	④	⑤

▶▶ 풀이 〈문제〉의 위험물의 화학식과 품명은 다음과 같다.

물질명	화학식	품 명	지정수량	위험등급
에탄올	C_2H_5OH	알코올류	400L	Ⅱ
글리세린	$C_3H_5(OH)_3$	**제3석유류**	4,000L	Ⅲ
에틸렌글리콜	$C_2H_4(OH)_2$	**제3석유류**	4,000L	Ⅲ

▶▶ 정답
① C_2H_5OH
② 글리세린
③ 제3석유류
④ $C_2H_4(OH)_2$
⑤ 제3석유류

필답형 11 [5점]

지정수량이 2,000L이고, 수용성이며, 분자량 60, 녹는점 16.6℃, 증기비중 2.07인 물질에 대해 다음 물음에 답하시오.

(1) 이 물질의 연소 시 발생되는 2가지 물질의 화학식을 쓰시오.
(2) 이 물질이 Zn과 반응 시 발생하는 가스의 화학식을 쓰시오.

▶▶ 풀이 초산(CH_3COOH)=아세트산
① 제4류 위험물로서 품명은 제2석유류이며, 수용성이고, 지정수량은 2,000L이다.
② 인화점 40℃, 발화점 427℃, 비점 118℃, 융점 16.6℃, 비중 1.05이다.
③ 분자량은 12(C)×2+1(H)×4+16(O)×2=60이고, 증기비중은 $\frac{60}{29}$=2.07이다.
④ 연소하면 이산화탄소(CO_2)와 물(H_2O)이 발생한다.
  - 연소반응식 : $CH_3COOH + 2O_2 \rightarrow 2CO_2 + 2H_2O$
  아연(Zn)과 반응하면 초산아연[$(CH_3COO)_2Zn$]과 수소(H_2)를 발생한다.
  - 아연과의 반응식 : $2CH_3COOH + Zn \rightarrow (CH_3COO)_2Zn + H_2$

▶▶ 정답
(1) CO_2, H_2O
(2) H_2

필답형 12 [5점]

다음 물질의 연소반응식을 쓰시오.

(1) 아세트알데하이드
(2) 메틸알코올
(3) 벤젠

>>> 풀이 다음 물질의 연소반응식은 다음과 같다.

(1) 아세트알데하이드(CH_3CHO)는 제4류 위험물로서 품명은 특수인화물이고, 지정수량은 50L이며, 연소 시 이산화탄소(CO_2)와 물(H_2O)이 발생한다.
- 연소반응식 : $2CH_3CHO + 5O_2 \rightarrow 4CO_2 + 4H_2O$

(2) 메틸알코올(CH_3OH)은 제4류 위험물로서 품명은 알코올류이고, 지정수량은 400L이며, 연소 시 이산화탄소(CO_2)와 물(H_2O)이 발생한다.
- 연소반응식 : $2CH_3OH + 3O_2 \rightarrow 2CO_2 + 4H_2O$

(3) 벤젠(C_6H_6)은 제4류 위험물로서 품명은 제1석유류이고 지정수량은 200L이며, 연소 시 이산화탄소(CO_2)와 물(H_2O)이 발생한다.
- 연소반응식 : $2C_6H_6 + 15O_2 \rightarrow 12CO_2 + 6H_2O$

>>> 정답
(1) $2CH_3CHO + 5O_2 \rightarrow 4CO_2 + 4H_2O$
(2) $2CH_3OH + 3O_2 \rightarrow 2CO_2 + 4H_2O$
(3) $2C_6H_6 + 15O_2 \rightarrow 12CO_2 + 6H_2O$

필답형 13 [5점]

비중이 1.45인 80wt% 질산용액 1,000mL에 대해 다음 물음에 답하시오.

(1) 이 용액 중 질산(HNO_3)의 질량(g)을 구하시오.
  ① 계산과정   ② 답
(2) 이 용액을 10wt% 질산용액으로 만들기 위해 첨가해햐 하는 물의 양(g)을 구하시오.
  ① 계산과정   ② 답

>>> 풀이
(1) 비중을 밀도의 단위로 나타내면 1.45g/mL이고 용액의 농도가 80wt%이므로, 1,000mL 질산용액은 $1,000mL$

$$질산용액 \times \frac{1.45g\ 질산용액}{1mL\ 질산용액} = 1,450g$$ 이고 이 용액에 들어 있는 질산(HNO_3)의 양(g)은 다음과 같다.

$$1,450g\ 질산용액 \times \frac{80g\ HNO_3}{100g\ 질산용액} = 1,160g\,HNO_3$$

(2) 10wt% 질산용액으로 만들기 위해 첨가해야 하는 물의 양을 x(g)로 두고, 질산의 양 1,160g을 이용하면 10wt% 질산용액의 농도는 다음과 같이 계산할 수 있다.

$$\frac{1,160g\ HNO_3}{(1,450 + x)g\ 질산용액} \times 100 = 10\%$$

따라서, 첨가해야 하는 물의 양 $x = 10,150g$이다.

>>> 정답
(1) ① $1,000mL\ 질산용액 \times \dfrac{1.45g\ 질산용액}{1mL\ 질산용액} \times \dfrac{80g\ HNO_3}{100g\ 질산용액}$, ② 1,160g

(2) ① $\dfrac{1,160g\ HNO_3}{(1,450 + x)g\ 질산용액} \times 100 = 10\%$, ② 10,150g

필답형 14 [5점]

다음 탱크의 내용적은 몇 m³인지 구하시오. (단, r은 1m, l_1은 0.4m, l_2는 0.5m, l은 5m이다.)

 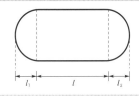

≫≫ 풀이 가로형으로 설치한 원통형 탱크

$$내용적 = \pi r^2\left(l + \frac{l_1 + l_2}{3}\right) = \pi \times 1^2 \times \left(5 + \frac{0.4 + 0.5}{3}\right) = 16.65\text{m}^3$$

1. 타원형 탱크의 내용적
   – 양쪽이 볼록한 것

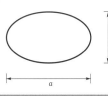 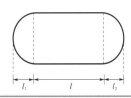

$$내용적 = \frac{\pi ab}{4}\left(l + \frac{l_1 + l_2}{3}\right)$$

   – 한쪽은 볼록하고 다른 한쪽은 오목한 것

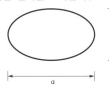 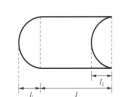

$$내용적 = \frac{\pi ab}{4}\left(l + \frac{l_1 - l_2}{3}\right)$$

2. 원통형 탱크의 내용적
   – 가로로 설치한 것

 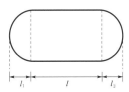

$$내용적 = \pi r^2\left(l + \frac{l_1 + l_2}{3}\right)$$

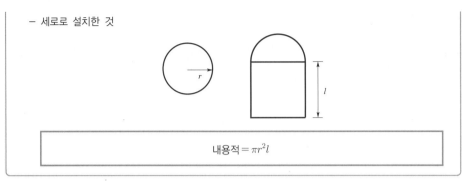

－ 세로로 설치한 것

$$내용적 = \pi r^2 l$$

》》 정답 16.65m³

필답형 15 [5점]

위험물의 운반에 관한 기준에 따르면 적재하는 위험물의 성질에 따라 일광의 직사 또는 빗물의 침투를 방지하기 위하여 유효하게 피복하는 등 기준에 따른 조치를 하여야 한다. 다음 물음에 해당하는 위험물을 〈보기〉에서 찾아 모두 쓰시오.

과산화수소, 과산화칼슘, 아세톤, 염소산칼륨, 적린, 철분

(1) 차광성 덮개로 덮어야 하는 위험물
(2) 방수성 덮개로 덮어야 하는 위험물

》》 풀이 위험물의 성질에 따른 운반 시 피복기준
  (1) **차광성 덮개**를 해야 하는 위험물
     ① **제1류 위험물**
     ② 제3류 위험물 중 자연발화성 물질
     ③ 제4류 위험물 중 특수인화물
     ④ 제5류 위험물
     ⑤ **제6류 위험물**
  (2) **방수성 덮개**를 해야 하는 위험물
     ① 제1류 위험물 중 알칼리금속의 과산화물
     ② **제2류 위험물 중 철분**, 금속분, 마그네슘
     ③ 제3류 위험물 중 금수성 물질
  － 과산화수소(H_2O_2)는 제6류 위험물로서 품명은 과산화수소이며, 지정수량은 300kg이다.
  － 과산화칼슘(CaO_2)은 제1류 위험물로서 품명은 무기과산화물이며, 지정수량은 50kg이다.
  － 아세톤(CH_3COCH_3)은 제4류 위험물로서 품명은 제1석유류이며, 지정수량은 400L이다.
  － 염소산칼륨($KClO_3$)은 제1류 위험물로서 품명은 염소산염류이며, 지정수량은 50kg이다.
  － 적린(P)은 제2류 위험물로서 품명은 적린이며, 지정수량은 100kg이다.
  － 철분(Fe)은 제2류 위험물로서 품명은 철분이며, 지정수량은 500kg이다.
  (1) **과산화수소**, **과산화칼슘**, **염소산칼륨**는 차광성 덮개로 덮어야 하는 위험물이다.
  (2) **철분**은 방수성 덮개로 덮어야 하는 위험물이다.

》》 정답 (1) 과산화수소, 과산화칼슘, 염소산칼륨
  (2) 철분

필답형 16 [5점]

다음 물질의 화학식과 지정수량을 각각 쓰시오.

(1) 질산에틸
(2) 트라이나이트로벤젠
(3) 아닐린

≫≫ 풀이

물질명	화학식	품 명	지정수량
질산에틸	$C_2H_5ONO_2$	질산에스터류	제1종 : 10kg, 제2종 : 100kg
트라이나이트로벤젠	$C_6H_3(NO_2)_3$	나이트로화합물	제1종 : 10kg, 제2종 : 100kg
아닐린	$C_6H_5NH_2$	제3석유류	2,000L

≫≫ 정답

(1) $C_2H_5ONO_2$, 제1종 : 10kg, 제2종 : 100kg
(2) $C_6H_3(NO_2)_3$, 제1종 : 10kg, 제2종 : 100kg
(3) $C_6H_5NH_2$, 2,000L

필답형 17 [5점]

다음의 각 위험물에 대해 운반 시 혼재 가능한 유별을 모두 쓰시오. (단, 각 위험물은 지정수량 이상이다.)

(1) 제1류   (2) 제2류   (3) 제3류
(4) 제4류   (5) 제5류

≫≫ 풀이

(1) 제1류 위험물과 운반 시 혼재 가능한 유별은 **제6류 위험물**이다.
(2) 제2류 위험물과 운반 시 혼재 가능한 유별은 **제4류 위험물**과 **제5류 위험물**이다.
(3) 제3류 위험물과 운반 시 혼재 가능한 유별은 **제4류 위험물**이다.
(4) 제4류 위험물과 운반 시 혼재 가능한 유별은 **제2류 위험물**과 **제3류 위험물**, **제5류 위험물**이다.
(5) 제5류 위험물과 운반 시 혼재 가능한 유별은 **제2류 위험물**과 **제4류 위험물**이다.
유별을 달리하는 위험물의 혼재기준(운반기준)

위험물의 구분	제1류	제2류	제3류	제4류	제5류	제6류
제1류		×	×	×	×	○
제2류	×		×	○	○	×
제3류	×	×		○	×	×
제4류	×	○	○		○	×
제5류	×	○	×	○		×
제6류	○	×	×	×	×	

※ 이 표는 지정수량의 1/10 이하의 위험물에 대하여는 적용하지 아니한다.

≫≫ 정답

(1) 제6류 위험물
(2) 제4류 위험물, 제5류 위험물
(3) 제4류 위험물
(4) 제2류 위험물, 제3류 위험물, 제5류 위험물
(5) 제2류 위험물, 제4류 위험물

필답형 18 [5점]

다음 [표]는 위험물안전관리법령상 소화설비의 적응성을 나타낸 것이다. 위험물에 대해 소화설비의 적응성이 있는 경우 빈칸에 "○"로 표시하시오.

소화설비의 구분	대상물 구분									
	제1류 위험물		제2류 위험물			제3류 위험물		제4류 위험물	제5류 위험물	제6류 위험물
	알칼리금속의 과산화물	그 밖의 것	철분·금속분·마그네슘	인화성 고체	그 밖의 것	금수성 물품	그 밖의 것			
옥내소화전·옥외소화전 설비										
물분무소화설비										
포소화설비										
불활성가스소화설비										
할로젠화합물소화설비										

▶▶▶ 풀이 위험물의 종류에 따른 소화설비의 적응성
① 제1류 위험물
　㉠ 알칼리금속의 과산화물 : 탄산수소염류 분말소화설비로 질식소화한다.
　㉡ 그 밖의 것 : **옥내소화전·옥외소화전 설비**, 스프링클러설비, **물분무소화설비**, **포소화설비**로 냉각소화한다.
② 제2류 위험물
　㉠ 철분·금속분·마그네슘 : 탄산수소염류 분말소화설비로 질식소화한다.
　㉡ 인화성 고체 : **옥내소화전·옥외소화전 설비**, 스프링클러설비, **물분무소화설비**, **포소화설비**, **불활성가스소화설비**, **할로젠화합물소화설비**, 분말소화설비로 냉각소화 또는 질식소화한다.
　　※ 인화성 고체에는 모든 소화설비가 적응성이 있다.
　㉢ 그 밖의 것 : **옥내소화전·옥외소화전 설비**, 스프링클러설비, **물분무소화설비**, **포소화설비**로 냉각소화한다.
③ 제3류 위험물
　㉠ 금수성 물질 : 탄산수소염류 분말소화설비로 질식소화한다.
　㉡ 그 밖의 것(황린) : **옥내소화전·옥외소화전 설비**, 스프링클러설비, **물분무소화설비**, **포소화설비**로 냉각소화한다.
④ 제4류 위험물 : **물분무소화설비**, **포소화설비**, **불활성가스소화설비**, **할로젠화합물소화설비**, 분말소화설비로 질식소화한다.
⑤ 제5류 위험물 : **옥내소화전·옥외소화전 설비**, 스프링클러설비, **물분무소화설비**, **포소화설비**로 냉각소화한다.
⑥ 제6류 위험물 : **옥내소화전·옥외소화전 설비**, 스프링클러설비, **물분무소화설비**, **포소화설비**로 냉각소화한다.

▶▶▶ 정답

소화설비의 구분	대상물 구분									
	제1류 위험물		제2류 위험물			제3류 위험물		제4류 위험물	제5류 위험물	제6류 위험물
	알칼리금속의 과산화물	그 밖의 것	철분·금속분·마그네슘	인화성 고체	그 밖의 것	금수성 물품	그 밖의 것			
옥내소화전·옥외소화전 설비		○		○	○		○		○	○
물분무소화설비		○		○	○		○	○	○	○
포소화설비		○		○	○		○	○	○	○
불활성가스소화설비				○				○		
할로젠화합물소화설비				○				○		

필답형 19 [5점]

다음 〈그림〉은 지하탱크저장소의 구조이다. 다음 물음에 답하시오.

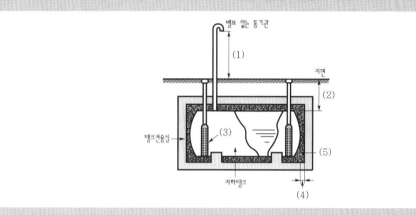

(1) 지면으로부터 통기관의 선단까지의 높이는 몇 m 이상이어야 하는가?
(2) 지면으로부터 지하탱크의 윗부분까지의 거리는 몇 m 이상이어야 하는가?
(3) 화살표가 지목하는 부분의 명칭은?
(4) 지하저장탱크와 탱크전용실 안쪽과의 사이는 몇 m 이상이어야 하는가?
(5) 전용실의 내부에 채워야 하는 물질은 무엇인가?

≫ 풀이

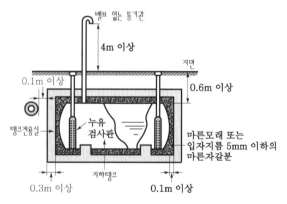

▮ 지하탱크저장소의 구조 ▮

① 전용실의 내부 : **입자지름 5mm 이하의 마른자갈분 또는 마른모래를 채운다.**
② 지면으로부터 지하탱크의 윗부분까지의 거리 : **0.6m 이상**
③ 지하탱크를 2개 이상 인접해 설치할 때 상호거리 : 1m 이상
　　※ 탱크 용량의 합계가 지정수량의 100배 이하일 경우 : 0.5m 이상
④ 지하의 벽, 가스관, 대지경계선으로부터 탱크전용실 바깥쪽과의 사이 및 지하저장탱크와 탱크전용실 안쪽과의 사이 : **0.1m 이상**
⑤ 탱크전용실의 기준 : 벽, 바닥 및 뚜껑의 두께는 0.3m 이상의 철근콘크리트로 한다.
⑥ 지면으로부터 통기관의 선단까지의 높이 : **4m 이상**

≫ 정답
(1) 4m 이상　　(2) 0.6m 이상　　(3) 누유검사관　　(4) 0.1m 이상
(5) 마른모래 또는 입자지름 5mm 이하의 마른자갈분

필답형 20 [5점]

다음은 이동탱크저장소의 위치, 구조 및 설비의 기준에 대한 내용이다. ( ) 안을 알맞게 채우시오.

(1) 칸막이는 이동저장탱크의 내부에 (①)L 이하마다 (②)mm 이상의 강철판 또는 이와 동등 이상의 강도·내열성 및 내식성이 있는 금속성의 것으로 설치하여야 한다.

(2) 방파판은 두께 ( )mm 이상의 강철판 또는 이와 동등 이상의 강도·내열성 및 내식성이 있는 금속성의 것으로 설치하여야 한다.

≫≫ 풀이 이동저장탱크의 구조
① 탱크의 두께 : 3.2mm 이상의 강철판
② 칸막이
 − 하나로 구획된 칸막이의 용량 : **4,000L 이하**
 − 칸막이의 두께 : **3.2mm 이상**의 강철판
③ 안전장치의 작동압력 : 안전장치는 다음의 압력에서 작동해야 한다.
 − 상용압력이 20kPa 이하인 탱크 : 20kPa 이상 24kPa 이하의 압력
 − 상용압력이 20kPa을 초과하는 탱크 : 상용압력의 1.1배 이하의 압력
④ 방파판 : 칸막이로 구획된 부분의 용량이 2,000L 미만인 부분에는 설치하지 않을 수 있다.
 − 두께 및 재질 : **1.6mm 이상**의 강철판 또는 이와 동등 이상의 강도·내열성 및 내식성이 있는 금속성의 것
 − 개수 : 하나의 구획부분에 2개 이상
 − 면적의 합 : 구획부분에 최대수직단면의 50% 이상

≫≫ 정답 (1) ① 4,000, ② 3.2
(2) 1.6

2023 제3회 위험물기능사 실기

2023년 8월 12일 시행

※ 필답형+작업형으로 시행되던 기존 시험에서는 각 문항별 배점이 상이하였으나,
필답형(20문제) 시험만 보는 2020년 1회부터는 각 문항 배점이 모두 5점입니다!

필/답/형 시험

필답형 01 [5점]

다음 〈보기〉의 물질들을 산의 세기가 작은 것부터 큰 것의 순서대로 나열하여 그 번호를 쓰시오.

| 1. HClO | 2. HClO₂ | 3. HClO₃ | 4. HClO₄ |

>>> 풀이 산의 세기는 산소의 함유량에 따라 결정되는데, **산소의 함유량이 적을수록 산의 세기는 작고 산소의 함유량이 많을수록 산의 세기는 크다.** 〈보기〉의 물질들 중 산소의 함유량이 가장 적은 것은 산소의 개수가 1개밖에 없는 HClO이며 함유량이 가장 많은 것은 산소의 개수가 4개인 HClO₄이므로 산의 세기가 작은 것부터 큰 것의 순서로 나열하면 HClO $-$ HClO₂ $-$ HClO₃ $-$ HClO₄이다.

>>> 정답 1 $-$ 2 $-$ 3 $-$ 4

필답형 02 [5점]

다음 분말소화약제의 화학식을 쓰시오.

(1) 제1종 분말소화약제
(2) 제2종 분말소화약제
(3) 제3종 분말소화약제

>>> 풀이

분말의 구분	주성분	화학식	적응화재	착색
제1종 분말	탄산수소나트륨	$NaHCO_3$	B·C급	백색
제2종 분말	탄산수소칼륨	$KHCO_3$	B·C급	보라색
제3종 분말	인산암모늄	$NH_4H_2PO_4$	A·B·C급	담홍색
제4종 분말	탄산수소칼륨과 요소의 반응생성물	$KHCO_3 + (NH_2)_2CO$	B·C급	회색

>>> 정답
(1) $NaHCO_3$
(2) $KHCO_3$
(3) $NH_4H_2PO_4$

필답형 03 [5점]

불연성 기체 10wt%와 탄소 90wt%로 이루어진 물질 1kg을 완전연소하려면 표준상태에서
몇 L의 산소가 필요한지 구하시오.
(1) 계산과정
(2) 답

>>> 풀이 탄소(C)의 연소반응식은 $C + O_2 \rightarrow CO_2$이고, 표준상태에서 기체 1mol의 부피는 22.4L이다. 물질 1kg 중에

들어 있는 탄소의 양은 $1kg\ 물질 \times \dfrac{1,000g}{1kg} \times \dfrac{90g\ C}{100g\ 물질} = 900g$이고, 탄소 1mol이 연소하려면 1mol의 산소

가 필요하다. 표준상태에서 900g의 탄소가 연소하기 위해 필요한 산소의 부피는 $900g\ C \times \dfrac{1mol\ C}{12g\ C} \times$

$\dfrac{1mol\ O_2}{1mol\ C} \times \dfrac{22.4L\ O_2}{1mol\ O_2} = 1,680L$이다.

>>> 정답

(1) $1kg\ 물질 \times \dfrac{1,000g}{1kg} \times \dfrac{90g\ C}{100g\ 물질} \times \dfrac{1mol\ C}{12g\ C} \times \dfrac{1mol\ O_2}{1mol\ C} \times \dfrac{22.4L\ O_2}{1mol\ O_2}$

(2) 1,680L

필답형 04 [5점]

과염소산칼륨 50kg이 열분해하는 반응에 대해 다음 물음에 답하시오.
(1) 이 반응에서 발생하는 산소의 양(g)을 구하시오.
(2) 이 반응에서 발생하는 산소의 부피는 표준상태에서 몇 m^3인지 구하시오.

>>> 풀이 과염소산칼륨($KClO_4$)은 제1류 위험물로서 몰질량은 $39(K) + 35.5(Cl) + 16(O) \times 4 = 138.5g/mol$이고, 열분해
하면 염화칼륨(KCl)과 산소(O_2)를 발생한다.
– 열분해반응식 : $KClO_4 \rightarrow KCl + 2O_2$

$50kg$의 과염소산은 $50kg\ KClO_4 \times \dfrac{1,000g}{1kg} \times \dfrac{1mol\ KClO_4}{138.5g\ KClO_4} = 361mol$의 과염소산이다. 1mol의 과염소산칼륨

이 분해하면 2mol의 산소가 발생하므로 361mol의 과염소산이 분해하면 722mol의 산소가 발생한다.

(1) 50kg의 과염소산이 분해할 때 발생하는 산소의 양은 $50kg\ KClO_4 \times \dfrac{1,000g}{1kg} \times \dfrac{1mol\ KClO_4}{138.5g\ KClO_4} \times$

$\dfrac{2mol\ O_2}{1mol\ KClO_4} \times \dfrac{32g\ O_2}{1mol\ O_2} = 2310.47g$이다.

(2) 표준상태에서 기체 1mol의 부피는 22.4L이고, $1,000L = 1m^3$이므로 50kg의 과염소산이 분해할 때 발생하는

산소의 부피는 $50kg\ KClO_4 \times \dfrac{1,000g}{1kg} \times \dfrac{1mol\ KClO_4}{138.5g\ KClO_4} \times \dfrac{2mol\ O_2}{1mol\ KClO_4} \times \dfrac{22.4L\ O_2}{1mol\ O_2} \times \dfrac{1m^3}{1,000L} = 16.17m^3$

이다.

>>> 정답
(1) 2310.47g
(2) $16.17m^3$

필답형 05 [5점]

다음 물질이 물과 반응하여 생성되는 기체의 명칭을 쓰시오. (단, 없으면 "없음"이라고 쓰시오.)

(1) 과산화나트륨
(2) 과염소산나트륨
(3) 질산암모늄
(4) 과망가니즈산나트륨
(5) 브로민산칼륨

≫≫ 풀이 제1류 위험물은 고온의 가열, 충격, 마찰 등에 의해 분해하여 가지고 있던 산소를 발생하여 가연물을 태우게 되며, 자체적으로 산소를 포함하기 때문에 질식소화는 효과가 없고 냉각소화를 해야 한다. 예외적으로 알칼리금속의 과산화물은 물과 반응하여 발열과 함께 산소를 발샐할 수 있기 때문에 주수소화를 금지하고 마른모래나 탄산수소염류 분말소화약제로 질식소화를 해야 한다.

(1) **과산화나트륨**(Na_2O_2)은 물과 반응하면 수산화나트륨(NaOH)과 다량의 **산소**, 그리고 열을 발생하므로 **물기엄금** 해야 한다.

물과의 반응식 : $2Na_2O_2 + 2H_2O \rightarrow 4NaOH + O_2$

(2)~(5) 물과 반응하지 않는다.

Check ≫≫

제1류 위험물

유 별	성 질	위험등급	품 명	지정수량
제1류	산화성 고체	I	1. 아염소산염류	50kg
			2. 염소산염류	50kg
			3. 과염소산염류	50kg
			4. 무기과산화물	50kg
		II	5. 브로민산염류	300kg
			6. 질산염류	300kg
			7. 아이오딘산염류	300kg
		III	8. 과망가니즈산염류	1,000kg
			9. 다이크로뮴산염류	1,000kg
		I, II, III	10. 그 밖에 행정안전부령으로 정하는 것	
			① 과아이오딘산염류	300kg
			② 과아이오딘산	300kg
			③ 크로뮴, 납 또는 아이오딘의 산화물	300kg
			④ 아질산염류	300kg
			⑤ 차아염소산염류	50kg
			⑥ 염소화아이소사이아누르산	300kg
			⑦ 퍼옥소이황산염류	300kg
			⑧ 퍼옥소붕산염류	300kg
			11. 제1호 내지 제10호의 어느 하나 이상을 함유한 것	50kg, 30kg 또는 1,000kg

≫≫ 정답 (1) 산소
(2) 없음
(3) 없음
(4) 없음
(5) 없음

필답형 06

[5점]

아연에 대해 다음 물음에 답하시오.

(1) 물과의 반응식을 쓰시오.
(2) 염산과의 반응 시 발생하는 기체의 명칭을 쓰시오.

》》 풀이　아연(Zn)

① 제2류 위험물로서 품명은 금속분이고, 지정수량은 500kg이다.

② 비중은 7.14이고, 은백색 광택을 가지고 있는 양쪽성 원소이다.

(1) 물과의 반응 시 수산화아연[$Zn(OH)_2$]과 수소(H_2)가 발생한다.

　　– 물과의 반응식 : $Zn + 2H_2O \longrightarrow Zn(OH)_2 + H_2$

(2) 염산과의 반응 시 염화아연($ZnCl_2$)과 **수소(H_2)**가 발생한다.

　　– 황산과의 반응식 : $Zn + 2HCl \longrightarrow ZnCl_2 + H_2$

》》 정답　(1) $Zn + 2H_2O \longrightarrow Zn(OH)_2 + H_2$

　　　　(2) 수소

필답형 07

[5점]

다음 물질의 연소반응식을 쓰시오.

(1) 삼황화인
(2) 오황화인

》》 풀이　제2류 위험물에 속하는 황화인은 삼황화인(P_4S_3)과 오황화인(P_2S_5), 칠황화인(P_4S_7)의 3가지 종류가 있으며, 이들 황화인은 모두 황(S)과 인(P)을 포함하고 있으므로 연소 시 공통으로 이산화황(SO_2)과 오산화인(P_2O_5)을 발생한다.

(1) 삼황화인의 연소반응식 : $P_4S_3 + 8O_2 \longrightarrow 3SO_2 + 2P_2O_5$

(2) 오황화인의 연소반응식 : $2P_2S_5 + 15O_2 \longrightarrow 10SO_2 + 2P_2O_5$

> **Check 》》**
>
> **삼황화인과 오황화인의 물과의 반응**
>
> 1. 삼황화인은 물과 반응하지 않는다.
> 2. 오황화인은 물과 반응 시 황화수소(H_2S)와 인산(H_3PO_4)을 발생시킨다.
>   – 물과의 반응식 : $P_2S_5 + 8H_2O \longrightarrow 5H_2S + 2H_3PO_4$

》》 정답　(1) $P_4S_3 + 8O_2 \longrightarrow 3SO_2 + 2P_2O_5$

　　　　(2) $2P_2S_5 + 15O_2 \longrightarrow 10SO_2 + 2P_2O_5$

필답형 **08** [5점]

다음 〈보기〉의 물질을 인화점이 낮은 것부터 높은 순으로 나열하시오.

벤젠, 휘발유, 톨루엔

▶▶ 풀이 〈보기〉의 물질의 인화점은 다음과 같다.

물질명	화학식	인화점	품명	지정수량
벤젠	C_6H_6	$-11℃$	제1석유류	200L
휘발유	C_8H_{18}	$-43 \sim -38℃$	제1석유류	200L
톨루엔	$C_6H_5CH_3$	$4℃$	제1석유류	200L

▶▶ 정답 휘발유, 벤젠, 톨루엔

필답형 **09** [5점]

방향족 탄화수소인 BTX에 대하여 다음 물음에 답하시오.
(1) 'BTX'는 무엇의 약자인지 각 물질의 명칭을 쓰시오.
　① B　　　　② T　　　　③ X
(2) 위 3가지 물질 중 'T'에 해당하는 물질의 구조식을 쓰시오.

▶▶ 풀이 BTX를 구성하는 물질 중 B는 **벤젠(C_6H_6)**, T는 **톨루엔($C_6H_5CH_3$)**, X는 **크실렌[$C_6H_4(CH_3)_2$]**을 의미하며, 이들은 모두 제4류 위험물이다.
① 벤젠(C_6H_6) : 제1석유류 비수용성으로 지정수량은 200L이다.

‖ 벤젠의 구조식 ‖

② 톨루엔($C_6H_5CH_3$) : 제1석유류 비수용성으로 지정수량은 200L이다.

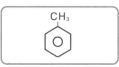

‖ 톨루엔의 구조식 ‖

③ 크실렌[$C_6H_4(CH_3)_2$] : 제2석유류 비수용성으로 지정수량은 1,000L이며, o-크실렌, m-크실렌, p-크실렌의 3가지의 이성질체를 가진다.

명칭	오르토크실렌 (o-크실렌)	메타크실렌 (m-크실렌)	파라크실렌 (p-크실렌)
구조식	CH₃ CH₃	CH₃ CH₃	CH₃ CH₃

▶▶ 정답 (1) ① 벤젠, ② 톨루엔, ③ 크실렌　(2)

필답형 10　　　　　　　　　　　　　　　　　　　　　　　　　[5점]

탄화알루미늄에 대해 다음 물음에 답하시오.
(1) 물과의 반응식을 쓰시오.
(2) (1)에서 생성되는 기체의 연소반응식을 쓰시오.

▶▶▶ 풀이　(1) 탄화알루미늄(Al_4C_3)
　　　　① 제3류 위험물로서 품명은 칼슘 또는 알루미늄의 탄화물이고, 지정수량은 300kg, 위험등급 Ⅲ이다.
　　　　② 비중 2.36이고, 융점 1,400℃이다.
　　　　③ 물과 반응 시 수산화알루미늄[$Al(OH)_3$]과 메테인(CH_4)가스가 발생한다.
　　　　　– 물과의 반응식 : $Al_4C_3 + 12H_2O \longrightarrow 4Al(OH)_3 + 3CH_4$
　　　(2) 메테인의 연소반응식 : $CH_4 + 2O_2 \longrightarrow CO_2 + 2H_2O$

▶▶▶ 정답　(1) $Al_4C_3 + 12H_2O \longrightarrow 4Al(OH)_3 + 3CH_4$
　　　(2) $CH_4 + 2O_2 \longrightarrow CO_2 + 2H_2O$

필답형 11　　　　　　　　　　　　　　　　　　　　　　　　　[5점]

제4류 위험물로서 분자량이 약 58, 인화점이 약 -37℃, 비점이 약 34℃인 무색의 휘발성 액체로, 저장용기로 수은, 은, 구리, 마그네슘으로 된 용기를 사용할 수 없는 물질에 대해 다음 물음에 답하시오.

(1) 물질명
(2) 지정수량
(3) 보냉장치가 없는 이동저장탱크에 해당 물질을 저장할 경우 위험물의 온도는 몇 ℃ 이하로 유지해야 하는지를 쓰시오.

▶▶▶ 풀이　(1) **산화프로필렌(CH_3CHOCH_2)** = 프로필렌옥사이드
　　　　① 제4류 위험물 중 품명은 특수인화물이며, 지정수량은 **50L**이다.
　　　　② 분자량은 58이고, 인화점 -37℃, 발화점 465℃, 비점 34℃, 연소범위 2.5~38.5%이다.
　　　　③ 물보다 가벼운 무색 액체로 물에 잘 녹으며, 피부 접촉 시 동상을 입을 수 있다.

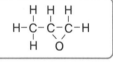
‖ 산화프로필렌의 구조식 ‖

　　　　④ 증기의 흡입으로 폐부종이 발생할 수 있다.
　　　　⑤ 수은, 은, 구리, 마그네슘은 산화프로필렌과 중합반응을 하면서 폭발성의 금속아세틸라이드를 생성하여 위험해지기 때문에 이를 저장하는 용기의 재질로 사용할 수 없다.
　　　　⑥ 저장 시 용기 상부에 질소(N_2) 또는 아르곤(Ar)과 같은 불활성 기체를 봉입한다.
　　　(2) 이동저장탱크에 저장할 경우 위험물(아세트알데하이드등, 산화프로필렌, 다이에틸에터등)의 저장온도 기준
　　　　① 보냉장치가 있는 이동저장탱크에 저장하는 경우 : 비점 이하
　　　　② 보냉장치가 없는 이동저장탱크에 저장하는 경우 : **40℃ 이하**

▶▶▶ 정답　(1) 산화프로필렌
　　　(2) 50L
　　　(3) 40℃ 이하

필답형 12 [5점]

비중이 0.8인 메틸알코올 200L가 완전연소하는 경우 다음 물음에 답하시오.

(1) 필요한 산소의 양(kg)을 구하시오.
(2) 표준상태에서 생성되는 이산화탄소의 부피(m^3)를 구하시오.

>>> 풀이   메틸알코올(CH_3OH)
① 제4류 위험물로서 품명은 알코올류이고, 지정수량은 400L이다.
② 연소 시 이산화탄소(CO_2)와 물(H_2O)이 생성된다.
  – 연소반응식 : $2CH_3OH + 3O_2 \rightarrow 2CO_2 + 4H_2O$
(1) 메틸알코올의 몰질량은 $12 + (1 \times 4) + 16 = 32g/mol$이고, 비중을 밀도의 단위로 나타내면 $0.8g/mL$이므로

200L의 메틸알코올은 $200L\ CH_3OH \times \dfrac{1,000mL}{1L} \times \dfrac{0.8g}{1mL} \times \dfrac{1mol\ CH_3OH}{32g\ CH_3OH} = 5,000mol$이다. 2mol의 메틸알

코올이 연소하려면 3mol의 산소가 필요하므로 5,000mol의 메틸알코올이 연소하려면 $5,000mol\ CH_3OH \times$

$\dfrac{3mol\ O_2}{2mol\ CH_3OH} = 7,500mol$의 산소가 필요하다. 따라서 필요한 산소의 양(kg)은 $200L\ CH_3OH \times \dfrac{1,000mL}{1L} \times$

$\dfrac{0.8g}{1mL} \times \dfrac{1mol\ CH_3OH}{32g\ CH_3OH} \times \dfrac{3mol\ O_2}{2mol\ CH_3OH} \times \dfrac{32g\ O_2}{1mol\ O_2} \times \dfrac{1kg}{1,000g} =$ **240.00kg**이다.

(2) 표준상태에서 기체 1mol의 부피는 22.4L이며, $1,000L = 1m^3$이다. 2mol의 메틸알코올이 연소하면 2mol의
이산화탄소가 발생하므로 5,000mol의 메틸알코올이 연소하는 경우 발생하는 이산화탄소의 부피(L)는 $200L$

$CH_3OH \times \dfrac{1,000mL}{1L} \times \dfrac{0.8g}{1mL} \times \dfrac{1mol\ CH_3OH}{32g\ CH_3OH} \times \dfrac{2mol\ CO_2}{2mol\ CH_3OH} \times \dfrac{22.4L\ CO_2}{1mol\ CO_2} \times \dfrac{1m^3}{1,000L} =$ **112.00m^3**이다.

>>> 정답
(1) 240.00kg
(2) 112.00m^3

필답형 13 [5점]

다음은 제4류 위험물 중 알코올류의 품명을 나타낸 것이다. 다음 ( ) 안에 알맞은 수치 또는
용어를 쓰시오.

제4류 위험물의 품명 중 "알코올류"라 함은 1분자를 구성하는 탄소원자의 수가 1개부터 (①)개까지인
포화(②)가 알코올(변성알코올을 포함)을 말한다. 다만, 다음 중 어느 하나에 해당하는 것은 제외한다.
1. 1분자를 구성하는 탄소원자의 수가 1개 내지 (①)개인 포화(②)가 알코올의 함유량이 (③)중량
  퍼센트 미만인 수용액
2. 가연성 액체량이 (④)중량퍼센트 미만이고 인화점 및 연소점(태그개방식 인화점측정기에 의한
  연소점을 말한다)이 에틸알코올 (⑤)중량퍼센트인 수용액의 인화점 및 연소점을 초과한 것

>>> 풀이   제4류 위험물의 품명 중 "알코올류"라 함은 1분자를 구성하는 탄소원자의 수가 1개부터 **3**개까지인 포화1가
알코올(변성알코올을 포함)을 말한다. 다만, 다음 중 어느 하나에 해당하는 것은 제외한다.
  – 1분자를 구성하는 탄소원자의 수가 1개 내지 **3**개인 포화1가 알코올의 함유량이 **60**중량퍼센트 미만인 수용액
  – 가연성 액체량이 **60**중량퍼센트 미만이고 인화점 및 연소점(태그개방식 인화점측정기에 의한 연소점을 말한다)
    이 에틸알코올 **60**중량퍼센트인 수용액의 인화점 및 연소점을 초과한 것

>>> 정답   ① 3, ② 1, ③ 60, ④ 60, ⑤ 60

필답형 14 [5점]

다음 〈보기〉의 위험물을 위험등급에 따라 구분하시오. (단, 해당 없으면 "해당 없음"이라고 쓰시오.)

아염소산염류, 염소산염류, 과염소산염류, 황화인, 적린, 황

(1) 위험등급 Ⅰ   (2) 위험등급 Ⅱ   (3) 위험등급 Ⅲ

▶▶▶ 풀이

품 명	유 별	지정수량	위험등급
아염소산염류	제1류 위험물	50kg	Ⅰ
염소산염류	제1류 위험물	50kg	Ⅰ
과염소산염류	제1류 위험물	50kg	Ⅰ
황화인	제2류 위험물	100kg	Ⅱ
적린	제2류 위험물	100kg	Ⅱ
황	제2류 위험물	100kg	Ⅱ

▶▶▶ 정답
(1) 아염소산염류, 염소산염류, 과염소산염류
(2) 황화인, 적린, 황
(3) 해당 없음

필답형 15 [5점]

위험물안전관리법상 다음 각 품명에 해당하는 지정수량을 쓰시오.

(1) 칼륨
(2) 과망가니즈산염류
(3) 알칼리토금속류
(4) 나이트로화합물
(5) 금속의 인화물
(6) 철분

▶▶▶ 풀이

품 명	유 별	지정수량	위험등급
칼륨	제3류 위험물	10kg	Ⅰ
과망가니즈산염류	제1류 위험물	1,000kg	Ⅲ
알칼리토금속류	제3류 위험물	50kg	Ⅱ
나이트로화합물	제5류 위험물	제1종 : 10kg, 제2종 : 100kg	Ⅰ, Ⅱ
금속의 인화물	제3류 위험물	300kg	Ⅲ
철분	제2류 위험물	500kg	Ⅲ

▶▶▶ 정답 (1) 10kg   (2) 1,000kg   (3) 50kg   (4) 제1종 : 10kg, 제2종 : 100kg   (5) 300kg   (6) 500kg

필답형 16 [5점]

다음 각 위험물에 대해 지정수량의 10배 이상일 때, 같이 적재하여 운반 시 혼재 불가능한 유별을 모두 쓰시오.

(1) 제1류
(2) 제2류
(3) 제3류
(4) 제4류
(5) 제5류

>>> 풀이

(1) 제1류 위험물과 운반 시 혼재 불가능한 유별은 **제2류 위험물**과 **제3류 위험물**, **제4류 위험물**, **제5류 위험물**이다.
(2) 제2류 위험물과 운반 시 혼재 불가능한 유별은 **제1류 위험물**과 **제3류 위험물**, **제6류 위험물**이다.
(3) 제3류 위험물과 운반 시 혼재 불가능한 유별은 **제1류 위험물**과 **제2류 위험물**, **제5류 위험물**, **제6류 위험물**이다.
(4) 제4류 위험물과 운반 시 혼재 불가능한 유별은 **제1류 위험물**과 **제6류 위험물**이다.
(5) 제5류 위험물과 운반 시 불혼재 가능한 유별은 **제1류 위험물**과 **제3류 위험물**, **제6류 위험물**이다.
유별을 달리하는 위험물의 혼재기준(운반기준)

위험물의 구분	제1류	제2류	제3류	제4류	제5류	제6류
제1류		×	×	×	×	○
제2류	×		×	○	○	×
제3류	×	×		○	×	×
제4류	×	○	○		○	×
제5류	×	○	×	○		×
제6류	○	×	×	×	×	

※ 이 표는 지정수량의 1/10 이하의 위험물에 대하여는 적용하지 아니한다.

>>> 정답

(1) 제2류 위험물, 제3류 위험물, 제4류 위험물, 제5류 위험물
(2) 제1류 위험물, 제3류 위험물, 제6류 위험물
(3) 제1류 위험물, 제2류 위험물, 제5류 위험물, 제6류 위험물
(4) 제1류 위험물, 제6류 위험물
(5) 제1류 위험물, 제3류 위험물, 제6류 위험물

필답형 17 [5점]

다음 탱크의 내용적은 몇 m³인지 구하시오. (단, r은 1m, l_1은 0.4m, l_2는 0.5m, l은 5m이다.)

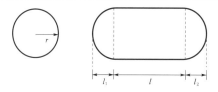

>>> 풀이

가로형으로 설치한 원통형 탱크

$$내용적 = \pi r^2 \left(l + \frac{l_1 + l_2}{3} \right) = \pi \times 1^2 \times \left(5 + \frac{0.4 + 0.5}{3} \right) = 16.65 \text{m}^3$$

1. 타원형 탱크의 내용적
   - 양쪽이 볼록한 것

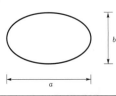 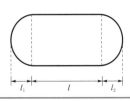

$$내용적 = \frac{\pi ab}{4}\left(l + \frac{l_1 + l_2}{3}\right)$$

   - 한쪽은 볼록하고 다른 한쪽은 오목한 것

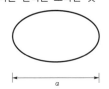 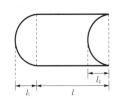

$$내용적 = \frac{\pi ab}{4}\left(l + \frac{l_1 - l_2}{3}\right)$$

2. 원통형 탱크의 내용적
   - 가로로 설치한 것

 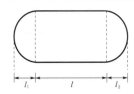

$$내용적 = \pi r^2\left(l + \frac{l_1 + l_2}{3}\right)$$

   - 세로로 설치한 것

 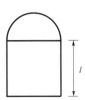

$$내용적 = \pi r^2 l$$

>>> 정답 16.65m^3

필답형 18

[5점]

휘발유를 저장하는 옥외탱크저장소의 방유제에 대해 다음 물음에 답하시오.

(1) 하나의 방유제 안에 설치할 수 있는 탱크의 수는 몇 개 이하인지 쓰시오.
(2) 방유제의 높이를 쓰시오.
(3) 하나의 방유제의 면적은 몇 m² 이하로 하는지 쓰시오.
(4) 방유제의 두께는 몇 m 이상으로 해야 하는지 쓰시오.
(5) 방유제의 지하 매설깊이는 몇 m 이상으로 해야 하는지 쓰시오.

>>> 풀이

(1) 하나의 방유제 안에 설치할 수 있는 탱크 개수의 기준은 다음과 같다.
　① **10개 이하 : 인화점 70℃ 미만인 위험물을 저장**하는 옥외저장탱크
　　※ 휘발유는 인화점이 −43 ∼ −38℃이다.
　② 20개 이하 : 모든 옥외저장탱크 용량의 합이 20만L 이하이고 인화점 70℃ 이상 200℃ 미만(제3석유류)
　　인 위험물을 저장하는 옥외저장탱크
　③ 개수 무제한 : 인화점이 200℃ 이상인 위험물을 저장하는 옥외저장탱크
(2) 옥외저장탱크 주위에 설치하는 방유제의 높이는 **0.5m 이상 3m 이하**로 한다.
(3) 하나의 방유제의 면적은 **8만m² 이하**로 한다.
(4) 방유제의 두께는 **0.2m 이상**으로 한다.
(5) 방유제의 지하 매설깊이는 **1m 이상**으로 한다.

> **Check >>>**
>
> **옥외저장탱크 주위에 설치하는 방유제의 기준**
> 1. 인화성이 있는 액체 위험물의 옥외저장탱크의 방유제 용량
> 　– 방유제 안에 하나의 옥외저장탱크가 설치되어 있는 경우 : 탱크 용량의 110% 이상
> 　– 방유제 안에 두 개 이상의 옥외저장탱크가 설치되어 있는 경우 : 탱크 중 용량이 가장 큰 탱크
> 　　용량의 110% 이상
> 　　※ 인화성이 없는 액체 위험물의 옥외저장탱크의 방유제 용량
> 　　　– 방유제 안에 하나의 옥외저장탱크가 설치되어 있는 경우 : 탱크 용량의 100% 이상
> 　　　– 방유제 안에 두 개 이상의 옥외저장탱크가 설치되어 있는 경우 : 탱크 중 용량이 가장 큰
> 　　　　탱크 용량의 100% 이상
> 2. 방유제의 두께 : 0.2m 이상
> 3. 방유제의 지하매설깊이 : 1m 이상
> 4. 소방차 및 자동차의 통행을 위한 도로의 설치기준 : 방유제 외면의 2분의 1 이상은 3m 이상의 폭을
> 　확보한 도로를 설치한다.
> 　　※ 외면의 2분의 1이란, 외면이 4개일 경우 2개의 면을 의미한다.
> 5. 방유제로부터 옥외저장탱크 옆판까지의 거리
> 　– 탱크 지름이 15m 미만 : 탱크 높이의 3분의 1 이상
> 　– 탱크 지름이 15m 이상 : 탱크 높이의 2분의 1 이상
> 6. 계단 또는 경사로의 기준 : 높이가 1m를 넘는 방유제의 안팎에는 약 50m마다 계단 또는 경사로를
> 　설치한다.
> 7. 방유제의 재질 : 철근콘크리트

>>> 정답

(1) 10개 이하
(2) 0.5m 이상 3m 이하
(3) 8만m² 이하
(4) 0.2m 이상
(5) 1m 이상

필답형 19 [5점]

다음 위험물을 수납한 운반용기의 외부에 표시해야 하는 주의사항을 모두 쓰시오..

(1) 제2류 위험물 중 인화성 고체
(2) 제4류 위험물
(3) 제6류 위험물

>>> 풀이 유별에 따른 주의사항의 비교

유별	품명	운반용기의 주의사항	위험물제조소등의 주의사항
제1류	알칼리금속의 과산화물	화기·충격주의, 가연물접촉주의, 물기엄금	물기엄금 (청색바탕, 백색문자)
	그 밖의 것	화기·충격주의, 가연물접촉주의	필요 없음
제2류	철분, 금속분, 마그네슘	화기주의, 물기엄금	화기주의 (적색바탕, 백색문자)
	인화성 고체	**화기엄금**	화기엄금 (적색바탕, 백색문자)
	그 밖의 것	화기주의	화기주의 (적색바탕, 백색문자)
제3류	금수성 물질	물기엄금	물기엄금 (청색바탕, 백색문자)
	자연발화성 물질	화기엄금, 공기접촉엄금	화기엄금 (적색바탕, 백색문자)
제4류	인화성 액체	**화기엄금**	화기엄금 (적색바탕, 백색문자)
제5류	자기반응성 물질	화기엄금, 충격주의	화기엄금 (적색바탕, 백색문자)
제6류	산화성 액체	**가연물접촉주의**	필요 없음

>>> 정답 (1) 화기엄금
(2) 화기엄금
(3) 가연물접촉주의

필답형 20 [5점]

위험물안전관리법상 이동탱크저장소에 의해 위험물을 운송하는 경우 반드시 위험물 안전카드를 휴대해야 하는 위험물의 유별 3가지를 쓰시오. (단, 위험물의 유별에 품명이 구분되는 경우 품명까지 쓰시오.)

》》 풀이 다음의 위험물을 운송하게 하는 자는 위험물안전카드를 위험물운송자로 하여금 휴대하게 해야 한다.
① 제4류 위험물 중 특수인화물 및 제1석유류
② 제1류, 제2류, 제3류, 제5류, 제6류에 해당하는 모든 위험물

> **Check 》》**
>
> **위험물을 운송하고자 할 때 준수해야 하는 기준**
> 1. 위험물 운송 시 운전자를 2명 이상으로 해야 하는 경우
>   – 고속국도에서 340km 이상에 걸치는 운송을 하는 경우
>   – 일반도로에서 200km 이상에 걸치는 운송을 하는 경우
> 2. 운전자를 1명으로도 할 수 있는 경우
>   – 운송책임자를 동승시킨 경우
>   – 제2류 위험물, 제3류 위험물(칼슘 또는 알루미늄의 탄화물에 한한다) 또는 제4류 위험물(특수인화물 제외)을 운송하는 경우
>   – 운송 도중에 2시간 이내마다 20분 이상씩 휴식하는 경우

》》 정답 제1류 위험물, 제2류 위험물, 제3류 위험물, 제4류 위험물 중 특수인화물 및 제1석유류, 제5류 위험물, 제6류 위험물 이 중 3개

2023 제4회 위험물기능사 실기

2023년 11월 18일 시행

※ 필답형＋작업형으로 시행되던 기존 시험에서는 각 문항별 배점이 상이하였으나, 필답형(20문제) 시험만 보는 2020년 1회부터는 각 문항 배점이 모두 5점입니다!

필/답/형 시험

필답형 01 [5점]

탄산수소나트륨에 대해 다음 물음에 답하시오.

(1) 1차 열분해반응식을 쓰시오.
(2) 표준상태에서 이산화탄소 100m³가 발생하려면 탄산수소나트륨은 몇 kg이 1차 열분해되어야 하는지 구하시오.

>>> 풀이
(1) 제1종 분말소화약제인 탄산수소나트륨($NaHCO_3$)의 분해반응식
  – 1차 열분해반응식(270℃) : $2NaHCO_3 \rightarrow Na_2CO_3 + CO_2 + H_2O$
  – 2차 열분해반응식(850℃) : $2NaHCO_3 \rightarrow Na_2O + 2CO_2 + H_2O$
(2) 표준상태에서 기체 1mol의 부피는 22.4L이고 1,000L＝1m³이므로, 이산화탄소 100m³는 100m³ $CO_2 \times$ $\dfrac{1,000L}{1m^3} \times \dfrac{1mol}{22.4L}$ ＝4464.29mol이다. 탄산수소나트륨의 몰질량은 23(Na)＋1(H)＋12(C)＋16(O)×3＝ 84g/mol이고 1차 열분해반응식에서 2mol의 탄산수소나트륨이 분해하면 1mol의 이산화탄소가 발생하므로, 4464.29mol의 이산화탄소가 발생하기 위해 분해되어야 하는 탄산수소나트륨의 양(kg)은 4464.29mol $CO_2 \times \dfrac{2mol\ NaHCO_3}{1mol\ CO_2} \times \dfrac{84g\ NaHCO_3}{1mol\ NaHCO_3} \times \dfrac{1kg}{1,000g}$ ＝**750.00kg**이다.

>>> 정답
(1) $2NaHCO_3 \rightarrow Na_2CO_3 + CO_2 + H_2O$ (2) 750.00kg

---

필답형 02 [5점]

탄화칼슘에 대해 다음 물음에 답하시오.

(1) 물과의 반응식을 쓰시오.
(2) 물과 반응했을 때 발생되는 기체의 연소반응식을 쓰시오.

>>> 풀이
탄화칼슘(CaC_2)
① 제3류 위험물로서 품명은 칼슘 또는 알루미늄의 탄화물이며, 지정수량은 300kg이다.
② 물과 반응 시 수산화칼슘[$Ca(OH)_2$]과 아세틸렌(C_2H_2) 가스가 발생한다.
  – 물과의 반응식 : $CaC_2 + 2H_2O \rightarrow Ca(OH)_2 + C_2H_2$
  이때 발생하는 가연성 가스인 아세틸렌은 연소하면 이산화탄소(CO_2)와 물이 발생하고, 연소범위는 2.5~81%이다.
  – 아세틸렌의 연소반응식 : $2C_2H_2 + 5O_2 \rightarrow 4CO_2 + 2H_2O$

>>> 정답
(1) $CaC_2 + 2H_2O \rightarrow Ca(OH)_2 + C_2H_2$ (2) $2C_2H_2 + 5O_2 \rightarrow 4CO_2 + 2H_2O$

필답형 03 [5점]

위험물안전관리법령상 지정수량이 500kg 이하인 위험물을 다음 〈보기〉에서 찾아 품명과 지정수량을 쓰시오.

> 과망가니즈산염류, 무기과산화물, 브로민산염류, 아염소산염류, 차아염소산염류

▶▶▶ 풀이

유 별	성 질	위험등급	품 명	지정수량
제1류	산화성 고체	Ⅰ	1. **아염소산염류**	**50kg**
			2. 염소산염류	50kg
			3. 과염소산염류	50kg
			4. **무기과산화물**	**50kg**
		Ⅱ	5. **브로민산염류**	**300kg**
			6. 질산염류	300kg
			7. 아이오딘산염류	300kg
		Ⅲ	8. 과망가니즈산염류	1,000kg
			9. 다이크로뮴산염류	1,000kg
		Ⅰ, Ⅱ, Ⅲ	10. 그 밖에 행정안전부령으로 정하는 것	
			① 과아이오딘산염류	300kg
			② 과아이오딘산	300kg
			③ 크로뮴, 납 또는 아이오딘의 산화물	300kg
			④ 아질산염류	300kg
			⑤ **차아염소산염류**	**50kg**
			⑥ 염소화아이소사이아누르산	300kg
			⑦ 퍼옥소이황산염류	300kg
			⑧ 퍼옥소붕산염류	300kg
			11. 제1호 내지 제10호의 어느 하나 이상을 함유한 것	50kg, 30kg 또는 1,000kg

▶▶▶ 정답 무기과산화물 50kg, 브로민산염류 300kg, 아염소산염류 50kg, 차아염소산염류 50kg

필답형 04 [5점]

제2류 위험물로서 발화점은 100℃이고, 비중은 2.03이며, 물에 녹지 않고, 연소 시 이산화황과 오산화인을 발생하는 물질의 명칭을 쓰시오.

▶▶▶ 풀이 **삼황화인**(P_4S_3)

① 제2류 위험물로서 품명은 황화인이고, 지정수량은 100kg이다.
② 발화점은 100℃, 비중은 2.03이며, 황색 고체로서 조해성이 없다.
③ 물, 염산, 황산에 녹지 않고, 질산, 알칼리, 이황화탄소에 녹는다.
④ 연소 시 이산화황(SO_2)과 오산화인(P_2O_5)이 발생한다.
  – 연소반응식 : $P_4S_3 + 8O_2 \rightarrow 3SO_2 + 2P_2O_5$

▶▶▶ 정답 삼황화인

필답형 05 [5점]

은백색의 광택이 나며 비중 1.74, 원자량 약 24인 제2류 위험물에 대해 다음 물음에 답하시오.

(1) 물질명
(2) 물과의 반응식
(3) 이산화탄소 소화설비 적응 여부

≫≫ 풀이 마그네슘(Mg)

① 제2류 위험물로서 품명은 마그네슘이고, 지정수량은 500kg이다.
② 비중은 1.74이고, 은백색 광택을 가지고 있다.
③ 온수와 반응 시 수산화마그네슘[$Mg(OH)_2$]과 수소(H_2)가 발생한다.
   – 물과의 반응식 : $Mg + 2H_2O \rightarrow Mg(OH)_2 + H_2$
④ 이산화탄소와 반응 시 산화마그네슘(MgO)과 가연성 물질인 탄소(C) 또는 유독성 가스인 일산화탄소(CO)가 발생하므로 **이산화탄소 소화설비는 적응성이 없고**, 마른모래, 탄산수소염류 등으로 질식소화를 해야 한다.
   – 이산화탄소와의 반응식 : $2Mg + CO_2 \rightarrow 2MgO + C$ 또는 $Mg + CO_2 \rightarrow MgO + CO$

> **Check ≫≫**
> 다음 중 어느 하나에 해당하는 마그네슘은 제2류 위험물에서 제외한다.
> 1. 2mm의 체를 통과하지 아니하는 덩어리상태의 것
> 2. 직경 2mm 이상의 막대모양의 것

≫≫ 정답 (1) 마그네슘
(2) $Mg + 2H_2O \rightarrow Mg(OH)_2 + H_2$
(3) 적응성 없다.

필답형 06 [5점]

분자량이 약 78이고, 인화점은 −11℃이며, 연소범위는 1.4~7.1%로 증기는 독성이 강한 제4류 위험물에 대해 다음 물음에 답하시오.

(1) 물질명
(2) 화학식
(3) 연소반응식

≫≫ 풀이 벤젠(C_6H_6)

① 제4류 위험물로서 품명은 제1석유류이고, 비수용성이며, 지정수량은 200L이다.
② 인화점은 −11℃, 연소범위는 1.4~7.1%, 비점은 80℃이다.
③ 비중은 0.95로 물보다 가벼운 무색 투명한 액체로 증기는 독성이 강하다.
④ 연소 시 이산화탄소(CO_2)와 물(H_2O)이 발생한다.
   – 연소반응식 : $2C_6H_6 + 15O_2 \rightarrow 12CO_2 + 6H_2O$

≫≫ 정답 (1) 벤젠
(2) C_6H_6
(3) $2C_6H_6 + 15O_2 \rightarrow 12CO_2 + 6H_2O$

필답형 07 [5점]

탄소의 연소반응식을 쓰고, 탄소 12kg을 연소하기 위해 필요한 산소의 부피는 750mmHg, 30℃에서 몇 m³인지 구하시오.

(1) 연소반응식
(2) 필요한 산소의 부피(m³)

》》 풀이 탄소(C)의 연소반응식은 $C + O_2 \rightarrow CO_2$이고, 탄소 1mol이 연소하기 위해 1mol의 산소가 필요하다. 탄소 12kg은 $12 kg\ C \times \dfrac{1,000g}{1kg} \times \dfrac{1mol\ C}{12g\ C} = 1,000mol$이고, 750mmHg, 30℃에서 탄소 1,000mol을 연소하기 위해 필요한 산소의 부피는 이상기체상태방정식을 이용해 구하면 다음과 같다.

$PV = nRT$

여기서, P : 압력 $= 750mmHg \times \dfrac{1atm}{760mmHg}$

$\quad\quad\quad V$: 부피 V(L)

$\quad\quad\quad n$: 몰수 $= 12 kgC \times \dfrac{1,000g}{1kg} \times \dfrac{1mol\ C}{12g\ C} = 1,000mol$

$\quad\quad\quad R$: 이상기체상수 $= 0.082atm \cdot L/K \cdot mol$

$\quad\quad\quad T$: 절대온도 $= 273 + ℃$온도 $= 273 + 30K$

$\left(750mmHg \times \dfrac{1atm}{760mmHg}\right) \times V = \left(12 kg\ C \times \dfrac{1,000g}{1kg} \times \dfrac{1mol\ C}{12g\ C} \times \dfrac{1mol\ O_2}{1mol\ C}\right) \times 0.082 \times (273 + 30) = 25177.28L$

$1,000L = 1m^3$이므로 $25177.28L \times \dfrac{1m^3}{1,000L} = \textbf{25.18m}^3$이다.

》》 정답 (1) $C + O_2 \rightarrow CO_2$
(2) $25.18m^3$

필답형 08 [5점]

비중은 약 2.51로 적갈색 고체이고, 지정수량은 300kg이며, 물과 반응 시 인화수소를 발생하는 제3류 위험물에 대해 다음 물음에 답하시오.

(1) 물질명
(2) 물과의 반응식

》》 풀이 **인화칼슘**(Ca_3P_2)
① 제3류 위험물로서 품명은 금속의 인화물이며, 지정수량은 300kg이다.
② 비중은 2.51이고, 적갈색 분말로 존재한다.
③ 물과 반응 시 수산화칼슘[$Ca(OH)_2$]과 함께 가연성이면서 맹독성인 포스핀(인화수소, PH_3)이 발생한다.
– 물과의 반응식 : $Ca_3P_2 + 6H_2O \rightarrow 3Ca(OH)_2 + 2PH_3$

》》 정답 (1) 인화칼슘
(2) $Ca_3P_2 + 6H_2O \rightarrow 3Ca(OH)_2 + 2PH_3$

필답형 09 [5점]

아닐린에 대해 다음 물음에 답하시오.

(1) 품명
(2) 지정수량
(3) 분자량

>>> 풀이 아닐린($C_6H_5NH_2$)

① 제4류 위험물로서 품명은 **제3석유류**이며, 비수용성으로 지정수량은 **2,000L**, 위험등급 Ⅲ, 분자량은 $12(C) \times 6 + 1(H) \times 7 + 14(N) = \textbf{93}$이다.

② 인화점 75℃, 발화점 538℃, 비점 184℃, 비중 1.01로 물보다 무거운 물질이다.

③ 나이트로벤젠을 환원하여 만들 수 있다.

④ 알칼리금속과 반응하여 수소를 발생한다.

⑤ 소화방법 : 이산화탄소(CO_2), 할로젠화합물, 분말·포 소화약제를 이용한 질식소화가 효과적이다.

‖ 아닐린의 구조식 ‖

>>> 정답 (1) 제3석유류
(2) 2,000L
(3) 93

필답형 10 [5점]

제4류 위험물인 다이에틸에터에 대해 다음 물음에 답하시오.

(1) 품명
(2) 인화점
(3) 연소범위

>>> 풀이 다이에틸에터($C_2H_5OC_2H_5$)

① 제4류 위험물로서 품명은 **특수인화물**이며, 지정수량은 50L, 위험등급 Ⅰ이다.

② 인화점 **-45℃**, 발화점 180℃, 비점 34.6℃, 연소범위 **1.9~48%**이다.

③ 다이에틸에터($C_2H_5OC_2H_5$) 1mol의 분자량은 $12g(C) \times 4 + 1g(H) \times 10 + 16g(O) = 74g/mol$이다.

$$증기비중 = \frac{기체의\ 분자량}{공기의\ 분자량} = \frac{74}{29} = 2.55$$

④ 햇빛에 분해되거나 공기 중 산소로 인해 과산화물을 생성할 수 있으므로 반드시 갈색병에 밀전·밀봉하여 보관해야 한다. 만일, 이 유기물이 과산화되면 제5류 위험물의 유기과산화물로 되고 성질도 자기반응성으로 변하게 되어 매우 위험해진다.

⑤ 저장 시 과산화물의 생성 여부를 확인하는 과산화물 검출시약은 KI(아이오딘화 칼륨) 10% 용액이며, 이 용액을 반응시켰을 때 황색으로 변하면 과산화물이 생성되었다고 판단한다.

⑥ 과산화물이 생성되었다면 제거를 해야 하는데 과산화물 제거시약으로는 황산철(Ⅱ) 또는 환원철을 이용한다.

⑦ 소화방법 : 이산화탄소(CO_2), 할로젠화합물, 분말·포 소화약제로 질식소화한다.

>>> 정답 (1) 특수인화물
(2) -45℃
(3) 1.9~48%

필답형 11 [5점]

〈보기〉의 물질을 인화점이 낮은 것부터 높은 순으로 나열하시오.

나이트로벤젠, 아세톤, 아세트산, 에틸알코올

》》 풀이 〈보기〉의 물질의 인화점은 다음과 같다.

물질명	화학식	인화점	품 명	지정수량
나이트로벤젠	$C_6H_5NO_2$	88℃	제3석유류	2,000L
아세톤	CH_3COCH_3	−18℃	제1석유류	400L
아세트산	CH_3COOH	40℃	제2석유류	2,000L
에틸알코올	C_2H_5OH	13℃	알코올류	400L

》》 정답 아세톤, 에틸알코올, 아세트산, 나이트로벤젠

필답형 12 [5점]

다음 물질의 구조식을 쓰시오.

(1) 나이트로글리세린
(2) 트라이나이트로페놀

》》 풀이 (1) 나이트로글리세린
① 제5류 위험물로서 품명은 질산에스터류이며, 화학식은 $C_3H_5(ONO_2)_3$이다.
② 동결된 것은 충격에 둔감하나 액체상태는 충격에 매우 민감하여 운반이 금지되어 있으며, 규조토에 흡수시킨 것이 다이너마이트이다.
③ 분해하면 이산화탄소(CO_2)와 수증기(H_2O), 질소(N_2), 산소(O_2)가 발생한다.
– 분해반응식 : $4C_3H_5(ONO_2)_3 \rightarrow 12CO_2 + 10H_2O + 6N_2 + O_2$

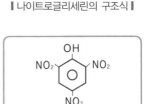

┃나이트로글리세린의 구조식┃

(2) 트라이나이트로페놀(TNP)
① 제5류 위험물로서 품명은 나이트로화합물이며, 화학식은 $C_6H_2OH(NO_2)_3$이다.
② 구조식은 페놀(C_6H_5OH)의 수소 3개를 빼고 그 자리에 나이트로기(NO_2)를 치환시킨 형태이다.
③ 찬물에는 안 녹으나 온수, 알코올, 벤젠, 에터 등에 잘 녹는다.
④ 단독으로는 충격·마찰 등에 둔감하지만 구리, 아연 등 금속염류와의 혼합물은 피크린산염을 생성하여 충격·마찰 등에 위험해진다.
⑤ 고체물질로 건조하면 위험하고 약한 습기에 저장하면 안정하다.
⑥ 분해하면 이산화탄소와(CO_2)와 일산화탄소(CO), 질소(N_2), 탄소(C), 수소(H_2)가 발생한다.
– 분해반응식 : $2C_6H_2OH(NO_2)_3 \rightarrow 4CO_2 + 6CO + 3N_2 + 2C + 3H_2$

┃트라이나이트로페놀의 구조식┃

》》 정답 (1)
```
    H
    |
H-C-O-NO₂
    |
H-C-O-NO₂
    |
H-C-O-NO₂
    |
    H
```

(2)

필답형 **13**　[5점]

트라이나이트로톨루엔에 대해 다음 물음에 답하시오.

(1) 구조식을 쓰시오.
(2) 완전분해반응식을 쓰시오.

>>> 풀이　트라이나이트로톨루엔(TNT)

① 제5류 위험물로서 품명은 나이트로화합물이며, 화학식은 $C_6H_2CH_3(NO_2)_3$ 이다.

② 구조식은 톨루엔($C_6H_5CH_3$)의 수소 3개를 빼고 그 자리에 나이트로기 (NO_2)를 치환시킨 형태이다.

③ 물에는 안 녹으나 알코올, 아세톤, 벤젠 등 유기용제에 잘 녹는다.

④ 기준 폭약으로 사용되며, 고체물질로 건조하면 위험하고 약한 습기에 저장하면 안정하다.

⑤ 분해하면 일산화탄소(CO)와 탄소(C), 질소(N_2), 수소(H_2)가 발생한다.

　－ 분해반응식 : $2C_6H_2CH_3(NO_2)_3 \longrightarrow 12CO + 2C + 3N_2 + 5H_2$

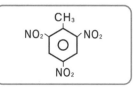

┃ 트라이나이트로톨루엔의 구조식 ┃

>>> 정답　(1)

$$NO_2 \underset{\underset{NO_2}{\quad}}{\overset{CH_3}{\bigcirc}} NO_2$$

(2) $2C_6H_2CH_3(NO_2)_3 \longrightarrow 12CO + 2C + 3N_2 + 5H_2$

필답형 **14**　[5점]

다음의 각 위험물에 대해 운반 시 혼재 가능한 유별을 모두 쓰시오. (단, 각 위험물은 지정수량 이상이다.)

(1) 제1류
(2) 제2류
(3) 제3류

>>> 풀이　(1) 제1류 위험물과 운반 시 혼재 가능한 유별은 **제6류 위험물**이다.

(2) 제2류 위험물과 운반 시 혼재 가능한 유별은 **제4류 위험물**과 **제5류 위험물**이다.

(3) 제3류 위험물과 운반 시 혼재 가능한 유별은 **제4류 위험물**이다.

유별을 달리하는 위험물의 혼재기준(운반기준)

위험물의 구분	제1류	제2류	제3류	제4류	제5류	제6류
제1류		×	×	×	×	○
제2류	×		×	○	○	×
제3류	×	×		○	×	×
제4류	×	○	○		○	×
제5류	×	○	×	○		×
제6류	○	×	×	×	×	

※ 이 표는 지정수량의 1/10 이하의 위험물에 대하여는 적용하지 아니한다.

>>> 정답　(1) 제6류 위험물

(2) 제4류 위험물, 제5류 위험물

(3) 제4류 위험물

필답형 15 [5점]

다이에틸에터 100L, 이황화탄소 50L, 아세톤 400L, 휘발유 400L를 저장하고 있다. 각 물질의 지정수량 배수의 총합은 얼마인지 구하시오.

▶▶▶ 풀이 〈문제〉에서 제시된 위험물은 모두 제4류 위험물로서 각 물질의 지정수량은 다음과 같다.
① 다이에틸에터(특수인화물, 비수용성) : 50L
② 이황화탄소(특수인화물, 비수용성) : 50L
③ 아세톤(제1석유류, 수용성) : 400L
④ 휘발유(제1석유류, 비수용성) : 200L
따라서, 이 위험물들의 지정수량 배수의 합은 다음과 같다.

$$\frac{\text{A위험물의 저장수량}}{\text{A위험물의 지정수량}} + \frac{\text{B위험물의 저장수량}}{\text{B위험물의 지정수량}} + \cdots = \frac{100L}{50L} + \frac{50L}{50L} + \frac{400L}{400L} + \frac{400L}{200L} = \textbf{6배}$$

▶▶▶ 정답 6배

필답형 16 [5점]

옥외저장탱크, 옥내저장탱크 또는 지하저장탱크 중 압력탱크 외의 탱크에 다음 위험물을 저장할 경우에 유지하여야 하는 저장온도를 쓰시오.

(1) 다이에틸에터
(2) 산화프로필렌
(3) 아세트알데하이드

▶▶▶ 풀이 탱크에 저장할 경우 위험물의 저장온도 기준은 다음과 같다.
(1) 옥외저장탱크, 옥내저장탱크 또는 지하저장탱크
① 이들 탱크 중 압력탱크 외의 탱크에 저장하는 경우
㉠ 아세트알데하이드등 : **15℃ 이하**
㉡ 산화프로필렌등과 다이에틸에터등 : **30℃ 이하**
② 이들 탱크 중 압력탱크에 저장하는 경우
㉠ 아세트알데하이드등 : 40℃ 이하
㉡ 다이에틸에터등 : 40℃ 이하
(2) 이동저장탱크
① 보냉장치가 있는 이동저장탱크에 저장하는 경우
㉠ 아세트알데하이드등 : 비점 이하
㉡ 다이에틸에터등 : 비점 이하
② 보냉장치가 없는 이동저장탱크에 저장하는 경우
㉠ 아세트알데하이드등 : 40℃ 이하
㉡ 다이에틸에터등 : 40℃ 이하

▶▶▶ 정답 (1) 30℃ 이하
(2) 30℃ 이하
(3) 15℃ 이하

필답형 17 [5점]

다음 〈보기〉의 위험물 중 포소화설비에 적응성이 없는 위험물을 모두 쓰시오.

> 과산화수소, 등유, 알킬알루미늄, 유기과산화물, 철분, 하이드록실아민

▶▶ 풀이

소화설비의 구분			건축물·그 밖의 공작물	전기설비	제1류 위험물		제2류 위험물			제3류 위험물		제4류 위험물	제5류 위험물	제6류 위험물
					알칼리금속의 과산화물등	그 밖의 것	철분·금속분·마그네슘등	인화성 고체	그 밖의 것	금수성 물품	그 밖의 것			
옥내소화전 또는 옥외소화전 설비			○			○		○	○		○		○	○
스프링클러설비			○			○		○	○		○	△	○	○
물분무 등 소화설비		물분무소화설비	○	○		○		○	○		○		○	○
		포소화설비	○			○		○	○		○	○	○	○
		불활성가스소화설비		○				○			○			
		할로젠화합물소화설비		○				○			○			
	분말 소화 설비	인산염류등	○	○		○		○			○			○
		탄산수소염류등		○	○		○			○		○			
		그 밖의 것		○		○			○					
대형·소형 수동식 소화기		봉상수(棒狀水)소화기	○			○		○	○		○		○	○
		무상수(霧狀水)소화기	○	○		○		○	○		○		○	○
		봉상강화액소화기	○			○		○	○		○		○	○
		무상강화액소화기	○	○		○		○	○		○		○	○
		포소화기	○			○		○	○		○		○	○
		이산화탄소소화기		○				○			○		△	
		할로젠화합물소화기		○				○			○			
	분말 소화 설비	인산염류소화기	○	○		○		○			○			○
		탄산수소염류소화기		○	○		○			○		○			
		그 밖의 것		○		○			○					
기타		물통 또는 수조	○			○		○	○		○		○	○
		건조사			○	○	○	○	○	○	○	○	○	○
		팽창질석 또는 팽창진주암			○	○	○	○	○	○	○	○	○	○

〈보기〉에서 제시된 위험물의 유별과 품명은 다음과 같다.

물질명	유별	품명	지정수량	성질
과산화수소	제6류 위험물	과산화수소	300kg	산화성 액체
등유	제4류 위험물	제2석유류	1,000L	인화성 액체
알킬알루미늄	제3류 위험물	알킬알루미늄	10kg	자연발화성, 금수성
유기과산화물	제5류 위험물	유기과산화물	제1종 : 10kg, 제2종 : 100kg	자기반응성 물질
철분	제2류 위험물	철분	500kg	가연성 고체
하이드록실아민	제5류 위험물	하이드록실아민	제1종 : 10kg, 제2종 : 100kg	자기반응성 물질

▶▶ 정답 알킬알루미늄, 철분

필답형 18 [5점]

다음 위험물을 수납한 운반용기의 외부에 표시해야 하는 주의사항을 모두 쓰시오.

(1) 제1류 위험물 중 알칼리금속의 과산화물
(2) 제2류 위험물 중 금속분
(3) 제5류 위험물

>>> 풀이   유별에 따른 주의사항의 비교

유 별	품 명	운반용기의 주의사항	위험물제조소등의 주의사항
제1류	알칼리금속의 과산화물	**화기·충격주의, 가연물접촉주의, 물기엄금**	물기엄금 (청색바탕, 백색문자)
	그 밖의 것	화기·충격주의, 가연물접촉주의	필요 없음
제2류	철분, 금속분, 마그네슘	**화기주의, 물기엄금**	화기주의 (적색바탕, 백색문자)
	인화성 고체	화기엄금	화기엄금 (적색바탕, 백색문자)
	그 밖의 것	화기주의	화기주의 (적색바탕, 백색문자)
제3류	금수성 물질	물기엄금	물기엄금 (청색바탕, 백색문자)
	자연발화성 물질	화기엄금, 공기접촉엄금	화기엄금 (적색바탕, 백색문자)
제4류	인화성 액체	화기엄금	화기엄금 (적색바탕, 백색문자)
제5류	자기반응성 물질	**화기엄금, 충격주의**	화기엄금 (적색바탕, 백색문자)
제6류	산화성 액체	가연물접촉주의	필요 없음

>>> 정답
(1) 화기·충격주의, 가연물접촉주의, 물기엄금
(2) 화기주의, 물기엄금
(3) 화기엄금, 충격주의

필답형 19 [5점]

위험물안전관리법령상 간이탱크저장소에 대하여 다음 물음에 답하시오.

(1) 1개의 간이탱크저장소에 설치하는 간이저장탱크는 몇 개 이하로 해야 하는지 쓰시오.
(2) 간이저장탱크의 용량은 몇 L 이하여야 하는지 쓰시오.
(3) 간이저장탱크는 두께를 몇 mm 이상의 강판으로 해야 하는지 쓰시오.
(4) 통기관의 지름은 몇 mm 이상으로 해야 하는지 쓰시오.
(5) 통기관은 옥외에 설치하되, 그 끝부분의 높이는 지상 몇 m 이상으로 해야 하는지 쓰시오.
(6) 통기관의 끝부분은 수평면에 대하여 아래로 몇 ° 이상 구부려 빗물 등이 침투하지 아니하도록 해야 하는지 쓰시오.

>>> 풀이 간이탱크저장소의 구조 및 설치기준
① 하나의 간이탱크저장소에 설치할 수 있는 간이저장탱크의 수 : **3개 이하**
② 하나의 간이저장탱크의 최대용량 : **600L**
③ 간이저장탱크의 두께 : **3.2mm 이상**의 강철판
④ 수압시험압력 : 70kPa의 압력으로 10분간 실시하여 새거나 변형되지 않아야 한다.
간이탱크저장소는 밸브 없는 통기관 또는 대기밸브부착 통기관을 설치해야 하며, 밸브 없는 통기관의 기준은
다음과 같다.
① 통기관의 지름은 **25mm 이상**으로 할 것
② 통기관은 옥외에 설치하되 그 끝부분의 높이는 지상 **1.5m 이상**으로 할 것
③ 통기관의 끝부분은 수평면에 대하여 아래로 **45° 이상** 구부려 빗물 등의 침투를 방지할 것
④ 가는 눈의 구리망 등으로 인화방지장치를 할 것. 다만, 인화점 70℃ 이상의 위험물만을 해당 위험물의 인화점
 미만의 온도로 저장 또는 취급하는 탱크에 설치하는 통기관에는 인화방지장치를 설치하지 않아도 된다.

>>> 정답 (1) 3개 이하
(2) 600L 이하
(3) 3.2mm 이상
(4) 25mm 이상
(5) 1.5m 이상
(6) 45° 이상

필답형 20 [5점]

다음 위험물을 옥내저장소에 저장하는 경우 저장창고의 바닥면적은 몇 m^2 이하로 해야 하는지
쓰시오.

(1) 아세트알데하이드
(2) 적린
(3) 칼륨

>>> 풀이 옥내저장소의 바닥면적에 따른 위험물의 저장기준
① 바닥면적 **1,000m² 이하**에 저장할 수 있는 물질
  ㉠ 제1류 위험물 중 아염소산염류, 염소산염류, 과염소산염류, 무기과산화물, 그 밖에 지정수량이 50kg인
   위험물(위험등급 Ⅰ)
  ㉡ **제3류 위험물 중 칼륨**, 나트륨, 알킬알루미늄, 알킬리튬, 그 밖에 지정수량이 10kg인 위험물 및 황린
   (위험등급 Ⅰ)
  ㉢ **제4류 위험물 중 특수인화물**, 제1석유류 및 알코올류(위험등급 Ⅰ 및 위험등급 Ⅱ)
  ㉣ 제5류 위험물 중 유기과산화물, 질산에스터류, 그 밖에 지정수량이 10kg인 위험물(위험등급 Ⅰ)
  ㉤ 제6류 위험물 중 과염소산, 과산화수소, 질산(위험등급 Ⅰ)
② 바닥면적 2,000m² 이하에 저장할 수 있는 물질 : 바닥면적 1,000m² 이하에 저장할 수 있는 물질 이외의 것
〈문제〉에서 제시된 위험물의 유별과 품명은 다음과 같다.

물질명	유 별	품 명	지정수량	위험등급
아세트알데하이드	제4류 위험물	특수인화물	50L	Ⅰ
적린	제2류 위험물	적린	100kg	Ⅱ
칼륨	제3류 위험물	칼륨	10kg	Ⅰ

>>> 정답 (1) 1,000m² 이하 (2) 2,000m² 이하 (3) 1,000m² 이하

2024 제1회 위험물기능사 실기

2024년 3월 17일 시행

※ 필답형+작업형으로 시행되던 기존 시험에서는 각 문항별 배점이 상이하였으나,
필답형(20문제) 시험만 보는 2020년 1회부터는 각 문항 배점이 모두 5점입니다!

필/답/형 시험

필답형 01 [5점]

다음 [표]는 자체소방대에 설치하는 화학소방자동차의 수와 자체소방대원의 수를 나타낸 것이다. 괄호 안에 들어갈 알맞은 수를 쓰시오.

사업소의 구분	화학소방자동차의 수	자체소방대원의 수
지정수량의 3천배 이상 12만배 미만으로 취급하는 제조소 또는 일반취급소	1대 이상	(①)명 이상
지정수량의 12만배 이상 24만배 미만으로 취급하는 제조소 또는 일반취급소	2대 이상	10명 이상
지정수량의 24만배 이상 48만배 미만으로 취급하는 제조소 또는 일반취급소	3대 이상	(②)명 이상
지정수량의 48만배 이상으로 취급하는 제조소 또는 일반취급소	4대 이상	(③)명 이상
지정수량의 50만배 이상으로 저장하는 옥외탱크저장소	(④)대 이상	(⑤)명 이상

>>> 풀이　자체소방대는 제4류 위험물을 지정수량의 3천배 이상으로 저장·취급하는 제조소 또는 일반취급소, 제4류 위험물을 지정수량의 50만배 이상 저장하는 옥외탱크저장소에 설치하며, 자체소방대에 두는 화학소방자동차 및 자체소방대원의 수는 다음과 같다.

사업소의 구분	화학소방자동차의 수	자체소방대원의 수
지정수량의 3천배 이상 12만배 미만으로 취급하는 제조소 또는 일반취급소	1대 이상	**5명 이상**
지정수량의 12만배 이상 24만배 미만으로 취급하는 제조소 또는 일반취급소	2대 이상	10명 이상
지정수량의 24만배 이상 48만배 미만으로 취급하는 제조소 또는 일반취급소	3대 이상	**15명 이상**
지정수량의 48만배 이상으로 취급하는 제조소 또는 일반취급소	4대 이상	**20명 이상**
지정수량의 50만배 이상으로 저장하는 옥외탱크저장소	**2대 이상**	10명 이상

>>> 정답　① 5, ② 15, ③ 20, ④ 2, ⑤ 10

필답형 02

[5점]

다음 〈보기〉의 위험물을 위험등급에 따라 구분하시오. (단, 해당 없으면 "해당 없음"이라고 쓰시오.)

> 과망가니즈산염류, 다이크로뮴산염류, 무기과산화물, 브로민산염류, 아염소산염류, 질산염류

(1) 위험등급 Ⅰ
(2) 위험등급 Ⅱ
(3) 위험등급 Ⅲ

≫≫ 풀이

유 별	성 질	위험등급	품 명	지정수량
제1류 위험물	산화성 고체	Ⅰ	1. **아염소산염류**	50kg
			2. 염소산염류	50kg
			3. 과염소산염류	50kg
			4. **무기과산화물**	50kg
		Ⅱ	5. **브로민산염류**	300kg
			6. **질산염류**	300kg
			7. 아이오딘산염류	300kg
		Ⅲ	8. **과망가니즈산염류**	1,000kg
			9. **다이크로뮴산염류**	1,000kg

≫≫ 정답

(1) 무기과산화물, 아염소산염류
(2) 브로민산염류, 질산염류
(3) 과망가니즈산염류, 다이크로뮴산염류

필답형 03

[5점]

다음 탱크의 내용적은 몇 m³인지 구하시오. (단, r은 1m, l_1은 0.45m, l_2는 0.45m, l은 3m이다.)

(1) 식
(2) 답

≫≫ 풀이

가로로 설치한 원통형 탱크의 내용적 $= \pi r^2 \left(l + \dfrac{l_1 + l_2}{3} \right) = \pi \times 1^2 \times \left(3 + \dfrac{0.45 + 0.45}{3} \right) = 10.37 \mathrm{m}^3$

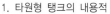

1. 타원형 탱크의 내용적
   – 양쪽이 볼록한 것

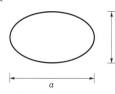 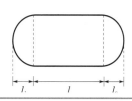

$$내용적 = \frac{\pi ab}{4}\left(l + \frac{l_1 + l_2}{3}\right)$$

   – 한쪽은 볼록하고 다른 한쪽은 오목한 것

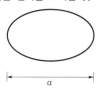 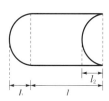

$$내용적 = \frac{\pi ab}{4}\left(l + \frac{l_1 - l_2}{3}\right)$$

2. 원통형 탱크의 내용적
   – 가로로 설치한 것

 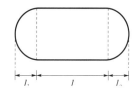

$$내용적 = \pi r^2\left(l + \frac{l_1 + l_2}{3}\right)$$

   – 세로로 설치한 것

$$내용적 = \pi r^2 l$$

>>> 정답

(1) $\pi \times 1^2 \times \left(3 + \dfrac{0.45 + 0.45}{3}\right)$

(2) 10.37m^3

필답형 04　　　　　　　　　　　　　　　　　　　　　　　　　　　　[5점]

다음 할로젠화합물 소화약제의 Halon 번호에 해당하는 화학식을 쓰시오.

(1) Halon 2402
(2) Halon 1211
(3) Halon 1301

≫≫ 풀이　할로젠화합물 소화약제는 할론 명명법에 의해 할론 번호를 부여하는데, 그 방법은 화학식에 표시된 원소의 개수를 C - F - Cl - Br - I의 순서대로 표시하는 것이다.
　　　(1) Halon 2402 : C의 개수 2개, F의 개수 4개, Cl의 개수 0개, Br의 개수 2개이므로 화학식은 $C_2F_4Br_2$이다.
　　　(2) Halon 1211 : C의 개수 1개, F의 개수 2개, Cl의 개수 1개, Br의 개수 1개이므로 화학식은 CF_2ClBr이다.
　　　(3) Halon 1301 : C의 개수 1개, F의 개수 3개, Cl의 개수 0개, Br의 개수 1개이므로 화학식은 CF_3Br이다.

≫≫ 정답　(1) $C_2F_4Br_2$
　　　(2) CF_2ClBr
　　　(3) CF_3Br

필답형 05　　　　　　　　　　　　　　　　　　　　　　　　　　　　[5점]

다음은 알코올의 산화과정이다. 다음 물음에 답하시오.

• 메틸알코올은 공기 속에서 산화되면 (①)가 되며 최종적으로 (②)이 된다.
• 에틸알코올은 산화되면 (③)가 되며 최종적으로 초산이 된다.

(1) ①의 물질명과 화학식을 쓰시오.
(2) ②의 화학식과 지정수량을 쓰시오.
(3) ③의 화학식과 품명을 쓰시오.

≫≫ 풀이　(1), (2) 메틸알코올(CH_3OH)은 제4류 위험물로 품명은 알코올류이고, 지정수량은 400L이며, 위험등급 Ⅱ인 물질이다. 산화되면 **폼알데하이드($HCHO$)**를 거쳐 **폼산($HCOOH$)**이 된다.

　　　– 메틸알코올의 산화 : $CH_3OH \xrightarrow[+H_2(환원)]{-H_2(산화)} HCHO \xrightarrow[-0.5O_2(환원)]{+0.5O_2(산화)} HCOOH$

　　　폼산($HCOOH$)은 제4류 위험물로 품명은 제2석유류이고, 지정수량은 **2,000L**이며, 위험등급 Ⅲ인 물질이다.
　　　(3) 에틸알코올(C_2H_5OH)은 제4류 위험물로 품명은 알코올류이고, 지정수량은 400L이며, 위험등급 Ⅱ인 물질이다. 산화되면 **아세트알데하이드(CH_3CHO)**를 거쳐 초산(CH_3COOH)이 된다.

　　　– 에틸알코올의 산화 : $C_2H_5OH \xrightarrow[+H_2(환원)]{-H_2(산화)} CH_3CHO \xrightarrow[-0.5O_2(환원)]{+0.5O_2(산화)} CH_3COOH$

　　　아세트알데하이드(CH_3CHO)는 제4류 위험물로 품명은 **특수인화물**이고, 지정수량은 50L이며, 위험등급 Ⅰ인 물질이다. 또한 초산(CH_3COOH)은 제4류 위험물로 품명은 제2석유류이고, 지정수량은 2,000L이며, 위험등급 Ⅲ인 물질이다.

≫≫ 정답　(1) 폼알데하이드, $HCHO$
　　　(2) $HCOOH$, 2,000L
　　　(3) CH_3CHO, 특수인화물

필답형 06 [5점]

위험물안전관리법에서 정하는 위험물을 취급할 수 있는 자의 자격기준이다. 다음 빈칸에 들어갈 알맞은 내용을 쓰시오.

위험물취급자격자의 구분	취급할 수 있는 위험물
①	모든 위험물
②	제4류 위험물
소방공무원 경력자	③

▶▶▶ 풀이 위험물을 취급할 수 있는 자의 자격기준

위험물취급자격자의 구분	취급할 수 있는 위험물
위험물기능장, 위험물산업기사, 위험물기능사	모든 위험물
안전관리자 교육이수자	제4류 위험물
3년 이상의 소방공무원 경력자	**제4류 위험물**

▶▶▶ 정답
① 위험물기능장, 위험물산업기사, 위험물기능사
② 안전관리자 교육이수자
③ 제4류 위험물

필답형 07 [5점]

제1류 위험물인 과산화칼륨에 대해 다음 물음에 답하시오.

(1) 열분해반응식을 쓰시오.
(2) 물과의 반응식을 쓰시오.
(3) 초산과의 반응식을 쓰시오.

▶▶▶ 풀이 과산화칼륨(K_2O_2)
① 제1류 위험물로서 품명은 무기과산화물이며, 지정수량은 50kg, 위험등급 Ⅰ인 산화성 고체이다.
② 열분해 시 산화칼륨(K_2O)과 산소(O_2)가 발생한다.
  – 열분해반응식 : $2K_2O_2 \rightarrow 2K_2O + O_2$
③ 물로 냉각소화하면 산소와 열의 발생으로 위험하므로 마른모래, 팽창질석, 팽창진주암, 탄산수소염류 분말 소화약제로 질식소화를 해야 한다.
④ 물과의 반응으로 수산화칼륨(KOH)과 다량의 산소(O_2), 그리고 열을 발생하므로 물기엄금 해야 한다.
  – 물과의 반응식 : $2K_2O_2 + 2H_2O \rightarrow 4KOH + O_2$
⑤ 초산과의 반응 시 초산칼륨(CH_3COOK)과 과산화수소(H_2O_2)가 발생한다.
  – 초산과의 반응식 : $K_2O_2 + 2CH_3COOH \rightarrow 2CH_3COOK + H_2O_2$

▶▶▶ 정답
(1) $2K_2O_2 \rightarrow 2K_2O + O_2$
(2) $2K_2O_2 + 2H_2O \rightarrow 4KOH + O_2$
(3) $K_2O_2 + 2CH_3COOH \rightarrow 2CH_3COOK + H_2O_2$

필답형 08　　　　　　　　　　　　　　　　　　　　　　　　[5점]

표준상태에서 2kg의 황이 완전연소할 때 필요한 공기의 부피(m^3)를 구하시오. (단, 황의 원자량은 32이고, 공기 중 산소의 양은 21%이다.)

(1) 식

(2) 답

▶▶▶ 풀이　황(S)은 제2류 위험물로서 품명은 황이고, 지정수량은 100kg이며, 위험등급 Ⅱ인 물질이다. 순도가 60중량% 이상인 것을 위험물로 정하며, 비금속성 물질이므로 전기불량도체이며, 정전기가 발생할 수 있는 위험이 있다. 미분상태로 공기 중에 떠 있을 때 분진폭발의 위험이 있고, 연소 시 청색 불꽃을 내며 이산화황(SO_2)이 발생한다.

－ 연소반응식 : $S + O_2 \rightarrow SO_2$

1mol의 황은 1mol의 산소(O_2)와 반응하며, 표준상태에서 1mol의 기체 부피는 22.4L이고, 1,000L＝1m^3이므로 2kg(＝2,000g)의 황이 완전연소 할 때 필요한 공기의 부피(m^3)는 다음과 같다.

$$2{,}000\text{g S} \times \frac{1\text{mol S}}{32\text{g S}} \times \frac{1\text{mol O}_2}{1\text{mol S}} \times \frac{22.4\text{L O}_2}{1\text{mol O}_2} \times \frac{100\text{L 공기}}{21\text{L O}_2} \times \frac{1\text{m}^3}{1{,}000\text{L}} = 6.67\text{m}^3 \text{ 공기}$$

▶▶▶ 정답

(1) $2{,}000\text{g S} \times \dfrac{1\text{mol S}}{32\text{g S}} \times \dfrac{1\text{mol O}_2}{1\text{mol S}} \times \dfrac{22.4\text{L O}_2}{1\text{mol O}_2} \times \dfrac{100\text{L 공기}}{21\text{L O}_2} \times \dfrac{1\text{m}^3}{1{,}000\text{L}}$

(2) 6.67m^3

필답형 09　　　　　　　　　　　　　　　　　　　　　　　　[5점]

제4류 위험물의 정의에 대해 다음 (　) 안에 알맞은 내용을 쓰시오.

• 특수인화물은 이황화탄소, 다이에틸에터, 그 밖에 1기압에서 발화점이 (①)℃ 이하인 것, 또는 인화점이 (②)℃ 이하이고 비점이 (③)℃ 이하인 것을 말한다.

• 제1석유류는 1기압에서 인화점이 (④)℃ 미만인 것을 말한다.

• 제3석유류는 1기압에서 인화점이 (⑤)℃ 이상 (⑥)℃ 미만인 것을 말한다. 단, 도료류, 그 밖의 물품에 있어서 가연성 액체량이 (⑦)중량% 이하인 것은 제외한다.

▶▶▶ 풀이　제4류 위험물의 품명

① 특수인화물 : 이황화탄소, 다이에틸에터, 그 밖에 1기압에서 발화점이 **100℃ 이하**인 것, 또는 인화점이 **영하 20℃ 이하**이고 비점이 **40℃ 이하**인 것을 말한다.

② 제1석유류 : 아세톤, 휘발유, 그 밖에 1기압에서 인화점이 **21℃ 미만**인 것을 말한다.

③ 알코올류 : 1분자를 구성하는 탄소원자의 수가 1개부터 3개까지인 포화1가알코올(변성알코올 포함)을 말한다.

④ 제2석유류 : 등유, 경유, 그 밖에 1기압에서 인화점이 21℃ 이상 70℃ 미만인 것을 말한다.

⑤ 제3석유류 : 중유, 크레오소트유, 그 밖에 1기압에서 인화점이 **70℃ 이상 200℃ 미만**인 것을 말한다. 단, 도료류, 그 밖의 물품에 있어서 가연성 액체량이 **40중량% 이하**인 것은 제외한다.

⑥ 제4석유류 : 기어유, 실린더유, 그 밖에 1기압에서 인화점이 200℃ 이상 250℃ 미만인 것을 말한다.

⑦ 동식물유류 : 동물의 지육 등 또는 식물의 종자나 과육으로부터 추출한 것으로서 1기압에서 인화점이 250℃ 미만인 것을 말한다.

▶▶▶ 정답

① 100, ② 영하 20, ③ 40

④ 21

⑤ 70, ⑥ 200, ⑦ 40

필답형 10 [5점]

제2류 위험물에 해당하는 알루미늄분에 대해 다음 물음에 답하시오.

(1) 주수소화 하면 안 되는 이유를 쓰시오.
(2) 물과의 반응식을 쓰시오.

▷▷▷ 풀이 알루미늄분(Al)은 제2류 위험물로서 품명은 금속분이며, 금수성 물질이다. 은백색 광택을 가지고 있으며, 산과 알칼리 수용액에서도 수소가 발생하므로 양쪽성 원소이다. 또한, 연소 시 산화알루미늄(Al_2O_3)이 발생하며, 온수와 반응 시 수산화알루미늄[$Al(OH)_3$]과 **가연성인 수소(H_2) 기체가 발생**한다.
  – 연소반응식 : $4Al + 3O_2 \rightarrow 2Al_2O_3$
  – 물과의 반응식 : $2Al + 6H_2O \rightarrow 2Al(OH)_3 + 3H_2$

▷▷▷ 정답 (1) 주수소화 시 가연성인 수소(H_2) 기체가 발생하기 때문에
  (2) $2Al + 6H_2O \rightarrow 2Al(OH)_3 + 3H_2$

필답형 11 [5점]

다음 각 물질의 물과의 반응 시 생성되는 인화성 가스의 명칭을 쓰시오. (단, 해당 없으면 "해당 없음"이라고 쓰시오.)

(1) 과염소산나트륨
(2) 트라이에틸알루미늄
(3) 인화알루미늄
(4) 사이안화수소
(5) 염소산칼륨

▷▷▷ 풀이 (1) 과염소산나트륨($NaClO_4$)은 제1류 위험물로서 품명은 과염소산염류이며, 산화성 고체이다. 물과의 반응 시 **인화성 가스를 발생하지 않는다.**
  (2) 트라이에틸알루미늄[$(C_2H_5)_3Al$]은 제3류 위험물로서 품명은 알킬알루미늄이며, 자연발화성 및 금수성 물질이다. 물과의 반응 시 수산화알루미늄[$Al(OH)_3$]과 **에테인(C_2H_6)**이 발생한다.
    – 물과의 반응식 : $(C_2H_5)_3Al + 3H_2O \rightarrow (C_2H_5)_3Al + 3C_2H_6$
  (3) 인화알루미늄(AlP)은 제3류 위험물로서 품명은 금속의 인화물이며, 금수성 물질이다. 물과의 반응 시 수산화알루미늄[$Al(OH)_3$]과 **포스핀(PH_3)**이 발생한다.
    – 물과의 반응식 : $AlP + 3H_2O \rightarrow Al(OH)_3 + PH_3$
  (4) 사이안화수소(HCN)는 제4류 위험물로서 품명은 제1석유류이며, 수용성인 인화성 액체이다. 물과의 반응 시 **인화성 가스를 발생하지 않는다.**
  (5) 염소산칼륨($KClO_3$)은 제1류 위험물로서 품명은 염소산염류이며, 산화성 고체이다. 물과의 반응 시 **인화성 가스를 발생하지 않는다.**

▷▷▷ 정답 (1) 해당 없음
  (2) 에테인
  (3) 포스핀
  (4) 해당 없음
  (5) 해당 없음

필답형 12 [5점]

다음 제3류 위험물의 지정수량을 쓰시오.

(1) 칼륨
(2) 나트륨
(3) 황린
(4) 알킬리튬
(5) 칼슘의 탄화물

>>> 풀이

유 별	성 질	위험등급	품 명	지정수량
제3류 위험물	자연 발화성 물질 및 금수성 물질	I	1. **칼륨**	10kg
			2. **나트륨**	10kg
			3. 알킬알루미늄	10kg
			4. **알킬리튬**	10kg
			5. **황린**	20kg
		II	6. 알칼리금속(칼륨 및 나트륨 제외) 및 알칼리토금속	50kg
			7. 유기금속화합물(알킬알루미늄 및 알킬리튬 제외)	50kg
		III	8. 금속의 수소화물	300kg
			9. 금속의 인화물	300kg
			10. **칼슘 또는 알루미늄의 탄화물**	300kg

>>> 정답 (1) 10kg (2) 10kg (3) 20kg (4) 10kg (5) 300kg

필답형 13 [5점]

0℃, 1기압에서 다음 물질의 증기밀도(g/L)를 구하시오.

(1) 에탄올
(2) 톨루엔

>>> 풀이

(1) 에탄올(C_2H_5OH)은 제4류 위험물로서 품명은 알코올류이며, 지정수량은 400L이고, 위험등급 II인 물질이다. 에탄올 1mol의 분자량은 12(C)g×2 + 1(H)g×6 + 16(O)g×1 = 46g이므로,

$$0℃, 1기압에서 증기밀도 = \frac{분자량}{22.4}(g/L) = \frac{46}{22.4} = \mathbf{2.05g/L}이다.$$

(2) 톨루엔($C_6H_5CH_3$)은 제4류 위험물로서 품명은 제1석유류이며, 지정수량은 200L이고, 위험등급 II인 물질이다. 톨루엔 1mol의 분자량은 12(C)g×7 + 1(H)g×8 = 92g이므로,

$$0℃, 1기압에서 증기밀도 = \frac{분자량}{22.4}(g/L) = \frac{92}{22.4} = \mathbf{4.11g/L}이다.$$

>>> 정답 (1) 2.05g/L
(2) 4.11g/L

필답형 14 [5점]

철분(Fe)에 대해 다음 물음에 답하시오.

(1) 묽은 염산과의 반응식을 쓰시오.
(2) 묽은 염산과의 반응 시 발생하는 기체의 명칭을 쓰시오.

▶▶▶ 풀이 철분(Fe)
① 제2류 위험물 중 품명은 철분이고, 지정수량은 500kg인 금수성 물질이다. 철분이라 함은 철의 분말을 말하며, 53마이크로미터의 표준체를 통과하는 것이 50중량% 미만인 것은 제외한다.
② 온수와의 반응 시 수산화철(Ⅱ)[$Fe(OH)_2$]과 수소(H_2)가 발생한다.
　– 물과의 반응식 : $Fe + 2H_2O \rightarrow Fe(OH)_2 + H_2$
③ 묽은 염산(HCl)과 반응 시 염화철(Ⅱ)($FeCl_2$)과 **수소(H_2)가 발생**한다.
　– 염산과의 반응식 : $\mathbf{Fe + 2HCl \rightarrow FeCl_2 + H_2}$
④ 냉각소화 시 수소가 발생하므로 마른모래, 팽창질석, 팽창진주암, 탄산수소염류 분말소화약제 등으로 질식소화 해야 한다.

▶▶▶ 정답 (1) $Fe + 2HCl \rightarrow FeCl_2 + H_2$
(2) 수소

필답형 15 [5점]

무색무취의 투명한 액체로, 규조토에 흡수시켜 다이너마이트를 제조하며, 열분해 시 이산화탄소, 수증기, 질소, 산소로 분해되는 위험물에 대해 다음 물음에 답하시오.

(1) 구조식을 쓰시오.
(2) 품명을 쓰시오.
(3) 열분해반응식을 쓰시오.

▶▶▶ 풀이 나이트로글리세린[$C_3H_5(ONO_2)_3$]
① 제5류 위험물로서 품명은 **질산에스터류**이며, 지정수량은 시험결과에 따라 제1종과 제2종으로 분류하고, 제1종인 경우 지정수량은 10kg, 제2종인 경우 지정수량은 100kg이다.
② 순수한 것은 무색투명한 액체이고, 동결된 것은 충격에 둔감하나 액체상태는 충격에 매우 민감하여 운반이 금지되어 있다.
③ 규조토에 흡수시킨 것이 다이너마이트이다.
④ 열분해 시 이산화탄소(CO_2), 수증기(H_2O), 질소(N_2), 산소(O_2)가 생성된다.
　– 열분해반응식 : $4C_3H_5(ONO_2)_3 \rightarrow 12CO_2 + 10H_2O + 6N_2 + O_2$

```
            H
            |
    H - C - O - NO₂
            |
    H - C - O - NO₂
            |
    H - C - O - NO₂
            |
            H
```

┃나이트로글리세린의 구조식┃

▶▶▶ 정답 (1)
```
            H
            |
    H - C - O - NO₂
            |
    H - C - O - NO₂
            |
    H - C - O - NO₂
            |
            H
```
(2) 질산에스터류
(3) $4C_3H_5(ONO_2)_3 \rightarrow 12CO_2 + 10H_2O + 6N_2 + O_2$

필답형 **16**

[5점]

표준상태에서 에탄올 50g이 금속나트륨과의 반응에 대해 다음 물음에 답하시오.

(1) 금속나트륨과 에탄올과의 반응식을 쓰시오.
(2) 이때 생성되는 기체의 부피(L)를 구하시오.

▶▶▶ 풀이 나트륨(Na)

① 제3류 위험물로서 지정수량은 10kg이며, 위험등급 Ⅰ인 자연발화성 및 금수성 물질이다.
② 물과 반응 시 수산화나트륨(NaOH)과 수소(H_2) 기체가 발생한다.
 － 물과의 반응식 : $2Na + 2H_2O \rightarrow 2NaOH + H_2$
③ 황색 불꽃반응을 내며 탄다.
④ 비중이 1보다 작으므로 석유(등유, 경유 등) 속에 보관하여 공기와의 접촉을 방지한다.
⑤ 에탄올(C_2H_5OH)과 반응 시 나트륨에틸레이트(C_2H_5ONa)와 수소(H_2) 기체가 발생한다.
 － 에탄올과의 반응식 : $2Na + 2C_2H_5OH \rightarrow 2C_2H_5ONa + H_2$
 2mol의 에탄올(C_2H_5OH, 46g/mol)이 반응하면 1mol의 수소(H_2) 기체가 발생하므로 에탄올 50g이 나트륨과 반응할 때 생성되는 수소 기체의 부피(L)는 다음과 같다.

$$50g\ C_2H_5OH \times \frac{1mol\ C_2H_5OH}{46g\ C_2H_5OH} \times \frac{1mol\ H_2}{2mol\ C_2H_5OH} \times \frac{22.4L\ H_2}{1mol\ H_2} = \textbf{12.17L } H_2$$

▶▶▶ 정답 (1) $2Na + 2C_2H_5OH \rightarrow 2C_2H_5ONa + H_2$
(2) 12.17L

필답형 **17**

[5점]

위험물안전관리법령에 따른 판매취급소의 시설기준에 대해 다음 ( ) 안에 알맞은 내용을 쓰시오.

• 제1종 판매취급소는 저장 또는 취급하는 위험물의 수량이 지정수량의 (①)배 이하인 취급소이다.
• 위험물 배합실의 바닥면적은 (②)m^2 이상 (③)m^2 이하로 하여야 한다.
• 판매취급소의 경우 (④) 또는 (⑤)로 된 벽으로 구획한다.
• 출입구 문턱의 높이는 바닥면으로부터 (⑥)m 이상으로 한다.

▶▶▶ 풀이 1. 판매취급소에 설치하는 위험물 배합실의 기준
 ① 바닥 : **6m^2 이상 15m^2 이하**의 면적으로 적당한 경사를 두고 집유설비를 할 것
 ② 벽 : **내화구조** 또는 **불연재료**로 구획
 ③ 출입구의 방화문 : 자동폐쇄식 60분+방화문 또는 60분 방화문
 ④ 출입구 문턱의 높이 : 바닥면으로부터 **0.1m 이상**
 ⑤ 가연성의 증기 또는 미분을 지붕 위로 방출하는 설비를 할 것
2. 판매취급소는 저장 또는 취급하는 위험물의 지정수량의 배수에 따라 다음과 같이 구분한다.
 ① 제1종 판매취급소 : 저장 또는 취급하는 위험물의 수량이 지정수량의 **20배 이하**인 판매취급소
 ② 제2종 판매취급소 : 저장 또는 취급하는 위험물의 수량이 지정수량의 40배 이하인 판매취급소

▶▶▶ 정답 ① 20
 ② 6, ③ 15
 ④ 내화구조, ⑤ 불연재료
 ⑥ 0.1
 ※ ④번, ⑤번은 서로 답이 바뀌어도 됨.

필답형 18

[5점]

다음 〈보기〉는 제6류 위험물을 저장하고 있는 옥내저장소에 대한 내용이다. 틀린 것을 모두 찾아 바르게 고치시오. (단, 해당 없으면 "해당 없음"이라고 쓰시오.)

① 안전거리를 두지 않아도 된다.
② 저장창고의 바닥면적은 2,000m² 이하로 한다.
③ 지붕은 내화구조로 할 수 있다.
④ 지정수량 10배 이상 저장하는 옥내저장소는 피뢰침을 설치하지 않아도 된다.

〉〉 풀이

(1) 옥내저장소의 **안전거리를 제외**할 수 있는 조건
   ① 지정수량 20배 미만의 제4석유류 또는 동식물유류를 저장하는 경우
   ② **제6류 위험물을 저장하는 경우**
   ③ 지정수량의 20배 이하로서 다음의 기준을 동시에 만족하는 경우
      ㉠ 저장창고의 벽, 기둥, 바닥, 보 및 지붕을 내화구조로 할 것
      ㉡ 저장창고의 출입구에 수시로 열 수 있는 자동폐쇄식의 60분+방화문 또는 60분 방화문을 설치할 것
      ㉢ 저장창고에 창을 설치하지 아니할 것

(2) 옥내저장소의 바닥면적과 저장기준
   ① **바닥면적 1,000m² 이하**에 저장할 수 있는 물질
      ㉠ 제1류 위험물 중 아염소산염류, 염소산염류, 과염소산염류, 무기과산화물, 그 밖에 지정수량이 50kg인 위험물(위험등급 Ⅰ)
      ㉡ 제3류 위험물 중 칼륨, 나트륨, 알킬알루미늄, 알킬리튬, 그 밖에 지정수량이 10kg인 위험물 및 황린(위험등급 Ⅰ)
      ㉢ 제4류 위험물 중 특수인화물, 제1석유류 및 알코올류(위험등급 Ⅰ 및 위험등급 Ⅱ)
      ㉣ 제5류 위험물 중 유기과산화물, 질산에스터류, 그 밖에 지정수량이 10kg인 위험물(위험등급 Ⅰ)
      ㉤ **제6류 위험물 중 과염소산, 과산화수소, 질산(위험등급 Ⅰ)**
   ② 바닥면적 2,000m² 이하에 저장할 수 있는 물질 : 바닥면적 1,000m² 이하에 저장할 수 있는 물질 이외의 것

(3) 옥내저장소 건축물의 구조별 기준
   ① 지면에서 처마까지의 높이 : 6m 미만인 단층 건물
   ② 바닥 : 빗물 등의 유입을 방지하기 위해 지면보다 높게 한다.
   ③ 벽, 기둥, 바닥 : 내화구조
   ④ 보, 서까래, 계단 : 불연재료
   ⑤ **지붕** : 폭발력이 위로 방출될 정도의 가벼운 불연재료(단, 제2류 위험물(분상의 것과 인화성 고체 제외)과 **제6류 위험물**만의 저장창고에 있어서는 지붕을 **내화구조**로 할 수 있다.)
   ⑥ 천장 : 기본적으로는 설치하지 않는다(단, 제5류 위험물만의 저장창고는 창고 내의 온도를 저온으로 유지하기 위하여 난연재료 또는 불연재료로 된 천장을 설치할 수 있다).
   ⑦ **피뢰침** : 지정수량 10배 이상의 저장창고(**제6류 위험물의 저장창고는 제외**)에 설치한다.

〉〉 정답

① 해당 없음
② 저장창고의 바닥면적은 1,000m² 이하로 한다.
③ 해당 없음
④ 해당 없음

필답형 19 [5점]

위험물의 운반에 관한 기준에 따르면 적재하는 위험물의 성질에 따라 일광의 직사 또는 빗물의 침투를 방지하기 위하여 유효하게 피복하는 등 기준에 따른 조치를 하여야 한다. 다음 물음에 해당하는 위험물을 〈보기〉에서 찾아 모두 쓰시오.

> 1. 과산화나트륨, 2. 다이에틸에터, 3. 마그네슘, 4. 질산,
> 5. 질산암모늄, 6. 황린, 7. 황화인, 8. 휘발유

(1) 차광성 덮개로 덮어야 하는 위험물
(2) 방수성 덮개로 덮어야 하는 위험물

>>> 풀이   위험물의 성질에 따른 운반 시 피복기준
    (1) 차광성 덮개를 해야 하는 위험물
        ① 제1류 위험물
        ② 제3류 위험물 중 자연발화성 물질
        ③ 제4류 위험물 중 특수인화물
        ④ 제5류 위험물
        ⑤ 제6류 위험물
    (2) 방수성 덮개를 해야 하는 위험물
        ① 제1류 위험물 중 알칼리금속의 과산화물
        ② 제2류 위험물 중 철분, 금속분, 마그네슘
        ③ 제3류 위험물 중 금수성 물질
    1. 과산화나트륨(Na_2O_2)은 제1류 위험물로서 품명은 무기과산화물이며, 지정수량은 50kg인 금수성 물질이다.
    2. 다이에틸에터($C_2H_5OC_2H_5$)는 제4류 위험물로서 품명은 특수인화물이며, 지정수량은 50L인 비수용성의 인화성 액체이다.
    3. 마그네슘(Mg)은 제2류 위험물로서 품명은 마그네슘이며, 지정수량은 500kg인 금수성 물질이다.
    4. 질산(HNO_3)은 제6류 위험물로서 품명은 질산이며, 지정수량은 300kg인 산화성 액체이다.
    5. 질산암모늄(NH_4NO_3)은 제1류 위험물로서 품명은 질산염류이며, 지정수량은 300kg인 산화성 고체이다.
    6. 황린(P_4)은 제3류 위험물로서 품명은 황린이며, 지정수량은 20kg인 자연발화성 물질이다.
    7. 황화인은 제2류 위험물로서 품명은 황화인이며, 지정수량은 100kg인 가연성 고체이다.
    8. 휘발유(C_8H_{18})는 제4류 위험물로서 품명은 제1석유류이며, 지정수량은 200L인 비수용성의 인화성 액체이다.
    (1) 과산화나트륨, 다이에틸에터, 질산, 질산암모늄, 황린은 **차광성 덮개**로 덮어야 하는 위험물이다.
    (2) 과산화나트륨, 마그네슘은 **방수성 덮개**로 덮어야 하는 위험물이다.

>>> 정답   (1) 과산화나트륨, 다이에틸에터, 질산, 질산암모늄, 황린
        (2) 과산화나트륨, 마그네슘

20 [5점]

다음에서 설명하는 제4류 위험물의 물질명과 시성식을 각각 쓰시오.

(1) 제2석유류이며, 수용성이고, 분자량이 60인 신맛이 나는 물질
(2) 벤젠에 수소 한 개를 나이트로기로 치환한 물질
(3) 지정수량은 4,000L이며, 3가 알코올로 단맛이 나는 물질

▶▶ 풀이　(1) **초산(CH₃COOH)**은 제4류 위험물 중 품명은 제2석유류이고, 지정수량은 2,000L이며, 수용성인 인화성 액체이다. 무색투명한 액체로 물에 잘 녹으며, 비중 1.05이고, 내산성 용기에 보관해야 한다. 3~5% 수용액을 식초라 한다.

(2) **나이트로벤젠(C₆H₅NO₂)**은 제4류 위험물 중 품명은 제3석유류이고, 지정수량은 2,000L이며, 비수용성인 인화성 액체이다. 벤젠에 질산과 황산을 가해 나이트로화 시켜서 만든다.

(3) **글리세린[C₃H₅(OH)₃]**은 제4류 위험물 중 품명은 제3석유류이고, 지정수량은 4,000L이며, 수용성인 인화성 액체이다. 무색투명하고 단맛이 있는 액체로서 물에 잘 녹는 3개(OH의 수가 3개) 알코올이다.

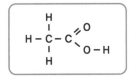

‖ 초산의 구조식 ‖

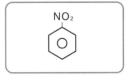

‖ 나이트로벤젠의 구조식 ‖

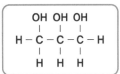

‖ 글리세린의 구조식 ‖

▶▶ 정답　(1) 초산, CH₃COOH
　　　　　(2) 나이트로벤젠, C₆H₅NO₂
　　　　　(3) 글리세린, C₃H₅(OH)₃

2024 제2회 위험물기능사 실기

2024년 6월 2일 시행

※ 필답형+작업형으로 시행되던 기존 시험에서는 각 문항별 배점이 상이하였으나, 필답형(20문제) 시험만 보는 2020년 1회부터는 각 문항 배점이 모두 5점입니다!

 필/답/형 시험

필답형 01 [5점]

다음 물질의 구조식을 쓰시오.

(1) 트라이나이트로톨루엔
(2) 트라이나이트로페놀
(3) 다이나이트로톨루엔

≫≫ 풀이

(1) 트라이나이트로톨루엔(TNT)
① 제5류 위험물로서 품명은 나이트로화합물이며, 화학식은 $C_6H_2CH_3(NO_2)_3$이다.
② **구조식은 톨루엔($C_6H_5CH_3$)의 수소 3개를 빼고 그 자리에 나이트로기(NO_2)를 치환시킨 형태**이다.
③ 물에는 안 녹으나, 알코올, 아세톤, 벤젠 등 유기용제에 잘 녹는다.
④ 기준폭약으로 사용되며, 고체물질로 건조하면 위험하고 약한 습기에 저장하면 안정하다.

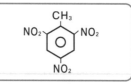

┃ 트라이나이트로톨루엔의 구조식 ┃

(2) 트라이나이트로페놀(TNP)
① 제5류 위험물로서 품명은 나이트로화합물이며, 화학식은 $C_6H_2OH(NO_2)_3$이다.
② **구조식은 페놀(C_6H_5OH)의 수소 3개를 빼고 그 자리에 나이트로기(NO_2)를 치환시킨 형태**이다.
③ 찬물에는 안 녹으나, 온수, 알코올, 벤젠, 에터 등에 잘 녹는다.
④ 단독으로는 충격·마찰 등에 둔감하지만 구리, 아연 등 금속염류와의 혼합물은 피크린산염을 생성하여 충격·마찰 등에 위험해진다.
⑤ 고체물질로 건조하면 위험하고 약한 습기에 저장하면 안정하다.

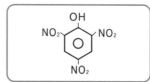

┃ 트라이나이트로페놀의 구조식 ┃

(3) 다이나이트로톨루엔
① 제5류 위험물로서 품명은 나이트로화합물이며, 화학식은 $C_6H_2CH_3(NO_2)_2$이다.
② **구조식은 톨루엔($C_6H_5CH_3$)의 수소 2개를 빼고 그 자리에 나이트로기(NO_2)를 치환시킨 형태**이다.
③ 물에는 안 녹으나, 알코올, 에터, 벤젠 등 유기용제에 잘 녹는다.

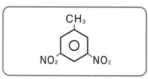

┃ 다이나이트로톨루엔의 구조식 ┃

≫≫ 정답

(1)

(2)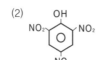

(3)

필답형 02 [5점]

에탄올 100g이 나트륨과 반응할 때 생성되는 수소 기체의 양(g)을 구하시오.

(1) 식
(2) 답

>>> 풀이　나트륨(Na)

① 제3류 위험물로서 지정수량은 10kg이며, 위험등급 Ⅰ인 자연발화성 및 금수성 물질이다.
② 물과 반응 시 수산화나트륨(NaOH)과 수소(H_2) 기체가 발생한다.
　－ 물과의 반응식 : $2Na + 2H_2O \rightarrow 2NaOH + H_2$
③ 황색 불꽃반응을 내며 탄다.
④ 비중이 1보다 작으므로 석유(등유, 경유 등) 속에 보관하여 공기와의 접촉을 방지한다.
⑤ 소화방법 : 금수성 물질은 물뿐만 아니라 이산화탄소를 사용하면 가연성 물질인 탄소가 발생하여 폭발할 수 있으므로 절대 사용할 수 없고, 마른모래, 탄산수소염류 분말소화약제를 사용해야 한다.
⑥ 에탄올(C_2H_5OH)과 반응 시 나트륨에틸레이트(C_2H_5ONa)와 수소(H_2) 기체가 발생한다.
　－ 에탄올과의 반응식 : $2Na + 2C_2H_5OH \rightarrow 2C_2H_5ONa + H_2$
　2mol의 에탄올(C_2H_5OH, 46g/mol)이 반응하면 1mol의 수소(H_2, 2g/mol) 기체가 발생하므로 에탄올 100g이 나트륨과 반응할 때 생성되는 수소 기체의 양(g)은 다음과 같다.

$$100g \ C_2H_5OH \times \frac{1mol \ C_2H_5OH}{46g \ C_2H_5OH} \times \frac{1mol \ H_2}{2mol \ C_2H_5OH} \times \frac{2g \ H_2}{1mol \ H_2} = 2.17g \ H_2$$

>>> 정답

(1) $100g \ C_2H_5OH \times \dfrac{1mol \ C_2H_5OH}{46g \ C_2H_5OH} \times \dfrac{1mol \ H_2}{2mol \ C_2H_5OH} \times \dfrac{2g \ H_2}{1mol \ H_2}$

(2) 2.17g

필답형 03 [5점]

저장 및 취급 시 분해를 막기 위해 인산, 요산 등의 분해방지안정제를 첨가하며, 산화제 및 환원제로 사용되는 위험물에 대해 다음 물음에 답하시오.

(1) 해당 물질의 화학식을 쓰시오.
(2) 위험물안전관리법상 농도가 (　)중량% 이상인 것을 말한다. (　) 안에 알맞은 내용을 쓰시오.
(3) 해당 물질의 분해반응식을 쓰시오.

>>> 풀이　과산화수소(H_2O_2)

① 위험물안전관리법상 과산화수소는 농도가 **36중량%** 이상인 것을 제6류 위험물로 정하며, 지정수량은 300kg이다.
② 농도가 60중량% 이상인 것은 충격에 의하여 폭발적으로 분해한다.
③ 열, 햇빛에 의하여 분해하므로 착색된 내산성 용기에 담아 냉암소에 보관하며, 분해 시 수증기(H_2O)와 산소(O_2)가 발생한다.
　－ 분해반응식 : $2H_2O_2 \rightarrow 2H_2O + O_2$
④ 수용액에는 인산(H_3PO_4), 요산($C_5H_4N_4O_3$), 아세트아닐리드(C_8H_9NO) 등의 분해방지안정제를 첨가한다.

>>> 정답

(1) H_2O_2
(2) 36
(3) $2H_2O_2 \rightarrow 2H_2O + O_2$

필답형 04 [5점]

주유취급소에 설치하는 표지와 주의사항 게시판에 대해 다음 물음에 답하시오.

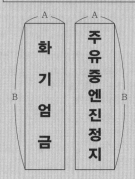

위험물주유취급소

화기엄금

주유중엔진정지

(1) 주의사항 게시판에서 A의 크기는 몇 cm 이상인지 쓰시오.
(2) 주의사항 게시판에서 B의 크기는 몇 cm 이상인지 쓰시오.
(3) 위험물주유취급소 표지의 바탕 색상을 쓰시오.
(4) 위험물주유취급소 표지의 문자 색상을 쓰시오.
(5) 화기엄금 게시판의 바탕 색상을 쓰시오.
(6) 화기엄금 게시판의 문자 색상을 쓰시오.
(7) 주유중엔진정지 게시판의 바탕 색상을 쓰시오.
(8) 주유중엔진정지 게시판의 문자 색상을 쓰시오.

▶▶▶ 풀이 ① 위험물주유취급소 표지의 기준
 – 크기 : 한 변 0.6m(60cm) 이상, 다른 한 변 0.3m(30cm) 이상인 직사각형
 – 내용 : 위험물주유취급소
 – 색상 : **백색 바탕, 흑색 문자**
② 화기엄금 주의사항 게시판의 기준
 – 크기 : **한 변 0.6m(60cm) 이상, 다른 한 변 0.3m(30cm) 이상**인 직사각형
 – 내용 : 화기엄금
 – 색상 : **적색 바탕, 백색 문자**
③ 주유중엔진정지 게시판의 기준
 – 크기 : **한 변 0.6m(60cm) 이상, 다른 한 변 0.3m(30cm) 이상**인 직사각형
 – 내용 : 주유중엔진정지
 – 색상 : **황색 바탕, 흑색 문자**

▶▶▶ 정답 (1) 30cm
 (2) 60cm
 (3) 백색
 (4) 흑색
 (5) 적색
 (6) 백색
 (7) 황색
 (8) 흑색

필답형 05

[5점]

다음 분말소화약제의 주성분으로 사용되는 물질의 화학식을 쓰시오.

(1) 제1종 분말소화약제
(2) 제2종 분말소화약제
(3) 제3종 분말소화약제

▶▶▶ 풀이 분말소화약제의 분류

분말의 구분	주성분	화학식	적응화재	착색
제1종 분말	탄산수소나트륨	$NaHCO_3$	B·C급	백색
제2종 분말	탄산수소칼륨	$KHCO_3$	B·C급	보라색
제3종 분말	인산암모늄	$NH_4H_2PO_4$	A·B·C급	담홍색
제4종 분말	탄산수소칼륨과 요소의 반응생성물	$KHCO_3 + (NH_2)_2CO$	B·C급	회색

▶▶▶ 정답
(1) $NaHCO_3$
(2) $KHCO_3$
(3) $NH_4H_2PO_4$

필답형 06

[5점]

제4류 위험물 중 분자량이 약 76이고, 인화점이 0℃ 이하이며, 비중은 1.26으로 콘크리트 수조 속에 저장하는 물질에 대해 다음 물음에 답하시오.

(1) 화학식을 쓰시오.
(2) 벽의 두께는 (   )m 이상, 바닥의 두께는 (   )m 이상인 철근콘크리트 수조에 보관하여야 한다.
    (   ) 안에 알맞은 내용을 쓰시오.
(3) 연소반응식을 쓰시오.

▶▶▶ 풀이 이황화탄소(CS_2)
① 제4류 위험물로서 품명은 특수인화물이고, 위험등급 Ⅰ이며, 지정수량은 50L이다.
② 인화점 −30℃, 발화점 100℃, 비점 46.3℃, 연소범위 1~50%이다.
③ 비중 1.26으로 물보다 무겁고 물에 녹지 않는다.
④ 독성을 가지고 있으며, 연소 시 이산화황(SO_2)을 발생시킨다.
   – 연소반응식 : $CS_2 + 3O_2 \rightarrow CO_2 + 2SO_2$
⑤ 공기 중 산소와의 반응으로 가연성 가스가 발생할 수 있기 때문에 물속에 넣어 보관한다.
⑥ 물에 저장한 상태에서 150℃ 이상의 열로 가열하면 황화수소(H_2S) 가스가 발생하므로 냉수에 보관해야
   한다.
   – 물과의 반응식 : $CS_2 + 2H_2O \rightarrow 2H_2S + CO_2$
⑦ 벽 및 바닥의 두께가 **0.2m** 이상인 철근콘크리트 수조에 넣어 보관하여야 한다.

▶▶▶ 정답
(1) CS_2
(2) 0.2
(3) $CS_2 + 3O_2 \rightarrow CO_2 + 2SO_2$

필답형 07 [5점]

위험물안전관리법상 지정수량은 200L이고 증기비중은 약 2.5이며 뷰탄올의 탈수소화 반응으로 생성되는 위험물에 대해 다음 물음에 답하시오.

(1) 해당 위험물의 명칭을 쓰시오.
(2) 해당 위험물의 시성식을 쓰시오.
(3) 제1류 위험물과 혼재 가능한지를 쓰시오.

▶▶▶ 풀이 **메틸에틸케톤(에틸메틸케톤)**은 제4류 위험물 중 품명은 제1석유류이며, 지정수량은 200L, 비수용성이다. 시성식은 $CH_3COC_2H_5$이며, 인화점 $-1℃$, 연소범위 1.8~11%, 비중 0.8로 물보다 가볍고 탈지작용이 있으며, 직사광선에 의해 분해된다. 메틸에틸케톤($CH_3COC_2H_5$)의 분자량은 $12(C)×4+1(H)×8+16(O)×1=72$이므로 증기비중$\left(=\dfrac{분자량}{공기의 평균 분자량}\right)=\dfrac{72}{29}=2.48$이다.

뷰탄올(C_4H_9OH)에서 H_2를 제거하면 메틸에틸케톤($CH_3COC_2H_5$)이 된다. 유별을 달리하는 위험물의 혼재기준을 참고하면 **제4류 위험물은 제2류, 제3류, 제5류 위험물과 혼재 가능**하다.

Check ▶▶▶

유별을 달리하는 위험물의 혼재기준(운반기준)

위험물의 구분	제1류	제2류	제3류	제4류	제5류	제6류
제1류		×	×	×	×	○
제2류	×		×	○	○	×
제3류	×	×		○	×	×
제4류	×	○	○		○	×
제5류	×	○	×	○		×
제6류	○	×	×	×	×	

※ 이 표는 지정수량의 1/10 이하의 위험물에 대하여는 적용하지 아니한다.

▶▶▶ 정답 (1) 메틸에틸케톤
(2) $CH_3COC_2H_5$
(3) 제1류 위험물과 혼재 불가능

필답형 08 [5점]

다음 원통형 탱크의 내용적을 구하는 식을 쓰시오.

(1)

(2)

▶▶▶ 풀이 원통형 탱크의 내용적
(1) 가로로 설치한 것

 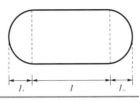

$$내용적 = \pi r^2\left(l + \frac{l_1 + l_2}{3}\right)$$

(2) 세로로 설치한 것

 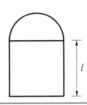

$$내용적 = \pi r^2 l$$

Check ▶▶▶

타원형 탱크의 내용적
1. 양쪽이 볼록한 것

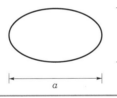 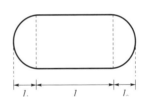

$$내용적 = \frac{\pi ab}{4}\left(l + \frac{l_1 + l_2}{3}\right)$$

2. 한쪽은 볼록하고 다른 한쪽은 오목한 것

 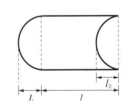

$$내용적 = \frac{\pi ab}{4}\left(l + \frac{l_1 - l_2}{3}\right)$$

▶▶▶ 정답

(1) $\pi r^2\left(L + \dfrac{L_1 + L_2}{3}\right)$

(2) $\pi r^2 L$

필답형 09　　　　　　　　　　　　　　　　　　　　　　　　　　　[5점]

다음 표의 빈칸에 알맞은 내용을 쓰시오.

화학식	명칭	지정수량(kg)
①	과망가니즈산칼륨	②
NH_4ClO_4	③	50
④	다이크로뮴산칼륨	⑤

>>> 풀이
- 과망가니즈산칼륨($KMnO_4$)의 품명은 과망니즈산염류이며, 지정수량은 **1,000kg**이다.
- **과염소산암모늄**(NH_4ClO_4)의 품명은 과염소산염류이며, 지정수량은 50kg이다.
- **다이크로뮴산칼륨**($K_2Cr_2O_7$)의 품명은 다이크로뮴산염류이며, 지정수량은 **1,000kg**이다.

유 별	성 질	위험등급	품 명	지정수량
제1류 위험물	산화성 고체	I	1. 아염소산염류	50kg
			2. 염소산염류	50kg
			3. 과염소산염류	50kg
			4. 무기과산화물	50kg
		II	5. 브로민산염류	300kg
			6. 질산염류	300kg
			7. 아이오딘산염류	300kg
		III	8. 과망가니즈산염류	1,000kg
			9. 다이크로뮴산염류	1,000kg

>>> 정답　① $KMnO_4$, ② 1,000kg, ③ 과염소산암모늄, ④ $K_2Cr_2O_7$, ⑤ 1,000kg

---

필답형 10　　　　　　　　　　　　　　　　　　　　　　　　　　　[5점]

1mol의 삼황화인이 표준상태에서 완전연소 할 때 필요한 공기의 부피(L)를 구하시오. (단, 공기 중 산소의 양은 21%이다.)

(1) 식

(2) 답

>>> 풀이　삼황화인(P_4S_3)은 제2류 위험물로서 품명은 황화인이고, 지정수량은 100kg이며, 위험등급 II 인 물질이다. 연소 시 이산화황(SO_2)과 오산화인(P_2O_5)을 발생시킨다.

– 연소반응식 : $P_4S_3 + 8O_2 \rightarrow 3SO_2 + 2P_2O_5$

1mol의 삼황화인은 8mol의 산소(O_2)와 반응하며, 표준상태에서 1mol의 기체 부피는 22.4L이므로 1mol의 삼황화인이 완전연소 할 때 필요한 공기의 부피(L)는 다음과 같다.

$$1mol\ P_4S_3 \times \frac{8mol\ O_2}{1mol\ P_4S_3} \times \frac{22.4L\ O_2}{1mol\ O_2} \times \frac{100L\ 공기}{21L\ O_2} = 853.33L\ 공기$$

>>> 정답
(1) $1mol\ P_4S_3 \times \dfrac{8mol\ O_2}{1mol\ P_4S_3} \times \dfrac{22.4L\ O_2}{1mol\ O_2} \times \dfrac{100L\ 공기}{21L\ O_2}$

(2) 853.33L

필답형 11
[5점]

제4류 위험물의 정의에 대해 다음 (   ) 안에 알맞은 내용을 쓰시오.

- 제1석유류는 1기압에서 인화점이 (①)℃ 미만인 것을 말한다.
- 제2석유류는 1기압에서 인화점이 (②)℃ 이상 (③)℃ 미만인 것을 말한다.
- 제3석유류는 1기압에서 인화점이 (④)℃ 이상 (⑤)℃ 미만인 것을 말한다.

〉〉〉 풀이 제4류 위험물의 품명
① 특수인화물 : 이황화탄소, 다이에틸에터, 그 밖에 1기압에서 발화점이 100℃ 이하인 것 또는 인화점이 영하 20℃ 이하이고 비점이 40℃ 이하인 것을 말한다.
② 제1석유류 : 아세톤, 휘발유, 그 밖에 1기압에서 인화점이 **21℃ 미만**인 것을 말한다.
③ 알코올류 : 1분자를 구성하는 탄소원자의 수가 1개부터 3개까지인 포화1가알코올(변성알코올 포함)을 말한다.
④ 제2석유류 : 등유, 경유, 그 밖에 1기압에서 인화점이 **21℃ 이상 70℃ 미만**인 것을 말한다.
⑤ 제3석유류 : 중유, 크레오소트유, 그 밖에 1기압에서 인화점이 **70℃ 이상 200℃ 미만**인 것을 말한다. 단, 도료류, 그 밖의 물품에 있어서 가연성 액체량이 40중량% 이하인 것은 제외한다.
⑥ 제4석유류 : 기어유, 실린더유, 그 밖에 1기압에서 인화점이 200℃ 이상 250℃ 미만인 것을 말한다.
⑦ 동식물유류 : 동물의 지육 등 또는 식물의 종자나 과육으로부터 추출한 것으로서 1기압에서 인화점이 250℃ 미만인 것을 말한다.

〉〉〉 정답 ① 21, ② 21, ③ 70, ④ 70, ⑤ 200

필답형 12
[5점]

아염소산나트륨 250kg, 과산화나트륨 500kg, 질산칼륨 1,500kg, 과망가니즈산나트륨 5,000kg을 저장하고 있다. 각 물질의 지정수량 배수의 총합은 얼마인지 구하시오.

(1) 식
(2) 답

〉〉〉 풀이 〈문제〉에서 제시된 위험물은 모두 제1류 위험물로서 각 물질의 품명과 지정수량은 다음과 같다.
① 아염소산나트륨 : 아염소산염류, 50kg
② 과산화나트륨 : 무기과산화물, 50kg
③ 질산칼륨 : 질산염류, 300kg
④ 과망가니즈산나트륨 : 과망가니즈산염류, 1,000kg
따라서 이 위험물들의 지정수량 배수의 합은 다음과 같다.

$$\text{지정수량 배수의 합} = \frac{\text{A위험물의 저장수량}}{\text{A위험물의 지정수량}} + \frac{\text{B위험물의 저장수량}}{\text{B위험물의 지정수량}} + \cdots$$

$$= \frac{250kg}{50kg} + \frac{500kg}{50kg} + \frac{1,500kg}{300kg} + \frac{5,000kg}{1,000kg}$$

$$= 25배$$

〉〉〉 정답 (1) $\frac{250kg}{50kg} + \frac{500kg}{50kg} + \frac{1,500kg}{300kg} + \frac{5,000kg}{1,000kg}$

(2) 25배

필답형 13 [5점]

다음 위험물을 수납하는 운반용기의 외부에 표시해야 하는 주의사항을 모두 쓰시오. (단, 필요 없으면 "필요 없음"이라고 쓰시오.)

(1) 과산화수소   (2) 과산화벤조일   (3) 황린
(4) 마그네슘   (5) 아세톤

▶▶▶ 풀이

(1) 과산화수소(H_2O_2)는 제6류 위험물로서 품명은 과산화수소이며, 산화성 액체이다. 제6류 위험물을 수납하는 운반용기의 외부에 표시해야 하는 주의사항은 **가연물접촉주의**이다.

(2) 과산화벤조일[$(C_6H_5CO)_2O_2$]은 제5류 위험물로서 품명은 유기과산화물이며, 자기반응성 물질이다. 제5류 위험물을 수납하는 운반용기의 외부에 표시해야 하는 주의사항은 **화기엄금, 충격주의**이다.

(3) 황린(P_4)은 제3류 위험물로서 품명은 황린이며, 자연발화성 물질이다. 제3류 위험물 중 자연발화성 물질을 수납하는 운반용기의 외부에 표시해야 하는 주의사항은 **화기엄금, 공기접촉엄금**이다.

(4) 마그네슘(Mg)은 제2류 위험물로서 품명은 마그네슘이고, 가연성 고체이며, 금수성 물질이다. 제2류 위험물 중 금수성 물질을 수납하는 운반용기의 외부에 표시해야 하는 주의사항은 **화기주의, 물기엄금**이다.

(5) 아세톤(CH_3COCH_3)은 제4류 위험물로서 품명은 제1석유류이며, 인화성 액체이다. 제4류 위험물을 수납하는 운반용기의 외부에 표시해야 하는 주의사항은 **화기엄금**이다.

Check ▶▶▶

유별에 따른 주의사항 비교

유 별	품 명	운반용기의 주의사항	위험물제조소등의 주의사항
제1류	알칼리금속의 과산화물	화기·충격주의, 가연물접촉주의, 물기엄금	물기엄금 (청색바탕, 백색문자)
	그 밖의 것	화기·충격주의, 가연물접촉주의	필요 없음
제2류	철분, 금속분, 마그네슘	화기주의, 물기엄금	화기주의 (적색바탕, 백색문자)
	인화성 고체	화기엄금	화기엄금 (적색바탕, 백색문자)
	그 밖의 것	화기주의	화기주의 (적색바탕, 백색문자)
제3류	금수성 물질	물기엄금	물기엄금 (청색바탕, 백색문자)
	자연발화성 물질	화기엄금, 공기접촉엄금	화기엄금 (적색바탕, 백색문자)
제4류	인화성 액체	화기엄금	화기엄금 (적색바탕, 백색문자)
제5류	자기반응성 물질	화기엄금, 충격주의	화기엄금 (적색바탕, 백색문자)
제6류	산화성 액체	가연물접촉주의	필요 없음

▶▶▶ 정답

(1) 가연물접촉주의
(2) 화기엄금, 충격주의
(3) 화기엄금, 공기접촉엄금
(4) 화기주의, 물기엄금
(5) 화기엄금

필답형 14   [5점]

비중이 0.86인 물보다 가벼운 무색투명한 액체로 인화점이 4℃이고, 트라이나이트로톨루엔 (TNT)의 원료로 사용되는 위험물에 대해 다음 물음에 답하시오.

(1) 구조식을 쓰시오.
(2) 품명을 쓰시오.
(3) 지정수량을 쓰시오.

≫ 풀이   톨루엔($C_6H_5CH_3$)

① 제4류 위험물로서 **품명은 제1석유류**이고, **지정수량은 200L**, 비수용성 이다.

② 인화점 4℃, 발화점 552℃, 연소범위 1.4~6.7%이다.

③ 비중이 0.86인 물보다 가벼운 무색투명한 액체로, 증기의 독성은 벤젠보다 약하다.

④ 진한 질산과 진한 황산과 반응하여 나이트로화하여 트라이나이트로톨루엔(TNT)을 생성한다.

⑤ 연소 시 이산화탄소(CO_2)와 물(H_2O)이 발생한다.

　– 연소반응식 : $C_6H_5CH_3 + 9O_2 \longrightarrow 7CO_2 + 4H_2O$

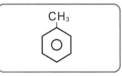

∥ 톨루엔의 구조식 ∥

≫ 정답   (1)

(2) 제1석유류
(3) 200L

필답형 15   [5점]

칼륨에 대해 다음 물음에 답하시오.

(1) 자연발화 반응식을 쓰시오.
(2) 이산화탄소와의 반응식을 쓰시오.
(3) 보호액 한 가지를 쓰시오.

≫ 풀이   칼륨(K)은 제3류 위험물로서 품명은 칼륨이고, 지정수량은 10kg이며, 은백색 광택의 무른 경금속이다. 이온화 경향이 큰 금속으로 반응성이 좋고, 보라색 불꽃반응을 내며 탄다. 비중은 0.86이고, 공기 중에 노출되면 화재의 위험성이 있으므로 보호액인 **석유(경유, 등유, 유동파라핀 등)**에 완전히 담가 저장하여야 한다.

자연발화 즉, 연소 시 산화칼륨(K_2O)이 발생한다.

　– 자연발화(연소) 반응식 : $4K + O_2 \longrightarrow 2K_2O$

이산화탄소(CO_2)와 반응 시 탄산칼륨(K_2CO_3)과 탄소(C)가 발생한다.

　– 이산화탄소와의 반응식 : $4K + 3CO_2 \longrightarrow 2K_2CO_3 + C$

≫ 정답   (1) $4K + O_2 \longrightarrow 2K_2O$

(2) $4K + 3CO_2 \longrightarrow 2K_2CO_3 + C$

(3) 석유, 경유, 등유, 유동파라핀 중 한 가지 기술

필답형 16 [5점]

위험물안전관리법상 다음 빈칸에 들어갈 알맞은 내용을 쓰시오.

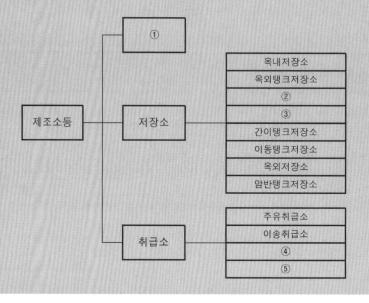

>>> 풀이 제조소등 : 제조소, 저장소, 취급소를 의미하며, 각 정의는 다음과 같다.

1. **제조소**
   위험물을 제조할 목적으로 지정수량 이상의 위험물을 취급하기 위하여 허가를 받은 장소
2. 저장소
   ① 지정수량 이상의 위험물을 저장하기 위한 대통령령이 정하는 장소
   ② 구분 : 옥내저장소, 옥외탱크저장소, **옥내탱크저장소, 지하탱크저장소**, 간이탱크저장소, 이동탱크저장소, 옥외저장소, 암반탱크저장소
3. 취급소
   ① 지정수량 이상의 위험물을 제조 외의 목적으로 취급하기 위한 대통령이 정하는 장소
   ② 구분 : 주유취급소, 이송취급소, **판매취급소, 일반취급소**

>>> 정답 ① 제조소, ② 옥내탱크저장소, ③ 지하탱크저장소, ④ 일반취급소, ⑤ 판매취급소
  ※ ②번, ③번은 서로 답이 바뀌어도 되고, ④번, ⑤번도 서로 답이 바뀌어도 됨.

필답형 17 [5점]

다음 각 물질의 연소반응 시 생성되는 생성물의 화학식을 모두 쓰시오.

(1) 적린
(2) 오황화인
(3) 칠황화인
(4) 황린
(5) 황

>>> 풀이

(1) 적린(P)은 제2류 위험물로서 지정수량은 100kg이며, 연소 시 **오산화인(P_2O_5)**이 발생한다.
  - 연소반응식 : $4P + 5O_2 \rightarrow 2P_2O_5$

(2) 오황화인(P_2S_5)은 제2류 위험물로서 지정수량은 100kg이며, 연소 시 **이산화황(SO_2)**과 **오산화인(P_2O_5)**이 발생한다.
  - 연소반응식 : $2P_2S_5 + 15O_2 \rightarrow 10SO_2 + 2P_2O_5$

(3) 칠황화인(P_4S_7)은 제2류 위험물로서 지정수량은 100kg이며, 연소 시 **이산화황(SO_2)**과 **오산화인(P_2O_5)**이 발생한다.
  - 연소반응식 : $P_4S_7 + 12O_2 \rightarrow 7SO_2 + 2P_2O_5$

(4) 황린(P_4)은 제3류 위험물로서 지정수량은 20kg이며, 연소 시 **오산화인(P_2O_5)**이 발생한다.
  - 연소반응식 : $P_4 + 5O_2 \rightarrow 2P_2O_5$

(5) 황(S)은 제2류 위험물로서 지정수량은 100kg이며, 연소 시 **이산화황(SO_2)**이 발생한다.
  - 연소반응식 : $S + O_2 \rightarrow SO_2$

>>> 정답

(1) P_2O_5

(2) SO_2, P_2O_5

(3) SO_2, P_2O_5

(4) P_2O_5

(5) SO_2

필답형 18 [5점]

다음의 각 위험물에 대해 지정수량의 10배 이상일 때, 같이 적재하여 운반 시 혼재 가능한 유별을 모두 쓰시오.

(1) 제3류 위험물
(2) 제5류 위험물
(3) 제6류 위험물

>>> 풀이

(1) 제3류 위험물과 운반 시 혼재 가능한 유별은 **제4류 위험물**이다.

(2) 제5류 위험물과 운반 시 혼재 가능한 유별은 **제2류 위험물**과 **제4류 위험물**이다.

(3) 제6류 위험물과 운반 시 혼재 가능한 유별은 **제1류 위험물**이다.

유별을 달리하는 위험물의 혼재기준(운반기준)

위험물의 구분	제1류	제2류	제3류	제4류	제5류	제6류
제1류		×	×	×	×	○
제2류	×		×	○	○	×
제3류	×	×		○	×	×
제4류	×	○	○		○	×
제5류	×	○	×	○		×
제6류	○	×	×	×	×	

※ 이 표는 지정수량의 1/10 이하의 위험물에 대하여는 적용하지 아니한다.

>>> 정답

(1) 제4류 위험물
(2) 제2류 위험물, 제4류 위험물
(3) 제1류 위험물

필답형 19 [5점]

다음 각 물질의 물과의 반응 시 생성되는 인화성 가스의 명칭을 쓰시오. (단, 해당 없으면 "해당 없음"이라고 쓰시오.)

(1) 수소화나트륨
(2) 인화칼슘
(3) 탄화알루미늄
(4) 리튬
(5) 탄화칼슘

>>> 풀이

(1) 수소화나트륨(NaH)은 제3류 위험물로서 품명은 금속의 수소화물이며, 금수성 물질이다. 물과의 반응 시 수산화나트륨($NaOH$)과 **수소(H_2)**가 발생한다.
 – 물과의 반응식 : $NaH + H_2O \rightarrow NaOH + H_2$

(2) 인화칼슘(Ca_3P_2)은 제3류 위험물로서 품명은 금속의 인화물이며, 금수성 물질이다. 물과의 반응 시 수산화칼슘[$Ca(OH)_2$]과 함께 가연성이면서 맹독성인 **포스핀(PH_3)**이 발생한다.
 – 물과의 반응식 : $Ca_3P_2 + 6H_2O \rightarrow 3Ca(OH)_2 + 2PH_3$

(3) 탄화알루미늄(Al_4C_3)은 제3류 위험물로서 품명은 칼슘 또는 알루미늄의 탄화물이며, 금수성 물질이다. 물과의 반응 시 수산화알루미늄[$Al(OH)_3$]과 **메테인(CH_4)**이 발생한다.
 – 물과의 반응식 : $Al_4C_3 + 12H_2O \rightarrow 4Al(OH)_3 + 3CH_4$

(4) 리튬(Li)은 제3류 위험물로서 품명은 알칼리 금속 및 알칼리 토금속이며, 금수성 물질이다. 물과의 반응 시 수산화리튬($LiOH$)과 **수소(H_2)**가 발생한다.
 – 물과의 반응식 : $2Li + 2H_2O \rightarrow 2LiOH + H_2$

(5) 탄화칼슘(CaC_2)은 제3류 위험물로서 품명은 칼슘 또는 알루미늄의 탄화물이며, 금수성 물질이다. 물과의 반응 시 수산화칼슘[$Ca(OH)_2$]과 **아세틸렌(C_2H_2)**이 발생한다.
 – 물과의 반응식 : $CaC_2 + 2H_2O \rightarrow Ca(OH)_2 + C_2H_2$

>>> 정답

(1) 수소
(2) 포스핀
(3) 메테인
(4) 수소
(5) 아세틸렌

필답형 20

[5점]

표준상태에서 1mol의 과산화칼륨이 이산화탄소와 반응하였을 때 생성되는 산소의 부피(L)를 구하시오.

(1) 식

(2) 답

>>> 풀이

과산화칼륨(K_2O_2)

① 제1류 위험물로서 품명은 무기과산화물이며, 지정수량은 50kg, 위험등급 Ⅰ이다.

② 물과의 반응으로 수산화칼륨(KOH)과 다량의 산소(O_2), 그리고 열을 발생하므로 물기엄금 해야 한다.

   – 물과의 반응식 : $2K_2O_2 + 2H_2O \longrightarrow 4KOH + O_2$

③ 물로 냉각소화 하면 산소와 열의 발생으로 위험하므로 마른모래, 팽창질석, 팽창진주암, 탄산수소염류 분말 소화약제로 질식소화를 해야 한다.

④ 이산화탄소(탄산가스)와 반응하여 탄산칼륨(K_2CO_3)과 산소(O_2)가 발생한다.

   – 이산화탄소와의 반응식 : $2K_2O_2 + 2CO_2 \longrightarrow 2K_2CO_3 + O_2$

   2mol의 과산화칼륨이 이산화탄소와 반응하면 1mol의 산소가 발생하고, 표준상태에서 1mol의 기체 부피는 22.4L이므로 1mol의 과산화칼륨이 이산화탄소와 반응하였을 때 생성되는 산소의 부피(L)는 다음과 같다.

$$1\text{mol } K_2O_2 \times \frac{1\text{mol } O_2}{2\text{mol } K_2O_2} \times \frac{22.4\text{L } O_2}{1\text{mol } O_2} = 11.2\text{L } O_2$$

>>> 정답

(1) $1\text{mol } K_2O_2 \times \dfrac{1\text{mol } O_2}{2\text{mol } K_2O_2} \times \dfrac{22.4\text{L } O_2}{1\text{mol } O_2}$

(2) 11.2L

2024 **제3회 위험물기능사 실기**

2024년 8월 18일 시행

※ 필답형＋작업형으로 시행되던 기존 시험에서는 각 문항별 배점이 상이하였으나,
필답형(20문제) 시험만 보는 2020년 1회부터는 각 문항 배점이 모두 5점입니다!

필/답/형 시험

필답형 01

[5점]

제4류 위험물을 취급하는 제조소로부터 다음의 시설물까지의 안전거리는 몇 m 이상으로 해야 하는지 쓰시오.

(1) 학교
(2) 병원
(3) 주택
(4) 지정문화재
(5) 30,000V의 특고압가공전선

》》 풀이 제조소의 안전거리 기준
제조소로부터 다음 건축물 또는 공작물의 외벽(외측) 사이에는 다음과 같이 안전거리를 두어야 한다.
① **주거용 건축물**(제조소의 동일부지 외에 있는 것) : **10m 이상**
② **학교**, **병원**, 극장(300명 이상), 다수인 수용시설 : **30m 이상**
③ 유형문화재, **지정문화재** : **50m 이상**
④ 고압가스, 액화석유가스 등의 저장·취급 시설 : 20m 이상
⑤ 사용전압이 **7,000V 초과 35,000V 이하**의 특고압가공전선 : **3m 이상**
⑥ 사용전압이 35,000V를 초과하는 특고압가공전선 : 5m 이상

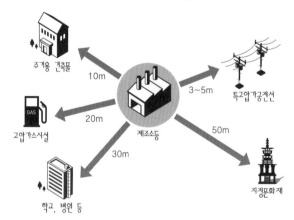

┃제조소등의 안전거리

》》 정답 (1) 30m (2) 30m (3) 10m (4) 50m (5) 3m

필답형 02 [5점]

옥외탱크저장소에 대한 다음 물음에 답하시오.

(1) 지정수량의 3,500배의 제4류 위험물을 저장할 경우 보유공지는 몇 m 이상인지 쓰시오.
(2) 지정수량의 3,500배의 제5류 위험물을 저장할 경우 보유공지는 몇 m 이상인지 쓰시오.
(3) 지정수량의 3,500배의 제6류 위험물을 저장할 경우 보유공지는 몇 m 이상인지 쓰시오.

〉〉〉 풀이 옥외저장탱크의 보유공지
1. 제6류 위험물 외의 위험물을 저장하는 옥외저장탱크의 보유공지

저장 또는 취급하는 위험물의 최대수량	공지의 너비
지정수량의 500배 이하	3m 이상
지정수량의 500배 초과 1,000배 이하	5m 이상
지정수량의 1,000배 초과 2,000배 이하	9m 이상
지정수량의 2,000배 초과 3,000배 이하	12m 이상
지정수량의 3,000배 초과 4,000배 이하	**15m 이상**
지정수량의 4,000배 초과	1. 탱크의 지름과 높이 중 큰 것 이상으로 한다. 2. 최소 15m 이상, 최대 30m 이하로 한다.

2. 제6류 위험물을 저장하는 옥외저장탱크의 보유공지 : 위 [표]의 옥외저장탱크 보유공지 너비의 **1/3 이상**(최소 1.5m 이상)
따라서 지정수량의 3,500배의 제4류 위험물과 제5류 위험물을 저장하는 경우 확보해야 하는 보유공지의 너비는 **15m 이상**이고, 지정수량의 3,500배의 제6류 위험물을 저장하는 경우 확보해야 하는 보유공지의 너비는 15m의 1/3 이상인 **5m 이상**이다.

〉〉〉 정답
(1) 15m 이상
(2) 15m 이상
(3) 5m 이상

필답형 03 [5점]

염소산칼륨에 대해 다음 물음에 답하시오. (단, 해당 없으면 "해당 없음"이라고 쓰시오.)

(1) 열분해반응식
(2) 물과의 반응식
(3) 연소반응식

〉〉〉 풀이 염소산칼륨($KClO_3$)
① 제1류 위험물로서 품명은 염소산염류이며, 지정수량은 50kg, 위험등급 I 이다.
② 열분해 시 염화칼륨(KCl)과 산소(O_2)가 발생된다.
  – 열분해반응식 : $2KClO_3 \rightarrow 2KCl + 3O_2$
③ **물과 반응하지 않는다.**
④ **불연성**, 조연성, 산화성 고체이다.

〉〉〉 정답
(1) $2KClO_3 \rightarrow 2KCl + 3O_2$
(2) 해당 없음
(3) 해당 없음

필답형 04 [5점]

가로로 설치한 타원형 탱크의 용량(m³)을 구하시오. (단, 여기서 $a=2$m, $b=1.5$m, $l=2$m, $l_1=0.3$m, $l_2=0.3$m이고, 탱크의 공간용적은 내용적의 100분의 5로 한다.)

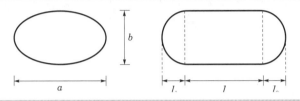

>>> 풀이 가로로 설치한 양쪽이 볼록한 타원형 탱크의 내용적(V)은 다음과 같이 구할 수 있다.

$$V = \frac{\pi ab}{4}\left(\frac{l_1+l_2}{3}\right) = \frac{\pi \times 2 \times 1.5}{4} \times \left(2 + \frac{0.3+0.3}{3}\right) = 5.18\text{m}^3$$

탱크의 용량=탱크 내용적−탱크의 공간용적=5.18m³−(5.18×0.05)m³=**4.92m³**이다(탱크의 용량은 내용적의 5%이므로 탱크의 용량=탱크 내용적×0.95=5.18×0.95=4.92m³로도 구할 수 있다).

>>> 정답 4.92m³

필답형 05 [5점]

다음 〈보기〉의 품명을 위험등급에 따라 각각 구분하시오. (단, 해당 없으면 "해당 없음"이라고 쓰시오.)

(1) 위험등급 Ⅰ   (2) 위험등급 Ⅱ   (3) 위험등급 Ⅲ

> 브로민산염류, 아이오딘산염류, 알코올류, 적린, 제1석유류, 질산염류, 황린, 황화인

>>> 풀이

품 명	유 별	지정수량	위험등급
브로민산염류	제1류 위험물	300kg	Ⅱ
아이오딘산염류	제1류 위험물	300kg	Ⅱ
알코올류	제4류 위험물	400L	Ⅱ
적린	제2류 위험물	100kg	Ⅱ
제1석유류	제4류 위험물	200L/400L	Ⅱ
질산염류	제1류 위험물	300kg	Ⅱ
황린	제3류 위험물	20kg	Ⅰ
황화인	제2류 위험물	100kg	Ⅱ

>>> 정답
(1) 황린
(2) 브로민산염류, 아이오딘산염류, 알코올류, 적린, 제1석유류, 질산염류, 황화인
(3) 해당 없음

필답형 06 [5점]

다음 황화인의 연소반응식을 쓰시오.

(1) 삼황화인
(2) 오황화인

>>> 풀이 삼황화인(P_4S_3)과 오황화인(P_2S_5)은 모두 제2류 위험물로서 품명은 황화인이며, 연소 시 이산화황(SO_2)과 오산화인(P_2O_5)을 발생시키는 공통점을 갖는다.

(1) 삼황화인의 연소반응식 : $P_4S_3 + 8O_2 \rightarrow 3SO_2 + 2P_2O_5$
(2) 오황화인의 연소반응식 : $2P_2S_5 + 15O_2 \rightarrow 10SO_2 + 2P_2O_5$

>
> **두 물질의 물과의 반응**
> 1. 삼황화인은 물과 반응하지 않는다.
> 2. 오황화인은 물과 반응 시 황화수소(H_2S)와 인산(H_3PO_4)을 발생시킨다.
>   - 물과의 반응식 : $P_2S_5 + 8H_2O \rightarrow 5H_2S + 2H_3PO_4$

>>> 정답 (1) $P_4S_3 + 8O_2 \rightarrow 3SO_2 + 2P_2O_5$
(2) $2P_2S_5 + 15O_2 \rightarrow 10SO_2 + 2P_2O_5$

필답형 07 [5점]

다음 위험물의 보호액을 〈보기〉 중에서 모두 골라 쓰시오. (단, 해당 없으면 "해당 없음"이라고 쓰시오.)

경유, 물, 알코올, 염산, 유동파라핀

(1) 황린
(2) 트라이에틸알루미늄
(3) 칼륨

>>> 풀이 (1) 황린(P_4)은 제3류 위험물로 품명은 황린이며, 지정수량은 20kg, 위험등급 Ⅰ인 자연발화성 물질이다. 발화점이 34℃로 매우 낮아서 공기 중에서 자연발화 할 수 있기 때문에 물속에 보관한다. 단, 강알칼리성의 물에서는 포스핀 가스를 발생하므로 **pH 9인 약알칼리성의 물속에 보관**한다.

(2) 트라이에틸알루미늄[$(C_2H_5)_3Al$]은 제3류 위험물로 품명은 알킬알루미늄이며, 지정수량은 10kg, 위험등급 Ⅰ인 자연발화성 및 금수성 물질이다. 저장 시에는 용기 상부에 질소(N_2) 또는 아르곤(Ar) 등의 불연성 가스를 봉입한다.

(3) 칼륨(K)은 제3류 위험물로 품명은 칼륨이며, 지정수량은 10kg, 위험등급 Ⅰ인 자연발화성 및 금수성 물질이다. **석유(등유, 경유, 유동파라핀)** 속에 보관하여 공기와의 접촉을 방지한다.

>>> 정답 (1) 물
(2) 해당 없음
(3) 경유, 유동파라핀

필답형 08 [5점]

다음 위험물이 물과 반응하여 생성되는 기체의 명칭을 쓰시오. (단, 해당 없으면 "해당 없음"이라고 쓰시오.)

(1) 과산화나트륨
(2) 질산나트륨
(3) 칼슘
(4) 과염소산나트륨
(5) 수소화나트륨

>>> **풀이** (1) 과산화나트륨(Na_2O_2)은 제1류 위험물로서 품명은 무기과산화물이고, 지정수량은 50kg이며, 위험등급 Ⅰ인 알칼리금속의 과산화물로 금수성 물질이다. 물과 반응 시 수산화나트륨(NaOH)과 **산소(O_2)**가 발생된다.
　　　　– 물과의 반응식 : $2Na_2O_2 + 2H_2O \rightarrow 4NaOH + O_2$
　　(2) 질산나트륨($NaNO_3$)은 제1류 위험물로서 품명은 질산염류이고, 지정수량은 300kg이며, 위험등급 Ⅱ인 산화성 고체이다. 물에 잘 녹고, 흡습성과 조해성이 있다.
　　(3) 칼슘(Ca)은 제3류 위험물로서 품명은 알칼리금속 및 알칼리토금속이고, 지정수량은 50kg이며, 위험등급 Ⅱ인 금수성 물질이다. 물과 반응 시 수산화칼슘(CaH_2)과 **수소(H_2)**가 발생된다.
　　　　– 물과의 반응식 : $Ca + 2H_2O \rightarrow Ca(OH)_2 + H_2$
　　(4) 과염소산나트륨($NaClO_4$)은 제1류 위험물로서 품명은 과염소산염류이고, 지정수량은 50kg이며, 위험등급 Ⅰ인 산화성 고체이다. 물에 잘 녹고, 흡습성과 조해성이 있다.
　　(5) 수소화나트륨(NaH)은 제3류 위험물로서 품명은 금속의 수소화물이고, 지정수량은 300kg이며, 위험등급 Ⅲ인 금수성 물질이다. 물과 반응 시 수산화나트륨(NaOH)과 **수소(H_2)**가 발생된다.
　　　　– 물과의 반응식 : $NaH + H_2O \rightarrow NaOH + H_2$

>>> **정답** (1) 산소
　　(2) 해당 없음
　　(3) 수소
　　(4) 해당 없음
　　(5) 수소

필답형 09 [5점]

제조소에서 위험물을 취급함에 있어서 정전기가 발생할 우려가 있는 설비에는 규정된 방법으로 정전기를 유효하게 제거할 수 있는 설비를 설치하여야 한다. 이에 해당하는 방법 3가지를 각각 쓰시오.

>>> **풀이** 정전기를 제거하는 방법 3가지는 다음과 같다.
　　① **접지**를 통해 전기를 흘려 보낸다.
　　② **공기를 이온상태로** 만들어 전기를 통하게 한다.
　　③ **공기 중 상대습도를 70% 이상으로** 하여 높아진 습도(수분)가 전기를 통하게 한다.

>>> **정답** ① 접지할 것
　　② 공기를 이온화시킬 것
　　③ 공기 중 상대습도를 70% 이상으로 할 것

필답형 10   [5점]

다음 품명의 지정수량을 쓰시오.

(1) 알칼리토금속
(2) 유기금속화합물
(3) 금속의 수소화물
(4) 금속의 인화물
(5) 알루미늄의 탄화물

>>> 풀이   제3류 위험물의 품명과 지정수량

유 별	성 질	위험등급	품 명	지정수량
제3류 위험물	자연발화성 물질 및 금수성 물질	Ⅰ	1. 칼륨	10kg
			2. 나트륨	10kg
			3. 알킬알루미늄	10kg
			4. 알킬리튬	10kg
			5. 황린	20kg
		Ⅱ	6. 알칼리금속 및 **알칼리토금속**	**50kg**
			7. **유기금속화합물**	**50kg**
		Ⅲ	8. **금속의 수소화물**	**300kg**
			9. **금속의 인화물**	**300kg**
			10. 칼슘 또는 **알루미늄의 탄화물**	**300kg**

>>> 정답   (1) 50kg   (2) 50kg   (3) 300kg   (4) 300kg   (5) 300kg

필답형 11   [5점]

다음 위험물의 명칭을 쓰시오.

(1) C_6H_5Cl
(2) $CH_3COC_2H_5$
(3) $CH_3COOC_2H_5$

>>> 풀이

화학식	명 칭	품 명	지정수량	위험등급
C_6H_5Cl	**클로로벤젠**	제2석유류	1,000L	Ⅲ
$CH_3COC_2H_5$	**메틸에틸케톤**	제1석유류	200L	Ⅱ
$CH_3COOC_2H_5$	**초산에틸**	제1석유류	200L	Ⅱ

>>> 정답   (1) 클로로벤젠
(2) 메틸에틸케톤
(3) 초산에틸

필답형 12 [5점]

다음 물질의 품명과 구조식을 쓰시오.

(1) 벤젠
(2) 나이트로벤젠
(3) 아닐린

>>> 풀이

물 질	화학식	구조식	품 명	지정수량
벤젠	C_6H_6	또는	제1석유류	200L
나이트로벤젠	$C_6H_5NO_2$		제3석유류	2,000L
아닐린	$C_6H_5NH_2$		제3석유류	2,000L

>>> 정답

(1) ① 품명 : 제1석유류

② 구조식 : 또는

(2) ① 품명 : 제3석유류

② 구조식 :

(3) ① 품명 : 제3석유류

② 구조식 :

필답형 13 [5점]

다음 [표]는 자체소방대에 설치하는 화학소방자동차의 수와 자체소방대원의 수를 나타낸 것이다. ( ) 안에 들어갈 알맞은 수를 쓰시오.

사업소의 구분	화학소방 자동차의 수	자체소방 대원의 수
제조소 또는 일반취급소에서 취급하는 제4류 위험물의 최대수량의 합이 지정수량의 3천배 이상 (①)만배 미만인 사업소	1대	5인
제조소 또는 일반취급소에서 취급하는 제4류 위험물의 최대수량의 합이 지정수량의 12만배 이상 24만배 미만인 사업소	2대	(②)인
제조소 또는 일반취급소에서 취급하는 제4류 위험물의 최대수량의 합이 지정수량의 24만배 이상 48만배 미만인 사업소	3대	(③)인
제조소 또는 일반취급소에서 취급하는 제4류 위험물의 최대수량의 합이 지정수량의 48만배 이상인 사업소	4대	(④)인
옥외탱크저장소에 저장하는 제4류 위험물의 최대수량이 지정수량의 50만배 이상인 사업소	(⑤)대	10인

>>> 풀이 자체소방대는 제4류 위험물을 지정수량의 3천배 이상으로 저장·취급하는 제조소 또는 일반취급소, 제4류 위험물을 지정수량의 50만배 이상 저장하는 옥외탱크저장소에 설치하며, 자체소방대에 두는 화학소방자동차 및 자체소방대원의 수는 다음과 같다.

사업소의 구분	화학소방 자동차의 수	자체소방 대원의 수
제조소 또는 일반취급소에서 취급하는 제4류 위험물의 최대수량의 합이 지정수량의 3천배 이상 **12만배** 미만인 사업소	1대	5인
제조소 또는 일반취급소에서 취급하는 제4류 위험물의 최대수량의 합이 지정수량의 12만배 이상 24만배 미만인 사업소	2대	**10인**
제조소 또는 일반취급소에서 취급하는 제4류 위험물의 최대수량의 합이 지정수량의 24만배 이상 48만배 미만인 사업소	3대	**15인**
제조소 또는 일반취급소에서 취급하는 제4류 위험물의 최대수량의 합이 지정수량의 48만배 이상인 사업소	4대	**20인**
옥외탱크저장소에 저장하는 제4류 위험물의 최대수량이 지정수량의 50만배 이상인 사업소	**2대**	10인

>>> 정답 ① 12, ② 10, ③ 15, ④ 20, ⑤ 2

필답형 14 [5점]

제2종 분말소화약제의 주성분인 탄산수소칼륨에 대해 다음 물음에 답하시오.

(1) 1차 열분해반응식을 쓰시오.

(2) 1기압, 100℃에서 100kg의 탄산수소칼륨이 1차 열분해 할 경우 생성되는 이산화탄소의 부피 (m^3)를 구하시오.

>>> 풀이 (1) 제2종 분말소화약제의 주성분인 탄산수소칼륨($KHCO_3$)의 열분해반응식
- 1차 열분해반응식 : $2KHCO_3 \rightarrow K_2CO_3 + H_2O + CO_2$
- 2차 열분해반응식 : $2KHCO_3 \rightarrow K_2O + H_2O + 2CO_2$

(2) 이상기체방정식 $PV = nRT$(여기서, P : 압력(atm), V : 부피(L), n : 몰수(mol), R : 이상기체상수(0.082atm·L/mol·K), T : 온도(=273+섭씨온도, K))를 이용하여 생성되는 이산화탄소의 부피를 구할 수 있다. 2mol의 $KHCO_3$이 분해되면 1mol의 CO_2가 생성되고, $KHCO_3$의 분자량은 39(K)+1(H)+12(C)+16(O)×3=100이며, 1,000L=1m^3이므로 100kg의 탄산수소칼륨이 1차 열분해 시 생성되는 이산화탄소의 부피(m^3)는 다음과 같다.

$$V = \frac{nRT}{P}$$

$$= \frac{\left(100 \times 10^3 g\ KHCO_3 \times \frac{1mol\ KHCO_3}{100g\ KHCO_3} \times \frac{1mol\ CO_2}{2mol\ KHCO_3}\right) \times 0.082atm \cdot L/mol \cdot K \times (273+100)K}{1atm}$$

$$\times \frac{1m^3}{1,000L}$$

$$= 15.29m^3$$

>>> 정답 (1) $2KHCO_3 \rightarrow K_2CO_3 + H_2O + CO_2$

(2) 15.29m^3

필답형 15 [5점]

표준상태에서 금속나트륨 57.5kg을 완전연소 하는 경우에 대해 다음 물음에 답하시오. (단, 나트륨의 원자량은 23이고, 공기 중 산소는 21vol%이다.)

(1) 필요한 산소의 부피(m^3)를 구하시오.
(2) 필요한 공기의 부피(m^3)를 구하시오.

≫ 풀이 나트륨(Na)은 제3류 위험물로 지정수량은 10kg이며, 위험등급 I 인 자연발화성 및 금수성 물질이다. 연소 시 산화나트륨(Na_2O)이 발생된다.

– 연소반응식 : $4Na + O_2 \rightarrow 2Na_2O$

(1) 표준상태에서 1mol의 기체 부피는 22.4L이며, 1,000L＝1m^3이므로 57.5kg의 나트륨이 완전연소 할 때 필요한 산소의 부피(m^3)는 다음과 같다.

$$57.5 \times 10^3 g\ Na \times \frac{1mol\ Na}{23g\ Na} \times \frac{1mol\ O_2}{4mol\ Na} \times \frac{22.4L\ O_2}{1mol\ O_2} \times \frac{1m^3}{1,000L} = \textbf{14.00}m^3\ 산소$$

(2) 공기 중의 산소는 21vol%이므로 57.5kg의 나트륨이 완전연소 할 때 필요한 공기의 부피(m^3)는 다음과 같다.

$$57.5 \times 10^3 g\ Na \times \frac{1mol\ Na}{23g\ Na} \times \frac{1mol\ O_2}{4mol\ Na} \times \frac{22.4L\ O_2}{1mol\ O_2} \times \frac{100L\ 공기}{21L\ O_2} \times \frac{1m^3}{1,000L} = \textbf{66.67}m^3\ 공기$$

≫ 정답
(1) $14.00m^3$
(2) $66.67m^3$

필답형 16 [5점]

다음은 위험물안전관리법령으로 정하는 이동탱크저장소의 외부도장 색상에 대한 기준이다. ( ) 안에 들어갈 알맞은 내용을 쓰시오.

유 별	도장의 색상	비고
제1류 위험물	(①)	1. 탱크의 앞면과 뒷면을 제외한 면적의 40% 이내의 면적은 다른 유별에 정해진 색상 외의 색상으로 도장하는 것이 가능하다.
제2류 위험물	(②)	
제3류 위험물	(③)	
제5류 위험물	(④)	2. 제4류에 대해서는 도장의 색상 제한이 없으나 적색을 권장한다.
제6류 위험물	(⑤)	

≫ 풀이 이동탱크저장소의 외부도장 색상(단, 탱크의 앞면과 뒷면을 제외한 면적의 40% 이내의 면적은 다른 유별에 정해진 색상 외의 색상으로 도장하는 것이 가능하다.)

① 제1류 위험물 : **회색**
② 제2류 위험물 : **적색**
③ 제3류 위험물 : **청색**
④ 제4류 위험물 : 적색(색상에 대한 제한은 없으나 적색을 권장)
⑤ 제5류 위험물 : **황색**
⑥ 제6류 위험물 : **청색**

≫ 정답 ① 회색, ② 적색, ③ 청색, ④ 황색, ⑤ 청색

필답형 17 [5점]

다음은 위험물안전관리법령에서 정한 제4류 위험물의 정의이다. ( ) 안에 들어갈 알맞은 수를 쓰시오.

(1) "제1석유류"라 함은 아세톤, 휘발유, 그 밖에 (①)기압에서 인화점이 섭씨 (②)도 미만인 것을 말한다.

(2) "제3석유류"라 함은 중유, 크레오소트유, 그 밖에 1기압에서 인화점이 섭씨 (①)도 이상 섭씨 (②)도 미만인 것을 말한다. 다만, 도료류, 그 밖의 물품은 가연성 액체량이 (③)중량퍼센트 이하인 것은 제외한다.

>>> 풀이　제4류 위험물

① 특수인화물 : 이황화탄소, 다이에틸에터, 그 밖에 1기압에서 발화점이 섭씨 100도 이하인 것 또는 인화점이 섭씨 영하 20도 이하이고 비점이 섭씨 40도 이하인 것을 말한다.

② 제1석유류 : 아세톤, 휘발유, 그 밖에 **1기압**에서 인화점이 **섭씨 21도 미만**인 것을 말한다.

③ 알코올류 : 1분자를 구성하는 탄소원자의 수가 1개부터 3개까지인 포화1가 알코올(변성알코 포함)을 말한다.

④ 제2석유류 : 등유, 경유, 그 밖에 1기압에서 인화점이 섭씨 21도 이상 70도 미만인 것을 말한다. 다만, 도료류, 그 밖의 물품에 있어서 가연성 액체량이 40중량퍼센트 이하이면서 인화점이 섭씨 40도 이상인 동시에 연소점이 섭씨 60도 이상인 것은 제외한다.

⑤ 제3석유류 : 중유, 크레오소트유, 그 밖에 1기압에서 인화점이 **섭씨 70도 이상 섭씨 200도 미만**인 것을 말한다. 다만, 도료류, 그 밖의 물품은 가연성 액체량이 **40중량퍼센트 이하**인 것은 제외한다.

⑥ 제4석유류 : 기어유, 실린더유, 그 밖에 1기압에서 인화점이 섭씨 200도 이상 섭씨 250도 미만인 것을 말한다. 다만, 도료류, 그 밖의 물품은 가연성 액체량이 40중량퍼센트 이하인 것은 제외한다.

⑦ 동식물유류 : 동물의 지육 등 또는 식물의 종자나 과육으로부터 추출한 것으로서 1기압에서 인화점이 섭씨 250도 미만인 것을 말한다.

>>> 정답　(1) ① 1, ② 21 　(2) ① 70, ② 200, ③ 40

필답형 18 [5점]

제6류 위험물인 과산화수소에 대해 다음 물음에 답하시오.

(1) 분해반응식을 쓰시오.

(2) 하이드라진과의 반응식을 쓰시오.

>>> 풀이　과산화수소(H_2O_2)

① 농도가 36중량% 이상인 것을 제6류 위험물로 정하며, 지정수량은 300kg이다.

② 농도가 60중량% 이상인 것은 충격에 의하여 폭발적으로 분해한다.

③ 물, 에테르, 알코올에 녹지만, 석유 및 벤젠에는 녹지 않는다.

④ 햇빛에 의해 분해 시 수증기와 산소를 발생한다.

　－ 분해반응식 : $2H_2O_2 \rightarrow 2H_2O + O_2$

⑤ 하이드라진(N_2H_4)은 제4류 위험물로 품명은 제2석유류이며, 지정수량은 2,000L, 수용성인 인화성 액체이다. 하이드라진과 과산화수소의 반응 시 질소(N_2)와 물(H_2O)이 생성된다.

　－ 하이드라진과의 반응식 : $N_2H_4 + 2H_2O_2 \rightarrow N_2 + 4H_2O$

>>> 정답　(1) $2H_2O_2 \rightarrow 2H_2O + O_2$

(2) $N_2H_4 + 2H_2O_2 \rightarrow N_2 + 4H_2O$

필답형 19

[5점]

다음은 제2류 위험물의 품명 및 지정수량이다. 틀린 내용을 찾아 바르게 고쳐 쓰시오. (단, 해당 없으면 "해당 없음"이라고 쓰시오.)

유 별	성 질	위험등급	품 명	지정수량
제2류 위험물	가연성 고체	Ⅱ	1. 황화인	100kg
			2. 황린	100kg
			3. 황	100kg
		Ⅲ	4. 금속분	500kg
			5. 철분	500kg
			6. 마그네슘	500kg
		Ⅱ, Ⅲ	7. 그 밖에 행정안전부령으로 정하는 것	100kg 또는 500kg
			8. 제1호 내지 제7호의 어느 하나 이상을 함유한 것	
		Ⅲ	9. 인화성 고체	500kg

▶▶▶ 풀이 제2류 위험물의 품명 및 지정수량은 다음과 같다.

유 별	성 질	위험등급	품 명	지정수량
제2류 위험물	가연성 고체	Ⅱ	1. 황화인	100kg
			2. **적린**	100kg
			3. 황	100kg
		Ⅲ	4. 금속분	500kg
			5. 철분	500kg
			6. 마그네슘	500kg
		Ⅱ, Ⅲ	7. 그 밖에 행정안전부령으로 정하는 것	100kg 또는 500kg
			8. 제1호 내지 제7호의 어느 하나 이상을 함유한 것	
		Ⅲ	9. 인화성 고체	**1,000kg**

▶▶▶ 정답 ① 품명 중 황린 → 적린
② 인화성 고체의 지정수량 500kg → 1,000kg

필답형 20 [5점]

다음 그림을 보고 물음에 답하시오.

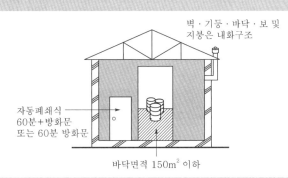

(1) 해당 시설의 명칭을 쓰시오.

(2) 해당 시설에 저장할 수 있는 위험물의 최대지정수량의 배수를 쓰시오.

(3) 저장창고 지면에서 처마까지의 높이를 쓰시오.

>>> 풀이 옥내저장소의 위치·구조 및 설비의 기준 중 **소규모 옥내저장소**의 특례

지정수량의 50배 이하인 소규모의 옥내저장소 중 **저장창고의 처마높이가 6m 미만**인 것으로서 저장창고가 다음 기준에 적합한 것에 대하여는 옥내저장소의 위치·구조 및 설비의 기준을 적용하지 않는다.

① 저장창고의 주위에는 다음 표에서 정하는 너비를 보유할 것

저장 또는 취급하는 위험물의 최대수량	공지의 너비
지정수량 5배 이하	–
지정수량 5배 초과 20배 이하	1m 이상
지정수량 20배 초과 50배 이하	2m 이상

② 하나의 저장창고의 바닥면적은 150m² 이하로 할 것

③ 저장창고는 벽·기둥·바닥·보 및 지붕을 내화구조로 할 것

④ 저장창고의 출입구에는 수시로 개방할 수 있는 자동폐쇄식의 60분+방화문 또는 60분 방화문을 설치할 것

⑤ 저장창고에는 창을 설치하지 아니할 것

>>> 정답 (1) 소규모 옥내저장소

(2) 50배

(3) 6m 미만

2024 제4회 위험물기능사 실기

2024년 11월 9일 시행

※ 필답형+작업형으로 시행되던 기존 시험에서는 각 문항별 배점이 상이하였으나,
필답형(20문제) 시험만 보는 2020년 1회부터는 각 문항 배점이 모두 5점입니다!

필/답/형 시험

필답형 01 [5점]

메탄올 10kg을 연소시킬 때 필요한 공기의 부피는 표준상태에서 몇 m^3인지 구하시오. (단, 공기 중 산소는 21vol%이다.)

(1) 계산과정
(2) 답

>>> 풀이 메탄올(CH_3OH)은 제4류 위험물로서 품명은 알코올류이고, 지정수량은 400L이며, 위험등급 Ⅱ인 인화성 액체이며, 연소 시 이산화탄소(CO_2)와 물(H_2O)이 발생된다.
 – 연소반응식 : $2CH_3OH + 3O_2 \rightarrow 2CO_2 + 4H_2O$
2mol의 메탄올은 3mol의 산소(O_2)와 반응하고, 메탄올의 분자량은 $12(C) + 1(H) \times 4 + 16(O) = 32$이며, 표준상태에서 1mol의 기체 부피는 22.4L이고, $1,000L = 1m^3$이므로 10kg의 메탄올이 완전연소 할 때 필요한 공기의 부피(m^3)는 다음과 같다.

$$10 \times 10^3 g \ CH_3OH \times \frac{1mol \ CH_3OH}{32g \ CH_3OH} \times \frac{3mol \ O_2}{2mol \ CH_3OH} \times \frac{22.4L \ O_2}{1mol \ O_2} \times \frac{100L \ 공기}{21L \ O_2} \times \frac{1m^3}{1,000L} = 50.00m^3 \ 공기$$

>>> 정답

(1) $10 \times 10^3 g \ CH_3OH \times \dfrac{1mol \ CH_3OH}{32g \ CH_3OH} \times \dfrac{3mol \ O_2}{2mol \ CH_3OH} \times \dfrac{22.4L \ O_2}{1mol \ O_2} \times \dfrac{100L \ 공기}{21L \ O_2} \times \dfrac{1m^3}{1,000L}$

(2) $50.00m^3$

필답형 02 [5점]

다음 제6류 위험물의 화학식과 분자량을 쓰시오. (단, 염소의 원자량은 35.5, 질소의 원자량은 14이다.)

(1) 과염소산   (2) 질산

>>> 풀이 제6류 위험물은 모두 지정수량이 300kg이고, 위험등급 Ⅰ인 산화성 액체이다.

물 질	화학식	분자량
과염소산	$HClO_4$	$1(H) + 35.5(Cl) + 16(O) \times 4 = \mathbf{100.50}$
질산	HNO_3	$1(H) + 14(N) + 16(O) \times 3 = \mathbf{63.00}$

>>> 정답 (1) $HClO_4$, 100.50   (2) HNO_3, 63.00

필답형 03　　　　　　　　　　　　　　　　　　　　　　　　　　　　**[5점]**

탄화칼슘에 대해 다음 물음에 답하시오.

(1) 산소와의 반응식
(2) 물과의 반응식
(3) 물과의 반응에서 발생되는 기체의 연소반응식

>>> **풀이**　탄화칼슘(CaC_2)
　① 제3류 위험물로서 품명은 칼슘 또는 알루미늄의 탄화물이며, 지정수량은 300kg인 금수성 물질이다.
　② 산소와 반응 시 산화칼슘(CaO)과 이산화탄소(CO_2)가 발생된다.
　　－ 연소반응식 : $2CaC_2 + 5O_2 \rightarrow 2CaO + 4CO_2$
　③ 물과 반응 시 수산화칼슘[$Ca(OH)_2$]과 아세틸렌(C_2H_2)가스가 발생된다.
　　－ 물과의 반응식 : $CaC_2 + 2H_2O \rightarrow Ca(OH)_2 + C_2H_2$
　　이때 발생하는 가연성 가스인 아세틸렌은 연소하면 이산화탄소(CO_2)와 물이 발생하고, 아세틸렌의 연소범위는 2.5∼81%이다.
　　－ 아세틸렌의 연소반응식 : $2C_2H_2 + 5O_2 \rightarrow 4CO_2 + 2H_2O$

>>> **정답**　(1) $2CaC_2 + 5O_2 \rightarrow 2CaO + 4CO_2$
　　　　　(2) $CaC_2 + 2H_2O \rightarrow Ca(OH)_2 + C_2H_2$
　　　　　(3) $2C_2H_2 + 5O_2 \rightarrow 4CO_2 + 2H_2O$

필답형 04　　　　　　　　　　　　　　　　　　　　　　　　　　　　**[5점]**

이동탱크저장소에 설치된 다음 장치들의 두께는 몇 mm 이상으로 해야 하는지 쓰시오. (단, 강철판의 경우이다.)

(1) 탱크
(2) 칸막이
(3) 방파판

>>> **풀이**　이동저장탱크의 구조
　① **탱크**의 두께 : **3.2mm 이상**의 강철판
　② 칸막이
　　－ 하나로 구획된 칸막이의 용량 : 4,000L 이하
　　－ **칸막이**의 두께 : **3.2mm 이상**의 강철판
　③ 안전장치의 작동압력 : 안전장치는 다음의 압력에서 작동해야 한다.
　　－ 상용압력이 20kPa 이하인 탱크 : 20kPa 이상 24kPa 이하의 압력
　　－ 상용압력이 20kPa을 초과하는 탱크 : 상용압력의 1.1배 이하의 압력
　④ **방파판** : 칸막이로 구획된 부분의 용량이 2,000L 미만인 부분에는 설치하지 않을 수 있다.
　　－ 두께 및 재질 : **1.6mm 이상**의 강철판 또는 이와 동등 이상의 강도·내열성 및 내식성이 있는 금속성의 것
　　－ 개수 : 하나의 구획부분에 2개 이상
　　－ 면적의 합 : 구획부분에 최대수직단면의 50% 이상

>>> **정답**　(1) 3.2mm　　(2) 3.2mm　　(3) 1.6mm

필답형 05 [5점]

다음 [표]는 위험물안전관리법령에 따른 소화설비 적응성에 관한 것이다. 대상물에 대해 소화설비의 적응성이 있는 경우 빈칸에 "ㅇ"로 표시하시오.

대상물의 구분 소화설비의 구분		건축물·그 밖의 공작물	전기설비	제1류 위험물 알칼리금속의 과산화물 등	제1류 위험물 그 밖의 것	제2류 위험물 철분·금속분·마그네슘 등	제2류 위험물 인화성 고체	제2류 위험물 그 밖의 것	제3류 위험물 금수성 물품	제3류 위험물 그 밖의 것	제4류 위험물	제5류 위험물	제6류 위험물
기 타	물통 또는 수조												
	건조사												
	팽창질석 또는 팽창진주암												

▶▶▶ 풀이

물통 또는 수조의 소화설비는 전기설비와 제4류 위험물, 금수성 물질인 제1류 위험물의 알칼리금속의 과산화물 등, 제2류 위험물의 철분·금속분·마그네슘 등, 제4류 위험물의 금수성 물품에는 소화적응성이 없다. 그러나 건조사와 팽창질석 또는 팽창진주암의 소화설비는 제1류~제6류의 모든 위험물에 소화적응성이 있으며, 인화성 고체는 모든 소화설비에 적응성이 있다.

대상물의 구분 소화설비의 구분		건축물·그 밖의 공작물	전기설비	제1류 위험물 알칼리금속의 과산화물 등	제1류 위험물 그 밖의 것	제2류 위험물 철분·금속분·마그네슘 등	제2류 위험물 인화성 고체	제2류 위험물 그 밖의 것	제3류 위험물 금수성 물품	제3류 위험물 그 밖의 것	제4류 위험물	제5류 위험물	제6류 위험물
기 타	물통 또는 수조	ㅇ			ㅇ		ㅇ	ㅇ		ㅇ		ㅇ	ㅇ
	건조사			ㅇ	ㅇ	ㅇ	ㅇ	ㅇ	ㅇ	ㅇ	ㅇ	ㅇ	ㅇ
	팽창질석 또는 팽창진주암			ㅇ	ㅇ	ㅇ	ㅇ	ㅇ	ㅇ	ㅇ	ㅇ	ㅇ	ㅇ

▶▶▶ 정답

대상물의 구분 소화설비의 구분		건축물·그 밖의 공작물	전기설비	제1류 위험물 알칼리금속의 과산화물 등	제1류 위험물 그 밖의 것	제2류 위험물 철분·금속분·마그네슘 등	제2류 위험물 인화성 고체	제2류 위험물 그 밖의 것	제3류 위험물 금수성 물품	제3류 위험물 그 밖의 것	제4류 위험물	제5류 위험물	제6류 위험물
기 타	물통 또는 수조	ㅇ			ㅇ		ㅇ	ㅇ		ㅇ		ㅇ	ㅇ
	건조사			ㅇ	ㅇ	ㅇ	ㅇ	ㅇ	ㅇ	ㅇ	ㅇ	ㅇ	ㅇ
	팽창질석 또는 팽창진주암			ㅇ	ㅇ	ㅇ	ㅇ	ㅇ	ㅇ	ㅇ	ㅇ	ㅇ	ㅇ

필답형 06 [5점]

다음 〈보기〉에서 위험등급 Ⅰ과 위험등급 Ⅱ에 해당되는 품명을 모두 쓰시오. (단, 해당 없으면 "해당 없음"이라고 쓰시오.)

> 질산염류, 황린, 과염소산, 제2석유류, 특수인화물, 알코올류

(1) 위험등급 Ⅰ　　　　　　　　　　　　(2) 위험등급 Ⅱ

≫≫ 풀이　〈보기〉의 품명 중에서 **위험등급 Ⅰ**에 해당되는 품명은 **황린, 과염소산, 특수인화물**이고, **위험등급 Ⅱ**에 해당되는 품명은 **질산염류, 알코올류**이며, 제2석유류는 위험등급 Ⅲ에 해당된다.

품 명	유 별	성 질	지정수량	위험등급
질산염류	제1류 위험물	산화성 고체	300kg	Ⅱ
황린	제3류 위험물	자연발화성 물질	20kg	Ⅰ
과염소산	제6류 위험물	산화성 액체	300kg	Ⅰ
제2석유류	제4류 위험물	인화성 액체	1,000L/2,000L	Ⅲ
특수인화물	제4류 위험물	인화성 액체	50L	Ⅰ
알코올류	제4류 위험물	인화성 액체	400L	Ⅱ

≫≫ 정답　(1) 황린, 과염소산, 특수인화물
　　　　(2) 질산염류, 알코올류

필답형 07 [5점]

트라이나이트로톨루엔에 대해 다음 물음에 답하시오.

(1) 구조식　　　　　　　　　　　　　　(2) 시성식

≫≫ 풀이　트라이나이트로톨루엔[TNT, $C_6H_2CH_3(NO_2)_3$]은 제5류 위험물로 품명은 나이트로화합물이다.

① 발화점 300℃, 융점 81℃, 비점 240℃, 비중 1.66, 분자량 227이다.
② 담황색의 주상결정(기둥모양의 고체)인 고체상태로 존재한다.
③ 햇빛에 갈색으로 변하나 위험성은 없다.
④ 물에는 안 녹으나, 알코올, 아세톤, 벤젠 등 유기용제에는 잘 녹는다.
⑤ 독성이 없고, 기준폭약으로 사용되며, 피크린산보다 폭발성은 떨어진다.
⑥ 분해반응식 : $2C_6H_2CH_3(NO_2)_3 \rightarrow 12CO + 2C + 3N_2 + 5H_2$
⑦ 고체 물질로, 건조하면 위험하고 약한 습기에 저장하면 안정하다.
⑧ 주수하여 냉각소화를 해야 한다.

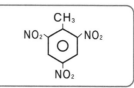

┃트라이나이트로톨루엔의 **구조식**┃

≫≫ 정답　(1)　　　　　　　　　　(2) $C_6H_2CH_3(NO_2)_3$

필답형 08 [5점]

물분무소화설비의 설치기준에 대해 다음 물음에 답하시오.

(1) 바닥면적이 200m^{2}인 건축물의 방사구역은 몇 m^2 이상인지 쓰시오.

(2) 바닥면적이 70m^{2}인 건축물의 방사구역은 몇 m^2 이상인지 쓰시오.

(3) 수원의 수량은 분무헤드가 가장 많이 설치된 방사구역의 모든 분무헤드를 동시에 사용할 경우에 해당 방사구역의 표면적 1m^{2}당 1분당 (   )의 비율로 계산한 양으로 30분간 방사할 수 있는 양 이상이 되도록 설치해야 한다. 빈칸에 알맞은 내용을 쓰시오.

>>> 풀이 물분무소화설비의 설치기준

1. 분무헤드의 개수 및 배치
   ① 분무헤드로부터 방사되는 물분무에 의하여 방호대상물의 모든 표면을 유효하게 소화할 수 있도록 설치할 것
   ② 방호대상물의 표면적(건축물에 있어서는 바닥면적) 1m^{2}당 3.의 규정에 의한 양의 비율로 계산한 수량을 표준방사량으로 방사할 수 있도록 설치할 것
2. 물분무소화설비의 **방사구역은 150m^2 이상**(방호대상물의 **표면적이 150m^2 미만인 경우에는 해당 표면적**)으로 할 것
3. 수원의 수량은 분무헤드가 가장 많이 설치된 방사구역의 모든 분무헤드를 동시에 사용할 경우에 해당 방사구역의 표면적 1m^{2}당 1분당 **20L**의 비율로 계산한 양으로 30분간 방사할 수 있는 양 이상이 되도록 설치할 것
4. 물분무소화설비는 3.의 규정에 의한 분무헤드를 동시에 사용할 경우에 각 끝부분의 방사압력이 350kPa 이상으로 표준방사량을 방사할 수 있는 성능이 되도록 할 것
5. 물분무소화설비에는 비상전원을 설치할 것

>>> 정답 (1) 150m^2 (2) 70m^2 (3) 20L

필답형 09 [5점]

다음 〈보기〉에서 질산에스터류에 해당되는 물질을 모두 쓰시오.

> 트라이나이트로톨루엔, 나이트로셀룰로오스, 나이트로글리세린, 테트릴, 질산메틸, 피크린산

>>> 풀이 〈보기〉의 물질은 모두 제5류 위험물이며, 자기반응성 물질이다.

물 질	화학식	품 명	상 태
트라이나이트로톨루엔	$C_6H_2CH_3(NO_2)_3$	나이트로화합물	고체
나이트로셀룰로오스	$[C_6H_7O_2(ONO_2)_3]_n$	**질산에스터류**	고체
나이트로글리세린	$C_3H_5(ONO_2)_3$	**질산에스터류**	액체
테트릴	$C_6H_2NCH_3NO_2(NO_2)_3$	나이트로화합물	고체
질산메틸	CH_3ONO_2	**질산에스터류**	액체
피크린산(=트라이나이트로페놀)	$C_6H_2OH(NO_2)_3$	나이트로화합물	고체

>>> 정답 나이트로셀룰로오스, 나이트로글리세린, 질산메틸

필답형 10 [5점]

원자량이 약 24이고, 비중이 1.74이며, 은백색의 무른 금속인 제2류 위험물에 대해 다음 물음에 답하시오.

(1) 해당 위험물의 물질명을 쓰시오.
(2) 염산과의 반응식을 쓰시오.
(3) 염산과의 반응에서 발생되는 기체의 화학식을 쓰시오.

▶▶▶ 풀이 **마그네슘**(Mg)은 제2류 위험물로 지정수량은 500kg이며, 위험등급 Ⅲ인 금수성 물질이다.

※ 다음 중 어느 하나에 해당하는 마그네슘은 제2류 위험물에서 제외한다.
 • 2mm의 체를 통과하지 아니하는 덩어리상태의 것
 • 직경 2mm 이상의 막대모양의 것

① 비중 1.74, 융점 650℃, 발화점 473℃이다.
② 은백색 광택을 가지고 있다.
③ 열전도율이나 전기전도도가 큰 편이나 알루미늄보다는 낮은 편이다.
④ 온수와 반응 시 수산화마그네슘[$Mg(OH)_2$]과 수소(H_2)가 발생된다.
 − 물과의 반응식 : $Mg + 2H_2O \rightarrow Mg(OH)_2 + H_2$
⑤ 염산과 반응 시 염화마그네슘($MgCl_2$)과 **수소(H_2)**가 발생된다.
 − 염산과의 반응식 : **$Mg + 2HCl \rightarrow MgCl_2 + H_2$**
⑥ 연소 시 산화마그네슘(MgO)이 발생된다.
 − 연소반응식 : $2Mg + O_2 \rightarrow 2MgO$
⑦ 이산화탄소와 반응 시 산화마그네슘(MgO)과 가연성 물질인 탄소(C) 또는 유독성 기체인 일산화탄소(CO)가 발생된다.
 − 이산화탄소와의 반응식 : $2Mg + CO_2 \rightarrow 2MgO + C$
  $Mg + CO_2 \rightarrow MgO + CO$

▶▶▶ 정답 (1) 마그네슘
(2) $Mg + 2HCl \rightarrow MgCl_2 + H_2$
(3) H_2

필답형 11 [5점]

클로로벤젠에 대해 다음 물음에 답하시오.

(1) 화학식
(2) 품명
(3) 지정수량

▶▶▶ 풀이 클로로벤젠(C_6H_5Cl)은 제4류 위험물로 품명은 **제2석유류**이고, 지정수량은 **1,000L**인 인화성 액체이다. 인화점 32℃, 발화점 593℃, 비점 132℃, 비중 1.11로 물보다 무겁고 비수용성이다.

▶▶▶ 정답 (1) C_6H_5Cl
(2) 제2석유류
(3) 1,000L

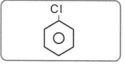

┃ 클로로벤젠의 구조식 ┃

필답형 12 [5점]

금속나트륨에 대해 다음 물음에 답하시오.

(1) 금속나트륨과 물과의 반응식을 쓰시오.

　　$2Na + 2H_2O \rightarrow$

(2) 물과의 반응에서 발생하는 기체의 위험성을 쓰시오.

>>> 풀이　나트륨(Na)은 물(H_2O)과의 반응 시 수산화나트륨(NaOH)과 **연소범위가 4~75%인 가연성 가스인 수소(H_2)**를 많이 발생한다.

　　– 물과의 반응식 : $2Na + 2H_2O \rightarrow 2NaOH + H_2$

> **Check >>>**
>
> **나트륨(Na)**
> 1. 제3류 위험물로 지정수량은 10kg, 위험등급 Ⅰ인 자연발화성 물질 및 금수성 물질이다.
> 2. 에탄올(C_2H_5OH)과 반응 시 나트륨에틸레이트(C_2H_5ONa)와 수소(H_2)를 발생한다.
> 　　– 에탄올과의 반응식 : $2Na + 2C_2H_5OH \rightarrow 2C_2H_5ONa + H_2$
> 3. 연소 시 산화나트륨(Na_2O)이 발생한다.
> 　　– 연소반응식 : $4Na + O_2 \rightarrow 2Na_2O$
> 4. 이산화탄소(CO_2)와 반응 시 탄산나트륨(Na_2CO_3)과 탄소(C)가 발생한다.
> 　　– 이산화탄소와의 반응식 : $4Na + 3CO_2 \rightarrow 2Na_2CO_3 + C$
> 5. 황색 불꽃반응을 내며 탄다.

>>> 정답　(1) $2Na + 2H_2O \rightarrow 2NaOH + H_2$
　　　　(2) 연소범위가 4~75%인 가연성 가스이다.

필답형 13 [5점]

다음 〈보기〉 중에서 제4류 위험물인 아세트알데하이드에 대한 설명으로 옳은 것을 모두 고르시오.

① 물, 알코올, 에터에 잘 녹는다.　　　② 무색, 무취의 액체이다.
③ Pt와 반응하여 수소를 발생한다.　　④ 분자량 44, 증기비중 0.78, 인화점 −38℃이다.

>>> 풀이　아세트알데하이드(CH_3CHO)

① **인화점 −38℃**, 발화점 185℃, 비점 21℃, 연소범위 4.1~57%이다.

② **분자량**은 $12(C) \times 2 + 1(H) \times 4 + 16 = \mathbf{44}$, **증기비중**은 $\dfrac{44}{29} = 1.52$이다.

③ 비중이 0.8인 물보다 가벼운 **무색** 액체로 **물, 알코올, 에터에 잘 녹으며, 자극적인 냄새**가 난다.

④ 연소 시 이산화탄소와 물을 발생시킨다.
　　– 연소반응식 : $CH_3CHO + O_2 \rightarrow 2CO_2 + 2H_2O$

⑤ 산화되면 아세트산(CH_3COOH)이 되며, 환원되면 에탄올(C_2H_5OH)이 된다.

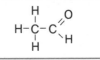

┃아세트알데하이드의 구조식┃

>>> 정답　①

필답형 14 [5점]

다음 황화인의 연소반응식을 쓰시오.

(1) 삼황화인
(2) 오황화인
(3) 칠황화인

>>> 풀이   황화인은 제2류 위험물로서 지정수량은 100kg이며 위험등급 Ⅱ인 가연성 고체이다.

(1) 삼황화인의 화학식은 P_4S_3이고, 조해성이 없으며, 찬물에는 녹지 않고 이황화탄소(CS_2)에 녹는다. 연소 시 이산화황(SO_2)과 오산화인(P_2O_5)을 발생한다.
   - 연소반응식 : $P_4S_3 + 8O_2 \rightarrow 3SO_2 + 2P_2O_5$

(2) 오황화인의 화학식은 P_2S_5이고, 조해성이 있으며, 물과 이황화탄소(CS_2)에 녹는다. 연소 시 이산화황(SO_2)과 오산화인(P_2O_5)을 발생한다.
   - 연소반응식 : $2P_2S_5 + 15O_2 \rightarrow 10SO_2 + 2P_2O_5$

(3) 칠황화인의 화학식은 P_4S_7이고, 조해성이 있으며, 물과 이황화탄소(CS_2)에 녹는다. 연소 시 이산화황(SO_2)과 오산화인(P_2O_5)을 발생한다.
   - 연소반응식 : $P_4S_7 + 12O_2 \rightarrow 7SO_2 + 2P_2O_5$

>>> 정답   (1) $P_4S_3 + 8O_2 \rightarrow 3SO_2 + 2P_2O_5$
(2) $2P_2S_5 + 15O_2 \rightarrow 10SO_2 + 2P_2O_5$
(3) $P_4S_7 + 12O_2 \rightarrow 7SO_2 + 2P_2O_5$

필답형 15 [5점]

다음 위험물이 열분해될 때 발생하는 기체의 명칭을 쓰시오. (단, 해당 없으면 "해당 없음"이라고 쓰시오.)

(1) 삼산화크로뮴
(2) 과산화칼륨
(3) 아염소산나트륨

>>> 풀이   (1) 삼산화크로뮴(CrO_3)은 제1류 위험물로서 품명은 크로뮴, 납 또는 아이오딘의 산화물이며, 지정수량은 300kg, 위험등급 Ⅱ인 산화성 고체이다. 열분해 시 산화크로뮴(Ⅲ)(Cr_2O_3)과 **산소(O_2)**가 발생된다.
   - 열분해반응식 : $4CrO_3 \rightarrow 2Cr_2O_3 + 3O_2$

(2) 과산화칼륨(K_2O_2)은 제1류 위험물로서 품명은 무기과산화물이며, 지정수량은 50kg, 위험등급 Ⅰ인 알칼리 금속의 과산화물로 금수성 물질이다. 열분해 시 산화칼륨(K_2O)과 **산소(O_2)**가 발생된다.
   - 열분해반응식 : $2K_2O_2 \rightarrow 2K_2O + O_2$

(3) 아염소산나트륨($NaClO_2$)은 제1류 위험물로서 품명은 아염소산염류이며, 지정수량은 50kg, 위험등급 Ⅰ인 산화성 고체이다. 열분해 시 염화나트륨($NaCl$)과 **산소(O_2)**가 발생된다.
   - 열분해반응식 : $NaClO_2 \rightarrow NaCl + O_2$

>>> 정답   (1) 산소
(2) 산소
(3) 산소

필답형 16 [5점]

글리세린과 에틸렌글리콜에 대해 다음 물음에 답하시오.

(1) 몇 가 알코올인지 쓰시오.
(2) 수용성인지 비수용인지를 쓰시오.
(3) 지정수량을 쓰시오.

>>> 풀이

(1) 글리세린[$C_3H_5(OH)_3$] : 품명은 제3석유류이고, **지정수량**은 **4,000L**이며, **수용성**인 제4류 위험물이다.

  ① 인화점 160℃, 발화점 393℃, 비점 290℃, 비중 1.26으로 물보다 무거운 물질이다.

  ② 무색 투명하고 단맛이 있는 액체로서 물에 잘 녹는 **3가(OH의 수가 3개) 알코올**이다.

  ③ 독성이 없으므로 화장품이나 의료기기의 원료로 사용된다.

(2) 에틸렌글리콜[$C_2H_4(OH)_2$] : 품명은 제3석유류이고, **지정수량**은 **4,000L**이며, **수용성**인 제4류 위험물이다.

  ① 인화점 111℃, 발화점 410℃, 비점 197℃, 비중 1.1로 물보다 무거운 물질이다.

  ② 무색 투명하고 단맛이 있는 액체로서 물에 잘 녹는 **2가(OH의 수가 2개) 알코올**이다.

  ③ 독성이 있고, 부동액의 원료로 사용된다.

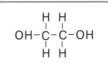

┃ 글리세린의 구조식 ┃

┃ 에틸렌글리콜의 구조식 ┃

>>> 정답

(1) 글리세린 : 3가 알코올, 에틸렌글리콜 : 2가 알코올
(2) 글리세린 : 수용성, 에틸렌글리콜 : 수용성
(3) 글리세린 : 4,000L, 에틸렌글리콜 : 4,000L

필답형 17 [5점]

위험물제조소 옥외에 있는 하나의 방유제 안에 용량이 500m³인 위험물취급탱크 1기와 용량이 200m³인 위험물취급탱크 1기를 설치한다면, 이 방유제의 용량은 몇 m³ 이상으로 해야 하는지 쓰시오. (단, 취급하는 위험물로 이황화탄소는 제외한다.)

(1) 계산과정
(2) 답

>>> 풀이

위험물제조소의 옥외에 설치하는 위험물취급탱크의 방유제 용량
  ① 하나의 위험물취급탱크의 방유제 용량 : 탱크 용량의 50% 이상
  ② 2개 이상의 위험물취급탱크의 방유제 용량 : 탱크 중 용량이 최대인 것의 50%에 나머지 탱크 용량 합계의 10%를 가산한 양 이상

〈문제〉는 위험물제조소의 옥외에 총 2개의 위험물취급탱크를 하나의 방유제 안에 설치하는 경우이므로 방유제의 용량은 다음과 같이 탱크 중 용량이 최대 500m³의 50%에 나머지 탱크 용량인 200m³의 10%를 가산한 양 이상으로 한다.

∴ (500m³×0.5)+(200m³×0.1)=270m³ 이상

※ 이황화탄소 저장탱크는 방유제를 설치하지 않는다. 그 이유는 이황화탄소의 저장탱크는 수조(물탱크)에 저장하기 때문이다.

> **Check >>>**
>
> **위험물 옥외저장탱크의 방유제 용량**
>
> 1. 인화성이 있는 액체위험물을 저장하는 옥외저장탱크
>   ① 방유제 안에 하나의 옥외저장탱크가 설치되어 있는 경우 : 탱크 용량의 110% 이상
>   ② 방유제 안에 2개 이상의 옥외저장탱크가 설치되어 있는 경우 : 탱크 중 용량이 최대인 것의 110% 이상
> 2. 인화성이 없는 액체위험물을 저장하는 옥외저장탱크
>   ① 방유제 안에 하나의 옥외저장탱크가 설치되어 있는 경우 : 탱크 용량의 100% 이상
>   ② 방유제 안에 2개 이상의 옥외저장탱크가 설치되어 있는 경우 : 탱크 중 용량이 최대인 것의 100% 이상

>>> 정답
(1) $(500m^3 \times 0.5) + (200m^3 \times 0.1)$
(2) $270m^3$

필답형 18   [5점]

170g의 과산화수소가 분해될 때 발생하는 산소의 질량(g)을 구하시오.

(1) 계산과정
(2) 답

>>> 풀이
과산화수소(H_2O_2)는 제6류 위험물로 지정수량은 300kg이고, 위험등급 I 인 산화성 액체이며, 분해 시 물(H_2O)과 산소(O_2)를 발생한다.

– 분해반응식 : $2H_2O_2 \rightarrow 2H_2O + O_2$

과산화수소의 분자량은 $1(H) \times 2 + 16(O) \times 2 = 34$이고, 2mol의 과산화수소가 분해되면 1mol의 산소가 발생되므로 170g의 과산화수소가 분해될 때 발생하는 산소의 질량은 다음과 같다.

$$170g\ H_2O_2 \times \frac{1mol\ H_2O_2}{34g\ H_2O_2} \times \frac{1mol\ O_2}{2mol\ H_2O_2} \times \frac{32g\ O_2}{1mol\ O_2} = 80.00g\ O_2 이다.$$

> **Check >>>**
>
> 과산화수소(H_2O_2)는 제6류 위험물로 지정수량은 300kg이고, 위험등급 I 인 산화성 액체이다.
> ※ 위험물안전관리법상 과산화수소는 농도가 36중량% 이상인 것을 말한다.
> 1. 융점 $-0.43℃$, 비점 84℃, 비중 1.46이고, 산화제지만 환원제로 작용할 때도 있다.
> 2. 시판품의 농도는 30~40중량%이며, 농도가 60중량% 이상인 것은 충격에 의하여 폭발적으로 분해한다.
> 3. 물, 에테르, 알코올에 녹지만, 석유 및 벤젠에는 녹지 않는다.
> 4. 열, 햇빛에 의하여 분해하므로 착색된 내산성 용기에 담아 냉암소에 보관한다.
> 5. 상온에서 불안정한 물질이라 분해하여 산소를 발생시키며 이때 발생한 산소의 압력으로 용기를 파손시킬 수 있어 이를 방지하기 위해 용기는 구멍이 뚫린 마개로 막는다.
> 6. 수용액에는 인산, 요산, 아세트아닐리드등의 분해방지안정제를 첨가한다.

>>> 정답
(1) $170g\ H_2O_2 \times \dfrac{1mol\ H_2O_2}{34g\ H_2O_2} \times \dfrac{1mol\ O_2}{2mol\ H_2O_2} \times \dfrac{32g\ O_2}{1mol\ O_2}$

(2) 80.00g

필답형 19 [5점]

다음 중 운반용기 외부에 표시해야 하는 사항을 모두 고르시오. (단, 해당 없으면 "해당 없음" 이라고 쓰시오.)

① 위험물 품명   ② 위험등급   ③ 제조일자
④ 사용 용도   ⑤ 위험물의 수량   ⑥ 제조처

▶▶▶ 풀이 운반용기 외부에 표시해야 하는 사항
① **품명, 위험등급**, 화학명 및 수용성
② **위험물의 수량**
③ 위험물에 따른 주의사항

유 별	품 명	운반용기의 주의사항
제1류	알칼리금속의 과산화물	화기·충격주의, 가연물접촉주의, 물기엄금
	그 밖의 것	화기·충격주의, 가연물접촉주의
제2류	철분, 금속분, 마그네슘	화기주의, 물기엄금
	인화성 고체	화기엄금
	그 밖의 것	화기주의
제3류	금수성 물질	물기엄금
	자연발화성 물질	화기엄금, 공기접촉엄금
제4류	인화성 액체	화기엄금
제5류	자기반응성 물질	화기엄금, 충격주의
제6류	산화성 액체	가연물접촉주의

▶▶▶ 정답 ①, ②, ⑤

필답형 20 [5점]

다음 물질의 화학식을 쓰시오.

(1) 질산나트륨   (2) 염소산칼륨   (3) 다이크로뮴산칼륨
(4) 과망가니즈산칼륨   (5) 브로민산나트륨

▶▶▶ 풀이 문제의 물질은 모두 제1류 위험물이며, 산화성 고체이다.

물질명	화학식	품 명	지정수량	위험등급
질산나트륨	$NaNO_3$	질산염류	300kg	II
염소산칼륨	$KClO_3$	염소산염류	50kg	I
다이크로뮴산칼륨	$K_2Cr_2O_7$	다이크로뮴산염류	1,000kg	III
과망가니즈산칼륨	$KMnO_4$	과망가니즈산염류	1,000kg	III
브로민산나트륨	$NaBrO_3$	브로민산염류	300kg	II

▶▶▶ 정답 (1) $NaNO_3$ (2) $KClO_3$ (3) $K_2Cr_2O_7$ (4) $KMnO_4$ (5) $NaBrO_3$

인생의 희망은
늘 괴로운 언덕길 너머에서 기다린다.
-폴 베를렌(Paul Verlaine)-

☆

어쩌면 지금이 언덕길의 마지막 고비일지도 모릅니다.
다시 힘을 내서 힘차게 넘어보아요.
희망이란 녀석이 우릴 기다리고 있을 테니까요.^^

핵심 써머리

필기/실기 시험대비 주제별 필수이론

1. 위험물의 유별에 따른 필수 암기사항
2. 위험물의 종류와 지정수량
3. 위험물의 유별에 따른 대표적 성질
4. 위험물과 소화약제의 중요 반응식
5. 시험에 자주 나오는 소화이론
6. 시험에 자주 나오는 위험물안전관리법 내용

핵심 써머리

1. 위험물의 유별에 따른 필수 암기사항

유 별 (성질)	위험 등급	품 명		지정 수량	소화방법	주의사항 (운반용기 외부)	주의사항 (제조소등)
제1류 위험물 (산화성 고체)	I	아염소산염류 염소산염류 과염소산염류		50kg	냉각소화	화기 · 충격주의, 가연물접촉주의	게시판 필요 없음
		무기 과산화물	알칼리금속의 과산화물		질식소화	물기엄금, 화기 · 충격주의, 가연물접촉주의	물기엄금
			그 밖의 것		냉각소화	화기 · 충격주의, 가연물접촉주의	게시판 필요 없음
	II	브로민산염류 질산염류 아이오딘산염류		300kg	냉각소화	화기 · 충격주의, 가연물접촉주의	게시판 필요 없음
	III	과망가니즈산염류 다이크로뮴산염류		1,000kg			
제2류 위험물 (가연성 고체)	II	황화인 적린 황		100kg	냉각소화	화기주의	화기주의
	III	철분 마그네슘 금속분		500kg	질식소화	화기주의, 물기엄금	
		인화성 고체		1,000kg	냉각소화	화기엄금	화기엄금
제3류 위험물 (자연 발화성 및 금수성 물질)	I	칼륨 나트륨 알킬리튬 알킬알루미늄		10kg	질식소화	물기엄금	물기엄금
		황린		20kg	냉각소화	화기엄금, 공기접촉엄금	화기엄금
	II	알칼리금속 및 알칼리토금속 (칼륨, 나트륨 제외) 유기금속화합물 (알킬리튬, 알킬알루미늄 제외)		50kg	질식소화	물기엄금	물기엄금
	III	금속의 수소화물 금속의 인화물 칼슘 또는 알루미늄의 탄화물		300kg			

유 별 (성질)	위험 등급	품 명	지정 수량	소화방법	주의사항 (운반용기 외부)	주의사항 (제조소등)
제4류 위험물 (인화성 액체)	Ⅰ	특수인화물	50L	질식소화	화기엄금	화기엄금
	Ⅱ	제1석유류(비수용성)	200L			
		제1석유류(수용성) 알코올류	400L			
	Ⅲ	제2석유류(비수용성)	1,000L			
		제2석유류(수용성)	2,000L			
		제3석유류(비수용성)	2,000L			
		제3석유류(수용성)	4,000L			
		제4석유류	6,000L			
		동식물유류	10,000L			
제5류 위험물 (자기 반응성 물질)	Ⅰ, Ⅱ	유기과산화물 질산에스터류 나이트로화합물 나이트로소화합물 아조화합물 다이아조화합물 하이드라진유도체 하이드록실아민 하이드록실아민염류	제1종 : 10kg, 제2종 : 100kg	냉각소화	화기엄금, 충격주의	화기엄금
제6류 위험물 (산화성 액체)	Ⅰ	과염소산 과산화수소 질산	300kg	냉각소화	가연물접촉주의	게시판 필요 없음

※ 주의사항(제조소등) 게시판 – 물기엄금(청색바탕 백색문자)/화기주의, 화기엄금(적색바탕 백색문자)

✔️ 행정안전부령이 정하는 위험물

유 별	품 명	지정수량
제1류 위험물	과아이오딘산염류, 과아이오딘산, 크로뮴 · 납 또는 아이오딘 의 산화물, 아질산염류, 염소화아이소사이아누르산, 퍼옥소 이황산염류, 퍼옥소붕산염류	300kg
	차아염소산염류	50kg
제3류 위험물	염소화규소화합물	300kg
제5류 위험물	금속의 아지화합물, 질산구아니딘	제1종 : 10kg, 제2종 : 100kg
제6류 위험물	할로젠간화합물	300kg

2. 위험물의 종류와 지정수량

✔️ 제1류 위험물의 종류와 지정수량

품 명	물질명	지정수량
아염소산염류	아염소산나트륨	50kg
염소산염류	염소산칼륨 염소산나트륨 염소산암모늄	50kg
과염소산염류	과염소산칼륨 과염소산나트륨 과염소산암모늄	50kg
무기과산화물	과산화칼륨 과산화나트륨 과산화리튬	50kg
브로민산염류	브로민산칼륨 브로민산나트륨	300kg
질산염류	질산칼륨 질산나트륨 질산암모늄	300kg
아이오딘산염류	아이오딘산칼륨	300kg
과망가니즈산염류	과망가니즈산칼륨	1,000kg
다이크로뮴산염류	다이크로뮴산칼륨 다이크로뮴산암모늄	1,000kg

✔️ 제2류 위험물의 종류와 지정수량

품 명	물질명	지정수량
황화인	삼황화인 오황화인 칠황화인	100kg
적린	적린	100kg
황	황	100kg
철분	철분	500kg
마그네슘	마그네슘	500kg
금속분	알루미늄분 아연분	500kg
인화성 고체	고형알코올	1,000kg

☑ 제3류 위험물의 종류와 지정수량

품 명	물질명	상 태	지정수량
칼륨	칼륨	고체	10kg
나트륨	나트륨	고체	10kg
알킬알루미늄	트라이메틸알루미늄 트라이에틸알루미늄	액체	10kg
알킬리튬	메틸리튬 에틸리튬	액체	10kg
황린	황린	고체	20kg
알칼리금속 (칼륨 및 나트륨 제외) 및 알칼리토금속	리튬 칼슘	고체	50kg
유기금속화합물 (알킬알루미늄 및 알킬리튬 제외)	다이메틸마그네슘 에틸나트륨	고체 또는 액체	50kg
금속의 수소화물	수소화칼륨 수소화나트륨 수소화리튬 수소화알루미늄	고체	300kg
금속의 인화물	인화칼슘 인화알루미늄	고체	300kg
칼슘 또는 알루미늄의 탄화물	탄화칼슘 탄화알루미늄	고체	300kg

☑ 제4류 위험물의 수용성과 지정수량의 구분

구 분	물질명	수용성 여부	지정수량
특수인화물	다이에틸에터	비수용성	50L
	이황화탄소	비수용성	50L
	아세트알데하이드	수용성	50L
	산화프로필렌	수용성	50L
	아이소프로필아민	수용성	50L
제1석유류	가솔린	비수용성	200L
	벤젠	비수용성	200L
	톨루엔	비수용성	200L
	사이클로헥세인	비수용성	200L
	에틸벤젠	비수용성	200L
	메틸에틸케톤	비수용성	200L

구 분	물질명	수용성 여부	지정수량
	아세톤	수용성	400L
	피리딘	수용성	400L
	사이안화수소	수용성	400L
	초산메틸	비수용성	200L
	초산에틸	비수용성	200L
	의산메틸	수용성	400L
	의산에틸	비수용성	200L
	염화아세틸	비수용성	200L
알코올류	메틸알코올	수용성	400L
	에틸알코올	수용성	400L
	프로필알코올	수용성	400L
제2석유류	등유	비수용성	1,000L
	경유	비수용성	1,000L
	송정유	비수용성	1,000L
	송근유	비수용성	1,000L
	크실렌	비수용성	1,000L
	클로로벤젠	비수용성	1,000L
	스타이렌	비수용성	1,000L
	뷰틸알코올	비수용성	1,000L
	폼산	수용성	2,000L
	아세트산	수용성	2,000L
	하이드라진	수용성	2,000L
	아크릴산	수용성	2,000L
제3석유류	중유	비수용성	2,000L
	크레오소트유	비수용성	2,000L
	아닐린	비수용성	2,000L
	나이트로벤젠	비수용성	2,000L
	메타크레졸	비수용성	2,000L
	글리세린	수용성	4,000L
	에틸렌글리콜	수용성	4,000L
제4석유류	기어유(윤활유)	비수용성	6,000L
	실린더유	비수용성	6,000L
동식물유류	건성유		10,000L
	반건성유	–	10,000L
	불건성유		10,000L

📋 제5류 위험물의 종류와 지정수량

품 명	물질명	상태	지정수량
유기과산화물	과산화벤조일	고체	
	과산화메틸에틸케톤	액체	
	아세틸퍼옥사이드	고체	
질산에스터류	질산메틸	액체	
	질산에틸	액체	
	나이트로글리콜	액체	
	나이트로글리세린	액체	
	나이트로셀룰로오스	고체	
	셀룰로이드	고체	
나이트로화합물	트라이나이트로페놀(피크린산)	고체	
	트라이나이트로톨루엔(TNT)	고체	
	테트릴	고체	제1종 : 10kg,
나이트로소화합물	파라다이나이트로소벤젠	고체	제2종 : 100kg
	다이나이트로소레조르신	고체	
아조화합물	아조다이카본아마이드	고체	
	아조비스아이소뷰티로나이트릴	고체	
다이아조화합물	다이아조아세토나이트릴	액체	
	다이아조다이나이트로페놀	고체	
하이드라진유도체	염산하이드라진	고체	
	황산하이드라진	고체	
하이드록실아민	하이드록실아민	액체	
하이드록실아민염류	황산하이드록실아민	고체	
	나트륨하이드록실아민	고체	

※ 위의 표에서 '나이트로소화합물' 이후의 품명들은 지금까지의 시험에 자주 출제되지는 않았음을 알려드립니다.

📋 제6류 위험물의 종류와 지정수량

품 명	물질명	지정수량
과염소산	과염소산	300kg
과산화수소	과산화수소	300kg
질산	질산	300kg

3. 위험물의 유별에 따른 대표적 성질

(1) 제1류 위험물

① 성질
- ㉠ 모두 물보다 무거움
- ㉡ 가열하면 열분해하여 산소 발생
- ㉢ 알칼리금속의 과산화물은 초산 또는 염산 등의 산과 반응 시 제6류 위험물인 과산화수소 발생

② 색상
- ㉠ 과망가니즈산염류 : 흑자색(흑색과 보라색의 혼합)
- ㉡ 다이크로뮴산염류 : 등적색(오렌지색)
- ㉢ 그 밖의 것 : 무색 또는 백색

③ 소화방법
- ㉠ 알칼리금속의 과산화물(과산화칼륨, 과산화나트륨, 과산화리튬) : 탄산수소염류 분말소화약제, 마른모래, 팽창질석 또는 팽창진주암으로 질식소화
- ㉡ 그 밖의 것 : 냉각소화

(2) 제2류 위험물

① 위험물의 조건
- ㉠ 황 : 순도 60중량% 이상
- ㉡ 철분 : 철의 분말로서 53마이크로미터의 표준체를 통과하는 것이 50중량% 이상인 것
- ㉢ 마그네슘 : 직경이 2mm 이상이거나 2mm의 체를 통과하지 못하는 덩어리상태를 제외
- ㉣ 금속분 : 금속의 분말로서 150마이크로미터의 체를 통과하는 것이 50중량% 이상인 것으로서 니켈(Ni)분 및 구리(Cu)분은 제외
- ㉤ 인화성 고체 : 고형알코올, 그 밖에 1기압에서 인화점이 40℃ 미만인 고체

② 성질
- ㉠ 모두 물보다 무거움
- ㉡ 오황화인(P_2S_5) : 연소 시 이산화황을 발생하고 물과 반응 시 황화수소 발생
- ㉢ 적린(P) : 연소 시 오산화인(P_2O_5)이라는 백색 기체 발생
- ㉣ 황(S) : 사방황, 단사황, 고무상황 3가지의 동소체가 존재하며, 연소 시 이산화황 발생
- ㉤ 철분, 마그네슘, 금속분 : 물과 반응 시 수소 발생

③ 소화방법
　　㉠ 철분, 금속분, 마그네슘 : 탄산수소염류 분말소화약제, 마른모래, 팽창질석 또는 팽창진주암으로 질식소화
　　㉡ 그 밖의 것 : 냉각소화

(3) 제3류 위험물
① 위험물의 구분
　　㉠ 자연발화성 물질 : 황린(P_4)
　　㉡ 금수성 물질 : 그 밖의 것
② 보호액
　　㉠ 칼륨(K) 및 나트륨(Na) : 석유(등유, 경유, 유동파라핀)
　　㉡ 황린(P_4) : pH=9인 약알칼리성의 물
③ 성질
　　㉠ 비중 : 칼륨, 나트륨, 리튬, 알킬리튬, 알킬알루미늄, 금속의 수소화물은 물보다 가볍고, 그 외의 물질은 물보다 무거움
　　㉡ 불꽃 반응색 : 칼륨은 보라색, 나트륨은 황색, 리튬은 적색
　　㉢ 트라이에틸알루미늄[$(C_2H_5)_3Al$] : 물과 반응 시 에테인(C_2H_6)가스 발생
　　㉣ 황린 : 연소 시 오산화인(P_2O_5)이라는 백색 기체 발생
④ 물과 반응 시 발생 기체
　　㉠ 칼륨 및 나트륨 : 수소(H_2)
　　㉡ 수소화칼륨(KH) 및 수소화나트륨(NaH) : 수소(H_2)
　　㉢ 인화칼슘(Ca_3P_2) : 포스핀(PH_3)
　　㉣ 탄화칼슘(CaC_2) : 아세틸렌(C_2H_2)
　　㉤ 탄화알루미늄(Al_4C_3) : 메테인(CH_4)
⑤ 소화방법
　　㉠ 황린 : 냉각소화
　　㉡ 그 밖의 것 : 탄산수소염류 분말소화약제, 마른모래, 팽창질석 또는 팽창진주암으로 질식소화

(4) 제4류 위험물
① 품명의 구분
　　㉠ 특수인화물 : 이황화탄소, 다이에틸에터, 그 밖에 발화점 100℃ 이하이거나 인화점 −20℃ 이하이고 비점 40℃ 이하인 것
　　㉡ 제1석유류 : 아세톤, 휘발유, 그 밖에 인화점 21℃ 미만인 것
　　㉢ 제2석유류 : 등유, 경유, 그 밖에 인화점 21℃ 이상 70℃ 미만인 것
　　㉣ 제3석유류 : 중유, 크레오소트유, 그 밖에 인화점 70℃ 이상 200℃ 미만인 것

       ⓜ 제4석유류 : 기어유, 실린더유, 그 밖에 인화점 200℃ 이상 250℃ 미만인 것

       ⓗ 동식물유류 : 인화점 250℃ 미만인 것

  ② 성질

       ㉠ 대부분 물보다 가볍고, 발생하는 증기는 공기보다 무거움

       ㉡ 다이에틸에터 : 아이오딘화칼륨 10% 용액을 첨가하여 과산화물 검출

       ㉢ 이황화탄소 : 물보다 무겁고 비수용성으로 물속에 보관

       ㉣ 벤젠 : 비수용성으로 독성이 강함

       ㉤ 알코올 : 대부분 수용성

       ㉥ 동식물유류 : 아이오딘값의 범위에 따라 건성유, 반건성유, 불건성유로 구분

  ③ 중요 인화점

       ㉠ 특수인화물

           ⓐ 다이에틸에터($C_2H_5OC_2H_5$) : -45℃

           ⓑ 이황화탄소(CS_2) : -30℃

       ㉡ 제1석유류

           ⓐ 아세톤(CH_3COCH_3) : -18℃

           ⓑ 휘발유(C_8H_{18}) : -43~-38℃

           ⓒ 벤젠(C_6H_6) : -11℃

           ⓓ 톨루엔($C_6H_5CH_3$) : 4℃

       ㉢ 알코올류

           ⓐ 메틸알코올(CH_3OH) : 11℃

           ⓑ 에틸알코올(C_2H_5OH) : 13℃

       ㉣ 제3석유류

           ⓐ 아닐린($C_6H_5NH_2$) : 75℃

           ⓑ 에틸렌글리콜[$C_2H_4(OH)_2$] : 111℃

  ④ 소화방법

    이산화탄소, 할로젠화합물, 분말, 포소화약제를 이용하여 질식소화

(5) 제5류 위험물

  ① 액체와 고체의 구분

       ㉠ 액체

           ⓐ 과산화벤조일[$(C_6H_5CO)_2O_2$] : 품명은 유기과산화물이며, 수분함유 시 폭발성 감소

           ⓑ 질산메틸(CH_3ONO_2) : 품명은 질산에스터류이며, 분자량은 77

           ⓒ 질산에틸($C_2H_5ONO_2$) : 품명은 질산에스터류이며, 분자량은 91

           ⓓ 나이트로글리세린[$C_3H_5(ONO_2)_3$] : 품명은 질산에스터류이며, 규조토에 흡수시켜 다이너마이트 제조

   ⓛ 고체
    ⓐ 나이트로셀룰로오스 : 품명은 질산에스터류이며, 함수알코올에 습면시켜 취급
    ⓑ 피크린산[$C_6H_2OH(NO_2)_3$] : 트라이나이트로페놀이라고 불리는 물질로서 품명은 나이트로화합물이며, 단독으로는 마찰, 충격 등에 안정하지만 금속과 반응하면 위험
    ⓒ TNT[$C_6H_2CH_3(NO_2)_3$] : 트라이나이트로톨루엔이라고 불리는 물질로서 품명은 나이트로화합물이며, 폭발력의 표준으로 사용
  ② 성질
   ㉠ 모두 물보다 무겁고 물에 녹지 않음
   ㉡ 고체들은 저장 시 물에 습면시키면 안정함
   ㉢ '나이트로'를 포함하는 물질의 명칭이 많음
  ③ 소화방법
   냉각소화

(6) 제6류 위험물

  ① 위험물의 조건
   ㉠ 과산화수소 : 농도 36중량% 이상
   ㉡ 질산 : 비중 1.49 이상
  ② 성질
   ㉠ 물보다 무겁고 물에 잘 녹으며, 가열하면 분해하여 산소 발생
   ㉡ 불연성과 부식성이 있으며, 물과 반응 시 열을 발생
   ㉢ 과염소산 : 열분해 시 독성가스인 염화수소(HCl) 발생
   ㉣ 과산화수소
    ⓐ 저장용기에 미세한 구멍이 뚫린 마개를 사용하며, 인산, 요산 등의 분해방지 안정제 첨가
    ⓑ 물, 에터, 알코올에는 녹지만, 벤젠과 석유에는 녹지 않음
   ㉤ 질산
    ⓐ 열분해 시 이산화질소(NO_2)라는 적갈색 기체와 산소(O_2) 발생
    ⓑ 염산 3, 질산 1의 부피비로 혼합하면 왕수(금과 백금도 녹임) 생성
    ⓒ 철(Fe), 코발트(Co), 니켈(Ni), 크로뮴(Cr), 알루미늄(Al)에서 부동태함
    ⓓ 피부에 접촉 시 단백질과 반응하여 노란색으로 변하는 크산토프로테인반응을 일으킴
  ③ 소화방법
   냉각소화

4. 위험물과 소화약제의 중요 반응식

☑️ 제1류 위험물

물질명 (지정수량)	반응의 종류	반응식
염소산칼륨 [KClO₃] (50kg)	열분해반응식	$2KClO_3 \rightarrow 2KCl + 3O_2$ 염소산칼륨　염화칼륨　산소
과산화칼륨 [K₂O₂] (50kg)	열분해반응식	$2K_2O_2 \rightarrow 2K_2O + O_2$ 과산화칼륨　산화칼륨　산소
	물과의 반응식	$2K_2O_2 + 2H_2O \rightarrow 4KOH + O_2$ 과산화칼륨　물　수산화칼륨　산소
	탄산가스(이산화 탄소)와의 반응식	$2K_2O_2 + 2CO_2 \rightarrow 2K_2CO_3 + O_2$ 과산화칼륨　이산화탄소　탄산칼륨　산소
	초산과의 반응식	$K_2O_2 + 2CH_3COOH \rightarrow 2CH_3COOK + H_2O_2$ 과산화칼륨　초산　초산칼륨　과산화수소
질산칼륨 [KNO₃] (300kg)	열분해반응식	$2KNO_3 \rightarrow 2KNO_2 + O_2$ 질산칼륨　아질산칼륨　산소
질산암모늄 [NH₄NO₃] (300kg)	열분해반응식	$2NH_4NO_3 \rightarrow 2N_2 + 4H_2O + O_2$ 질산암모늄　질소　물　산소
과망가니즈산칼륨 [KMnO₄] (1,000kg)	열분해반응식 (240℃)	$2KMnO_4 \rightarrow K_2MnO_4 + MnO_2 + O_2$ 과망가니즈산칼륨　망가니즈산칼륨　이산화망가니즈　산소
다이크로뮴산칼륨 [K₂Cr₂O₇] (1,000kg)	열분해반응식 (500℃)	$4K_2Cr_2O_7 \rightarrow 4K_2CrO_4 + 2Cr_2O_3 + 3O_2$ 다이크로뮴산칼륨　크로뮴산칼륨　산화크로뮴(Ⅲ)　산소

☑️ 제2류 위험물

물질명 (지정수량)	반응의 종류	반응식
삼황화인 **[P₄S₃]** (100kg)	연소반응식	$P_4S_3 + 8O_2 \rightarrow 3SO_2 + 2P_2O_5$ 삼황화인　산소　이산화황　오산화인
오황화인 **[P₂S₅]** (100kg)	연소반응식	$2P_2S_5 + 15O_2 \rightarrow 10SO_2 + 2P_2O_5$ 오황화인　산소　이산화황　오산화인
	물과의 반응식	$P_2S_5 + 8H_2O \rightarrow 5H_2S + 2H_3PO_4$ 오황화인　물　황화수소　인산
적린 **[P]** (100kg)	연소반응식	$4P + 5O_2 \rightarrow 2P_2O_5$ 적린　산소　오산화인
황 **[S]** (100kg)	연소반응식	$S + O_2 \rightarrow SO_2$ 황　산소　이산화황
철 **[Fe]** (500kg)	물과의 반응식	$Fe + 2H_2O \rightarrow Fe(OH)_2 + H_2$ 철　물　수산화철(Ⅱ)　수소
	염산과의 반응식	$Fe + 2HCl \rightarrow FeCl_2 + H_2$ 철　염산　염화철(Ⅱ)　수소
마그네슘 **[Mg]** (500kg)	물과의 반응식	$Mg + 2H_2O \rightarrow Mg(OH)_2 + H_2$ 마그네슘　물　수산화마그네슘　수소
	염산과의 반응식	$Mg + 2HCl \rightarrow MgCl_2 + H_2$ 마그네슘　염산　염화마그네슘　수소
알루미늄 **[Al]** (500kg)	물과의 반응식	$2Al + 6H_2O \rightarrow 2Al(OH)_3 + 3H_2$ 알루미늄　물　수산화알루미늄　수소
	염산과의 반응식	$2Al + 6HCl \rightarrow 2AlCl_3 + 3H_2$ 알루미늄　염산　염화알루미늄　수소

제3류 위험물

위험물 (지정수량)	반응의 종류	반응식
칼륨[K] (10kg)	물과의 반응식	$2K + 2H_2O \rightarrow 2KOH + H_2$ 칼륨 물 수산화칼륨 수소
	연소반응식	$4K + O_2 \rightarrow 2K_2O$ 칼륨 산소 산화칼륨
	에탄올과의 반응식	$2K + 2C_2H_5OH \rightarrow 2C_2H_5OK + H_2$ 칼륨 에탄올 칼륨에틸레이트 수소
	이산화탄소와의 반응식	$4K + 3CO_2 \rightarrow 2K_2CO_3 + C$ 칼륨 이산화탄소 탄산칼륨 탄소
나트륨[Na] (10kg)	물과의 반응식	$2Na + 2H_2O \rightarrow 2NaOH + H_2$ 나트륨 물 수산화나트륨 수소
트리에틸알루미늄 [(C₂H₅)₃Al] (10kg)	물과의 반응식	$(C_2H_5)_3Al + 3H_2O \rightarrow Al(OH)_3 + 3C_2H_6$ 트리에틸알루미늄 물 수산화알루미늄 에탄
	연소반응식	$2(C_2H_5)_3Al + 21O_2 \rightarrow Al_2O_3 + 12CO_2 + 15H_2O$ 트리에틸알루미늄 산소 산화알루미늄 이산화탄소 물
	에탄올과의 반응식	$(C_2H_5)_3Al + 3C_2H_5OH \rightarrow (C_2H_5O)_3Al + 3C_2H_6$ 트리에틸알루미늄 에탄올 알루미늄에틸레이트 에탄
황린[P₄] (20kg)	연소반응식	$P_4 + 5O_2 \rightarrow 2P_2O_5$ 황린 산소 오산화인
칼슘[Ca] (50kg)	물과의 반응식	$Ca + 2H_2O \rightarrow Ca(OH)_2 + H_2$ 칼슘 물 수산화칼슘 수소
수소화칼륨[KH] (300kg)	물과의 반응식	$KH + H_2O \rightarrow KOH + H_2$ 수소화칼륨 물 수산화칼륨 수소
인화칼슘[Ca₃P₂] (300kg)	물과의 반응식	$Ca_3P_2 + 6H_2O \rightarrow 3Ca(OH)_2 + 2PH_3$ 인화칼슘 물 수산화칼슘 포스핀
탄화칼슘[CaC₂] (300kg)	물과의 반응식	$CaC_2 + 2H_2O \rightarrow Ca(OH)_2 + C_2H_2$ 탄화칼슘 물 수산화칼슘 아세틸렌
	아세틸렌가스와 구리와의 반응식	$C_2H_2 + Cu \rightarrow CuC_2 + H_2$ 아세틸렌 구리 구리아세틸라이드 수소
탄화알루미늄[Al₄C₃] (300kg)	물과의 반응식	$Al_4C_3 + 12H_2O \rightarrow 4Al(OH)_3 + 3CH_4$ 탄화알루미늄 물 수산화알루미늄 메탄

✅ 제4류 위험물

물질명 (지정수량)	반응의 종류	반응식
다이에틸에터[C₂H₅OC₂H₅] (50L)	제조법	$2C_2H_5OH \xrightarrow[\text{탈수}]{c-H_2SO_4} C_2H_5OC_2H_5 + H_2O$ 　　에틸알코올　　　　　　　다이에틸에터　　물
이황화탄소[CS₂] (50L)	연소반응식	$CS_2 + 3O_2 \longrightarrow CO_2 + 2SO_2$ 이황화탄소　산소　이산화탄소　이산화황
	물과의 반응식 (150℃ 가열 시)	$CS_2 + 2H_2O \longrightarrow CO_2 + 2H_2S$ 이황화탄소　물　이산화탄소　황화수소
아세트알데하이드[CH₃CHO] (50L)	산화를 이용한 제조법	$C_2H_4 \xrightarrow{+O} CH_3CHO$ 에틸렌　　　아세트알데하이드
벤젠[C₆H₆] (200L)	연소반응식	$2C_6H_6 + 15O_2 \longrightarrow 12CO_2 + 6H_2O$ 벤젠　　　산소　　　이산화탄소　　물
톨루엔[C₆H₅CH₃] (200L)	연소반응식	$C_6H_5CH_3 + 9O_2 \longrightarrow 7CO_2 + 4H_2O$ 톨루엔　　　산소　　이산화탄소　　물
초산메틸[CH₃COOCH₃] (200L)	제조법	$CH_3COOH + CH_3OH \longrightarrow CH_3COOCH_3 + H_2O$ 초산　　　메틸알코올　　　초산메틸　　물
의산메틸[HCOOCH₃] (400L)	제조법	$HCOOH + CH_3OH \longrightarrow HCOOCH_3 + H_2O$ 의산　　메틸알코올　　의산메틸　　물
메틸알코올[CH₃OH] (400L)	산화반응식	$CH_3OH \xrightarrow{-H_2} HCHO \xrightarrow{+O} HCOOH$ 메틸알코올　　　폼알데하이드　　　폼산
에틸알코올[C₂H₅OH] (400L)	산화반응식	$C_2H_5OH \xrightarrow{-H_2} CH_3CHO \xrightarrow{+O} CH_3COOH$ 에틸알코올　　　아세트알데하이드　　　아세트산

✅ 제5류 위험물

물질명	반응의 종류	반응식
질산메틸 **[CH₃ONO₂]**	제조법	$HNO_3 + CH_3OH \longrightarrow CH_3ONO_2 + H_2O$ 질산　　메틸알코올　　질산메틸　　물
트라이나이트로톨루엔 **[C₆H₂CH₃(NO₂)₃]**	제조법	$C_6H_5CH_3 + 3HNO_3 \xrightarrow[\text{탈수}]{c-H_2SO_4} C_6H_2CH_3(NO_2)_3 + 3H_2O$ 톨루엔　　　질산　　　　　트라이나이트로톨루엔　　물

✅ 제6류 위험물

물질명 (지정수량)	반응의 종류	반응식
과염소산 [$HClO_4$] (300kg)	열분해반응식	$HClO_4 \rightarrow HCl + 2O_2$ 과염소산　염화수소　산소
과산화수소 [H_2O_2] (300kg)	열분해반응식	$2H_2O_2 \rightarrow 2H_2O + O_2$ 과산화수소　　물　　산소
질산 [HNO_3] (300kg)	열분해반응식	$4HNO_3 \rightarrow 2H_2O + 4NO_2 + O_2$ 질산　　물　이산화질소 산소

✅ 소화약제의 반응식

소화기 및 소화약제	반응의 종류	반응식
화학포소화기	화학포소화기의 반응식	$6NaHCO_3 + Al_2(SO_4)_3 \cdot 18H_2O$ 탄산수소나트륨　황산알루미늄 물(결정수) $\rightarrow 3Na_2SO_4 + 2Al(OH)_3 + 6CO_2 + 18H_2O$ 황산나트륨　수산화알루미늄 이산화탄소　물
분말소화기	제1종 분말 열분해반응식	$2NaHCO_3 \rightarrow Na_2CO_3 + CO_2 + H_2O$ 탄산수소나트륨　탄산나트륨　이산화탄소　물
	제2종 분말 열분해반응식	$2KHCO_3 \rightarrow K_2CO_3 + CO_2 + H_2O$ 탄산수소칼륨　　탄산칼륨　이산화탄소　물
	제3종 분말 열분해반응식	$NH_4H_2PO_4 \rightarrow HPO_3 + NH_3 + H_2O$ 인산암모늄　　메타인산　암모니아　물
산·알칼리소화기	산·알칼리소화기의 반응식	$2NaHCO_3 + H_2SO_4 \rightarrow Na_2SO_4 + 2CO_2 + 2H_2O$ 탄산수소나트륨　황산　　황산나트륨　이산화탄소　물
할로젠화합물소화기	연소반응식	$2CCl_4 + O_2 \rightarrow 2COCl_2 + 2Cl_2$ 사염화탄소　산소　포스겐　　염소
	물과의 반응식	$CCl_4 + H_2O \rightarrow COCl_2 + 2HCl$ 사염화탄소　물　포스겐　염화수소

5. 시험에 자주 나오는 소화이론

(1) 가연물이 될 수 있는 조건

① 발열량이 클 것

② 열전도율이 작을 것

③ 필요한 활성화에너지가 작을 것

④ 산소와 친화력이 좋고 표면적이 넓을 것

(2) 정전기 방지법

① 접지할 것

② 공기 중 상대습도를 70% 이상으로 할 것

③ 공기를 이온화할 것

(3) 고체의 연소형태

① 분해연소 : 석탄, 종이, 목재, 플라스틱

② 표면연소 : 목탄(숯), 코크스, 금속분

③ 증발연소 : 황, 나프탈렌, 양초(파라핀)

④ 자기연소 : 피크린산, TNT 등의 제5류 위험물

(4) 자연발화의 방지법

① 습도가 높은 곳을 피할 것

② 저장실의 온도를 낮출 것

③ 통풍을 잘 시킬 것

④ 퇴적 및 수납할 때 열이 쌓이지 않게 할 것

(5) 분진폭발

① 분진폭발을 일으키는 물질 : 밀가루, 담배가루, 커피가루, 석탄분, 금속분

② 분진폭발을 일으키지 않는 물질 : 대리석분말, 시멘트분말

☑ 소요단위 및 능력단위

(1) 소요단위

구 분	외벽이 내화구조	외벽이 비내화구조
제조소 또는 취급소	연면적 $100m^2$	연면적 $50m^2$
저장소	연면적 $150m^2$	연면적 $75m^2$
위험물	지정수량의 10배	

(2) 소화설비의 능력단위

소화설비	용 량	능력단위
소화전용 물통	8L	0.3
수조(소화전용 물통 3개 포함)	80L	1.5
수조(소화전용 물통 6개 포함)	190L	2.5
마른모래(삽 1개 포함)	50L	0.5
팽창질석 또는 팽창진주암(삽 1개 포함)	160L	1.0

☑ 방호대상물로부터 수동식 소화기까지의 보행거리

① 수동식 소형소화기 : 20m 이하
② 수동식 대형소화기 : 30m 이하

☑ 소화설비의 기준

구 분	옥내소화전설비	옥외소화전설비
수원의 양	옥내소화전이 가장 많이 설치되어 있는 층의 소화전의 수(소화전의 수가 5개 이상이면 최대 5개의 옥내소화전 수)×7.8m³	옥외소화전의 수(소화전의 수가 4개 이상이면 최대 4개의 옥외소화전 수)×13.5m³
방수량	260L/min 이상	450L/min 이상
방수압	350kPa 이상	350kPa 이상
호스 접속구까지의 수평거리	25m 이하	40m 이하
비상전원	45분 이상	45분 이상
방사능력 범위	–	건축물의 1층 및 2층
옥외소화전과 소화전함의 거리	–	5m 이내

☑ 분말소화약제

분 류	약제의 주성분	색 상	화학식	적응화재
제1종 분말	탄산수소나트륨	백색	$NaHCO_3$	BC
제2종 분말	탄산수소칼륨	보라색	$KHCO_3$	BC
제3종 분말	인산암모늄	담홍색	$NH_4H_2PO_4$	ABC
제4종 분말	탄산수소칼륨+요소의 부산물	회색	$KHCO_3+(NH_2)_2CO$	BC

☞ 할로젠화합물소화약제의 화학식

① Halon 1301 : CF_3Br

② Halon 2402 : $C_2F_4Br_2$

③ Halon 1211 : CF_2ClBr

☞ 소화설비의 소화약제 방사시간

① 분말소화약제 및 할로젠화합물소화약제

    ㉠ 전역방출방식 : 30초 이내

    ㉡ 국소방출방식 : 30초 이내

② 이산화탄소소화약제

    ㉠ 전역방출방식 : 60초 이내

    ㉡ 국소방출방식 : 30초 이내

☞ 불활성가스소화약제

① 불활성가스소화약제의 종류

    ㉠ IG-100(질소 100%)

    ㉡ IG-55(질소 50%, 아르곤 50%)

    ㉢ IG-541(질소 52%, 아르곤 40%, 이산화탄소 8%)

② 불활성가스소화약제 저장용기의 설치기준

    ㉠ 방호구역 외의 장소에 설치할 것

    ㉡ 온도가 40℃ 이하이고 온도 변화가 적은 장소에 설치할 것

    ㉢ 직사일광 및 빗물이 침투할 우려가 적은 장소에 설치할 것

    ㉣ 저장용기에는 안전장치를 설치할 것

    ㉤ 저장용기의 외면에 소화약제의 종류와 양, 제조년도 및 제조자를 표시할 것

☞ 이산화탄소소화설비

① 이산화탄소소화설비의 분사헤드의 방사압력

    ㉠ 고압식(20℃로 저장) : 2.1MPa 이상

    ㉡ 저압식(-18℃ 이하로 저장) : 1.05MPa 이상

② 이산화탄소소화약제의 저장용기의 충전비

　　㉠ 고압식 : 1.5 이상 1.9 이하

　　㉡ 저압식 : 1.1 이상 1.4 이하

③ 이산화탄소소화약제의 저압식 저장용기의 기준

　　㉠ 액면계 및 압력계를 설치

　　㉡ 2.3MPa 이상의 압력 및 1.9MPa 이하의 압력에서 작동하는 압력경보장치를 설치

　　㉢ 용기 내부의 온도를 영하 20℃ 이상 영하 18℃ 이하로 유지할 수 있는 자동냉동
　　　기를 설치

　　㉣ 파괴판을 설치

　　㉤ 방출밸브를 설치

☑ 포소화약제의 혼합장치

① **펌프프로포셔너 방식** : 펌프의 토출관과 흡입관 사이의 배관 도중에 설치한 흡입기
에 펌프에서 토출된 물의 일부를 보내고 농도조절밸브에서 조정된 포소화약제의 필
요량을 포소화약제 탱크에서 펌프 흡입측으로 보내어 이를 혼합하는 방식

② **프레셔프로포셔너 방식** : 펌프와 발포기의 중간에 설치된 벤투리관의 벤투리작용과
펌프가압수의 포소화약제 저장탱크에 대한 압력에 의하여 포소화약제를 흡입 및 혼
합하는 방식

③ **라인프로포셔너 방식** : 펌프와 발포기의 중간에 설치된 벤투리관의 벤투리작용에 의
하여 포소화약제를 흡입 및 혼합하는 방식

④ **프레셔사이드프로포셔너 방식** : 펌프의 토출관에 압입기를 설치하여 포소화약제 압
입용 펌프로 포소화약제를 압입시켜 혼합하는 방식

6. 시험에 자주 나오는 위험물안전관리법 내용

☑ 위험물제조소등의 시설 · 설비의 신고

(1) 시 · 도지사에게 신고해야 하는 경우

① 제조소등의 위치 · 구조 또는 설비의 변경 없이 위험물의 품명 · 수량 또는 지정수량의 배수
를 변경하고자 하는 자 : 변경하고자 하는 날의 1일 전까지 신고

② 제조소등의 설치자의 지위를 승계한 자 : 승계한 날부터 30일 이내에 신고

③ 제조소등의 용도를 폐지한 때 : 제조소등의 용도를 폐지한 날부터 14일 이내에 신고

(2) 허가나 신고 없이 제조소등을 설치하거나 위치·구조 또는 설비를 변경할 수 있고 위험물의 품명·수량 또는 지정수량의 배수를 변경할 수 있는 경우
① 주택의 난방시설(공동주택의 중앙난방시설을 제외한다)을 위한 저장소 또는 취급소
② 농예용·축산용 또는 수산용으로 필요한 난방시설 또는 건조시설을 위한 지정수량 20배 이하의 저장소

☑ 안전관리자 대리자의 자격

① 안전교육을 받은 자
② 제조소등의 위험물안전관리 업무에 있어서 안전관리자를 지휘·감독하는 직위에 있는 자

☑ 자체소방대의 기준

(1) 자체수방대의 설치기준
제4류 위험물을 지정수량의 3천배 이상 취급하는 제조소 또는 일반취급소와 50만배 이상 저장하는 옥외탱크저장소에 설치

(2) 자체소방대에 두는 화학소방자동차와 자체소방대원의 수의 기준

사업소의 구분	화학소방 자동차의 수	자체소방 대원의 수
지정수량의 3천배 이상 12만배 미만으로 취급하는 제조소 또는 일반취급소	1대	5인
지정수량의 12만배 이상 24만배 미만으로 취급하는 제조소 또는 일반취급소	2대	10인
지정수량의 24만배 이상 48만배 미만으로 취급하는 제조소 또는 일반취급소	3대	15인
지정수량의 48만배 이상으로 취급하는 제조소 또는 일반취급소	4대	20인
지정수량의 50만배 이상으로 저장하는 옥외탱크저장소	2대	10인

(3) 화학소방자동차(소방차)에 갖추어야 하는 소화능력 및 설비의 기준

소방차의 구분	소화능력 및 설비의 기준
포수용액방사차	포수용액의 방사능력이 매분 2,000L 이상일 것
	소화약액탱크 및 소화약액혼합장치를 비치할 것
	10만L 이상의 포수용액을 방사할 수 있는 양의 소화약제를 비치할 것
분말방사차	분말의 방사능력이 매초 35kg 이상일 것
	분말탱크 및 가압용 가스설비를 비치할 것
	1,400kg 이상의 분말을 비치할 것

소방차의 구분	소화능력 및 설비의 기준
할로젠화합물방사차	할로젠화합물의 방사능력이 매초 40kg 이상일 것
	할로젠화합물탱크 및 가압용 가스설비를 비치할 것
	1,000kg 이상의 할로젠화합물을 비치할 것
이산화탄소방사차	이산화탄소의 방사능력이 매초 40kg 이상일 것
	이산화탄소 저장용기를 비치할 것
	3,000kg 이상의 이산화탄소를 비치할 것
제독차	가성소다 및 규조토를 각각 50kg 이상 비치할 것

※ 포수용액을 방사하는 화학소방자동차의 대수는 화학소방자동차 대수의 3분의 2 이상으로 하여야한다.

☑ 탱크의 종류별 공간용적 구분

① 일반탱크 : 탱크의 내용적의 100분의 5 이상 100분의 10 이하
② 소화약제 방출구를 탱크 안의 윗부분에 설치한 탱크 : 소화약제 방출구 아래의 0.3m 이상 1m 미만 사이의 면으로부터 윗부분의 용적
③ 암반탱크 : 탱크 안에 용출하는 7일간의 지하수의 양에 상당하는 용적과 그 탱크 내 용적의 100분의 1의 용적 중에서 보다 큰 용적

☑ 예방규정 작성대상

① 지정수량의 10배 이상의 위험물을 취급하는 제조소
② 지정수량의 100배 이상의 위험물을 저장하는 옥외저장소
③ 지정수량의 150배 이상의 위험물을 저장하는 옥내저장소
④ 지정수량의 200배 이상의 위험물을 저장하는 옥외탱크저장소
⑤ 암반탱크저장소
⑥ 이송취급소
⑦ 지정수량의 10배 이상의 위험물을 취급하는 일반취급소

☑ 보유공지

(1) 제조소의 보유공지

위험물의 지정수량의 배수	보유공지의 너비
지정수량의 10배 이하	3m 이상
지정수량의 10배 초과	5m 이상

(2) 옥내저장소의 보유공지

위험물의 지정수량의 배수	보유공지의 너비	
	벽·기둥·바닥이 내화구조인 건축물	그 밖의 건축물
지정수량의 5배 이하	–	0.5m 이상
지정수량의 5배 초과 10배 이하	1m 이상	1.5m 이상
지정수량의 10배 초과 20배 이하	2m 이상	3m 이상
지정수량의 20배 초과 50배 이하	3m 이상	5m 이상
지정수량의 50배 초과 200배 이하	5m 이상	10m 이상
지정수량의 200배 초과	10m 이상	15m 이상

(3) 옥외탱크저장소의 보유공지

위험물의 지정수량의 배수	보유공지의 너비
지정수량의 500배 이하	3m 이상
지정수량의 500배 초과 1,000배 이하	5m 이상
지정수량의 1,000배 초과 2,000배 이하	9m 이상
지정수량의 2,000배 초과 3,000배 이하	12m 이상
지정수량의 3,000배 초과 4,000배 이하	15m 이상

(4) 옥외저장소의 보유공지

위험물의 지정수량의 배수	보유공지의 너비
지정수량의 10배 이하	3m 이상
지정수량의 10배 초과 20배 이하	5m 이상
지정수량의 20배 초과 50배 이하	9m 이상
지정수량의 50배 초과 200배 이하	12m 이상
지정수량의 200배 초과	15m 이상

✅ 안전거리

건축물의 구분	안전거리
주거용 건축물	10m 이상
학교·병원·극장	30m 이상
지정문화재	50m 이상
고압가스·액화석유가스 취급시설	20m 이상
7,000V 초과 35,000V 이하의 특고압가공전선	3m 이상
35,000V 초과하는 특고압가공전선	5m 이상

※ **안전거리를 제외할 수 있는 조건**

① 제6류 위험물을 취급하는 제조소, 취급소 또는 저장소

② 주유취급소

③ 판매취급소

④ 지하탱크저장소

⑤ 옥내탱크저장소

⑥ 이동탱크저장소

⑦ 간이탱크저장소

⑧ 암반탱크저장소

건축물의 구조

구 분	제조소	옥내저장소
내화구조로 해야 하는 것	연소의 우려가 있는 외벽	벽, 기둥, 바닥
불연재료로 할 수 있는 것	벽, 기둥, 바닥, 보, 서까래, 계단	보, 서까래, 계단

환기설비 및 배출설비

제조소와 옥내저장소에 동일한 기준으로 설치한다.

구 분	환기설비	배출설비
환기·배출 방식	자연배기방식	강제배기방식
급기구의 수 및 면적	바닥면적 $150m^2$마다 급기구는 면적 $800cm^2$ 이상의 것 1개 이상 설치	환기설비와 동일
급기구의 위치/장치	낮은 곳에 설치/인화방지망 설치	높은 곳에 설치/인화방지망 설치
환기구 및 배출구 높이	지상 2m 이상 높이에 설치	환기설비와 동일

위험물의 종류에 따른 옥내저장소의 바닥면적

바닥면적 $1,000m^2$ 이하에 저장 가능한 위험물	
제1류 위험물	아염소산염류, 염소산염류, 과염소산염류, 무기과산화물
제3류 위험물	칼륨, 나트륨, 알킬알루미늄, 알킬리튬, 황린
제4류 위험물	특수인화물, 제1석유류, 알코올류
제5류 위험물	유기과산화물, 질산에스터류
제6류 위험물	모든 제6류 위험물
바닥면적 $2,000m^2$ 이하에 저장 가능한 위험물	
바닥면적 $1,000m^2$ 이하에 저장 가능한 위험물 이외의 것	

☑ 옥내저장탱크의 기준

(1) 옥내저장탱크의 구조
① 탱크의 두께 : 3.2mm 이상의 강철판
② 옥내저장탱크와 전용실과의 간격 및 옥내저장탱크 상호간의 간격 : 0.5m 이상

(2) 옥내저장탱크의 용량
① 단층 건물에 탱크전용실을 설치하는 경우 : 지정수량의 40배 이하
  (단, 제4석유류 및 동식물유류 외의 제4류 위험물의 저장탱크는 20,000L 이하)
② 단층 건물 외의 건축물에 탱크전용실을 설치하는 경우
  ㉠ 1층 이하의 층에 탱크전용실을 설치하는 경우 : 지정수량의 40배 이하
    (단, 제4석유류 및 동식물유류 외의 제4류 위험물의 저장탱크는 20,000L 이하)
  ㉡ 2층 이상의 층에 탱크전용실을 설치하는 경우 : 지정수량의 10배 이하
    (단, 제4석유류 및 동식물유류 외의 제4류 위험물의 저장탱크는 5,000L 이하)

☑ 옥외저장소의 저장기준

(1) 덩어리상태의 황만을 경계표시의 안쪽에 저장하는 기준

경계표시의 구분	적용기준
하나의 경계표시의 내부면적	$100m^2$ 이하
2 이상의 경계표시 내부면적의 합	$1,000m^2$ 이하
인접하는 경계표시와 경계표시와의 간격	보유공지 너비의 1/2 이상
경계표시의 높이	1.5m 이하

(2) 옥외저장소에 저장 가능한 위험물
① 제2류 위험물 : 황 또는 인화성 고체(인화점이 섭씨 0도 이상인 것에 한함)
② 제4류 위험물
  ㉠ 제1석유류(인화점이 섭씨 0도 이상인 것에 한함)
  ㉡ 알코올류
  ㉢ 제2석유류
  ㉣ 제3석유류
  ㉤ 제4석유류
  ㉥ 동식물유류
③ 제6류 위험물
④ 시·도조례로 정하는 제2류 또는 제4류 위험물
⑤ 국제해상위험물규칙(IMDG Code)에 적합한 용기에 수납된 위험물

☑ 옥외저장탱크 통기관의 기준

(1) 밸브 없는 통기관

① 직경은 30mm 이상으로 할 것
② 선단은 수평면보다 45도 이상 구부려 빗물 등의 침투를 막을 것
③ 인화점이 38℃ 미만인 위험물만을 저장, 취급하는 탱크의 통기관에는 화염방지장치를 설치하고, 인화점이 38℃ 이상 70℃ 미만인 위험물을 저장, 취급하는 탱크의 통기관에는 40mesh 이상인 구리망으로 된 인화방지장치를 설치할 것(인화점 70℃ 이상의 위험물만을 해당 위험물의 인화점 미만의 온도로 저장 또는 취급하는 탱크의 통기관에는 인화방지장치를 설치하지 않아도 됨)

(2) 대기밸브부착 통기관

5kPa 이하의 압력 차이로 작동할 수 있을 것

☑ 제조소의 위험물취급탱크의 방유제 기준

(1) 위험물제조소의 옥외에 설치하는 위험물취급탱크의 방유제 용량

① 하나의 취급탱크의 방유제 용량 : 탱크 용량의 50% 이상
② 2개 이상의 취급탱크의 방유제 용량 : 탱크 중 용량이 최대인 것의 50%에 나머지 탱크 용량 합계의 10%를 가산한 양 이상

(2) 위험물제조소의 옥내에 설치하는 위험물취급탱크의 방유턱 용량

① 하나의 취급탱크의 방유턱 용량 : 탱크에 수납하는 위험물의 양의 전부
② 2개 이상의 취급탱크의 방유턱 용량 : 탱크 중 실제로 수납하는 위험물의 양이 최대인 탱크의 양의 전부

☑ 옥외저장탱크 방유제의 기준

(1) 옥외탱크저장소의 방유제

방유제의 용량	인화성 액체 위험물 저장탱크	하나의 탱크	탱크 용량의 110% 이상
		2개 이상의 탱크	탱크 중 용량이 최대인 것의 110% 이상
	비인화성 액체 위험물 저장탱크	하나의 탱크	탱크 용량의 100% 이상
		2개 이상의 탱크	탱크 중 용량이 최대인 것의 100% 이상
방유제의 높이			0.5m 이상 3m 이하
방유제의 면적			8만m^2 이하
방유제의 두께			0.2m 이상
방유제의 지하매설깊이			1m 이상

(2) 한쪽의 방유제 내에 설치하는 옥외저장탱크의 수

10개 이하	인화점 70℃ 미만의 위험물을 저장하는 경우
20개 이하	인화점 70℃ 이상 200℃ 미만인 위험물 전체 용량이 합계 20만 L 이하기 도로 가장자리 놓는 경우
개수 무제한	인화점 200℃ 이상인 위험물을 저장하는 경우

(3) 소화전 및 자동차의 통행을 위한 도로 설치기준

방유제 안쪽이 2호 이상 1호 이상인 3m 이상인 폭의 구내 도로를 설치해야 함

(4) 방유제로부터 옥외저장탱크의 옆판까지의 거리

탱크의 지름	방유제로부터 옥외저장탱크의 옆판까지의 거리
15m 미만	탱크 높이의 3분의 1 이상
15m 이상	탱크 높이의 2분의 1 이상

(5) 간막이둑의 기준

용량이 1,000만L 이상의 옥외저장탱크에는 간막이둑을 설치
① 간막이둑의 높이 : 0.3m 이상(방유제 높이보다 0.2m 이상 낮게 유지)
② 간막이둑의 용량 : 탱크 용량의 10% 이상

(6) 계단 또는 경사지상의 기준

높이가 1m를 넘는 방유제의 안팎에는 약 50m마다 계단을 설치 등

지하탱크저장소

① 설치방법 : 탱크전용실의 내부에는 입자지름 5mm 이하의 마른 자갈분 또는 마른 모래를 채움
② 지하수위로부터 지하탱크의 윗부분까지의 거리 : 0.6m 이상
③ 지하탱크를 2개 이상 인접하여 설치할 때 상호간의 거리 : 1m 이상
 (단, 용량의 합계가 지정수량의 100배 이하인 경우 : 0.5m 이상)
④ 지하탱크와 탱크전용실과의 간격
 ㉠ 지하탱크와 탱크전용실 벽과의 간격 또는 탱크전용실 바닥면까지의 간격 : 0.1m 이상
 ㉡ 지하저장탱크 윗부분과 탱크전용실 천정과의 간격 : 0.1m 이상
⑤ 탱크전용실의 기준 : 벽, 바닥 및 뚜껑은 두께 0.3m 이상인 철근콘크리트로 설치 등

☑ 간이탱크저장소의 기준

① 하나의 간이탱크저장소에 설치할 수 있는 간이탱크의 수 : 3개 이하
② 하나의 간이탱크 용량 : 600L 이하
③ 간이탱크의 밸브 없는 통기관의 지름 : 25mm 이상

☑ 이동탱크저장소의 기준

(1) 이동탱크의 두께 및 수압시험압력

① 압력탱크 : 최대상용압력의 1.5배의 압력으로 10분간 실시
② 압력탱크 외의 탱크 : 70kPa의 압력으로 10분간 실시
③ 맨홀 및 이동탱크의 두께 : 3.2mm 이상의 강철판

(2) 칸막이/방파판/방호틀의 기준

구 분	칸막이	방파판	방호틀
두께	3.2mm 이상의 강철판	1.6mm 이상의 강철판	2.3mm 이상의 강철판
기타 기준	하나의 구획된 칸막이 용량은 4,000L 이하	하나의 구획부분에 2개 이상의 방파판 설치	정상부분은 부속장치보다 50mm 이상 높게 유지

(3) 표지 및 게시판의 기준

구 분	위 치	규격 및 색상	내 용	실제 모양
표지	이동탱크저장소의 전면 상단 및 후면 상단	60cm 이상×30cm 이상의 가로형 사각형으로 흑색 바탕에 황색 문자	위험물	**위험물**
UN번호	이동탱크저장소의 후면 및 양 측면	30cm 이상×12cm 이상의 가로형 사각형으로 흑색 테두리선(굵기 1cm)과 오렌지색 바탕에 흑색 문자	UN번호의 숫자 (글자 높이 6.5cm 이상)	1223
그림문자	이동탱크저장소의 후면 및 양 측면	25cm 이상×25cm 이상의 마름모꼴로 분류기호에 따라 바탕과 문자의 색을 다르게 할 것	심벌 및 분류·구분의 번호 (글자 높이 2.5cm 이상)	

◆ 주유취급소의 기준

(1) 주유공지
너비 15m 이상, 길이 6m 이상

(2) 주유취급소의 탱크 용량
① 고정주유설비 및 고정급유설비에 직접 접속하는 전용탱크는 : 각각 50,000L 이하
② 보일러 등에 직접 접속하는 전용탱크는 : 10,000L 이하
③ 폐유, 윤활유 등의 위험물을 저장하는 탱크 총 : 2,000L 이하
④ 고정주유설비 또는 고정급유설비에 접속하는 간이탱크 : 600L 이하의 탱크 3기 이하
⑤ 고속도로의 주유취급소 탱크 : 60,000L 이하

(3) 주유공지의 길이
① 고정주유설비 : 5m 이내
② 현수식 주유설비 : 지면 위 0.5m의 수평면에 수직으로 내린 점을 중심으로
반경 3m 이내

(4) 고정주유설비의 설치기준
① 주유설비의 중심선으로부터 도로경계선까지의 거리 : 4m 이상
② 주유설비의 중심선으로부터 부지경계선, 담 및 건축물의 벽까지의 거리 : 2m 이상
③ 주유설비의 중심선으로부터 개구부가 없는 벽까지의 거리 : 1m 이상

(5) 게시판
① 내용 : 주유 중 엔진정지
② 색상 : 황색바탕, 흑색문자
③ 규격 : 한 변의 길이 0.3m 이상, 다른 한 변의 길이 0.6m 이상

◆ 판매취급소
판매취급소는 제1종 판매취급소와 제2종 판매취급소를 구분하는 기준은 취급량의 배수이다.

구분	제1종 판매취급소	제2종 판매취급소
취급하는 위험물의 수량	지정수량의 20배 이하	지정수량의 40배 이하

※ **제1종 판매취급소의 기준**

① 설치위치 : 건축물의 1층에 설치할 것

② 위험물 배합실의 기준

ㄱ 바닥면적 : $6m^2$ 이상 $15m^2$ 이하

ㄴ 내화구조 또는 불연재료로 된 벽으로 구획

ㄷ 바닥은 적당한 경사를 두고 집유설비를 할 것

ㄹ 출입구에는 자동폐쇄식 60분+방화문 또는 60분 방화문을 설치할 것

ㅁ 출입구 문턱의 높이는 바닥면으로부터 0.1m 이상으로 할 것

ㅂ 가연성의 증기 또는 미분을 지붕 위로 방출하는 설비를 할 것

☑ 소화난이도등급

구 분	소화난이도등급 Ⅰ의 제조소등	소화난이도등급 Ⅱ의 제조소등
제조소 및 일반취급소	• 연면적 $1,000m^2$ 이상인 것 • 지정수량의 100배 이상 취급하는 것 • 지반면으로부터 6m 이상의 높이에 위험물 취급설비가 있는 것	• 연면적 $600m^2$ 이상인 것 • 지정수량의 10배 이상 취급하는 것
옥내저장소	• 연면적 $150m^2$를 초과하는 것 • 지정수량의 150배 이상 취급하는 것 • 처마높이 6m 이상인 단층건물의 것	지정수량의 10배 이상 취급하는 것
옥외탱크저장소 및 옥내탱크저장소 (제6류 위험물을 저장하는 것 제외)	• 액표면적이 $40m^2$ 이상인 것 • 지반면으로부터 탱크 옆판의 상단까지의 높이가 6m 이상인 것	소화난이도등급 Ⅰ 이외의 것
옥외저장소	덩어리상태의 황을 저장하는 것으로서 경계표시 내부의 면적이 $100m^2$ 이상인 것(2개 이상의 경계표시 포함)	덩어리상태의 황을 저장하는 것으로서 경계표시 내부의 면적이 $5m^2$ 이상 $100m^2$ 미만인 것
암반탱크저장소 (제6류 위험물을 저장하는 것 제외)	액표면적이 $40m^2$ 이상인 것	–
주유취급소	직원 외의 자가 출입하는 부분의 면적의 합이 $500m^2$를 초과하는 것	옥내주유취급소
이송취급소	모든 대상	–
판매취급소	–	제2종 판매취급소

✅ 제조소등의 경보설비

(1) 경보설비의 종류

① 자동화재탐지설비

② 자동화재속보설비

③ 비상경보설비

④ 확성장치

⑤ 비상방송설비

(2) 경보설비의 설치기준

① 자동화재탐지설비만을 설치하는 경우

제조소 및 일반취급소	옥내저장소	옥내탱크저장소	주유취급소
• 연면적이 500m² 이상인 것 • 지정수량의 100배 이상을 취급하는 것	• 지정수량의 100배 이상을 저장하는 것 • 연면적이 150m²를 초과하는 것 • 처마높이가 6m 이상인 단층건물의 것	단층 건물 외의 건축물에 있는 옥내탱크저장소로서 소화난이도등급 Ⅰ에 해당하는 것	옥내주유취급소

② 자동화재탐지설비 및 자동화재속보설비를 설치해야 하는 경우 : 특수인화물, 제1석유류 및 알코올류를 저장 또는 취급하는 탱크의 용량이 1,000만L 이상인 옥외탱크저장소

③ 경보설비(자동화재속보설비 제외) 중 1개 이상을 설치하는 경우 : 지정수량의 10배 이상을 취급하는 것

✅ 자동화재탐지설비의 설치기준

① 건축물의 2 이상의 층에 걸치지 아니하도록 함(단, 하나의 경계구역이 500m² 이하는 제외)

② 하나의 경계구역의 면적은 600m² 이하로 함(단, 건축물의 주요한 출입구에서 그 내부 전체를 볼 수 있는 경우는 면적 1,000m² 이하)

③ 경계구역의 한 변의 길이는 50m(광전식분리형 감지기를 설치한 경우에는 100m) 이하로 함

④ 자동화재탐지설비의 감지기는 지붕 또는 벽의 옥내에 면한 부분에 유효하게 화재의 발생을 감지할 수 있도록 설치

⑤ 자동화재탐지설비에는 비상전원을 설치

📋 소화설비의 적응성

소화설비의 구분			건축물·그 밖의 공작물	전기설비	제1류 위험물 알칼리금속의 과산화물등	제1류 위험물 그 밖의 것	제2류 위험물 철분·금속분·마그네슘 등	제2류 위험물 인화성 고체	제2류 위험물 그 밖의 것	제3류 위험물 금수성 물품	제3류 위험물 그 밖의 것	제4류 위험물	제5류 위험물	제6류 위험물
옥내소화전 또는 옥외소화전 설비			O			O		O	O		O		O	O
스프링클러설비			O			O		O	O		O	△	O	O
물분무 등 소화설비	물분무소화설비		O	O		O		O	O		O	O	O	O
	포소화설비		O			O		O	O		O	O	O	O
	불활성가스소화설비			O				O				O		
	할로젠화합물소화설비			O				O				O		
	분말 소화설비	인산염류등	O	O		O		O	O			O		O
		탄산수소염류등		O	O		O	O		O		O		
		그 밖의 것			O					O				
대형·소형 수동식 소화기	봉상수(棒狀水)소화기		O			O		O	O		O		O	O
	무상수(霧狀水)소화기		O	O		O		O	O		O		O	O
	봉상강화액소화기		O			O		O	O		O		O	O
	무상강화액소화기		O	O		O		O	O		O	O	O	O
	포소화기		O			O		O	O		O	O	O	O
	이산화탄소소화기			O				O				O		△
	할로젠화합물소화기			O				O				O		
	분말 소화기	인산염류소화기	O	O		O		O	O			O		O
		탄산수소염류소화기		O	O		O	O		O		O		
		그 밖의 것			O					O				
기타	물통 또는 수조		O			O		O	O		O		O	O
	건조사				O	O	O	O	O	O	O	O	O	O
	팽창질석 또는 팽창진주암				O	O	O	O	O	O	O	O	O	O

※ "O"는 소화설비의 적응성이 있다는 의미이고, "△"는 경우에 따라 적응성이 있다는 의미이다.

✔ 유별을 달리하는 위험물의 저장기준

(1) 유별이 다른 위험물끼리 동일한 저장소에 저장할 수 있는 경우

옥내저장소 또는 옥외저장소에서는 서로 다른 유별끼리 함께 저장할 수 없지만 다음의 조건을 만족하면서 유별로 정리하여 서로 1m 이상의 간격을 두는 경우에는 저장할 수 있음

① 제1류 위험물(알칼리금속의 과산화물 제외)과 제5류 위험물
② 제1류 위험물과 제6류 위험물
③ 제1류 위험물과 제3류 위험물 중 자연발화성 물질(황린)
④ 제2류 위험물 중 인화성 고체와 제4류 위험물
⑤ 제3류 위험물 중 알킬알루미늄등과 제4류 위험물(알킬알루미늄 또는 알킬리튬을 함유한 것)
⑥ 제4류 위험물 중 유기과산화물과 제5류 위험물 중 유기과산화물

(2) 유별이 같은 위험물이라도 동일한 저장소에 저장할 수 없는 경우

제3류 위험물 중 황린과 금수성 물질

✔ 옥내저장소 또는 옥외저장소의 저장용기를 쌓는 높이의 기준

① 기계에 의하여 하역하는 구조로 된 용기 : 6m 이하
② 제4류 위험물 중 제3석유류, 제4석유류 및 동식물유류의 용기 : 4m 이하
③ 그 밖의 경우 : 3m 이하
④ 옥외저장소에서 용기를 선반에 저장하는 경우 : 6m 이하

✔ 탱크에 저장할 때 위험물의 저장온도

구 분	옥외저장탱크, 옥내저장탱크, 지하저장탱크		이동저장탱크	
	압력탱크에 저장하는 경우	압력탱크 외의 탱크에 저장하는 경우	보냉장치가 있는 이동저장탱크에 저장하는 경우	보냉장치가 없는 이동저장탱크에 저장하는 경우
아세트알데하이드등	40℃ 이하	15℃ 이하	비점 이하	40℃ 이하
다이에틸에터등	40℃ 이하	(산화프로필렌 포함) 30℃ 이하	비점 이하	40℃ 이하

☑ 운반용기의 수납률

① 고체 위험물 : 운반용기 내용적의 95% 이하
② 액체 위험물 : 운반용기 내용적의 98% 이하(55℃에서 누설되지 않도록 공간용적 유지)
③ 알킬알루미늄 또는 알킬리튬 : 운반용기 내용적의 90% 이하(50℃에서 5% 이상의 공간
용적 유지)

☑ 운반 시 피복기준

차광성 피복	방수성 피복
① 제1류 위험물 ② 제3류 위험물 중 자연발화성 물질 ③ 제4류 위험물 중 특수인화물 ④ 제5류 위험물 ⑤ 제6류 위험물	① 제1류 위험물 중 알칼리금속의 과산화물 ② 제2류 위험물 중 철분, 금속분, 마그네슘 ③ 제3류 위험물 중 금수성 물질

☑ 유별을 달리하는 위험물의 혼재기준(운반기준)

위험물의 구분	제1류	제2류	제3류	제4류	제5류	제6류
제1류		×	×	×	×	○
제2류	×		×	○	○	×
제3류	×	×		○	×	×
제4류	×	○	○		○	×
제5류	×	○	×	○		×
제6류	○	×	×	×	×	

※ 이 [표]는 지정수량의 1/10 이하의 위험물에 대하여는 적용하지 않는다.

현실이라는 땅에 두 발을 딛고
이상인 하늘의 별을 향해 두 손을 뻗어
착실히 올라가야 한다.

- 반기문 -

꿈꾸는 사람은 행복합니다.
그러나 꿈만 좇다 보면 자칫 불행해집니다. 가시밭에 넘어지고 웅덩이에 빠져
허우적거릴 뿐, 꿈을 현실화할 수 없기 때문이죠.
꿈을 이루기 위해서는, 냉엄한 현실을 바탕으로 한 치밀한 전략, 그리고 뜨거운
열정이라는 두 발이 필요합니다. 그러지 못하면 넘어지기 십상이지요.
우선 그 두 발로 현실을 딛고, 하늘의 별을 따기 위해 한 계단 한 계단 올라가
보십시오. 그러면 어느 순간 여러분도 모르게 하늘의 별이 여러분의 손에 쥐어
져 있을 것입니다.

Craftsman Hazardous material

위험물기능사 필기+실기

위험물기능사 필기 + 실기

2017. 5. 23. 초 판 1쇄 발행
2025. 1.   8. 개정 8판 1쇄(통산 10쇄) 발행

지은이 │ 여승훈, 박수경
펴낸이 │ 이종춘
펴낸곳 │ BM (주)도서출판 성안당

주소 │ 04032 서울시 마포구 양화로 127 첨단빌딩 3층(출판기획 R&D 센터)
     │ 10881 경기도 파주시 문발로 112 파주 출판 문화도시(제작 및 물류)

전화 │ 02) 3142-0036
     │ 031) 950-6300
팩스 │ 031) 955-0510
등록 │ 1973. 2. 1. 제406-2005-000046호
출판사 홈페이지 │ www.cyber.co.kr
ISBN │ 978-89-315-8423-3 (13570)
정가 │ 40,000원

이 책을 만든 사람들
책임 │ 최옥현
진행 │ 이용화
전산편집 │ 이지연
표지 디자인 │ 임흥순
홍보 │ 김계향, 임진성, 김주승, 최정민
국제부 │ 이선민, 조혜란
마케팅 │ 구본철, 차정욱, 오영일, 나진호, 강호묵
마케팅 지원 │ 장상범
제작 │ 김유석

이승곤, 박수정 지음

화폐 메시지

차세대 블록이슈론

필기+실기
합격물
가능서

BM (주)도서출판 성안당

한번에
합격하자